"十二五"普通高等教育本科国家级规划教材  新形态教材

普通生物化学

（第6版）

主　编　张冬梅　陈钧辉

编著者　张冬梅　陈钧辉　焦瑞清　卢　彦
　　　　潘　颖　郑　集

U0250844

高等教育出版社·北京

内容提要

全书分四大部分共 21 章。第一部分生物分子,包括糖类、脂质、蛋白质、核酸、酶、维生素和激素。第二部分生命活动的基本单位——细胞,包括细胞及其结构、生物膜的结构和功能,这为学习代谢提供方便。第三部分新陈代谢及其调节,包括生物能学与生物氧化、代谢总论、糖代谢、脂质代谢、蛋白质的降解和氨基酸代谢、核酸的降解和核苷酸代谢、代谢的相互联系和调控。第四部分遗传信息的传递和表达,包括 DNA 复制、转录、翻译、基因表达调控、基因工程和蛋白质工程。

每章前有提要与学习指导,在重点、难点之后分别插入一两个思考题,便于学生思考,每章后再列一些总结性思考题,以加深理解。书后附有主要参考书与参考文献、常用生物化学名词缩写及名词索引,以便读者查阅。

本教材数字课程汇集了可以进一步拓宽学生知识面的知识点详解和延伸阅读等学习资源,这些资源在正文中相应知识点处以"📖辅学窗"标注,以及各章的教学课件、在线自测和思考题解析,学生可借此进行自主学习。

本书基础扎实,内容新颖;深入浅出,易教易学;条理清楚,行文严谨。适用于综合性大学、理工院校、师范院校以及农林医院校的本科生,也适合有兴趣的教师和读者参考。

图书在版编目(CIP)数据

普通生物化学 / 张冬梅,陈钧辉主编 . --6 版 . --北京:高等教育出版社,2021.7(2024.2 重印)
ISBN 978-7-04-056055-8

Ⅰ.①普… Ⅱ.①张… ②陈… Ⅲ.①生物化学 – 高等学校 – 教材 Ⅳ.① Q5

中国版本图书馆 CIP 数据核字(2021)第 072595 号

PUTONG SHENGWUHUAXUE

| 策划编辑 | 王 莉 高新景 | 责任编辑 | 高新景 | 封面设计 | 赵 阳 | 责任印制 | 朱 琦 |

出版发行	高等教育出版社	网 址	http://www.hep.edu.cn
社 址	北京市西城区德外大街4号		http://www.hep.com.cn
邮政编码	100120	网上订购	http://www.hepmall.com.cn
印 刷	北京宏伟双华印刷有限公司		http://www.hepmall.com
开 本	889mm×1194mm 1/16		http://www.hepmall.cn
印 张	39.25	版 次	1979 年 8 月第 1 版
字 数	1150千字		2021 年 7 月第 6 版
购书热线	010-58581118	印 次	2024 年 2 月第 4 次印刷
咨询电话	400-810-0598	定 价	82.00元

本书如有缺页、倒页、脱页等质量问题,请到所购图书销售部门联系调换
版权所有 侵权必究
物 料 号 56055-00

数字课程（基础版）

普通生物化学

（第6版）

主编　张冬梅　陈钧辉

普通生物化学（第6版）

本数字课程与《普通生物化学》（第6版）纸质教材紧密结合，汇集了可以进一步拓宽学生知识面的知识点详解和延伸阅读，这些学习资源在正文中相应知识点处以"辅学窗"标注，以及各章的教学课件、在线自测和思考题解析，学生可借此进行自主学习。

用户名：	密码：	验证码：	5360	忘记密码？	登录	注册

http://abook.hep.com.cn/56055

扫描二维码，下载Abook应用

深切怀念我们尊敬的导师
——郑集教授

前　言

我国第一代著名生物化学家郑集教授终身热爱教育事业，桃李满天下。凝聚着郑先生毕生心血的《普通生物化学》教材引领了一代又一代生物学者积极探索、不断创新。1979 年，郑集先生受教育部教材编审委员会委托，撰写并出版了《普通生物化学》第 1 版，后经几代教师不懈努力，薪火相传，先后于 1985 年、1988 年、2007 年、2015 年相继出第 2 版、第 3 版、第 4 版和第 5 版。迄今为止，《普通生物化学》教材已成为国内最具影响力的生物化学教材之一。其中，第 4 版于 2012 年入选第一批"十二五"普通高等教育本科国家级规划教材。本书作为这部教材的第 6 版于 2017 年入选江苏省"十三五"重点修订教材。

生物化学从化学的本质和视角揭示生命规律，是解析生命活动本质最重要的基础学科之一，亦与化学、物理学、医学等学科相互渗透与交融，新理论和新技术不断涌现。本书在第 5 版的基础上作了全面修订和补充，希望呈现给读者的不仅仅是学科知识的更新和扩充，更有教学理念的提升，以及人类探索生命奥秘的决心。本书以揭示生命现象的化学本质为主线，尤为关注生物分子化学结构性质与功能的关联、新陈代谢生物化学反应与整个机体稳态调控的关联、遗传信息传递和表达的化学机制及其生物学意义，同时解读科学前沿、技术进步和应用。思考题全面更新，以综合、运用及研究型题型呈现，与辅学数字课程配套，支持学生主动学习和研究型学习，也便于教师讲授。此外，全套教学课件已更新，并新增在线自测习题，供读者选择使用。本书保持一贯简而精的体系和风格，注重关联和逻辑性，以适应并配合现行教学学时规划。

本书共 21 章，其中绪论、第一章至第四章由张冬梅修订；第五章、第六章、第十章由焦瑞清修订；第七章至第九章、第十七章至第二十一章由卢彦修订；第十一章至第十六章由潘颖修订。全书的统稿工作由张冬梅、陈钧辉完成。

自《普通生物化学》第 5 版出版以来，我们得到来自全国 80 余所高校同行的关心和鼓励，也收到一些老师和学生的宝贵意见和建议，这些鼓励和意见是我们完成第 6 版的力量和信心。在修订过程中，南京大学生命科学学院诸位同仁给了很多支持，本书策划编辑王莉女士对本版修订提出了许多宝贵意见，责任编辑高新景在本书出版过程中承担了文字、图表整理和校对等繁重工作，这些支持是本版教材顺利完成的重要保障。本次修订得到"生物化学"国家精品课程建设、江苏省"十三五"重点教材建设项目、南京大学"十三五"重点教材建设项目的资助。衷心感谢上述帮助和支持。

生物化学发展日新月异，我们深感自身编著水平有限，虽然力求严谨和准确，但错误与不足仍属难免，敬请各位同行和读者不吝批评指正。

南京大学生命科学学院

张冬梅、陈钧辉

2021 年 1 月于南京

编写说明

本教材是为国内高等综合院校、师范院校和农林院校的生命科学类相关专业必修"生物化学"课程的教学需要而编写。全书的知识框架、内容选材和文字表达等，以便于教与学而设计，着重在循序渐进地给学生介绍生物化学的基础知识、新理论和新技术。选材力求质精、面广，强调系统性、逻辑性和相关性，文字力求简明畅达，做到由浅入深、由易到难、深入浅出、易教易学。

为达到这些愿望，本教材做了以下设计：

1. 第 I 篇生物分子先介绍糖类化学，然后依次介绍脂质、蛋白质和核酸 4 类生物分子的化学结构和性质。学生在先修课程"有机化学"基础上，将物质分子的化学本质与生物学功能进行关联，从而加深理解"生物化学"是从分子水平研究生命现象和过程。我们将这几章的内容与人类生活、社会进步，以及后续章节进行有机关联，激发学生学习"生物化学"课程的兴趣，使学生们不至于感到许多化学结构式枯燥无味、难学难记。

2. 将酶化学安排在蛋白质化学之后，主要是因为大多数酶的化学本质是蛋白质，学了蛋白质化学再学习酶，掌握酶的性质和功能就迎刃而解；将维生素化学放在酶化学之后讲授，是因为维生素 B 族为多种辅酶的组成成分，参与新陈代谢中的生物化学反应。

3. 在第 III 篇新陈代谢及其调节之前特设了第 II 篇生命活动的基本单位——细胞，介绍细胞种类、细胞器的结构和功能，以及生物膜在物质运输和信号转导中的作用，为讲述新陈代谢及其调节、遗传信息的传递和表达提供预备知识，因为多种代谢反应、信息传递都是在细胞膜和细胞器中进行的，也方便没有先修"细胞生物学"课程的学生学习本教材。

4. 我们将第十章生物能学与生物氧化并入第 III 篇新陈代谢及其调节，并作为首章，目的在于让学生先学习细胞能量产生和转换的共同规律，再去学习物质代谢的具体途径，能更深入理解物质代谢与能量代谢的紧密偶联。

5. 在新陈代谢各章中先讲分解反应，后讲合成反应。在每章的开篇，我们都先用图表将每章的复杂代谢途径作了概括式介绍，然后逐一阐述每步生化反应的详细过程及催化酶的性质和功能，每章末再作一简短总结，有助于学生掌握各章的内容要点。

6. 在代谢各章之后，另设代谢的相互联系和调节控制，将散在各章中有关代谢之间的相互联系及其调控的内容作总结性的综合叙述。

7. 第 IV 篇遗传信息的传递和表达讲授 DNA 的复制、转录、翻译和基因表达调控，并介绍了基因工程和蛋白质工程的技术原理、应用和最新进展。

8. 为了及时启发学生思考问题，分析问题，本教材在每章重点、难点之后，分别插入一两个思考题，使学生及时检验自己对重点、难点是否已完全理解；每章末再列总结性思考题，总结性思考题以综合运用及研究型题型为主，帮助学生加强理解，引导学生关注学科发展进行拓展性学习。每章的提要与学习指导，帮助学生掌握章节知识框架和重点。

9. 本教材建立了配套的辅学型数字课程，内容包括图表、教学视频、科学故事、新发现、新技术、生物化学领域中诺贝尔奖获得者的生平和研究成果以及人类健康和疾病的相关知识、最后附有章节思考题参考答案。这样教材和网上资源相互配合，有助于提高"生物化学"课程的教学质量和效果，进一步拓展学生的知识面，有利于学生积极开展自主学习，为学生搭建了自学平台。

书末附有主要参考书目，以供读者参考。还附有常用生物化学名词缩写及名词索引，以便读者检索书中有关内容。

简　目

绪论　1

第Ⅰ篇　生物分子

第一章　糖类化学　6

第二章　脂质化学　41

第三章　蛋白质化学　61

第四章　核酸化学　144

第五章　酶化学　190

第六章　维生素化学　238

第七章　激素化学　262

第Ⅱ篇　生命活动的基本单位——细胞

第八章　细胞及其结构　288

第九章　生物膜的结构和功能　299

第Ⅲ篇　新陈代谢及其调节

第十章　生物能学与生物氧化　316

第十一章　代谢总论　340

第十二章　糖代谢　349

第十三章　脂质代谢　397

第十四章　蛋白质的降解和氨基酸代谢　427

第十五章　核酸的降解和核苷酸代谢　465

第十六章　物质代谢的相互联系和调节控制　481

第Ⅳ篇　遗传信息的传递和表达

第十七章　DNA 的生物合成　496

第十八章　RNA 的生物合成　523

第十九章　蛋白质的生物合成　545

第二十章　基因表达的调控　565

第二十一章　基因工程和蛋白质工程　577

主要参考书目　587

常用生物化学名词缩写　588

索引　599

目　录

绪论 ……………………………………………… 001
　　1. 生物化学发展简要历程 ……………………… 001
　　2. 生物化学的含义 ………………………………… 002

3. 生物化学在生命科学中的地位及其应用 ……… 002
4. 生物化学的学习方法 …………………………… 003

第 I 篇　生物分子

第一章　糖类化学 ………………………………… 006
　1.1　糖的概念和生物学功能 ……………………… 006
　　1.1.1　糖的化学概念 ……………………………… 006
　　1.1.2　糖的分类和命名 …………………………… 007
　1.2　单糖 …………………………………………… 008
　　1.2.1　单糖的结构 ………………………………… 008
　　1.2.2　单糖的性质 ………………………………… 016
　1.3　二糖 …………………………………………… 025
　　1.3.1　蔗糖 ………………………………………… 026
　　1.3.2　麦芽糖 ……………………………………… 026
　　1.3.3　乳糖 ………………………………………… 027
　　1.3.4　其他二糖 …………………………………… 028
　1.4　三糖 …………………………………………… 028
　1.5　多糖 …………………………………………… 029
　　1.5.1　淀粉 ………………………………………… 029
　　1.5.2　糖原 ………………………………………… 031
　　1.5.3　纤维素 ……………………………………… 031
　　1.5.4　糖胺聚糖 …………………………………… 032
　　1.5.5　细菌多糖 …………………………………… 035
　1.6　糖缀合物 ……………………………………… 037
　1.7　糖生物学 ……………………………………… 039

第二章　脂质化学 ………………………………… 041
　2.1　脂质的概念和类别 …………………………… 041
　　2.1.1　脂质的化学概念 …………………………… 041
　　2.1.2　脂质的分类 ………………………………… 042
　2.2　单脂 …………………………………………… 043

　　2.2.1　脂肪 ………………………………………… 043
　　2.2.2　蜡 …………………………………………… 049
　2.3　复合脂 ………………………………………… 049
　　2.3.1　磷脂 ………………………………………… 049
　　2.3.2　糖脂 ………………………………………… 054
　2.4　固醇 …………………………………………… 057
　　2.4.1　固醇的核心结构 …………………………… 057
　　2.4.2　胆固醇 ……………………………………… 057
　　2.4.3　谷固醇 ……………………………………… 058
　　2.4.4　麦角固醇 …………………………………… 059
　　2.4.5　固醇的生物功能 …………………………… 059
　2.5　脂质的提取、分离和分析 …………………… 060

第三章　蛋白质化学 ……………………………… 061
　3.1　蛋白质的重要性和一般组成 ………………… 061
　　3.1.1　蛋白质的重要性 …………………………… 061
　　3.1.2　蛋白质的一般组成 ………………………… 062
　3.2　氨基酸 ………………………………………… 062
　　3.2.1　氨基酸的结构 ……………………………… 062
　　3.2.2　氨基酸的分类及其结构 …………………… 064
　　3.2.3　氨基酸的溶解度、旋光性和光吸收 ……… 068
　　3.2.4　氨基酸的酸碱性质 ………………………… 070
　　3.2.5　氨基酸的重要化学通性 …………………… 075
　　3.2.6　氨基酸分析 ………………………………… 083
　　3.2.7　氨基酸的制备 ……………………………… 086
　3.3　肽 ……………………………………………… 087
　　3.3.1　肽的结构和命名 …………………………… 087

3.3.2　肽的理化性质 ……………………… 088
3.3.3　天然存在的活性肽 ……………… 089
3.3.4　肽的人工合成 ………………… 091
3.4　蛋白质的分类 　094
3.4.1　根据分子的形状 ………………… 095
3.4.2　根据组成 …………………………… 095
3.4.3　根据溶解度 ……………………… 095
3.4.4　根据功能 …………………………… 095
3.5　蛋白质的结构 　096
3.5.1　蛋白质结构的近代概念 ……… 096
3.5.2　蛋白质结构的研究方法 ……… 097
3.5.3　蛋白质分子中的重要化学键 … 098
3.5.4　蛋白质的一级结构 …………… 099
3.5.5　蛋白质的二级结构 …………… 105
3.5.6　蛋白质的超二级结构和结构域 … 110
3.5.7　蛋白质的三级结构 …………… 111
3.5.8　蛋白质的四级结构 …………… 113
3.5.9　纤维状蛋白质和球状蛋白质的结构 …… 114
3.6　蛋白质的重要性质 ……………… 117
3.6.1　胶体性质 …………………………… 117
3.6.2　酸碱性质和等电点 …………… 118
3.6.3　别构作用 …………………………… 120
3.6.4　变性与凝固 ……………………… 121
3.6.5　沉淀作用 …………………………… 123
3.7　蛋白质的结构与功能 …………… 124
3.7.1　蛋白质的一级结构决定三维结构 …… 124
3.7.2　蛋白质的一级结构与生物功能的关系 …… 125
3.7.3　蛋白质的三维结构与生物功能的关系 … 126
3.8　糖蛋白和脂蛋白 ………………… 130
3.8.1　糖蛋白 ……………………………… 131
3.8.2　脂蛋白 ……………………………… 133
3.9　免疫球蛋白和病毒蛋白 ………… 135
3.9.1　免疫球蛋白 ……………………… 135
3.9.2　病毒蛋白 …………………………… 136
3.10　蛋白质的分离、纯化和鉴定 …… 136
3.10.1　细胞破碎 ………………………… 136
3.10.2　抽提 ………………………………… 137
3.10.3　分离 ………………………………… 137
3.10.4　纯化 ………………………………… 138

3.10.5　鉴定 ………………………………… 140
3.10.6　含量测定 ………………………… 142

第四章　核酸化学 ……………………… 144
4.1　核酸的概念和重要性 …………… 144
4.2　核酸的类别、分布和组成 ……… 145
4.2.1　类别 ………………………………… 145
4.2.2　分布 ………………………………… 146
4.2.3　组成 ………………………………… 146
4.3　核苷与核苷酸 …………………… 148
4.3.1　核苷 ………………………………… 148
4.3.2　核苷酸 ……………………………… 150
4.4　DNA 的结构 ……………………… 155
4.4.1　DNA 的一级结构 ……………… 155
4.4.2　DNA 的二级结构 ……………… 159
4.4.3　DNA 的三级结构 ……………… 165
4.4.4　真核细胞染色体 DNA 结构 … 167
4.5　RNA 的结构 ……………………… 169
4.5.1　RNA 的一级结构 ……………… 169
4.5.2　RNA 的二级结构 ……………… 172
4.5.3　RNA 的三级结构 ……………… 174
4.6　核酸的性质 ……………………… 175
4.6.1　性状和溶解度 …………………… 175
4.6.2　分子大小 ………………………… 175
4.6.3　水解 ………………………………… 175
4.6.4　酸碱性质 ………………………… 175
4.6.5　吸收光谱 ………………………… 176
4.6.6　变性、复性与杂交 …………… 176
4.6.7　沉降 ………………………………… 178
4.6.8　降解 ………………………………… 179
4.7　核酸的生物功能 ………………… 179
4.7.1　DNA 的生物功能 ……………… 179
4.7.2　RNA 的生物功能 ……………… 182
4.7.3　核酸与病毒 ……………………… 185
4.8　核酸的分离、合成和鉴定 ……… 186
4.8.1　DNA 的分离纯化 ……………… 186
4.8.2　RNA 的分离纯化 ……………… 186
4.8.3　核酸的人工合成 ……………… 187
4.8.4　鉴定和含量测定 ……………… 188

第五章　酶化学 ……………………………… 190
5.1　酶的概念、命名和分类 ……………… 190
5.1.1　概念 ………………………………… 190
5.1.2　命名 ………………………………… 191
5.1.3　分类 ………………………………… 191
5.1.4　各大类酶的典型作用 ……………… 191
5.2　酶的化学本质和结构 ………………… 193
5.2.1　酶的化学本质 ……………………… 193
5.2.2　酶蛋白的结构 ……………………… 194
5.2.3　辅酶（辅基）的结构和功能 ……… 194
5.3　酶的特性 ……………………………… 199
5.3.1　酶的理化特性 ……………………… 199
5.3.2　酶的催化作用 ……………………… 199
5.3.3　酶的作用特点 ……………………… 200
5.4　酶的结构和功能 ……………………… 201
5.4.1　酶的活性部位 ……………………… 201
5.4.2　酶的别构（变构）部位 …………… 203
5.4.3　酶原的激活 ………………………… 203
5.5　酶的专一性 …………………………… 204
5.5.1　酶的专一性 ………………………… 204
5.5.2　关于酶作用专一性的假说 ………… 205
5.6　酶的作用机制 ………………………… 206
5.7　一些酶的结构和催化机制 …………… 209
5.7.1　溶菌酶 ……………………………… 209
5.7.2　丝氨酸蛋白酶 ……………………… 210
5.7.3　超氧化物歧化酶 …………………… 214
5.8　酶的分离纯化和活力测定 …………… 216
5.8.1　酶的分离纯化 ……………………… 216
5.8.2　酶活力的测定 ……………………… 216
5.9　酶的反应速率和影响反应速率的因素 …… 219
5.9.1　酶的反应速率 ……………………… 219
5.9.2　影响酶反应速率的因素 …………… 219
5.10　调节酶、同工酶、诱导酶和多酶复合物 … 230

5.10.1　调节酶 ……………………………… 230
5.10.2　同工酶 ……………………………… 235
5.10.3　诱导酶 ……………………………… 236
5.10.4　多酶复合物 ………………………… 236
5.11　固定化酶 ……………………………… 236

第六章　维生素化学 …………………………… 238
6.1　维生素的概念和类别 ………………… 238
6.1.1　维生素的概念 ……………………… 238
6.1.2　维生素的类别 ……………………… 238
6.2　脂溶性维生素 ………………………… 239
6.2.1　维生素 A 族 ………………………… 239
6.2.2　维生素 D 族 ………………………… 242
6.2.3　维生素 E 族 ………………………… 244
6.2.4　维生素 K 族 ………………………… 246
6.3　水溶性维生素 ………………………… 247
6.3.1　维生素 B 族和辅酶 ………………… 247
6.3.2　维生素 C（抗坏血酸） …………… 258
6.4　维生素的吸收 ………………………… 260
6.5　维生素的作用机制 …………………… 260

第七章　激素化学 ……………………………… 262
7.1　激素的概念和类别 …………………… 262
7.2　动物激素 ……………………………… 263
7.2.1　人体及脊椎动物激素的化学本质和
生理功能 ……………………………… 263
7.2.2　无脊椎动物激素的化学本质和生理功能 … 275
7.3　植物激素 ……………………………… 277
7.4　激素的作用机制 ……………………… 278
7.4.1　通过环核苷酸（主要为 cAMP）而起作用 … 278
7.4.2　对酶合成起诱导作用 ……………… 282
7.4.3　通过磷酸肌醇酶起作用 …………… 283
7.4.4　通过酪氨酸激酶起作用 …………… 284

第 II 篇　生命活动的基本单位——细胞

第八章　细胞及其结构 ………………………… 288
8.1　细胞的概念和分类 …………………… 288
8.2　原核细胞 ……………………………… 290
8.2.1　细菌和蓝藻的细胞结构 …………… 290

8.2.2　其他原核生物的细胞结构 ………… 291
8.3　古核细胞 ……………………………… 292
8.3.1　古核生物的特点 …………………… 292
8.3.2　古核细胞的结构 …………………… 292

8.4 真核细胞 ·························· 293
8.4.1 真核细胞的特点 ·············· 293
8.4.2 细胞壁、质膜、细胞质和细胞质基质 ······ 293
8.4.3 细胞器的结构和功能 ·········· 294

第九章 生物膜的结构和功能 ·········· 299
9.1 生物膜的组分和结构 ············ 299
9.1.1 膜脂 ······················ 299

9.1.2 膜蛋白 ···················· 299
9.2 细胞质膜和物质转运 ············ 300
9.2.1 膜转运蛋白 ················ 300
9.2.2 物质跨膜运输的机制 ········ 303
9.3 细胞质膜和信号转导 ············ 308
9.3.1 受体 ······················ 308
9.3.2 细胞内受体的作用机制 ······ 309
9.3.3 细胞表面受体的作用机制 ···· 310

第Ⅲ篇 新陈代谢及其调节

第十章 生物能学与生物氧化 ·········· 316
10.1 生物氧化的热力学 ·············· 316
10.1.1 热力学第一定律 ············ 316
10.1.2 热力学第二定律 ············ 317
10.1.3 自由能 ···················· 317
10.1.4 化学反应中的自由能 ········ 317
10.1.5 氧化还原电位和自由能的变化 ··· 319
10.2 高能化合物 ···················· 321
10.2.1 高能化合物的概念 ·········· 321
10.2.2 高能化合物的类型 ·········· 321
10.2.3 ATP ······················ 321
10.3 生物氧化的概念及其与物质代谢的
关系 ························ 323
10.4 电子传递与呼吸链 ·············· 324
10.4.1 呼吸链的概念和类型 ········ 324
10.4.2 与呼吸链有关的酶和传递体及其作用
机制 ···················· 325
10.4.3 呼吸链中的4个氧化还原酶复合物 ··· 327
10.5 氧化磷酸化 ···················· 331
10.5.1 线粒体的结构 ·············· 331
10.5.2 氧化磷酸化作用机制 ········ 332
10.5.3 氧化磷酸化产生ATP ········ 334
10.5.4 氧化磷酸化的抑制和解偶联 ·· 335
10.5.5 氧化磷酸化的调节 ·········· 336
10.6 线粒体外NADH的氧化磷酸化 ··· 337

第十一章 代谢总论 ················ 340
11.1 新陈代谢的概念 ················ 340
11.1.1 新陈代谢 ················ 340

11.1.2 合成代谢和分解代谢 ········ 340
11.1.3 新陈代谢的特点 ············ 341
11.1.4 中间代谢和代谢途径 ········ 341
11.2 代谢过程的能量传递和转化 ······ 341
11.3 中间代谢的研究方法 ············ 342
11.3.1 活体内与活体外实验 ········ 342
11.3.2 同位素示踪法 ·············· 344
11.3.3 核磁共振波谱法 ············ 345
11.3.4 代谢组学 ················ 346
11.4 不同组织代谢途径的特点 ········ 346

第十二章 糖代谢 ·················· 349
12.1 糖的酶水解（消化） ············ 349
12.2 糖中间代谢概述 ················ 350
12.3 糖的分解代谢 ·················· 350
12.3.1 糖原的分解 ················ 351
12.3.2 葡萄糖的分解 ·············· 352
12.4 糖的合成代谢 ·················· 378
12.4.1 光合作用 ················ 378
12.4.2 糖原的生物合成 ············ 386
12.4.3 淀粉的生物合成 ············ 387
12.4.4 蔗糖的生物合成 ············ 387
12.4.5 乳糖的生物合成 ············ 387
12.4.6 葡萄糖的生物合成 ·········· 388
12.5 糖代谢的调节 ·················· 390
12.5.1 糖原代谢的调节 ············ 390
12.5.2 糖酵解的调节 ·············· 392
12.5.3 糖异生的调节 ·············· 393
12.5.4 丙酮酸有氧氧化的调节 ······ 394

12.5.5　磷酸戊糖途径代谢的调节 ············ 395

12.6　人类及高等动物的糖反常代谢

　　　——糖尿 ·········· 395

第十三章　脂质代谢 ············ 397

13.1　脂质代谢的意义和重要性 ············ 397

13.2　脂质的酶水解（消化）、吸收和转移 ······ 397

　　13.2.1　脂质的酶水解（消化） ············ 397

　　13.2.2　脂质的吸收、转移和储存 ············ 400

13.3　脂肪中间代谢概述 ············ 402

13.4　脂肪的分解代谢 ············ 402

　　13.4.1　甘油的分解代谢 ············ 402

　　13.4.2　脂肪酸的分解代谢 ············ 403

　　13.4.3　酮体的代谢 ············ 408

13.5　脂肪的合成代谢 ············ 410

　　13.5.1　甘油的生物合成 ············ 410

　　13.5.2　脂肪酸的生物合成 ············ 410

　　13.5.3　甘油与脂肪酸合成三酰甘油 ············ 417

13.6　磷脂的代谢 ············ 419

　　13.6.1　磷脂的分解 ············ 419

　　13.6.2　磷脂的生物合成 ············ 419

13.7　糖脂的代谢 ············ 422

13.8　固醇的代谢 ············ 422

　　13.8.1　胆固醇的吸收 ············ 422

　　13.8.2　胆固醇的生物合成 ············ 422

　　13.8.3　胆固醇的降解和转变 ············ 423

13.9　脂质代谢的调节 ············ 423

　　13.9.1　脂肪酸合成的调节 ············ 424

　　13.9.2　胆固醇合成的调节 ············ 425

13.10　脂质代谢紊乱引起的常见疾病 ············ 426

第十四章　蛋白质的降解和氨基酸代谢 ············ 427

14.1　蛋白质的降解 ············ 427

　　14.1.1　蛋白质的酶水解（消化） ············ 427

　　14.1.2　细胞内蛋白质的降解 ············ 428

14.2　氨基酸主要代谢途径概述 ············ 430

14.3　氨基酸的分解代谢 ············ 431

　　14.3.1　氨基酸在分解代谢上的分类 ············ 431

　　14.3.2　氨基酸的共同分解反应 ············ 431

　　14.3.3　氨的代谢去路 ············ 437

14.3.4　酮酸的代谢去路 ············ 441

14.3.5　氨基酸碳骨架的代谢去路 ············ 442

14.4　氨基酸的生物合成 ············ 442

　　14.4.1　氨基酸在合成代谢上的分类 ············ 442

　　14.4.2　氨基酸生物合成的方式 ············ 443

14.5　个别氨基酸代谢 ············ 445

　　14.5.1　中性氨基酸（甘、丙、缬、亮、异亮）

　　　　　的代谢 ············ 445

　　14.5.2　羟基氨基酸的代谢 ············ 448

　　14.5.3　含硫氨基酸的代谢 ············ 448

　　14.5.4　酸性氨基酸（谷氨酸、天冬氨酸）的代谢 ··· 451

　　14.5.5　碱性氨基酸（精氨酸、赖氨酸）的代谢 ··· 451

　　14.5.6　芳香族氨基酸（酪氨酸、苯丙氨酸）的

　　　　　代谢 ············ 453

　　14.5.7　杂环氨基酸（色氨酸、组氨酸）的代谢 ··· 457

　　14.5.8　脯氨酸和羟脯氨酸的代谢 ············ 458

14.6　碳循环与氮循环 ············ 461

14.7　主要的氨基酸代谢异常 ············ 462

　　14.7.1　先天性氨基酸代谢缺陷症 ············ 463

　　14.7.2　氨基酸代谢与肝性脑病 ············ 463

　　14.7.3　氨基酸代谢与肿瘤 ············ 463

第十五章　核酸的降解和核苷酸代谢 ············ 465

15.1　核酸的酶解 ············ 465

15.2　核苷酸的分解代谢 ············ 466

　　15.2.1　嘌呤核苷酸的分解代谢 ············ 466

　　15.2.2　嘧啶核苷酸的分解代谢 ············ 468

15.3　核苷酸的合成代谢 ············ 469

　　15.3.1　单核苷酸的生物合成 ············ 469

　　15.3.2　核苷三磷酸的生物合成 ············ 479

第十六章　物质代谢的相互联系和调节控制 ······ 481

16.1　物质代谢的相互联系 ············ 481

　　16.1.1　糖代谢与脂质代谢之间的相互关系 ····· 481

　　16.1.2　糖代谢与蛋白质代谢之间的相互关系 ····· 482

　　16.1.3　脂质代谢与蛋白质代谢之间的相互关系 ··· 482

　　16.1.4　核酸代谢与糖、脂质及蛋白质代谢之间的

　　　　　关系 ············ 484

　　16.1.5　沟通不同代谢途径的中间代谢物 ··········· 484

16.2　代谢调节的重要性 ············ 484

16.3　酶的调节 ················· 485
16.3.1　通过控制酶量调节代谢 ······ 485
16.3.2　通过控制酶活性调节代谢 ····· 488
16.3.3　相反单向反应对代谢的调节 ···· 490
16.3.4　酶的分布区域化对代谢的调节 ··· 491

16.4　激素的调节 ················· 492
16.4.1　通过控制激素的生物合成调节代谢 ······· 492
16.4.2　通过激素对酶活性的影响调节代谢 ······· 492
16.4.3　通过激素对酶合成的诱导作用调节代谢 ··· 493
16.5　神经的调节 ················· 493

第Ⅳ篇　遗传信息的传递和表达

第十七章　DNA 的生物合成 ········· 496
17.1　DNA 的复制 ················ 496
17.1.1　DNA 的半保留复制 ········ 496
17.1.2　DNA 的半不连续复制 ······· 497
17.1.3　DNA 复制所需的酶和蛋白质 ··· 498
17.1.4　DNA 的复制过程 ·········· 504
17.1.5　真核生物 DNA 的复制 ······ 509
17.2　逆转录 ··················· 511
17.2.1　逆转录酶催化的反应 ········ 511
17.2.2　逆转录酶合成 DNA 的过程 ···· 511
17.2.3　逆转录发现的生物学意义 ····· 512
17.3　DNA 的损伤和修复 ··········· 512
17.3.1　直接修复 ·············· 513
17.3.2　切除修复 ·············· 513
17.3.3　重组修复 ·············· 514
17.3.4　错配修复 ·············· 515
17.3.5　SOS 反应 ············· 516
17.4　DNA 复制的忠实性 ··········· 517
17.5　DNA 重组 ················ 518
17.5.1　同源重组 ·············· 518
17.5.2　位点特异性重组 ·········· 518
17.5.3　转座作用 ·············· 520

第十八章　RNA 的生物合成 ········· 523
18.1　转录（以 DNA 为模板合成 RNA）······ 523
18.1.1　原核生物的转录 ·········· 523
18.1.2　真核生物的转录 ·········· 528
18.2　RNA 转录后的加工 ·········· 533
18.2.1　原核生物 RNA 转录后的加工 ··· 533
18.2.2　真核生物 RNA 前体的加工 ···· 534
18.3　RNA 的降解 ··············· 540

18.3.1　原核生物 RNA 的降解 ······· 540
18.3.2　真核生物 RNA 的降解 ······· 541
18.4　RNA 的复制（以 RNA 为模板合成 RNA）··················· 541
18.5　RNA 生物合成的抑制剂 ········· 542

第十九章　蛋白质的生物合成 ········· 545
19.1　遗传密码 ··················· 545
19.1.1　遗传密码是三联体密码 ········ 545
19.1.2　遗传密码的破译 ··········· 546
19.1.3　遗传密码的特性 ··········· 546
19.1.4　人工密码子及其表达 ········· 547
19.2　蛋白质的生物合成 ············· 548
19.2.1　蛋白质生物合成的一般特征 ····· 548
19.2.2　原核生物蛋白质生物合成的过程 ·· 548
19.2.3　真核生物蛋白质的生物合成 ···· 556
19.2.4　蛋白质多肽链合成后的加工和折叠 ·· 559
19.3　蛋白质的定向转运 ············· 560
19.4　蛋白质生物合成的准确性 ········· 562
19.5　蛋白质生物合成的抑制剂 ········· 563

第二十章　基因表达的调控 ··········· 565
20.1　原核生物基因表达的调控 ········· 566
20.1.1　操纵子学说 ············· 566
20.1.2　翻译水平的调控 ··········· 566
20.2　真核生物基因表达的调控 ········· 568
20.2.1　转录前水平的调控 ·········· 569
20.2.2　转录水平的调控 ··········· 569
20.2.3　转录后水平的调控 ·········· 574
20.2.4　翻译水平的调控 ··········· 574
20.2.5　翻译后水平的调控 ·········· 575

第二十一章 基因工程和蛋白质工程 ············· 577

21.1 基因工程 ··································· 577

21.1.1 基因工程的诞生 ··············· 577

21.1.2 基因工程的基本过程 ········· 577

21.1.3 外源基因在宿主细胞中的表达 ········· 580

21.1.4 转基因动物 ····················· 581

21.1.5 基因工程与医学伦理 ········· 581

21.2 蛋白质工程 ··························· 582

21.2.1 蛋白质工程的概念 ············· 582

21.2.2 蛋白质工程的程序和操作方法 ··········· 582

21.2.3 蛋白质工程的应用 ············· 584

主要参考书目 ······························ 587

常用生物化学名词缩写 ·················· 588

索引 ··· 599

绪　论

　　就自然科学而论，没有一门科学比生命科学更为复杂，更为神秘，更为与人类自身息息相关。长期以来，人们为探索生命进行了不懈的努力，而生物化学就是研究生命现象及其本质的一门重要的基础学科。

　　20世纪生物化学的发展突飞猛进，特别是20世纪50年代DNA双螺旋结构模型的阐明，开创了在分子水平上认识生命现象的新阶段。21世纪初随着人类基因组全序列测定的完成，生命科学步入后基因组时代，使生命科学发生了革命性的变化，为揭开生命的奥秘跨出了最关键的一步，生命的规律逐步被揭示，对生命的探索也不断深入，但要彻底揭示生命的奥秘甚至规划生命蓝图，路，依然漫长。

1. 生物化学发展简要历程

　　生物化学起源于18世纪晚期，发展于19世纪，在20世纪初随着有机化学以及生理学的发展，逐渐形成一门独立的学科。"生物化学"这个名词最早是在1903年由德国C. A. Neuberg首先提出。

　　进入20世纪，生物化学的发展极为迅速。20世纪前30年，生物化学的研究继续侧重在生理学和化学两个方面，这时期主要分离和研究了激素、维生素，另外，还发现了人类所需的必需氨基酸，大大增加了对营养的了解，这时期是营养学真正的黄金时代。

　　20世纪30年代前后，最突出的成果之一是酶的结晶。1926年，美国J. B. Sumner从刀豆中首次获得了脲酶的结晶，并证实酶是蛋白质。1930—1936年，美国J. H. Northrop等得到了胃蛋白酶、胰蛋白酶和胰凝乳蛋白酶的结晶，并进一步证实了酶是蛋白质，此时酶的蛋白质本质才被人们普遍接受，大大推动了酶学的发展。

　　20世纪30年代，另一个重要研究成果是一些中间代谢途径的阐明。德国H. A. Krebs提出了著名的三羧酸循环和尿素循环。

　　20世纪40年代前后，许多生物化学家研究能量代谢，也就是研究代谢过程中能量的产生和利用。指出ATP是关键的化合物，并提出了氧化磷酸化的理论，为现代生物能学的研究奠定了基础。

　　20世纪50年代开始，生物化学进入了飞速发展的时期。一些新技术、新方法的采用大大推动了生物化学的发展。首先是1950年，美国L. Pauling等人利用X射线衍射技术研究蛋白质的二级结构，提出了著名的蛋白质二级结构——α螺旋。其次是1955年，英国F. Sanger等人完成了牛胰岛素一级结构的测定。在这以后，1965年我国科学家首次用人工方法合成了具有生物活性的胰岛素，在蛋白质研究方面打开了新的局面。

　　在蛋白质二级结构的启示下，DNA的研究取得了重要成果。1953年，美国J. D. Watson和英国F. H. C. Crick提出了著名的DNA双螺旋结构模型，成为生物化学发展中的重大里程碑，标志着生物化学发展到一个新的阶段——分子生物学阶段。

　　20世纪60年代，代谢调控的研究取得了重大进展。1961年，法国F. Jacob和J. Monod等人提出了著名的操纵子模型，阐明了原核细胞基因表达调控的机制。

　　20世纪70年代，随着DNA重组技术的建立，生物化学的研究进入生物工程领域。生物工程包括基因工程、蛋白质工程、酶工程、细胞工程和发酵工程等，其中基因工程是生物工程的核心。

　　20世纪90年代，1990年启动了人类基因组计划，旨在得到人类基因组的全部DNA序列，这是人类科学史上最伟大的生命科学工程。这一工程首先在美国启动，很快英国、日本、法国、德国和中国科学家先后加入。中国是在 1999 年加入，承担了 1% 的测序任务。

随着人类基因组 DNA 测序工作的完成，生命科学开始进入后基因组时代，产生了功能基因组学（functional genomics）又称为后基因学（postgenomics）。功能基因组学以高通量、大规模实验方法以及统计与计算机分析为特征，利用人类基因组计划（结构基因组学）提供的信息系统地研究基因功能，包括基因的表达及其调控模式。功能基因组学研究的主要内容包括：人类基因组 DNA 序列变异性、基因组表达及其调控的机制以及利用各种模式生物研究基因的功能等。

由于生命活动的主要承担者是蛋白质，而蛋白质有其自身的存在形式和活动规律，仅仅从基因的角度来研究是远远不够的。1994 年，澳大利亚学者首次提出蛋白质组的概念，蛋白质组是指基因组所表达的全部蛋白质，由此诞生了一个新的学科——蛋白质组学（proteomics），它是阐明各种生物在细胞中全部蛋白质的表达模式及功能模式的学科。深入了解蛋白质复杂多样的结构和功能是后基因组时代的主要任务，将在分子、细胞和生物体等多个层次上进一步揭示生命现象的本质。代谢组学（metabonomics/metabolomics）是继基因组学和蛋白质组学之后新近发展起来的一门新学科，主要通过对生物体内所有代谢物进行定量分析，寻找代谢物与生理、病理变化的相对关系，其研究对象大都是相对分子质量 1 000 以内的小分子物质。根据其研究主体，代谢组学又可以细分为糖代谢组学、脂质代谢组学、氨基酸代谢组学等。

各类组学的发展孕育了以整体性研究为特征的系统生物学（systems biology），成为 21 世纪生命科学研究领域的新秀。系统生物学研究通过高通量的方法和技术系统研究生物组成成分的构成与相互关系，并通过信息科学、数学和计算机科学等来定量描述和预测生物功能的学科。系统生物学不同于以往仅仅关心个别基因和蛋白质的分子生物学，而是从整体上系统研究生命过程。系统生物学的诞生进一步提升了后基因组时代的生命科学研究潜力。

2. 生物化学的含义

生物化学（biochemistry）是介于生物与化学之间的一门基础科学，它主要用化学的理论和方法研究生物体的化学组成以及生命活动过程中的一切化学变化，从而揭示生命的奥秘。其任务主要有三个方面：①研究构成生物体的基本物质（糖类、脂质、蛋白质、核酸）及催化并调节细胞内生物化学反应的酶、维生素和激素的结构、性质和功能，这部分内容通常称为静态生物化学。②研究构成生物体的基本物质在生命活动过程中进行的化学变化，也就是新陈代谢及在代谢过程中能量的转换和调节规律，这部分内容通常称为动态生物化学。③研究遗传信息的传递和表达，包括 DNA 的复制、转录、翻译和调控。从研究对象分类，可分为动物生物化学及植物生物化学。如果研究对象不局限于动物或植物，而是一般生物，则称普通生物化学。如果以生物（特别是动物）的不同进化阶段的化学特征（包括化学组成和代谢方式）为研究对象，则称进化生物化学或比较生物化学。此外，根据不同的研究对象和目的，生物化学还可有许多分支，如医学生化、运动生化、食品生化等。

3. 生物化学在生命科学中的地位及其应用

生物化学是生命科学的基础学科。

生物化学主要是在分子水平上研究生物体的化学本质及其在生命活动过程中的化学变化规律，如欲深入了解各种生物的生长、生殖、生理、遗传、衰老、疾病、生命起源和演化等现象，都需要用生物化学的原理和方法进行探讨。因此，生物化学是各门生物学科的基础，特别是生理学、微生物学、遗传学、细胞生物学等各学科的基础，在分子生物学中占有特别重要的位置。

生物化学又是医学、农学（包括农、林、牧、渔等）、某些轻工业（如制药、酿造、皮革、食品等）和营养卫生学等科目的基础，与人类健康，工、农业都有密切关系。例如，疾病的预防、治疗和诊断以及如何供给人体以适当的营养从而增进人体的健康等都离不开生物化学；某些轻工业如生物制药工业、抗生素制造工业、酿造工业、皮革工业、食品工业和发酵工业等都要应用生物化学的理论、技术和方法；还有许多植物新品种的培育、植物病虫害的防治、农药的设计和植物激素的应用等都要有坚实的生物化学和分子生物学的基础。为了便于今后的学习和工作，有必要学习一些最基本的生物化学知识和技术。

4. 生物化学的学习方法

生物化学虽然与化学，特别是有机化学密切相关，但性质有所不同，主要区别是生物化学反应是在生物体内进行的，反应的环境比体外复杂，一般有生物催化剂（酶）参与。有些在体外发生的反应，在体内就不一定照样进行，因此，不能简单地根据体外的化学反应去理解体内的反应。

学习生物化学时，应由表及里、循序渐进；应对教师指定的教材内容作全面了解，分析比较，明确概念；对糖类、脂质、蛋白质、核酸以及其他生物分子的学习，要从化学本质和结构特点出发，联系它的性质和功能；对每章的重点内容应深入钻研，多加思考，弄懂并记忆。在学习过程中应充分利用与本教材配套的数字课程资源，以增强对课堂内容的理解，扩大知识面。

生物化学是一门实验性学科，在生物化学领域中的重要发现都是在大量实验基础上获得的。因此，在学好书本知识的同时，要注重理解并掌握生物学技术的原理背景和基本操作，提高观察、分析和思考的能力。

🌐 思考题

1. 什么叫生物化学？其重要性及任务为何？
2. 应该如何学习生物化学？

第 I 篇

生物分子

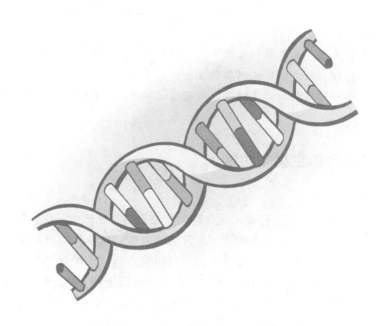

第一章 糖类化学

本章的主要内容是糖的概念、分类以及单糖、二糖和多糖的化学结构和性质，还介绍了糖与非糖物质结合而成的糖缀合物。学习时应注意：

1. 重点掌握单糖（葡萄糖和果糖）的结构和性质，再去理解二糖和多糖的结构和性质。
2. 用比较、分析的方法去认识各种重要糖类的特征。
3. 在学习单糖的结构和性质时要联系有机化学中醛、酮的化学结构和性质。

1.1 糖的概念和生物学功能

糖类（carbohydrate），又称碳水化合物，广布于动植物体中。所有生物的细胞质和细胞核皆含核糖，动物血液含有葡萄糖，肝、肌肉中含有糖原，乳汁含有乳糖。植物体组分的85%～90%为糖类。植物的细胞壁、木质部，棉花、竹木等除水分以外，几乎全是由纤维素所组成。粮食（谷类）含丰富的淀粉，甘蔗和甜菜含大量蔗糖，鲜果含果糖和果胶。微生物体内亦含有糖类，如肽聚糖、脂多糖等，占菌体干重的10%～30%。所有这些核糖、葡萄糖、果糖、乳糖、蔗糖、糖原、果胶、纤维素、淀粉以及麦芽糖（俗称饴糖）等都属于糖类。

糖类不仅广泛分布于自然界，而且和人类的关系也很密切。我们所用的竹、木、麻、棉制品，吃的米、麦、杂粮、糖果，工业和医药上用的各种糖都是属于糖类物质。糖类的主要生物学作用有4个方面：

（1）提供大量的能量，如淀粉在体内氧化时，可放出大量能量。

（2）可转变为生命所必需的其他物质，如脂质、蛋白质等。

（3）可作为生物体的结构物质，如纤维素是植物中起支持作用的结构物质。

（4）可作为信息分子，参与信号传递、代谢调控、机体免疫、衰老、肿瘤的发生和转移等过程，这些研究成果已发展成为一门新的学科，称为糖生物学（glycobiology）。

1.1.1 糖的化学概念

糖类是多羟醛或多羟酮及其缩聚物和某些衍生物的总称。

绝大多数糖类的分子式可用 $C_n(H_2O)_n$ 通式来表示，因而又称碳水化合物。但符合 $C_n(H_2O)_n$ 通式的化合物不一定都是糖，如乙酸即为其中一例；相反，有些糖的分子式并不符合 $C_n(H_2O)_n$ 通式，如鼠李糖（$C_6H_{12}O_5$）（rhamnose，6-脱氧甘露糖）、岩藻糖（$C_6H_{12}O_5$）（fucose，6-脱氧半乳糖）等。所以称碳水化合物并不恰当，但因沿用已久，至今人们还习惯用碳水化合物这个名称。

还有一些多糖是同肽、脂质或硫酸等非糖物质相连接的，也有一些多糖的组成单位不是单纯的单糖，而是单糖的衍生物如乙酰糖胺、硫酸糖胺或糖醛酸。

1.1.2 糖的分类和命名

1.1.2.1 分类

糖类可分为单糖、寡糖、多糖和糖缀合物四大类：

（1）**单糖**（monosaccharide）[1] 根据所含碳原子数目又分为丙糖、丁糖、戊糖、己糖和庚糖。

单糖是不能水解的最简单糖类，是多羟醇的醛或酮的衍生物，如葡萄糖、果糖等。下列的第一式为多羟醇，第二式为第一式的醛衍生物，称醛糖，第三式为第一式的酮衍生物，称酮糖。

$$
\begin{array}{ccc}
CH_2OH & CHO & CH_2OH \\
| & | & | \\
CHOH & CHOH & C=O \\
| & | & | \\
(CHOH)_3 & (CHOH)_3 & (CHOH)_3 \\
| & | & | \\
CH_2OH & CH_2OH & CH_2OH \\
\text{多羟己醇} & \text{己醛糖} & \text{己酮糖}
\end{array}
$$

（2）**寡糖**（oligosaccharide） 也称低聚糖，由 2～10 分子的单糖通过糖苷键连接而成，水解后产生单糖。寡糖包括二糖、三糖、四糖、五糖和六糖等。

二糖：由 2 分子单糖聚合而成，如蔗糖、麦芽糖和乳糖等。

三糖：由 3 分子单糖聚合而成，如棉子糖。

（3）**多糖**（polysaccharide） 由多个分子单糖或其衍生物聚合而成，水解后产生原来的单糖或其衍生物。分同多糖和杂多糖，前者为相同单糖所组成，包括戊聚糖（$C_5H_8O_4$）$_n$，如阿拉伯胶；己聚糖（$C_6H_{10}O_5$）$_n$，如淀粉、糖原、纤维素等；后者为一种以上的单糖或其衍生物所组成，如半纤维素、糖胺聚糖等。

寡糖的通式，以六碳寡糖为例，可表示如下：

$$n（C_6H_{12}O_6）-（n-1）H_2O, \quad n=2,3,4,\cdots$$

多糖的通式和寡糖的通式理论上相同，但因多糖分子含单糖分子多，当 n 很大时，上面式子中的 $n-1$ 就可看作等于 n，例如：

$$n（C_6H_{12}O_6）-nH_2O = n（C_6H_{12}O_6-H_2O）= n（C_6H_{10}O_5）$$

因此，己聚糖的分子式用（$C_6H_{10}O_5$）$_n$ 来表示，其他多糖类推。

（4）**糖缀合物**（glycoconjugate） 糖类还可以和非糖物质如蛋白质或脂质共价结合，生成糖缀合物，也称糖复合体或复合糖类。糖缀合物普遍存在于生物界，包括蛋白聚糖、糖蛋白、糖脂等。

1.1.2.2 命名

糖的通俗名称一般是根据其来源，如葡萄糖、果糖、蔗糖和乳糖等。单糖可根据其碳原子数目以及含有醛基或酮基来命名，如葡萄糖可称为己醛糖，果糖可称为己酮糖。单糖的缩写通常用其英文名词的前 3 个字母，如葡萄糖（glucose，简写 Glc）[2]、果糖（fructose，简写 Fru）、半乳糖（galatose，简写 Gal），单糖的衍生物也能缩写，如 N- 乙酰葡糖胺（GlcNAc）、N- 乙酰半乳糖胺（GalNAc）。更多单糖及其衍生物的名称和缩写见 **e辅学窗** 1–1。寡糖可根据其组成、连接方式和糖苷键的类型来命名，详见 1.3 节。

---

[1] saccharide 源自希腊语 sakcharon，意思是糖。

[2] 单糖的缩写通常用其英文名词的前 3 个字母，葡萄糖（glucose）是例外，为避免 Glu 与谷氨酸（glutamic acid，Glu）混淆，所以葡萄糖的缩写为 Glc。

1.2 单糖

1.2.1 单糖的结构

1.2.1.1 链状结构

单糖是多羟醛或多羟酮，又因葡萄糖被钠汞齐（钠和汞的合金）和 HI 还原后生成正己烷，被浓 HNO_3 氧化产生糖二酸（二羧酸），而多羟醛、多羟酮、正己烷和糖二酸等都是开链化合物，所以单糖具有链状结构，可用下列通式表示醛糖和酮糖：

CH₂OH
|
CHO   C=O
| |
(CHOH)ₙ   (CHOH)ₙ₋₁
| |
CH₂OH   CH₂OH

醛糖   酮糖

以 D– 葡萄糖和 D– 果糖作代表，它们的结构可表示如下式：

¹CHO   ¹CH₂OH
| |
H—²C—OH   ²C=O
| |
HO—³C—H   HO—³C—H
| |
H—⁴C—OH   H—⁴C—OH
| |
H—⁵C—OH   H—⁵C—OH
| |
⁶CH₂OH   ⁶CH₂OH

D(+)–葡萄糖(醛糖)   D(−)–果糖(酮糖)

上述结构式可分别简化为：

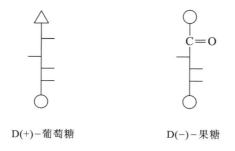

D(+)–葡萄糖   D(−)–果糖

其中"⊦"表示碳链及不对称碳原子上羟基的位置；"△"表示醛基，即"—CHO"；"—"表示羟基，即"—OH"；"○"表示第一醇基，即"—CH₂OH"。

开链醛糖和开链酮糖皆含有羟基和不对称碳原子，所不同者是 D– 果糖比 D– 葡萄糖分子少一个不对称碳原子，D– 果糖第 2 碳位为酮基（亦称羰基），而 D– 葡萄糖分子的第 1 碳位为醛基。这些特殊功能基团是决定单糖特性的基础。

单糖的 D 型及 L 型　单糖有 D– 及 L– 两种异构体，判断其 D 型还是 L 型是将单糖分子中离羰基最远的不对称碳原子（如葡萄糖和果糖的第 5 碳位）上—OH 的空间排布与甘油醛比较，若与 D– 甘油醛相同，即—OH 在不对称碳原子右边的为 D 型，若与 L– 甘油醛相同，即—OH 在不对称碳原子左边的为 L 型。凡在理论上可由 D– 甘油醛（即 D– 甘油醛糖）衍生出来的单糖皆为 D 型糖，由 L– 甘油醛衍生出来的单糖皆为 L 型糖，所以 D– 及 L– 符号仅表示各有关单糖在构型上与 D– 甘油醛或 L– 甘油醛的构型关系，与其旋光性无关。如果要表示旋光性，则在 D 后加（＋）号，表示右旋，加（－）号表示左旋，例如 D（－）– 果糖即表示果糖的构型与 D– 甘油醛相同，而旋光性是左旋。

甘油醛的 D 型或 L 型最初是随意规定的。在一个不对称碳原子上的—H 和—OH 有两种可能排列法，即—OH（或—H）可在不对称碳原子的左边，也可在不对称碳原子的右边，因而可形成两种对映体。—OH 在甘油醛的不对称碳原子右边者［即在与—CH₂OH 邻近的不对称碳原子（有 * 号的）的右边］最初人为规定为 D 型，在左边者为 L 型，例如：

$$
\begin{array}{cc}
\text{CHO} & \text{CHO} \\
\text{H—}{}^{*}\text{C—OH} & \text{HO—}{}^{*}\text{C—H} \\
\text{CH}_2\text{OH} & \text{CH}_2\text{OH} \\
\text{D–甘油醛} & \text{L–甘油醛}
\end{array}
$$

如用立体模型表示甘油醛的分子结构，则 D– 及 L– 甘油醛两个对映体的结构可表示如图 1–1。

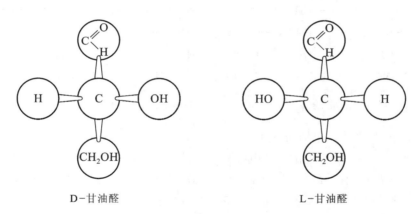

图 1–1　甘油醛的构型（对映体）

因此，从 D– 甘油醛每增加一个碳原子，可能衍生出 2 个 D– 丁糖，4 个 D– 戊糖，8 个 D– 己糖；从 L– 甘油醛亦可能衍生出同样数目的 L– 单糖。D– 与 L– 单糖互为对映体。

思考题

链状己醛糖和链状己酮糖各有多少个立体异构体？

由 D– 甘油醛衍生的 $C_4 \sim C_6$ 单糖可表示如下：

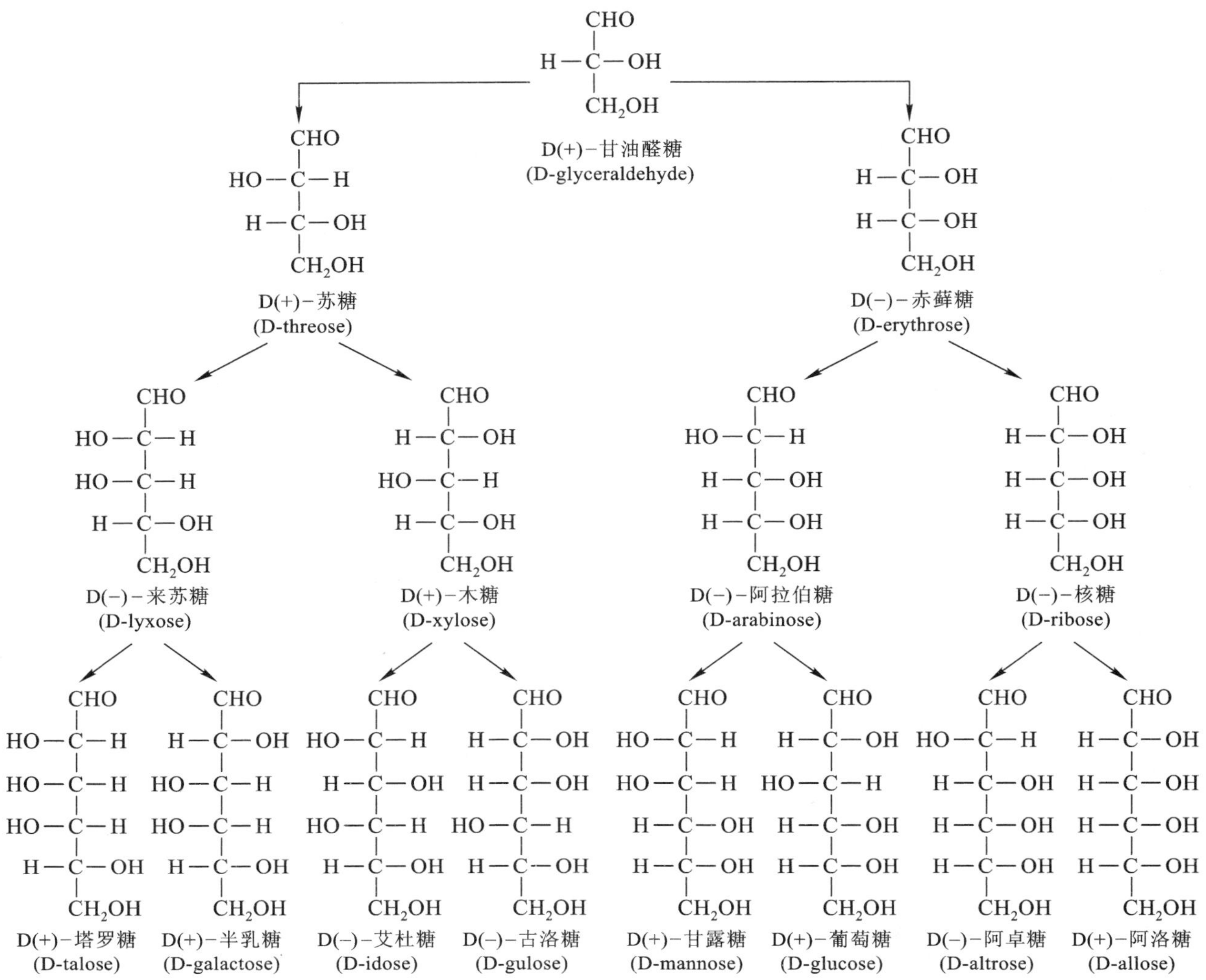

CHO
H—C—OH
CH₂OH
D(+)-甘油醛糖
(D-glyceraldehyde)

D(+)-苏糖
(D-threose)

D(-)-赤藓糖
(D-erythrose)

D(-)-来苏糖
(D-lyxose)

D(+)-木糖
(D-xylose)

D(-)-阿拉伯糖
(D-arabinose)

D(-)-核糖
(D-ribose)

D(+)-塔罗糖
(D-talose)

D(+)-半乳糖
(D-galactose)

D(-)-艾杜糖
(D-idose)

D(-)-古洛糖
(D-gulose)

D(+)-甘露糖
(D-mannose)

D(+)-葡萄糖
(D-glucose)

D(-)-阿卓糖
(D-altrose)

D(+)-阿洛糖
(D-allose)

由甘油酮糖（二羟丙酮）衍生的单糖如下页所示。

同样，L-甘油醛糖和甘油酮糖亦可衍生出相应的L-四碳、五碳和六碳单糖。

自然界中存在的醛糖有D-甘油醛糖、L-阿拉伯糖、D-木糖、D-核糖、D-2-脱氧核糖、D-葡萄糖、D-甘露糖和D-及L-半乳糖等。仅一个C原子构型不同的糖互为差向异构体（epimer），如D-葡萄糖和D-甘露糖就是C-2构型不同的差向异构体。

酮糖只有甘油酮糖（即二羟丙酮 CH₂OH—CO—CH₂OH）、L-木酮糖、D-果糖、L-山梨糖和景天庚酮糖（sedoheptulose）存在于自然界。

D-葡萄糖、D-果糖与人类关系较密切。人体的血糖几乎全是D-葡萄糖，细胞和组织生理活动所需能量主要来自于葡萄糖的氧化分解，因此血糖浓度必须保持一定的稳定性。医疗上注射用的糖也是葡萄糖，以补充能量和体液辅助疾病治疗。D-果糖存在于水果中，比葡萄糖甜。

由于自然界存在的D型糖远比L型糖多，因此D前缀有时被省略。

🛈 思考题

1. 写出L-甘油醛糖和甘油酮糖可能衍生的四碳L-单糖。

2. 写出L-甘露糖的结构式，它与L-葡萄糖是差向异构体吗？

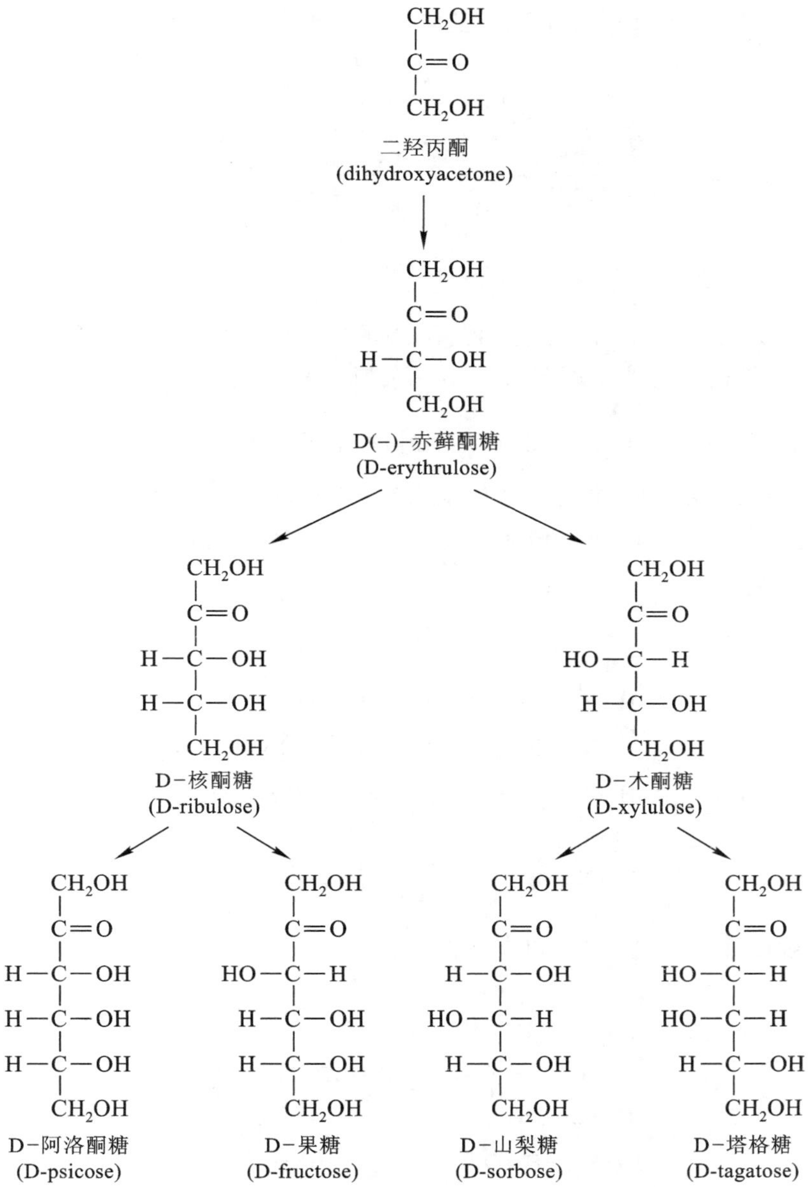

$$
\begin{array}{c}
CH_2OH \\
| \\
C=O \\
| \\
CH_2OH
\end{array}
$$

二羟丙酮
(dihydroxyacetone)

↓

$$
\begin{array}{c}
CH_2OH \\
| \\
C=O \\
| \\
H-C-OH \\
| \\
CH_2OH
\end{array}
$$

D(−)−赤藓酮糖
(D-erythrulose)

D−核酮糖
(D-ribulose)

D−木酮糖
(D-xylulose)

D−阿洛酮糖
(D-psicose)

D−果糖
(D-fructose)

D−山梨糖
(D-sorbose)

D−塔格糖
(D-tagatose)

1.2.1.2　环状结构

如果链状结构是单糖的唯一结构，则单糖中的醛糖本身就属醛类，它的性质应与一般醛类相同。但事实上，单糖的性质常与一般醛类有出入，不能用开链结构来解释单糖的这些性质。例如：

① 葡萄糖的醛基不如一般醛类的醛基活泼，也不如一般醛类能与 $NaHSO_3$ 和 Schiff 试剂 [①] 起加合作用。

---

① Schiff 试剂是鉴定醛基的试剂。先加 H_2SO_3 于品红溶液使成为无色加合物，加入醛时，则 H_2SO_3 与醛的醛基结合，溶液呈紫红色。环状结构的糖分子因醛基性质不显著，故无此反应。

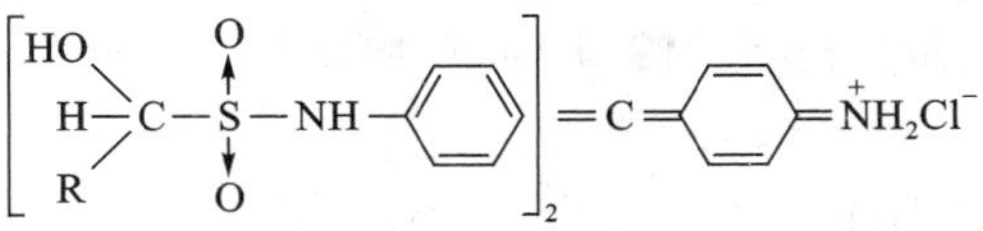

紫红色物质的结构式

② 1分子葡萄糖只能与1分子甲醇结合成甲基葡萄糖，而不能如一般醛类分子能与2分子甲醇作用形成缩醛。

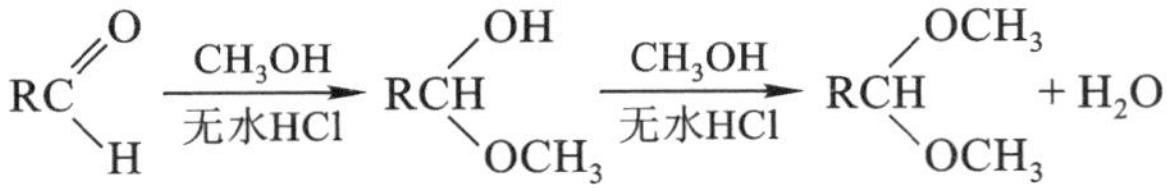

半缩醛　　　　　　缩醛

③ 一般醛类在水溶液中只有一个比旋光度，但新配制的葡萄糖水溶液的比旋光度随时间而改变。

这些性质都不是链状结构所能圆满解释的，但如葡萄糖有环状结构，即可迎刃而解。因为原来链式中的醛基在环式中变成了半缩醛基（—CHOH），所以不如自由醛基活泼。此外，环式中醛糖第1碳原子的—H与—OH（环式酮糖第2碳原子的—CH$_2$OH和—OH）可以左右调换位置，故有一个以上的比旋光度。

根据这些论点，化学家（A. A. Колл，B.Tollen，E.Fischer，ℯ辅学窗1-2）认为单糖不仅有链状结构，同样还有环状结构。

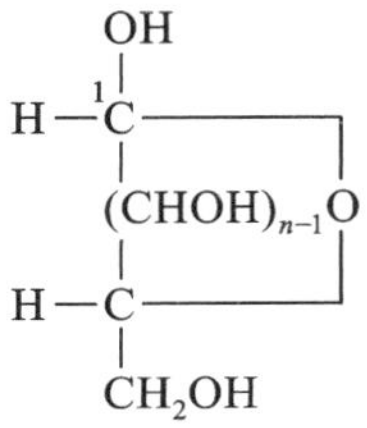

环状醛糖 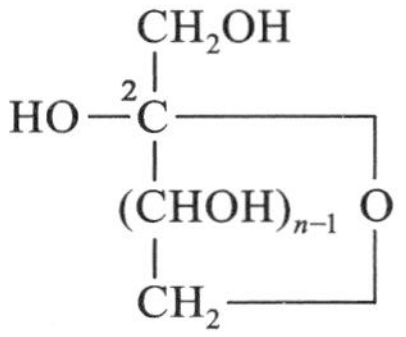　　　　　　环状酮糖

因此，D-葡萄糖和D-果糖的结构式又可写如下式：

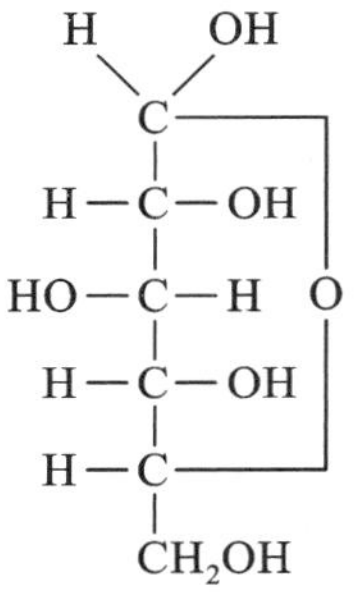

α-D-葡萄糖 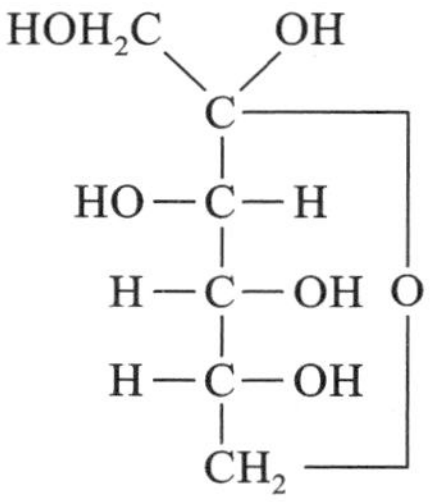　　　　　　α-D-果糖

(E.Fischer 式)

D-葡萄糖分子上C-1的醛基与C-5的羟基反应形成半缩醛羟基，D-果糖分子上C-2的酮基与C-6的羟基反应形成半缩醛羟基。其他单糖同样可以用环状结构表示。

单糖的链状结构和环状结构，实际上是同分异构体。环状结构最重要，以葡萄糖为例，在晶体状态或在水溶液中，绝大部分是环状结构，在水溶液中链状结构和环状结构是可以互变的，糖的水溶液总含有少量的自由醛基（指链状糖），故呈醛的性质。

（1）**单糖的 α 型和 β 型**　由于醛糖环式第1碳原子是不对称碳原子，与其相连的—H 和—OH 的位置有两种可能排列方式（—OH 可在碳原子的左边或右边），因而就有两种构型的可能。决定 α-、β- 型的依据和决定一个糖的 D-、L- 型的依据相同，都是以分子末端—CH_2OH 邻近不对称碳原子的—OH 基的位置作依据。凡糖分子的半缩醛羟基（即 C-1 上的—OH）和分子末端—CH_2OH 邻近不对称碳原子的—OH 基在碳链同侧的称 α 型，在异侧的称 β 型。C-1 称异头碳原子，所以 α- 和 β- 两种不同形式的异构体称异头物（anomer）。

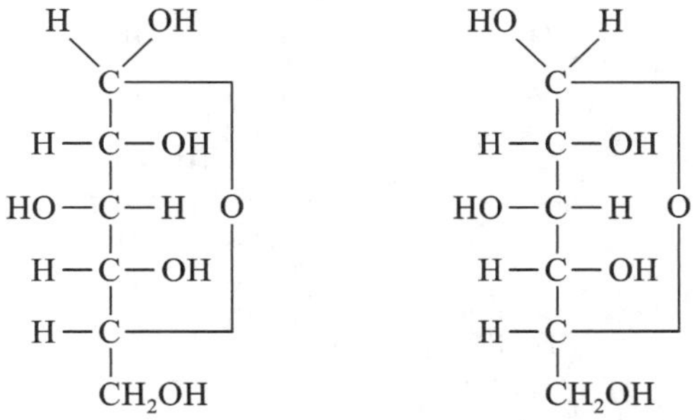

α-D- 葡萄糖　　　　　　β-D- 葡萄糖

D- 葡萄糖的 α- 和 β- 两型的形成见 **辅学窗** 1-3。

环式酮糖亦有 α- 和 β- 两型。与醛糖不同，环式酮糖的 C-2 是异头碳原子，其 α- 型和 β- 型的判断依据与环式醛糖相同。

在水溶液中，单糖的 α- 和 β- 型通过直链可互变而达到平衡。

α- 和 β- 型糖不是对映体。α-D- 葡萄糖的比旋光度为 $[\alpha]_D^{20}+112.2°$；β-D- 葡萄糖的比旋光度是 $[\alpha]_D^{20}+18.7°$（α-D- 葡萄糖的对映体是 α-L- 葡萄糖，其比旋光度为 $[\alpha]_D^{20}-111.2°$）。

上面的葡萄糖环状结构式为 1-5 氧桥型（氧桥是第 1 和第 5 碳原子连接），除 1-5 氧桥型外，葡萄糖的环状结构还可以有 1-4 氧桥型。1-4 氧桥型葡萄糖极活泼，又称活性葡萄糖。1-5 氧桥型的葡萄糖较稳定，在水溶液中葡萄糖大部分为 1-5 氧桥型。

1-5 氧桥型葡萄糖的环状结构与吡喃的结构相似，而 1-4 氧桥型葡萄糖的环状结构与呋喃的结构相似，因此称 1-5 氧桥的环形糖为吡喃糖，1-4 氧桥的环形糖为呋喃糖。

上面介绍了单糖的链状和环状结构，需要指出的是，单糖的链状结构在空间不成一直线，环状结构的各原子不在同一平面上，因此科学家在 Fischer 式基础上，提出了 Haworth 式。

思考题

1. 环状己醛糖和己酮糖各有多少种立体异构体？

2. 新配制的 α-D- 吡喃葡萄糖苷溶液在放置一段时间后，其旋光度会发生变化吗？解释原因。

（2）**单糖环状结构式的另一形式（Haworth 式）** Fischer 式的环式虽能表示各个不对称碳原子构型的差异和较圆满地解释单糖的性质，但不能很准确地反映糖分子的立体构型。例如，Fischer 式的 α-D- 吡喃葡萄糖环式不能反映出第 6 碳所带基团与第 1、第 2 和第 4 碳上的—OH 基位置的相对位置关系，亦不能表示出第 1 和第 5 碳的邻近关系。因此，W. N. Haworth（**辅学窗** 1-4）提出书写糖类环状结构式的另一方法，即建议将吡喃糖式写成六元环，将呋喃糖式写成五元环，可按下面的方法将 Fischer 式改写成 Haworth 式：

① 顺时针画平面，左上右下。即氧桥所连的碳原子按顺时针方向画在一个平面上，Fischer 式中碳链左边的各基团写在 Haworth 式环的平面上，右边的各基团写在环平面下。

② 氧桥一端反向，指氧桥中远离半缩醛或半缩酮羟基的碳原子一端与"左上右下"的规则相反，如 α-D- 吡喃葡萄糖的 C-5 左侧的氢按规则应写在 Haworth 式的平面上，而实际上写在平面下。

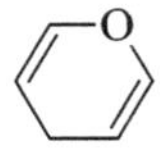

吡喃

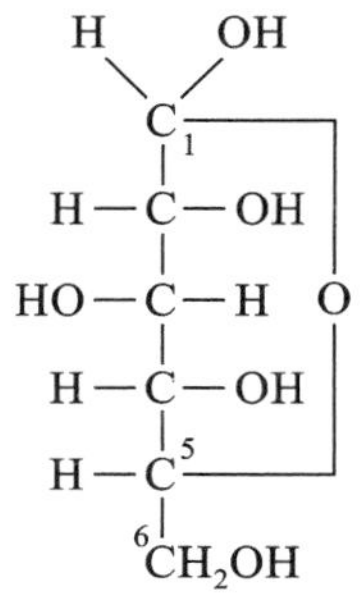

α-D-吡喃葡萄糖
（Fischer 式）

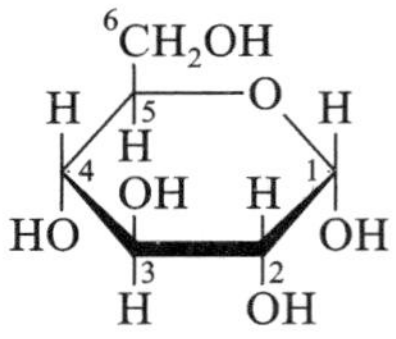

α-D-吡喃葡萄糖 β-D-吡喃葡萄糖

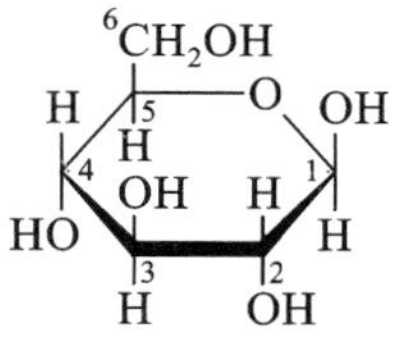

（Haworth 式，六元环）

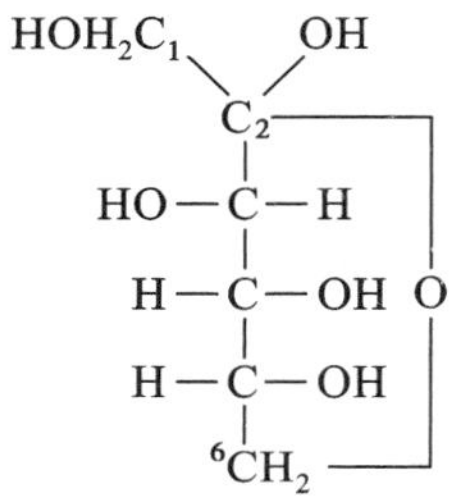

α-D-吡喃果糖
（Fischer 式）

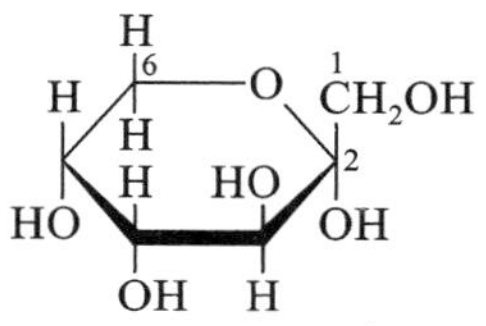

α-D-吡喃果糖
（Haworth 式）

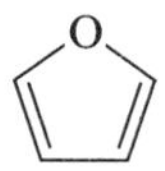

呋喃

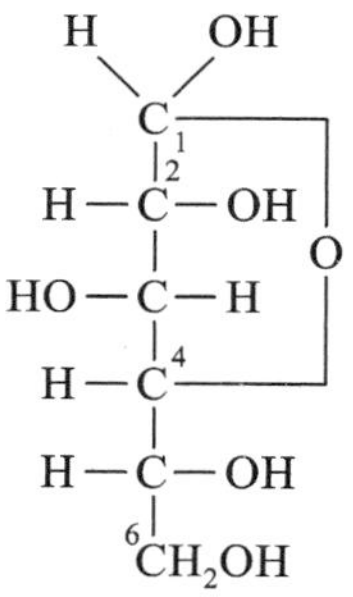

α-D-呋喃葡萄糖
（Fischer式）

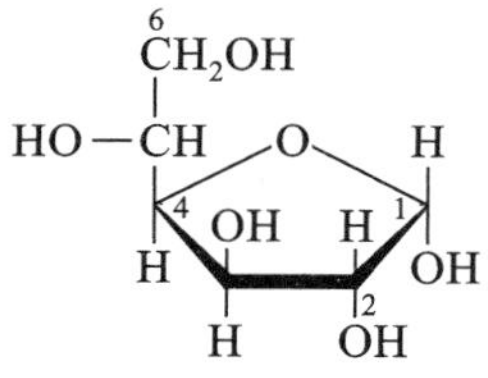

α-D-呋喃葡萄糖 β-D-呋喃葡萄糖

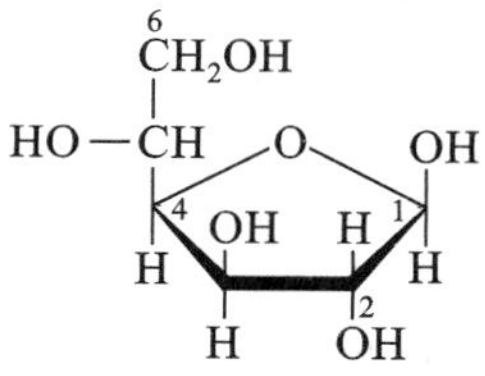

（Haworth式，五元环）

α-D-呋喃果糖
(Fischer式)

(Haworth式，五六环)

α-D-呋喃果糖
(Haworth式)

上述 Haworth 式中，粗线表示靠近读者的环边缘，细线表示离开读者的环边缘。如含氧环的碳原子按顺时针方向排列，末端的羟甲基在平面上的为 D 型，在平面下的为 L 型。D 型与 L 型糖各自不对称碳原子两边的—H 和—OH 在环平面上或下的位置恰好相反。不论是 D 型还是 L 型糖，异头碳羟基与末端羟甲基是反式的为 α- 异头物，顺式的为 β- 异头物。

上述 D- 吡喃葡萄糖的 C-5 及 D- 呋喃葡萄糖的 C-4 左侧的 H，按照"左上右下"的规则，似乎都应当写在 Haworth 式的平面上，但实际上是写在平面下，其原因见 ℮辅学窗 1-5。

单糖的链状结构和环状结构以及吡喃式和呋喃式彼此并非孤立存在，而是可以相互转变的。在游离单糖（例如葡萄糖）中性水溶液中，链式与环式，吡喃式和呋喃式同时存在，并达到平衡，但以吡喃型为主。α- 与 β- 型的互变是通过醛式或水化醛式来完成的。

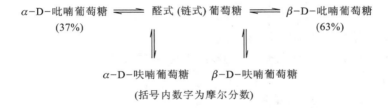

α-D-吡喃葡萄糖 ⇌ 醛式 (链式) 葡萄糖 ⇌ β-D-吡喃葡萄糖
(37%)   (63%)

α-D-呋喃葡萄糖   β-D-呋喃葡萄糖

（括号内数字为摩尔分数）

⊕ 思考题

画出 D- 甘露糖和 D- 半乳糖的 Haworth 式结构。

1.2.1.3 椅式和船式构象

构象（conformation）一词是用来表示一个有机化合物结构中一切原子沿共价键转动而产生的不同空间结构。由于糖分子中各碳原子之间都是以单键相连，C—C 单键可以自由旋转，这就产生了构象问题。对直链的单糖分子来讲可有各种构象，但对环状单糖来讲，由于成环后单键的旋转受到一定的牵制，因此构象体就少一些。根据 X 射线衍射分析、旋光性和红外光谱测定等方法研究己糖及其衍生物的构象，发现己糖的 C—C 键都保持正常四面体价键的方向，5 个 C 原子和 O 原子不是在一个平面上，而是折叠成椅式和船式两种构象。

椅式   船式

己糖及其衍生物主要以椅式存在，船式仅占极小比例。在水溶液中椅式、船式之间可以互变，在室温下船式结构很少，但随温度增高，船式比例相应升高，最终达到两种形式的平衡。椅式构象又有 C₁ 和 ¹C 之分，下图是

β–D– 吡喃葡萄糖的两种椅式构象。

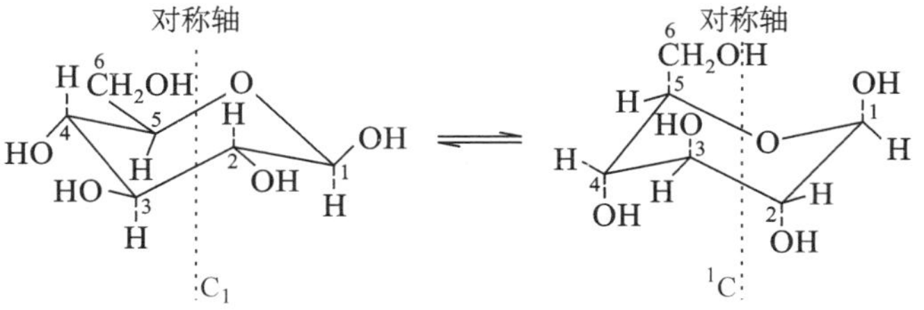

（┊垂直键　\平伏键）

在 C_1 构象中所有体积大的取代基（—OH，—CH$_2$OH）都在平伏键（e 键，equatorial bond，与对称轴几乎垂直）的位置，而 ^1C 构象恰好相反，所有体积大的取代基（—OH，—CH$_2$OH）都在垂直键（a 键，axial bond，与对称轴几乎平行）的位置。通常平伏键位置上的取代基处于低能状态，这是因为它们与其他取代基间发生空间障碍的可能性较少。因此 C_1 构象是葡萄糖最稳定的构象，也是大多数单糖最稳定的构象。β–D– 吡喃葡萄糖椅式构象（体积大的取代基全部为平伏键）较 α–D– 吡喃葡萄糖的椅式构象（半缩醛羟基为垂直键）更加稳定，故在溶液中 β– 异构体占优势。

己糖的不同构象可影响其化学性质，例如稳定性、酯化速率和糖苷水解的速率等，这些都因构象不同而呈显著差异。

1.2.2　单糖的性质

如前所述，我们已知单糖分子具有下列几个特点：

（1）单糖的化学本质是由 C、H、O 元素组成的多羟醛或多羟酮，分子中所含的 H 与 O 的比例一般为 2 : 1。

（2）有不对称碳原子。

（3）有醇性羟基，环状结构尚有半缩醛羟基。

（4）链状结构有自由醛基或自由酮基。

这些单糖的组成和结构特点，决定了其具有特征的理化性质。

1.2.2.1　物理性质

单糖的重要物理性质有旋光性、变旋性和甜度。

（1）**旋光性**（optical rotation）　一切单糖（除二羟丙酮外）都含有不对称碳原子，所以都有旋光的能力，能使偏振光的平面向左或向右旋转。使偏振光平面向左旋转的称左旋糖，使偏振光平面向右旋转的称右旋糖。

糖的旋光性是用比旋光度 $[\alpha]_D^{20}$（又称比旋度或旋光率）来表示的。比旋光度是一种物质的单位质量浓度（g/mL）在 1 dm 长旋光管内，20℃、钠光下的旋光读数，是一种物质的物理常数，与糖的性质、实验温度、光源的波长和溶剂的性质都有关（表 1–1）。故一种糖的比旋光度可按下式求得：

$$[\alpha]_D^{20} = \frac{\alpha \times 100}{l \times c}$$

式中，α—从旋光仪测得的读数；

　　　l—所用旋光管的长度，以 dm 表示；

　　　c—糖（光活性的）溶液的质量浓度（g/100mL），溶剂为水；

　　　20—表示 20℃，因为糖的比旋光度多数是在 20℃测定的。

　　　D—表示所用光源为钠光。

（2）**变旋性**（mutarotation）　一个新鲜配制的含旋光物质的溶液放置后，其比旋光度改变的现象称为变旋。

变旋的原因是糖从 α 型变到 β 型，或相反地从 β 型变为 α 型。变旋作用是可逆的。当 α 与 β 两型互变达到平衡时，比旋光度即不再改变。α- 及 β-D- 葡萄糖平衡时其比旋光度为 +52.5°。

$$\alpha\text{- 葡萄糖} \rightleftharpoons \text{平衡} \rightleftharpoons \beta\text{- 葡萄糖}$$
$$+112.2° \qquad\qquad +52.5° \qquad\qquad +18.7°$$

加微量碱液可促进糖的变旋平衡。

表 1-1　单糖的比旋光度 *

糖	α 型	平衡	β 型
D（+）- 葡萄糖	+112.2°	+52.5°	+18.7°
D（+）- 半乳糖	+144°	+80.5°	+15.4°
D（+）- 甘露糖	+34°	+14.6°	−17°
D（−）- 果糖	−21°	−92°	−133.5°

* 关于 α-D- 葡萄糖和 β-D- 葡萄糖的比旋光度数值各书略有出入，这是因为实验误差，或取近似值之故，例如 β-D- 葡萄糖的比旋光度有的是 +18.7°，但有的人就取整数 +19°；D- 葡萄糖溶液平衡时的比旋光度为 +52.5°，也有人认为是 +52.7°。

（3）**甜度**（sweetness）　单糖有甜味，但甜度大小不同，如以蔗糖为标准定为 100，其他糖类的相对甜度如表 1-2 所示。

表 1-2　糖的甜度 [1]

糖	甜度	糖	甜度
果糖	173.3	鼠李糖	32.5
转化糖	130	麦芽糖	32.5
蔗糖	100	半乳糖	32.1
葡萄糖	74.3	棉子糖	22.6
木糖	40	乳糖	16.1

从表 1-2 可看出果糖最甜，乳糖最不甜，各糖的甜度大小次序如下：

果糖 > 转化糖 > 蔗糖 > 葡萄糖 > 木糖 > 鼠李糖、麦芽糖 > 半乳糖 > 棉子糖 > 乳糖

转化糖（水解后的蔗糖，含游离葡萄糖和果糖）及蜂蜜一般较甜，是因为含有一部分果糖的关系。蜂蜜含 83% 的转化糖。糖的甜度由舌味蕾的味觉细胞感知。单糖以及一些寡糖因分子中具有某些原子基团，可结合到味觉细胞表面的味觉受体上，激发细胞内一系列生物化学过程，产生电信号传入大脑皮层的味觉区，形成甜的感觉。多糖无甜味，是因其分子太大，不能透入舌尖的味觉细胞。

---

[1]　糖精（saccharin）的甜度约为蔗糖的 500 倍，系碳氢化合物而非糖类。市售"糖精"实际上是糖精钠，其结构式如下：

❓ 思考题

1. 单糖为什么都有旋光性？因此多糖也都有旋光性吗？
2. 新配制葡萄糖溶液的旋光度最初随时间而改变，随后即不再改变而达到恒定，为什么？所有单糖都有变旋现象吗，为什么？

1.2.2.2 化学性质

单糖的化学性质是与其分子中的功能基团如醛基、酮基和醇基密切相关的。由于单糖为多羟醛或多羟酮，所以凡醛基、酮基和醇基所能产生的化学反应，醛糖或酮糖一般也能产生。本节只举数例与糖的鉴定和生物学功能有关的性质加以说明。

（1）**由醛、酮基产生的性质** 单糖的醛基、酮基可被氧化、还原和起成脎作用。

① 单糖的氧化（即单糖的还原性） 单糖含有自由醛基或酮基，在碱性溶液中，醛基、酮基即变成非常活泼的烯二醇，具还原性，能还原金属离子，如 Cu^{2+}、Ag^+、Hg^{2+}、Bi^{3+} 等离子，同时糖本身被氧化成糖酸及其他产物，其反应可表示如下：

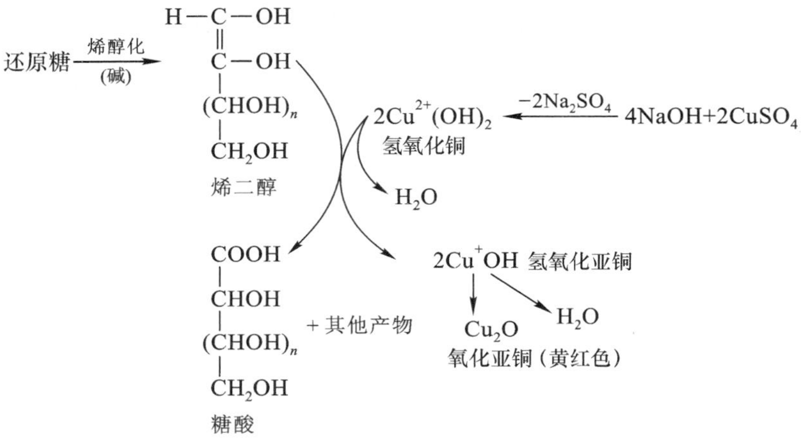

在此反应中 $Cu(OH)_2$ 首先按下列反应释放出 $\frac{1}{2}O_2$：

$$2Cu(OH)_2 \xrightarrow[\text{还原糖}]{\text{加热}} 2CuOH + H_2O + \frac{1}{2}O_2$$

（蓝色）　　　　　　　（黄色）

Cu^{2+} 被烯醇式糖还原成 Cu^+（$2Cu^{2+} \longrightarrow 2Cu^+$），同时烯醇式糖接受由 $Cu(OH)_2$ 释出的氧，氧化成糖酸，Cu^+ 再与 OH^- 结合成黄色的 CuOH，加热后，CuOH 即变成 Cu_2O（黄红色）。

糖类在碱性溶液中的还原作用常被用来作为还原糖的定性及定量依据。常用的试剂为含 Cu^{2+} 的碱性溶液。硫酸铜溶液与 KOH（或 NaOH）和酒石酸钾钠（或柠檬酸钠）配成的试剂称 Fehling[①]试剂。如用无水 Na_2CO_3 代替 KOH 或 NaOH 所成的试剂，则称 Benedict[①]试剂。酒石酸钾钠或柠檬酸钠的作用是防止反应产生的 $Cu(OH)_2$ 或碳酸铜沉淀，使之变为可溶性的而又略能解离的复合物，从而保证继续供给 Cu^{2+} 以氧化糖。碱的作用为使糖

---

① 都是人名。

起烯醇化变为强还原剂，同时使硫酸铜变为 $Cu(OH)_2$。

酮糖有还原性而普通酮类无还原性，是因为酮糖在碱性溶液中经烯醇化作用可变成烯二醇的关系。

醛糖如果被氧化性无机酸或其他无机氧化剂氧化，则不仅醛基被氧化，其末端的一级醇基亦可被氧化。氧化程序和产物随不同氧化剂而异。如用溴水氧化醛糖，则只有醛基被氧化成羧基而产生糖酸，如果用强氧化性的浓硝酸，则醛糖分子的醛基和末端的一级醇基同时被氧化而得糖二酸。在生物机体中还可能在酶的作用下只氧化一级醇基而保留其醛基，产生糖醛酸。如存在于植物和某些动物体内的糖醛酸途径，尿苷二磷酸葡糖脱氢酶（UDPG 脱氢酶）可专一氧化一级醇基，而保持醛基不变生成 D–葡糖醛酸。D–葡糖醛酸能与苯甲酸和酚类等结合，由尿排出，对机体有解毒作用。葡糖酸与钙结合而成的葡萄糖酸钙是供给钙的药物。现以醛糖为例表示如下：

$$\begin{array}{ccc} \text{COOH} & \text{CHO} & \text{COOH} \\ | & | & | \\ \text{CHOH} \xleftarrow{\text{溴水}} & \text{CHOH} \xrightarrow{HNO_3} & \text{CHOH} \\ | & | & | \\ (\text{CHOH})_n & (\text{CHOH})_n & (\text{CHOH})_n \\ | & | & | \\ \text{CH}_2\text{OH} & \text{CH}_2\text{OH} & \text{COOH} \\ \text{糖酸} & \text{醛糖} & \text{糖二酸} \end{array}$$

$$\begin{array}{c} \downarrow \text{(生物体内)} \\ \text{CHO} \\ | \\ \text{CHOH} \\ | \\ (\text{CHOH})_n \\ | \\ \text{COOH} \\ \text{糖醛酸} \end{array}$$

酮糖较不稳定，遇较强氧化剂即起分解，产生两个低分子酸类。例如，果糖被氧化则产生乙醇酸和三羟基丁酸。

$$\begin{array}{ccc} \text{CH}_2\text{OH} & & \text{COOH} \\ | & & | \\ \text{C=O} \xrightarrow{[O]} & \text{CH}_2\text{OH} + & \text{CHOH} \\ | & | & | \\ (\text{CHOH})_3 & \text{COOH} & \text{CHOH} \\ | & & | \\ \text{CH}_2\text{OH} & & \text{CH}_2\text{OH} \\ \text{果糖} & \text{乙醇酸} & \text{三羟基丁酸} \end{array}$$

在生物体内单糖通过复杂反应过程可将整个分子完全氧化成 H_2O 和 CO_2，并放出能量（详见糖代谢章）。

② 单糖的还原 醛基与酮基的另一化学特性是能被氢还原成醇。如葡萄糖经过还原可得葡萄醇（亦称山梨醇）；果糖还原后可得葡萄醇与甘露醇的混合物，因为果糖被还原时，其第 2 碳原子上的—H 和—OH 有两种可能的排列方式。

$$\text{D–葡萄糖} \xrightarrow{[H]} \text{D–葡萄醇 (山梨醇)}$$

$$\text{D–甘露糖} \xrightarrow{[H]} \text{D–甘露醇}$$

$$\text{D–果糖} \xrightarrow{[H]} \left\{ \begin{array}{l} \text{D–甘露醇} \\ \text{D–葡萄醇} \end{array} \right.$$

$$
\begin{array}{c}
CH_2OH \\
| \\
H-C-OH \\
| \\
HO-C-H \\
| \\
H-C-OH \\
| \\
H-C-OH \\
| \\
CH_2OH
\end{array}
\qquad
\begin{array}{c}
CH_2OH \\
| \\
HO-C-H \\
| \\
HO-C-H \\
| \\
H-C-OH \\
| \\
H-C-OH \\
| \\
CH_2OH
\end{array}
\qquad
\begin{array}{c}
CH_2OH \\
| \\
H-C-OH \\
| \\
HO-C-H \\
| \\
HO-C-H \\
| \\
H-C-OH \\
| \\
CH_2OH
\end{array}
$$

D-葡萄醇(D-山梨醇)　　　　　　D-甘露醇　　　　　　D-半乳醇(卫矛醇)

在细菌学研究中常用葡萄醇作细菌培养基的组分。红藻中也含有丰富的葡萄醇。甘露醇可由甘露糖还原而成，广布于高等植物中（如葱及胡萝卜等）。

③ 单糖的成脎作用　单糖的醛基或酮基可与许多物质如苯肼、氰化氢（HCN）和羟氨（NH$_2$OH）等起加合作用。单糖的第 1、2 碳与苯肼结合后，成晶体糖脎，称成脎作用（脎的英文名为 osazone），其反应以葡萄糖为例表示如下：

D-葡萄糖 + H$_2$N—NHC$_6$H$_5$ (苯肼) $\xrightarrow{-H_2O}$ D-葡萄糖苯腙

$\xrightarrow[-NH_3]{+H_2NNHC_6H_5 \atop -C_6H_5NH_2}$ 酮苯腙 + H$_2$

$\xrightarrow{-H_2O}$ 葡萄糖脎 (或果糖脎，或甘露糖脎)

酮糖与苯肼加合的反应步骤是先由第 2 碳原子的酮基与苯肼加合，然后第 1 碳原子的醇基被苯肼氧化成醛基，再与另一分子苯肼加合成脎。

❓ 思考题

是否可用成脎作用鉴定 D- 阿卓糖、D- 阿洛糖和 D- 阿洛酮糖？

糖苯腙（腙的英文名为 hydrazone）的物理性质随糖的结构而异。D- 葡萄糖苯腙溶于水，但 D- 甘露糖苯腙不溶于水。这是由于它们的第 2 碳原子的—H 和—OH 位置排列不同所致。

糖脎为黄色晶体，不溶于水。D- 葡萄糖、D- 果糖及 D- 甘露糖生成同一种糖脎，因为这 3 种单糖彼此间的区别仅第 1、第 2 两个碳原子的构型不同，经过加合作用后，第 1 与第 2 碳原子皆与苯肼结合，原有差异随之消失，因此它们的糖脎完全相同。

$$
\begin{array}{ccc}
\text{CHO} & \text{CHO} & \text{CH}_2\text{OH} \\
| & | & | \\
\text{H—C—OH} & \text{HO—C—H} & \text{C=O} \\
| & | & | \\
\boxed{\text{HO—C—H}} & \boxed{\text{HO—C—H}} & \boxed{\text{HO—C—H}} \\
| & | & | \\
\text{H—C—OH} & \text{H—C—OH} & \text{H—C—OH} \\
| & | & | \\
\text{H—C—OH} & \text{H—C—OH} & \text{H—C—OH} \\
| & | & | \\
\text{CH}_2\text{OH} & \text{CH}_2\text{OH} & \text{CH}_2\text{OH} \\
\text{D-葡萄糖} & \text{D-甘露糖} & \text{D-果糖}
\end{array}
$$

成脎作用可用来鉴别某些单糖，因为除 D- 葡萄糖、D- 甘露糖和 D- 果糖外，凡从第 3 碳原子起构型不同的单糖皆产生不同的糖脎，故可从糖脎的晶形、熔点的差异鉴别糖的种类。

如用甲基苯肼代替苯肼以制糖脎，则酮糖的成脎作用较醛糖为快。

单糖的醛基或酮基与苯肼的反应，只发生在 C–1 和 C–2 上，不再继续下去，这主要是因为糖脎分子借氢键形成了稳定的螯环结构（chelate ring structure）。

④ 单糖的异构化作用　弱碱或稀强碱可引起单糖的分子重排，例如 D- 葡萄糖、D- 果糖或 D- 甘露糖的任何一种在氢氧化钡［Ba(OH)$_2$］溶液中即起分子重排，通过 1–2 烯醇体为中间产物互相转变，产生葡萄糖、果糖和甘露糖的混合液。

$$
\begin{array}{ccc}
\text{CHO} & \text{CHOH} & \text{CH}_2\text{OH} \\
| & \| & | \\
\text{H—C—OH} \underset{\text{Ba(OH)}_2}{\rightleftharpoons} & \text{C—OH} \underset{\text{Ba(OH)}_2}{\leftharpoons} & \text{C=O} \\
| & | & | \\
\text{D-葡萄糖} & \text{1–2 烯醇体} & \text{D-果糖}
\end{array}
$$

$$
\big\Updownarrow \text{Ba(OH)}_2
$$

$$
\begin{array}{c}
\text{CHO} \\
| \\
\text{HO—C—H} \\
| \\
\text{D-甘露糖}
\end{array}
$$

强碱则使单糖裂解产生多种产物。

⑤ 发酵作用　单糖经酵母（yeast）的酿酶（zymase）[1]作用产生乙醇和 CO$_2$。这一反应称醇发酵（alcohol fermentation）。酿酒就是醇发酵的过程。

$$
\text{C}_6\text{H}_{12}\text{O}_6 \xrightarrow{\text{酿酶}} 2\text{CH}_3\text{CH}_2\text{OH} + 2\text{CO}_2
$$

醇发酵的过程相当复杂，这将在糖代谢一章再作介绍。戊糖和 D- 半乳糖不被酿酶发酵，葡萄糖和果糖易于发酵。

（2）**由羟基（半缩醛羟基和醇性羟基）产生的性质**　醛糖和酮糖皆为多羟醇的衍生物，故具有多羟醇的特性。最典型的如成酯、成苷、脱水、脱氧和氨基化等。单糖的各个醇基的活泼性并不一致，C–1 上的—OH 最活泼，其次是碳链末端一级醇基（—CH$_2$OH）的—OH，其他二级醇基的—OH 的活泼性一般较低而且不相等。

---

[1]　由德国 E. Buchner 提出，指酵母中催化糖发酵产生乙醇的酶复合物，E. Buchner 因此获 1907 年诺贝尔化学奖。

① 成酯作用 单糖的全部—OH 皆可与酸结合成酯，例如，无机磷酸和生物体内的腺苷三磷酸[1]分子中的磷酸和醋酸酐等都可同单糖作用成酯。

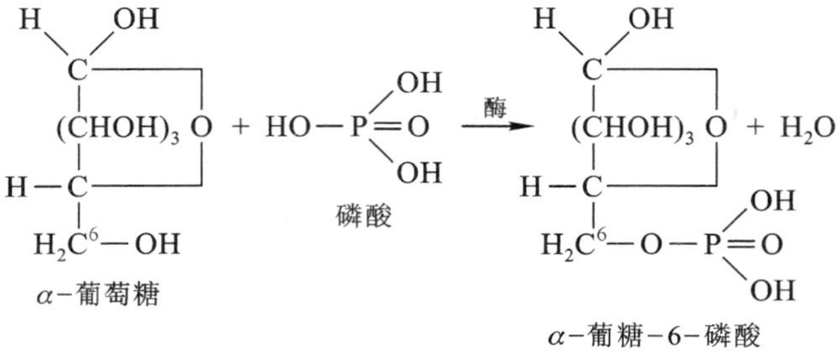

α-葡萄糖　　　　　磷酸　　　　　　　　　　α-葡糖-6-磷酸

在体外无机磷酸与单糖的成酯作用较困难，因为无机磷酸离子与单糖作用的反应平衡偏向于糖和磷酸根离子一边，而不利于酯的形成。如由腺苷三磷酸供给磷酸根，则因腺苷三磷酸放出磷酸根时产生的化学能可以克服这种不利于酯形成的平衡情况，从而促进磷酸糖酯的形成。生物机体中的磷酸糖酯除 6-磷酸葡糖外，还有 1-磷酸葡糖、6-磷酸果糖、1,6-二磷酸果糖、3-磷酸甘油醛和磷酸二羟丙酮等。它们都是糖代谢的中间产物。

② 成苷[2]作用 环状单糖半缩醛基 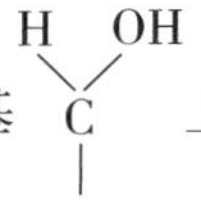 上的羟基在有干燥 HCl 气体催化的情况下可与甲醇化合，羟基的氢被甲基取代而形成糖苷（glycoside）。由于单糖有 α 及 β 两型，故糖苷亦有 α- 及 β- 糖苷。其半缩醛基上—OH 的 H 亦可被非甲基的其他原子基团取代，可用下面的通式表示。

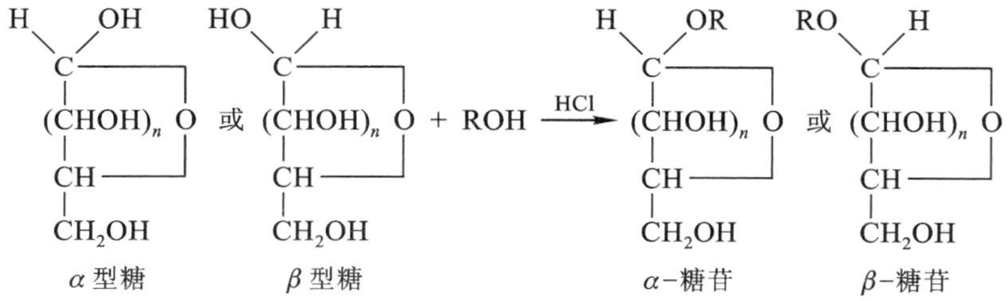

α 型糖　　　　　β 型糖　　　　　　　　　α-糖苷　　　　β-糖苷

式中 R 称配基或配糖体，如所用单糖为 D-葡萄糖，则得 D-葡萄糖苷，如 R 为甲基则为 D-甲基葡萄糖苷。两分子单糖结合成的二糖，也可视为糖苷。

上述在干燥 HCl 气体为催化剂的情况下，只有单糖的半缩醛基的—OH 可起甲基化，如果将 α- 或 β- 甲基葡萄糖苷或将游离单糖在适当环境下与硫酸二甲酯起作用，则单糖的一切自由—OH 皆可起甲基化。

自然界的糖苷，有一些是对人类有用的，例如，毛地黄苷（digitalin）有强心作用；皂角所含的皂角苷（saponin）可代替肥皂去污；根皮苷（phlorhizin）是导致人工糖尿的药剂；人参苷有强壮（中医称扶正固本）作用。

③ 脱水作用 单糖与 12%盐酸作用即脱水产生糠醛或糠醛衍生物，例如戊醛糖产生糠醛（即呋喃醛）。为了说明戊醛糖如何脱水形成糠醛，可将链状式改写如下式[3]。

---

① 腺苷三磷酸代号为 ATP，是生物机体中一种高能化合物，由 1 分子腺嘌呤与 1 分子核糖（戊糖的一种）和 3 分子磷酸所组成。将在核酸化学一章核苷酸一节中详述。

② 苷就是有机化学中的甙，又称糖苷。

③ 糠醛（furfural）式中的数字仅表示其碳位与它的母体糖碳位的关系，与杂环位序无关。

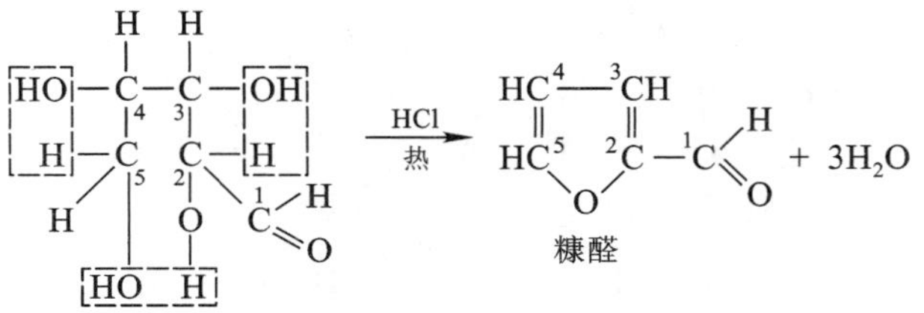

戊糖($C_5H_{10}O_5$)

己醛糖被强酸分解则产生羟甲基糠醛。

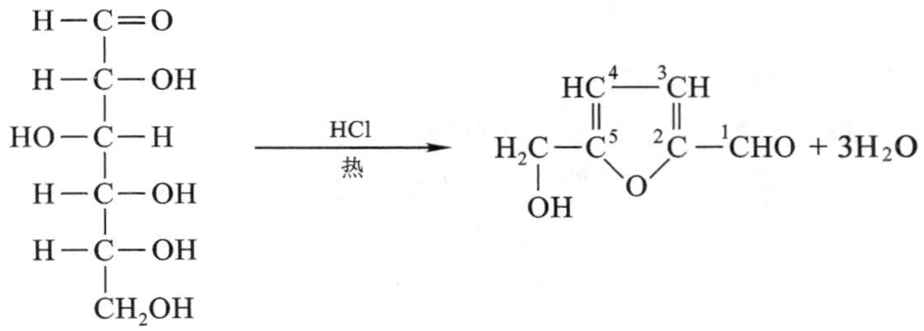

D-葡萄糖   5-羟甲基糠醛

己酮糖与浓 HCl 作用也产生羟甲基糠醛,惟反应较快,量较己醛糖为多。

糠醛和甲基糠醛裂解后产生乙酰丙酸,后者为塑料、合成纤维和医药等的基本原料。

糠醛及羟甲基糠醛皆能与多种酚类化合物进一步反应产生各种有色物质,因此被利用来作为几种糖类鉴定试验的基础。

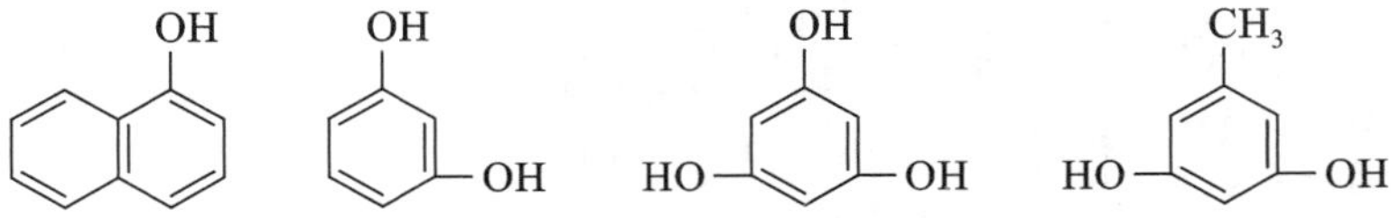

α-萘酚   间苯二酚   间苯三酚   甲基间苯二酚

呋喃醛衍生物与 α-萘酚构成紫色物,是鉴别糖的普通方法(Molisch[1] 试验);5-羟甲基呋喃醛与间苯二酚作用生成一种红色物质(Seliwanoff 试验),为检查酮糖的方法;戊糖被浓 HCl 脱水产生的呋喃醛与间苯三酚作用生成樱桃红色物质(Tollen 试验),或与甲基间苯二酚作用生成绿色溶液或绿色沉淀(Bial 试验),皆为鉴定戊糖的方法(反应过程见 **e辅学窗 1-6**)。

④ 氨基化 单糖分子中的—OH(主要是 C-2、C-3 上的—OH)可被—NH_2 取代而产生氨基糖,也称糖胺。天然存在的氨基糖有 2-氨基-D-葡萄糖(又称 D-葡糖胺)、2-氨基-D-半乳糖、2-氨基-D-甘露糖和 3-氨基-D-核糖等,如下所示。

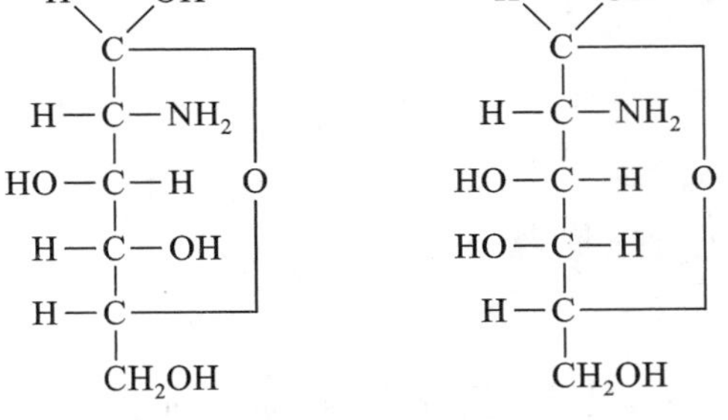

2-氨基-D-葡萄糖   2-氨基-D-半乳糖

---

① Molisch,Seliwanoff,Tollen 和 Bial 都是人名。

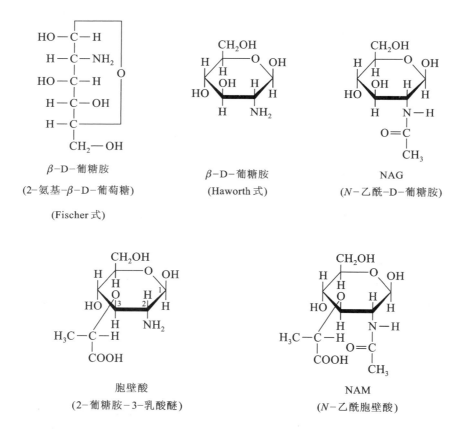

2- 氨基 -D- 甘露糖　　　　3- 氨基 -D- 核糖

自然界的氨基糖多以乙酰氨基糖的形式存在，其中较重要而须加以介绍的有下列几种：

N- 乙酰 -D- 葡糖胺（NAG）与 N- 乙酰胞壁酸（NAM）：

NAG（N-acetyl-glucosamine 的缩写）是乙酰基与葡糖胺的氨基结合而成的化合物，广布于自然界，为多种糖肽或糖蛋白的组分，胞壁酸（muramic acid）、甘油磷壁酸（glycerol teichoic acid）、肽聚糖（peptidoglycan）和壳多糖（chitin）等都含有乙酰葡糖胺。前三者是构成细菌细胞壁和细菌荚膜的主要成分。壳多糖是甲壳动物外壳和昆虫甲壳的组分。

NAM（N-acetyl-muramic acid 的缩写）是胞壁酸与乙酰基结合的产物，它同 NAG 都是肽聚糖的成分。

β-D- 葡糖胺

(2- 氨基 -β-D- 葡萄糖)

(Fischer 式)

β-D- 葡糖胺

(Haworth 式)

NAG

(N- 乙酰 -D- 葡糖胺)

胞壁酸

(2- 葡糖胺 -3- 乳酸醚)

NAM

(N- 乙酰胞壁酸)

N- 乙酰神经氨酸（NAN）：

NAN（N-acetyl-neuraminate 的缩写）是神经氨酸（neuraminic acid）与乙酰基结合所成化合物，又称唾液酸（sialic acid）。神经氨酸是一种 3- 脱氧 -5- 氨基糖酸。

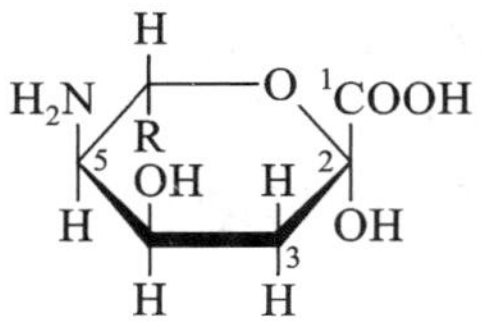

神经氨酸 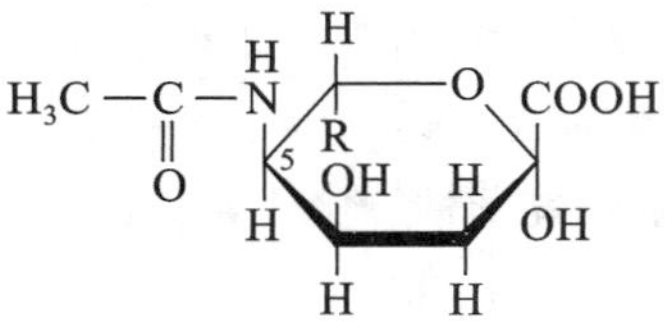　　　　　　　　　　　NAN（N-乙酰神经氨酸，又称唾液酸）

式中R代表：

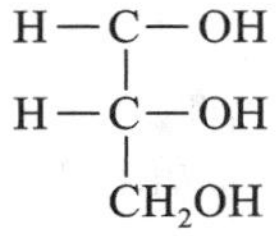

氨基糖除作为 NAG、NAM 和 NAN 的组成成分外，还有不少生物物质也含氨基糖。例如，乙酰 -2- 氨基半乳糖是软骨蛋白质（chondroprotein）的成分；3- 氨基 -D- 核糖为碳霉素（carbomycin）的成分。临床上重要的抗生素如链霉素（streptomycin）、苦霉素（picromycin）、红霉素（erythromycin）等和糖胺聚糖分子中都含有氨基糖。

⑤ 脱氧　单糖的羟基之一失去氧即成脱氧糖。最常见的是 D-2- 脱氧核糖（D-2-deoxyribose）、L- 鼠李糖（L-rhamnose）和 L- 岩藻糖（L-fucose）。D-2- 脱氧核糖是脱氧核糖核酸（DNA）的成分，L- 鼠李糖为植物细胞壁和细菌多糖的成分，L- 岩藻糖是藻类糖蛋白的成分。

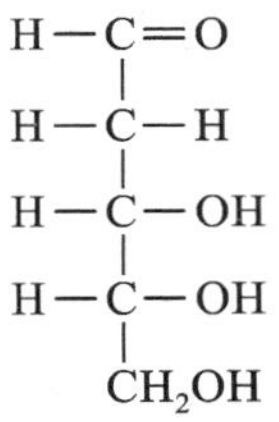

D-2-脱氧核糖 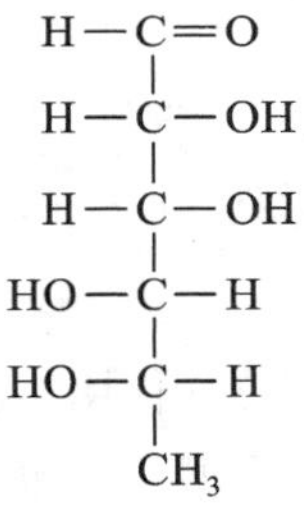　　　　　　　L-鼠李糖　　　　　　　　L-岩藻糖
　　　　　　　　　　（6-脱氧-L-甘露糖）　　　　（6-脱氧-L-半乳糖）

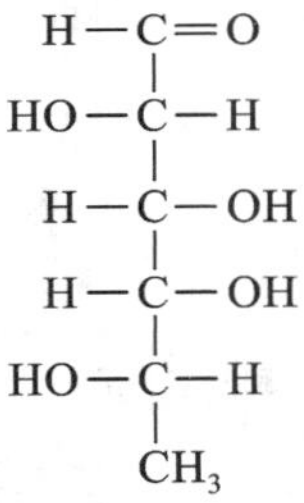

上述单糖性质中提到的糖醛酸、磷酸糖酯、糖苷、糖醇、氨基糖和脱氧糖等都是生物体内存在的重要单糖衍生物。它们的重要性将在有关各节中分别加以讨论。为了便于掌握单糖的各种重要反应，现将上述各单糖的化学性质总结见 📧辅学窗 1-7。

❓ 思考题

判断 N- 乙酰 -D- 葡糖胺、N- 乙酰胞壁酸、α-D- 葡糖苷是否有还原性并解释原因。

1.3 二糖

二糖（disaccharide）又称双糖，为 2 分子单糖以糖苷键连接而成，水解后产生 2 分子单糖。二糖有的有还原性，有的无还原性，但皆有旋光性。最重要的二糖为人类日常食用的蔗糖、麦芽糖和乳糖。

二糖等寡糖的命名是从非还原端开始，根据组成它的单糖、连接方式和糖苷键的类型三个方面来考虑。如麦芽糖是由一分子 α-D- 吡喃葡萄糖与另一分子 D- 吡喃葡萄糖通过 α-1,4- 苷键连接而成，它的命名为 α-D- 吡喃葡萄糖基 –（1 → 4）–D- 吡喃葡萄糖。由于常见的单糖多数是 D 型，并且己糖的主要形式是吡喃型，所以我们常用它的缩写名为：Glc（α1 → 4）Glc。

1.3.1 蔗糖

来源 蔗糖（sucrose）存在于某些植物浆液中，特别是甘蔗、甜菜、栗子、糖枫、菠萝和水果等。

结构 蔗糖水解后产生 1 分子 D- 葡萄糖和 1 分子 D- 果糖，由于蔗糖无还原性，这就表明蔗糖没有半缩醛基，因此是葡萄糖第 1 碳原子的羟基与果糖第 2 碳原子的羟基相结合。蔗糖甲基化后可得八 –O- 甲基蔗糖，八 –O- 甲基蔗糖水解后产生 2,3,4,6- 四 –O- 甲基吡喃葡萄糖[①] 及 1,3,4,6- 四 –O- 甲基呋喃果糖。根据这些事实可判定蔗糖的分子结构如下式：

（α-D- 葡萄糖基）　　　　（β-D- 果糖基）

蔗糖

α-D- 吡喃葡萄糖基–（1 ⟷ 2）–β-D- 呋喃果糖

Glc(α1 ⟷ 2β)Fru

物理性质 白色结晶，易溶于水，有甜味，有旋光作用，比旋光度为 +66.5°，但无变旋作用（因无 α、β 型）。

化学性质 从结构上观察，蔗糖无还原作用，不能与苯肼作用产生糖脎，因结合成二糖时醛基与酮基的特性都已完全丧失。蔗糖也不因弱碱的作用而起烯醇化，但可被强碱破坏。稀酸或转化酶都能水解蔗糖，产生 D- 葡萄糖和 D- 果糖。在水解过程中，由于逐渐释出 D- 果糖，旋光性逐渐由右旋变为左旋。

$$C_{12}H_{22}O_{11} + H_2O \longrightarrow C_6H_{12}O_6 + C_6H_{12}O_6$$

（蔗糖）　　　　　　　　（D- 葡萄糖）　　（D- 果糖）

+66.5°　　　　　　　　　+52.5°　　　　 –92°

这一作用称蔗糖转化作用。蔗糖水解产生的葡萄糖和果糖混合物，比蔗糖甜，通常称转化糖。蔗糖可被酵母发酵，加热到 200℃ 得棕黑色焦糖，后者常被用作酱油的增色剂。

1.3.2 麦芽糖

来源 麦芽糖（maltose）为淀粉的水解产物，俗称饴糖。谷类种子发芽时及淀粉在消化道中被淀粉酶水解即产生麦芽糖。用酸水解淀粉的过程中也产生麦芽糖。用麦芽（含淀粉酶）使淀粉水解成麦芽糖是民间常用的方法。

结构 麦芽糖有还原性，可被麦芽糖酶（一种 α- 糖苷酶）水解，产生 2 分子葡萄糖。这些事实证明麦芽糖分子中尚有一个自由醛基，而且是葡萄糖 α- 葡萄糖苷，其结构式为：

---

① 葡萄糖用于复合词中，可简称"葡糖"，如吡喃葡萄糖可简称为吡喃葡糖。

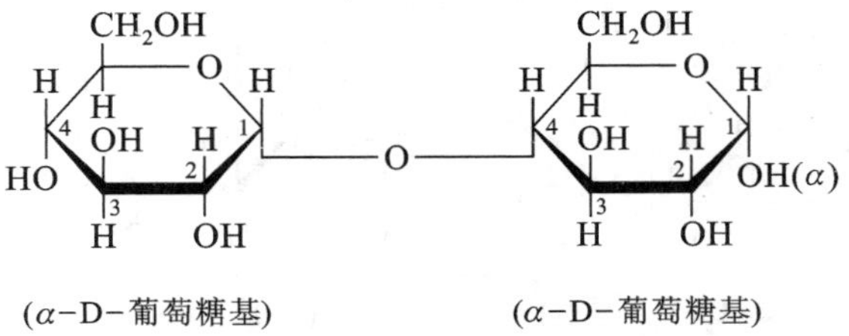

（α-D-葡萄糖基）　　　　（α-D-葡萄糖基）

α-麦芽糖

α-D-吡喃葡萄糖基-（1 → 4）-D-吡喃葡萄糖

Glc(α1 → 4)Glc

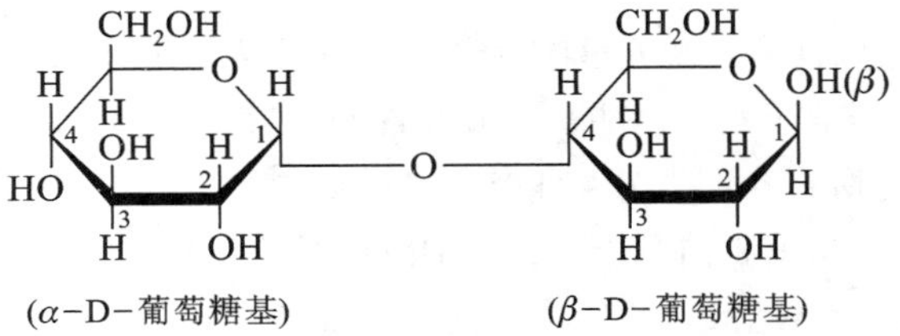

（α-D-葡萄糖基）　　　　（β-D-葡萄糖基）

β-麦芽糖

麦芽糖有 α- 及 β- 两型，其区别仅在于右边 D- 葡萄糖基 C-1 上的—H 与—OH 的位置。C-1 的—OH 在 α 位的为 α 型，在 β 位的称 β 型。通常晶体麦芽糖为 β 型。

如 2 分子 α-D- 葡萄糖按 α（1 → 6）糖苷键型缩合、失水，则生成异麦芽糖（isomaltose），它存在于支链淀粉和糖原中。

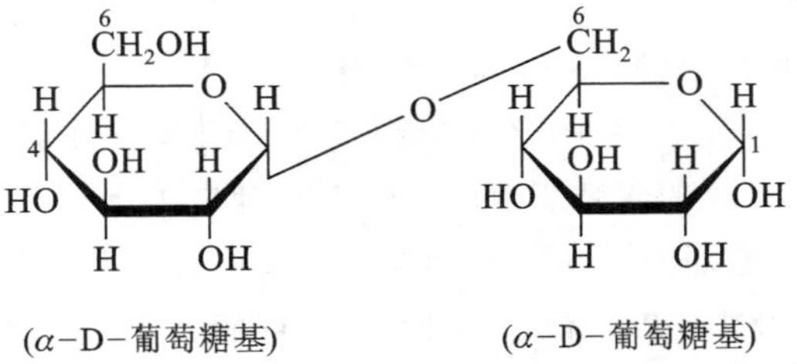

（α-D-葡萄糖基）　　　　（α-D-葡萄糖基）

异麦芽糖

Glc(α1 → 6)Glc

物理性质　麦芽糖为白色晶体，易溶于水，甜度仅次于蔗糖，有旋光作用与变旋作用，最终比旋光度为 +136°。

化学性质　从结构上观察，麦芽糖分子中尚存一个半缩醛基，故有还原作用，也能与苯肼作用产生糖脎，可被酵母发酵，水解后产生 2 分子葡萄糖。

1.3.3　乳糖

来源　乳糖（lactose）为乳腺所产生，存在于人及动物乳汁内。

结构　乳糖为 1 分子 D- 葡萄糖与 1 分子 D- 半乳糖缩合而成。由于乳糖有还原性，而又可被 β- 糖苷酶水解，甲基化乳糖被水解后产生 2,3,6- 三 -O- 甲基葡萄糖和 2,3,4,6- 四 -O- 甲基半乳糖，故知乳糖为 β- 半乳糖苷 -α- 葡萄糖。其结构式为：

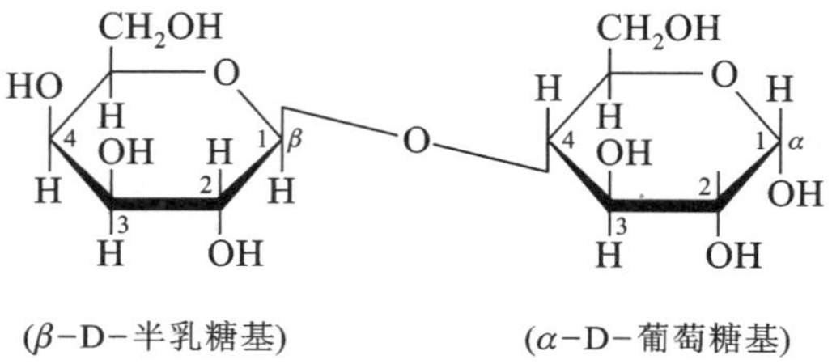

(β-D-半乳糖基) (α-D-葡萄糖基)

α-乳糖
β-D-吡喃半乳糖基-（1→4）-α-D-吡喃葡萄糖
Gal(β1→4)Glc

乳糖亦有 α、β 两型，奶中的乳糖为 α 及 β 型的混合物。一般晶形乳糖为 α 型。

物理性质　乳糖为白色晶体，溶于水，微甜，有旋光性与变旋作用，为右旋糖，其最终比旋光度为 +55.3°。α 型的 $[\alpha]_D^{20}$ 为 +85.0°，β 型异构物的 $[\alpha]_D^{20}$ 为 +34.9°。

化学性质　乳糖有还原性，能与苯肼结合成脎，与 HNO_3 同煮可产生黏酸（mucic acid）。乳糖被乳糖酶或稀盐酸水解后产生葡萄糖和半乳糖，不被酵母发酵。

有些人由于乳糖酶缺失或活性低，在饮用牛奶后乳糖不能被消化和吸收，出现腹部不适，如腹胀、腹痛，甚至腹泻等症状，这种现象在医学上称为乳糖不耐受（症），婴儿期由于食物以乳制品为主，因此乳糖不耐受症将影响生长发育（见 **e辅学窗 1-8**）。

上述 3 种二糖的存在、组成、物理和化学性质的总结见 **e辅学窗 1-9**。

1.3.4　其他二糖

除上述 3 种二糖外，尚有纤维二糖（cellobiose）、海藻二糖（trehalose）、蜜二糖（melibiose）、松二糖（turanose）和龙胆二糖（gentiobiose）等。其中纤维二糖（为纤维未完全水解的产物）及海藻二糖（存在于霉菌及海藻中）亦相当重要。二者都由 D- 葡萄糖所组成，所不同者是 2 分子葡萄糖的连接部位不同。纤维二糖为 1 分子 α-D- 葡萄糖与 1 分子 β-D- 葡萄糖以 β（1→4）键连接而成，而海藻二糖则为 2 分子 α-D- 葡萄糖以 α（1→1）键相连，二者的结构式以及蜜二糖、松二糖和龙胆二糖的组分、结构见 **e辅学窗 1-10**。

1.4　三糖

三糖（trisaccharide）分还原性和非还原性两类：

还原性三糖
- 甘露三糖（manninotriose）　　　α-D- 半乳糖 -α-D- 半乳糖 -α-D- 葡萄糖
- 刺槐三糖（robinose）　　　　　半乳糖 - 鼠李糖 - 鼠李糖
- 鼠李三糖（rhamninose）　　　　半乳糖 - 鼠李糖 - 鼠李糖

非还原性三糖
- 棉子糖（raffinose）　　　　　　α-D- 半乳糖 -α-D- 葡萄糖 -β-D- 果糖
- 龙胆三糖（gentianose）　　　　α-D- 葡萄糖 -β-D- 葡萄糖 -β-D- 果糖
- 松三糖（melezitose）　　　　　α-D- 葡萄糖 -β-D- 果糖 -α-D- 葡萄糖

三糖中的棉子糖与人类关系较大，因为棉子可被用作饲料和油料。棉子糖主要存在于棉子和甜菜中。用蜜二糖酶可使棉子糖水解成蔗糖和半乳糖，可提高用甜菜制蔗糖的产量。

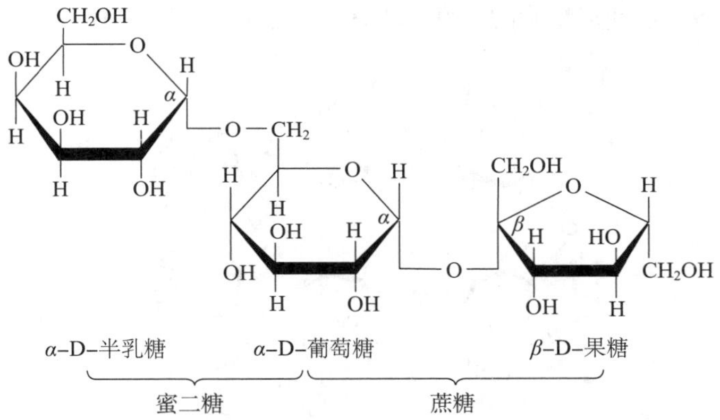

α–D–半乳糖　　　α–D–葡萄糖　　　　β–D–果糖

蜜二糖　　　　　　　蔗糖

棉子糖

思考题

1. 蔗糖同棉子糖为什么无还原性？
2. 画出海藻二糖 α–D– 吡喃葡糖 –（1→1）–α–D– 吡喃葡糖的结构式，它是还原糖吗？是否有变旋现象？

1.5　多糖

高分子多糖是自然界中糖类的主要存在形式，由多个单糖分子缩合而成，相对分子质量都很大，在水中不能成真溶液，只能成胶体溶液，纤维素根本不溶于水。多糖皆无甜味，也无还原性。

按其组分的繁简，多糖（polysaccharide）可分为同多糖和杂多糖两大类。前者是由某一种单糖所组成，后者则为一种以上的单糖或其衍生物所组成。多糖按功能分，分为贮存多糖（如淀粉、糖原）、结构多糖（如纤维素、肽聚糖）和作抗原用的多糖（如细菌脂多糖、荚膜多糖）等。主要多糖的类别、组成和功能见 **辅学窗** 1–11。

多糖与人类生活关系极大，最重要的是淀粉、糖原和纤维素。下面我们将对这几类多糖作简要介绍。

1.5.1　淀粉

淀粉（starch）属于贮存多糖，是植物贮存的养料，也是供给人类能量的主要营养物质，存在于谷类、根、茎（如薯类、芋芳、慈姑、藕等）和某些植物种子（豌豆、蚕豆、绿豆、芡实等）中。

结构　天然淀粉为颗粒状，外层为支链淀粉，占 80% ~ 90%，内层为直链淀粉，占 10% ~ 20%。直链淀粉与支链淀粉均由 D– 葡萄糖组成，但结构有差异。

直链淀粉（amylose）　由 250 ~ 300 个 D– 葡萄糖单位聚合而成的高聚物，连接方式与麦芽糖分子相同，是 α–1,4– 糖苷键，其结构式如下：

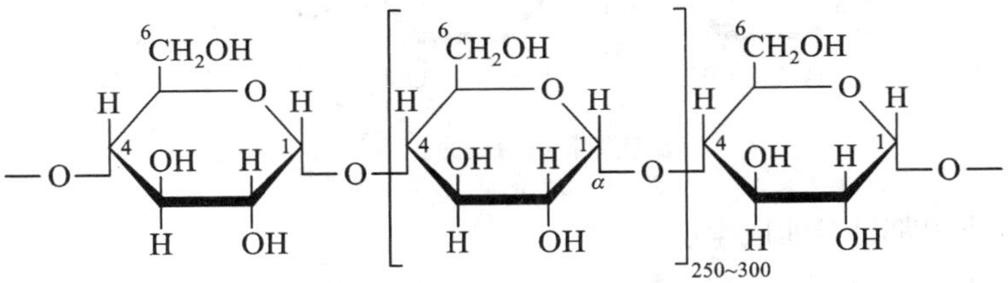

直链淀粉(α–1,4–糖苷键)的一部分

直链淀粉分子的空间构象是卷曲成螺旋的，每一转有 6 个葡萄糖基（图 1-2）。

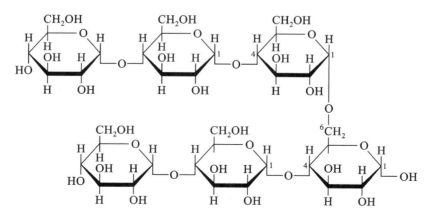

图 1-2 直链淀粉的螺旋结构示意图

支链淀粉（amylopectin） 是由多个较短的 α-1,4- 糖苷键直链（不超过 30 个葡萄糖单位）结合而成。每 2 个短直链之间的连接为 α-1,6- 糖苷键，即 1 个较短直链链端葡萄糖分子第 1 碳原子上的—OH 与邻近另 1 个短链中葡萄糖第 6 碳原子上的—OH 结合。支链淀粉分子中的小支链又和邻近的短链相结合，因此支链淀粉的分子形式是树枝状。支链淀粉的每一单位直链的长度为 20～30 个葡萄糖分子。主链中每隔 8～9 个葡萄糖单位即有一分支。

支链淀粉分子中，链和链连接的 1,6- 糖苷键如下图所示：

支链淀粉结构式的一部分

支链淀粉分子中各分支也都是卷曲成螺旋。

性质 直链淀粉在冷水中不溶解，略溶于热水，但支链淀粉易吸收水分，吸水后膨胀成糊状。

　　直链淀粉相对分子质量为 4 000 ~ 400 000，支链淀粉相对分子质量为 500 000 ~ 1 000 000，随不同来源的淀粉而异。

　　酸可使淀粉分解成葡萄糖，淀粉酶可使淀粉水解成麦芽糖。在水解过程中有不同的糊精产生（淀粉→红糊精→无色糊精→麦芽糖）。

　　直链淀粉与支链淀粉皆与碘作用而显色。直链淀粉与碘作用呈蓝色，支链淀粉与碘作用则呈紫红色。淀粉水解后产生的红色糊精与碘作用呈红色，无色糊精与碘作用不显色。

　　用途　淀粉是重要营养物质之一，人类活动所需的能量，大部分由粮食中的淀粉所供给。淀粉也是制造麦芽糖（饴糖）、葡萄糖和酿酒的原料，纺织工业的浆纱，也需要淀粉。

1.5.2　糖原

　　糖原（glycogen）广泛存在于人及动物体中，肝及肌肉中含量尤多，分别称为肝糖原和肌糖原，是动物体内主要的贮存多糖，其组成似淀粉，故又称动物淀粉。

　　结构　糖原也是由 D- 葡萄糖构成，分子中主链的葡萄糖连接方式与支链淀粉相同，直链是以 α-1,4- 糖苷键相连接，支链的连接键为 α-1,6- 糖苷键。惟糖原含支链较多，而且外围的支链含 6 ~ 7 个葡萄糖单位，主链含 12 ~ 18 个，多数为 12 个葡萄糖单位所组成。在主链中平均每隔 3 个葡萄糖单位即有一个支链。分子为球形，相对分子质量在 2.7×10^5 到 3.5×10^6 之间，如图 1-3。直链淀粉、支链淀粉和糖原的结构比较见 ⓔ**辅学窗** 1-12。

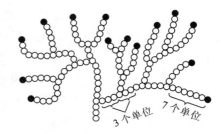

图 1-3　糖原分子的部分结构示意图
●表示支链的无还原性末端

　　性质　糖原的性质与红糊精相似，溶于沸水，遇碘呈红色。无还原性，亦不能与苯肼作用成糖脎。完全水解后产生 D- 葡萄糖。

　　糖原的生理学功能十分重要，肝糖原可分解为葡萄糖进入血液，供组织使用，肌糖原分解为葡萄糖，为肌肉收缩提供所需的能源。

1.5.3　纤维素

　　纤维素（cellulose）属于结构多糖，为植物纤维部分（如细胞壁）的主要成分，棉花含纤维素 97% ~ 99%，麻、草的纤维素含量也很高。木材含 41% ~ 53%，谷类含 30% ~ 43%，少数动物、细菌和霉菌体中亦含有少量纤维素。

　　结构　同淀粉、糖原相似，纤维素也由 D- 葡萄糖构成，但葡萄糖分子之间的连接方式与淀粉、糖原不同。淀粉、糖原分子中葡萄糖以 α-1,4- 糖苷键连接，而纤维素则是 β-D- 葡萄糖以 β-1,4- 糖苷键相连接，不含支链，其结构式如下：

纤维二糖基

纤维素结构式的一部分

n=聚合度

天然纤维素的相对分子质量约为 570 000，精制纤维素（部分水解）的相对分子质量在 150 000～500 000 之间。

不同的糖苷键类型造成了纤维素与淀粉、糖原结构和性质的巨大差别。纤维素分子的空间构象呈带状，糖链之间可以通过分子间的氢键而堆积起来成为紧密的片层结构（图 1-4），使纤维素具有很强的机械强度，对生物体起支持和保护作用。

性质 纤维素极不溶于水，人体不能消化纤维素，故对人类无营养价值，但有刺激肠道蠕动的生理作用。某些微生物和昆虫能消化纤维素。反刍动物能利用纤维素作养料，因为它们的消化道中含有能消化纤维素的微生物。

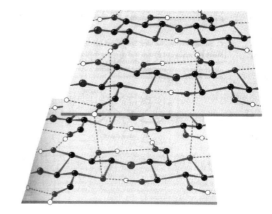

图 1-4　纤维素的片层结构示意图
虚线表示氢键。为清楚起见，不参与氢键形成的氢原子被忽略
（引自 Voet D，et al. Fundamentals of Biochemistry，2008）

纤维素在稀酸液中不易水解，但在强酸液中加热即可分解成纤维二糖（即上式中 2 个葡萄糖所成的单位）。在氢氧化铜的氨溶液（Schweitzer 试剂）、氯化锌的盐酸液，以及在 NaOH 和二硫化碳（CS_2）混合液中纤维素皆可分解。

纤维素溶于发烟盐酸、无水氟化氢、浓硫酸及浓磷酸。碱可使棉花纤维素部分溶解而形成碱纤维素。碱纤维素和 CS_2 一同处理，即得水溶性的黄纤维素，黄纤维素是制造人造丝的原料。

纤维素经浓 HNO_3 硝化而成硝化纤维素。硝化纤维素是炸药的一种。纤维素与醋酸结合所成的乙酸纤维素是照相胶卷、人造丝及多种塑料的原料。还可制成离子交换纤维素，如二乙氨乙基纤维素（diethylamino ethyl cellulose，简称 DEAE 纤维素）。

棉布、木材、纸张等也都是由纤维素所组成。利用酸和纤维素酶（水解纤维素的酶）水解纤维素可以制成葡萄糖，也可部分水解或磨成粉末作牲畜饲料。

纤维素与碘无颜色反应。

琼胶、果胶、壳多糖等其他同多糖见 e 辅学窗 1-13。

1.5.4　糖胺聚糖

糖胺聚糖（glycosaminoglycan，GAG）又称黏多糖（mucopolysaccharide），是一类含己糖胺和糖醛酸的杂多糖，是由多个二糖单位形成的长链多聚物。有的含硫酸称酸性糖胺聚糖，如硫酸软骨素和肝素等。多数糖胺聚糖是以共价键同短链肽的丝氨酸或苏氨酸结合的。

$$多糖 — O — CH_2 — CH \begin{cases} NH \cdots\cdots \\ CO \cdots\cdots \end{cases} \Big\} 肽$$
丝氨酸或苏氨酸

糖胺聚糖广泛存在于动植物组织中，是结缔组织的间质和细胞间质的特有成分，是组织和细胞间的天然黏合剂，在维持细胞环境的相对稳定和正常生理功能中起重要作用。肝素为体内自然存在的抗血凝物质。人体和动物的生长、组织修复、抗菌、抗炎、抗过敏、成骨、组织老化、动脉硬化和胶原病等都与糖胺聚糖有密切关系。

糖胺聚糖的种类甚多，分类也不明确，有的物质如壳多糖（chitin）可列入糖胺聚糖，也可列入己聚糖；又如肽聚糖可说是糖胺聚糖，也可说是细菌多糖。为了使读者易于了解糖胺聚糖的一般概要，再将几种较普通的糖胺聚糖归纳如表 1-3，并分别加以介绍。

表 1–3　几种糖胺聚糖的组分

糖胺聚糖	己糖胺	糖醛酸	SO_4^{2-}	分布
透明质酸	N– 乙酰葡糖胺	D– 葡糖醛酸	–	结缔组织、角膜
软骨素 –4– 硫酸	N– 乙酰半乳糖胺	D– 葡糖醛酸	+	软骨、骨、角膜
软骨素 –6– 硫酸	N– 乙酰半乳糖胺	D– 葡糖醛酸	+	软骨、腱
硫酸皮肤素	N– 乙酰半乳糖胺	L– 艾杜糖醛酸	+	皮肤、心瓣膜、腱
硫酸角质素	N– 乙酰葡糖胺	D– 半乳糖	+	角膜
肝素	葡糖胺	D– 葡糖醛酸	+	血、动物组织

1.5.4.1　透明质酸

透明质酸（hyaluronic acid，HA）是由 N– 乙酰葡糖胺与 D– 葡糖醛酸组成的糖胺聚糖。分布于结缔组织、眼球的玻璃体、角膜、细胞间质、关节液、恶性肿瘤组织和某些细菌的细胞壁中，有游离及与蛋白质结合两型。

透明质酸的分子为链形，无分支，其单位结构是 D– 葡糖醛酸同 N– 乙酰葡糖胺以 β-1,3– 苷键连接成二糖单位。后者以 β-1,4– 糖苷键同另一二糖单位连接。透明质酸重复二糖单位的数目（n）为 250～50 000 个，比其他糖胺聚糖（n：40～120）的相对分子质量大得多。

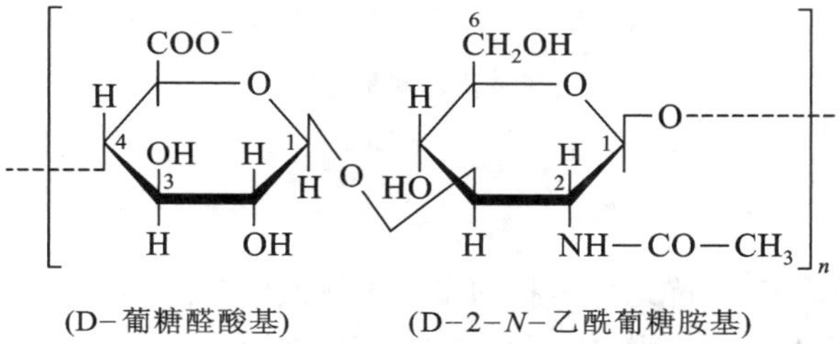

（D– 葡糖醛酸基）　　　（D–2–N– 乙酰葡糖胺基）

透明质酸

透明质酸为细胞间的黏合物质，又有润滑作用，对组织起保护作用。透明质酸酶（毒蛇、毒蜂的毒腺中含有）可分解透明质酸。

1.5.4.2　硫酸软骨素

硫酸软骨素（chondroitin sulfate，CS）为软骨的主要成分，结缔组织、筋腱、皮肤、心瓣膜、唾液中也含有。

硫酸软骨素是由 D– 葡糖醛酸与 N– 乙酰半乳糖胺硫酸酯以 β-1,3– 糖苷键连接成的二糖单位的多聚物，由于硫酸酯的位置不同分为软骨素 –4– 硫酸（硫酸软骨素 A）和软骨素 –6– 硫酸（硫酸软骨素 C）两类。

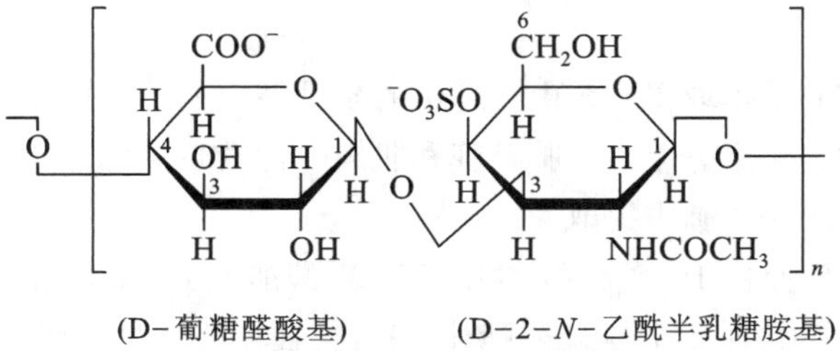

（D– 葡糖醛酸基）　　　（D–2–N– 乙酰半乳糖胺基）

软骨素 –4– 硫酸

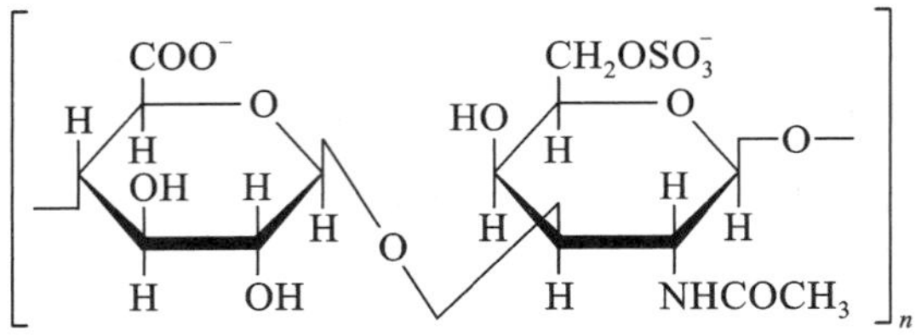

（D- 葡糖醛酸基）　　　（D-2-N- 乙酰半乳糖胺基）

软骨素 -6- 硫酸

1.5.4.3　硫酸皮肤素

硫酸皮肤素（dermatan sulfate，DS）又称硫酸软骨素 B，最初是从猪皮肤中分离出来的，后来发现它存在于许多动物组织，如猪胃黏膜、脐带、肌腱、脾、脑、心瓣膜、巩膜、肠黏膜等中。它的结构与软骨素 -4- 硫酸相似，只不过二糖单位中的 D- 葡糖醛酸基被 L- 艾杜糖醛酸基取代，其结构式如下：

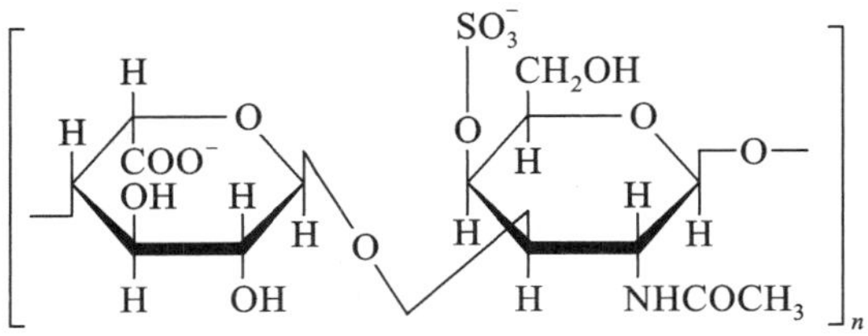

（L- 艾杜糖醛酸基）　　　（D-2-N- 乙酰半乳糖胺基）

硫酸皮肤素

它的性质与硫酸软骨素相似。

1.5.4.4　硫酸角质素

硫酸角质素（keratan sulfate，KS）首先从角膜的蛋白水解液中分离出来，它是由 N- 乙酰葡糖胺和 D- 半乳糖构成的二糖单位的多聚物，其 N- 乙酰葡糖胺的 C-6 位上硫酸酯化。

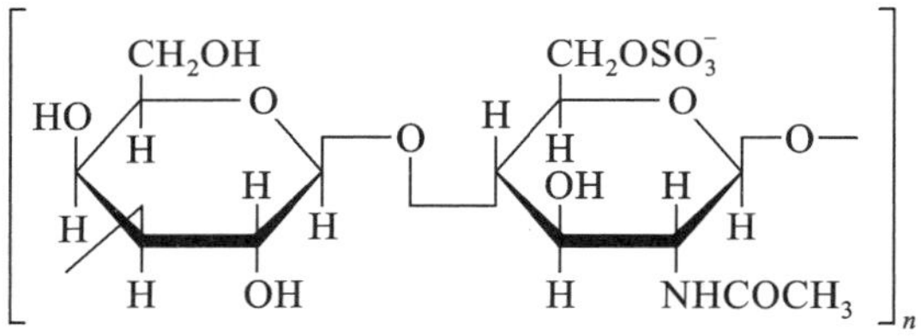

（D- 半乳糖基）　　　（N- 乙酰葡糖胺基）

硫酸角质素

1.5.4.5　肝素

肝素（heparin）最初从肝和心脏提取得到，由于肝中的含量最为丰富，故得此名。实际上它广泛分布于哺乳动物组织和体液中。猪肠黏膜中含量十分丰富，肺、脾和肌肉中含量亦很高，肾、胸腺和血液中的含量则比较少些。商品肝素通常是从猪小肠黏膜和牛肺中提取。

肝素的化学结构比较复杂，它是由 D- 葡糖胺和 L- 艾杜糖醛酸或 D- 葡糖醛酸构成的二糖单位的多聚物，其中 D- 葡糖胺 C-2 的氨基和 C-6 的羟基上分别硫酸酯化，L- 艾杜糖醛酸是主要的糖醛酸成分，占糖醛酸总量的 70% ~ 90%，其 C-2 上硫酸酯化，其余的为 D- 葡糖醛酸，D- 葡糖醛酸基上不发生硫酸酯化。

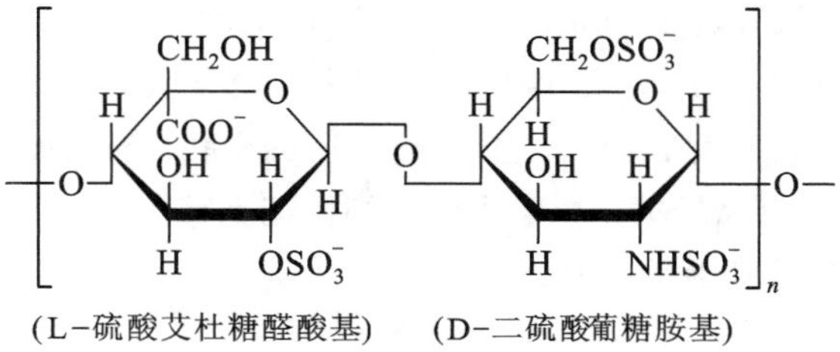

(L–硫酸艾杜糖醛酸基)　　(D–二硫酸葡糖胺基)

肝素

肝素分子所含的硫酸是同氨基结合的，这种结合是少见的。

肝素是动物及人体内自然存在的抗凝血物质，也可加速血浆中三酰甘油的清除。目前输血时，广泛以肝素为抗凝剂，临床上也常用于防止血栓形成。肝素分子中含有的羧基、硫酸基（包括含量与位置）与其抗凝活性有密切关系，失去羧基或硫酸基，抗凝活性降低。

硫酸乙酰肝素（heparan sulfate），又称硫酸类肝素。它与肝素虽然为同一类，但其分布、结构和功能颇具差异。硫酸乙酰肝素广泛分布于动物细胞表面和细胞外基质，是由 N- 乙酰葡糖胺和 L- 艾杜糖醛酸或 D- 葡糖醛酸形成的重复二糖单位组成的糖胺聚糖，它与肝素相比其硫酸化程度较低，而乙酰化程度较高及艾杜糖醛酸含量较少。硫酸乙酰肝素参与膜结构以及细胞之间和细胞与基质之间的相互作用，还可从细胞外向细胞内传递信息，但几乎没有抗凝血作用。

1.5.5　细菌多糖

这里所指的细菌多糖包括作为细菌胞壁的杂多糖，如肽聚糖、磷壁酸、脂多糖和有抗原性的多糖（如肺炎菌多糖）。本节只扼要介绍肽聚糖及磷壁酸。

1.5.5.1　肽聚糖

肽聚糖（peptidoglycan）又称黏肽（mucopeptide）、氨基糖肽（glycoaminopeptide）或胞壁质（murein）。它是以 NAG 与 NAM（参阅单糖氨基化一节）组成的多糖链为骨干与四肽连接所成的杂多糖。NAG 与 NAM 之间的连接为 β-1,4- 糖苷键。胞壁酸的羧基与四肽的 L-Ala（丙氨酸）的氨基相连。

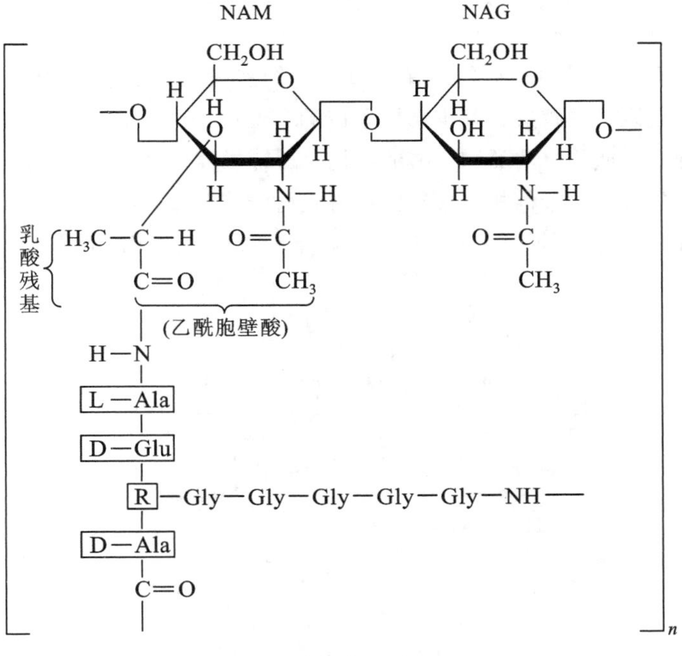

肽聚糖

上式中的 R 可以是 L-Lys（赖氨酸）、L-Orn（鸟氨酸）或 L- 高丝氨酸（homoserine），随不同细菌而异。有的细菌肽聚糖肽链中的 D-Ala 可以被 L-Ser（丝氨酸）或 Gly（甘氨酸）代替，D-Glu（谷氨酸）被 D-Gln（谷氨酰胺）代替，与 R 相连的（Gly）$_5$ 肽（甘氨酸五肽）是骨干链之间的交联，有增加肽聚糖硬度的作用，如图 1-5。

一切细菌和蓝藻的细胞壁都含有肽聚糖。革兰氏阳性细菌细胞壁所含的肽聚糖占其干重的 50% ~ 80%，革兰氏阴性细菌细胞壁的肽聚糖含量占其干重的 1% ~ 10%。

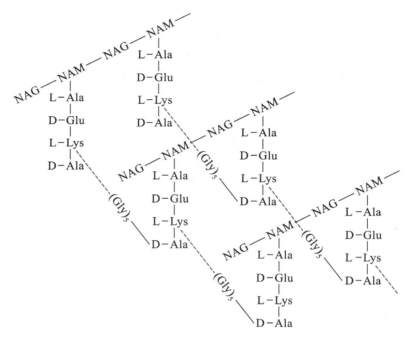

图 1-5　肽聚糖分子中邻近 NAG-NAM 骨干链上甘氨酸五肽与四肽间的交联示意图

肽聚糖的功用是保护细菌细胞不被破坏。溶菌酶可破坏肽聚糖分子中的 NAG-NAM 间的 β-1,4- 糖苷键。抗生素（如青霉素）能抑制肽聚糖的生物合成（ℯ**辅学窗** 1-14）。

1.5.5.2　磷壁酸

磷壁酸（teichoic acid）存在于革兰氏阳性细菌胞壁中，约占其细胞干重的 50%，革兰氏阴性细菌不含磷壁酸。磷壁酸分为两类：一类是以甘油磷酸为基本结构单位的多聚物，称甘油磷壁酸；一类是以核糖醇磷酸为基本结构单位的多聚物，称核糖醇磷壁酸。两类磷壁酸的结构见ℯ**辅学窗** 1-15。

在细菌细胞壁中，磷壁酸可与肽聚糖相连接，连接方式可能是磷壁酸的甘油醇磷酸（或核糖醇磷酸）以磷酸酯键与肽聚糖分子中胞壁酸 C-6 位上的—CH$_2$OH 连接。磷壁酸也可锚定到质膜上。

磷壁酸同肽聚糖的连接

磷壁酸溶于水或5%三氯醋酸，也可被溶菌酶分解。

磷壁酸参与细菌的黏附、定植、分裂和自溶等过程，可保护细菌防御抗生素、表面活性剂等损伤，并可作为半抗原诱导免疫应答。

🤔 思考题

淀粉、糖原和纤维素均由 α-D- 葡萄糖聚合而成，为什么在化学性质和生物学功能上具有如此大的差异？

1.6　糖缀合物

糖缀合物普遍存在于生物界，是有机体内具有多种重要生物功能的一类物质，在细胞识别和黏附、迁移、凝血、免疫应答等过程中扮演重要角色。

糖脂（glycolipids）是一类与质膜结合的脂质，胞外部分有寡糖链与脂质部分共价结合，如细菌细胞壁的脂多糖、神经节苷脂、血型物质等。我们以脂多糖为例，介绍这类化合物的结构特征。其余糖脂类物质详见脂质化学 2.3。脂多糖（lipopolysaccharide，LPS）是革兰氏阴性细菌细胞壁的特征组分。脂多糖具有抗原性，又称抗原性多糖，其分子结构一般由三部分组成，可表示如下（图 1-6）。

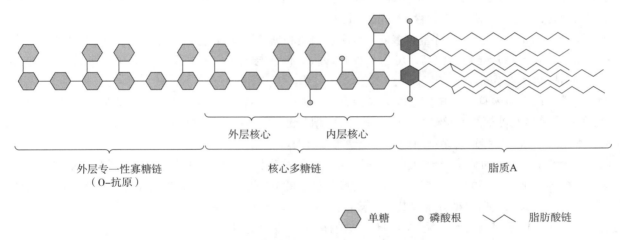

外层核心	内层核心
外层专一性寡糖链 （O-抗原）	核心多糖链	脂质A

⬡ 单糖　　● 磷酸根　　〰 脂肪酸链

图 1-6　细菌脂多糖分子中三段结构单位的排列顺序

其中外层专一性寡糖链具有抗原性，称 O- 抗原，由几十个寡糖单位组成。O- 抗原的组分随菌株而异，是高度可变的，是细菌致病的关键部位，也是血清学鉴别革兰氏阴性细菌种类的依据。各种菌的核心多糖链都极相似或相同，也都有脂质 A。脂质 A 又称内毒素（endotoxin），与核心多糖链相连接，是脂多糖的主要毒性成分。有的细菌的脂多糖结构已弄清楚，如鼠伤寒沙门氏菌（*Salmonella typhimurium*）的脂多糖结构就已经查明（🅔辅学窗 1-16）。

糖蛋白（glycoprotein） 是自然界分布最广的一类糖缀合物，它不仅在动物体内普遍存在，而且在植物组织、真菌、细菌及病毒中也有发现，越来越多的证据说明几乎所有的细胞都能合成糖蛋白。广义地讲，糖蛋白是由糖和蛋白质以共价键连接而成的复合物，但随着这一领域研究的开展和深入，已将蛋白聚糖从糖蛋白中划分出来，现在糖蛋白的概念是专指一条或几条寡糖链共价连接到蛋白质上而形成的缀合物。

一般糖蛋白中以蛋白质为主，其含糖量变化很大，如胶原蛋白的含糖量不到 1%，而可溶性血型物质的含糖量高达 85%，但大多数情况下糖部分所占的比例比较小，其总体性质更接近蛋白质。

糖蛋白中糖链与肽链主要通过 2 种不同类型的糖苷键相连，一种是糖基上的半缩醛羟基与肽链上的丝氨酸、苏氨酸、羟脯氨酸或羟赖氨酸的羟基形成 O- 糖苷键（O- 连接），另一种是糖基上的半缩醛羟基与肽链上天冬酰胺的氨基形成 N- 糖苷键（N- 连接），如图 1-7 所示。N- 糖苷键连接的寡糖有 3 种不同类型（🔊 辅学窗 1-17）。

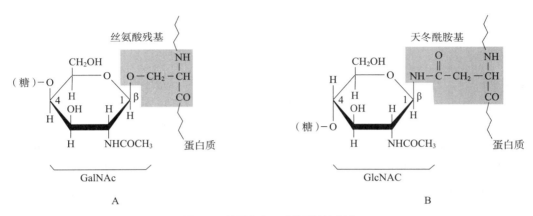

图 1-7 糖蛋白中 2 种类型的糖苷键
A. O- 连接；B. N- 连接

糖蛋白通常位于质膜外表面、细胞外基质或血液中，也存在于一些细胞器如高尔基体和溶酶体中。这些糖链携带丰富的信息，参与蛋白质折叠、稳定及识别等过程。

蛋白聚糖（proteoglycan）也称蛋白多糖，是由蛋白质和糖胺聚糖通过共价键连接而成的大分子复合物。一般来讲，蛋白聚糖含糖量比糖蛋白高，可达 95% 或更高，但它与糖蛋白的主要差别不在于糖部分所占的比例，而在于糖的结构和性质不同。

蛋白聚糖中的糖胺聚糖与蛋白质之间的连接有 3 种类型：① D- 木糖与丝氨酸羟基之间形成的 O- 糖苷键；② N- 乙酰半乳糖胺与苏氨酸或丝氨酸之间形成的 O- 糖苷键；③ N- 乙酰葡糖胺与天冬酰胺氨基之间形成的 N- 糖苷键。木糖 - 丝氨酸连接键是结缔组织蛋白聚糖所特有的。

在蛋白聚糖中，蛋白质分子居于中间，构成一条主链，称为核心蛋白，糖胺聚糖分子排列在蛋白质分子的两侧，这种结构称为蛋白聚糖的"单体"。单体中糖胺聚糖链的分布是不均匀的。这些单体以一个透明质酸分子为骨干组装成一个巨大的蛋白聚糖分子。其中连接蛋白对单体与透明质酸的结合起到稳定作用。糖胺聚糖具有二糖重复单位，含有较多的酸性基团（如羧基、硫酸基），是负电性强的大分子，如硫酸软骨素、硫酸角质素、硫酸皮质素等，一般认为蛋白聚糖的功能与糖胺聚糖所含酸性基团密切相关。

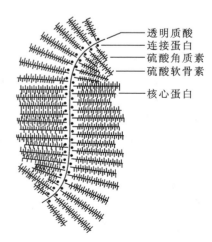

至今研究较为详尽的是从软骨中分离得到的软骨蛋白聚糖，它是由硫酸角质素和硫酸软骨素与核心蛋白共价结合在一起形成蛋白聚糖单体，由蛋白聚糖单体、连接蛋白和透明质酸形成蛋白聚糖聚集体。在这聚集体中，透明质酸作为一条主链，通过连接蛋白与单体结合，每个聚集体的透明质酸上结合约 200 条蛋白聚糖单体，它们之间以非共价键结合，故透明质酸与单体间存在解离与聚合关系。在巨大的聚集体中，透明质酸仅占 1% 组分，连接蛋白具有疏水表面，占聚集体中蛋白质总量的 25%，核心蛋白在单体中仅占 5% ~ 10%，90% ~ 95% 是糖胺聚糖，聚集体结构示意如图 1-8。

蛋白聚糖主要存在于软骨、腱等结缔组织中，构成细胞间质，由于糖胺

图 1-8 蛋白聚糖聚集体结构示意图

聚糖密集的负电荷，在组织中可吸收大量的水而被赋予黏性和弹性，具有稳定和支持、保护细胞的作用，并在保持水、盐平衡方面也具有重要作用。细胞表面的蛋白聚糖还参与细胞黏附、迁移、增殖和分化功能。

思考题

试述糖蛋白和蛋白聚糖的主要区别。

1.7　糖生物学

糖链的结构比蛋白质和核酸更加复杂，这是因为糖链中的单糖基种类多且有很多衍生形式，还存在异构体如 D- 和 L- 型、$\alpha-$ 和 $\beta-$ 型，糖苷键位置也不止一种，糖链还具有分支结构。同时，糖链生物合成没有模板，在不同专一性糖基转移酶的催化下逐渐延长而没有固定终点，因此，糖链结构和功能的研究相对于蛋白质和核酸相对缓慢。

糖生物学是研究自然界中糖类物质结构、生物合成和生物学特性的学科，重点关注糖缀合物中寡糖链的生物学意义。糖生物学主要研究糖类物质与其他分子的相互作用，这些分子包括①能与糖类结合的蛋白质如凝集素（lectin），这是一类在自然界中广泛存在的蛋白质，从最简单的病毒、细菌、动植物，直至人类均有凝集素。凝集素与其特异的糖类相互作用后，引发广泛的生物学效应，如蛋白质折叠、细胞黏附、免疫反应等；②糖基转移酶和糖苷水解酶，催化糖类生物合成和降解，在糖蛋白折叠、后加工和转运中发挥重要作用；③与糖类相互作用的抗体，参与如输血、异体器官移植及某些自身免疫疾病的排异反应；④糖链与糖链之间的相互作用，在细胞之间的相互识别中发挥关键作用。

糖生物学研究的发展离不开糖链分析技术的进步。

纯化和鉴定　糖蛋白可用 O- 糖苷酶或 N- 糖苷酶或化学法如肼解[①] 法切断糖苷键，获得寡糖链。释放的寡糖用溶剂分级沉淀、离子交换柱层析、凝胶层析和凝集素亲和层析等方法纯化（其原理见蛋白质化学一章），其中凝集素亲和层析是寡糖纯化中常用且有效的方法。纯化后的寡糖可用超离心、电泳和高效凝胶渗透层析等方法进行鉴定，用质谱法、高效凝胶渗透层析等方法测定相对分子质量。

结构分析　纯化的多糖和寡糖可进行结构分析。寡糖或多糖的结构分析包括①单糖组成：用强酸水解寡糖或多糖，产生单糖混合物或转化为适当的挥发性衍生物，用高效液相层析或气 – 液层析与质谱联用进行分离分析，可知单糖的组成；②糖苷键的位置和构型：可用甲基化方法测定糖苷键的位置，这是经典且有效的方法；也可用外切糖苷酶法，从糖链的非还原端逐个降解单糖基，此法可提供单糖序列、糖苷键的位置和异头碳构型的信息；③序列测定：可用外切糖苷酶法或联合质谱法和核磁共振（NMR）法进行测定，质谱法和高分辨率 NMR 法是近年来生物大分子结构分析中常用技术，仅用少量样品就可得到单糖的序列、糖苷键的位置和异头碳的精确构型等大量信息。目前已有自动化仪器用于寡糖结构的常规测定，但对于具有分支的寡糖，序列测定还存在更多的问题；④三维结构测定：目前研究多糖三维结构常用方法是 NMR 法，如一维核磁共振氢谱（^{1}H–NMR）、一维核磁共振碳谱（^{13}C–NMR）、二维核磁共振谱（2D–NMR）等。此外，还可用 X 射线衍射法、圆二色谱法等进行测定。

固相合成　寡糖的固相合成技术是将糖基受体连接到支持介质树脂上，经过脱保护和偶联反应的交替循环，从还原端向非还原端合成糖链，其原理类似多肽的固相合成（详见蛋白质化学 3.3）。从天然来源分离纯化获得糖链，或酶法合成糖链仍然存在较大的挑战，基于化学方法的寡糖固相合成是目前获得寡糖链较为有效的方式，为

---

　① 肼解（hydrazinolysis）：干燥样品与无水肼（$NH_2 \cdot NH_2$）在 100℃封管反应 10 h 左右。

研究糖缀合物的功能提供重要技术支撑。

　　越来越多的证据表明，寡糖链结构信息蕴含着一套糖密码（sugar code），糖链通过其与蛋白质、脂质进行分子识别，参与多种重要的生物学过程，例如蛋白质折叠和降解，糖蛋白分拣和投送，以及生长、黏附、迁移等细胞行为。凝集素是阅读该密码的最关键蛋白质，介导细胞和分子的识别过程，包括配体和受体、细胞和细胞、细胞和病原体之间等，这些研究及其成果借助糖链结构分析、测序和化学合成技术的进步，共同推动了糖生物学的诞生和研究的不断深入。

ⓘ 总结性思考题

　　1. 联系有机化学中醛、酮、醇的结构和性质，说明醛糖、酮糖与之在结构和性质上的异同点。

　　2. 糖的 D 型、L 型，α 型、β 型是如何区别和决定的？不同构型的存在与糖类物质的哪些理化性质密切关联？

　　3. 糖的还原性与糖的还原有何区别？是否一切糖都有还原性？是否一切糖都能被还原？

　　4. 比较多糖与糖缀合物在结构、性质和生物功能上的差别。

　　5. 目前临床测定血糖浓度的方法是基于何种原理？为什么血糖浓度维持稳定对机体具有重要生物学意义？

　　6. 临床诊断治疗糖尿病时，会同时监测血糖和糖基化血红蛋白的水平，为什么？

　　7. 味觉细胞是如何将小分子糖类物质与味觉受体结合的化学信号转化为电信号的？

　　8. 为什么凝集素被称为糖的"解码器"？讨论凝集素亲和技术在糖组学中的关键作用。

　　9. 了解糖芯片技术的原理和应用。

☁ 数字课程学习

　　👤 教学课件　　　💬 在线自测　　　📖 思考题解析

第二章　脂质化学

🌀 **提要与学习指导**

本章主要介绍单脂和复合脂的组分、结构和性质，对固醇亦给以必要的介绍。学习时应注意：

1. 对脂肪的结构和性质以及对固醇类物质的基本结构作充分的了解。

2. 联系脂肪的结构学习复合脂的结构，在熟悉固醇核心结构的基础上学习类固醇物质，这样就容易掌握较繁复难懂的物质。

3. 磷脂与糖脂的区别，各种磷脂、糖脂和固醇彼此间的异同应作分析比较，以加强理解。

2.1　脂质的概念和类别

脂质（lipid）[①]就是动、植物的油脂。人们吃的动物油脂（如猪油、牛羊油脂、鱼肝油、奶油等）、植物油（如豆油、菜油、花生油、芝麻油、茶油、棉子油等）和工业、医药上用的蓖麻油和麻仁油等都属于脂质。一切动、植物都含有脂质，它是构成原生质的重要成分，也是动、植物的储能物质。动物（包括人类）腹腔的脂肪组织、肝组织、神经组织和植物中油料作物的种子等的脂质含量都特别高。

脂质的主要生物功能有以下几个方面：

（1）提供能量　人体内氧化 1 g 脂肪可得到 38 kJ 的热能，而氧化 1 g 糖或蛋白质只能得到 17 kJ 的热能。

（2）保护作用和御寒作用　人和动物的脂肪具有润滑和保护内脏免受机械损伤的作用；此外还具有绝热功能，可防止体内热量的散发，起御寒作用。

（3）为脂溶性物质提供溶剂促进人及动物体吸收脂溶性物质，如脂溶性维生素 A、D、E、K 及类胡萝卜素等。

（4）提供必需脂肪酸　必需脂肪酸是指人及动物体正常生长和功能所必需的，但本身不能合成，必须由食物供给。

（5）磷脂和糖脂是构成生物膜脂质双层结构的基本物质和某些生物大分子化合物（如脂蛋白和脂多糖）的组分。

（6）细胞表面的脂质与细胞识别、免疫等密切相关。

（7）有些脂质或脂肪酸衍生物还具有维生素、激素和细胞第二信使的功能。

2.1.1　脂质的化学概念

根据化学分析结果，脂质分子都含碳、氢、氧元素，有的也含氮和磷。脂质被碱水解后产生醇（一般为甘油

[①]　脂质，也称脂类。通常所称的类脂物质，如脂肪酸、固醇等不属脂质，而是脂质的水解产物。

醇）和脂肪酸（fatty acid）[1]。因此，脂质是脂肪酸（C_4以上的）和醇［包括甘油醇、鞘氨醇（或称神经醇）、高级一元醇和固醇[2]］等所组成的酯类及其衍生物，一般具有下列 3 个特征：

（1）为脂肪酸与醇所组成的酯类。

（2）不溶于水而溶于某种脂溶剂，如乙醚、丙酮及氯仿等。

（3）能被生物体利用，作为结构、供能或信号传递等之用。

2.1.2 脂质的分类

脂质可分为单脂与复合脂两大类。

（1）**单脂**（simple lipid） 即单纯脂质，为脂肪酸与醇（甘油醇、高级一元醇）所组成的酯类。分脂、油及蜡 3 小类。

脂 一般在室温时为固态，是甘油与 3 分子脂肪酸结合所成的三酰甘油（triacylglycerol，TAG）[3]，称脂肪或真脂，也称中性脂。

油[4] 指一般在室温时为液态的脂肪，又称为脂性油。就化学本质来说，脂含较多饱和脂肪酸，油含较多不饱和脂肪酸和低分子脂肪酸。下一节将脂和油合并为脂肪一并介绍。

蜡 高级脂肪酸与高级一元醇所生成的酯，如虫蜡、蜂蜡等。

（2）**复合脂**（compound lipid） 为脂肪酸与醇（甘油醇、鞘氨醇[5]）所生成的酯，同时含有其他非脂性物质，如糖、磷酸及氮碱[6]等。复合脂分磷脂与糖脂两大类。

磷脂 为含磷酸与氮碱的脂质，分甘油磷脂和鞘磷脂两类。鞘磷脂不含甘油醇而含鞘氨醇。

糖脂 为含糖分子的脂质，由鞘氨醇或甘油醇与脂肪酸和糖所组成，如脑苷脂和神经节苷脂等。

为简明起见，脂质的分类可列表如下：

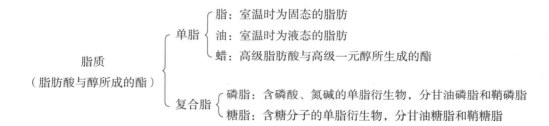

思考题

1. 脂和酯有何不同？

2. 比较脂质与多糖、蛋白质、核酸化学组成上的主要差别。

---

[1] 脂肪酸，简称脂酸。本书所称脂肪酸是指丁酸（C_4）以上的脂肪酸。

[2] 有机化学上称甾醇。

[3] 三酰甘油又称甘油三酯（triglyceride）。

[4] 油字常被误用，有许多与脂质无关的物质亦称为"油"，如石油、液状石蜡等。因此，脂质的油应称为脂性油。蜡字也同样被误用，生物的脂性蜡应与非脂质的石蜡（paraffin）严格区分。

[5] 鞘氨醇亦称神经醇（sphingosine 或 4-sphingenine）。

[6] 氮碱（nitrogen base）是指含氮的有机碱，如胆碱、乙醇胺等。

2.2　单脂

2.2.1　脂肪

2.2.1.1　脂肪的组成和结构

脂肪（fat）是含 3 个脂肪酸（C_4 以上）的甘油酯，即三酰甘油。脂肪中的 3 个脂肪酸可以是相同的，也可以是不同的。前者称简单三酰甘油，后者称混合三酰甘油。脂肪酸羧基的—OH 与甘油醇基的 H 脱水形成酯键

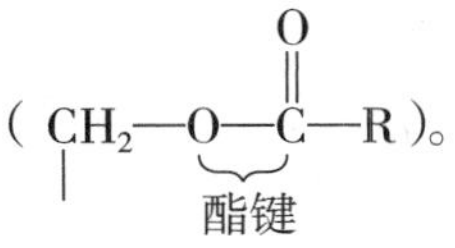

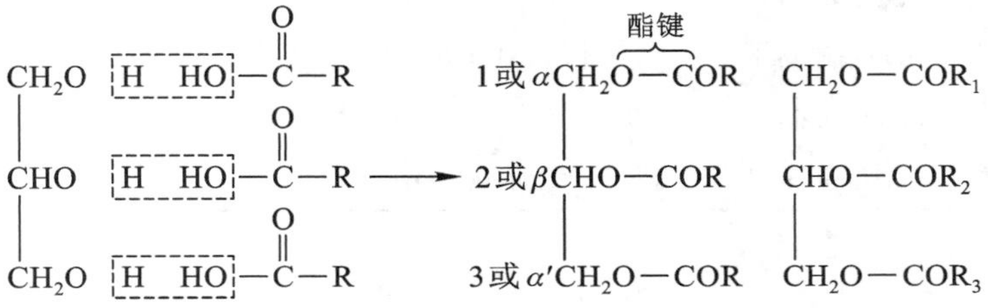

$$\left(\mathrm{CH_2\!-\!O\!-\!\overset{\displaystyle O}{\overset{\|}{C}}\!-\!R} \right)。$$

酯键

自然界的脂肪多为混合三酰甘油的混合物（🅔辅学窗 2-1），由一种简单三酰甘油所组成的天然油脂极少，仅在橄榄油和猪油中含三油酸甘油酯较高，约占 70%。

式中 α、α' 代表甘油的末端碳，β 代表中间碳位。甘油的 3 个碳位亦可用 1、2、3 数字标志。

甘油酯第 2 碳位（即 β 碳位）的 RCOO—在碳链右侧的称 D 型，在左侧的称 L 型。

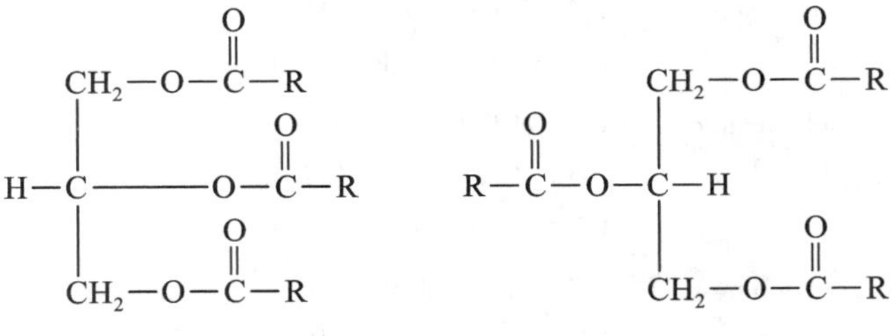

D-三酰甘油　　L-三酰甘油

自然界的脂肪多为混合三酰甘油的混合物（🅔辅学窗 2-1），由一种简单三酰甘油所组成的天然油脂极少，仅在橄榄油和猪油中含三油酸甘油酯较高，约占 70%。

脂肪酸　自然界存在的脂肪酸（fatty acid）皆为含双数碳的脂肪酸，有 $C_4 \sim C_{36}$ 的各种脂肪酸，分饱和脂肪酸、不饱和脂肪酸、羟酸和环酸四类（表 2-1），饱和与不饱和脂肪酸为主体，羟酸和环酸仅存在于个别动、植物体中。不饱和脂肪酸皆为 $C_{18} \sim C_{22}$ 的脂肪酸，其中有含 5 个不饱和双键者，这些不饱和脂肪酸，除了作为脂肪的组成成分，还具有一定的特殊生理功能（🅔辅学窗 2-2）。

表 2-1 脂肪酸（C$_4$ 以上）

1. 饱和脂肪酸（C$_n$H$_{2n}$O$_2$）

名称	英文名	分子式	熔点 /℃	存在
丁酸（酪酸）	butyric acid	C$_3$H$_7$COOH	−7.9	奶油
己酸（羊油酸）	caproic acid	C$_5$H$_{11}$COOH	−3.4	奶油、羊脂、可可油等
辛酸（羊脂酸）	caprylic acid	C$_7$H$_{15}$COOH	16.7	奶油、羊脂、可可油等
癸酸（羊蜡酸）	capric acid	C$_9$H$_{19}$COOH	32	椰子油、奶油
十二酸 *（月桂酸）	lauric acid	C$_{11}$H$_{23}$COOH	44	鲸蜡、椰子油
十四酸 *（豆蔻酸）	myristic acid	C$_{13}$H$_{27}$COOH	54	肉豆蔻脂、椰子油
十六酸 *（棕榈酸[①]）	palmitic acid	C$_{15}$H$_{31}$COOH	63	动、植物油
十八酸 *（硬脂酸）	stearic acid	C$_{17}$H$_{35}$COOH	70	动、植物油
二十酸 *（花生酸）	arachidic acid	C$_{19}$H$_{39}$COOH	75	花生油
二十二酸（山嵛酸）	behenic acid	C$_{21}$H$_{43}$COOH	80	山嵛、花生油
二十四酸 *	lignoceric acid	C$_{23}$H$_{47}$COOH	84	花生油
二十六酸（蜡酸）	cerotic acid	C$_{25}$H$_{51}$COOH	87.7	蜂蜡、羊毛脂
二十八酸（褐煤酸）	montanic acid	C$_{27}$H$_{55}$COOH	—	蜂蜡

* 最常见的几种脂肪酸。

2. 不饱和脂肪酸

名称	英文名	分子式	熔点 /℃	存在
十八碳一烯酸（油酸）Δ^9	oleic acid	CH$_3$（CH$_2$）$_7$CH＝CH—（CH$_2$）$_7$COOH	13.4	动、植物油脂（橄榄油、猪油含量较高）
十八碳二烯酸（亚油酸）* $\Delta^{9,12}$	linoleic acid	CH$_3$（CH$_2$）$_4$CH＝CH CH$_2$—CH＝CH—（CH$_2$）$_7$COOH	−5	棉子油、亚麻仁油
十八碳三烯酸（亚麻酸）* $\Delta^{9,12,15}$	linolenic acid	CH$_3$CH$_2$CH＝CH—CH$_2$—CH＝CH—CH$_2$—CH＝CH—（CH$_2$）$_7$COOH	−11	亚麻仁油
二十碳四烯酸（花生四烯酸）* $\Delta^{5,8,11,14}$	arachidonic acid	CH$_3$（CH$_2$）$_4$CH＝CH—CH$_2$—CH＝CH—CH$_2$—CH＝CH—CH$_2$—CH＝CH—（CH$_2$）$_3$—COOH	−50	磷脂酰胆碱、磷脂酰乙醇胺
二十碳五烯酸 $\Delta^{5,8,11,14,17}$	eicosapentaenoic acid（EPA）	CH$_3$CH$_2$（CH＝CHCH$_2$）$_5$—（CH$_2$）$_2$COOH	−54	鱼油
二十二碳六烯酸 $\Delta^{4,7,10,13,16,19}$	docosahexenoic acid（DHA）	CH$_3$—CH$_2$（C＝C—CH$_2$）$_5$ C＝C（CH$_2$）$_2$—COOH	−44	鱼油

* 是动物的必需脂肪酸。亚油酸和亚麻酸有降低血清胆固醇含量的作用。

[①] 又称软脂酸。

3. 羟 酸

名称	英文名	分子式	熔点 /℃	存在
12- 羟油酸（蓖麻油酸）	ricinoleic acid	$C_{17}H_{32}$（OH）COOH	−23	蓖麻油
2- 羟神经酸	2-hydroxy-nervonic acid	$C_{23}H_{44}$（OH）COOH	42	脑苷脂

4. 环 酸

名称	英文名	分子式	熔点 /℃	存在
环戊烯十三酸（大枫子油酸）	chaulmoogric acid	HC═CH—CH—$(CH_2)_{12}$COOH (环戊烯结构)	69	大枫子油

注：1. 括号前的脂肪酸名称是系统名，括号内的名称（如酪酸）是习用名或俗名。

2. 不饱和脂肪酸系统名"酸"字前加一"烯"字，表示不饱和。双键位置用小三角形"Δ"右上角加数字来表示，例如十八碳一烯酸 Δ^9，即表示双键位置在从羧基碳起的第 9 和第 10 碳位之间。双键的位置亦可用带方括号的数字来表示，如前面的脂肪酸可写成十八碳烯[9]酸。

3. 表示羟基在脂肪酸分子式中的位置，则在羟字前加数字，例如 2- 羟二十四碳酸，即表示二十四碳羟酸的羟基在从羧基碳起的第 2 碳位上。余类推。

表示脂肪酸结构的简明方法是先写出碳原子的数目，再写出双键的数目，最后表明双键的位置。如棕榈酸用 16∶0 表示，表明棕榈酸含 16 个碳原子，无双键。油酸用 18∶1$^{\Delta9}$ 或 18∶1[9]表示，表明油酸为 18 个碳原子，在第 9、10 位之间有一个不饱和双键。

含两个或两个以上双键的脂肪酸称为多不饱和脂肪酸（polyunsaturated fat acid，PUFA），PUFA 除了上面一种简明表示方法外，还有一种 ω 命名法，即从甲基末端（ω 端）计数双键，用 ω 后加数字表示靠甲基碳最近的第一个双键的位置，如亚油酸写作 ω-6，属 ω-6 系列。亚麻酸写作 ω-3，属 ω-3 系列。实际上，为了表达明确和书写方便，常将上述两种方法结合并简化使用，如亚油酸可写为 18∶2ω-6，亚麻酸可写为 18∶3ω-3 等。

生物体中天然存在的脂肪酸具有以下结构特点：

① 碳原子数在 4 ~ 36 之间，最常见的为 12 ~ 24 之间。

② 绝大多数是偶数碳原子的直链脂肪酸，奇数碳原子的支链脂肪酸很少。

③ 不饱和脂肪酸的双键绝大多数为顺式（*cis*），单不饱和脂肪酸的双键一般在第 9、10 位碳原子之间，多不饱和脂肪酸的双键除 Δ^9 外，其他双键一般为 Δ^{12} 和 Δ^{15}，这些双键很少连在一起，而是间隔存在，其间至少隔一个亚甲基（—CH_2—）。

饱和与不饱和脂肪酸的构象有很大的差别，饱和脂肪酸由于其碳骨架中的每个单键都能自由转动，所以它能以多种构象存在，最稳定的是完全伸展的构象，这时邻近原子间的空间障碍最小；不饱和脂肪酸双键不能自由转动，顺式双键使碳氢链发生弯曲，而反式双键的构象则近似于饱和链的伸展形式。饱和与不饱和脂肪酸的构象见图 2-1。

2.2.1.2 脂肪的性质

（1）**物理性质** 一般为无色、无嗅、无味，呈中性，相对密度皆小于 1（固体脂质的相对密度约为 0.8，液体脂质的相对密度为 0.915 ~ 0.94）。不溶于水，而溶于脂溶剂（如苯、石油醚、乙醚、丙酮、四氯化碳、汽油、二硫化碳、氯仿等）。在热乙醇内溶解度甚大，在冷乙醇内不易溶解。测定脂质总量时常用无水乙醚或石油醚作抽提溶剂（Soxhlet 法）。低分子脂肪酸（C_6 以下）组成的脂肪略溶于水。在有乳化剂如肥皂和胆汁酸盐[①]存在下，

———————

① 胆汁中的一种化合物。

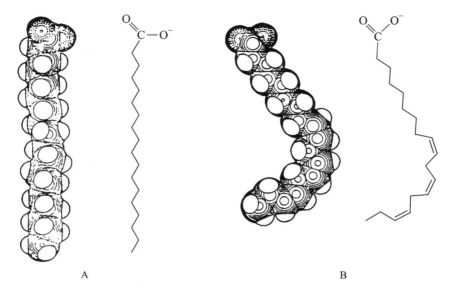

图 2-1　硬脂酸（A）和亚麻酸（B）的空间结构模型图

油脂可和水混合成乳状液。动物的胆汁可分泌到肠道，胆汁内的胆汁酸盐可使脂肪乳化，促进肠道内脂肪的消化和吸收，具有重要的生理意义。

　　脂肪能作为溶剂溶解脂溶性维生素 [①]（维生素 A、D、E、K）和某些有机物质（如香精等）。

　　天然脂肪无明确熔点，因为它们多是几种脂肪的混合物，有折光性。不饱和脂肪的折光率一般比饱和脂肪的高。饱和脂肪相对分子质量高者，它的折光率比相对分子质量低的高。故可通过测定脂肪的折光率以判断脂肪分子中脂肪酸的性质。

　　（2）**化学性质**　脂肪的化学性质和它本身的酯键及其所含的甘油和脂肪酸都有关。

　　① 由酯键产生的性质

　　水解和皂化　一切脂肪都能被酸、碱、蒸汽及脂肪酶所水解，产生甘油及脂肪酸。如果水解剂是碱，则得甘油和脂肪酸的盐类，这种盐类称皂。因此，我们也称碱水解脂肪的作用为皂化作用（saponification）。

$$
\begin{array}{c}
\text{CH}_2\text{O}-\overset{\displaystyle O}{\overset{\|}{\text{C}}}-\text{R} \\
\text{CHO}-\overset{\displaystyle O}{\overset{\|}{\text{C}}}-\text{R} \\
\text{CH}_2\text{O}-\overset{\displaystyle O}{\overset{\|}{\text{C}}}-\text{R}
\end{array}
+\ 3\text{H}_2\text{O}
\xrightarrow[\text{(或酸，蒸汽)}]{\text{脂肪酶}}
\begin{array}{c}
\text{CH}_2\text{OH} \\
\text{CHOH} \\
\text{CH}_2\text{OH}
\end{array}
+\ 3\text{R}-\text{COOH}
$$

脂肪　　　　　　　　　　　　　　　　　　甘油　　　脂肪酸

$$
\begin{array}{c}
\text{CH}_2\text{O}-\overset{\displaystyle O}{\overset{\|}{\text{C}}}-\text{R} \\
\text{CHO}-\overset{\displaystyle O}{\overset{\|}{\text{C}}}-\text{R} \\
\text{CH}_2\text{O}-\overset{\displaystyle O}{\overset{\|}{\text{C}}}-\text{R}
\end{array}
+\ 3\text{KOH}
\xrightarrow[\text{(或NaOH)}]{}
\begin{array}{c}
\text{CH}_2\text{OH} \\
\text{CHOH} \\
\text{CH}_2\text{OH}
\end{array}
+\ 3\text{R}-\text{COOK}
$$

脂肪　　　　　　　　　　　　　　　　　　甘油　　　皂

---

　　① 维生素是维持生物正常生命活动所必需的一类微量有机物质，有些维生素人和动物不能自身合成或合成量不足，需由食物供给以维持生命。

甘油与肥皂皆溶于水，但溶液中的肥皂可加无机盐使之沉淀（这种方法称为盐析法）。甘油可用蒸发及真空蒸馏方法提取。

钠肥皂与钾肥皂溶于水，而钙肥皂与镁肥皂则不溶于水。普通用的肥皂都是钠肥皂或钾肥皂。如果用硬水洗涤，肥皂的功效就要减低，因为硬水含有很多的钙离子和镁离子，能使钾或钠肥皂变成不溶解的钙和镁肥皂而沉淀。表示皂化所需的碱量数值称皂化值（价）（saponification number or value）。皂化值为皂化 1 g 脂肪所需的 KOH 的质量（mg）。通常从皂化值的数值即可略知混合脂肪酸或混合脂肪的平均相对分子质量。

$$平均相对分子质量 = \frac{3 \times 56 \times 1\,000}{皂化值}$$

式中，56 是 KOH 的相对分子质量；由于中和 1 mol 三酰甘油水解产生的脂肪酸需要 3 mol 的 KOH，故以 3 乘之。

皂化值与脂肪（或脂肪酸）的相对分子质量成反比，脂肪的皂化值高表示含低相对分子质量的脂肪酸较多，因为相同质量的低级脂肪酸皂化时所需的 KOH 质量比高级脂肪酸为多。从表 2-2 所列实验数字中，即可证明。

表 2-2　脂肪的相对分子质量与其皂化值的关系

脂肪	相对分子质量	皂化值
三丁酰甘油	302.2	557.0
三辛酰甘油	554.4	303.6
三棕榈酰甘油	806.8	208.6
三硬脂酰甘油	890.9	188.9
三油酰甘油	884.8	190.2

思考题

1. 从物质的化学结构分析脂肪是非极性分子的原因。
2. 写出脂肪酸 16：0、14：3$\Delta^{7,10,13}$ 的结构式。

② 由不饱和脂肪酸产生的性质　脂肪分子中的不饱和脂肪酸与游离的不饱和脂肪酸一样，可以与氢及卤素起加成作用。

氢化和卤化　不饱和脂肪在有催化剂如 Ni 的影响下，其脂肪酸的双键上可加入氢而成饱和脂。这个作用称氢化（hydrogenation），例如：

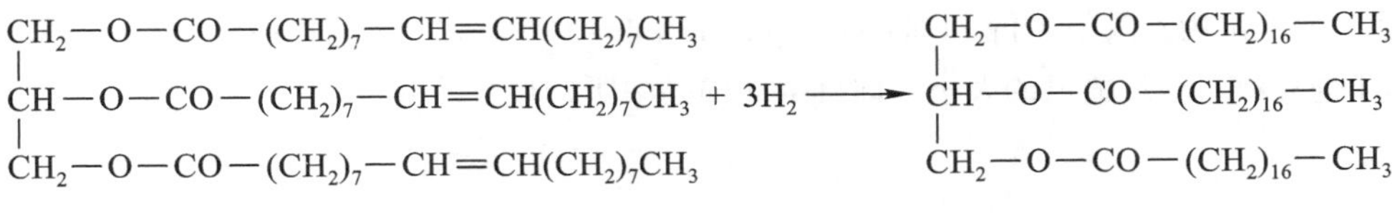

CH₂—O—CO—(CH₂)₇—CH＝CH(CH₂)₇CH₃
CH—O—CO—(CH₂)₇—CH＝CH(CH₂)₇CH₃ + 3H₂ ⟶
CH₂—O—CO—(CH₂)₇—CH＝CH(CH₂)₇CH₃

CH₂—O—CO—(CH₂)₁₆—CH₃
CH—O—CO—(CH₂)₁₆—CH₃
CH₂—O—CO—(CH₂)₁₆—CH₃

三油酰甘油(不饱和)　　　三硬脂酰甘油(饱和)

利用这种原理可将液体植物油如棉子油、豆油、菜子油等部分氢化，制成半固体脂肪；由棉子油氢化可制成"人造猪油"。

卤素中的溴、碘同样可加入不饱和脂肪的双键上，而产生饱和的卤化脂，这种作用称卤化（halogenation）。加碘作用在油脂分析上非常重要，从加碘数目的多少，可以推测油脂中所含脂肪酸的不饱和程度。表示油脂的不饱和度是用碘值（价）（iodine number or value）。碘值为 100 g 脂质样品所能吸收的碘的质量（g），如表 2-3。

表 2-3　自然界常见脂质的皂化值及碘值*

脂质	皂化值	碘值	脂质	皂化值	碘值
奶油	220 ~ 241	22 ~ 38	豆油	190 ~ 197	115 ~ 145
猪油	193 ~ 203	54 ~ 70	棉子油	191 ~ 195	104 ~ 114
羊脂	192 ~ 195	32 ~ 50	盐篙油	191 ~ 195	144.8
椰子油	246 ~ 265	8 ~ 10	菜子油	170 ~ 179	97 ~ 105
亚麻仁油	190 ~ 196	170 ~ 209	麻油	188 ~ 193	103 ~ 112
橄榄油	190 ~ 195	74 ~ 95	茶子油	190 ~ 195	80 ~ 87
花生油	189 ~ 199	83 ~ 105			

* 不同样品和不同研究人员所测定的数值略有实验误差。

氧化　脂质所含的不饱和脂肪酸与分子氧作用后，可产生脂肪酸过氧化物。这些产物在空气中可以氧化成胶状复杂化合物。不饱和度甚高的油类暴露在空气中后，也发生这种氧化。工业上利用这种性质作油漆之用，如桐油暴露在空气中，可得一层坚硬而有弹性的固体薄膜，可作为防雨防腐膜，这种现象称脂质的干化。

活细胞内的不饱和脂肪酸被活性氧（自由基氧[①]）氧化产生的过氧化物可破坏细胞结构。

酸败　天然油脂长时间暴露在空气后即败坏而发生臭味，这种现象称酸败（rancidity）。酸败现象在温暖季节更易发生。酸败原因有二：①脂质因长期经光和热或微生物的作用而被水解，放出游离脂肪酸，低分子脂肪酸即有臭味。②空气中的氧可使不饱和脂肪酸氧化，产生的醛和酮，亦有臭味，故陈腐脂质酸败的原因，大概不外乎水解与氧化。

酸败程度的大小用酸值（价）（acid number or value）来表示。酸值为中和 1 g 脂质的游离脂肪酸所需的 KOH 毫克数。

③ 由羟酸产生的性质

乙酰化　乙酰化是脂质所含羟基脂肪酸产生的反应。

含羟酸的甘油酯和醋酸酐作用即成乙酰化酯（乙酰基与—OH 结合）。

$$\left[\begin{array}{c} H \\ | \\ R-C-(CH_2)_x-CO \\ | \\ OH \end{array} \right]_3 -C_3H_5O_3 + 3(CH_3CO)_2O \longrightarrow \left[\begin{array}{c} H \\ | \\ R-C-(CH_2)_x-CO \\ | \\ O-CO-CH_3 \end{array} \right]_3 -C_3H_5O_3 + 3CH_3COOH$$

羟基化甘油酯　　　　　　　　醋酸酐　　　　　　　乙酰化甘油酯

脂肪的羟基化程度是用乙酰值（价）（acetyl number or value）表示。乙酰值即中和由 1 g 乙酰脂经皂化释出的乙酸所需的 KOH 毫克数。从乙酰值的大小，即可推知样品中所含羟基的多少。

思考题

1. 脂肪的氢化、卤化、氧化、酸败和乙酰化都是在一定外因影响下所起的变化，这些变化是根据什么内因而产生的？

---

① 自由基氧是指带有未配对电子的氧，以 O_2^- 符号表示之。分子氧经紫外线、高温或氧化-还原影响等都可产生自由基氧或氧自由基。

2. 对于一种脂肪分子来说，为什么皂化值、碘值、乙酰值有固定数值，而酸值没有？

3. 如何防止油脂的水解、氧化和酸败？

2.2.2 蜡

蜡（wax）是高级脂肪酸与高级一元醇所生成的酯。不溶于水，熔点较脂肪高，一般为固体，不易水解。在动物体内多存在于分泌物中，主要起保护作用。蜂巢、昆虫卵壳、羊毛、鲸油皆含有蜡。我国出产的蜡主要为蜂蜡、虫蜡和羊毛蜡，是经济价值较高的农业副产品。

蜂蜡为许多高级一元醇酯的混合物，但主要成分是三十醇的棕榈酸酯（$C_{15}H_{31}COOC_{30}H_{61}$），$C_{25} \sim C_{35}$ 的链烷也在蜂蜡中发现。

中国虫蜡是一种昆虫（*Coccus ceriferus* Fabr.）的分泌物，其主要成分为二十六醇的二十六及二十八酸酯。

羊毛蜡的成分为三羟蜡酸环醇酯（环醇以胆固醇为主）。

鲸蜡的主要成分为十六醇棕榈酸酯。

蜡在工业上用途颇大，蜂蜡、虫蜡可作涂料、绝缘材料、润滑剂，羊毛蜡可制高级化妆品。

🔆 思考题

从有机化学观点来看，生物蜡和石蜡（从原油中提取的）本质上有何不同？

2.3 复合脂

复合脂（complex lipid 或 compound lipid）是指含磷或含糖的脂质，因而分磷脂与糖脂两类。

2.3.1 磷脂

磷脂（phospholipid）为含磷的单脂衍生物，分甘油磷脂及鞘磷脂两类。前者为甘油醇酯衍生物，后者为鞘氨醇酯衍生物。磷脂是细胞膜的重要成分。

2.3.1.1 甘油磷脂

甘油磷脂是磷脂酸的衍生物，由甘油、脂肪酸、磷酸和其他基团（如胆碱、乙醇胺、丝氨酸、脂性醛基、脂酰基或肌醇等中的一或两种）所组成。磷脂酸（phosphatidic acid）是生物体内自身合成的（详见脂质代谢章）。甘油磷脂与磷脂酸的关系可从下面的两结构式看出。

3-磷脂酸   甘油磷脂的通式

式中 R_1、R_2 表示脂酰基的碳氢基，X 表示氮碱或其他化学基团，如肌醇。1、2、3 表示甘油的碳位，称立体专一序数（stereospecific numbering）代号 sn。根据国际生化名词委员会[①] 规定，1、3 两字的位置是不能交换的。所有甘油衍生物的名称前都应冠以 sn 符号，例如 3- 磷酸甘油即应写为 sn-3- 磷酸甘油。

甘油磷脂包括磷脂酰胆碱、磷脂酰乙醇胺、磷脂酰丝氨酸、磷脂酰肌醇、缩醛磷脂和双磷脂酰甘油（表 2-4）。

表 2-4　甘油磷脂的类别和组分

组分　　　甘油磷脂	磷脂酸			X
	甘油	脂肪酸	磷酸	氮碱或其他基团
磷脂酰胆碱	+	+	+	胆碱
磷脂酰乙醇胺	+	+	+	乙醇胺
磷脂酰丝氨酸	+	+	+	丝氨酸
磷脂酰肌醇	+	+	+	肌醇或磷酸肌醇
缩醛磷脂	+	+*	+	乙醇胺
双磷脂酰甘油	+	+	+	磷脂酰甘油

*sn-1 位为烯醚键，sn-2 位为不饱和脂肪酸酯键。

（1）磷脂酰胆碱（phosphatidyl choline）　又称卵磷脂（lecithin）。

结构　磷脂酰胆碱分子含甘油、脂肪酸、磷酸、胆碱等基团。其结构和三酰甘油不同的地方是 1 个脂酰基被磷酰胆碱基所代替。

自然界存在的磷脂酰胆碱为 L-α- 磷脂酰胆碱，其结构式：

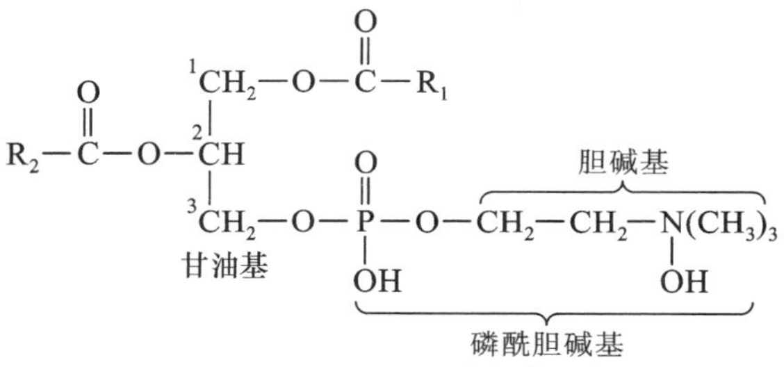

L-α- 磷脂酰胆碱
（sn-3- 磷脂酰胆碱）

式中 R_1（或 R_2）—CO—是脂酰基。磷脂酰胆碱有 α- 与 β- 型之分。α 型即磷酰胆碱基连接在甘油基的第 3 碳位上，β 型乃连在第 2 碳位上。R_2—CO—如在甘油碳链左边则称 L-α- 磷脂酰胆碱。

又因磷脂酰胆碱的磷酸基上的—H 和胆碱基 N 上的—OH 都可解离，因此，它的结构式又可写成如下的两性离子型（同一分子上带等量正、负两种电荷称两性离子）。

① IUPAC–IUB Commission on Biochemical Nomenclature.

IUPAC–IUB 是 International Union of Pure and Applied Chemistry–International Union of Biochemistry 的缩写。

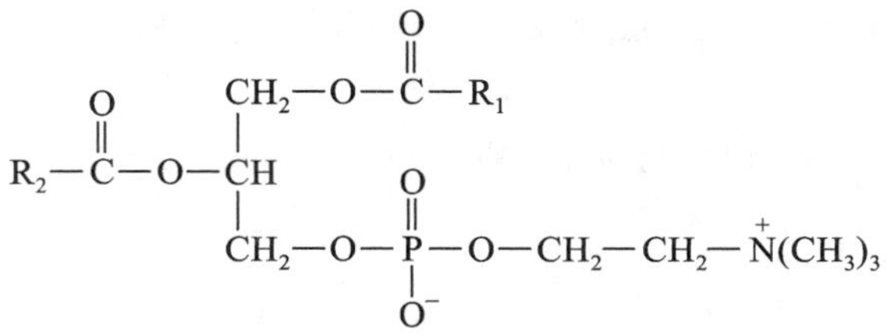

$$L-\alpha-磷脂酰胆碱(两性离子型)$$

磷脂酰胆碱分子中的脂肪酸随不同磷脂而异。天然磷脂酰胆碱常常是含有不同脂肪酸的几种磷脂酰胆碱的混合物。在磷脂酰胆碱分子的脂肪酸中，常见的有棕榈酸、硬脂酸、油酸、亚油酸、亚麻酸和花生四烯酸等。sn-1 位的脂肪酸（R_1CO-）通常是饱和脂肪酸，sn-2 位的脂肪酸（R_2CO-）通常是不饱和脂肪酸。

性质 磷脂酰胆碱为白色蜡状固体，在低温下也可结晶，易吸水变成棕黑色胶状物。不溶于丙酮，但溶于乙醚及乙醇，在水中呈胶状液。经酸或碱水解后可得脂肪酸、甘油磷酸和胆碱。甘油磷酸在体外很难水解，但在生物体内可经酶 [1] 促水解生成甘油和磷酸。

磷脂酰胆碱分子中的磷酰胆碱端为亲水端，有极性，易与水相吸，称极性端。其余的脂肪酸碳氢链（烃链）端为疏水端，不与水相吸，称非极性端（图 2-2），这种同一分子含极性端和非极性端的化合物称两亲化合物（amphipathic compound 或 amphiphilic compound）。磷脂同糖脂都属于两亲物质，两亲性质是其构成生物膜结构的重要基础。

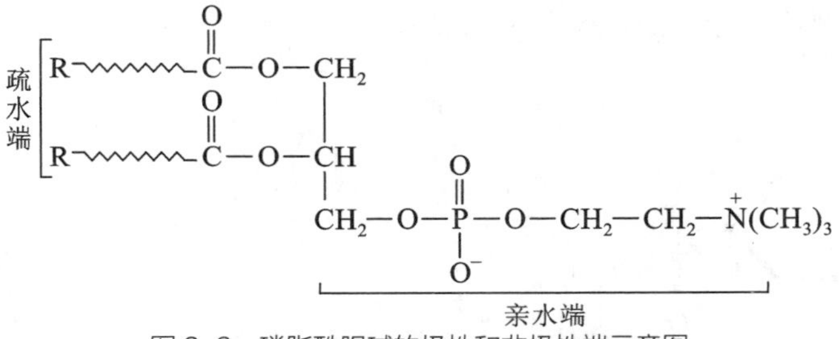

图 2-2 磷脂酰胆碱的极性和非极性端示意图

磷脂酰胆碱可被磷脂酰胆碱酶水解，失去 1 分子脂肪酸而产生单脂酰化合物。这种磷脂酶作用的部位可以在磷脂的 sn-1 碳位的 α- 酯键，也可在 sn-2 碳位的 β- 酯键（详见脂质代谢章）。

磷脂酰胆碱被胆碱磷酸酯酶水解，释出胆碱，即产生磷脂酸。

磷脂酰胆碱具有重要的生物学功能，如二棕榈酰磷脂酰胆碱（dipalmitoyl phosphatidylcholine，DPPC）是肺表面活性物质（pulmonary surfactant，PS）中主要的脂质，对于肺正常行使功能非常重要（辅学窗 2-3）。

（2）磷脂酰乙醇胺、磷脂酰丝氨酸 磷脂酰乙醇胺（phosphatidylethanolamine）和磷脂酰丝氨酸（phosphatidylserine）统称脑磷脂（cephalin）。这两种磷脂是从脑组织和神经组织中提取得到的，心、肝及其他组织亦含有。

结构 磷脂酰乙醇胺和磷脂酰丝氨酸的结构与磷脂酰胆碱相似，只是分别以乙醇胺或丝氨酸代替胆碱。

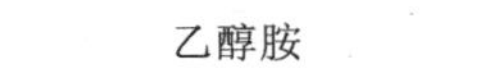

$$HO-CH_2-CH_2-NH_2 \qquad HO-CH_2-CH-COOH$$

乙醇胺 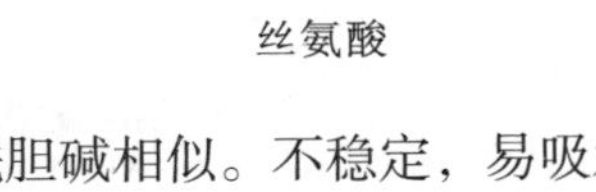 丝氨酸

性质 磷脂酰乙醇胺和磷脂酰丝氨酸的性质与磷脂酰胆碱相似。不稳定，易吸水，在空气中即氧化为棕黑色

---

[1] 磷酸酯酶能水解甘油磷酸。

物质。水解后产生脂肪酸、甘油磷酸与乙醇胺或丝氨酸。磷脂酰乙醇胺和磷脂酰丝氨酸不溶于丙酮及乙醇而溶于乙醚，故可与磷脂酰胆碱分开。

磷脂酰乙醇胺和磷脂酰丝氨酸的组成脂肪酸通常有 4 种，即棕榈酸、硬脂酸、油酸及少量二十碳四烯酸。

🔅 思考题

试写出磷脂酰乙醇胺和磷脂酰丝氨酸的结构式。

（3）**磷脂酰肌醇**（inositolphosphatides 或 sn–3–phosphatidyl inositol） 是一类由磷脂酸与肌醇结合的脂质，其结构与上述磷脂酰胆碱、磷脂酰乙醇胺和磷脂酰丝氨酸相似，所不同者仅仅是由肌醇代替胆碱。

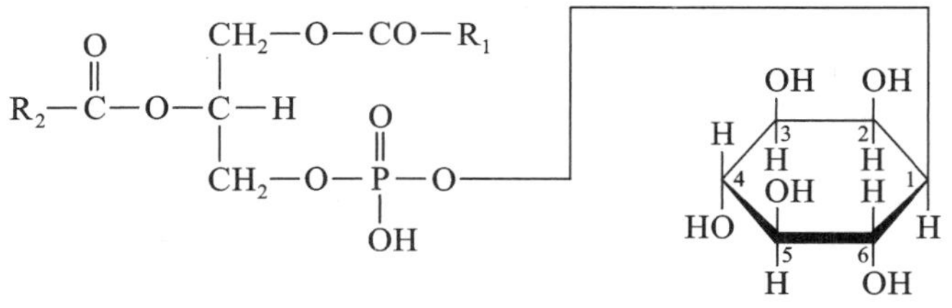

磷脂酰肌醇

除磷脂酰肌醇外，还发现有磷脂酰肌醇磷酸（肌醇部分为 4– 磷酸肌醇）和磷脂酰肌醇二磷酸（肌醇部分为 4,5– 二磷酸肌醇）。

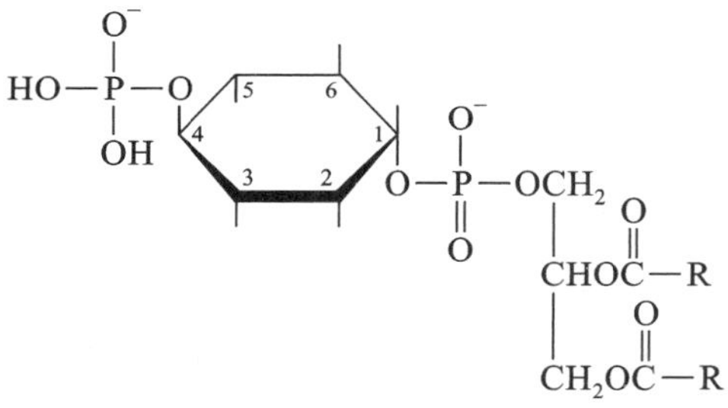

磷脂酰肌醇磷酸 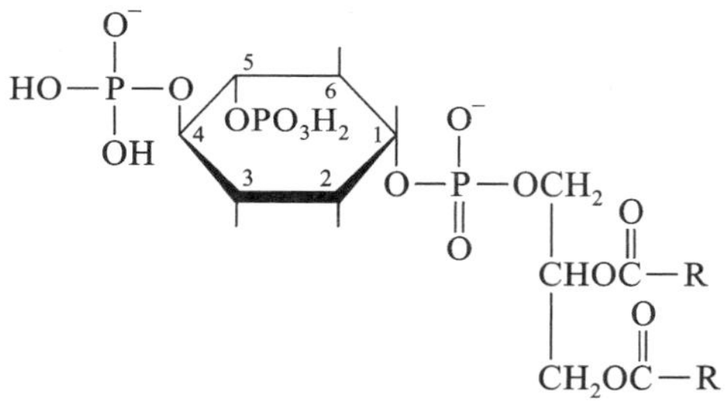　　　　　　　　磷脂酰肌醇二磷酸

磷脂酰肌醇存在于多种动植物组织中，心肌及肝含磷脂酰肌醇，脑组织中含磷脂酰肌醇二磷酸较多，磷脂酰肌醇有重要的生理功能，如肌醇三磷酸有信使作用（详见激素章 7.4.3），通过钙调蛋白（calmodulin）可促进细胞内 Ca^{2+} 的释放。也有实验指出磷脂酰肌醇对从青霉菌（*Penicillium notatum*）分离出的磷脂酶 B 有激活作用。

（4）**缩醛磷脂**（plasmalogen）[①] 这一类磷脂的特点是烯醚键替代了典型磷脂结构中的酯键。从下式可知：

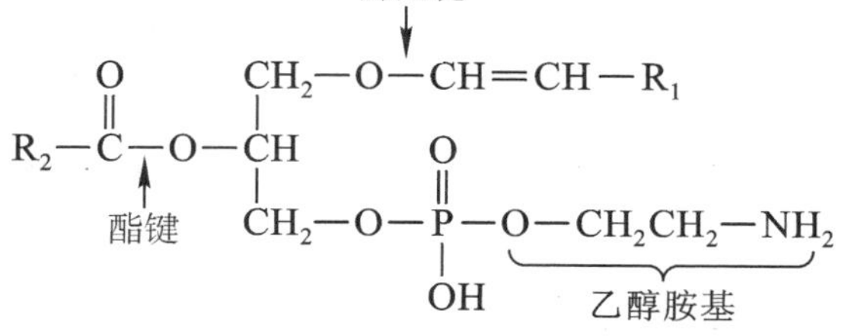

乙醇胺缩醛磷脂

---

① 又称生醛磷脂，英文名称很多，文献中的 plasmalogen，acetal phosphatide，aldehydogenic phosphatide，phosphital aminoethanol 等名词都是指缩醛磷脂。

上式中 R_1 代表饱和烃链。脂肪酸（R_2CO—）大部分是不饱和脂肪酸。乙醇胺缩醛磷脂是最常见的一种。有的缩醛磷脂的脂性醛基在 sn-2 位上，也有的不含乙醇胺基而含胆碱基。

缩醛磷脂可水解，随不同程度的水解而产生不同的产物。溶于热乙醇、KOH 溶液，不溶于水，微溶于丙酮或石油醚。缩醛磷脂在大脑、心肌中含量丰富，参与维护质膜的流动性和稳定性，以及信息传导过程。

类似的醚键还出现在古核细胞的膜脂中，不同的是古核细胞的膜脂是由异戊二烯衍生物与甘油形成醚键（详见细胞及其结构章 8.3）。

（5）**双磷脂酰甘油**（diphosphatidyl glycerol）　因大量存在于心肌，故又称心磷脂（cardio lipid 或 cardiolipin），它是由 2 分子磷脂酸与 1 分子甘油结合而成的磷脂，其结构式如下：

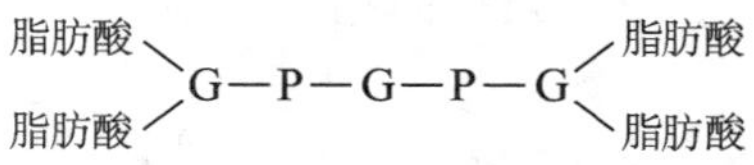

脂肪酸＼　　　　　　　　　　　＼脂肪酸
　　　　G—P—G—P—G
脂肪酸／　　　　　　　　　　　／脂肪酸

(G＝甘油，P＝磷酸根)

双磷脂酰甘油组分示意

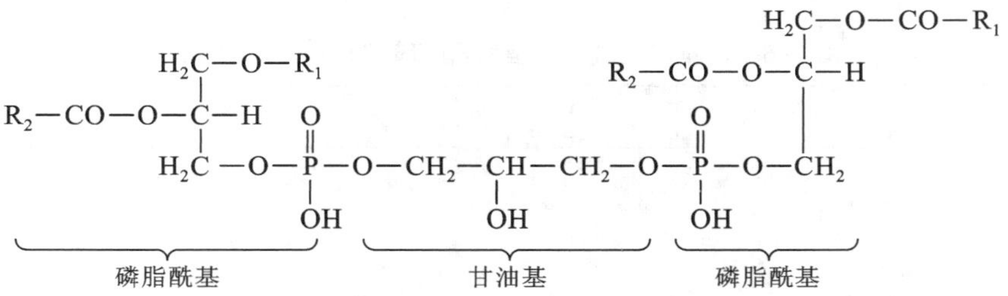

双磷脂酰甘油(心磷脂)

哺乳动物组织中双磷脂酰甘油主要分布在线粒体，是线粒体内膜的特征性磷脂，核膜、高尔基体膜上也有少量。双磷脂酰甘油与线粒体内膜功能密切相关。双磷脂酰甘油可诱发机体免疫反应产生抗心磷脂抗体，属于抗磷脂抗体的一种。抗磷脂抗体（antiphospholipid antibodies）是一类能与含有磷脂结构的抗原物质发生免疫反应的自身抗体，还包括抗磷脂酸抗体、抗磷脂酰丝氨酸抗体等，继而引起自身免疫疾病、血栓、肿瘤等。

2.3.1.2　鞘磷脂

结构　鞘磷脂（sphingomyelin，sphingophospholipid）是鞘氨醇（sphingosine）[1]、脂肪酸、磷酸与胆碱组成的脂质。它同甘油磷脂的差异主要是醇，前者是甘油醇，而后者是鞘氨醇，另外脂肪酸是与氨基相连。鞘氨醇的氨基以酰胺键与长链（$C_{18～20}$）脂肪酸的羧基相连形成神经酰胺（ceramide），是鞘磷脂和鞘糖脂的母体。

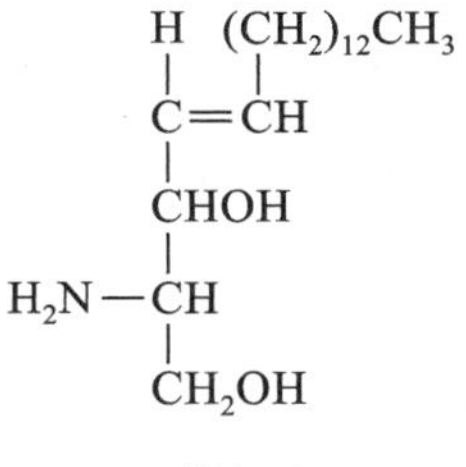

鞘氨醇

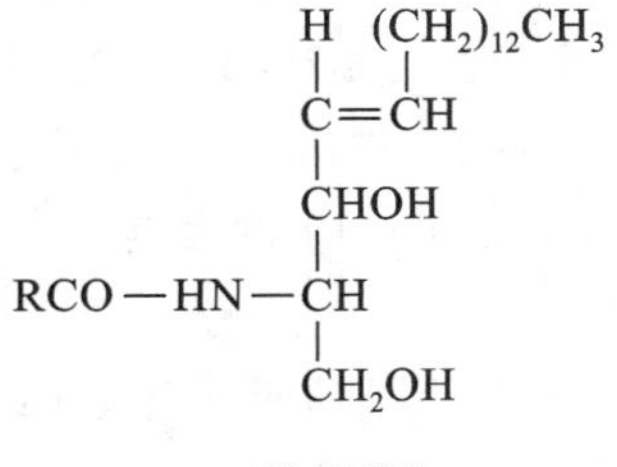

神经酰胺

[1]　鞘氨醇（sphingosine 与 sphingenine 及 sphingol 为同义词，均为鞘氨醇的英文名），亦称神经鞘氨醇，或称神经醇。

甘油磷脂通式   鞘磷脂通式

鞘磷脂是一组由磷酰胆碱（少数为磷酰乙醇胺）结合神经酰胺组成的磷脂。存在于动物细胞的质膜中，在髓鞘（延展的质膜）中尤其丰富。髓鞘是一个膜状的鞘，包围在神经细胞的轴突周围将之隔离，因此称鞘磷脂。

在鞘磷脂中发现过的脂肪酸有 C_{16}、C_{18}、C_{24} 酸及 C_{24} 烯［15］酸，随不同鞘磷脂而异。

鞘磷脂的三维结构与甘油磷脂相似（见 e辅学窗 2–4）。

性质及功用　鞘磷脂为白色晶体，对光及空气皆稳定，可经久不变，不溶于丙酮、乙醚，而溶于热乙醇（表 2–5），在水中呈乳状，有两性解离性质。

表 2–5　磷脂酰胆碱、磷脂酰乙醇胺和鞘磷脂的溶解度

磷脂	溶解度		
	乙醚	乙醇	丙酮
磷脂酰胆碱	溶	溶	不溶
磷脂酰乙醇胺	溶	不溶	不溶
鞘磷脂	不溶	溶（在热乙醇中）	不溶

鞘磷脂是神经细胞重要的结构物质。近年来研究发现，其水解后释放的神经酰胺和 1– 磷酸 – 鞘氨醇作为重要的信号分子调控细胞生长、凋亡等过程。

2.3.2　糖脂

糖脂（glycolipid）是一类糖通过其半缩醛羟基以糖苷键与脂质连接的化合物。分子中所含的糖基在 1 或 1 个以上，不溶于水而溶于脂溶剂。

糖脂的分类不明确，且不统一，例如细菌中的含糖磷脂酰肌醇（甘露糖磷脂酰肌醇）可以说是糖脂，也可以说是磷脂，本书则归入糖脂。又如在第一章已谈到的和第八章将要提到的脂多糖（细菌胞壁成分），因其为水溶性，因此列入杂多糖类而不是糖脂。为简明起见，本书将糖脂分为甘油糖脂（glyceroglycolipid）和鞘糖脂（glycosphingolipid，glycosylsphingolipid）两大类。

2.3.2.1　甘油糖脂

甘油糖脂是由己糖（主要为半乳糖或甘露糖）或脱氧葡萄糖通过糖苷键与二酰甘油结合而成的化合物。主要存在于绿色植物中，又称植物糖脂。有的含 1 分子己糖，有的含 2 分子己糖，有的糖基还带有—SO_3（硫酯）。下列几种都是已经被证实的。

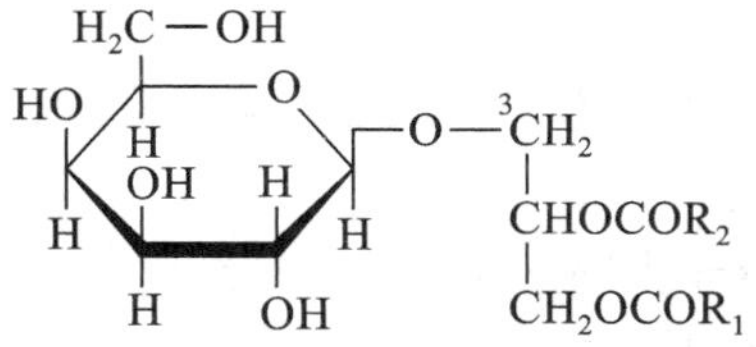

半乳糖二酰甘油

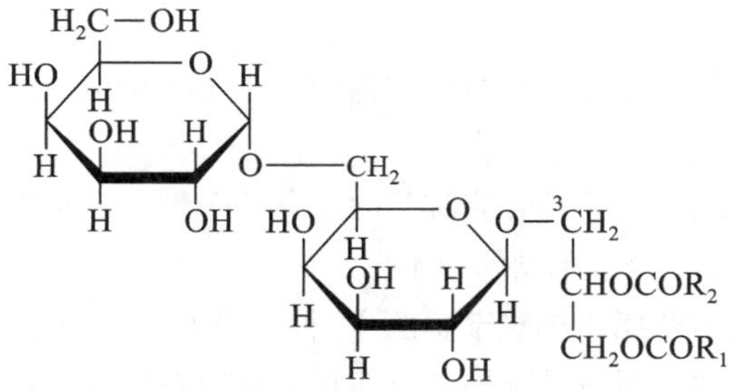

二半乳糖二酰甘油

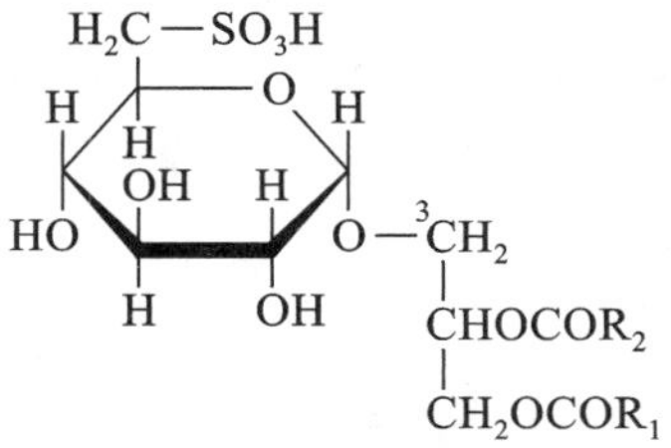

磺基-6-脱氧葡糖二酰甘油

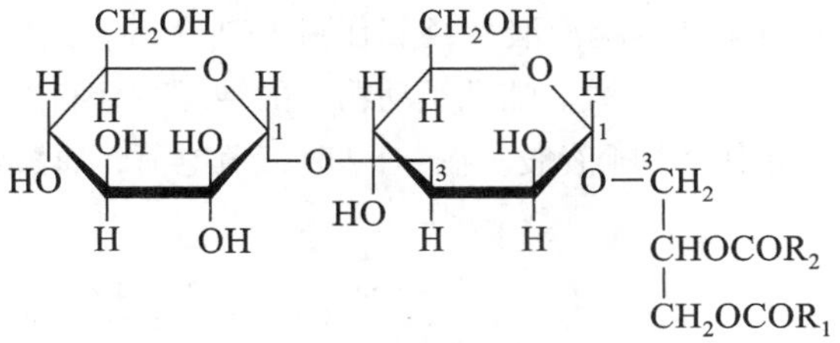

二甘露糖二酰甘油

2.3.2.2　鞘糖脂（神经酰胺糖脂）

鞘糖脂（glycosphingolipid, glycosylsphingolipid）是糖基或寡糖链通过糖苷键和神经酰胺连接而形成的糖脂，神经酰胺是鞘糖脂的母体[①]。鞘糖脂包括脑苷脂、神经节苷脂和其他鞘糖脂。

（1）**脑苷脂（脑糖脂）**　脑苷脂（cerebroside）最初从脑组织中提取得到，是哺乳动物组织中存在的最简单的鞘糖脂。

结构　脑苷脂由一个单糖基与神经酰胺连接而成，根据单糖基的不同，有半乳糖脑苷脂和葡萄糖脑苷脂。半乳糖脑苷脂（galactocerebroside）是最早发现的鞘糖脂，由1分子 β-D-半乳糖的半缩醛羟基与神经酰胺的羟基通过 β-糖苷键连接而成（图2-3，Galβ1 → 1Cer），主要存在于神经组织细胞的质膜和髓鞘中。葡萄糖脑苷脂（glucocerebroside）与半乳糖脑苷脂结构上的不同是以葡萄糖代替了半乳糖（Glcβ1 → 1Cer），主要存在于非神经组织细胞的质膜中[②]。

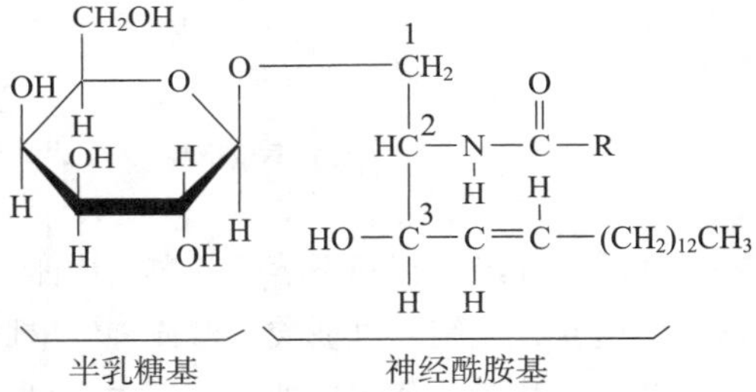

图2-3　半乳糖脑苷脂的结构式

根据半乳糖脑苷脂中所含脂肪酸的不同，将其分为角苷脂（含二十四烷酸）、羟脑苷脂（含 α-羟二十四烷酸）、烯脑苷脂（含二十四烯 [15] 酸）和羟烯脑苷脂（含羟二十四烯 [15] 酸）。

性质　脑苷脂一般为白色粉状物，多数呈蜡状，不溶于水、乙醚及石油醚，溶于热乙醇、热丙酮、吡啶及苯，极稳定，不被碱皂化。有旋光性（因半乳糖和葡萄糖都有不对称碳原子）。半乳糖脑苷脂中的角苷脂为右旋，羟脑苷脂及烯脑苷脂为左旋，水解后产生鞘氨醇或其衍生物、脂肪酸和半乳糖。脑苷脂有时也称中性鞘糖脂，因为它们在 pH 7 时不带电荷。

功能　脑苷脂类化合物作为细胞膜的结构成分，在细胞识别、信号转导、细胞分化与生长以及细胞形态结构与功能的维持等方面起重要作用；此外还有神经保护、心血管保护、抗肿瘤、抗菌、抗病毒和免疫调节等多种生

[①]　鞘磷脂和鞘糖脂统称为鞘脂（sphingolipid）。

[②]　半乳糖脑苷脂又称半乳糖苷神经酰胺（galactosylceramide）；葡萄糖脑苷脂又称葡萄糖苷神经酰胺（glucosylceramide）；Cer 为神经酰胺 Ceramide 的缩写。

物学功能。

　　脑苷脂的糖基部分被硫酸化的称硫苷脂（sulfatide），属酸性鞘糖脂，主要存在于脑组织中，可能与血液凝固和细胞黏着有关。

　　其他脑苷脂　上述脑苷脂都只含 1 分子单糖，这类脑苷脂称单糖基脑苷脂。此外，动、植物组织中还有含 2 分子、3 分子和 4 分子单糖的，本书不一一介绍。

　　（2）神经节苷脂（神经节糖脂）　神经节苷脂（ganglioside）[①]存于大脑灰质、神经节细胞、红细胞、脾、肝和肾等软组织中，因最早从神经节细胞中发现而得名，是最复杂的一类鞘糖脂。

　　结构　神经节苷脂是由至少含一个唾液酸（N- 乙酰神经氨酸）的寡糖链与神经酰胺通过糖苷键连接而成。根据神经节苷脂中唾液酸数目的不同，分为单唾液酸神经节苷脂（GM）、双唾液酸神经节苷脂（GD）、三唾液酸神经节苷脂（GT）和四唾液酸神经节苷脂（GQ）等，其中字母 G 代表神经节苷脂，M、D、T、Q 分别表示分子中含 1、2、3、4 个唾液酸。哺乳类动物中的神经节苷脂主要为 GM_1（即单唾液酸四己糖神经节苷脂，见图 2-4）。

　　神经节苷脂中含有唾液酸，在 pH 7 时带负电荷，属酸性鞘糖脂。

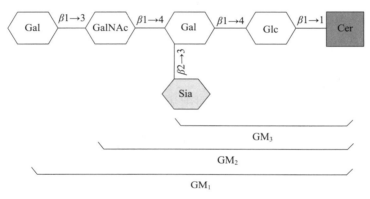

图 2-4　单唾液酸神经节苷脂示意图
Sia 代表唾液酸，Cer 代表神经酰胺，GM 的右下标数字 1、2、3 表示寡糖链的序列不同

　　性质　神经节苷脂不溶于乙醚、丙酮，微溶于乙醇，易溶于氯仿和乙醇混合液中。在水中成胶体溶液，不能透过半透膜，左旋，可被酸、碱或神经酰胺酶（neuramidase）水解。

　　功能　神经节苷脂在神经末梢中含量丰富，在神经突触的传导中起重要作用。细胞表面膜中的神经节苷脂具有受体的功能（1971 年 Van Heyningen 首先提出），它是一些细菌毒素如霍乱毒素的受体，也是垂体分泌的一些糖蛋白激素的受体。很多证据表明神经节苷脂在细胞相互识别中具有决定作用，因此可能在组织生长、分化，甚至癌变中也扮演着重要的角色。神经节苷脂分解代谢紊乱是几种遗传性鞘脂积贮病（sphingolipid storage disease）如 Tay-Sachs 病的原因，症状是幼年时无法避免的神经衰退（ 辅学窗 2-5）。

思考题

　　1. 比较鞘磷脂和鞘糖脂结构的异同。

　　2. 膜脂分子的共同特征是具有两亲性质，指出磷脂酰胆碱、鞘磷脂、脑苷脂、神经节苷脂的亲水部分和疏水部分。

---

　　① 神经节苷脂又称唾液酸鞘糖脂（sialoglycosphingolipid）。

2.4　固醇

固醇（sterol），又称甾醇，是大多数真核细胞膜系统的结构脂质。

2.4.1　固醇的核心结构

固醇类是环戊烷多氢菲的衍生物，是 4 个环组成的一元醇。所有固醇化合物分子都是以环戊烷多氢菲为核心结构。有 α- 及 β- 两型。

环戊烷多氢菲

α-固醇　　　　　　　　　　β-固醇

式中 R 为支链，C-3 上有—OH，α- 或 β- 型就是根据 C-3 上—OH 的立体位置与 C-10 上—CH$_3$ 的位置关系来决定的。C-3 上的—OH 位置与 C-10 上—CH$_3$ 的位置相反者（即在平面下）称 α 型，以虚线连接；与 C-10 上—CH$_3$ 位置相同者（在平面上）称 β 型，以实线连接。所有固醇的 C-10 和 C-13 上都有—CH$_3$。

固醇化合物广布于动、植物体和真菌中，有游离固醇和固醇酯两种形式。动物固醇以胆固醇为代表，植物和真菌固醇以谷固醇和麦角固醇为代表。

2.4.2　胆固醇

胆固醇（cholesterol）以游离及酯（棕榈酸、硬脂酸和油酸酯）形态存在于一切动物组织中，植物组织中无胆固醇。在动物组织中胆固醇常与其衍生物二氢胆固醇、7- 脱氢胆固醇和胆固醇酯同时存在。动物体中可以合成胆固醇。脑及神经组织中含量较高，其次为肾、脾、皮肤和肝。腺体组织的胆固醇含量一般比骨骼肌高。在我国，一般人血清的总胆固醇量为 3.15 ~ 6.25 mmol/L，外国人一般为 3.89 ~ 6.48 mmol/L，其中约 1/4 为游离胆固醇。一部分（约 50%）血清胆固醇是与蛋白质结合的。血清胆固醇含量过高，表示胆固醇代谢可能发生障碍。冠状动脉粥样硬化患者的血清胆固醇含量常偏高。

胆固醇在食物中的分布较广（**e辅学窗 2-6**）。

（1）**结构**　胆固醇是环戊烷多氢菲的衍生物，其 C-17 位上连接一个含 8 个碳的支链，C-3 位上有一个—OH，第 C-5，C-6 间有一双键。

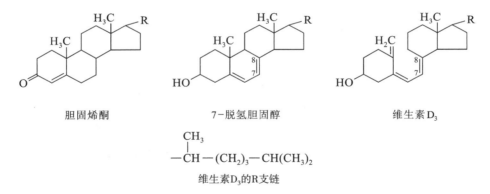

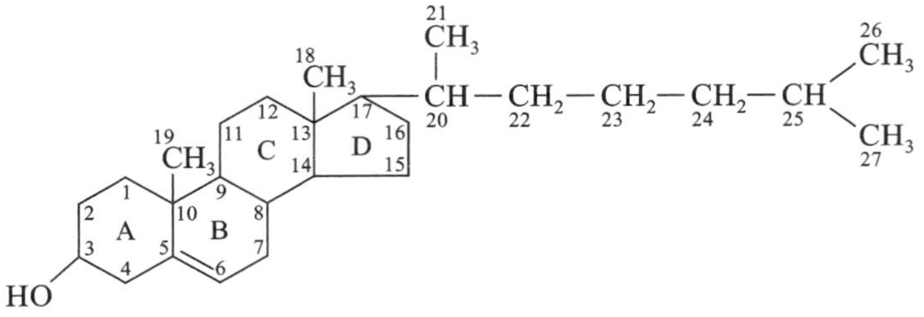

胆固醇(3-β-羟-$\Delta^{5:6}$-胆石烯)

（2）性质

① 物理性质　胆固醇为白色光泽斜方晶体，无味，无臭，熔点为 148.5℃，在高度真空下可被蒸馏。具旋光性，$[\alpha]_D^{20}$ 为 -31°（在氯仿溶液中）。不溶于水、酸或碱，易溶于胆汁酸盐溶液，溶于乙醚、苯、氯仿、石油醚、丙酮、热乙醇、醋酸乙酯等溶剂及油脂中。在冷乙醇中的溶解度很小。介电常数高，不导电，为传导冲动的神经结构的良好绝缘物。

② 化学性质　由于胆固醇含有二级醇基和双键，故胆固醇可以有下列化学性质。

a. 胆固醇的醇基可与脂肪酸结合成酯。自然界的胆固醇酯主要是棕榈酸、硬脂酸和油酸的酯。

b. 胆固醇的双键上可以与氢、碘或溴发生加成反应。

c. 胆固醇 C-3 位上的—OH 可被不同氧化剂氧化成一系列的衍生物，如经温和氧化剂（如 CuO）氧化则得胆固烯酮，如用强氧化剂（如铬酸、H_2O_2 等）则发生分解。在 C-7 位脱氢即得 7- 脱氢胆固醇。7- 脱氢胆固醇比胆固醇多一个双键（C-7 与 C-8 间）。在自然界中常有少量 7- 脱氢胆固醇与胆固醇同时存在，显然为胆固醇的代谢产物。7- 脱氢胆固醇经紫外线照射可变成维生素 $D_3$①，在动物体中胆固醇可转变为多种固醇类激素②，如肾上腺皮质激素、皮质酮、睾酮、雌二醇等。

胆固烯酮

7-脱氢胆固醇

维生素 D_3

$$-\underset{\displaystyle |}{\overset{CH_3}{}}\!\!\!\!\!\!\!CH-(CH_2)_3-CH(CH_3)_2$$

维生素D_3的R支链

胆固醇在机体内还可转变成胆汁酸（包括甘氨胆酸和牛磺胆酸，都是人体和高等动物胆汁中的化合物）的盐类，可促进脂肪消化，因为胆汁酸盐是脂肪的良好乳化剂。

d. 胆固醇（或其他固醇）的氯仿溶液与醋酸酐和浓硫酸作用产生蓝绿色（Liebermann-Burchard 反应），可作为固醇类的定性方法。

e. 胆固醇的醇溶液可被毛地黄皂苷醇溶液沉淀，也可利用这种反应测定胆固醇。

2.4.3 谷固醇

谷固醇（sitosterol）又称麦固醇，是自然界中分布最广的一种植物固醇。

---

① 一种调节机体钙、磷代谢的维生素，详见第六章。

② 激素是内分泌腺分泌的一类对身体其他器官有某种特异激动作用的化合物，详见第七章。

结构 在胆固醇结构基础上，谷固醇在 C-24 多一个乙基。

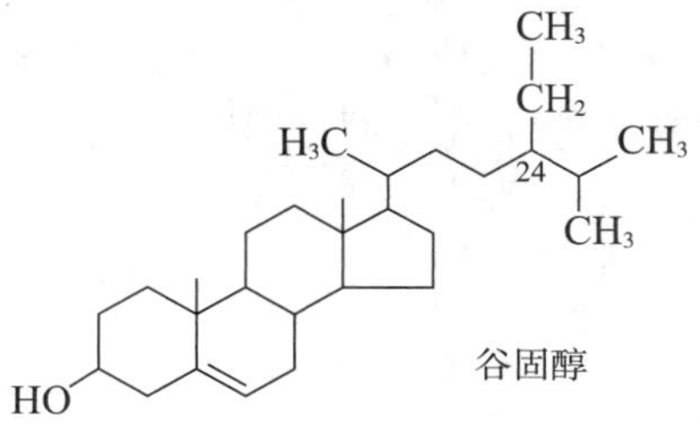

谷固醇

性质 谷固醇及其他植物固醇较少被人体吸收，但膳食来源的谷固醇已报道可抑制胆固醇的吸收进而缓解高脂血症，并可能改善大脑的学习记忆功能。

2.4.4 麦角固醇

麦角固醇（ergosterol）是酵母及菌类的主要固醇，最初从麦角（麦及谷类因患麦角菌病而产生的物质）分出，因此得名。属于霉菌固醇一类，可从某种酵母中大量提取。

结构 麦角固醇的结构比胆固醇多 2 个双键，1 个在 C-7，C-8 之间，1 个在支链上 C-22、C-23 间，结构式如下所示。

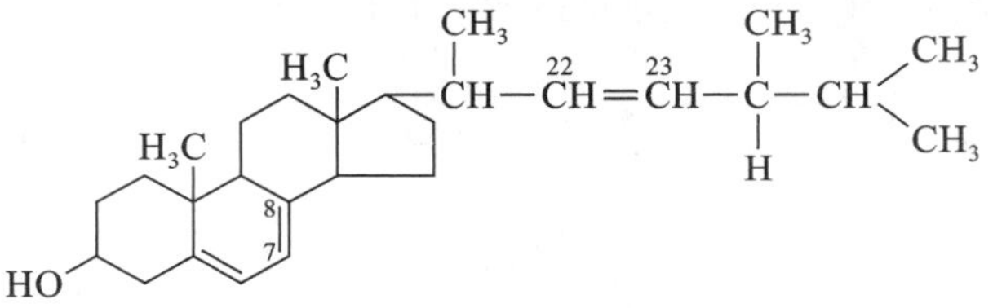

麦角固醇

性质 麦角固醇的性质与胆固醇相似，经紫外线照射后可变成维生素 D_2。维生素 D_2 的结构式与维生素 D_3 不同者仅仅是 R 支链。维生素 D_2 的支链结构式如下所示。

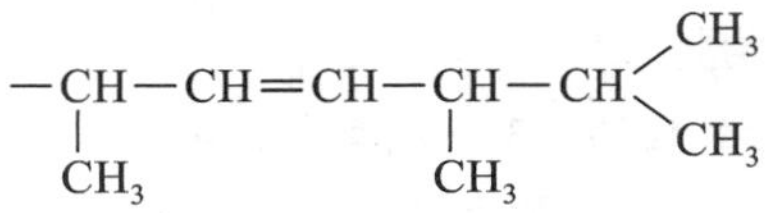

维生素 D_2 的支链

2.4.5 固醇的生物功能

固醇类物质有重要的生物功能，麦角固醇可变为维生素 D_2，动物固醇则有下列几种功用：①胆固醇脱氢变成 7- 脱氢胆固醇，后者经紫外线照射后，可得维生素 D_3。②胆固醇可变为性激素和肾上腺皮质激素，胆汁酸也由胆固醇转变而来。③胆固醇与某些疾病有关。胆管阻塞或胆石等都可因胆固醇结晶而成。此外，动脉粥样硬化也可能与固醇的代谢失常有关，因此患动脉粥样硬化的病人，血管内壁上常有明显的胆固醇沉着。

其他天然固醇结构及特征对比见 🅔辅学窗 2-7。

以上所介绍的单脂、复脂和固醇主要作为能量储存和细胞结构物质而存在，另外一类微量但功能更加多样的脂质越来越受到关注，被称为活性脂质，如磷脂类衍生物或水解产物神经酰胺、肌醇三磷酸可作为第二信使介导细胞功能（详见激素化学章 7.4），固醇类物质肾上腺皮质激素、性激素可调控机体代谢（详见激素化学章 7.2），萜类化合物（属类脂）中维生素 E（详见维生素化学章 6.2）、泛醌（详见生物能学与生物氧化章 10.4）和质体醌（详见糖代谢章 12.4）可作为辅助因子参与细胞氧化还原过程等。这些活性脂质虽然含量很低，但对细胞物质代谢和能量代谢的调控发挥着至关重要的作用。

2.5　脂质的提取、分离和分析

　　脂质的分离纯化和鉴定主要包括三个步骤：①脂质化合物极性较小，首先需根据其在水和有机溶剂中溶解度的差异，用萃取法将脂质从生物样本中提取出来，以去除样品中蛋白质、糖类和其他极性化合物等物质的干扰；②根据不同脂质性质的差异分离纯化目标物质，主要方法有吸附层析、薄层层析、气－液层析或高效液相层析等；③纯化后的脂质用酸、碱或酶的方法进行水解，获得水解产物，根据对水解方法敏感性的差异推断主要结构；或根据层析行为的差异，以及质谱法鉴定结构。质谱分析是确定烃链长度和双键位置的关键技术。高分辨率质谱甚至可以从组织或细胞裂解物中直接鉴定出单个脂质化合物结构，从而避免了分离纯化的步骤，效率大大提高。

　　随着脂质化学研究的深入和高分辨率质谱技术的不断提升，诞生了脂质组学（lipidomics），即对一个完整细胞或一种组织中所有脂质进行定性、定量分析，以研究它们在不同生理、病理条件下的功能和变化的全部信息。脂质组学将在整体上系统认识脂质在生命过程中所起的关键作用，并全面揭示脂质的功能和脂质代谢的动态变化和调控。

总结性思考题

1. 什么是脂质？它们具有哪些结构特征和生物学功能？
2. 单脂与复合脂在结构上的区别是什么？复合脂的分类依据是什么？磷脂和糖脂在结构上有无相似之处？
3. 为什么氧化相同质量的脂肪比多糖能获得更多的能量？除了具有更大潜能以外，分析脂肪作为贮能主要形式的原因。
4. 分析脂肪主要作为能量物质，而磷脂和糖脂主要作为生物膜组成脂质的原因。
5. 分析生物膜上各种脂质的共同结构特性。
6. 一个含有：（1）心磷脂（2）磷脂酰甘油（3）磷脂酰乙醇胺（4）磷脂酰丝氨酸（5）O－赖氨酰磷脂酰甘油的脂质混合物在 pH 7.0 时进行电泳。判断这些化合物在电场中的移动方向。
7. 在血常规化验中，血清中脂质物质的检测除了甘油三酯、胆固醇水平以外，还包括低密度脂蛋白和高密度脂蛋白的水平，这两种脂蛋白的组成、结构和功能分别是什么？
8. 流动性是生物膜的重要特征，与生物膜正常功能的维系密切相关。分析生物膜组成脂质分子的化学结构对膜流动性的影响。

数字课程学习

　　教学课件　　　在线自测　　　思考题解析

第三章　蛋白质化学

提要与学习指导

　　本章较全面地介绍了蛋白质化学的基础知识，重点阐述了氨基酸、肽和蛋白质的结构、性质和功能间的依存关系，对重要蛋白质的化学以及蛋白质的分离、纯化和鉴定技术也作了相应的介绍。学习本章时应注意：

　　1. 认识蛋白质的重要生物学意义和实践意义。

　　2. 在学习氨基酸时应将氨基酸的化学结构和性质，与其分析方法、生物学功能联系起来。

　　3. 在学习典型蛋白质时注意联系氨基酸、蛋白质的化学性质与结构和功能的关系。

　　4. 掌握蛋白质的分离、纯化和鉴定技术的原理及应用。

3.1　蛋白质的重要性和一般组成

　　人类对蛋白质（protein）[1]的认识历经很长时间。从人类知道利用米、麦、大豆和肉、蛋做食物起，就与蛋白质有了接触，到利用大豆做豆腐时，认识就更进了一步。分析化学和有机化学的发展，使人类对蛋白质的认识从感性阶段进入了理性阶段。经过不断积累、实践和验证，人类逐渐认识到蛋白质对于生命有机体具有极其重要的生物学意义。

3.1.1　蛋白质的重要性

　　蛋白质是生命现象的最基本的物质基础。它在生物体内的存在形式和作用是多样化的，有的是生物体的结构物质，有的是功能物质；动物的肌肉和结缔组织、催化体内化学反应的酶、调节生理过程的肽类激素、运输氧或其他离子（或物质）的载体（如运输氧的血红蛋白和运输 Ca^{2+} 的载体等）、抵抗病菌的抗体，以及危害生物的病毒等，其本身有的是蛋白质，有的是蛋白质复合体。根据近代比较生物化学和古生物化学的研究结果，生命的起源和生物的演化也都是与蛋白质的进化分不开的。

　　蛋白质是生物机体的结构物质　细胞质就是以蛋白质为主的溶液体系，人和动物的肌肉都是蛋白质，横纹肌的主要成分为球状蛋白质，平滑肌的主要成分为纤维状蛋白质中的胶原蛋白，毛、发、甲、角、壳、蹄等的主要成分为角蛋白。这些事实都说明蛋白质在维持生物形态结构上的重要性。

　　蛋白质是细胞功能的实现者　蛋白质参与细胞内几乎所有的生物学过程，功能极其复杂多样。生物体内的酶类大多是蛋白质，大部分促进和调节生理生化作用的激素也是肽类，这两类具有生物活性的物质是生物生存所必需的。此外，细胞的转运功能，也依靠具有高度专一性的蛋白质作为载体或受体。血液运输氧和二氧化碳需要血

---

　　① 　protein 这个词是 Jons J. Berzelius 根据希腊文 proteios（第一重要）在 1838 年初次提出的。

红蛋白，转运脂质需要血浆蛋白。免疫注射的免疫血清、胎盘球蛋白，使人及动植物致病的病毒也都是蛋白质或含蛋白质。人类必须认识各种蛋白质的特性才能利用其对人类有益的功能而防止其对人类和动植物有害的作用。

蛋白质与生命起源的关系　根据比较生物化学和古生物化学的研究成果，有理由相信生命的起源是同蛋白质的起源分不开的。生命的起源首先是从简单的物质，如 NH_3、CH_4、H_2O 及 H_2 之类，合成原始有机物质，再逐渐发展成为复杂的有机化合物如氨基酸、核苷酸和它们的聚合物以及其他有机物质，如简单糖类和脂质。随着自然条件和年代的演变，这些物质进行复杂的相互作用，最后产生具有新陈代谢并可与外界交换物质为特征的原始生物。这种原始生物就是由蛋白质、核酸和其他有机物，如糖及脂质等组成的有机体（原始单细胞生物）。再经亿万年的演化，逐步发展成为近代的微生物、动植物和人类。20 世纪 70 年代，从燧石中发现在 310 亿年前的黑燧石中就有多种氨基酸存在。比较生物化学工作者发现种属愈近的生物，它们的细胞色素 c 的氨基酸组分的差异就愈小，人类同猿猴的细胞色素 c 的氨基酸组分只有一个不同。1953 年，美国化学家斯坦利·米勒（Stanley Miller）在实验室模拟古代的自然环境（放电、高热等）处理 CH_4、NH_3、H_2 和 H_2O 的混合物，也能合成氨基酸。这些事例都可作为支持上述生命起源学说的旁证。1996 年在欧洲乃至全世界引起恐慌的疯牛病，其致病元凶就是被称为朊病毒（prion）的蛋白质粒子，这种只有蛋白质而没有核酸的病原体，可引起人或动物的疯牛病，这一发现又一次说明了蛋白质是生命的重要物质基础（详见 **e辅学窗** 3-1）。

3.1.2　蛋白质的一般组成

所有蛋白质都含有碳、氢、氧、氮 4 种元素，此外多半还含有硫，这些元素所占的百分比在大多数蛋白质中都很相似。在某些蛋白质中尚含磷、铁、铜或碘等（表 3-1）。

表 3-1　蛋白质的元素组成

组成元素	碳	氢	氧	氮	硫	其他（非一般性的）		
						磷	铁	碘
含量 /%（平均值）	53	7	23	16	1	如牛奶中的酪蛋白含磷	如血液中的血红蛋白含铁	如甲状腺中的甲状腺球蛋白含碘

各种蛋白质的氮含量皆近于 16%，因此，1 g 氮相当于 6.25 g 蛋白质（6.25 即 100/16）。该值在蛋白质的定量上极为有用，分析一个样品的蛋白质含量时，可先测样品总氮的质量分数，再以常数 6.25 乘之，用以粗略估计蛋白质的含量。

如用酸、碱或酶将蛋白质彻底水解，可以得到各种氨基酸的混合物，说明氨基酸是蛋白质的基本结构单位。蛋白质是由 22 种标准 α- 氨基酸组成的高分子有机物质，相对分子质量由数千至数千万（烟草斑纹病毒蛋白的相对分子质量达 6×10^7）。蛋白质的水解产物为 α- 氨基酸。有些蛋白质尚含有非蛋白质成分。

3.2　氨基酸

3.2.1　氨基酸的结构

3.2.1.1　氨基酸的结构通式

氨基酸是既含氨基又含羧基的有机化合物。从有机化学观点来看，有这样结构的物质有很多种，但从蛋白质水解产物中分离出的氨基酸，常见的只有 20 种，其中除脯氨酸外，都是 α- 氨基酸。所谓 α- 氨基酸是指羧酸分子中 α- 碳原子上的一个氢原子被氨基取代而成的化合物，可用右侧的通式表示。通式中方框部分是所有 α- 氨基酸共有的，不同氨基酸之间结构的差异都表现在侧链基团 R 上。

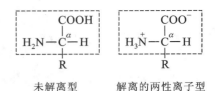

通式具有两个特点：

（1）具有酸性的—COOH 及碱性的—NH₂，为两性电解质。

（2）如果 R ≠ H，则具有不对称碳原子，因而除了甘氨酸（R = H）以外的氨基酸是光活性物质。

第 1 个特点使不同氨基酸具有某些共同的化学性质，第 2 个特点使各种氨基酸具有某些共同的物理性质。

蛋白质中除了常见的 20 种氨基酸外，还有硒代半胱氨酸（selenocysteine）和 2002 年才报道的吡咯赖氨酸（pyrrolysine）。这两种氨基酸比较罕见，只存在于某些特殊的蛋白质中。这 22 种氨基酸除甘氨酸外全是 L- 构型，并且都由密码子编码[1]。

3.2.1.2　氨基酸的构型

氨基酸有 D 型及 L 型，除甘氨酸无不对称碳原子因而无 D 型及 L 型之分外，一切 α- 氨基酸的 α- 碳原子皆为不对称，故都有 D 型及 L 型两种异构体。

氨基酸的 D 型或 L 型是以 L- 甘油醛或 L- 乳酸为参考的。凡 α-C 位的构型与 L- 甘油醛（或 L- 乳酸）相同的氨基酸皆为 L 型，相反者为 D 型（与根据 D- 甘油醛决定单糖为 D- 或 L- 型的原理相同）。

$$
\begin{array}{cccc}
\text{CHO} & \text{COOH} & \text{COOH} & \text{COOH} \\
\text{HO—C—H} & \text{HO—C—H} & \text{H}_2\text{N—C—H} & \text{H—C—NH}_2 \\
\text{CH}_2\text{OH} & \text{CH}_3 & \text{R} & \text{R} \\
\text{L- 甘油醛} & \text{L- 乳酸} & \text{L- 氨基酸} & \text{D- 氨基酸}
\end{array}
$$

D- 或 L- 只表示氨基酸在构型上与 D- 或 L- 甘油醛类似，并不表示氨基酸的旋光方向。表示旋光方向与糖类相似，须以（+）或（-）表示。

通式中每个氨基酸的 α- 位上都有一个氨基。个别氨基酸，例如赖氨酸还有另一个氨基在 ε 位。此外，脯氨酸的 α- 位实际上只是亚氨基，因此脯氨酸属于亚氨基酸。

形成氨基酸的有机酸，一般为直链一羧酸，亦有二羧酸。个别氨基酸含有环状结构或其他基团，如胍基、咪唑基、吲哚基或巯基等。

含一个不对称碳原子的氨基酸有 D 型和 L 型两种异构体，有些氨基酸含一个以上的不对称碳原子，则立体异构体的数目为 2^n，其中 n 为不对称碳原子的数目。

除甘氨酸外，蛋白质中的氨基酸都有不对称碳原子，都应有 L 型与 D 型之分。已知天然蛋白质中的氨基酸都属 L 型，所以日常书写或称呼时，"L-" 这个符号常常被省略。D 型和 L 型氨基酸在分子式、熔点和溶解度等性质上虽然没有区别，但在生理功能上都不同。L 型氨基酸是生物生长所必需的，而相应的 D 型氨基酸一般不能为生物所利用，甚至能抑制某些生物的生长。例如，乳酸菌在含 L- 亮氨酸的培养基上可以生长，当给以 D- 亮氨酸时，乳酸菌不仅不能利用，相反生长受到抑制，并随着培养基中 D- 亮氨酸浓度的增加抑制程度也增加，当恢复给 L- 亮氨酸时，此菌又能正常生长。

虽然天然蛋白质中没有 D 型氨基酸，但在某些微生物和植物的某些肽类物质中常含有 D 型氨基酸，如具有抗菌作用的短杆菌肽 S 中含有 D- 苯丙氨酸，多黏菌素中含有 D- 苯丙氨酸和 D- 亮氨酸，细菌细胞壁肽聚糖分子（详见糖类化学章 1.5）中含有 D- 丙氨酸和 D- 谷氨酸。

---

[1]　这 22 种由密码子编码的蛋白质氨基酸常被称作标准氨基酸，已掺入多肽或蛋白质的标准氨基酸经修饰成为非标准氨基酸。

3.2.2 氨基酸的分类及其结构

从各种生物体中发现的氨基酸已有 300 多种，包括常见的蛋白质氨基酸、不常见的蛋白质氨基酸和非蛋白质氨基酸。

3.2.2.1 常见的蛋白质氨基酸

常见的蛋白质氨基酸的分类、名称、代号和结构式列于表 3-2。各氨基酸与有机酸关系的总结见 🄴辅学窗 3-2。

表 3-2 天然氨基酸的分类、名称、代号和结构式

类别	普通名称（化学名称）	英文名	代号（西）	代号（中）	代号（西）	结构式
一氨基一羧基氨基酸	甘氨酸（α-氨基乙酸）	glycine	Gly	甘	G	$H-CH-COO^-$，$\overset{+}{N}H_3$
	丙氨酸（α-氨基丙酸）	alanine	Ala	丙	A	$CH_3-CH-COO^-$，$\overset{+}{N}H_3$
	缬氨酸（α-氨基异戊酸）	valine	Val	缬	V	$\begin{array}{c}CH_3\\CH_3\end{array}CH-CH-COO^-$，$\overset{+}{N}H_3$
	亮氨酸（α-氨基异己酸）	leucine	Leu	亮	L	$\begin{array}{c}CH_3\\CH_3\end{array}CH-CH_2-CH-COO^-$，$\overset{+}{N}H_3$
	异亮氨酸（β-甲基-α-氨基戊酸或β-甲基-乙基丙氨酸）	isoleucine	Ile	异亮	I	CH_3-CH_2，$\begin{array}{c}\\CH_3\end{array}CH-CH-COO^-$，$\overset{+}{N}H_3$
羟基氨基酸	丝氨酸（β-羟基-α-氨基丙酸）	serine	Ser	丝	S	$CH_2-CH-COO^-$，OH，$\overset{+}{N}H_3$
	苏氨酸（β-羟基-α-氨基丁酸）	threonine	Thr	苏	T	$CH_3-CH-CH-COO^-$，OH，$\overset{+}{N}H_3$
含硫氨基酸	半胱氨酸（β-硫氢基-α-氨基丙酸）	cysteine	Cys	半胱	C	$CH_2-CH-COO^-$，SH，$\overset{+}{N}H_3$
	甲硫氨酸（蛋氨酸）（γ-甲硫基-α-氨基丁酸）	methionine	Met	甲硫	M	$CH_2-CH_2-CH-COO^-$，$S-CH_3$，$\overset{+}{N}H_3$
一氨基二羧基氨基酸	天冬氨酸（α-氨基丁二酸）	aspartic acid	Asp	天	D	$^-OOC-CH_2-CH-COO^-$，$\overset{+}{N}H_3$
	谷氨酸（α-氨基戊二酸）	glutamic acid	Glu	谷	E	$^-OOC-CH_2-CH_2-CH-COO^-$，$\overset{+}{N}H_3$

续表

类别	普通名称（化学名称）	英文名	代号（西）	代号（中）	代号（西）	结构式
酰胺	天冬酰胺	asparagine	Asn		N	$\begin{aligned}&\overset{O}{\overset{\|}{H_2N}}\text{-C-CH}_2\text{-CH-COO}^-\\&\qquad\qquad\quad\overset{+}{\underset{NH_3}{\|}}\end{aligned}$
	谷氨酰胺	glutamine	Gln		Q	$\begin{aligned}&\overset{O}{\overset{\|}{H_2N}}\text{-C-CH}_2\text{-CH}_2\text{-CH-COO}^-\\&\qquad\qquad\qquad\qquad\overset{+}{\underset{NH_3}{\|}}\end{aligned}$
二氨基一羧基氨基酸	赖氨酸（α,ε-二氨基己酸）	lysine	Lys	赖	K	$\begin{aligned}&\text{CH}_2\text{-CH}_2\text{-CH}_2\text{-CH}_2\text{-CH-COO}^-\\&\overset{+}{\underset{NH_3}{\|}}\qquad\qquad\qquad\qquad\overset{+}{\underset{NH_3}{\|}}\end{aligned}$
	精氨酸（δ-胍基-α-氨基戊酸）	arginine	Arg	精	R	$\begin{aligned}&\text{CH}_2\text{-CH}_2\text{-CH}_2\text{-CH-COO}^-\\&\overset{\|}{NH}\qquad\qquad\quad\overset{+}{\underset{NH_3}{\|}}\\&\overset{\|}{C}\text{=NH}_2^+\\&\overset{\|}{NH}_2\end{aligned}$
芳香族氨基酸	苯丙氨酸（β-苯基-α-氨基丙酸）	phenylalanine	Phe	苯丙	F	$\begin{aligned}&\text{◯-CH}_2\text{-CH-COO}^-\\&\qquad\qquad\quad\overset{+}{\underset{NH_3}{\|}}\end{aligned}$
	酪氨酸（β-对羟苯基-α-氨基丙酸）	tyrosine	Tyr	酪	Y	$\begin{aligned}&\text{HO-◯-CH}_2\text{-CH-COO}^-\\&\qquad\qquad\qquad\overset{+}{\underset{NH_3}{\|}}\end{aligned}$
杂环氨基酸	组氨酸（β-咪唑-α-氨基丙酸）	histidine	His	组	H	$\begin{aligned}&\text{CH=C-CH}_2\text{-CH-COO}^-\\&\overset{+}{HN}\quad\overset{\|}{NH}\qquad\overset{+}{\underset{NH_3}{\|}}\\&\quad\overset{\|}{\underset{H}{C}}\end{aligned}$
	色氨酸（β-吲哚-α-氨基丙酸）	tryptophan	Trp	色	W	$\begin{aligned}&\qquad\text{C-CH}_2\text{-CH-COO}^-\\&\text{◯⟩}\overset{\|}{CH}\qquad\overset{+}{\underset{NH_3}{\|}}\\&\overset{\|}{N}\\&\overset{\|}{H}\end{aligned}$
	脯氨酸（吡咯烷-2-羧酸）或（四氢吡咯-2-羧酸）	proline	Pro	脯	P	$\begin{aligned}&\text{CH}_2\text{-CH}_2\\&\overset{\|}{H_2C}\quad\overset{\|}{CH}\text{-COO}^-\\&\qquad\overset{+}{\underset{H_2}{N}}\end{aligned}$

* 表中阴影部分为各个氨基酸的侧链 R 基团。

常见的 20 种蛋白质氨基酸，其差别在于侧链 R 基团，可根据 R 基团的结构或极性进行分类。

（1）**根据侧链 R 基团的结构分类**　根据氨基酸侧链 R 基团结构的不同，将氨基酸分成脂肪族、芳香族和杂环族 3 大类。

① 脂肪族氨基酸

一氨基一羧基氨基酸（又称中性氨基酸）：甘氨酸、丙氨酸、缬氨酸、亮氨酸、异亮氨酸；

含羟基氨基酸：丝氨酸、苏氨酸；

含硫氨基酸：半胱氨酸、甲硫氨酸；

一氨基二羧基氨基酸（又称酸性氨基酸）及其酰胺：天冬氨酸、谷氨酸、天冬酰胺、谷氨酰胺；

二氨基一羧基氨基酸（又称碱性氨基酸）：赖氨酸、精氨酸。

② 芳香族氨基酸：苯丙氨酸、酪氨酸。

③ 杂环氨基酸：组氨酸[1]、色氨酸[2]、脯氨酸。

（2）根据侧链 R 基团的极性分类　根据侧链 R 基团极性的不同，将蛋白质中常见的 20 种氨基酸分为 4 类，即非极性氨基酸、不带电荷的极性氨基酸、带正电荷的极性氨基酸和带负电荷的极性氨基酸（指在细胞内的 pH 范围，即 pH 7 左右侧链 R 基团的解离状态），见 *e* 辅学窗 3-3。

① 非极性氨基酸　有非极性的 R 基，共有 8 种氨基酸，包括 4 种脂肪族氨基酸，即丙氨酸、缬氨酸、亮氨酸和异亮氨酸；两种芳香族氨基酸苯丙氨酸和色氨酸；一种含硫氨基酸甲硫氨酸；一种亚氨基酸脯氨酸。除脯氨酸外这类氨基酸在水中的溶解度比其他氨基酸要小。这 8 种氨基酸之间的疏水性也有差别，其中以丙氨酸的 R 基疏水性最小。丙氨酸、缬氨酸、亮氨酸和异亮氨酸倾向于在蛋白质内部集聚在一起，通过疏水作用稳定蛋白质高级结构。

② 不带电荷的极性氨基酸　这类氨基酸 R 基为极性，但不带电荷，共有 7 种，包括丝氨酸、苏氨酸、酪氨酸、天冬酰胺、谷氨酰胺、半胱氨酸和甘氨酸。这类氨基酸比非极性氨基酸易溶于水。它们的 R 基侧链上含有不解离的极性基，能与水形成氢键。其中丝氨酸、苏氨酸和酪氨酸的 R 基极性是由羟基引起的，这三种氨基酸的羟基是细胞多种蛋白激酶磷酸化的位点，丝氨酸和酪氨酸常会出现在一些酶的活性中心。天冬酰胺和谷氨酰胺的 R 基极性是由酰胺基引起的，酰胺键在酸、碱作用下容易发生水解。半胱氨酸的 R 基极性是由巯基（—SH）引起的，半胱氨酸是弱酸，可与氧或氮原子形成弱氢键。两个半胱氨酸的巯基容易被氧化成二硫键，生成胱氨酸（cystine）。二硫键对蛋白质结构具有重要贡献。甘氨酸的 R 基为一个氢原子，因此介于极性与非极性之间，也可归入非极性类。在这类氨基酸中，半胱氨酸和酪氨酸的 R 基极性最强，在 pH 7.0 时虽然电离很弱，但与这类中其他氨基酸侧链相比，失去质子的倾向要大得多。

③ 带正电荷的极性氨基酸　这类氨基酸为碱性氨基酸，包括赖氨酸、精氨酸和组氨酸 3 种。赖氨酸侧链上的 ε 位上有一个带正电荷的氨基；精氨酸上有一个带正电荷的胍基；组氨酸上有一个弱碱性的咪唑基，在 pH6.0 时有 50% 以上带正电荷，但在 pH 7.0 时带正电荷小于 10%，它是唯一的一个 R 基的 pK_a 在 7 附近的氨基酸，因此组氨酸在很多酶促反应中可以既做质子供体，也可做质子受体。

④ 带负电荷的极性氨基酸　这类氨基酸为酸性氨基酸，包括天冬氨酸和谷氨酸。它们都含有两个羧基，在 pH 7.0 时，这两种氨基酸 R 基上的羧基完全解离而带上负电荷。

3.2.2.2　不常见的蛋白质氨基酸

有些蛋白质含有不常见的氨基酸（表 3-3），它们是在肽链合成后，经专一酶催化，对常见氨基酸进行修饰而成。如 4- 羟脯氨酸（4-hydroxyproline）和 5- 羟赖氨酸（5-hydroxylysine）存在于胶原蛋白和弹性蛋白中；甲基组氨酸和甲基赖氨酸存在于肌球蛋白中；γ- 羧基谷氨酸存在于凝血酶原及其他一些与血液凝固有关的蛋白质中；酪氨酸的碘化衍生物甲状腺素存在于甲状腺球蛋白中。

硒代半胱氨酸和吡咯赖氨酸是 2 个特例，它们在某些特殊情况下，由原终止密码子编码掺入蛋白质，而不是合成后经修饰产生的。硒代半胱氨酸（selenocysteine，Sec）在谷胱甘肽过氧化物酶和一些其他含硒蛋白质中有发现。吡咯赖氨酸（pyrrolysine，Pyl）在甲胺甲基转移酶及其他一些产甲烷菌和细菌中发现。硒代半胱氨酸和吡咯赖氨酸是第 21 和 22 种参与蛋白质生物合成的氨基酸，其发现过程见 *e* 辅学窗 3-4、*e* 辅学窗 3-5。

---

[1]　组氨酸因其咪唑基具有弱碱性，故也属碱性氨基酸。

[2]　色氨酸因含苯环，故也属芳香族氨基酸。

表 3-3　不常见的蛋白质氨基酸

名称	结构式	存在
4- 羟脯氨酸（Hyp）		胶原蛋白 弹性蛋白
5- 羟赖氨酸（Hyl）		胶原蛋白 弹性蛋白
甲基组氨酸		肌球蛋白
甲基赖氨酸		肌球蛋白
γ- 羧基谷氨酸		凝血酶原 其他一些与血液凝固有关的蛋白质
甲状腺素（T_4）		甲状腺球蛋白
磷酸丝氨酸		某些涉及细胞生长和调节的蛋白质
磷酸苏氨酸		某些涉及细胞生长和调节的蛋白质
硒代半胱氨酸（Sec）		谷胱甘肽过氧化物酶
吡咯赖氨酸（Pyl）		甲胺甲基转移酶

3.2.2.3　非蛋白质氨基酸

非蛋白质氨基酸（nonprotein amino acid）有 300 多种，它们并不存在于蛋白质中，而是以游离或结合的形式存在于生物体内。它们大多是常见氨基酸的衍生物，但有些是 β-、γ- 或 δ- 氨基酸，有些是 D 型氨基酸，有些是体内代谢物的前体或中间物。现略举数例（表 3-4）。

表 3-4 非蛋白质氨基酸

名称	结构式	存在
β- 丙氨酸	$\overset{+}{H_3N}-CH_2-CH_2-COO^-$	泛酸及辅酶 A 的组成成分
γ- 氨基丁酸	$\overset{+}{H_3N}-CH_2-CH_2-CH_2-COO^-$	存在于脑组织中，与脑组织营养及传递有关
高半胱氨酸	$HS-CH_2-CH_2-\underset{\underset{NH_3}{\overset{+}{|}}}{CH}-COO^-$	甲硫氨酸生物合成的中间产物
高丝氨酸	$\overset{+}{H_3N}-CH_2-CH_2-CH_2-\underset{\underset{NH_3}{\overset{+}{|}}}{CH}-COO^-$	苏氨酸、天冬氨酸、甲硫氨酸代谢的中间产物
鸟氨酸	$HO-CH_2-CH_2-\underset{\underset{NH_3}{\overset{+}{|}}}{CH}-COO^-$	尿素生成的中间物
瓜氨酸	$H_2N-\overset{\overset{O}{\|}}{C}-NH-CH_2-CH_2-CH_2-\underset{\underset{NH_3}{\overset{+}{|}}}{CH}-COO^-$	尿素生成的中间物
苯甘氨酸	⬡$-\underset{\underset{NH_3}{\overset{+}{|}}}{CH}-COO^-$	抗生素（mikamycin B）
甲基天冬氨酸	$^-OOC-\underset{\underset{CH_3}{|}}{CH}-\underset{\underset{NH_3}{\overset{+}{|}}}{CH}-COO^-$	天冬霉素（aspartocin） 颖芒霉素（glumamycin）
D- 丙氨酸		乳酸菌、细菌肽聚糖
D- 苯丙氨酸		短杆菌肽 S、酪杆菌肽、枯草杆菌肽 A
D- 缬氨酸		短杆菌肽 D、放射线菌素
D- 亮氨酸		短杆菌肽 D、多黏菌素
D- 谷氨酸		细菌肽聚糖

思考题

1. 氨基酸的化学结构有哪些共同特点？

2. 甘氨酸、脯氨酸的结构与其他常见氨基酸有何异同？

3. 硒代半胱氨酸、吡咯赖氨酸、羟脯氨酸、羟赖氨酸均为组成蛋白质的氨基酸，为什么前二者归类到标准氨基酸中？

4. 天然蛋白质和多糖结构单元的立体构型有何不同？

5. 在糖、脂质和氨基酸的分子结构中都有所谓 α-、β- 结构，它们各指的是什么？彼此之间如何区别？

3.2.3 氨基酸的溶解度、旋光性和光吸收

3.2.3.1 氨基酸的溶解度

在水中，胱氨酸、酪氨酸、天冬氨酸、谷氨酸等的溶解度很小，精氨酸、赖氨酸的溶解度特别大（表 3-5）。在盐酸溶液中所有氨基酸都有不同程度的溶解度。

表 3-5　天然氨基酸的溶解度和旋光性

氨基酸	溶解度 / (g·100 mL^{-1}) 25℃（在水中）	旋光性				
		左或右旋[*]	比旋光度	浓度 / (g·100 mL^{-1})	溶剂	温度 /℃
胱氨酸	0.011	−	−212.9	0.99	1.02 mol/L HCl	25
酪氨酸	0.045	−	−7.27	4.0	6.08 mol/L HCl	25
天冬氨酸	0.05	+	+24.62	2.0	6 mol/L HCl	24
谷氨酸	0.84	+	+31.7	0.99	1.73 mol/L HCl	25
色氨酸	1.13	−	−32.15	1.07	水	26
苏氨酸	1.59	−	−28.3	1.1	水	20
亮氨酸	2.19	+	+13.91	9.07	4.5 mol/L HCl	25
苯丙氨酸	2.96	−	−35.1	1.93	水	20
甲硫氨酸	3.38	+	+23.4	5.0	3 mol/L HCl	20
异亮氨酸	4.12	+	+40.6	5.1	6.1 mol/L HCl	25
组氨酸	4.29	−	−39.2	3.77	水	25
丝氨酸	5.02	+	+14.5	9.34	1 mol/L HCl	25
缬氨酸	8.85	+	+28.8	3.40	6 mol/L HCl	20
丙氨酸	16.51	+	+14.47	10.0	5.97 mol/L HCl	25
甘氨酸	24.99	无				
羟脯氨酸	36.11	−	−75.2	1.0	水	22.5
脯氨酸	62.30	−	−85.0	1.0	水	20
精氨酸	易溶	+	+25.58	1.66	6 mol/L HCl	23
赖氨酸	易溶	+	+25.72	1.64	6.08 mol/L HCl	25

[*] "−"表示左旋，"+"表示右旋。

3.2.3.2　氨基酸的旋光性

　　组成蛋白质的氨基酸除甘氨酸以外，都有不对称碳原子，所以都有旋光性，能使偏振光的偏振面向左或向右旋转。

　　氨基酸的比旋光度是 α- 氨基酸的物理常数之一，也是鉴别各种氨基酸的根据之一（表 3-5）。比旋光度与氨基酸 R 侧链基团的性质有关，还与测定时溶液的 pH 有关，这是因为在不同 pH 条件下氨基和羧基的解离状态不同。

　　当用碱水解蛋白质时，会使氨基酸产生外消旋作用，引起 D 型和 L 型氨基酸的互变，产生等量的 D 型和 L 型两种异构体，这时旋光互相抵消，得到的是无旋光性的 DL- 消旋物，经外消旋体拆分后才能得到 L- 氨基酸。

　　但是，细胞中进行生物分子聚合反应时，对底物 D 型和 L 型异构体表现出高度的选择性。细胞选择相同手性即 L- 氨基酸组成蛋白质，合成寡糖链或多糖链的单糖基也以 D 型为主，这种生物手性的选择性

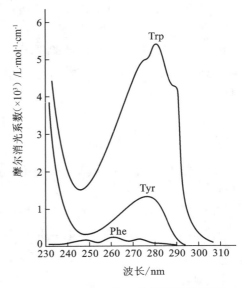

图 3-1　Trp、Tyr 和 Phe 的紫外吸收光谱

被认为是生命起源的重要分子基础，也是著名的科学难题之一，目前有多种假说试图去解释自然界中生物分子手性的起源，详见 e 辅学窗 3-6。

3.2.3.3　氨基酸的光吸收

组成蛋白质的氨基酸在可见光区没有光吸收，在紫外区仅仅色氨酸、酪氨酸和苯丙氨酸有吸收能力，这是因为它们分子中含有苯环，是苯环的共轭双键造成的，这 3 种氨基酸的最大光吸收都在 280 nm 附近（图 3-1）。其中色氨酸对紫外线的吸收能力最强，最大吸收波长为 280 nm，在该波长下的摩尔消光系数[①] 为 $\varepsilon_{280} = 5.6 \times 10^3$；其次是酪氨酸，最大吸收波长为 275 nm，$\varepsilon_{275} = 1.4 \times 10^3$；苯丙氨酸的光吸收值最低，最大吸收波长为 257 nm，$\varepsilon_{257} = 2.0 \times 10^2$。

蛋白质中由于含有色氨酸、酪氨酸和苯丙氨酸，所以也有紫外吸收能力，一般最大光吸收在 280 nm 波长处，因此可利用紫外分光光度法测定蛋白质在 280 nm 的吸光度值，从而进行蛋白质定量，这是一种简便而又快速的测定蛋白质含量的方法。

3.2.4　氨基酸的酸碱性质

氨基酸的酸碱性质是氨基酸的一个最重要也是最基本的性质，它不仅是氨基酸分离纯化、鉴定和定量分析的依据，而且也是理解蛋白质的许多性质及其生物学功能的基础。

3.2.4.1　氨基酸的两性离子形式

很长一段时间里研究人员一直认为氨基酸在水溶液中是以中性分子的形式存在，但后来发现氨基酸熔点很高，一般在 200℃以上，这与离子化合物相似。此外还发现氨基酸溶于水后，会使水的介电常数升高，这些实验现象说明氨基酸在水溶液中主要是以离子形式存在，而不是中性分子的形式。

氨基酸的 α-C 上连接了一个羧基和一个氨基，在中性水溶液中，羧基就会放出质子，而氨基接受质子，这样就使一个中性形式的氨基酸分子变成了带相等正、负电荷的两性离子。

$$R - \overset{\alpha}{CH} - COOH \rightleftharpoons R - CH - COO^-$$
$$| \qquad\qquad\qquad |$$
$$NH_2 \qquad\qquad\qquad \overset{+}{N}H_3$$
中性分子　　　　　　　　两性离子

两性离子也称偶极离子（dipolar ion），或兼性离子（zwitterion）。氨基酸在中性水溶液中，或从中性水溶液中结晶的氨基酸主要以两性离子形式存在，不带电荷的中性分子数量很少。

3.2.4.2　氨基酸的两性解离和等电点

按照 Brönsted-Lowry 的酸碱理论，也就是广义酸碱理论，凡是放出质子的是酸，接受质子的是碱，酸和碱的相互关系如下：

$$HA \rightleftharpoons A^- + H^+$$
酸　　　碱　　质子

酸放出质子就成了碱，碱接受质子就成了酸，这样原始的酸（HA）和生成的碱（A⁻）就组成了一个共轭酸碱对。

根据广义酸碱理论，氨基酸的两性离子在水中既能像酸一样放出质子，也能像碱一样接受质子，因此氨基酸具有酸碱性质，是一类两性电解质。

[①]　摩尔消光系数也称摩尔吸收系数，是指 1 mol/L 溶液，在一定波长下，比色杯的厚度为 1 cm 时的光吸收值，单位为 L·mol⁻¹·cm⁻¹。

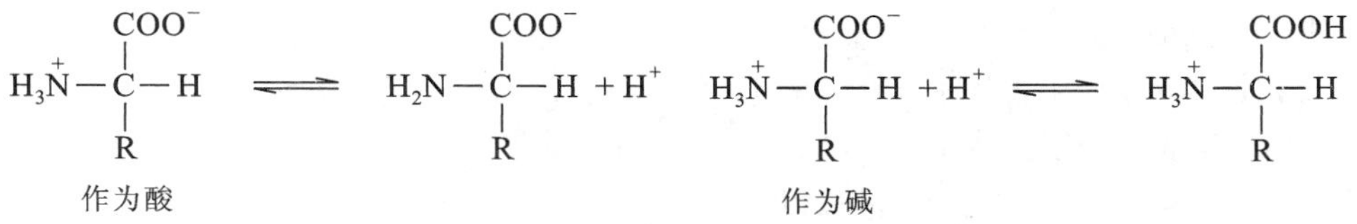

$$H_3\overset{+}{N}-\underset{R}{\overset{COO^-}{|}}C-H \rightleftharpoons H_2N-\underset{R}{\overset{COO^-}{|}}C-H+H^+ \quad H_3\overset{+}{N}-\underset{R}{\overset{COO^-}{|}}C-H+H^+ \rightleftharpoons H_3\overset{+}{N}-\underset{R}{\overset{COOH}{|}}C-H$$

作为酸 　　　　　　　　　　　　　　　　　　　　作为碱

氨基酸的羧基和氨基的解离度受溶液 pH[①]（酸碱度）的影响，向氨基酸两性离子溶液加酸（H$^+$），结果溶液偏酸[②]。两性离子的—COO$^-$ 接受 H$^+$，自身变为正离子（$H_3\overset{+}{N}-\underset{|}{\overset{R}{|}}CH-COOH$），这时两性离子是 H$^+$ 的受体，表示其本身是碱，此时溶液中的［正离子］>［负离子］。

向两性离子氨基酸溶液中加碱（加 OH$^-$），结果溶液的 pH 偏碱，两性离子的 $^+$NH$_3$ 即解离放出一个 H$^+$（与—OH 结合），其自身变为负离子（$H_2N-\underset{|}{\overset{R}{|}}CH-COO^-$），此时，两性离子是 H$^+$ 供体，表示其自身是酸，溶液中的［负离子］>［正离子］。

在适当的酸碱度时，氨基酸的氨基和羧基的解离度可能完全相等。此时［正离子］=［负离子］，氨基酸带的净电荷为零，在电场中既不向阳极移动，也不向阴极移动，成为两性离子（也称兼性离子）。这时氨基酸所处溶液中的 pH 就称为该氨基酸的等电点（isoelectric point，pI）[③]。在等电点时，氨基酸的溶解度最小。

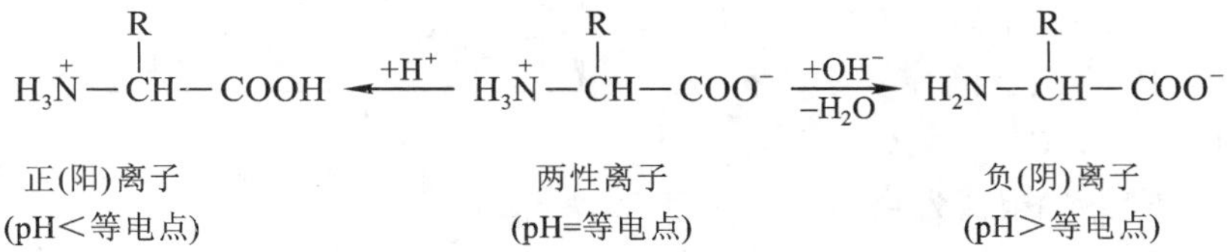

$$H_3\overset{+}{N}-\underset{}{\overset{R}{|}}CH-COOH \xleftarrow{+H^+} H_3\overset{+}{N}-\underset{}{\overset{R}{|}}CH-COO^- \xrightarrow[-H_2O]{+OH^-} H_2N-\underset{}{\overset{R}{|}}CH-COO^-$$

正(阳)离子 　　　　　　　　　两性离子 　　　　　　　　　负(阴)离子
(pH<等电点) 　　　　　　　(pH=等电点) 　　　　　　　(pH>等电点)

实验证明，在等电点时，氨基酸主要以两性离子形式存在，但也有少量的而且数量相等的正、负离子形式，还有极少量的中性分子（见右图）。

氨基酸的离子化状态与溶液的 pH 密切相关，当溶液的 pH 等于等电点时，氨基酸主要以两性离子形式存在；当溶液的 pH 小于等电点时，氨基酸主要以正离子形式存在；当溶液的 pH 大于等电点时，氨基酸的主要以负离子形式存在。

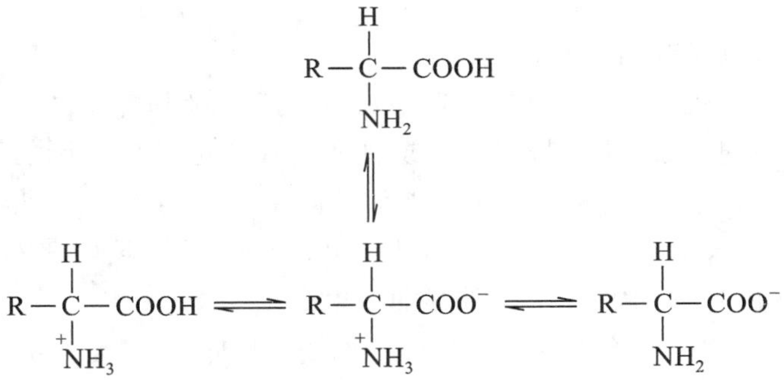

3.2.4.3 氨基酸的酸碱滴定曲线

从氨基酸的酸碱滴定曲线可以进一步理解羧基和氨基解离和等电点的关系。现以丙氨酸为例，当它在酸性条件下，完全质子化时以 $CH_3-\underset{^+NH_3}{\overset{|}{|}}CH-COOH$ 的形式存在，可看做是一个二元酸，具有两个可解离的质子。

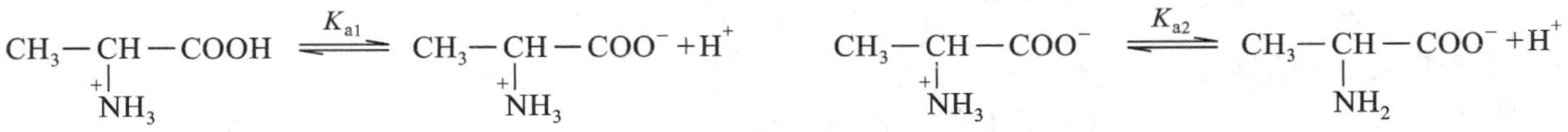

$$CH_3-\underset{NH_3}{\overset{|}{|}}CH-COOH \xrightleftharpoons{K_{a1}} CH_3-\underset{NH_3}{\overset{|}{|}}CH-COO^-+H^+ \quad CH_3-\underset{NH_3}{\overset{|}{|}}CH-COO^- \xrightleftharpoons{K_{a2}} CH_3-\underset{NH_2}{\overset{|}{|}}CH-COO^-+H^+$$

---

① pH 是表示氢离子浓度指数（即氢离子浓度的负对数）的符号。p 代表指数，是法文 puissance（指数）的第一字母。最初使用 pH 这个符号的人是 Sorensen，他的论文是用法文发表的。所以取用了 puissance 这个字的头一个字母；在英文是 power（指数），德文称 potenz。

② 所谓偏酸、偏碱是对氨基酸分子的中性（即两性离子状态时的 pH，也就是等电点 pH）而言，不是以水分子的中性（pH 7）为依据。

③ pI 中 p 的意义与 pH 的 p 相同，I 是 isoelectric 的第一个字母。

在很低 pH 时，丙氨酸几乎完全质子化，用 NaOH 标准溶液来滴定，以 pH 为纵坐标，外加的碱量为横坐标，可得丙氨酸的滴定曲线（图 3-2）。

滴定开始时，由于溶液 pH 很低，丙氨酸以 H_3N^+—CHR—COOH 的形式存在，此时丙氨酸所带净电荷为 +1。在滴定过程中，NaOH 的量逐渐增加，随着 pH 的升高，—COOH 逐渐失去质子变成了—COO^-，当滴定至 H_3N^+—CHR—COOH 与 H_3N^+—CHR—COO^- 的浓度相等时，根据 Henderson-Hassebalch 方程式 $pH = pK_a + \lg \dfrac{[质子受体]}{[质子供体]}$，这时溶液的 $pH = pK_{a1}$，丙氨酸所带净电荷为 +0.5。

当继续加入 NaOH 时，H_3N^+—CHR—COOH 会全部转变为 H_3N^+—CHR—COO^-，此时丙氨酸变成了两性离子形式，净电荷为零，这时溶液的 pH 就是丙氨酸的等电点。

继续滴加 NaOH，pH 继续升高，质子化的—NH_3^+ 开始解离，失去质子，当滴定至 H_3N^+—CHR—COO^- 与 H_2N—CHR—COO^- 的浓度相等时，溶液的 $pH = pK_{a2}$，丙氨酸所带净电荷为 -0.5。

继续用 NaOH 滴定，所有的 H_3N^+—CHR—COO^- 全部转变为 H_2N—CHR—COO^-，此时丙氨酸所带净电荷为 -1。

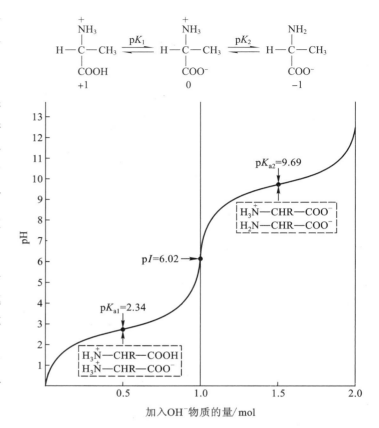

图 3-2　丙氨酸的滴定曲线

R 代表丙氨酸的甲基，解离曲线关键位置的主要离子形式见曲线上方公式，在 pK_{a1} 和 pK_{a2} 占优势的离子形式见虚线方框内

从丙氨酸的滴定曲线可看出它的净电荷和溶液 pH 之间的关系。此外，在滴定曲线中可看到两个具有缓冲能力的区域，此时即使加碱或加酸，pH 变化不大，曲线相对平缓。缓冲区范围为 $pK_a \pm 1$，一个缓冲区在 $pK_{a1} \pm 1$（即 pH 1.34 ~ 3.34），另一个缓冲区在 $pK_{a2} \pm 1$（即 pH 8.69 ~ 10.69）。在 20 种常见的氨基酸中只有组氨酸咪唑基的 pK 为 6.0（表 3-6），是唯一在生理 pH 条件下（pH 7.0 左右）具有缓冲能力的基团，其他氨基酸的 pK 离生理 pH 太远，因此，没有明显的缓冲能力。

上面介绍的丙氨酸的滴定曲线是从低 pH 开始，用标准碱 NaOH 来滴定丙氨酸上可解离的 2 个 H^+。也可以从高 pH 开始用标准酸 HCl 来滴定，观察结合上去的 H^+。当然也可以从等电点的 pH 溶液开始，从中间向两边滴定，此时被碱滴定的是—NH_3^+ 上的 H^+，被酸滴定的是—COO^-。

上面举的例子是一氨基一羧基氨基酸的两性解离情况，如果是一氨基二羧基氨基酸，如天冬氨酸，有 3 个可解离的质子，可看做三元酸，用标准碱 NaOH 来滴定。如果是二氨基一羧基氨基酸如赖氨酸，亦有 3 个可解离的质子，亦可看做三元酸，用标准碱 NaOH 来滴定，解离过程和解离曲线见 🅔辅学窗 3-7。

3.2.4.4　氨基酸等电点的计算

氨基酸的羧基、氨基以及侧链上的其他可解离基团都有一个特定的 pK_a 值（即解离常数的负对数），pK_a 的编号通常从酸性最强的基团的解离开始，分别用 pK_{a1}、pK_{a2}……表示。由于各种氨基酸分子上所含羧基、氨基等基团的数目不同以及其他可解离基团的 pK_a 值的不同，使每种氨基酸都有各自特定的等电点（表 3-6）。

表 3-6　氨基酸的解离常数和等电点

氨基酸 *	—COOH pK_a	$\overset{+}{—NH_3}$ pK_a	R 基 pK_a	pI
甘氨酸	2.34	9.60		5.97
丙氨酸	2.34	9.69		6.02
缬氨酸	2.32	9.62		5.97
亮氨酸	2.36	9.60		5.98
异亮氨酸	2.36	9.68		6.02
丝氨酸	2.21	9.15		5.68
苏氨酸	2.11	9.62		5.87
天冬氨酸	1.88	9.60	3.65（β-COOH）	2.77
天冬酰胺	2.02	8.8		5.41
谷氨酸	2.19	9.67	4.25（γ-COOH）	3.22
谷氨酰胺	2.17	9.13		5.65
精氨酸	2.17	9.04	12.48（胍基）	10.76
赖氨酸	2.18	8.95	10.53（$\varepsilon—\overset{+}{NH_3}$）	9.74
组氨酸	1.82	9.17	6.00（咪唑基）	7.59
半胱氨酸	1.96	10.28	8.18（—SH）	5.07
甲硫氨酸	2.28	9.21		5.75
苯丙氨酸	1.83	9.13		5.48
酪氨酸	2.20	9.11	10.07（—OH）	5.66
色氨酸	2.38	9.39		5.89
脯氨酸	1.99	10.60		6.30

现分别以丙氨酸、天冬氨酸和赖氨酸为例介绍从 pK_a 计算等电点。

丙氨酸在酸性溶液中以 $H_3\overset{+}{N}—\overset{\underset{|}{CH_3}}{CH}—COOH$ 的形式存在，可看做是一个二元酸，有两个可解离的 H^+，即 —COOH 上的 H^+ 和 $\overset{+}{NH_3}$ 上的 H^+，它们的解离情况如下：

$$H_3\overset{+}{N}—\overset{\underset{|}{CH_3}}{CH}—COOH \xrightleftharpoons{K_{a1}} H_3\overset{+}{N}—\overset{\underset{|}{CH_3}}{CH}—COO^- + H^+ \qquad K_{a1}=\frac{[Ala^\pm][H^+]}{[Ala^+]}$$

$$H_3\overset{+}{N}—\overset{\underset{|}{CH_3}}{CH}—COO^- \xrightleftharpoons{K_{a2}} H_2N—\overset{\underset{|}{CH_3}}{CH}—COO^- + H^+ \qquad K_{a2}=\frac{[Ala^-][H^+]}{[Ala^\pm]}$$

根据等电点的定义，等电点是指氨基酸在溶液中净电荷为零时的 pH，这时［正离子］=［负离子］，即 ［Ala^+］=［Ala^-］。

$$\frac{［Ala^\pm］［H^+］}{K_{a1}} = \frac{［Ala^\pm］K_{a2}}{［H^+］}, \quad 即\ K_{a1} \cdot K_{a2} = ［H^+］^2$$

$$[H^+] = \sqrt{K_{a1}K_{a2}}, \quad pH = \frac{pK_{a1}+pK_{a2}}{2}$$

pI 为等电点时的 pH，则 $pI = \frac{1}{2}(pK_{a1}+pK_{a2})$

$$pI_{Ala} = \frac{1}{2}(pK_{a1}+pK_{a2}) = \frac{1}{2}(2.34+9.69) = 6.02$$

对侧链 R 基不解离的一氨基一羧基氨基酸来说，其等电点是它的 pK_{a1} 和 pK_{a2} 的算术平均值。

一氨基二羧基氨基酸如天冬氨酸的解离情况如下：

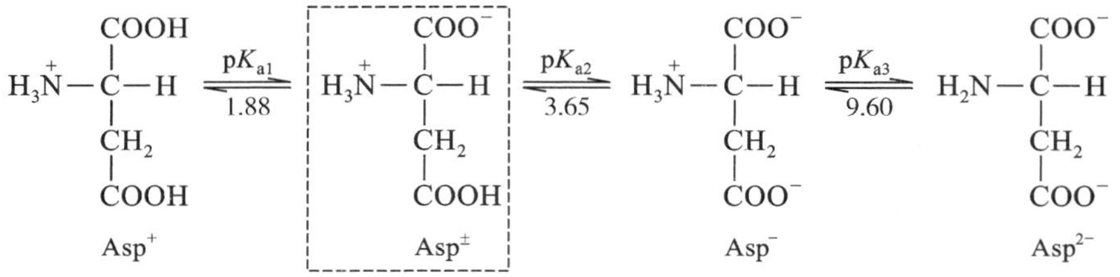

等电点时，天冬氨酸主要以两性离子 $Asp^\pm$ 形式存在，还有少量并且数量相等的 Asp^+ 和 Asp^-，至于 Asp^{2-} 的量是极少的，可以忽略不计，因此一氨基二羧基氨基酸的等电点是两个羧基 pK_a 的算术平均值。

$$pI_{Asp} = \frac{1}{2}(pK_{a1}+pK_{a2}) = \frac{1}{2}(1.88+3.65) = 2.77$$

二氨基一羧基氨基酸如赖氨酸的解离情况如下：

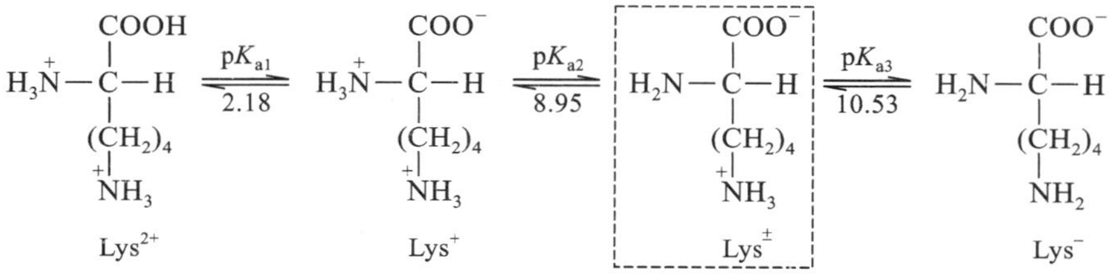

等电点时，赖氨酸主要以两性离子 $Lys^\pm$ 形式存在，还有少量并且数量相等的 Lys^+ 和 Lys^-，至于 Lys^{2+} 的量极少，可忽略不计，因此二氨基一羧基氨基酸的等电点是两个氨基 pK_a 的算术平均值。

$$pI_{Lys} = \frac{1}{2}(pK_{a2}+pK_{a3}) = \frac{1}{2}(8.95+10.53) = 9.74$$

综上所述，各种氨基酸的等电点为两性离子两侧两个 pK_a 的算术平均值。

氨基酸由于具有相似结构部分，因此其酸碱行为也有共同特点，如 α-COOH 的 pK_{a1} 均在 1.8 ~ 2.4，α-NH_3^+ 的 pK_{a2} 均在 8.8 ~ 11.0，区间内的波动是由于 R 基团所造成的化学环境的差异。而 R 基团的解离性质将对氨基酸的解离过程及等电点造成影响。侧链具有可解离基团的氨基酸还有 pK_{a3}，其解离曲线更复杂，如果侧链具有酸性基团（如 Asp，Glu），则其等电点比中性氨基酸低，如果侧链是碱性基团（如 His，Arg，Lys），等电点将高于中性氨基酸。

思考题

1. 为什么一氨基一羧基的氨基酸溶解在 pH7 的纯水后略呈酸性？

2. 画出组氨酸在以下情况的主要结构式：（1）侧链可解离基团质子化；（2）净电荷为 +0.5；（3）在 pH7.59 的溶液中；（4）净电荷为 −1。

3. 某氨基酸溶于 pH 7 的水中，所得氨基酸溶液的 pH 为 6，此氨基酸的 pI 是大于 6，等于 6 还是小于 6？

3.2.5 氨基酸的重要化学通性

氨基酸虽是离子化合物，但在溶液状态时存在下列平衡：$H_3\overset{+}{N}—CH—COO^- \rightleftharpoons H_2N—CH—COOH$（R 在上方）

当氨基酸起化学反应时，往往是氨基或羧基参加反应，平衡就向 $H_2N—CH—COOH$ 方向移动，使反应按分子形式进行，因此在化学反应中可用 $H_2N—CH—COOH$ 的分子形式表示氨基酸。

氨基酸的化学性质与其分子的特殊功能基团如羧基、氨基和侧链 R 基团（羟基、酰胺基、羧基、碱基等）是分不开的，氨基酸的羧基具有一羧酸羧基的性质（如成盐、成酯、成酰胺、脱羧、酰氯化等），氨基酸的氨基具有一级胺（R—NH$_2$）氨基的一切性质（如与 HCl 结合、脱氨、与 HNO$_2$ 作用等）。氨基酸的化学通性皆由此二基团所产生。一部分性质是氨基参加的反应，一部分是羧基参加的反应，还有一部分则为氨基、羧基共同参加或侧链 R 基团参加的反应。下面分别择要介绍。

3.2.5.1 由氨基参加的反应

（1）**成盐作用** 氨基酸的氨基与 HCl 作用即产生氨基酸盐酸化合物。用 HCl 水解蛋白质制得的氨基酸即为盐酸化合物。

$$R—\underset{NH_2}{\overset{|}{CH}}—COOH + HCl \longrightarrow R—\underset{NH_2·HCl}{\overset{|}{CH}}—COOH$$

（2）**与 HNO$_2$ 的反应** 氨基酸的 α- 氨基定量地与亚硝酸作用产生羟酸和 N$_2$，所生成的 N$_2$ 可用气体分析仪器加以测定，这是 Van Slyke 氏氨基氮测定法的原理。亚硝酸与氨基酸氨基的反应可表示如下：

$$R—\underset{NH_2}{\overset{|}{CH}}—COOH + HNO_2 \longrightarrow R—\underset{OH}{\overset{|}{CH}}—COOH + N_2\uparrow + H_2O$$

氨基酸　　　　　　　　　　　　　　　　羟酸

ε- 氨基（如赖氨酸）与 HNO$_2$ 作用较慢，α- 氨基在室温下 3~4 min 作用即完全。脯氨酸、羟脯氨酸环中的亚氨基，精氨酸、组氨酸和色氨酸环中的结合 N（bound nitrogen）皆不与亚硝酸作用。

Van Slyke 测定氨基氮法在氨基酸定量及测定蛋白质水解进行程度时均有用处。

（3）**与甲醛的反应** 氨基酸的氨基与中性甲醛作用的反应可表示如下：

$$R—\overset{\overset{\displaystyle H}{|}}{\underset{\underset{\displaystyle \overset{+}{N}H_3}{|}}{C}}—COO^- \xrightarrow{2HCHO} R—\overset{\overset{\displaystyle H}{|}}{\underset{\underset{\displaystyle N(CH_2OH)_2}{|}}{C}}—COO^- + H^+ \qquad (3\text{--}1)$$

氨基酸　　　　　　氨基酸的二羟甲基衍生物

式（3-1）的反应包含下面式（3-2）中的各反应：

$$
\begin{array}{c}
\underset{\underset{NH_2}{|}}{R-CH-COOH} \\
\Updownarrow \\
\underset{\underset{\overset{+}{N}H_3}{|}}{R-CH-COO^-} \rightleftharpoons \underset{\underset{NH_2}{|}}{R-CH-COO^-} + H^+ \\
\text{两性离子} \qquad\qquad \downarrow HCHO \\
\underset{\underset{NHCH_2OH}{|}}{\overset{\overset{H}{|}}{R-C-COO^-}} \\
\text{一羟甲基衍生物} \\
\downarrow HCHO \\
\underset{\underset{N(CH_2OH)_2}{|}}{\overset{\overset{H}{|}}{R-C-COO^-}} \\
\text{二羟甲基衍生物}
\end{array}
\tag{3-2}
$$

氨基酸两性离子的 $\overset{+}{N}H_3$ 是弱酸，其 pK_a 为 9.7 左右，完全解离时溶液的 pH 约为 10，超出酸碱滴定指示剂的显色范围，不能用一般指示剂例如酚酞，作酸碱滴定。但当氨基酸的氨基与中性甲醛结合成氨基酸二羟甲基衍生物后，其氨基的碱性即大大减少，反应向右进行，两性离子中 $\overset{+}{N}H_3$ 的解离度增加，释出 H^+，$\overset{+}{N}H_3$ 的 pK_a 降低到 6.5 左右，溶液的 pH 降至 6.7 左右，此时 $\overset{+}{N}H_3$ 解离释出的 H^+ 即可以酚酞作指示剂用标准 NaOH 溶液加以滴定。每释出的一个 H^+ 就相当于一个氨基酸。甲醛滴定可用来测定氨基酸的含量或蛋白质的水解程度。

🔧 思考题

写出甲醛滴定法进行氨基酸定量的计算公式。

（4）**酰基化和烃基化反应**　氨基酸氨基的一个 H 可被酰基或烃基（包括环烃及其衍生物）取代，这些取代基对氨基酸的氨基有保护作用。

$$
\underset{\substack{NH_2 \\ \\ R'=\text{酰基或烃基} \\ (\text{包括环烃及其衍生物})}}{\overset{\overset{H}{|}}{R-C-COOH}} + R'X \longrightarrow \underset{\substack{NHR' \\ \\ X=\text{卤素}(C_1, F)}}{\overset{\overset{H}{|}}{R-C-COOH}} + HX
$$

现分别举实例说明上式的反应。

① 酰基化实例

例 1　氨基酸与苄氧羰酰氯的反应　苄氧羰酰氯的苄氧羰基（$C_6H_5CH_2-O-CO-$）在弱碱液中与氨基酸钠盐作用可置换 $-NH_2$ 中的一个 H。

$$
\underset{\text{苄氧羰酰氯}}{C_6H_5CH_2O-COCl} + \underset{}{H_2N-\overset{\overset{R}{|}}{CH}-COONa} \xrightarrow[\text{后酸化}]{\text{先在弱碱液中}} \underset{\text{苄氧羰酰氨基酸}}{C_6H_5CH_2O-CO-NH-\overset{\overset{R}{|}}{CH}-COOH} + NaCl
$$

式中，$C_6H_5CH_2$—的有机化学名称是苯甲基，又简称"苄基"。$C_6H_5CH_2OCO$—称苄氧羰基，英文名是carbobenzyloxy，简写为"Cbz"。因此，$C_6H_5CH_2$—CO—NH—$\overset{R}{\underset{|}{CH}}$—COOH 在文献中一般写作 Cbz—NH—$\overset{R}{\underset{|}{CH}}$—COOH。

例2　氨基酸与苯磺酰氯的反应　如用对甲苯磺酰氯（CH_3—$C_6H_4SO_2Cl$）代替苄氧羰酰氯与氨基酸钠盐（或乙酯）起作用，则产生对甲苯磺酰氨基酸（$CH_3C_6H_4SO_2NH$—$\overset{R}{\underset{|}{CH}}$—COOH）。对甲苯磺酰基（$CH_3$—⟨苯环⟩—$SO_2$—）的英文名是 p-toluenesulphonyl，简写作"tosyl"或"Tos"。

例3　氨基酸与5- 二甲氨基萘 –1– 磺酰氯的反应　亦可用5- 二甲氨基萘 –1– 磺酰氯（5-dimethyl-amino-naphthalene-1-sulfonyl chloride，简称 dansyl chloride 或 DNS-Cl）与氨基酸的氨基起作用，得的 dansyl 氨基酸衍生物的二甲氨萘磺酰（dansyl 或 DNS）基团有荧光，微量的氨基酸也可用此法测定。

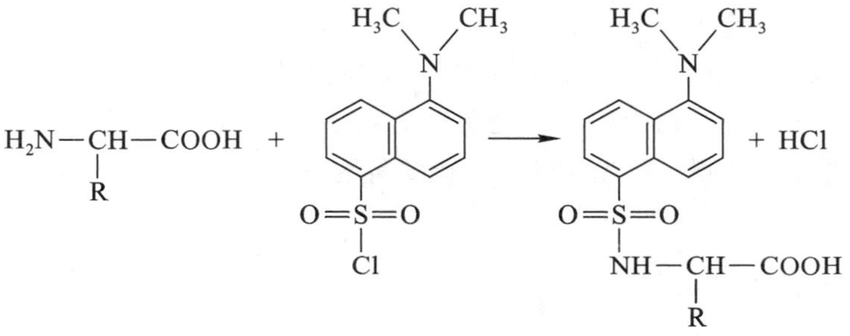

DNS-Cl　　　　DNS-氨基酸

除上述三例外，其他酰基如叔丁氧羰基，$(CH_3)_3$—C—O—CO—（tertiary butyloxycarbonyl，简称 t-Boc 或 Boc）和其他某些酰基同样可置换—NH_2的一个 H。以上三例中的第一、第二和叔丁氧羰基与氨基的反应在人工合成肽的工作中已被广泛应用，可作为氨基酸氨基的保护基团，保证肽键形成在正确的位置。

❓ 思考题

试写出氨基酸同对甲苯磺酰氯与叔丁氧羰酰氯作用的反应方程式。

② 烃基化实例

例1　与二硝基氟苯的反应　氨基酸的氨基与2,4- 二硝基氟苯（2,4-dinitrofluorobenzene，简称 DNFB 或 FDNB）结合成稳定的黄色二硝基苯氨基酸（dinitrophenyl 氨基酸，简称 DNP- 氨基酸）。

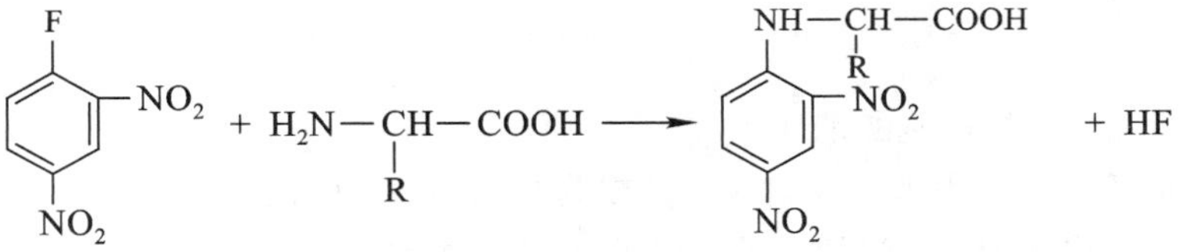

DNFB　　　　氨基酸　　　　　　　DNP–氨基酸
　　　　　　　　　　　　　　　　　（稳定、黄色）

二硝基氟苯与氨基酸的反应对分析肽链 N 端[①]（即自由氨基的一端）氨基酸很有用，该反应最早是英国 F. Sanger 用来鉴定多肽和蛋白质 N 端氨基酸的方法。氨基酸的氨基也可与三苯甲基氯作用，三苯甲基（triphenylmethyl）简称"trityl"基。

例 2 氨基酸与异硫氰酸苯酯（phenyl–isothiocyanate，简称 PITC）[②]的反应 异硫氰酸苯酯与氨基酸或肽的 α- 氨基反应产生相应的苯氨基硫甲酰氨基酸（phenylthiocarbamyl amino acid，简称 PTC- 氨基酸）。在无水酸中，PTC- 氨基酸即环化变为苯硫乙内酰脲（phenylthiohydantoin，简称 PTH）衍生物，后者在酸中极稳定，其反应式见 3.5.4.1 和图 3–8B。

如果是肽链与 PITC 起上述反应，则只有肽的 N 端氨基酸的 PTH 衍生物释放出来，对肽链的其余部分毫无影响，从测定所得 PTH 衍生物的组分即可鉴定被试肽的 N 端是什么氨基酸，故此反应在测定氨基酸的 N 端及测定肽链的氨基酸序列工作中都极为有用。

（5）脱氨反应 氨基酸经氧化剂或酶（如氨基酸氧化酶）的作用即脱出氨产生酮酸。这一反应是生物体内氨基酸分解代谢的重要方式之一。

氨基酸的氨基还可通过酶的作用将氨基转移给酮酸以形成新的氨基酸，这将在氨基酸代谢章再作讨论。

（6）与荧光胺的反应 在室温下，氨基酸的氨基可与荧光胺（fluorescamine）反应生成有荧光的产物（390 nm 处受激发，放出 475 nm 波长的荧光），用荧光分光光度计测定荧光强度，灵敏度高达 10^{-12} mol，可用做氨基酸的微量测定。

$$H-\underset{\underset{COOH}{|}}{\overset{\overset{R}{|}}{C}}-NH_2 + [O] \longrightarrow \underset{\underset{COOH}{|}}{\overset{\overset{R}{|}}{C}}=O + NH_3$$

氨基酸 　　　　　　　　酮酸

荧光胺 　　　　　　　　　荧光产物

3.2.5.2 由羧基参加的反应

氨基酸的羧基和其他有机羧酸一样，在一定的条件下可以起成酯、成盐、成酰氯、成酰胺、脱羧和叠氮等反应。

（1）成酯和成盐反应 氨基酸在有干氯化氢（HCl）气体存在下与无水甲醇或乙醇作用即产生氨基酸甲酯或乙酯。

$$R-\underset{\underset{NH_2}{|}}{CH}-COOH + C_2H_5OH \xrightarrow{HCl气} R-\underset{\underset{NH_2}{|}}{CH}-COOC_2H_5$$

氨基酸乙酯

如将氨基酸与 NaOH 起反应，则得氨基酸钠盐。

当氨基酸的羧基变成乙酯（或甲酯）或钠盐后，羧基的化学性质就被掩蔽了（或者说羧基被保护了），而氨基的化学性质就突出地显示出来（或者说氨基被活化了），可与酰基结合。

[①] 一条肽链有游离—NH₂的一端称 N 端。

[②] 异硫氰酸苯酯（phenyl-isothiocyanate，PITC）也称苯异硫氰酸，或称苯异硫氰酸酯。

在此应当指出，氨基酸的羧基变成甲酯或乙酯和变成钠盐等反应都是把羧基的活性掩盖起来了，但是有少数其他酰化氨基酸酯，最重要的如对硝基苯酯（酰化氨基酸同对硝基苯酚作用所成的酯）和酰化氨基酸的苯硫酯，则不但不减少其羧基的化学性质，反而增加它作为酰化剂的能力，而易与另一氨基酸（钠盐或乙酯形式的）氨基结合。这类酯称为"活化酯"。

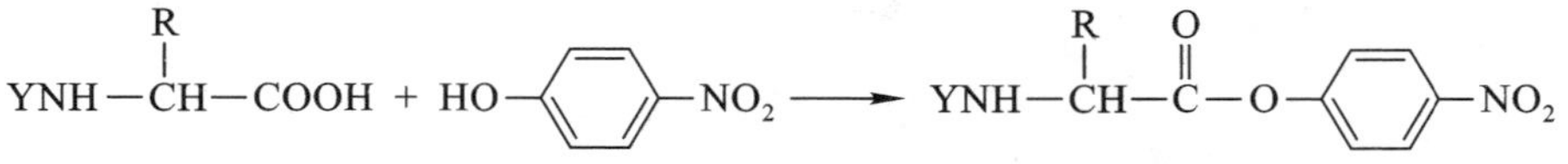

酰化氨基酸　　　　　对硝基苯酚　　　　　　酰化氨基酸对硝基苯酯
（式中Y=酰基）　　　　　　　　　　　　　　　　（活化酯）

这两个类型的酯化法，在人工合成肽的工作中（如合成胰岛素、催产素之类）都有重要意义。

（2）**酰氯化反应**　酰化氨基酸同五氯化磷（PCl_5）或 PCl_3 在低温下起作用，其—COOH 即可变为—COCl：

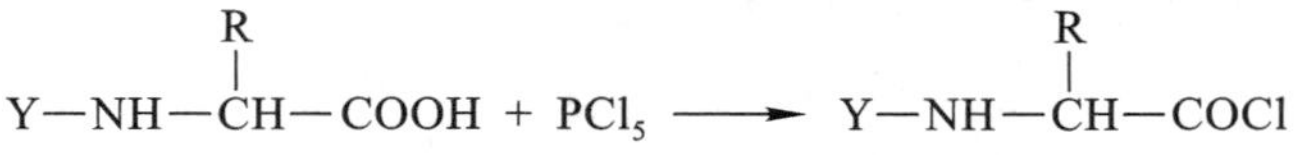

酰化氨基酸　　　　　　　　　　　酰化氨基酰氯

这个反应可使氨基酸的羧基活化，使之易与另一氨基酸的氨基结合，在合成肽中是常用的方法。

（3）**成酰胺反应**　在体外，氨基酸酯与氨（在醇溶液中或无水状态）作用即可形成氨基酸酰胺。

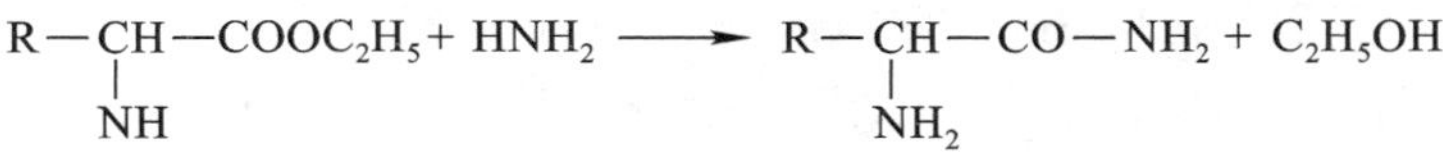

氨基酸乙酯　　　　　　　　　氨基酸酰胺

动、植物机体在 ATP 及天冬酰胺合成酶存在情况下可利用 NH_4^+ 与天冬氨酸作用合成天冬酰胺；同样，谷氨酸与 NH_4^+ 作用产生谷氨酰胺。

（4）**脱羧反应**　生物体内的氨基酸经脱羧酶（可催化氨基酸发生脱羧反应）作用就放出 CO_2 和产生相应的胺。

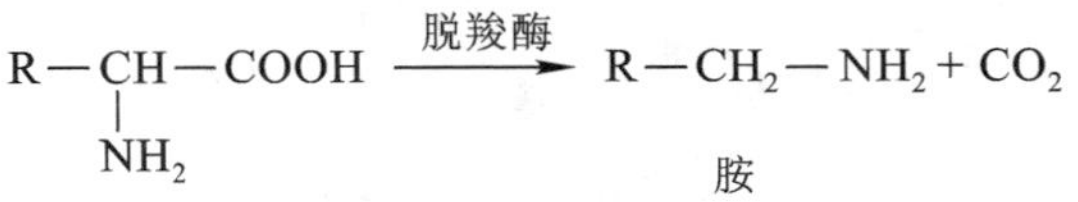

可以利用大肠杆菌谷氨酸脱羧酶使谷氨酸脱羧，从放出的 CO_2 量可计算谷氨酸的含量。人体和动物体中的胺也是由于氨基酸脱羧产生的。

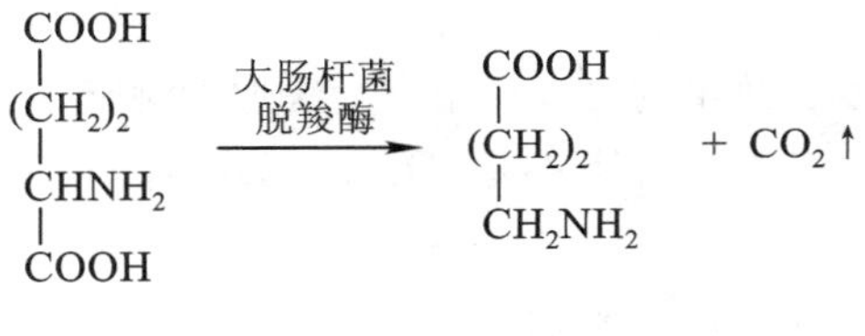

谷氨酸　　　　　　　　　γ-氨基丁酸

（5）**叠氮反应** 氨基酸可以通过酰基化和酯化先将自由氨基酸变为酰化氨基酸甲酯，然后与联氨（NH_2NH_2）和 HNO_2 作用变成叠氮化合物。

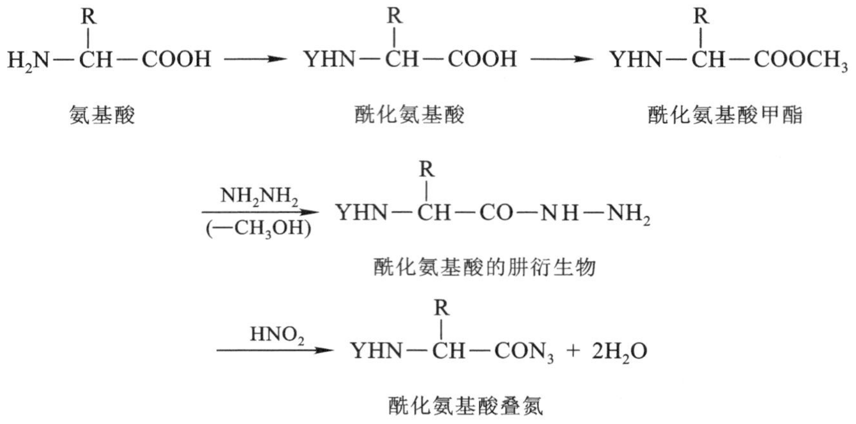

氨基酸   酰化氨基酸   酰化氨基酸甲酯

酰化氨基酸的肼衍生物

酰化氨基酸叠氮

这个反应有使氨基酸的羧基活化的作用，在人工合成肽时也是常用的。

思考题

为什么氨基酸具有上述共同化学反应？这些反应的生物学意义何在？

3.2.5.3 由氨基和羧基共同参加的反应

（1）**与茚三酮反应** 茚三酮（ninhydrin）[1]在弱酸溶液中与 α- 氨基酸共热，即使氨基酸起氧化脱氨产生酮酸，酮酸脱羧成醛，茚三酮本身即变为还原茚三酮，后者再与茚三酮和氨作用产生蓝紫色物质（最大吸收波长 570 nm），其反应如下：

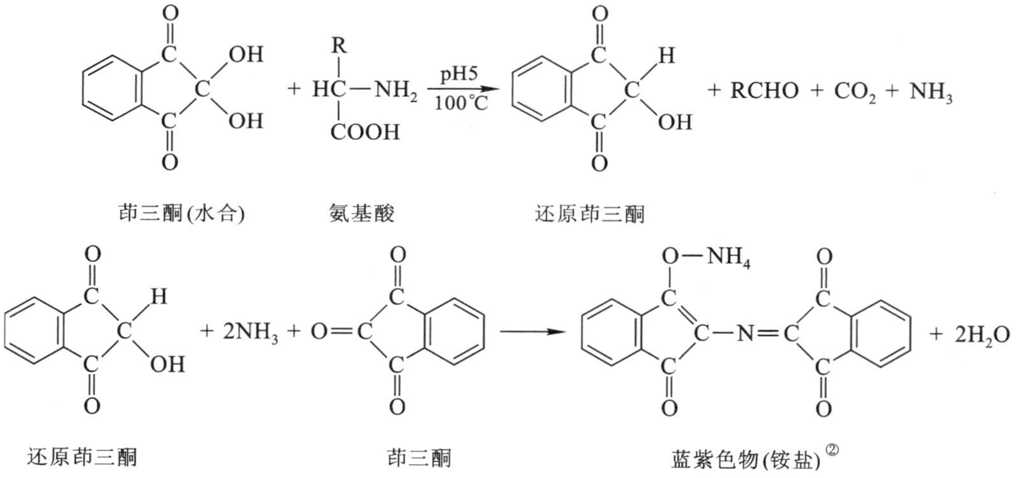

茚三酮(水合)   氨基酸   还原茚三酮

还原茚三酮   茚三酮   蓝紫色物(铵盐)[2]

此反应在氨基酸分析上极为重要，放出的 CO_2 可用定量法加以测定，从而计算出参加反应的氨基酸量。产生的蓝紫色物质为比色法（570 nm 比色）分析氨基酸的依据。采用离子交换柱层析等技术将各种氨基酸分开后，

---

[1] ninhydrin（茚三酮）是 triketo-hydrindene hydrate 的商品名。

[2] 茚三酮与氨基酸作用产生的蓝紫色物质现已证明是一种铵盐，如上所示，英文名为：diketo-hydrindylidene diketohydrindamine，因系 S. Ruhemann 在 1910 年首先合成故又称 Ruhemann 紫。

常用茚三酮作显色剂，以定性鉴定和定量测定氨基酸。

茚三酮反应为一切 α- 氨基酸所共有，反应十分灵敏，几个微克氨基酸就能显色。多肽和蛋白质亦能与茚三酮反应，但肽或蛋白质的相对分子质量越大，灵敏度也越差。

脯氨酸和羟脯氨酸为亚氨基酸，与茚三酮反应并不释放 NH_3，而是直接生成黄色产物，最大光吸收在 440 nm。

（2）**形成肽键** 一个氨基酸的氨基与另一氨基酸的羧基可以缩合成肽，其键称肽键（peptide bond）。

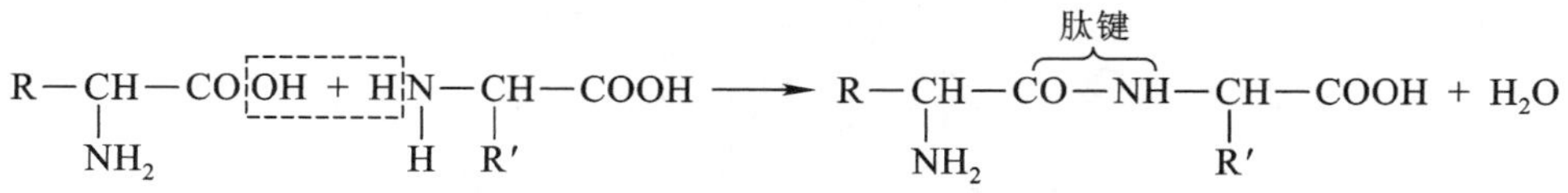

人工合肽即利用该反应进行肽链的合成，但其具体方案还需涉及氨基或羧基的保护和活化等步骤（详见 3.3.4）。

3.2.5.4 由侧链 R 基产生的反应

氨基酸的侧链基团 R 有下列几种：

①苯环（苯丙氨酸及酪氨酸）；②酚基（酪氨酸）；③—OH（丝氨酸、苏氨酸）；④—SH 及—S—S—键（半胱氨酸及胱氨酸）；⑤吲哚基（色氨酸）；⑥胍基（精氨酸）；⑦咪唑基（组氨酸）。

本节只对—SH（硫氢基、巯基）、—S—S—键（二硫键）、—OH、咪唑基、酚基和吲哚基的反应作简要介绍。

—SH 及—S—S—键 半胱氨酸在体内常以胱氨酸的形式存在，2 个半胱氨酸的巯基脱氢形成二硫键（disulfide bond），生成胱氨酸。二硫键在维系蛋白质的构象上起重要作用。

二硫键可被过甲酸（performic acid）氧化成相应的磺酸化合物，而还原剂如巯基乙醇（mercaptoethanol）、巯基乙酸（mercaptoacetic acid）和二硫苏糖醇（dithio threitol，缩写为 DTT）等则能将二硫键拆开，还原成相应的巯基化合物，这两种反应在研究蛋白质和含二硫键肽的结构工作中都有用处。

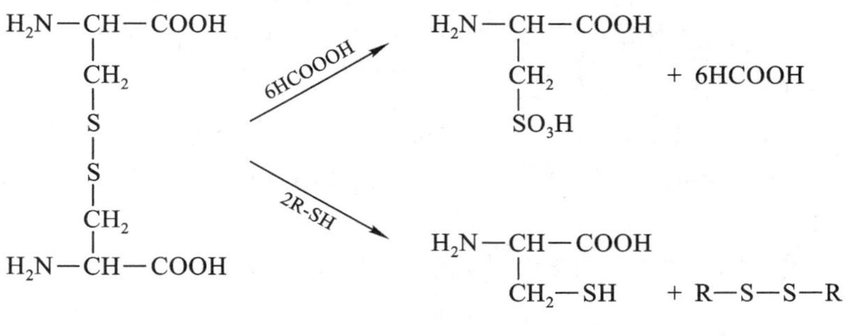

(R=—CH_2CH_2OH 巯基乙醇， R=—CH_2COOH 巯基乙酸，

R=—CH_2—CHOH—CHOH—CH_2SH 二硫苏糖醇)

半胱氨酸的—SH 很活泼，很容易在空气中重新氧化又形成二硫键，所以一般可用卤代化合物对—SH 进行保护，常用的卤代化合物有苯甲基氯（C_6H_5—CH_2Cl）、苄氧羰酰氯（$C_6H_5CH_2OCOCl$）或碘乙酰胺（ICH_2—$CONH_2$）等，这些反应都可保护氨基酸的—SH 不被破坏，应用于肽的合成。

半胱氨酸的—SH 可与另一个—SH 结合成二硫键（—S—S—）。—SH 与—S—S—成一氧化还原体系，在调控细胞氧化还原稳态中发挥重要作用。二硫键存在于多种肽和蛋白质分子中，胰岛素分子中有 3 个二硫键，核糖核酸酶 A 分子中有 4 个二硫键。二硫键对蛋白质和多肽分子的立体结构有维系稳定的作用。

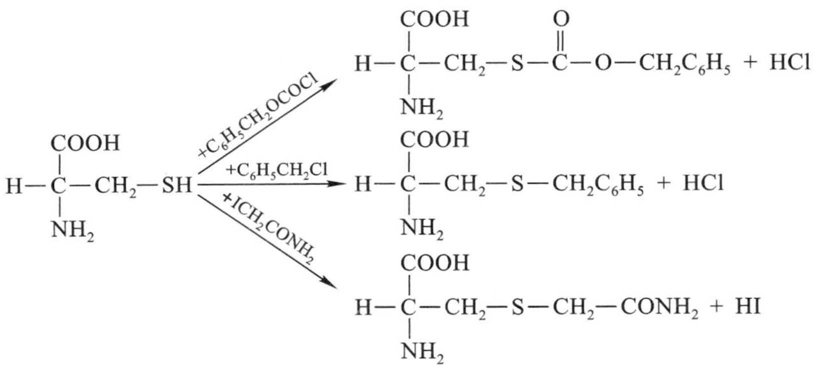

半胱氨酸的—SH 可在 pH 8.0 和室温条件下与 Ellman 试剂（二硫二硝基苯甲酸，DTNB）[①] 反应，生成有色的硫硝基苯甲酸，此化合物在 412 nm 处有强烈的光吸收，可用分光光度法进行半胱氨酸含量的测定。

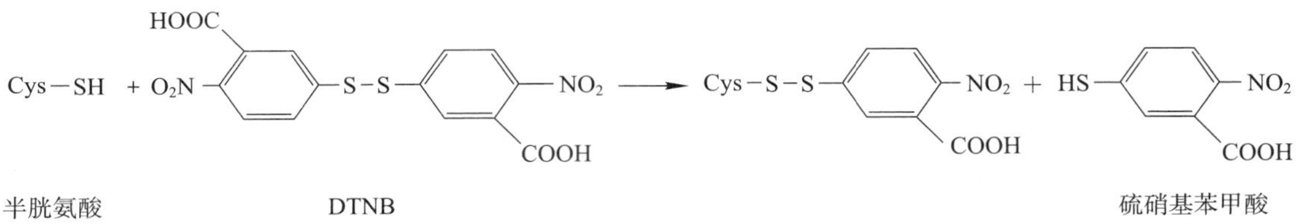

半胱氨酸　　　　　　　　DTNB　　　　　　　　　　　　　　　　　　　　　　　　　　　　硫硝基苯甲酸

—OH　丝氨酸、苏氨酸和羟脯氨酸的—OH 能与酸结合成酯。在细胞中，蛋白质的丝氨酸、苏氨酸和酪氨酸常会发生磷酸化修饰，分别生成磷酸化丝氨酸、磷酸化苏氨酸和磷酸化酪氨酸。蛋白质磷酸化后，其活性和功能会发生改变，是细胞调控生理过程的重要手段之一。

咪唑基　组氨酸的咪唑基的—NH—结构可同三苯甲基 $[(C_6H_5)_3$—C—$]$ 结合，亦可同磷酸结合。细胞中还存在磷酸化组氨酸，其连接方式为—N—P—共价键，与三种含羟基的氨基酸形成的 O—P 共价键明显不同，是较为特殊的磷酸化方式。磷酸化组氨酸的含量不及磷酸化丝氨酸和磷酸化苏氨酸高，但比磷酸化酪氨酸高约十倍。磷酸化组氨酸参与调控原核细胞和真核细胞的生理功能。组氨酸的咪唑基能与重氮苯磺酸（Pauly 试剂）作用生成棕红色物质，可用于组氨酸的定性和定量检测。

酚基、吲哚基　酪氨酸的酚基或色氨酸的吲哚基能还原磷钼酸和磷钨酸（Folin- 酚试剂）生成蓝色的钼蓝和钨蓝的混合物。蛋白质分子中一般都含有酪氨酸和色氨酸，所以 Folin- 酚法常用来测定蛋白质的含量，此法也适用于酪氨酸或色氨酸的定量测定。

酪氨酸的酚基还能与重氮化合物（如对氨基苯磺酸的重氮盐）结合生成橘黄色，这是检测酪氨酸的 Pauly 反应。

上面已将氨基酸的重要化学通性分别作了介绍，氨基酸的其他反应现一并列表，以供学习和参考（见 🅮辅学窗 3-8 ）。

🛈 **思考题**

1. 相对于 α-NH$_2$ 和 α-COOH，氨基酸的侧链 R 基对蛋白质具有更重要的生物学意义，为什么？

2. 试比较酪氨酸与苯丙氨酸，组氨酸、精氨酸和赖氨酸，半胱氨酸与胱氨酸，苏氨酸与丝氨酸，羟脯氨酸与脯氨酸结构和化学性质上的共性和个性。

———————————

[①]　DTNB 是 5,5'-dithio-bis-（2-nitrobenzoic acid）的缩写。

3.2.6　氨基酸分析

氨基酸分析是指将样品中所含的各种氨基酸分开，并对每种氨基酸进行定性、定量测定。氨基酸分析的方法很多，进展很快，但其原理主要有两种，一种是分配层析，另一种是离子交换层析。

3.2.6.1　分配层析

分配层析（partition chromatography）的原理：分配层析所用的层析系统通常由两个相组成，一个为固定相或称静相（stationary phase），另一个为流动相或称动相（mobile phase）。混合物在层析系统中的分离取决于该混合物的各组分在这两相溶剂中的分配情况，一般用分配系数（partition coefficient）来表示。所谓分配系数（K_d）是指一种溶质在两种互不相溶的溶剂中分配时，在一定温度和压力下达到平衡后，溶质在两相中的浓度比值：

$$K_d = \frac{C_A}{C_B}$$

式中，K_d 为分配系数；C_A 为一种物质在 A 相（流动相）中的浓度；C_B 为该物质在 B 相（固定相）中的浓度。

浓度的比值取决于溶解度，而溶解度又与物质的极性、非极性有关。对具体的一种物质来讲，在一定温度和压力下，在一定的溶剂系统中分配系数是一个常数。各种氨基酸都有它自己特定的分配系数，分配系数差异愈大，愈容易分离。

纸层析、聚酰胺薄膜层析和薄层层析就是基于分配层析原理设计的分析技术。

（1）**纸层析**（filter-paper chromatography）　是用滤纸作为支持物的一种分配层析。它是利用极性和非极性氨基酸在水和有机溶剂中溶解度不同的特点，在滤纸上进行分离的一种方法。滤纸上吸附的水作固定相，展层用的有机溶剂作流动相。将样品点在滤纸条的一端，称原点。然后在密闭的容器中用层析溶剂进行展层。展层时，样品中的各组分在固定相和流动相中不断分配，使它们分布在滤纸的不同位置上，待有机相移动到接近滤纸的另一端时，取出滤纸，晾干，喷茚三酮显色，与对照的标准品比较作定性测定。如需定量，则将显色点剪下，洗脱，比色法测定并计算含量。

非极性氨基酸如 Leu、Ile、Phe、Trp、Val、Met 等在流动的有机溶剂相中溶解度大，因此随着流动相而移动得快，而极性氨基酸如 Ser、Thr、Glu、Asp、His、Lys、Arg 等在水相中溶解度大，随着流动相的移动速率就慢。由于不同氨基酸移动的速率不同，因而能彼此分开。

氨基酸在纸上移动的速率称比移值或迁移率，以 R_f[①] 符号代表。也就是原点到层析斑点（即显色点）中心的距离（D_A）与原点到溶剂前沿的距离（D_S）之比。

$$R_f = \frac{D_A}{D_S}$$

同一氨基酸对一定溶剂系统的 R_f 值是常数，因而可用来鉴别氨基酸。

上述方法是单向层析，如果样品所含氨基酸的 R_f 值较接近，则须用双向层析，即将第一次单向层析后的滤纸晾干，换一个溶剂系统，将滤纸转 90° 角度进行第二次层析，然后再晾干、显色，鉴定如前。

（2）**聚酰胺薄膜层析**（polyamide sheets chromatography）　是利用聚酰胺薄膜作为支持物的一种分配层析。聚酰胺薄膜是将锦纶（尼龙）一类的高分子物质涂于涤纶片上制成，这类高分子物质中含有大量酰胺基团，故统称聚酰胺。

本法常用来分析氨基酸的衍生物如 DNS– 氨基酸，将 DNS– 氨基酸的混合液点在聚酰胺薄膜片上，然后在密闭容器中进行层析，层析结束后，吹干，将聚酰胺薄膜置于紫外灯下，观察 DNS– 氨基酸的荧光斑点。此法快速、灵敏，分辨率高，故目前常用聚酰胺薄膜层析代替纸层析。

---

① 　R 是 rate（比率）的第一字母，f 是 flow（流动）的第一字母。

（3）**薄层层析**（thin-layer chromatography） 是用硅胶、纤维素或氧化铝等作为支持物涂布在玻璃板上，做成一个薄层，将要分析的样品加到薄层的一端，然后将载样品的玻璃板浸入盛有适当溶剂的密闭容器内，待10～30 min 氨基酸各自分开后，将玻璃板取出，吹干，即可用适当显色剂显色，鉴定。

薄层层析是一种微量、快速、简便的层析方法，分辨率高，因此应用广泛。

3.2.6.2 离子交换层析

离子交换层析（ion-exchange chromatography）是用离子交换剂作为支持物的一种层析方法。它是利用离子交换剂上的活性基团和周围溶液中的离子进行交换，由于各种离子交换能力不同，与离子交换剂结合的牢固程度就不同，洗脱时各种离子就以不同顺序洗脱下来，从而达到分离的目的。由于离子交换反应通常在柱内进行，故又称离子交换柱层析。

分离氨基酸时常用的离子交换剂为离子交换树脂，它是一种人工合成的聚苯乙烯（单体）–苯二乙烯（交联剂）组成的具有网状结构的高分子聚合物，这种聚合物上带有能电离的活性基团，根据活性基团的不同可分为阳离子交换树脂和阴离子交换树脂两大类：

（1）**阳离子交换树脂** 其活性基团是酸性的，如— SO_3H（强酸型），—COOH（弱酸型）。

（2）**阴离子交换树脂** 其活性基团是碱性的，如—$\overset{+}{N}(CH_3)_3OH^-$（强碱型），—$\overset{+}{N}H_3OH^-$（弱碱型）。

当溶液 pH 小于氨基酸的等电点时，氨基酸本身为阳离子，能同阳离子交换树脂交换阳离子（H^+ 或 Na^+），并结合在树脂上。当溶液 pH 大于氨基酸的等电点时，氨基酸本身为阴离子，能同阴离子交换树脂交换阴离子（OH^- 或 Cl^-），并结合在树脂上。交换反应如下：

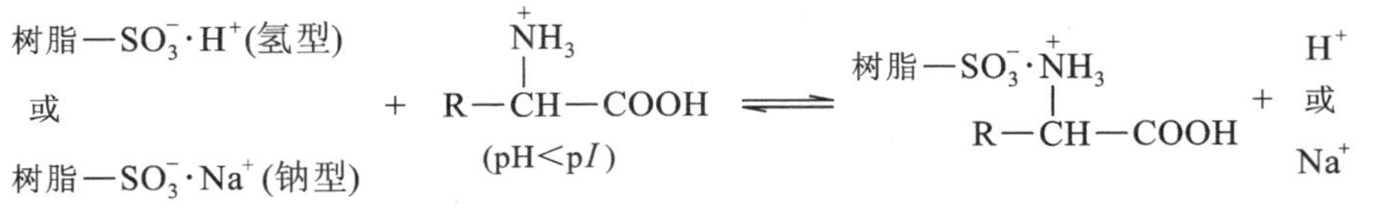

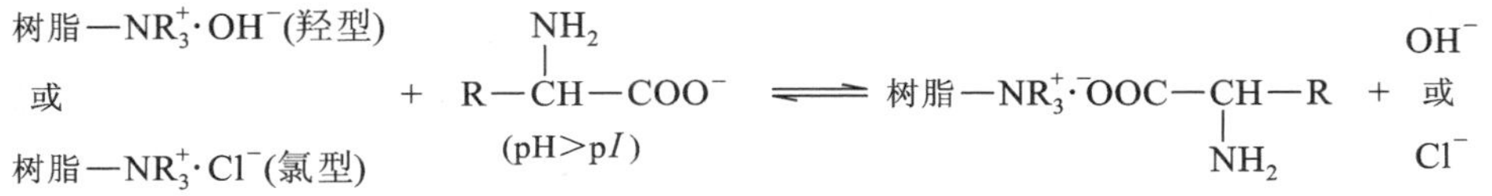

$$
\begin{matrix}
\text{树脂—}SO_3^-\cdot H^+\text{(氢型)} \\
\text{或} \\
\text{树脂—}SO_3^-\cdot Na^+\text{(钠型)}
\end{matrix}
+
\underset{(pH<pI)}{R-\overset{\overset{+}{N}H_3}{\underset{|}{CH}}-COOH}
\rightleftharpoons
\text{树脂—}SO_3^-\cdot \overset{+}{N}H_3{-}\underset{|}{CH}-COOH
+
\begin{matrix}
H^+ \\
\text{或} \\
Na^+
\end{matrix}
$$

$$
\begin{matrix}
\text{树脂—}NR_3^+\cdot OH^-\text{(羟型)} \\
\text{或} \\
\text{树脂—}NR_3^+\cdot Cl^-\text{(氯型)}
\end{matrix}
+
\underset{(pH>pI)}{R-\overset{NH_2}{\underset{|}{CH}}-COO^-}
\rightleftharpoons
\text{树脂—}NR_3^+\cdot OOC-\underset{\underset{NH_2}{|}}{CH}-R
+
\begin{matrix}
OH^- \\
\text{或} \\
Cl^-
\end{matrix}
$$

通常氨基酸分析采用强酸型阳离子交换树脂，先将树脂用碱处理成钠型，装入层析柱中，然后将氨基酸混合液（pH 2～3）上柱。在 pH 2～3 时，氨基酸主要以阳离子形式存在，与树脂上的钠离子进行交换而结合到树脂上。不同氨基酸与树脂结合的能力不同，其结合的牢固程度（即亲和力）主要取决于氨基酸所带的电荷，如氨基酸所带正电荷越多，与阳离子交换树脂的交换能力就愈强，与树脂的亲和力就愈强。此外还与氨基酸侧链和树脂基质聚苯乙烯之间的疏水作用有关，如非极性氨基酸与树脂之间存在疏水作用，与树脂的亲和力就较强。

由于离子交换反应是可逆的，当提高洗脱液的 pH 和离子强度时，就降低了氨基酸与阳离子交换树脂之间的亲和力，所以各种氨基酸就以不同的顺序被洗脱下来。酸性和极性较大的氨基酸先被洗脱下来，接着被洗脱下来的是中性氨基酸，最后洗脱下来的是碱性氨基酸。洗脱液用茚三酮显色进行定量测定，就可计算出样品中氨基酸的含量（图 3–3）。

这种方法是氨基酸经层析柱分离后，将其与茚三酮反应，使氨基酸转化为具有可见光吸收的衍生物进行检测，此法称柱后衍生。20 世纪 60 年代初问世的氨基酸自动分析仪就是基于以上原理，灵敏度为 10^{-9} mol。柱后茚三酮衍生的阳离子交换层析是一种经典的氨基酸分析方法。这种方法的优点是准确、可靠、重现性好，缺点是灵敏度不够高。为了提高分析的灵敏度，用邻苯二甲醛或荧光胺代替茚三酮作柱后衍生试剂，产生有荧光的产物，通过荧光检测进行产物分析。

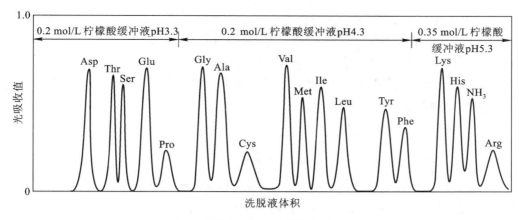

图 3-3　用离子交换柱层析进行氨基酸分析

3.2.6.3　高效液相层析

高效液相层析（high performance liquid chromatography，简称 HPLC），又称高压液相层析（high pressure liquid chromatography）。这是 20 世纪 70 年代发展起来的一种高效、快速、灵敏的分离技术，目前已被广泛应用于氨基酸的定性和定量分析。

HPLC 的特点是①固体支持剂颗粒很细，因此表面积大，分离效果好；②溶剂系统采取高压，所以洗脱速度快；③使用高灵敏度的柱后检测器。

根据层析柱中所用支持物（填料）的不同，有不同的层析原理如分配层析、离子交换层析、吸附层析和凝胶层析等，但目前在氨基酸分析中用得最多的是反相高效液相层析（reversed-phase high-performance liquid chromatography，RP-HPLC），它是基于分配层析的原理。反相层析是指流动相极性大于固定相极性的一类层析，常用的反相层析柱中的填料是在多孔硅胶上覆盖烷基链，如 C18 链、C8 链等，流动相为极性溶剂，如甲醇、乙腈等。反相层析中被分离的氨基酸按极性大小移动，极性越大移动越快。

由于大多数氨基酸缺乏具有紫外吸收或其他荧光效应的官能团，因此需要借助衍生试剂将氨基酸转化成能被灵敏检测的衍生物。目前氨基酸检测多以柱前衍生为主。常用的柱前衍生试剂有邻苯二甲醛（ortho-phthaldialdehyde，OPA）、芴甲氧羰酰氯（fluorenylmethyl chloroformate，Fmoc-Cl）等。邻苯二甲醛与氨基酸反应，产生有荧光的产物，采用荧光检测，但此法不能检测亚氨基酸，如要检测脯氨酸、羟脯氨酸，常用芴甲氧羰酰氯。Fmoc-Cl 可与氨基酸和亚氨基酸生成稳定的衍生物，用荧光检测。这两种方法灵敏度均可达到 10^{-12} mol，由于柱前衍生反相高效液相层析比经典的柱后衍生阳离子交换层析提高了灵敏度，缩短了分离时间，而且保持高的分辨率，适用性很广，广泛应用于氨基酸以及多肽等相对分子质量较低的生物分子的分离和定量（图 3-4）。

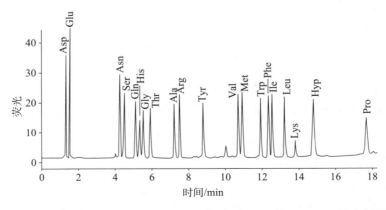

图 3-4　10^{-12} mol 氨基酸标准品用 OPA 柱前衍生后，在反相 C18 柱上的分离图谱

近年来，随着分析技术的不断发展，在 HPLC 的基础上又开发出了检测性能更优异的超高效液相层析（ultra performance liquid chromatography，UPLC）。UPLC 通过减小固定相的粒度，大大增加了层析分离能力，比 HPLC 具有更高的灵敏度、更好的分离度和分离速度。液相层析串联质谱（LC-MS）[1]技术迅猛发展，质谱能提取、分离并检测特征性离子，具有很高的选择性和灵敏度，且一般不需要对样品进行衍生化处理，LC-MS 技术简便、快捷，在氨基酸分析中也得到了广泛应用。

3.2.7 氨基酸的制备

生产氨基酸的方法可分为三类，即水解蛋白质法、人工合成法和微生物发酵法。

（1）**水解蛋白质法** 蛋白质经酸、碱或多种蛋白酶水解成氨基酸，再用适当方法分离、提纯即可得所拟制的某些氨基酸。

酸水解一般用盐酸（浓），在高温下（90～120℃）进行，在加压下进行水解，则时间可以缩短。水解后，用 NaOH 中和、过滤，再调节至所要制备的氨基酸的等电点，该氨基酸即可沉淀或结晶析出。例如，用毛作原料提胱氨酸，水解后用碱调节至胱氨酸等电点，即可得晶体胱氨酸。味精厂从大豆制造味精（L- 谷氨酸钠）也是用与此类似的方法。有些氨基酸经盐酸水解蛋白质后，在适当条件下即以 HCl 盐形式析出，酸水解可使色氨酸及部分羟基氨基酸破坏。碱水解蛋白质，可使胱氨酸、半胱氨酸、苏氨酸、丝氨酸和精氨酸破坏，而且还会引起氨基酸的外消旋。故制备氨基酸很少用碱水解。酶水解是较理想的办法，因为酶水解不会破坏氨基酸，也不会引起外消旋作用，但必须用一系列的蛋白酶才能使一种蛋白质完全水解成氨基酸。

（2）**有机合成法** 用有机合成方法制备氨基酸。这种方法的缺点是所制得的氨基酸都是外消旋产物（即 D 型和 L 型的混合物，称 DL- 型），而人们需要的为 L 型（DL- 氨基酸的生物功用只有 L 型的一半）。将 DL- 氨基酸分开成为 D 型和 L 型又不容易，故只适用于其他方法难以制备的少数氨基酸（如苏氨酸、色氨酸和甲硫氨酸），或用于制备氨基酸衍生物。

（3）**微生物发酵法** 20 世纪 60 年代开始，微生物发酵法制备氨基酸的技术发展迅速，它有多、快、好、省的优点，在现有生产方法中占主导地位。现在味精厂已多改用发酵法生产谷氨酸，用谷氨酸生产菌（谷氨酸短杆菌 *Brevibacterium glutamicum*）在一定的条件下培养（如适合的培养基、温度、pH 和通风等）即可制得大量谷氨酸。近年还开始用石油烃类及其化学产物如石蜡、乙酸、乙醇等作氨基酸发酵试验，并取得了一定成果，食品加工厂的"下脚"废料也有作为氨基酸发酵原料的可能，所以微生物发酵这一途径对生产氨基酸是大有可为的。

无论何种方法制备的氨基酸，均有提取与分离的工序，以获得高纯度的氨基酸，这是提高氨基酸质量的关键步骤之一。由于科学实验、医药卫生和工农业各方面需要的氨基酸日益增多，因此，对氨基酸的生产就显得更重要。有关氨基酸的用途见 🔗**辅学窗 3-9**。

❓ 思考题

采用阳离子交换树脂分离天冬氨酸和赖氨酸混合物，洗脱液为 0.45 mol/L 柠檬酸缓冲液（pH5.3），判断两种氨基酸流出层析柱的顺序并解释原因。

---

① 液相层析：又称液相色谱，liquid chromatography，LC；质谱：mass spectrometry，MS。LC-MS 指液相层析与质谱联用。

3.3 肽

3.3.1 肽的结构和命名

（1）**肽的结构**　肽（peptide）是指由两个或两个以上的氨基酸通过肽键连接而形成的化合物。肽键（peptide bond）是一个氨基酸的羧基与另一个氨基酸的氨基脱去一分子水而形成的酰胺键，如下式所示：

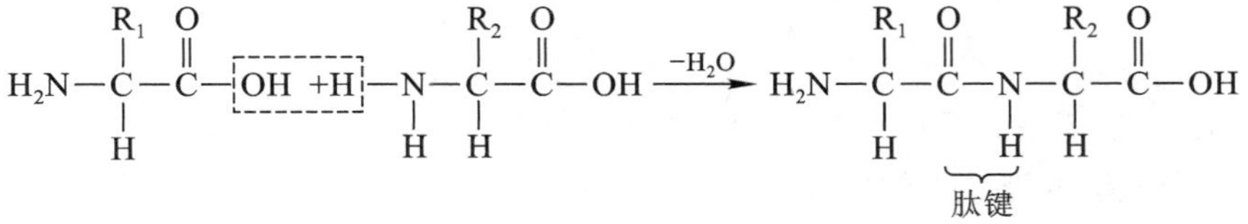

由 2 个氨基酸通过肽键连接而成的化合物称二肽（dipeptide），由 3 个氨基酸通过肽键连接而成的化合物称三肽（tripeptide），依此类推，由多个氨基酸通过肽键连接而成的化合物称多肽（polypeptide）。一般来说，由 2 个至 10 个氨基酸组成的肽称寡肽（oligopeptide），由 10 个以上氨基酸组成的肽称多肽，但这种规定并不严格。

氨基酸之间通过肽键连接而成的链称肽链（peptide chain），可用下式表示：

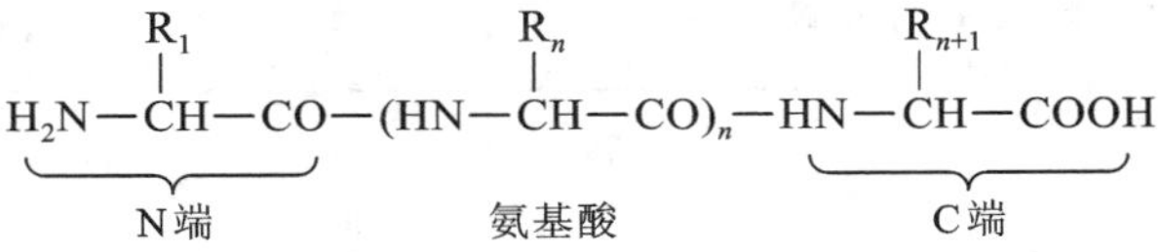

肽链中带自由氨基的一端称 N 端（N-terminal），或称氨基端（amino terminal），带自由羧基的一端称 C 端（C-terminal），或称羧基端（carboxyl terminal），而肽链中的氨基酸由于形成肽键而失去一分子水，成为不完整的分子形式，故称为氨基酸残基（amino acid residue）。一般写肽链时，N 端写在左边，而 C 端写在右边。

肽链有开链和环链之分，开链肽有两个末端，环链无末端。一般蛋白质的肽链为开链，抗生素中的短杆菌肽 S（gramicidin S）、酪杆菌肽（tyrocidine）、某些细菌的多黏菌素（polymyxin 或 polymixin）和缬氨霉素（valinomycin）等则为环链（见 3.3.3）。

最早对肽键化学性质的提示是在蛋白质呈阳性双缩脲反应（对碱性 $CuSO_4$ 溶液呈浅红至紫蓝色）和人工合成肽的基础上确立的。已知凡呈阳性双缩脲反应的化合物，其分子中皆含 2 个以上的酰胺（—CO—NH—）基团，蛋白质溶液呈强烈的阳性双缩脲反应，显然分子中亦含—CO—NH—基团，因此，А. Я. Данилевский 在研究双缩脲反应的基础上，于 1888 年即提出了关于蛋白质分子中氨基酸间的主要连接为肽键的理论。1902 年，E.Fischer 人工合成了十八肽，进一步肯定了肽链中各氨基酸间的连接为肽键。

（2）**肽的命名**　肽命名时，根据氨基酸组成，从 N 端开始依次命名，如下面一个四肽：

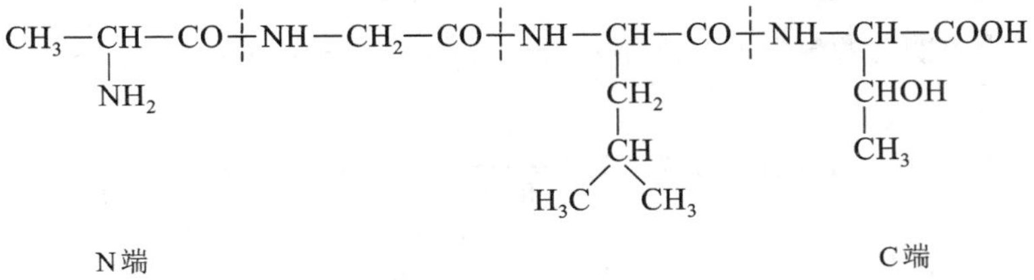

命名为丙氨酰甘氨酰亮氨酰苏氨酸，简写为 Ala—Gly—Leu—Thr 或 Ala·Gly·Leu·Thr。用三字符号或单字符号表示氨基酸残基，用"—"或"·"表示肽键，为方便起见，上述肽直接用 AGLT 表示。

3.3.2 肽的理化性质

（1）**肽的两性解离和等电点** 由于肽的熔点很高，说明肽也与氨基酸一样，在中性水溶液中或晶体状态主要以两性离子形式存在，也具有酸碱性质。下面是一个多肽的结构：

$$\overset{+}{H_3}N-\underset{\underset{H}{|}}{\overset{\overset{R_1}{|}}{C}}-\overset{\overset{O}{||}}{C}-NH-\underset{\underset{H}{|}}{\overset{\overset{R_2}{|}}{C}}-\overset{\overset{O}{||}}{C}-NH-\underset{\underset{H}{|}}{\overset{\overset{R_3}{|}}{C}}-\overset{\overset{O}{||}}{C}-\cdots\cdots NH-\underset{\underset{H}{|}}{\overset{\overset{R_n}{|}}{C}}-COO^-$$

在 pH 1 ~ 14 范围内，肽键中的亚氨基（—NH—）不会解离，因此，肽的酸碱性质主要取决于 N 端的游离氨基、C 端的游离羧基以及侧链 R 基团上的可解离基团。在长的肽链中，可解离基团主要来自侧链 R 基。

肽链中，由于 N 端游离氨基与 C 端游离羧基之间的距离比氨基酸中的大，因此它们之间的静电引力较弱。肽链中 C 端羧基的 pK_a 比游离氨基酸羧基的 pK_a 大一些，N 端氨基的 pK_a 比游离氨基酸氨基的 pK_a 小一些，而侧链 R 基的 pK_a 变化不大（表 3-7）。

表 3-7 部分氨基酸及肽的 pK_a

氨基酸或肽	pK_{a1}（α-COOH）	pK_{a2}（α-$\overset{+}{NH_3}$）	R 基 pK_{a2}	pI
Gly	2.34	9.60	—	5.97
Gly—Gly	3.06	8.13	—	5.60
Gly—Gly—Gly	3.26	7.91	—	5.59
Ala	2.34	9.69	—	6.02
Ala—Ala	3.12	8.30	—	5.71
Ala—Ala—Ala	3.39	8.03	—	5.71
Ala—Ala—Ala—Ala	3.42	7.94	—	5.68
Ala—Ala—Lys—Ala	3.58	8.01	10.58	9.30

肽具有两性性质，与氨基酸一样，也有等电点。肽的等电点是指肽所带净电荷为"零"时溶液的 pH。如要求丙氨酰丙氨酰赖氨酰丙氨酸四肽（Ala—Ala—Lys—Ala）的等电点，可写出该四肽的解离简式，取两性离子两侧两个 pK_a 的平均值，即为该四肽的等电点（已知 α-COOH pK_{a1} = 3.58；α-$\overset{+}{NH_3}$ pK_{a2} = 8.01；ε-$\overset{+}{NH_3}$ pK_{a3} = 10.58）。

$$^+Ala-Ala-\overset{+}{Lys}-Ala \underset{3.58}{\overset{pK_{a1}}{\rightleftharpoons}} \overset{+}{Ala}-Ala-\overset{+}{Lys}-Ala^- \underset{8.01}{\overset{pK_{a2}}{\rightleftharpoons}} \boxed{Ala-Ala-\overset{+}{Lys}-Ala^-} \underset{10.58}{\overset{pK_{a3}}{\rightleftharpoons}} Ala-Ala-Lys-Ala^-$$

$$pI = \frac{pK_{a2} + pK_{a3}}{2} = \frac{8.01+10.58}{2} = 9.30$$

以上求等电点的方法仅适用于解离情况不很复杂、肽链较短的寡肽，肽链一长，解离就复杂，影响因素亦多，一般就不能简单地套用上述的计算模式。

（2）**肽的旋光性及紫外吸收**　如果在相当温和条件下进行蛋白质的部分水解，不对称 α- 碳原子不会发生消旋作用，则所得的肽具有旋光性。一些短肽的旋光度约等于组成该肽中各个氨基酸的旋光度之和。但较长肽链的旋光度就不是简单的加和，而是比累加的和小得多。

如对一个肽在紫外吸收区进行光吸收扫描，发现在波长 215 nm 处有一个大的吸收峰，这是肽键的吸收峰，因而可用此作为肽的定量测定。

（3）**肽的化学反应**　肽的化学反应与氨基酸相似，其游离 α- 氨基、α- 羧基及 R 基可以发生与氨基酸中相应基团的类似反应，这里就不再详细叙述，下面仅介绍肽的两个重要反应。

① 茚三酮反应　肽的 N 端氨基酸残基和茚三酮也能发生反应，生成蓝紫色，这一反应广泛应用于肽的定性和定量测定。但与氨基酸不同之处在于肽与茚三酮的反应并不放出 CO_2。

② 双缩脲反应　双缩脲是两分子尿素（即脲）经加热放出一分子 NH_3 后而得的产物。

$$2H_2N\!-\!\overset{\displaystyle O}{\overset{\|}{C}}\!-\!NH_2 \xrightarrow{\text{加热}} H_2N\!-\!\overset{\displaystyle O}{\overset{\|}{C}}\!-\!\underset{\underset{\displaystyle H}{|}}{N}\!-\!\overset{\displaystyle O}{\overset{\|}{C}}\!-\!NH_2 + NH_3$$

双缩脲可与碱性 $CuSO_4$ 反应，生成紫红色复合物，这称双缩脲反应（biuret reaction）。凡分子中有两个或两个以上酰胺基的化合物均会像双缩脲一样产生双缩脲反应，此反应是肽和蛋白质所特有，而氨基酸没有这种颜色反应。颜色的深浅与肽或蛋白质的含量成正比，故可用做肽或蛋白质的定量测定。

思考题

1. 写出 DRVYH 五肽的中文名称及结构式。
2. Lys-Lys-Lys 三肽的 pI 一定大于 Lys 侧链基团 pK_a 吗？为什么？

3.3.3　天然存在的活性肽

肽不仅广泛分布于生物界，而且具有特殊的生物学功能，如激素肽或神经肽作为主要的化学信使，在沟通细胞内部、细胞与细胞之间以及器官与器官之间的信息方面起着重要作用。近年来活性肽的研究十分活跃，生物的生长发育、细胞分化、大脑活动、肿瘤病变、免疫防御、生殖控制、抗衰防老、生物钟规律以及分子进化等均涉及活性肽。活性肽的种类繁多，现从简单到复杂择要介绍。

（1）**肌肽和鹅肌肽**　肌肽（carnosine）和鹅肌肽（anserine）均为二肽，前者为 β- 丙氨酰 -L- 组氨酸，后者为 β- 丙氨酰 -1- 甲基 L- 组氨酸，结构式如下：

肌肽　　　　　　　　　　鹅肌肽

肌肽和鹅肌肽分子中都有一个特殊的 β- 丙氨酸，即氨基出现在 β- 位，而不是常见氨基酸的 α- 位。肌肽和鹅肌肽存在于脊椎动物肌肉中，含量很高，1 kg 肌肉中有 20 ~ 30 mmol。肌肽在 1900 年就已被发现，它具有抗氧化作用，可保护细胞膜免受损伤；还具有抗衰老作用；还可以促进伤口愈合等。鹅肌肽的功能与肌肽有相似之处，也具有抗氧化作用。

（2）**谷胱甘肽** 谷胱甘肽（glutathione，GSH）是普遍存在于动植物和微生物细胞中的一个重要的三肽，是由谷氨酸、半胱氨酸和甘氨酸组成，分子中有一个特殊的 γ- 肽键，即由谷氨酸 γ- 羧基与半胱氨酸的氨基缩合而成，结构式如下：

$$
\begin{array}{cc}
\text{CO—NH—CH—CO—NH—CH}_2\text{—COOH} & \gamma\text{Glu—Cys—Gly} \\
| \qquad\qquad | & \qquad\quad | \\
\gamma\text{CH}_2 \qquad\quad \text{CH}_2 & \qquad\quad\text{S} \\
| \qquad\qquad | & \qquad\quad | \\
\beta\text{CH}_2 \qquad\quad \text{SH} & \qquad\quad\text{S} \\
| & \qquad\quad | \\
\alpha\text{CHNH}_2 & \gamma\text{Glu—Cys—Gly} \\
| & \\
\text{COOH} &
\end{array}
$$

还原型谷胱甘肽(GSH)　　　　氧化型谷胱甘肽(GSSG)

谷胱甘肽中含有一个活泼的巯基，很容易氧化成氧化型的谷胱甘肽。还原型谷胱甘肽是细胞内主要的抗氧化剂之一，能抵抗氧化剂对蛋白质、酶及细胞结构的破坏。GSH 在谷胱甘肽过氧化物酶作用下，把过氧化氢还原成水，而自身被氧化为 GSSG，从而达到清除过氧化物的作用。GSSG 在谷胱甘肽还原酶作用下，又可被重新还原为 GSH。因此，细胞内 GSH 与 GSSG 的比值常用作细胞氧化还原状态的指标，决定着细胞抗氧化能力的强弱，与细胞的生理及病理状态有关。

（3）**脑啡肽** 脑啡肽（enkephalin）是在高等动物脑中发现的比吗啡更具有镇痛作用的活性肽。1975 年其结构被揭示，并从猪脑中分离出两类脑啡肽，它们的前 4 个氨基酸具有相同的序列，只是 C 端氨基酸不同，分别称为甲硫氨酸脑啡肽、亮氨酸脑啡肽，其结构如下：

甲硫氨酸脑啡肽　Tyr—Gly—Gly—Phe—Met
亮氨酸脑啡肽　　Tyr—Gly—Gly—Phe—Leu

脑啡肽是可直接作用于阿片受体（opioid receptor）[①] 的内源性物质，与外源性阿片类物质[②]（opioids）一样，具有强大的镇痛作用和明显的欣快感及成瘾性。研究发现，脑啡肽不仅可以作为镇痛剂和神经递质，还具有调节细胞生长、免疫调控和神经保护等作用。

（4）**催产素和升压素** 催产素（oxytocin）和升压素（vasopressin，又称加压素）是在下丘脑的神经细胞中合成的多肽激素，它们都是九肽，分子中含有环状结构，其结构和生理功能见第七章。

（5）**多肽抗生素** 也称多肽抗菌素，它们往往成环状，而且含有 D- 氨基酸，如短杆菌肽 S、酪杆菌肽 A 和多黏菌素 B 等，其结构如下：

---

① 阿片受体是分布于脑组织细胞膜表面，能与阿片类物质结合的受体，作为神经递质和神经调节剂而发挥作用。
② 阿片类物质包括天然阿片物质（如罂粟、吗啡）、人工合成或半合成阿片物质（如杜冷丁、海洛因）及内源性的脑啡肽等。临床上阿片类药主要用于镇痛、镇静、镇咳等，但具有成瘾性、耐药性和呼吸抑制等中枢副作用，使其临床应用受到很大的限制。

L-Leu—D-Phe—L-Pro—L-Val—L-Orn
| |
L-Orn—L-Val—L-Pro—D-Phe—L-Leu

短杆菌肽S

L-Orn—L-Leu—D-Phe—L-Pro—L-Phe
| |
L-Val—L-Tyr—L-Gln—L-Asn—D-Phe

酪杆菌肽A

$NH_2(\gamma)$　$NH_2(\gamma)$　　　　$NH_2(\gamma)$
|　　|　　　　|
Dia——Dia——L-Thr——Dia
|　　　　　　$NH_2(\gamma)$
|　　　　　　|
L-Leu——D-Phe——Dia——Dia
|
O　　$NH_2(\gamma)$
‖　　|
C——Dia——L-Thr
|
H
|
$(CH_2)_4$—C—C_2H_6
|
CH_3

多黏菌素B：Dia 代表 α, γ–二氨基正丁酸

（6）**α–鹅膏蕈碱**　α–鹅膏蕈碱（α-amanitin）是从毒蕈中分离出来的环状八肽，能抑制真核生物 RNA 聚合酶Ⅱ的活性，因而使 RNA 的合成不能进行，但不影响原核生物 RNA 的合成。

从以上可看到一些天然肽结构上比较特殊，有 β–氨基酸、γ–肽键、D–氨基酸等，这些在天然蛋白质中是不存在的。蛋白水解酶一般只水解由 L–氨基酸形成的 α–肽键，肽中的这些特殊结构可能使其免受蛋白水解酶的水解，进而增加肽的稳定性，维持生物学功能。

3.3.4　肽的人工合成

多肽类药物因具有生物活性高、特异性强、毒性反应相对弱等特点，其研究发展迅猛，现有多肽类药物的临床疗效显著。目前，获得活性肽的方式主要有三种：从生物材料中提取、基因重组方法获得（见基因工程和蛋白质工程章 21.1）和化学方法人工合成。生物材料中肽的含量一般很低，为提取带来比较大的困难。人工合肽技术的成熟进一步加快了多肽类药物的发展速度，不仅可以获得更多应用于临床治疗的药物，也可以根据科学研究的需要合成特殊的肽，如合成现有活性肽的化学修饰产物或自然界不存在的肽，来进行蛋白质结构和功能的研究。

3.3.4.1　人工合成概况

早在 20 世纪初，德国化学家 E. Fischer 曾以氨基酸为原料，采用苯甲酰基、乙酰基等作为氨基的保护基合成了一个十八肽，但由于没有能找到一个合适的去除保护基的方法，因而合肽工作没能普遍展开。到 1932 年，M. Bergmann 等人用苄氧羰酰基保护氨基，并找到了去除该保护基的方法。这以后，与 E. Fischer 同时代的 T. Curtius 创立了酰氯法、叠氮法等活化羧基的方法。到 50 年代初期，T. Wieland 等人在 T. Curtius 方法的基础上，发展了活化酯法和混合酸酐法，至此合肽工作进入了一个发展时期。1953 年，V. du Vigneaud 首次用人工合肽的方法合成了具有生物活性的九肽——催产素，荣获了诺贝尔奖（⊜**辅学窗 3–10**）。这一成功的创举开创了多肽合成的新时代，从此许多活性肽相继合成。1965 年，中国科学家在世界上首次合成了具有生物活性的牛胰岛素，并且获得结晶。随后，美国、德国也合成了胰岛素。以上的合成反应均在溶液中进行，称液相合成（liquid-phase synthesis）。随着合肽工作的进展，美国科学家 R. B. Merrifield 于 1962 年提出了固相合成（solid-phase synthesis），合成反应在固相支持物上进行，他用这方法于 1969 年合成了由 124 个氨基酸组成的牛胰核糖核酸酶，为此，Merrifield 荣获了 1984 年诺贝尔化学奖（⊜**辅学窗 3–11**）。到今天，固相合成法已得到了很大发展，各种各样全自动多肽合成仪（peptide synthesizer）相继出现，并仍在不断地改进和完善。

3.3.4.2　液相合成法

液相合成是在溶液中进行的，将一个氨基酸的羧基与另一个氨基酸的氨基连接成二肽，就必须将 N 端氨基酸的游离氨基、C 端氨基酸的游离羧基以及侧链上的一些活泼基团如—SH、γ-COOH 等加以保护，才能定向地合成所需要的肽，然后再将保护基除去。液相合肽的过程可表示如下：

如欲再延长肽链合成多肽，可将保护基 Y 或 Z 去掉一个，所得含自由氨基或自由羧基的肽可照上述步骤进行缩合等，即得较长的肽链。

（1）**氨基酸相关基团的保护**　保护氨基的 Y 基和保护羧基的 Z 基在本章讲氨基酸的化学通性一节中已提到了一些。作为保护基必须在接肽时能起保护作用，而在接肽以后又容易除去，不致引起肽键的断裂。

氨基保护基 Y　氨基保护基较多，如表 3-8 所示，目前用得最普遍的是 Cbz、Boc 和 Fmoc 基。

表 3-8　氨基保护基

名称及缩写符号	结构	脱除条件
对甲苯磺酰基（Tos 基）	H_3C—〈苯环〉—SO_2—	钠氨还原
苄氧羰基（Cbz 基）	〈苯环〉—CH_2O—$\overset{O}{\overset{\parallel}{C}}$—	催化加氢
叔丁氧羰基（Boc 基）	$(H_3C)_3CO$—$\overset{O}{\overset{\parallel}{C}}$—	弱酸
三苯甲基（Trityl 基）	(〈苯环〉)$_3$—C—	弱酸
芴甲氧羰基（Fmoc 基）	〈芴基〉CH_2O—$\overset{O}{\overset{\parallel}{C}}$—	20% 哌啶 /CH_2Cl_2

羧基保护基 Z　与氨基保护基相比，羧基保护基种类较少，一般以盐或酯的形式加以保护，盐是对羧基的临时性保护，常用的有钾盐、钠盐和三乙胺盐等。常用的酯类有①甲酯（OMe）、乙酯（OEt），②苄酯（〈苯环〉—CH_2—O—，OBzl），③叔丁酯 $[(CH_3)_3$—O—，OBut$]$。

甲酯和乙酯可用皂化法除去，但易引起消旋。苄酯可用催化加氢法除去。叔丁酯是近年来最常用的羧基保护基，可用酸在温和条件下除去。

侧链保护基　侧链基团的保护随不同侧链而异。如—SH 可用苄基（〈苯环〉—CH_2—，Bzl）或三苯甲基（(〈苯环〉)$_3$C—，Trityl）作保护基；胍基可用硝基作保护基；咪唑基可用苄基作保护基；ε-NH_2 可用前面介绍的保护氨基的方法如 Cbz、Boc 或 Fmoc 等基团进行保护；侧链羧基用苄酯或叔丁酯保护。

（2）**肽键的生成**　在正常条件下，羧基和氨基之间不会自发形成肽键。肽键的生成主要涉及羧基的活化，将氨基保护的氨基酸或肽的 α- 羧基转变成活化型的 RCOX，使羰基碳原子带有较强的正电荷，而有利于 R—H_2 对它进行亲核反应，形成肽键。至于氨基的活化一般比较简单，通常在接肽时加入有机碱，如三乙胺，以保证氨基处于游离状态，即—NH$_2$ 的形式。

羧基的活化　早期采用酰氯（acid chloride）法，将羧基转变成酰氯（—C—Cl），但因容易引起氨基酸消旋化，而且反应条件太剧烈，现在已不再采用。目前常用的活化羧基的方法有叠氮法、活化酯法和混合酸酐法。这几种方法较为温和，已经广泛应用于肽的合成（*辅学窗* 3-12）。

缩合剂可催化羧基和氨基之间的缩合反应，因此也可以看做是羧基活化剂的一种，如图 3-5 所示。

常用的缩合剂是 *N,N'*- 二环己基碳二亚胺（*N,N'*-dicyclohexylcarbodiimide，简称 DCC 或 DCCI）。DCC 从两个氨基酸残基中夺取一分子 H$_2$O，自身变为不溶性的 *N,N'*- 二环己基脲（dicyclohexylurea，DCU）：

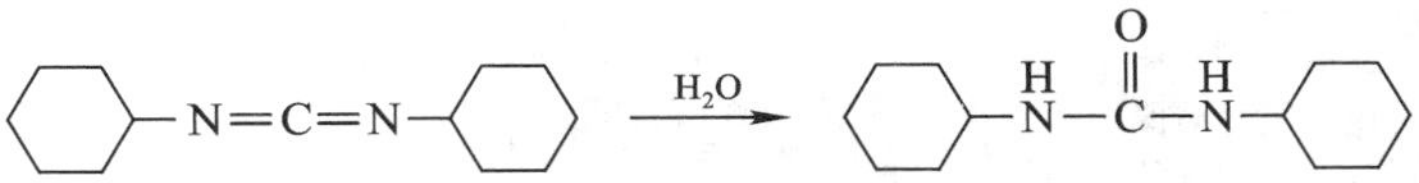

N 端保护的氨基酸与 DCC 反应首先生成 *O*- 酰基脲，该中间体实际上可看成是一种活化酯，可以直接和氨基酸的氨基反应。产物中的二环己基脲不溶于大多数有机溶剂，容易与产物分离。

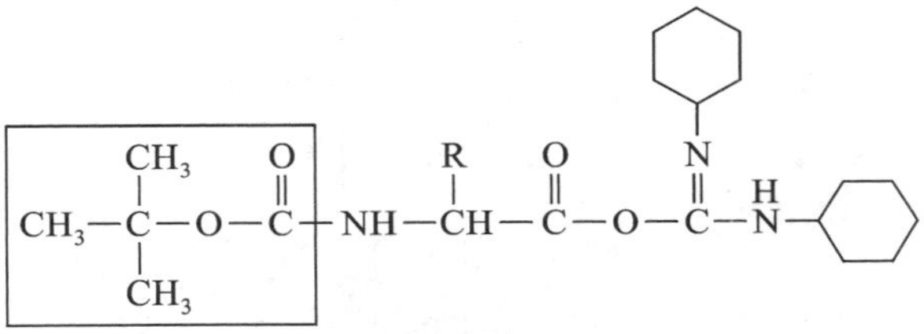

（3）**脱保护基**　有关方法在前面已作介绍。

为了保证产品的纯度，液相合肽每一步都需要纯化目标产物。由于每形成一个肽键都需要保护、活化、脱保护的步骤，因此工作量较大、费时费力，影响了产品的得率和纯度。

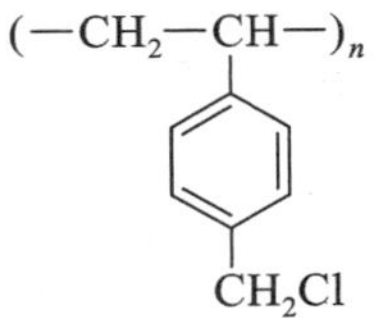

3.3.4.3　固相合成法

自 1962 年起，R. B. Merrifield 提出固相合成法。固相合成法的原理与液相合成法基本相同，所不同者仅合成反应是在固相支持物上进行。常用的固相支持物为苯乙烯（styrene）与二乙烯基苯（divinylbenzene）的共聚物（copolymer）再经氯甲基化而成，称氯甲基共聚苯乙烯二乙烯苯树脂（chloro-copolystyrene divinylbenzene resin），简称氯甲基聚苯乙烯树脂。

氯甲基共聚苯乙烯二乙烯苯树脂

Merrifield 建立了 Boc 固相法，即用 Boc 作氨基的保护基，由于该方法中反复使用酸脱帽，有可能会使肽键断裂，并产生一些副反应，尤其不适合于合成含色氨酸等对酸不稳定的肽类。后来有人报道用 Fmoc 基作为氨基保护基，成功地进行了多肽和蛋白质的合成。目前 Fmoc 固相法已得到广泛应用，并愈加受到人们的重视。与 Boc 固相法相比最大的不同在于氨基保护基采用碱性可脱除的 Fmoc 基。

固相合肽的过程如图 3-5 所示，固相合成是从羧基端到氨基端，与体内蛋白质合成方向正好相反（见蛋白质的生物合成章）。

固相合成法方便、快速，每步反应只需充分洗涤树脂，便可达到纯化的目的，克服了经典的液相合成法中每步中间产物纯化的困难和损失，奠定了自动化多肽合成的基础。1996 年，Merrifield 等设计并报道了最初的多肽自动合成仪，目前的自动化多肽合成仪是以 Boc 固相法和 Fmoc 固相法为基础发展起来的。

提高合肽每一个循环的得率至关重要。如果每增加一个新氨基酸残基的得率为 99.8%，则合成 100 个氨基酸

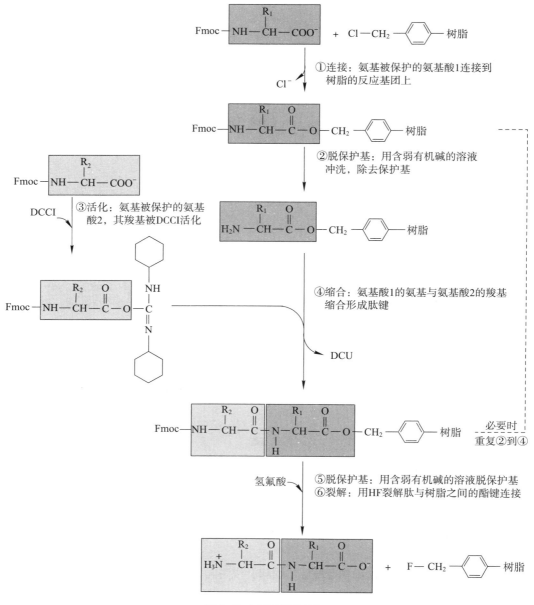

图 3-5 固相合肽的过程

的总得率为 82%；而如果每一轮循环的得率为 96%，则合成 100 个氨基酸的总得率只有 1.8%。通过优化条件，多肽合成仪能在几天内合成 100 个氨基酸左右的多肽或蛋白质，然而在生物体内，这一个过程又将大大提速，细菌细胞内合成一个 100 个氨基酸的肽只需要 5 s 即可完成。

3.4 蛋白质的分类

蛋白质的分类方法至少有 4 种，一是根据蛋白质分子的形状，二是根据蛋白质组成的繁简，三是根据蛋白质的溶解性，四是根据蛋白质的功能。

3.4.1　根据分子的形状

可分为球状蛋白质和纤维状蛋白质。

（1）**球状蛋白质**　分子近似球形，较易溶解于水等极性溶液体系中，如血液的血红蛋白、血清球蛋白，豆类的球蛋白等。

（2）**纤维状蛋白质**　形状似纤维，不溶于水，如指甲、羽毛中的角蛋白和蚕丝的丝心蛋白等。

3.4.2　根据组成

可分为单纯蛋白质（或简单蛋白质）和缀合蛋白质（或结合蛋白质）[①]。

（1）**单纯蛋白质**　其组分只有 α-氨基酸，自然界的许多蛋白质都属于此类。

（2）**缀合蛋白质**　由单纯蛋白质与非蛋白质物质结合而成，可分为以下几类。

① 色蛋白　为单纯蛋白质与其他色素物质结合而成，如血红蛋白、叶绿蛋白和细胞色素等。

② 糖蛋白　为单纯蛋白质与糖类结合而成，如唾液中的黏蛋白、硫酸软骨素蛋白和细胞膜的糖蛋白等。

③ 磷蛋白　为单纯蛋白质与磷酸结合而成，如酪蛋白、卵黄蛋白等。

④ 核蛋白　为单纯蛋白质与核酸结合而成，存在于一切细胞中。

⑤ 脂蛋白　为单纯蛋白质与脂质结合而成，如血清低密度脂蛋白、高密度脂蛋白和作为细胞膜主要成分的脂蛋白。

3.4.3　根据溶解度

蛋白质又可分为下列几类。

（1）**清蛋白**　又称白蛋白。溶于水，如血清清蛋白、乳清蛋白等。

（2）**球蛋白**　微溶于水而溶于稀中性盐溶液，如血清球蛋白、肌球蛋白和大豆球蛋白等。

（3）**谷蛋白**　不溶于水、醇及中性盐溶液，但溶于稀酸、稀碱，如米、麦蛋白。

（4）**醇溶蛋白**　不溶于水，溶于 70%~80% 乙醇，如玉米蛋白（zein）。

（5）**精蛋白**　溶于水及酸性溶液，呈碱性，含碱性氨基酸多（如精氨酸、赖氨酸、组氨酸），如鲑精蛋白。

（6）**组蛋白**　溶于水及稀酸溶液，含精氨酸、赖氨酸较多，呈碱性，如珠蛋白。

（7）**硬蛋白**　不溶于水、盐、稀酸、稀碱溶液，如胶原蛋白、毛、发、蹄、角及甲壳的角蛋白和丝心蛋白以及腱和韧带中弹性蛋白等。

3.4.4　根据功能

蛋白质还可分为活性蛋白质与非活性蛋白质。

（1）**活性蛋白质**　包括在生命过程中一切有活性的蛋白质及其前体，如酶、激素蛋白、运输蛋白、运动蛋白、贮存蛋白、保护或防御蛋白、受体蛋白、毒蛋白、支架蛋白[②]，以及调控生长和分化的蛋白质等。

---

① 单纯蛋白质（simple protein），缀合蛋白质（conjugated protein）。

② 支架蛋白（scaffold protein）是新近发现的一种在调节信号转导中起重要作用的蛋白质。它能同时结合两个或多个蛋白质，将多种不同的蛋白质装配成一个多蛋白复合体，从而保证信号传递的特异和高效。

（2）**非活性蛋白质**　这类蛋白质对生物体起保护或支持作用。如胶原蛋白、角蛋白、弹性蛋白和丝心蛋白等。

思考题

比较紫外吸收法应用于氨基酸、肽和蛋白质分析时的不同点。

3.5　蛋白质的结构

3.5.1　蛋白质结构的近代概念

蛋白质的结构可分为一级结构、二级结构、三级结构和四级结构（图3-6）。

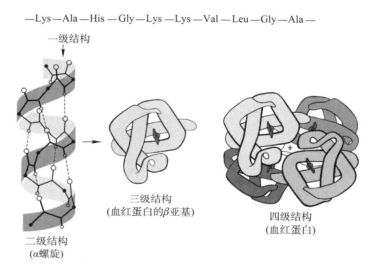

—Lys—Ala—His—Gly—Lys—Lys—Val—Leu—Gly—Ala—

一级结构

三级结构
（血红蛋白的β亚基）

四级结构
（血红蛋白）

二级结构
（α螺旋）

图3-6　蛋白质结构层次示意图

一级结构　又称初级结构，是指氨基酸如何连接成肽链以及氨基酸在肽链中的序列（sequence）。在一级结构中，肽键（—CO—NH—）是主要连接键，而多肽链（由多个氨基酸以肽键结合形成的长链）无疑是一级结构的主体。此外，半胱氨酸之间的二硫键也包括在一级结构中。

二级结构　是指蛋白质分子中多肽链本身的折叠方式。根据已有的实验证明，多肽链的二级结构主要是 α 螺旋结构，其次是 β 折叠结构，还有 β 转角、Ω 环和无规卷曲。在二级结构中以氢键参加以维持其稳定性。

三级结构　是指肽链在二级结构基础上进一步盘绕、折叠成复杂的空间结构，包括肽链中一切原子的空间排列方式，即原子在分子中的空间排列和组合的方式。

四级结构　是指蛋白质的亚基（subunit，亦称亚单位）聚合成大分子蛋白质的方式。

随着蛋白质化学研究的进展，目前认为在二级结构和三级结构之间应加入超二级结构（motif）和结构域（domain）。超二级结构指的是二级结构的基本单位相互接近，形成有规律的二级结构聚集体；结构域指的是在空间上可以明显区分的球状区域。因此，蛋白质的结构层次为一级结构→二级结构→超二级结构→结构域→三级结构→四级结构。

对于蛋白质的二、三、四级结构的三度空间排列方式称三维结构，空间结构或高级结构，也称"构象"（conformation），以区别于只表示小分子化合物分子中原子的简单空间排列方式的"构型"（configuration）。

构型与构象是两个容易混淆的名词，它们的涵义和使用是有区别的。

构型 是指在一个化合物分子中原子的空间排列，这种排列的改变会牵涉到共价键的形成和破坏，但与氢键无关。例如，单糖的 α- 和 β- 型、氨基酸的 D- 和 L- 型，都是构型。

构象 是用来表示一个多肽结构中一切原子沿共价键转动而产生的不同空间排列，这种构象的改变会牵涉到氢键的形成和破坏，但不致使共价键被破坏。

3.5.2 蛋白质结构的研究方法

3.5.2.1 一级结构的研究方法

蛋白质一级结构的研究主要是确认氨基酸如何连接成肽链及氨基酸在肽链中的序列。肽链都含有肽键即—CO—NH—及 C 端和 N 端。最小的二肽也含有 1 个肽键，含 2 个或 2 个以上肽键的肽对双缩脲反应都呈阳性，所以用双缩脲试验即可决定 1 个化合物是否属于肽类。2,4 - 二硝基氟苯（DNFB 或 FDNB）法和异硫氰酸苯酯（PITC）法可用于鉴定多肽链的 N 端氨基酸的种类，而 PITC 法循环进行时，可从 N 端开始逐一测定氨基酸的种类，直至整条肽链的序列（详见 3.5.4）。人工合成肽是研究天然肽结构的良好工具，亦证实了肽一级结构与功能的关系。

3.5.2.2 三维结构的研究方法

目前研究蛋白质三维结构最常用的方法是 X 射线衍射法（X-ray diffraction）和核磁共振波谱法（nuclear magnetic resonance spectroscopy，NMR 波谱法）。用这两种方法测定蛋白质的三维结构几乎可达原子水平。X 射线衍射法的原理是将待测的蛋白质晶体暴露于一束 X 射线中，收集 X 射线通过蛋白质晶体产生的衍射线得到衍射图（diffraction pattern）。经对衍射斑点的位置和强度进行计算和分析，推算晶体中原子的空间分布，解析并提出蛋白质晶体的空间结构模型。

X 射线衍射法首先需得到满足衍射要求的蛋白质单晶，这一过程很复杂，尤其对于相对分子质量较大的蛋白质来说，结晶相当困难，而且 X 射线衍射法反映的是蛋白质在晶体状态下的结构，而无法显示蛋白质在溶液中的结构状态。

NMR 波谱法可用于确定水溶液中蛋白质分子的三维结构，还能显示蛋白质结构的动态状况，包括构象的变化、蛋白质折叠以及与其他分子的相互作用，但要求被测样品是高纯度和较高浓度的溶液，且相对分子质量不能太大。

近年来冷冻电镜技术在解析蛋白质高分辨率结构中发挥强大优势，发展迅速。冷冻电镜技术是将生物大分子溶液进行超低温冷冻，经电子束聚焦在样本表面，在探测器上采集生物样品电镜图像，最后通过三维重构算法解析得到生物分子的三维结构。三位科学家 Jacques Dubochet、Joachim Frank 和 Richard Henderson 因利用冷冻电镜技术解析生物分子的高分辨率结构获得 2017 年的诺贝尔化学奖（📱辅学窗 3-13）。冷冻电镜技术与 X 射线衍射法、NMR 波谱法为研究生物大分子的功能和结构及其相互作用做出重要贡献，推动了结构生物学的飞速发展。

除了上述三种常用的方法外，还有一些其他方法也用于蛋白质三维结构的研究如：

① 圆二色性（circular dichroism，CD）：测定 α 螺旋、β 折叠、转角等二级结构的含量。

② 荧光光谱法（fluorescence spectrum）：了解蛋白质分子中亲水和疏水区域的分布。

③ 紫外差光谱法（ultraviolet differential spectrum）：可推断芳香族氨基酸（Trp、Tyr、Phe）在蛋白质分子的表面还是内部，处于极性还是非极性环境。

④ 红外光谱法（infrared spectrum）和拉曼光谱法（Raman spectrum）：测定蛋白质的二级结构。

3.5.3 蛋白质分子中的重要化学键

蛋白质分子的化学键可分为共价键如肽键、二硫键、酯键、配位键，以及非共价键，即次级键，如氢键、离子键、疏水作用和范德华力等。

（1）**肽键** 一级结构是由肽键—CO—NH—连接而成，肽键是肽链骨干的基本连接键。

（2）**二硫键** 也称二硫桥（disulfide bridge），是蛋白质分子中两个半胱氨酸的巯基氧化形成的一种典型的共价键结构（图 3-7e）。它可以把不同肽链或同一肽链的不同部分连接起来。二硫键的键能很大，约为 210 kJ/mol，对稳定蛋白质分子的三维结构起了很重要的作用，而且二硫键往往与蛋白质生物活性维系有关，例如在蛋白质折叠过程中，巯基和二硫键的相互转化是限速步骤；在某些蛋白质中，二硫键一旦被破坏，蛋白质的生物活性即丧失。

（3）**酯键**（ester bond） 苏氨酸和丝氨酸的羟基可与氨基酸的羧基缩合成酯，生成酯键（图 3-7g）。在磷蛋白中更常见的是磷酸与含羟基氨基酸的羟基缩合生成磷酸酯键。这种键的形成不仅对维持某些蛋白质的结构是必需的，而且对其行使功能也是必不可少的。

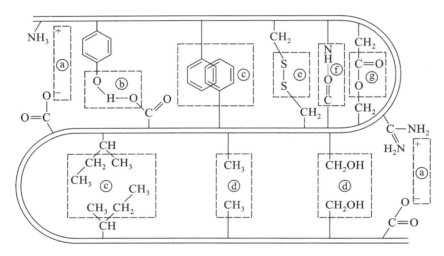

图 3-7 蛋白质分子的化学键

a. 离子间的盐键；b. 极性基团之间的氢键；c. 非极性基之间的相互作用（疏水键）；
d. 非极性基之间的范德华力；e. 二硫键；f. —CO 与—NH 之间的氢键；g. 氨基酸的羟基与二羧酸的 β 或 γ 羧基结合的酯键

（4）**配位键**（coordinate bond） 又称配价键，是指两个原子之间由单方面提供电子对所形成的共价键。金属蛋白（如血红蛋白、铁氧还蛋白、细胞色素 c 等）分子中的金属离子往往是以配位键与蛋白质连接。金属离子通过配位键参与维持蛋白质的三、四级结构。

（5）**氢键**（hydrogen bond） 是次级键中发现最早的一种键，在蛋白质构象的维持中起重要作用。例如，α 螺旋的形成、β 折叠中链与链之间的结合等。氢键是指一个与电负性很强的原子共价结合的氢原子，与另一个电负性强的原子之间相互吸引而形成的键。可表示如下：

$$—X—H\cdots Y—$$

X、Y 代表电负性很强的原子，如 F、O、N 等。X—H 是共价键，H⋯Y 是氢键。X 是氢供体，而 Y 是氢受体。生物高分子的氢供体和氢受体常常是 O 或 N。

氢键有两个特征，一个是饱和性，即一个氢供体只能与一个氢受体形成一个氢键；另一个是方向性，即氢键的供体和受体都在同一直线上形成的氢键最强，如两者之间有一角度，氢键就随角度增大而减弱。

氢键是一种弱键，其键长要比一般单键长得多，键能为 13 ~ 30 kJ/mol，键能比较小，但蛋白质分子中的氢键很多，故对蛋白质分子的三维结构起着重要作用，如二级结构的螺旋靠氢键来维持。

蛋白质分子中，常见的氢键是氨基酸的亚氨基与另一氨基酸的羧基之间形成的氢键（图 3-7f）。还有侧链之间如酪氨酸的酚羟基与侧链羧基之间形成的氢键（图 3-7b）等。

（6）**离子键**（ionic bond）　又称盐键、静电键、静电作用，是指带正负电荷的离子或基团因静电吸引而形成的键。蛋白质分子中的离子键主要是一条肽链的侧链羧基与另一条肽链的侧链氨基之间形成的键（图 3-7a）。

离子键是一种静电吸引，按照库仑（Coulomb）定律，吸引力 F 与电荷电量的乘积成正比，与电荷间距离的平方成反比。

$$F = \frac{q_1 q_2}{r^2 \varepsilon_r}$$

式中，q 为静电荷；r 为两个带正负电荷的离子或基团之间的距离；ε_r 为介质的相对介电常数。静电吸引力 F 与介电常数有关，水的相对介电常数很大（ε_r=80），所以一般蛋白质在水中，离子键并不起到重要作用，但蛋白质分子往往折叠成亲水面疏水核，在疏水区离子键就相当稳定，其吸引力也很强。

（7）**疏水作用**（hydrophobic interaction）　也称疏水键（hydrophobic bond），它是指非极性基团（疏水基团）为了避开水而聚集在一起的作用力（图 3-7c）。蛋白质分子中含有许多非极性的氨基酸如 Val、Ile、Leu、Phe、Trp、Met 等，这些非极性侧链在水溶液中就会避开水而聚集在一起，在蛋白质的内部形成一个疏水核。由于非极性侧链间的疏水作用，使多肽链折叠、盘绕成近似球状的构象。由此可见，非极性侧链间的疏水作用在三级结构的形成和稳定中起重要作用。

（8）**范德华力**（van der Waals force）　也称范德华相互作用（van der Waals interaction），或范德华键，其实质是静电引力，包括 3 种较弱的作用力①极性基团（如 Ser 的—OH）之间，偶极与偶极的相互吸引（取向力）；②极性基团的偶极与非极性基团的诱导偶极之间的相互吸引（诱导力）；③非极性基团瞬时偶极之间的相互吸引（色散力）。通常范德华力是指第 3 种作用力，是一种很弱的作用力（图 3-7d）。实际上当任何两个原子相距 0.3 ~ 0.4 nm 时，都有一种非特异性的吸引力，就称范德华力。当原子相互挨得太近，原子之间的距离小于 0.3 ~ 0.4 nm 时，由于电子云相互重叠就产生斥力。当原子之间的距离大于 0.3 ~ 0.4 nm 时，几乎没有引力。范德华力最大时原子与原子之间的距离称范德华接触距离，它等于两个原子范德华半径之和。

范德华引力比氢键和离子键弱得多，键能 4 ~ 8 kJ/mol，由于蛋白质分子内的原子数目是大量的，因此范德华力在维持蛋白质三、四级结构中，也是不可忽视的作用力。

总的来说，蛋白质分子一级结构中的化学键主要是肽键，维持蛋白质分子三维结构的主要是一些次级键，如氢键、离子键、疏水作用和范德华力，它们的键能虽然弱，但是各种次级键加在一起时，就产生了一种足以维持蛋白质三维结构的强大作用力。在一些蛋白质分子中，二硫键或配位键也参与维持蛋白质的三维结构。

🌐 思考题

维系蛋白质一级结构与高级结构的基本化学键有哪些？各自的功能是什么？

3.5.4　蛋白质的一级结构

蛋白质的一级结构（primary structure）是指蛋白质多肽链中氨基酸的序列（sequence），一级结构中主要的连接键是肽键。

1953 年，英国科学家 F. Sanger 首次阐明了胰岛素的全部氨基酸序列，为研究蛋白质一级结构奠定了基础，因此获得了诺贝尔奖（ℯ辅学窗 3-14）。1960 年，美国科学家 Moore 和 Stein 改进了 Sanger 的方法，完成了牛胰核糖核酸酶的序列测定。随着测定方法的改进和新技术的应用，使蛋白质序列测定蓬勃发展，现在已有蛋白质序列分析仪，对蛋白质氨基酸序列的测定提供了极大的方便。近年来，很多蛋白质的一级结构是根据基因的核苷酸序列推导出来的，大大丰富了蛋白质一级结构的数据库。大型的蛋白质序列数据库有美国国家生物医学基金会主持的 PIR（Protein Information Resource）数据库，瑞士日内瓦大学管理的 SWISS-PROT 数据库。

3.5.4.1　蛋白质一级结构的测定

序列测定前的准备工作：①样品的纯度在 97% 以上；②测定蛋白质的相对分子质量，允许误差在 10% 左右；③测定肽链的数目；④测定氨基酸组成。

序列测定的原理：一级结构的测定多用小片段重叠的原理，即用两种或两种以上不同的方法将蛋白质多肽链水解，各自得到一系列肽段，然后将这些肽段分离纯化，分别测定这些肽段的氨基酸序列，最后比较这些肽段之间的重叠关系，从而推出整个蛋白质分子中氨基酸的序列。

序列测定的具体步骤：

（1）**末端分析**（包括 N 端分析、C 端分析）

N 端分析：常用的方法有 4 种。

① 2,4- 二硝基氟苯（DNFB 或 FDNB）法　其基本原理已在氨基酸化学通性中作了介绍（见 3.2.5）。在弱碱溶液中，肽链 N 端的氨基酸残基可同 DNFB 起反应生成 DNP- 多肽，经 6 mol/L HCl 水解，所有肽键断裂，生成稳定的黄色 DNP- 氨基酸和游离氨基酸。DNP- 氨基酸溶于有机溶剂（如乙酸乙酯），用乙酸乙酯抽提后，层析法鉴定。其反应见图 3-8A。

1953 年英国 Sanger 完成胰岛素全序列测定时就是利用的这种方法，所以 2,4- 二硝基氟苯也称 Sanger 试剂。

② 丹磺酰氯（DNS-Cl）法　在弱碱条件下，DNS-Cl 也能与蛋白质多肽链上的 N 端氨基酸的游离氨基反应（详见 3.2.5.1），生成 DNS- 肽。再在酸性条件下水解，生成的 DNS- 氨基酸，用乙酸乙酯抽提。DNS- 氨基酸能产生强烈的黄色荧光，可用聚酰胺薄膜层析加以鉴定，灵敏度比 DNFB 法高 100 倍。

③ 异硫氰酸苯酯（PITC）法　瑞典科学家 Edman 首先用异硫氰酸苯酯（Edman 试剂）来测定蛋白质的 N 端氨基酸，故此法又称 Edman 降解法。异硫氰酸苯酯在弱碱条件下可与多肽链的 N 端氨基酸的氨基作用生成 PTC- 多肽，再在酸性条件下（无水 CF₃COOH）使 N 端的 PTC- 氨基酸环化断裂生成氨基酸的苯胺基噻唑啉酮的衍生物（anilinothiazolinone derivative）简称 ATZ- 氨基酸，此衍生物在酸性水溶液中转化（异构化）为稳定的氨基酸的苯硫乙内酰脲衍生物 PTH- 氨基酸，用乙酸乙酯抽提，层析法鉴定。剩余的 N 端少了一个氨基酸的肽链又可与 PITC 发生反应，进入第二轮以及后续的降解循环，直到整个多肽序列测定完成。其反应见图 3-8B。

Edman 降解法的最大优点是：在酸性溶液中，仅仅是靠近 PTC 基的肽键断裂，其他肽键不断；每次递减一个氨基酸，如此重复多次就可以测定出一定数目的氨基酸序列。现代蛋白质序列分析仪（protein sequenator）的基本原理就是 Edman 降解法，逐个降解 N 端氨基酸，该方法十分灵敏，一般只需几微克的蛋白质样品就可以测定整个氨基酸序列。Edman 降解法可精确测定的多肽链长度取决于各步化学反应的效率。现代蛋白质序列分析仪可达到每个循环 99% 以上的效率，能够测定肽链中相邻的 50 多个氨基酸残基。Sanger 及同事们花了 10 年时间测定的胰岛素的一级结构，现在用一两天就可完成。

④ 氨肽酶法　氨肽酶（amino peptidase）是一类肽链外切酶，从肽链的 N 端每次降解一个氨基酸残基。原则上说，只要能跟随酶水解进程，将释放的氨基酸分别定量测出，就能测出肽的序列。但实际上由于酶的专一性等问题，在判断氨基酸序列时常常会遇到不少困难。最常用的氨肽酶是亮氨酸氨肽酶（leucine amino peptidase，LAP），除了 N 端的第二个氨基酸是脯氨酸时，酶不能将 N 端氨基酸水解下来外，其余所有 N 端的肽键都能被 LAP 水解，但水解速度相差很大。当 N 端为 Leu 时，水解速度最快。当 N 端为非极性氨基酸时，水解速度快。当 N 端为其他氨基酸时，水解速度慢。

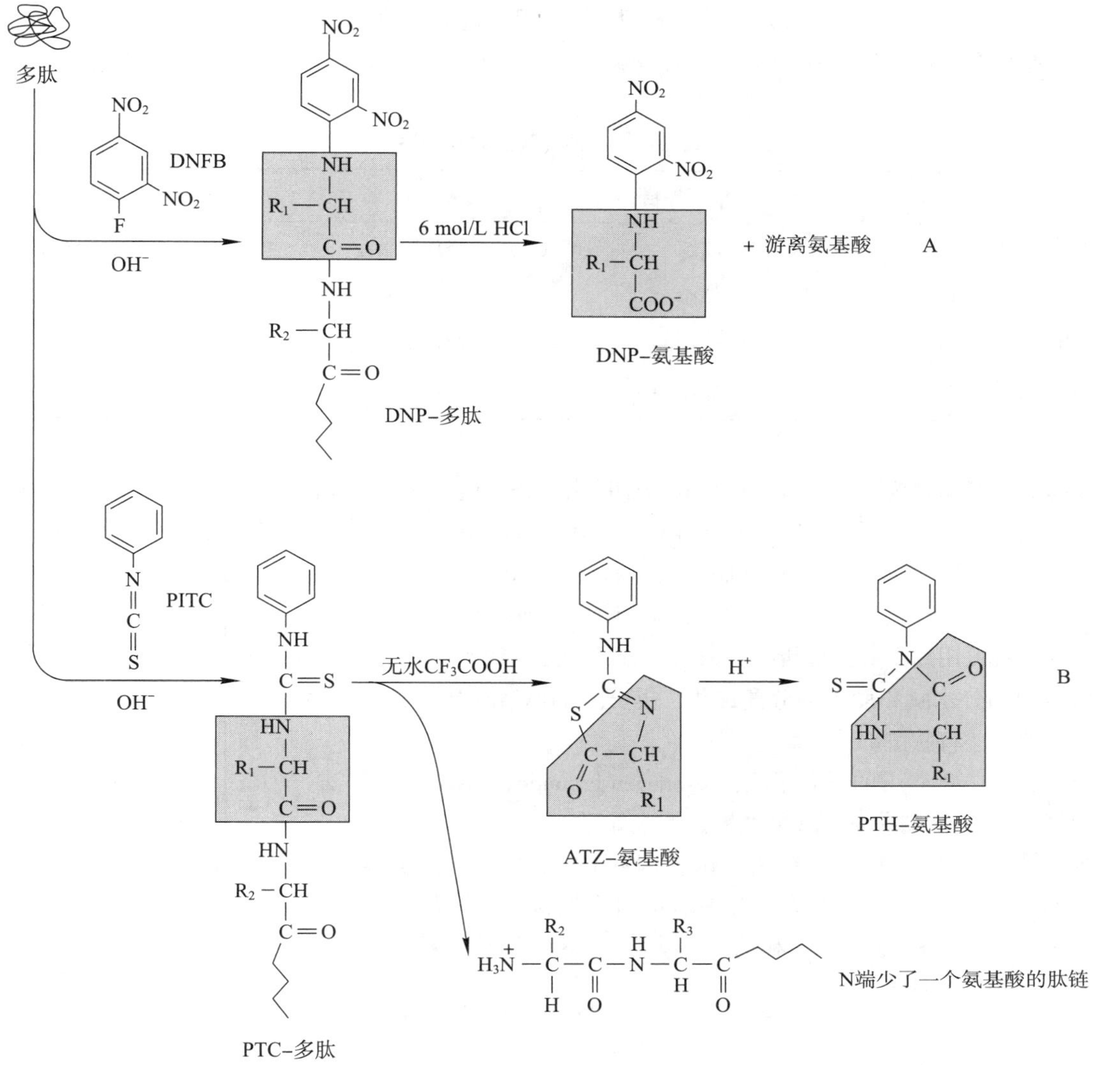

图 3-8 2,4- 二硝基氟苯法（A）和 Edman 降解反应（B）

在蛋白质或多肽的氨基酸序列测定中，有时会碰到 N 端残基被封闭的情况，即测不出 N 端，可能原因有三：一是 N 端乙酰化；二是环肽；三是 N 端为谷氨酰胺时会环化成焦谷氨酰基。

C 端分析：常用的方法有 2 种。

① 肼解法　肼解（hydrazinolysis）法的原理是将多肽（或蛋白质）同肼（又名联氨）在无水情况下加热，C 端氨基酸即从肽链分割出来，其余氨基酸变为肼化物（见右图）。肼化物与苯甲醛缩合成非水溶性产物，可用离心法使其与水溶性的 C 端氨基酸分开。留在水中的 C 端氨基酸可用 FDNB 试剂使其变为 DNP- 氨基酸，用乙醚提取、层析、加以鉴定。

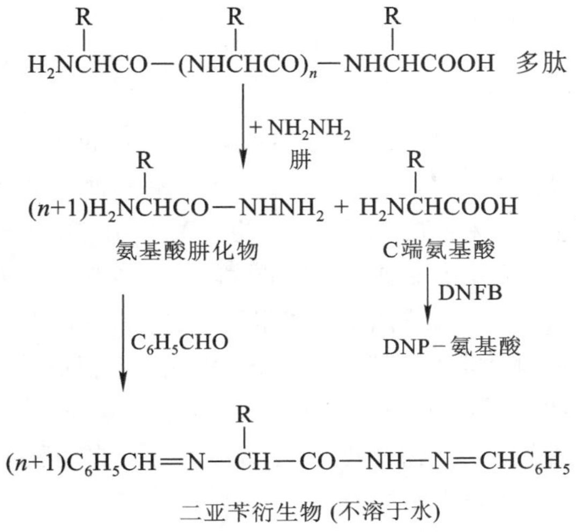

② 羧肽酶法　羧肽酶（carboxypeptidase）法是 C 端测定方法中最有效、最常用的方法。羧肽酶与氨肽酶相似都是肽链外切酶，不同点在于它从肽链的 C 端每次降解一个氨基酸残基，

释放出游离氨基酸。用氨基酸的释放量对反应时间作图，可确定 C 端氨基酸的序列（图 3-9）。

常用的羧肽酶有 4 种，其中最常用的为羧肽酶 A、B，见表 3-9。

表 3-9　4 种羧肽酶的专一性

酶	来源	专一性
羧肽酶 A（CPA）	胰腺	释放除 Arg、Lys、Pro、Hyp 以外的所有 C 端氨基酸
羧肽酶 B（CPB）	胰腺	主要释放 C 端的 Arg、Lys
羧肽酶 C（CPC）	柑橘叶	释放除 Hyp 外的所有 C 端氨基酸
羧肽酶 Y（CPY）	面包酵母	释放 C 端所有氨基酸

（2）**肽链的拆开与分离**　从末端分析可知蛋白质由几条肽链组成，如有两条或两条以上的肽链，则必须将肽链拆开。肽链间最常见的是通过—S—S—键连接，可用过甲酸氧化或巯基乙醇等巯基化合物还原的方法将肽链拆开，见 3.2.5.4 侧链 R 基产生的反应。如肽链间是通过非共价键连接，可用蛋白质变性剂如 8 mol/L 尿素、6 mol/L 盐酸胍或高浓度盐处理等方法。

拆开后的肽链可用离子交换层析等方法将其分开（见 3.10.4）。

（3）**肽链的部分水解和肽段的分离纯化**　拆分后的肽链如果太长，要用化学方法或酶解方法将肽链部分水解。

① **化学方法**　最常用的是溴化氰（cyanogen bromide，CNBr）裂解法，CNBr 专一裂解甲硫氨酸的羧基形成的肽键，反应如下：

蛋白质分子中一般含较少的甲硫氨酸，因此 CNBr 裂解蛋白质能得到较大的肽片段，是比较理想的方法。有许多蛋白质如核糖核酸酶、肌红蛋白、细胞色素 c、枯草杆菌酶等都利用这一方法来裂解肽键，测出了一级结构。

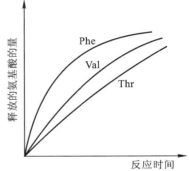

图 3-9　羧肽酶法测定 C 端序列示意图
C 端序列为：–Thr–Val–Phe

肽酰高丝氨酸内酯

② **酶解方法**　蛋白水解酶（proteolytic enzyme）或称蛋白酶（proteinase，protease）专门水解肽键，属肽链内切酶，其水解产率很高，同时又有各种不同专一性的酶可供选择，因此酶解方法被广泛采用，其中最常用的是胰蛋白酶和胰凝乳蛋白酶（也称糜蛋白酶），它们的专一性见表 3-10。

部分裂解或水解后的肽段可用高效液相层析等方法将其分离纯化，详见 3.10.4。

（4）**肽段的氨基酸序列测定**　常采用 Edman 降解法，其原理和方法已在前面作了介绍。基于 Edman 降解法的自动化测序仪器的出现，大大推动了测序工作的效率。偶联和环化反应发生在测序仪的反应体系中，生成的 PTH- 氨基酸可自动进样入高效液相层析进行在线检测，根据 PTH- 氨基酸的层析峰滞留时间判断每种氨基酸的种类，再经信息处理软件输出结果。自动测序仪灵敏度高，目前多肽的最低用量在 5 pmol 水平，最多可检测 100 个残基的肽链序列。

表 3-10　几种蛋白水解酶的专一性

$$-NH-\overset{\overset{\displaystyle R_{n-1}}{|}}{CH}-\overset{\overset{\displaystyle O}{\|}}{C}-NH-\overset{\overset{\displaystyle R_{n}}{|}}{CH}-\overset{\overset{\displaystyle O}{\|}}{C}-$$

易断裂的肽键

酶	专一性	注释
胰蛋白酶	R_{n-1} = 带正电荷氨基酸侧链 　　Arg、Lys $R_n \neq$ Pro	高度专一性
胰凝乳蛋白酶	R_{n-1} = 芳香族氨基酸侧链 　　Phe、Trp、Tyr $R_n \neq$ Pro	当 R_{n-1} 是 Leu、Met、His、Asn 时，　水解速度减慢
弹性蛋白酶	R_{n-1} = 小的中性氨基酸侧链 　　Ala、Gly、Ser、Val $R_n \neq$ Pro	
嗜热菌蛋白酶	R_n = 疏水性氨基酸侧链 　　Leu、Ile、Met、Val、Phe、Trp、Tyr $R_{n-1} \neq$ Pro	热稳定
胃蛋白酶	R_n = Leu、Phe、Trp、Tyr $R_{n-1} \neq$ Pro	专一性很差，R_n 可为 Glu、Asp 或其他氨基酸侧链
金黄色葡萄球菌 V_8 蛋白酶	R_{n-1} = Glu、Asp	

（5）找"**重叠肽**"，从而推断整个肽链的氨基酸序列　肽链氨基酸全序列的确定，必须要用两种或两种以上的方法使肽链断裂，得到两套或两套以上的肽段，然后找重叠肽（overlapping peptide），以确定多肽链的全序列。

若有一个十肽，用胰蛋白酶水解得如下两个肽段：

Ala—Ser—Gly—Trp—Gly—Lys

Thr—Asn—Val—Lys

这两个肽段间没有重叠关系，无法拼接，需用另一种酶如胰凝乳蛋白酶处理，得三个肽段，其中一个肽段如下：

Val—Lys—Ala—Ser—Gly—Trp

这一肽段与上面的肽段就有重叠部分（重叠部分用"＿＿＿"和"～～～"表示），即可确定该十肽的氨基酸序列如下：

胰蛋白酶肽　　　　　　　　胰蛋白酶肽

Thr—Asn—Val—Lys—Ala—Ser—Gly—Trp—Gly—Lys

胰凝乳蛋白酶肽
(重叠肽)

（6）**二硫键位置的确定**　二硫键位置的确定一般不将二硫键还原或氧化，而是直接用酶水解原来的蛋白质，保留二硫键的完整性，然后找出其中含二硫键的肽。再将这个肽的二硫键拆开，分别测出两个肽的序列。将这两段肽的序列与原来的一级结构对比，就能找出相应的二硫键的位置。对角线电泳（diagonal electrophoresis）是一种经典的二硫键定位分析法。首先用蛋白酶水解样品蛋白质，将酶切产物进行第一向纸电泳，产物中肽段由于相对分子质量及电荷的差异，将有不同的迁移率；再将电泳后的支持介质暴露于过甲酸蒸气中，肽链中的二硫键断裂并进一步氧化为磺酸基；将滤纸旋转 90°，在与第一向完全相同的条件下进行第二向电泳。不包含二硫键的肽段未受到甲酸的氧化作用，所以在两向电泳中迁移率相同，样品点均位于对角线上。而那些含二硫键的肽段在经过甲酸处理后，在两向电泳的迁移率发生变化，将偏离对角线（图 3-10）。将这些斑点中的肽段洗脱出来，进行氨基酸序列分析，就可以推断出蛋白质样品中二硫键的位置。

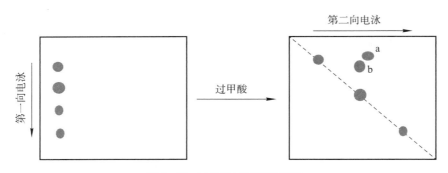

图 3-10　对角线电泳原理示意图

a、b：由二硫键相连的 2 个肽段

3.5.4.2　胰岛素的一级结构

应用上述方法，Sanger 等人于 1953 年首次测定了牛胰岛素（bovine insulin）的全部氨基酸序列。胰岛素是一种激素蛋白质，相对分子质量 5 700。由 A、B 两条链组成，A 链 21 个氨基酸残基，B 链 30 个氨基酸残基，有 3 对二硫键，其中两对在 A 链和 B 链之间，另一对在 A 链内部。牛胰岛素的化学结构见激素一章。

3.5.4.3　指纹图谱法

对于有种属差异的蛋白质，在其中一种蛋白质一级结构已知的时候，要测出其他种属的该蛋白质的一级结构，不需要用前面所述的那么复杂的方法，可以用指纹图谱（fingerprints）法。

指纹图谱法也称酶解图谱法，包括以下几个步骤：

（1）用蛋白水解酶酶解待测蛋白质，需严格控制酶解反应条件，使其具有很好的重复性。

（2）水解产物进行双向电泳 – 层析，一般用滤纸作支持物，第一向电泳，第二向层析。电泳 – 层析的结果应使显色后的样品点有较好的分布，并能严格地重复，这种图称指纹图谱，也称酶解图谱。

（3）将已知一级结构的指纹图谱与其他种属的相同蛋白质的指纹图谱相比较，位置不变的点认为序列相同，找出图谱中位置发生变化的点。

（4）洗下层析位置变化的点，分析它的组成并进行序列测定。将它的组成或序列与已知一级结构的蛋白质的相应部分比较，就能测出这一种属该蛋白质的一级结构。如血红蛋白的种属差异和镰状细胞贫血病血红蛋白都是用这种方法测出的（见 3.7.2 和ⓔ辅学窗 3-15）。

3.5.4.4　一级结构测定的研究进展

自从胰岛素的氨基酸序列发表以来，蛋白质序列测定工作取得了飞速发展，自动化的蛋白质序列测定仪在不断改进，使序列测定向快速化、微量化发展。

（1）**质谱法**（mass spectrometry，MS）　多肽（少于 25 个氨基酸残基）可通过电喷雾电离串联质谱（electrospray ionization tandem mass spectrometry，简称 ESI–tandem MS 或 ESI–MS/MS）[1] 技术进行测序。此法利用电喷雾电离（ESI）方法将被测样品（多肽）转变为气相离子进行质谱分析。串联质谱即将两台质谱仪依次连在一起，第一台质谱仪用于分离多肽，然后选出每一个多肽进行下一步分析。第二台质谱仪将多肽裂解成离子碎片，

---

① 电喷雾电离串联质谱也称电喷射电离串联质谱，若待测样品是蛋白质，则蛋白质溶液先用蛋白水解酶或化学试剂处理，水解成多肽混合物。

将不同质荷比（分子质量与电荷的比，*m/z*）的离子分开，通过检测仪器记录各种离子的位置和强度，形成质谱图。通过对质谱图的分析获得多肽及蛋白质的结构信息，推断氨基酸的序列。

MS 测序的优点是测定速度快，灵敏度高，所需的样品量极微（10^{-12} mol 水平），特别适用于小肽的序列测定。MS 更显著的优势是可用于测定混合物中几个多肽的序列，免去了繁重的多肽分离工作，而且它还可对 N 端封闭的肽进行序列测定，并能提供翻译后修饰的信息。

（2）**DNA 测序法** 由于核酸一级结构测定技术发展非常迅速，其方法要比蛋白质序列测定容易，用测定核酸的序列推断蛋白质序列是近年来蛋白质一级结构测定中的一大进展。尽管鉴定和测定相应 DNA 序列后，可以很容易推断出其蛋白质的序列，但蛋白质测序仍然是必不可少的。例如，只有蛋白质测序后才能知道蛋白质中二硫键的位置；许多蛋白质在合成之后会被修饰。此外，还必须测定蛋白质的 N 端和 C 端，否则不知道 DNA 序列的起点和终点等，因此需要将 DNA 序列测定和蛋白质序列测定两者有机地结合起来，将两种方法得到的结果进行比较，互相印证。实践证明，此种结合非常有效，大大加快了蛋白质一级结构测定的速度，特别是对用传统的蛋白质化学方法难以测定的相对分子质量大的（$M_r > 10$ 万以上）或含量很低的蛋白质更显示其优越性，目前这种结合法已被广泛使用（𝓮**辅学窗** 3–16）。

3.5.5 蛋白质的二级结构

蛋白质的二级结构（secondary structure）是指蛋白质分子中多肽链本身的折叠和盘绕的方式，它仅涉及肽链中主链的构象，并不涉及侧链构象。酰胺平面是构成主链构象的基本单位，首先介绍酰胺平面，再介绍常见的蛋白质二级结构。

3.5.5.1 酰胺平面

早在 20 世纪 30 年代，Linus Pauling 和 Robert Corey 就开始用 X 射线衍射法测定肽晶体分子中各原子间的键长和键角，得到了下列重要的结论：

（1）肽键的键长为 0.132 nm，介于 C—N 单键（0.147 nm）和 C=N 双键（0.127 nm）之间，且更接近于 C=N 双键，故肽键具有部分双键的性质，不能自由旋转。

（2）由于肽键不能自由旋转，形成肽键的 4 个原子（C、O、N、H）和与之相连的 2 个 α– 碳原子共处在 1 个平面上，形成酰胺平面，也称肽键平面或肽平面（amine plane）（图 3–11）。

（3）在酰胺平面中 C=O 与 N—H 呈反式。

肽链的主链是由许多酰胺平面组成，平面之间以 C_α 相隔，而 C_α—N 键和 C_α—C 键是单键，可以自由旋转。绕 C_α—N 键旋转的角度称 ϕ（角），绕 C_α—C 键旋转的角度称 Ψ（角）。这两个旋转的角度称二面角或构象角（图 3–11），二面角可以在 0°～±180° 范围内变动。

当 ϕ 的旋转键 C_α—N_1 两侧的 N_1—C_1 和 C_α—C_2 呈顺式时，规定 $\phi = 0$°；同样 Ψ 的旋转键 C_α—C_2 两侧的 C_α—N_1 和 C_2—N_2 呈顺式时，规定 $\Psi = 0$°。从 C_α 向 N_1 看，沿顺时针方向旋转 C_α—N_1 键所形成的 ϕ 角度规定为正值，逆时针旋转为负值；从 C_α 向 C_2 看，沿顺时针旋转 C_α—C_2 键所形成的 Ψ 角度规定为正值，逆时针旋转为负值。

理论上 ϕ 和 Ψ 可在 0°～±180° 范围内变动，但实际上由于受到肽链骨架和氨基酸侧链原子间空间位阻的限制，其中许多值实际上是不存在的。肽链在可旋转性和受限制性两方面的制约下，形成特定的构象。G. N. Ramachandran 等人采用原子的"硬球模型"，根据范德华半径和键角计算并确定了 ϕ 和 Ψ 的允许值。用 ϕ 作

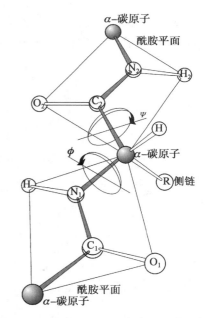

图 3-11 酰胺平面和二面角（ϕ、Ψ）示意图

横坐标，Ψ 作纵坐标，作出的 ϕ-Ψ 图称为拉氏图（Ramachandran plot），见图 3-12，图中大部分区域对于多肽链来说在构象上是不允许的，只有阴影区域的 ϕ 和 Ψ 是存在于天然多肽链中。

拉氏图二面角（ϕ、Ψ）的允许值与多肽链实际构象二面角的允许值基本吻合，说明拉氏图基本上是可靠的（Gly 是例外）。

3.5.5.2 α 螺旋结构

肽链在纤维状蛋白质和球状蛋白质分子中的构象问题，过去曾有许多假说，经人们多年的研究（主要是 X 射线衍射法的研究），一致认为蛋白质（无论是纤维状蛋白质或球状蛋白质）分子中的肽链虽各有不同，但多是螺旋结构。L. Pauling 学派提出的 α 螺旋（α-helix）学说，是大家所公认的（ⓔ辅学窗 3-17）。α 螺旋链的骨干结构呈锯齿形，链中的 C=O 和 N—H 基团在同一平面内，但分布在锯齿链的两侧。链中各原子间的链长、键角皆有一定，与图 3-13A 所示肽链的骨干链无大差异（键角差异不超过 4°）。由骨干肽链组成的多肽折叠成规则的、周期性的 α 螺旋状结构（图 3-13B）。

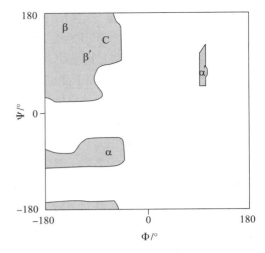

图 3-12 多聚 L-Ala 的拉氏图

α：右手 α 螺旋；α'：左手 α 螺旋；β：反平行 β 折叠；β'：平行的 β 折叠；C：胶原螺旋的 ϕ 和 Ψ 值

在 α 螺旋结构中，每 3.6 个氨基酸残基绕螺旋上升一圈，每圈的高度为 0.54 nm。每个氨基酸残基沿轴上升 0.15 nm，沿轴旋转 100°。每一个 ϕ 角等于 –57°，每一个 Ψ 角等于 –47°。侧链 R 基团伸向螺旋外侧（图 3-13C）。在同一肽链内相邻的螺圈之间形成氢键，氢键的取向几乎与中心轴平行，氢键是由第 n 个氨基酸残基的—C=O 的氧与第 $n+4$ 个氨基酸残基的—NH 的氢之间形成的，如图 3-14 中所示。氢键封闭环内的原子数为 13 个。

α 螺旋的稳定性就靠这种氢键来维持。α 螺旋有左手螺旋和右手螺旋两种（ⓔ辅学窗 3-18），天然蛋白质中的 α 螺旋链大都是右手螺旋。凡从 R—CH—NH—CO 一端作起点围着螺旋轴心向右盘旋的多肽链称右手 α 螺旋，

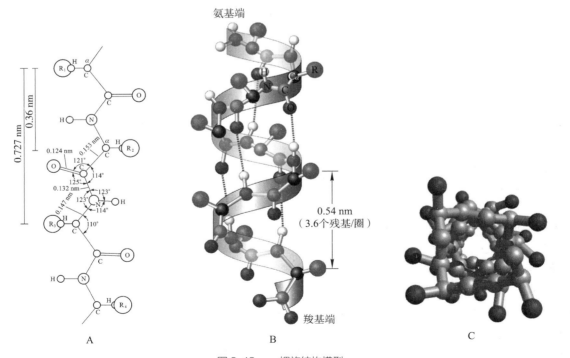

图 3-13 α 螺旋结构模型

A. 肽链骨干；B. 右手 α 螺旋；C. 螺旋顶面观

图 3–13B 就是右手 α 螺旋肽链。1978 年，有人在嗜热菌蛋白酶的晶体结构中发现第 226～229 位的氨基酸残基形成一圈左手螺旋，ϕ 角为 64°，Ψ 角为 42°。理论上讲 α 螺旋可以是右手螺旋，也可以是左手螺旋，但对于由 L 型氨基酸构成的左手 α 螺旋来说，由于侧链和肽链的骨架过于靠近，一般是不稳定的，故而很罕见。

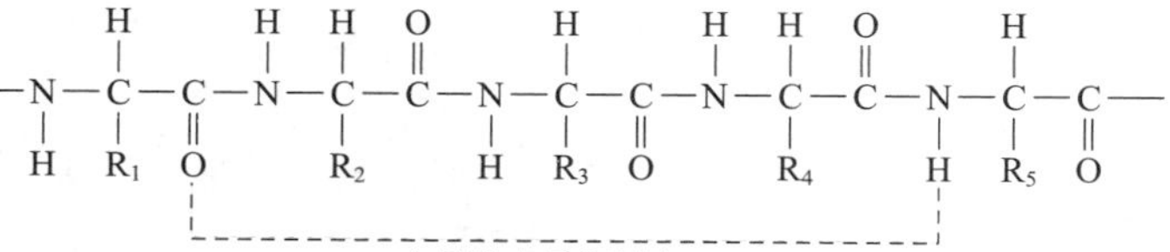

图 3-14　α 螺旋的氢键

有些 α 螺旋会形成一种很特殊的两亲螺旋（amphipathic helix）。螺旋轮作图是螺旋沿着螺旋轴的二维透射图，可显示氨基酸侧链基团相对于螺旋边缘的分布情况。如图 3–15 所示，两亲螺旋的亲水性和疏水性氨基酸残基有规律地集中排列在与对称轴平行的两个侧面，这类螺旋在自然界也广泛存在。

由于蛋白质分子中除了上述典型的 α 螺旋外，还有一些非典型的 α 螺旋，所以常用 "n_s" 表示螺旋结构，其中 n 表示螺旋上升一圈氨基酸的残基数，s 表示氢键封闭环内的原子数。如典型的 α 螺旋用 3.6_{13} 表示，其中 3.6 指每圈螺旋含 3.6 个氨基酸残基，右下角的 13 表示氢键封闭环内含 13 个原子（3×3 + 4 = 13）。不典型的 α 螺旋如 3_{10}、4.4_{16}（π 螺旋）等在蛋白质中也有发现，但它们不够稳定（⒠辅学窗 3–19）。

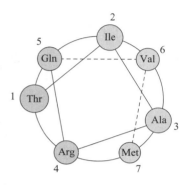

1 2 3 4 5 6 7
-Thr-Ile-Ala-Arg-Gln-Val-Met

图 3-15　两亲螺旋

蛋白质肽链能否形成 α 螺旋以及形成的螺旋是否稳定，与它的氨基酸组成和序列直接有关。如①肽链中有脯氨酸时，α 螺旋容易中断，并产生一个 "结节"（kink），这是因为脯氨酸的 α- 亚氨基上氢原子参与肽键的形成后，没有多余的氢原子形成氢键；加上其 α- 碳原子位于五元环上，其 C_α—N 键不能自由旋转，不易形成 α 螺旋。②甘氨酸残基由于没有侧链的约束，其 ϕ 角与 Ψ 角可以取任意值，难以形成 α 螺旋所需的稳定二面角。③肽链中连续存在带相同电荷的氨基酸残基（如赖氨酸、精氨酸或天冬氨酸、谷氨酸），由于同性电荷相斥也会造成 α 螺旋不稳定。④多肽链中连续出现带庞大侧链的氨基酸如异亮氨酸残基，由于侧链 R 基团太大，产生空间位阻，也难以形成 α 螺旋。⑤β 碳位上有分支的氨基酸残基如异亮氨酸、缬氨酸和苏氨酸，它们的分支离螺旋最近，亦不利于 α 螺旋的形成。

α 螺旋链在某些情况下可伸展。例如，构成 α- 角蛋白的螺旋链，在受热水、稀酸或稀碱处理即可伸展，但取消处理后，又可恢复原状。

α 螺旋是天然蛋白质最常见的二级结构之一。蛋白质分子的肽链不会全部是 α 螺旋，例如肌红蛋白和血红蛋白分子的肽链中约 80% 是 α 螺旋，而胰凝乳蛋白酶的肽链含 α 螺旋较少，只有约 14%。

3.5.5.3　β 折叠结构和 β 凸起

肽链的 β 折叠结构学说也是 Pauling 等人提出的。Pauling 等在用 X 射线衍射法研究丝心蛋白结构时，获得的数据无法用 α 螺旋理论来解释，经进一步研究，遂提出一种新的蛋白质二级结构，即 β 折叠（β–sheet）[①]。β 折叠结构与 α 螺旋结构的差异是 α 螺旋结构肽链是卷曲的棒状螺旋，而 β 折叠结构的肽链几乎是完全伸展的，邻近两链以相同或相反方向平行排列成片状（图 3–16A、B）。β 折叠结构的肽主链呈锯齿状，侧链基团交替地从折叠片层平面上、下侧伸出（图 3–16C）。两个氨基酸残基之间的轴心距为 0.35 nm，而 α 螺旋的轴心距为 0.15 nm。β 折叠结构的氢键是由邻近两条肽链中一条的 C＝O 与另一条的 N—H 之间所形成，而不像 α 螺旋结构的氢键是由同一多肽链的 C＝O 与 N—H 之间形成的。丝心蛋白的二级结构主要是 β 折叠结构，有些蛋白质二级结构中同时存在 α 螺旋和 β 折叠结构，例如核糖核酸酶二级结构包含约 26% 的 α 螺旋和 36% 的 β 折叠。

---

① 又称 β 折叠层状结构（β–pleated sheet 或 pleated sheet），β 字头仅仅是用来表示这一学说与 α 螺旋结构学说有所不同而已，别无其他意义，与表示甘油醛和氨基酸构型或碳位的 α、β 完全不同。

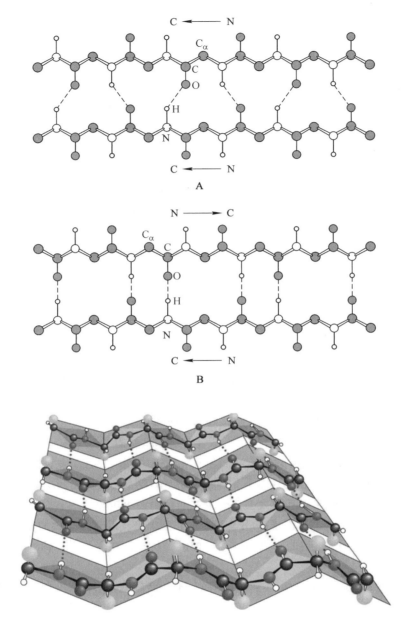

图 3-16 β 折叠结构

A. 反平行 β 折叠结构（一条肽链的 N 端和另一条肽链的 C 端在同一侧）；B. 平行 β 折叠结构（相邻肽链的 N 端
在同一端）；C. 反平行 β 折叠片结构

在某些反平行的 β 折叠中，发现由于一条 β 折叠链中有一个氨基酸残基的肽键，其 C=O 和 N—H 基没有参与和相邻 β 折叠链之间的氢键，致使这一部位有所凸起，这一现象被称为 β 凸起（β bulge）（图 3-17），β 凸起是一种小片段的非重复性结构，主要发现在反平行的 β 折叠中，很少出现在平行的 β 折叠中。

3.5.5.4 β 转角结构

大多数蛋白质呈紧密的球状构象，这是由于它们的多肽链经常出现 180° 的回折，在这种肽链回折处的结构称 β 转角（β-turn），也称 β 弯曲（β-bend），或称发夹结构（hairpin structure）。它一般由 4 个连续的氨基酸残基组成，由第一个氨基酸残基的 C=O 与第四个氨基酸残基的 N—H 之间形成氢键，使 β 转角成为比较稳定的结构。β 转角主要有两种类型，Ⅰ型和Ⅱ型。它们之间的不同之处在于连接第 2 位残基与第 3 位残基的肽单位[①]，旋转了 180°（图 3–18）。

在 β 转角中甘氨酸和脯氨酸出现的频率较高。这是因为甘氨酸的侧链只有一个氢原子，在构象上几乎没有空间障碍，可以缓和由于肽链弯曲造成的残基侧链间的作用。脯氨酸则相反，其亚氨基与侧链形成环状结构，比较严格地限制了构象角的自由度，在一定条件下能导致 β 转角的形成。

在球状蛋白质中，β 转角是非常多的，可以占总残基数的 1/4。大多数 β 转角位于蛋白质分子表面，多数由亲水氨基酸残基组成。

3.5.5.5　Ω 环

这是近 20 年来发现的普遍存在于球状蛋白质中的一种新的二级结构。这种结构的形状像希腊字母"Ω"，故称 Ω 环（Ω loop，图 3–19）。它由 6 ~ 16 个氨基酸残基组成，而且第一个残基的 α 碳原子和最后一个残基的 α 碳原子间的距离小于 1 nm。

Ω 环几乎只出现在蛋白质分子的表面，而且以亲水氨基酸残基为主，它们在分子识别过程中可能起重要作用。

图 3–19 仅显示了骨架原子，侧链填入环中。该结构来自细胞色素 c 的第 40 ~ 54 号残基。

3.5.5.6　无规卷曲

无规卷曲（random coil）也称卷曲（coil），指相对于前面介绍的几种规则或部分规则[②]的结构而言，有一些肽段的结构没有一定的规则，它们有更大的任意性。但是这些肽段的构象又不是完全任意的，因为每一种蛋白质肽链中存在的这一类型肽段的空间构象又几乎是相同的。也就是说，蛋白质中的无规卷曲也有明确和稳定的构象，这类有序的非重复性结构经常出现在酶的活性部位或蛋白质的功能部位，因此也是一种十分重要的二级结构（图 3–20）。

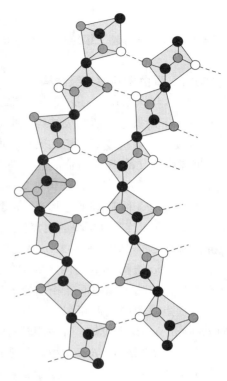

图 3-17　β 凸起

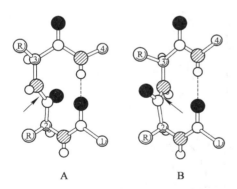

图 3-18　两种最常见的 β 转角的结构
箭头示发生旋转的酰胺键
Ⅰ型转角（A）的发生率是Ⅱ型（B）的两倍多。Ⅱ型转角（B）常以甘氨酸作为第 3 个残基。注意弯折的第 1 个和第 4 个残基间有氢键

图 3-19　Ω 环的空间填充模型
细胞色素 c 的第 40~54 号残基

---

① 肽单位（peptide unit），也称肽基（peptide group），指肽链中酰胺基（—CO—NH—）所包含的 4 个原子。

② α 螺旋和 β 折叠是规则的二级结构，而 β 转角和 Ω 环是部分规则的二级结构。

3.5.6 蛋白质的超二级结构和结构域

3.5.6.1 蛋白质的超二级结构

1973 年，M. Rossmann 提出了超二级结构（supersecondary structure）的概念。超二级结构是指二级结构的基本结构单位（α螺旋、β折叠等）相互聚集，形成有规律的二级结构的聚集体，又称模体（motif）[1]。超二级结构主要涉及α螺旋、β折叠等在空间上是如何聚集在一起的问题。已知的超二级结构有 3 种基本组合形式：α螺旋的聚集体（αα，图 3-21A），α螺旋和β折叠的聚集体（βαβ，图 3-21B，C），β折叠的聚集体（ββ，图 3-21D，E，F）。

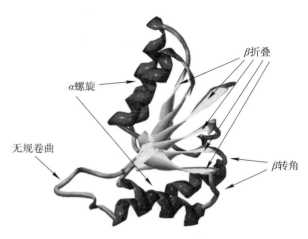

图 3-20 几种蛋白质二级结构的示意图

（1）**αα 结构** αα 是两个 α 螺旋互相缠绕，以 14 nm 的周期形成左手超螺旋，见图 3-21A，两个螺旋靠疏水侧链的疏水作用而互相结合，自由能很低，因此这种结构很稳定。它存在于 α- 角蛋白和原肌球蛋白等纤维状蛋白质中。近年来在一些球状蛋白质中，如烟草花叶病毒外壳蛋白、蚯蚓血红蛋白和细菌视紫红质（bacteriorhodopsin）等，亦发现较短的 αα 聚集体。

（2）**βαβ 结构** βαβ 是由两段平行的 β 折叠通过一段 α 螺旋连接而形成的结构（图 3-21B），最常见的是两个 βαβ 聚集体连在一起形成 βαβαβ 结构，称 Rossmann 折叠（Rossmann fold，图 3-21C），它存在于许多球状蛋白质中，如苹果酸脱氢酶、乳酸脱氢酶和枯草杆菌蛋白酶等。

（3）**ββ 结构（βββ 结构）** ββ 结构是由两段反平行的 β 折叠通过连接肽（connecting peptide）连接而成，其连接肽的长度通常为 2~4 个残基，这种结构称 β 发夹（β–hairpin）结构（图 3-21D）。

几个 β 发夹可进一步组合成蛋白质结构中常见的 β 曲折（β–meander）（图 3-21E）和希腊钥匙结构（greek key structure，图 3-21F）[2]。

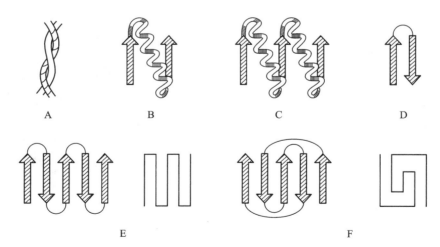

图 3-21 几种超二级结构的示意图
A. αα；B. βαβ；C. Rossmann 折叠；D. β 发夹；E. β 曲折；F. 希腊钥匙结构

---

① 模体：也称基序、基元。

② 希腊钥匙结构也称希腊钥匙拓扑（greek key topology）结构，因这种结构类似于古希腊陶瓷花瓶上发现的特殊花纹而得名，希腊钥匙的超二级结构不参与任何专一的生物学功能，但在蛋白质结构中经常出现。

超二级结构在多种蛋白质中充当三级结构的元件，也可以作为蛋白质的功能结构单元发挥作用，例如同源异形域、锌指结构、亮氨酸拉链等模体是转录因子的功能结构域，通过与 DNA 发生相互作用调控转录过程，详见基因表达的调控章 20.2.2。

3.5.6.2　蛋白质的结构域

1970 年，C. Edelman 为了描述免疫球蛋白（immunogobulin，IgG）分子的构象，提出了结构域的概念。现在"结构域"已被生物化学家普遍接受。在较大的球状蛋白质分子中，多肽链往往形成几个紧密的球状构象，彼此分开，以松散的肽链相连，此球状构象就是结构域。最常见的结构域含 100～200 个氨基酸残基，少至 40 个左右，多至 400 个以上。

结构域是球状蛋白质的折叠单位，多肽链折叠的最后一步是结构域的缔合。对于那些较小的蛋白质分子来说，结构域和三级结构往往是一个意思，也就是说这些蛋白质是单结构域的。一般来说，大的蛋白质分子可以由 2 个或更多个结构域组成，如木瓜蛋白酶分子包含 2 个不同的结构域，免疫球蛋白分子包含 12 个相似的结构域（图 3-22）。

结构域这一结构层次的出现也不是偶然的。从动力学的角度来看，一条较长的多肽链先折叠成几个相对独立的区域要比直接折叠成完整的空间结构更为合理。从功能角度来看，酶蛋白的活性中心往往位于结构域之间，这是因为连接各个结构域的往往只有一段肽链，因而结构域在空间上的摆动比较自由，有利于活性中心与底物的结合。

根据结构域中二级结构的种类、数量及排布，将结构域分成 5 种类型：① 全 α 类；② 全 β 类；③ α/β 类；④ α+β 类；⑤ "无规"卷曲类（见 **ℯ辅学窗 3-20**）。

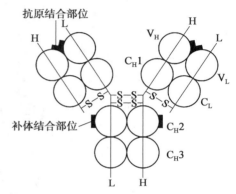

图 3-22　免疫球蛋白分子的 12 个结构域
C 和 V 分别表示保守区结构域和可变区结构域，H 和 L 分别代表重链和轻链，S—S 表示二硫键

3.5.7　蛋白质的三级结构

蛋白质的三级结构（tertiary structure）是指多肽链在二级结构的基础上进一步折叠、盘绕成复杂的空间结构。三级结构涉及蛋白质分子或亚基[①]内所有原子的空间排布，但不涉及亚基之间的关系。三级结构主要靠非共价键如氢键、离子键、疏水键和范德华力等来维持。然而，绝大多数蛋白质中二硫键对蛋白质的稳定和三级结构的形成也起到相当重要的作用。

螺旋肽链在蛋白质分子中是按照一定方式形成构象。在纤维蛋白分子中一般为平行排列，例如角蛋白、丝心蛋白、胶原蛋白的三级结构皆是如此。在球状蛋白质分子中，螺旋肽链盘绕成特有的三级结构。1963 年，英国 J. Kendrew 等人解析出了第一个蛋白质——抹香鲸（sperm whale）肌红蛋白（myoglobin，Mb）的全部原子的空间结构（**ℯ辅学窗 3-21**）。鲸肌红蛋白是由一条 α 螺旋链折叠、盘绕成一个近似球状的三级结构，分子大小约 4.5 nm × 3.5 nm × 2.5 nm，还有一个血红素辅基（图 3-23）。

随着许多其他球状蛋白质三级结构的测定，人们发现肌红蛋白仅仅代表了多肽链可能折叠的许多方法之一。在球状蛋白质中，α 螺旋和 β 折叠的比例和组合方式是多种多样的。表 3-11 列举了几种球状蛋白质中 α 螺旋和 β 折叠构象的比例。图 3-24 给出了细胞色素 c、溶菌酶和核糖核酸酶 A 的三级结构。球状蛋白质的三级结构很复杂，每种蛋白质都有适应其特殊生物学功能的不同结构，但是总的来说，球状蛋白质具有几个共同的重要的特性：折叠紧密；疏水氨基酸侧链朝向内部（远离水），亲水侧链位于表面；其结构通过疏水作用、氢键和离子键

---

① 亚基见 3.5.8 蛋白质的四级结构

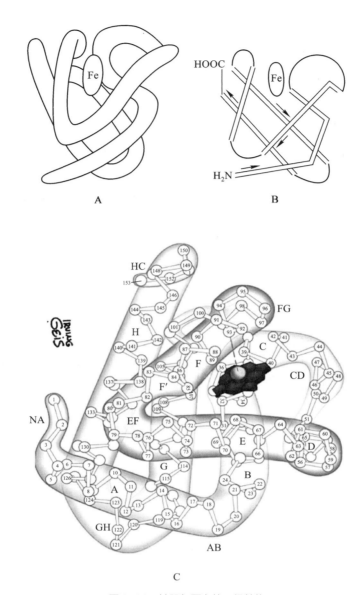

图 3-23 鲸肌红蛋白的三级结构

A. 三级结构模型图，图内的圈状结构代表含铁血红素；B. 三级结构示意图，肽链盘绕血红素伸展方向，单线表示非螺旋段，双线表示螺旋段；C. 高分辨率示意图，数字表示氨基酸序列，字母 A～H 表示 8 段 α 螺旋，双字母表示前、后螺旋的过渡肽段

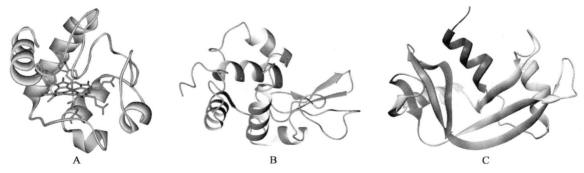

图 3-24 3 种球状蛋白质的三级结构

A. 细胞色素 c；B. 溶菌酶；C. 核糖核酸酶 A

α 螺旋和 β 折叠构象分别用螺旋形的条带和扁平箭头表示

等维持得以稳定（详见 3.5.3 和 3.5.9.2）。

表 3-11　一些球状蛋白质的 α 螺旋和 β 折叠构象的比例

蛋白质（残基总数）	残基 /%	
	α 螺旋（约数）	β 折叠（约数）
胰凝乳蛋白酶（247）	14	45
核糖核酸酶（124）	26	36
羧肽酶（307）	38	17
细胞色素 c（104）	39	0
溶菌酶（129）	25	12
肌红蛋白（153）	80	0
血红蛋白（574）	80	0

3.5.8　蛋白质的四级结构

　　具有三级结构的蛋白质分子亚基按一定方式聚合起来成蛋白质大分子，即为蛋白质的四级结构。亚基（subunit）亦称亚单位，是指蛋白质的最小共价单位，由一条多肽链或以共价键连接在一起的几条多肽链组成。如人血红蛋白的四级结构是由 4 个亚基构成的（图 3-25），每一亚基由一条螺旋肽链与一个血红素辅基组成，4 条肽链由非共价键相互吸引。谷氨酸脱氢酶是由 6 条相同的各含 503 个氨基酸的肽链所组成，相对分子质量约为 3.3×10^5。烟草斑纹病毒的四级结构则由 2 130 个亚基聚合而成。

图 3-25　人血红蛋白的四级结构示意图
4 条肽链聚合成四级结构，每条肽链各盘绕一个血红素

　　蛋白质四级结构的亚基一般都是偶数，亚基的排列都是对称性的，对称性是蛋白质四级结构的重要性质之一。

　　蛋白质结构的稳定性是靠分子中的多种化学键来维持的。在某些情况下，如与某种物质结合或受其他理化因素的影响，其结构即会起改变。分子结构一经改变，其性质及功能即随之而变，这种关系将在下节中加以阐述。

　　生物体采用四级结构这一结构层次是有其生物学意义的。①四级结构可增强蛋白质结构的稳定性；②当寡聚蛋白质结合配体时，亚基之间存在相互作用，有利于生物活性的调节（参见 3.5.9.2 中血红蛋白的结构与功能）；③用较小的 DNA 片段编码合成得到亚基，进而组装成更大的有各种功能的蛋白质，对生物体来说是经济的。

思考题

1. 蛋白质具有的肽链数目与其亚基数目是否一致？
2. 蛋白质分子的亚基与结构域是同义词吗？

3.5.9 纤维状蛋白质和球状蛋白质的结构

上节介绍了蛋白质的一般结构概念，现在我们举例说明，纤维状蛋白质和球状蛋白质的结构特征。

3.5.9.1 纤维状蛋白质的结构

纤维状蛋白质是高度长形的分子，由单一的、重复的二级结构构成，在生物体中具有保护、连接或支撑的功能。典型的纤维状蛋白质有 α- 角蛋白、丝心蛋白和胶原蛋白等。

α- 角蛋白（α-keratin） 角蛋白主要存在于动物的毛发、羽毛、鳞、指甲或蹄等组织中，有 α- 角蛋白和 β-角蛋白两种，α- 角蛋白存在于哺乳动物中，β- 角蛋白存在于鸟类和爬行类动物中。

α- 角蛋白主要由右手 α 螺旋肽链组成，两条 α 螺旋肽链相互缠绕形成左手的卷曲螺旋（coiled helix），即超螺旋结构[①]，这是 α- 角蛋白的基本结构元件。许多卷曲螺旋可组装成大的超分子复合物。毛发的 α- 角蛋白由卷曲螺旋以高度有序的方式组装成原纤丝（protofilament）、初原纤维（protofibril）和中间丝（intermediate filament），毛发就是由许多中间丝组成的（图 3-26）。

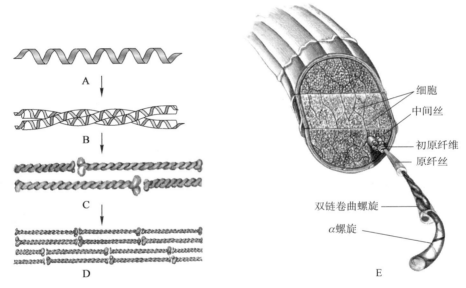

图 3-26　毛发的结构

A. α- 角蛋白的 α 螺旋；B. 两个 α 螺旋按左手方向相互缠绕形成卷曲螺旋；C. 卷曲螺旋首尾相连排成一行，共排列成两行，形成的结构称原纤丝；D. 2 根原纤丝形成 1 根初原纤维；E. 毛发的横截面（大约 4 个初原纤维，即 32 条 α 螺旋肽链结合在一起形成中间丝）

毛发横截面图中标注：细胞、中间丝、初原纤维、原纤丝、双链卷曲螺旋、α螺旋

α- 角蛋白的特点是富含半胱氨酸，由胱氨酸的二硫键连接相邻肽链。头发经硫醇[②] 处理，二硫键被还原发生断裂，变成—SH。用硫醇处理过的头发可以卷曲，再用氧化剂处理，使肽链之间的—SH 按新的组合形成新的二硫键，可使卷曲的头发定型，这就是"烫发"的原理（ⓔ**辅学窗 3-22**）。

丝心蛋白（silk fibroin） 丝心蛋白是蚕丝、蜘蛛丝的主要成分，丝心蛋白由多条反平行 β 折叠肽链沿纤维轴平行排列形成片层结构（图 3-27A），不含卷曲的 α 螺旋肽链。丝心蛋白的肽链主要由多个六肽重复连接而成，即（Gly—Ser—Gly—Ala—Gly—Ala）$_n$，Gly 和 Ala/Ser 间隔排列。当然，丝心蛋白所含的氨基酸残基并不限

---

① α- 角蛋白中 α 螺旋的螺距是 0.51 nm，而不是正常的 0.54 mm，这是由于一个 α 螺旋与另一个 α 螺旋相互作用而轻微扭曲的结果。
② 硫醇（mercaptan）是指二硫苏糖醇、巯基乙醇和巯基乙酸盐等包含—SH 的化合物。

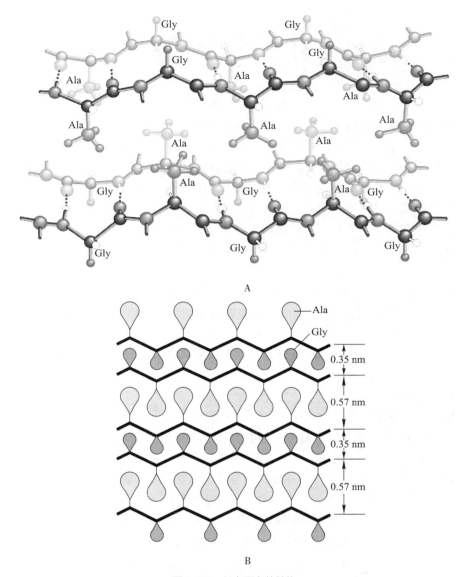

图 3-27　丝心蛋白的结构

A. β 折叠片三维结构；B. 甘氨酸和丙氨酸（或丝氨酸）的侧链构成交替堆积层结构

于这 6 种。β 折叠中每个氨基酸残基的侧链交替出现在 β 折叠片平面的上方和下方，因此，所有 Gly 的侧链在一侧，Ala/Ser 的侧链在另一侧，从而形成了紧凑交替堆积的三维结构。两个交替堆积层的距离分别是 0.35 nm 和 0.57 nm，分别是 Gly（侧链小）和 Ala/Ser（侧链大）的 R 基团形成的空间距离（图 3-27B）。这种致密的堆积结构使丝心蛋白纤维具有很高的抗张强度。同时，丝心蛋白不含二硫键，其结构的稳定依靠弱相互作用维系，包括肽链之间的氢键和 β 折叠之间的范德华力，因此使得丝心蛋白纤维具有很柔软的特性。但由于 β 折叠是高度伸展的构象，因此丝心蛋白不能拉伸。

胶原蛋白（collagen）　也称胶原，存在于皮肤、软骨和骨质内。不溶于水，具有很高的拉伸强度。

胶原具有独特的氨基酸组成，Gly 占 33%，Pro 占 13%，还含有不常见的羟脯氨酸（Hyp）和羟赖氨酸（Hyl）。Hyp 和 Hyl 是在蛋白质一级结构序列形成之后，由特定的酶催化修饰序列中的 Pro 和 Lys 形成的。一级结构具有重复的 Gly—X—Y 序列，其中 X 常常是 Pro 残基，而 Y 是 Hyp 残基或 Hyl 残基。由于重复出现 Pro 和 Hyp，因此胶原不可能形成 α 螺旋，加之过多的 Gly 也不利于 α 螺旋的形成，而这样的重复序列促使胶原蛋白形成特殊的三股螺旋结构，这种三股螺旋被称为原胶原（tropocollagen）。

　　胶原的基本结构单位是原胶原分子，是由 3 条多肽链组成的缆状结构。每一条多肽链略向左扭成左手螺旋[①]。3 条多肽链相互绞合成右手大螺旋，靠 Gly 之间形成的氢键维系（图 3-28）。

　　若干个原胶原横向堆积，序列中所含有的 Lys 侧链在赖氨酰氧化酶作用下，其 ε- 氨基被氧化成醛基，形成醛基赖氨酸，两分子醛基赖氨酸的侧链醛基自发进行醛醇缩合而共价交联（Lys-Lys 共价交联），这种结构被称为胶原微纤维，这些共价交联促进胶原微纤维的稳定。许多胶原微纤维横向堆积，以相同的方式通过共价键连接，形成胶原纤维，这些共价交联促进胶原纤维的稳定。胶原纤维是胶原蛋白行使生理作用的基本形态，在生物体内胶原纤维交织成富有机械强度和弹性的网状结构成为结缔组织最基本的组成成分。随着年龄的增长，原胶原分子内和分子间的共价交联越来越多，会造成胶原纤维的硬度和脆性增加，降低了结缔组织的机械性能，会造成骨头变脆，是造成老人骨质疏松和骨脆性增加的重要原因。

图 3-28　胶原蛋白的三股螺旋结构示意图

　　α- 角蛋白、丝心蛋白和胶原蛋白代表三类不同结构的纤维状蛋白质，α- 角蛋白是由"卷曲螺旋"型的 α 螺旋构成的结构，丝心蛋白是由伸展的反平行 β 折叠构成的结构，而胶原蛋白则是以多肽链三股螺旋的排列为基础的结构。纤维状蛋白质广泛分布于所有动物细胞中，如果破坏了某些纤维状蛋白质如角蛋白或胶原蛋白结构的完整性，就会导致严重的疾病，见 💿辅学窗 3-23。

3.5.9.2　球状蛋白质的结构

　　球状蛋白质通常都含有一定数量的 α 螺旋，有的含 α 螺旋多，如鲸肌红蛋白和血红蛋白；有的含 α 螺旋很少，如细胞色素 c、核糖核酸酶和胰凝乳蛋白酶。β 折叠也常出现在球状蛋白质中，但并非所有球状蛋白质都有，例如细胞色素 c、肌红蛋白和血红蛋白中就没有 β 折叠结构（表 3-11）。

　　典型球状蛋白质分子的多肽都折叠得十分紧密，内部几乎无空穴可容纳水分子。肽链中氨基酸残基的极性 R 基一般都位于分子外表，并与水结合，非极性疏水 R 基则几乎全部位于分子内部。

　　肌红蛋白（myoglobin）　肌红蛋白为骨骼肌的储氧蛋白，水生哺乳动物如鲸及海豹的肌肉中含量甚多，由含 153 个氨基酸残基的 1 条肽链和 1 个血红素辅基所组成。相对分子质量 17 800，分子结构紧密，内部空隙极小（图 3-23），主链的 75% 为右手 α 螺旋，折叠盘绕近似球状。主链有 8 个螺旋段，其中 4 个的末端为脯氨酸残基。在螺旋段间有 5 个非螺旋段。主链的 N 端、C 端各有一个非螺旋段，在 N 端为 2 个氨基酸残基的非螺旋段，在 C 端为 5 个氨基酸残基的松散非螺旋段。多肽链借助侧链间的相互作用，折叠成内有空穴的三级结构。所有非极性氨基酸残基的疏水基团都位于空穴周围，带极性及非极性基的氨基酸残基如苏氨酸、色氨酸和酪氨酸则非极性部分向内，极性部分向外，向内的极性氨基酸残基只有组氨酸 1 种。肌红蛋白分子表面的氨基酸残基，极性和非极性的都有。在肽链拐弯处不是 α 螺旋，而是无规卷曲。

　　血红蛋白（hemoglobin）　血红蛋白是脊椎动物红细胞内的氧运输蛋白，由 2 条 α 链，2 条 β 链组成的 4 亚基蛋白（$\alpha_2\beta_2$）。人血红蛋白的 α 链含 141 个氨基酸残基，β 链含 146 个氨基酸残基。每条多肽链各与 1 个血红素（heme）相结合，4 条多肽链之间由次级键相连形成四级结构。血红素是血红蛋白与氧结合的部位。血红蛋白中的每条多肽链与肌红蛋白的单个多肽链有非常相似的三级结构（尤其是 β 链），尽管它们的氨基酸序列有 83% 残基不同（图 3-29）。这在蛋白质结构中是一个相当普遍的现象，即非常不同的一级结构，能够形成非常相似的三维结构。

　　多种球状蛋白质的三维结构有一些共同特征：

[①]　左手螺旋每圈约 3.3 个残基，螺距为 0.95 nm。

（1）球状蛋白质分子一般含有两种或两种以上的二级结构形式，而一种纤维状蛋白质一般只含一种二级结构的形式。如球状蛋白质溶菌酶含有 α 螺旋、β 折叠、β 转角和无规卷曲等；纤维状蛋白质如 α- 角蛋白仅含 α 螺旋，丝心蛋白仅含反平行 β 折叠。

（2）球状蛋白质分子有明显的折叠层次：二级结构→超二级结构→结构域→三级结构→四级结构。

（3）在球状蛋白质分子中，一条多肽链往往紧密折叠成近似球状的构象，球体内部的空穴很小。

（4）在球状蛋白质分子中，大多数非极性侧链总是埋在分子内部，形成疏水核，而大多数极性侧链总是暴露在分子的表面，形成亲水面，因此球状蛋白质是水溶性的。

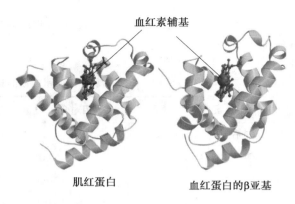

图 3-29　肌红蛋白与血红蛋白
β 亚基的三级结构比较

（5）在球状蛋白质分子的表面往往有内陷的空穴（也称裂隙、凹槽或口袋）。此空穴周围有许多疏水侧链，形成疏水区，能容纳 1～2 个小分子配体或大分子配体的一部分与蛋白质发生相互作用。对酶分子而言，此空穴正好容纳 1～2 个小分子底物或大分子底物的部分，此空穴即为酶分子的活性部位。对肌红蛋白、血红蛋白和细胞色素 c 而言，此空穴正好容纳一个血红素辅基，是蛋白质行使生物功能的活性部位。

❓ 思考题

1. 构型与构象两个名词的意义是什么，它们的区别是什么？在什么地方该用构型，在什么地方该用构象？

2. 一组球状单体蛋白质，相对分子质量从 10 000 到 100 000。随着蛋白质相对分子质量的增加，亲水残基与疏水残基的比率将会发生什么变化？

3.6　蛋白质的重要性质

在了解蛋白质的组成和分子结构的概况后，现在应当进而了解它们的共性。蛋白质的共性与它们的分子结构和组成它们的氨基酸的性质是分不开的。

3.6.1　胶体性质

蛋白质的分子都很大，其相对分子质量小者数千，大者数千万，如表 3-12。在水中形成胶体溶液。由于蛋白质的亲水基团在分子表面，因此与水有很强的亲和力，使蛋白质溶液成为一种亲水胶体（hydrophilic colloid）。蛋白质的亲水胶体溶液是相当稳定的，这是因为蛋白质分子表面的亲水基团，如—$\overset{+}{N}H_3$、—COO^-、—OH、—SH、—$CONH_2$ 等，会吸引它周围的水分子，使水分子定向排列在蛋白质分子的表面，形成一层水化层（水膜）。另外，蛋白质在非等电点状态时，带有相同的净电荷，与其周围的反离子构成稳定的双电层。水化层和双电层是稳定蛋白质胶体溶液的两个重要因素。细胞的主要组成成分是水，蛋白质在水溶液中发挥生物学作用，因此亲水性和稳定性对蛋白质功能，及生命存在具有特别重要的意义。

蛋白质在水中成胶体溶液，因此具有胶体溶液的性质如光的散射现象、布朗运动以及不能透过半透膜等。利用蛋白质不能透过半透膜的性质，在制备蛋白质过程中，可将蛋白质所含的可以透过半透膜的低分子杂质（如盐类）去除。这种方法称透析（dialysis），即将蛋白质溶液盛入半透膜袋内，放在缓冲液（或纯水）中让杂质扩散到透析袋外。

表 3-12　蛋白质的相对分子质量（M_r）（超离心沉降法）

蛋白质	相对分子质量（M_r）	蛋白质	相对分子质量（M_r）
鲑精蛋白	5 600	血红蛋白（马）	68 000
胰岛素（单体）	6 000	血清清蛋白（马）	70 000
核糖核酸酶（牛胰）	12 700	麻仁球蛋白（亚麻）	310 000
细胞色素 c（马心）	13 000	谷氨酸脱氢酶	330 000
肌红蛋白（马）	16 000	矮枝病毒（番茄）	10 600 000
麦胶蛋白	27 400	烟草花叶病毒	60 000 000
卵清蛋白	44 000		

3.6.2　酸碱性质和等电点

3.6.2.1　酸碱性质

蛋白质与氨基酸相似，也具有酸碱性质，是两性电解质。因蛋白质是由多个氨基酸分子以肽键连接而成，至少在其开链两端具有酸性自由羧基和碱性自由氨基，所以具有两性解离性质。蛋白质的两性解离性质与氨基酸的两性解离性质有所不同，蛋白质所含的氨基酸种类和数目众多，且侧链基团有可解离基团如 ε- 氨基（赖氨酸）、β- 或 γ- 羧基（天冬氨酸、谷氨酸）、羟基（丝氨酸、苏氨酸、酪氨酸）、胍基（精氨酸）、咪唑基（组氨酸）和—SH（半胱氨酸）也很多，是多价电解质，其解离情况远比单个氨基酸复杂。尽管如此，蛋白质分子的总解离过程仍可用下式表示：

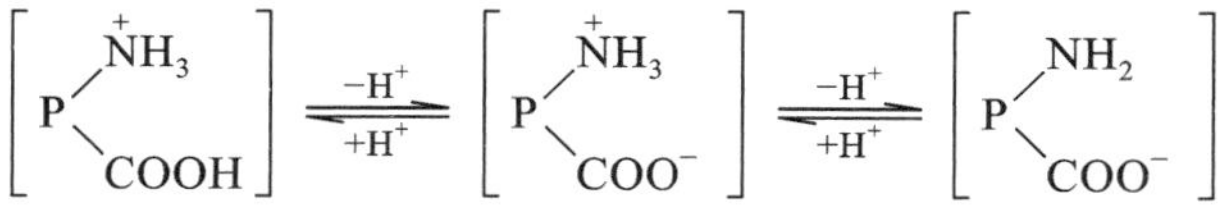

正离子　　　　两性离子　　　　负离子
　　　　　　（等电点）
　　　　　P 代表蛋白质

式中表明蛋白质在不同 pH 溶液中可为正离子、负离子或两性离子。当溶液 pH 较其等电点 pH 偏酸时为正离子，较等电点 pH 偏碱时为负离子。

在两性离子蛋白质溶液中加 H^+（即加酸，如 HCl），其 COO^- 接受 H^+ 而变为正离子，可与负离子如盐酸的 Cl^- 结合成蛋白质盐酸盐；在两性离子蛋白质溶液中加 OH^-（即加碱，如 NaOH），两性离子的 $\overset{+}{N}H_3$ 即放出一个 H^+，其本身变为负离子，可与碱的正离子如 Na^+ 结合成蛋白质的钠盐，H^+ 与 OH^- 结合成水。这时解离过程可表示如下：

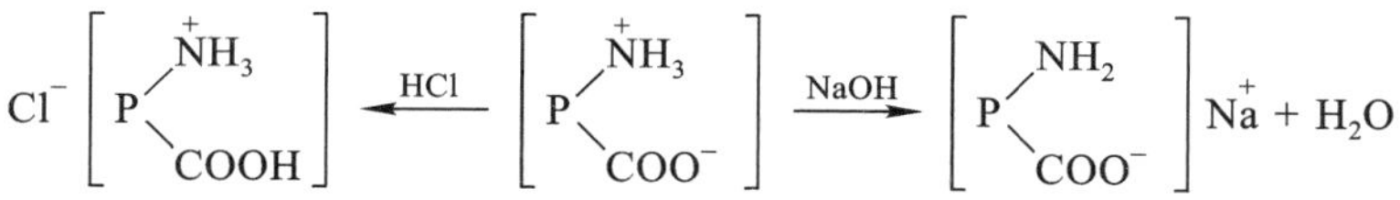

溶液 pH＜等电点　　　等电点蛋白质　　　溶液 pH＞等电点

总的说来，蛋白质在其等电点偏酸溶液中带正电荷，在其等电点偏碱溶液中带负电荷，在等电点 pH 时为两性离子。

蛋白质的两性解离性质使其能成为人体及动物体中的重要缓冲剂，人体的正常 pH 就主要靠血液中的蛋白质（如血浆蛋白和血红蛋白）来调节。

3.6.2.2 等电点

关于等电点的含义，蛋白质与氨基酸完全相同。在偏酸缓冲液中蛋白质为正离子（带正电荷），在电场中向负电极移动；在偏碱缓冲液中为负离子（带负电荷）向正极移动；如果调节缓冲液的 pH 使蛋白质恰成两性离子，则既不向正极亦不向负极移动，此时溶液的 pH 就是蛋白质的等电点。必须指出：

（1）蛋白质的等电点并不是蛋白质的电荷最小时的 pH，相反，其电荷可能比在偏酸或偏碱时的电荷数还更多，但无论如何，其正负电荷必相等，其净电荷一定为零。

（2）测定蛋白质等电点必须在有一定离子强度的适当缓冲液中进行。在离子存在的情况下，蛋白质的部分电荷必然被缓冲剂离子的相反电荷所中和，使蛋白质在电场中的行为改变。当溶液的离子强度有所改变时，蛋白质在电场中的移动必随之改变，其等电点亦必相应改变（因为等电点是蛋白质在电场中不移动或移动最小时的 pH），因此，在陈述蛋白质等电点时，应当说明测定时所用缓冲剂的种类、离子强度和缓冲液的 pH，否则是不够正确的，见表 3-13。

表 3-13 几种蛋白质的等电点

蛋白质	缓冲液	离子强度 / ($mol \cdot L^{-1}$)	等电点
卵清蛋白	乙酸钠	0.1	4.6
血清清蛋白	乙酸钠	0.1	4.7
大豆球蛋白	Na_2HPO_4–NaH_2PO_4	0.1	5.0
β- 乳球蛋白	乙酸钠	0.1	5.1
血红蛋白	Na_2HPO_4–NaH_2PO_4	0.1	6.7

（3）在水溶液中蛋白质的等电点一般是偏酸的，这主要是因为这些蛋白质的羧基解离度比氨基解离度大的关系。

（4）氨基酸的等电点可由计算获得（见 3.2.4.4），而蛋白质的等电点需用等点聚焦的方法测定而得到（详见 3.10.6）。

蛋白质等电点的大小和蛋白质分子中所含碱性氨基酸和酸性氨基酸的比例有关。当蛋白质分子中含碱性氨基酸和酸性氨基酸数目相等时，其等电点一般中性偏酸。如胰岛素含 4 个碱性氨基酸、4 个酸性氨基酸，其等电点为 5.3。当蛋白质分子中含碱性氨基酸较多，其等电点偏碱。如鱼精蛋白，含 Arg 特别多，其等电点为 12.4。当蛋白质分子中含酸性氨基酸较多，则其等电点偏酸。如胃蛋白酶含 37 个酸性氨基酸、6 个碱性氨基酸，其等电点为 1.0。

在等电点时，蛋白质比较稳定，其物理性质如导电性、溶解度、黏度、渗透压等皆最小。因此，可利用蛋白质在等电点时溶解度最小的特性来制备或沉淀蛋白质。

蛋白质在不含任何其他溶质的纯水中的等电点称等离子点（isoionic point），即在纯水中蛋白质的正离子数等于其负离子数时的 pH。

思考题

夏天鲜牛奶如果不煮沸，放置在室温下，就变成酸味，同时有絮状的白色物出现或沉淀，这是什么缘故？

3.6.2.3 电泳现象

蛋白质是两性解离物质，在偏酸溶液中带正电荷，在偏碱溶液中带负电荷，通电时（形成一个电场），带电荷的蛋白质粒子在电场中向带相反电荷的电极移动，这种移动现象称电泳（electrophoresis）。当溶液 pH 是蛋白质的等电点时，蛋白质在电场中不移动。蛋白质在电场中移动的速度与电场强度以及蛋白质分子所带净电荷、分子大小和形状有关，如下式所示。

$$v = \frac{EZ}{f}$$

式中，v 为蛋白质在电场中移动的速度，E 为电场强度，Z 为蛋白质分子所带的净电荷，f 为摩擦阻力（frictional resistance），摩擦阻力与蛋白质分子的形状、大小有关。在一定的电场强度下，蛋白质所带净电荷愈多，分子愈小，并且是球状的，则移动速度就愈快。

分子大小不同的蛋白质所带的净电荷密度不同，迁移率即异（与溶液的 pH、黏度和电场强度等也都有关），因此，分子大小不同的蛋白质在电泳时可以彼此分开。临床化验曾用电泳分析血清或血浆中的清蛋白和球蛋白的含量和比例，检定蛋白质纯度也常用电泳（纯的蛋白质经电泳分离只有一个点或带）。

电泳方法有的是将蛋白质溶于缓冲液中通电进行电泳，称自由界面电泳；有的是将蛋白质溶液点在浸含有缓冲液的支持物上进行电泳，不同组分形成带状区，称区带电泳。自由界面电泳是一种经典的电泳方法，现基本上已被区带电泳所取代。区带电泳中用滤纸作支持物的称纸电泳，用薄膜或薄板（支持物上涂布有如淀粉、醋酸纤维、DEAE– 纤维素等粉末）作支持物的称薄层电泳，用凝胶（如琼脂糖、聚丙烯酰胺等）作支持物的称凝胶电泳。目前凝胶电泳被广泛使用，是在玻璃管中进行的凝胶电泳，蛋白质的不同组分形成环状如圆盘，称圆盘（disk）电泳。在铺有凝胶的玻板上或在其他凝胶膜上进行的电泳称平板电泳。

免疫电泳是将免疫反应应用于电泳分离的方法，可用来鉴定免疫球蛋白及分离可溶性抗原。其原理是首先将抗原[①]（antigen）在凝胶板上进行电泳分离，再与加入的特异性抗体（antibody）起反应。当抗体与其相应的抗原相遇就会使抗原沉淀，这是免疫学的基本原理。结合形成抗原 – 抗体复合物时，即形成特殊的沉淀弧线。每一抗原与其抗体相遇沉淀时可产生一个独立的弧线。如果已知所用的抗原是何种抗原，则从沉淀弧线的位置和数目即可推知免疫球蛋白的种类和数目，相反，如用的是已知抗体，则从沉淀弧线的位置和数目，即可推知抗原及其组分。因此，免疫电泳是分离和鉴定抗原和血清蛋白质的有效方法。

在这些电泳方法中，常用的有醋酸纤维薄膜电泳用于分离和鉴定生物样品中主要蛋白质组分的含量和比例；等点聚焦用于蛋白质等电点的测定；SDS– 聚丙烯酰胺凝胶电泳用于蛋白质相对分子质量的测定及蛋白质种类鉴定等，近年来发展起来的毛细管电泳、二维电泳等技术具有分辨效率高、样品用量少等优势。这些电泳技术目前已广泛用于氨基酸分析、蛋白质高效分离和鉴定等，在生物分子的分离、分析及临床检测等方面也有广阔的应用前景。这些电泳技术将在 3.10 做进一步介绍。

思考题

电泳现象的产生与蛋白质的分子结构有何关系，氨基酸有没有电泳现象？

3.6.3 别构作用[②]

蛋白质的别构作用（又称变构作用）经常发生在具有四级结构的多亚基蛋白质分子中，例如血红蛋白运输

---

① 抗原是使人体及动物产生抗体的物质。

② allosterism 一词，有译作"变构"。1990 年全国自然科学名词审定委员会公布的《生物化学名词》使用别构。

氧、某些酶的催化调控等过程。我们将对别构作用的概念和作用机制作简要介绍。

　　蛋白质别构的概念　含亚基的蛋白质由于一个亚基的构象改变而引起其余亚基和整个分子构象、性质和功能发生改变的作用称别构作用（allosterism），因别构而产生的效应称别构效应（allosteric effect）。别构的发生是因蛋白质分子同其他物质（如氧、底物、激活剂、抑制剂之类）结合，使被结合的蛋白质的一个亚基的构象发生改变，从而引起蛋白质的其他亚基，以至整个蛋白质分子的构象和性质发生改变。这些物质被称为别构调节物（allosteric modulator）或别构效应物。如果是与酶蛋白结合，则它们结合的是酶的催化中心（catalytic site）以外的部位，称为别构部位或变构部位（allosteric site）。

　　蛋白质的性质有的因别构而加强称正别构效应，有的因别构而减弱称负别构效应。前者如激活剂与酶蛋白结合引起的别构效应，后者如抑制剂与酶蛋白结合引起的别构效应。血红蛋白和某些酶蛋白都有别构作用。现在以血红蛋白为例作进一步的说明。

　　血红蛋白（别构蛋白质）的别构现象，最初是在研究血红蛋白与氧结合的性质时发现的，到现在还是说明蛋白质别构作用的最好例子。1963 年，J. Monod 首先发现还原型血红蛋白（以 Hb 代表）和氧的亲和力很弱，但当 1 或 2 个亚基与氧结合后，Hb 同氧的结合力即大大增加，很快达到饱和。关于这一现象的解释，目前认为是：还原型血红蛋白分子有 4 条多肽链（即 4 个亚基），链与链间以及链内有 8 个离子键相连，每一肽链围绕的 Fe 原子的空间位置不易同氧结合，故还原型血红蛋白与氧的结合力开始时很弱。但当有一条肽链与氧结合时，与这条肽链有关的 Fe 原子的位置即发生移动，链与链间的连接键被破坏。同时肽链的构象发生改变，其余肽链的构象也随之发生改变，结果整个分子的构象发生改变，所有 Fe 原子的位置（即血红蛋白的结合部位）都变得适宜于与氧结合，故与氧结合的速度大大加快。

　　别构作用对某些酶蛋白（别构酶）的活性关系甚大，有的酶活性因别构而增强，有的则因别构而减弱。有关酶的别构将在第五章再作阐述。

3.6.4　变性与凝固

3.6.4.1　变性作用

　　（1）**概念**　生活中我们观察到，鸡蛋煮熟后，蛋白就变成固体，不再溶于水，牛奶、豆浆烧沸后，就不易发酸变坏，医疗上的手术器具必须消毒，病人才可能不受感染。这些外在现象都必然有其内在的原因。从生化观点来说，鸡蛋因煮熟变成固态是因蛋白质分子内部起了变化，牛奶、豆浆煮沸后不易变坏，是由于高温杀灭了可引起牛奶变坏的微生物，医疗上的消毒也是为了消灭病菌。微生物（包括细菌）在高温、高压下之所以会被杀灭，失其原有的作用是因为构成它们的蛋白质在高温、高压下起了变化。因此，可以概括地说：天然蛋白质受物理或化学因素的影响，分子内部原有的特定的构象发生改变，从而导致其性质和功能发生部分或全部丧失，这种作用称蛋白质的变性作用（denaturation）。蛋白质的变性只是蛋白质天然构象被破坏，可涉及非共价键如氢键的断裂和共价键如二硫键的断裂，但并不影响蛋白质的氨基酸序列。变性的蛋白质分子互相凝聚为固体的现象称凝固（coagulation）。生鸡蛋煮熟变为固体的过程包含蛋白质变性和凝固两个过程。

　　（2）**变性的可逆性**　实验证明，蛋白质的变性如不超过一定限度，经适当处理后，可重新变为天然蛋白质，这说明蛋白质的变性作用是可逆的。例如血红蛋白经酸变性后加碱中和可部分恢复其原有性质（如结晶、吸收光谱和氧合等）；经水杨酸钠变性后，如果水杨酸钠的浓度不大，将水杨酸离子除去后，血红蛋白的天然性质可全部恢复。胰蛋白酶在酸性溶液中经 70～100℃短时间热变性后会失去溶解性和酶活性，如果适当冷却，仍可恢复其原有性质。晶体胃蛋白酶在 pH8.5 时即变性失活，但将 pH 调节至 pH5.4，24～48 h 后，即可恢复其活性。核糖核酸酶 A（ribonuclease A，RNase A）被 8 mol/L 尿素同 β- 巯基乙醇还原，即变性而失去其活性，如果用透析将尿素和 β- 巯基乙醇除去，在 O_2 和 pH8 的条件下，也可恢复其原有的构象和活性。变性蛋白质恢复其天然构象和活性的过程称复性（renaturation）（图 3-30）。

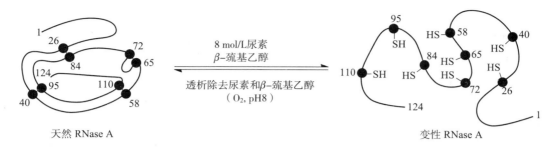

图 3-30　RNase A 的变性和复性过程示意图
图中 ● 和数字表示半胱氨酸及位置；左图中的—表示二硫键的位置

虽然这些例子都证明蛋白质的变性为可逆的，但如果蛋白质的天然构象被破坏后不能恢复原状，那么变性是不可逆的。总而言之，变性是否可逆与导致变性的因素、蛋白质的种类和蛋白质分子结构的改变程度等都有关系。

（3）**使蛋白质变性的因素及其作用机制**　使天然蛋白质变性的因素很多，热（60～70℃）、酸、碱、有机溶剂（如乙醇、丙酮等）、光（X 射线、紫外线，有光敏剂存在下的可见光）、尿素浓溶液、盐酸胍、水杨酸负离子、磷钨酸、三氯乙酸、某些合成去垢剂（如十二烷基硫酸钠）、高压、剧烈振荡及表面张力等均可引起蛋白质的变性。

热变性主要是肽链受剧烈的热振荡而引起氢键破坏。酸、碱的作用是破坏盐键，因酸可使—COO^- 变为—$COOH$，破坏盐键，同样碱可使其 OH^- 与—$\overset{+}{N}H_3$ 结合（—$\overset{+}{N}H_3$ + OH^- —→ H_2O + —NH_2）而破坏盐键。有机溶剂的变性作用与破坏蛋白质分子表面的水化层，降低介电常数有关。介电常数是两种电荷被真空隔绝时的电势与被介质隔绝时电势的比值，是表示介质影响相反电荷间吸引力的数值。介电常数降低，蛋白质粒子的静电吸引力增高，因而与邻近分子相互之间的吸引力增高，造成分子中原有的次级键破坏。高浓度尿素同蛋白质争夺形成氢键，从而引起蛋白质分子中的氢键破坏，使蛋白质分子松散（稀尿素溶液对蛋白质不起变性作用）。盐酸胍也能破坏氢键，使—SH 暴露。三氯乙酸为酸性物质，能使带正电荷的蛋白质与三氯乙酸的负离子结合成为溶解度很小的盐类。振荡变性是由于蛋白质分子受到机械剪切力的影响造成其原来分子中肽链间的弱键遭到破坏。表面力引起的变性是不可逆的。其他变性因素的作用机制虽然尚不清楚，但总不外乎是使天然蛋白质分子中的次级键（主要是氢键）被破坏，肽链结构松散所致。

不同蛋白质对变性因素的敏感性并不一致，例如核糖核酸酶对热相当稳定，胰蛋白酶对酸亦较稳定。

蛋白质在溶液中（即使在水溶液中）久置亦可逐渐变性，在其等电点 pH 时比较不易变性，因为在等电点时蛋白质无 H^+ 或 OH^- 的影响，故较稳定。

（4）**变性蛋白质的特性**　蛋白质变性后许多原有的性质都有改变。

① 溶解度和亲水性显著减小或全失，在中性液中可沉淀和凝固，但溶于酸及碱液中。

② 结晶及生物活性（如免疫原性、酶活性）皆消失。如变性血红蛋白失去与氧结合的能力。

③ 黏度和分子的不对称性皆有增加。

④ 可反应基团如—SH、—S—S—、酚基的羟基等的数目都增加。这可能由于蛋白质构象改变而使这些本来被遮蔽的基团暴露出来的缘故。

⑤ 变性蛋白质易被酶消化。天然血红蛋白不易被胰蛋白酶水解，但变性血红蛋白即可被水解，可能因变性作用使天然血红蛋白分子中原来的螺旋肽链变为伸展链，使肽键易于被酶作用所致。

（5）**变性的理论**　蛋白质变性学说，是根据蛋白质变性作用的许多研究成果提出的，早在 1931 年，我国生物化学家吴宪就提出了蛋白质变性的学说，其要点是：天然蛋白质分子是由多肽链所组成，分子的规则性紧密结构是由分子中的次级键维持，所以很容易被物理和化学的力量所破坏。蛋白质的变性就是天然蛋白质分子中肽链的高度规则的紧密排列方式因氢键及其他次级键被破坏而变为不规则的松散排列方式，这一学说得到后来研究的证实。

3.6.4.2　凝固作用

天然蛋白质变性后，所得的变性蛋白质分子互相凝聚或互相穿插缠结在一起的现象称为蛋白质的凝固。生鸡蛋蛋液受热变为蛋白块的现象就是最典型的凝固作用。凝固作用分两个阶段：首先是变性，其次是失去规律性的肽链聚积缠结在一起而凝固或结絮。

了解蛋白质的变性和凝固机制是有其实践意义的。活细胞的蛋白质如果变性和凝固即意味着细胞死亡；在制备酶制剂和蛋白质激素过程中经常要避免高温及一切可以导致蛋白质变性的因素，其目的在于防止变性以保存其生物活性。相反，如欲从一种溶液中除去不需要的蛋白质，则可利用它的变性和凝固性质将其除去。利用高温、高压、紫外线和化学品消毒，也就是使致病菌的蛋白质变性而失去致病作用。

🔖 思考题

1. 核糖核酸酶变性实验中，尿素和$\beta-$巯基乙醇的作用分别是什么？
2. 蛋白质的别构作用与变性在本质上的区别是什么？

3.6.5　沉淀作用

蛋白质可因加酸、醇、中性盐、重金属盐类或生物碱试剂而沉淀。

（1）**加酸沉淀蛋白质**　加酸使蛋白质溶液的酸碱度达到等电点（一般蛋白质的等电点皆偏酸性），溶解度减低而沉淀，浓酸可使蛋白质成为不溶性变性蛋白质而沉淀。如加酸同时又加热，则更易沉淀。

（2）**加中性盐沉淀蛋白质（盐析）**　蛋白质溶液是一种胶体溶液，加入高浓度的中性盐后可以吸去胶体外层的水，降低蛋白质与水的亲和力而使蛋白质沉淀，此作用称盐析（salting out），是重要的蛋白质提取方法，常用硫酸铵$[(NH_4)_2SO_4]$作蛋白质沉淀剂。

（3）**加有机溶剂沉淀蛋白质**　乙醇、丙酮能吸水，破坏蛋白质胶粒上的水化层，而使蛋白质沉淀。低温时，用丙酮脱水，还可保存原有蛋白质的生物活性，但用乙醇脱水，时间较长会造成蛋白质变性。用70%乙醇消毒就因其能更好地扩散到整个细菌体内，使蛋白质变性沉淀，因此杀菌效果最佳。浓度低于70%的乙醇沉淀能力弱，95%乙醇虽然吸水力强，但与细菌接触时会使细菌表面的蛋白质立即沉淀，因此乙醇不能继续扩散到细菌体内，不能使细菌死亡。

（4）**加重金属盐沉淀蛋白质**　蛋白质在碱性溶液中带负电荷，可与重金属离子如Zn^{2+}、Cu^{2+}、Hg^{2+}、Pb^{2+}、Fe^{3+}等作用，产生重金属蛋白盐沉淀，如铅盐及汞盐在NaOH溶液中皆可使蛋白质沉淀。铅中毒或汞中毒时，可服蛋白质使其与该重金属结合呕出，有解毒作用。

（5）**加生物碱试剂沉淀蛋白质**　单宁酸、苦味酸、钼酸、钨酸、三氯醋酸等都能沉淀生物碱，故称生物碱试剂。生物碱试剂沉淀蛋白质的原理是，一般生物碱试剂皆为酸性物质，而蛋白质在酸性溶液中带正电荷，故能与带负电荷的酸根相结合，成为溶解度很小的盐类。临床化验常利用此类试剂沉淀血中的蛋白质（用磷钨酸、三氯醋酸）以制血滤液，或用苦味酸检验尿中的蛋白质。

（6）**抗体对抗原蛋白质的沉淀**　抗体蛋白质遇异体的特异性抗原蛋白质即起沉淀（或凝聚），使外来蛋白质失去其生物学作用，这就是人工被动免疫（注射免疫球蛋白）的科学依据。关于抗体沉淀抗原的方式，L. Pauling认为是由于抗体蛋白质同抗原蛋白质两者分子结构上的互补性。它们之间的结合是以抗原为模板，抗体折叠在模板上而以氢键相连接，产生沉淀。抗原－抗体反应是有种属专一性的。也就是说，一种抗体只能对一种特定的抗原起作用，因此，通过抗原－抗体反应，可以鉴定生物的种属。利用抗原－抗体反应原理建立的免疫电泳技术分离鉴定血清的各种蛋白质组分（参阅3.6.2.3电泳现象）。

蛋白质的沉降作用、蛋白质的水解及蛋白质的颜色反应分别见 ✆ **辅学窗** 3–24、3–25、3–26。

？ 思考题

分别说出茚三酮、异硫氰酸苯酯、溴化氰、尿素、过甲酸、丹磺酰氯、硫酸铵在蛋白质分析中的应用。

3.7 蛋白质的结构与功能

蛋白质的性质和生物功能是以其化学组成和结构为基础的。各种蛋白质虽然都是由 20 种左右的 α- 氨基酸所组成，但它们分子中的氨基酸种类、排列次序、肽链的多少和大小以及空间结构等各不相同。因此，一种蛋白质生物功能的表现，不仅需要一定的化学结构，而且还需要一定的三维结构。有关蛋白质结构与功能的关系在讲蛋白质性质时（参阅 3.6 节）已提到了一些，本节将进一步阐述一级结构决定三维结构、一级结构及三维结构与蛋白质功能的关系。

3.7.1 蛋白质的一级结构决定三维结构

在 3.5.5.1 中已说明了肽链的酰胺平面结构与蛋白质三维结构的关系，本节将进一步说明肽链的氨基酸序列在决定蛋白质三维结构中的重要性。每一种蛋白质都有其独特的氨基酸序列和相对应的特定的三维结构，蛋白质的三维结构是以一级结构为基础的，因此，蛋白质的三维结构必定与一级结构有密切的关系。20 世纪 60 年代初，美国科学家 C. Anfinsen 进行的核糖核酸酶 A 复性的经典实验证明了蛋白质的三维结构是由其一级结构决定的（参见 3.6.3.1）。为了进一步证明这个关系，Anfinsen 将变性的 RNase A 在 8 mol/L 尿素中重新氧化，8 个—SH 全部氧化成—S—S—，但结果产物只有 1% 的酶活力，经检查发现二硫键接错了，产生"错乱"（scrambled）的 RNase A。若将尿素除去，加入微量的 β- 巯基乙醇[①]，—S—S—又可重新排列，错乱的 RNase A 开始转变成天然状态的 RNase A（图 3–31）。Anfinsen 的工作表明蛋白质在一定条件下能够自发折叠成其天然构象，这意味着折叠的信息存在于蛋白质的一级结构中，蛋白质的一级结构决定其三维结构。Anfinsen 由于对核糖核酸酶的研究，证实了蛋白质的三维结构是由其一级结构所决定的，与 S. Moore 和 W. H. Stein 三人共获 1972 年诺贝尔化学奖（✆ **辅学窗** 3–27）。

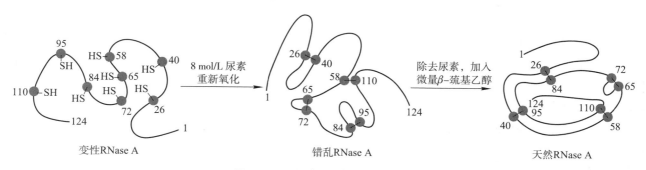

图 3–31 变性 RNase A 复性示意图

---

① 微量的 β- 巯基乙醇不足以使—S—S—键还原成—SH 基，只是作为—S—S—键重排的催化剂。

对于大多数蛋白质来说，一级结构决定其三维结构，有很多直接、间接证据证明这一点，但是对于某些蛋白质而言，通常是一些相对分子质量较大，结构较为复杂的蛋白质，它们的正确折叠还依赖于一些辅助因子，如分子伴侣（chaperon）、二硫键异构酶（protein disulfide isomerase，PDI）等的帮助（详见蛋白质的生物合成章 19.2.4）。蛋白质的错误折叠会导致多种神经退行性疾病，如阿尔兹海默症、帕金森病、亨廷顿病等。

3.7.2 蛋白质的一级结构与生物功能的关系

蛋白质的一级结构与生物功能的关系已有不少研究，较突出的有下列几例。

（1）**细胞色素 c 的种属差异与生物进化** 细胞色素 c 广泛存在于需氧生物细胞的线粒体中，是一种含血红素辅基的单链蛋白质。在生物氧化时，细胞色素 c 在呼吸链的电子传递系统中起传递电子的作用。

大多数种属的细胞色素 c 有 100 个左右的氨基酸残基，相对分子质量约为 13 000。在已测定了的 60 种以上不同种属细胞色素 c 的氨基酸顺序中，发现肽链中有 27 个位置的氨基酸残基在被测试的种属中都是相同的。其中有第 14 和第 17 位的 2 个半胱氨酸，第 18 位的组氨酸和第 80 位的甲硫氨酸以及第 48 位的酪氨酸和第 59 位的色氨酸等，研究表明这些氨基酸都

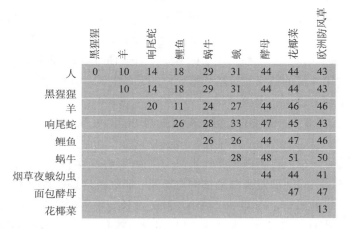

	黑猩猩	羊	响尾蛇	鲤鱼	蜗牛	蛾	酵母	花椰菜	欧洲防风草
人	0	10	14	18	29	31	44	44	43
黑猩猩		10	14	18	29	31	44	44	43
羊			20	11	24	27	44	46	46
响尾蛇				26	28	33	47	45	43
鲤鱼					26	26	44	47	46
蜗牛						28	48	51	50
烟草夜蛾幼虫							44	44	41
面包酵母								47	47
花椰菜									13

图 3-32 不同种属细胞色素 c 氨基酸序列差异
数字代表不同来源细胞色素 c 差异氨基酸的数目

是保证细胞色素 c 功能的关键部位。如肽链上第 14 和第 17 位上 2 个半胱氨酸是与血红素共价连接的位置。血红素上 1 个丙酸基与第 48 位的酪氨酸和第 59 位的色氨酸以氢键相连。血红素上铁原子的 6 个配位键，除了 4 个与卟啉环的 4 个氮原子以配位键相连外，另外 2 个就分别与第 18 位组氨酸咪唑环的氮原子以及与第 80 位甲硫氨酸的硫原子配位相连。另外第 70～80 位上的不变肽段可能是细胞色素 c 与酶相结合的部分。通过细胞色素 c 晶体结构的测定，发现不同种属细胞色素 c 的一级结构虽有相当大的变化，但它们的高级结构即构象基本不变。

从不同种属细胞色素 c 氨基酸残基的变化情况看，发现亲缘关系越近，氨基酸残基的差异数越少，如以人细胞色素 c 的一级结构为标准加以比较，可以发现人与黑猩猩的细胞色素 c 一级结构完全相同，与恒河猴只相差 1 个氨基酸残基，与马相差 12 个氨基酸残基，与酵母相差 44 个氨基酸残基（图 3-32）。根据它们在结构上差异的程度，可以断定它们在亲缘关系上的远近，从而为生物进化的研究提供了有价值的根据。

（2）**镰状细胞贫血病血红蛋白** 正常人的血红蛋白（以 HbA 代表）同镰状细胞贫血病人的血红蛋白（以 HbS 代表）[1]的生物功能大小悬殊，但在结构上，它们之间的差异仅仅是 β 链上的一个氨基酸残基，即 HbA 的 β 链第 6 位为谷氨酸，而 HbS β 链的第 6 位为缬氨酸。

HbA β 链：Val—His—Leu—Thr—Pro—Glu—Glu—Lys…

HbS β 链：Val—His—Leu—Thr—Pro—Val—Glu—Lys…

红细胞镰刀状的形成是由于 β 链第 6 位的 Glu 换成了 Val，使 HbS 的每一 β 链表面具有密集的疏水支链。这些疏水支链使 HbS 分子聚合形成长链，由许多长链进一步聚集成多股螺旋将红细胞挤扭成镰刀状。镰状细胞贫血病是一种由遗传基因突变引起的分子病，对生命有严重威胁。

有镰状细胞基因的杂合个体对疟疾有较强的抵抗力，机制见 **辅学窗 3-28**。

（3）**酶原和激素原的激活** 酶原（proenzyme）与激素原（prohormone）是酶和激素的前体，皆无生物活性。

---

① HbA 是代表正常人的血红蛋白，A 是 adult（成人）的缩写。HbS 是镰状红细胞血红蛋白的代号，S 是 sickle（镰状）的第一个字母。

但经特殊处理，例如用有关激酶（kinase）与之作用，或切除某一肽段，或置换肽链中某一个氨基酸残基即可使其变为有生物功能活性的酶和激素。例如，胃蛋白酶（pepsin）的前体——胃蛋白酶原（pepsinogen）无生物活性，在胃酸 H^+ 作用下失去 44 个氨基酸残基即可变为活性胃蛋白酶。胰蛋白酶原（chymotrypsinogen）的激活就是用肠激酶将其 N 端的一个六肽片段切去。凝血酶原（prothrombin）经凝血酶原激酶的作用即转变为活性凝血酶（thrombin）。

激素原的激活与酶原激活机制类似。最好的例子为胰岛素原（proinsulin）的激活。将胰岛素原的分子切去 33 个氨基酸残基即变为活性胰岛素。胰岛素原还有前体分子，称前胰岛素原（preproinsulin），前胰岛素原比胰岛素原在 N 端多了一段信号肽，经信号肽酶水解失去信号肽后，成为胰岛素原（详见激素化学章 7.2.1.2）。

除上述各例外，某些酶蛋白分子中个别基团的改变或某一肽段被切除或氨基酸置换导致其活性下降或失活。例如，胃蛋白酶分子中的 Glu—Ser—Thr 肽段是表现消化力的必需结构，一经破坏，即失去活性。催产素分子中第 4 位的谷氨酰胺基和第 5 位的天冬酰胺基如被置换也失去其生物活性。

3.7.3 蛋白质的三维结构与生物功能的关系

以肌红蛋白和血红蛋白为例说明蛋白质的三维结构与生物功能的关系。

（1）**肌红蛋白的结构与功能**　肌红蛋白是一条由 153 个氨基酸残基组成的肽链盘绕一个血红素而成，其分子折叠紧密，内部空穴很小。肽链由长短不等的 8 个 α 螺旋组成，占主链的 75%，分别以 A、B、C、D、E、F、G 及 H 字母代表（从 N 端到 C 端）。α 螺旋之间的肽段为 β 转角，用双字母代表。

分子内外层的氨基酸残基的排列都有一定的规律。内部几乎全是非极性氨基酸残基（亮氨酸、缬氨酸、甲硫氨酸、苯丙氨酸），极性氨基酸残基（谷氨酸、天冬氨酸、谷氨酰胺、天冬酰胺、赖氨酸和精氨酸）都在外部。双极性氨基酸残基如苏氨酸、酪氨酸、色氨酸等则是非极性部分向内。极性基在肌红蛋白内部的只有 2 个组氨酸（E7 与 F8），这 2 个组氨酸位于肌红蛋白的氧结合部位附近，是肌红蛋白生物功能的关键部位。

肌红蛋白有 1 个含二价铁（Fe^{2+}）的血红素辅基，位于肌红蛋白 E、F 螺旋之间的疏水洞穴内，是结合氧的部位，一分子肌红蛋白结合一个 O_2（图 3-33）。

血红素辅基是由原卟啉 – IX 与中心的 Fe^{2+} 离子组成（图 3-34A）。Fe^{2+} 有 6 个配位键，其中 4 个与卟啉分子的 N 相连，另外 2 个中的 1 个（第 5 配位键）与第 93 位组氨酸（F8 His）相连，剩下的第 6 配位键可同氧或其他小分子物质（如 CO）相结合。

血红素是平面分子，平面的两侧各有一个组氨酸，一个是 F8（93 位 His），它是螺旋 F 的第 8 个残基，离血红素较近，与血红素中的 Fe^{2+} 以配位键相连，称近侧组氨酸（proximal His）；另一个是 E7（64 位 His），它是螺旋 E 的第 7 个残基，离血红素较远，不直接与 Fe^{2+} 相连，它与 Fe^{2+} 之间的空隙是结合 O_2 的位置，称远侧组氨酸（distal His）。这 2 个 His 在氧结合过程中起关键作用（图 3-34B）。

远侧组氨酸 E7 靠近氧的结合部位，不影响 O_2 的结合，与 O_2 以氢键相连（图 3-34B），但它的空间位阻阻止 CO 与血红素中 Fe^{2+} 的结合，从而降低了血红素对 CO 的亲和力。游离血红素与 CO 的亲和力比与 O_2 的亲和力大 25 000 倍，但肌红蛋白及血红蛋白中的血红素与 CO 的亲和力仅比与 O_2 的亲和力大 250 倍。当 CO 多而 O_2 缺乏时，血红蛋白及肌红蛋白的大部分都以 CO- 血红蛋白及 CO- 肌红蛋白存在，此时机体就会因缺 O_2 而死亡。

通常 O_2 与二价铁紧密接触，会使二价铁氧化成三价铁，形成高铁肌红蛋白，从而失去结合 O_2 的能力。但是由于肌红蛋白中的血红素处在一个疏水环境中，血红素中的二价铁则不易被氧化。当结合 O_2 时发生暂时性电子

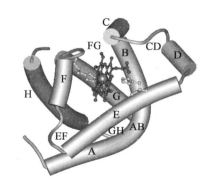

图 3-33　肌红蛋白的结构
扁平环状分子是血红素，血红素环中心是 Fe^{2+}；血红素分子两侧是 His 的咪唑基

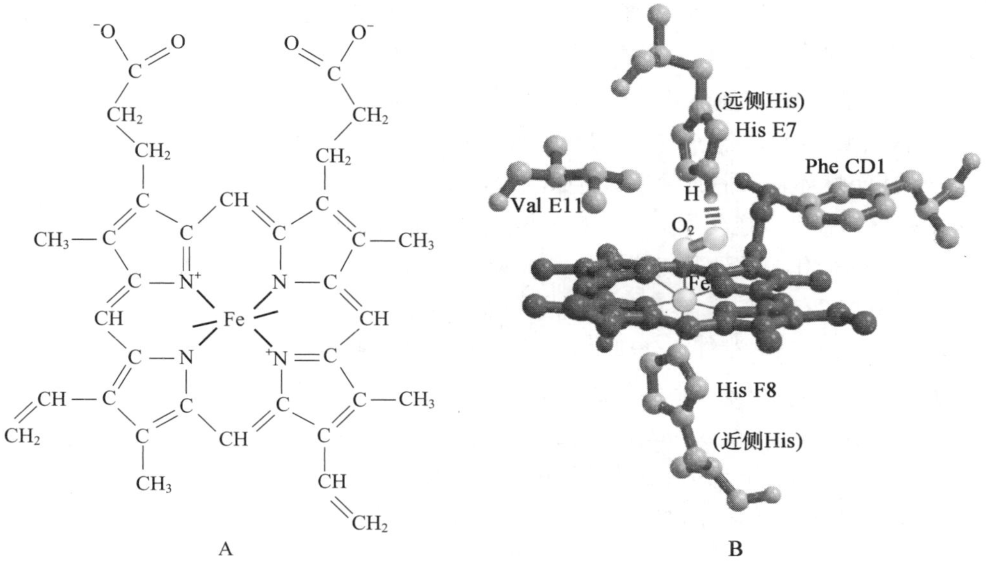

图 3-34　血红素

A. 肌红蛋白和血红蛋白中的血红素辅基；B. 肌红蛋白血红素周围重要氨基酸残基的分布（虚线表示远侧 HisE7 和结合的 O_2 以氢键连接，两个疏水侧链 Val E11 和 Phe CD1[①]帮助血红素保持在相应的位置上）

重排，O_2 被释放后铁仍处于亚铁状态，能与另一个 O_2 结合，保证了肌红蛋白中血红素的氧合功能。

　　肌红蛋白和血红蛋白亚基的氨基酸序列差别很大，然而在三维结构上都十分相似，特别是血红素周围的构象高度相似，这是它们在功能上相似的结构基础，以保证与 O_2 的结合能力（图 3-29）。但应注意肌红蛋白和血红蛋白由于结构上的差异，会造成功能上的差异。血红蛋白含 4 个亚基，是个别构蛋白质，这种结构有利于氧的运输，所以血红蛋白是血液中运输氧的蛋白质。而肌红蛋白由一条多肽链和一个血红素辅基组成，不是别构蛋白质，多数情况下肌红蛋白是高度氧合的，是氧的贮库，因此肌红蛋白在肌肉中负责贮存和转运 O_2。

　　（2）**血红蛋白的结构与功能**　　血红蛋白的别构效应是说明蛋白质三维结构与功能关系的典型例子。

　　① 血红蛋白的别构效应　　血红蛋白（包括人及马的血红蛋白）是由两条 α 链及两条 β 链所组成。α 和 β 链与肌红蛋白的肽链很相似，亦各分为 A、B、C、D、E、F、G、H 8 段，每段的氨基酸残基数不等，但血红蛋白的 α、β 链与肌红蛋白肽链的 F8 都是 His（近侧 His），E7 也都是 His（远侧 His）。每条肽链各连接 1 个血红素辅基形成 1 个亚基。每个亚基的血红素结合 1 个 O_2，因而 1 分子血红蛋白能结合 4 个 O_2。X 射线分析表明，血红蛋白在结合氧的前后构象发生了明显的变化，有两种主要的构象，① R 态（relaxed state），即松弛态，是氧合血红蛋白的构象；② T 态（tense state），即紧张态，是脱氧血红蛋白的构象。虽然氧与这两种状态的血红蛋白都能结合，但氧与 R 态的亲和力明显高于 T 态（图 3-35）。

　　当血红素的 Fe^{2+} 没有与 O_2 结合时，由于血红蛋白亚基内和亚基间存在 8 个盐

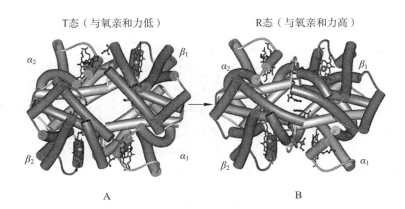

图 3-35　血红蛋白的四级结构

A. 血红蛋白的与氧结合前的构象（T 态）；B. 血红蛋白的与氧结合后的构象（R 态）

────────────

　　① CD1 为连接螺旋 C 和 D 肽链的第一位残基

键，使整个血红蛋白分子的结构绷得相当紧密，处于 T 态，不容易与氧结合（图 3-35A）。在 T 态时，由于卟啉环本身略微弯曲呈圆顶状，使血红素中的 Fe^{2+} 位于卟啉平面外的 0.06 nm。但当氧与血红蛋白分子中 1 个或 2 个 α 亚基的血红素的 Fe^{2+} 结合后，Fe^{2+} 从高自旋状态转变为低自旋状态，半径缩小，进入卟啉环当中的空穴中，在此过程中使卟啉环趋于平面状（图 3-36）。Fe^{2+} 的移动造成与它共价连接的近侧 His（His F8）的移动，遂使螺旋 F 和螺旋两端的多肽链移动，使它所在亚基的构象发生相当大的变化，导致盐键破裂，从而使原来结构紧密的血红蛋白分子变得松散（从 T 态向 R 态转变），容易与氧结合。盐键的断裂也使 β 亚基的构象发生变化，排除了 E11 Val 侧链对氧结合部位的空间障碍，使 β 亚基能够与氧结合，并增加与氧的亲和力，使 β 亚基与氧结合的速度增加百倍。氧合反应最后使盐键全部断裂，整个血红蛋白的分子就成为氧合血红蛋白的构象（图 3-35B）。

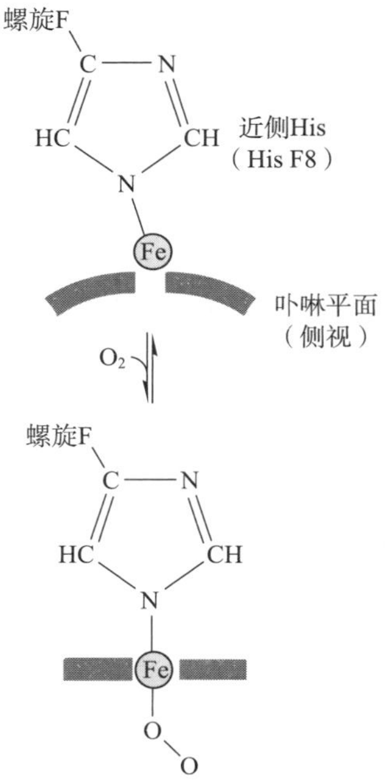

由于一个亚基构象的改变而引起其余亚基以至整个分子的构象、性质和功能的变化，就是别构效应。别构效应不限于血红蛋白，许多酶蛋白在催化过程中亦普遍存在着别构效应。

② 血红蛋白的氧合曲线　在动物体内，血红蛋白的主要生理功能是运送氧。血红蛋白与氧的结合是可逆的，其结合与解离，主要取决于血液中的氧分压 $[p(O_2)]$：

$$Hb+4O_2 \xrightleftharpoons[\text{氧分压低（组织）}]{\text{氧分压高（肺）}} Hb(O_2)_4$$

与氧结合的血红蛋白，称为氧合血红蛋白（HbO_2），没有与氧结合的血红蛋白，称为脱氧血红蛋白或去氧血红蛋白（Hb）。

在血液中，氧合血红蛋白分子数占血红蛋白分子总数的分数或百分数称血红蛋白氧饱和度，用 Y 表示。

$$Y = \frac{HbO_2}{Hb + HbO_2}$$

以血红蛋白氧饱和度（Y）作纵坐标，氧分压 $[p(O_2)]$ 作横坐标作图，得血红蛋白的氧合曲线（图 3-37）。从图可看出，血红蛋白的氧合曲线是 S 形曲线。Y 值从 0 到 1（100%）。

血红蛋白的 S 形氧合曲线有重要的生理意义，说明血红蛋白能更有效地担负输送 O_2 的任务。当血液流经肺时，肺的氧分压较高，约 100 Torr[①]。$[p(O_2)=100 \text{ Torr}，Y = 0.97]$，这时血红蛋白就与氧结合，脱氧血红蛋白几乎全部转变为氧合血红蛋白，血红蛋白满载着 O_2 离开了肺。当血液流到外周组织，如肌肉组织，氧分压约 20 Torr $[p(O_2) = 20 \text{ Torr}，Y = 0.25]$，这时氧合血红蛋白就解离出 O_2，释放出 O_2 的多少可以用 ΔY 来表示（$\Delta Y=0.72$），ΔY 是血红蛋白运输 O_2 效率的指标。S 形曲线的中部显得十分陡峭，意味着这一部氧分压微小的改变均能促使血红蛋白与氧结合或解离，ΔY 的变化很大，有利于氧合血红蛋白在外周血液中最大程度地释放出氧，以供组织的需要。

血红蛋白含 4 个亚基，具有别构作用，一个 O_2 的结合增加同一血红蛋白分子中其余亚基与 O_2 的亲和力，它的氧合曲线呈

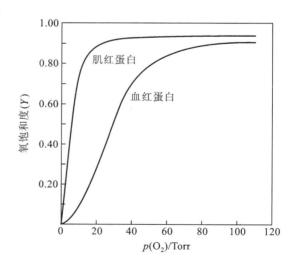

图 3-36　血红蛋白氧合时铁原子移动示意图

图 3-37　肌红蛋白和血红蛋白的氧合曲线

---

① 1 Torr=133.322 Pa

S形。而肌红蛋白只有一条多肽链，没有别构作用，它的氧合曲线是双曲线。从图3-37可看到肌红蛋白释放O_2的能力低于血红蛋白，从100 Torr到20 Torr，虽然氧分压有相当大的改变，但Y值变化不大，ΔY不到0.1，因而释放出来的O_2很少。这就像用汽车运东西一样，不仅要考虑装载量大，而且要考虑卸货是否方便，卸载量要大，这样运输效果才会高。因此，肌红蛋白的功能是贮存氧，在肌肉剧烈运动造成氧分压很低时，它才会释放氧供肌细胞利用。而血红蛋白的别构效应增加了血红蛋白在肌肉中的卸氧效率，使氧合血红蛋白在肌肉组织中释放更多的O_2。

③ 影响血红蛋白氧亲和力的因素　血红蛋白氧亲和力是指血红蛋白与氧结合的牢固程度，表示为P_{50}，即血红蛋白中的氧达到半饱和时所需的氧分压，P_{50}可作为氧亲和力的指标。对于一定浓度的血红蛋白来说，在一定的氧分压下，氧亲和力越高，即氧结合越牢固，则释放给组织的氧就越少；反之，氧亲和力越低，组织就能得到更多的氧。因此，血红蛋白的氧亲和力特性，具有重要的生理意义。

影响血红蛋白氧亲和力的因素比较多，包括H^+、CO_2和2,3-二磷酸甘油酸等物质的浓度变化。

H^+和CO_2对血红蛋白氧合的影响　脱氧血红蛋白（Hb）可与O_2结合成氧合血红蛋白（HbO_2），也可与CO_2结合（CO_2可与4条肽链的N端氨基结合）成碳酸血红蛋白（$HHbCO_2$）。HbO_2与$HHbCO_2$的形成和解离是受pH影响的。在比正常生理pH（即pH 7.3~7.5）偏碱环境下，例如在肺循环血，pH 7.6，Hb与O_2的亲和力高，容易结合成HbO_2。在比生理pH偏酸的环境下，例如在肌肉组织内，因肌肉内有CO_2和H^+存在，pH 7.2，HbO_2就解离，释放O_2（图3-38）。H^+与CO_2促进HbO_2释放O_2的作用称Bohr效应。与此相反，在偏酸环境下可促进Hb与CO_2和H^+结合成$HHbCO_2$，在偏碱环境（如肺内）可促进$HHbCO_2$释放CO_2。这两种情况可表示如下：

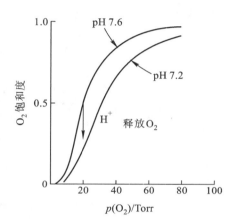

图3-38　pH对Hb与O_2亲和力的影响

$$HbO_2 + H^+ + CO_2 \underset{\underset{pH\ 7.6}{(在肺内)}}{\overset{\overset{pH\ 7.2}{(在肌肉中)}}{\rightleftharpoons}} Hb \overset{H^+}{\underset{CO_2}{\big\langle}} + O_2$$

Bohr效应具有重要的生理意义。当血液流经组织时，特别是迅速代谢的肌肉组织，pH较低，CO_2分压较高，因而有利于氧合血红蛋白释放O_2，使组织能比单纯的氧分压下降时获得更多的O_2；同时，O_2的释放又促进了脱氧血红蛋白与H^+和CO_2的结合，以补偿由于组织呼吸形成的CO_2所引起的pH的下降，起到缓冲血液pH的作用。当血液流经肺时，由于肺的氧分压高，有利于脱氧血红蛋白与氧的结合，并促进了H^+和CO_2的释放，CO_2的呼出有利于氧合血红蛋白的生成。

血红蛋白除了能与O_2及CO_2结合外，还能与CO结合（CO与血红素的二价铁的第6个配位键配位）形成稳定的一氧化碳血红蛋白（HbCO）：$Hb+CO \rightleftharpoons HbCO$。

血红蛋白同CO的亲和力比与O_2的亲和力大250倍，血红蛋白与CO结合后就不能再结合氧和运输氧。煤气中毒即因煤气中的CO与血红蛋白结合后使血红蛋白失去了运输氧的功能，使患者因缺氧而死亡。

2,3-二磷酸甘油酸对血红蛋白氧合的影响　2,3-二磷酸甘油酸（2,3-diphosphoglycerate，BPG），是红细胞中大量存在的糖代谢的中间产物，其生成途径见糖代谢章12.3.2。它能降低血红蛋白与O_2的亲和力，使血红蛋白的氧合曲线向右移（图3-39）。BPG结合在Hb 4个亚基中心的空穴（carvity）中，与结合O_2不同，每个Hb只有一个BPG的结合部位。当带负电荷的BPG结合到脱氧Hb的中央空穴中后，它与两条β链中带正电荷的Lys和His形成盐键（离子键），从而稳定了T态，降低了Hb与O_2的亲和力，促进O_2的释放。转变为R态后，构象发生很大变化，使亚基中央结合BPG的空穴变小，挤出BPG分子。Hb结合O_2与结合BPG是互相排斥的（图

3-40）。BPG 对 Hb 与 O_2 结合的影响可用下式表示：

$$Hb + BPG \longrightarrow Hb - BPG$$

$$Hb - BPG + 4O_2 \rightleftharpoons Hb(O_2)_4 + BPG$$

BPG 降低血红蛋白与 O_2 的亲和力具有重要的生理意义。BPG 是红细胞的正常内含物，当血液流经 O_2 分压较低的组织如肌肉组织时，红细胞中的 BPG 能促进氧合血红蛋白释放更多的 O_2，以满足组织对氧的需要，BPG 浓度越大，则 O_2 的释放量越多。红细胞中 BPG 浓度的变化是调节血红蛋白与 O_2 亲和力的重要因素。在空气稀薄的高山上的人，或换气困难的肺气肿病人，其红细胞中的 BPG 会代偿性增加，使为数不多的氧合血红蛋白分子尽量地释放 O_2，以满足组织对 O_2 的需要，详见 ❷ 辅学窗 3-29。

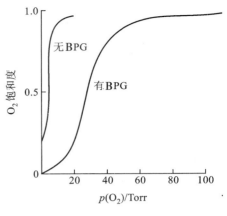

图 3-39 BPG 降低 Hb 与 O_2 的亲和力

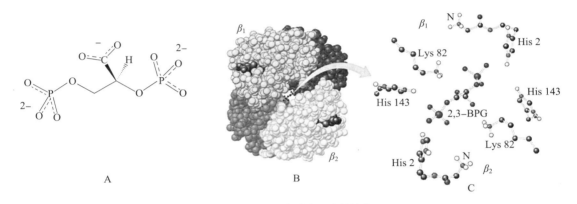

图 3-40 BPG 与血红蛋白的结合
A. BPG 结构式；B. BPG 与血红蛋白的结合位点；C. 与 BPG 发生相互作用的氨基酸

在胎儿发育中通过 BPG 调节血红蛋白的氧合能力也非常重要。胎儿的血红蛋白即血红蛋白 F（hemoglobin F，HbF）是由两条 α 链和两条 γ 链组成（$\alpha_2\gamma_2$），γ 亚基结合 BPG 的能力不如正常成人血红蛋白 HbA 的 β 亚基，因而 HbF 对氧具有更强的亲和力，从而促进氧从母体到胎儿的循环运输。临近分娩时，γ 链的合成被阻断，而开启 β 链的合成。

血红蛋白是使红细胞变红的胞内蛋白质，它是研究得最彻底的蛋白质之一，也是最早与特异生理功能（传递氧）联系在一起的蛋白质之一。生物体除了血红蛋白外还有其他的转运氧的蛋白质，其结构与功能见 ❷ 辅学窗 3-30。

❓ 思考题

血红蛋白和肌红蛋白均是氧的载体，但血红蛋白的功能是运输氧，肌红蛋白的功能是储存氧，分析差异产生的原因。

3.8 糖蛋白和脂蛋白

自从近代生物膜生物化学的研究开展以来，糖蛋白和脂蛋白的重要性就日益显著。有关糖蛋白和脂蛋白的研究成为当前生物化学中的新兴课题，为此，本书有必要对这两类物质作简要的介绍。

3.8.1　糖蛋白

糖蛋白（glycoprotein）是一类由糖同蛋白质以共价键连接而成的缀合蛋白质。糖蛋白在自然界分布很广，一切动植物组织、体液（包括组织液、分泌液）都含有糖蛋白，如神经组织、血浆、血细胞、唾液、胃肠液、关节液、眼球晶状体、眼角膜、视网膜以及所有生物膜都含有糖蛋白。微生物中也发现有糖蛋白存在，但其丰度比真核生物低得多，例如细菌表层的菌毛、鞭毛蛋白，其糖基化修饰与侵袭和毒力有关。

糖蛋白的非糖部分有的是多肽，有的是短的小肽。糖的部分有的只含一种多糖，有的含几个寡糖，一般糖链不长，每条糖链通常不超过 15 个单糖基，常见的单糖基有下列几种：

（1）戊糖：D- 木糖、L- 阿拉伯糖。

（2）己糖：D- 半乳糖、D- 甘露糖、D- 葡萄糖。

（3）己糖衍生物：$N-$ 乙酰 $-D-$ 葡糖胺、$N-$ 乙酰半乳糖胺、己糖醛酸和 L- 岩藻糖（即 6- 脱氧 $-L-$ 半乳糖）。

（4）唾液酸：即乙酰神经氨酸。

糖蛋白分子中含糖量差异很大（占相对分子质量的 1%~80%），有的糖基为二糖（如黏蛋白和胶原蛋白的糖基），有的为多糖。多糖糖基中有的是直链，有的是支链，有的是同多糖，有的是杂多糖，杂多糖糖基中有的含唾液酸。细胞膜糖蛋白的糖基为支链多糖。含糖基数少的糖蛋白每分子只含一个糖基，如卵清蛋白、核糖核酸酶 B 和脱氧核糖核酸酶等。含糖基多的，每分子含的糖可多至数百个，如颌下腺糖蛋白。不同糖蛋白所含糖基在肽链上的分布有所不同，同一种糖蛋白肽链上糖基的间距也不一致，每分子糖蛋白所含的糖基数和糖基的平均间距见 🖥辅学窗 3-31。

糖蛋白的结构都是由糖基的 C-1 与肽链中羟基氨基酸（如丝氨酸、苏氨酸、羟赖氨酸、羟脯氨酸）的—OH 结合，形成 $O-$ 糖苷键，或与天冬酰胺的酰胺基结合，形成 $N-$ 糖苷键（详见糖类化学章 1.6）。

多数糖蛋白都相当稳定，溶于水，如从细胞或其他样品抽提，可先将样品磨成匀浆，加水和脂溶剂（如丁醇、戊醇或氯仿 – 甲醇混合剂）将脂质去掉，糖蛋白即存在于水溶液中。也可用其他试剂，如吡啶、二碘水杨酸锂或螯合剂（如 EDTA 和 EGTA）[①] 直接抽提。调节溶液的离子强度亦可使糖蛋白从溶液中分离出来。从糖蛋白分子中分离糖基可用蛋白水解酶将蛋白质水解除去，剩下的为糖基。在理论上用适当水解酶也可使蛋白质与糖基分离。

糖蛋白的种类繁多，尚无较满意的分类方法，常用的分类方法见表 3-14 所示：

表 3-14　常用糖蛋白的分类

糖蛋白	糖蛋白
1 血糖蛋白：	3 激素糖蛋白：
胚球蛋白（fetuin）	绒毛膜促性腺激素（chorionic gonadotropin）
α_1- 酸性糖蛋白（α_1–acid glycoprotein）	促滤泡素释放因子（follicle-stimulating hormone releasing factor）
血纤维蛋白原（fibrinogen）	促甲状腺激素（thyrotropin）
免疫球蛋白（immune globulin）	4 酶糖蛋白：
甲状腺素 – 结合蛋白（thyroxinebinding protein）	核糖核酸酶 B（ribonulease B）
血型蛋白质（blood group proteins）	$\beta-$ 葡萄糖苷酯酶（β–glucuronidase）
2 尿糖蛋白：	胃蛋白酶（pepsin）
尿液糖蛋白（urinary glycoprotein）	血清胆碱酯酶（serum cholinesterase）

---

① EDTA 是 ethylene diamine tetraacetic acid 的缩写，即乙二胺四乙酸。

EGTA 是 ethylene glycol-bis（β–amino-ethyl ether）N,N'-tetraacetic acid 的缩写，即乙二醇双乙胺醚 $-N,N'-$ 四乙酸。这类试剂能同细胞膜或培养细胞的糖蛋白结合，使糖蛋白与细胞分离。

续表

糖蛋白	糖蛋白
5 卵清糖蛋白：	8 细胞膜糖蛋白：
卵清蛋白（ovalbumin）	红球膜糖肽（glycophorin）
抗生物素蛋白（avidin）	9 细胞外膜糖蛋白：
卵类黏蛋白（ovamucoid）	膜基质糖蛋白（basement glycoprotein）
6 黏液糖蛋白：	晶状体膜糖蛋白（lens-capsule glycoprotein）
颌下腺糖蛋白（submaxillary glycoprotein）	10 选择素（或凝集素）（lectin）如伴刀豆凝集素（Con A.）
胃液糖蛋白（gastric glycoprotein）	11 干扰素（interferon）
7 结缔组织糖蛋白：	
胶原蛋白（collagen）	

　　糖蛋白中的寡糖链可影响蛋白质的极性，增强亲水性，提高溶解度；增加黏度和润滑性；稳定蛋白质使其能抵抗变性作用；寡糖链的庞大体积和它所带的负电荷也可保护一些蛋白质免受蛋白酶的降解。糖蛋白中的糖链除了影响蛋白质的许多性质外，还参与分子识别和细胞识别、蛋白质多肽链的折叠和稳定、蛋白质的定向转运、机体免疫和血型区分等多种生物功能。

　　（1）**参与分子识别和细胞识别**　识别是一种非常重要的生物学作用。分子识别（molecular recognition）是指生物分子间选择性结合的相互作用，例如抗原与抗体的识别，酶与底物的识别，激素与受体的识别。细胞识别（cell recognition）是指细胞之间通过其表面各种分子的相互作用进行相互识别的过程，它在细胞黏着、增殖和移动等过程中起重要作用。由于糖蛋白中的寡糖链有多种异构体，含有大量丰富的结构信息，从而使它在分子识别和细胞识别中起决定性作用，例如凝集素[1]与寡糖的专一结合就是个很好的例子（*e*辅学窗 3–32）。

　　（2）**参与蛋白质肽链的折叠和稳定，并影响亚基的聚合**　糖蛋白中共价结合的寡糖链参与新生肽链的折叠、稳定，以维持蛋白质的正确构象。例如，人 E- 钙黏着蛋白（cadherin）的细胞外肽段中存在 4 个 N- 糖基化位点，当除去其中第 633 位天冬酰胺残基上连接的 N- 糖链后，E- 钙黏着蛋白的 N 端肽链发生折叠错误，不能形成正确构象，最终被降解。糖蛋白中的寡糖链还影响亚基的聚合，如运铁蛋白受体（transferrin receptor）是由 2 个亚基组成的，每个亚基含 3 条 N- 糖链，Asn 251 位点突变去糖基化后，则不能形成正常的二聚体。

　　（3）**参与蛋白质的定向转运**　糖蛋白中的寡糖链提供了一个有关新合成蛋白质靶向的关键信息，在蛋白质定向转运中起重要作用。例如溶酶体中含有几十种水解酶类，它们在内质网合成后进入高尔基体。在内质网上合成时发生了 N- 连接的糖基化修饰，即将一个末端为甘露糖的寡糖链共价结合到溶酶体水解酶分子的天冬酰胺残基上。在高尔基体的顺面膜囊中寡糖链末端的甘露糖被磷酸化成 6- 磷酸甘露糖，然后与高尔基体反面膜囊上的 6- 磷酸甘露糖受体识别并结合，最后转运到溶酶体内。若寡糖链末端的甘露糖不能磷酸化成 6- 磷酸甘露糖，溶酶体水解酶就不能被受体识别，因而无法转运到溶酶体中，导致疾病的产生。

　　（4）**参与机体免疫**　参与机体免疫反应的免疫球蛋白（immunoglobulin, Ig）[2]都是糖蛋白。免疫球蛋白糖链的异常与一些自身免疫疾病有关，如类风湿关节炎、IgA 型肾病、系统性红斑狼疮和甲状腺炎等。其中类风湿关节炎与免疫球蛋白糖链的关系研究得较为透彻。由于其患者 B 细胞中半乳糖转移酶活性降低及表达不足，使免疫球蛋白 G（IgG）上的糖链缺乏半乳糖，引起 IgG 构象变化，构象改变后的 IgG 可成为一种自身抗原，被免疫

---

　　[1]　凝集素是一类使红细胞或其他细胞凝集的蛋白质或糖蛋白，有一个以上与寡糖结合的位点，能与寡糖专一、高亲和、非共价可逆结合（见糖类化学章 1.7）。

　　[2]　免疫球蛋白：指参与免疫反应的血清 γ- 球蛋白，根据结构不同，可分为 IgG、IgA、IgM、IgD 和 IgE 5 类，详见 3.9。

系统识别而产生自身抗体，结合后沉积于关节腔内，引起炎症。IgA 型肾病是由于免疫球蛋白 A_1（IgA_1）[1]上糖链异常造成的。系统性红斑狼疮是 IgG 糖链异常。

（5）**血型区分**　人类的 ABO 血型是由 A、B、H 血型物质决定的（A 型血液中含 A 型物质，B 型血液中含 B 型物质，O 型血液中含 H 型物质），A、B、H 血型物质（又称 A、B、H 血型抗原）的抗原决定簇是寡糖链，A、B、H 三个抗原决定簇之间的差别仅仅在寡糖链非还原端的一个单糖残基。A 型糖链的非还原端有一个 GalNAc，B 型有一个 Gal，O 型这两个糖基均无，见表 3–15。

糖蛋白除了上面列举的功能外，还有许多其他功能。不少酶、激素、凝集素和干扰素[2]也是糖蛋白；有的糖蛋白参与物质转运，如转铁蛋白转运铁，铜蓝蛋白转运铜等。糖蛋白是细胞膜的结构物质，也是细胞膜的功能物质，细胞的功能多与其所含糖蛋白有关，糖蛋白与血液凝固也有关系，随着糖蛋白研究的深入，愈来愈显示了糖蛋白功能的多样性和重要性。

表 3–15　红细胞中 A、B 和 H 抗原决定簇的结构

类型	抗原决定簇
A	GalNAc—Gal—GlcNAc··· 　　　　　| 　　　　　Fuc
B	Gal—Gal—GlcNAc··· 　　　　| 　　　　Fuc
H	Gal—GlcNAc··· 　| 　Fuc

3.8.2　脂蛋白

脂蛋白的研究一直相当活跃，一方面它在脂质的转运过程中起重要作用，与心血管疾病有密切关系；另一方面脂蛋白是脂质 – 蛋白质相互作用研究的理想材料。脂蛋白（lipoprotein）是脂质同蛋白质以次级键结合而成的缀合蛋白质。脂蛋白的蛋白质部分称脱辅基蛋白（apoprotein），又称载脂蛋白（apolipoprotein，Apo）。

载脂蛋白与脂质之间的结合力主要靠次级键，如疏水键、范德华力等。维持脂蛋白稳定的键力与维持一般蛋白质三维结构稳定的键力相似。

脂蛋白广泛分布于生物细胞和血液，因此一般分为细胞脂蛋白（cell lipoprotein）和血浆脂蛋白（plasma lipoprotein）两类。

3.8.2.1　细胞脂蛋白

细胞脂蛋白主要存在于生物膜（细胞膜和细胞器膜）、线粒体和微粒体中。

细胞脂蛋白的载脂蛋白不止一种，主要的是糖蛋白。例如红细胞细胞膜的主要蛋白质是红球膜糖肽 A（glycophorin A，又称血型糖蛋白），约占血球膜唾液酸糖肽总量的 75%。红球膜糖肽是一种含唾液酸的糖肽，是由 131 个氨基酸所组成的单链多肽，肽链上带有 16 个寡糖单位。

细胞脂蛋白的脂质也不止一种，主要的是磷脂，其次为糖脂，磷脂中包括磷脂酰胆碱、磷脂酰丝氨酸、磷脂酰乙醇胺、缩醛磷脂和鞘磷脂等。

细胞脂蛋白的载脂蛋白和脂质具有种属差异。

3.8.2.2　血浆脂蛋白

血浆脂蛋白又称可溶性脂蛋白，在水中部分溶解。血浆中的脂质不是以游离状态存在，而是与蛋白质结合，以脂蛋白的形式被运输。

血浆脂蛋白的外形似圆球。疏水性较强的三酰甘油及胆固醇酯均位于脂蛋白内，极性或具有极性基团的磷脂、游离胆固醇和载脂蛋白则位于球形表面，且极性基团朝外，这样增加了脂蛋白的亲水性，使其能均匀地分散在血液中（图 3–41）。

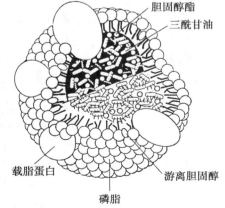

图 3–41　血浆脂蛋白的结构示意图

---

① 人血清 IgA 分为 IgA_1 和 IgA_2 两个亚类。

② 干扰素是抗病毒的糖蛋白。

　　用超速离心法和电泳法可分别将血浆脂蛋白分成 4 类。超离心法根据密度从小到大排列，血浆脂蛋白可分为乳糜微粒（chylomicron，CM）、极低密度脂蛋白（very low density lipoprotein，VLDL）、低密度脂蛋白（low density lipoprotein，LDL）和高密度脂蛋白（high density lipoprotein，HDL）4 类（表 3-16）。

　　电泳法根据血浆脂蛋白迁移率从小到大，可得乳糜微粒（留于原点不迁移）、β- 脂蛋白（与 β- 球蛋白一起迁移）、前 β- 脂蛋白（位于 β- 脂蛋白之前）和 α- 脂蛋白（与 α- 球蛋白一起迁移）。它们分别与超离心法的 CM、LDL、VLDL、HDL 相对应（图 3-42）。

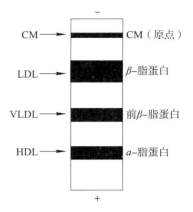

图 3-42　血浆脂蛋白电泳示意图

　　血浆脂蛋白的脂质包括三酰甘油、磷脂、胆固醇、胆固醇酯和少量的游离脂肪酸。蛋白质部分即载脂蛋白，至今已发现有 18 种之多，分为 ApoA、ApoB、ApoC、ApoD 和 ApoE 5 类。其中 ApoA 又分为 AⅠ、AⅡ和 AⅣ，ApoB 分为 B48 和 B100，ApoC 又分为 CⅠ、CⅡ和 CⅢ等亚类，每类血浆脂蛋白所含的脂质和载脂蛋白都有差异（表 3-16）。

表 3-16　血浆脂蛋白的组分 *

脂蛋白	代号	密度 g/cm³	颗粒直径 ** nm	总蛋白 %	总脂质 %	三酰甘油 %	磷脂 %	总胆固醇 %	糖 %	功能
乳糜微粒	CM	< 0.95	50 ~ 200	2	97.5	> 50	7.5	10	—	转运外源性三酰甘油
极低密度脂蛋白	VLDL	0.95 ~ 1.006	28 ~ 70	8 ~ 12	91	50 ~ 60	19 ~ 20	14 ~ 18	1	转运内源性三酰甘油
低密度脂蛋白	LDL	1.006 ~ 1.063	20 ~ 25	22 ~ 28	65 ~ 78	8 ~ 10	28 ~ 30	15 ~ 27	—	转运内源性胆固醇
高密度脂蛋白	HDL	1.063 ~ 1.21	8 ~ 11	50	43 ~ 47	8	22 ~ 25	12 ~ 17	—	逆向转运胆固醇

　* 本表数字采自不同来源，只表示一个大概含量。

　** 本表的颗粒直径为一个约数，数据来自 *Lehninger Principles of Biochemistry* 第 5 版，2008 年。

　　总的来说，乳糜微粒、VLDL 和 LDL 所含的脂质多于蛋白质。乳糜微粒同 VLDL 含三酰甘油较多，LDL 与 HDL 含磷脂较多。

　　脂蛋白的颗粒结构与载脂蛋白的功能相关。载脂蛋白的主要功能为：①结合和转运脂质，稳定脂蛋白结构；②调节脂蛋白代谢关键酶的活性；③参与脂蛋白受体的识别等，与肥胖、动脉粥样硬化、高血压等多种疾病的发生、发展密切相关（ 辅学窗 3-33）。

　　乳糜微粒（CM）　颗粒最大，直径为 50 ~ 200 nm，脂质含量高达 98%，蛋白质含量少于 2%，因此密度很低。脂质中主要为三酰甘油，其载脂蛋白为 Apo AⅠ、B48，CⅠ、CⅡ、CⅢ 和 E。CM 由小肠黏膜细胞在吸收食物脂质时合成，经乳糜导管、胸导管到血液。主要功能为转运外源性三酰甘油至肝和脂肪组织。

　　极低密度脂蛋白（VLDL）　颗粒直径为 28 ~ 70 nm，大约含 91% 的脂质和 8% ~ 12% 的蛋白质，其密度也很低。脂质中主要为三酰甘油，其载脂蛋白至少有 5 种（Apo CⅠ、CⅡ、CⅢ、AⅠ、AⅡ），VLDL 主要转运内源性三酰甘油，将内源性三酰甘油从肝转运至组织。VLDL 浓度的增加与动脉粥样硬化的发病率升高有关。

　　低密度脂蛋白（LDL）　颗粒直径 20 ~ 25 nm，大约含 75% 脂质和 25% 蛋白质。脂质中主要为胆固醇和胆固醇酯，载脂蛋白主要为 Apo B100。LDL 主要转运内源性胆固醇，将内源性胆固醇从肝转运到组织。LDL 浓度的升高与动脉粥样硬化的发病率增加有关。

　　高密度脂蛋白（HDL）　HDL 是一组不均一的脂蛋白，经超离心和等电聚焦电泳，可把 HDL 分成若干种。它们具有不同的密度、颗粒大小及相对分子质量。HDL 是颗粒最小的血浆脂蛋白，其直径为 8 ~ 11 nm。HDL 大约含 50% 脂质和 50% 蛋白质，脂质中主要为磷脂，其次为胆固醇酯，载脂蛋白主要为 ApoAⅠ和 ApoAⅡ。HDL

的功用有下列几点：

（1）HDL 主要逆向转运胆固醇，将内源性胆固醇从组织转运到肝，进行代谢。因而可避免胆固醇在血管中过多聚集和沉积，保持血管的畅通和清洁，被称为血管内的"脂质清道夫"。

（2）HDL 的蛋白质 – 磷脂复合物参与吸收周围细胞的胆固醇，对去除细胞膜的游离胆固醇起重要作用。

（3）HDL 的 Apo AI 对卵磷脂 – 胆固醇酰基转移酶（lecithin cholesterol acyltransferase，LCAT）有激活作用，它催化卵磷脂与胆固醇之间的酰基转移反应，使胆固醇转化为胆固醇酯，后者在新生的 HDL 中积累，将它们转化为成熟的 HDL，被运往肝，进一步代谢。

（4）HDL 的 Apo AII 是脂蛋白脂酶的激活剂，有助于血浆三酰甘油的清除。

血浆中 HDL 含量的高低与患心血管病的风险呈负相关。

各类血浆脂蛋白的组成、特性和功能总结见表 3–16。

3.8.2.3 脂蛋白的功用

脂蛋白的主要功用为转运脂质及固醇类物质。细胞膜内外，细胞与细胞间以及器官与器官之间脂质的转移都需要与蛋白质结合成脂蛋白形式才能完成。脂蛋白是脂质及类固醇物质的载体。在细胞膜内，脂蛋白不仅有运输功用，同时也是膜的结构物质。

3.9 免疫球蛋白和病毒蛋白

3.9.1 免疫球蛋白

免疫球蛋白是指某些参与免疫反应的血清 γ– 球蛋白，也称抗体蛋白，通常以 Ig 符号代表。免疫球蛋白分 5 类即：IgA（6.6 ~ 13S[①]）、IgD（7S）、IgE（8S）、IgG（7S）和 IgM（19S），其中 IgG 是人血中含量最高的抗体，占成人血清中总抗体的 80%。相对分子质量为 150 000，含 2% ~ 3% 的糖，也可形成多聚体。

免疫球蛋白分子都是由两种肽链组成，1 种相对分子质量为 25 000，称轻链，以 L 代表，另一种相对分子质量为 50 000，称重链，以 H 代表。L 链与 H 链之间由二硫键相连，整个分子由两条 L 链和两条 H 链所组成（图 3–43A）。IgG 在结合抗原前后构象有明显变化，当 IgG 未同抗原结合时免疫球蛋白呈 T 形（图 3–43B），与抗原

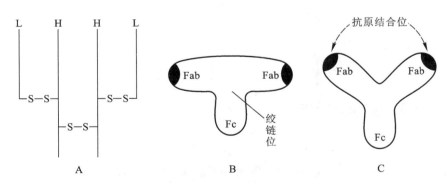

图 3-43 免疫球蛋白的结构
A. Ig 的亚基结构 H_2L_2；B. IgG 的 T 形结构；C. IgG 的 Y 形结构
铰链区富含二硫键。Fab：与抗原结合的部位；Fc：与效应分子或细胞结合的部位

① S 为沉降系数，指单位重力下分子的沉降速度。蛋白质、脂蛋白、核糖体等的沉降系数值通常为（1 ~ 200）× 10^{-13} s 范围，常用 Svedberg（S）常数表示蛋白质以及核酸相对分子质量大小，定义 1S 单位为 10^{-13} s。

结合后则呈 Y 形（图 3-43C）。

根据用木瓜蛋白酶裂解 IgG 的结果，人们发现 IgG 分子有 3 个活性部分，即两个 Fab（fragment of antigen binding）区和一个 Fc（fragment of crystalline）区。Fab 区是由一条 L 链和一条 H 链的一半（含 N 端的一半）所组成，Fab 的前半部分（即 L 链和 H 链前半段）的氨基酸排列位置可以改变，而且随不同抗体而有所不同，称可变区。Fc 区在低温下容易结晶，其氨基酸排列位置是恒定的，称恒定区。Fab 区顶端是抗体与抗原结合的部位。Fc 区不能结合抗原，可与 Fc 受体结合，发挥各类 Ig 抗原决定簇的生物学功能，如 Fc 上具有使母体 IgG 通过胎盘膜传到胎儿循环的专一性胎盘传送位和同补体结合的补体结合位。IgG 主要由脾及淋巴结细胞合成，是唯一能通过胎盘的抗体，新生婴儿脐带血中都含有大量 IgG。

IgA 主要存在于外泌液如鼻黏液、唾液、眼泪、气管和肠胃黏膜分泌液中，有局部防疫功用。IgD 和 IgE 在人血清中含量很少，IgE 与抗过敏机制有关。IgM 是人体发育中首先合成的，当 IgG 开始合成后，IgM 的合成即被抑制。

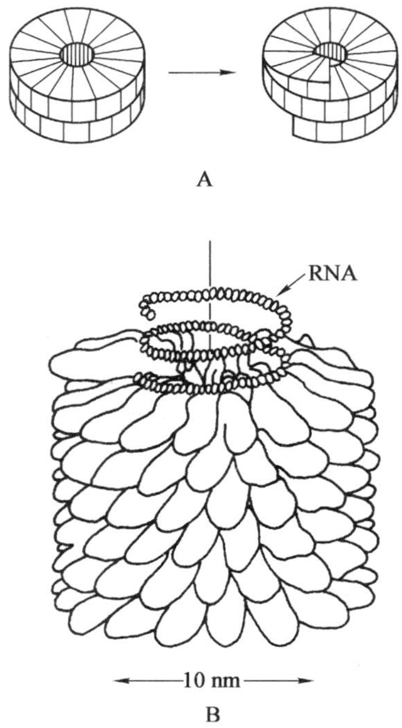

3.9.2　病毒蛋白

病毒蛋白是指构成病毒（virus）外壳的蛋白质，亦称衣壳（capsid）。病毒颗粒是由蛋白质包围 1 个核酸所组成，核酸携带病毒的遗传信息，衣壳主要起到保护病毒核酸，协助病毒感染，具有免疫原性。

病毒的外壳是由多个蛋白质亚基有规则地组合排列而成。例如，烟草花叶病毒（tobacco mosaic virus，TMV）的蛋白质外壳含有 2 130 个相同的蛋白质亚基，每个亚基含 158 个氨基酸残基。这些蛋白质亚基聚合形成 1 个中心有孔的双层右手螺旋圈，每层有 17 $\left(16\dfrac{1}{3}\right)$ 个蛋白质亚基。多个双层圈围绕 1 个核酸中心（RNA）逐步聚合成 1 个病毒颗粒。蛋白质亚基的排列是对称的，亚基与亚基之间排列紧密对核酸有保护作用。X 射线衍射法的研究，显示 TMV 蛋白质有平行及反平行 α 螺旋结构，如图 3-44。

图 3-44　TMV 蛋白质圈形成螺旋圈（A）和 TMV 模型（B）

思考题

只有核酸具有侵染致病能力吗？

3.10　蛋白质的分离、纯化和鉴定

从生物组织中制备蛋白质是一个繁复的过程，需要许多复杂的技术操作，本节介绍主要流程。具体方法可参阅实验书籍。制备蛋白质的方法可概括为细胞破碎、抽提、分离、纯化、鉴定和定量 6 步。

3.10.1　细胞破碎

制备一个蛋白质样品首先要考虑它是在细胞内还是在细胞外，如果在细胞外（如血清、尿等体液）就可以直

接进行分离，但实际上大多数蛋白质是在细胞内，就要将细胞破碎（cell breakage），使蛋白质释放出来。

细胞破碎的方法很多，破碎动物细胞可用电动捣碎机、匀浆器或超声波破碎法。对植物组织可使用匀浆器或采用石英砂与抽提液混合磨研的方法。微生物细胞的破碎由于细胞壁的存在而比较困难，常用的方法是用溶菌酶（破坏细胞壁中的肽聚糖）处理除去细胞壁后再加超声波处理进行破碎的方法，而工业生产上则采用微小石英砂混合研磨法、减压法等。

如果待制备的蛋白质位于某一个细胞器中，可在破碎细胞后通过差速度离心法得到该细胞器，这样就可以去除细胞质中的蛋白质。

3.10.2　抽提

蛋白质有可溶性和不溶性两类。可根据它们的溶解性，用适当溶剂抽提（extraction）。例如，清蛋白可用水抽提，球蛋白可用稀中性盐溶液抽提，谷蛋白可用稀酸或稀碱抽提，醇溶蛋白可用适当浓度的乙醇抽提，不溶性蛋白（如角蛋白、丝心蛋白、弹性蛋白）则可用适当溶剂将混在一起的可溶性物质除去，剩下的就是要制备的蛋白质。

抽提膜蛋白（主要为细胞膜和内膜上的脂蛋白和糖蛋白）比较困难，须根据材料和所提的蛋白质种类采用不同的提取方法。

3.10.3　分离

从组织中获得蛋白质抽提液，经离心或过滤将细胞碎片和部分杂质除去后，即可根据拟提蛋白质的特性和纯度要求，用适当方法使蛋白质从抽提液中分离出来。常用的分离（separation，isolation）方法有盐析法、有机溶剂沉淀法、等电点沉淀法、吸附法和超滤法等。

（1）**盐析法**　中性盐对蛋白质的溶解度有显著影响，在盐浓度较低时，由于静电作用，使蛋白质分子外围聚集了一些带相反电荷的离子，从而加强了蛋白质和水的作用，减弱了蛋白质分子间的作用，故增加了蛋白质的溶解度。这种由于加入少量中性盐而使蛋白质溶解度增加的现象称盐溶（salting in）。但是随着盐浓度的增加，大量的盐离子可与蛋白质竞争溶液中的水分子，从而破坏蛋白质颗粒表面的水化层，失去水化层的裸露的蛋白质分子易于聚集而沉淀，发生盐析（见 3.6.5）。不同蛋白质分子发生盐析所要求的盐离子浓度不同，因此可以通过在蛋白质溶液中加入不同量的中性盐，使不同蛋白质分别沉淀，这种方法称分级盐析。

同样浓度的二价离子中性盐，如（NH_4）$_2SO_4$、$MgCl_2$ 对蛋白质溶解度的影响要比一价中性盐如 NH_4Cl、$NaCl$ 大得多，所以常作盐析的中性盐是硫酸铵。因为它盐析能力强，在水中溶解度大（其饱和溶液的浓度为 4 mol/L），溶解度受温度的影响小。除硫酸铵外，有时也用氯化钠、硫酸钠、硫酸镁等。

盐析时所用硫酸铵的浓度通常以饱和度表示（以饱和溶液为 1）。可在不断搅拌下徐徐加入预先配制好的硫酸铵饱和溶液，达到所需饱和度。若加入饱和硫酸铵溶液会使体积太大，可以加固体硫酸铵。

盐析法至今仍广泛应用，其优点是简便、安全，确能达到一定程度的提纯，缺点是分辨率不够高。

（2）**有机溶剂沉淀法**　有机溶剂使蛋白质沉淀有两方面因素，一方面有机溶剂使溶液的介电常数降低，导致蛋白质分子之间的静电作用大大增加，使蛋白质分子易于聚集和沉淀；另一方面有机溶剂和蛋白质直接争夺水分子，从而破坏了蛋白质表面的水化层，因而使蛋白质沉淀。

有机溶剂沉淀蛋白质是分离蛋白质时常用的方法之一，常用的有机溶剂是丙酮和乙醇。此法的主要优点是分辨率比盐析高，一种蛋白质能在一个比较狭窄的有机溶剂浓度范围内沉淀。但缺点是高浓度的有机溶剂常易引起蛋白质变性，所以应用有机溶剂时一定要注意控制在较低温度，并注意避免局部有机溶剂浓度过高，以防蛋白质变性。

（3）**等电点沉淀法**　将蛋白质抽提液（指已经过离心或过滤的）的 pH 调到所制备蛋白质的等电点，蛋白质即沉淀。这是因为蛋白质处于等电点时，其净电荷为零，相邻蛋白质分子之间没有斥力，易于聚集和沉淀。

不同蛋白质因组成氨基酸残基的种类和数量不同，因此等电点也不同。利用蛋白质这一特性，通过改变溶液的 pH，可以使要分离的蛋白质大部分或全部沉淀下来，而其他杂蛋白仍留在溶液中。这样分离得到的蛋白质仍能保持其天然构象和生物活性。

等电点沉淀法的缺点是在等电点时蛋白质沉淀往往不完全，造成得率较低。

（4）**吸附法**　吸附法是利用各种蛋白质与吸附剂吸附能力和解吸性质的不同，从而达到分离的目的。蛋白质被吸附到吸附剂上是通过范德华力、疏水键和氢键等次级键，常用的吸附剂有硅胶、活性炭、氧化铝、羟基磷灰石等。吸附法对于第一步就要处理大量样品的蛋白质特别适用，如从健康男性尿中提取尿激酶（urokinase，UK），首先将尿激酶吸附到吸附剂上，虽然这种吸附不专一，但蛋白质经吸附后溶液体积大大缩小，然后再作进一步处理。

（5）**超滤法**（ultrafiltration）　也称超过滤法，它是利用压力或离心力，使水和其他小分子物质通过半透膜（超滤膜），而大分子蛋白质被截留在膜上，从而起到浓缩和脱盐作用。选用合适的超滤膜，可使分子大小不同的蛋白质分开（粗分）。超滤膜有许多规格，它们可截留相对分子质量不同的蛋白质。超滤既可用于小量样品处理，也可用于规模生产。

3.10.4　纯化

分离和纯化（purification）之间没有严格的界限，但一般来说，分离是一种粗分，这些方法简便，处理量大，既能除去大量杂质又能浓缩蛋白质溶液。但经分离的蛋白质仍含有各种杂质，还需进一步纯化，以获得单一的蛋白质样品。纯化蛋白质常用的方法主要有如下几种：

（1）**离子交换层析**　离子交换层析是纯化蛋白质常用方法之一，其基本原理已在 3.2.6.2 作了介绍。纯化蛋白质时常用的离子交换剂是纤维素离子交换剂（cellulose ion exchanger），即利用纤维素作离子交换剂的介质（支持物），将可交换的阳离子或阴离子基团结合在不溶的纤维素上制备而成。纤维素离子交换剂具有松散的亲水性网状结构，表面积大，大分子可以自由通过，对蛋白质的交换容量大。同时洗脱条件温和，回收率高。品种也多，可根据需要选用。

根据离子交换纤维素所含离子交换基团的不同分为阳离子交换纤维素和阴离子交换纤维素两大类。常用的阳离子交换纤维素为羧甲基纤维素（CM- 纤维素，CM 是 carboxymethyl 的缩写）[1]，常用的阴离子交换纤维素是二乙氨乙基纤维素（DEAE- 纤维素，DEAE 是 diethyl-amino-ethyl 的缩写）[2]。

由于不同蛋白质所带电荷不同，与离子交换纤维素的可交换基团的交换能力不同，造成与离子交换纤维素结合的牢固程度就不同，用适当的洗脱液洗脱时，各种蛋白质就以不同顺序被洗脱下来，从而达到纯化的目的。

近年来用琼脂糖（agarose，商品名 Sepharose）作为离子交换剂的基质，常用的为 DEAE-Sepharose F. F. 和 CM-Sepharose F. F.[3]，这类离子交换剂不仅可以灭菌，而且在 pH 稳定性、流速和蛋白质结合能力上都有很大提高，特别适用于工厂中大规模蛋白质的纯化。

（2）**凝胶层析**[4]　凝胶层析（gel chromatography）是根据蛋白质分子大小不同来分离纯化蛋白质的一种方法。

---

① CM- 纤维素（弱酸型）可解离基团为—O—CH$_2$—COOH。

② DEAE- 纤维素（弱碱型）可解离基团为—O—CH$_2$—CH$_2$—N（C$_2$H$_5$）$_2$。

③ F. F. 是 fast flow 的缩写。

④ 凝胶层析又称凝胶过滤层析（gel filtration chromatography），凝胶过滤（gel filtration），也称分子排阻层析（molecular-exclusion chromatography），分子筛层析（molecular sieve chromatography）或凝胶渗透层析（gel permeation chromatography，GPC）。

凝胶层析所用的介质是凝胶颗粒，它是具有一定孔径的网状结构的物质。当分子大小不同的蛋白质流经凝胶层析柱时，比凝胶孔径大的分子不能进入凝胶颗粒，而被排阻在凝胶颗粒之外，随着溶剂沿着凝胶颗粒之间的空隙向下移动，较快到达层析柱的底部并先从层析柱中流出。比网孔小的分子可以进入凝胶颗粒的网孔内，在凝胶颗粒内扩散，并穿过凝胶颗粒进入另一个凝胶颗粒，因此向下移动的速度慢，行程长，后从层析柱中流出，这样就可将分子大小不同的蛋白质分开（图 3-45）。

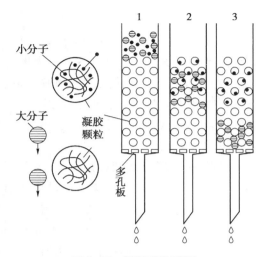

图 3-45 凝胶层析示意图

常用的凝胶有葡聚糖凝胶（dextran gel，商品名 Sephadex）、聚丙烯酰胺凝胶（polyacrylamid gel，商品名 Bio-Gel P）、琼脂糖凝胶（agarose gel，商品名因生产厂家而不同，如瑞典的 Sepharose，美国的 Bio-Gel A）。其中以 Sephadex 凝胶应用最广。凝胶层析的优点是分离条件温和，可以不影响样品的生物活性。样品损失小，回收率高。所以广泛用于蛋白质、核酸等生物大分子的分离纯化。

近年来常用 Sephacryl、Superdex 系列等新型凝胶，与 Sephadex 相比，新型凝胶的分离范围更大，不仅可以分离一般蛋白质，也可分离蛋白多糖、质粒，甚至较大的病毒颗粒。此外，还有更高的机械稳定性、更快的流速和更好的分辨率。

目前还有将离子交换层析和凝胶层析两者结合起来，如 DEAE-Sephadex、CM- Sephadex 等，分离过程中既有电荷效应又有分子筛效应，对蛋白质的分离纯化更为有效。

（3）**疏水层析** 疏水层析（hydrophobic chromatography）又称疏水作用层析（hydrophobic interaction chromatography，HIC），是固定相由非极性物质（如烃类、苯基等）组成的层析。它是利用蛋白质表面的非极性基团和介质上的非极性基团间的疏水作用来分离蛋白质的层析方法。在水溶液中蛋白质分子表面的亮氨酸、异亮氨酸、缬氨酸和苯丙氨酸等非极性侧链形成疏水区，因而很容易与固定相上的疏水基团作用而被吸附，由于不同蛋白质分子的疏水区强弱有较大差异，造成与固定相上的疏水基团间相互作用的强弱不同，改变层析条件，使不同的蛋白质洗脱下来。

疏水层析的固定相一般以琼脂糖为母体，偶联上非极性基团，如苯基琼脂糖、辛基琼脂糖等。离子浓度对疏水层析有较大影响，高离子强度会增加疏水作用，其中硫酸铵效果尤为明显，因此疏水层析一般在高浓度的硫酸铵存在下将蛋白质吸附在固定相上，然后改变层析条件，减弱疏水作用，如采用逐渐降低硫酸铵的浓度进行洗脱，这样可按蛋白质与固定相疏水作用的强弱程度将蛋白质分别洗脱下来，达到纯化的目的。

（4）**亲和层析** 亲和层析（affinity chromatography）是根据蛋白质能与特异的配体（ligand）相结合而设计的方法，例如抗原与抗体、激素和受体、酶与底物、酶与抑制剂等都能特异结合，这种特异结合是非共价可逆结合，首先形成蛋白质配体复合物，然后通过改变溶液的 pH、离子强度等使复合物解离，将被分离的物质洗脱下来，从而达到纯化的目的。

亲和层析时首先将待纯化蛋白质的特异配体通过连接臂连到不溶性的载体上，如琼脂糖。然后以适当的缓冲液装入层析柱中。当蛋白质混合物流经此柱时，待纯化的蛋白质可特异地结合到相应的配体上，其他的蛋白质（称杂蛋白）则不被结合，它们通过洗涤即可除去，被特异结合的蛋白质可用适当的洗脱液将其从柱上洗脱下来（图 3-46）。

由于蛋白质与配体的结合具有很高的专一性，通过亲和层析常常只需要经过一步处理即可从一个非常复杂的混合物中得到纯度很高的所需蛋白质。

（5）**高效液相层析** 高效液相层析（HPLC）的原理及特点已在 3.2.6.3 中作了介绍。按使用目的 HPLC 可分为分析型和制备型两种，分析型样品负载量小，追求的是高分离度、高灵敏度；而制备型样品负载量大，但分离度较差。

　　HPLC 由于支持物（填料）颗粒直径小而均匀，机械性能好、化学性能稳定，溶剂系统采用高压，这样大大提高了分离的速度、分离度及重复性。HPLC 使用计算机自动控制精确加样，可自动完成分离纯化过程，已广泛用于蛋白质及其他生物分子的分析和制备。其中，反相 HPLC 不仅广泛用于分离氨基酸、多肽，也广泛用于蛋白质的分离纯化（见 3.2.6.3），可将差别很小的蛋白质很好地分离。

　　（6）**快速蛋白质液相层析**　由于它不仅适用于蛋白质的分离，还适用于肽及多核苷酸的分离，所以快速蛋白质液相层析（fast protein liquid chromatography，FPLC）也称蛋白质、肽及多核苷酸快速液相层析（fast protein，peptide and polynucleotide liquid chromatography，FPLC）。FPLC 由 高流率代替了 HPLC 的高压力，并具有快速、容量大和高分离度的特点，可使用各种层析填料（载体），因而有各种层析，如离子交换层析、亲和层析、凝胶层析、反相层析、疏水层析等。在层析过程中，上样、洗脱、收集、监控全部自动化，只要根据被分离物质的特性来选择不同的层析填料，设置操作程序，所有操作全部自动完成，目前已广泛应用于蛋白质、多肽及重组质粒等的分离纯化。

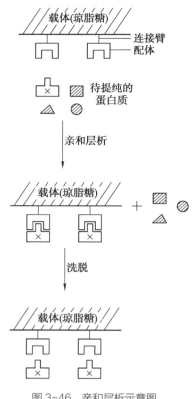

图 3-46　亲和层析示意图

　　（7）**电泳法**　蛋白质的电泳现象已在 3.6.2.3 中作了介绍。电泳法是根据不同蛋白质分子所带净电荷的不同，在电场中移动的速率各异，因而可以彼此分开。常用的是具有高分辨率的聚丙烯酰胺凝胶电泳（polyacrylaminde gel electrophoresis，PAGE）和其他区带电泳。但一般来说，由于电泳法样品负载量有限，故不适于大量蛋白质的分离纯化。

　　（8）**结晶**　当蛋白质已经达到一定纯度后，可用结晶方法将蛋白质纯化。但是结晶样品不一定是纯的，蛋白质的第一次结晶纯度有可能低于 50%，当重结晶时纯度就大大提高，所以反复重结晶几次是一种有效的最后阶段的纯化方法。结晶时要掌握好蛋白质浓度、盐离子强度、pH、温度等。

　　需要注意的是，制备蛋白质，特别是制备供研究用的蛋白质，如研究分子结构和酶活性，则须注意避免使蛋白质变性的任何操作，而且还应在低温下进行。

3.10.5　鉴定

　　用各种方法将蛋白质分离、纯化后，最后要对该蛋白质进行鉴定（identification），主要包括纯度鉴定、相对分子质量、等电点及生物活性的测定。

　　（1）**纯度鉴定**　目前鉴定蛋白质纯度常用的方法有电泳法和 HPLC 法，电泳有聚丙烯酰胺凝胶电泳（PAGE）、SDS-PAGE、等电聚焦、毛细管电泳等，纯的蛋白质在不同 pH 条件下进行电泳，都以单一速度移动，它的电泳图谱呈现一个条带。HPLC 也常用于多肽和蛋白质的纯度鉴定，纯的蛋白质样品在 HPLC 的洗脱图谱上呈现单一的对称峰。此外，化学结构分析如末端测定、超离心沉降等也能用来分析蛋白质的纯度。

　　纯度有一定的相对性，用一种方法鉴定为纯的蛋白质样品用另一种方法分析并不一定能得到相同的结论，因此我们在说某一蛋白质样品纯度时，应该注明鉴定的方法如 PAGE 纯、HPLC 纯或超离心纯等，并且需要用两种以上的方法相互验证，才能确定一种蛋白质的纯度。

　　（2）**相对分子质量的测定**　蛋白质是生物大分子，不能用测定小分子物质的方法进行测定，而需要利用蛋白质的物理化学性质。在 20 世纪 70 年代以前，蛋白质相对分子质量的测定主要依赖于光散射法、黏度法、光折射法、渗透压法、超离心法等物理化学方法，但近年来更多的是使用凝胶过滤法和SDS-聚丙烯酰胺凝胶电泳法。

① 超离心法　该法是由瑞典蛋白质化学家 T. Svedberg 在 20 世纪 20 年代建立的，其基本原理是将蛋白质溶液放在 25 万～50 万倍重力场的离心力作用下，使蛋白质颗粒从溶液中沉降下来，形成清楚的界面，界面的移动可用特殊的光学系统观察到，并计算蛋白质的沉降速度。当界面以恒速移动时，单位离心场的沉降速度为一定值，称为沉降常数（s）。根据沉降常数再计算出蛋白质的相对分子质量。用超离心法测得的相对分子质量准确而且可靠，但需要超速离心机。

② 凝胶层析法　该法原理已在 3.10.4 中作了介绍。在凝胶柱中，大分子物质先被洗脱下来，小分子物质后被洗脱下来。实验时，先用已知相对分子质量的几种标准蛋白（marker）进行凝胶层析，以它们的相对分子质量的对数（$\lg M_r$）对洗脱液体积作图得一直线，再将待测蛋白质样品经过同一凝胶柱，根据它的洗脱液体积即可从图中求得它的相对分子质量。测定蛋白质相对分子质量一般用葡聚糖凝胶（商品名 Sephadex）作为层析介质，它有不同的型号可供选择，以测定相对分子质量范围不同的蛋白质。

③ SDS-聚丙烯酰胺凝胶电泳（SDS-PAGE）法　SDS-PAGE 是目前测定蛋白质相对分子质量的最简便，也是最常用的方法。SDS-PAGE 是一种特殊的聚丙烯酰胺凝胶电泳，它是在聚丙烯胺凝胶系统中加入阴离子去污剂十二烷基硫酸钠（sodium dodecyl sulfate，SDS）后，蛋白质的迁移率主要取决于它的相对分子质量，而与所带电荷和分子形状无关（图 3-47）。

SDS 分子式为 $CH_3(CH_2)_{11}SO_4Na$。它是一种很强的蛋白质变性剂，在蛋白质充分变性的条件下，带负电荷的 SDS 与蛋白质结合形成复合物，其负电荷远远超过蛋白质分子原有的电荷，因而掩盖了蛋白质分子间原有电荷的差别。同时 SDS 和蛋白质结合后，分子的次级键被破坏，构象发生了改变。由亚基组成的寡聚蛋白质解聚，蛋白质和 SDS 复合物的形状呈细杆状，不同蛋白质的 SDS 复合物的短轴的长度都相同（约为 1.8 nm），而长轴的长度和蛋白质的相对分子质量成正比。所以在 SDS-PAGE 中，蛋白质分子本身的电荷与形状的差异已消除，故蛋白质电泳迁移率取决于它的相对分子质量，实际上这也是一种分子筛效应。

在 SDS-PAGE 中，蛋白质的相对迁移率为蛋白质的迁移距离与前沿（染料）迁移距离之比值。与相对分子质量的对数呈线性关系。实验时，以已知相对分子质量的几种标准蛋白质的 M_r 的对数值对其相对迁移率作图，然后根据待测样品的相对迁移率从标准曲线上查得它的 M_r。

SDS 可将蛋白质解离成亚基，故用 SDS-PAGE 测得的是亚基的相对分子质量，如没有亚基，则为该蛋白质的相对分子质量。

（3）**等电点的测定**　现常用等电聚焦（isoelectric focusing，IEF）的方法，等电聚焦是利用两性电解质（商品名为 Ampholine）在电场中形成一个稳定的连续的 pH 梯度如 pH 3～10。电泳时蛋白质样品将移向并聚焦在其等电点的 pH 梯度处，并形成一个很窄的区带，区带所处的 pH 即为该蛋白质的等电点。

为了形成稳定的 pH 梯度，减少对流和扩散的影响，需在两性电解质溶液中加入一些凝胶物质（称凝胶等电聚焦，gel IEF），如聚丙烯酰胺、葡聚糖或琼脂糖，其中常用聚丙烯酰胺。

二维电泳又称双向电泳（two-dimensional gel electrophoresis，2-DE），是将 IEF（根据蛋白质的等电点进行分离）与 SDS-PAGE（根据蛋白质的大小进行分离）两项技术结合，从细胞、组织和其他生物样本中分离蛋白质混合物并鉴定的有效手段。2-DE 是先进行 IEF，然后将样本胶条进行 SDS-PAGE 分离，经双向电泳后，对凝胶上的蛋白质斑点进行染色、显影，并结合质谱技术进行进一步鉴定。

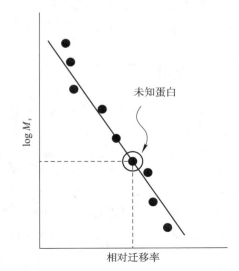

图 3-47　SDS-PAGE 法测定蛋白质的相对分子质量

2-DE 是蛋白质组学（proteomics）研究的核心技术，得到广泛应用。蛋白质组学研究指对某一生理状态下细胞、细胞器或组织中所有表达蛋白质进行鉴定，得到蛋白质整体、系统的生物学特征。早期的蛋白质组学研究主要是蛋白质表达模式的研究，随着研究的不断完善和深入，蛋白质组学研究进入功能模式研究，包括翻译后修饰、亚细胞蛋白功能、蛋白质 – 蛋白质相互作用等。

（4）**生物活性的测定**　检验有生物活性的蛋白质如酶蛋白、激素蛋白和免疫蛋白等，则以测定其活性为最可靠的鉴定法。利用蛋白质特殊的生物活性检验纯度，有很高的灵敏度，有时能检出浓度低到 10^{-6} 的杂质，比许多物理化学方法的灵敏度要高得多。

近年来，基于蛋白质分子的免疫原性开发的蛋白质印迹（Western blotting）技术和酶联免疫吸附试验（enzyme-linked immunosorbent assay，ELISA）成为蛋白质鉴定的两种主要方法。Western blotting 是将蛋白质样品经 SDS–PAGE 电泳分离后从凝胶转移到固相支持物膜上，然后分析特异性抗体与固相膜的结合情况，从而鉴定某特定蛋白质分子的存在或含量。ELISA 是首先将抗原或抗体结合到某种固相载体表面，然后将酶标记的抗体或抗原与固相载体上的抗原或抗体反应，根据结合在固相载体上的酶量检测标本中抗原或抗体分子的存在或含量。Western blotting 和 ELISA 现已广泛应用于蛋白质鉴定和含量测定、蛋白质表达水平的研究、疾病早期诊断等。

质谱技术在蛋白质分析中也发挥了重要作用。蛋白质经特异性酶解或化学水解成小的肽段，经质谱检测各种产物肽的相对分子质量，将这些数据在相应数据库中检索和比对，寻找相似的肽指纹谱，从而进行蛋白质的鉴定。质谱与二维电泳技术结合，可以获得整个细胞裂解物产物的分析，从而鉴定出细胞内所有的蛋白质，包括完整的膜蛋白和低丰度的蛋白质。

3.10.6　含量测定

在蛋白质的分离纯化过程中经常要测定蛋白质的含量，包括测定蛋白质的总量以及蛋白质混合物中某一特定蛋白质的含量。测定蛋白质总量常用的方法有凯氏定氮法、双缩脲法、Folin– 酚试剂法、紫外吸收法和考马斯亮蓝染色法等。凯氏（Kjeldahl）定氮法是比较经典的标准方法，现已不多用。双缩脲法常用于需要快速但不要求十分精确的测定。Folin– 酚试剂法也称 Lowry 法，此法较双缩脲法灵敏得多，故被广泛应用。紫外吸收法是利用蛋白质在 280 nm 有最大光吸收峰的特性，此法虽然精确度不高，但操作简便，样品可以回收。考马斯亮蓝染色法也称考马斯亮蓝结合法、Bradford 法，此法快速，灵敏度高，准确度至少与 Folin– 酚试剂法相同，故现已广泛应用于蛋白质含量的测定。

蛋白质混合物中某一特定蛋白质含量的测定通常用具有高度特异性的生物学方法，如酶蛋白通过测定酶活性，激素蛋白通过测定激素的活性等。

ⓘ 总结性思考题

1. 蛋白质一级结构中保守序列和可变序列与生物进化的关联和意义何在？
2. 螺旋肽链的左旋、右旋如何判断？平行 β 折叠结构与反平行 β 折叠结构是如何形成及区别的？
3. 氨基酸和蛋白质的结构同它们各自的性质和功能具有哪些联系？
4. 从蛋白质结构与功能的关联角度阐述 Bohr 效应的生物学机制。
5. 血红蛋白具有正别构效应，第一个氧的结合促进了后继氧与蛋白质的结合。有些蛋白质还具有负别构效应，即别构作用造成蛋白质功能的下降，试推测和分析负别构效应存在的生物学意义。
6. 血红蛋白的功能比肌红蛋白更高级吗？它是否可以代替肌红蛋白的功能？
7. 试从组蛋白的生物学功能推测其等电点是偏酸还是偏碱，并解释原因。
8. 与可溶性蛋白质相比，膜蛋白的结构与功能有哪些特征？

9. 在制备蛋白质时需注意哪些问题，以保证其生物学活性不丧失？

10. 除了免疫电泳，还有哪些蛋白质分析技术是利用抗原和抗体之间特异性的相互作用的原理？

11. 除了镰状细胞贫血症以外，还有哪些血红蛋白相关缺陷症？解释其病因。

数字课程学习

👤 教学课件　　　💬 在线自测　　　📖 思考题解析

第四章　核酸化学

🔖 **提要与学习指导**

　　本章主要介绍碱基、核苷和核苷酸的结构、性质以及核酸的结构、性质和生物功能。对核酸的分离、合成和鉴定也作了简要介绍。学习本章时应注意：

　　1. 核苷酸是核酸的基本组成单位，应以腺嘌呤核苷酸和胞嘧啶核苷酸为代表，掌握核苷酸的化学结构和化学性质。

　　2. 为了学好核苷酸的结构，首先要结合有机化学把嘌呤和嘧啶的基本结构搞清楚，同时也要把核酸中存在的腺嘌呤、鸟嘌呤同嘌呤核的关系，胞嘧啶、尿嘧啶及胸腺嘧啶同嘧啶核的关系联系起来学习并记忆。

　　3. 注意嘌呤（指腺嘌呤、鸟嘌呤）、嘧啶（指胞嘧啶、尿嘧啶和胸腺嘧啶）同核糖（或脱氧核糖）在哪个部位连接成核苷；核苷如何同磷酸连接成核苷酸（包括核苷二磷酸、核苷三磷酸），核苷酸又如何连接成一级结构的核苷酸链。

　　4. 掌握核酸的二、三级结构及其碱基配对规律。

　　5. 分析比较两种核酸分子的组成和结构上的特点，进而联系它们的性质和生物功能。

4.1　核酸的概念和重要性

　　核酸（nucleic acid）最早是在 1868 年由瑞士的一位年青科学家米歇尔（F. Miescher）发现的，当时他从外科绷带的脓细胞中分离出细胞核，再从细胞核中分离得到了一种含磷很多的酸性化合物，称它为核素（nuclein），实际上就是我们现在所指的核蛋白（详见 📱辅学窗 4-1）。

　　实验发现，核蛋白初步水解后可产生蛋白质和核酸。核酸水解后产生多个分子的核苷酸，因此，核酸又称多核苷酸。核苷酸水解后产生磷酸及核苷，后者水解产生核糖（或脱氧核糖）、嘌呤或嘧啶。

由此可知，核酸是核蛋白的组分之一，是单核苷酸的多聚体，呈酸性，最初从细胞核中发现，故称核酸。核酸是遗传物质，决定着生物体的生长、发育、生殖、遗传和变异等基本的生命现象，其结构和功能的改变将导致多种疾病的发生和发展。

4.2　核酸的类别、分布和组成

4.2.1　类别

核酸分核糖核酸（ribonucleic acid，RNA）与脱氧核糖核酸（deoxyribonucleic acid，DNA）两大类。

4.2.1.1　核糖核酸（RNA）

RNA 主要有 mRNA、tRNA 和 rRNA 3 类，此外还有许多其他种类的 RNA。

信使 RNA（messenger RNA，mRNA） 约占总 RNA 的 5%，为单链结构，不同细胞的 mRNA 的链长和相对分子质量的差异很大，其功用为将 DNA 的遗传信息传递到蛋白质的合成基地——核糖体。新合成肽链的氨基酸序列即根据 mRNA 所传递的信息来决定。mRNA 在代谢上不稳定，在蛋白质合成后不久就分解。真核生物 mRNA 的前体在细胞核内合成，mRNA 前体的分子大小极不均一，称**核内不均一 RNA**（heterogeneous nuclear RNA，hnRNA）。

转移 RNA（transfer RNA，tRNA） 占细胞总 RNA 的 10% ~ 15%，在蛋白质生物合成过程中起转运氨基酸到核糖体参与翻译的作用。tRNA 有很多种，已知每一种氨基酸至少有一种相应的 tRNA，它们在代谢上是稳定的。tRNA 分子的大小很相似，链长一般在 73 ~ 88 个核苷酸之间，最长的有 93 个核苷酸（大肠杆菌 Ser–tRNA）[1]，相对分子质量一般约为 25 000。

核糖体 RNA（ribosomal RNA，rRNA） 约占全部 RNA 的 80%，是核糖体的核酸，因此得名。核糖体含约 60% 的 rRNA 和 40% 的蛋白质。rRNA 结构为单链螺旋，在代谢上稳定。原核细胞的 rRNA 有 23S、16S 和 5S 3 种，真核细胞的 rRNA 有 28S、18S、5.8S 和 5S 4 种。rRNA 除了作为核糖体的主要组成成分，为蛋白质合成提供场所外，还协助和参与蛋白质的合成。

除了上面 3 类主要 RNA 外，还有一些其他类别的 RNA。如染色体 RNA（chromosomal RNA，chRNA），是指与染色体结合的 RNA 等。此外，还有线粒体 RNA（mitochondrial RNA，mtRNA）、叶绿体 RNA（chloroplast RNA，ctRNA）和病毒 RNA 等。

近年来，随着基因组测序等现代生物技术的进步和发展，越来越多的非编码 RNA 被发现。**非编码 RNA**（non-coding RNA，ncRNA）是指不编码蛋白质的 RNA。ncRNA 种类很多，除了 rRNA 和 tRNA 这两类外，还有很多其他种类的非编码 RNA，ncRNA 大多为相对分子质量较小的内源或外源 RNA 分子，按其功能不同分为催化 RNA（catalitic RNA，cRNA）、核小 RNA（small nuclear RNA，snRNA）、核仁小 RNA（small nucleolar RNA，sonRNA）、微 RNA（microRNA，miRNA）、干扰小 RNA（small interfering RNA，siRNA）、时序小 RNA（small temporal RNA，stRNA）、胞质小 RNA（small cytoplasmic RNA，scRNA）、指导 RNA（guide RNA，gRNA）和反义 RNA（antisense RNA，asRNA）等，详见 @辅学窗 4–2。

非编码 RNA 广泛存在于细菌、真菌和几乎所有高等的真核生物细胞中，对基因表达具有重要的调控功能，在生物的生长、发育等许多生命活动中起重要作用，与疾病的发生、发展和治疗有密切关系。

4.2.1.2　脱氧核糖核酸（DNA）

DNA 主要是染色体 DNA（chromosomal DNA，chDNA）。原核细胞没有明显的细胞核，只含由一个双链环状 DNA 分子构成的一条染色体，DNA 不与或很少与蛋白质结合。真核细胞染色体数目不止 1 条，如果蝇有 8 条染色体，人有 46 条（23 对）染色体，其染色体由线状 DNA 与蛋白质结合而成。

---

[1]　Ser–tRNA 表示仅识别和携带丝氨酸的 tRNA。

除了染色体 DNA 外，还有线粒体 DNA（mitochondrial DNA，mtDNA）、叶绿体 DNA（chloroplast RNA，ctDNA）、病毒 DNA（virus DNA）、质粒 DNA（plasmid DNA）、质体 DNA（plastid DNA）和反义 DNA（antisense DNA）等，详见 🄔辅学窗 4-3。

4.2.2 分布

DNA 主要存在于细胞核的染色质（chromatin）中，线粒体和叶绿体中也有。90% 的 RNA 存在于细胞质中，10% 存在于细胞核中。rRNA 主要存在于核糖体内。

4.2.3 组成

RNA 与 DNA 皆含氮碱（嘌呤、嘧啶）、戊糖（核糖或脱氧核糖）和磷酸。DNA 与 RNA 组分上的异同见表 4-1。

表 4-1 RNA 与 DNA 组分上的区别

核糖核酸（RNA）*		脱氧核糖核酸（DNA）	
组分	代号	组分	代号
磷酸		磷酸	
D- 核糖		D-2- 脱氧核糖	
腺嘌呤（adenine）	Ade	腺嘌呤	
鸟嘌呤（guanine）	Gua	鸟嘌呤	
胞嘧啶（cytosine）	Cyt	胞嘧啶	
尿嘧啶（uracil）	Ura	胸腺嘧啶（thymine）	Thy

* 酵母 tRNA 和大肠杆菌 tRNA 分子中还含有其他稀有碱基。

一般而论，RNA 与 DNA 成分的差别仅在于糖和一个嘧啶。在 DNA 分子中以 D-2- 脱氧核糖代替了 RNA 的 D- 核糖，以胸腺嘧啶代替了 RNA 的尿嘧啶，这些成分与核酸的结构和性质都有关系。在讲核酸的结构和性质之前有必要对核糖、嘌呤碱、嘧啶碱的结构和性质作扼要陈述。

（1）**核糖及脱氧核糖** RNA 所含的糖为 D- 核糖，DNA 所含的糖为 D-2- 脱氧核糖，两者都是 β 构型。在某些 RNA 中含有少量的 β-D-2-O- 甲基核糖，是核糖 C-2 位羟基上的氢被甲基取代而成。其结构式如下：

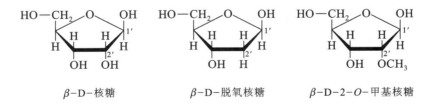

β-D- 核糖　　　　β-D- 脱氧核糖　　　　β-D-2-O- 甲基核糖

核苷、核苷酸及核酸中的 D- 核糖和 D-2- 脱氧核糖均为呋喃型环状结构。

D- 核糖与浓 HCl 和甲基间苯二酚混合后，加热呈绿色（因核糖与酸作用产生糠醛，糠醛与甲基间苯二酚和三氯化铁 $FeCl_3$ 作用呈绿色，称苔黑酚法）。D-2- 脱氧核糖与酸和二苯胺一同加热呈蓝色（因 D-2- 脱氧核糖与酸作用产生 ω- 羟基 -γ- 酮戊醛，后者与二苯胺作用呈蓝色，称二苯胺法）。此二反应可作 RNA 和 DNA 定性和定量分析的基础。

（2）**嘌呤**（purine，Pu）**碱**　为核酸中的嘌呤类物质，主要为腺嘌呤和鸟嘌呤两种，次黄嘌呤、黄嘌呤与尿酸是腺嘌呤的代谢产物。

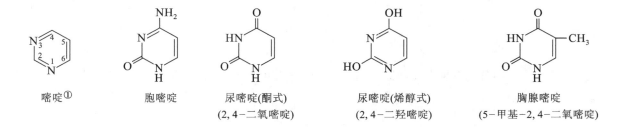

（3）**嘧啶**（pyrimidine，Py）**碱**　为核酸中的嘧啶类物质，核酸中存在的嘧啶碱有胞嘧啶、尿嘧啶及胸腺嘧啶 3 种，它们的结构式如下。

DNA 含胸腺嘧啶，不含尿嘧啶，RNA 则相反。在高等植物、胸腺和小麦胚 DNA 中尚含有少量 5- 甲基胞嘧啶。在几种大肠杆菌（*E. coli*）、噬菌体的 DNA 中，发现 5- 羟甲基胞嘧啶代替胞嘧啶。几种细菌 DNA 中已证明含少量 6- 甲氨基嘌呤。这些稀有的微量碱基衍生物称稀有碱基（minor base）或修饰碱基（modified base）。在 tRNA 中发现最多，有近百种，含量可高达 10%。这类碱基是核酸大分子合成后经某些修饰产生的，大多数是甲基化碱基，也有硫代、甲硫代、乙酰化及带各种侧链的碱基。

必须注意的是：含酮基的嘧啶碱和含酮基的嘌呤碱皆有酮式和烯醇式互变异构现象，而且处于平衡状态，但在生物体细胞内，一般以酮式存在，书写时用任何一种皆可。例如，上面所举的鸟嘌呤和尿嘧啶的结构式就各有上列两种形式，其他含酮基的嘌呤和嘧啶类推。由于变成烯醇式后，—OH 的 H 可以解离，因此呈酸性，此种异构现象与核酸解离有关。

---

①　嘧啶环的标号有两种办法，一种是 Beilstein 系统，另一种为国际纯粹与应用化学联合会（IUPAC）系统。本书采用后者。如：

Beilstein 系统

IUPAC 系统

嘧啶碱与嘌呤碱分子中皆有共轭双键，对紫外线（波长 260 nm 左右）有强烈的吸收能力。每一碱基各有其特殊的紫外线吸收光谱，因此可利用此性质鉴定不同的碱基。由于有的碱基环状结构上带有—OH（烯醇式），有的环上含有＝N—结构，其解离常数各不相同（烯醇式羟基可解离释放 H^+，呈酸性，＝N—可接受 H^+ 而变为＝N^+H—，呈碱性），紫外线吸收光谱因而随 pH 的改变而改变。

嘧啶碱和嘌呤碱较稳定，不被稀酸、稀碱破坏，和苦味酸可结为晶体。嘌呤碱还可被银盐沉淀，这对于嘌呤碱和嘧啶碱的分离和鉴定皆有裨益。

碱基可用英文名称的前 3 个字母表示，如表 4–1 中的腺嘌呤（adenine）为 Ade，余类推，亦可用英文名称的第一个字母表示，如腺嘌呤为 A，余类推。

思考题

组成核酸的 4 种碱基各自能形成氢键的部位有哪些？

4.3　核苷与核苷酸

用核酸酶水解核酸可得到核苷酸。RNA 和 DNA 各得 4 种核苷酸。核苷酸经核苷酸酶[①] 水解又产生核苷和磷酸。由这些事实可见核苷酸为核酸的组成单位，而核苷与磷酸又为组成核苷酸的基本物质。这种关系可表示如右图：

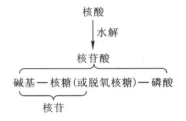

4.3.1　核苷

从核苷酸水解产物中分别发现有几种核苷（表 4–2）。核苷可用单字符号表示，脱氧核苷则在单字符号前加一个小写的 d。

表 4–2　核苷的类别

核糖核苷（ribonucleoside）	代号	脱氧核苷（deoxyribonucleoside）	代号
腺苷 *（adenosine）	A	脱氧腺苷 *（deoxyadenosine）	dA
鸟苷（guanosine）	G	脱氧鸟苷（deoxyguanosine）	dG
胞苷（cytidine）	C	脱氧胞苷（deoxycytidine）	dC
尿苷（uridine）	U	脱氧胸苷（deoxythymidine）	dT，T

* 腺苷又称腺嘌呤核苷，脱氧腺苷又称腺嘌呤脱氧核苷，余类推。

4.3.1.1　核苷的结构

由于用核苷酸酶水解核苷酸产生核苷，而用核苷酶[②] 水解核苷又可得嘧啶（或嘌呤）和核糖（或脱氧核糖），可知嘧啶和嘌呤在核苷酸（或核酸）分子中是与核糖或脱氧核糖相连接成核苷，核苷的糖基是与磷酸连接成核苷酸。

---

① 核苷酸酶（nucleotidase）是使核苷酸放出磷酸的酶。
② 核苷酶（nucleosidase）是使核苷放出自由碱基的酶。

经 X 射线衍射分析证实嘌呤核苷是嘌呤第 9 位氮与核糖或脱氧核糖第 1′ 位碳相连。嘧啶核苷则由嘧啶第 1 位氮与糖第 1′ 位碳相连。脱氧腺苷和尿苷的结构式如右图。

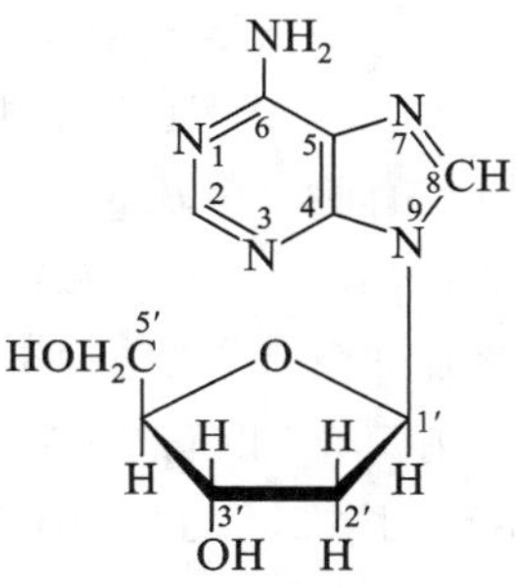

脱氧腺苷

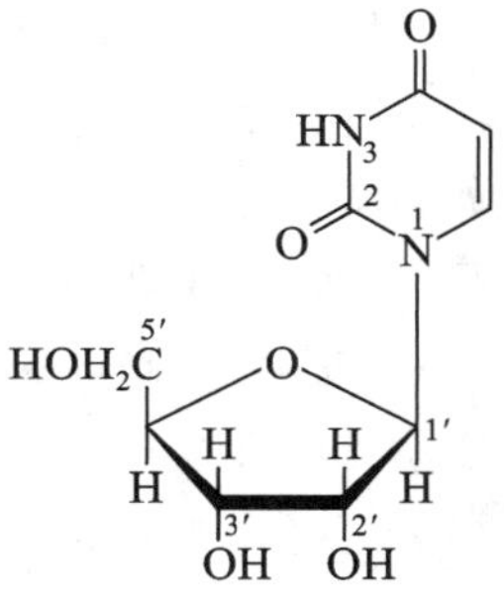

尿苷

腺苷、鸟苷、胞苷和它们相应的脱氧核苷以及脱氧胸苷的结构式可照例类推。在核苷分子中，嘌呤和嘧啶环上的原子编号为 1，2，3，4，5 等，在核糖或脱氧核糖环上的为 1′，2′，3′，4′，5′ 等以示区别。

核糖基的第 2′、3′ 或第 5′ 位和脱氧核糖基的第 3′ 或第 5′ 位上的羟基皆可分别磷酸酯化，产生不同的核苷酸异构体。

用 X 射线衍射分析已证明，核苷中的碱基与糖环平面互相垂直。嘌呤环或嘧啶环形成的 *N*– 糖苷键理论上可以自由转动，但事实上由于空间障碍，限制其自由转动，所以有顺式和反式构象之分，如下式所示：

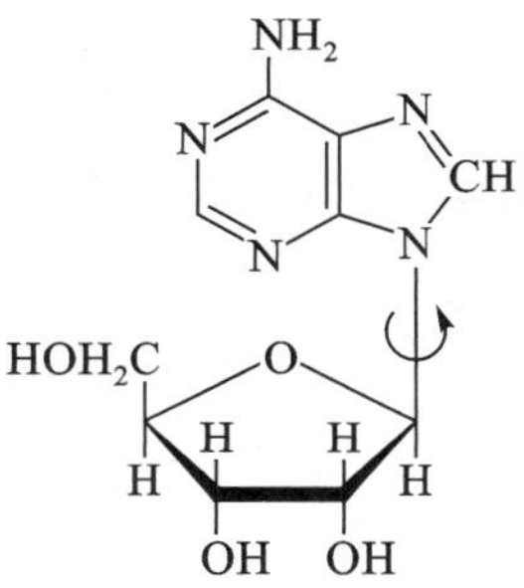

顺式腺苷
(*syn*–adenosine)

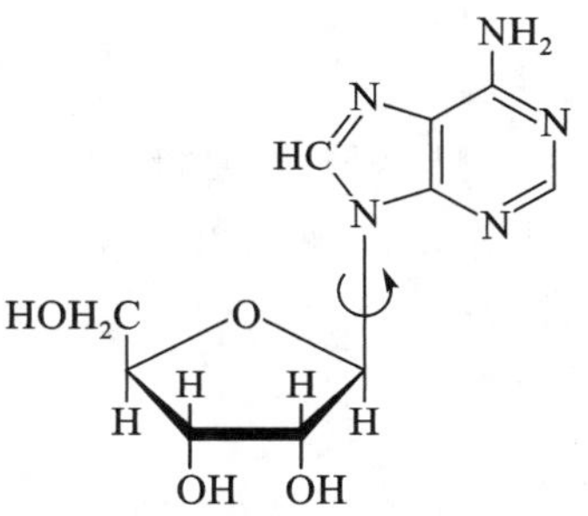

反式腺苷
(*anti*–adenosine)

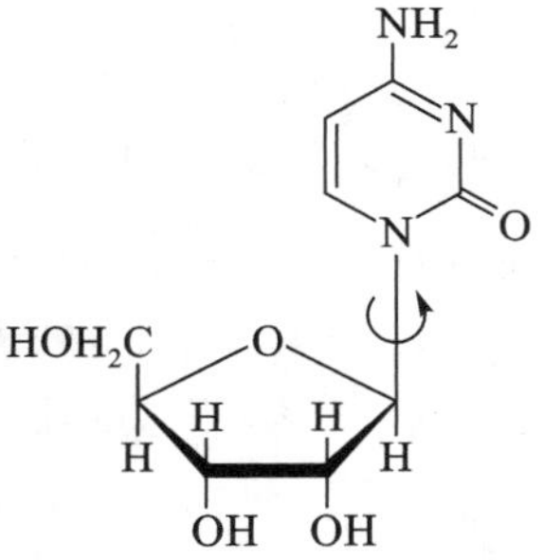

反式胞苷
(*anti*–cytidine)

由于嘧啶环的第 2 碳位与戊糖的第 5′ 碳位之间的空间位阻，天然嘧啶核苷通常以反式构象存在，嘌呤核苷酸顺式和反式构象均存在。

4.3.1.2　修饰核苷

也称稀有核苷。核酸分子中存在的核苷，除表 4–2 所列 8 种常见的核苷外，还有许多种修饰核苷，包括①由修饰碱基（如二氢尿嘧啶）与核糖或脱氧核糖组成的核苷；②由正常碱基与修饰核糖（如 2′–*O*– 甲基核糖）组成的核苷；③碱基和糖连接方式特殊（如戊糖第 1′ 位碳和假尿嘧啶第 5 位碳位间形成糖苷键）的核苷。现各举一例如下：

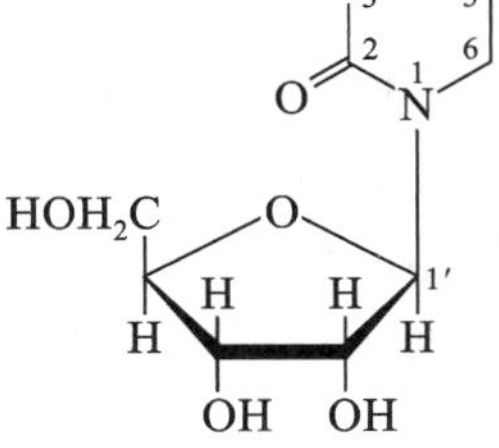

5, 6–二氢尿苷

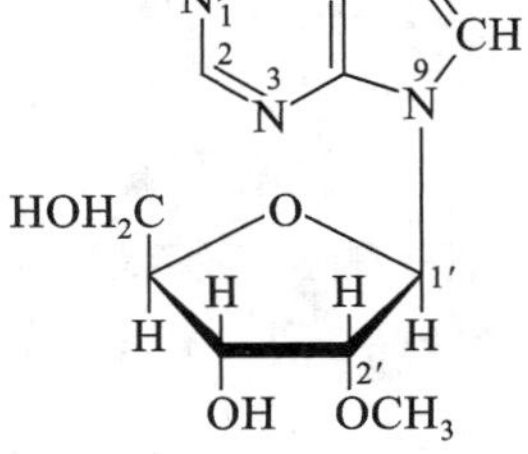

2′–*O*–甲基腺苷

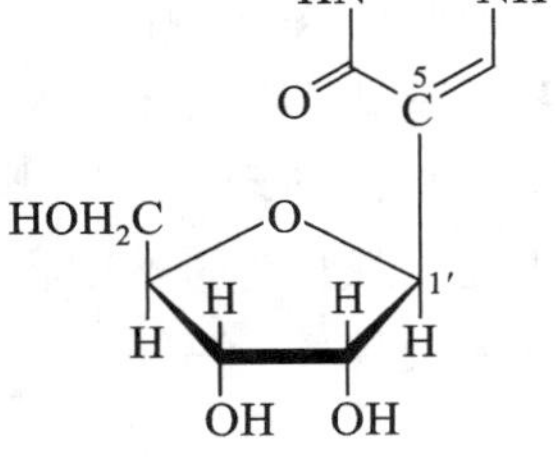

假尿苷

修饰核苷常用缩写代号表示，其方法通常是将碱基取代基写在核苷单字代号（例如 A 代表腺苷）的左边，用小写英文字母代表取代基 [1]，例如用 m 代表甲基。取代基的位置和数目分别写在取代基代号的右上角和右下角，如 m_2^6A 表示腺苷嘌呤环上的第 6 位有两个甲基取代基，即 N^6、N^6- 二甲基腺苷。如仅有一个取代基，"1"字不写，例如 m^2A 即表示腺苷嘌呤环第 2 位的一个 H 被甲基取代了。

在核糖上修饰的核苷，即核苷的糖分子中—OH 的 H 被其他基团取代后的产物，例如 2'-O- 甲基核苷，其表示方法即在其核苷单字代号（例如 A）的右边加上代表取代基的小写字母代号，例如 m，成为 Am。Am 的全名为 2'-O- 甲基腺苷。即腺苷的核糖第 2' 位上—OH 的 H 被甲基（m）所取代。少数修饰核苷直接用单字代号表示，如 5,6- 二氢尿苷用 D 表示，假尿苷用 ψ 表示，肌苷 [2] 用 I 表示。其他修饰核苷的结构将于 4.5.2 和 4.5.3 节讲 RNA 的二、三级结构时再作补充。

临床上有一类抗病毒、抗肿瘤及治疗真菌感染等的药物是碱基或核苷类似物，如 5- 氟尿嘧啶、叠氮胸苷、双脱氧肌苷等，这些化合物与天然核苷或核苷酸具有类似结构，因而会干扰核酸的生物合成，抑制病毒的增殖或肿瘤细胞的生长，可用于治疗癌症和各种病毒性感染。

4.3.2 核苷酸

核苷酸是核苷的磷酸酯，由嘌呤碱或嘧啶碱、核糖或脱氧核糖和磷酸所组成。含核糖的核苷酸称核（糖核）苷酸，含脱氧核糖的核苷酸称脱氧核（糖核）苷酸 [3]。组成 RNA 和 DNA 的基本核苷酸列于表 4-3 中。此外，胸腺 DNA 中尚有少量 5- 甲基胞嘧啶脱氧核苷酸；在大肠杆菌、噬菌体 DNA 中含 5- 羟甲基胞嘧啶脱氧核苷酸；还有几种细菌 DNA 含 6- 甲基腺嘌呤脱氧核苷酸。

表 4-3   核苷酸的类别

核（糖核）苷酸	代号 [*]	脱氧核（糖核）苷酸	代号 [**]
腺苷（一磷）酸 [***]	AMP	脱氧腺苷酸 [***]	dAMP
鸟苷（一磷）酸	GMP	脱氧鸟苷酸	dGMP
胞苷（一磷）酸	CMP	脱氧胞苷酸	dCMP
尿苷（一磷）酸	UMP	脱氧胸苷酸	dTMP

[*]AMP, adenosine monophosphate；GMP, guanosine monophosphate；CMP, cytidine monophosphate；UMP, uridine monophosphate；TMP, thymidine monophosphate。

[**] d 是 deoxy 的缩写，意为脱氧。

[***] 腺苷酸又称腺嘌呤核糖核苷酸，脱氧腺苷酸又称腺嘌呤脱氧核糖核苷酸，余类推。

4.3.2.1 核苷酸的结构

核苷酸分子中糖与碱基（嘌呤碱或嘧啶碱）的连接方式与上段所述核苷的结构完全相同。现在要讨论的是磷酸如何与核糖或脱氧核糖相连。核糖基的第 2'、3' 和第 5' 碳位上皆有自由羟基，可分别与磷酸连接生成 3 种核糖 – 磷酸酯异构体。同理，D-2- 脱氧核糖的第 3' 和第 5' 碳位上的自由羟基亦可与磷酸结合成两种脱氧核糖 – 磷酸酯。因此，腺苷与磷酸结合所成的磷酸一酯就有腺嘌呤 -9-β-D- 核糖 -2'- 磷酸酯、腺嘌呤 -9-β-D- 核糖 -3'- 磷酸酯和腺嘌呤 -9-β-D- 核糖 -5'- 磷酸酯 3 种（式 I ~ III）。同样，胞嘧啶脱氧核糖核苷酸分子中的

---

[1] 甲基 m，甲硫基 ms，异戊烯基 i，乙酰基 ac，羟基 o 或 h，羧基 c，氨基 n，硫基 s。

[2] 肌苷（inosine）又称次黄苷（hypoxanthine riboside）。

[3] 核（糖核）苷酸英文名为 ribonucleotide，脱氧核（糖核）苷酸英文名为 deoxyribonucleotide。

脱氧核糖基的第 1′ 碳位的 β—OH 与胞嘧啶第 1 位的氮相连，而其第 3′ 或第 5′ 碳位的—OH 则与磷酸结合成胞嘧啶 –1–β–D– 脱氧核糖 –3′– 磷酸酯或胞嘧啶 –1–β–D– 脱氧核糖 –5′– 磷酸酯（式Ⅳ ~ Ⅴ）。

I

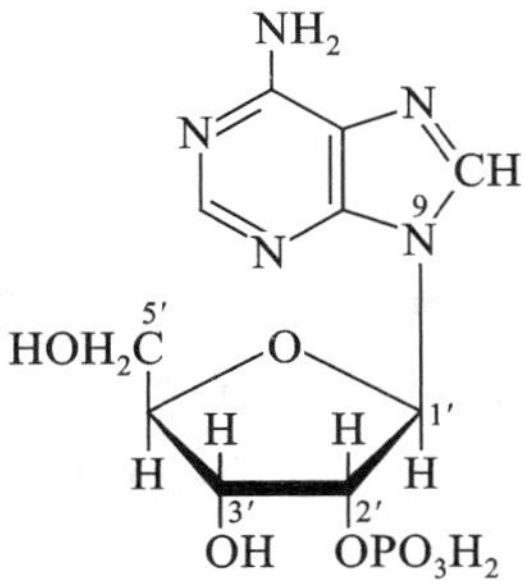

2′–腺苷酸(2′–AMP)

Ⅱ

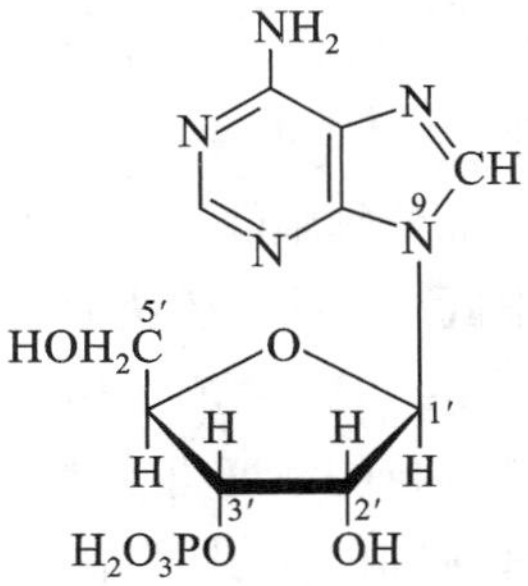

3′–腺苷酸(3′–AMP)

Ⅲ

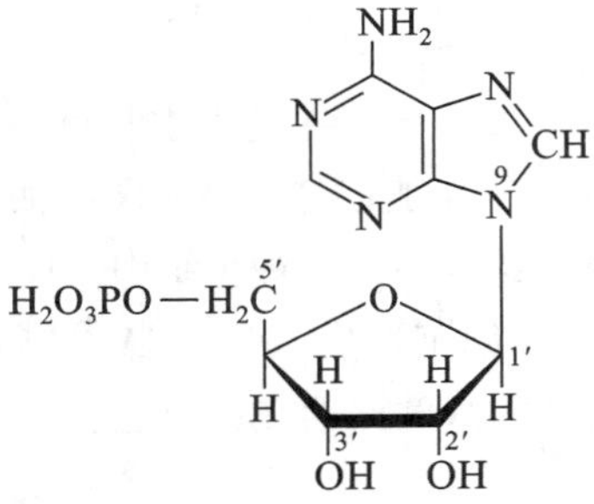

5′–腺苷酸(5′–AMP)

Ⅳ

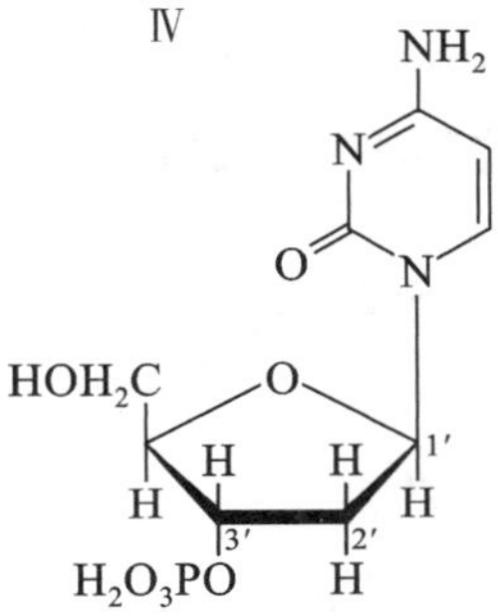

3′–脱氧胞苷酸(3′–dCMP)

Ⅴ

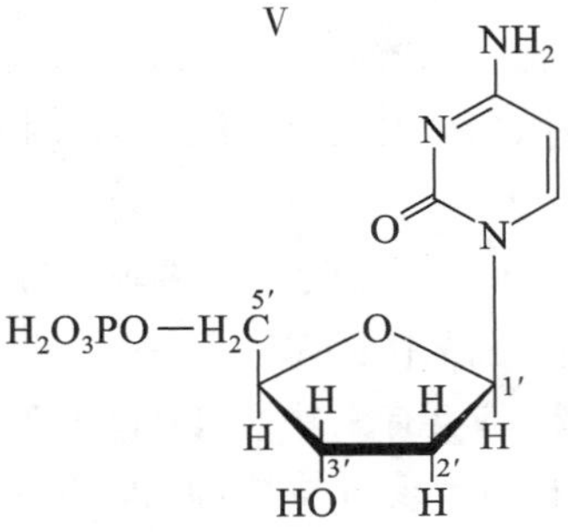

5′–脱氧胞苷酸(5′–dCMP)

同理，其他核苷酸如鸟苷酸、胞苷酸及尿苷酸等亦各有 3 种磷酸一酯。各种脱氧核苷酸如脱氧腺苷酸、脱氧鸟苷酸及脱氧胸苷酸等，亦各有 2 种磷酸一酯。上述核苷酸的结构是经有机合成法证实了的，自然界存在的自由核苷酸主要为 5′– 磷酸酯。

表示磷酸同核苷糖基碳位连接的方法是将标志有关碳位的数字如 2′、3′ 或 5′ 加入有关核苷酸的名称之内。例如磷酸与腺苷糖基的第 5′ 位碳连接所成的核苷酸腺嘌呤 –9–D– 核糖 –5′– 磷酸酯，称 5′– 腺苷［一磷］酸。如不表明磷酸与核苷糖基碳位连接的关系，则可泛称腺苷酸（AMP）。其他核苷酸的命名可依此类推。

动植物细胞中的核苷酸除以上述链式磷酸酯结构存在外，还有环式结构，即核苷酸的 5′– 磷酸与核糖 C–3′ 的羟基结合成环，例如环 AMP（代号 cAMP）和环 GMP（代号 cGMP）。

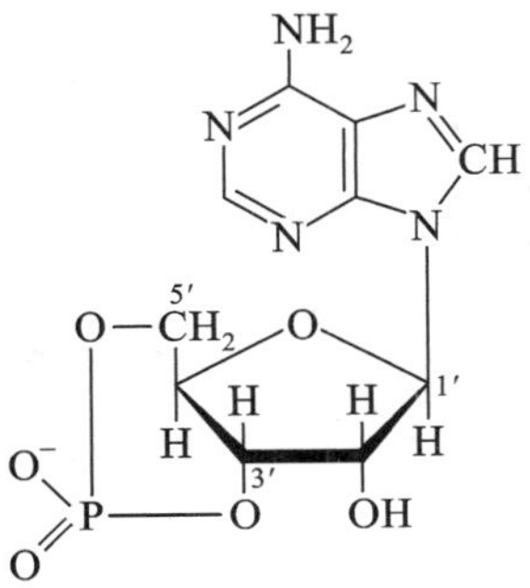

环腺(核)苷酸(cAMP)

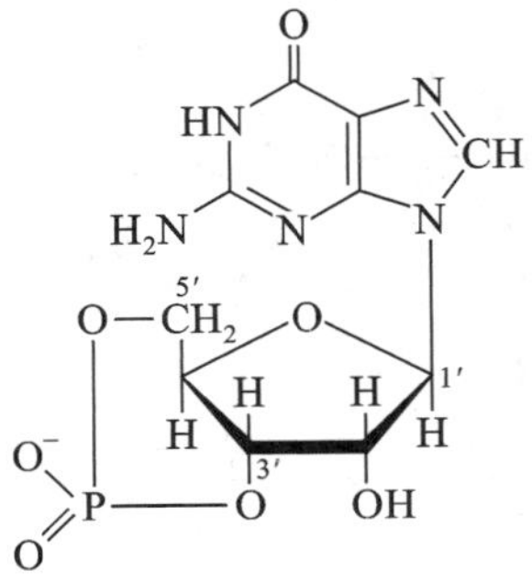

环鸟(核)苷酸(cGMP)

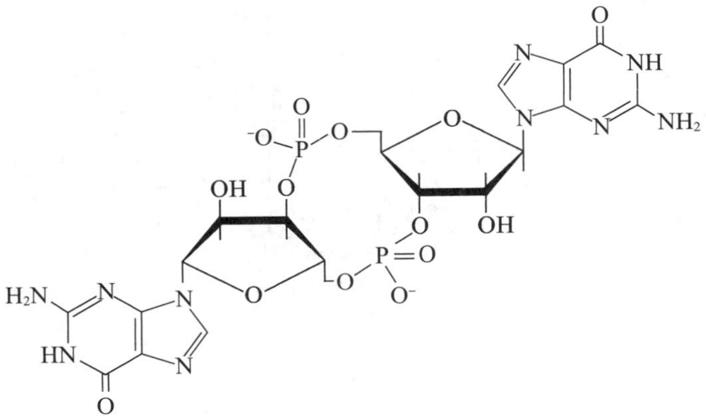

环二鸟苷酸（c-di-GMP）

cAMP 可由 ATP 经腺苷酸环化酶催化而生成，使细胞内 cAMP 浓度升高，但 cAMP 又可被细胞内特异性的磷酸二酯酶水解成 5′–AMP，如下式所示。cAMP 的生成和水解速度受到这两种酶活力的控制，使其维持一定的浓度。

$$ATP \xrightarrow[\text{Mg}^{2+}]{\text{腺苷酸环化酶}} cAMP + PPi \xrightarrow[\text{H}_2\text{O，Mg}^{2+}]{\text{磷酸二酯酶}} 5′–AMP$$

cAMP 在激素信号转导过程中起重要调控作用。某些激素对靶细胞的作用可改变 cAMP 的合成速率，cAMP 浓度的变化又影响细胞的通透性和酶的活性，从而使细胞因某一种激素而产生特异反应。

cGMP 亦广泛分布于各种组织中，但浓度很低。目前一般认为 cGMP 也和激素的作用有关，对调节代谢、细胞发育（如淋巴细胞增生）和 DNA 合成都有关系。cGMP 的作用同 cAMP 有相互制约的关系。已有实验证实，cAMP 和 cGMP 的浓度比例在调节过程中比它们各自的浓度更为重要。cAMP 和 cGMP 在信号转导过程中发挥重要的媒介作用，被称为第二信使。有关 cAMP 和 cGMP 的功用将在以下有关各章中（激素和代谢）再作讨论。

cAMP 和 cGMP 不是细胞中仅有的环核苷酸，在细胞中也发现了 cIMP [①] 和 cCMP，这说明体内使核苷酸环化的环化酶不止一种。

近年来，细菌中发现的环二鸟苷酸（cyclic diguanylate，c-di-GMP）是由两分子 GTP 缩合形成的核苷酸衍生物。c-di-GMP 是广泛存在于细菌中的重要第二信使，参与调控细菌生物膜的合成与降解、运动、毒性等多种过程。

4.3.2.2 核苷酸的性质

（1）**一般物理性质** 核苷酸为无色粉末或结晶，易溶于水，不溶于有机溶剂，具有旋光性。在酸性溶液中不稳定，易破坏，在中性及碱性溶液中很稳定。

（2）**互变异构现象** 凡碱基上有酮基的核苷酸有酮式和烯醇式的互变异构现象。酮式和烯醇式两种互变异构体常同时存在，并处于一定的平衡状态。在体内核酸结构中酮式占优势，这对于核酸分子中氢键的形成是很重要的。

（3）**紫外吸收** 由于嘌呤碱和嘧啶碱具有共轭双键，所以碱基、核苷及核苷酸在 240～290 nm 波段有一强烈的吸收峰，其最大吸收值在 260 nm 附近。不同的核苷酸有不同的紫外吸收曲线（图 4-1），因此可用紫外分光光度法进行核苷酸的定性和定量测定。

（4）**核苷酸的两性解离和等电点** 核苷酸分子既含磷酸基，又含碱基，是两性电解质，在不同 pH 的溶液中解离程度不同，在一定条件下可形成两性离子，有等电点。现以胞苷酸为例，它的解离情况如下：

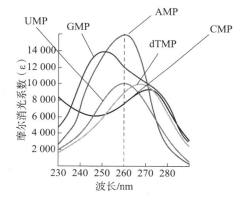

图 4-1 核苷酸的紫外吸收曲线

---

① IMP 为 inosine monophosphate 的缩写，即肌苷酸，又称次黄苷酸。肌苷（inosine）是腺嘌呤的代谢产物，不是核酸的组分。

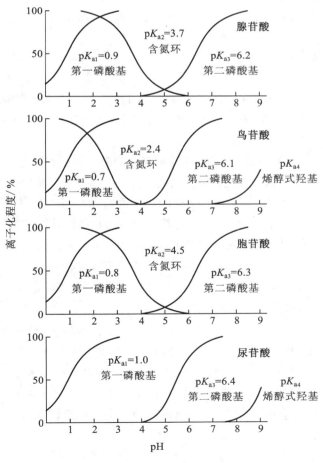

$$pI_{CMP} = \frac{pK_{a1} + pK_{a2}}{2} = \frac{0.8 + 4.5}{2} = 2.65$$

胞苷酸的等电点是两性离子两侧 2 个 pK_a 的平均值，其他一些核苷酸也可用类似的方法求其等电点。图 4-2 为 4 种核苷酸的解离曲线。

在腺苷酸、鸟苷酸、胞苷酸和尿苷酸中，pK_{a1} 是由于第一磷酸基—PO_3H_2 的解离，pK_{a2} 是由于含氮环（碱基）上＝NH^+—的解离，pK_{a3} 是由于第二磷酸基—PO_3H^- 的解离，pK_{a4} 是含氮环上烯醇式羟基的解离。从核苷酸的解离曲线中可以看出，在第一磷酸基和含氮环解离曲线的交叉处，带负电荷的磷酸基与带正电荷的含氮环数目相等，这时溶液的 pH 即为此核苷酸的等电点。在等电点时，上述核苷酸主要以两性离子形式存在，核苷酸的等电点可简单按下式计算：

$$pI = \frac{pK_{a1} + pK_{a2}}{2}$$

这说明核苷酸的等电点和它的 pK_{a1} 和 pK_{a2} 的数值有关，也就是说同它的磷酸基和含氮环的解离有关。核苷酸的—PO_3H^- 在溶液 pH 小于 pI 时即开始与 H^+ 结合成—PO_3H_2，因此，＝NH^+—数量比—PO_3H^- 数量为多，核苷酸带正电荷。反之，当溶液的 pH 大于 pI 时，＝NH^+—上的 H^+ 解离下来，核苷酸即带负电荷。尿苷酸的碱基碱性很弱，实际上测不出其含氮环的解离曲线，故不能形成两性离子。

核苷酸中磷酸基在糖环上的位置对其 pK 值略有影响，由于静电场作用，磷酸基与碱基之间的距离越小，其 pK 值应越大。例如 2′- 胞苷酸的 pK_{a1} 值为 4.4，比 3′- 胞苷酸的 pK_{a1} 值 4.3 为大。核苷酸的解离曲线具有重要的实用意义。选用一定的 pH，使各种核苷酸所带的净电荷不同，这样就可以用电泳或离子交换柱层析等方法来分离各种核苷酸及其衍生物。

从核苷酸的解离曲线可以看出，不同核苷酸之间第一磷酸基的 pK_{a1} 值相差不大，第二磷酸基的 pK_{a3} 值相差也不大，但含氮环的解离即 pK_{a2} 的差别显著，所以核苷酸的分离主要靠含氮环上＝NH^+—的解离。可选用 pH

图 4-2 核苷酸的解离曲线

2.0～5.0 之间来分离各种核苷酸，如在 pH 3.5 时，4 种核苷酸的第一磷酸基几乎完全解离，使各核苷酸带上一个负电荷，第二磷酸基几乎不解离，而含氮环＝NH$^+$—的解离各核苷酸有明显的差别，它们的离子化程度分别为 AMP 54%，GMP 5%，CMP 84%，UMP 0%，故在 pH 3.5 时各核苷酸带的净电荷分别为：

$$AMP \quad -1 + 0.54 = -0.46 \qquad CMP \quad -1 + 0.84 = -0.16$$
$$GMP \quad -1 + 0.05 = -0.95 \qquad UMP \quad -1 + 0 = -1$$

所以在 pH 3.5 时进行电泳，很容易将 4 种核苷酸分开。

4.3.2.3　核苷酸的重要衍生物

（1）ATP 类的高能磷酸化合物　生物体内的自由核苷 –5′– 磷酸可以在第 5′ 位上进一步磷酸化而产生核苷二磷酸和核苷三磷酸。例如腺苷一磷酸（AMP）可以磷酸化成腺苷二磷酸（ADP）和腺苷三磷酸（ATP）[①]。同样，其他核苷 –5′– 磷酸也可进一步磷酸化成相应的核苷二磷酸和核苷三磷酸。在生理上较重要的核苷酸衍生物为 ADP、ATP、GTP（鸟苷三磷酸）、UDP（尿苷二磷酸）和 CTP（胞苷三磷酸）。ADP、ATP 与机体的能量转换有关，GTP 参与蛋白质和腺嘌呤的生物合成，UDP 参与糖的互变作用和糖原合成，CTP 在磷脂的生物合成中起重要作用。

（2）辅酶核苷酸　生物体中还有一些核苷酸衍生物或类似核苷酸的化合物，如尿苷 –5′– 二磷酸葡糖（UDPG）在代谢中作为辅酶以供给葡萄糖；烟酰胺核苷酸、黄素腺嘌呤二核苷酸和辅酶 A 等参与氧化还原反应、乙酰化反应等物质代谢过程（见酶和代谢各章）。

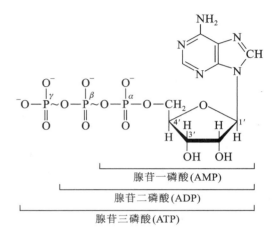

❓ 思考题

1. 试写出 cCMP、GTP、UDP 和 UDPG 的结构式。
2. RNA 与 DNA 所含的核苷酸有何区别？嘌呤核和嘧啶核的标号（即元素的数序）是如何标记的？

（3）核苷多磷酸和寡核苷多磷酸类化合物　近些年发现一些核苷多磷酸和寡核苷多磷酸化合物，它们大多含量很低，代谢活跃，具有重要的生物功能，其中一些与蛋白质生物合成有关或对基因转录有调节功用。例如：5′—5′ 相连的二核苷多磷酸化合物如 A5′pppp5′A（简称 Ap4A）是 1966 年发现的。在原核生物中，Ap4A 是在蛋白质合成的第一步即氨基酸活化时形成的，并能代替 ATP 活化氨基酸，使氨基酸接到 tRNA 上去，因此认为 Ap4A 可能是体内的一种调节因子。在哺乳动物中 Ap4A 与细胞生长速度之间有明显的联系，很可能是一种起促进作用的信号分子。

鸟苷四磷酸（ppGpp）和鸟苷五磷酸（pppGpp）是 1969 年发现并弄清结构的鸟苷多磷酸化合物，它们参与细菌基因转录的调节作用。当细菌的培养基中缺少某种必需氨基酸时，几秒钟内即发生 ppGpp 或 pppGpp 的积累。在 ppGpp 或 pppGpp 的作用下，

A5′pppp5′A

[①] ADP, adenosine diphosphate（腺苷二磷酸）；ATP, adenosine triphosphate（腺苷三磷酸）；CTP, cytidine triphosphate（胞苷三磷酸）；GTP, guanosine triphosphate（鸟苷三磷酸）；UDP, uridine diphosphate（尿苷二磷酸）。

细菌的一系列代谢活动将受到严格控制，以减少消耗，蛋白质合成降低（ppGpp 或 pppGpp 抑制从 DNA 转录成 mRNA，再由 mRNA 翻译成蛋白质的过程，而对于从 mRNA 直接翻译成蛋白质的过程则影响较小），同时加快体内原有蛋白质的水解以获取所缺的氨基酸，用以合成生命活动必需的蛋白质，从而延续生命。ppGpp 和 pppGpp 的结构式如下：

5′-二磷酸-3′-二磷酸鸟苷（ppGpp）　　　　　　　　5′-三磷酸-3′-二磷酸鸟苷（pppGpp）

核苷酸除了作为 DNA、RNA 的组成成分外，还可作为能量载体、辅酶组分、调节物分子等发挥生物学作用。核苷酸在食品行业中已经由最初的食品助鲜剂，如肌苷酸（次黄苷酸）、鸟苷酸，扩展为具有提高生物体免疫功能的功能性食品添加剂。同时，核苷酸类物质在抗癌、抗病毒等方面具有独特的疗效，被用于多种药物的合成。此外，核苷酸类物质还可作为农用激素调节植物生长，有明显的增产、增重作用。核苷酸作为能量载体、辅酶组分和调节分子的功能详见 ❷辅学窗 4-4。

4.4　DNA 的结构

4.4.1　DNA 的一级结构

DNA 的一级结构是指 DNA 分子中核苷酸之间的连接方式和核苷酸的序列。

4.4.1.1　DNA 分子中核苷酸之间的连接方式

DNA 分子中核苷酸之间的连接键是磷酸二酯键，是由一个核苷酸脱氧核糖第 5′ 位的磷酸与另一核苷酸脱氧核糖第 3′ 位的—OH 相连成 3′,5′- 磷酸二酯键，即 C'_3—O—P—O—C'_5 键，没有支链。这样形成很长的多核苷酸链，有一个 5′ 端，一个 3′ 端。在天然完整的多核苷酸链中 5′ 端有游离的磷酸基，3′ 端有游离的羟基（图 4-3A）。

核酸的多核苷酸链可用简写法表示。通常有两种简写法，一种是线条式，用 A、C、G、T 分别代表腺嘌呤、胞嘧啶、鸟嘌呤和胸腺嘧啶，竖线代表戊糖，P 代表磷酸基，3′、5′ 分别代表戊糖的 3′-OH 和 5′-OH。碱基的顺序是 5′ → 3′，代表特定的化合物，是不允许颠倒的。另一种是文字式，A、C、G、T 分别代表相应的核苷，P 代表磷酸基，P 写在核苷的左边，表示糖的 5′-OH 被磷酸酯化，P 写在核苷的右边，表示糖的 3′-OH 被磷酸酯化，多核苷酸链碱基的顺序也是 5′ → 3′。为简便起见，核苷酸链中的 P 可省略，如下所示。此两种简写法适用于 DNA 和 RNA，差别是 RNA 的核苷酸序列中没有 T 只有 U。

线条式　　　　　　　文字式

4.4.1.2 与DNA结构研究有关的工具酶

降解 DNA 的核酸酶称为脱氧核糖核酸酶，常用的有牛胰脱氧核糖核酸酶、牛脾脱氧核糖核酸酶和限制性内切酶，它们都属于核酸内切酶①类，另外还有一类核酸外切酶，常用的有蛇毒磷酸二酯酶和牛脾磷酸二酯酶。

（1）**牛胰脱氧核糖核酸酶**（pancreatic deoxyribonuclease） 简称 DNase Ⅰ，此酶无碱基专一性，它切断双链 DNA 或单链 DNA 成为以 5′-磷酸为末端的寡聚核苷酸，平均长度为 4 个核苷酸。需 Mg^{2+}，最适 pH 7~8。

（2）**牛脾脱氧核糖核酸酶**（spleen deoxyribonuclease） 简称 DNase Ⅱ，此酶也无碱基专一性，它降解 DNA 成为以 3′-磷酸为末端的寡聚核苷酸，平均长度为 6 个核苷酸。最适 pH 4~5，需 0.3 mol/L Na^+ 激活，Mg^{2+} 可以抑制此酶。

（3）**限制性内切酶**（restriction endonuclease） 简称限制酶（restriction enzyme），这类酶是 20 世纪 60 年代末发现的，但真正使用这类酶还是自 20 世纪 70 年代开始的。这是一类对 DNA 具有碱基专一性的内切酶，主要从细菌、霉菌中分离得到，是 DNA 序列测定、基因分离和基因体外重组等研究中十分重要的工具酶。这类酶主要降解外源的未经特殊修饰的 DNA，但不降解自身细胞的 DNA，因为自身 DNA 酶切位点上经甲基化修饰而受到保护。限制性内切酶和 DNA 甲基化酶的存在是原核生物自我保护的方式之一。

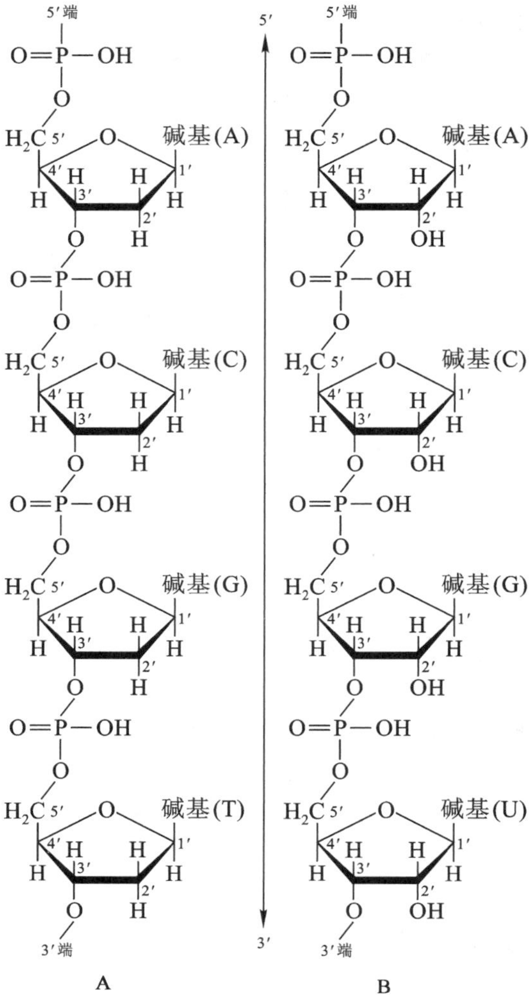

限制性内切酶有较高的碱基专一性，能识别 DNA 分子上特定的碱基顺序，并在特定的位点切割。一般识别顺序包含 4~6 个碱基对，切点的位置绝大多数位于识别顺序内，只有极少数在识别顺序外。

图 4-3 核酸分子中的部分核苷酸链的结构
A. DNA 分子中的部分多核苷酸链的结构；
B. RNA 分子中的部分多核苷酸链的结构

大多数限制性内切酶的识别顺序具有回文结构（palindromic structure，详见 4.4.4），回文结构也称反向重复序列（inverted repeats），是指 DNA 分子中，在一个假想轴的两侧，某些碱基序列之间有反向重复关系。加之大多数限制性内切酶对两条 DNA 链进行交错切割，所以切割后形成单

链可以互补的末端序列，即黏端（sticky ends 或 cohesive ends）。也有一些限制性内切酶在同一部位切断 DNA，形成平端（blunt ends 或 flush ends）。下面以大肠杆菌中分离得到的 *Eco*R Ⅰ 和嗜血流感杆菌中分离得到的 *Hind* Ⅱ 为例②。*Eco*R Ⅰ 的识别顺序为 GAATTC，*Hind* Ⅱ 的识别顺序为 GTPyPuAC，切点如图中箭头所示。

① 核酸内切酶（endonuclease）是从多核苷酸链的内部切割核酸，核酸外切酶（exonuclease）是从多核苷酸链的末端逐个切下核苷酸。
② 限制性内切酶的命名是用 Nathans 等人所提议的方案。限制性内切酶名称的第一个字母取自获得此内切酶的细菌的属名的第一个字母，用大写。名称的第二、第三个字母取自该细菌种名的头两个字母，用小写。如果该细菌还有不同的株系，则另加第四个代表株系的字母或数字，最后是用罗马字大写的数字，代表同一菌株中不同限制性内切酶的编号。

$$5'\text{——G A A T T C——}3'$$
$$3'\text{——C T T A A G——}5'$$

EcoR I

黏端

$$5'\text{——G}\qquad\text{A A T T C——}3'$$
$$3'\text{——C T T A A}\qquad +\qquad\text{G——}5'$$

黏端

$$5'\text{——G T Py Pu A C——}3'$$
$$3'\text{——C A Pu Py T G——}5'$$

Hind II

$$5'\text{——G T Py}\quad + \quad\text{Pu A C——}3'$$
$$3'\text{——C A Pu}\qquad\text{Py T G——}5'$$

平端

（4）**蛇毒磷酸二酯酶** 既能作用于 DNA 也能作用于 RNA[1]，它是从多核苷酸链的 3′- 羟基端开始，逐个切开 5′- 核苷酸与相邻核苷酸之间的酯键，得 5′- 核苷酸。

（5）**牛脾磷酸二酯酶** 既能作用于 DNA 也能作用于 RNA，它是从多核苷酸链的 5′- 羟基端开始，逐个切开 3′- 核苷酸与相邻核苷酸之间的酯键，得 3′- 核苷酸。

4.4.1.3 DNA 分子中核苷酸的序列

DNA 分子中核苷酸的序列也就是 DNA 的一级结构，无疑是十分重要的，因为许多遗传信息就包含在核苷酸的序列中。1965 年 R. Holley[2] 首先用重叠法（类似蛋白质氨基酸序列测定）测定了酵母丙氨酸 tRNA 的序列。由于操作烦琐，用来测相对分子质量大的核酸序列困难很多，因此 1977 年，A. Maxam[3] 与 W. Gibert 提出了 DNA 序列测定的化学断裂法（chemical cleavage method）。同年 F. Sanger[4] 提出了 DNA 序列测定的链终止法（chain-terminator method）又称双脱氧法（dideoxy method）或酶法。两法都是用不同的专一性手段使被分析的 DNA 分子断裂成若干带放射性标记的长、短不等的片段，然后通过测定 DNA 片段的相对长度来推测核苷酸的序列，即利用凝胶电泳使各种片段分离，再用放射自显影法显影，从放射自显影图谱读出被测核苷酸的序列。两种方法的基本原理相同，其差异仅在于制备核苷酸片段的手段不同。

（1）**化学断裂法** 利用一种多核苷酸激酶在被测 DNA 样品的 5′ 端羟基上标记 ^{32}P，然后根据碱基所在位置分为 G、G+A、T+C 和 C 4 组，采用不同专一性试剂修饰碱基，使每组样品在其特定碱基位断裂，即得长度不同的核苷酸片段（表 4-4）。将上述 4 种处理所得的混合核苷酸片段同时在分辨率很高的聚丙烯酰胺（PAGE）凝胶上进行电泳分离，通过放射自显影，即可从 4 个反应的电泳图谱上推知被测样品的核苷酸序列（🖱辅学窗 4-5）。

---

① 蛇毒磷酸二酯酶和牛脾磷酸二酯酶，它们是非专一性的核酸外切酶。

② R. Holley 测定方法的文章：Holley, R. Sequencing of tRNA（yeast）. Scientific American. V. 214, 30, 1966。

③ A. Maxam 测定方法的文章：Maxam, A. M. and Gilbert, W. A new method for sequencing DNA. Proc. Natl. Acad. Sci., USA V. 74, 560～564, 1977。

④ F. Sanger 测定方法的文章：Sanger, F., Nicklen, S. and Coulson, A. R. DNA sequencing with chain-terminating inhibitor. Proc. Natl. Acad. Sci., USA V. 74, 5463～5467, 1977。

表 4-4　使核苷酸链断裂的反应

碱基	导致核苷酸链断裂的试剂和作用
G	用硫酸二甲酯［dimethyl sulfate（DMS）］使 G 的 N-7 位甲基化，加热及哌啶使 G 脱落并使多核苷酸链在 G 位发生断裂
G + A	上述硫酸二甲酯处理不能使 A-G 完全分开，加甲酸使 A 和 G 完全分开，再加哌啶使 A 脱落
T + C	用肼及哌啶使 C 与 T 断裂
C	用 2 mol/L NaCl 加肼，只有 C 与肼起反应，使 C 断裂分开

（2）**链终止法**　是用 2′,3′- 双脱氧核苷三磷酸（2′,3′-ddNTP）为核苷酸链合成的抑制剂，根据 DNA 复制原理制备各种核苷酸片段。这种方法要求有单链的 DNA 模板和与之互补的引物（primer），然后用 DNA 聚合酶（polymerase）进行互补链的合成，从互补链的核苷酸序列可推知被测核酸的核苷酸序列。

2′,3′- 双脱氧核苷三磷酸(2′,3′-ddNTP)

　　这种方法可分别在 4 个反应管中进行，每一反应管中都含有被测多核苷酸的单链作为模板，一个序列已知的引物，一种 DNA 聚合酶和 4 种含不同碱基的核苷酸（dATP、dGTP、dCTP 和 dTTP），其中一种是同位素标记的。然后每个反应管分别加入一种 2′,3′- 双脱氧核苷三磷酸作为核苷酸链合成的末端终止剂。在适当条件下进行互补链的合成。由于新掺入的核苷酸只能同新生链 3′ 端的—OH 连接，而 2′,3′- 双脱氧核苷三磷酸核糖基的 2′,3′ 位—OH 的氧都已脱掉，失去了和后来的核苷酸连接的可能性，这时碱基的掺入就有两种可能性，一种是 4 种核苷酸的任何一种经 DNA 聚合酶的作用掺入新生链，使链继续延伸而成为与模板 DNA 的互补链。另一可能性是 2′,3′- 双脱氧核苷三磷酸掺入，使新生链的合成反应终止。由于两者掺入的概率不同，就形成一套长度不一的 DNA 片段。最后通过 A、T、G 和 C 4 组反应的凝胶电泳放射自显影图谱，即可读出所测样品互补链的核苷酸序列。再根据碱基配对原则，可推知被测多核苷酸链的全部核苷酸序列（图 4-4）。此法准确快速，已替代了 A. Maxam 和 W. Gilbert 的化学断裂法被广泛采用。

　　DNA 测序的自动化　随着人类基因组计划的开展，DNA 测序技术有了很大进展，现在已普遍采用自动化测序技术，其原理也是利用链终止法，用 4 种不同的荧光染料分别标记 4 种不同的 ddNTP，可在一根试管中反应。反应终止后进行毛细管凝胶电泳（四染料 / 单泳道法），用激光扫描收集电泳信号，经计算机处理可得到核苷酸序列（详见 *e* **辅学窗** 4-6）。自动化测序使测序工作大大加快，目前各种型号的自动化测序仪已被广泛应用。

　　（3）**DNA 测序的新方法**　自 20 世纪 70 年代经典的 Sanger 测序技术出现以来，第一代自动测序仪加速了人类基因组计划（ *e* **辅学窗** 4-7）的提前完成，以及第二代测序技术的诞生及发展，近几年分别以单分子和纳米孔测序为标志的第三代和第四代测序技术应运而生。第二代测序技术是将模板样品 DNA 片段与测序芯片上的引物经碱基互补配对结合，经聚合酶链式反应（详见 4.8.3）扩增为双链，聚合的过程中加入 4 种带有荧光标记的底物 dNTP，每掺入一个碱基，用激光扫描读取该核苷酸的种类，获得模板 DNA 序列，因此第二代测序技术是边合成边测序，是目前市场上主流的测序技术。第三代测序技术是在第二代基础上发展而来的，又称为单分子测序技术，不经过 PCR，可边合成边测序，可直接对 RNA 和甲基化 DNA 进行测序，市场应用前景广阔。第二、三代测序技术均是基于光信号的测序技术，并依赖 DNA 聚合酶读取碱基序列。不使用生物化学试剂，而是直接读取

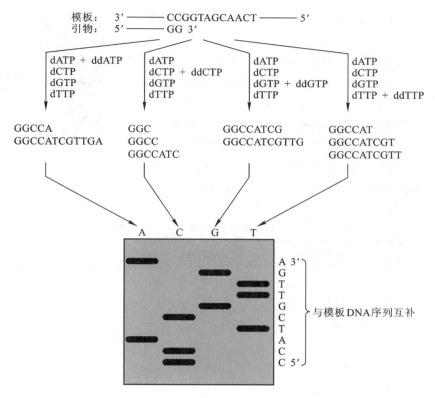

图 4-4 链终止法 DNA 测序

DNA 序列信息的第四代纳米孔测序技术正处于研发阶段，即利用 A、T、G、C 这 4 种碱基存在的电荷差异，当单分子 DNA 链通过纳米孔时，不同碱基会短暂地影响流过纳米孔的电流强度，通过检测这些变化从而鉴定核苷酸的种类。纳米孔测序技术在阅读片段长度、成本、测序时间等方面具有明显优势。

近年来，单细胞测序（single cell sequencing，SCS）技术在不断发展和成熟，是从单细胞提取 DNA 或 RNA 样品进行测序。单细胞测序技术避免了传统测序方法中的一些问题，如样本是多种混合细胞或样本量过少等，SCS 技术用于检测基因表达水平更加精确和灵敏，未来的应用空间广阔（ⅇ辅学窗 4-8）。

🔘 思考题

在链终止法测序时，一个反应管中只加了 ddTTP，而没有加 dTTP，则图 4-4 电泳条带会有什么特征？

4.4.2 DNA 的二级结构

DNA 的二级结构通常是指 J. Watson（ⅇ辅学窗 4-9）和 F. Crick（ⅇ辅学窗 4-10）于 1953 年提出的 DNA 双螺旋结构。这个双螺旋结构模型不仅能解释 DNA 的性质，而且也比较全面地解释了 DNA 的各种生物学功能。

4.4.2.1 提出 DNA 双螺旋结构模型的主要根据

（1）X 射线衍射分析   早在 20 世纪 40 年代，Astbury 就用 X 射线衍射方法研究 DNA 纤维的结构，但由于所用的样品纯度不够，其结果不能说明问题，后来到 1952 年，M. H. Wilkins 等人用较好的 DNA 纤维样品拍到了比较清楚的 X 射线衍射图（图 4-5）（ⅇ辅学窗 4-11）。这些衍射图说明 DNA 分子可能具有螺旋结构，一些强的衍射点说明 DNA 分子中有 3.4 nm 和 0.34 nm 的周期性结构。

（2）DNA 碱基组成的定量分析   20 世纪 50 年代初，E. Chargaff 等人对大量不同来源的 DNA 碱基进行了详细的研究，定量地测定了 DNA 的碱基组成，发现有以下的共同规律，称 Chargaff 规则。

① 不同生物来源的 DNA，碱基组成是不同的，但来自同一种生物的不同组织和不同器官中 DNA 碱基组成基本相同。也就是说 DNA 碱基组成有种属特异性，但没有组织和器官特异性（表 4–5）。

② DNA 分子中腺嘌呤的摩尔数和胸腺嘧啶的摩尔数相等（A=T），鸟嘌呤的摩尔数和胞嘧啶的摩尔数相等（G＝C），所以嘌呤的总数等于嘧啶的总数（A＋G＝T＋C），含氨基的碱基总数等于含酮基的碱基总数（A＋C＝G＋T），这些规律提示了 A 与 T，G 与 C 相互配对的可能性。

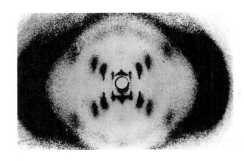

图 4-5　DNA 纤维的 X 射线衍射图

表 4–5　不同来源 DNA 的碱基组成（摩尔分数 /%）

来源	腺嘌呤	鸟嘌呤	胞嘧啶[*]	胸腺嘧啶
人	30.9	19.9	19.8	29.4
牛胸腺	28.2	21.5	22.5	27.8
牛脾	27.9	22.7	22.1	27.3
牛精子	28.7	22.2	22.0	27.2
大鼠骨髓	28.6	21.4	21.5	28.4
小麦胚	27.3	22.7	22.8	27.1
酵母	31.3	18.7	17.1	32.9
大肠杆菌	24.7	26.0	25.7	23.6
φ×174 噬菌体（单链）	24.6	24.1	18.5	32.7

* 包括 5– 甲基胞嘧啶。

4.4.2.2　DNA 双螺旋结构模型

通过用 X 射线衍射法研究 DNA，Watson 与 Crick 提出了 DNA 的双螺旋结构模型（图 4-6），这个模型又称 Watson–Crick 模型，显示 DNA 结构的下列特点：

（1）**两条反向平行的多核苷酸链形成右手双螺旋**　DNA 分子是由两条反向多核苷酸链组成，一条链为 3′ → 5′，另一条链为 5′ → 3′，它们平行地围绕同一个中心轴盘绕，形成一个右手的双螺旋（图 4-6A）。

（2）**大沟和小沟**　DNA 的两条多核苷酸链之间有两条螺旋形的凹槽，一条深而且宽，称大沟（major groove），也称深沟，另一条浅而且窄，称小沟（minor groove），也称浅沟。这些沟对 DNA 和蛋白质的相互识别是很重要的。

（3）**碱基、糖和磷酸的位置**　碱基位于螺旋的内部，而脱氧核糖和磷酸位于螺旋的外侧，它们组成多核苷酸链的骨架，称为糖磷酸骨架（sugar–phosphate backbone）。碱基的平面与中心轴垂直，而糖的平面与碱基也几乎垂直（图 4-6B）。

（4）**螺旋参数**　双螺旋的直径是 2 nm，两个相邻的碱基对之间的距离（即碱基堆积距离）为 0.34 nm，每 10 个核苷酸形成螺旋的一转，每一转的高度（即螺距）为 3.4 nm。

（5）**碱基对**　两条多核苷酸链由碱基对之间的氢键相连，根据分子模型的计算，一条链上的嘌呤必定与另一条链上的嘧啶配对，其距离正好与双螺旋的直径相吻合。根据碱基构象研究的结果，只有 A 与 T 配对，形成两个氢键；G 与 C 配对，形成三个氢键。这种碱基之间的配对关系称作碱基互补（图 4-7）。描述一段 DNA 双链长度时用碱基对（base pair，bp）的数目来表示。

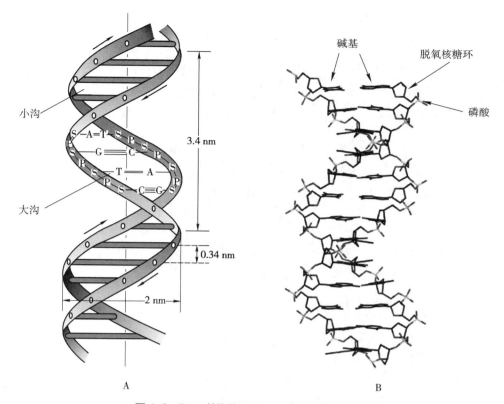

图 4-6 DNA 结构的 Watson-Crick 模型示意图

A. Watson-Crick 模型示意图；B. Watson-Crick 模型线框模型

P：磷酸二酯，S：脱氧核糖，A══T：腺嘌呤 – 胸腺嘧啶配对，G≡C：鸟嘌呤 – 胞嘧啶配对，纵线表示
中心轴，箭头表示多核苷酸链方向

（6）**核苷酸序列** DNA 双螺旋结构对多核苷酸链上碱基的序列没有任何限制，每链可含有腺苷酸、鸟苷酸、胞苷酸及胸苷酸等 4 种核苷酸，但各种核苷酸的排列次序是极复杂和多样化的[①]。双核苷酸链模型虽不表示链中核苷酸的排列次序，但表示了两链必须具有相对应的碱基排列次序。由于碱基互补，一条链的碱基序列被确定后，即可决定另一条互补链的序列。碱基互补具有重要的生物学意义，它是 DNA 复制、转录和逆转录等的分子基础。

大多数天然 DNA 是双链 DNA，某些病毒如 $\phi \times 174$ 和 M13 等的 DNA 是单链 DNA，此外还有特殊的三链 DNA 和四链 DNA（见 4.4.2.5）。

DNA 双螺旋结构是很稳定的，主要依靠 3 种作用力维持。

（1）**氢键** 在双螺旋中，A、T 之间有 2 个氢键，G、C 之间有 3 个氢键，G、C 对比 A、T 对更稳定，DNA 双螺旋结构的稳定性与 G+C 的百分含量成正比。

（2）**碱基堆积力**（base stacking force） 碱基（嘌呤和嘧啶）形状扁平，是疏水性的，分布于螺旋的内侧，大量邻近碱基对的堆积，使其内部形成一个强大的疏水区，与介质的水分子隔开，这种现象称疏水作用。此外，堆积的碱基对间存在范德华力。碱基堆积力的实质是疏水作用和范德华力，它对维持 DNA 双螺旋结构起主要作用。

（3）**离子键** 磷酸基上的负电荷与介质中阳离子之间形成的离子键，可以有效地屏蔽磷酸基之间的静电斥力。在体内的天然状态下，带正电荷的蛋白质可以中和负电荷。

---

① 4 种核苷酸在 DNA 链中排列的可能方式，数目极大，例如由 100 个核苷酸组成的短链就有 4^{100} 种不同的排列方式。

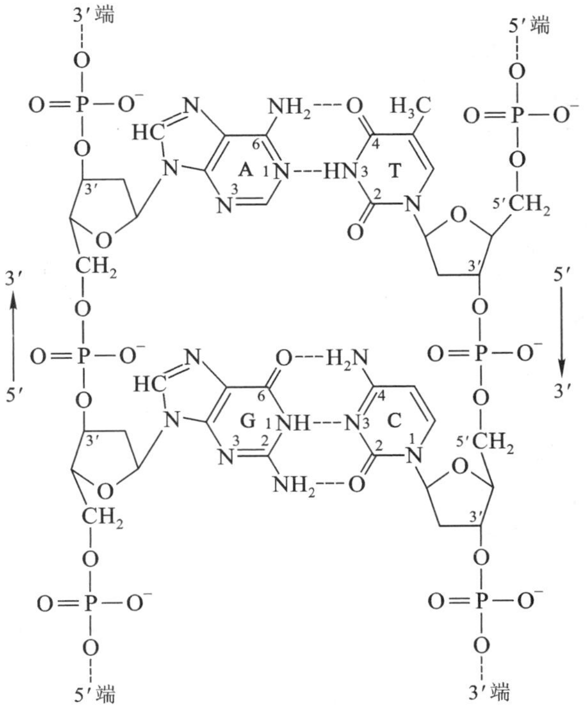

图 4-7 DNA 双链碱基互补配对示意

---表示氢键 A–T 对的 1 位与 3 位，6 位与 4 位之间形成两个氢键；
G–C 对的 1 位与 3 位，2 位与 2 位，6 位与 4 位之间形成 3 个氢键

4.4.2.3 DNA 双螺旋的种类

Watson–Crick 的 DNA 双螺旋结构是 DNA 钠盐纤维在相对湿度为 92% 时的一种状态，属 B 型 DNA 双螺旋。用 X 射线衍射分析研究 DNA 结构时，因 DNA 钠盐纤维样品相对湿度或盐的种类等条件不同，双螺旋结构的特征也不相同，通常有 A、B、C 3 种类型，它们有共同的特点，即均为右手螺旋，糖 – 磷酸骨架位于外边，碱基在内部。不同的是每圈螺旋所含的碱基对、螺距和碱基倾角等不同（表 4-6）。细胞内天然状态的 DNA 几乎都以 B-DNA 存在，RNA 分子中的双螺旋区以及 DNA–RNA 杂交分子在溶液中的构象与 A–DNA 很接近，目前尚无证据说明生物体内有 C–DNA 存在。

表 4-6 不同类型右手 DNA 双螺旋比较

类型	纤维状态	每圈螺旋的碱基对数目	螺距 /nm	碱基倾角
A–DNA	钠盐相对湿度 75%	11	2.8	20°
B–DNA	钠盐相对湿度 92%	10	3.4	0°
C–DNA	锂盐相对湿度 66%	9.3	3.1	6°

4.4.2.4 左手螺旋 DNA 的发现

1979 年，美国人 A. Rich 根据用 X 射线衍射法分析人工合成的、具有特殊序列的脱氧六核苷酸（dCGCGCG）的结果，发现脱氧六核苷酸（dCGCGCG）片段以左手螺旋存在于晶体中，从而推论到自然界中有左手螺旋 DNA 存在。并认为具（CG）$_n$ 结构的 DNA 溶液从低盐浓度到高盐浓度时，右手螺旋 DNA 会转变为左手螺旋 DNA。右手螺旋 DNA 与左手螺旋 DNA 一般处于动态平衡。

左手螺旋 DNA 与右手螺旋 DNA 有明显不同，左手螺旋 DNA 分子中磷原子的走向为锯齿（zigzag）形（图 4-8A），因而被称为 Z-DNA，与右手螺旋 B-DNA（图 4-8B）区别明显。左手螺旋 DNA 分子中每 12 个核苷酸组成一个左手螺旋，螺距为 4.46 nm，直径为 1.8 nm（图 4-8B），比 B-DNA 的直径（2 nm）略细。碱基对偏离螺旋轴心而比较靠近螺旋分子外表，呈现碱基比较暴露的状态。小沟深窄，大沟平坦而不明显。Z-DNA 中的鸟嘌呤为顺式，核糖的 C-3′ 外露，而右手螺旋 DNA 分子中的鸟嘌呤为反式，核糖 C-2′ 为外露。

左手螺旋 DNA 是另一种稳定而特征的 DNA 结构。Rich 等人的研究表明天然 DNA 中确实存在 Z-DNA，但含量很少。Z-DNA 常常出现在基因的调控区，因此推测 Z-DNA 与基因的表达调控有关。A-DNA、B-DNA 和 Z-DNA 的比较见图 4-9。

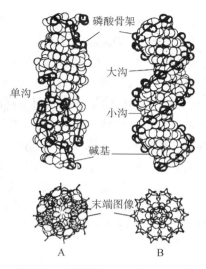

图 4-8　左手螺旋 DNA（Z-DNA）（A）和右手螺旋 DNA（B-DNA）（B）

❓ 思考题

为什么与 DNA 发生特异性相互作用的蛋白质多与大沟相结合？

4.4.2.5　DNA 的三链结构和四链结构

（1）**三链 DNA**　1957 年，Felsenfeld 等人发现，当双链核酸的一条为全嘌呤核苷酸链，另一条为全嘧啶核苷酸链时，就会转化形成三股螺旋（triplex）。1963 年，K. Hoogsteen 提出了 DNA 的三螺旋结构。

三螺旋 DNA 是在双螺旋 DNA 的大沟中插入第三条链，从而形成三股螺旋，但不是任何区段都能形成，而是要求整段的碱基都是嘌呤（Pu）或都是嘧啶（Py）。有两种基本类型：① Py-Pu-Py 型（简称 Py 型）；② Pu-Pu-Py 型（简称 Pu 型）。可见，形成三股螺旋时，中间一条链一定是多聚嘌呤核苷酸链。在三条链中，双螺旋的两条链通过正常的 Watson-Crick 配对，而第三条链与中间那条链的配对称为 Hoogsteen 配对（形成 Hoogsteen 氢键）。在 Py 型中形成 T＝A＝T 和 C≡G＝C⁺（第三条链的胞嘧啶必须质子化）配对，（其中 A＝T 和 G＝C⁺ 为 Hoogsteen 配对），在 Pu 型中形成 T＝A＝A 和 C≡G＝G 配对（其中 A＝A 和 G＝G 为 Hoogsteen 配对），见图 4-10。

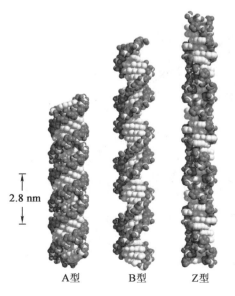

2.8 nm

A型　B型　Z型

	A-DNA	B-DNA	Z-DNA
外形	粗短	适中	细长
螺旋方向	右手	右手	左手
每圈螺旋的碱基对数目	11	10	12
螺旋直径 /nm	~2.6	~2	~1.8
螺距 /nm	2.8	3.4	4.5
碱基倾角	~20°	~0°	~9°
轴心与碱基对的关系	不穿过碱基对	穿过碱基对	不穿过碱基对
糖苷键构象	反式	反式	嘧啶反式，嘌呤顺式
大沟	狭、深	宽、深	平坦
小沟	宽、浅	狭、深	狭、深

由于测定方法的不同，不同来源的数据有出入。

图 4-9　A 型、B 型和 Z 型 DNA 的比较

三螺旋 DNA 中的第三股链可来自分子内，也可来自分子间。当 DNA 的一段多聚嘧啶核苷酸或多聚嘌呤核苷酸序列镜像重复（mirror repeat）①时（图 4-11），在酸性条件下，可回折形成 H-DNA（分子内的三链 DNA）（图 4-12A）。图 4-12B 是 H-DNA 三股螺旋示意图，它是由双链 DNA 拆开后产生的多聚嘧啶链回折，并嵌入剩下的双链 DNA 的大沟中形成的。在 H-DNA 中，原来两股链的走向是反平行的，其碱基通过 Watson-Crick 方式配对，位于大沟中的多聚嘧啶链则与双链 DNA 中的多聚嘌呤成平行走向，碱基则按 Hoogsteen 方式配对，并形成 T＝A＝T，C≡G＝C⁺三联体，在后一种配对方式中，多聚嘧啶链中的胞嘧啶残基必须质子化（N^3- 质子化）才能与鸟嘌呤配对，因此称 H-DNA。形似铰链，故也称铰链 DNA（hinged-DNA）。在形成三链 DNA 过程中游离出来的多聚嘌呤链则保持单链状态，故三链 DNA 对 S1 核酸酶②的作用敏感。

在真核细胞 DNA 的复制、转录和重组的起始以及调节区域的许多位点，都发现有 H-DNA 存在，可见这一结构对于基因表达可以起到一定的调控作用。

（2）**四链 DNA** X 射线衍射和核磁共振的研究表明，合成序列（T/A）$_m$ G$_n$（m=1～4，n=1～8）的单链 DNA

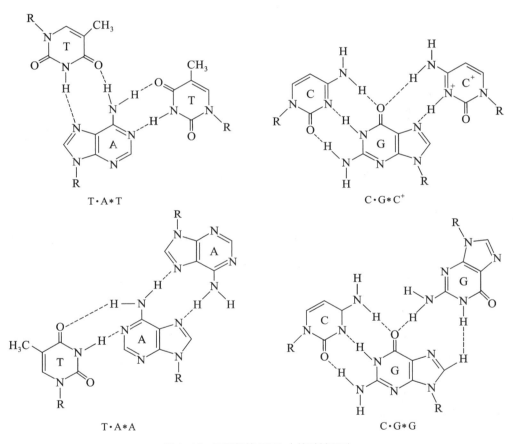

图 4-10 三股螺旋 DNA 中的碱基配对
"·"表示 Watson-Crick 配对，"*"表示 Hoogsteen 配对

5′ TTCCCTCTTCCCCC | CCCCCTTCTCCCTT 3′
3′ AAGGGAGAAGGGGG | GGGGGAAGAGGGAA 5′

图 4-11 多核苷酸序列镜像重复

① 镜像重复序列又称为 H- 回文序列（H-palindrome sequence）。
② S1 核酸酶是一种特异性单链内切核酸酶，可降解单链 DNA 或单链 RNA 分子。

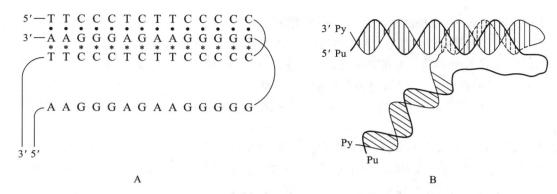

图 4-12 H-DNA
A. "·" 表示 Watson-Crick 氢键，"*" 表示 Hoogsteen 氢键；B. 三股螺旋示意图

中 4 个 G 可通过 Hoogsteen 碱基配对，形成分子内或分子间的四螺旋结构（tetraple helix structure）（图 4-13），其基本结构单元是鸟嘌呤四联体（G- 四联体，G-tetraplex）在不同的盐浓度和湿度下可形成不同的构象。

在真核细胞染色体的端粒（telomere）[①]DNA 中，其 3′ 端一般由 5～8 bp 的短核苷酸序列串联重复构成，这种序列中富含 G，可形成四螺旋结构。除端粒 DNA 外，其他富含 G 的 DNA 序列，如免疫球蛋白铰链区基因中富含 G 的部位等也可产生以 G- 四联体为基础的结构。推测四螺旋 DNA 可能在稳定染色体的结构以及复制中保持 DNA 的完整性等方面起作用。

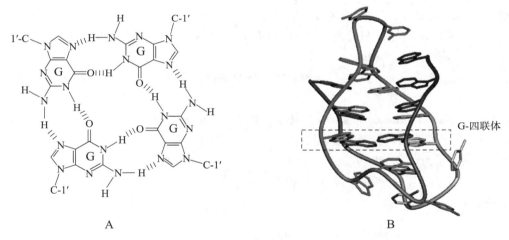

图 4-13 四链 DNA
A. G- 四联体中鸟嘌呤的碱基配对；B. 分子内局部四螺旋结构示意图

4.4.3 DNA 的三级结构

大多数 DNA 是双链线状的，如真核细胞染色体 DNA，噬菌体 T2、T5、T7、λ 和 P22 等，但双链环状 DNA 在自然界也是广泛存在的，如一些病毒 DNA（多瘤病毒 DNA、病毒 SV40 DNA），一些噬菌体 DNA、一些细菌和古菌的染色体 DNA、细菌质粒 DNA、真核生物线粒体和叶绿体 DNA 等都是双链环状 DNA。由于分离提取技术的改进，可以完整地提取这些双链环状 DNA，研究它们的三级结构。这些双链环状 DNA 可形成共价闭环 DNA 的超螺旋结构和开环 DNA 等三级结构，其中超螺旋是 DNA 三级结构的一种最常见形式。

---

① 端粒：指真核生物的线状染色体末端，由 3′ 端串联重复的、富含 G 的短序列以及和互补的 5′ 端序列所组成。

（1）**共价闭环 DNA 的超螺旋结构**　前面提到的 DNA 的二级结构，即双螺旋结构，每 10 个核苷酸螺旋上升一圈，这时双螺旋处于最低的能量状态，如果将这种正常的双螺旋分子额外地多转几圈或少转几圈，就会使螺旋内部的原子偏离正常的位置，其结果在双螺旋分子中存在一种额外的张力，如果双螺旋末端是开放的，这种张力可以通过链的转动而释放出去，DNA 将恢复到正常的双螺旋状态。但如果 DNA 分子是环状的，这种张力就不能释放，只能在 DNA 内部使原子的位置重排，这样 DNA 就会发生扭曲，这种 DNA 双螺旋的扭曲就称为超螺旋（super helix）（图 4-14A）。

超螺旋有负超螺旋和正超螺旋两种。放松 DNA 双螺旋形成的超螺旋为负超螺旋，旋紧 DNA 双螺旋形成的超螺旋为正超螺旋。自然界存在的超螺旋 DNA 分子绝大多数是负超螺旋，负超螺旋有利于 DNA 的解链，在 DNA 的复制和转录中具有重要意义。和线状或开环 DNA 相比，超螺旋 DNA 结构比较紧密，黏度较低，浮力密度大，沉降速度快，沉降常数大，在凝胶电泳中泳动速度较快。变性时所需温度高，变性后两条链还是很难分开，整个分子变成一堆密度很大的互相盘绕的无规线团（图 4-14B）。

双链环状 DNA 可形成超螺旋，实际上线状 DNA 在体内也具有超螺旋，如真核生物染色体 DNA 为线状双螺旋结构，它在核小体结构中的扭曲也是一种超螺旋。生物体内绝大多数 DNA 是以超螺旋的形式存在，这样可使很长的 DNA 分子压缩在一个极小的体积内，这对细胞中 DNA 分子的包装具有重要意义。

（2）**开环 DNA**　当超螺旋 DNA 其中的一条链上有一缺口（nick），超螺旋结构就被松开，张力被释放，形成开环双链 DNA，称开环 DNA（open circular DNA，ocDNA）或称松环 DNA（relaxed circular DNA，rcDNA）（图 4-14C）。开环 DNA 分子变性时会产生一个单链线状 DNA 分子和一个单链环状 DNA 分子。

有关环状 DNA 的拓扑学特性可用以下 3 个参数来描述（图 4-15）：

① 连环数（linking number）　也称连接数，指双螺旋 DNA 中，两条链相互缠绕的次数，以 L 表示。L 为一个整数。一个闭合环状 DNA 分子，只要其主链的共价键不发生断裂，连环数是不会改变的。而且 L 值相同的 DNA 之间可以不经过链的断裂而互相转变。

② 扭转数（twisting number）　指双链环绕螺旋轴旋转的周数，即 DNA 分子中 Watson-Crick 螺旋的数目，以 T 表示。

③ 超螺旋数（number of turns of superhelix）或称缠绕数（writhing number）　指双螺旋分子在空间上相对于双螺旋轴的扭曲，也等于超螺旋的数目，以 W 表示。

L、T、W 三者的关系为：$L = T + W$。T 与 W 值可以是小数，但 L 必须是整数。当 $L < T$ 时，即 DNA 相互缠绕不足时，产生负超螺旋；当 $L > T$ 时，即 DNA 双链盘绕过度时，产生正超螺旋；而 $L = T$ 时，不产生超螺旋，此时 DNA 处于松弛态。

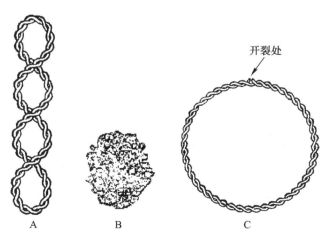

图 4-14　DNA 三级结构示意图
A. 超螺旋 DNA；B. 变性的线团状 DNA；C. 开环双链 DNA

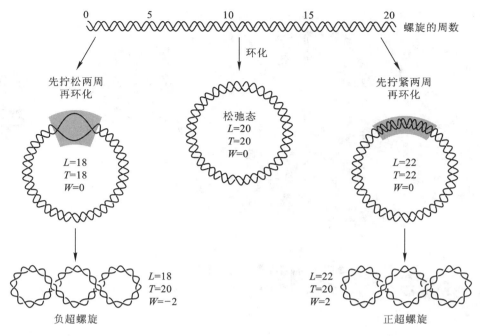

图 4-15　环状 DNA 的不同构象

思考题

如将共价闭环负超螺旋 DNA 和共价闭环正超螺旋 DNA 分别与核酸酶 S1 保温，两种超螺旋 DNA 的结构会不会受到影响？为什么？

4.4.4　真核细胞染色体 DNA 结构

原核细胞没有明显的细胞核，大多由一条双链环状 DNA 经高度折叠、盘绕，形成致密的没有核膜包围的拟核（nucleoid）[1]。其中央部分由 RNA 和碱性蛋白质组成，外围是双链环状 DNA。

真核细胞染色体在细胞周期的大部分时间都以染色质的形式存在[2]。染色质由 DNA、蛋白质（组蛋白、非组蛋白）和少量 RNA 组成，其基本结构单位是核小体（nucleosome）。

核小体是由组蛋白核心和盘绕在核心上的 DNA 组成，组蛋白（histone）是一类富含碱性氨基酸如精氨酸和赖氨酸的相对分子质量较小的碱性蛋白质，分为 H1、H2A、H2B、H3 和 H4 五种类型，其中 H2A、H2B、H3 和 H4 各 2 分子构成八聚体的核心，约 146 bp 的双螺旋 DNA 以左手超螺旋在组蛋白核心上绕 1.75 圈，形成核小体的核心颗粒（nucleosome core particles）。核小体核心颗粒之间由约 60 bp 长的 DNA 和组蛋白 H1 构成的连接区连接，形成串珠状的结构，DNA 组装成核小体，其长度被压缩了 7 倍（图 4-16）。

每圈 6 个核小体进一步盘绕成 30 nm 的染色质纤丝（chromatin fiber），DNA 再压缩了 6 倍，纤丝的更高级折叠至今还不很清楚。近年来比较认可的组装模型是染色质纤丝结合了核骨架蛋白（非组蛋白骨架）形成突环（loop），再由 6 个突环形成玫瑰花结（rosette），再进一步组装成螺旋圈（coil）（每圈 30 个玫瑰花结），由螺旋圈

---

① 拟核（nucleoid）又称类核、原核（prokaryon）。

② 染色质（chromatin）最早是 1879 年 Flemming 提出的，用以描述细胞核中染色后强烈着色的物质。现在认为染色质是细胞间期细胞核内由 DNA 和蛋白质构成的能被碱性染料染色的物质。染色体（chromosome）是细胞在有丝分裂和减数分裂过程中由染色质紧密包装而成的棒状结构。染色体与染色质是同一物质在不同时期的不同形态，细胞分裂时是染色体，高度螺旋状，分裂间期是染色质，解螺旋状。

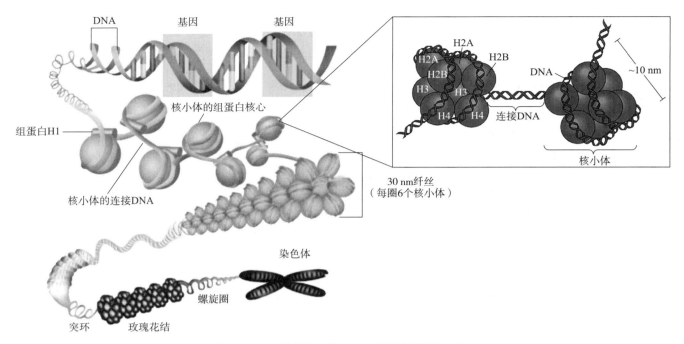

图 4-16 真核生物染色体 DNA 不同层次组装的示意图

再组装成染色单体（chromatid），两条染色单体组成一条染色体（图 4-16）。DNA 经核小体到染色体，一共被压缩了 8 400 倍（近 1 万倍）。例如，人的染色体中 DNA 分子伸展开来的长度平均约为几个厘米，而染色体被压缩到只有几个微米长。

染色质中还有一类非组蛋白，非组蛋白（nonhistone protein）是指染色质中除组蛋白之外的其他蛋白质，种类繁多，功能多样，如一些酶、DNA 结合蛋白、调节蛋白等。

真核细胞染色体 DNA 相对分子质量很大，在结构上有以下两个特点：

（1）**有重复序列**　真核细胞染色体 DNA 中有许多重复出现的核苷酸序列，称重复序列（repeated sequence）。除酵母以外的真核细胞都有重复序列，而原核细胞中不存在重复序列。根据重复出现的次数不同，分为高度重复序列、中度重复序列和单一序列。

① 高度重复序列（high repeated sequence）　是指在整个基因组[①]中重复的次数很高，大于 10^5。其序列长短不一，短的只有几个核苷酸，长的有几百个核苷酸。例如果蝇中只有 7 个核苷酸长度的高度重复，但在小鼠中这种高度重复的长度可以达 300 个核苷酸。高度重复序列的 G-C 含量不同于 DNA 的其他部分，用氯化铯密度梯度离心时，可显示出额外的小峰（1 个主峰，1 个或多个小峰），称卫星 DNA（satellite DNA）。一般认为卫星 DNA 在细胞内是不转录的，并不作为基因用。由于它位于染色体的着丝粒附近，推测和维持染色体的结构有关。

② 中度重复序列（moderate repeated sequence）　在整个基因组中重复次数为 $10 \sim 10^5$，通常 100 次左右。中度重复序列的 DNA 通常作为基因用，如 rRNA 基因、tRNA 基因、组蛋白基因和免疫球蛋白基因等都属于中度重复序列。

③ 单一序列（unique sequence）　在整个基因组中只出现 1 次或少数几次，也称单拷贝基因。单一序列是作为基因用，绝大多数编码蛋白质（如血红蛋白、卵清蛋白和丝心蛋白等）或酶的结构基因属于单一序列。

（2）**有回文序列**　"回文"的原意是指正读、反读意义都一样的词、短语或句子，如 "rotator" "nurses run" "舟行水面水行舟"。用于描述 DNA 结构时，回文序列是指具有对称结构的 DNA 片段。一条链上的碱基序列（例如从 5′→3′）和另一条链上从 5′→3′ 的序列完全相同，见下图：

---

① 基因组（genome）：指细胞内的一整套基因。

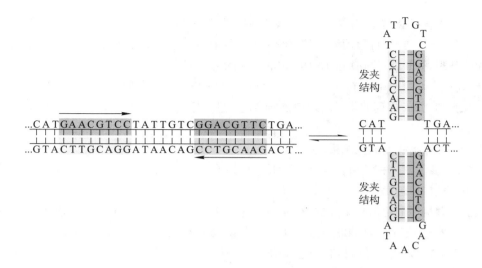

回文序列变性和复性后可形成十字形结构（cruciform structure）或发夹结构（hairpin structure），在电子显微镜下能看到这些形状。在原核细胞中也有回文序列，但比真核细胞少，而且回文序列的长度也短。至于回文序列的功能目前尚不完全清楚，可能与 DNA 和蛋白质之间的识别有关[①]，另外，人们已发现转录的终止作用与回文序列有关（详见 RNA 的生物合成章）。

🅰️ 思考题

1. 如何让一个超螺旋环状病毒 DNA 分子采取其松弛态？线形双链 DNA 如何形成超螺旋？
2. 用稀酸或高盐溶液处理染色质可以使组蛋白与 DNA 解离，为什么？

4.5 RNA 的结构

4.5.1 RNA 的一级结构

RNA 的一级结构与 DNA 的一级结构一样，也是指核苷酸之间的连接方式和核苷酸的序列。

4.5.1.1 RNA 分子中核苷酸之间的连接方式

组成 RNA 的核苷酸之间也是通过 3′,5′-磷酸二酯键相连，形成长链，有一个 5′ 端，一个 3′ 端，无支链（见图 4-3B）。简写方法与 DNA 一样，有线条式、文字式。一般的 3′,5′-磷酸二酯键不需注明，如 pApCpUpG。如有特殊的连接方式，简写时要注明，如 2′,5′ 连接，pppA（2′）pA（2′）pA；5′,5′ 连接，m⁷G（5′）pppN。

4.5.1.2 RNA 分子中核苷酸的序列

RNA 分子中核苷酸序列的测定难度较大，因为 RNA 的种类很多，分子大小悬殊。早期的工作目标主要集中在 tRNA 上，因为 tRNA 相对分子质量较小，较易分离纯化。1965 年美国 R. Holley 等人首先用测蛋白质氨基酸序列的方法（重叠法）测定了酵母丙氨酸 tRNA 的序列。20 世纪 70 年代 A. Maxam 以及 F. Sanger 发明的两类 DNA 序列测定方法快速、简便，其原理同样适用于 RNA，根据方法不同，常用的有以下 3 种：

---

① 回文序列在 DNA 的调控区较常见，它所形成的对称空间结构，为 DNA 结合蛋白提供了特定的识别与结合位点。

（1）**用专一性核糖核酸酶裂解 RNA**　用各种碱基专一的核糖核酸酶（见 4.5.1.3）分别将 RNA 部分水解，得到长度不一的核苷酸片段，经变性聚丙烯酰胺凝胶电泳，放射自显影后即可读出 RNA 的序列。

（2）**用化学试剂裂解 RNA**　同 DNA 序列测定的化学断裂法。

（3）**逆转录成 cDNA**　先用逆转录酶（也称 RNA 指导的 DNA 多聚酶）将被测 RNA 逆转录为互补 DNA（cDNA）[①]，然后按照测 DNA 序列的化学断裂法或链终止法进行序列测定。目前许多 mRNA 和病毒 RNA 都是用这种方法测序的。

4.5.1.3　与 RNA 结构研究有关的工具酶

降解 RNA 的核酸酶称核糖核酸酶，这是一类水解 RNA 的酶，它们广泛存在于动、植物和微生物中，常用的有牛胰核糖核酸酶、核糖核酸酶 T_1。

（1）**牛胰核糖核酸酶**　简称 RNase A 或 RNase I，它存在于牛胰中，1940 年已制得结晶。它只作用于 RNA，不作用于 DNA。相对分子质量为 14 000，最适 pH 为 7.0～8.2，十分耐热。RNase A 是具有高度专一性的内切酶，其作用点为嘧啶核苷 –3′– 磷酸与其他核苷酸之间的连键，生成 3′– 嘧啶核苷酸或以 3′– 嘧啶核苷酸结尾的寡核苷酸，如下图所示。水解的机理与碱对 RNA 的降解十分相似，都要经过环状 2′,3′– 核苷酸这一中间物，最终产物为 3′– 核苷酸（见 4.6.3）。

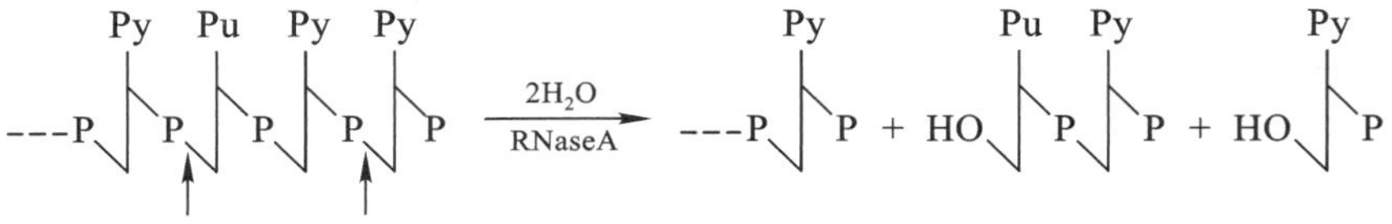

Pu：嘌呤碱　Py：嘧啶碱

（2）**核糖核酸酶 T_1**　简称 RNase T_1，这是从米曲霉中分离得到的一种内切酶，相对分子质量较小，耐热、耐酸，具有比 RNaseA 更高的专一性，其作用点为鸟嘌呤核苷 –3′– 磷酸与其他核苷酸之间的连键，产物为 3′– 鸟苷酸或以 3′– 鸟苷酸结尾的寡核苷酸，如下图所示。

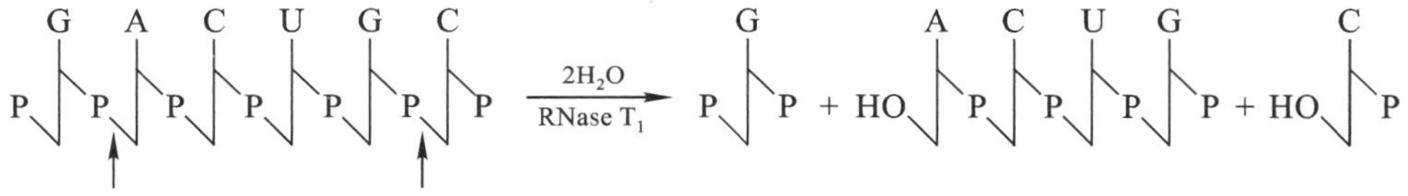

非专一性核酸酶类如蛇毒磷酸二酯酶和牛脾磷酸二酯酶也可作用于 RNA（见 4.4.1.2）。

4.5.1.4　RNA 的一级结构

（1）**tRNA 的一级结构**　tRNA 代表转运 RNA，可将氨基酸转运到核糖体上，每种氨基酸都有一种或几种相应的 tRNA，所以虽然大多数蛋白质仅由 20 种氨基酸组成，但 tRNA 的种类有 500 多种。每种 tRNA 根据它所转运的氨基酸来命名，如转运丙氨酸的，称丙氨酸 tRNA，写作 tRNA[Ala]。从目前已知的 tRNA 的一级结构来看，尽管它们的核苷酸数目不同，序列不同，但在一级结构上有如下的共同点：

① 相对分子质量很小，在 25 000 左右，平均沉降常数 4S。

② 各种 tRNA 的链长很接近，一般在 73～93 个核苷酸之间，其中大多数为 76 个。

③ 各种 tRNA 中有 20 多个位置上的核苷酸是不变和半不变的。半不变的核苷酸是这个位置只可能发生嘧啶

---

① cDNA 表示互补 DNA，c 为 complementary 一词的缩写。

间或嘌呤间互换的核苷酸。如 8，11C，14A，15G（A）……这些不变和半不变的核苷酸对维持 tRNA 的高级结构和实现其生物功能起着重要的作用，同时也说明 tRNA 在进化上的保守性。

④ 各种 tRNA 的 3′ 端都为 CCA，这是接受氨基酸的一端。5′ 端大多数为 pG，少数为 pC。

⑤ tRNA 含有较多的修饰成分。

（2）rRNA 及核糖体的结构　　rRNA 是指核糖体 RNA，核糖体由大小两个不同亚基组成。在原核生物如大肠杆菌中完整的核糖体沉降常数为 70S，是由 50S 和 30S 两个亚基组成，50S 大亚基由 23S 和 5S 两种 rRNA 以及 33 种蛋白质组成，而 30S 小亚基则由一个 16S rRNA 和 21 种蛋白质组成。真核生物中完整的核糖体沉降常数为 80S，由 60S 和 40S 两个亚基组成。60S 大亚基由 28S、5.8S 和 5S 三种 rRNA 以及 49 种蛋白质组成，而 40S 小亚基则由一个 18S rRNA 和 33 种蛋白质组成（图 4-17）。

尽管原核生物和真核生物的核糖体蛋白质和 rRNA 差异很大，但核糖体的总体结构却很相似。

rRNA 中修饰碱基的含量比 tRNA 少得多，但其显著特点之一是甲基化核苷的存在，有时还可出现在相当保守的区域内。例如 16S rRNA 中，大约有 10 个甲基，多集中于分子的 3′ 端。

（3）mRNA 的一级结构　　mRNA 主要是在细胞核内产生，然后进入细胞质及核糖体。mRNA 有很多种类，每一种 mRNA 的相对分子质量及碱基序列都不相同。

原核细胞 mRNA 与真核细胞 mRNA 在结构上是有区别的。原核细胞 mRNA 的 5′ 端无帽子结构，真核细胞 5′

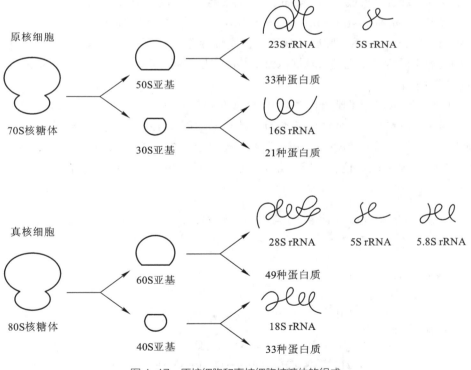

图 4-17　原核细胞和真核细胞核糖体的组成

端有帽子结构[①]。某些真核细胞病毒的 5′ 端也有帽子结构。帽子结构可以防止 mRNA 被核酸酶降解；为 mRNA 翻译活性所必需；还与蛋白质合成的正确起始有关，协助核糖体与 mRNA 相结合，使翻译作用在 AUG 起始密码子处开始。

原核细胞 mRNA 3′ 端一般没有或仅有少于 10 个多聚腺苷酸结构，真核细胞 mRNA 的 3′ 端一般都有多聚腺苷酸，有一条大约由 200 个连续的腺苷酸残基组成的多聚腺苷酸链，常称为多聚（A）尾巴结构（poly-A tail）。多聚腺苷酸可保护 mRNA 免受核酸外切酶的作用；与 mRNA 翻译活性有关；协助 mRNA 顺利穿过核膜进入胞质、并转移到核糖体。它还可能与 mRNA 的半衰期有关。新合成的 mRNA poly（A）链较长，而衰老的 mRNA poly（A）链较短。在病毒的基因组末端也发现存在 poly（A）尾巴结构，与病毒的侵染性密切相关。

4.5.2　RNA 的二级结构

RNA 二级结构的阐明主要基于研究 RNA 在溶液中的性质，还有 X 射线衍射分析的结果。根据 RNA 的某些理化性质和 X 射线衍射分析，证明大多数 RNA 分子是一条单链，链的许多区域自身发生回折。回折区内的多核苷酸段呈螺旋结构。有 40% ~ 70% 的核苷酸参与这种螺旋的形成，因此，RNA 分子实际上是一条含短的不完全的螺旋区的多核苷酸链（图 4-18A），螺旋区的结构类似于 A-DNA 的结构。由于链的回折使可以配对的碱基，如 A 与 U，G 与 C 配对。注意 RNA 分子中，G 与 U 之间也可以正常配对，它们之间可以形成 2 个氢键（图 4-18B）。配对碱基间的双螺旋区形成"茎（stem）"[②]，而不能配对的单链区部分则形成"环（loop）"（图 4-18C），这种结构称茎 – 环结构（stem-loop structure），是各种 RNA 共同的二级结构特征。

少数病毒 RNA 如水稻矮缩病毒、呼肠孤病毒、伤瘤病毒等 RNA 是双链螺旋，类似于 DNA 的双螺旋结构。RNA 中双螺旋结构的稳定因素主要也是碱基堆积力，其次才是氢键。RNA 中研究最多也最清楚的是 tRNA。

4.5.2.1　tRNA 的二级结构

1965 年 R. W. Holley 等人测定了酵母丙氨酸 tRNA（tRNA^{Ala}）的一级结构之后，根据碱基序列的测定和碱基配对原则，提出了酵母 tRNA^{Ala} 的二级结构模型为三叶草形如图 4-19。实际上 tRNA 的二级结构一般是由 4 臂（或 5 臂）4 环所组成。上臂（Ⅰ）是由 tRNA 3′ 端和 5′ 端附近的 7 对碱基所组成，称氨基酸接受臂。其 3′ 端的 C-C-A 核苷酸段是接受氨基酸的部位。下臂（Ⅱ）与反密码子环相连，环的顶端有由 I-G-C 3 个核苷酸组成的

---

① 5′- 帽子（cap）是指 7- 甲基鸟苷以不寻常的 5′,5′- 三磷酸连接到 mRNA 的 5′ 端，并在第一或第二个核苷酸核糖的 2′-O 位上甲基化。如下式：

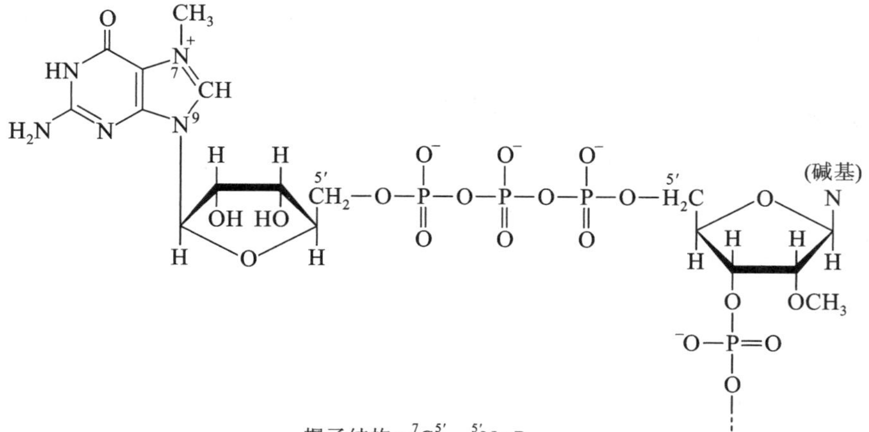

帽子结构 m^{7}G$^{5'}_{ppp}$$^{5'}$NmP

② 局部的双螺旋区也称臂（arm）。

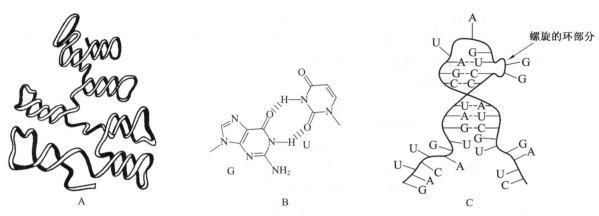

图 4-18　RNA 的二级结构

A. 表示在一条多核苷酸链中有几个螺旋区；B. G 和 U 的氢键配对；C. 表示具有互补的碱基配对的螺旋区

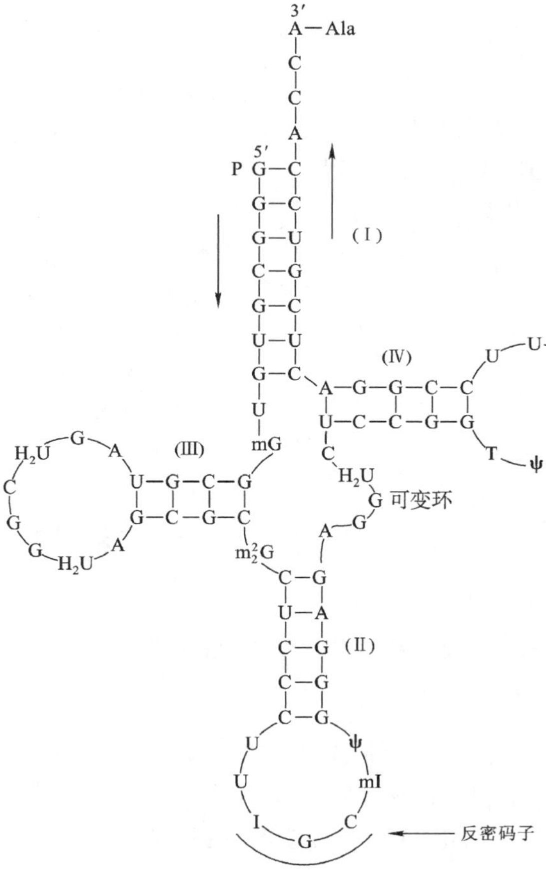

图 4-19　酵母丙氨酸 tRNA（tRNA^{Ala}）的三叶草形结构

I：肌苷（inosine），m$_2^2$G：2,2- 二甲基鸟苷（2,2-dimethyl guanosine）；T：胸苷（ribothymidine），mG：1- 甲基鸟苷（1-methyl guanosine）；

H$_2$U 或 D：5,6- 二氢尿苷（5,6-dihydrouridine），IGC：反密码子；ψ：假尿苷（pseudouridine），mI：甲基肌苷（methyl inosine）

反密码子，这个臂因而称反密码子臂。反密码子是识别 mRNA 上密码子的位点。左臂（Ⅲ）为二氢尿嘧啶臂，与含二氢尿嘧啶的环相连，右臂（Ⅳ）为 TψC 臂与一个含有 TψC 序列的环和一个可变环（或称额外环）相连。可变环的核苷酸数目变化较大，随不同 tRNA 而异。某些 tRNA 中有可变臂。

tRNA 分子中含有 20～21 个碱基对，由于其双螺旋结构所占比例甚高，对称性强，故 tRNA 的稳定性甚强。

迄今为止发现 500 多种 tRNA 都符合三叶草的模型，但也有少数例外的情况，如 1980 年发现牛心线粒体 tRNA^{Ser} 只有 63 个核苷酸组成，沉降常数 3S，缺少二氢尿嘧啶臂和二氢尿嘧啶环，呈二叶草型。近年来还发现两种线虫线粒体 tRNA 也不是标准的三叶草结构，有的缺少 TψC 臂和 TψC 环，有的缺少二氢尿嘧啶臂和二氢尿嘧啶环，最小的只有 51 个核苷酸组成。

从图 4-19 可见 tRNA 所含的核苷除 A、G、C、U 4 种正常碱基的核苷外，还含有几种修饰核苷（I，T，H$_2$U，ψ，mI，m$_2^2$G，mG，结构式见⊜辅学窗 4-12）。

4.5.2.2 rRNA 的二级结构

亦为三叶草形。从大肠杆菌核糖体分离出来的 rRNA 有 23S、16S 和 5S 3 种。从真核细胞分离出来的 rRNA 有 5S、5.8S、18S 和 28S 4 种。不同 rRNA 的碱基比例和碱基序列各不相同。分子结构基本上都是由部分双螺旋和部分单链环相间排列而成。大肠杆菌 5S rRNA 的形状如图 4-20A 所示，它由 5 个双螺旋区（Ⅰ~Ⅴ）和 5 个环（A~E）组成。大肠杆菌 16S rRNA 的二级结构如图 4-20B 所示，在 16S rRNA 中，46% 的碱基配对形成 50 个左右大小不等的茎-环结构，组成 4 个结构域（结构域Ⅰ~Ⅳ）。

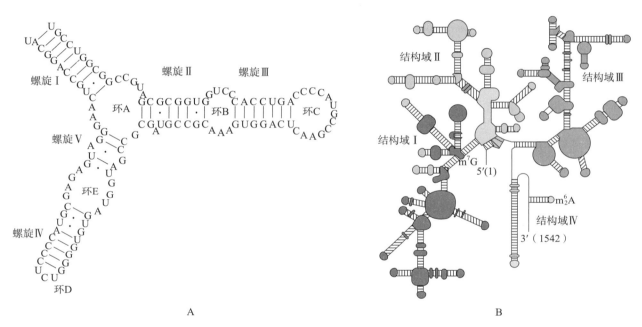

图 4-20　大肠杆菌 5S（A）和 16S（B）rRNA 二级结构

4.5.2.3 mRNA 的二级结构

mRNA 的二级结构也是通过单链自身回折而形成茎-环结构。"茎"可形成类似于 A-DNA 的双螺旋结构，有 50%~60% 的核苷酸是双螺旋结构，其余的核苷酸则因不能配对而形成"环"。此外，mRNA 并不像 tRNA 那样能形成共同的三叶草的二级结构，各种 mRNA 分子的二级结构差别很大。

4.5.3 RNA 的三级结构

RNA 中 tRNA 的三级结构是在 20 世纪 70 年代初期才被解析清楚的。1973—1975 年间，S. H. Kim 等用高分辨率（0.3 nm）X 射线衍射技术分析 tRNA 晶体，测定了酵母苯丙氨酸 tRNA（酵母 tRNA^{Phe}）的三维空间结构，提出了 tRNA^{Phe} 分子的倒 L 形三级结构（图 4-21）。随后，又有几种 tRNA（如大肠杆菌起始 tRNA、大肠杆菌精氨酸 tRNA 和酵母起始 tRNA）的三级结构相继被测定，进一步阐明了所有真核和原核生物的 tRNA 的三级结构都是倒 L 形，从而认定了倒 L 形可代表各种 tRNA 的三级结构，这种倒 L 形 tRNA 三级结构有下列 4 种重要特点：

① L 形结构的一端是 3′ 端 CCA，另一端是反密码子，两端之间的距离为 7 nm。

② 分子中碱基对之间的氢键是维系三维结构的主要作用力。碱基对中，除按 Watson-Crick 标准配对的外，还有许多非标准配对的氢键，例如碱基与核糖以及碱基与磷酸之间形成的氢键。

③ tRNA 的倒 L 形模型虽然为一切 tRNA 所共有，但也有几种 tRNA 分子的精细结构存在着差异。这包含分子中拐角的大小、CCA 末端的伸展度、肽链折叠的松紧和反密码子臂的构象等。

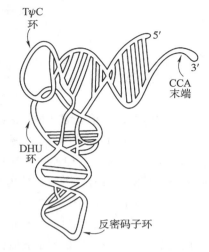

图 4-21　酵母苯丙氨酸 tRNA 的三级结构
（Kim，S. H. 等：Science，Vol.185. p.435，1974）

⑦ 思考题

含有 T 的核酸一定是 DNA 吗？

4.6　核酸的性质

核酸的性质与其组分和结构密切相关。核酸的组分有嘌呤碱、嘧啶碱、磷酸、核糖或脱氧核糖。核酸的结构特点为分子巨大，有共轭双键、氢键、糖苷键和磷酸二酯键；有烯醇式羟基、自由氨基（嘌呤和嘧啶的）和磷酸基。这些特点都是核酸特性的基础。下面将介绍核酸的几种重要性质。

4.6.1　性状和溶解度

DNA 为白色纤维状固体，RNA 为白色粉末，都微溶于水，它们的钠盐在水中的溶解度较大，都溶于 2- 甲氧基乙醇（2-methoxy ethanol），但不溶于一般有机溶剂如乙醇、乙醚、氯仿、戊醇和三氯醋酸等。

4.6.2　分子大小

RNA 和 DNA 的相对分子质量都很大，DNA 的相对分子质量比 RNA 的相对分子质量大。RNA 的相对分子质量从几万到几百万或更大一些；DNA 的相对分子质量在 $1.6 \times 10^6 \sim 2.2 \times 10^9$ 之间。

4.6.3　水解

DNA 和 RNA 的糖苷键和磷酸二酯键都能被酸水解。DNA 和 RNA 对碱的敏感性不同，RNA 的磷酸酯键更易于被碱水解。这是因为 RNA 的核糖有 2′-OH，在碱作用下形成环状 2′,3′- 核苷酸，然后继续水解产生 2′- 核苷酸和 3′- 核苷酸。DNA 的脱氧核糖无 2′-OH，不具有上述反应，因此对碱水解不敏感。RNA 和 DNA 的酶水解见 4.4.1.2 和 4.5.1.3。

4.6.4　酸碱性质

核酸分子中含有磷酸基和碱基，磷酸基可解离放出 H^+，碱基可接受 H^+，具有酸碱性质。由于磷酸基的酸性较强，所以其等电点较低。RNA 的等电点为 pH 2.0 ~ 2.5，而 DNA 的等电点在 pH 4 ~ 4.5 范围内。

4.6.5　吸收光谱

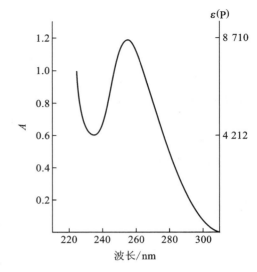

图 4-22　酵母 RNA 钠盐溶液的紫外线吸收光谱

具有共轭双键（单双键交替的键如—CH＝CH—CH＝CH—）的嘌呤和嘧啶碱皆有其独特的紫外线吸收光谱（磷酸和糖与核酸的吸收光谱无关），核酸含有这种嘌呤和嘧啶，因而也各有其独特的紫外线吸收光谱。核酸在紫外区的吸收能力最强，它的紫外线吸收光谱的高峰出现在 260 nm 左右（图 4-22）。

利用核酸的紫外吸收这一特性可进行核酸的定量测定。目前实验室常用的 DNA 和 RNA 定量测定的方法是首先测定样品 A_{260}/A_{280}[①] 的比值，以判断样品的纯度。纯 DNA 的 A_{260}/A_{280} 应为 1.8，纯 RNA 的 A_{260}/A_{280} 应为 2.0。样品中如含杂蛋白及苯酚等杂质，A_{260}/A_{280} 的比值就下降。样品中如混有 RNA，则 A_{260}/A_{280} 的比值就上升。不纯的样品不能用紫外吸收法作定量测定。对于纯的样品则可根据 A_{260} 算出 DNA 或 RNA 的含量。通常以 A_{260} 值为 1 相当于 50 μg/mL 双螺旋 DNA，或 40 μg/mL 单链 DNA（或 RNA），或 20 μg/mL 寡核苷酸。这个方法既快速又准确，而且不会浪费样品。

核酸吸收紫外线的强度，可利用紫外分光光度计测定各波长的吸光度（光密度）A 表示，此外还可以用磷摩尔消光系数 ε（P）来表示。摩尔消光系数也称摩尔吸光系数，是指 1 mol/L 含磷的核酸溶液在一定 pH 和相应波长下，光径为 1 cm 时测得的吸光度。$\varepsilon(P)=\dfrac{A}{c\cdot L}$，A 为所测样品的吸光度，c 为含磷的物质的量浓度（又称摩尔浓度），L 为比色杯的内径。在 260 nm，天然 RNA 的 ε（P）在 7 000 ~ 10 000 之间，而 DNA 的 ε（P）则在 6 000 ~ 8 000 之间。当核酸变性或降解时，其紫外线吸收强度及 ε（P）值均显著增高（称增色效应）。相反，变性的核酸在一定条件下恢复其原有性质时，其紫外线吸收强度及 ε（P）值又可恢复到原有水平（称减色效应）。因此，可根据核酸溶液的紫外线吸收光谱或 ε（P）值来判断其是否变性或复性。

4.6.6　变性、复性与杂交

4.6.6.1　变性

核酸的变性（denaturation）是指当核酸溶液受到某些物理或化学因素的影响，使核酸的双螺旋结构破坏，氢键断裂，变成单链，从而引起核酸理化性质的改变以及生物功能的减小或丧失。加热、强酸或射线以及一切可以破坏核酸分子氢键的处理，都可使核酸变性。变性后的核酸，其理化性质和生物功能都会起显著变化，最重要的表现为黏度降低（核酸溶液的黏度原来甚高），沉降速度增高，紫外线吸收急剧增高，生物功能减小或消失。

DNA 热变性时，其螺旋中的氢键破裂，ε（P）值即增高，ε（P）最大变化值[②] 的 1/2 时的温度称熔点（melting temperature），也就是 DNA 失去一半双螺旋时的温度，以 T_m 符号代表之[③]（图 4-23A）。T_m 值主要与下列因素有关：
① DNA 的均一性　均质 DNA（homogeneous DNA）如病毒 DNA 的 T_m 值一般在较小的温度范围内，而异质

---

① A 表示光吸收值（absorbance），A_{260}/A_{280} 表示在 260 nm 和 280 nm 分别测定核酸样品的光吸收值，并计算比值。
② ε（P）最大变化值即变性后的最大 ε（P）值与未变性时 ε（P）值之差。
③ 熔点（T_m）也称熔解温度，或称解链温度，或称变性温度。

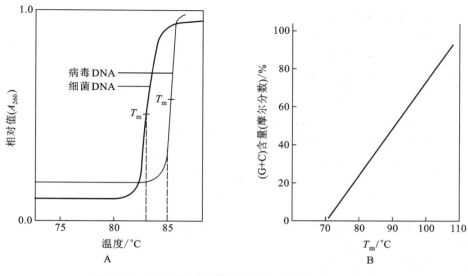

图4-23　DNA 的熔点曲线（A）及与碱基含量的关系（B）

DNA（heterogeneous DNA）如细菌 DNA 的 T_m 值在较宽的温度范围内。因此，T_m 值可作为衡量 DNA 样品均一性的标准。

② G-C 的含量　G-C 含量愈高，T_m 值愈高，成正比关系（图4-23B）。这是因为 G-C 之间有 3 个氢键，A-T 之间只有 2 个氢键，G-C 含量高的 DNA 分子就更为稳定。可从 T_m 值推算 DNA 分子中 G-C 碱基的组成百分数，其经验公式为：（G+C）%=（T_m-69.3）×2.44。

③ 溶液的离子强度　一般来说在离子强度较低的介质中，T_m 值较低，变性温度的范围较宽。而在离子强度较高的介质中，情况则相反。因此，DNA 制品应保存在较高浓度的溶液中，常保存在 1 mol/L NaCl 溶液中。

RNA 的变性与 DNA 相似，但由于大多数 RNA 为单链，只有局部的双螺旋区，变性就不像 DNA 那样典型，变性曲线就不那么陡，T_m 值较低。而双链 RNA 的变性几乎同 DNA。

4.6.6.2　复性

DNA 在高温（大于 T_m）或极端的 pH 环境中，其双螺旋中的氢键断裂，并解开成两条单链，其性质也改变。但当导致变性的因素解除后，因变性而分开的两条单链可再聚合成原来的双螺旋，其原有性质可得到部分恢复，这就是 DNA 的复性（renaturation）。DNA 的复性主要受下列 3 种因素的制约：

① DNA 浓度较高时，两条互补链彼此相碰的机会增加，易于复性。

② 因加热变性的 DNA，当温度超过 T_m 后，即迅速冷却到低温时，不能复性，但当溶液维持在 T_m 以下的较高温度时，则可能复性，一般比 T_m 低 25℃左右时最佳。

③ DNA 片段的大小也影响其复性的速度，因大的线状单链，其扩散速度受到妨碍，减少了互补链的碰撞机会。

在一定条件下复性的速度可以用 Cot 表示，Cot 是指 Co 与 t 的乘积，Co 为变性 DNA（即复性前）的原始浓度，以物质的量浓度（mol/L）表示，t 为复性时间，以秒（s）表示。对不同来源的 DNA 若以复性分数 f[①] 为纵坐标，$f=\dfrac{1}{1+kCot}$，以 Cot 为横坐标，得图4-24。图中有一个很有意义的数值即 $Cot_{1/2}$，$Cot_{1/2}$ 值是指复性完成一半时（复性分数 f 为 0.5 时）的 Cot 值。各种不同 DNA 的 $Cot_{1/2}$ 值是不同的，它与基因组的大小成正比，从图中可知 $E.coli$ DNA $Cot_{1/2}$ 约为 9 mol·s/L。T4 噬菌体 DNA $Cot_{1/2}$ 约为 0.3 mol·s/L。这表明 $E.coli$ DNA 比 T4 噬菌体 DNA 复性速度慢，这是因为 $E.coli$ DNA 分子比 T4 噬菌体 DNA 大得多，各个基因组的大小用箭头示于图的上方。

---

① 复性分数即表示变性 DNA 分子的几分之几恢复了原来的性质。

对哺乳动物来说，它的基因组远比 *E.coli* 大，但实验中发现有 10% 鼠 DNA 复性一半所需时间仅为数秒钟，它复性的速度甚至比 MS-2 噬菌体的 DNA 还要快，这是因为 10% 鼠 DNA 中含有许多高度重复序列，这种 DNA 片段的复杂程度低，因此 $Cot_{1/2}$ 值除了与基因组大小成正比外，还与 DNA 的复杂程度有关，复杂程度越低，复性速度就越快，$Cot_{1/2}$ 值就越小。

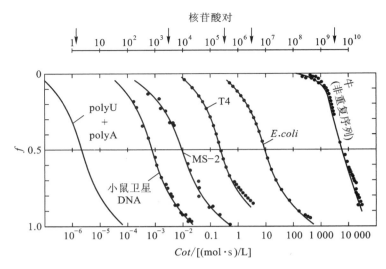

图 4-24　不同生物来源 DNA 的复性与 *Cot* 的关系曲线

4.6.6.3　杂交

两种来源不同具有互补碱基序列的多核苷酸片段在溶液中冷却时可以再形成双螺旋结构，称为杂交作用（hybridization）。DNA 和 DNA 杂交以及 DNA 和 RNA 杂交在核酸技术中占有十分重要的地位。其基本原理是利用硝酸纤维素滤膜能牢固地结合单链核酸，而不能结合双链 DNA 或双链 RNA。

1975 年，英国 E. Southern 首创 Southern 印迹法（Southern blotting），也称 DNA 印迹法，是将 DNA 分子经限制性内切酶降解后，经琼脂糖凝胶电泳分离。将凝胶浸泡在一定浓度的 NaOH 溶液中，使 DNA 变性分成单链，将单链 DNA 转移到硝酸纤维素膜上，然后与放射性同位素标记的单链 DNA 或 RNA 探针进行杂交，最后经放射自显影显示杂交条带（图 4-25）。

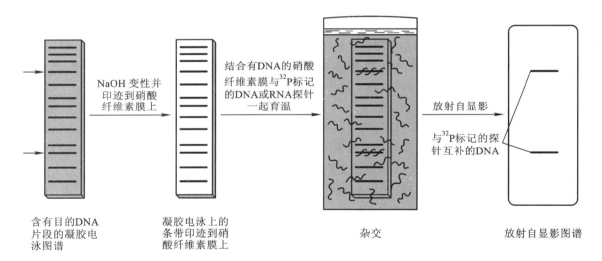

图 4-25　Southern 印迹

Southern 印迹法是 DNA 杂交技术，随后（1977 年）J. C. Alwin 等人利用同样的原理建立了 RNA 杂交的方法，将变性 RNA 转移到硝酸纤维素膜上，与放射性同位素标记的 RNA 或与单链 DNA 探针进行杂交，称 Northern 印迹法（Northern blotting），也称 RNA 印迹法。用类似的方法，根据抗体与抗原可以结合的原理，分析蛋白质的蛋白质印迹法即 Western 印迹法（见蛋白质化学章 3.10.5）。

4.6.7　沉降

核酸与蛋白质一样，在超离心机的强大离心力作用下，核酸分子也会下沉。研究 DNA 时，常用氯化铯作介质，进行密度梯度超离心，用氯化铯密度梯度沉降平衡超离心法可测定 DNA 的浮力密度。

DNA 的浮力密度与其分子的碱基组成密切有关。在 DNA 分子中，如果 G-C 对含量高，其浮力密度就大（因为 G-C 对中有 3 个氢键，结构紧密），且 G-C 对的百分含量与 DNA 的浮力密度之间成正比关系。Rolfe-Meselson 推导出了如下的计算公式：

$$\rho = 0.100（G-C\%）+1.658（g/cm^3）$$

式中，ρ 代表浮力密度。

DNA 的浮力密度与 DNA 分子构象亦有密切关系。环形结构比线形结构的浮力密度大，RNA 只有局部双螺旋结构，又比环形 DNA 的浮力密度大，故超离心沉降后的离心管中 RNA 出现在离心管管底，闭环 DNA 在第二层，开链 DNA 出现在第三层，蛋白质出现在第四层（图 4-26）。用注射针头从管壁侧面刺入可将指定区带物质抽出。故可用超离心法使核酸与其他杂质分开，也可以将不同种核酸进行分离。

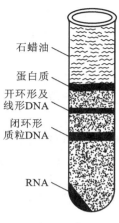

图 4-26　DNA 沉降

石蜡油
蛋白质
开环形及
线形DNA
闭环形
质粒DNA
RNA

4.6.8　降解

酸、碱、核酸酶都可引起核酸不同程度的降解。降解产物可能有单核苷酸、核苷、嘌呤、嘧啶等，随降解程度而异。

思考题

改变核酸的三维结构，生物活性一定会失去吗？

4.7　核酸的生物功能

以核蛋白形式存在的核酸，是细胞和病毒的重要组分，在生物学和医、农、工各方面的实践上都具有极其重要的作用。在生物科学方面，由于核酸是基本遗传物质，在蛋白质的生物合成上又占有重要位置，因而在个体的生长、生殖、遗传、变异和转化等一系列生命现象中起决定性作用。在学习了核酸的基础化学之后，本节对核酸的重要生物学功能做一些概括性陈述，核酸生物学功能的详细介绍见本书第Ⅳ篇。

4.7.1　DNA 的生物功能

4.7.1.1　DNA 是基本的遗传物质

DNA 是生物遗传的主要物质基础，是基因的基础化学物质。DNA 主要存在于细胞核内，是染色体的主要成分，而染色体是直接与遗传有关的。有关 DNA 作为遗传物质的直接证据主要来自细菌的转化作用和噬菌体感染实验。

细菌的转化作用　1944 年，O. Avery 等人将从具有荚膜的肺炎球菌制得的 DNA 加到无荚膜的肺炎球菌的培养基中，可使后者也长出荚膜，其后代也都具有荚膜。像这类一种细菌的遗传性状因吸收了另一种细菌的 DNA 而发生改变的现象称细菌的转化作用（transformation），而蛋白质和多糖没有这种转化能力。如果将 DNA 事先用脱氧核糖核酸酶处理，也会失去转化能力。因此，DNA 是引起肺炎球菌致病能力变化的转化因子。Avery 第一次直接证明了 DNA 的重要功能，即 DNA 是遗传物质（📀辅学窗 4-13）。但由于当时蛋白质研究的发展占了上风，有些人认为起作用的可能不是 DNA，而是微量的蛋白质杂质。

噬菌体感染实验　1952 年，A. D. Hershey 和 M.Chase 用 ^{35}S 和 ^{32}P 分别标记噬菌体 T2 的外壳蛋白和 DNA，然后用这些噬菌体 T2 去感染大肠杆菌，结果发现只有 ^{32}P 标记的 DNA 进入大肠杆菌细胞内，而 ^{35}S 标记的蛋白质留在细胞外。进入细胞的 DNA，利用寄主的原料合成了新一代噬菌体的蛋白外壳和 DNA。Hershey 和 Chase 的实验又一次直接证明了具有遗传作用的是 DNA 而不是蛋白质（详见🅔辅学窗 4-14）。此时生物学家才一致接受了 Avery 提出的 DNA 是遗传物质的观点。在遗传过程中 DNA 的具体作用有两方面，即：①在细胞分裂时按照自己的结构精确复制传给子代；②作为模板将所储遗传信息传给 mRNA。

DNA 的复制　DNA 是遗传的物质基础，DNA 分子上储存了大量的遗传信息（genetic information）。遗传信息实际上就是指 DNA 分子中核苷酸的排列顺序。DNA 是由 4 种脱氧核苷酸组成的长链分子，这 4 种脱氧核苷酸在 DNA 链中排列的可能方式为数极大，因此 DNA 的结构有充分的多样性，它所载的遗传信息是极多的，所以自然界就产生各种各样的生物。在细胞分裂时，通过 DNA 的复制，将亲代的遗传信息准确地传递给子代。由于子代 DNA 分子中的核苷酸种类和序列与亲代的 DNA 完全相同，子代 DNA 分子显然是亲代 DNA 的复制品，因此称这种 DNA 合成方式为复制。有关 DNA 复制的机制将在第十七章中再作叙述。

DNA 的转录（transcription）**和翻译**（translation）　DNA 作为合成 mRNA 的模板，在遗传信息传递过程中，DNA 首先需把它以密码方式储存的遗传信息（即 DNA 分子中核苷酸的序列）转录给 mRNA，由 tRNA 将遗传密码转译成相应的氨基酸带到核糖体上，按照 mRNA 的密码子信息将从 DNA 得来的密码序列连接成多肽。

$$DNA \xrightarrow{转录} mRNA \xrightarrow{翻译} 蛋白质$$

DNA 遗传信息的转录和翻译机制可从图 4-27 看出。以 DNA 为模板合成与其核苷酸序列相应的 mRNA 的过程称转录，根据 mRNA 链上的遗传密码转译成相应的氨基酸的过程，犹如电报密码译成了文字一样，所以称"翻译"。换言之，转录就是根据 DNA 的核苷酸序列决定 mRNA 的核苷酸序列的过程，而翻译则是根据 mRNA 从 DNA 得来的核苷酸序列决定新生蛋白质中的氨基酸序列的过程。由于生命的活动是通过蛋白质来体现，所以生物的遗传特征实际上就是通过 DNA → mRNA →蛋白质过程来传递的。这一过程又称基因表达（gene expression）。

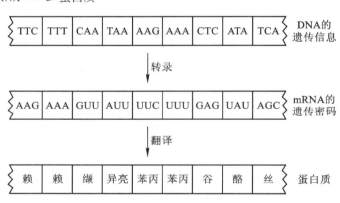

图 4-27　遗传信息的转录和翻译

4.7.1.2　DNA 与变异

已有令人信服的实验证据证明基因[①]上任何一对碱基（即三联体遗传密码的碱基）的改变或增减，都可导致生物的变异。DNA 结构的改变即导致蛋白质结构的改变，从而引起生物遗传的变异。一切生物的变异和进化都可以说是由于 DNA 结构改变而引起蛋白质改变的结果。比较生物化学研究不同进化阶段生物的细胞色素 c 的氨基酸组分，指出凡进化阶梯愈近的生物，其细胞色素 c 的氨基酸组分的差异即愈小（表 4-7）。人同黑猩猩的差异为 0，同猕猴的差异仅一个氨基酸，而同酵母菌的细胞色素 c 就有 45 个氨基酸不相同。这种差异都是有关生物在漫长的进化历程中经内外因素影响引起了 DNA 改变的结果。

表 4-7　各进化阶段生物的细胞色素 c 氨基酸组分差异（人同其他生物对比）

猩猩	猕猴	猪	驴	马	鸡	企鹅	蛇	龟	鱼	蚕	麦	酵母
0	1	10	11	12	13	13	14	15	21	31	43	45

---

①　基因（gene）：是指位于染色体上编码一个特定功能产物（如蛋白质或 RNA 分子等）的一段核苷酸序列。

生物遗传的变异是由于基因突变、基因重组（见 DNA 的生物合成章 17.1）和染色体畸变造成的，本节主要介绍基因突变。

基因突变（gene mutation）是指由于 DNA 碱基对的置换、增添或缺失而引起的基因结构的变化。按基因结构改变的类型可分为碱基置换和移码突变。

碱基置换（base substitution）是指在核酸分子中，一个或一种碱基被另一个或另一种碱基所替换，分为转换（transition）和颠换（transversion）两种形式。转换是指由嘧啶替代嘧啶或由嘌呤替代嘌呤，这种置换形式最为常见。颠换是指由嘌呤替代嘧啶或由嘧啶替代嘌呤，这种置换形式较为少见。移码突变（frameshift mutation）是指基因编码区发生的一个或多个（非 3 整倍数）核苷酸的插入（insertion）或缺失（deletion），使编码区该位点后的密码可读框发生改变，导致其后的氨基酸序列发生变化[①]。

突变可自发地发生称自发突变（spontaneous mutation），也可以因物理和化学因素诱发造成，称诱发突变（induced mutation）。自发突变是指不存在人为干扰的情况下自然发生的突变。例如，DNA 复制过程中会形成错配的碱基，致使新合成的 DNA 子链产生突变，或者是由于在自然条件下发生的氧化损伤，以及脱氨基、脱嘌呤作用等引起的突变。自发突变的频率是很低的。诱发突变是指在某些物理因素和化学诱变剂的作用下，诱导产生的突变，其突变的概率将大大增加。物理因素包括电离辐射、紫外线和热诱变等，化学诱变剂包括碱基类似物、烷基化试剂、亚硝酸、羟胺、嵌入试剂等，它们以不同的作用机制使一个基因内部的结构发生改变（详见 📧**辅学窗 4-15**）。

4.7.1.3　DNA 与病变

（1）**DNA 与遗传性疾病**　遗传性疾病又称先天性疾病，是由于遗传缺陷而产生的，也就是 DNA 结构改变的结果。已发现的遗传性疾病近两千种，如第三章蛋白质化学中已提到的人类镰状细胞贫血病和常见的白化病（albinism）都是著名的遗传性疾病，前者由于遗传错误，即正常血红蛋白 β 链第 6 位的谷氨酸被缬氨酸取代的结果，相当于在 DNA 链相应位置上的 T 被一个 A 取代了，在 mRNA 链的相应位置上就是以 U 代替了 A。通过比较正常 Hb 同镰状细胞贫血病 HbS β 链 DNA 和 mRNA 链的密码即可看出这种关系（表 4-8）。表 4-8 所列 DNA 链的密码碱基与 mRNA 链的密码碱基是互补的。白化病则因缺乏产生促黑素生成的酪氨酸酶的基因所致。

表 4-8　正常血红蛋白和镰状红细胞贫血症血红蛋白的遗传密码

正常 Hb β 链	苏	脯	谷（6）	谷	赖…
DNA 链密码	TGT	GGG	CTT	CTT	TTT
mRNA 链密码	ACA	CCC	GAA	GAA	AAA
反常 HbS β 链	苏	脯	缬（6）	谷	赖…
DNA 链密码	TGT	GGG	CAT	CTT	TTT
mRNA 链密码	ACA	CCC	GUA	GAA	AAA

（2）**DNA 与癌变**　DNA 与癌变的关系十分复杂，但其中有一种是因为某些物理或化学因素导致 DNA 结构改变，形成了一种变异的癌细胞 DNA。生物体不能修复这种变异的 DNA，最后会导致癌症。如有一种着色性干皮病，这种病人缺乏切除修复的能力，所以对紫外线特别敏感。紫外线照射会使 DNA 链上相邻的两个嘧啶形成二聚体（如 T-T），正常人有切除修复的能力，可将二聚体切除，但这种病人就不能切除二聚体。紫外线照射后，开始皮肤色素沉着，变干，真皮萎缩，后来多处起块，恶性溃疡，最后变成皮肤癌，往往十几岁就死亡。

4.7.1.4　克隆与克隆化

由单一亲代细胞用无性繁殖产生的子代细胞，称克隆（克隆系英文"clone"的音译）。形成克隆的过程称克

---

① 由于遗传密码是由 3 个核苷酸构成的三联体密码。

隆化（cloning）。克隆技术在基因工程和免疫学上应用广泛。在基因工程上是指将基因组（genome）或重组 DNA 分子（recombined DNA molecule）通过适当手段（如转化或病毒感染）嵌入宿主细胞，选择一个含有重组 DNA 的细胞使之进行无性繁殖产生的子代细胞，就称克隆。由单一细胞产生的所有克隆完全相同，都含有相同的基因。它们产生的抗体称单克隆抗体。在免疫学上是指将具有免疫原活性的抗原注射到脾供体的动物（通常是小白鼠作为脾供体），取免疫动物的脾细胞使之与能在体外无限增生的骨髓瘤细胞融合，融合后的杂种细胞具有免疫活性细胞的特异性和骨髓瘤细胞的无限增生性。选择这样的一个融合细胞通过无性繁殖产生的子代细胞即为克隆。由融合细胞产生克隆的过程称克隆化，克隆产生的抗体，称单克隆抗体。

利用克隆技术使人们对染色体结构和基因表达增加了很多了解。克隆技术还可扩增新引入的基因，产生大量 DNA、单克隆抗体和某些稀有蛋白质，详见第二十一章基因工程和蛋白质工程。

4.7.2　RNA 的生物功能

4.7.2.1　RNA 与蛋白质的生物合成

蛋白质的生物合成与 RNA 有密切的关系，人们很早就发现，凡是蛋白质合成旺盛的器官、组织或者细胞往往都含有大量的 RNA，说明蛋白质的合成与 RNA 有关。后来知道 3 种 RNA（mRNA、tRNA 和 rRNA）都参与了蛋白质的生物合成。蛋白质的生物合成是个很复杂的过程，将在第十九章蛋白质合成代谢中作较详叙述。本节中先介绍几种 RNA 在蛋白质生物合成中所起的作用。

（1）mRNA 与遗传密码　mRNA 是根据碱基互补原则从 DNA 上转录下来的，相应的核苷酸只有 4 种，这 4 种核苷酸怎样排列组合才能代表 20 种氨基酸呢？用数学方法推算，如果一个核苷酸代表一种氨基酸，那么只能代表 4 种氨基酸，这显然不可能。如果两个核苷酸代表一种氨基酸，只能代表 16 种氨基酸（4^2），还不够。如果 3 个核苷酸代表一种氨基酸，则有 64 种（4^3）排列方式，可满足 20 种氨基酸。从理论上推论，3 个核苷酸代表一种氨基酸比较合理。以后大量的实验结果证明了确实是由 3 个连续的核苷酸代表一种氨基酸。所以遗传密码实际上就是指 mRNA 中核苷酸的序列和蛋白质中氨基酸序列之间的关系，mRNA 中对应于氨基酸的核苷酸序列就称为遗传密码（genetic code）。遗传密码同我们所用的电报号码中一组阿拉伯数字代表一个汉字相似，mRNA 一条长链上核苷酸的排列顺序就是一条长长的密码链，由它可以翻译出真正的含义。

mRNA 上 3 个相邻的核苷酸序列作为一个密码单位，称作密码子（codon），也称三联体密码（triplet code）。一个密码子就代表一种氨基酸。通过一系列的实验，研究人员历经 5 年时间，于 1966 年破译了遗传密码，确定了编码 20 种氨基酸的密码子，见表 4-9。

DNA 分子中的核苷酸只有 A、G、C、T 4 种，但 mRNA 的普通遗传密码字典中却出现 A、U、G、C 4 种，这是因为蛋白质的生物合成实际上不是直接用 DNA 作模板，而是用 DNA 的转录本 mRNA 作模板的，也就是以 DNA 碱基的相应互补碱基组成的密码子作模板的。mRNA 分子中含有 A、U、G、C 4 种碱基，所以普通遗传密码就由 A、U、G、C 4 种碱基组成（表 4-9）。

表 4-9 中共有 64 种密码子，除了 3 个终止密码子（UAA、UAG、UGA）外，其余 61 种密码子代表了 20 种氨基酸，其中 AUG 不仅是甲硫氨酸的密码子，也是起始密码子。从表 4-9 中可看出一种氨基酸有一种以上的密码子，称为密码的简并性（degeneracy）。例如，苯丙氨酸的密码子有 UUU、UUC 两种。mRNA 的主要功能是传递遗传信息。将 DNA 的遗传信息转录下来，然后把它携带到核糖体上，在那里以密码的方式控制着蛋白质分子中氨基酸的排列顺序，作为蛋白质合成的直接模板。mRNA 很不稳定，当它不再被用来作为模板时，很快就被分解。

（2）tRNA 的作用　tRNA 的种类很多，分子大小也不一样，组成蛋白质的 20 种氨基酸，每种至少有一个相应的 tRNA。tRNA 在蛋白质合成中的作用是将遗传密码转译成相应的氨基酸，并将它的对象氨基酸携带到合成蛋白质的"工厂"——核糖体，按照 mRNA 的密码序列"图纸"装配成多肽。tRNA 要完成这一任务，必须能够同

表 4-9　普通遗传密码（mRNA 上的密码）

UUU UUC }苯丙氨酸	UCU UCC UCA UCG }丝氨酸	UAU UAC }酪氨酸	UGU UGC }半胱氨酸
UUA UUG }亮氨酸		UAA*	
CUU CUC CUA CUG }亮氨酸	CCU CCC CCA CCG }脯氨酸	UAG* CAU CAC }组氨酸 CAA CAG }谷氨酰胺	UGA* UGG 色氨酸 CGU CGC CGA CGG }精氨酸
AUU AUC }异亮氨酸 AUA AUG 甲硫氨酸**	ACU ACC ACA ACG }苏氨酸	AAU AAC }天冬酰胺 AAA AAG }赖氨酸 GAU GAC }天冬氨酸	AGU AGC }丝氨酸 AGA AGG }精氨酸
GUU GUC GUA GUG }缬氨酸	GCU GCC GCA GCG }丙氨酸	GAA GAG }谷氨酸	GGU GGC GGA GGG }甘氨酸

左 ——————————————————————————————→ 右

密码阅读方向（由左→右）。* 终止符号，** 翻译起始符号。

时识别氨基酸和遗传密码。

　　tRNA 是依靠氨酰-tRNA 合成酶（amino acyl-tRNA synthetases）的促合才识别它对应的氨基酸，并与之结合，然后将所结合的氨基酸携带到核糖体，并按 mRNA 的密码序列将携带来的氨基酸安置在特定的位置。

　　tRNA 是依靠各种 tRNA 自身结构上的特殊碱基三联体认识遗传密码，也就是所谓反密码子（anticodon）。为什么称反密码子，这需要回到 RNA 的分子结构才说得清楚。前面早已提到，tRNA 的一级结构虽然是单链，但它们的高级结构是部分地折绕成三叶草形状，其中叶顶端的三联体，例如 tRNA^{Ala} 的 IGC（见图 4-19）和 tRNA^{Leu} 的 AAG（图 4-28），就是各自的反密码子。反密码子是对相关的密码子而言，一个反密码子就有与它相对应的密码子。不同 tRNA 具有不同的反密码子，反密码子就是 tRNA 识别密码子的机构。tRNA 凭特殊反密码子，根据碱基配对规律就能正确地识别相应的密码子。例如 tRNA^{Ala} 的反密码子为 IGC，它的相应密码子就是 GCU，tRNA^{Leu} 的反密码子为 AAG，它的相应密码子是 CUU（图 4-28）。

　　密码子-反密码子之间的"最适缔合能"是保证翻译序列顺利进行的关键。密码子和反密码子配对时，密码子中前面两位碱基特异性强，是标准碱基配对（A 与 U 配对，G 与 C 配对），但第三位碱基配对时就

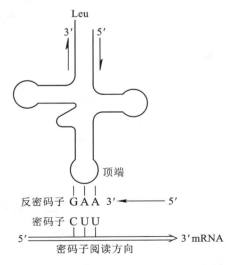

图 4-28　tRNA^{Leu} 的密码子和反密码子的关系

不那么严格，而是有一定的自由度（即摆动），除了标准碱基配对外，还有一些非标准的碱基配对（表4-10），这就是1966年Crick提出的摆动假说（wobble hypothesis）。摆动假说解释了密码的简并性，即几个密码子之所以代表一种氨基酸，是由于密码子的第三位碱基摆动而造成的，即使mRNA密码子的第三位碱基发生改变，仍能翻译出正确的氨基酸，从而使合成的蛋白质的结构不变，这有利于维持生物遗传的稳定性。

表4-10 tRNA的碱基配对

反密码子的第一位碱基	密码子的第三位碱基
C	G
A	U
U	A 或 G
G	U 或 C
I	U、C 或 A

（3）rRNA的作用　rRNA是核糖体的主要组成成分，而核糖体是蛋白质合成的场所，从第一个肽键的形成以及后续氨基酸的连接形成肽链，这全过程自始至终均在核糖体中进行。核糖体除了作为蛋白质合成的场所外，还协助和参与蛋白质的合成。

作为核糖体的主要成分rRNA在核糖体结构的形成和功能方面都起着重要作用。如rRNA和核糖体的蛋白质相互作用以维持核糖体的空间结构。大肠杆菌16S rRNA在识别mRNA上的多肽合成起始位点中十分重要，23SrRNA具有肽酰转移酶活性等，详见第十九章蛋白质生物合成。

4.7.2.2　RNA与遗传

DNA是基本遗传物质，但不是唯一的遗传物质。因为自然界中有少数生物如某些RNA病毒（烟草花叶病毒、MS-2噬菌体等）只含RNA，在这些生物中RNA取代了DNA作为遗传物质。

4.7.2.3　RNA在传递遗传信息上的作用

mRNA实际上是DNA的转录本，并作为合成新蛋白质的模板。mRNA很不稳定，当它不再被用来作模板时，很快就被分解。

tRNA在遗传信息传递中的作用是将mRNA带来的遗传密码译成蛋白质，也就是识别氨基酸和识别遗传密码，将对象氨基酸转运到核糖体上，根据自己的反密码子认出mRNA的密码子，并将与密码相应的氨基酸按照mRNA的密码序列依次排列成肽链。

rRNA是核糖体的主要成分，是翻译工作的场所。

以DNA为模板合成mRNA，又以mRNA为模板合成蛋白质的遗传信息传递过程称中心法则。在遗传信息传递过程中，一般是以DNA为模板合成mRNA，但1970年在致癌RNA病毒中发现了逆转录酶（reverse transcriptase），能将RNA的信息传递给DNA，也就是说以RNA为模板合成DNA，这种作用称逆转录（reverse trancription）[①]。后来在正常细胞，特别是胚胎细胞中也发现了逆转录酶。因此，正常细胞中亦有逆转录（mRNA→DNA）的情况。逆转录过程的发现补充和丰富了中心法则。

思考题

mRNA、tRNA与rRNA各自在遗传信息传递上的功用如何？

4.7.2.4　RNA的其他功能

1953年Watson和Crick发现DNA双螺旋结构，确定了DNA是生命的遗传物质，当时认为RNA在将DNA的遗传信息传递到蛋白质的过程中只起着中介作用，无催化活性。直到1982年T. Cech发现四膜虫rRNA的自我剪接反应是在没有任何蛋白质存在下发生的（图4-29A）。RNase P是一种核糖核蛋白，含有一个单链RNA分子和一条多肽链。1983年，S.Altman等发现大肠杆菌RNase P可以催化tRNA的剪接过程，其催化活性来自于

---

① 逆转录也称反转录。

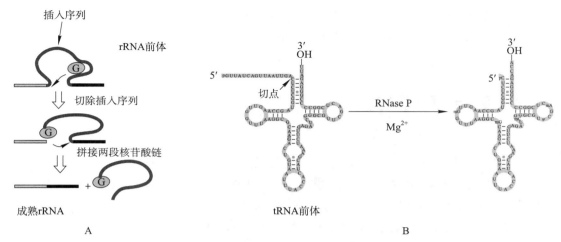

图 4-29　Cech 和 Altman 发现的具有催化活性的 RNA

A. rRNA 的自我剪接（Cech 的工作）；B. tRNA 前体的加工（Altman 的工作）

G：鸟苷

RNase P 中的 RNA 部分，而蛋白质部分仅仅起到稳定构象的作用（图 4-29B）。Cech 和 Altman 的发现突破了原有 "酶是蛋白质" 的传统概念（见酶化学章 5.2.1），获得 1989 年诺贝尔化学奖（ **辅学窗 4-16**）。这类具有催化活性的 RNA 被称为核酶（ribozyme），近几十年来，越来越多的核酶陆续被发现，核酶在新型治疗药物、生物传感器、功能基因发现、抗病毒及抗肿瘤等领域发挥重要作用，也让人类重新思考生命的起源问题，1986 年，Walter Gilbert 提出了 "RNA 世界" "假说，认为地球上早期的生命分子以 RNA 形式先出现，之后才是 DNA 和蛋白质（ **辅学窗 4-17**）。

4.7.3　核酸与病毒

病毒（virus）是含 DNA 或 RNA 的核蛋白，因此可分为 DNA 病毒和 RNA 病毒两大类。DNA 病毒中最常见的有：牛痘病毒（vaccina pox virus）、T4 噬菌体（T4 phage）。RNA 病毒种类较多，常见的有：烟草花叶病毒（tobacco mosaic virus，TMV）、番茄矮丛病毒（tomato bushy stunt virus，TBSV）、流行感冒病毒（influenza virus）、小儿麻痹病毒（polio virus）、呼吸道及肠道病毒（reovirus）。

病毒的形状，一般为棒状（如 TMV）和球状（如流行性感冒病毒、牛痘病毒），但也有无定形者（如 TBSV）。

病毒的结构是以核酸为中心，外包以保护性蛋白质外壳。外壳的结构已于蛋白质化学章（3.10.2）作了叙述，主要成分为糖蛋白，中心为核酸。无论是病毒 DNA 或病毒 RNA 都有单链和双链两种类型。病毒 RNA 一般为发夹形，TMV 的 RNA 链则是以弹簧式链与外壳蛋白质亚基相连接。

病毒的体积比细菌小得很多，其本身为寄生体，无代谢器官，不能进行代谢，介于生物与非生物之间。病毒对活细胞的侵染使寄主发生疾病，主要由于核酸的作用。病毒本身并不能繁殖。但当病毒的核酸侵入寄主细胞后，就能利用寄主细胞的系统迅速进行繁殖，表现出生长、繁殖、遗传、变异等生物现象，再行侵染别的活细胞，打乱寄主正常遗传信息的传递，使寄主细胞发生恶性变化，肿瘤就是细胞恶性增生的结果。流行性感冒和许多疾病如肝炎、带状疱疹、脊髓灰质炎、白血病、烟草花叶病、泡桐树枝叶恶性增生和多种其他动植物疾病都是由于病毒所引起的。研究病毒核酸的遗传、复制和侵害寄主细胞的机理，显然是控制病毒性疾病的必要渠道。

核酸不仅是基本的遗传物质，而且还在生物体的生长、发育、繁殖、遗传及变异等重大生命现象中起决定性的作用。基因工程的兴起使人们可用人工方法将 DNA 进行重组，获得动植物新品种，有可能控制病毒性疾病、肿瘤及人类遗传性疾病等（见基因工程和蛋白质工程章）。

4.8 核酸的分离、合成和鉴定

为了得到完整的大分子核酸，在分离纯化过程中要保持低温（一般在 0~4℃）；防止过酸、过碱、避免剧烈搅拌；更重要的是要防止核酸酶的作用。为了抑制 DNA 酶，通常可加入柠檬酸钠、EDTA（乙二胺四乙酸）等金属螯合剂。至于抑制 RNA 酶，就比较困难，因为 RNA 酶可以说是无处不在，细胞内、操作者的手上、汗液和唾液中都有，而且这类酶十分耐热。因此提取大分子 RNA 时，需戴手套，器皿要高温焙烤或高压灭菌，不能高压灭菌的用具要用 0.1% 焦碳酸二乙酯（diethyl pyrocarbonate，DEPC）处理，DEPC 能破坏 RNA 酶的活性。另外需加入 RNA 酶的抑制剂，如核糖核酸酶阻抑蛋白（RNasin）等。

4.8.1 DNA 的分离纯化

一般方法 首先将细胞破碎，提取 DNA[①]，然后用苯酚或氯仿等除去蛋白质，用 2 倍体积的乙醇沉淀 DNA，得纤维状 DNA。用 RNA 酶除去 RNA，再去多糖等杂质，得到较纯的 DNA。最后用柱层析或密度梯度离心等方法纯化，最终得到纯的 DNA。

从细菌（枯草杆菌）分离 DNA 从细菌分离 DNA 的原则是用溶菌酶或十二烷基硫酸钠使菌体溶解，对所得的高黏度混悬液，在有高氯酸钠存在下，加氯仿–异戊醇除去蛋白质，离心，取最上层溶液，加乙醇沉淀 DNA，用玻棒绕取纤维性 DNA 沉淀或离心分离，将沉淀物溶于稀盐溶液中，多次重复用氯仿–异戊醇脱蛋白质。用 RNA 酶使 RNA 降解，再用前法除去剩余的蛋白质，用异丙醇沉淀 DNA。进一步纯化可用上述方法多次沉淀，并用乙醇水溶液洗涤除去盐分，所得纯化的 DNA 保存于溶液中。

从植物材料（豆胚芽）分离 DNA 分离细菌 DNA 的原理同样适用于植物材料。用链霉蛋白酶（pronase）代替溶菌酶在缓冲液中将豆胚芽匀浆化，并用十二烷基硫酸钠处理，在用氯仿–异戊醇脱蛋白质后，用乙醇沉淀 DNA。

从动物材料（大鼠肝）分离 DNA 用匀浆器将肝打成匀浆，过滤离心，在有对氨基水杨酸盐存在下，用苯酚抽提，用 2- 乙氧基乙醇沉淀，用 RNA 酶除去 RNA，再沉淀，将沉淀溶于乙醇及含十二烷基硫酸钠的缓冲液中，用 2- 乙氧基乙醇沉淀 DNA。再经去糖分、去蛋白质和去盐分等一系列操作，即可制得纯度较高的 DNA。

4.8.2 RNA 的分离纯化

RNA 的提取可采用苯酚提取法，破碎细胞做成匀浆时，直接加入含水苯酚，使含水苯酚与细胞匀浆一起振荡，然后离心。上层水相含 RNA 和多糖，取出水层，加入 2 倍体积的乙醇使 RNA 沉淀，再进一步纯化。RNA 的提取也可采用异硫氰酸胍 / 苯酚 / 氯仿提取法，异硫氰酸胍（guanidinium isothiocyanate）是极强烈的蛋白质变性剂，能抑制 RNA 酶的活性。用苯酚和氯仿除去蛋白质。分离带有 poly（A）的 mRNA 可以用寡脱氧胸苷酸纤维素［oligo（dT）-cellulose］亲和层析法，用 oligo（dT）-cellulose 柱吸附 mRNA。

---

① 真核生物中的 DNA 和 RNA 通常与蛋白质结合成核蛋白，分别称为 DNA-蛋白质（DNP）和 RNA-蛋白质（RNP）。DNP 溶于 1 mol/L NaCl 溶液，而在 0.14 mol/L NaCl 溶液中溶解度最小。RNP 正好与 DNP 相反，故可用 1 mol/L NaCl 溶液将 DNP 抽提出来，然后用水稀释至 0.14 mol/L，使 DNP 沉淀。

4.8.3　核酸的人工合成

核酸的人工合成不仅在小片段 DNA 合成上已相当成功，而且已能用人工方法合成大分子核酸（包括 DNA、RNA）。人工合成核酸的方法有两类，一类是酶促合成法，另一类是化学合成法。

（1）**酶促合成法**　通过酶促反应可以将化学合成的小片段连接成为大片段，加快合成的进程，并能顺利实现人工合成核酸大分子的目标。

DNA 的酶促合成

① 用 DNA 连接酶合成　DNA 连接酶是 DNA 大片段合成中最重要的一个酶，目前经常使用的 DNA 连接酶有两种，一种是大肠杆菌 DNA 连接酶，另一种是 T4 噬菌体感染大肠杆菌后产生的 DNA 连接酶（即 T4 DNA 连接酶）。两者都能催化 DNA 双链中单链缺口处的 $5'-$ 磷酸同 $3'-$ 羟基连接生成磷酸二酯键。大肠杆菌 DNA 连接酶要求两个被连接片段的末端上有几个互补的碱基（称为黏端），否则就不能连接，而 T4 DNA 连接酶不但可以连接带有黏端的 DNA 片段，也可以连接平端。因此，在 DNA 合成中，绝大多数都是使用 T4 DNA 连接酶。

② 用逆转录酶合成　逆转录酶即依赖 RNA 的 DNA 聚合酶，能以 RNA 为模板，以短链 DNA 为引物，在 4 种 dNTP 和 Mg^{2+} 存在下，逆转录出与模板 RNA 互补的 cDNA。逆转录酶的最重要的用途是从 mRNA 经逆转录制备 cDNA。

③ 用 DNA 聚合酶合成　大肠杆菌 DNA 聚合酶 I 能催化以 DNA 为模板，4 种 dNTP 为底物进行 $5' \rightarrow 3'$ 方向的聚合反应（参见 DNA 的生物合成章 17.1.3）。聚合酶链式反应（polymerase chain reaction，PCR）是体外酶促合成 DNA 的常用方法。首先需设计并合成能与 DNA 模板的特异性位点相结合的引物序列，然后在 DNA 聚合酶、dNTP 和 Mg^{2+} 存在时进行体外 DNA 复制，实现 DNA 模板上目的片段（或基因）的高效扩增，进而获得目的片段进行后继研究。PCR 技术已发展成为基础科学研究和临床检验诊断的常规技术，其原理及应用见 🅔 辅学窗 4-18。

除了上述 3 种方法外，还可用末端转移酶或多核苷酸磷酸化酶等来合成。

RNA 的酶促合成

① 用 T4 RNA 连接酶的合成　T4 RNA 连接酶是大肠杆菌经 T4 噬菌体感染后产生的，是目前 RNA 大分子合成中最重要的一个工具酶。它能催化带有 $5'-$ 磷酸的 RNA 片段（称供体）同另一个带有 $3'-$ 羟基的 RNA 片段（称受体）之间的单链连接反应，不仅能合成 RNA 小片段，也能合成 RNA 大片段。

② 用多核苷酸磷酸化酶的合成　多核苷酸磷酸化酶催化核苷二磷酸（NDP）聚合成为多核苷酸。由于该酶对底物（NDP）的专一性较差，因此，利用多核苷酸磷酸化酶催化 DNP 聚合的反应可以合成各种正常的和修饰的多核苷酸。

③ 用核糖核酸酶合成 RNA 片段　利用核糖核酸酶，如牛胰核糖核酸酶（RNase A）、核糖核酸酶 T_1 等核酸水解酶的逆反应，在适当条件下，也可以合成某些 RNA 小片段。

（2）**化学合成法**　用有机化学方法合成多核苷酸的报道，DNA 和 RNA 都有。1972 年，H. G. Khorana 等首先用化学兼酶促方法合成了含 77 对核苷酸的 DNA 链（即丙氨酸 tRNA 基因）。1979 年，又合成了含 207 对核苷酸的 DNA 链（即酪氨酸阻遏 tRNA 的编码基因，包括起始和终止信息）。1981 年，英国人 Edge 等人所合成的人白细胞干扰素基因，共 514 对核苷酸。

目前 DNA 的固相合成一般采用亚磷酸三酯法，全部反应在装有固相载体（例如树脂、硅胶）的一个不大的柱子中按下列方法进行：①偶联：将 $5'-OH$ 保护，$3'-OH$ 活化（用氨基亚磷酰化合物活化）的脱氧核苷挂接到固相载体上，得亚磷酸三酯中间物；②氧化：亚磷酸三酯经碘氧化形成磷酸三酯；③去保护：除去 $5'-OH$ 上的保护基，至此 DNA 链已延长了一个核苷酸单位；④重复循环：进入下一轮延伸反应，至合成所需长度；⑤去保护与切断：除去磷保护基，用氨水进行氨解将 DNA 从柱上切下来；⑥分离纯化：聚丙烯酰胺凝胶电泳分离纯化，得到所需产物，合成方向 $3' \rightarrow 5'$。现在已有自动化的 DNA 固相合成仪，一天可合成 200 多个核苷酸的 DNA 片段。

RNA 的合成比 DNA 困难，主要原因是核糖上多了一个 2- 羟基，这使 RNA 对碱不稳定，因此在化学合成时增加了需要将其保护的麻烦。1979 年日本人池原森男与大冢荣子合成了大肠杆菌甲酰甲硫氨酸 tRNA 的类似物。我国生物化学工作者在中科院生物化学研究所王德宝教授领导下，已于 1982 年合成了酵母丙氨酸 tRNA，共 76 个核苷酸，具有全部生物活力，即接受丙氨酸并能将丙氨酸转移到蛋白质中去的活力。

4.8.4 鉴定和含量测定

核酸纯度的鉴定

（1）紫外吸收法　根据样品在 260 nm 和 280 nm 的吸光度值，从 A_{260}/A_{280} 的比值可以判断样品的纯度（见 4.6.4）。

（2）凝胶电泳法　在电场中核酸片段的电泳迁移率与分子形状、相对分子质量大小有关，因此核酸纯度的进一步鉴定可以通过琼脂糖凝胶电泳或聚丙烯酰胺凝胶电泳。琼脂糖凝胶电泳是用琼脂糖作支持介质，适用于分离 200 bp ~ 50 kb 的核酸片段。聚丙烯酰胺凝胶电泳在蛋白质化学章 3.10 中已述可用于蛋白质的分析鉴定，适用于分离 5 ~ 500 bp 的小片段 DNA，其分辨率很强，相差 1 bp 的 DNA 片段都能分开，但制备和操作不如琼脂糖凝胶简便。常用的核酸染色剂是溴化乙锭（EB）、SYBR Green、GelRed 等，这些染料在与双链 DNA 结合后，荧光强度大大增强从而显示电泳条带，通过 DNA 条带的区分度和片段的相对分子质量进行纯度鉴定和 DNA 类型鉴定。

核酸含量的测定

核酸含量的测定一般是通过测定磷含量、糖含量以及紫外吸收的方法。

（1）含磷量的测定　根据元素分析知道 RNA 中含磷量为 9.0%，DNA 中含磷量为 9.2%，因此每测得 1 g 磷就相当于含有 11 g 核酸。含磷量的测定是用浓硫酸将核酸消化，使其有机磷变成无机磷，然后与钼酸铵定磷试剂作用，生成蓝色的钼蓝。在一定浓度范围内，蓝色的深浅和磷含量成正比，可在 660 nm 进行比色测定。从磷的标准曲线可知样品中磷的含量，从而求出核酸的含量。

（2）核糖和脱氧核糖的测定　RNA 中核糖的测定用苔黑酚（3,5- 二羟甲苯）法，利用 RNA 与浓盐酸和 3,5- 二羟甲苯作用生成绿色物质，通过测定在 670 nm 的吸光度利用比色法进行定量。DNA 中脱氧核糖的测定用二苯胺法，利用 DNA 在酸性条件下（冰醋酸和少量浓硫酸）与二苯胺作用生成蓝色化合物，在 595 nm 比色测得吸光度，同样可用比色法确定 DNA 的含量。

（3）紫外吸收的测定　实验室中最常用的是首先测定核酸样品在 260 nm 和 280 nm 的吸光度（A 值），从 A_{260}/A_{280} 的比值可判断样品的纯度。对于纯的样品，只要读出 260 mm 的 A 值即可算出核酸的含量，详见 4.6.4。

ⓘ 总结性思考题

1. DNA 和 RNA 主要结构上的区别是什么？
2. 哪些方法可以确定 DNA 是双链而 RNA 是单链多核苷酸？
3. 核酸的理化性质与其三维结构和生物学功能有何关系？
4. 具有酶活性的核酸通常是 RNA，而不是 DNA。为什么？
5. 细胞中的胞嘧啶可以自发进行脱氨反应，试从这个角度解释为什么 DNA 中含有 T 而不是 U？
6. 生物的遗传信息一般多贮存在双链 DNA 分子上，很少被贮存在 RNA 或单链 DNA 分子上，为什么？
7. 核酸在生物遗传和进化过程中如何发挥作用？
8. 阐述 DNA 甲基化的主要形式和生物学作用。
9. 区分遗传信息、遗传密码子、反密码子的概念。描述中心法则的概念及其重要的生物学意义

10. 在核酸的提纯、分离和鉴定过程中，常会受到蛋白质的干扰，如何利用其理化性质的差异，分离这两种生物分子。

数字课程学习

教学课件　　　在线自测　　　思考题解析

第五章 酶化学

提要与学习指导

本章着重介绍酶的化学本质、结构、特性和功能、酶反应动力学和酶的应用。在联系维生素的基础上，对各种重要辅酶和辅基的结构与有关酶反应的关系作了扼要的阐述。对调节酶、同工酶、诱导酶、多酶复合物和固定化酶等术语的含义和重要性也作了必要的介绍。

在学习本章时应注意下列各点：

1. 首先认识蛋白质酶类同一般蛋白质有共同之处，也有不同之处。从结构上与一般蛋白质的共同点去理解酶的理化特性，从不同点去理解酶的特性、催化作用和催化机制。

2. 结合维生素和核苷酸学习辅酶的结构，找出辅酶的核苷酸组成单位及其与核苷酸的异同，也要把辅酶的核苷酸组分与它们的功能联系起来。

3. 结合酶的化学本质和催化机制学习各种影响酶反应速率的因素。

4. 学习和理解调节酶、同工酶、诱导酶、多酶复合物和固定化酶的概念和酶在人类生活和生产上的重要性。

5.1 酶的概念、命名和分类

5.1.1 概念

人类自从知道酿酒、制饴、做酱等工艺时起，即对生物催化作用有了初步的认识。不过真正开始认识和研究酶，则始于 19 世纪。随着自然科学的发展，人们对酶的认识也逐步深入（🅔辅学窗 5-1），发现许多生物组织和体液中都含有促进消化的物质，例如鸡肫皮、麦芽能帮助消化，唾液、胃肠液能促进淀粉、蛋白质和脂肪的水解。而且从生物材料中分离出了具有催化作用的有机物质，把它们叫做酶（enzyme）[①]。在 19 世纪，先后制得了晶体脲酶和胃蛋白酶，经分析证明酶的化学组分与蛋白质无异，所以当时认为酶是一类由活细胞产生的，具有催化活性和高度专一性的特殊蛋白质（🅔辅学窗 5-2）。20 世纪 80 年代，发现某些 RNA 也具有酶的催化功能。因此更广义地说，酶是生物体系的催化剂，生物体中的各种化学反应，包括物质转化和能量转化，都需要特殊的酶参加催化。在酶作用下进行化学变化的物质称底物（substrate），有酶催化的化学反应称酶促反应。酶学知识在理论和实践两方面都有极重要的意义（🅔辅学窗 5-3）。

[①] Enzyme 一词是德国 Fredrich Wilhelm Kühne 第一次提出的。

5.1.2 命名

酶的种类众多，1961 年国际生化学会酶学委员会提出了酶的命名原则，1972 年、1978 年和 1984 年又先后作了修改和补充，这一原则已得到国际上普遍认可。照此原则，每一种酶可有一个习用名和一个系统名。习用名是通俗易懂、为人们所惯用的，有的根据底物，有的根据反应性质，有的将两者结合起来，有的根据来源等，例如淀粉酶、乳酸脱氢酶。系统名的组成包括：正确的底物名称（包括构型）、反应性质和一个酶字，例如 D– 葡糖酸 –δ– 内酯水解酶。若底物为两种，则需列出两个底物的名称，两者之间用冒号（：）分开，例如 L– 丙氨酸：α– 酮戊二酸转氨酶。如底物之一是水时，水可以省去，如乙酰辅酶 A：水水解酶，可写作乙酰辅酶 A 水解酶。氧化还原酶类的命名是在供体、受体后面加 "氧化还原酶" 一词作语尾。如醇：NAD⁺ 氧化还原酶。

5.1.3 分类

按照 1961 年国际生化学会的规定，根据酶所催化反应类型的不同，酶分为下列六大类[①]：

（1）氧化还原酶类（oxidoreductases） 促进氧化还原反应，如脱氢酶、氧化酶。

（2）转移酶类（transferases） 将一个底物的基团或原子转移到另一底物分子，如转氨酶。

（3）水解酶类（hydrolases） 催化底物分子加水分解，如蛋白水解酶。

（4）裂合酶类（lyases） 从底物分子中移去一个基团，通常形成双键或其逆反应[②]，如脱羧酶、羧化酶。

（5）异构酶类（isomerases） 催化底物分子内部基团重新排列，如变位酶、异构酶。

（6）连接酶类（ligases） 也称合成酶类（synthetases），催化两个底物结合，通常需要 ATP 提供能量，如谷氨酰胺连接酶。

每一大类分为若干个亚类，每一亚类又分若干个亚 – 亚类，每一亚 – 亚类中有若干个酶，每一个酶都有一个由 4 个数字组成的编号，并在编号前冠以 EC 字样，例如乳酸脱氢酶的分类号为 EC1.1.1.27。EC 为 Enzyme Commission（酶委员会）的缩写，每一个酶的编号前加上 EC，是表示系按照酶委员会所制订的方法的编号。

在酶的 4 个数字编号中：

第一个数字表明该酶属于六大类中的哪一类。

第二个数字表示该酶属于哪一个亚类。

第三个数字表示该酶属于哪一个亚 – 亚类。

第四个数字表示该酶在一定亚 – 亚类中的位置。

所有新发现的酶都能按此系统得到适当的编号。从酶的编号可以了解到该酶的类型和反应性质。

5.1.4 各大类酶的典型作用

（1）**氧化还原酶类** 这类酶种类繁多，催化的反应亦甚复杂。大体上可概括为脱氢酶（dehydrogenase）和氧化酶（oxidase）两大类。典型反应：

脱氢：$A \cdot 2H + B \underset{}{\overset{\text{脱氢酶}}{\rightleftharpoons}} A + B \cdot 2H$ 例：$CH_3CH_2OH + NAD^+ \underset{}{\overset{\text{乙醇脱氢酶}}{\rightleftharpoons}} CH_3CHO + NADH + H^+$

---

① 2018 年，国际生物化学和分子生物学委员会（IUBMB）建议，增加第七大类——转位酶类（translocases），催化离子或分子从膜的一侧转到另一侧，如 ATP 合酶。

② 因裂合酶能催化底物裂解移去一个基团，故又称裂解酶类。它又能催化其逆反应即加某一个基团于双键上故又称合酶（synthase），不同于第六类的合成酶。

氧化：$A \cdot 2H + O_2 \underset{}{\overset{\text{氧化酶}}{\rightleftharpoons}} A + H_2O_2$　　　例：$R{-}CH_2OH + O_2 \xrightarrow{\text{氧化酶}} RCHO + H_2O_2$

（2）转移酶类

典型反应：$AB + C \underset{}{\overset{\text{转移酶}}{\rightleftharpoons}} A + BC$

例 1

$$R{-}\underset{\underset{NH_2}{|}}{CH}{-}COOH + R'{-}\overset{\overset{O}{\|}}{C}{-}COOH \underset{}{\overset{\text{氨基转移酶}}{\rightleftharpoons}} R{-}\overset{\overset{O}{\|}}{C}{-}COOH + R'{-}\underset{\underset{NH_2}{|}}{CH}{-}COOH$$

例 2

$$R{-}O{-}\overset{\overset{O}{\|}}{\underset{\underset{O^-}{|}}{P}}{-}O^- + HOR' \xrightarrow{\text{磷酸基转移酶}} R{-}OH + {}^-O{-}\overset{\overset{O}{\|}}{\underset{\underset{O^-}{|}}{P}}{-}O{-}R'$$

（3）水解酶类

典型反应：$AB + HOH \underset{}{\overset{\text{脱氢酶}}{\rightleftharpoons}} AOH + BH$

例 1

$$R{-}\overset{\overset{O}{\|}}{C}{-}\underset{\underset{H}{|}}{N}{-}R' + HOH \xrightarrow{\text{肽酶}} R{-}\overset{\overset{O}{\|}}{C}{-}O^- + {}^+H_3N{-}R'$$

例 2

$$R{-}O{-}\overset{\overset{O}{\|}}{\underset{\underset{O^-}{|}}{P}}{-}O^- + HOH \xrightarrow{\text{磷酸酯酶}} R{-}OH + HPO_4^{2-}$$

（4）裂合酶类

典型反应：$AB \xrightarrow{\text{裂合酶}} A + B$

例 1

$$R{-}\underset{\underset{NH_2}{|}}{\overset{\overset{H}{|}}{C}}{-}COOH \underset{}{\overset{\text{脱羧酶}}{\rightleftharpoons}} R{-}\underset{\underset{NH_2}{|}}{CH_2} + CO_2$$

例 2

$$R{-}CH_2{-}\underset{\underset{NH_2}{|}}{CHR'} \underset{}{\overset{\text{脱氨酶}}{\rightleftharpoons}} R{-}CH{=}CHR' + NH_3$$

（5）异构酶类

典型反应：$A \underset{}{\overset{\text{异构酶}}{\rightleftharpoons}} B$

例1 $\qquad$ D-葡萄糖 $\xrightarrow{\text{异构酶}}$ D-果糖

例2 $\qquad$ D-丙氨酸 $\xrightarrow{\text{消旋酶}}$ L-丙氨酸

（6）**连接酶类** 也称合成酶类。

典型反应：$A + B + ATP \xrightarrow{\text{连接酶}} A - B + ADP（或 AMP）+ Pi（或 PPi）$

例1

$$乙酸 + CoA—SH + ATP \xrightarrow{\text{乙酰 CoA 连接酶}} 乙酰—S—CoA + AMP + PPi$$

例2

$$丙酮酸 + CO_2 + H_2O + ATP \xrightarrow{\text{丙酮酸羧化酶}} 草酰乙酸 + ADP + Pi$$

5.2 酶的化学本质和结构

5.2.1 酶的化学本质

（1）**大多数酶是蛋白质** 迄今为止已发现数千种酶，其中绝大多数是蛋白质酶类。有的酶为单纯蛋白质，其分子组成全为蛋白质，不含非蛋白质组分，如大多数水解酶类；有的酶为缀合蛋白质（结合蛋白质），其分子中除蛋白质外，还有非蛋白质物质，如氧化还原酶类。前者称单纯酶（simple enzyme），后者称缀合酶（conjugated enzyme）。缀合酶中的蛋白质部分称酶蛋白或脱辅基酶（apoenzyme），非蛋白质部分称辅因子（cofactor），酶蛋白与辅因子组成的完整分子称全酶。

全酶 = 酶蛋白 + 辅因子

只有全酶方起催化作用，分开后的酶蛋白或辅因子皆无催化作用。辅因子包括辅酶（coenzyme）、辅基（prosthetic group）和金属离子三类。辅基以共价键与酶蛋白结合，不易分开，辅酶则与酶蛋白结合疏松，并可以直接参加催化反应。辅酶相同而酶蛋白不同的几种酶能催化同一种化学反应，但各作用于不同的底物。例如乳酸脱氢酶与苹果酸脱氢酶有同样的辅酶（NAD），但酶蛋白不同，它们虽然同样能催化脱氢反应，但前者只能催化乳酸脱氢，而后者只能使苹果酸脱氢。

（2）**某些 RNA 有催化活性** 长期以来人们认为所有的酶都是蛋白质[1]，这几乎成了定律。20 世纪 80 年代，T. R. Cech[2] 和 S. Altman 各自发现 RNA 也具有活性（见核酸化学章 4.7.2.4）。他们定义这类酶为 ribozyme，通常译为核酶[3]。这以后愈来愈多的核酶被发现，它们在 tRNA、rRNA 和 mRNA 的成熟以及其他一些重要的生化反应中表现出催化活性，因而愈来愈受到人们的重视。

（3）**某些 DNA 有催化活性** 1994 年，R. R. Breaker 等人发现能够催化 RNA 磷酸二酯键水解的单链 DNA 分子，随后又发现某些 DNA 还具有连接酶的活性，称它们脱氧核酶（deoxyribozyme）（**辅学窗 5-4**）。

（4）**某些抗体有催化活性** 1986 年，美国 R. A. Lerner 和 P. G. Schultz 等人得到了具有酶催化活性的抗体，这类酶称抗体酶（abzyme），是一种具有催化功能的抗体分子，在其可变区赋予了酶的属性（**辅学窗 5-5**）。

---

[1] 1926 年美国 J. Sumner 从刀豆中得到脲酶的结晶，并指出酶是蛋白质。1930 年 J. H. Northrop 等得到了胃蛋白酶、胰蛋白酶和胰凝乳蛋白酶的结晶，进一步证明了酶是蛋白质，这以后酶的蛋白质本质被大家公认。

[2] Cech，T. R. RNA as an enzyme. Sci. Am. 255（5）：64~75，1986；Cech，T. R. and Bass，B L.Biological catalysis by RNA，Annu. Rev. Biochem.55，599~629，1986。

[3] ribozyme 的中文译名有核酶、核糖酶、核糖核酸质酶、类酶 RNA、酶 RNA 等，另有建议以"酨"（读音：海）命名。

5.2.2 酶蛋白的结构

根据酶蛋白分子的结构特点将酶分为以下 3 类：

（1）**单体酶**（monomeric enzyme） 一般是由一条肽链组成，如牛胰核糖核酸酶、胃蛋白酶和溶菌酶等，但也有单体酶是由多条肽链组成的，如胰凝乳蛋白酶由 3 条肽链组成，肽链间由二硫键相连，构成一个共价整体，这种单体酶往往是由一条前体肽链经活化断裂而成。属于这一类的酶较少，一般多是催化水解反应的水解酶，相对分子质量（M_r）为 13 000 ~ 35 000。

（2）**寡聚酶**（oligomeric enzyme） 是由两个或两个以上亚基组成的酶，这些亚基可以是相同的，也可以是不同的，亚基之间通过非共价键相连。绝大多数寡聚酶含偶数亚基（如 2、4、6），而且这些亚基一般以对称形式排列，极个别的寡聚酶含奇数亚基。其相对分子质量一般大于 35 000（表 5-1）。如碱性磷酸酯酶有两个相同的亚基，苏氨酸脱氨酶含四个相同亚基，乳酸脱氢酶含有两种不同的亚基（M 及 H），所以它的四聚体就可能有 M_4、M_3H、M_2H_2、M_1H_3 和 H_4 五种形式。

表 5-1 一些酶蛋白的结构

酶	英文名	M_r	亚基数（M_r）
核糖核酸酶	ribonuclease	13 700	1
胰蛋白酶	trypsin	23 800	1
碱性磷酸酯酶	alkaline phosphatase	80 000	2（40 000）
天冬氨酸氨基转移酶	aspartate aminotransferase	100 000	2（50 000）
苏氨酸脱氨酶	threonine deaminase（Salmonella）	194 000	4（48 500）
乳酸脱氢酶	lactate dehydrogenase	150 000	4（35 000）
脲酶	urease	483 000	6（83 000）

（3）**多酶复合物**（multienzyme complex） 又称多酶系（multienzyme system）。是指由几种酶靠非共价键彼此嵌合而成的复合物，其中每一种酶催化一种反应，前一个酶的产物是后一个酶的底物，这样依次进行直到复合物中的每一种酶都参加反应。这样有利于一系列反应的连续进行，提高反应效率。这类复合物相对分子质量很高，一般在一百万以上。如大肠杆菌丙酮酸脱氢酶复合物由 3 种酶，共 60 个亚基组成，M_r 为 4 600 000。脂肪酸合成中的脂肪酸合酶复合物包括 6 种酶和 1 种蛋白质，M_r 为 2 200 000。

酶蛋白的结构，特别是高级结构，与酶的催化活力密切相关，如果高级结构被破坏（如变性）或某种功能基团被掩盖或破坏，酶即失其全部活性。

思考题

是不是所有的酶都可能会变性？

5.2.3 辅酶（辅基）的结构和功能

大多数辅酶（辅基）具有核苷酸结构，其中很多含有维生素（见维生素化学章）和嘌呤碱，亦有含铁卟啉和其他化合物（表 5-2）。

辅酶（辅基）的功用大多数为递氢或递化学基团，也有递电子的（如含铁卟啉的辅酶）。本节略举数例以说明其结构和功能的关系，其他辅酶的结构和功能见 ℰ辅学窗 5-6。

表 5-2　含水溶性维生素的辅酶

辅酶	英文名	有关维生素
烟酰胺腺嘌呤二核苷酸，NAD	nicotinamide adenine dinucleotide	烟酰胺（维生素 PP）
烟酰胺腺嘌呤二核苷酸磷酸，NADP	nicotinamide adenine dinucleotide phosphate	同上
黄素单核苷酸，FMN	flavin mononucleotide	核黄素（维生素 B_2）
黄素腺嘌呤二核苷酸，FAD	flavin adenine dinucleotide	同上
辅酶 A，CoA	coenzyme A	泛酸（维生素 B_5）
四氢叶酸，FH_4	tetrahydrofolic acid	叶酸（维生素 B_{11}）
维生素 B_{12} 辅酶	vitamin B_{12} coenzyme	钴胺素（维生素 B_{12}）
硫胺素焦磷酸（辅羧酶），TPP	cocarboxylase	硫胺素（维生素 B_1）
吡哆素磷酸	pyridoxin phosphate	吡哆素（维生素 B_6）
羧化辅酶[*]	biocytin	生物素（维生素 H）

[*] 又称生物胞素，是几种羧化酶例如丙酮酸羧化酶及乙酰 CoA 羧化酶等的辅酶。

5.2.3.1　NAD 与 NADP[①]

二者皆为烟酰胺的化合物，其递氢功能团为分子中烟酰胺的吡啶环。环上第 4、5 碳位间的双键可分别被还原成还原型的 NADH 及 NADPH。此反应是可逆的，因而使 NAD 及 NADP 各自与其还原型组成一个氧化还原体系[②] 起递氢作用。这种关系可从下列各式中看出。

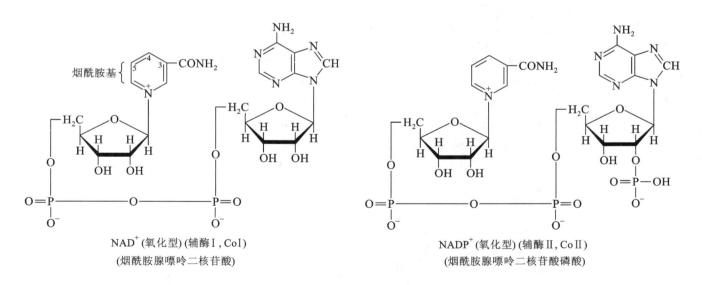

NAD$^+$(氧化型)(辅酶 I，CoI)
(烟酰胺腺嘌呤二核苷酸)

NADP$^+$(氧化型)(辅酶 II，CoII)
(烟酰胺腺嘌呤二核苷酸磷酸)

---

① NAD 过去用 DPN 表示，NADP 过去用 TPN 表示，国际酶学委员会建议废除 DPN 和 TPN 两个代号而以 NAD 和 NADP 分别代替。

② NAD 和 NADP 的氧化还原反应，用下列二式之一皆可：

$$NAD \rightleftharpoons NADH_2 \text{ 或 } NAD^+ + 2e^- + 2H^+ \rightleftharpoons NADH + H^+$$

$$NADP \rightleftharpoons NADPH_2 \text{ 或 } NADP^+ + 2e^- + 2H^+ \rightleftharpoons NADPH + H^+$$

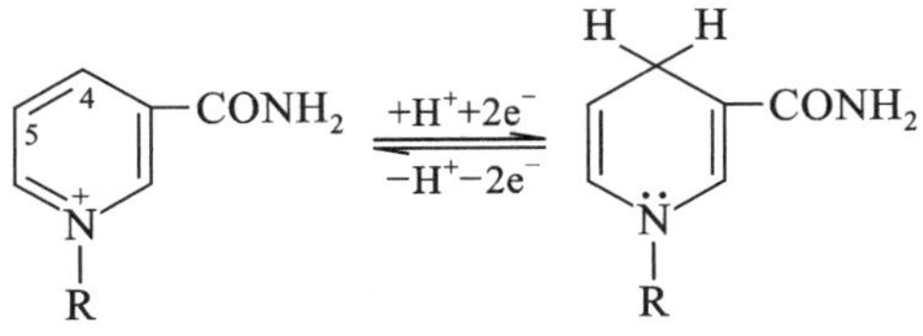

(氧化型)　　　　　　　　(还原型)
NAD$^+$ 或 NADP$^+$ 的氧化还原反应
R 代表 NAD$^+$ 或 NADP$^+$ 分子的其余部分

NAD$^+$ 在许多反应中为电子受体，例如：

在这类脱氢反应中，底物的一个氢原子转给 NAD$^+$，另一质子 H$^+$ 留在溶剂中。底物所失的两个电子则转给烟酰胺环。NAD 及 NADP 与脱氢酶蛋白的结合非常疏松，而且常常脱离酶蛋白单独存在。

5.2.3.2　FMN 与 FAD

这两种辅酶的功用与 NAD、NADP 相似，亦为递氢，其递氢功能团为异咯嗪环上的第 1 与第 5 两 N 位可被氧化和还原。

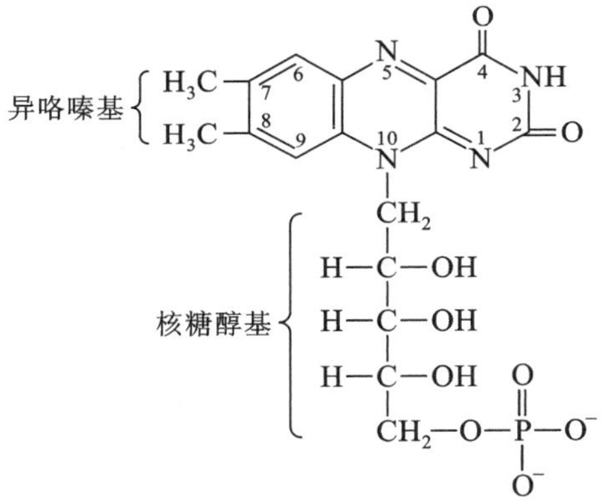

FMN
(黄素单核苷酸)

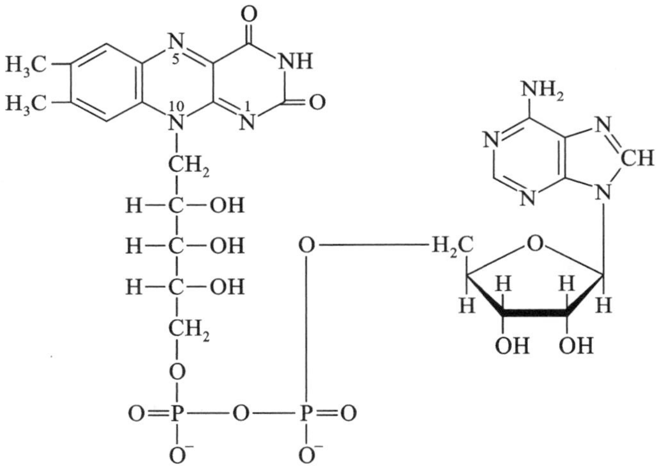

FAD
(黄素腺嘌呤二核苷酸)

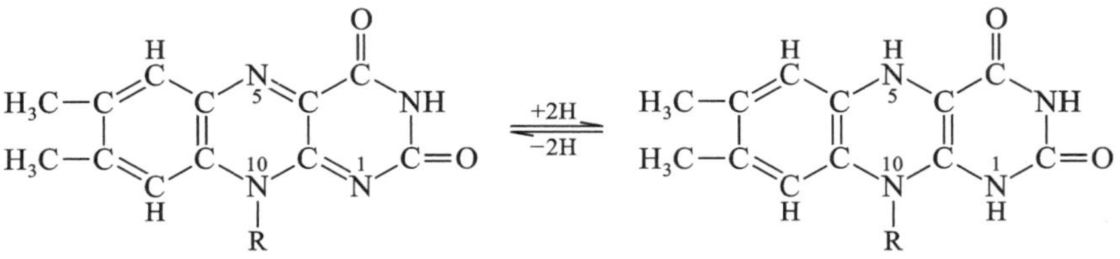

(氧化型)　　　　　　　　(还原型)
FMN 与 FAD 的氧化还原反应（式中 R 为 FMN 或 FAD 分子的其余部分）

5.2.3.3　**辅酶 A（CoA–SH 或 CoA）**

辅酶 A 是代谢反应中乙酰化酶的辅酶，由泛酸巯基乙胺与 D-3- 磷酸腺苷 -5′- 二磷酸组成。也可视为核苷酸的衍生物，其结构式如下。

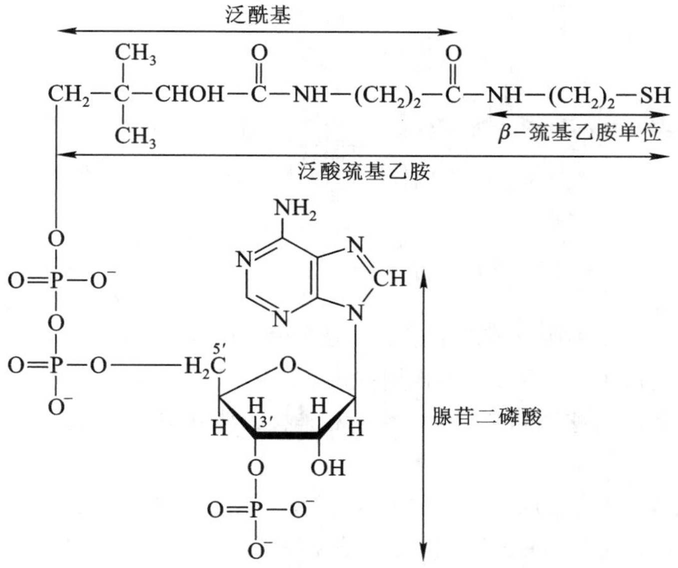

CoA 的结构式

辅酶 A 的主要作用是传递乙酰基，许多代谢中间产物都要经过与 CoA 结合才能进行反应。CoA 的—SH 可同羧基结合，如与乙酸结合成乙酰 CoA，与琥珀酸结合成琥珀酰 CoA 等，不过这种结合要经 ATP 促进。

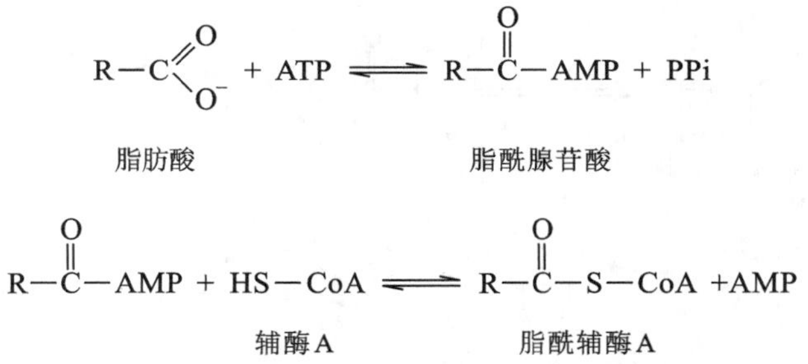

辅酶 A 上的酰基可经多种转酰基酶的催化转给不同的受体。泛酸除作为 CoA 的组分外，也是另一种称脂酰载体蛋白 ACP（acyl carrier protein）的辅基。ACP 是脂肪酸生物合成的关键物质，由磷酸泛酰巯基乙胺的磷酸与蛋白质的丝氨酸残基相连接，其结构式如下：

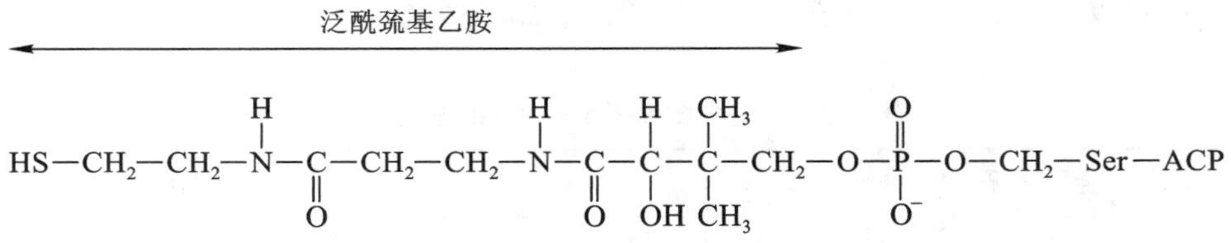

ACP 的磷酸泛酰巯基乙胺辅基

ACP 为含 77 个氨基酸残基，相对分子质量为 8 700 的可溶性低分子蛋白质。

5.2.3.4　磷酸吡哆醛

　　磷酸吡哆醛（参见 6.3.1.5）主要为氨基酸转氨酶的辅酶，其功用是作为—NH_2 的载体，将一个氨基酸的—NH_2 转移给另一酮酸。作用机制为磷酸吡哆醛的醛基先与氨基酸的氨基结合成磷酸吡哆胺。后者将其所携带的—NH_2 转给另一酮酸。

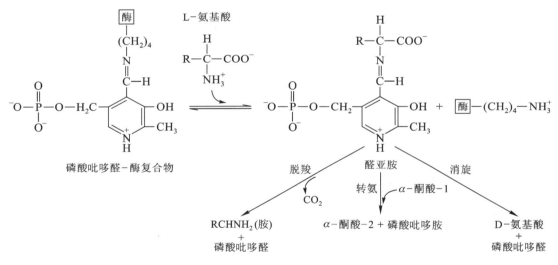

　　在专一性的转氨酶作用下，磷酸吡哆醛起上述的转氨作用；在专一性 α- 脱羧酶或消旋酶催化时，磷酸吡哆醛还可使氨基酸起脱羧或消旋作用。这些反应的作用方式是：

　　（1）在无底物存在时，磷酸吡哆醛同它的专一性酶相连接，醛基与酶蛋白分子中专一性赖氨酸残基的 ε- 氨基活性位相连。

　　（2）在有底物（例如氨基酸）存在时，活性位赖氨酸的 ε- 氨基即被底物氨基酸的 α- 氨基所置换而生成一种复合物，称醛亚胺（aldimine），又称 Schiff 碱。醛亚胺根据不同的专一性酶蛋白特性可使氨基酸发生转氨、脱羧和消旋等反应，这些反应的简式如图 5-1。

图 5-1　磷酸吡哆醛的辅酶作用

　　一些金属离子也可以作为酶的辅助因子，如 Fe^{2+}、Mg^{2+}、Mn^{2+} 或 Zn^{2+} 等（表 5-3）。

表 5-3　一些金属离子可作为酶的辅助因子

金属离子	酶
Fe	细胞色素氧化酶、过氧化氢酶
Mg	己糖激酶、超氧化物歧化酶
Mn	精氨酸酶、丙酮酸羧化酶

续表

金属离子	酶
Zn	碳酸酐酶、羧肽酶
Ni	脲酶、乙醛酸酶 I
Cu	细胞色素氧化酶
K	丙酰 CoA 羧化酶、丙酮酸激酶
Mo	黄嘌呤氧化酶、固氮酶
Se	谷胱甘肽过氧化物

5.3　酶的特性

5.3.1　酶的理化特性

酶具有蛋白质的一般理化特性，如高的相对分子质量、胶体性质、两性解离、变性、别构和溶解（包括沉淀）等，可参阅第三章，本章不再重复。

5.3.2　酶的催化作用

催化作用是酶的特性之一。根据化学反应理论，一种化学反应的发生，其反应物分子必先具备（或取得）足够的能量，即超过该反应所特需的能阈，使其分子变为活泼状态，反应才能发生。激活态和基态之间的能量差称活化能。使某种反应达到其一定能阈的途径有二：

（1）向反应物加入一定能量（如光、热等）使其活化（表 5-4）。

表 5-4　几种物质化学变化所需的活化能

化学反应	催化剂	活化能 /（$kJ \cdot mol^{-1}$）
H₂O₂ 分解反应	无	75.24
	胶性铂	48.91
	过氧化氢酶	22.99
蔗糖的转化	氢离子（用酸水解）	108.68
	酵母转化酶	48.07
	麦芽糖转化酶	54.34
酪蛋白水解反应	HCl	86.11
	胰蛋白酶	50.16
	胰凝乳蛋白酶	50.16
乙酰乙酸水解反应	氢离子	54.34
	胰脂酶	17.56

（2）**用适当催化剂降低反应能阈** 一种适当催化剂的加入，在于形成一种新的环境，降低活化能，使原来能阈较高的反应（即需活化能较多的反应）变为一种新的、能阈较低的反应体系来进行。因此，反应速率可以大大增加。酶的催化作用是使底物分子活化，降低反应能阈，从而加速其反应（图 5-2）。关于酶如何能降低底物分子的活化能从而促进反应，过去有不同的解释。比较公认的解释是所谓中间产物学说。

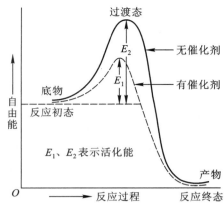

图 5-2　催化剂对化学反应的影响

中间产物学说的要点：在酶促反应中，底物先与酶结合成不稳定的中间产物，然后再分解成酶与产物。如以 E 代表酶，S 代表底物，ES 代表中间产物，P 为产物，则酶促反应可表示如下：

$$E + S \rightleftharpoons ES \longrightarrow E + P$$

由于 E 与 S 结合，致使 S 分子内的某些化学键发生极化，呈不稳定状态（或称活化状态），故反应能阈降低（$S+E \longrightarrow ES \longrightarrow P+E$ 所需的活化能比 $S \rightarrow P$ 所需的小）。在双分子反应中（即反应中有两种底物参加）酶先与一种底物（S_1）结合成中间产物（ES_1），后者再与第二底物（S_2）起作用，其过程可表示如下：

$$S_1 + E \longrightarrow ES_1 \xrightarrow{S_2} P_1 + P_2 + E$$

在有辅酶参加催化的反应中，则是辅酶（例如磷酸吡哆醛、生物素、FAD、NAD 等）与 S_1 分子的一部分（1 个原子或 1 个基团）结合，并将这一部分转移给 S_2 而形成新的产物（参阅 5.2.3）。

中间产物学说能否成立，其关键在于证实确有中间产物的形成。目前，中间产物学说，已经获得许多可靠的实验证据支持。用同位素 ^{32}P 标记底物的方法，已证明在磷酸化酶催化的蔗糖合成反应中有酶同葡萄糖结合的中间产物（葡萄糖 – 酶络合物）。用吸收光谱法也证明在含铁卟啉的酶（如过氧化物酶）参加催化的反应中，确有中间产物的形成。因为过氧化物酶的吸收光谱在与 H_2O_2 作用前后有所改变，说明过氧化物酶与 H_2O_2 作用后，已经转变成了新的物质。1971—1972 年，有人用 ^{32}P 示踪法从甘油磷酸激酶和乙酸激酶的酶促反应中各分离出 ^{32}P 同酶结合的中间产物 $^{32}P–$ 酶。

基于上述证据，可以说中间产物学说不仅有其真实性，而且已被公认具有普遍性。

5.3.3　酶的作用特点

酶和一般化学催化剂一样，只加快化学反应的速率，但不改变平衡点，反应前后本身不发生变化，因此只要极少量就可以大大加快反应速率。酶和一般化学催化剂一样，之所以能加快化学反应速率是因为降低了化学反应所需的活化能。但酶和一般化学催化剂相比，具有下列特点：

（1）**极高的催化效率** 酶降低反应活化能的程度比一般催化剂大得多，通常以分子比（molecular ratio）表示，酶催化的反应速率比非催化反应高 $10^8 \sim 10^{20}$ 倍，比一般催化剂催化的反应高 $10^7 \sim 10^{13}$ 倍。如用脲酶水解尿素的速率常数比酸水解尿素高 7×10^{12} 倍左右。

（2）**高度的专一性（特异性）** 酶的专一性是指酶对底物和催化的反应有严格的选择性。一般的化学催化剂通常可催化多种反应，例如 H^+ 既能催化糖苷键的水解，又能催化酯键或肽键的水解，所以有人称它为万能催化剂。而酶就不同，酶只能对一种或一类底物发生催化作用（见 5.5）。酶作用的专一性是酶与一般化学催化剂最主要的区别。

（3）**酶的催化活性在体内受到调节控制** 有机体内部化学反应历程的有序性受到各种因素的调节和控制，其中对酶活性的调节控制是非常重要的方式之一。调节控制酶活性的方式很多，包括酶原活化、酶的共价修饰调节、抑制剂调节、反馈调节和激素调节等，详细内容将在以后各章节中介绍。

（4）**酶不稳定，容易失去它的催化活性**　高温、高压、强酸、强碱和紫外线等都容易使酶失去活性，所以酶的催化作用是在比较温和的条件下进行，如常温、常压、接近中性 pH 等。

（5）**酶的催化活性与辅酶、辅基和金属离子有关**　有些酶是结合蛋白质，若将辅酶、辅基和金属离子除去，酶就失去催化活性。

5.4　酶的结构和功能

酶的分子结构是酶功能的物质基础。酶蛋白之所以异于非酶蛋白质，各种酶之所以有催化性和专一性，都是由于其分子结构的特殊性。酶的初级结构和高级结构都与其功能相关。

5.4.1　酶的活性部位

5.4.1.1　概念

酶的活性部位（active site）又称酶的活性中心（active center），是指酶分子中能同底物结合并起催化反应的空间部位。一个酶的活性部位是由结合部位（binding site）和催化部位（catalytic site）所组成。前者直接同底物结合，它决定酶的专一性，也就是说决定同何种底物结合；后者直接参加催化，它决定所催化反应的性质。单纯酶的活性部位是由肽链的氨基酸残基或小肽段（氨基酸残基基团）组成的三维结构，缀合酶的活性部位除含组成活性部位的氨基酸残基外还含有辅因子，如磷酸吡哆醛、核黄素、血红素之类。

酶的活性部位不是一个点、一条线或一个面，而是一个三维结构，活性中心在酶分子的总体积中占很小的部分，一般为 1%~2%。组成活性部位的氨基酸残基可能位于同一肽链的不同部位，也可能位于不同的肽链上。例如组成卵清溶菌酶活性部位的 Glu 35 和 Asp 52 即位于同一肽链（图 5-3A、B），而胰凝乳蛋白酶活性部位的 His 57 同 Ser 195 则分别位于两条肽链中（图 5-4）。

酶活性部位的氨基酸残基在一级结构上可以相距很远，甚至位于不同的肽链，但通过肽链的盘曲折叠，在空间结构上则处于十分邻近的位置（图 5-3A）。酶分子构象的完整性是酶活力所必需的。如果因酶蛋白变性，立体构象被破坏，活性位即随之破坏，酶就失其活性。组成酶活性部位的氨基酸侧链基团最主要的有丝氨酸的羟基，组氨酸的咪唑基，天冬氨酸、谷氨酸的侧链羧基，赖氨酸的 ε- 氨基，半胱氨酸的巯基和酪氨酸的侧链基团（表

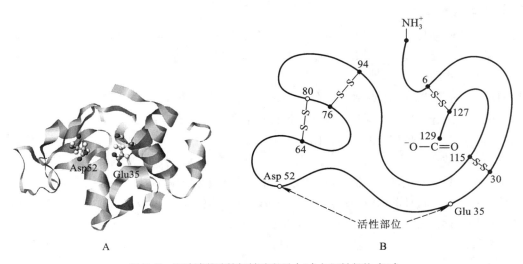

图 5-3　卵清溶菌酶的氨基酸序列（A）与活性部位（B）

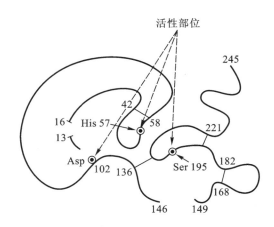

图 5-4　胰凝乳蛋白酶的活性部位示意

5-5）。酶的活性部位存在于酶分子表面，呈罅隙状。其形状不是固定不变，而是可以随底物而改变的。

　　酶分子中绝大多数氨基酸残基不与底物直接接触。但这并不能说明它们不重要。至少它们为酶活性部位的形成提供了结构基础。所以酶的活性部位与酶蛋白空间构象的完整性之间是辩证统一的关系。

表 5-5　某些酶活性部位的氨基酸残基

酶	总氨基酸残基数	活性部位的氨基酸残基
牛胰核糖核酸酶（ribonuclease）	124	His12，His119，Lys41
溶菌酶（lysozyme）	129	Asp52，Glu35
胰凝乳蛋白酶（chymotrypsin）	241	His57，Asp102，Ser195
胰蛋白酶（trypsin）	223	His46，Asp90，Ser83
木瓜蛋白酶（papain）	212	Cys25，His159
弹性蛋白酶（elastase）	240	His45，Asp93，Ser188
枯草杆菌蛋白酶（subtilisin）	275	His64，Ser221，Asp32
羧肽酶 A（carboxypeptidase A）	307	Arg127，Glu270，Tyr248，Zn^{2+}

5.4.1.2　活性部位与必需基团

　　酶的活性部位属于酶催化必需基团的一部分。所谓必需基团，是酶表现催化所必需的部分。必需基团包括活性部位，但必需基团不一定就是活性部位。例如维持酶分子高级结构所需的基团（如—SH、—OH）就不和底物结合或直接引起中间产物的分解。

　　必需基团有两类：直接参与结合底物和催化底物化学反应的化学基团，称为活性部位内的必需基团；不直接与底物作用，但能维持酶分子构象，保证活性部位各有关基团处于最适的空间位置，对酶的催化活性发挥间接作用的一类必需基团，称为活性部位外的必需基团。

5.4.1.3　活性部位的测定

　　探测酶分子中哪些氨基酸残基属于活性部位的方法有切除法、化学修饰法、X 射线衍射法和定点诱变法等。

　　切除法　即用专一性酶将被测酶分子的肽链切去一段，然后测其剩余肽段是否有活性。如有活性，则表示被切去的一段与该酶的活性部位无关。例如从卵清溶菌酶 N 端切去 34 个氨基酸残基也不影响其活力，说明溶菌酶的第 1～34 氨基酸残基与其活性部位无关。如将 Glu35 一并切去，酶即失去活力，则说明 Glu35 是该酶活性部位的组分。

化学修饰法　通常是选择一种化合物与酶分子的某一氨基酸残基的侧链功能团共价结合作为标记，测定酶活力的变化，然后将标记化合物经酶水解，肽键被打开，但标记化合物的共价键不被打开，因此可以分离得到带有标记的肽段，即可判断被标记的氨基酸残基是否属于该酶的活性部位基团。

酶分子中可被修饰的侧链基团很多，如巯基、咪唑基、氨基、吲哚基、羟基和胍基等。可用做化学修饰的试剂也很多，例如二异丙基氟磷酸（di-isopropyl fluorophosphate，DFP）在接近中性条件下，能标记（即结合）在胰凝乳蛋白酶的 Ser195 残基上使其失活；N- 对甲苯磺酰苯丙氨酰氯甲基酮（N-tosyl-L-phenyla-lanyl chloromethyl ketone，TPCK）在中性条件下能标记在胰凝乳蛋白酶的 His57 残基上使酶失活。这就说明了由 DFP 标记的 Ser195 和由 TPCK 标记的 His57 都是共同构成胰凝乳蛋白酶的活性部位的氨基酸残基。

此外碘乙酸易与含—SH 的化合物作用，凡是可以被碘乙酸抑制的酶，它们的活性部位必然与含—SH 的半胱氨酸有关，如 3- 磷酸甘油醛脱氢酶的活力可以被碘乙酸抑制；木瓜蛋白酶分子中的 212 个氨基酸组成中只有一个半胱氨酸残基，用碘乙酸处理后，酶活力就丧失，说明这两种酶的活性部位都与 Cys 有关（见表 5-5）。

需要指出的是，化学修饰有可能修饰到活性部位以外的氨基酸残基的侧链，造成酶分子正常的空间结构改变，可能导致酶活性丧失。为了排除这种可能，常常比较在底物或竞争性抑制剂存在与否进行化学修饰所得的结果。如果底物或竞争性抑制剂存在时保护了活性部位不被修饰，可以认为这种修饰试剂是作用于活性部位的。

X 射线衍射法　该法能测定并直接探明酶 - 底物复合物的三维结构。在知道了酶 - 底物的三维结构后，就可进一步研究酶同底物的结合情况以及哪些基团参加了这个结合。但 X 射线只适用于结晶蛋白质空间结构的解析。

定点诱变法（site-directed mutagenesis）　是近年来遗传工程的一大发展，也是评价酶分子中特定氨基酸作用的一种新的非常有效的方法，是经体外诱导作用使编码蛋白质基因的特定部位发生突变的过程。1987 年，Craik 将胰蛋白酶 Asp102 诱变为 Asn102，突变的 k_{cat} 比野生型低 5 000 倍，突变体水解酯底物的活性仅是天然胰蛋白酶的 1/1 000，可见 Asp102 对胰蛋白酶催化活性是必需的。

5.4.2　酶的别构（变构）部位

有些酶分子除具有与底物结合的活性部位（或活性中心）外，还具有与非底物的化学物质结合的部位。这种部位有别于活性部位，而且与之结合的物质都对其反应速率有调节作用，故称别构（变构）部位（allosteric site）或调节部位，与别构部位结合的物质称别构剂（allosteric effector）或调节剂。调节剂如激活剂和抑制剂，与酶的别构部位结合后，即引起酶的构象改变，从而影响酶的活性部位，改变酶的反应速率。

调节剂有的使酶活力增高，有的使酶活力降低，例如丙酮酸和磷酸吡哆醛都能使天冬氨酸 -β- 脱羧酶的活力增高，而胞苷三磷酸（CTP）就使天冬氨酸转氨甲酰酶的活力降低。代谢产物对酶的活力一般有抑制作用。具有别构部位的酶称别构酶，别构酶对代谢调控有重要作用，这将在以后有关章节阐述。

5.4.3　酶原的激活

有的酶在分泌时是无活性的酶原，需要经某种酶或酸的作用切去一部分才能呈现活性，这种激活过程称酶原致活作用或酶原激活作用。例如胰蛋白酶原的激活就是用肠激酶将其 N 端的一个肽段（六肽）切去，即变为活性胰蛋白酶。激活后产生的少量胰蛋白酶又可进一步激活胰蛋白酶原。消化系酶和凝血酶在初分泌时都是酶原形式。

胰蛋白酶原

N端 Val－Asp－Asp－Asp－Asp－Lys－Ile－Val－Gly－Glu－Tyr… C端

↓

Val－Asp－Asp－Asp－Asp－Lys$^+$　Ile－Val－Gly－Glu－Tyr…

六肽　　　　　　　　　　　活性胰蛋白酶

　　酶激活的原理是酶原在一定条件下被切断一个或几个特殊肽键，从而使剩余肽段的构象发生变化形成新的活性部位，使酶活化。几种常见的酶原及其活性酶见表 5-6。

表 5-6　酶原及其活性酶

酶原	活性酶	激活剂
胃蛋白酶原	胃蛋白酶	H^+ 或蛋白酶
胰蛋白酶原	胰蛋白酶	肠激酶或胰蛋白酶
胰凝乳蛋白酶原	胰凝乳蛋白酶	胰蛋白酶 + 胰凝乳蛋白酶
羧肽酶原	羧肽酶	胰蛋白酶
弹性蛋白酶原	弹性蛋白酶	胰蛋白酶
凝血酶原	凝血酶	凝血酶原激酶 + Ca^{2+}

5.5　酶的专一性

5.5.1　酶的专一性

　　酶是生物催化剂，它与非酶催化剂的区别之一是酶具有高度的专一性或特异性（specificity），也就是说一种酶只能作用于一种或一类底物。根据专一性的不同，可将酶分为绝对专一性、相对专一性和立体专一性 3 类。

　　（1）**绝对专一性**（absolute specificity）　酶对底物的要求非常严格，只对一定化学键两端带有一定原子基团的化合物发生作用，即只能催化一种底物的反应。例如脲酶只能催化尿素的水解，过氧化氢酶只能催化过氧化氢的分解，碳酸酐酶只作用于碳酸等。

　　（2）**相对专一性**（relative specificity）　酶对底物的专一性较低，能作用于结构类似的一系列底物，大多数酶对底物具有相对专一性。属于这一类专一性的酶，有的只对底物的某一化学键发生作用，而对此化学键两端所连接的原子基团并无多大的选择，称"键专一性"。例如酯酶能水解不同脂肪酸与醇所形成的酯键，二肽酶可水解由不同氨基酸所组成的二肽的肽键。另一些相对专一性的酶类，不但要求底物具有一定化学键，而且对此键两端连接的两个原子基团之一亦有一定的要求，称"族专一性"或"基团专一性"。例如 α-D- 葡糖苷酶不但要求底物有 α- 糖苷键，还要求 α- 糖苷键的一端必须有葡萄糖残基，而对键的另一端基团要求不高，因此它可以催化各种 α-D- 葡糖苷衍生物中 α- 糖苷键的水解。

　　（3）**立体专一性**（stereo specificity）　酶不仅要求底物有一定的化学结构，而且要求底物有一定的立体结构，许多酶有立体专一性，但程度不同，又可分为以下 3 类：

　　① 旋光异构专一性　当底物具有旋光异构体时，酶只能作用于其中的一种。如 L- 氨基酸氧化酶只能催化

L– 氨基酸的氧化，而对 D– 氨基酸无作用；β– 葡糖氧化酶只催化 β–D– 葡萄糖转变成葡糖酸，而对 α–D– 葡萄糖不起作用。

② 几何异构专一性　对含双键的物质有顺反两种异构体时，有些酶只能作用于其中的一种。如延胡索酸水化酶只能催化延胡索酸（即反丁烯二酸）水合成苹果酸或催化其逆反应，但不能催化顺丁烯二酸的水合作用。

$$CH_2OH\\ |\\ HOCH \quad + \quad ATP \quad \xrightarrow{\text{甘油激酶}} \quad CH_2OPO_3H_2\\ |\\ \overset{14}{C}H_2OH \qquad\qquad\qquad\qquad HOCH\\ \overset{14}{C}H_2OH \quad + \quad ADP$$

甘油　　　　　　　　　　　　　　　　1–磷酸甘油

③ 酶能区分从有机化学观点来看属于对称分子中的两个等同的基团，只催化其中的一个基团，而不催化另一个。如一端由 ^{14}C 标记的甘油，在甘油激酶催化下，和 ATP 作用，仅产生一种标记产物（即 1– 磷酸甘油）。

从有机化学的观点看，甘油分子中的两个—CH_2OH 基团是完全相同的，如果甘油激酶不能区分这两个—CH_2OH 基团，那么会生成两种甘油磷酸（1– 磷酸甘油和 3– 磷酸甘油），这两种甘油磷酸应该各占一半。但在酶反应中，却能区别对待。

另外，许多脱氢酶需 NAD 或 NADP 为辅酶，脱氢加氢都发生在烟酰胺环上的第四位碳原子上，这碳原子上的两个氢可被不同的酶所区别。如酵母醇脱氢酶在催化时，NAD 的烟酰胺环 C–4 上只有一侧可以加氢或脱氢，另一侧则不被作用（见下面的反应式）。酵母醇脱氢酶的这种专一性被定为 A 型，凡与酵母醇脱氢酶同侧专一性的酶，称为 A 型专一性的酶，如苹果酸脱氢酶等。凡与酵母醇脱氢酶不同，具有另一侧专一性的酶称为 B 型专一性的酶，如谷氨酸脱氢酶等。

$$CH_3-\overset{D}{\underset{D}{C}}-OH \quad + \quad \text{(NAD}^+) \quad \underset{-D}{\overset{+D\,(\text{重氢})}{\rightleftharpoons}} \quad \text{(NADH (A型))} \quad + \quad CH_3-\overset{D}{C}=O$$

酶的立体专一性在医药研究和实践中具有重要意义。例如某些药物只有某一种构型才有药效，而有机合成的药物是外消旋的产物，则可用酶的立体异构专一性进行不对称合成或拆分 [①]，以获得有活性的手性化合物。

5.5.2　关于酶作用专一性的假说

为了解释酶的专一性，曾提出过不同的假说。首先是 E. Fischer 提出的锁钥学说，继而发展为 D. E. Koshland 的诱导契合学说。

（1）锁钥学说　早在 1894 年，E. Fischer 便提出了锁钥学说（lock and key theory）。这一学说认为酶与底物结合的方式可用锁钥结合（或多点结合）假设来解释（图 5–5）。根据这种假设，底物至少有 3 个功能团与酶的 3 个功能团相结合。底物与酶的反应基团皆需有特定的空间构象，如果有关基团的位置改变即不可能有结合反应发生。因此，酶对底物就显示专一性，同时亦可解释为什么酶变性后就不再有催化作用。

（2）诱导契合学说　1959 年，D. E. Koshland 提出了诱导契合学说（induced-fit theory）。该学说认为酶分子的构象并不像锁钥学说那样僵硬不变，而是柔韧可变的。当酶分子与底物分子接近时，酶蛋白受底物分子诱导，其构象发生有利于底物结合的变化，酶与底物在此基础上互补契合进行反应。图 5–6 表示当底物与酶分子接近时，底物诱导酶分子发生构象变化，这种改变有利于底物与酶分子的活性部位结合，形成 ES 复合物，催化反应进

———————

① 不对称合成指产生不等量立体异构产物的合成过程；拆分指将对映异构体进行分离获得单一手性物质的方法。

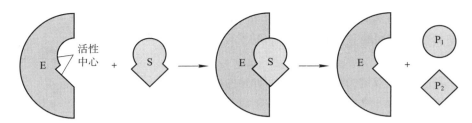

图 5-5　酶与底物作用"锁钥学说"示意
E：酶；S：底物；P：产物

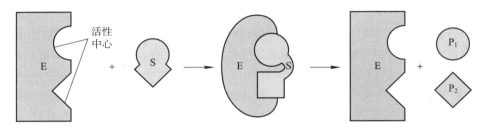

图 5-6　酶与底物作用"诱导契合学说"示意
E：酶；S：底物；P：产物

行，当酶从 ES 复合物解离出来后，即恢复其原有的构象（图 5-6）。

此学说比较全面地说明了酶的专一性，而且近年来得到了许多实验结果的支持。例如，用 X 射线衍射分析发现一些酶如溶菌酶、羧肽酶 A 等与底物结合时，酶活性部位的构象的确发生了变化。

（3）**三点附着学说**　三点附着学说（three-point attachment theory）学说认为，底物在酶活性中心有 3 个结合位点，只有这 3 个结合位点在空间上都相互对应匹配的时候，酶才能作用于这个底物。尽管对映异构体的底物基团相同，但因空间排列不同，不能三点匹配，酶就不能作用于它。三点附着学说可以较好地解释酶的立体专一性。例如，糖代谢中的顺乌头酸酶作用于底物柠檬酸时，底物分子的两个—CH_2—COOH 基团可被酶正确识别并区分，顺乌头酸酶只会将羟基催化转移给来自草酰乙酸的—CH_2—COOH，而绝对不会转移给来自乙酰 CoA 的—CH_2—COOH（见糖代谢章 12.3.2.2）。

思考题

指出下列酶具有哪种类型的专一性。

（1）脲酶；（2）β-D- 葡糖苷酶；（3）酯酶；（4）L- 氨基酸氧化酶；（5）反丁烯二酸水合酶；（6）甘油激酶

5.6　酶的作用机制

酶的作用机制包含酶如何同底物结合及酶如何能加快反应速率两方面的内容。

酶同底物结合　解释酶催化作用的中间产物学说已得到公认。但酶与底物究竟以何种方式结合，有不同的观点。根据已有证据可以认为：

① 酶与底物的结合一般在酶蛋白分子的活性部位发生。②酶与底物的结合是多个化学键参加的反应。酶蛋白分子中的共价键、氢键、酯键、偶极电荷等皆可作为酶与底物间的结合力。

解释酶同底物结合方式（机制）的学说，目前为 D. E. Koshland 的诱导契合学说。

酶加速化学反应 关于解释酶加快化学反应的机制有下列 6 种学说。

（1）邻近效应（proximity）与轨道定向（orientation）学说 在任何化学反应中，参加反应的分子都必须靠近在一起，才能发生反应。邻近效应学说的要点是：酶之所以能增加底物分子的化学反应速率，是因为它能与底物分子结合形成中间复合物，使分子间的反应变为分子内的反应，酶活性部位的底物有效浓度远远大于溶液中的底物浓度，从而加快反应速率。轨道定向学说认为：酶使反应加快不仅需要酶的邻近效应，即底物与酶的活性部位相结合，而且酶的催化基团与底物的反应基团还需要严格的轨道定向，才能起反应。酶的活性部位可以说是引导酶与底物起反应的"方向盘"。

邻近效应和轨道定向引起反应速率的增加可以通过实验证明，图 5-7 表明溴苯乙酸酯的非酶促水解反应相对速率在双分子反应中最小，如果将起催化作用的羧基共价连接到溴苯乙酸酯分子上，则双分子反应变成单分子的分子内反应，羧基与酯键之间的自由度愈小，愈能使它们邻近，并有一定的取向，则反应速率愈大。对于双

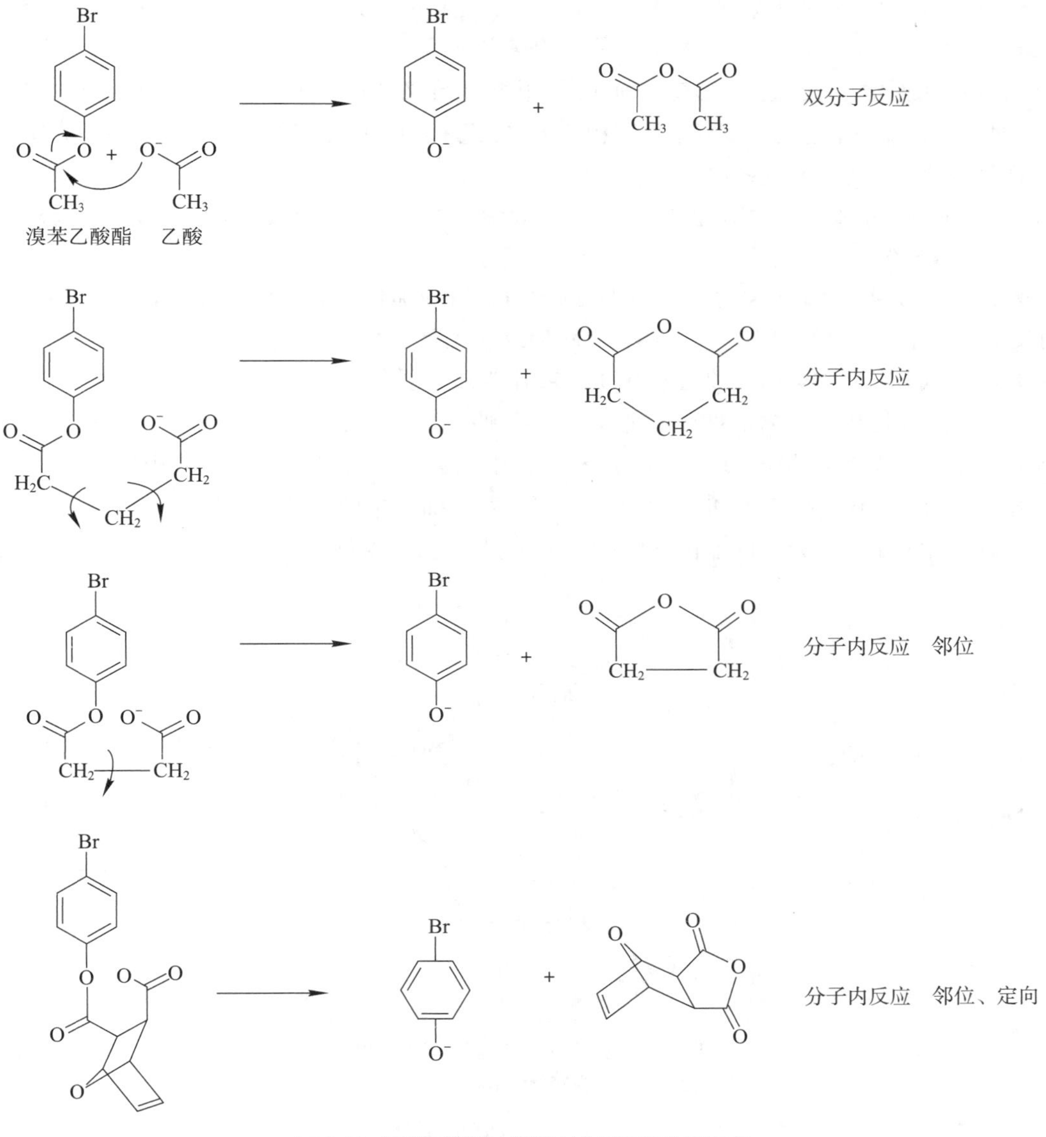

图 5-7 溴苯乙酸酯水解的双分子和单分子反应
上述几个反应的速率值依次增加，从上往下依次为 1、10^3、10^5 以及最后的 10^8

分子反应，要达到分子内反应的速率，至少其中一个底物的浓度要在 $10^3 \sim 10^8$ mol/L。这么高的浓度实际上是不可能的，因为纯水的浓度也不过是 55 mol/L。邻近效应和轨道定向可使反应速率升高 10^8 倍，这与许多酶催化效率的计算是很相近的。

（2）**共价催化**（covalent catalysis） 又称共价中间产物学说。其论点是：某些酶增强反应速率是通过酶和底物以共价键形成一个高反应的不稳定共价中间产物，使能阈降低，反应加快。共价催化分为亲核催化和亲电催化。其中，亲核催化最为常见，而亲电催化甚为少见。

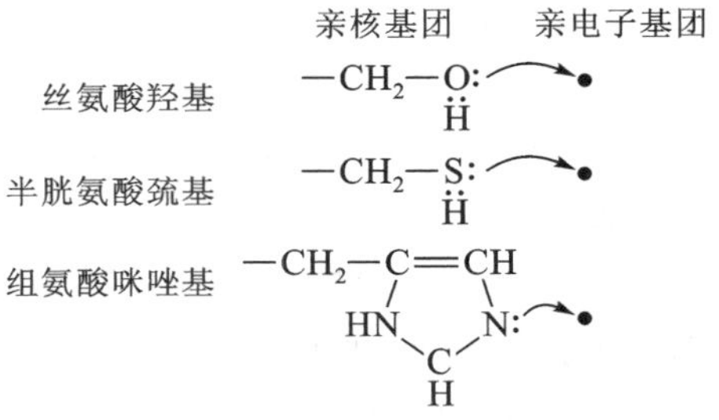

亲核催化（nucleophilic catalysis） 这类酶的活性部位通常都含有亲核基团，如丝氨酸的羟基、半胱氨酸的巯基和组氨酸的咪唑基等（图5-8）。这些基团都有剩余的电子对作为电子供体，和底物的亲电子基团以共价键结合，形成共价中间产物，快速完成反应。

亲电催化（electrophilic catalysis） 亲电催化与亲核催化恰好相反，这类酶的活性部位通常都含有亲电子基团，如 H^+，—NH_3^+，以及金属离子如 Fe^{3+}、Mg^{2+}、Mn^{2+} 等，这些基团是电子对的受体，从底物分子中接受电子，并与该底物以共价键结合成不稳定的共价中间产物，快速完成反应。

（3）**底物构象改变学说** 又称底物形变，前面讲的酶的诱导契合是指底物引起酶的构象发生改变。此外，当酶和底物结合时，酶分子中某些基团或离子使底物分子内敏感键中某些基团的电子云密度增高或降低，产生"电子张力"，从而使敏感键更容易断裂，加快反应速率。

X射线研究表明，溶菌酶与底物结合时，被作用的化学键邻近的糖环由椅式构象变成半椅式构象，而其他糖环仍为椅式构象（图5-9）。

（4）**酸碱催化**（acid-base catalysis） H^+、OH^- 浓度可显著地加快一般有机反应，但对酶的催化作用极为有限，因为酶反应的最适 pH 近于中性，H^+、OH^- 对酶促反应无重要影响。本段所指的酸碱催化是广义的酸碱催化，即作为质子供体（广义酸）向底物提供质子，或作为质子受体（广义碱）从底物接受质子，通过稳定过渡态，加速酶反应的催化机制。酶活性中心的氨基、羧基、巯基、酚羟基和咪唑基等都可作为质子供体或受体对底物进行催化，加快反应速率，His 的咪唑基的作用尤为重要，因为在 pH 接近中性的条件下，咪唑基可视为质子传递体，既可提供质子，又可接受质子（表5-7）。细胞中的多种有机反应如羰基的水化（加水到羰基）、羧酸酯及磷酸酯的水解、分子重排和脱水形成双键等反应都受这种"酸"、"碱"（质子供体和质子受体）的催化。

图5-8 酶蛋白中重要的亲核基团

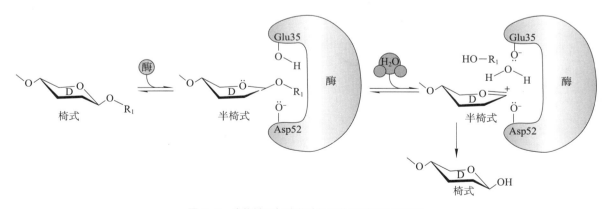

图5-9 底物糖环与溶菌酶相互作用时的构象变化
D 为底物的 D- 糖环

表 5–7 酶蛋白中可作为广义酸碱的功能基团

氨基酸残基	广义酸基团（质子供体）	广义碱基团（质子受体）
Asp，Glu	—COOH	—COO⁻
Lys，Arg	—$\overset{+}{N}H_3$	—$\overset{..}{N}H_2$
Cys	—SH	—S⁻
Tyr		
His		

（5）**金属离子催化** 有 1/3 的酶在催化时需要金属离子。根据酶与金属离子结合的强弱，将需要金属的酶分为两类：一类是金属酶，酶与金属离子结合紧密，金属酶常含有 Fe^{2+}、Fe^{3+}、Cu^{2+}、Zn^{2+}、Mn^{2+} 和 Co^{3+} 等过渡金属离子；另一类是金属激活酶，在这一类中，与酶松散结合的金属离子通常是 Na^+、K^+、Mg^{2+} 和 Ca^{2+} 等。酶被纯化后，金属酶中的金属离子仍被保留，而金属激活酶则不然，需要加入金属离子才能被激活。

金属离子以多种方式参与酶的催化作用，主要途径为：①与底物结合，使其在反应中正确定向；②通过金属离子氧化态的变化进行氧化还原反应；③通过静电作用稳定或隐蔽负电荷。具体说，金属离子在酶催化反应中的作用主要是表现在使酶保持稳定的具有催化活性的构象，并使反应基团处于所需的三维构象，接受或提供电子，激活亲电或亲核试剂，通过配位键使酶与底物结合，隐蔽亲核试剂，防止副反应发生。

（6）**微环境效应** 酶的活性部位通常位于酶分子表面的疏水裂隙中，即位于疏水的微环境中。这样的微环境，其介电常数很低，使底物分子与催化基团之间的作用大大增强，从而加快反应速率。

上述 6 种机制都可以解释酶具有高催化性这一事实，但对某个具体酶而言则有偏重，例如溶菌酶在催化细胞壁多糖成分肽聚糖的特定糖苷键水解时，起主要作用的是底物构象改变，即底物分子的一个糖环（D 环）从正常的椅式变为能量较高的半椅式，降低了糖苷键的键能，从而加速了这个糖苷键的断裂。另外溶菌酶的 Glu35 以酸的形式供出了质子，对底物进行了广义酸催化，使糖苷键容易断裂。胰凝乳蛋白酶催化特定肽键水解时，起主要作用的是形成酰化共价中间产物和 His 的咪唑基所起的广义酸碱催化。

通过对酶作用机制的研究，可进一步深入了解酶分子结构和催化功能的关系，以及酶催化作用具有高效性和专一性的原因，为新酶的合理设计提供理论基础。

5.7 一些酶的结构和催化机制

5.7.1 溶菌酶

溶菌酶（lysozyme）是指能溶解细菌细胞壁的酶。1922 年，英国人 A. Fleming 首次发现鼻腔分泌液中有一种能溶解细菌的酶，因此命名为溶菌酶。以后发现眼泪及鸡蛋清中亦含有此酶，鸡蛋清中的含量最多。

结构 溶菌酶是一种含 129 个氨基酸残基的单链多肽，相对分子质量为 14 600。分子中有 4 个二硫键，很稳定。溶菌酶分子呈椭圆形，大小为 4.5 nm × 3.0 nm × 3.0 nm。溶菌酶三维结构中 α 螺旋占 25%，此外还有 β 折叠。溶菌酶的活性部位是横贯于分子表面的一个较深的裂缝（图 5–10），恰好能容纳多糖底物的 6 个单糖残基，Glu35

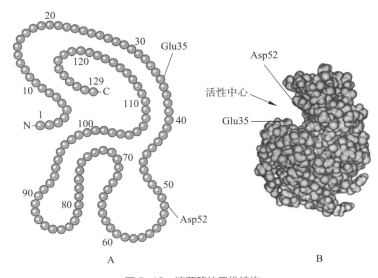

图 5-10 溶菌酶的三维结构
A. 未折叠的溶菌酶；B. 溶菌酶的三级结构

和 Asp52 是活性部位中直接参与催化反应的氨基酸残基。溶菌酶是一种糖苷酶，其功用是溶解细菌的细胞壁。溶菌酶作用的底物是肽聚糖，它是由 N- 乙酰葡糖胺（NAG）和 N- 乙酰胞壁酸（NAM）通过 β-1，4 糖苷键连接的聚合物（图 5-11）（详见糖类化学章 1.5.5.1），溶菌酶能使糖苷键从 C_1—O 处断裂。

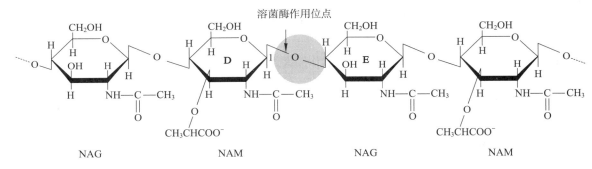

图 5-11 肽聚糖的部分结构和溶菌酶作用位点

催化机制 Glu35 和 Asp52 在溶菌酶的催化反应中起重要的作用。Glu35 和 Asp52 两个酸性侧链分别位于被断裂糖苷键的两侧，而且它们所处的微环境明显不同，Glu35 处于非极性环境，而 Asp52 处于极性环境中。在溶菌酶作用最适宜的 pH5 条件下，Glu35 为未解离的 COOH，而 Asp52 为解离的 COO$^-$ 形式。

溶菌酶催化底物水解的机制见图 5-12，① Glu 35 的 COOH 作为质子供体提供一个 H$^+$ 到 D 和 E 环间糖苷键的 O 原子上，使 C_1—O 键断裂，并形成 D 环上的 C_1 正碳离子。②含有 E 和 F 环部分的底物离开酶分子。③正碳离子与 Asp52 的 COO$^-$ 相互作用形成中间产物。④ Glu35 的 COO$^-$ 作为质子受体，接受来自水的 H$^+$ 恢复初始的质子化形式，水分子分解产生的 OH$^-$，亲核进攻 C_1 正碳离子，恢复原始的 C_1 结构，恢复原始的 C_1 结构。⑤含有 A、B、C 和 D 环部分的底物离开酶分子，溶菌酶为新一轮催化做好准备。

5.7.2 丝氨酸蛋白酶

丝氨酸蛋白酶是一类重要的蛋白水解酶，这种类型的酶的催化中心都有一个丝氨酸残基。胰蛋白酶、胰凝乳蛋白酶、弹性蛋白酶及血液凝固中的凝血酶都属于丝氨酸蛋白酶家族（表 5-8），下面主要介绍胰蛋白酶、胰凝乳蛋白酶和弹性蛋白酶。

表 5-8　丝氨酸蛋白酶家族举例

酶	来源	功能
胰蛋白酶	胰腺	消化蛋白质
胰凝乳蛋白酶	胰腺	消化蛋白质
弹性蛋白酶	胰腺	消化蛋白质
凝血酶	脊椎动物血液	血液凝固
血纤维蛋白溶酶	脊椎动物血清	血块溶解
补体 C1	血清	免疫应答中的细胞溶胞作用
激肽释放酶	血和组织	控制血流
顶体蛋白酶	精子顶体	穿透卵细胞

结构　胰蛋白酶、胰凝乳蛋白酶和弹性蛋白酶之间的氨基酸序列呈现出高度的同源性，大约40%的一级结构为保守结构。三者之间的空间结构也非常相似。X射线衍射研究结果表明胰凝乳蛋白酶分子形状呈紧密的椭球形，主要由反平行的 β 折叠片和少量的 α 螺旋结构组成（图5-13）。多数芳香和疏水氨基酸残基位于分子内部，远离水分子，而多数带电的或亲水的残基处于分子表面。值得注意的是，3个极性氨基酸残基——His57、Asp102 和 Ser195 在活性部位组成了催化三联体（cactlytic triad），这个催化三联体同样也存在于其他丝氨酸蛋白酶家族成员中。

丝氨酸蛋白酶家族的酶催化蛋白质分子中肽键的水解断裂，尽管不同种类酶的结构和作用机制相似，但专一性明显不同。例如胰蛋白酶裂解碱性氨基酸精氨酸和赖氨酸羧基侧肽键，胰凝乳蛋白酶裂解芳香族氨基酸苯丙氨酸和酪氨酸羧基侧肽键，弹性蛋白酶仅仅裂解一些小的和中性的氨基酸羧基侧肽键，而凝血酶只对精氨酸羧基侧肽键水解。这种专一性的不同是由于底物结合部位差异造成的，如图5-14所示，胰蛋白酶结合部位的口袋相对地长而窄，而且底部有一个天冬氨酸残基侧链，所以能有效地"捕获"带正电荷侧链的底物（图5-14A）。胰凝乳蛋白酶的口袋较大且较宽，底部缺少带电荷的氨基酸残基，但是却包含了许多疏水的侧链基团，因此能结合具有芳香性或体积较大的疏水性侧链（图5-14B）。弹性蛋白酶由缬氨酸和苏氨酸组成的结合口袋比较浅，大的底物难以进入，体积较小的疏水侧链便是弹性蛋白酶的最佳底物（图5-14C）。相反，胰蛋白酶和胰凝乳蛋白酶因结合部位不能很好地固定这些小的氨基酸侧链，因而水解具有这些氨基酸侧链的肽键速度很慢。

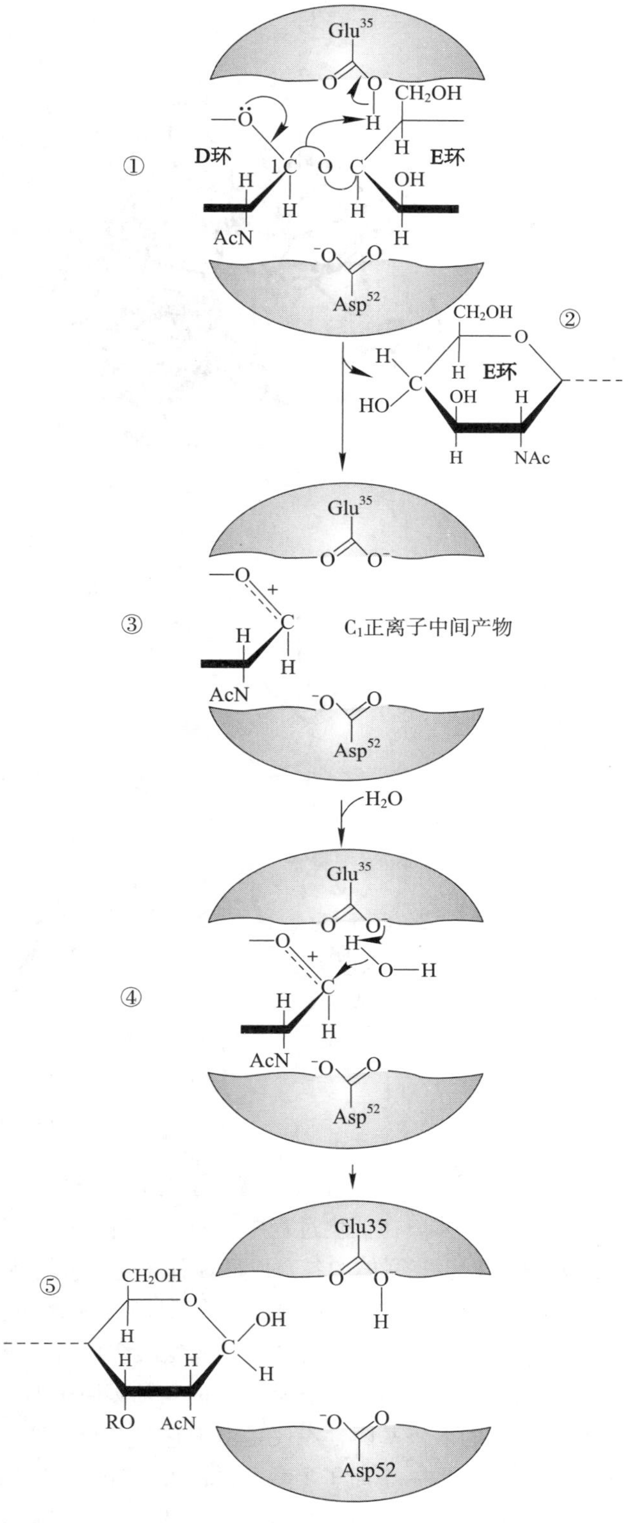

图 5-12　溶菌酶催化糖苷键水解的作用机制

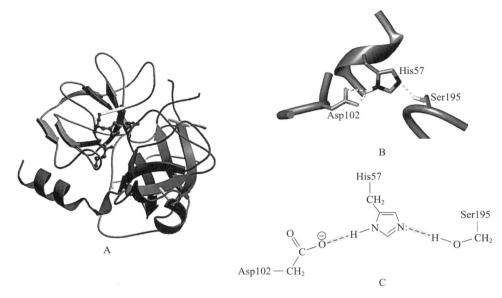

图 5-13 胰凝乳蛋白酶的三维结构（A）和催化三联体（B、C）

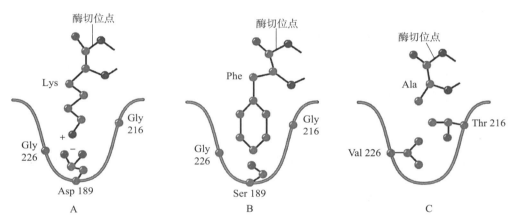

图 5-14 三种丝氨酸蛋白酶底物特异性示意图
A. 胰蛋白酶；B. 胰凝乳蛋白酶；C. 弹性蛋白酶

催化机制 对胰凝乳蛋白酶分子的研究表明，Ser195 与 His57 和 Asp102 残基侧链在活性部位中相互临近，形成催化三联体。在催化过程中，Ser195 直接攻击底物，而 His57 和 Asp102 则通过提供或接受质子的方式，稳定中间复合物。三联体的各个成员具有高度的协同性，它们相互影响、互相牵制，共同完成催化反应。对三联体中任何一个氨基酸残基进行突变，酶活性部位都将受到严重损害。

下面以胰凝乳蛋白酶为例介绍丝氨酸蛋白酶的催化机制（图 5-15）。①底物与活性部位结合，形成 ES 复合物。②Ser195 亲核攻击要断裂肽键的羰基碳原子形成第一个四面体过渡中间物（共价催化）。Ser195 侧链之所以是一个有效的亲核基团，不仅是由于它在空间上处于有利的位置（临近和定向效应），而且 His57 作为一个广义碱从 Ser195 吸取一个质子（酸碱催化），促进了 Ser195 侧链羟基的亲核性，带正电荷的 His57 的作用又被带负电荷的 Asp102 加强。③His57 作为质子供体将质子供给肽的酰胺键，形成酰化酶中间物，肽键断裂，第一个产物（原来肽键的氨基一侧）离开。④水进入活性部位，作为亲核试剂攻击羰基碳原子。⑤第二个四面体过渡中间物形成，His57 从攻击的水分子接受一个质子，随后将质子提供给 Ser195 的氧，以协调的方式帮助四面体过渡中间物的瓦解。⑥四面体过渡中间物瓦解，第二个产物形成（原来肽键的羧基一侧）。⑦第二个产物从酶的活性部位脱离，三联体恢复到初始状态，整个反应结束。

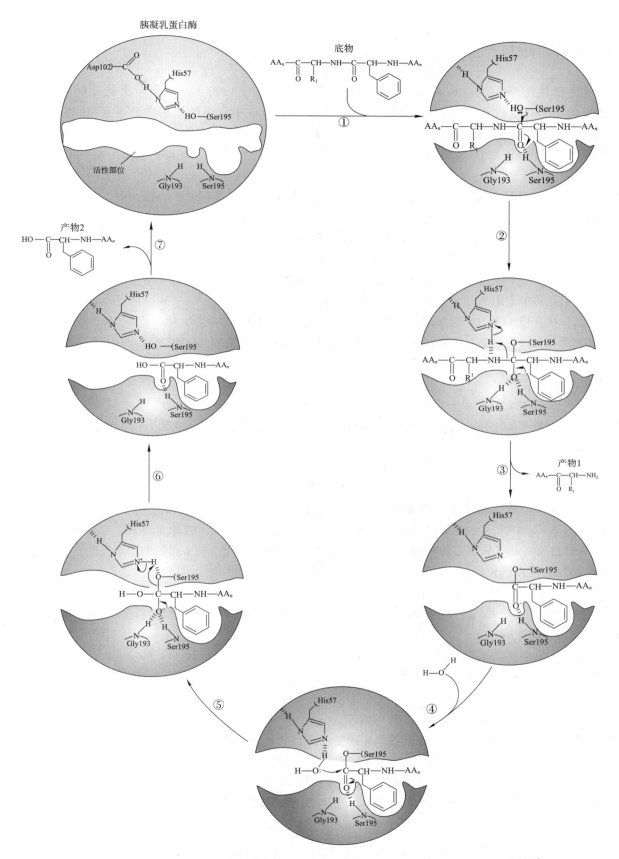

图 5-15 丝氨酸蛋白酶的催化机制（引自 Nelson D L et al.Principles of Biochemistry，2017）

5.7.3 超氧化物歧化酶

超氧化物歧化酶（superoxide dismutase，SOD）是广泛存在于动物、植物和微生物中的金属酶，属于氧化还原酶类，又称超氧化物氧化还原酶。SOD 最早是在 1938 年从牛红细胞中分离提取，原名血铜蛋白（erythrocuprein）。1969 年，McCord Fridovichr 发现其催化活性，并正式命名为超氧化物歧化酶。SOD 是目前为止发现的唯一的以自由基 O_2^- 为底物的酶，所以它在维持生物体内 O_2^- 产生与消除的动态平衡中起着极其重要的作用。

结构 SOD 按其所含金属离子类别的不同可分为铜锌 SOD（Cu，Zn-SOD）、锰 SOD（Mn-SOD）和铁 SOD（Fe-SOD）三类。

Cu，Zn-SOD 由 2 个相对分子质量为 16 000 的亚基所组成。来自于细菌、真菌和高等动植物细胞的 Cu，Zn-SOD 在氨基酸序列上显示出明显的进化保守性和高度的序列同一性，表现在①与金属离子相连和参与肽链内部二硫键形成部位附近的氨基酸残基相同；②富含甘氨酸残基；③都含有一个 23 ~ 25 个氨基酸残基的超可变区，位于分子主要结构的表面部分，与酶的免疫学性质有关。

Mn-SOD 在真核生物中多为四聚体，在原核生物中多为二聚体。Fe-SOD 为二聚体。Mn-SOD 和 Fe-SOD 的许多性质都很相似，每个亚基的相对分子质量约为 23 000。任何来源的 Mn-SOD 和 Fe-SOD 的一级结构同一性都很高，而且均不同于 Cu，Zn-SOD 的序列，这说明 Mn-SOD 和 Fe-SOD 来自于一个共同的祖先，而 Cu，Zn-SOD 则是以后单独进化的。

SOD 的三维结构信息主要来自于 X 射线衍射分析。Cu，Zn-SOD 两个相同的亚基之间通过非共价的疏水相互作用而缔合。整个结构特征是由反平行的 β 折叠围成的圆桶状结构，称之为 β 桶[①]（图 5-16）。Cu^{2+} 分别与 4 个组氨酸（His44，46，61，118）残基配位，而 Zn^{2+} 则与 3 个组氨酸（His61，69，78）和一个 Asp81 配位，Cu^{2+}，Zn^{2+} 之间相距 0.6 nm。与 Cu，Zn-SOD 不同，Mn-SOD 和 Fe-SOD 的三维结构相似，含有较多的 α 螺旋，β 折叠较少，而且不存在像 Cu，Zn-SOD 中的反平行 β 折叠，整个结构比较紧凑。

Cu，Zn-SOD 的活性部位是一个椭圆形的"口袋"，大小为 1.5 nm × 0.9 nm × 0.6 nm，Cu^{2+}、Zn^{2+} 及 His44、His69、His78、His118 和 Asp81 形成狭长的槽底，Cu^{2+}，Zn^{2+} 之间通过 His61 形成所谓的"咪唑桥"结构（图 5-17）。在口袋的底部最狭窄部位有两个深洼，即形成了特殊键合位置："Cu 位"和"水位"，这是活性中心中最关键的部位。活性部位的特点：①Zn^{2+} 深埋于蛋白质结构内部，不与 O_2^- 直接接触，Zn^{2+} 的作用在于固定口袋的主链和侧链，维持 SOD 的构象。②Cu^{2+} 与酶活性直接相关，活性中心 Cu^{2+} 的氧化电势达 0.4 V，远高于水溶液中 Cu^{2+} 的氧化电势。

与 Cu，Zn-SOD 活性部位不同，Mn-SOD 和 Fe-SOD 具有结构相似的活性部位，围绕活性部位的是几个保守的芳香族氨基酸残基。SOD 催化的反应如下：

$$O_2^- + O_2^- + 2H^+ \rightleftharpoons O_2 + H_2O_2$$

这个反应能清除组织中的 O_2^-，防止细胞被氧自由基及其他超氧化物的伤害。在同一生物体内，尤其是高等动植物体内，Cu，Zn-SOD、Mn-SOD 和 Fe-SOD 都有分布。这三种 SOD 都催化 O_2^- 歧化为 H_2O_2 和 O_2，但是它们对细胞所处微环境条件变化的反应却不相同。三种 SOD 的同时存在，

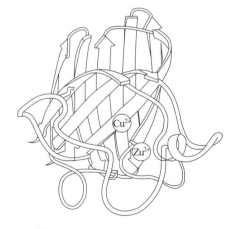

图 5-16 Cu，Zn-SOD 三维结构

---

① β 桶是由 β 折叠扭曲缠绕形成的封闭结构，其中的 β 折叠多以反平行或混合型方式排列。组成 β 桶的 β 股数目差别较大，从 4 到 20 不等。β 桶结构一般出现在孔蛋白和细胞膜的通道蛋白等多种蛋白质结构中。

确保生物体内的氧自由基在各种条件下均能被有效清除。

　　催化机制　三类 SOD 催化机制相同，由于 Cu，Zn–SOD 稳定性较好并易于制备，因此常用于催化机制的研究。下面以 Cu，Zn–SOD 为例，介绍 SOD 催化反应的机制。Cu，Zn–SOD 的催化作用与活性部位 Cu^{2+} 的还原和氧化密切相关。Cu^{2+} 在催化反应中的变化如下，其中 E 代表酶蛋白。

$$E - Cu^{2+} + O_2^- \longrightarrow E - Cu^+ + O_2$$

$$E - Cu^+ + O_2^- \longrightarrow E - Cu^{2+} + H_2O_2$$

　　咪唑桥在 Cu^{2+} 的氧化还原过程中起重要作用，图 5–18 为 Cu，Zn–SOD 催化过程中咪唑桥与 Cu^{2+} 的氧化和还原的关系。图中表明咪唑桥在 O_2^- 与 H^+ 的作用下暂时断开，又在另一个 O_2^- 作用下，恢复原来的结构。正是由于咪唑桥的这一性质，Cu，Zn–SOD 才发挥对 O_2^- 的歧化作用。需指出的是，反应中 H^+ 是从与 Cu^{2+} 配位的水分子解离而来。

　　底物 O_2^- 如何进入活性部位是 Cu，Zn–SOD 催化机制的一个重要问题，因为 O_2^- 带负电荷，在非酶反应中由于同性相斥，两者相遇概率极低，故自动反应速率很小。Cu，Zn–SOD 为酸性蛋白质，等电点为 4~6，在生理条件下，酶分子表面带负电荷部位较多，而在活性部位多带正电荷，因此 O_2^- 难于在非活性部位碰撞，而趋向于活性部位。活性部位通道口的两侧 Lys 和 Arg 残基都属于碱性氨基酸，等电点分别为 9.74 和 10.76，它们带有正电荷，在引导 O_2^- 进入活性部位过程中起关键作用。

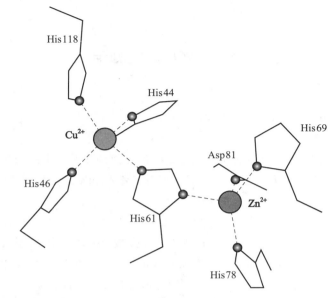

图 5-17　Cu，Zn-SOD 活性部位的"咪唑桥"示意图

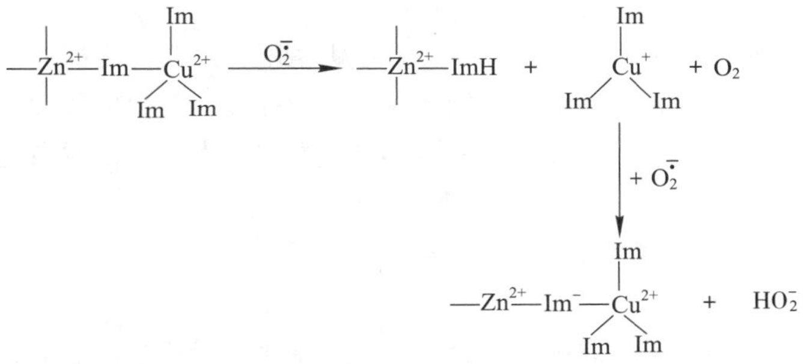

图 5-18　Cu，Zn-SOD 催化过程中"咪唑桥"的断开与重接
Im 为 His 侧链的咪唑基团

　　除以上介绍的溶菌酶、丝氨酸蛋白酶和超氧化物歧化酶外，还有许多酶的结构和作用机制亦被阐明，如 *Eco*R I 限制性内切核酸酶（见 🅴辅学窗 5-7）和尿激酶（见 🅴辅学窗 5-8）等。然而，相对于已经发现的种类繁多的酶来讲，目前能够确切了解其结构和详细作用机制的酶仍然是少数。

⚙ 思考题

　　1. 丝氨酸蛋白酶与其他蛋白酶一样能够发生自身水解。为了防止自身水解，通常将丝氨酸蛋白酶存放在稀的盐酸溶液中，试解释其原因。

　　2. 在消化道内蛋白酶的水解激活途径中，是胰蛋白酶激活胰凝乳蛋白酶而不是由后者激活前者，为什么？

　　3. 丝氨酸蛋白酶的在催化反应中使用了哪些催化机制？哪种机制贡献最大？

　　4. 丝氨酸蛋白酶通常有多个丝氨酸残基，为什么 Ser195 最容易与二异丙基氟磷酸（DFP）起反应？为什么在没有底物与其结合的时候，催化三元体上 His 残基没有将 Ser 残基的羟基上的质子夺去？

5.8 酶的分离纯化和活力测定

5.8.1 酶的分离纯化

对于蛋白质酶类而言，酶的分离纯化基本上同蛋白质的分离纯化（见蛋白质化学章 3.10），一般包括选材、破碎细胞[①]、抽提、分离、纯化、结晶和鉴定等步骤。由于酶是具有生物活性的蛋白质，因此在分离纯化中还应注意以下几点：

（1）全部操作在低温（0～4℃），尽量减少酶活性损失。

（2）在分离纯化过程中避免强酸、强碱和剧烈搅拌，以免酶蛋白变性。

（3）在抽提溶剂中加入保护剂，如加少量金属螯合剂 EDTA，以防止重金属离子使酶失活。另外对巯基酶，可加少量 β– 巯基乙醇，防止酶蛋白上的—SH 被氧化而失活。

（4）在分离纯化过程中要经常测定酶活力，以检测酶的去向；还要通过比活力的计算，了解酶的提纯倍数。比活力愈高，酶纯度就愈高。

判断酶分离纯化方法的优劣，一般采用两个指标：一是总活力的回收；二是比活力提高的倍数。总活力的回收是表示分离纯化过程中酶的损失情况；比活力提高的倍数是表示分离纯化方法的有效程度。一个好的分离纯化步骤应该是总活力回收较大，比活力提高的倍数也较大，但是实际上两者往往不能兼得。因此考虑分离纯化方法时，应在总活力多回收一些还是提高比活力之间作适当选择。

5.8.2 酶活力的测定

在酶学研究中，活力测定极其重要。无论是在酶的分离纯化，还是性质研究以及酶的应用过程中，都需要经常测定酶活力。酶活力的测定实际上就是酶的定量测定。酶活力（enzyme activity）也称酶活性，是指酶催化某一化学反应的能力，酶活力的大小可以用在一定条件下催化某一化学反应的速率来表示。酶所催化的化学反应速率愈大，酶活力就愈高。反之，酶所催化的化学反应速率愈小，酶活力就愈小。

（1）酶活力测定过程中，应注意以下几点：

① 测定反应初速率[②]　在酶反应过程中，如将产物生成量对反应时间作图，如图 5-19 所示。图中曲线的斜率，即单位时间内产物生成量的变化就是反应速率（斜率 = d［P］/dt = v）。在反应开始一段时间内反应速率维持恒定，亦即产物的生成量与时间成直线关系。随着时间的延长，曲线斜率逐步减少，反应速率逐渐下降。引起反应速率下降的原因很多，如由于反应的进行，底物浓度降低，产物浓度增加，使逆反应速率加大；或者由于产物对酶有抑制作用；或是酶本身在反应中失活等。为了正确表示酶促反应的速率就必须用反应初始阶段的速率，即反应初速率，这时上面一些因素还来不及起作用，［P］–t 曲线几乎呈直线关系。为了保证所测的速度是初速率，通常以底物

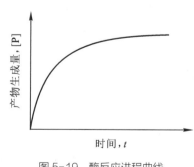

图 5-19　酶反应进程曲线

---

① 生物细胞产生的酶有两类，一类由细胞内产生后分泌到细胞外进行作用的酶，称胞外酶，不存在破碎细胞的问题。另一类酶在细胞内合成后并不分泌到细胞外，而是在细胞内起催化作用的称胞内酶，绝大多数酶是胞内酶，需破碎细胞。

② 初速率（initial rate）也常称初速度（initial velocity）。

浓度的变化在起始浓度的 5% 以内的速率为初速率。

② 酶的反应速率与一般化学反应速率一样，原则上可用单位时间内底物的减少量或产物的增加量来表示，但实际上一般用单位时间内产物的增加量来表示。因为测定酶反应速率时，底物都是过量的，因此底物的减少量占总量的极少部分，不易准确测定；而产物从无到有，只要测定方法灵敏，就可以准确测定。

③ 酶的反应速率与反应时的温度、pH、离子强度和底物浓度等有关，因此测酶反应速率时应使这些因素保持恒定。

④ 测定酶反应速率时，应使底物浓度大大超过酶浓度，使酶反应接近于零级反应 [①]，这时反应速率就和底物浓度无关，而和酶浓度成正比。

（2）**酶活力单位**（active unit） 酶活力的大小用酶活力单位（简称酶单位，U）来表示。酶的活力单位是指在一定条件下，一定时间内催化一定量的底物转化为产物所需的酶量。1961 年国际生物化学学会酶学委员会规定了统一的国际单位（IU）来表示酶活力，即在规定条件下每分钟内催化 1 微摩尔（μmol）底物转化的酶量为一个酶单位。如果底物有一个以上可被作用的键，则一个酶单位是 1 分钟内使 1 μmol 有关基团转化的酶量。如果底物是两个相同分子参加的反应，则一个酶单位是每分钟内催化 2 μmol 底物转化的酶量。温度尽可能保持在 25℃，其他条件（如 pH、底物浓度等）尽可能采用最适条件。如因单位数值过大或过小，不便使用，可用毫单位（mU）或千单位（kU）等。

1972 年，酶学委员会又推荐了一个新的酶活力单位，即 Katal（简称 Kat）单位。1 个 Kat 单位是指在最适条件下，每秒钟内转化 1 mol 底物所需的酶量（1 Kat 单位 =1 mol/s）。这个新单位与化学动力学中速率常数大小一致，以秒为基础。同样每秒钟内使 1 μmol 底物转化的酶量为 1 微（μ）Kat 单位，依此类推，可用纤（n）Kat 单位等。Kat 单位与国际单位（IU）之间的关系如下：

$$1 \text{ Kat} = 1 \text{ mol/s} = 60 \text{ mol/min} = 60 \times 10^6 \text{ μmol/min} = 6 \times 10^7 \text{ IU}$$

$$1 \text{ IU} = 1 \text{ μmol/min} = \frac{1}{60} \text{ μmol/s} = \frac{1}{60} \text{ μKat} = 16.67 \text{ nKat}$$

虽然有上述两种规范的酶活力单位，但使用起来并不方便，人们往往仍采用习惯沿用的单位。例如淀粉酶的单位规定为每小时分解 1 g 淀粉的酶量定义为一个单位（1 U=1 g 淀粉 /h），也有人采用每小时分解 1 ml 2% 的淀粉溶液的酶量定义为一个单位（1 U=1 × 2% 淀粉 / 小时）。习惯法使用方便，但同一种酶有几种不同的活力单位，这样不便于对酶活力进行比较。

（3）**酶的比活力**（specific activity） 即酶的比活性，是指每毫克蛋白质所含的酶活力单位数（U/mg 蛋白质）。

$$比活力 = \frac{酶活力（U/ml）}{蛋白质质量浓度（mg/ml）}$$

有时用每克或每毫升酶制剂所含的酶活力单位数来表示（U/g 或 U/ml）。比活力是酶学研究及生产中经常使用的重要数据。酶的比活力是说明酶的纯度的，对同一种酶来说，比活力愈高，表示酶制剂愈纯。用有关纯酶的比活力除未知的酶制剂的比活力即得未知酶制剂的纯度。

（4）**酶的转换数**（turnover number，TN） 是指酶被底物饱和时，每分子酶在单位时间（如每秒钟）内转换底物的分子数（即使多少个底物分子转变为产物）。米氏方程（见 5.9.2）推导时所提到的 $v = k_3 [E_t]$ 式中的 k_3 即称为转换数。几种酶的最大转换数见表 5–9。

[①] 在酶促反应中，底物浓度相当大，而 pH 及温度保持恒定，在反应初期的一定短时限内，酶的反应速率可以保持不变，此时酶的反应速率不受底物浓度的影响。这种反应称零级反应。

表 5-9 几种酶的最大转换数

酶	转换数 [每秒（s）]	酶	转换数 [每秒（s）]
碳酸酐酶	600 000	胰凝乳蛋白酶	100
乙酰胆碱酯酶	25 000	DNA 聚合酶	15
青霉素酶	2 000	色氨酸合成酶	2
乳酸脱氢酶	1 000	溶菌酶	0.5

许多酶为寡聚体，含几个亚基，因此可用催化中心活性来表示转换数。催化中心活性是指每分钟每一催化中心所转换的底物的分子数。

（5）**酶活力的测定方法**　常用的方法有 4 种。

① 终点法（endpoint method）　也称化学反应法（chemical reaction method），是使酶促反应进行到一定时间后，终止其反应，然后用化学或物理法测定产物或底物变化的量。具体操作是，间隔一定时间，分几次取出一定体积的反应液，用 5% 的三氯醋酸或加热等方法终止反应，然后用显色剂与产物或底物进行反应，产生有色物质，再用分光光度计在一定波长下测定其吸光度，从标准曲线求出产物的增加量或底物的减少量。

本法几乎适用于所有酶的活力测定，设备简单易行，但工作量较大，本身包含一定的误差，对反应速度很快的酶不易得到十分准确的结果。现在新型的酶分析仪（enzyme analyzer），将不同时间取样、终止反应、加入显色剂、保温、比色或其他测定方法编排成程序，自动地依次完成，并将分析结果打印出来，因此十分方便。

② 动力学法（kinetic method）　不需终止反应，可连续测定酶反应中底物、产物的变化量，直接测定并计算酶反应的初速率。动力学法中广泛应用的有分光光度法和荧光法。

分光光度法（spectrophotometry）　这是利用底物和产物在紫外或可见光部分光吸收的不同而建立起来的方法。几乎所有的氧化还原酶都可以用此法测定。例如脱氢酶的辅酶 NADH 和 NADPH 在 340 nm 处有特异的光吸收，而氧化型（NAD^+ 和 $NADP^+$）则无此光吸收（图 5-20），可用分光光度计连续测定 340 nm 光吸收的增加或减少，计算酶反应初速率。此法简便、迅速、灵敏（可检测到 nmol/L 水平的变化）。

荧光法（fluorometry）　这是利用底物或产物有荧光变化而建立的方法。酶蛋白分子中的酪氨酸、色氨酸和苯丙氨酸残基以及一些辅酶、辅基如 NADH、NADPH、FMN、FAD 都能发出荧光，用荧光分光光度计选择适当的激发光波长和发射波长，并记录不同反应时间内荧光强度的变化，可用单位时间内荧光强度的变化表示酶活性的水平。本法灵敏度很高，可以检出 pmol/L 的样品，比分光光度法高出 3 个数量级，样品用量极微，但干扰多，须严格控制实验条件，排除荧光干扰物质。

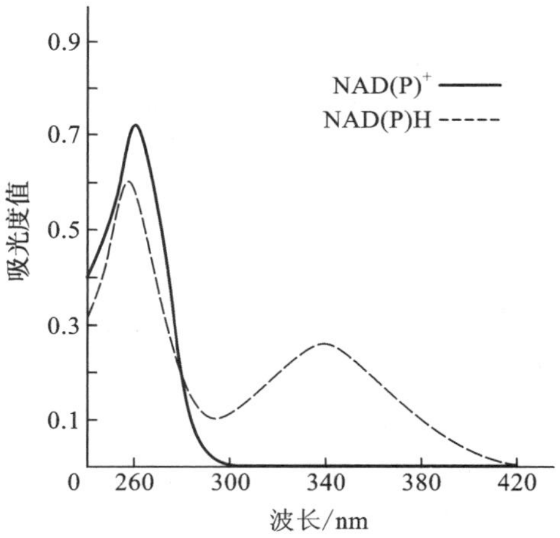

③ 酶偶联法（enzyme coupled method）　本法是将一些没有光吸收或荧光变化的酶反应与一些能引起光吸收或荧光变化的酶反应偶联，即第一个酶的产物作为第二个酶的底物，通过第二个酶反应产物的光吸收或荧光变化来测定第一个酶的活力。

图 5-20　NAD（P）$^+$ 和 NAD（P）H 的光吸收曲线

$$S \xrightarrow{E_1} P_1 \xrightarrow{E_2} P_2$$

在以上的反应系统中，要求 S → P_1 反应很慢，P_1 → P_2 反应很快，这样测得的速率才能真正表示第一步反应的速率；另外偶联工具酶即 E_2 必须纯度很高，加入酶量应过量。例如测定己糖激酶的活性，可将以下两个反应偶联，通过测定 NADPH 在单位时间内 340 nm 吸光度的增加来表示己糖激酶的活性。

$$葡萄糖 + ATP \xrightarrow{己糖激酶} 6- 磷酸葡糖 + ADP$$

$$\text{6-磷酸葡糖} + NADP^+ \xrightarrow{\text{6-磷酸葡糖脱氢酶}} \text{6-磷酸葡糖酸} + NADPH + H^+$$

④ 电化学法（electrochemical method） 本法是根据反应中底物或产物的不同电化学性质而设计，是一类连续分析法，灵敏度和准确度都很高，但此法要求电化学分析的仪器设备。电化学法有离子选择性电极法、微电子电位法、电流法、电量法、极谱法等方法。这里仅对离子选择性电极法作简单介绍，此法要求酶反应中伴有离子浓度或气体的变化（如 O_2、CO_2、NH_3 等），从而求得反应初速率。离子选择性电极种类很多，常用的有氧电极，可以测定一些耗氧酶的反应；CO_2 电极可测定一些脱羧酶的反应；H^+ 电极可测定脂肪酶的产酸反应；NH_4^+ 电极可测定脲酶水解过程中铵离子的产生。

5.9 酶的反应速率和影响反应速率的因素

本节将讨论各种因素对酶反应速率的影响。在阐述酶反应的动力学前，首先需要了解典型酶促反应的基本概念。一种酶促反应包括底物 S 与酶 E 结合成中间产物（或复合物）ES，ES 再分解成 E 和终产物 P。由于酶促反应一般是可逆的，因此，ES 还可解离成 E 和 S。这几个步骤反应的速率是不一样的。典型酶促反应可表示如下，k_1、k_2、k_3、k_4 代表有关反应的速率常数：

$$E + S \underset{k_2}{\overset{k_1}{\rightleftharpoons}} ES \underset{k_4}{\overset{k_3}{\rightleftharpoons}} E + P$$

5.9.1 酶的反应速率

酶的反应速率[1]（v），一般是以单位时间内底物被分解的量或产物的增加量来表示。假设 x g 蔗糖在 t 时间内被一定的蔗糖转化酶水解为葡萄糖和果糖，则 x/t 即为蔗糖转化酶反应的速率或用每分钟产生的还原糖毫克数表示。

酶促反应在初期速率较大，一定时间后，由于反应产物浓度逐渐增加，反应速率渐渐下降，最后完全停止。如果底物浓度相当大，而 pH 及温度又保持恒定，则在反应初期的一定短时限内，酶的反应速率尚不受反应产物的影响，可以保持不变。故测酶的反应速率一般只测反应开始后的初速率，而不是测反应达到平衡时的平均反应速率。

5.9.2 影响酶反应速率的因素

酶动力学（enzyme kinetic）研究酶反应速率及不同因素对酶反应速率的影响的规律。酶促反应的速率受酶浓度、底物浓度、pH、温度、激活剂、抑制剂、反应产物和别构效应等因素的影响。

5.9.2.1 酶浓度的影响

在有足够底物的情况下，而又不受其他因素的影响时，酶的反应速率（v）与酶浓度成正比（图 5-21）。即

$$v = k[E] \tag{1}$$

式中，k 为反应速率常数，[E] 为酶浓度。

5.9.2.2 底物浓度的影响（米氏方程）

当酶浓度、温度和 pH 恒定时，在底物浓度很低的范围内，反应初速率与底物浓度成正比。当底物浓度达一定限度，所有的酶全部与底物结合后，反应速率达最大值 V，此时再增加底物也不能使反应速率增加

---

[1] 反应速率（reaction rate），也称反应速度（reaction velocity）。

（图 5-22）。反应初速率（底物浓度低时）与底物浓度的关系可用下式表示：

$$v = k [S] \tag{2}$$

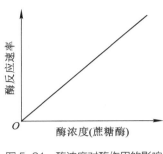

图 5-21 酶浓度对酶作用的影响

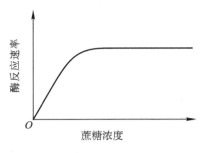

图 5-22 底物浓度对酶反应速率的影响

式中，v 与 k 的意义与上段同，[S] 为底物浓度。式（2）只表示反应初速率与底物浓度的关系，不能代表整个反应中底物浓度和反应速率的关系。为此，Leonor Michaelis 与 Maud L. Menten 根据中间产物理论推导出了能表示整个反应中底物浓度与反应速率关系的公式，称 Michaelis–Menten 方程或简称米氏方程：

$$v = \frac{V [S]}{K_m + [S]} \tag{3}$$

移项得

$$K_m = [S] \left(\frac{V}{v} - 1 \right) \tag{4}$$

式中，v 为 [S] 不足以产生最大速率 V 时的反应速率。K_m 为米氏常数。当 $\frac{V}{v} = 2$ 时，$K_m = [S]$，$v = \frac{V}{2}$。K_m 是反应速率 v 等于最大反应速率 V 一半 $\left(v = \frac{V}{2} \right)$ 时的底物浓度（以 mol/L 或 mmol/L 为单位），称米氏常数（Michaelis constant）。K_m 的重要意义是：

① K_m 不是 ES 的单独解离常数，而是 ES 在参加酶促反应中整个复杂化学平衡的解离常数，因为在一种酶促反应中，不是只有一种中间产物 ES 生成，而可能有一系列的 ES 生成。K_m 代表整个反应中底物浓度和反应速率的关系。

② K_m 是酶的重要特征常数。在严格条件下，不同酶有不同的 K_m，可通过测定 K_m 鉴定不同的酶类。K_m 值受底物、pH、温度和离子强度等因素的影响，所以 K_m 作为常数是对一定的底物、pH、温度和离子强度等而言的。

③ 一种酶如可以作用于几种底物，就有几个 K_m 值，其中 K_m 值最小的底物称为该酶的最适底物（optimum substrate）。酶通常是根据最适底物来命名的。如蔗糖酶既可催化蔗糖分解（$K_m = 28$ mmol/L），也可催化棉子糖分解（$K_m = 350$ mmol/L），因为前者是最适底物，故称为蔗糖酶。

④ 当速率常数 k_2 比 k_3 大很多时，K_m 表示 ES 的亲和力。K_m 高表示 E 与 S 的亲和力弱，K_m 低时表示亲和力强。表 5-10 列出几种酶的米氏常数。

表 5-10 几种酶的米氏常数

酶	底物	K_m/ (mol · L^{-1})
丙糖磷酸脱氢酶（兔肌）	D- 甘油醛三磷酸	9×10^{-5}
琥珀酸脱氢酶（牛心）	琥珀酸	1.3×10^{-3}

续表

酶	底物	$K_m/(\text{mol} \cdot \text{L}^{-1})$
醇脱氢酶（酵母）	乙醇	1.3×10^{-2}
6-磷酸葡糖磷酸酶	6-磷酸葡糖	4.2×10^{-4}
1,6-二磷酸果糖醛缩酶（酵母）	1,6-二磷酸果糖	3×10^{-4}
β-半乳糖苷酶	半乳糖	4×10^{-3}
丙酮酸羧化酶	丙酮酸	4×10^{-4}
胰凝乳蛋白酶	乙酰 L-色氨酰胺	5×10^{-3}
苏氨酸脱氨酶	苏氨酸	5×10^{-3}
碳酸酐酶	CO_2	8×10^{-3}
琥珀酰 CoA 合成酶（猪心）	琥珀酸盐	5×10^{-4}

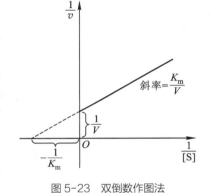

图 5-23 双倒数作图法

K_m **的求法** 可根据实验数据用作图法求得。先测定不同底物浓度［S］时对应的反应速率 v，以 v 对［S］作图，求得最大反应速率 V，然后求得 $\dfrac{V}{2}$ 时相应的底物浓度即为 K_m 值。但由于 V 是一个渐近的极限值，即使用很大的底物浓度也很难达到最大反应速率，所以不能求得准确的 K_m 值。为了求得近似准确的 K_m 值，通常采用双倒数作图法（Lineweaver-Burk 法），此法是将米氏方程改写成直线方程。

$$v = \frac{V[S]}{K_m + [S]}$$

等号两边均取倒数

$$\frac{1}{v} = \frac{K_m + [S]}{V[S]}$$

整理后得

$$\frac{1}{v} = \frac{K_m}{V} \cdot \frac{1}{[S]} + \frac{1}{V}$$

以 $\dfrac{1}{v}$ 对 $\dfrac{1}{[S]}$ 作图得一直线（图 5-23），其斜率为 $\dfrac{K_m}{V}$，在纵轴上的截距为 $\dfrac{1}{V}$，可求得 V。在横轴上的截距为 $-\dfrac{1}{K_m}$，可求得 K_m 值。

米氏方程的推导 米氏方程的推导有各种方式，但都是以酶和底物作用的可逆反应为出发点的。一个典型的酶促反应包括酶［E］与底物［S］结合成酶-底物复合物 ES 和 ES 分解成 E 及产物 P 两个阶段，即：

$$\text{E} + \text{S} \underset{k_2}{\overset{k_1}{\rightleftharpoons}} \text{ES} \underset{k_4}{\overset{k_3}{\rightleftharpoons}} \text{E} + \text{P} \qquad ①$$

k_1、k_2、k_3 和 k_4 代表有关反应的速率常数。根据典型酶促反应的基本式①，即可推导出米氏方程：

$$v = \frac{V[S]}{K_m + [S]}$$

米氏方程的推导有平衡和恒态（稳态）两种方法。平衡法是假定 E+S ⇌ ES 之间的平衡迅速建立的前提下，推导出的一个数学方程式。恒态法是指反应进行一段时间后，ES 的生成速率和 ES 的分解速率相等，亦即 ES 的净增值为零，中间物 ES 的浓度保持不变的这种反应的状态称为恒态。下面用恒态法推导米氏方程。

① 首先假定在推导中提到的反应速率是指酶促反应的初速率，即 E 与 S 汇合后最初几毫秒内的速度。在初速率时限内，产物 P 的浓度小至可以不计，可以假定 ES → E + P 这段反应不存在有可逆现象，因此，可以将 k_4 所表示的反应从式①中略去，得

$$E + S \underset{k_2}{\overset{k_1}{\rightleftharpoons}} ES \overset{k_3}{\rightleftharpoons} E + P$$

令 v_1 代表形成 ES 的速率，v_2 代表 ES → E+S 的速率，v_3 代表 ES → E+P 的速率。由于酶的反应速率与［E］及［S］成正比，则

$$v_1 = k_1 [E][S]$$
$$v_2 = k_2 [ES]$$
$$v_3 = k_3 [ES]$$

当反应达到恒态时，ES 形成的速率与 ES 分解的速率相等，即

$$v_1 = v_2 + v_3$$

即：

$$k_1 [E][S] = k_2 [ES] + k_3 [ES] = (k_2 + k_3)[ES]$$

移项：

$$\frac{[E][S]}{[ES]} = \frac{k_2 + k_3}{k_1}$$

令 K_m 代表 k_1、k_2 和 k_3 的关系，即代表 $\dfrac{k_2 + k_3}{k_1}$，则

$$\frac{[E][S]}{[ES]} = K_m \qquad\qquad ②$$

② 式中的［E］和［ES］两项的数值都难测定，因此必须将［E］和［ES］两项从式②中除去。考虑到反应系统中的总酶浓度［E_t］是游离酶浓度［E］加［ES］的总和，即

$$[E_t] = [E] + [ES]$$
$$[E] = [E_t] - [ES]$$

于是式②可改写为：

$$K_m = \frac{[E_t - ES][S]}{[ES]}$$

移项得：

$$K_m [ES] = [E_t][S] - [ES][S]$$
$$K_m [ES] + [ES][S] = [E_t][S]$$
$$[ES](K_m + [S]) = [E_t][S]$$
$$[ES] = \frac{[E_t][S]}{K_m + [S]} \qquad\qquad ③$$

③ 因为在 ES → E+P 的反应中 v_3 与［ES］成正比，即

$$v_3 = k_3 [ES]$$

故

$$[ES] = \frac{v_3}{k_3}$$

将此式代入式③，即得

$$\frac{v_3}{k_3} = \frac{[E_t][S]}{K_m + [S]}$$

即

$$v_3 = \frac{[E_t] k_3 [S]}{K_m + [S]}$$ ④

④ 当反应体系中的 S 为饱和时，所有 E_t 都以 ES 形式存在，反应速率即达最大值（以 V 代表），此时 V 与 $[E_t]$ 成正比，即

$$V = k_3 [E_t]$$

代入式④即得

$$v = \frac{V [S]}{K_m + [S]}$$

5.9.2.3　双底物反应

前面讨论的米氏方程只是单底物的酶反应，如异构酶、裂解酶。但这类反应并不普遍，许多酶反应是两个或两个以上的底物参加反应，其中双底物双产物的酶反应（称双底物反应）更为重要，占已知生物化学反应一半以上。氧化还原酶和转移酶催化的反应都是双底物反应（bisubstrate reaction）。

双底物的酶反应一般可用下式表示：

$$A + B \xrightleftharpoons{\text{酶}} P + Q$$

式中，A、B 表示底物，P、Q 表示产物。按反应的动力学机制，将双底物反应分为序列反应和乒乓反应两大类。

（1）**序列反应**（sequential reaction） 也称单置换反应（single displacement reaction），是指所有底物都必须与酶结合后才发生反应而释放产物，序列反应又可分为下列两种类型：

① **有序反应**（ordered reaction）可写作 ordered Bi Bi[①]，底物 A 和 B 与酶的结合，有严格顺序，必然是先 A 后 B。产物从酶分子上释放，也有严格的顺序，必须是先 P 后 Q。酶反应的历程用一条水平线表示，E 表示酶，EA、EAB、EPQ、EQ 表示中间复合物，向下的箭头表示与酶结合的底物，向上的箭头表示从酶分子上释放产物。于是，有序双底物反应见图所示。图中 A 和 B 分别称为先导底物（leading substrate）和后随底物（following substrate）。许多依赖 NAD$^+$ 和 NADP$^+$ 的脱氢酶，如醇脱氢酶、乳酸脱氢酶、苹果酸脱氢酶等所催化的反应，均遵循有序双底物机制，其辅酶为先导底物。

② **随机反应**（random reaction）可写作 Random Bi Bi，指底物 A、B 与酶结合的顺序是随机的，产物的释放也是随机的，如图所示。少数脱氢酶和一些转移磷酸基的激酶如肌酸激酶所催化的反应属随机双底物机制。

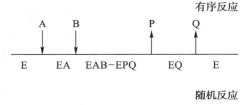

有序反应

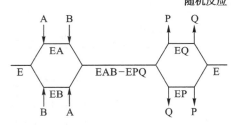

随机反应

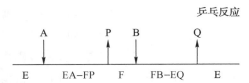

乒乓反应

（2）**乒乓反应**（Ping Pong reaction） 也称双置换反应（double-displacement reaction），可写作 Ping Pong Bi Bi 或 Ping Pong Uni Uni Uni Uni。酶分子首先与一个底物结合，接着释放一个产物，再与另一个底物结合，再释放一个产物。即像打乒乓球一样，来一个底物，释放一个产物，再来一个底物，再释放一个产物，如图所示（E 和 F 表示不同状态的酶）。许多酶如胰蛋白酶（其中 F 是酰基 – 酶中间物）、氨基转移酶（如谷丙转氨酶、谷草转氨酶等）和一些黄素酶催化的反应属乒乓机制。

双底物反应机制的速度方程比单底物反应要复杂得多，已超出本书范围，故不再介绍。

---

① 动力学上有意义的底物或产物的数目用单（Uni）、双（Bi）、三（Ter）、四（Quad）等表示。如 Bi Bi 表示两种底物反应生成两种产物。

5.9.2.4 pH 的影响

酶对 pH 的影响非常敏感，每一种酶只能在一定限度的 pH 范围内具有活性，且有一个最适宜的 pH。在最适 pH 时酶的反应速率最大，若 pH 稍有变化，酶的反应速率即受抑制。不同的酶有不同的最适 pH，彼此出入甚大，例如胃蛋白酶的最适宜 pH 为 1.9，而胰蛋白酶的最适 pH 为 8.1。动物体内酶的最适 pH 多在 6.5 至 8 之间。pH 对酶速率影响的关系可用图 5-24 表示。

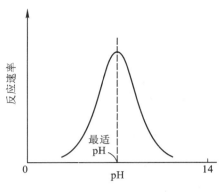

图 5-24 酶在其最适 pH 时活性最高

酶的最适 pH 受许多因素的影响，如酶的来源、纯度、底物、缓冲剂、盐类、作用时间及温度等。pH 对酶反应速率的影响，可能由于下列原因：

（1）影响酶重要基团的解离　酶的活性部位及其附近的各种解离基团必须有一定的解离形式才可能与底物结合。如果这种具有活性的解离形式因 pH 的影响而改变，即会妨碍酶与底物的结合，从而降低酶的反应速率。

（2）pH 亦可影响底物的极性基团　天然底物一般皆有解离基团，底物的解离也只有一种情况才能与酶适应，接受酶的作用。底物的解离如因 pH 的改变而起了不利于与酶结合的改变，则不能与酶结合，妨碍酶的反应。

（3）过高或过低的 pH 改变，可使整个酶分子变性，导致失活。

5.9.2.5 温度的影响

一般化学反应的速率，常随温度的升高而加快，每当温度增加 10℃，化学反应的速率可能增加 2～3 倍。酶的催化作用与温度有密切关系，当酶浓度及底物浓度固定时，在一定限度内酶所催化的化学反应完全符合此规律，以胰蛋白酶为例，当温度增高时，消化所需的时间即缩短。

温度 /℃	0	10	20	30	40	50
消化所需时间 /min	180	100	60	40	20	10

从图 5-25 可知，在 0～50℃ 之间，温度愈高，酶的活力愈大，但温度若升高到 50℃ 以上时，酶的活力就降低。在 80℃ 时绝大多数酶都被破坏。一般来说，在一定温度范围内，酶的活力随温度升高而增高，超过一定温度界限，活力即下降。最高活力时的温度即为酶的最适温度（图 5-25）。

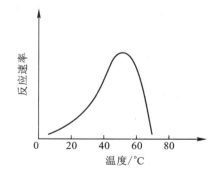

图 5-25 温度对酶促反应的影响

最适温度与最适 pH 一样，并不是一个固定不变的常数，其数值受底物浓度、离子强度、pH 及反应时间等因素的影响。例如，酶的表观最适温度是受时间因素影响的，它是作用时间的函数。作用时间的长短会使酶的最适温度改变。时间愈短，最适温度较高，反之即较低。

有些物质对酶有保护力，可以使酶有较大的耐热力。如某些蛋白质缓冲剂、各种盐类（如磷酸盐和氯化物）、反应产物及底物等皆有可能起保护作用，其机制是作为保护胶体或与酶构成抗热化合物。反应进行时的 pH 对酶的耐热性亦有影响。在酶反应的最适 pH 下，其耐热性一般较高，例如在 pH 4.5 时转化酶的耐热性最大。固态的酶比在溶液中的酶对温度的耐受力要强。酶的冻干粉在冰箱中可放置几个月或更长时间；而酶溶液在冰箱中只能保存几周，甚至几天就会失活。因此许多酶制剂通常以固态保存。

温度对酶促反应的影响主要表现在：①影响酶的稳定性，温度过高会使酶变性；②影响酶或底物分子反应基团的 pK 值，从而影响 ES 的形成；③影响 ES 的分解。

5.9.2.6　激活剂的影响

广义的激活剂包括：①增加酶活性的物质；②使非活性的酶原变为活性酶的物质。前者称酶的激活，后者称酶原激活。这两类激活作用本质上是有区别的。关于酶原的激活，上面已作了介绍，这里只就酶的激活作扼要叙述。

酶的激活　已发现的能增加酶活性的激活剂包括无机离子和简单的有机物。其中金属离子有 K^+、Na^+、Ca^{2+}、Mg^{2+} 和 Zn^{2+} 等，无机阴离子 Cl^-、Br^-、I^-、CN^- 和 PO_4^{3-} 等都可作为激活剂。例如激酶需要 Mg^{2+}，醛缩酶需要 Mn^{2+}，唾液淀粉酶需 Cl^-。酶激活作用仅仅是加入原来生物体中已有的，但在酶制备过程中（如透析）失去的辅助因子。有些小分子有机物如半胱氨酸、还原型谷胱甘肽等还原剂对某些含巯基的酶有激活作用，可使酶中二硫键还原成巯基，从而提高酶活性。

5.9.2.7　抑制剂的影响

广义上讲，凡是使酶活力降低的作用都可以称为酶的抑制作用。这里有两种情况：①由于酶蛋白变性、酶的空间结构改变使酶活力降低或丧失，这种现象严格来讲不是抑制作用，而是失活作用或称钝化作用；②由于酶的必需基团或活性中心化学性质的改变而引起酶活力降低或丧失，这才是真正的抑制作用（inhibition），也是我们在此段要讨论的抑制作用。引起抑制作用的物质称抑制剂（inhibitor）。

（1）抑制作用分不可逆与可逆两类

① 不可逆抑制（irreversible inhibition）　在这类抑制作用中，酶（E）与抑制剂（I）的结合是不可逆的。

$$E + I \longrightarrow EI$$

这类抑制剂通常以牢固的共价键与酶蛋白中的必需基团结合而使酶活力丧失。这种结合一旦发生，不能用稀释或透析等方法除去抑制剂而使酶活力恢复。例如重金属、碘乙酸、对氯汞苯甲酸和三价有机砷化合物对巯基酶的抑制，有机磷化物（如 1059、敌百虫等）对酯酶（如胆碱酯酶）的抑制，氰化物对某些金属酶（如细胞色素氧化酶及其他氧化酶）的抑制。因此，这些药物都有剧毒，使用不当会发生中毒事故。

② 可逆抑制（reversible inhibition）　这类抑制作用中酶（E）与抑制剂（I）是以非共价键、可逆结合。

$$E + I \rightleftharpoons EI$$

可逆抑制的特点是 EI 的解离很快。用透析法除去抑制剂后，酶活力可以恢复。可逆抑制中又分竞争性抑制、非竞争性抑制和反竞争性抑制三类[①]：

竞争性抑制（competitive inhibition）　这是常见的一类抑制作用。这类抑制剂的结构与底物的结构相似，它同底物竞争与酶的活性中心结合，因而妨碍底物与酶结合，减少酶的作用机会。如鸟氨酸与赖氨酸对精氨酸酶的抑制，丙二酸和草酰乙酸对琥珀酸脱氢酶的抑制，磺胺药物和对氨基苯甲酸对细菌二氢叶酸还原酶的抑制都是竞争性抑制。竞争性抑制可以用增加底物浓度的方法以减低或解除抑制剂的影响。

非竞争性抑制（noncompetitive inhibition）　这类抑制剂同底物不在酶的同一部位结合，抑制剂与底物之间无竞争性，酶与底物结合后，还可与抑制剂结合；酶和抑制剂结合后，也可再同底物结合。可形成三元复合物（ESI）。但一旦形成了 ESI 就不能分解为产物，因此影响反应速率。某些重金属离子如 Ag^+、Cu^{2+}、Hg^{2+}、Pb^{2+} 等对酶的抑制作用是非竞争性抑制。由于这类抑制作用底物与抑制剂之间没有竞争性关系，所以不能用增加底物浓度来减轻或解除抑制剂的影响。但可通过增加酶浓度的方法来减低或解除这类抑制剂的影响。

反竞争性抑制（uncompetitive inhibition）　这类抑制是酶必须先和底物结合形成酶和底物复合物后，才能和抑制剂结合形成三元复合物（ESI），ESI 不能分解成产物，因此影响反应速率。这类抑制很少见。

以上三类可逆抑制可用类似于米氏方程的推导方式，采用平衡或恒态法推导得到其速度方程，总结于表 5–11，其中 K_i 为 EI（酶 – 抑制剂复合物）的解离常数。

---

① 竞争性抑制又称专一性抑制，非竞争性抑制又称非专一性抑制。前者只对某一特殊酶或与其有密切关系的几种酶起抑制作用，后者的作用对象不专一，可对许多酶起抑制作用。

表 5-11 不同类型抑制作用的速度方程和常数

类型	速度方程	V	K_m
无抑制剂	$v = \dfrac{V[S]}{K_m + [S]}$	V	K_m
竞争性抑制	$v = \dfrac{V[S]}{K_m\left(1+\dfrac{[I]}{K_i}\right) + [S]}$	不变	增加
非竞争性抑制	$v = \dfrac{V[S]}{\left(1+\dfrac{[I]}{K_i}\right)(K_m + [S])}$	减小	不变
反竞争性抑制	$v = \dfrac{V[S]}{K_m + \left(1+\dfrac{[I]}{K_i}\right)}$	减小	减小

三类可逆抑制的双倒数作图如图 5-26 所示。

（2）**抑制作用的机制** 抑制作用的机制相当复杂，主要为：

① 抑制剂与酶结合成极稳定的络合物，从而减低或破坏酶的活力。大多数抑制作用皆属此类。

② 破坏酶或辅基的活性基团，改变活性部位的构象，破坏—SH 的各种抑制剂如重金属离子（Ag^+、Hg^{2+} 等）和类金属离子（如 As^{3+}）等均属此类。

③ 夺取酶与底物结合的机会，从而减少酶的作用，竞争性抑制剂属此类。

④ 阻抑 $E + S \rightleftharpoons ES \longrightarrow E + P$ 反应的顺利进行，代谢过程中的反馈抑制即属此类。

（3）**常见的抑制剂**

① **不可逆抑制剂** 依据抑制剂对酶的选择性不同，分为专一性和非专一性不可逆抑制剂两种类型。

专一性不可逆抑制剂 此类抑制剂均为底物的类似物，可分为 Ks 和 Kcat 两种。

Ks 型不可逆抑制剂 又称为亲和标记试剂（affinity labeling reagent），结构与底物类似，但同时携带一个活泼的化学基团，对酶分子必需基团的某一个侧链进行共价修饰，从而抑制酶的活性。Ks 型不可逆抑制剂与酶的结合是可逆的，但结合后与酶必需基团的作用是不可逆的。

对甲苯磺酰 –L– 赖氨酰氯甲酮（tosyllysine chloromethyl ketone，TLCK）和胰蛋白酶的底物对甲苯磺酰 –L– 赖氨酰甲酯（tosyllysine methyl ester，TLME）有相似的结构（图 5-27），因此 TLCK 可以与胰蛋白酶活性部位必需基团 His57 共价结合，引起不可逆失活。

Kcat 型不可逆抑制剂 又称酶的自杀性底物（suiside substrate）。这类抑制剂也是底物的类似物，能与酶结合发生类似于底物的变化。但这类抑制剂还有一个潜伏的化学活性基团，当酶对

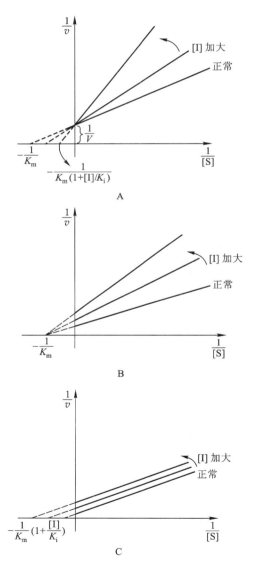

图 5-26 三类可逆抑制的双倒数作图
A. 竞争性抑制；B. 非竞争性抑制；C. 反竞争性抑制

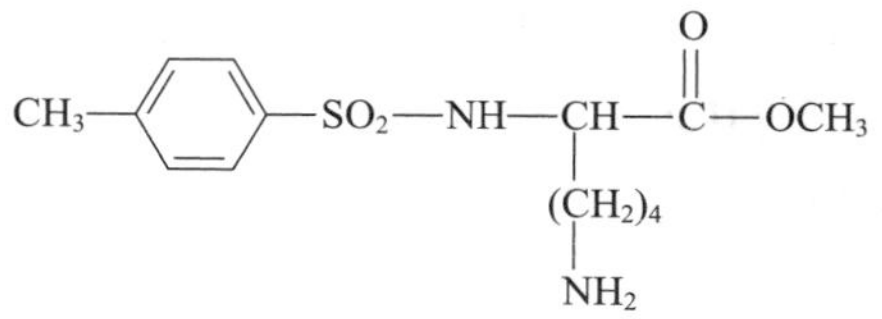

图 5-27 胰蛋白酶底物与其 Ks 型不可逆抑制剂的化学结构比较

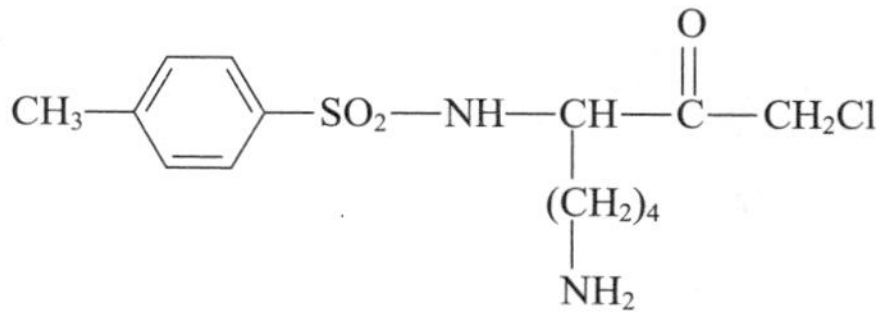

它进行催化反应时，这个基团被暴露或活化，并作用于酶的活性部位的必需基团，使酶不可逆失活。这是一种专一性很高的不可逆抑制剂。

酶的自杀性底物多半是人工合成的，这些底物是人类征服各类疾病的有效药物。例如，痛风症是一种嘌呤代谢异常所引起的疾病，特征是患者的血和尿中尿酸盐浓度升高，从而在肾脏及关节处有尿酸钠结晶沉着，久之形成小结石，致使骨关节变形、发炎或肾脏病变，导致肾衰竭。别嘌呤醇（allopurinol）是治疗痛风症的特效药物。它实际上是黄嘌呤氧化酶的自杀性底物。黄嘌呤氧化酶受抑制后尿酸的产生减少，痛风症状就缓解。从机制上说，别嘌呤醇在细胞内被黄嘌呤氧化酶氧化成别黄嘌呤（alloxanthine），别黄嘌呤与酶活性部位紧密结合从而抑制了黄嘌呤氧化酶的活性（图 5-28）。

图 5-28 别嘌呤醇对黄嘌呤氧化酶的抑制

天然酶的自杀性底物并不一定能治病。有些酶的自杀性底物如不慎吃下，反而对体内正常酶发生抑制而造成功能障碍或致病。例如，在西印度群岛中有一种称为 Ackee 果的植物，成熟的果实是牙买加岛居民的主要食品，但未成熟果实的种皮中却含有一种有毒的降糖氨酸。降糖氨酸的降解产物是人体中黄素酶的自杀底物。该化合物可专一地抑制异戊酰 –CoA 脱氢酶，导致血中异戊酸的积累。异戊酸会影响中枢神经系统功能，导致剧烈呕吐，称为牙买加呕吐病。患者血中的葡萄糖水平约为正常人的十分之一浓度，严重时可由于血糖过低造成死亡。

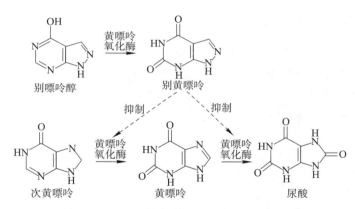

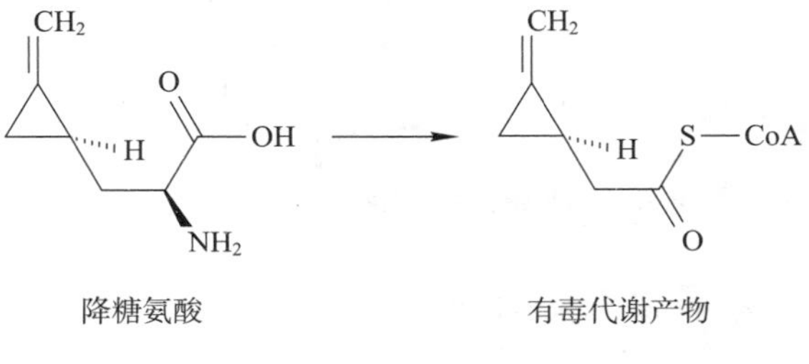

降糖氨酸　　　　　有毒代谢产物

非专一性不可逆抑制剂   可作用于酶分子上不同的基团或几类不同的酶，这种抑制剂有以下几类；

有机磷化合物   这类抑制剂能与某些蛋白酶和酯酶活性中心的丝氨酸羟基共价结合，从而抑制其活性，结构通式如下，式中 R1 和 R2 代表烷基，X 代表卤素或—CN。

常见的有机磷类抑制剂有 DFP[①]、敌敌畏、敌百虫、对硫磷、萨林等，它们的结构式如下：

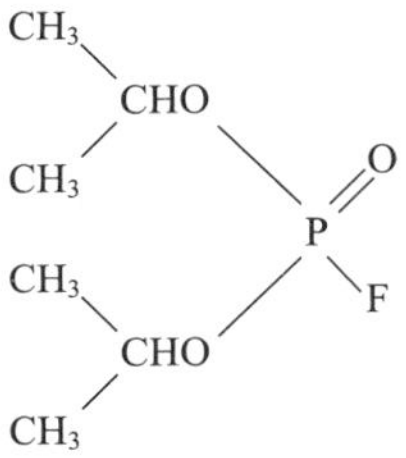

DFP 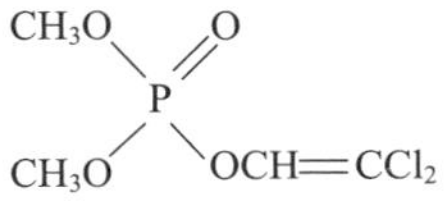   敌敌畏 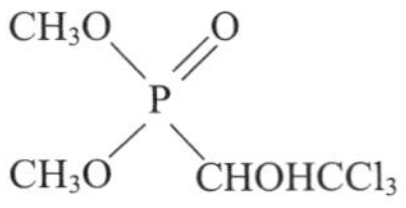   敌百虫

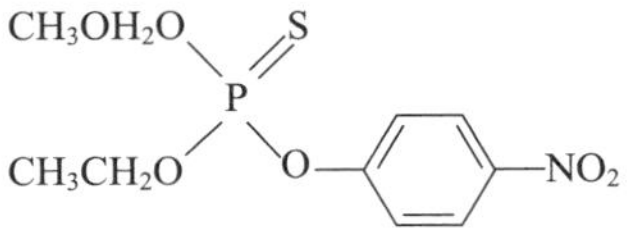

对硫磷（parathion） 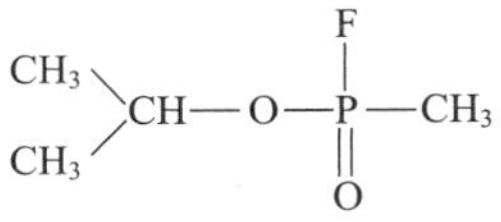   萨林（sarin）

有机磷化合物在农业生产上常用来作为农药消灭害虫。正常机体在神经兴奋时，神经末梢释放出乙酰胆碱传导刺激，之后乙酰胆碱被胆碱酯酶水解为乙酸和胆碱。若胆碱酯酶被有机磷化合物抑制，造成乙酰胆碱积累，引起神经中毒症状，导致生理功能失调而死亡，因此，这类物质又称为神经毒剂。有机磷中毒后，用一些解毒药如解磷定可以把酶上的磷酸根除去，恢复酶的活性（图 5-29）。

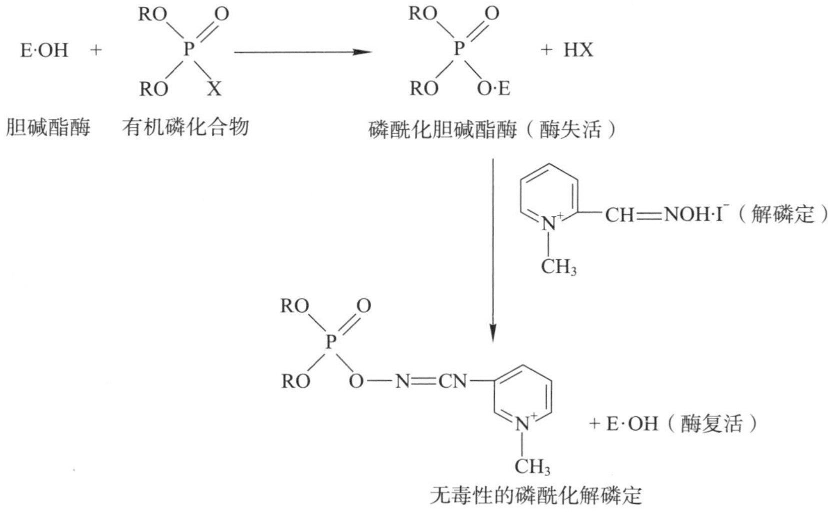

图 5-29   有机磷化合物对胆碱酯酶的抑制和解毒

---

① 二异丙基氟磷酸（di-isopropyl fluorophosphate），简称 DFP。

重金属离子、有机汞和有机砷类　Pb^{2+}、Hg^{2+} 以及含有 Hg^{2+}、Ag^+ 和 As^{2+} 的化合物可与某些酶的必需基团如巯基结合而使酶失去活性。

重金属离子在高浓度时能使酶失活，而在低浓度时对某些酶的活性有抑制作用，可以用金属螯合剂如 EDTA、半胱氨酸等除去重金属离子的抑制，保持酶的活力。

有机汞化合物如对氯汞苯甲酸（p-chloromercuribenzoate，PCMB）与酶分子半胱氨酸残基的巯基结合，抑制含巯基酶的活性，这类抑制可以通过加入过量的巯基化合物如半胱氨酸或还原型谷胱甘肽解除其抑制作用。

有机砷化合物如路易斯毒气（α- 氯乙烯二氯砷）与酶的巯基结合，抑制酶的活性，使人畜中毒。

烷化试剂　这是一类含有活泼卤素原子的抑制剂，如碘乙酸、碘乙酰胺等，作用于酶分子中的巯基、氨基、羧基、咪唑基和硫醚基等基团。

氰化物、硫化物和 CO　这类抑制剂能与酶中的金属离子形成稳定的络合物，使一些需要金属离子的酶受到抑制。如氰化物能抑制呼吸链中含铁卟啉辅基的细胞色素氧化酶，为剧毒物质。

② **可逆型抑制剂**　最常见和最重要的是竞争性抑制剂。一些竞争性抑制剂与天然的代谢物在结构上非常相似，能选择性地抑制病菌或癌细胞在代谢过程中的某些酶，而具有抗菌和抗癌作用。这类抑制剂又称为抗代谢物或代谢类似物。如 5′- 氟尿嘧啶的结构与尿嘧啶十分相似，能抑制胸腺嘧啶合成酶的活性，阻碍胸腺嘧啶的合成代谢，使核酸不能正常合成，导致癌细胞的增殖受阻起到抗癌作用。

（4）**抑制作用的实践意义**　酶的抑制作用在医学、工农业生产和科学实验上具有重要意义。

在医学上，用磺胺类化合物作抗菌剂，就是利用磺胺（如对氨基苯磺酰胺）的化学结构与对氨基苯甲酸的结构相似，与对氨基苯甲酸竞争细菌存活必需的酶（即二氢叶酸合成酶），使细菌不能利用对氨基苯甲酸以合成所需的二氢叶酸和四氢叶酸，从而抑制其繁殖。有些抗生素是通过抑制细菌合成蛋白质的酶系，使其不能生存和繁殖。

农业生产上，可利用抑制剂对害虫生命所必需的酶促反应起抑制作用。例如利用有机磷化合物抑制昆虫的胆碱酯酶，使乙酰胆碱不能分解为乙酸与胆碱，导致乙酰胆碱在昆虫体内大量累积，影响神经传导，造成生理功能失调而死。在科学实验上，研究酶的抑制作用是揭示酶作用机制、代谢过程、药理学和毒理学的重要方法之一。

生物体中的天然抑制剂（包括反馈抑制）为机体调控新陈代谢的重要方式之一。

5.9.2.8　反应产物对酶作用的影响

除某些产物，如反应产生的对酶无害的气体，或反应产生的不溶解的固体物质外，一般反应产物对酶反应速率都有抑制作用，如产物为酸或 H_2O_2，则可使酶破坏。有些产物虽不破坏酶，但留在反应体系中可以阻抑反应的顺利进行（反馈抑制），根据质量作用定律，在酶促反应中，反应产物的增加，显然可阻抑中间产物（ES）的分解。

❓ 思考题

1. 碘代乙酸、吡咯 -2- 羧酸、TPCK 和青霉素分别属于哪一类抑制剂？其中哪几类最适合作为药物治疗疾病，为什么？

2. 弹性蛋白酶能够受到右侧物质的特异性抑制，其抑制的机理是什么？这种抑制属于可逆性抑制还是非可逆性抑制？如何证明你的判断？

$$N\text{-乙酰-Pro-Ala-Pro-NH-C-C}\overset{O}{\underset{H}{<}}$$

（图右侧结构：N–乙酰–Pro–Ala–Pro–NH–C–C，其中 C 上连 H 和 CH₃，末端为 O 和 H）

5.10 调节酶、同工酶、诱导酶和多酶复合物

本节将简要介绍四类比较特殊的酶，即调节酶（regulatory enzyme）、同工酶（isoenzyme）、诱导酶（induced enzyme）和多酶复合物（multienzyme complex）。

5.10.1 调节酶

调节酶是指对代谢调节有特殊作用的酶类。它们的分子都具有明显的活性部位和调节部位，其催化能力可因与调节剂结合而改变，有调节代谢反应的功用。

调节酶主要包括别构酶和共价调节酶两类。这两类酶能在很短的时间内对组织或细胞的代谢变化迅速地作出反应。别构酶可在几秒钟内作出反应，共价调节酶可在几分钟内作出反应。

5.10.1.1 别构酶

别构酶（allosteric enzyme）也称变构酶，由于其本身结构和性质上的特点，具有别构效应，能够调节酶反应速率，因此是调节酶中重要的一类。

（1）**别构酶结构上的特点**　别构酶通常是由两个或两个以上的亚基组成，所含亚基数常为偶数。这些亚基不是独立的，它们之间存在相互作用。

别构酶除了有活性部位以外，还有能与调节物非共价结合的调节部位（或称别构部位）。活性部位负责与底物的结合及催化；调节部位负责与调节物的结合及调节酶反应速率。这两种部位可位于同一亚基上，也可位于不同的亚基上。调节物（或称效应物）是指底物、代谢物、激活剂、抑制剂等小分子物质。

（2）**别构酶性质上的特点**　别构酶与一般的酶在性质上有很大的差别，特别是动力学方面，不遵循米氏动力学。正协同效应别构酶的反应速率 v 对底物浓度 $[S]$ 作图所得的曲线为 S 形[①]，而不是非别构酶的双曲线。抑制剂对别构酶的抑制作用也不服从典型的竞争性抑制、非竞争性抑制或反竞争性抑制。

别构酶对温度的稳定性与一般的酶也不同，如某些别构酶在 0℃ 不稳定，在室温反而稳定。

（3）**别构酶的别构效应（allosteric effect）**　调节物与酶分子的调节中心结合后，使酶分子的构象发生变化，影响了酶活性部位对底物的结合与催化作用，从而使酶活力增加或降低，调节酶促反应速率及代谢过程，这种效应称别构效应。其中调节物结合后，使酶活力增加的称正别构（正变构），这种调节物称正调节物（正别构剂、正效应物、别构激活剂），相反，当调节物结合后，使酶活力降低的称负别构（负变构），这种调节物称负调节物

[①]　具有 S 形曲线行为的酶并不都是别构酶。

（负别构剂、负效应物、别构抑制剂）。别构效应在蛋白质中也存在（见蛋白质化学章 3.6.4）。

由于调节物分子的不同，又有同促效应和异促效应两种调节类型。别构酶因受底物分子调节的效应称同促效应（homotropic effect），底物在这里有两个功能即既作为底物，又作为调节物。这种酶分子上有两个或两个以上的底物结合部位，当一个部位结合底物后就影响其余部位对底物的结合。别构酶因受底物以外的其他代谢物分子调节的效应称异促效应（heterotropic effect），例如从 L- 苏氨酸合成 L- 异亮氨酸，要经过五步反应。代谢终产物 L- 异亮氨酸对该反应途径中第一个酶（L- 苏氨酸脱水酶）有强烈的抑制作用，L- 苏氨酸脱水酶是一个别构酶，L- 异亮氨酸是一个调节物，这种调节就是异促效应。但更多的别构酶兼有同促效应和异促效应，即它们既受底物分子的调节，又受底物分子以外其他代谢物分子的调节。

（4）**别构酶的作用动力学**　别构酶与底物或调节物结合，是有相互作用的协同性，称协同结合（cooperative binding），由协同结合产生的效应称协同效应。协同效应有正、负之分，正协同效应（positive cooperative effect）是指酶结合了一分子底物或调节物后，酶的构象发生变化，这种新的构象有利于后续的底物或调节物与酶的结合。与此相反，酶结合了一分子底物或调节物后所产生的新的构象不利于后续的底物或调节物与酶的结合，称负协同效应（negative cooperative effect）。

正协同效应的别构酶，反应速率 v 对底物浓度［S］作图所得的曲线是 S 形（图 5-30），与非别构酶的双曲线相比，如果反应速率从最大反应速率的 10% 增加到最大反应速率的 90%，正协同效应别构酶的底物浓度只需要微小变化就够了，而非别构酶的底物浓度须发生大的变化才行。换言之，正协同效应别构酶的反应速率对底物浓度的变化十分敏感，这就是别构酶能灵敏迅速地调节酶反应速率的原因。非别构酶的反应速率随底物浓度的变化而缓慢地改变，显然不利于调节细胞内的代谢反应。

负协同效应的别构酶反应速率 v 与底物浓度［S］的曲线与正协同别构酶有所不同。与非别构酶的 v 对［S］作图所得的曲线却极相似，但又不完全相同（图 5-31）。当底物浓度很小时，其反应速率上升很快，但底物浓度增加后，其反应速率即变慢，达到最大反应速率要比非别构酶缓慢得多。负协同效应别构酶的反应速率对底物浓度的变化不敏感。

从以上我们可以看到正协同效应的别构酶反应速率和底物浓度之间是 S 形曲线，而负协同效应的别构酶就不是 S 形曲线，其他机制的一些酶有时也有 S 形曲线，所以不能根据反应速率和底物浓度之间是否是 S 形曲线来判断是否是别构酶。那么怎样来区分符合米氏方程的米氏酶与别构酶呢？Koshland 建议用饱和比值（saturation

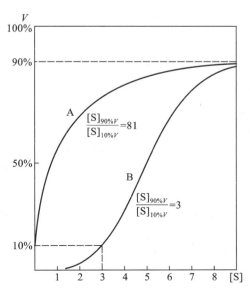

图 5-30　底物浓度对两种催化反应速率的影响
A. 为非别构酶；B. 为正协同效应别构酶

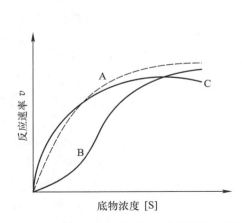

图 5-31　正、负协同效应别构酶对底物反应的动力学曲线
A. 非别构酶；B. 正协同效应别构酶；C. 负协同效应别构酶

ratio，R_S）又称协同指数（cooperativity index，CI）来区分。它是指酶分子中的结合位点被底物（或配基[①]）饱和 90% 与饱和 10% 时底物浓度的比值。

$$R_S = \frac{\text{位点被 90\% 饱和时的底物浓度}}{\text{位点被 10\% 饱和时的底物浓度}}$$

典型的米氏酶 $R_S = 81$；具有正协同效应的别构酶 $R_S < 81$；具有负协同效应的别构酶 $R_S > 81$。

此外，国际上常用 Hill 系数来区分米氏酶与别构酶。A. Hill 在研究血红蛋白与氧结合时提出了 Hill 方程：

$$\lg \frac{\overline{Y}_S}{1 - \overline{Y}_S} = n \lg [\,O_2\,] - \lg K$$

式中，$\overline{Y}_S$ 表示血红蛋白被氧饱和的分数，K 为平衡常数。如果将 Hill 方程中的有关参数换成别构酶中的有关参数，$[\,O_2\,]$ 用 $[\,S\,]$ 表示，$\dfrac{\overline{Y}_S}{1 - \overline{Y}_S}$ 用 $\dfrac{v}{V - v}$ 表示，则方程为：

$$\lg \frac{v}{V - v} = n \lg [\,S\,] - \lg K$$

以 $\lg \dfrac{v}{V - v}$ 对 $\lg [\,S\,]$ 作图是一条直线，斜率为 n，即 Hill 系数。典型的米氏酶 $n = 1$，无协同性；具有正协同效应的别构酶 $n > 1$；具有负协同效应的别构酶 $n < 1$。

（5）**别构酶举例**　天冬氨酸转氨甲酰酶和 3- 磷酸甘油醛脱氢酶是研究得比较清楚的别构酶。

① 天冬氨酸转氨甲酰酶（aspartate transcarbamylase，ATCase）是正协同效应别构酶的一个代表。它是胞苷三磷酸（CTP）生物合成途径中的第一个酶，催化氨甲酰磷酸的氨甲酰基转移到天冬氨酸的氨基上，生成氨甲酰天冬氨酸，反应如下：

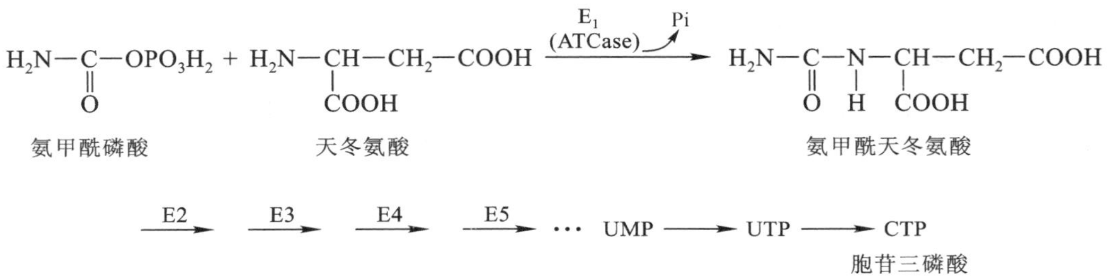

大肠杆菌（*E.coli*）的 ATCase 受反应终产物 CTP 的反馈抑制，CTP 是 ATCase 的负调节物（别构抑制剂），可抑制 ATCase 的活性；而 ATP 是它的正调节物（别构激活剂），可激活 ATCase 的活性。

大肠杆菌 ATCase 酶的相对分子质量为 310 000，由 12 个亚基即 12 条肽链所组成，其中 6 个催化亚基（C）组成 2 个三聚体，每一亚基有 1 个催化部位，亚基的相对分子质量为 34 000；另 6 个调节亚基（R）组成 3 个二聚体，每一亚基有 1 个别构部位（即调节部位），其亚基的相对分子质量为 17 000。催化部位只同底物结合而不同调节物 ATP 及 CTP 结合，调节部位只同调节物结合。整个酶分子中，催化部位与调节部位位于不同亚基上（图 5-32）。

现已证明，ATCase 分子的两种亚基都各有两种构象（图 5-33），分别称 T 态（无活性构象）和 R 态（活性构象）。T 态（tensed state）表示紧密型的状态，与底物亲和力低的状态；R 态（relaxed state），表示松弛型的状态。与底物亲和力高的状态。这两种状态可互变。ATP 和 CTP 是调节物，它们结合到调节亚基外侧的同一部位上，ATP 优先结合到 ATCase 的 R 态，增加 R 态的稳定性；而 CTP 则优先结合到 ATCase 的 T 态，增加 T 态的稳

[①]　配基（ligand）：也称配体，通常将能同别构酶结合的底物、产物和效应物统称为配基。

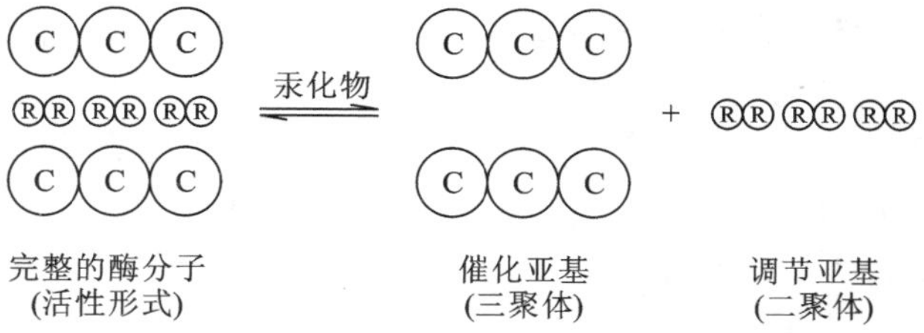

图 5-32　*E.coli* 的 ATCase 的亚基结构
C 代表催化亚基，R 代表调节亚基

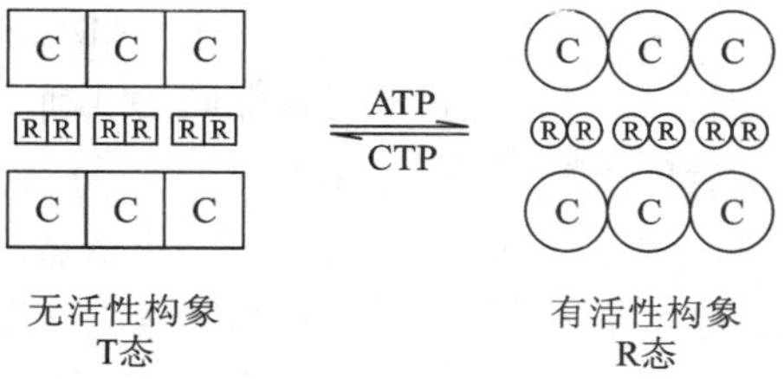

图 5-33　ATCase 的构象转变

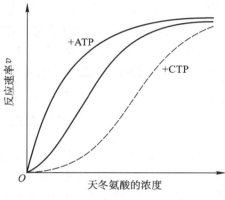

图 5-34　ATCase 的动力学曲线

定性。当 ATP 与 ATCase 的调节亚基结合后，使酶分子所有亚基构象向 R 态转变，ATCase 与底物的亲和力增加，使反应速率增加。相反，CTP 与 ATCase 的调节亚基结合后，使酶分子所有亚基构象向 T 态转变，导致 ATCase 与底物亲和力减弱，使反应速率下降。ATP 和 CTP 通过改变 T 态和 R 态之间的平衡来调节 ATCase 的活性，T 态和 R 态之间的转换是快速的。

ATCase 是一种既有同促效应又有异促效应的别构酶。当反应开始时，CTP 尚未产生，只有同促效应。只有天冬氨酸结合到催化亚基的催化部位时，由于亚基之间的相互作用，所有亚基都由 T 态转变成 R 态，从而使 ATCase 与底物的亲和力增加，结果表现出 S 形动力学曲线（图 5-34）。但一旦反应生成 CTP 后，就有了天冬氨酸和 CTP 两种分子，就产生了异促效应，即 ATCase 既受底物分子的调节，又受底物以外其他调节物的调节。CTP 使 S 形曲线向右移，反应速率下降，使 S 形曲线更显著，增加了协同效应。而 ATP 使 S 形曲线向左移，增加反应速率，使曲线趋向双曲线，减弱了协同效应，但二者都不影响最大反应速率。

对 ATCase 来说，底物、CTP 和 ATP 都是它的调节物（别构效应物），所以可以通过别构效应影响它的催化活性，从而有效地调节体内嘧啶核苷酸的生物合成。

② 3- 磷酸甘油醛脱氢酶（glyceraldehyde-3-phosphate dehydrogenase）是负协同效应别构酶的一个代表。它催化 3- 磷酸甘油醛的脱氢和磷酸化生成 1,3- 二磷酸甘油酸，反应式如下：

3- 磷酸甘油醛脱氢酶有 4 个亚基组成，可以与 4 个 NAD^+ 结合，但其结合常数不同，结合 NAD^+ 后的解离常数见表 5-12。

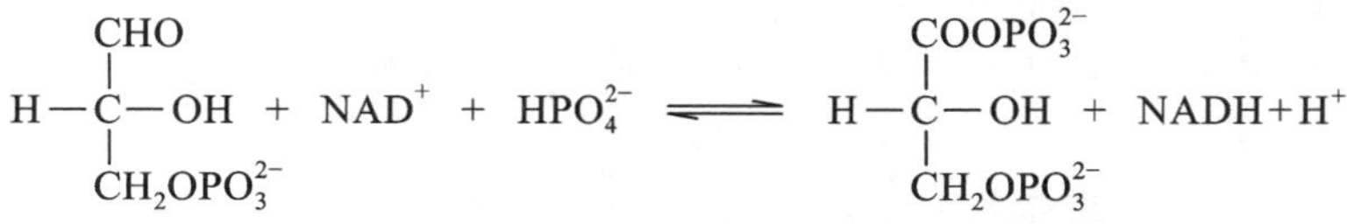

$$
\begin{array}{c}
CHO \\
| \\
H-C-OH \\
| \\
CH_2OPO_3^{2-}
\end{array}
+ NAD^+ + HPO_4^{2-} \rightleftharpoons
\begin{array}{c}
COOPO_3^{2-} \\
| \\
H-C-OH \\
| \\
CH_2OPO_3^{2-}
\end{array}
+ NADH + H^+
$$

3- 磷酸甘油醛　　　　　　　　　　　　　1,3- 二磷酸甘油酸

表 5-12　3- 磷酸甘油醛脱氢酶与 NAD^+ 结合的解离常数 / ($mol \cdot L^{-1}$)

解离常数	虾肌		兔肌
	平衡透析测定	超离心测定	平衡透析测定
k_1	$< 5 \times 10^{-9}$	$< 5 \times 10^{-8}$	$< 10^{-10}$
k_2	$< 5 \times 10^{-9}$	$< 5 \times 10^{-8}$	$< 10^{-9}$
k_3	6×10^{-7}	4×10^{-6}	3×10^{-7}
k_4	1.3×10^{-5}	3.5×10^{-5}	2.6×10^{-5}

由表可见由于第 1、第 2 个 NAD^+ 与 3- 磷酸甘油醛脱氢酶结合的解离常数 k_1、k_2 很小，亲和力很大，因此在底物 NAD^+ 浓度很低时也能同酶顺利结合，但当 NAD^+ 浓度升高时，第 3、第 4 个 NAD^+ 与 3- 磷酸甘油醛脱氢酶结合的解离常数 k_3、k_4 值大，亲和力小，所以酶结合了第 2 个 NAD^+ 后，再同第 3、第 4 个 NAD^+ 结合就非常困难，除非 NAD^+ 的浓度提高两个数量级。由此可见，这时底物（NAD^+）浓度的变化已不足以影响酶的反应速率，这就是负协同效应别构酶对底物浓度变化不敏感的原因。

负协同效应别构酶的这种调节具有重要的生理意义，在生物体内需 NAD^+ 的代谢途径很多，其中糖酵解特别重要（3- 磷酸甘油醛脱氢酶是糖酵解途径中的一个关键酶）。在供氧不足的情况下，NAD^+ 的浓度很低时，由于 3- 磷酸甘油醛脱氢酶是负协同效应的别构酶，因此对 NAD^+ 的低浓度不敏感，使糖酵解仍能以一定的速率顺利进行，而其他需要 NAD^+ 的代谢反应随之而减慢。

本书蛋白质化学中 3.7.3 节提到的血红蛋白与氧结合的别构作用，属于正协同效应，与 O_2 结合的血红蛋白起了类似别构酶的作用，是别构作用中一个重要例子。

（6）别构酶调节酶活性的机制　有两种模型。

① 齐变模型（concerted model） 也称对称模型（symmetry model）或称 MWC 模型。这模型是 1965 年 J. Monod、J. Wyman 和 J. P. Changeux 提出的，故称 MWC 模型。这模型有 3 个假定：

a. 假定酶分子有两个或两个以上相同的亚基组成，它们以对称方式排列。

b. 假定每个亚基上仅有一个结合部位，可以结合配基。

c. 假定每个亚基有两种不同的构象，分别称 T 态和 R 态。

T 态与 R 态之间有一个动态平衡，在没有任何配基时，平衡偏向 T 态，只有极少量的 R 态。

这个模型的要点是：所有亚基必须是相同的构象，当一个亚基构象有了改变，其余亚基的构象都必须作同样的改变，这就是齐变，以保持亚基的对称性（图 5-35）。

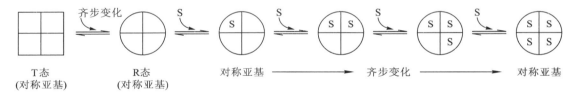

图 5-35　别构酶的齐变模型

齐变模型可以解释正协同效应正负调节物的作用，正调节物有利于酶处于 R 态，使酶易与底物结合，导致酶活力增加。而负调节物有利于酶处于 T 态，使酶不易与底物结合，酶活力下降，如前面提到的 ATCase 的催化机理符合齐变模型。但齐变模型不能解释负协同效应。

② 序变模型（sequential model） 1966 年由 D. Koshland、G. Nemethyl 和 D. Filmer 提出的，所以也称 KNF 模型。该模型也有 3 个假定：

a. 对有亚基的酶来说，每一亚基有两种不同状态即 T 态和 R 态。

b. 当一个亚基和配基结合后就改变了这个亚基的构象，而没有结合配基的亚基，构象没有发生显著变化。

c. 结合了配基的亚基可引起同一酶分子中其他亚基对配基亲和力的增加或减少。

这个模型的要点是：酶的亚基与配基结合后，亚基的构象是逐个逐个地变化，即序变（图 5-36）。

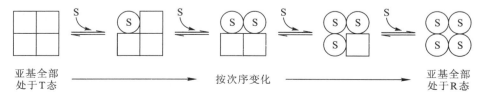

图 5-36　别构酶的序变模型

序变模型可解释正协同效应，也可解释负协同效应，这取决于结合配基后，此亚基对其他亚基的影响，如增加其他亚基和配基的亲和力，就产生正协同，反之则产生负协同。

根据现有的资料来看，一些别构酶的行为符合齐变模型，另一些别构酶的行为符合序变模型。一般来说序变模型更为普遍，它适合于大多数别构酶，可能更接近于实际。但这两种模型均有一定的局限性，真正的机理还需进一步探索。

5.10.1.2　共价调节酶

共价调节酶（covalently modulated enzyme）也称共价修饰酶，是指调节酶分子上以共价键可逆地连接上或脱去一定的化学基团（共价修饰），使酶的活性发生改变。这类酶有活性形式和非活性形式两种类型，在有其他酶的作用下，活性形式与非活性形式可以相互转变，从而调节酶的活性。

目前已发现有几百种酶翻译后要进行共价修饰，根据修饰基团的不同，可分为磷酸化与脱磷酸化、腺苷酰化与脱腺苷酰化、尿苷酰化与脱尿苷酰化、乙酰化与脱乙酰化、甲基化与脱甲基化，以及 S—S 键与—SH 之间的互变这 6 种类型，其中通过磷酸化与脱磷酸化来改变酶活性的调节最为普遍，也最为重要。如动物组织的糖原磷酸化酶（glycogen phosphorylase），它是通过磷酸化与脱磷酸化来调节酶活性的典型的共价调节酶。

糖原磷酸化酶的作用是催化糖原发生磷酸解反应产生 1- 磷酸葡糖。

$$（葡萄糖）_n + Pi \xrightarrow{\text{糖原磷酸化酶}} （葡萄糖）_{n-1} + 1\text{- 磷酸葡糖}$$

磷酸化酶有活性（或高活性）的磷酸化酶 a 及无活性（或低活性）的磷酸化酶 b 两种类型，前者有 4 个亚基，每个亚基的丝氨酸残基的—OH 与一个磷酸基相连。这些磷酸基团是磷酸化酶 a 最大活性所必需的。磷酸化酶磷酸酯酶（phosphorylase phosphatase）能去掉磷酸化酶 a 分子上的 4 个磷酸基而使之转变为无活性的磷酸化酶 b。磷酸化酶 b 经磷酸化酶激酶（phosphorylase kinase）催化又可同 ATP 作用转变为磷酸化酶 a。

通过磷酸化酶磷酸酯酶及磷酸化酶激酶的作用，磷酸化酶的活性就可得到调节（图 5-37）。

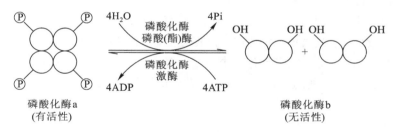

图 5-37　磷酸化酶 a 和磷酸化酶 b 的互变过程

Ⓟ 代表磷酸根

动物组织的糖原磷酸化酶通过磷酸化与脱磷酸化影响其活性，实际上还伴随着亚基聚合、酶构象的转变以及化学信号放大的作用（由于是酶促反应，1 分子磷酸化酶激酶可催化几千个磷酸化酶 b 分子转变为磷酸化酶 a，从而高速催化糖原分解为 1- 磷酸葡糖）。

5.10.2　同工酶

同工酶（isozyme）是指能催化同一种化学反应，但其酶蛋白本身的分子结构、组成有所不同的一组酶。同工酶由两个或两个以上亚基组成，属寡聚酶。由于同工酶的分子结构、组成不同，从而使它们的理化性质（如 K_m 值、电泳行为）、免疫学性质和代谢调控等方面有明显的不同。同工酶往往存在于同一生物个体或同一组织甚至同一细胞的不同亚细胞结构中。它是由不同基因编码或虽然它们的基因相同，但基因转录产物 mRNA 或其翻译产物经不同的加工而产生。目前已知的同工酶有数百种，其中哺乳动物的乳酸脱氢酶研究得最早，也最清楚。

乳酸脱氢酶（lactate dehydrogenase，LDH）相对分子质量约 140 000，是由 4 个亚基组成，为四聚体。其亚基分为 M 型亚基（骨骼肌型）和 H 型亚基（心肌型）两种类型，这两种亚基的氨基酸组成相差甚大，H 型亚基富含酸性氨基酸，而 M 型亚基富含碱性氨基酸，因此在电场中很易分开。两种亚基组成四聚体就有 LDH$_1$（H$_4$）、LDH$_2$（H$_3$M）、LDH$_3$（H$_2$M$_2$）、LDH$_4$（HM$_3$）、LDH$_5$（M$_4$）5 种分子形式，在电泳中显示 5 个区带。心肌中主要是 H$_4$，骨骼肌中主要是 M$_4$，其他组织中主要是 H、M 的杂合体。

乳酸脱氢酶同工酶催化同一种化学反应，即催化下面的反应，但它们的生理功能不同。

心肌的 H 型酶（H$_4$）与乳酸的亲和力特别强，促使乳酸氧化成丙酮酸，所以心肌中乳酸很少，心肌一刻也不停顿地跳动，乳酸一多，心肌就很易疲劳。骨骼肌的 M 型酶（M$_4$）对丙酮酸的亲和力强，促使丙酮酸还原成乳酸。剧烈运动后，大量葡萄糖氧化成丙酮酸，丙酮酸还原成乳酸，所以感到肌肉酸痛。

在动植物组织中都有同工酶存在，且种类很多，除乳酸脱氢酶外，异柠檬酸脱氢酶（见 📖辅学窗 5–9）、苹果酸脱氢酶、RNA 酶等都属同工酶一类。同工酶对研究细胞分化、形态遗传、代谢调节和临床诊断等都有重要意义。

5.10.3 诱导酶

诱导酶是相对结构酶（structural enzyme）而言的，在生物体内有一类酶是天然存在的，含量也较稳定，受外界的影响很小，这类酶称结构酶。

诱导酶是指在诱导物存在时，诱导产生的酶。在诱导物存在时，诱导酶的含量显著增加。在没有诱导物时，诱导酶一般是不产生或含量很少。这种诱导物往往是该酶的底物或底物类似物。诱导酶在微生物中较为多见，例如大肠杆菌的 β– 半乳糖苷酶的生物合成需要有乳糖存在。乳糖对 β– 半乳糖苷酶的生成起了诱导作用，称诱导物，而 β– 半乳糖苷酶就叫诱导酶。酶的诱导产生对于代谢调节有重要作用。

5.10.4 多酶复合物

多酶复合物（multienzyme complex）又称多酶系统（multienzyme system），是指由几种不同的酶有组织地组合在一起，在功能上，各种酶互相配合，第一种酶的反应产物即为第二种酶的底物，如此依次进行，直到多酶复合物中的各种酶都参加了各自承担的催化反应为止。这就好像一条结构紧密的流水线，可提高催化效率和提高调节能力，使种类繁多的多酶反应能互不干扰、各自有序协调进行，避免某种中间产物过多累积。例如大肠杆菌的丙酮酸脱氢酶复合物由三种不同酶组成，这三种酶联合起来共同催化丙酮酸氧化成乙酰 CoA 和 CO$_2$（详见糖代谢章）。另一个例子是酵母和动物组织中的脂肪酸合酶多酶复合物，由 7 种不同的酶围绕酰基载体蛋白排列成紧密的复合物，共同催化脂肪酸的合成（详见脂代谢章）。

5.11 固定化酶

固定化酶（immobilized enzyme）不是一类新酶，而是 20 世纪 60 年代发展起来的一种新的生化技术。它是指用物理或化学方法将水溶性酶连接到固相载体上，或将酶包埋起来，使它以固相状态作用于底物，因此也称固相酶。制备固定化酶的方法可分4类：

① 吸附法 使酶被吸附于惰性固体的表面，或吸附于离子交换剂上。

② 偶联法 使酶通过共价键连接于适当的不溶于水的载体上。

③ 交联法 使酶分子间依靠双功能基团试剂交联聚合成"网状"结构。

④ 包埋法 使酶包埋在凝胶的格子中或包埋在半透膜微胶囊中。

固定化酶不仅具有酶的催化特性，而且往往增加对酸、碱、温度等的稳定性，并可反复使用，提高酶的使用率。在生产实际中将固定化酶装在柱中，使反应自动化、连续化，有利于提高产品的质量和产量。由于固定化酶有许多优点，故目前已广泛应用于工农业生产（见 e 辅学窗 5–10）、医药治疗（见 e 辅学窗 5–11）和化学分析（见 e 辅学窗 5–12）等方面。

总结性思考题

1. 酶与一般非酶蛋白质和无机催化剂有何区别？

2. 如何区别酶的活性部位和催化部位？

3. 运用所学过知识，提出对甲醇和有机磷中毒的解毒方案。

4. 比较 K_m 与 K_s 的定义及其相互关系。

5. 为什么在很多酶的活性中心均有 His 残基？

6. 酶的活性中心通常具有哪些特征？假如有一种酶含有两个 Cys 残基，其中一个在活性中心，另外一个在活性中心以外的酶分子表面。设计一个实验将它们区分开来。

7. 为什么别构酶的活性可以被低浓度的竞争性抑制剂激活？

8. 比较胰蛋白酶、胰凝乳蛋白酶和弹性蛋白酶催化特性的异同。

9. 为什么单独的辅酶或辅基不能起催化作用？

数字课程学习

🧑 教学课件　　💬 在线自测　　📖 思考题解析

第六章 维生素化学

提要与学习指导

本章着重介绍各种维生素的结构、性质和功能，特别注意与辅酶的关系。学习本章时应注意：

1. 对比较复杂的结构式要分析它们是由哪些单位基团所组成，以及单位基团之间有哪些连接方式。

2. 比较和分析各种维生素的共性和个性，特别要注意维生素与辅酶的关系和缺乏时所引起的后果。

3. 了解各种维生素在代谢上的功用，为学习代谢奠定基础。

6.1 维生素的概念和类别

6.1.1 维生素的概念

维生素（vitamin）[1] 是维持生物正常生命过程所必需的一类有机物质，需要量很少，但对维持健康十分重要。有些生物体可自行合成一部分，但大多数须由食物供给。维生素不能供给机体热能，也不能作为构成组织的物质，其主要功用是通过作为辅酶的成分调节机体代谢。长期缺乏任何一种维生素都会导致相应的疾病。

维生素是从研究营养缺乏病而发现的，如脚气病和坏血病。从脚气病的研究发现了维生素 B_1，从研究坏血病发现了维生素 C。

维生素的名称基本上是按发现的先后次序，分别在维生素之后加上 A、B、C、D、E 等字母来命名，如维生素 A、维生素 E。B 族维生素开始发现时以为是一种，后来证明是多种维生素的混合物，于是又在字母右下方加注 1，2，3 等数字以示区别，如 B_1、B_2、B_6 等。有些维生素还根据其化学结构特点或生理功能给出另外的名字，如维生素 B_1 分子中含硫，称硫胺素，维生素 C 因能防治其缺乏症（坏血病）而取名为抗坏血酸。

6.1.2 维生素的类别

根据溶解度，维生素可分为脂溶性维生素和水溶性维生素两大类，前者溶于油脂或有机溶剂中，有 A、D、E、K 各小类，后者溶于水，分 B、C 两小类。有些小类或族中又包含几种维生素（表 6-1）。

---

[1] 1912，C. Funk 第一次使用 vitamin 这个词。

表 6-1　维生素的类别

名称		英文名
脂溶性维生素	维生素 A（A_1，A_2）	vitamin A，retinol
	维生素 D（D_2，D_3，D_4，D_5）	vitamin D，calciferol
	维生素 E（α，β，γ，δ 等 8 种）	vitamin E，α-tocopherol
	维生素 K（K_1，K_2）	vitamin K $\begin{cases} K_1: \text{phylloquinone} \\ K_2: \text{farnoquinone} \end{cases}$
水溶性维生素	维生素 B 族：	vitamin B complex
	维生素 B_1（硫胺素）	vitamin B_1，thiamine，aneurin
	维生素 B_2（核黄素）	vitamin B_2，riboflavin
	维生素 PP（烟酰胺，烟酸）	vitamin PP，nicotinamide，nicotinic acid
	维生素 B_5（泛酸、遍多酸）	vitamin B_5，pantothenic acid
	维生素 B_6（吡哆素）	vitamin B_6，pyridoxine
	维生素 B_7（生物素）	vitamin B_7，vitamin H，biotin
	维生素 B_{11}（叶酸）	vitamin B_{11}，folic acid，folacin
		pteroyl glutamic acid
	维生素 B_{12}（钴维生素）	vitamin B_{12}，cobalamins
	维生素 C	vitamin C，ascorbic acid

6.2　脂溶性维生素

6.2.1　维生素 A 族

维生素 A 包括 A_1 及 A_2 两种。

（1）**来源**　维生素 A 只存在于动物性食物中，鱼肝油中含量较多。维生素 A_1 和 A_2 的来源不同。维生素 A_1 存在于咸水鱼的肝脏，而维生素 A_2 则存在于淡水鱼的肝脏。一般哺乳动物，除食入大量维生素 A_2 外，其肝脏不会有维生素 A_2 存在。奶类、蛋类和肉类亦含有维生素 A_1。动物性食物还含有维生素 A 原，即 β- 胡萝卜素（β-carotene）。植物性食物，不含维生素 A，仅含 β- 胡萝卜素。一切有色蔬菜都含有 β- 胡萝卜素。β- 胡萝卜素在动物肠黏膜内可转化为维生素 A。

（2）**结构**　维生素 A_1、A_2 皆为含 β- 白芷酮环（β-ionone）的不饱和一元醇。分子中环的支链为两个 2- 甲基丁二烯（1,3）和一个醇基所组成，整个支链为 C_9 的不饱和醇。维生素 A_1 和 A_2 的分子式如下：

β- 白芷酮

2- 甲基 -1,3- 丁二烯

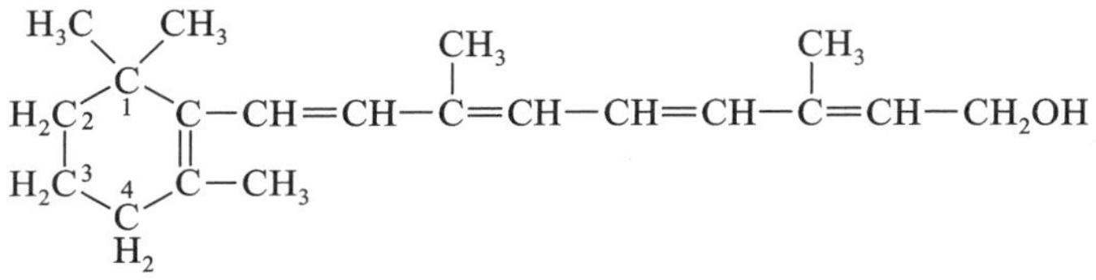

（β-白芷酮环） 维生素 A₁ [又称维生素 A₁ 醇或视黄醇（retinol）] 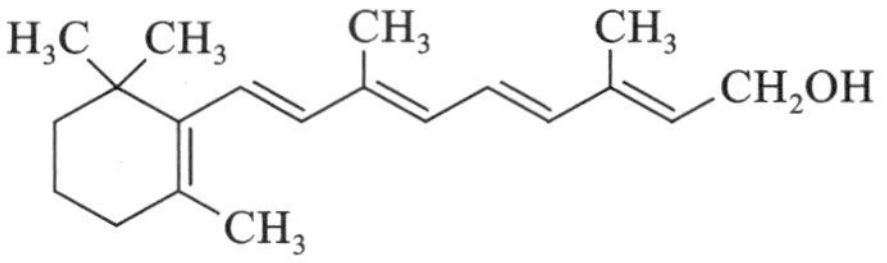　简写式

维生素 A₂ 是维生素 A₁ 的 3-脱氢衍生物，仅仅是白芷酮环内 C-3，C-4 之间多一个双键。

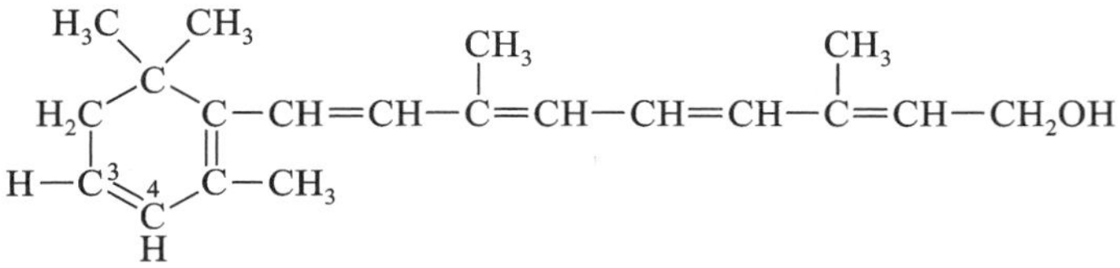

维生素 A₂

维生素 A 原（β-胡萝卜素） β-胡萝卜素是维生素 A 的前体，故称维生素 A 原。胡萝卜素有 α-，β- 和 γ-3 种，其实不仅 β-胡萝卜素可转化为维生素 A₁ 和 A₂，α-胡萝卜素也可转化为维生素 A₂。β-胡萝卜素的分子含 2 个白芷酮环和 1 个 C₁₈ 不饱和链：

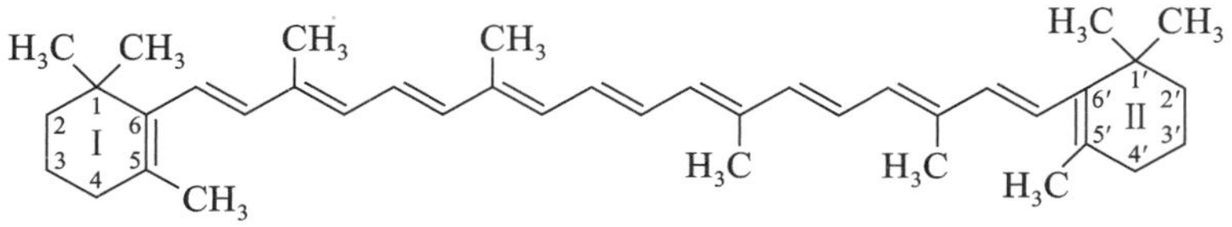

β-胡萝卜素

α-胡萝卜素和 γ-胡萝卜素的结构与 β-胡萝卜素的结构相似，所不同者仅右端白芷酮（环Ⅱ）的结构略有差异。

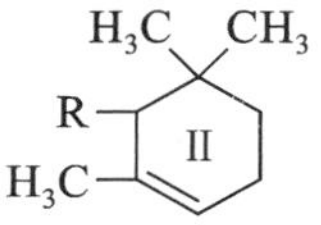

α-胡萝卜素　　　β-胡萝卜素　　　γ-胡萝卜素

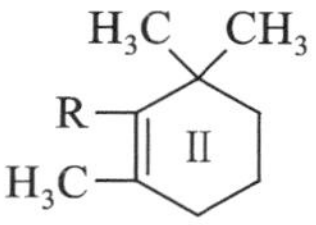

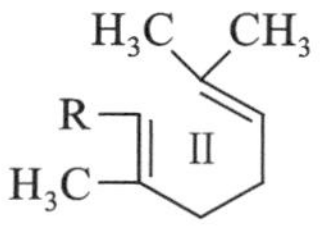

R 代表有关胡萝卜素的其余部分

β-胡萝卜素是主要的维生素 A 原，是一种红色晶体，不溶于水和乙醇，而溶于油脂；耐热，容易氧化，也容易被紫外线破坏。

不同胡萝卜素转化为维生素 A 的有效率并不一致，如果假定 β-胡萝卜素转化成维生素 A 的有效率为 100%，则 α-胡萝卜素的有效率为 53%，γ-胡萝卜素为 28%。1 分子 β-胡萝卜素在人体内经 β-胡萝卜素 -15，15′-双加氧酶和脱氢酶的相继作用可变为 2 分子维生素 A₁。

人和动物利用维生素 A 原的能力亦不相等。人能将 α-、β- 和 γ-胡萝卜素转化为维生素 A，鱼、鼠利用维生素 A 原的能力较强，鸡、兔、猪、豚鼠次之，猫完全不能。

（3）**单位** 维生素 A 的量是用"国际单位"表示的。1 个国际单位[①] 的维生素 A = 0.6 μg 的纯 β-胡萝卜素或 0.344 μg 的维生素 A₁ 醋酸酯或 0.3 μg 维生素 A₁。

（4）**性质** 维生素 A₁ 一般为黄色黏性油体，纯维生素 A₁ 可结晶为黄色三棱晶体，熔点 62～64℃。维生素 A₂ 尚未制成晶体。

---

① 简称 I. U. 是 international unit 的缩写。

维生素 A 不溶于水，而溶于油脂和乙醇，易氧化，在无氧存在时，相当耐热，即使热到 120 ~ 130℃，破坏也不大。对碱也有耐力，但易被紫外线所破坏。与脂肪酸结合所成的酯相当稳定，不易为光及空气所破坏。维生素 A 与三氯化锑混合产生深蓝色，可作为测定维生素 A 的依据。

维生素 A 有特异的紫外线吸收光带，在氯仿或乙醇溶液中，维生素 A_1 在波长 328 nm 处有一最大吸收光带。维生素 A_2 在波长 345 nm 及 350 nm 处各有一紫外线吸收光带。在乙醇溶液中，维生素 A_1 与三氯化锑作用产生的蓝色溶液在波长 620 nm 处有一特殊吸收光带，维生素 A_2 在波长 693 nm 和 697 nm 处各有一吸收光带。

（5）**功能**　维生素 A 除与其他维生素一样能促进年幼动物生长外，其主要功能为维持上皮组织的健康及正常视觉。

① **维生素 A 与上皮组织结构的关系**　维生素 A 为维持上皮组织结构完整及功能的必需因素，有预防眼结膜、泪腺、鼻腔、消化器官、生殖器内膜、汗腺及皮脂腺等黏膜变质、干燥及角质化的功用。当维生素 A 缺乏时，上述器官的组织结构即会变质而失去分泌功用，因此对外界微生物侵蚀的防御力即减低或甚至完全丧失，容易感染疾病。维生素 A 亦能促进上皮细胞的再生，有加速伤口愈合和促进骨骼和牙釉形成的作用。

② **维生素 A 与正常视觉的关系**　构成视网膜（retina）的视杆细胞内含有感光物质视紫红质，也称视紫质（visual purple 或 rhodopsin），乃由 11- 顺视黄醛[①]与视蛋白[②]以共价键结合而成。视紫红质为弱光感受物，当弱光射到视网膜上时，11- 顺视黄醛在光的作用下转变为全反视黄醛，视黄醛构型的改变引起与之共价结合的视蛋白的构象变化，这是视觉产生的最初的过程（视觉产生的机制见激素化学章 7.4.1）。全反视黄醛与 11- 顺视黄醛的转化是可逆的。当全反视黄醛变成 11- 顺视黄醛时，部分全反视黄醛被分解为无用物质，故必须随时补充维生素 A，方可保证视紫红质的含量不变。11- 顺维生素 A（醇）可直接转变成 11- 顺视黄醛。这些关系可表示如图 6-1。

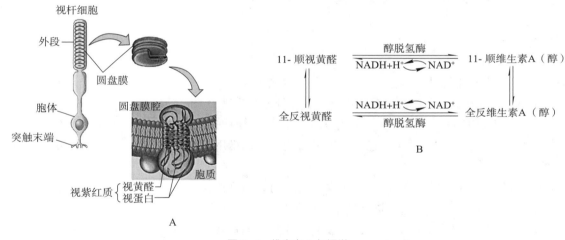

图 6-1　维生素 A 与视觉
A. 视杆细胞与视紫红质；B. 维生素 A 与视黄醛的相互转变

两种视黄醛的结构如下：

全反视黄醛　　　　　　　　　　　　11- 顺视黄醛

[①] 视黄醛是维生素 A 末端的醇基氧化成醛基而成的化合物（维生素 A 也称视黄醇），有多种顺反异构体，视紫红质中的视黄醛是 11- 顺视黄醛。

[②] 视蛋白（opsin）为一种糖蛋白。

③ 维生素 A 的其他功能　维生素 A 还有助于动物生殖和泌乳。维生素 A 对肾上腺皮质类固醇（包括肾上腺皮质激素和胆固醇）的生物合成、黏多糖的生物合成、核酸代谢和电子传递都有促进作用。

（6）缺乏和过多的影响　正常成人每天的维生素 A 最低需要量为 5 000 国际单位，1 岁以内婴儿每天需 1 500 单位；儿童的最低需要量随年龄而异，1 岁到 10 岁的儿童，每天的最低维生素 A 需要量为 2 000～3 500 国际单位；维生素 A 缺乏会引起一系列的症状。主要的有下列几种：

① 上皮组织结构改变，呈角质化。皮肤干燥，成鳞状，呼吸道表皮组织改变，易受病菌侵袭。有的患者因胃肠黏膜表皮受损而引起腹泻。在儿童还偶有因缺乏维生素 A 引起眼角膜和结膜变质，牙釉和骨质发育不全。大人、小孩长期缺乏维生素 A 会导致泪腺分泌障碍产生眼干燥症。动物缺乏维生素 A，生殖和泌乳也不正常，易发生流产和缺奶。

② 因维生素 A 缺乏，不能合成足够的视紫红质。视紫红质不足，对暗光适应力减弱发生夜盲症状。

③ 缺乏维生素 A 还可引起某些方面的代谢失调。例如缺乏维生素 A 时，动物某些器官的 DNA 含量减少，黏多糖（硫酸软骨素）的生物合成也受阻碍。

摄取过量维生素 A 是有害的。维生素 A 较易被正常肠道吸收，但不直接随尿排泄。曾经发现，儿童每天摄食 50 000 到 500 000 单位即产生中毒症状。早期症状为易怒、食欲缺乏、皮肤发痒、疲倦、脱毛、肌痛、头痛、体重减轻、口角开裂、口唇龟裂出血、鼻出血等症状。

思考题

医生建议用眼较多的人群补充维生素 A，试解释其原理。

6.2.2　维生素 D 族

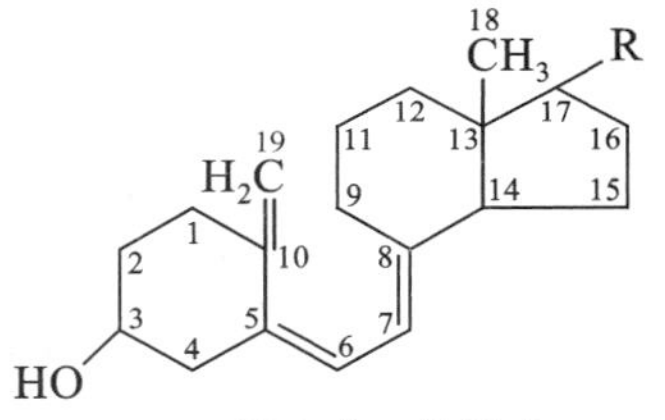

维生素 D 又称抗软骨病维生素。已确知者有 4 种，即维生素 D_2、D_3、D_4 及 D_5。维生素 D_2 及 D_3 已从鱼肝油中分离出来。现在知道维生素 D_1 并不存在，因为过去认为维生素 D_1 实际上是维生素 D_2 与感光固醇的混合物，而非单一物质。由于 D_2、D_3 的名词已为大家所习用，故仍沿用，不再更改其次序。

（1）来源　植物体内不含维生素 D，只动物体内才含有，鱼肝油含量最丰富；蛋黄、牛奶、肝、肾、脑、皮肤组织都含有维生素 D。动植物组织含有可以转化为维生素 D 的固醇类物质，称维生素 D 原。经紫外线照射可变为维生素 D。自然界存在的维生素 D 原，至少有 10 种。植物中的麦角固（甾）醇，人及动物体内（皮下组织、血液及许多其他组织中）的 7- 脱氢胆固醇是典型的维生素 D 原。

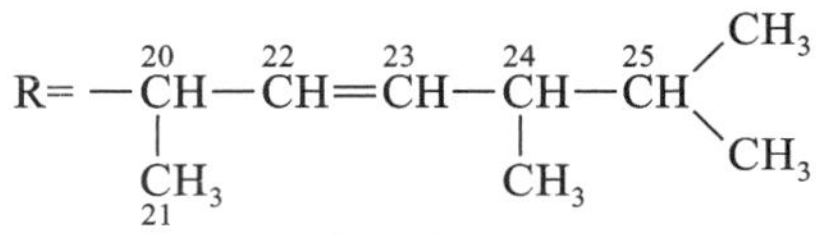

（2）结构　维生素 D 是固醇类物质。目前尚不能用人工方法合成，只能用紫外线照射维生素 D 原的方法来制造。维生素 D_2、D_3、D_4 及 D_5 的分子有共同的核心结构，在结构上极相似，仅支链 R 不同。4 种维生素 D 中，以维生素 D_2 和 D_3 的生理活性较高。鱼肝油所含的为维生素 D_3。近年来的研究指出，维生素 D_3（又称胆钙化醇）在肝内经羟化酶系的作用，先变成 25- 羟胆钙化醇（25-hydroxy cholecalciferol），运至肾再被羟化为 1,25- 二羟胆钙化醇（1,25-dihydroxy cholecalciferol），其活性较 D_3 高 50%。1,25- 二羟胆钙化醇再经血液循环到达它的靶组织小肠和骨骼，发

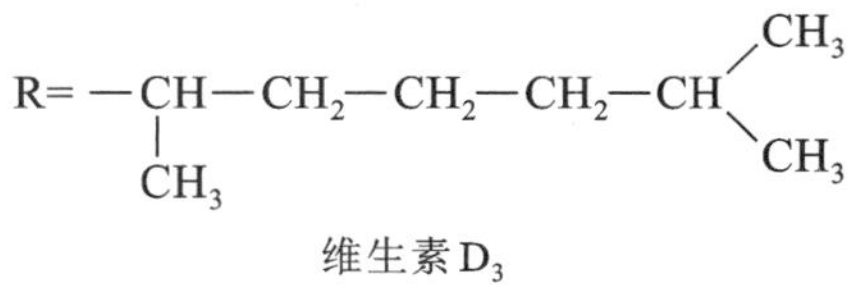

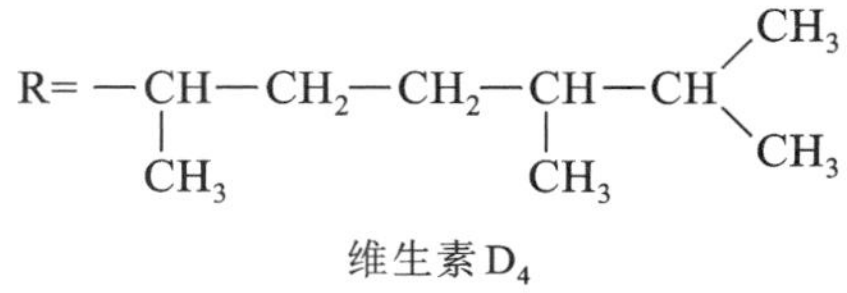

维生素 D 的通式

维生素 D_2

维生素 D_3

维生素 D_4

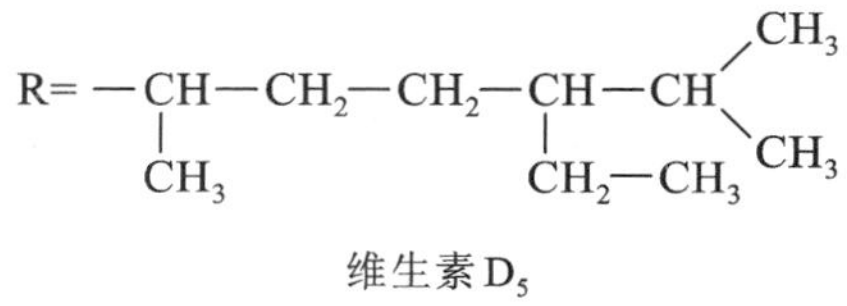

维生素 D_5

挥其作用。现已证明 1,25- 二羟胆钙化醇才是维生素 D 在体内的活性形式，它不是典型的维生素，而是一种由肾产生的激素，因此，维生素 D_3 还是一种激素原（prohormone）。

$$维生素 D_3（胆钙化醇）\xrightarrow[羟化]{肝} 25- 羟胆钙化醇 \xrightarrow[羟化]{肾} 1,25- 二羟胆钙化醇$$

1,25- 二羟胆钙化醇［即 1,25-（OH）$_2$-D$_3$］

上述各种维生素 D 皆可从有关维生素 D 原经紫外线照射而形成，与其相应维生素 D 原的关系可示如下：

麦角固醇 ⟶ 维生素 D_2　　　　22- 双氢麦角固醇 ⟶ 维生素 D_4

7- 脱氢胆固醇 ⟶ 维生素 D_3　　7- 脱氢谷固醇 ⟶ 维生素 D_5

用紫外线照射维生素 D 原制造维生素 D，波长与照射时限必须适当，过度照射会产生有毒物质。例如对麦角固醇的照射如若过度，则会产生毒固醇与过感光固醇，这些物质不但没有维生素 D 的生理功能，反而对人体有害。

人体及动物皮肤内的 7- 脱氢胆固醇经日光紫外线照射转化为维生素 D_3 的速率是受皮肤色素的多寡和皮肤角质化的程度影响的。皮肤色素和角质化能调节日光紫外线透入皮肤（特别在 290～320 nm 波段）。白种人皮肤色素少，紫外线最易透入，黄种人皮肤色素较多，黑种人皮肤色素最多。这种皮肤色素的种族特异性，有利于人类适应不同气候和调节维生素 D 的生物合成，使不致超过正常生理所需的限度。

（3）**单位**　一个国际单位的维生素 D 等于 0.025 μg 晶形维生素 D_2。每 mg 维生素 D_2 含 40 000 国际单位，每 mg 维生素 D_3 约等于 45 000 国际单位。

（4）**性质**　维生素 D 为无色晶体，不溶于水而溶于油脂及脂溶剂，相当稳定，不易被酸、碱或氧化破坏。

（5）**功能**　维生素 D 的主要功能是调节钙、磷代谢，维持血液钙、磷浓度正常，从而促进钙化，使牙齿、骨骼正常发育。维生素 D 增加血钙的作用与甲状旁腺激素的作用相似，而与降血钙素相反（见激素化学章 7.2.1.2）。维生素 D 之所以能促进钙化，主要是因其能促进磷、钙在肠内的吸收。血浆磷酸离子及钙离子浓度的乘积 $\{[Ca^{2+}] \times [PO_4^{3-}]\}$ 超过溶解度积数时，即产生磷酸钙沉积的钙化现象。

维生素 D 促进钙质吸收的作用机制现已有所阐明。实验证据表明钙质的吸收，首先要同小肠黏膜细胞的一种蛋白质结合，才能通过小肠黏膜细胞被转运到血液，这种蛋白质称钙结合蛋白（calbindin），也就是钙质的载体。钙调蛋白（calmodulin）[①] 是新近发现的重要钙结合蛋白。维生素 D 能诱导钙结合蛋白的生物合成，故能促进钙的吸收。

血浆中的钙离子还有促进血液凝固及维持神经肌肉正常敏感性的作用。缺乏钙质的人和动物，血液不易凝固，神经易受刺激。维生素 D 能保持血钙的正常含量，间接有防止失血和保护神经肌肉系统的功用。

（6）**缺乏和过多的影响**　人和动物每日必须从食物中摄取适量的维生素 D，才能维持正常发育和健康。成人

---

① 钙调蛋白是由 148 个氨基酸组成的蛋白质，相对分子质量（M_r）16 700，能同 Ca^{2+} 结合成活性的络合物，是多功能物质，是细胞内钙浓度的主要调节物，详见第七章。

每天对维生素 D 的最低需要量为 5 000 国际单位，婴儿每日为 400 国际单位，1~2 岁幼儿每日为 400 国际单位。过少和过多都会导致疾病。

维生素 D 摄取不足，不能维持钙平衡，导致儿童骨骼发育不良产生佝偻病（见 **辅学窗** 6-1）。患者骨质软弱，膝关节发育不全，两腿形成内曲或外曲畸形。成人则产生骨骼脱钙作用（即骨内钙质脱出进入血液的现象）；孕妇和授乳妇人的脱钙作用严重时导致骨质疏松病（见 **辅学窗** 6-2），患者骨骼易折，牙齿易脱落。缺乏维生素 D 的人和动物的血钙含量都较正常低，钙、磷的保留量也小。这些由于缺乏维生素 D 引起的疾病，只有增加维生素 D 的摄取量才能痊愈。

维生素 D 摄食过量会呈毒性。维生素 D 中毒的早期症状为乏力、疲倦、恶心、头痛、腹泻等。较严重时可引起软组织（包括血管、心肌、肺、肾、皮肤等）的钙化，导致重大病患。过多的摄取维生素 D 还可使总血脂和血胆固醇量增高，妨碍心血管功能。过量维生素 D 之所以产生毒性，主要是因维生素 D 不易排泄，机体只能从胆汁排出一部分过多的维生素 D。

思考题

为什么肾功能不全者和尿毒症患者容易缺钙？

6.2.3 维生素 E 族

维生素 E 又称抗不育维生素或生育酚（tocopherol）。自然界存在的具有维生素 E 作用的物质，已知有 8 种，其中 4 种（α-、β-、γ-、δ- 生育酚）较为重要，α- 生育酚的效价最高。一般所称的维生素 E 即指 α- 生育酚。

（1）**来源** 维生素 E 分布甚广，以动植物油，尤其是麦胚油、玉米油、花生油及棉籽油含量较多。此外，蛋黄、牛奶、水果、莴苣叶等都含有。植物的绿叶能合成维生素 E，动物不能。动物组织（包括奶、蛋黄）的维生素 E 都是从食物中取得的。

（2）**结构** 维生素 E 属于酚类化合物，系 6- 羟苯并二氢吡喃的衍生物，有一个相同的支链（$C_{16}H_{33}$），各种生育酚都有相同的基本结构。不同生育酚结构上的差异仅在 R_1、R_2 及 R_3 三个原子基团（表 6-2）。α- 生育酚（5，7，8- 三甲基生育酚）在 1938 年由 P. Karrer 等人工合成。生育酚有 D 及 L 型异构体，D 型活性较 L 型强。

生育酚的结构通式

表 6-2 不同生育酚在结构上的差异

生育酚种类	R_1	R_2	R_3
α- 生育酚	—CH_3	—CH_3	—CH_3
β- 生育酚	—CH_3	—H	—CH_3
γ- 生育酚	—H	—CH_3	—CH_3
δ- 生育酚	—H	—H	—CH_3
ζ- 生育酚	—CH_3	—CH_3	—H
η- 生育酚	—H	—CH_3	—H

（3）**单位**　一个国际单位的维生素 E 等于 1 mg 的 DL–α– 生育酚醋酸酯。

$$1\ mg\quad D–α– 生育酚 = 1.49\ 国际单位$$

$$1\ mg\quad D–α– 生育酚醋酸酯 = 1.36\ 国际单位$$

（4）**性质**　维生素 E 为淡黄色无嗅无味油状物，不溶于水而溶于油脂，但 α– 生育酚磷酸酯二钠溶于水。不易被酸、碱及热破坏。在无氧时热至 200℃ 也稳定。极易被氧化（主要在 OH 基及氧桥处氧化）。对白光相当稳定，但易被紫外线破坏。在紫外线 259 nm 处有一吸收光带。

由于维生素 E 极易被氧化，有首先代替其他物质被氧化的作用，故可用作抗氧化剂。通常在浓缩鱼肝油中略加含有 α– 生育酚的麦胚油就可保护鱼肝油中的维生素 A 不被氧化。

（5）**功能**　鼠类缺乏维生素 E 生殖力即受阻，性别不同，可产生不同的结果。雄性呈睾丸萎缩，不能产生精子，其不育性是永久的；雌性虽然仍能受孕，但胎儿多在妊娠期死去并被吸收，倘在妊娠初期给以维生素 E，胎儿仍可正常发育。维生素 E 对于人类有无功效，在人类尚未发现有因缺乏维生素 E 而至不育的确证，用维生素 E 治疗不育病人，亦无显著疗效。

维生素 E 除与动物生殖有关外，对维持骨骼肌、心肌、平滑肌和周围血管的正常功能也甚重要，可防止有关肌肉萎缩。维生素 E 与营养性贫血也有关系。患营养性贫血（巨红细胞型）病人的血浆 α– 生育酚水平都降低，红细胞的抗溶力也减小。给以 α– 生育酚，病情可好转。这可能因维生素 E 的抗氧化作用，保护了红细胞的细胞膜中的不饱和脂肪酸被氧化破坏，从而防止红细胞被溶解。

由于维生素 E 的强抗氧化性质，能保护不饱和脂肪酸使其不被氧化成脂褐色素（lipofuscin）[①]及产生自由基[②]，从而维护细胞的完整和功能，故有一定的抗衰老作用。维生素 E 中以 α– 生育酚的生理功效最高，β– 及 γ– 生育酚的效价仅及 α– 生育酚的一半，δ– 生育酚的功效约为 α– 生育酚的 1%，氧化后的生育酚无生理功效。

维生素 E 的生物学活性主要与其抗氧化性质有关。维生素 E 是动物和人体中最有效的抗氧化剂和自由基清除剂。它能对抗生物膜磷脂中不饱和脂肪酸的过氧化反应，避免脂质中过氧化物的产生，从而保持了细胞膜的结构完整和功能正常。其次，维生素 E 还可以调节某些酶的活性，如蛋白激酶 C 和磷蛋白磷酸酶，从而影响平滑肌的生理功能。此外，维生素 E 在呼吸链中可以稳定辅酶 Q，又可以协助电子传递给辅酶 Q，参与生物氧化。

（6）**缺乏和过量的影响**　从维生素 E 的功能中可以看出，动物长期缺乏维生素 E 可以导致：①生殖系统的上皮细胞毁坏，雄性睾丸退化，不产生精子，雌性流产或胎儿被溶化吸收；②肌肉（包括心肌）萎缩，形态改变，同时代谢也发生反常，耗氧量和肌酸排出量都增加，许多酶系的活力也发生改变；③血胆固醇水平增高，红细胞被破坏，发生贫血。维生素 E 对人体的这些缺乏病并无明确疗效，故在临床上对人类尚无治疗价值。但在预防上有抗自由基的作用。

维生素 E 摄食过量，大部分可在肝中与葡糖醛酸结合由尿排出，或以生育酚状态通过肝随胆汁排到消化管，同粪便一同排出体外，但是大量、长期服用维生素 E 可产生许多副作用，如胃肠道不适、视力模糊、头痛、头晕、恶心以及免疫功能降低等。

思考题

为什么维生素 E 有抗衰老作用？

---

①　是不饱和脂肪酸的过氧化产物同蛋白质结合的复杂化合物，是老年人细胞中的一种有色粒状物质，又称老年色素。细胞内的脂褐色素聚集多了会破坏细胞，使细胞丧失功能。

②　自由基是指带有未配对电子的原子、离子或化学基，通常在原子、离子或化学基上加一个"·"作为自由基的标志。例如分子氧的式子为 O_2，而自由基氧的式子则为 O_2^-，同样氢自由基的式子为 H·，羟自由基的式子为 OH·，自由基的氧化能力比非自由基强，对机体细胞有伤害性。

6.2.4 维生素 K 族

维生素 K 是一类能促血液凝固的萘醌衍生物。1929 年被 H. Dam 所发现（见 ❷辅学窗 6-3）。主要有 K₁、K₂ 和 K₃ 三种，K₁、K₂ 为天然产物，K₃ 为人工合成品。

（1）**来源** 猪肝、蛋黄、苜蓿、白菜、花椰菜（菜花）、菠菜、甘蓝和其他绿色蔬菜都含丰富的维生素 K。鱼肉含维生素 K₂ 最多，人和动物肠内的细菌能合成维生素 K。

（2）**结构** 维生素 K₁ 和 K₂ 的化学结构极为相似，都是 2- 甲基萘醌的衍生物，其结构式如下[①]：

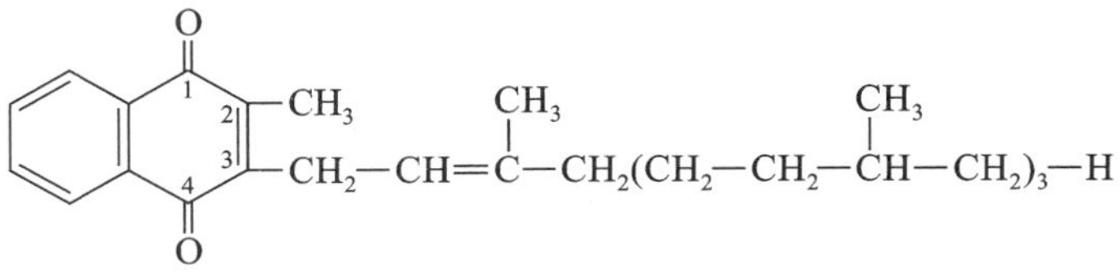

维生素 K₁

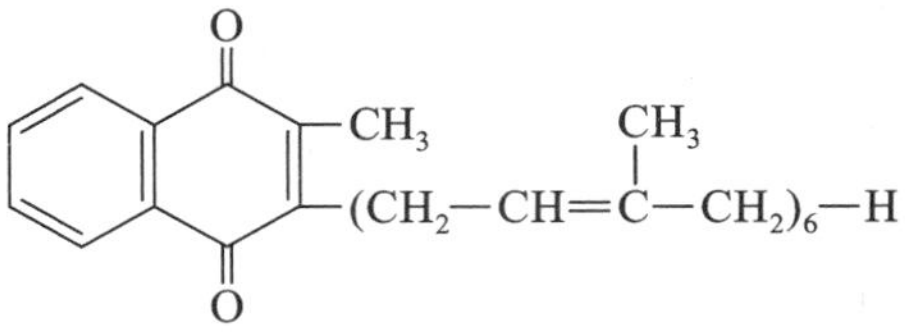

维生素 K₂

人工合成的维生素 K₃ 为 2- 甲基 -1,4- 萘醌。维生素 K₃ 的亚硫酸氢钠盐（$C_{11}H_8O_2$-$NaHSO_3 \cdot 3H_2O$），化学名为亚硫酸氢钠甲萘醌和二磷酸四钠盐，也有维生素 K 的作用。

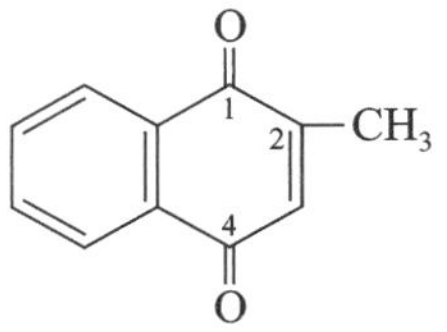

人工合成的维生素 K₃ (menadione)

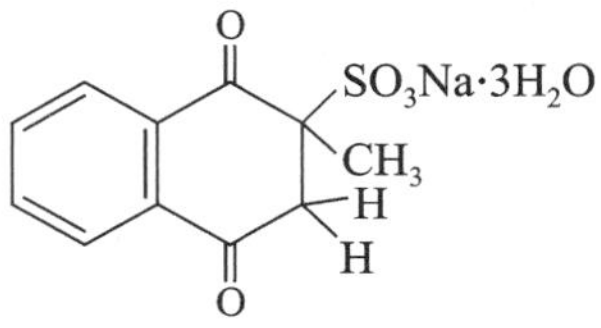

维生素 K₃ 亚硫酸氢钠[②]

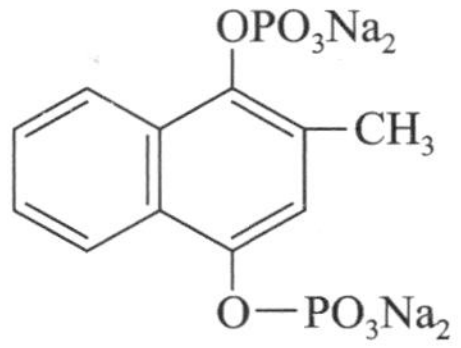

维生素 K₃ 1,4- 二磷酸四钠

（3）**性质** 维生素 K₁ 为黄色油状物。维生素 K₂ 为黄色晶体，溶于油脂及有机溶剂，如乙醚、石油醚和丙酮等，耐热，但易被光破坏。维生素 K₃ 也溶于油脂，其亚硫酸氢钠盐及二磷酸四钠盐则溶于水。

（4）**功能** 维生素 K 的主要作用是促进血液凝固，因维生素 K 是促进肝合成凝血酶原及几种其他凝血因子（Ⅶ、Ⅸ、Ⅹ）的重要因子，当维生素 K 缺乏时，血浆内凝血酶原含量即减低，以致使血液凝固时间加长。肝功能失常时，维生素 K 即失去其促进凝血酶原生成的功效。

利用核磁共振（NMR）技术研究已证明维生素 K 促进肝凝血酶原合成的机制是通过促进其谷氨酸残基的羧化，使谷氨酸转变为 γ- 羧化谷氨酸（Gla）来完成的。维生素 K 在此反应中是作为依赖维生素 K 的羧化酶系的辅酶或辅助因子。γ- 羧化谷氨酸是正常凝血酶原的成分，正常凝血酶原分子含 582 个氨基酸残基，其 N 端有 10 个 γ- 羧化谷氨酸，异常凝血酶原〔如动物食用含维生素 K 拮抗物双羟香豆素（dicoumarol）的植物所产生的凝血

---

① 维生素 K₂ 有多种类似物，其结构上的差异仅仅是支链的长短不同。本书所用的结构式是目前国外生化教材广泛采用的一种。

② 是维生素 K₃ 与 NaHSO₃ 的加合物，其分子式写法不一，过去有写作如下式者：

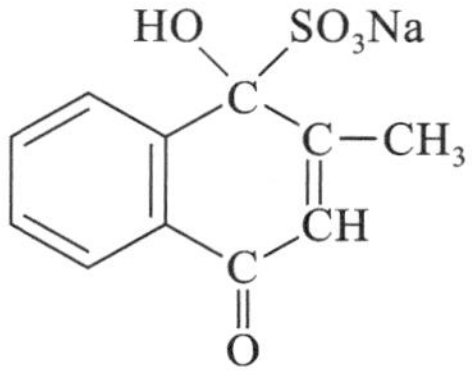

酶原〕的 N 端则不含 γ- 羧化谷氨酸，而含 10 个谷氨酸残基。正常凝血酶原与 Ca^{2+} 的螯合力比异常凝血酶原强。

γ-羧化谷氨酸(Gla)　　　　　　　　　　　双羟香豆素

10　　　　　　　　　　　　　　　　　　　　　　　20
H₂N—Ala – Asn – Lys – Gly – Phe – Leu – Gla – Gla– Val – Arg –Lys – Gly – Asn – Leu – Gla – Arg – Gla – Cys – Leu – Gla
20
–Gla – Pro – Cys – Ser – Arg – Gla – Gla – Ala – Phe – Gla –Ala – Leu – Gla – Ser – Leu...

凝血酶原 N 端序列，含 10 个 Gla 残基

维生素 K_1 的活性较低，维生素 K_2 的活性较高，维生素 K_3 的活性最强。

（5）**缺乏的影响**　人体每日的维生素 K 最低需要量尚无公认的规定，一般膳食都含有足够的维生素 K。动物缺乏维生素 K，血凝时间延长，血中凝血酶原减少，血不易凝固，在有创伤时，可引起流血不止。成人一般不易缺乏维生素 K，因人类肠道中的微生物可以合成维生素 K，而且普通膳食中所含的维生素 K 已可满足正常需要。一般有维生素 K 缺乏病状的人，必伴有其他生理功能不正常的情况，如胆管阻塞，妨碍胆汁流入肠内，或因肠胃疾病，如慢性痢疾及结肠炎等皆能妨碍维生素 K 的吸收。新生婴儿肠道内无细菌，不能合成维生素 K，身体本身又无贮存，故易因维生素 K 的缺乏而出血，应当在出生前增加母体的维生素 K。

维生素 K_1 及 K_2 对动物均无毒。人服用或注射维生素 K_1 后，个别人有面孔发红、呼吸困难和胸痛等症状。大剂量维生素 K_3 及其衍生物可引起动物贫血、脾肿大和肝肾伤害。对皮肤和呼吸道有强烈刺激，有时还引起溶血。过量的维生素 K 可能有一部分贮在体内。在胆汁和尿中未曾发现有自由维生素 K，自身合成的和口服的维生素 K 可部分随粪便排出。胆盐和脂肪可促进维生素 K 的吸收。

思考题

双羟香豆素可以作为抗凝血剂使用，其原理是什么？

6.3　水溶性维生素

6.3.1　维生素 B 族和辅酶

B 族维生素的种类较多，在生物体内这些维生素主要通过作为辅酶的组成成分进而影响物质代谢。下面介绍几种主要的 B 族维生素。

6.3.1.1　维生素 B₁（硫胺素）和 TPP

维生素 B_1（thiamine）又称抗神经炎素、硫胺素或噻嘧胺，是维生素中最早被发现的（见 **辅学窗 6-4**）。

（1）**来源**　酵母中含维生素 B_1 最多。食物中普遍含有维生素 B_1，其中五谷类含量较高，多集中在胚芽及皮层中。此外，瘦肉（特别是猪肉），核果和蛋类的含量也较多。总的来说，蔬菜及水果所含的维生素 B_1 量都很

少。酵母、某些细菌和高等植物能合成维生素 B_1。在动物和酵母体中，维生素 B_1 主要以硫胺素焦磷酸形式存在。在高等植物体中有自由维生素 B_1 存在。

（2）**结构** 维生素 B_1 分子中含有嘧啶环和噻唑环，从结构式可知维生素 B_1 是嘧啶衍生物，由 2- 甲基 -4- 氨基嘧啶同一个噻唑衍生物（4- 甲基 -5-β- 羟乙基噻唑）经一个亚甲基连接而成。1936 年维生素 B_1 被人工合成。我们所用的维生素 B_1 都是化学合成品。

（嘧啶衍生物）　（噻唑衍生物）

维生素 B_1(硫胺素)

（3）**性质** 维生素 B_1 盐酸盐为无色结晶，溶于水，对石蕊试纸呈酸性反应。在酸性溶液中甚稳定，在中性及碱性溶液中易被氧化，在碱性溶液中不耐高热。但在普通烹调温度下损失并不大。有特殊香气，微苦。维生素 B_1 溶液呈现两条紫外线吸收光带（233 nm 和 267 nm）。

亚硫酸盐可在室温下使维生素 B_1 裂解成嘧啶和噻唑两部分，氰化高铁碱性溶液可将维生素 B_1 氧化成有深蓝色荧光的脱氢硫胺素（thiochrome），可用于维生素 B_1 的测定。

维生素 B_1 与重氮化氨基苯磺酸和甲醛作用产生品红色，与重氮化对氨基乙苯酮作用产生红紫色，这两种反应都可作为维生素 B_1 的定性和定量依据。

脱氢硫胺素（又称硫色素）

维生素 B_1 在一切活体组织中可经硫胺素激酶催化与 ATP 作用转化成硫胺素焦磷酸（thiamine pyrophosphate，缩写为 TPP）。

硫胺素 +ATP $\xrightarrow[\text{硫胺素激酶}]{\text{Mg}^{2+}}$ 硫胺素焦磷酸 + AMP

硫胺素焦磷酸(TPP)

TPP 不能透过细胞膜进入细胞（至少动物和酵母是如此），但硫胺素能透过，所以细胞内的 TPP 必然是在细胞内合成的。

（4）**单位** 1 国际单位的维生素 B_1 等于 3 μg 纯维生素 B_1 盐酸盐。

（5）**功能及作用机制** 维生素 B_1 的主要功能是以辅酶方式参加糖的分解代谢。硫胺素的衍生物 TPP 是脱羧酶、丙酮酸脱氢酶系和 α- 酮戊二酸脱氢酶系的辅酶。在醇发酵过程中，它作为脱羧酶的辅酶；在糖分解代谢过程中，它作为丙酮酸脱氢酶系和 α- 酮戊二酸脱氢酶系的辅酶分别参加丙酮酸及 α- 酮戊二酸的氧化脱羧作用（详见糖代谢章 12.3.2.2）。

维生素 B_1 能促进年幼动物的发育。维生素 B_1 对幼小动物发育的影响较维生素 A 尤为显著，因其能促进食欲，增加食物的摄取。维生素 B_1 促进食欲的机制是因其能促进肠胃蠕动，增加消化液的分泌。维生素 B_1 还有保护神经系统的作用，因维生素 B_1 能促进糖代谢，供给神经系统活动所需的能量，同时，又能抑制胆碱酯酶的活性使神经传导所需的乙酰胆碱不被破坏，保持神经的正常传导功能。几种神经炎症，如缺乏维生素 B_1 引起的脚气病、神经炎症等都是由缺乏维生素 B_1 所引起的。

（6）**缺乏和过量的影响**　维生素 B_1 缺乏可能引起下列症状：

① 脚气病　脚气病是因维生素 B_1 严重缺乏而引起的多发性神经炎。患者的周围神经末梢及臂神经丛均有发炎和退化的现象，伴有心界扩大、心肌受累、四肢麻木、肌肉瘦弱、烦躁易怒和食欲缺乏等症状。同时因丙酮酸脱羧作用受阻，组织和血液中的乳酸量大增，湿性脚气病还伴有下肢水肿。这些症状主要是由于缺少维生素 B_1，不能形成足够的硫胺素焦磷酸，糖的分解代谢受阻所引起的。

② 中枢神经和胃肠病患糖代谢失常　不仅周围神经的结构和功能受损，中枢神经系统也同样受害。因为神经组织（特别是大脑）所需的能量，基本上是由血糖供给，当糖代谢受到阻碍时，神经组织也就发生反常现象。

维生素 B_1 在体内贮量甚少，摄取过多时，即由尿排出，无毒性。

6.3.1.2　维生素 B_2（核黄素）和 FMN、FAD

维生素 B_2 又称核黄素（riboflavin），是一种含核糖醇基的黄色物质，在生物体内多与蛋白质结合存在，这种结合体称黄素蛋白。

（1）**来源**　维生素 B_2 的分布较广，酵母、肝、乳类、瘦肉、蛋黄、花生、糙米、全粒小麦、黄豆等含量较多；蔬菜及水果也略含有。人体不能合成维生素 B_2，某些微生物能合成。

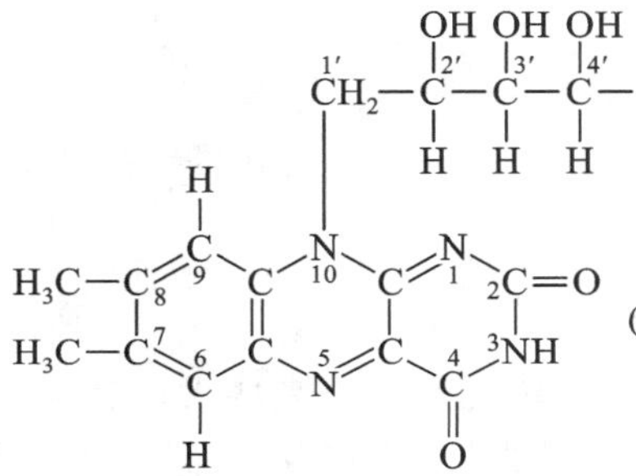

（2）**结构**　维生素 B_2 由 7,8- 二甲基 – 异咯嗪与核糖醇所组成［7,8- 二甲基 –10（1′-D- 核糖醇）异咯嗪］，分子结构如右图所示。

（3）**性质**　维生素 B_2 为橘黄色的针状晶体，味苦，微溶于水，极易溶于碱性溶液，水溶液呈黄绿色荧光，在波长565 nm，pH 4～8 之间荧光强度最大，可作定量依据。对光和碱都不稳定，对酸相当稳定。在碱液中经光作用产生光咯嗪（lumichrome）。

维生素 B_2 分子中异咯嗪环[①]的第 1 和 5 两氮位可被还原，在生物氧化过程中有递氢作用。自然界中，维生素 B_2 在机体内与 ATP 作用转化为核黄素磷酸，即黄素单核苷酸（flavin mononucleotide，简称 FMN）。后者再经 ATP 作用进一步磷酸化即产生黄素腺嘌呤二核苷酸（flavin adenine dinucleotide，简称 FAD）（结构式详见酶化学章 5.2.3.2）。FMN 和 FAD 是一些氧化还原酶的辅基或辅酶，在代谢上有极重要的功用。

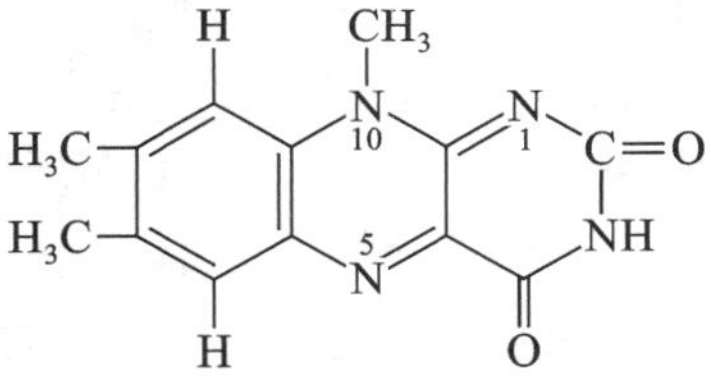

$$核黄素 + ATP \longrightarrow FMN + ADP \qquad FMN + ATP \longrightarrow FAD + PPi$$

（4）**功能及作用机制**　维生素 B_2 对代谢和发育都有影响。

① 代谢功能　维生素 B_2 的主要功能是作为氧化还原酶的辅基或辅酶促进代谢。维生素 B_2 经 ATP 磷酸化产生的 FMN 与 FAD 是许多脱氢酶的辅酶，是很重要的递氢体。可促进生物氧化作用，对糖、脂和氨基酸的代谢都很重要（详见代谢和生物氧化各章）。

---

① 异咯嗪环的编号，习惯上有两种。一种如本书所用的编号，另一种编号法如下式：

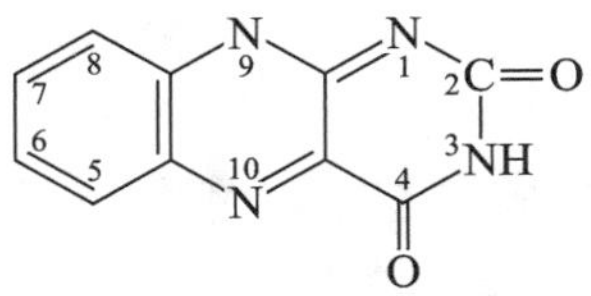

② 促进发育　维生素 B_2 为动物发育及许多微生物生长的必需物质。

（5）**缺乏和过量的影响**　维生素 B_2 的每人每天最低需要量：儿童为 0.6 mg，成人为 1.6 mg，按此量摄入即可不致发生缺乏病。膳食中长期缺乏维生素 B_2 会导致细胞代谢失调。首先受影响的为眼、皮肤、舌、口角和神经组织。缺乏症状有眼角膜和口角血管增生，白内障、口角炎、眼角膜炎等症，还可导致舌炎和阴囊炎。过量的维生素 B_2 可从粪便和尿中排出，无毒。

6.3.1.3　维生素 PP 和 NAD、NADP

维生素 PP[1] 过去称抗癞皮病维生素，是烟酸（nicotinic acid）及烟酰胺（nicotinamide）的总称[2]。由于烟酰胺的副作用（如引起面部、颈部发赤、发痒和烧灼感）较小，医疗及营养上多用烟酰胺，国际生化名词委员会采用烟酰胺为维生素 PP 的化学名。

（1）**来源**　烟酸和烟酰胺的分布都很广，以酵母、肝、瘦肉、牛乳、花生、黄豆等含量较多；谷类皮层及胚芽中含量亦富，动物肠内有的细菌可从色氨酸合成烟酸和烟酰胺。

（2）**结构**　烟酸及烟酰胺皆为吡啶衍生物。烟酸为吡啶 -3- 羧酸，烟酰胺为烟酸的酰胺，它们的结构式为：

烟酸   烟酰胺

（3）**性质**　烟酸及烟酰胺皆为无色晶体，前者的熔点为 235.5 ~ 236℃，后者的熔点为 129 ~ 131℃，是维生素中较稳定的，不被光、空气及热破坏，对碱也很稳定。溶于水及酒精。与溴化氰作用产生黄绿色化合物，可作为定量基础。

烟酸和烟酰胺环上第 4 ~ 5 碳位间的双键可被还原，因此有氧化型和还原型。烟酸在生物体中可与磷酸核糖焦磷酸结合转化为烟酰胺 – 腺嘌呤二核苷酸（nicotinamide adenine dinucleotide，代号为 NAD），后者再被 ATP 磷酸化即产生烟酰胺 – 腺嘌呤二核苷酸磷酸（nicotinamide adenine dinucleotide phosphate，代号 NADP）。NAD 与 NADP 皆是脱氢酶的辅酶（结构式详见酶化学章 5.2.3.1）。

烟酸 + 磷酸核糖焦磷酸 + ATP ⟶ NAD   NAD + ATP ⟶ NADP + ADP

烟酸在高等动物体内可能经代谢作用转化为烟酰甘氨酸、N– 甲基烟酸内盐（trigonelline）及 N– 甲基烟酰胺，这 3 种烟酸衍生物在服用烟酸后都在尿中出现。

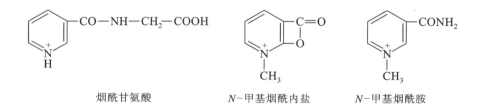

烟酰甘氨酸 N– 甲基烟酰内盐 N– 甲基烟酰胺

（4）**功能**　烟酸及烟酰胺有下列几种生理作用：

① 作为辅酶成分参加代谢　烟酰胺是 NAD 及 NADP 的主要成分。而 NAD 和 NADP 为脱氢酶的辅酶，是生

---

[1]　维生素 PP 曾称维生素 B_3。

[2]　烟酸也称尼克酸（音译），烟酰胺又称尼克酰胺。烟酸的母核环吡啶的编号有顺时针方向和逆时针方向两种，本书采用逆时针方向。

物氧化过程中不可缺少的递氢体。

② 维持神经组织的健康　烟酰胺对中枢神经及交感神经系统有维护作用，缺乏烟酸或烟酰胺的人和动物，常产生神经损害和精神紊乱，注射含烟酰胺的辅酶（如 NAD）无疗效，但注射烟酸或烟酰胺则有效，这提示烟酸和烟酰胺的生理功能，不仅是作为辅酶参加代谢，还可能有其他作用。

③ 烟酸和烟酰胺可促进微生物（如乳酸菌、白喉杆菌、痢疾杆菌等）生长。

④ 烟酸可使血管扩张，使皮肤发赤、发痒，烟酰胺无此作用。较大剂量烟酸有降低血浆胆固醇和脂肪水平的作用，其机制是由于烟酸能减低环腺苷酸（cAMP）的水平，从而抑制体内脂肪组织的脂解作用，减少胆固醇、三酰甘油和游离脂肪酸进入血浆。医药上用烟酸肌醇酯作为防治血脂和血胆固醇过高症就是利用烟酸和肌醇来防止胆固醇在血液中累积。

（5）**缺乏的影响**　膳食中长期缺少维生素 PP 所引起的疾病为对称性皮炎，又叫癞皮病（pellagra）。在狗生黑舌病。癞皮病患者的中枢神经及交感神经系统、皮肤、胃、肠等皆受不良影响。主要症状为对称性皮炎，消化管炎和神经损害与精神紊乱，两手及其裸露部位呈现对称性皮炎，发炎处有显著而界限清楚的色素沉着及腹泻等特征。中枢神经方面的症状为头痛、头昏、易兴奋、抑郁等。注射或口服烟酸或烟酰胺有显著疗效。色氨酸可转变为烟酰胺，膳食中缺少色氨酸较易缺乏烟酸和烟酰胺。

烟酸和烟酰胺可部分由尿排出，大部分在体内转化为其他物质。大剂量（$3 \sim 8$ g / 日）可损害肝。

6.3.1.4　泛酸和辅酶 A

泛酸又称遍多酸（pantothenic acid），1933 年 R. J. Williams 发现，曾称维生素 B_5。

（1）**来源**　泛酸广布于动植物组织中。肝、肾、蛋、瘦肉、脱脂奶、糖浆、豌豆、菜花、花生、甜山芋等的泛酸含量都较为丰富，肠道细菌及植物能合成泛酸，哺乳类不能。

（2）**结构**　泛酸是 $\beta-$ 丙氨酸与 $\alpha, \gamma-$ 二羟 $-\beta-$ 二甲基丁

$$\begin{array}{ccc}
& CH_3 & \\
HOH_2C-\overset{\displaystyle |}{\underset{\displaystyle |}{C}}-CH-CO & \vdots & HN-CH_2-CH_2-COOH \\
& H_3C\quad OH & \\
\end{array}$$

（丁酰衍生物）　　　　　（β-丙氨酸基）

泛酸（$\alpha-$ 羟 $-\beta-\beta-$ 二甲基 $-\gamma-$ 羟 $-$ 丁酰 $-\beta-$ 丙氨酸）

酸结合而成的化合物。分子中有一酰胺键"$-\overset{\displaystyle O}{\overset{\displaystyle \|}{C}}-\overset{\displaystyle H}{\underset{\displaystyle |}{N}}-$"。

（3）**性质**　泛酸为淡黄色黏性油状物，溶于水和醋酸，不溶于氯仿和苯。在中性溶液中对湿热、氧化和还原都稳定。酸、碱、干热可使之分裂为 $\beta-$ 丙氨酸及其他产物。泛酸的钙盐为无色粉状晶体，微苦，溶于水，对光及空气都稳定，但在 pH $5 \sim 7$ 溶液中可被热破坏，商品泛酸为泛酸钙。

泛酸为辅酶 A（CoA）的组分之一（结构式详见酶化学章 5.2.3.3），在机体内泛酸与 ATP 和半胱氨酸经一系列反应可合成辅酶 A。

（4）**功能**　泛酸的生物功能是以 CoA 形式参加代谢。CoA 是酰基的载体，是体内酰化酶的辅酶，对糖、脂和蛋白质代谢过程中的脂酰基转移皆有重要作用。多种微生物的生长都需要泛酸。

（5）**缺乏的影响**　成人每天有 $5 \sim 10$ mg 的泛酸即基本满足需要，一般膳食的泛酸含量相当丰富，故缺乏泛酸的情况极少。大白鼠缺乏泛酸，毛变灰白，并自行脱落，毛与皮的色素形成可能与泛酸有关。

机体的泛酸有大部分（约 70%）可不经改变由尿排出，小部分随粪便排出。

6.3.1.5　维生素 B_6（吡哆素）和 PLP、PMP

维生素 B_6 又名吡哆素，包括吡哆醇、吡哆醛和吡哆胺 3 种化合物，1936 年定名为维生素 B_6。

（1）**来源**　维生素 B_6 的分布较广，酵母、肝、谷粒、肉、鱼、蛋、豆类及花生中含量都较多。动物组织中多以吡哆醛和吡哆胺形式存在，植物组织中多以吡哆醛的形式存在。某些动植物和微生物能合成维生素 B_6。

（2）**结构**　3 种吡哆素皆为吡啶的衍生物，其结构式如下：

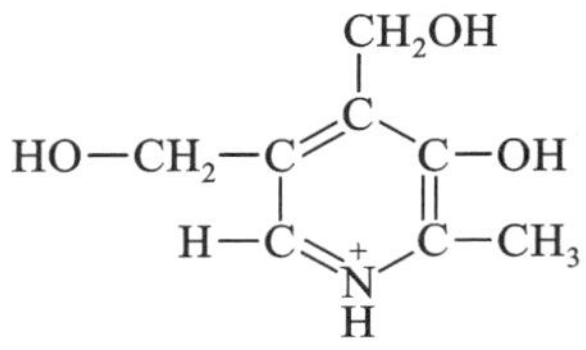

吡哆醇(pyridoxine) 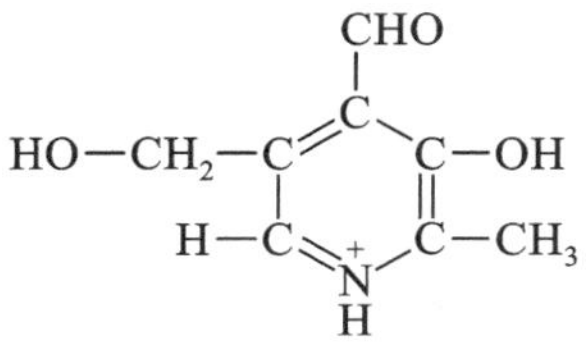　　　　　吡哆醛(pyridoxal) 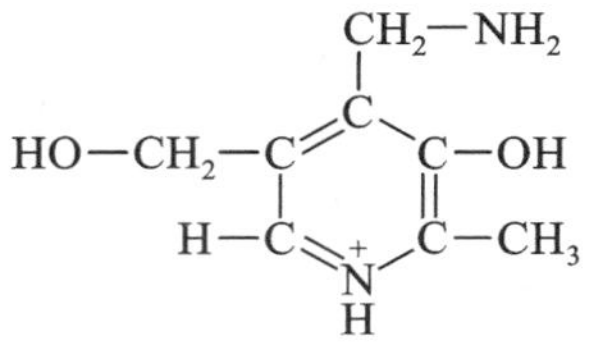　　　　　吡哆胺(pyridoxamine)

吡哆醇的有机化学名称为 2- 甲基 -3- 羟 -4,5- 二（羟甲基）- 吡啶。

（3）**性质**　吡哆素为无色晶体，易溶于水及酒精，在酸液中稳定，在碱液中易被破坏；在空气中稳定，易被光破坏。吡哆醇耐热，吡哆醛和吡哆胺不耐高温。

在动物组织中吡哆醇可转化为吡哆醛或吡哆胺。吡哆醇、吡哆醛和吡哆胺都可磷酸化成为各自的磷酸化合物。吡哆醛与吡哆胺、磷酸吡哆醛和磷酸吡哆胺都可以互变，最后都以活性较强的磷酸吡哆醛和磷酸吡哆胺形式存在于组织中，参加转氨作用，见图 6-2。

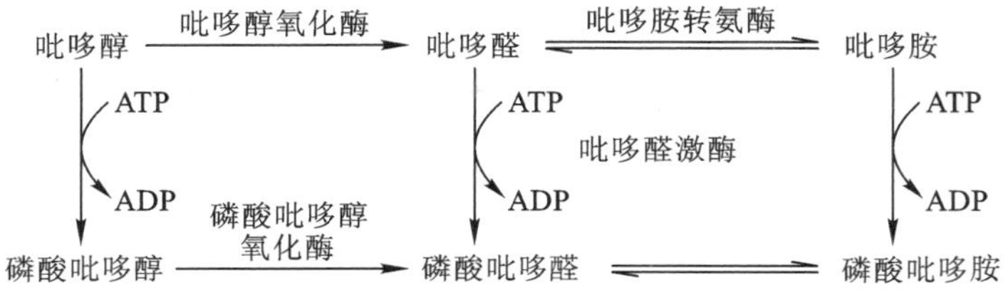

图 6-2　吡哆醇、吡哆醛、吡哆胺及其磷酸化合物的相互转变

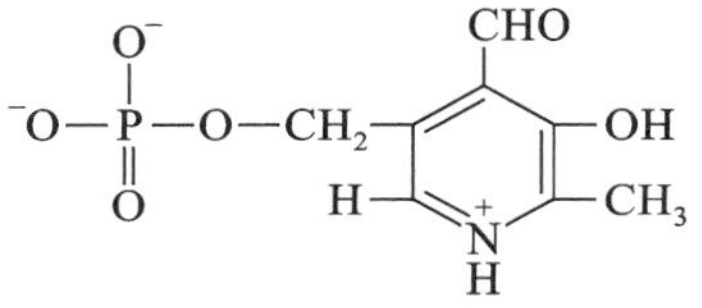

磷酸吡哆醛（pyridoxal phosphate, PLP） 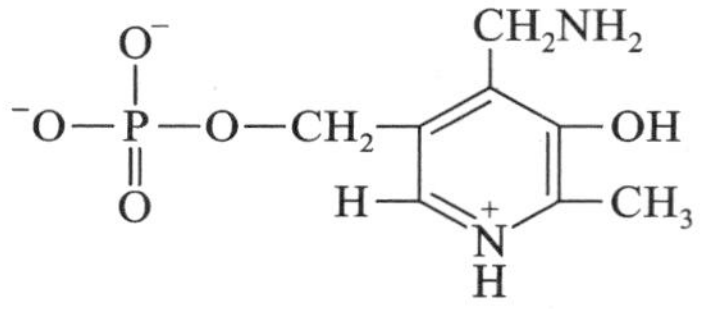　　　磷酸吡哆胺（pyridoxamine phosphate, PMP）

吡哆醛在体内可氧化成 4- 吡哆酸（pyridoxic acid）。

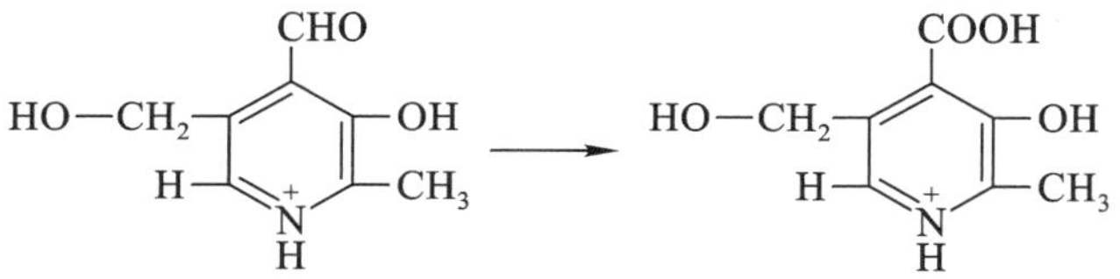

吡哆醛　　　　　　　　　　　　4- 吡哆酸

吡哆醇、吡哆醛或吡哆胺与 $FeCl_3$ 作用呈红色，与重氮化对氨基苯磺酸作用产生橘红色产物。与 2,6- 二氯醌氯亚胺（2,6-dichloroquinone chlorimide）作用产生蓝色物质。这些呈色反应都可作为维生素 B_6 的定性和定量检验。

（4）**功能**　主要作为氨基酸转氨酶、氨基酸脱羧酶和氨基酸消旋酶的辅酶参与氨基酸的转氨、脱羧和内消旋反应，还参与色氨酸代谢、含硫氨基酸的脱硫、羟基氨基酸的代谢和氨基酸的脱水等反应。不饱和脂肪酸的代谢也需要维生素 B_6。磷酸吡哆醛还可加快氨基酸和钾进入细胞的速率。在转氨反应中，PLP 在转氨酶存在下先接受氨基酸的氨基变为 PMP，然后将所携带的氨基转给另一酮酸使之变为一新氨基酸。在转氨作用过程中起了载运氨基的作用（详细反应过程见氨基酸代谢章）。

维生素 B_6 也是微生物（如酵母、乳酸菌等）生长所必需的。磷酸吡哆醛比磷酸吡哆胺的活性高。

（5）**缺乏和过量的影响**　小剂量无任何不良副作用，大剂量（每千克体重 $3\sim4\,g$）会引起痉挛。长期缺乏维生素 B_6 会导致皮肤、中枢神经系统和造血系统的损害，例如人体严重缺乏维生素 B_6 会产生抑郁、精神紊乱、血色素降低、白细胞类型异常、皮脂溢出、舌炎、口炎和鼻炎等。婴儿缺乏可能引起易惊、腹胀、呕吐、腹泻和抽搐等，但不常见。白鼠缺乏可发生皮炎、爪、耳棘皮。

成人每天 $2.0\,mg$，婴儿及儿童每天有 $0.2\sim1.2\,mg$ 即可，不致有缺乏之虞。

6.3.1.6　生物素和羧化辅酶 [1]

生物素（biotin）又称维生素 H、维生素 B_7，发现于 1916 年，1936 年制成纯品并定名为生物素，1942 年确定其分子结构，1943 年人工合成。

（1）**来源**　生物素分布于动植物组织中，一部分游离存在，大部分同蛋白质结合，卵清的抗生物素蛋白（avidin）就是与生物素结合的。许多生物都能自身合成生物素，牛、羊的合成力最强，人体肠道中的细菌也能合成部分生物素。

（2）**结构**　生物素为含硫维生素，其结构可视为由尿素与硫戊烷环结合而成，并有一个 C_5 酸支链。

（3）**性质**　生物素为细长针状晶体，在 $232\sim233\,℃$ 时即熔解并开始分解。耐热和耐酸、碱，微溶于水，其钠盐溶于水。

（4）**功能**　生物素是多种羧化酶的辅酶，在 CO_2 固定反应中起重要作用。反应的第一步是 CO_2 与生物素结合，第二步是将同生物素结合的 CO_2 转给适当的受体，起 CO_2 载体的作用。这些反应可表示如下：

$$\text{生物素–酶} + \text{ATP} + H_2CO_3 \rightleftharpoons CO_2\text{–生物素–酶} + \text{ADP} + \text{Pi}$$

$$CO_2\text{–生物素–酶} + \underset{\text{丙酮酸}}{\overset{CH_3}{\underset{COOH}{|CO|}}} \longrightarrow \underset{\text{草酰乙酸}}{\overset{COOH}{\underset{COOH}{|CO|CH_2|}}} + \text{生物素–酶}$$

（5）**缺乏的影响**　人体一般不易发生生物素缺乏，因为除了可从食物中取得部分生物素外，肠道细菌还可合成一部分。动物缺乏生物素产生的病状，随种类而异。大白鼠严重缺乏生物素时，例如以大量粗蛋白为饲料，蛋白中的抗生物素蛋白与生物素结合，使生物素不能发挥作用，则发生后脚瘫痪、广泛的皮肤病、脱毛和神经过敏等症状。鸡、猴缺乏生物素也会产生皮炎和脱毛等症状。

人类缺少生物素可能导致皮炎、肌肉疼痛、过敏、怠倦、厌食、轻度贫血和心电图改变等。人类生物素的每日最低需要量尚不了解，但每天可从食物中摄取 $150\sim300\,\mu g$ 生物素，应不会发生缺乏。

6.3.1.7　叶酸和四氢叶酸

叶酸（folic acid）即维生素 B_{11} [2]。在 1926 年就有生化工作者开始注意到叶酸是微生物和某些高等动物营养必需的因素，1941 年被分离提纯并定名为叶酸（因存在于叶片），1948 年叶酸的分子结构才完全确定并人工合成。

---

① 羧化辅酶又称生物胞素。生物胞素是指 ε– 生物素酰赖氨酸。生物素通过其羧基与赖氨酸分子上的 ε– 氨基相连而成的一种化合物。生物素也与以生物素作为辅酶的酶类上的赖氨酸相连。

② 在发展过程中不同研究人员所称的维生素 Bc、鸡维生素、维生素 M 和 U– 因子等都是同一物质，即今天所称的叶酸或维生素 B_{11}。

（1）**来源**　叶酸分布较广，绿叶、肝、肾、菜花、酵母中含量较多，其次为牛肉、麦粒。

（2）**结构**　叶酸又称蝶酰谷氨酸（pteroyl glutamic acid），是由 2- 氨基 -4- 羟基 -6- 甲基蝶啶、对氨基苯甲酸与 L- 谷氨酸连接而成，其结构式如下：

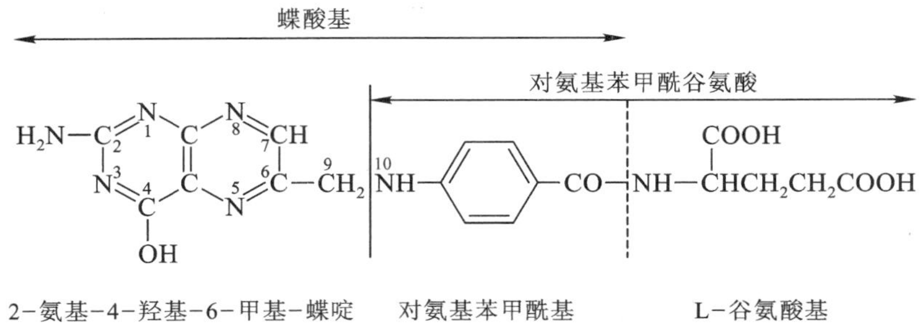

2- 氨基 -4- 羟基 -6- 甲基 - 蝶啶　　对氨基苯甲酰基　　　　　L- 谷氨酸基

叶酸

（3）**性质**　叶酸为鲜黄色物质，微溶于水，在水溶液中易被光破坏。

叶酸蝶啶环的 5，6，7，8 位置，在 $NADPH+H^+$ 存在下，可被还原成四氢叶酸（代号 FH_4 或 THFA[1]）。四氢叶酸的第 N^5 或 N^{10} 位可与多种一碳单位（表 6-3）结合作为它们的载体。例如四氢叶酸的第 N^5 位或 N^{10} 位都可接受甲酰基（—CHO）成 N^5- 甲酰四氢叶酸，或 N^{10}- 甲酰四氢叶酸，N^5、N^{10} 也可同时与某些一碳单位（如 $\diagup\!\!\!\diagdown$CH，$\diagup\!\!\!\diagdown$CH₂）结合。

由于 N^5- 甲酰四氢叶酸可促进柠檬酸菌（*Leuconostoc citrovorum*）迅速生长，故又称 citrovorum 因子，也称亚叶酸（folinic acid）。如果一碳单位的供体为甲醛，则可得 5- 羟甲基 -5，6，7，8- 四氢叶酸。

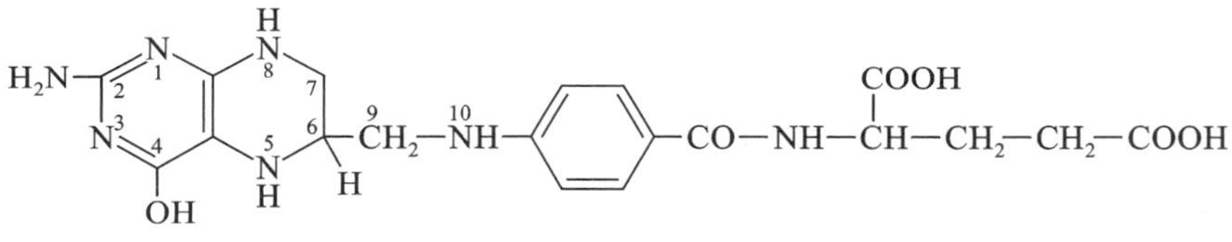

5，6，7，8- 四氢叶酸(FH_4 或 THFA)

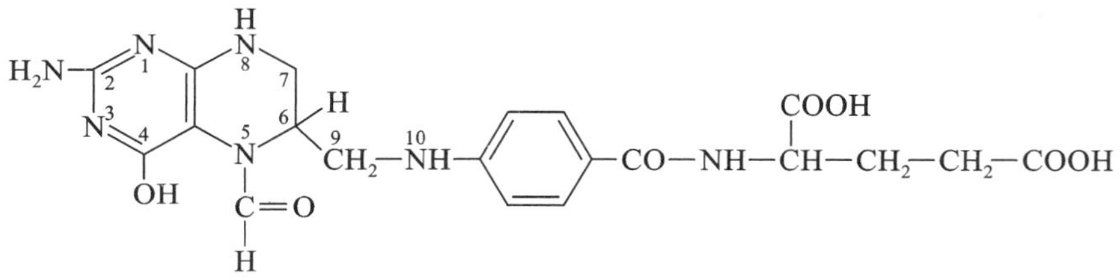

N^5- 甲酰四氢叶酸(亚叶酸)(CF)[2]

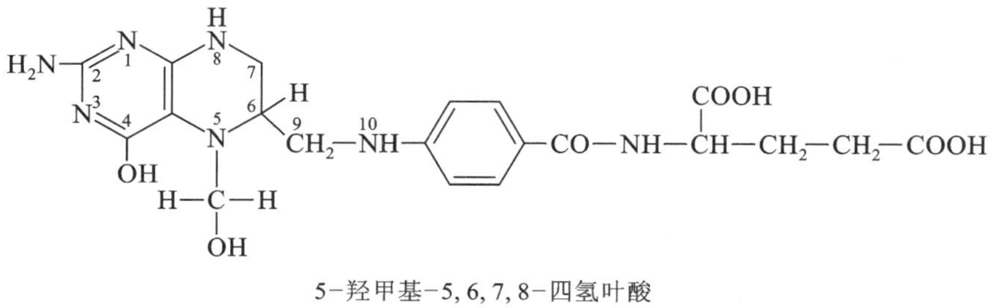

5- 羟甲基 -5，6，7，8- 四氢叶酸

---

[1]　F 为 folic acid 的代号。THFA 是 tetrahydrogen folic acid 的缩写。

[2]　CF 为 citrovorum factor（嗜橙菌因子）的缩写。

表 6-3 以 THFA 为载体的一碳单位

结合体	一碳单位
N^5- 甲酰 THFA	—CHO
N^{10}- 甲酰 THFA	—CHO
N^5- 甲亚胺 THFA（N^5-formimino THFA）	—CH＝NH
N^5- 甲基 THFA	—CH$_3$
$N^{5,10}$- 次甲基（methenyl）THFA	＞CH
$N^{5,10}$- 甲烯（methylene）THFA	＞CH$_2$

在适当条件下，THFA 与一碳单位结合的结合体又可将其所载运的一碳单位转给其他适当受体，供合成新的物质，发挥它在代谢中的作用。

（4）**功能** 叶酸的重要生理功用是作为一碳化合物的载体参加代谢，具体如下：

① 叶酸的衍生物四氢叶酸以辅酶形式作为一碳单位（包括甲酸基、甲醛和甲基）的载体，对甲基的转移和甲酸基及甲醛的利用都有重要功用。

a. 机体合成腺嘌呤核苷酸时，其嘌呤核的 C-2 和 C-8 都需从 THFA（以甲酰 -FH$_4$ 形式）引入，胸腺嘧啶生物合成反应中 C-5 位的甲基及肌苷酸（IMP）的生物合成都需要四氢叶酸参加。

b. 丝氨酸与甘氨酸的互变，谷氨酸和胆碱的生物合成以及高胱氨酸转化为甲硫氨酸也都需要 THFA。

c. THFA 对甲酸酯的产生和利用，也有重要作用。由于嘌呤与胸腺嘧啶直接为核苷酸，间接为有关核酸的组成成分，而甲硫氨酸、丝氨酸、谷氨酸等又为蛋白质的成分，我们就不难设想叶酸在核酸的生物合成和蛋白质的生物合成过程中的重要性了。

② 叶酸为许多生物及微生物生长所必需，这显然由于 THFA 能促进蛋白质的生物合成。

（5）**缺乏的影响** 由于叶酸间接与核酸和蛋白质的生物合成有关，缺乏时可引起多种疾病。如鸡缺乏叶酸时易患贫血和抗病力降低，鼠毛缺少色素，猴患巨红血细胞贫血、白血病、腹泻、水肿和口腔损害等症，人易患恶性贫血、舌炎和胃肠疾患等。

膳食中需要有适量的叶酸才能维持健康。成人每日需要 200 μg 游离叶酸、儿童 100 μg、婴儿 50 μg、孕妇 400 μg、授乳妇女 300 μg。

在体内，约 2/3 的叶酸会与其他物质结合，从尿排泄的甚少，对人无毒。临床上叶酸只适用于恶性贫血，对缺铁所引起的贫血无效。

6.3.1.8 维生素 B$_{12}$（氰钴胺素）族及其辅酶

维生素 B$_{12}$ 是含钴的化合物，故又称钴维素或钴胺素（cobalamins 或 cobamide），至少有 5 种。一般所称的维生素 B$_{12}$ 是指分子中钴同氰（CN）结合的氰钴胺素[①]。维生素 B$_{12}$ 是在研究恶性贫血症（即巨初红细胞症）时发现的。最初发现服用全肝可控制恶性贫血症状，经 20 年的研究，到 1948 年才从肝中分离出一种具有控制恶性贫血效果的红色晶体物质，定名为维生素 B$_{12}$。

（1）**来源** 肝为维生素 B$_{12}$ 的最好来源，其次为奶、肉、蛋、鱼、蚌、心、肾等，植物不含维生素 B$_{12}$。天然维生素 B$_{12}$ 是与蛋白质结合存在的，在吸收前须经热或蛋白水解酶分解成自由型才能被吸收。

动物组织中的维生素 B$_{12}$ 部分从食物得来，部分是肠道中的微生物合成的，例如牛、羊肠道细菌就能合成维生素 B$_{12}$。

[①] 它的严格化学名照 IUPAC 的规定则为 "cyanocobalamin"。

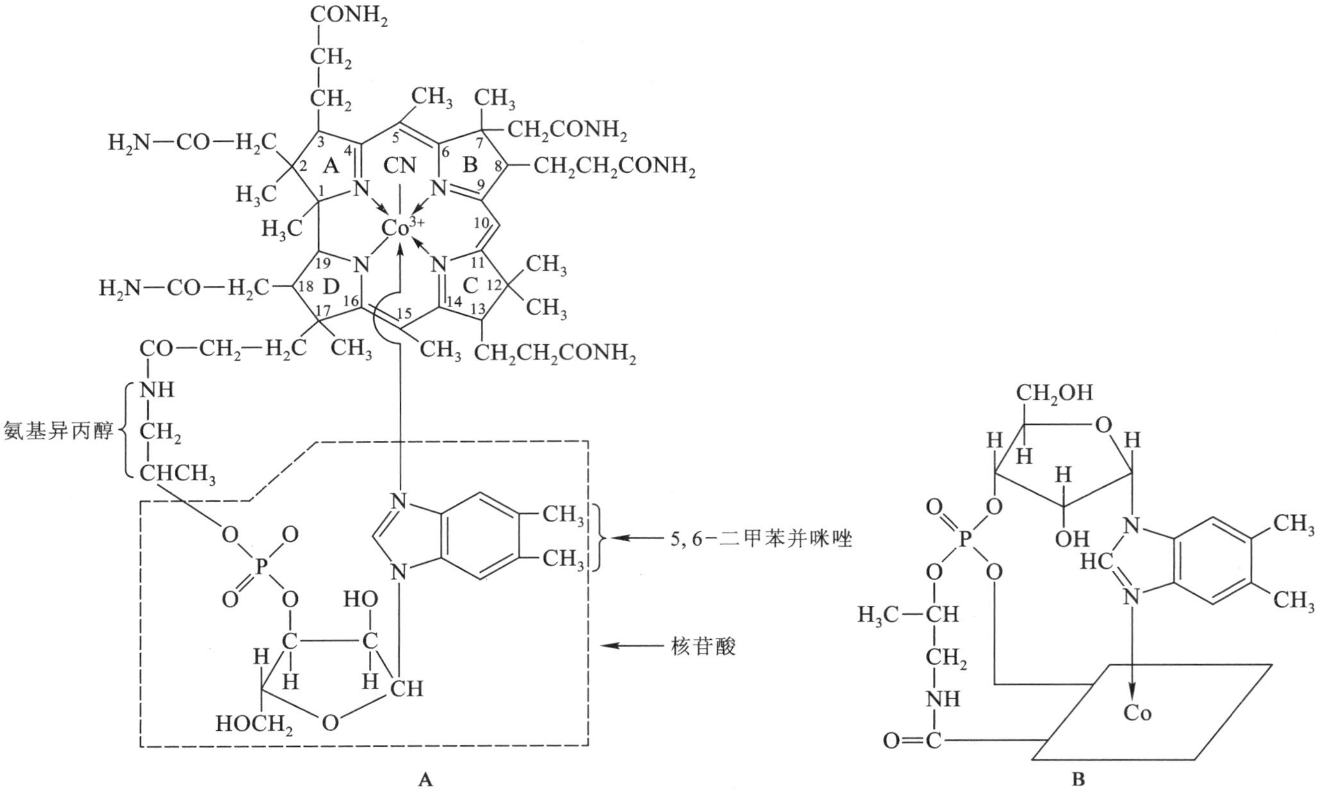

图 6-3　维生素 B$_{12}$ 族分子结构式及构型示意图
A. 辅酶 B$_{12}$ 结构式；B. 维生素 B$_{12}$ 族分子构型

（2）**结构**　维生素 B$_{12}$ 是含三价钴的多环系化合物，其经验式为 C$_{63}$H$_{88}$O$_{14}$N$_{14}$PCo，结构式如图 6-3A。1973 年完成了人工合成。

从这一结构式中可以看出，维生素 B$_{12}$ 的分子是由类似卟啉的咕啉（corrin）[①]核、1 个"核苷酸"及 1 个氨基异丙醇（D-1- 氨基 -2- 丙醇）3 部分组成的。咕啉核位于一平面上，中心有 1 个三价钴原子。咕啉核同"核苷酸"部分有 2 个连接键。一处是"核苷酸"的 5,6- 二甲苯并咪唑（benzimidazole）的 1 个氮以配位键与咕啉核中心的钴原子连接，另一处是呋喃核糖磷酸酯通过 D-1- 氨基 -2- 丙醇，以酰胺键与咕啉核的 1 个吡咯环相连接。5,6- 二甲苯并咪唑所在的平面与咕啉所在的平面近于垂直（即近于 90°），而呋喃核糖则与咕啉核平面接近平行。一共有 6 个基团以配位键与钴原子相连。各基团在咕啉核平面下。这些构型关系可表示如图 6-3B。

维生素 B$_{12}$ 族包括 5 种左右的类似物（表 6-4）。维生素 B$_{12}$ 分子中与 Co^{3+} 相连的—CN 基如用—OH 基、H$_2$O 或 NO$_2$ 基代替则得 B$_{12}$a、B$_{12}$b 和 B$_{12}$c 等类似化合物。维生素 B$_{12}$ 是天然产物，维生素 B$_{12}$a、B$_{12}$b 和 B$_{12}$c 都是半人工合成品。

（3）**性质**　维生素 B$_{12}$ 为深红色晶体，熔点甚高（320℃时不熔），溶于水、乙醇和丙酮，不溶于氯仿。维生素 B$_{12}$ 晶体及其水溶液都相当稳定。但酸、碱、日光、氧化和还原都可使之破坏，有光活性。

[①]　"咕啉"是原文 corrin 的音译，corrin 是卟啉类似的化合物，也是由四个吡咯环构成的环状体系。所不同者，corrin 的 4 个吡咯环中有两个（例如维生素 B$_{12}$ 分子的 A、D 两环）是直接连接的。

表 6-4　维生素 B_{12} 与其类似物分子结构上的差异

与 Co 连接的基团	钴胺素名称
Co—CN	维生素 B_{12}（或称氰钴胺素，cyanocobalamin）
Co—OH	维生素 $B_{12}a$（羟钴胺素，hydroxy-cobalamin）
Co—H$_2$O	维生素 $B_{12}b$（水化钴胺素，aquocobalamin）
Co—NO$_2$	维生素 $B_{12}c$（亚硝基钴胺素，nitritocobalamin）
Co—CH$_3$	甲基钴胺素（methyl cobalamin）

（4）**功能**　维生素 B_{12} 及其类似物（指 $B_{12}a$、$B_{12}b$ 和 $B_{12}c$ 和其他钴胺素）对维持正常生长和营养、上皮组织（包括胃肠上皮组织）细胞的正常新生、神经系统髓磷脂（myelin）的正常和红细胞的产生等都有极其重要的作用。机体中凡有核蛋白合成的地方都需要维生素 B_{12} 参加。

维生素 B_{12} 各种功能的作用机制是以辅酶方式参加各种代谢作用。从哺乳动物组织中分离得到的维生素 B_{12} 辅酶（即钴胺素辅酶）主要有 2 种形式：① 5′- 脱氧腺苷钴胺素，是钴胺素分子中的—CN 被 5′- 脱氧腺苷取代（见 **☞辅学窗** 5-6）；②甲基钴胺素，是钴胺素分子中的—CN 被甲基取代。其中 5′- 脱氧腺苷钴胺素是维生素 B_{12} 在体内的主要存在形式，活性最高，也最为重要。5′- 脱氧腺苷钴胺素（5′-deoxyadenosyl cobalamin）通常也被称为辅酶 B_{12}（coenzyme B_{12}）[1]。水解、照射和氰化物处理可使钴胺素辅酶失活。

这些钴胺素辅酶在机体的多种代谢反应中都起重要作用，其作用机制有下列几种：

① 促进某些化合物的异构作用　5′- 脱氧腺苷钴胺素在丙酸代谢中能辅助甲基丙二酰异构酶（或变位酶）催化甲基丙二酰 CoA 转变为琥珀酰 CoA 的反应，也参加谷氨酸转变为 β- 甲基天冬氨酸的反应。丙二酸与饱和脂肪酸的生物合成和奇数脂肪酸的氧化都有关，而琥珀酰 CoA 是糖分解代谢过程的中间产物。这样，维生素 B_{12} 就同糖和脂的代谢联系起来了。

② 促进甲基转移作用　甲基钴胺素作为甲基载体参加甲硫氨酸、胸腺嘧啶（可能还有胆碱）的生物合成，间接参与核酸、蛋白质和磷脂（包括磷脂酰胆碱、鞘磷脂）的生物合成。在合成甲硫氨酸（高半胱氨酸→甲硫氨酸）和胸苷酸（尿苷酸→脱氧尿苷酸→胸苷酸）的过程中，叶酸辅酶的作用都需要维生素 B_{12} 辅酶的协作。

③ 维持—SH 的还原型状态　维生素 B_{12} 辅酶能促使—S—S—型辅酶 A 还原成有关酶促反应所需的活性—SH 型辅酶 A，也可使氧化型（—S—S—）谷胱甘肽[2] 及高胱氨酸还原成它们的还原型（—SH 型）。还原型谷胱甘肽是红细胞和肝正常代谢所必需的。

④ 维生素 B_{12} 能促进一些氨基酸（例如甲硫氨酸、谷氨酸）的生物合成，在蛋白质生物合成中又有活化氨基酸的作用，而且还能促进核酸的生物合成，故对蛋白质（包括核蛋白、糖蛋白）的生物合成都有重要作用。

⑤ 维持造血机构的正常运转　维生素 B_{12} 促进红细胞发生和成熟的效力比叶酸大（2～5）$\times 10^4$ 倍。这主要

---

[1]　辅酶 B_{12} 与维生素 B_{12} 辅酶（vitamin B_{12} coenzyme）两个名词是有区别的。前者只限用于 5′- 脱氧腺苷钴胺素，后者可用于钴胺素辅酶中的任何一种。

[2]　GSSG 为氧化型谷胱甘肽，GSH 为还原型谷胱甘肽，其分子式如下：

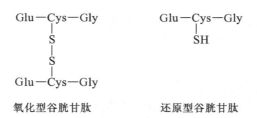

氧化型谷胱甘肽　　　　　还原型谷胱甘肽

由于维生素 B_{12} 能促进核酸（DNA 为红细胞核的主要成分）和蛋白质的生物合成。

⑥ 维生素 B_{12} 能促进儿童发育和促进上皮组织细胞的新生，可能是由于其促进蛋白质合成的作用。

（5）**缺乏的影响** 缺乏维生素 B_{12} 的病人，大多数不是因从食物中摄取的量不足（绝对素食的人例外），而主要是由于胃黏膜不能分泌（或分泌不足）一种作为维生素 B_{12} 载体的糖蛋白，维生素 B_{12} 可促进这种糖蛋白的生物合成，故对这种恶性贫血病有显著疗效。

缺乏维生素 B_{12} 可能产生下列各症状：

① 儿童及幼龄动物发育不良，如给以少量维生素 B_{12}，即显著缓解。

② 消化管上皮组织细胞失常，妨碍维生素 B_{12} 的吸收。

③ 造血器官功能失常，不能正常产生红细胞，导致恶性贫血。

④ 鞘磷脂的生物合成减少，引起神经系统的损害，表现症状为手足麻木、刺痛、体位不易维持平衡、肌肉动作不协调、忧郁易怒、思想迟缓和健忘等。

上述维生素 B_{12} 缺乏的各种症状，都由于缺乏维生素 B_{12} 致使代谢功能受阻所引起。摄取的维生素 B_{12}，部分可经泌尿系统、胆道和胃排出体外。

人体每日最低维生素 B_{12} 的需要量，成人为 2 μg，婴儿 0.3 μg，孕妇、授乳妇女 2.5～3 μg。

6.3.2 维生素 C（抗坏血酸）

维生素 C 又称抗坏血酸（ascorbic acid）。1928 年，A. Szent-Gyorgi 从牛的肾上腺皮质及数种植物中提出一种结晶物质，实验后证明这种晶体物质对治疗及预防坏血病有特殊功效，因此称为抗坏血酸。

（1）**来源** 维生素 C 的主要来源为新鲜水果及蔬菜。水果中含量最多者首推橙类，其中包括柠檬、橘子及橙子等。此外，番茄含维生素 C 也很多。蔬菜中以辣椒的维生素 C 含量最丰富，每 100 g 辣椒中所含维生素 C 可达 200 mg。此外，胡萝卜、甘蓝、萝卜以及绿叶菜和嫩芽中的含量都相当多。野生植物中毛梨（刺梨）、槐花及醋柳含维生素 C 亦丰富。

（2）**结构** 维生素 C 为酸性己糖衍生物，是烯醇式己糖酸内酯。有 L- 及 D- 型两种异构体，只有 L 型有生理功效，还原型和氧化型都有生物活性。

（3）**性质** 抗坏血酸为无色晶体，熔点为 190～192℃，$[\alpha]_D^{20}$ 为 +22°。味酸，溶于水及乙醇。不耐热，易被光及空气氧化，痕量金属离子可加速其氧化。在酸性溶液中比在碱性液中稳定。在水溶液中，还原型 L- 抗坏血酸的烯醇羟基的氢可离解成 H^+，故其水溶液呈酸性。

还原型 L- 抗坏血酸与氧化型脱氢抗坏血酸是可互变的。在生物体组织中，脱氢抗坏血酸容易被—SH（如还原型谷胱甘肽中的—SH）还原成还原型 L- 抗坏血酸，自成一个氧化还原体系。组织中的抗坏血酸主要为还原型。

脱氢抗坏血酸被水化即转化为 2,3- 二酮古洛糖酸（gulonic acid），后者是无生物活性的，而且，这一反应是不可逆的。L- 抗坏血酸可还原 2,6- 二氯酚靛酚使之褪色（2,6- 二氯酚靛酚溶液为蓝色），亦可与 2,4- 二硝基苯肼结合成有色的腙，此二反应，可作为维生素 C 的定性和定量基础。

（4）**单位** 1 国际单位等于 0.05 mg 纯维生素 C。

（5）**功能** 除人、豚鼠及少数动物外，大多数动物都能在体内

L- 抗坏血酸　　　　　脱氢抗坏血酸

脱氢抗坏血酸　　　　2,3-二酮-L-古洛糖酸

自行合成维生素 C（见📧辅学窗 6-5），维生素 C 对于人体及动物的功能有下列几种：

① 维生素 C 促进各种支持组织及细胞间黏合物的形成。例如，纤维组织的胶原蛋白（collagen）、骨与软骨的基质（matrix）、血管的内皮，以及其他非上皮性的黏合质等的形成均需要维生素 C 的帮助，故当维生素 C 缺乏后，毛细血管的脆性和透过性增大，身体很多地方容易出血和骨质脆弱，出现坏血病症状。实验指出，维生素 C 在有 Fe^{2+} 存在下可增进脯氨酸羟化酶的活性，促进脯氨酸转化为羟脯氨酸，而羟脯氨酸是维持胶原蛋白四级结构的关键物质。维生素 C 对愈创的功用即与促进胶原蛋白的生物合成有关。

② 维生素 C 对生物氧化有重要功用。维生素 C 可被细胞色素氧化酶与细胞色素 C 氧化，氧化型维生素 C（脱氢抗坏血酸）又可被还原型谷胱甘肽（GSH）还原，其本身为氧化还原体系。维生素 C（还原型）还有氢供体的作用。关于维生素 C 在生物氧化体系中的作用机制有待于进一步的阐明。

③ 维生素 C 具有代谢调控作用。

维生素 C 在酪氨酸代谢过程中有促进作用，当对羟苯丙酮酸变为 2,5- 二羟苯丙酮酸时（参阅氨基酸代谢章）即需要维生素 C 参加。维生素 C 在此作用中可能是对氧化 2,5- 二羟苯丙酮酸的对羟苯丙酮酸氧化酶有保护作用。缺乏维生素 C 的婴儿尿中有二羟苯丙酮酸出现，给以维生素 C，症状即消失。

维生素 C 还能促进叶酸转化为四氢叶酸，及 N^5- 甲酰四氢叶酸。这两种化合物在代谢上的重要性已在叶酸的功能一节中作了介绍。

维生素 C 对胆固醇代谢有调节作用，缺乏维生素 C 的动物乙酸转变为胆固醇的速率大大加快。

维生素 C 与糖代谢也有关。患坏血病动物出现血糖水平增高，肝糖原减少，糖耐量下降等症状。

维生素 C 在肾上腺皮质和髓质中的含量都很丰富，可能有防止肾上腺素氧化及促进肾上腺皮质激素生物合成的功用。

维生素 C 为还原剂，有抗氧化作用，能保护不饱和脂肪酸使之不被氧化成过氧化物，防止自由基产生，有保护细胞和抗衰老作用。

此外，维生素 C 还有增强机体抗病力及解毒的作用。虽然上述维生素 C 的各种功能中，有的还需要更多的实验和临床证据加以证实，但总的来说，维生素 C 功能的多样化和重要性是无可怀疑的。

（6）**缺乏的影响**　由于维生素 C 有多种生理功用，缺乏时就可能引起多种症状。其中最显著的是坏血病症状。最典型的坏血病症状为毛细血管易出血和齿、骨发育不全或退化。这是由于细胞间的黏合物质和作为基质的胶原蛋白改变，胶原蛋白束消失，基质的多聚化解体，遂导致组成血管的结缔组织结构变质而使血管脆薄，透过性增高和易破裂，牙龈发炎出血，齿骨变软，牙釉退化等。豚鼠对缺乏维生素 C 的反应最敏感，故研究室中多以豚鼠做实验动物。

成人每日需要 45～75 mg，婴儿每日 35 mg，儿童每日 40～50 mg。孕妇、授乳妇女较正常成人的需要量酌情增加。老人保健应比正常成人需要更多的维生素 C。治疗剂量则随病症而异。

除上述已经确认的几类维生素外，还有几种化合物如硫辛酸、对氨基苯甲酸、肌醇、胆碱、维生素 P 和维生素 B₄ 等，也有人称之为维生素，其实这些化学物质并不是真正的维生素，其功能和药物效用都不明显。为参考起见，现将这几种物品的名称、化学本质和可能起的生理功用见📧辅学窗 6-6。

🔘 思考题

1. 经常接触铅、汞等重金属离子的人群可以补充维生素 C 预防重金属中毒，简述其原理。
2. 严格的素食者容易缺乏哪种维生素？为什么？

6.4 维生素的吸收

水溶性维生素不需消化，直接从肠道吸收，然后通过循环到机体需要的组织中，多余的水溶性维生素及其代谢产物大多由尿排出，在体内储存甚少。当机体饱和后，食入的维生素越多，尿中的排出量也越大。

脂溶性维生素溶解于油脂，经胆汁乳化，在小肠吸收，由淋巴循环系统进入到体内各器官。脂溶性维生素易溶于非极性有机溶剂，而不易溶于水，可随油脂被人体吸收并在体内蓄积，排泄率不高。体内可储存大量脂溶性维生素。维生素 A 和 D 主要储存于肝，维生素 E 主要存于体内脂肪组织，维生素 K 储存较少。脂溶性维生素吸收与脂质的吸收密切相关。当脂质吸收不良时，脂溶性维生素的吸收大为减少，甚至会引起缺乏症。

6.5 维生素的作用机制

在叙述各种维生素功能时，对维生素的作用机制已分别作了交代，总的来说，所有维生素都是功能物质，而不是结构物质。维生素作用的主要机制是①作为某些代谢物质的载体或作为某些酶的辅酶参加各种代谢反应。脂溶性维生素（A、D、E、K）的辅酶作用目前虽尚未十分肯定，但就已经研究的证据来看，它们之中，有的已被确认为是某些酶的辅助因子或某些基团的载体在机体代谢中发生作用，也很可能是某些酶的辅酶。水溶性维生素的 B 族（维生素 B_1、B_2、B_6、泛酸、烟酰胺、生物素、叶酸和 B_{12} 等）和维生素 C 都已有充分证据证明它们是作为辅酶的组分参加代谢，见表 6-5。②有些维生素具有抗氧化性质，如维生素 E 和维生素 C，这种性质可以保护细胞膜和线粒体的不饱和脂肪酸，使其不被氧化破坏，起到保护细胞结构完整和抗衰老的作用。③维生素 A 在体内的代谢物视黄醛与视蛋白结合形成视紫红质，参与机体视觉生成。④维生素 D 可以诱导钙载体蛋白质的生物合成，促进钙的吸收。

维生素作为辅酶的组分或辅助因子，参加各种代谢反应，因此在医疗卫生和保健上具有重要作用（见 **⌬辅学窗 6-7**）。

某些维生素的生理功能可因另一些物质的作用而减弱或全部失去作用，这类使维生素失去原来生理功效的物质称维生素拮抗物（antagonist）。维生素拮抗物的分子结构常与其有关维生素的结构相似。拮抗的机制是拮抗物与有关维生素竞争某种酶系，而使维生素失其应有的作用（见 **⌬辅学窗 6-8**）。

维生素的制备和测定方法见 **⌬辅学窗 6-9**。

表 6-5　维生素的作用机制

	维生素	作用机制
脂溶性维生素	A	参加视紫红质的合成，为硫酸转移酶的辅酶
	D	诱导钙载体蛋白质的生物合成，从而促进钙的吸收
	E	为抗氧化剂，保护细胞膜和线粒体的不饱和脂肪酸使不被破坏，保持细胞结构完整。在生物氧化过程中对电子传递有辅助因子的作用
	K	促进凝血酶原的生物合成

续表

	维生素	作用机制
水溶性维生素	B₁（硫胺素）	作为辅酶的组分参加糖代谢过程中的脱羧作用
	B₂（核黄素）	作为辅酶 FMN、FAD 的组分参加脱氢作用，分子中异咯嗪基的 N^1，N^5 可被还原
	B₅（泛酸）	作为 CoA 的组分参加脂酰基的生成和转移
	PP（烟酰胺及烟酸的总称）	作为辅酶 NAD 及 NADP 的成分，其 C-4，C-5 间的双键可被还原，参加递氢作用
	B₆（吡哆素）	以磷酸吡哆素的形式作为几种酶的辅酶参加氨基酸的转氨、脱羧、内消旋等作用
	B₇（生物素）	以共价键同羧化酶连接作为羧化酶的辅酶起 CO_2 载体作用
水溶性维生素	B₁₁（叶酸）	以 THFA 形式作为辅酶参加一碳基转移作用，参加腺嘌呤核苷酸的生物合成
	B₁₂（钴维生素）	以维生素 B₁₂ 辅酶形式参加多种代谢反应
	C（抗坏血酸）	为羟基化酶的辅酶，能促进胶原蛋白的生物合成，其本身又可成为氧化还原系统参加生物氧化反应

总结性思考题

1. 中国居民膳食指南建议适当补充杂粮，试解释其原因。

2. 比较脂溶性维生素和水溶性维生素的异同点。

3. 总结脂溶性维生素及其主要的生物学功能。

4. 不同肤色的人群对紫外线的耐受程度不同，这是人类对不同生活环境和气候条件的一种自然适应，分析其生化机制。

5. 维生素对机体来说是必需的，所以需要经常大量补充，你认为合理吗？

6. 比较各种 B 族维生素与辅酶的关系。

7. 核苷酸是生物体内普遍存在的有机小分子，依据你所掌握的生物学知识，谈谈核苷酸的重要作用。

8. 氨甲喋呤和氨基喋呤可以用于肿瘤治疗，其原理是什么？可以长期使用吗？

数字课程学习

👤 教学课件　　　💬 在线自测　　　📖 思考题解析

第七章　激素化学

提要与学习指导

　　本章着重介绍人体和动物激素的化学本质和生理功能，对植物激素也择要介绍。激素类化合物是机体代谢的调节物质，而不是机体的结构物质。学习本章应掌握以下几点：

　　1. 各种激素的来源、化学本质、特性、重要的生理功能和作用机制。

　　2. 激素过多或不足时可能导致的疾病和生理反常。

　　3. 联系激素彼此间的相互关系和环境及神经活动对腺体激素的分泌和控制。

7.1　激素的概念和类别

　　概念　激素[①]一词的概念有广义和狭义之分。广义的激素可定义为多细胞生物体内协调不同细胞活动的化学信使，即指由活细胞所分泌的对某些靶细胞有特殊激动作用的一群微量有机物质，狭义的激素概念则动、植物各有不同。

　　动物激素是指由动物腺体细胞和非腺体组织细胞所分泌的一切激素。由腺体细胞分泌的称腺体激素，由非腺体组织细胞分泌的称组织激素。腺体激素中由无管腺（又称内分泌腺）分泌的称内分泌激素。一般认为，由活细胞（包括腺体细胞和非腺体组织细胞）分泌的激素，只要是直接被血液吸收而不经任何导管流入消化管或体外的，皆可称为内分泌激素。

　　植物激素亦称植物生长调节物质，是指一些对植物的生理过程起促进或抑制作用的物质。与动物激素不同，植物体内没有分泌激素的腺体，但植物的很多部位都可以产生激素，包括幼嫩的芽和叶，发育或未成熟的根尖、根冠等，不同的植物激素产生的部位不一样。

　　类别　根据上述概念，激素的类别可概括如下：

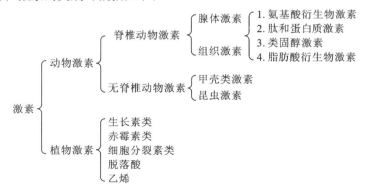

---

① 激素的英文为 hormone，其义为刺激，来源于希腊字，1904 年 W. Bayliss 与 E. Starling 最初使用这个词。

7.2　动物激素

7.2.1　人体及脊椎动物激素的化学本质和生理功能

从化学本质上看，人体及动物激素可分为以下几类。

（1）氨基酸衍生物激素　甲状腺素、肾上腺素、5-羟色胺。

（2）肽和蛋白质激素　垂体激素、胰岛素、甲状旁腺素、肠、胃激素和某些组织激素。

（3）类固醇激素　肾上腺皮质激素、性激素。

（4）脂肪酸衍生物激素　前列腺素。

（5）一氧化氮（NO）

7.2.1.1　氨基酸衍生物激素

这类激素是由氨基酸衍变来的，有甲状腺分泌的甲状腺素，肾上腺髓质分泌的肾上腺素和肠道嗜铬细胞分泌的 5-羟色胺等。

（1）**甲状腺素**（thyroxine）和**肾上腺素**（adrenaline/epinephrine）　甲状腺素及肾上腺素的前身皆是酪氨酸。酪氨酸在甲状腺中先经碘化变为 3,5-二碘酪氨酸，两分子 3,5-二碘酪氨酸缩合即成甲状腺素（简称 T4）。与甲状腺素共同存在的还有三碘甲腺原氨酸（3,5,3'-tri-iodothyronine，简称 T3），其生理效用比甲状腺素强约 5 倍。

甲状腺素　　　　　　　　　　肾上腺素

甲状腺素的主要功用是增加代谢率，促进机体的生长、发育和成熟，维持神经系统、心血管系统、消化系统等的正常功能。

人体甲状腺机能必须保持正常才能维持健康，如甲状腺功能亢进，甲状腺素分泌过多，则可导致突眼性甲状腺肿症。患者基础代谢率（即维持个体生命必需的代谢率）增高，身体消瘦，神经紧张，心跳加快，眼球凸出等症状。如甲状腺机能减退（由甲状腺萎缩或因山区缺碘所引起），则患者一般有基础代谢率降低，行动迟缓和精神萎靡等症状。如甲状腺萎缩发生在幼年时期，患者身体矮小，智力低，毛发和性器官发育不良，形成呆小症（cretinism）；如甲状腺萎缩发生于成年人，则引起黏液性水肿（myxedema），患者皮肤水肿、粗厚和代谢率减低。食物中如长期缺碘，则患者因缺少构成甲状腺素的碘质，即引起地方性甲状腺肿大，俗称鹅颈项，即颈部甲状腺肿大，这是由于甲状腺素分泌不足所致。山区常因水土缺碘，食品含碘量低引起甲状腺肿病发生。在甲状腺肿大流行地区销售的食盐，应加适量碘化钾，以便预防。甲状腺素可显著地促进两栖类动物的发育。

肾上腺髓质分泌的肾上腺素和去甲肾上腺素（norepinephrine）是一类儿茶酚胺（catecholamine）激素。肾上腺素的主要生理功能为促肝糖原分解，增加血糖和使毛细血管收缩，增高血压。L-肾上腺素的生理功效比 D 型高 15 倍。这些生理作用可为机体准备充分能力，应付意外。在发怒和遭遇意外情况时，肾上腺素的分泌即增高。临床上肾上腺素常作为强心急救药物，用于救护心脏骤停，或是哮喘发作时舒张气管。去甲肾上腺素与肾上腺素作用于不同的肾上腺素能受体，所以对心血管的作用有共性，也有区别。肾上腺素对受体的激动作用比去甲肾上腺素更广泛。

麻黄（ephedra）所含麻黄碱（ephedrine）的化学结构和生理作用与肾上腺素相似，在医疗上可代替肾上腺素。

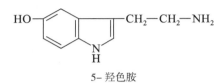

麻黄碱

❓ 思考题

甲状腺切除的小鼠在不提供食物以后能生存约 20 天，而正常的小鼠只能生存约 7 天，为什么？

（2）5-羟色胺　5-羟色胺（5-hydroxy tryptamine，5-HT；又称 serotonin）是色氨酸的衍生物。主要是肠道的肠嗜铬细胞（enterochromaffin cell）分泌，直接扩散入血液，也广泛分布于动物组织（如胰、脑、脾、血清、血小板等）。正常人血清每毫升含 0.03～0.2 μg 5-HT，5-HT 能刺激平滑肌、血管和支气管收缩，增高肺动脉血压。作为神经递质，5-HT 可能参与痛觉、睡眠和体温等生理功能的调节。中枢神经系统 5-HT 含量及功能异常可能与精神病和偏头痛等多种疾病的发病有关。

5-羟色胺

7.2.1.2　肽和蛋白质激素

肽和蛋白质激素包括由垂体、胰岛、甲状旁腺、甲状腺（分泌低血钙激素细胞）、胃、肠及其他非腺体组织所分泌的多种激素。本节选择几种较重要的加以介绍。

（1）**垂体激素**　垂体分腺垂体和神经垂体两大部分[1]。

① 腺垂体激素　已经肯定的腺垂体激素有下列 7 种：生长激素、促甲状腺素、促肾上腺皮质素、催乳素、促性腺素（促滤泡素、促黄体素）、促黑素和内啡肽。

a. 生长激素（GH）[2]　生长激素是由垂体前叶分泌的蛋白质类激素。人类生长激素的相对分子质量约为 21 000，是由 191 个氨基酸所组成的多肽链。不同种属动物的生长激素的分子大小、氨基酸组成、等电点、结构和生理功能等皆有不同程度的差异。

生长激素的主要作用是促进 RNA 的生物合成，从而促进蛋白质的生物合成，使器官得到正常生长和发育。如成长期生长激素分泌过多，则使人体过度长高而成为畸形巨人，称巨人症。如分泌不足，则使人畸形矮小，称侏儒症。若分泌功能亢进发生于成人（即在骨骺、骨干缝合以后），骨干不能增长，结果仅某一部分骨骼畸形长大，形成肢端肥大症。

b. 促甲状腺素（TSH）[3]　促甲状腺素本身是糖蛋白，由垂体前叶分泌，能直接刺激甲状腺分泌甲状腺素，间接影响机体的整个代谢。促甲状腺素的分泌受制于下丘脑所分泌的促甲状腺素释放素。

c. 促肾上腺皮质素（ACTH）[4]　由垂体前叶分泌，受下丘脑分泌的促肾上腺皮质素释放因子（corticotropin-releasing factor，简称 CRF）控制，牛 ACTH 为三十九肽，相对分子质量约为 3 500。

Ser-Tyr-Ser-Met-Glu-His-Phe-Arg-Trp-Gly-Lys-Pro-Val-Gly-Lys-Lys-Arg-Arg-Pro-Val-
1　　　　　5　　　　　　　10　　　　　　15　　　　　　20
Lys-Val-Tyr-Pro-Asp-Gly-Glu-Ala-Glu-Asp-Ser-Ala-Gln-Ala-Phe-Pro-Leu-Glu-Phe
　　　25　　　　　30　　　　　35 36 37 38 39

牛 ACTH

不同种属动物的 ACTH 组分的第 25～33 位之间的氨基酸残基略有差异。ACTH 的作用是刺激肾上腺皮质的

---

[1]　垂体的前叶、中叶为腺垂体；垂体的后叶为神经垂体。
[2]　GH 是 growth hormone 的缩写，也称促生长素。
[3]　TSH 是 thyroid stimulating hormone 的缩写，也称促甲状腺激素。
[4]　ACTH 是 adrenocorticotropic hormone 的缩写，也称促肾上腺皮质素。

发育和分泌。

d. 催乳素（PRL）[1]　催乳素为单肽链蛋白质，由垂体前叶分泌，是垂体激素中最先被制成晶体的。牛、羊催乳素的相对分子质量约为 26 000。其主要功用为促乳腺分泌奶汁和刺激卵巢黄体分泌黄体酮（天然孕激素），以维持妊娠所需。

e. 促性腺素（分促滤泡素和促黄体素）

促滤泡素（FSH）[2]　为糖蛋白，含甘露糖、己糖胺。对雌雄两性皆有作用。对雌性能刺激卵巢，促进卵泡成熟，准备产生卵子和促进雌二醇的分泌；对雄性则刺激睾丸发育，产生精子。

促黄体素（LH）[3]　又称促间质细胞激素（ICSH）[4]，也是糖蛋白。在雌性能刺激卵巢间质细胞排卵，生成黄体和分泌黄体激素，在雄性则刺激睾丸间质细胞发育，分泌雄性激素。

f. 促黑素（MSH）[5]　由垂体中叶分泌，有 α- 及 β-MSH 两种，皆为肽类。α-MSH 为十三肽，各种哺乳动物相同，β-MSH 则有种属差异性。人的 β-MSH 为二十二肽，牛、羊 β-MSH 为十八肽。

α-MSH 的 1～13 氨基酸序列与 ACTH 的完全相同，这说明为什么高纯度的 ACTH 也有促黑素细胞形成的作用。β-MSH 与 α-MSH 和 ACTH 的肽链中有共同七肽（-Met-Glu-His-Phe-Arg-Trp-Gly-）部分。

Ser–Tyr–Ser–Met–Glu–His–Phe–Arg–Trp–Gly–Lys–Pro–Val　　　α–MSN（脊椎动物）
1　　　　　5　　　　　　　13

Ala–Glu–Lys–Lys–Asp–Glu–Gly–Pro–Tyr–Arg–Met–Glu–His–Phe–Arg–Trp–Gly–Ser–Pro–Pro–Lys–Asp　β–MSN（人）
1　　　　　5　　　　　10　　　　　　　15　　　　　　20　　22

MSH 能促进细胞分化和增殖，促进黑色素的形成，另外还具有抗炎、抗过敏、免疫调节等功能。

g. 内啡肽（endophin）　1976 年 R. Guillemin 从垂体分离出一族具有吗啡功能的小肽，称内啡肽。内啡肽有 α-、β- 和 γ- 三种。分别含有 16、31 和 17 个氨基酸残基，其一级结构相似，仅 C 端不同。内啡肽能与吗啡受体结合，产生和吗啡、鸦片等麻醉药物一样的止痛和欣快感，是天然的镇痛剂。β- 内啡肽的活性比吗啡强 5～10 倍，其结构如下。

Tyr–Gly–Gly–Phe–Leu–Met–Thr–Ser–Glu–Lys–Ser–Gln–Thr–Pro–Leu–Val–
　　　　　　5　　　　　　　　10　　　　　　　　15

Thr–Leu–Phe–Lys–Asn–Ala–Ile–Val–Lys–Asn–Ala–His–Lys–Lys–Gly–Gln
　　20　　　　　　　25　　　　　　　30
β–内啡肽

② 神经垂体激素　哺乳类的神经垂体激素有催产素（oxytocin）和升压素（vasopressin）（皆为九肽），前者使子宫及乳腺平滑肌收缩，后者使毛细血管收缩，过去认为这两种激素是神经垂体产生的，现在知道它们是在下丘脑的神经细胞中形成，然后顺着神经纤维运送到神经垂体并贮存在神经垂体，在受到适当刺激时，再分泌入血液。

催产素及升压素的结构如下。

----

① 催乳素也称促乳素（PRL），英文名为 prolactin，催乳素的另一英文名为 luteotropic hormone（LTH）。
② FSH 是 follicle stimulating hormone 的缩写，也称促卵泡素。
③ LH 是 luteinizing hormone 的缩写，也称黄体生成素或促黄体（生成）激素。
④ ICSH 是 interstitial cell stimulating hormone 的缩写。
⑤ MSH 是 melanocyte stimulating hormone 的缩写，也称促黑激素或促黑色细胞激素。

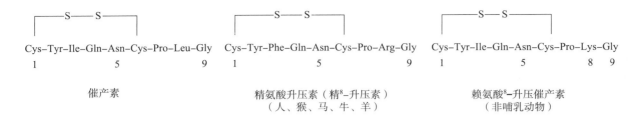

神经垂体升压素有两种，一种为精氨酸升压素，另一种的第 8 位为赖氨酸，称赖氨酸升压素，后者仅猪的神经垂体含有。在非哺乳脊椎动物如两栖类、爬行类、鸟类和硬骨鱼类等的神经垂体中的升压素称升压催产素（vasotocin），其结构为九肽。

结构式中第 8 位的精氨酸改为赖氨酸，则称赖氨酸^8–升压催产素。这两种升压催产素都已经人工合成，而且具有同样生理作用，皆有轻度降低肾小球的过滤率，增进水及钠离子的吸收和抗利尿等作用。垂体激素的种类和作用相当繁复，为便于掌握，总结如表 7-1。

表 7-1　垂体激素的类别、本质、作用对象及生理效应

腺体	激素	化学本质	作用对象	生理效应
腺垂体	1. 生长激素（GH）	蛋白质	一般组织	促 RNA 及蛋白质的生物合成，从而促进软组织及骨骼组织发育
	2. 促甲状腺素（TSH）	糖蛋白	甲状腺	刺激甲状腺分泌甲状腺激素，促 cAMP 的形成
	3. 促肾上腺皮质素（ACTH）	三十九肽	肾上腺皮质	刺激肾上腺皮质分泌多种类固醇皮质激素
	4. 催乳素（PRL）	蛋白质	乳腺	促乳汁分泌，维持黄体功能
	5. 促性腺素： ① 促滤泡素（FSH） ② 促黄体素（LH），又称促间质细胞素（ICSH）	糖蛋白 糖蛋白	卵巢 睾丸 卵巢 睾丸	女性：促进滤泡成熟，排卵，分泌雌激素 男性：促精子成熟 女性：促黄体生成，分泌黄体激素 男性：促睾丸间质细胞发育，分泌雄激素
	6. 促黑素（α-，β-MSH）	肽	黑素细胞	控制黑色素在细胞质内的分布（促皮肤发生黑色）
	7. 内啡肽	肽	全身	使全身麻醉
神经垂体	催产素	肽	子宫	使子宫收缩
	升压素 升压催产素	肽 肽	平滑肌 肾血管	使毛细血管收缩，增加血压，促肾小管吸收水分，有抗利尿作用

（2）**下丘脑激素**（hypothalamic hormone）　下丘脑激素是下丘脑（hypothalamus）分泌的一群肽激素的总称。已知者有 10 种，它们的功用是控制垂体的分泌。每种垂体激素的分泌都受一个或两个下丘脑激素的控制。生长激素、催乳素和促黑素等的分泌都各受两种下丘脑激素的控制，一促其分泌，另一抑制其分泌。其他垂体激素如促肾上腺皮质素、促甲状腺素、促滤泡素和促黄体素则各有一个促其分泌的下丘脑激素。每种下丘脑激素的名称及功能见 ⓔ**辅学窗 7-1**。

下丘脑激素直接控制垂体激素的分泌，通过垂体间接控制其他外周内分泌腺的分泌，如甲状腺、肾上腺皮质、性腺等都直接受垂体激素的控制，间接受下丘脑激素的控制（图 7-1）。

已有研究表明，下丘脑激素是由下丘脑的某些神经细胞所分泌，而这些分泌下丘脑激素的细胞的分泌功能则

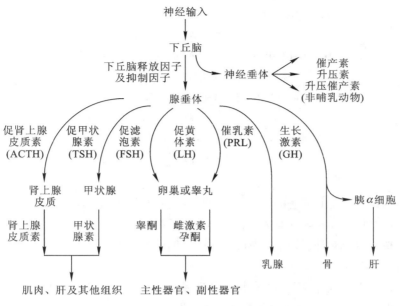

图 7-1　下丘脑与垂体激素的关系

由神经作用通过神经介质 [①] 来调节。

思考题

1. 与其他下丘脑组织分泌的激素不同的是，GH（生长激素）最初是在一名肢端肥大症患者体内的胰腺组织中发现的。该患者的胰腺已发生了癌变，试问：（1）GH 与肢端肥大症的发生有什么关系？（2）正常个体的胰腺组织并不合成和分泌 GH，为什么癌变的胰腺组织会合成并分泌 GH？（3）怎样证明下丘脑组织也分泌 GH？

2. 用激素分泌的反馈机制解释缺碘是怎样导致患者得地方性甲状腺肿大的？

（3）脑啡肽（enkephalins）**和强啡肽**（dynorphin）

脑啡肽　1975 年 John Hughes 首先从猪脑分离出两种具有吗啡活性的肽，一种的 C 端氨基酸残基为甲硫氨酸，称 Met- 脑啡肽，另一种的 C 端氨基酸残基为亮氨酸，称 Leu- 脑啡肽。两者皆为五肽，其分子式如下：

Tyr–Gly–Gly–Phe–Met　　　　　　Tyr–Gly–Gly–Phe–Leu

甲硫氨酸脑啡肽（Met-enkephalin）　　亮氨酸脑啡肽（Leu-enkephalin）

这两种脑啡肽的前 4 个氨基酸残基的种类和顺序与内啡肽完全相同（参阅前面已介绍过的内啡肽结构式）。脑啡肽由前脑啡肽原经酶切加工出 Met- 脑啡肽和 Leu- 脑啡肽。已证实脑啡肽在多种动物组织器官中存在。脑啡肽与 β- 内啡肽、强啡肽等合称内源性阿片肽。大脑中脑啡肽、内啡肽的受体分布与吗啡受体的分布基本一致，因此被统称为吗啡样物质。对脑啡肽的早期研究集中在其镇痛和神经传递的功能，随后的研究进一步发现其对神经系统、内分泌系统和免疫系统也具有广泛的调节作用。

强啡肽　内源性阿片肽的一种，在神经系统广泛分布。强啡肽包括强啡肽 A（十七肽）、强啡肽 B（十三肽）、α- 强啡肽（十肽）和 β- 强啡肽（九肽），皆由前强啡肽原经加工形成，其 N 端的 5 个氨基酸序列与亮氨酸脑啡肽相同。其分子式如下：

---

① 指与神经传导有关的小分子化合物如乙酰胆碱、去甲肾上腺素、γ- 氨基丁酸、5- 羟色胺等。

Tyr–Gly–Gly–Phe–Leu–Arg–Arg–Ile–Arg–Pro–Lys–Leu–Lys

强啡肽 A

Tyr–Gly–Gly–Phe–Leu–Arg–Arg–Gln–Phe–Lys–Val–Val–Thr

强啡肽 B

Tyr–Gly–Gly–Phe–Leu–Arg–Lys–Tyr–Pro–Lys

α– 强啡肽

Tyr–Gly–Gly–Phe–Leu–Arg–Lys–Tyr–Pro

β– 强啡肽

　　强啡肽最早被人们认识到的是其显著的镇痛功能，后发现它对机体的心血管系统、呼吸系统等也具有明显的调节作用。内源性阿片肽受体（简称阿片受体）在人体内广泛存在，具有复杂的生物学效应。除了既往研究比较多的镇痛、耐受、成瘾机制以及对神经系统的影响和呼吸抑制的效应外，其对心血管循环系统、免疫系统等也有重要的影响，详见 ❷辅学窗 7–2。

　　（4）**胰岛素（insulin）** 胰岛素是胰腺兰氏小岛的 β– 细胞分泌的激素，由 A、B 两条肽链，共 51 个氨基酸残基所组成。我国已于 1965 年成功地合成了活力与天然胰岛素相等的胰岛素晶体，结构如下。胰岛素的氨基酸组成是有种属差异的，如人胰岛素 A 链的第 8、10 两位氨基酸，B 链的第 30 位氨基酸与牛胰岛素的有差异，人胰岛素 B 链的第 30 位氨基酸与猪胰岛素 B 链的第 30 位氨基酸亦有所不同（表 7–2）。

表 7–2　胰岛素氨基酸顺序组分的种属差异

种属 \ 位置	A 链 8	A 链 10	B 链 30
牛	丙	缬	丙
猪	苏	异	丙
人	苏	异	苏

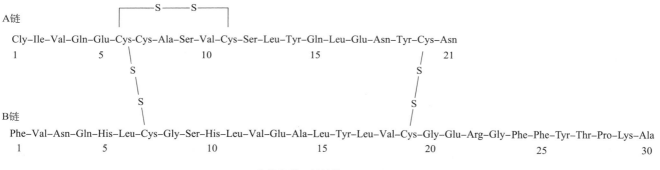

牛胰岛素一级结构

　　牛、猪胰岛素的氨基酸虽有差异，但生理功效仍相同。早前医疗上用的胰岛素是牛、猪胰岛素晶体（含锌的胰岛素六聚体），属于外源性蛋白，具有较强的免疫原性，易出现过敏反应等副作用，影响疗效。现阶段临床最常使用的是基因工程技术获得的人胰岛素，其氨基酸序列及生物活性与人体自身的胰岛素完全相同。重组人胰岛素与动物胰岛素相比优势明显，例如生物活性提高，免疫原性下降和吸收速率增快等。

　　胰岛素分子的完整性与其生物活性关系极大，如被水解或分子中的二硫键受到破坏，即失其活性。目前医疗上用胰岛素治疗时只用注射，不用口服，是为了避免胰岛素被消化管的蛋白酶水解。但是，科学家们一直尝试研发口服型胰岛素制剂，来减轻患者每日注射的繁琐。例如，近年来研制成功带有弹簧装置的胰岛素胶囊和带有修饰氨基酸残基的胰岛素类似物，经口服后，都具有与注射胰岛素相同的血糖控制效果（详见 ❷辅学窗 7–3）。

　　胰岛素的分泌，首先是由胰岛 β– 细胞产生前胰岛素原（preproinsulin），后者经信号肽酶水解，失去其 N 端的一个肽段（信号肽），成为无活性的胰岛素原（proinsulin）。在胰岛素原分子中有一条由 33 个氨基酸残基组成的连接肽，这条连接肽的一端与 A 链的氨基相连，一端与 B 链的羧基相连，经酶解作用将连接肽除去后才变为有活性的胰岛素（图 7-2）。

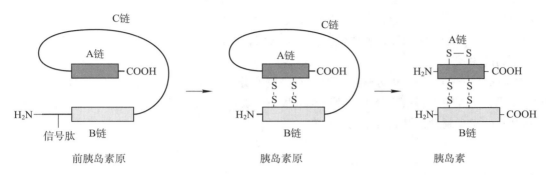

图 7-2　胰岛素的分泌后加工过程

胰岛素的生理作用主要为：①促糖原的生物合成及葡萄糖的利用；②促蛋白质及脂质的合成代谢，其机制主要是促进有关酶的活力（如己糖激酶、糖原合酶）和生物合成（如丙酮酸激酶）。具体作用将在有关代谢各章中分别介绍。

胰岛机能过高或过低都会严重影响糖代谢。胰岛机能减退，胰岛素分泌不足，即引起 I 型糖尿病（胰岛素依赖型糖尿病），患者血糖升高，尿中有糖出现。胰岛机能亢进，则导致血糖过低，影响大脑功能。注射过量胰岛素可使人神智昏迷，称胰岛素休克，给狂躁性精神病病人注射胰岛素，也会减低能量供给，使大脑功能降低，趋于安静。

1922 年加拿大药理学家 F. G. Banting 和英国生理学家 J. J. R. Macleod 因发现胰岛素并用于治疗糖尿病，获得 1923 年诺贝尔生理学或医学奖（ℯ辅学窗 7-3）。

（5）**胰高血糖素**（glucagon）　胰高血糖素是胰岛 α- 细胞所分泌的激素。当血糖偏低时，即刺激胰高血糖素的分泌。胰高血糖素为二十九肽，极稳定。

胰高血糖素的生理功用主要是促肝糖原分解，增加血糖。胰高血糖素主要用于治疗低血糖症（在一时不能口服或静注葡萄糖时非常有用），近来亦用于心源性休克。其作用机制一般认为是胰高血糖素首先活化腺苷酸环化酶使 ATP 转化为 cAMP，后者再活化肝磷酸化酶促进肝糖原分解。

胰高血糖素促肝糖原分解的作用与肾上腺素的作用相同（详见 7.4.1）。

（6）**甲状旁腺激素与降钙素**

①　甲状旁腺激素（PTH, parathormone）　为甲状旁腺所分泌，其化学本质为多肽，由 84 个氨基酸残基组成，有促骨骼脱钙，增高血钙，抑制肾小管重吸收磷酸离子等作用。

```
Ala-Val-Ser-Glu-Ile-Gln-Phe-Met-His-Asn-Leu-Gly-Lys-His-Leu-Ser-Ser-Met-Glu-Arg-Val-Glu-Trp-
 1              5                10             15                  20

Leu-Arg-Lys-Lys-Leu-Gln-Asp-Val-His-Asn-Phe-Val-Ala-Leu-Gly-Ala-Ser-Ile-Ala-Tyr-Arg-Asp-Gly-Ser-
     25              30              35              40              45

Ser-Gln-Arg-Pro-Arg-Lys-Lys-Glu-Asp-Asn-Val-Leu-Val-Glu-Ser-His-Gln-Lys-Ser-Leu-Gly-Glu-Ala-Asp-
     50              55              60              65              70

Lys-Ala-Asp-Val-Asp-Val-Leu-Ile-Lys-Ala-Lys-Pro-Gln
     75              80
```

牛甲状旁腺激素的一级结构

当甲状旁腺功能减退时，肾小管对磷的重吸收加强，磷排出量减少，血磷增高，因而促进骨骼钙盐的沉积而减低血钙，如血钙降低至血清只含 7 mg/dL 以下时（正常人血清钙为 9 ~ 11 mg/dL），则神经兴奋性增高，引起痉挛，患者手足强直，不能伸屈，注射钙盐，可以缓解，注射甲状旁腺激素，即恢复正常。相反，如果甲状旁腺功能亢进，则可引起骨骼过分失钙，导致骨质疏松或发生脱钙性骨炎。

甲状旁腺的分泌受制于血钙浓度，血钙低时刺激其分泌，血钙高时，抑制其分泌，故血钙含量与甲状旁腺素的分泌有相互制约的关系。

② 降钙素（calcitonin） 是甲状旁腺副滤泡的 C 细胞所分泌，为含 32 个氨基酸残基的小分子肽（相对分子质量 3 600），血钙含量高时可刺激其分泌。功用与甲状旁腺激素相反，可降低血钙量，防止血钙过高。通过甲状旁腺激素与降钙素的相互制约，可保持血钙的正常水平。

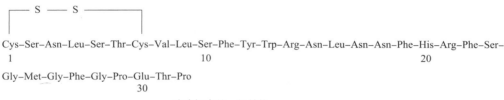

猪降钙素的一级结构

（7）**胃、肠激素** 胃肠道分泌的激素有：

① 促胃液素（gastrin） 也称胃泌素，由胃幽门黏膜分泌，为十七肽，能刺激胃分泌胃酸。

② 促胰液素（secretin） 也称胰泌素，主要由空肠及十二指肠下端细胞分泌，为二十七肽。小肠受胃酸刺激即分泌促胰液素。由血液吸收，运往胰腺，即刺激胰腺分泌碱性（含碳酸氢盐类）胰液，也刺激肝分泌胆汁。

③ 肠抑胃素（enterogastrone） 为多肽，由十二指肠黏膜所分泌，油脂及食糖可促进肠抑胃素的分泌，有抑制胃液分泌和胃活动的作用。

④ 缩胆囊素 – 促胰酶素（cholecystokinin-pancreozymin，代号 CCK-PZ） 为含 33 个氨基酸残基的多肽，亦是由空肠及十二指肠下端细胞所分泌。

```
Lys-Ala-Pro-Ser-Gly-Arg-Val-Ser-Met-Ile-Lys-Asn-Leu-Glu-Ser-Leu-Asp-Pro-Ser-His-Arg-Ile-Ser-Asp-
1         5                   10                  15                  20
Arg-Asp-Tyr-Met-Gly-Trp-Met-Asp-Phe
25                  30
```

猪缩胆囊素–促胰酶素（CCK-PZ）

其功用是促胰腺分泌一种含酸丰富的液体促胆囊收缩。过去认为缩胆囊素与促胰酶素是两种不同的激素，现已证明是一种激素。

关于胃肠道激素的研究发展较慢。近 10 年中，胃肠道激素的研究逐渐得到发展，已知的胃肠道激素除前面所述的促胃液素、促胰液素、肠抑胃素和缩胆囊素 – 促胰酶素 4 种的结构和功能已很清楚外，尚有不少新的胃肠激素已被发现，不过其化学本质和生理功能都尚未完全明确。例如尿抑胃素（urogastrone）、肠高血糖素（enteroglucagon）和促肠液素（enterocrinin）等。

还有一些激素同样存在于胃肠道及脑组织（如大脑皮层、下丘脑或松果体），人们称之为脑 – 胃肠激素，正待进一步的研究。在脑和胃肠道共同存在的激素已确知者有：缩胆囊素、神经降压素、生长抑素（即生长激素释放抑制因子）。

（8）**绒毛膜促性腺激素**（chorionic gonadotropin，CG） 孕妇或受孕母马的胎盘能分泌绒毛膜促性腺激素，分泌入血液及尿中。从孕妇血清分离出的称人绒毛膜促性腺激素（HCG）[1]、从母马尿中分离出的称母马绒毛膜促性腺激素（PMCG）[2]，皆为糖蛋白，能促滤泡破裂及黄体生成，HCG 在受孕后 10～14 天开始分泌，因此，HCG 的检查对早期妊娠诊断有重要意义，对与妊娠相关疾病、滋养细胞肿瘤等疾病的诊断、鉴别和病程观察等也有一定参考价值。

（9）**松弛素**（relaxin） 由胎盘分泌，也是糖蛋白，相对分子质量为 90 000。能促进孕妇耻骨联合松弛，有利于分娩时胎儿通过。

（10）**胸腺素**（thymosin） 由胸腺分泌的约 20 种小肽（相对分子质量为 1 000～15 000），1965 年第一次被分离。胸腺素的功用主要是诱导造血干细胞发育为 T 淋巴细胞，增进免疫力。临床上用来治疗细胞免疫缺损病及其他多种疾病。

（11）**白介素**（interleukin） 又称自泌激素（autocrine hormone），是最早发现在白细胞中分泌和释放的细胞因子，现已证实多种细胞都可以分泌白介素，包括 T 细胞、巨噬细胞、内皮细胞和上皮细胞等。白介素在传递信息，激活与调节免疫细胞，介导 T、B 细胞活化、增殖与分化及在炎症反应中起重要作用。

（12）**钙调蛋白**（calmodulin，CaM） 又称钙调素。存在于一切真核细胞中，含 148 个氨基酸残基，相对分子质量为 16 700，是同 Ca^{2+} 结合的蛋白质，其分子内有 4 个区域可同 Ca^{2+} 结合。只有在与 Ca^{2+} 结合形成 $Ca^{2+} \cdot CaM$ 复合物后，才有生物活性。许多酶的活性和代谢都受钙调蛋白的调控，特别是对磷酸二酯酶和腺苷酸环化酶的反应速率影响最大，对调节细胞内 Ca^{2+} 浓度的作用亦很大。

（13）**生长因子**（growth factor） 是指一些有促进真核细胞生长和增殖的蛋白质，近年来也被划分到广义的激素概念中来。许多生长因子已被提纯和确定了其氨基酸组成，例如表皮生长因子、神经生长因子、转化生长因子、各种集落刺激因子、血小板衍生生长因子、红细胞生成素、血小板生成素等。我们以表皮生长因子和神经生长因子为例，作择要介绍。

① **表皮生长因子**[3]（epidermal growth factor，EGF） 是一种相对分子质量为 6 000 的五十三肽，含 3 个 S—S 键，其前体由 1 168 个氨基酸残基所组成；能刺激表皮细胞生长，其受体是相对分子质量为 175 000 的单链多肽。表皮生长因子与其受体细胞的表面紧密结合，EGF 受体含有酪氨酸激酶的结构区域，当与 EGF 结合后，其酪氨酸激酶的活性即大大增高；其受体的自动磷酸化亦可增进酪氨酸激酶的活性，有利于 EGF 的作用（图 7-3）。

② **神经生长因子**[4]（nerve growth factor，NGF） 是由两条相同的相对分子质量为 13 000 的肽链所组成，由下颌下腺所合成；最初合成出来时为含 $\alpha_2\beta\gamma_2$ 亚基的复合物，其中 γ 亚基为一种蛋白酶，β 亚基为肽链，α 亚基为蛋白酶抑制剂，无活性，被去除后神经生长因子才有活性。NGF 能促进脊椎动物交感神经元和感觉神经元的生长。

1986 年，美国科学家斯 S. Cohen 和意大利科学家 R. Levi-Montalcini 因发现了 NGF 和 EGF 而分享了诺贝尔生理学或医学奖。

7.2.1.3 类固醇激素
脊椎动物的类固醇激素分肾上腺皮质激素和性激素两类。

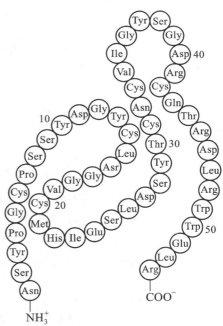

图 7-3 表皮生长因子的结构图

---

[1] HCG 为 human chorionic gonadotropin 的缩写。

[2] PMCG 为 pregnant mare chorionic gonadotropin 的缩写。

[3] 1953 年 Stanley Cohen 发现表皮生长因子。

[4] 1954 年 Rita Levi-Montalcini 最初发现神经生长因子。

（1）**肾上腺皮质激素** 是在腺垂体促肾上腺皮质激素控制下由肾上腺皮质细胞分泌的。其结构和胆固醇相似，都是环戊烷多氢菲的衍生物，天然肾上腺皮质激素都可由胆固醇衍化而来。几种主要肾上腺皮质激素的化学结构如下所示：

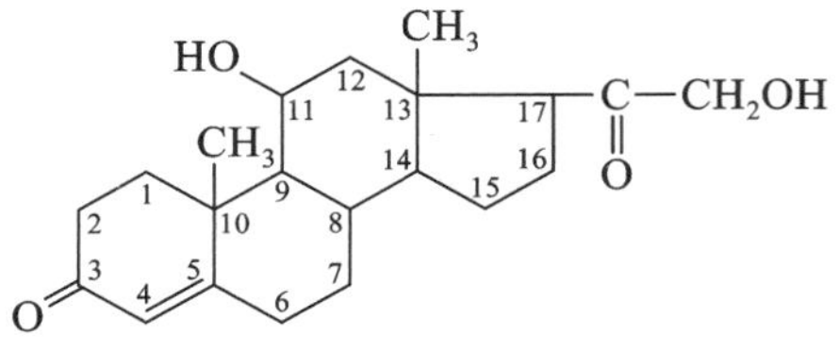

皮质酮 (corticosterone) 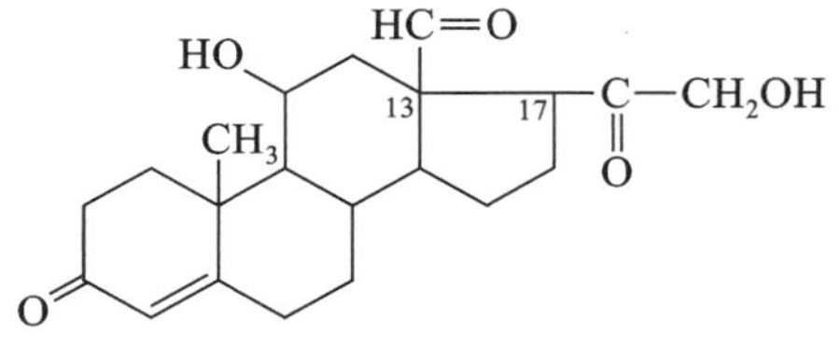　　　　醛固酮(13-羟皮质酮)(aldosterone)

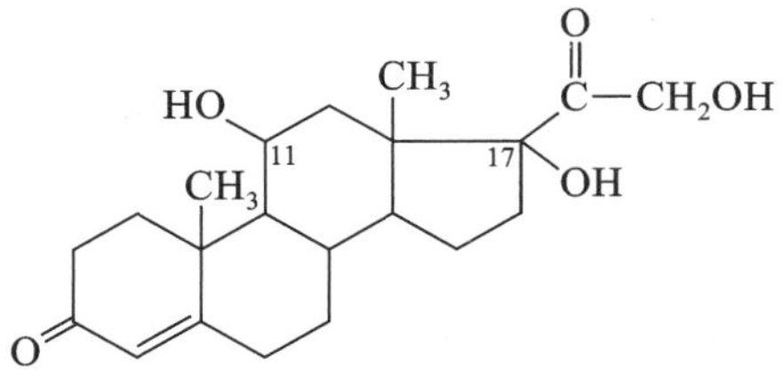

氢化可的松(cortisol,又名皮质醇或17-羟皮质酮)　　可的松(cortisone,又名11-脱氢-17-羟皮质酮)

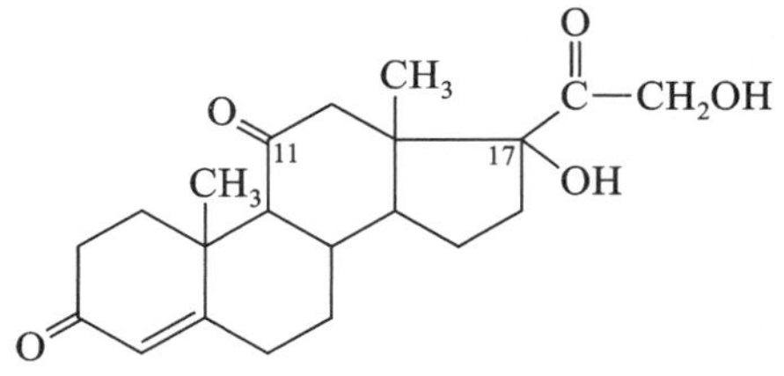

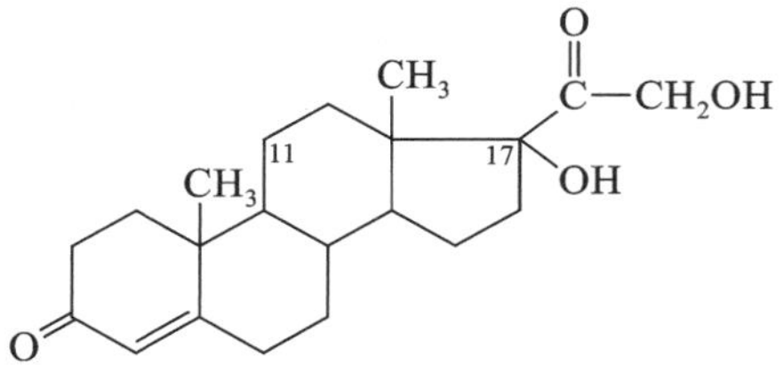

17-羟-11-脱氧皮质酮 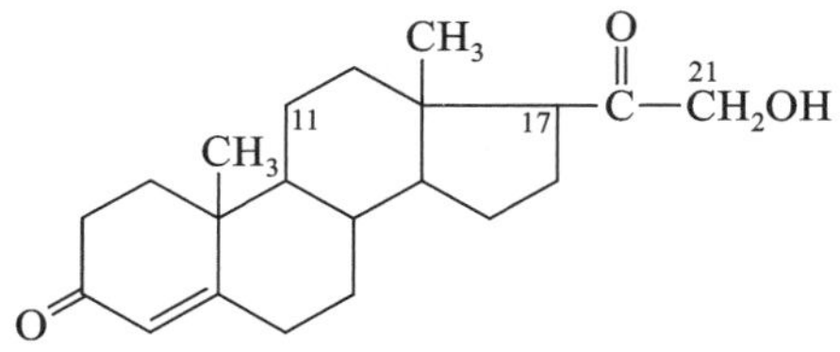　　　11-脱氧皮质酮

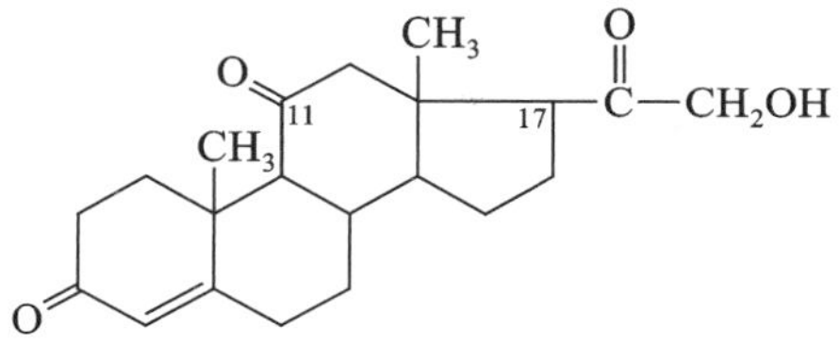

11-脱氢皮质酮

以上7种肾上腺皮质激素的结构极为相似，除醛固酮第13位碳上为—CHO，其余的均为—CH₃外，它们结构上的差异仅在第11和第17位碳上的基团不同。

肾上腺皮质激素的理化性质与胆固醇相似，其功用可分为两类：一类的主要生理功用为调节糖代谢，称为糖皮质激素（glucocorticoids）；另一类的主要功用为调节水盐代谢，称为盐皮质激素（mineralocorticoids）（表7-3、表7-4）。

表7-3　肾上腺皮质激素的生理功能分类

调节糖代谢	调节 K 及矿质（Na⁺、K⁺）代谢
皮质酮*	醛固酮**
可的松	11-脱氧皮质酮
氢化可的松	17-羟-11-脱氧皮质酮
	11-脱氢皮质酮

* 皮质酮对糖代谢和 Na⁺、K⁺ 代谢都有较显著影响。

** 生理效价较高，比脱氧皮质酮高 30 倍。

表 7–4　几种肾上腺皮质激素生理效价的比较

天然皮质激素	肝糖原贮留	Na+ 保留	抗炎作用
氢化可的松	1	1*	1
可的松**	0.65	1*	0.65
皮质酮	0.35	15	0.3
11– 脱氧皮质酮	0	100	0
醛固酮	0.3	3 000	?

* 在有些情况下能促 Na+ 排出。

** 强的松和地塞米松的抗炎、抗敏作用更强。

可的松及氢化可的松除增进糖原异生作用外，还有消炎功用，医药上常作缓解眼、鼻发炎及类风湿性关节炎之用。肾上腺皮质机能减退会引起阿狄森病（Addison's disease）。患者的主要症状为皮肤呈青铜色，血糖降低，血浆 K+ 增加，Na+ 减少，新陈代谢降低。肾上腺皮质机能亢进的病人，其临床症状与机能减退病人相反，而且常导致身体肥胖。对青少年病人可引起性早熟。库欣综合征（Cushing syndrome）是由于多种原因引起的肾上腺皮质长期分泌过多糖皮质激素所产生的临床症候群，主要表现为满月脸、多血质外貌、向心性肥胖、痤疮、高血压、继发性糖尿病和骨质疏松等。

🛈 思考题

库欣综合征是因为肾上腺皮质激素分泌过多造成，试解释为什么某些脑垂体瘤可引起这种疾病。

（2）**性激素**　有雄激素和雌激素两大类，都是类固醇化合物，性腺分泌性激素受制于垂体的促性腺激素。

① 雄激素　包括睾酮（testosterone）、雄酮（androsterone）及雄烯二酮（androstenedione）。

这 3 种雄激素中，只有睾酮是睾丸分泌的，雄酮与雄烯二酮是睾酮的降解产物。睾酮的生理功效比雄酮高 10 倍以上。

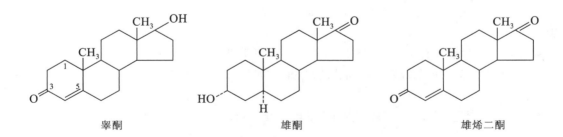

睾酮　　　　　　　　　雄酮　　　　　　　　　雄烯二酮

雄激素能刺激男性性器官发育，促精子生成及促进男性的第二性征，如男人长胡须，雄鸡长冠，公羊长角等。阉割睾丸后，代谢变慢，体脂累积。年幼动物阉割睾丸后，即不发生雄性特征。

② 雌激素　包括滤泡素和黄体激素。

a. 滤泡素 [1]　由卵巢分泌，包括雌酮（estrone）、雌二醇（estradiol）及雌三醇（estriol）。有促进女性性器官发育排卵的功用。雌二醇的生理功效最高。

b. 黄体激素　主要为黄体酮（progesterone）（又称妊娠素或孕酮），为黄体细胞所分泌。有激动子宫准备受

---

[1]　也称卵泡素。

孕及促乳腺发育，抑制排卵、停止月经、抑制动情及减少子宫收缩等功用。

雌酮、雌二醇和黄体酮都是类固醇化合物，其结构式如下：

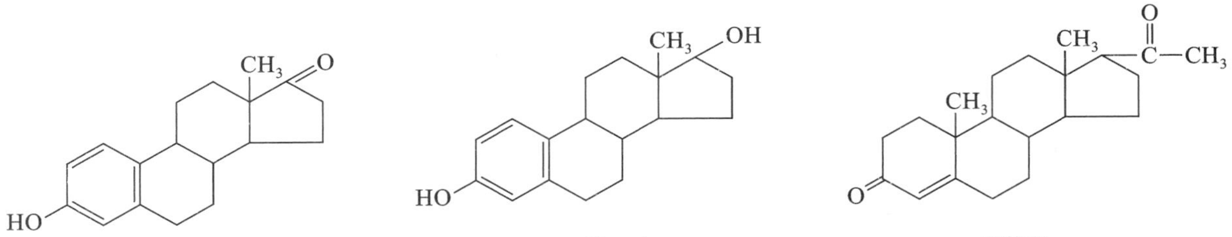

雌酮　　　　　　　　　　雌二醇　　　　　　　　　黄体酮

（在垂体促滤泡素的影响下，卵巢滤泡成熟，雌二醇的分泌增加（在月经周期的第一、二两周）。在雌二醇的影响下，子宫内膜变厚、血管增生。到排卵期，滤泡破裂，释出成熟卵子。排卵后，促黄体素使破坏了的滤泡变为黄体。黄体分泌黄体酮，黄体酮刺激子宫内膜形成适宜于接受和维护受精卵的状态。如果卵子不受精，黄体即萎缩，雌二醇量减少，子宫内膜破裂，发生月经出血。如卵子受精，雌二醇继续分泌，形成胎盘，保持妊娠正常进行。）

雌二醇及孕酮可治疗性腺机能不全的病人，也可作节制生育的药物。妇女注射或口服雌二醇或孕酮，或二者合用都有避孕作用。因雌二醇能抑制促滤泡素的分泌，从而抑制卵巢滤泡成熟。黄体酮可抑制促黄体素的分泌，从而抑制排卵。性激素的使用，必须在医生的指导下进行，否则会造成不良后果。阉割家畜性腺以育肥也是性激素功能在生产实践上的应用。关于性激素的补充知识见 ⓔ 辅学窗 7-4。

⑦ 思考题

1. 为什么性器官肿瘤的生长可通过切除性腺或肾上腺而得以减慢或缓解？
2. 采用外科手术切除妇女卵巢来治疗乳腺癌，试解释这种治疗方法的生化基础。另一种治疗方法是给患者服用雌激素，其机理何在？

7.2.1.4　脂肪酸衍生物激素

也称为类二十烷酸激素，包括前列腺素（prostaglandin，PG)、凝血噁烷（thromboxane）、白三烯。本节主要介绍前列腺素一类。

前列腺素　是一群激素，有 A、B、C、D、E、F、G、H 等几类。最初从人类及其他动物的精液中分离出来，故命名为前列腺素。后来的研究发现，哺乳动物的许多细胞都能合成前列腺素，精囊的合成能力更强，其次为肾、肺和胃肠道。

化学结构　前列腺素是一类环 C_{20}- 羟不饱和脂肪酸，其中 PGA_1[①]、PGB_1、PGE_1、PGE_2、$PGF_{1\alpha}$ 的结构式如下所示：

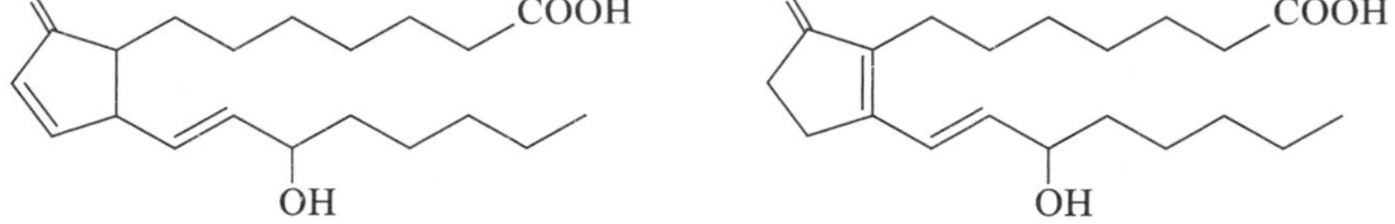

前列腺素 A_1（PGA_1）　　　　　　　前列腺素 B_1（PGB_1）

---

① PGA_1、PGB_1 等是 eicosaenoic acid （二十碳烯酸），又称前列腺烯酸（prostanoic acid）的衍生物。A_1、B_1 右下角的数字表示链中的双键数，余类推。

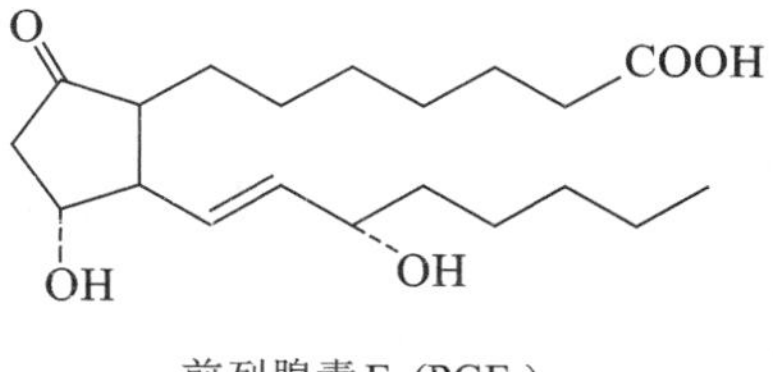

前列腺素 E₁(PGE₁)　　　　前列腺素 E₂(PGE₂)

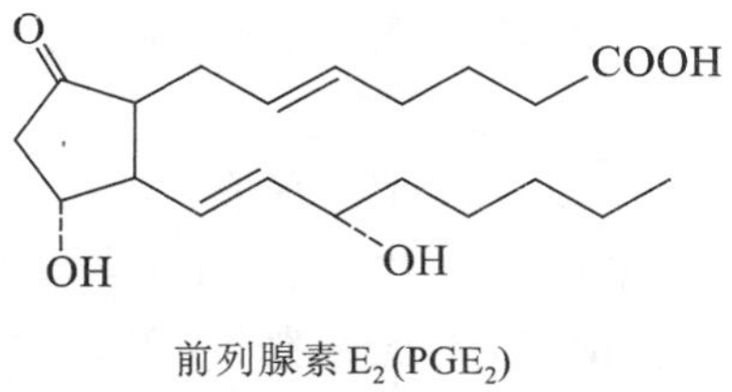

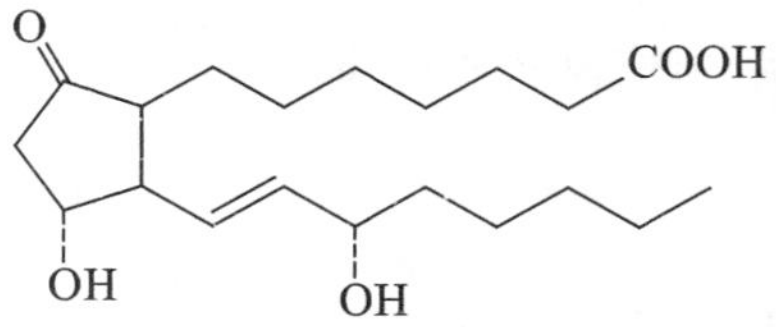

前列腺素 F₁α(PGF₁α)

生物合成　前列腺素主要是由二十碳四烯酸（花生四烯酸）演变而成。花生四烯酸（arachidonic acid）经环加氧酶（cyclooxygenase）催化产生内过氧化物（endoperoxides），后者经有关前列腺素合成酶的催化产生一系列的前列腺素。阿司匹林（乙酰水杨酸）通过抑制环加氧酶的活性，阻抑内过氧化物的形成，抑制前列腺素的生成，从而起到镇痛抑炎的作用，其详细机制见📙**辅学窗 7-5**。由花生四烯酸合成前列腺素的程序可简示如下：

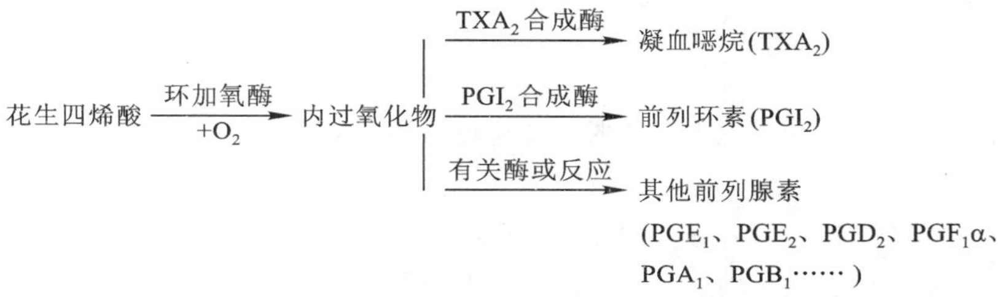

生理功能　前列腺素具有多种生理功能和药理作用，不同结构的各种前列腺素，其功能亦不相同。它们对肌肉、心血管、呼吸系统、生殖系统、消化系统、神经系统都有作用，亦可引起或治疗某些疾病，作用机制极为复杂（详见📙**辅学窗 7-6**）。

除了以上 4 类激素以外，近年来更多的化合物被认为具有激素的功能。如一氧化氮（nitric oxide，NO）被发现广泛分布于生物体内各组织中，特别是神经组织中。它是一种新型生物信使分子，1992 年被美国 *Science* 杂志评为明星分子。NO 是一种极不稳定的生物自由基，分子小，结构简单，常温下为气体，微溶于水，具有脂溶性，可快速透过生物膜扩散，生物半衰期只有 3～5 s。

NO 的生成依赖于一氧化氮合酶（nitric oxide synthase，NOS）的催化作用，人体内有 3 种一氧化氮合酶，广泛分别为内皮型一氧化氮合酶，分布于血管内皮细胞；神经型一氧化氮合酶，分布于人体神经元细胞；诱导型一氧化氮合酶，广泛分布于人体多种细胞，如巨噬细胞、神经胶质细胞等。

NO 在心脑血管、神经和免疫调节等方面有着十分重要的生物学作用。如在平滑肌细胞内，NO 激活鸟苷酸环化酶，导致 cGMP 水平升高，cGMP 激活蛋白激酶 G（protein kinase G，PKG），使平滑肌松弛，血管扩张。硝酸甘油可以释放 NO，从而缓解冠心病患者因心肌收缩而引起的疼痛。

此外，"环境激素"的研究近年来受到广泛的关注。"环境激素"是指环境中，通过饮食、呼吸等途径进入人体后，起到类似于激素作用的化学污染物质。其详细内容见📙**辅学窗 7-7**。

7.2.2　无脊椎动物激素的化学本质和生理功能

目前研究比较清楚的无脊椎动物激素有昆虫激素和甲壳类动物激素。无脊椎动物中的激素一般来自神经系统，也有一些来自上皮组织形成的内分泌腺。

7.2.2.1　昆虫激素

昆虫激素多与生殖、发育及体色有关。现仅就与发育有关的脑激素、蜕皮激素（ecdysones）、保幼激素（juvenile hormones）三类作扼要介绍并略提性激素和变色激素。

（1）**脑激素**　由昆虫前脑的神经细胞所分泌，其化学本质可能是多肽。它的作用是促进昆虫的前胸腺分泌蜕皮激素。

（2）**蜕皮激素**　是由受脑激素激动的前胸腺所分泌，其本质为类固醇化合物，有 $\alpha-$ 及 $\beta-$ 两型，结构式如下所示。

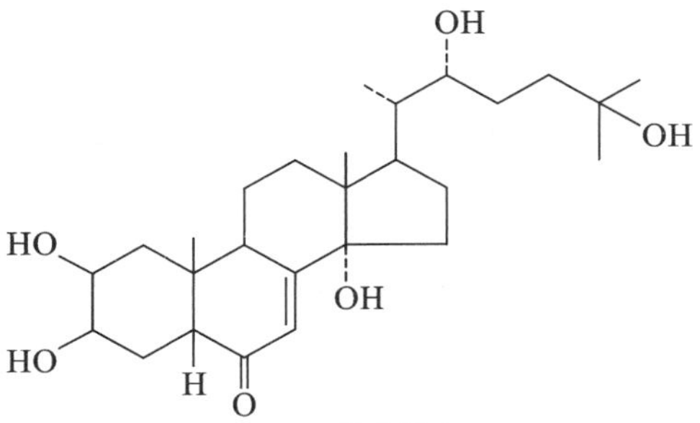

α-蜕皮激素 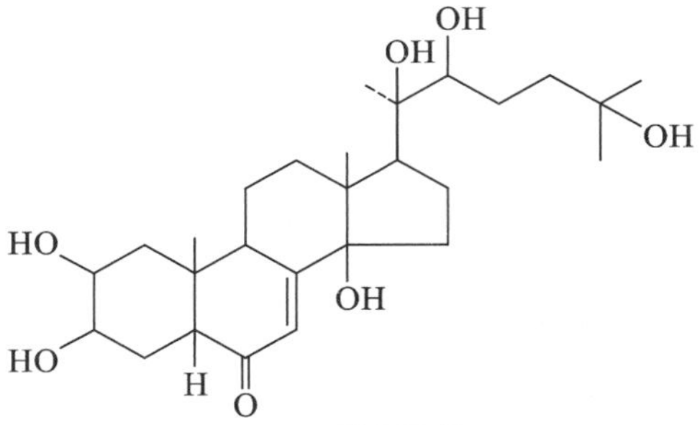　　　　　　　β-蜕皮激素

蜕皮激素的功用是促进昆虫的幼虫蜕皮、变形，外翅类的幼虫变为成虫，内翅类（如天蚕蛾）的幼虫蜕皮变蛹（茧）再变为成虫。

（3）**保幼激素**　由昆虫咽侧体（corpora allata）所分泌，能抑制幼虫变成虫的速度，使幼龄期延长。利用这一性质，蚕丝生产业在蚕的五龄时喷施适量的保幼激素可推迟结茧时期，使蚕多吃桑叶、多吐丝，增加蚕丝产量。工业生产上所用的保幼激素有很多种，都是化学合成的天然保幼激素的类似物。天然保幼激素的化学本质为 C–13 环氧烯酸酯，其结构式如右图所示。

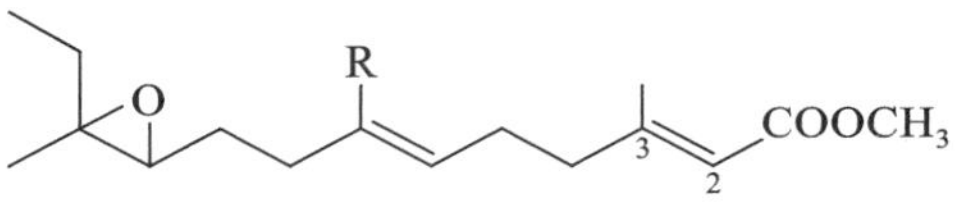

保幼激素 –1（JH–1）：R=C_2H_5
保幼激素 –2（JH–2）：R=CH_3
天然保幼激素的化学结构

保幼激素除在蚕丝生产上利用外，也可作为新型的昆虫杀虫剂。

（4）**性激素及性诱素**　雌虫（鞘翅类、双翅类、鳞翅类及直翅类）的性腺及附性腺能分泌性激素和性诱素，前者是与生殖有关的物质，后者是雌虫所分泌的能引诱雄虫的物质，在自然界是雌虫求偶的一种吸引雄性的分泌物。在农业上可利用性诱剂（天然的或化学合成的）来捕杀害虫，其优势在于这种杀虫剂无毒，不会污染空气，伤害人畜。

天然性诱剂的化学本质，有的是 C–18 烷衍生物（如舞毒蛾性诱素），有的是长链不饱和醇的醋酸酯类（如鳞翅目昆虫的性诱剂）。长链从 12 碳（C–12）开始，14 碳、16 碳、18 碳等都有，以 12 碳、14 碳为最多。化学合成的性诱剂现已有 80 多种，性诱剂结构上的特点是必须在特定的位置上引进某个特殊功能团，例如舞毒蛾性诱剂的结构是顺 –7,8– 环氧 –2– 甲基十八烷，如下式所示。

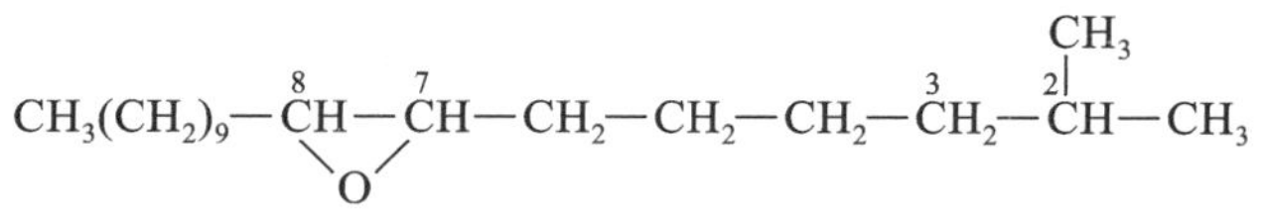

$$CH_3(CH_2)_9 \overset{8}{C}H - \overset{7}{C}H - CH_2 - CH_2 - CH_2 - \overset{3}{C}H_2 - \overset{2}{C}H - CH_3$$

舞毒蛾性诱素

如果上式中的甲基或环氧基位置移动 1 个碳原子则诱蛾能力即降到原式的 0.1% 到 0.4%。

功能团的构型也必须符合要求，性诱剂分子的构型（如顺式或反式）对性诱活性也有很大关系，例如化学合成的蚕性诱剂（蚕醇）分子中有两个双键，由双键两端氢原子排列位置不同而形成的顺式或反式化合物的性诱能力就有极大的差异，这是合成性诱剂工作上的一个难题。

（5）**变色激素**　某些昆虫（如竹节虫属 *Carausius morosus*）的头部能分泌一种激素，在受外界刺激时，能刺激其表皮细胞内的色粒收缩或伸张，改变其体色使与周围环境的色调相近似，从而保护其自身的安全。一般昆虫的保护色与警戒色皆与变色激素有关。

7.2.2.2　甲壳类动物激素

甲壳类动物的生长、生殖和颜色的改变同样受激素的控制。已知的甲壳类动物激素几乎全部由它们脑组织的神经分泌细胞及中枢神经系统所分泌。

（1）**生长激素**　螃蟹的窦腺（sinus gland）分泌一种抗钙溶激素，有防止外壳钙盐溶出的作用。

（2）**性激素**　虾的窦腺也分泌促性腺激素。

（3）**变色激素**　甲壳类动物（特别是蟹）皮下色素色质的集中与分散，改变其本身颜色，是受变色激素控制的。当其复眼神经受到刺激后即分泌变色激素。

以上择要介绍了动物的（特别是人类和高等动物的）一些比较重要的激素。激素的种类很多，不能一一介绍，为使读者了解一般概况，现将已发现的天然动物激素的种类、化学本质和生理功能列表以供参考（见✐**辅学窗 7–8**）。

7.3　植物激素

植物激素或称植物生长调节物质，是指一些有控制植物生长、发育（包括细胞分裂、细胞生长和成熟细胞再生）和其他某些生理作用的有机化合物。植物自身能产生植物激素，但量很少，农业生产上用的大多数是人工合成的，因此，可分为天然植物激素和合成植物激素。

主要的天然植物激素包括生长素类（auxins）、赤霉素类（gibberellins）、细胞分裂素类（cytokinins）、脱落酸（abscisic acid）和乙烯（ethylene）5 类，分子结构见✐**辅学窗 7–9**。

5 类植物激素的生物学功用可归纳于表 7–5。

除上述 5 类主要植物激素外，近年来又从一些植物以及真菌、细菌中分离出不少植物激素物质，如菜豆酸、芸薹素等，也有起抑制作用的如虫草菌素等。

表 7–5　几种植物激素的生物学功用

植物激素	生物学功用
生长素	促进不定根生成，花、芽、果实发育，新器官生长和组织分化，使细胞生长
赤霉素	主要控制植物细胞的伸长，引起徒长，打破马铃薯块茎休眠，促进大麦淀粉酶生物合成，促进浆果无子果实形成
细胞分裂素	促进植物细胞分裂，叶子保绿，诱发组织（芽）的分化，有抗植物老化作用
脱落酸	引起离层的形成，促花、果、叶脱落，抑制种子发芽和抑制植物生长
乙烯	促进呼吸、发芽，促进落叶、果实成熟，促进植物趋于老化

近年来不断出现了多种化学合成的植物激素，较重要者如 2,4- 二氯苯氧乙酸（2,4-D）、苯丙烯酸（cinnamic acid）、萘乙酸甲酯、顺丁烯二酰肼和 2,3,5- 三碘苯甲酸等，分子结构见✐**辅学窗 7–10**。

这些合成植物激素的功用可归纳如表 7–6。

表 7-6　几种合成植物激素的生物学功用

激素	功用
2,4-二氯苯氧乙酸（2,4-D）	防止番茄及茄落花，形成无子果实。大量喷射 2,4-D（0.001% 以上）时可抑制生长、破坏花蕾。2,4-D（1：10 000 水液）还可作为除莠剂
苯丙烯酸（肉桂酸）	抑制生长，特别是抑制顶芽和侧芽的生长，所以可用来防止马铃薯、葱头、大蒜和其他蔬菜在贮藏期中抽芽
顺丁烯二酰肼	基本上同苯丙烯酸
萘乙酸甲酯	防块根在贮藏期中发芽
2,3,5-三碘苯甲酸	抗大豆倒伏

7.4　激素的作用机制

激素只对靶细胞（target cell）发生作用，这是因为靶细胞膜上或靶细胞内有激素的受体。激素受体（receptor）是指能与激素高度专一性地紧密结合的特殊蛋白质。水溶性激素如肾上腺素、胰岛素和胰高血糖素等的受体位于靶细胞膜上，而脂溶性激素如性激素和肾上腺皮质激素等的主要受体则位于靶细胞内。激素与受体的结合，引发细胞内相应生物学效应的过程称为信号转导。除了激素以外，胞外的各种物理、化学信号都可以引起信号转导，其详细机制见第九章生物膜的结构和功能。

对于动物激素作用机制的认识，近些年来有了很大的进展，越来越多激素信号转导途径被揭示。根据现有的实验证据，有些激素是以信使身份，如通过环核苷酸（主要为 cAMP）来完成它们对其"靶细胞"的作用，另一些激素则是作为诱导物而诱导细胞酶的合成，还有些激素兼有信使和诱导作用。

本节简要介绍其中 4 种主要作用机制。

7.4.1　通过环核苷酸（主要为 cAMP）而起作用

大部分氨基酸衍生物、多肽和蛋白质激素如肾上腺素、胰高血糖素等是通过生成 cAMP，在短时间（几分钟）内促进靶细胞生理学过程发生明显变化。

这类激素到达靶细胞后，首先和靶细胞膜上的特异性受体（具有特征的 7 段跨膜的 α 螺旋区域）相结合，活化的受体刺激与之偶联的 G 蛋白，使 G 蛋白活化，活化的 G 蛋白接下来激活细胞膜上的腺苷酸环化酶（adenylate cyclase，AC），催化细胞内的 ATP 转变成 cAMP，导致 cAMP 浓度升高。cAMP 再激活细胞内依赖 cAMP 的蛋白激酶（PKA），使其活化，活化的蛋白激酶使许多蛋白质或酶磷酸化，结果就激活或抑制了某一个或多个生化反应，通过调控这些反应，产生激素特有的生理效应（图 7-4）。

这类激素和细胞膜上的受体结合，并不进入细胞内。它是通过 cAMP 使细胞内蛋白质或酶的活性发生改变，从而间接影响代谢，产生生理效应。也就是激素把信息传给了 cAMP，再由 cAMP 把信息往下传，同时实现信息的不断放大作用。因此，激素被称为第一信使（first messenger），而 cAMP 则被称为第二信使（second messenger）。这种激素的作用机制称为第二信使学说（second messenger theory），是由 E. W. Sutherland 于 1965 年提出的。为此，他荣获 1971 年诺贝尔生理学或医学奖（ℯ辅学窗 7-11）。

激素刺激结束后，信号系统必须关闭。有多种机制可以终止机体对激素刺激的应答，如降低受体对激素刺激的敏感性；将与 G 蛋白连接的 GTP 转化为 GDP，使有活性的 G 蛋白转变成无活性的 G 蛋白；也可以通过细胞内的环核苷酸磷酸二酯酶（cyclic nucleotide phosphodiesterase，PDE）将 cAMP 水解为无活性的 5'-AMP，终止应答。

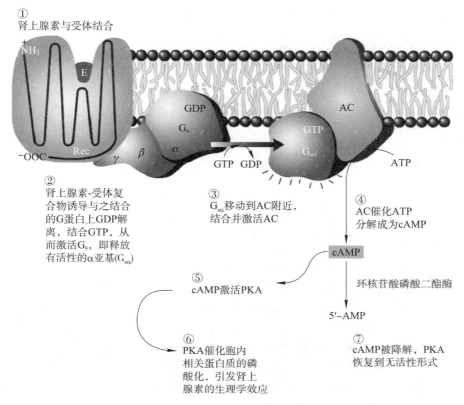

① 肾上腺素与受体结合

② 肾上腺素-受体复合物诱导与之结合的G蛋白上GDP解离，结合GTP，从而激活G_s，即释放有活性的α亚基(G_{sα})

③ G_{sα}移动到AC附近，结合并激活AC

④ AC催化ATP分解成为cAMP

⑤ cAMP激活PKA

⑥ PKA催化胞内相关蛋白质的磷酸化，引发肾上腺素的生理学效应

⑦ cAMP被降解，PKA恢复到无活性形式

环核苷酸磷酸二酯酶

图 7-4　激素通过 cAMP 起作用示意图

肾上腺素（E）与其特异性受体（Rec）的结合激活腺苷酸环化酶（AC）。质膜结合的 AC 可以被"激活型"G 蛋白（G_s，见下文）或"抑制型"G 蛋白（G_i，未显示，见下文）所调控。不同的激素均可以影响 G_s 和 G_i 的活性。GTP 与 G_i 的结合抑制 AC 的活性，从而降低胞内 cAMP 的浓度

咖啡因和茶碱就是通过抑制这种酶，阻断了 cAMP 的降解，使得机体一直处于兴奋状态。

（1）G 蛋白（G Protein）　也称 GTP 结合蛋白（GTP binding protein）或鸟苷酸结合蛋白（guanylate binding protein），是含鸟苷酸结合位的蛋白质。它位于细胞膜内侧，是由 α（M_r 45 000）、β（M_r 35 000）和 γ（M_r 7 000）3 个亚基组成的异源三聚物。各种 G 蛋白的差别主要在 G_α 亚基。鸟苷酸结合于 α 亚基上。G 蛋白有无活性的 GDP 结合形式和有活性的 GTP 结合形式（图 7-5）。

活性形式 G 蛋白和无活性 G 蛋白的相互转化称为 G 蛋白循环。在未激活状态下，几乎所有 G 蛋白都处于无活性的形式，其中 GDP 结合在 α 亚基上，并与 G 蛋白偶联受体胞质侧的肽链结合。当配体结合到受体上后，受体的构象发生变化，活化了 G 蛋白，促使 G_α 与 GDP 解离并结合 GTP，G_α–GTP 从 β、γ 亚基上解离下来。活化的 G_α–GTP 作用于下游的效应器或信号转导蛋白，产生一系列生物学效应。然后，某些与活化的 G 蛋白起作用的效应器能促进 G_α 亚基内在 GTP 酶的激活，活化的 GTP 酶将 GTP 水解成 GDP 和无机磷酸，自身与 $G_{\beta\gamma}$ 重新聚合成三聚体的非活化形式，从而完成了一个信号转导的循环。另外，G_α 亚基也能被某些细菌霉素，如霍乱毒素和百日咳毒素不可逆的共价（ADP 核糖基化）修饰，从而影响 G 蛋白的功能，是这些细菌毒素造成疾病的分子机制。

三聚体 G 蛋白的种类很多，其中 G_s 和 G_i 是与调节腺苷酸环化酶的活性有关的。G_s 是"激活型"G 蛋白（stimulatory G protein），能激活腺苷酸环化酶；而 G_i 是"抑制型"G 蛋白（inhibitory G protein），抑制腺苷酸环化酶的活性。另外还包括与肾上腺素 α_1 受体偶联的 G_o，与乙酰胆碱受体偶联的 G_q 等。

在环核苷酸系统中的 G 蛋白是三聚体形式，另外还有一类小分子 G 蛋白，只由一条肽链组成。小分子 G 蛋白的激活方式与三聚体 G 蛋白一样，也具有无活性的 GDP 结合形式和有活性的 GTP 结合形式。小分子 G 蛋白的生物学功能极其广泛，包括信号转导、遗传信息的传递和表达以及物质运输等。

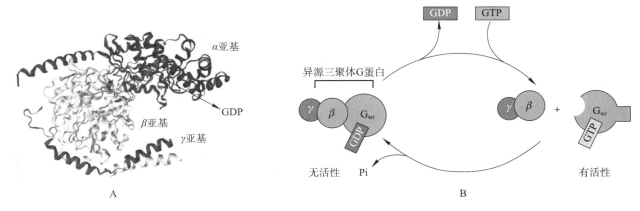

图 7-5 G 蛋白三聚体结构和 G 蛋白循环
A. 无活性 G 蛋白三聚体结构示意图；B. G 蛋白循环

（2）G 蛋白偶联受体（G protein coupled receptor，GPCR）
是迄今发现的最大的受体超家族。它们的空间结构具有很大
的相似性，都是一条链组成，具有 7 个 α 螺旋的跨膜区，因
此又称为 7TM 受体（7 transmembrane receptors）。N 端位于胞
外，C 端位于胞内，每段螺旋之间的部分形成环状结构，位
于胞外或胞内，其中第 5 个 α 螺旋和第 6 个 α 螺旋之间的环
和 C 端是与 G 蛋白相互作用的区。结构如图 7-6。目前已经
证实的该家族受体成员已经超过 1 000 种，它们与胞外信号
分子结合后，通过与质膜内侧的 G 蛋白偶联，激活效应器，
如酶、离子通道等的活性，从而引发胞内一系列广泛的生物
学效应。美国科学家 R. J. Lefkowitz 与 B. K. Kobilka 因在 G 蛋
白偶联受体方面的研究获得 2012 年诺贝尔化学奖（e 辅学窗
7-12）。

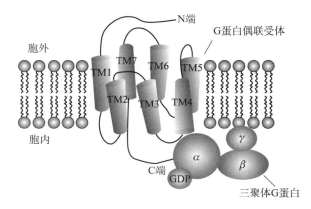

图 7-6 G 蛋白与偶联受体的相互作用
TM 代表跨膜区域

（3）G 蛋白的效应器 G 蛋白的效应器种类很多，包括合成或降解第二信使的酶，改变膜电位或离子流动的离
子通道及膜的转运蛋白等。这些效应器可以是膜整合蛋白质，也可以是与膜表面弱结合的膜周边蛋白质。腺苷酸环
化酶就是其中的一种，与 G_{α}–GTP 结合后被激活，产生的 cAMP 进一步激活下游的效应蛋白，即依赖 cAMP 的蛋白
激酶的活性。G_{α} 和 $G_{\beta\gamma}$ 可单独或共同调节这些效应器的活性，近年来逐步发现了受到 $G_{\beta\gamma}$ 调节的多种效应器。

（4）依赖 cAMP 的蛋白激酶（cAMP–dependent protein kinase） 又称蛋白激酶 A（protein kinase A，PKA）是
Krebs 等人在继 Sutherland 等人提出 cAMP 第二信使的概念之后，在研究糖原代谢的过程中发现的，是普遍存在于
动物体内的一种蛋白激酶，也是目前蛋白激酶类中理化性质和生理功能了解得最清楚的一种，因此常常把它作为
研究蛋白激酶的模型。

依赖 cAMP 的蛋白激酶全酶由 4 个亚基组成（R_2C_2），包括 2 个相同的调节亚基（R）和 2 个相同的催化亚基
（C）。全酶的相对分子质量为 150 000～170 000。C 亚基具有激酶的催化活性，R 亚基具有和 cAMP 结合的部位，
具有调节功能。R 和 C 聚合后的全酶（R_2C_2）无催化活性，R 亚基在全酶中对 C 亚基具有抑制作用。R 亚基上具
有 2 个 cAMP 结合位点，与 cAMP 结合后导致 R 和 C 亚基的解离，使 C 亚基表现出催化活性，使蛋白质中的丝
氨酸或苏氨酸残基磷酸化。这一过程可用图 7-7 表示。

依赖 cAMP 的蛋白激酶催化的反应在蛋白质磷酸酶的作用下可使磷酸 –Ser 或磷酸 –Thr 的蛋白质去磷酸化，
从而改变靶蛋白的活性（图 7-8）。

肾上腺素促使糖原分解，使血糖升高是通过 cAMP 进行信息转导和级联放大的最好例子。当肾上腺素以 10^{-8} ～

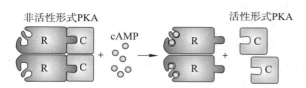

图 7-7 依赖 cAMP 的蛋白激酶（PKA）的激活
R 为调节亚基，C 为催化亚基；调节亚基和催化亚基解离，
催化亚基显示出催化活性

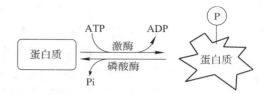

图 7-8 磷酸化和去磷酸化作用改变蛋白质的活性

10^{-10} mol/L 的浓度到达肝细胞表面时，迅速与其专一受体（即 β- 肾上腺素受体 [①]）结合，活化了 G 蛋白，进一步激活腺苷酸环化酶，使 ATP 环化成 cAMP，cAMP 作为第二信使活化了 PKA，PKA 使磷酸化酶 b 激酶活化，活化的磷酸化酶 b 激酶使糖原磷酸化酶 b 转变成有活性的糖原磷酸化酶 a，磷酸化酶 a 催化糖原磷酸解生成 1- 磷酸葡糖，再转变成葡萄糖（图 7-9）。

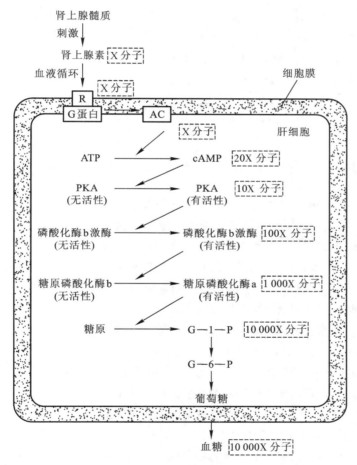

图 7-9 肾上腺素升高血糖的级联放大作用示意图
R：受体；AC：腺苷酸环化酶；PKA：蛋白激酶 A

X 分子的肾上腺素结合到肝细胞表面的专一受体（X 分子）上，活化了 $G_{s\alpha}$。$G_{s\alpha}$ 激活腺苷酸环化酶，细胞中产生 20X（即 20 倍）分子的 cAMP。4 个 cAMP 分子结合到四聚体 PKA 上生成 2 分子有活性的 PKA，PKA（10X 分子）继续激活多个下游的磷酸化酶 b 激酶（100X 分子）和更多的糖原磷酸化酶 b（1 000X 分子），产生有活性的磷酸化酶 a（1 000X），最终生成 10 000X 分子的葡萄糖。肾上腺素作用的上述每一步反应中，都可激活更多分子的下游蛋白质（PKA 的激活一步除外）。这样依次进行级联放大，最终产生很强的生理效应。图中所示的分子数目说明了放大效应，这些分子数目是一种粗略的估计

---

① β- 肾上腺素受体（β-adrenergic receptor）是一个具有 7 个螺旋区的跨膜受体蛋白，与 G 蛋白相偶联。

肾上腺素所作用的受体属于 7TM 受体家族的成员。目前已经发现的该受体家族成员超过千种，涉及广泛的生物学效应，参与包括激素、神经递质、趋化因子、嗅觉、味觉、生长和发育等多种外界信号引发的细胞内分子过程。目前世界药物市场上约 50% 的临床药物的作用靶点是属于该受体家族。

胰岛素的作用与肾上腺素相反，胰岛素能使细胞内 cAMP 的浓度降低，抑制糖原的降解而促进糖原的合成。胰岛素的作用机制与肾上腺素不同，是通过酪氨酸激酶系统发挥功能的（见 7.4.4）。

cGMP 与 cAMP 一样广泛分布于动物和微生物。cGMP 由 GTP 经鸟苷酸环化酶（guanylate cyclase GC）催化生成，而 cGMP 可激活依赖 cGMP 的蛋白激酶（cGMP-dependent protein kinase），又称蛋白激酶 G（protein kinase G，PKG），激活的 PKG 可使特定蛋白质的丝氨酸或苏氨酸磷酸化，从而引起细胞反应。因此，cGMP 亦有第二信使作用。

🛠 思考题

1. 如何证明 G 蛋白的活化是因为 GTP 取代了与它结合的 GDP 引起的，而不是受激酶作用催化结合的 GDP 产生 GTP？

2. 肾上腺素的生理效应可以通过将 cAMP 加入到靶细胞来模拟。但实际上，cAMP 加入到完整的靶细胞后，仅能诱发很弱的生理学效应。然而当加入 cAMP 的衍生物双丁酰 cAMP 时，其生理效应十分明显，为什么？

7.4.2　对酶合成起诱导作用

属于这一类的激素有类固醇激素（性激素、肾上腺皮质激素）和少数氨基酸衍生物或蛋白质激素如甲状腺素等。类固醇激素是疏水的，可自由通过细胞膜，进入细胞内。这类激素的受体在细胞内，激素穿过细胞膜后与专一性受体[①]结合，然后进入细胞核并调控相关基因的转录。在细胞内，受体与抑制蛋白（辅阻遏物）结合形成复合物，处于非活化状态。当激素与受体结合，将导致抑制蛋白从复合物上解离下来，进而受体通过暴露它的 DNA 结合位点而被激活。这类受体结构上很保守，一般有 3 个结构域：位于 C 端的激素结合位点，位于中部的 DNA 结合位点（具有锌指结构）以及位于 N 端的激活基因转录结构域。激素 – 受体复合物被激活后进入细胞核，识别并结合到特异的基因转录调控区（增强子区域），从而增强基因的转录，形成专一的 mRNA，再合成特异的酶蛋白，调控代谢反应（图 7-10）。

由于这种作用的激素是以诱导物的身份诱导酶的合成，要通过基因转录形成 mRNA，再合成酶蛋白，所以作用过程比较慢，要几小时，甚至几天。例如，当细胞被甲状腺素长时间和高剂量作用时，线粒体氧化能力的增加，即是通过甲状腺素诱导细胞色素氧化酶、F_oF_1– ATP 合酶等呼吸链相关蛋白酶的合成来实现的。

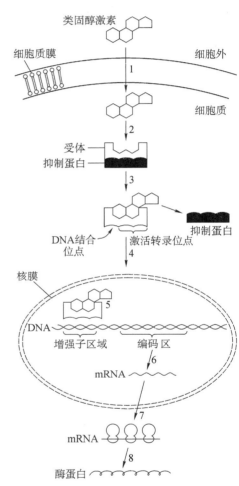

图 7-10　激素诱导酶的合成示意图

1. 类固醇激素穿过细胞质膜；2. 激素分子与细胞内的受体结合；3. 抑制蛋白与受体脱离，暴露 DNA 结合位点和激活基因转录的位点；4. 被激活的复合物进入细胞核；5. 与 DNA 增强子区域结合；6. 促进受激素调节的基因转录；7. mRNA 穿过核膜与核糖体结合形成多聚核糖体；8. 合成特异的酶蛋白

[①]　还有些类固醇激素的受体存在于细胞核内。

7.4.3 通过磷酸肌醇酶起作用

某些氨基酸衍生物或多肽激素如升压素、促甲状腺激素释放因子等是通过这种途径的。磷酸肌醇酶途径也是需要 G 蛋白传递激素的信号到细胞内部，因此与环腺苷酸系统同属于 G 蛋白偶联受体系统。这类激素首先和靶细胞膜上的受体结合，激活 G 蛋白，激活的 G 蛋白接下来活化磷酸肌醇酶（phosphoinositidase），即磷脂酶 C（phospholipase C，PLC）。PLC 催化磷脂酰 –4,5– 二磷酸肌醇（phosphatidylinositol–4,5–bisphosphate，PIP$_2$）裂解成两个第二信使，即二酰甘油（diacylglycerol，DAG）和 1,4,5– 三磷酸肌醇（inositol–1,4,5–triphosphate，IP$_3$）。

二酰甘油[①]进一步活化蛋白激酶 C（protein kinase C，PKC）[②]，促使蛋白质或酶中的苏氨酸或丝氨酸残基磷酸化，从而使一系列蛋白质或酶的活性发生改变。

IP$_3$ 作用于内质网上的膜受体，打开内质网膜上的钙通道，使 Ca^{2+} 容易进入细胞质，升高细胞质内 Ca^{2+} 的浓度。Ca^{2+} 与钙调蛋白（CaM）结合，形成活化态的 Ca^{2+}–CaM 复合物，然后可以两种方式发挥作用：①直接与靶酶结合，使其活化而调节其活性，如磷酸二酯酶、cAMP 环化酶、Ca^{2+}–ATP 酶等；②通过活化依赖于 Ca^{2+}–CaM 复合物的蛋白激酶，磷酸化许多靶蛋白或靶酶，间接影响其活性，如磷酸化酶、糖原合酶等。

这类激素通过磷酸肌醇酶所发生的二酰甘油和肌醇三磷酸两系列作用（图 7–11），人们称之为磷酸肌醇级联（phosphoinositide cascade）效应。

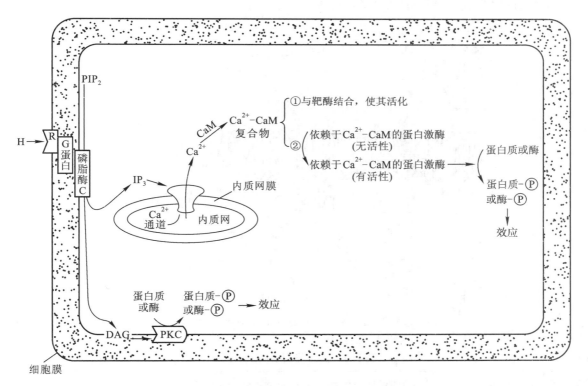

图 7-11 激素通过磷酸肌醇酶起作用示意图

H：激素；R：受体；PIP$_2$：磷脂酰 4,5– 二磷酸肌醇；DAG：二酰甘油；PKC：蛋白激酶 C；
IP$_3$：1,4,5– 三磷酸肌醇；CaM：钙调蛋白

---

① DAG 与 IP$_3$ 不同，它不溶于水，仅溶于脂，因此产生后仍留在膜中。
② 蛋白激酶 C 的活化除了需二酰甘油外还需 Ca^{2+} 和磷脂酰丝氨酸。

思考题

为什么细胞使用 Ca^{2+}（细胞内的浓度是 10^{-7} mol/L）而不使用 Na^+（细胞内的浓度为 10^{-3} mol/L）作为第二信使？

7.4.4 通过酪氨酸激酶起作用

近年来的研究指出胰岛素和大多数生长因子（如表皮生长因子等）的作用是通过刺激其受体的酪氨酸激酶（tyrosine kinase）的活性来完成的。这类受体具有潜在的酶活性，当这些受体与激素结合后，酶活性即被激活。胰岛素受体（insulin receptor）是一个具有酪氨酸激酶活性的跨膜糖蛋白，由两条 α 链和两条 β 链通过 3 对二硫键连接而成（$\alpha_2\beta_2$）。两条 α 链位于细胞质膜的外侧，其中有胰岛素的结合位点；两条 β 链是跨膜的，跨膜 β 链的胞内部分含有酪氨酸激酶结构域。无胰岛素结合时，受体的酪氨酸蛋白激酶没有活性。当胰岛素与受体的 α 链结合并改变了 β 链的构象后，受体酪氨酸激酶被活化，使受体 β 链中特异位点的酪氨酸残基磷酸化，即自（身）磷酸化（autophosphorylation），受体的自磷酸化又进一步促进酪氨酸激酶的活性。活化的自磷酸化的胰岛素受体将胰岛素受体底物（insulin receptor substrate，IRS）[①] 的多个酪氨酸残基磷酸化。磷酸化的 IRS 再结合并激活下一个效应物，引起一系列级联反应，使激素的效应成倍地增加，最终引起细胞内的胰岛素效应（图 7-12）。

现将已较清楚的属于以上 4 种作用方式的激素列表 7-7。

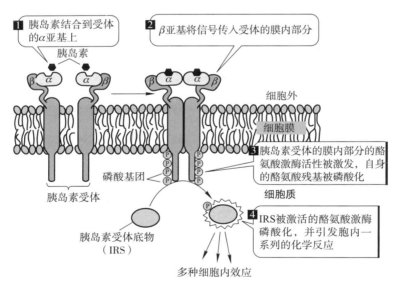

图 7-12　激素通过酪氨酸激酶起作用示意图

表 7-7　激素作用机制的类型 *

I 通过 cAMP 起作用	II 对酶合成起诱导作用	III 通过磷酸肌醇酶起作用	IV 通过酪氨酸激酶起作用
肾上腺素	性激素	某些肽激素及氨基酸衍生物激素	胰岛素
胰高血糖素	肾上腺皮质激素		生长因子
促黄体素（LH、ICSH）	甲状腺素		生长激素

---

① IRS 是一种蛋白质。

续表

Ⅰ通过 cAMP 起作用	Ⅱ对酶合成起诱导作用	Ⅲ通过磷酸肌醇酶起作用	Ⅳ通过酪氨酸激酶起作用
甲状旁腺素	蜕皮激素		（促）红细胞生成素
前列腺素			
5−羟色胺（5−HT）			
升压素			
催产素			
促黑素（αMSH）			
降钙素			

*同时有Ⅰ、Ⅱ两项作用的激素是促肾上腺皮质素、促甲状腺素及胰岛素等。

除上述 4 种作用机制所涉及的激素以外，还有很多物质能在细胞间进行信息传递，包括生长因子、细胞因子、神经递质等，无论哪种信息分子都需要与靶细胞上的特异性受体相结合，引发细胞内一系列分子的变化，这些信号传递的途径除了这里介绍的四种基本类型以外，还有很多，我们将在第九章细胞膜的结构和功能作进一步详细的介绍。

总结性思考题

1. 在研究某种激素作用机理时得到一种小分子物质，如何证明它是一种新的第二信使？
2. 垂体激素有什么共性？你在生活中见过哪些与垂体激素有关的生物现象？
3. 哪些激素与维持血糖水平有关？分析不同激素的信号转导机制有哪些不同？
4. 列举多肽激素以非活性前体的形式被合成的好处。
5. 肾上腺素如何促进脂肪动员？试根据其信号转导过程设计有效的减肥药物？
6. 与 G 蛋白偶联的受体相比，通过固醇类激素受体或与离子通道受体作用的信号传导系统要相对简单，其下游的通路分子也少。试问这样的系统也会产生级联放大效应吗？
7. 试提出一种机制解释脂溶性激素也能提高靶细胞 cAMP 的浓度。
8. 马拉松运动员在赛跑之前需要最大限度地进行碳水化合物的贮存，以维持在长时间比赛中对能量的需求。为什么摄入淀粉比直接摄入单糖更合理？
9. 昆虫激素和植物激素在农业上有何应用？

数字课程学习

教学课件　　　在线自测　　　思考题解析

第 II 篇
生命活动的基本单位——细胞

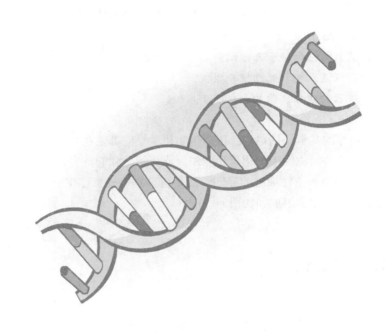

第八章 细胞及其结构

提要与学习指导

本章简介原核生物、古核生物和真核生物的概念和细胞结构差异，着重叙述细胞器的组分、结构和功能。学习本章应掌握以下几点：

1. 原核细胞、古核细胞和真核细胞的细胞结构。
2. 质膜的脂双层结构和流动镶嵌模型。
3. 不同细胞器的组分、结构和功能。

细胞是生物体的基本结构单位，很多生物化学反应都是在细胞内进行的，因此，有必要在讲代谢之前对模式细胞的结构以及这些结构的生物化学功能作扼要介绍。我们首先讨论原核细胞和真核细胞在结构上的差异以及真核细胞中的动物细胞和植物细胞的异同。然后再分别略述细胞壁、细胞荚膜（鞘膜）、细胞套膜、质膜和细胞质基质及各种细胞器的化学组成和功用。

8.1 细胞的概念和分类

（1）**概念** 除病毒外，细胞是所有生物体的基本结构单位。最简单的有机体是由单细胞构成，多细胞生物由多个分化成不同功能的细胞组成，细胞之间彼此交流构成一个整体行驶功能。

每个细胞都是由磷脂双分子层和镶嵌其中的蛋白质（多为糖蛋白）构成的质膜（plasma membrane）[①] 将细胞和环境分隔开来，质膜所包含的细胞内的所有内容物称为细胞质（cytoplasm），质膜控制着细胞与外界环境的物质和信息的交流；新陈代谢是细胞的基本生命特征，细胞从外界摄入物质，经过细胞内的新陈代谢过程，满足细胞对物质和能量的各项需求，同时将代谢废物排出细胞；细胞中都含有两种核酸：DNA 和 RNA，基因表达使得细胞利用自身的遗传信息，通过蛋白质合成机制完成细胞所有的功能；细胞通过自我分裂使得子代细胞具有和母代细胞完全相同的遗传物质从而增殖（特殊的分化细胞类型除外）。

（2）**分类** 20 世纪 60 年代起，根据是否具有内膜系统，把细胞划分为原核细胞（prokaryotic cell）和真核细胞（eukaryotic cell）两类。

一切细胞的细胞质内都含有或多或少的显微结构，称细胞器（organelles）。原核细胞的细胞器极简单，它们只有原始核，无核膜和核仁，也有核糖核蛋白体（ribosomes，简称核糖体），简称核糖体和色质体（chromoplasts）。在细菌细胞中还有多核糖体（polysome）。真核细胞的细胞器甚复杂，主要包括细胞核（nucleus）、线粒体（mitochondria）、核糖体、内质网（endoplasmic reticulum）、微粒体（microsomes）、高尔基

[①] 曾与细胞膜（cell membrane）含义相同，现在细胞膜泛指包括细胞质和细胞器的界膜。

体（Golji bodies）等。植物细胞除含这几种细胞器外，还含有质体（plastids）、叶绿体（chloroplasts）和液泡（vacuole）等。

　　近年来随着细胞生物学与分子生物学的发展，人们发现原来认识的原核细胞并不是统一的一大类，而是有 1 个类群，它们的遗传信息的表达系统与其他的原核细胞差异很大，而与真核细胞更接近，人们建议将这类细胞从原核细胞中分离出来，另立一个类群，称为古核细胞（archaeal cell）。这样细胞就被分为原核细胞、古核细胞和真核细胞三大类。相应地，生物学家建议将整个生物界分为原核生物（prokaryote）、古核生物（archaea）和真核生物（eukaryote）3 个域，并将生物分为 6 个界，即原核生物组成原核生物界，古核生物组成古核生物界，真核生物组成原生生物界、真菌界、植物界和动物界。

　　原核生物和真核生物细胞结构的主要区别，可参阅图 8-1 和表 8-1。

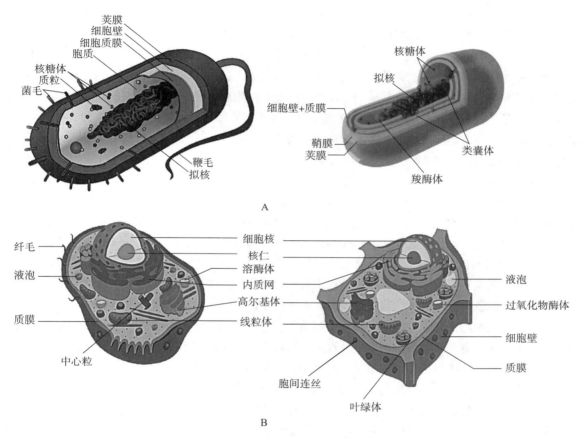

图 8-1 模式细胞结构
A. 原核细胞模式结构示意图，细菌（左）、蓝藻（右）；B. 真核细胞模式结构示意图，动物（左）、植物（右）

表 8-1 原核细胞、真核细胞和古核细胞的结构差异

细胞结构和功能	原核细胞	真核细胞	古核细胞
细胞壁	厚而复杂，有细胞荚膜	植物细胞壁的结构较薄也较简单，动物无细胞壁和细胞荚膜，有细胞套膜	有细胞壁，但无胞壁酸和 D- 氨基酸
细胞内部机构	简单	复杂	简单
细胞器	无被膜包围，无核膜、核仁	有被膜包围，有核膜、核仁	无内膜系统
遗传物质	无核膜包围，无组蛋白	核膜包围，并与组蛋白相连	无核膜包围，有类似核小体结构
细胞分裂	非核分裂和减数分裂	核分裂和减数分裂	非核分裂和出芽，进行无性繁殖
呼吸链	与质膜密切相连	与线粒体结构密切相连	多严格厌氧，具有特殊的氧化方式

8.2 原核细胞

原核生物是单细胞生物体，包括细菌（bacteria）、蓝藻（cyanobacteria）、支原体（mycoplast）、衣原体（chlamydia）和放线菌（actinomycete）等。

8.2.1 细菌和蓝藻的细胞结构

细菌和蓝藻是原核生物的两个典型代表。人类认识原核细胞是从细菌开始的，现代分子生物学的技术也是以细菌作为模式生物和工具。细菌在进化上是古老而具有丰富多样性的类群，在自然界分布最广，个体数量最多，可以迅速地适应外界环境并占据其生存的小环境以及共生系统中，这些都与细菌所具有的在代谢上惊人的多样性密切相关。蓝藻又称蓝细菌、蓝绿藻或蓝菌门，是能进行光合作用获得能量的原核生物，也是最早的光合放氧生物，对早期地球从还原性大气转变为氧化性大气起了巨大的作用。原核生物主要的细胞结构有细胞壁、细胞膜、拟核等部分，有的细菌还有荚膜、鞭毛、菌毛等特殊结构。

细胞壁 细菌的细胞壁一般都较厚，为 10~20 nm。由于细胞壁结构的差异，导致对革兰染色（Gram stain）的反应不同，可以将细菌分为两大类，革兰阳性（Gram positive）菌，例如金黄色葡萄球菌，和革兰阴性（Gram negative）菌，例如大肠杆菌。革兰阳性菌的细胞壁包围细胞膜，染料可以直接作用于细胞壁的组分，呈现阳性反应。革兰阴性菌细胞壁外还有一层外膜，这层膜的存在以及细胞壁成分的不同阻止了染色反应，呈现阴性反应。原核细胞的细胞壁组分为肽聚糖（peptidoglycan）[①]，在肽聚糖外为磷壁酸（teichoic acid）[②]。在细菌细胞壁中，磷壁酸是以磷酸二酯键与肽聚糖的 NAM–NAG 骨干链相连的。革兰阴性细菌细胞壁的组分除含肽聚糖外，还含有脂蛋白和脂多糖，基本上不含磷壁酸。肽聚糖层很薄，位于质膜与细胞壁外层之间，整个细胞壁的主要组成物为脂多糖。蓝藻的细胞壁类似革兰阴性菌，也较薄。不同的是，内层含有纤维素层。

细胞壁可以保持细胞的形状和坚韧性，维持细胞质的正常渗透压，使其不受外界环境渗透压变化的影响。如无细胞壁，则一切细胞都会变成球形，而且当外在渗透压略有改变时即很容易被破坏。抗生素（如青霉素）能抑制细菌细胞壁的生物合成，所以能杀菌。杀菌的机制是青霉素能抑制糖肽转肽酶（glycopeptide transpeptidase）的活性，阻止细菌细胞壁主要成分肽聚糖的形成。有的细菌本身含有青霉素酶，可水解青霉素使其失去活性，因此产生耐药性。溶菌酶和其他胞壁水解酶（muralytic enzyme）能破坏肽聚糖，故也有杀菌作用。此外，细菌的细胞壁表面有抗原和噬菌体受体，因此可能与其免疫性和感染性有关。从金黄色葡萄球菌的细胞壁分离出的葡萄球菌A蛋白（staphylococcal protein A）可与免疫球蛋白（主要为IgG）进行特异结合，目前大量被应用于抗体的分离与纯化。肽聚糖作为细胞壁的主要组成物质，给予细胞提供了保护的功能，除此以外，还具有多种重要的生物学活性，见 🅔辅学窗 8–1。

荚膜和鞘膜 有些细菌的细胞壁外还有一层较厚的膜，一般称荚膜（capsule）。在蓝藻的细胞壁外同样有一层胶状物质，称为鞘或鞘膜（sheath）。荚膜和鞘膜由有关细胞的分泌物所构成。细菌荚膜的成分主要为复杂多糖、脂蛋白和糖蛋白的复合物。其功用是保护细胞防止干燥，防御吞噬细胞的侵害和噬菌体的感染等，是细菌的自卫机构，荚膜同时还具有营养储备功能。蓝藻的鞘膜一般相当厚，其主要成分为果胶质，有些蓝藻的鞘膜呈水样状，不易识别。有的为无色，也有呈棕色、黄色、红色或蓝紫色的。鞘膜的功用也是保护细胞不受外围渗透压

---

① 又称胞壁质（murein），黏肽（mucopeptide）或糖肽（glycopeptide），是多糖与肽链连接的杂聚物。
② 为带有葡萄糖支链的甘油醇（或核糖醇）磷酸多聚物。

改变的影响。

质膜　一切细胞都有质膜。质膜是细胞质与其外在环境分隔的半透膜，质薄而软。它能选择性地吸收所需营养物质和排出不需要的废物或毒素。细胞的许多功能活动都是通过质膜进行的，没有质膜细胞就不能生存。

原核细胞的质膜和真核细胞的质膜结构基本相同，是磷脂双分子层（详见真核细胞的质膜结构）。在原核生物能量代谢过程中，质膜也发挥着重要的作用。原核生物的电子传递链和氧化磷酸化过程发生在质膜上。在呼吸过程中产生的电子与细胞质膜上的电子传递体相偶联，质子通过膜转运蛋白移动到质膜外，导致膜内外产生质子梯度。这种质子梯度可进一步转变成细胞可利用的能量形式，从而被用于细胞的许多生理活动（详见生物氧化章 10.4）。而真核生物类似的生物氧化过程发生在线粒体内膜上。

拟核　又称"类核、核区"。原核细胞无核膜和核仁，也不含组蛋白，因而无固定形状，只有一个含遗传信息的 DNA 圆形区域称拟核（nucleoid）。拟核由染色体 DNA 和与之结合的蛋白质组成，占据大部分细胞质的中心区域。拟核没有真正的染色体结构，但 DNA 也在 RNA 和拟核蛋白的帮助下，进行了精巧的折叠与包装。拟核是贮存遗传信息的基地，含 DNA 聚合酶和 RNA 聚合酶。除了拟核部分含有遗传物质以外，细菌还有裸露的共价闭合环状 DNA 分子独立于核区存在，称为质粒（plasmid）。质粒可自主复制，所携带的遗传信息通常是赋予细菌额外的生理代谢能力，如抗药性、致病力等。质粒是基因工程技术中最常见的基因载体（详见基因工程和蛋白质工程章 21.1.2.3）。和细菌一样，蓝藻均有拟核和质粒。

核糖体　在原核细胞中，一个 mRNA 分子上同时结合多个核糖体，称多核糖体。每个细菌有 5 000 ~ 50 000 个核糖体。细菌核糖体的沉降系数为 70S，由大亚基（50S）与小亚基（30S）组成，其组成成分及其与真核细胞核糖体的差异详见真核细胞核糖体。

类囊体　蓝藻无叶绿体，其细胞质中有很多片层膜结构，附着各种光合色素和电子传递体，称类囊体（thylakoid），是光合作用的反应场所。细菌无类囊体。

菌毛和鞭毛　原核细胞从细胞表面向外衍生出两种附属结构，菌毛（pilus）和鞭毛（flagellum）。菌毛是由丝状蛋白质组成的寡聚物，具有多种功能，包括 DNA 交换、细胞黏附、生物膜形成等。鞭毛是由鞭毛蛋白（flagellin）所构成的多聚体蛋白质结构，这与真核细胞的鞭毛结构完全不同。大多数原核生物能运动，常常依赖的是鞭毛，例如细菌的趋化性机制归功于鞭毛利用由质子梯度提供的能量，可以像螺旋桨一样旋转，最终导致细胞远离或者朝向化学物质运动。

羧酶体　羧酶体（carboxysome）又称羧化体，存在于化能自养的 *Thiobacillus*（硫杆菌属）、*Beggiatoa*（贝日阿托氏菌属）和一些光能自养的蓝细菌中，大小与噬菌体相仿。羧酶体由单层膜包围，内含固定 CO_2 所需的 1,5- 二磷酸核酮糖羧化酶和 5- 磷酸核酮糖激酶（见糖代谢章 12.4.1.2），是自养型细菌固定 CO_2 的部位。

8.2.2　其他原核生物的细胞结构

除了细菌和蓝藻，原核生物还包括以下主要家族。

支原体　是目前发现的最小最简单的原核生物，能独立生存。直径一般在 0.1 ~ 0.3 μm，仅为细菌的 1/10。支原体无细胞壁，因此不能维持固定的形态，对抑制细胞壁合成的抗生素不敏感。细胞膜中含有胆固醇和其他固醇类物质，较其他原核生物坚韧。细胞质内有核糖体，无核区，基因组为双链环状 DNA，均匀分散在细胞内部。

衣原体和立克次氏体　体积和结构近似支原体，直径一般在 0.3 ~ 0.6 μm。有细胞壁，无核区。但衣原体和立克次氏体无法独立生存，必须寄生在细胞内。衣原体广泛寄生于人类、哺乳动物及鸟类体内，立克次氏体主要寄生于节肢动物体内。

放线菌　有发达的菌丝，因可在半固体培养基上呈辐射状生长而得名。具有细胞壁，主要成分是肽聚糖，因此对溶菌酶敏感，有核区。自然界中分布广，主要以孢子或菌丝状态存在于土壤、空气和水中。

8.3 古核细胞

8.3.1 古核生物的特点

由古核细胞构成的有机体称古核生物。古核生物是自然界中最古老的一类生物，在生命的初始阶段就已从生物的共同祖先中分化出来，加上代谢形式特别适合于地球的早期环境，因此定名为古核生物，又称古细菌（archaebacteria）。最早发现的古核生物是一些产甲烷菌，可以厌氧利用 CO_2、甲基化合物或乙酸基作为能量来源。这些古核生物具有代谢的多样性以及能适应极端环境的生存能力，例如高温（超嗜热古菌）、极端的 pH（嗜酸菌和嗜碱菌）或者高盐（嗜盐菌）。到 20 世纪末，微生物学家发现古核生物不仅仅局限于极端环境，而是广泛存在于土壤和海洋的自然界中，形成了一个庞大而多元化的群体。1997 年，Woese 等人用比较 16S rRNA 序列的方法提出了"生物三界学说"，认为古核生物是既不同于原核生物，也不同于真核生物的第三类生物，古核生物通常被称为生命的第三种形式（**❸辅学窗 8–2**）。

ⓘ 思考题

从平均温度为 40℃的温泉和平均温度为 4℃的冷水湖中各自分离得到两种细菌。推测哪种细菌的质膜中具有较多的不饱和脂肪酸？解释原因。

8.3.2 古核细胞的结构

古核生物基本的细胞结构与原核细胞相似，但在遗传信息的传递和表达过程中，例如 DNA 包装、复制和转录等却与真核细胞相似。同时，古核生物具有比真核生物更简单的遗传系统，因此是研究 DNA 复制和转录过程非常好的模型。

古核细胞的细胞壁不含肽聚糖，由类似肽聚糖的多糖和蛋白质组成的复合物，缺乏胞壁酸和 D- 氨基酸，因此对抑制肽聚糖合成的抗生素不敏感。在膜的结构和成分上，古核细胞与其他原核细胞及真核细胞差异显著，膜脂中含有醚键（图 8–2A），而非酯键（图 8–2B），常出现异戊二烯衍生物与甘油相连，有的古核细胞的质膜甚至是单层膜（图 8–2C）。

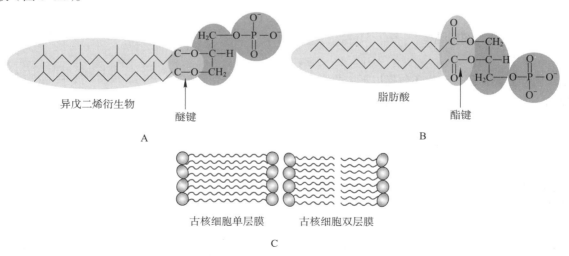

图 8-2 古核细胞和细菌细胞质膜的膜脂成分
A. 古核细胞质膜的膜脂成分；B. 细菌细胞质膜的膜脂成分；C. 古核细胞质膜的两种结构

8.4　真核细胞

由单个或多个真核细胞构成的生物体称为真核生物。真核生物分为：原生生物、真菌、动物和植物四大类。原生生物是最简单、最原始的真核生物，大部分是单细胞，典型的如草履虫、变形虫、疟原虫等。真菌是单细胞或多细胞的异养微生物，典型的如酵母菌、霉菌、食用菌等。植物和动物都是多细胞生物体。不同的真核生物代谢类型有着明显差异。真菌和原生生物一般是异养需氧型的。大多数植物是自养需氧型的，例如绿色植物，少数寄生植物，例如菟丝子，是异养需氧的。大多数动物是异养需氧型的，少数动物例如肠道寄生虫是异养厌氧型。虽然真核生物的种类和数量具有惊人的多样性，但组成真核生物的细胞结构和亚细胞结构具有共同的特征和功能。

8.4.1　真核细胞的特点

相比于原核细胞，真核细胞最显著的特征是具有膜包围的细胞核。在细胞核中，遗传物质 DNA 与组蛋白等蛋白质组成染色体结构。同时细胞质中包含多种由膜包围的细胞器，分别行使各自特异的功能。下面先介绍真核细胞质膜外的几种结构，然后分别介绍各种细胞器的结构和功能。

8.4.2　细胞壁、质膜、细胞质和细胞质基质

（1）**细胞壁**　位于质膜外，由细胞分泌物形成，比较厚而坚韧。所有植物，包括某些藻类和真菌在内都有细胞壁，动物细胞无细胞壁。

植物细胞的细胞壁分初生壁（primary cell wall）、次生壁（secondary cell wall）和胞间层（middle lamellae）三部分。初生壁较薄（1～3 μm），次生壁较厚（5～10 μm）。一切植物细胞都有初生壁，但不是所有植物细胞都有次生壁，胞间层是初生壁的最外层，是两个细胞壁的共有部分。初生壁和次生壁的基本成分是纤维素和半纤维素。海藻类的细胞壁无纤维素，而是由木聚糖或甘露糖代替。初生壁除含纤维素外，还含有果胶质（pectin）和木质素（lignin）。胞间层基本上是由果胶质所组成。若干植物体表皮的细胞壁还含有蜡质、角质和木栓质。

植物细胞的细胞壁除了提供保护的功能以外，其含有的脂肪类物质和蜡质可减少水分蒸发，防止虫害侵入和机械损伤。植物细胞壁的主要组分为纤维素，对人类生活是大有用处的（详见糖类化学 1.5.3）。

💬 思考题

1. 革兰阳性菌细胞与革兰阴性菌细胞有何区别？
2. 细菌细胞与蓝藻细胞有何区别？

（2）**质膜**　真核细胞和原核细胞的质膜结构类似，为薄层状（6～10 nm），质软，具有筛孔，只让小分子通过，不让大分子通过。质膜是液态的活动结构，而不是机械性的固定结构。膜内外两表面的结构是非对称性的，两个表面的理化特性和功能也是不相同的。

质膜的主要组分为类脂质（膜脂）和蛋白质（膜蛋白）。S. J. Singer（1972 年）提出所谓流动镶嵌模型（图8-3A），描述了类脂质和蛋白质如何构成质膜。磷脂是构成质膜的基本物质，由脂质分子排列成双层薄膜，约 5 nm 厚，在脂质双层内外镶嵌着蛋白质分子，有的蛋白质只附着在脂质双层的内表面，称为周边蛋白质

（peripheral proteins）；有的深埋在脂质双层中或贯穿脂质双层，称为整合蛋白质（integral proteins）[1]。糖蛋白和糖脂的糖基支链一般伸出脂质双层的外表面。膜蛋白在膜内外两侧的分布是不对称的，疏水的膜蛋白嵌入不连续的脂质双层中，并可以在一定水平上移动。近年来提出的脂筏（lipid raft）结构，是质膜上富含胆固醇和鞘磷脂的微结构域，大小约 50 nm（图 8-3B）。脂筏就像一个蛋白质停泊的平台，与膜的信号转导、蛋白质分选均有密切的关系。膜脂和膜蛋白的结构将在第九章做进一步介绍。

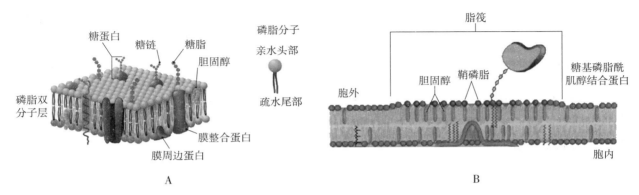

图 8-3 质膜脂质双层结构和脂筏示意图
A. 流动镶嵌模型示意图；B. 脂筏结构示意图

质膜是多功能的结构，有保护细胞、交换物质、传递信息、转换能量、运动和免疫等生理功用。这些功能都牵涉到物质代谢、生物氧化、免疫和神经传导等过程。其中，质膜在物质运输和信号传递方面的功能是近年来生命科学研究的热点领域之一，我们将在第九章进一步重点介绍。鉴于质膜在细胞生命活动中承担着重要的作用，质膜蛋白质组学逐渐兴起，并发展成为蛋白质组学的重要组成部分，详见 **e 辅学窗 8-3**。

? 思考题

质膜的不对称性表现在哪些方面？

（3）**细胞质和细胞质基质**　细胞质是极其复杂的生物溶胶，是生命存在的基地。细胞质所含的有形结构为与代谢有关的各种细胞器。真核细胞中，除了细胞核和各种细胞器以外的液体部分，称为细胞质基质或胞质溶胶（cytosol）。细胞质基质一般为细胞总体积的一半左右，主要含有与中间代谢有关的多种酶类，以及细胞骨架（cytoskeleton）体系。大多数的中间代谢和蛋白质合成主要在细胞质基质中进行。细胞质基质的结构是高度有序的，这就需要细胞骨架的组织和支撑作用。细胞骨架可以将各种反应途径相关的酶或其他生物大分子结合在骨架上，或膜的某些区域，形成高度有序的分布，从而保证复杂的代谢反应在时间与空间上有条不紊地进行，详见 **e 辅学窗 8-4**。

8.4.3　细胞器的结构和功能

细胞质所含细胞器有细胞核、内质网、微粒体与微体、线粒体、核糖体、高尔基体、溶酶体（lysosomes）和叶绿体等。

---

[1] 两类膜蛋白不同的教材有不同的名称，周边蛋白质又称外在蛋白质，整合蛋白质又称内在蛋白质。

不是所有细胞都含有这些细胞器，某些细胞器只存在于特定细胞中，例如，只有绿色植物细胞才含叶绿体，原核细胞并不含有带膜的细胞核、线粒体、高尔基体和内质网等细胞器。多数细胞器有膜，细胞器的膜称细胞内膜。

细胞核　细胞核主要由核被膜、核纤层、染色质、核仁及核体组成。细胞核的核膜分两层，总厚度约35 nm。核膜的结构与质膜的结构相似，核膜有孔，直径约 100 nm，核孔是物质进出胞核的通道。细胞核包含几乎所有真核细胞的遗传物质，小部分 DNA 存在于线粒体，植物中的少量 DNA 也存在于叶绿体。真核细胞细胞核的主要成分为 DNA，原核细胞的核质体和真核细胞的细胞核都是贮存遗传信息的基地，DNA 的复制、转录和转录初产物的加工过程均在此进行。

核仁无膜，含有富于 RNA 的粒状体，这种粒状体是核糖体的前体，含 RNA 聚合酶、RNA 酶、NADP、焦磷酸化酶、ATP 酶、$S-$ 腺苷甲硫氨酸 $-$RNA$-$ 甲基转移酶等，不含 DNA 聚合酶。几种 RNA 分别在核仁内合成，然后转运到细胞质去合成多核糖体。

细胞核的膜包裹结构，可以保护真核细胞 DNA，并且使其具有比原核生物更复杂的基因表达调控过程。

内质网　内质网是由质膜延伸形成的小管同小泡构成的网状结构。所有的真核细胞都有内质网，不同细胞的内质网的形状、大小和数目都不一样。内质网从质膜伸出，围绕着细胞核和线粒体，并直接与高尔基体相连。内质网上附着有核糖体的，表面粗糙，称糙面内质网或载粒内质网；不附有核糖体，表面平滑的，称光面内质网。哺乳类动物肝细胞的内质网上有多种重要酶类，例如与固醇、三酰甘油、磷脂合成有关的酶，与机体解毒和与脂肪酸脱饱和有关的酶，以及水解 6- 磷酸葡糖的酶等。此外，内质网常形成一种封闭或半封闭的管状结构用于细胞内贮存和转运蛋白质生物合成所需的物质。组成内质网的小泡又是转运细胞分泌物质的工具。

微粒体与微体[①]　内质网被匀浆器打碎后经高速离心分离出来的粒状小体称微粒体。肝细胞的微粒体是经常同上段所述的各种酶混在一起的，但其他真核细胞的微粒体则不伴随有这些酶类。

微体一词包括许多直径约 0.5 nm 的单膜细胞器，动植物细胞内都有。植物叶片细胞中的过氧化物酶体（peroxisomes）、含脂质丰富的种子发芽时细胞中的乙醛酸循环体（glyoxysomes）以及大鼠肝细胞的过氧化物酶体等都属于微体一类。这些微体各含有多种酶类，特别是含过氧化氢酶和产生 H_2O_2 的氧化酶更多。

过氧化物酶体和乙醛酸循环体都是单层膜包裹的功能高度特化的微体。过氧化物酶体存在于绿色光合组织，主要参与植物的光呼吸过程。乙醛酸循环体存在于萌发的油料种子和脂肪储藏组织，主要负责脂肪酸的 $\beta-$ 氧化和乙醛酸循环。这两种微体参与的生化过程详见糖代谢一章。

线粒体　原核细胞不含线粒体，大多数动植物细胞都有线粒体。线粒体为棒状小粒，长 $2 \sim 3\ \mu m$，排列成线状，故名线粒体。线粒体是一种高度动态的细胞器，包括由运动导致的位置、形态的变化，以及由融合和分裂介导的体积和数量的变化。线粒体由内外膜和基质（matrix）所组成。外膜包围着内膜，内膜部分曲折伸入基质使两膜之间形成空穴（参见生物能学与生物氧化章）。内膜有局限性的半透性，只有部分小分子物质可通过，外膜的通透性大，凡相对分子质量在 10 000 以下的分子都可通过外膜。线粒体内外膜的化学成分有显著区别。外膜蛋白质与脂质含量为 1:1，内膜的蛋白质和心磷脂含量比外膜高，但胆固醇含量都比外膜低。

线粒体是真核细胞的能量中心。除了细胞质基质中发生的糖酵解过程可以产生 ATP 以外，在线粒体中的氧化磷酸化过程是真核细胞能量产生的主要途径。线粒体含有多种酶类（表 8-2），所有电子传递系统的组成物质，包括黄素蛋白、细胞色素 c、c_1、a、a_3 和有关酶类，以及与糖类分解、脂肪酸合成和氧化、氧化磷酸化、核酸和蛋白质生物合成的酶类大多存在于线粒体膜上和线粒体内。线粒体基质还含有线粒体 DNA 和核糖体、tRNA 和 mRNA。依赖 DNA 的 RNA 合成酶也在线粒体基质中发现，以此产生真核生物线粒体特有的蛋白质。

---

① 微粒体的英文为 microsomes，含核糖体及内质网碎片，与微体（microbodies）不同。

表 8-2 某些肝线粒体酶及其定位

外膜	内膜	基质
单胺氧化酶	琥珀酸脱氢酶	柠檬酸合酶
NADH- 细胞色素 b₅ 还原酶	细胞色素 a₃ 氧化酶	延胡索酸酶
犬尿氨酸羟化酶	细胞色素 a、a₃、b、c、c₁	苹果酸脱氢酶
依靠 ATP 脂酰 CoA 合成酶	β- 羟丁酸脱氢酶	异柠檬酸脱氢酶
甘油磷酸酰基转移酶	亚铁螯合酶	谷氨酸脱氢酶
溶血磷脂酸酰基转移酶	δ- 氨基乙酰丙酸合成酶	谷氨酸 – 天冬氨酸转氨酶
溶血磷脂酰胆碱酰基转移酶	肉碱棕榈酰转移酶	顺乌头酸酶
磷酰胆碱转移酶	脂肪酸碳链延长酶类	丙酮酸羧化酶
磷脂酰磷酸酯酶	呼吸链连接的磷酸化酶	蛋白质合成酶类
核苷二磷酸激酶	线粒体 DNA 聚合酶	脂酰 CoA 脱氢酶
脂肪酸碳链（$C_{14} \sim C_{16}$）延长酶系		核酸聚合酶
		依靠 ATP 脂酰 CoA 合成酶
		依靠 GTP 脂酰 CoA 合成酶

从表 8-2 可以看出，在线粒体酶的分布中最突出的差异是内外膜和基质各自含有独特的酶，而其他膜或基质无，如外膜含独特的单胺氧化酶，而内膜和基质都不含有；内膜含的琥珀酸脱氢酶和细胞色素 a₃ 氧化酶，而外膜与基质无；基质含的柠檬酸合酶和延胡索酸酶是内膜和外膜都不含的。这几种酶可供实验工作者作为鉴别实验所提取的物质是属于线粒体的外膜还是属于内膜或基质，因此称这几种酶为标记酶。

线粒体拥有自身的遗传物质和遗传体系，是一种半自主细胞器。除了为细胞供能外，线粒体还参与诸如细胞分化、细胞信息传递和细胞凋亡（apoptosis）等过程，并拥有调控细胞生长和细胞周期的能力。对于线粒体的起源有两种假说，分别为内共生学说与非内共生学说（详见 ⓔ 辅学窗 8-5）。

核糖体 核糖体是大分子核糖核蛋白粒子，是蛋白质生物合成的基地。与原核细胞的多核糖体不同，真核细胞的核糖体是与内质网结合的。原核核糖体和真核核糖体的组分和结构都有差异（表 8-3）。

每个核糖体都由大小 2 个亚基、rRNA 分子和多种不同的蛋白质组成。原核细胞核糖体的 30S 亚基（小亚基）含 21 种不同的蛋白质和 1 分子 rRNA（16S），真核细胞的 40S 亚基（小亚基）含约 33 种蛋白质和 1 分

表 8-3 原核细胞核糖体与真核细胞核糖体组成的区别

组分	原核核糖体（以大肠杆菌为例）		真核核糖体（以大鼠肝细胞细胞质为例）	
蛋白质	35%		50%	
rRNA	65%		50%	
沉降值	70S		80S	
相对分子质量	2.5×10^6		4.5×10^6	
亚基数目	2（30S；50S）		2（40S；60S）	
亚基结构	30S	50S	40S	60S
每一亚基的 rRNA	16S	23S；5S	18S	28S；5.8S；5S
每一亚基所含蛋白质种类 *	21	33	约 33	约 49

* 核糖体的每一亚基所含的蛋白质种类各书报道不一；不同来源的真核细胞核糖体的蛋白质数不同。

子 rRNA（18S）。较大的核糖体亚基含的蛋白质种类就更多，如原核细胞的 50S 亚基含约 33 种蛋白质和 2 分子 rRNA（5S、23S），真核细胞核糖体的 60S 亚基则含约 49 种蛋白质和 3 分子 rRNA（5S、5.8S、28S）。

专一性的核糖体蛋白质[①] 直接与 mRNA 和 tRNA 相结合。

高尔基体　高尔基体又称高尔基器或高尔基复合体，是真核细胞中普遍存在的一种由网状小管或泡组成的复杂结构。1898 年，意大利医生 C. Golgi 首次在神经细胞内观察到这种细胞器。但直到 20 世纪 60 年代才证实，细胞内存在以高尔基体为中心的分泌途径。高尔基体控制细胞内新蛋白质和脂质合成后的修饰、分选和运输，参与细胞外物质进入细胞内的物质运输和信号转导过程。高尔基体上的蛋白质可以分成两类，一类是与蛋白质修饰相关的各种酶，另外一类是直接调控高尔基体结构的基质蛋白。高尔基体在物质运输和分泌中的作用参见第九章。

溶酶体　溶酶体是由 50 种左右的酸性水解酶（最适酸度为 pH5）和有膜基质所组成的细胞器。除红细胞外，一切动植物细胞都含有数量和类型不等的溶酶体，溶酶体所含的酶有下列几类：RNA 酶、组织蛋白酶（cathepsin）、DNA 酶、酸性糖苷酶、酸性磷酸酯酶、硫酸酯酶（sulfatases）、脂肪酶和磷脂酶（phospholipases）。

细胞内需降解的细胞器、蛋白质等成分形成自噬体（autophagosome），并与溶酶体融合形成自噬溶酶体，降解其所包裹的内容物，以满足细胞代谢和细胞器更新的需要，这个过程称为自噬（autophagy）。东京工业大学 Y. Ohsumi 因发现自噬的机制而获得 2016 年诺贝尔生理学或医学奖。

初级溶酶体可同已吞噬有外来生物多聚物的吞噬体合并成消化泡（称第二溶酶体），将被吞噬的外来物消化，有用成分扩散进细胞质再作为细胞质的组分，不消化及无用部分排出细胞外。细胞死后溶酶体即解体，其中的酶仍有活性。将这些酶释放到细胞质使细胞发生自溶现象。蝌蚪变蛙过程中尾巴退化的现象以及白细胞消化细菌的作用都是有关细胞中溶酶体作用的结果。某些由于遗传缺陷而致细胞聚集过多复脂和多糖的疾病，就是由于溶酶体缺少了酸性水解酶。

叶绿体　一切有光合能力的真核细胞生物都含叶绿体。叶绿体含叶绿素，是光合作用的场所。高等植物的叶绿体为两层膜所包围，内部有许多含叶绿素的膜状片层——类囊体。类囊体上含有多种色素（主要为叶绿素和胡萝卜素），也含有多种电子传递体，光合作用的光反应发生在类囊体上。叶绿体基质包含 DNA、RNA 和很多蛋白质，也含有核糖体和多种酶，光合作用的暗反应发生在基质中，同时也可以合成叶绿体自身的特殊蛋白质。叶绿体中发生的光合作用详细过程详见糖代谢一章。

液泡　液泡在植物细胞中普遍存在，是由单层膜包围的充满水溶液的泡状结构。液泡膜具有复杂的结构，其中含有大量的转运蛋白。随着液泡膜转运蛋白研究的深入，发现液泡已不是简单的废弃物存放站，它参与并调节细胞代谢，控制细胞内物质累积和运输，维持细胞内环境稳定，提高植物适应环境变化和生存的能力。

近年来，干细胞研究已成为自然科学中最为引人注目的领域之一，以干细胞为代表的细胞治疗技术已成为当今世界生物医药领域研发的热点。干细胞是一类未分化的原始细胞，具有多向分化和自我复制能力，具有形成哺乳动物的各种组织和器官的潜在功能，医学界称之为"万用细胞"。英国科学家 J. B. Gurdon 和日本科学家 S. Yamanaka 因在"成熟细胞可被重编程，恢复多能性"方面的杰出贡献，荣获 2012 年诺贝尔生理学或医学奖（◎辅学窗 8–6）。

❓ 思考题

设计一个实验方案比较两种不同细胞线粒体内膜蛋白的组分差异。

---

① 核糖体亚基的某些蛋白质同 mRNA 和 tRNA 的结合是有选择性的，故称专一性核糖体蛋白质。

总结性思考题

1. 比较原核细胞、古核细胞和真核细胞的异同。
2. 比较动物细胞和植物细胞的异同。
3. 生物膜的重要组分有哪些？这些组分的化学特征是什么？它们在生物膜内是如何定位的？
4. 生物膜的双分子层结构是根据哪些证据提出的？
5. 细胞质有溶胶和凝胶两种状态，试分析这两种状态与细胞的生理代谢有什么联系？
6. 细菌是单细胞生物，它对生命科学的研究具有哪些重要意义？

数字课程学习

👤 教学课件　　💬 在线自测　　📖 思考题解析

第九章 生物膜的结构和功能

提要与学习指导

本章简介生物膜和质膜的概念、组成和结构，着重叙述膜脂和膜蛋白的特征和定位，以及质膜在物质转运和信号转导方面的功能。学习本章应主要掌握以下几点：

1. 生物膜上蛋白质的种类和功能。
2. 生物膜在物质运输和信号转导过程中的作用。

生物膜（biological membrane）是围绕细胞及细胞器的选择性渗透屏障，包括质膜和包裹细胞器的内膜系统。质膜把细胞内部同胞外环境分开，真核细胞的内膜系统将细胞器同细胞质基质分开。质膜和内膜在起源、结构和化学组成等方面具有较大的相似性。物质运输和信号转导是质膜两项最重要的功能，为细胞生存所需的代谢过程提供了一个相对稳定和适宜的内环境，同时，能感应环境中的各种刺激，将特定信息传递到细胞内部，产生生理学效应。本章重点介绍细胞质膜在物质运输和信号转导中的重要作用。

9.1 生物膜的组分和结构

磷脂双分子层构成生物膜的基本支架，其结构已在第八章作了介绍。下面简述生物膜的主要组分膜脂和膜蛋白质的种类、性质和生物学功能。

9.1.1 膜脂

脂质约占细胞总脂质的 40%，磷脂和糖脂是大多数生物膜的共有成分。磷脂是主要的膜脂成分，细菌细胞的磷脂有 90% 以上存在于生物膜内。磷脂包括磷脂酰胆碱、磷脂酰乙醇胺、磷脂酰丝氨酸、磷脂酰肌醇和鞘磷脂等；糖脂以脑苷脂为主，植物生物膜的脂质大部分为糖脂。动物细胞的生物膜还含有胆固醇，红细胞和肝质膜含胆固醇较高，大部分原核细胞的质膜不含胆固醇。胆固醇的功用与膜的流动性和通透性有关，同时也参与物质运输、信号转导和免疫反应等细胞过程。脂质分子的性质、结构以及在生物膜上的分布详见 ℮辅学窗 9-1。

9.1.2 膜蛋白

膜蛋白的种类、结构、定位、性质和生物功能比较复杂。各种质膜所含的蛋白质种类和数量也不相同，神经质膜蛋白质含量仅为 18%；细菌细胞质膜和线粒体内膜的蛋白质含量都在 75% 以上，种类则在 40 种左右。细胞质膜上的蛋白质是以多种形式存在的，有的是单纯蛋白质，有的是结合蛋白质。已发现的膜蛋白大都是球蛋白，

都有 α 螺旋结构。从功能上看，有的是载体、受体或抗原，有的是运输蛋白，最多的是酶类。根据膜蛋白分离的难易程度及其与膜脂结合的方式，将膜蛋白分为三种：①外在膜蛋白（extrinsic membrane protein）或称外周膜蛋白（peripheral membrane protein），为水溶性蛋白质，依赖离子键或疏水键与质膜结合，易被有机试剂分离。②内在膜蛋白（intrinsic membrane protein）或者整合膜蛋白（integral membrane protein），与膜结合比较紧密，只能用去垢剂处理，使得膜结构破坏才可以被分离。③兼在蛋白（amphitropic protein），可逆的与膜结合，且这种结合与解离是受到严格调控的。外周膜蛋白是生物膜的功能蛋白质，是膜功能的执行者。整合膜蛋白主要是糖蛋白，糖基与氨基酸残基的连接方式及不同氨基酸在蛋白质立体结构中的分布见 ❷辅学窗 9-2。

不管是周边蛋白质或整合蛋白质，所有膜蛋白在质膜上的位置都是可以移动的，但并不是随机的。例如乙酰胆碱的受体蛋白只分布在神经肌肉突触部位，参与钠离子排出细胞的运输蛋白则分布于质膜的内侧表面。红细胞质膜的周边蛋白质和整合蛋白质研究得较为清楚，详见 ❷辅学窗 9-3。

❓ 思考题

大多数动物细胞膜按质量计含 60% 的蛋白质和 40% 的磷脂。假定蛋白质的密度为 1.33 g/cm^3，磷脂密度为 0.92 g/cm^3，如将该膜样品放在密度为 1.05 g/cm^3 的 NaCl 溶液中离心，它将下沉还是上浮？

9.2 细胞质膜和物质转运

活细胞要与环境进行物质交换以维持其正常生理活动，保持细胞内溶质浓度和内环境的稳定。在各种物质进出细胞的过程中，质膜起着控制作用。质膜的磷脂双分子层内部是疏水的，只有一些小的气体分子和疏水分子可以直接透过进入细胞内部。而大部分的生物分子和离子通透性非常低，极性的、亲水的和大分子物质基本上不能直接透过，需要跨膜转运蛋白的协助。在各种与细胞膜结合的蛋白质中，跨膜转运蛋白占 15%~30%，这些蛋白质位于质膜和细胞内膜上，不同的细胞类型和膜上都有各自特定的转运蛋白。

9.2.1 膜转运蛋白

介导物质跨膜转运的膜蛋白可分为两大类：通道蛋白（channel protein）和载体蛋白（carrier protein），如图 9-1。通道蛋白无需结合溶质，可在脂双层中形成一狭窄的亲水孔，促使无机离子被动转运。当通道打开时，溶

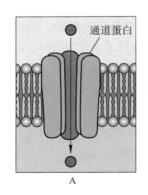
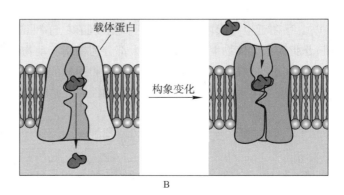

图 9-1 通道蛋白和载体蛋白是膜转运蛋白的两种类型
A. 通道蛋白；B. 载体蛋白。

质可以快速通过这个孔道区域，以接近最大的速率扩散到膜的另外一侧。载体蛋白可与特异性溶质结合，经过构象变化在膜的另一侧释放溶质，因此释放的速率很低。这两类膜蛋白在小分子物质跨膜转运中起着非常重要的作用。所有通道蛋白和许多的载体蛋白都可介导不需要消耗能量的穿膜转运（顺浓度梯度），称为被动转运（passive transport），有简单扩散和易化扩散两种方式。还有一些载体蛋白介导的转运需要消耗能量，称为主动转运（active transport），如表9–1。

表 9–1 跨膜转运的方式和特点

	简单扩散	易化扩散	主动转运
转运的溶质	疏水分子、中性小分子	无机离子	无机离子、极性分子、蛋白质等大分子
能量消耗	不耗能	不耗能	耗能
转运方式	顺电化学梯度	顺	逆
膜转运蛋白	无需	通道蛋白、载体蛋白	载体蛋白

9.2.1.1 通道蛋白

通道蛋白可以是单体蛋白，也可以是多亚基组成的蛋白聚体。膜蛋白带电荷的亲水部分形成水性通道孔（channel pore），使得小的带电荷的分子可以自由地扩散通过脂双层，但本身并不直接与这些分子相互作用。

大部分的通道蛋白对溶质是高度选择性的，如 Na^+，K^+，Ca^{2+}，Cl^- 或水。通道蛋白具有特征的结构以区分不同的溶质，从而选择性地将溶质顺着电化学梯度运输到膜的另外一侧。通道蛋白在运输过程中并不与被运输的溶质结合，也不发生位移，由于是按照电化学梯度从高到低的方向进行运输，因此不消耗能量，其转运类型属于被动转运。

动物细胞中主要的生理离子包括 Na^+，K^+，Ca^{2+} 和 Cl^-。这些离子的浓度在质膜两侧有很大不同，如表9–2。这些离子浓度和电荷的差异建立了质膜两侧的电化学梯度。转运 Na^+，Ca^{2+} 和 Cl^- 的通道具有内向电流，而 K^+ 通道具有外向电流。电化学梯度可以储存电位能，并与很多细胞的基本功能直接相关，包括氧化磷酸化、动作电位的产生等。

表 9–2 典型的哺乳动物细胞内外离子浓度

	膜内浓度 / ($mmol \cdot L^{-1}$)	膜外浓度 / ($mmol \cdot L^{-1}$)
Na^+	$5 \sim 15$	145
K^+	140	5
Mg^{2+}	0.5	$1 \sim 2$
Ca^{2+}	10^{-4}	$1 \sim 2$
H^+	7×10^{-5}	4×10^{-5}
Cl^-	$5 \sim 15$	110

通道蛋白主要分为三大类：水通道蛋白（aquaporin）、离子通道（ion channel）蛋白和孔蛋白（porin）。

水通道蛋白 能快速和选择性跨膜转运水的通道蛋白。水的跨膜转运涉及一系列重要的生理过程，包括口渴机制、肾中尿的浓集、消化、体温调节、体液（包括脊髓液、眼泪、唾液、汗液、胆汁等）的分泌、生殖等。从细菌到人，水通道具有高度的保守性，组成了一个转运蛋白超家族。2003年诺贝尔化学奖授予美国科学家 P. Agre 和 R. MacKinnon，表彰他们发现质膜水通道蛋白，以及对离子通道结构和机理所作出的开创性贡献。水通道蛋白是同源四聚体（图 9-2），它们通过渗透压梯度直接调节水的跨膜运输。水通道蛋白运输效率极高，每秒可透过 3×10^9 个水分子，且具有高度选择性，对其他溶质或离子没有转运功能。水通道蛋白的结构和功能详见 ❷辅学窗 9-4。

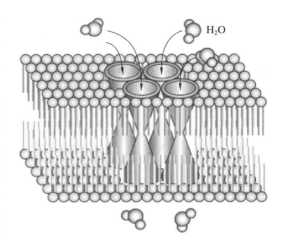

图 9-2　水通道蛋白对水分子的跨膜转运

不同的水通道蛋白对于维持器官和系统水平上体液的内稳态具有极其重要的意义，当水通道蛋白的调节出现紊乱的时候，则可能引起多种疾病。例如，肾表达的水通道蛋白的主要功能是从肾小管中重吸收水。人水通道蛋白 1 每天可以将 180 L 的血液滤液浓缩为 1.5 L 的尿液，将重吸收的水输送回血液中。水通道蛋白 1 先天遗传缺陷患者不能有效地浓缩尿液。肾性尿崩症（nephrogenic diabetes insipidus）患者是由于遗传性水通道蛋白 2 缺陷，因此每天排尿量达到 20 L。大脑中水通道蛋白 4 能快速缩减脑水肿，使患者能从头部外伤和中风中复原。研究还发现，癌细胞比正常细胞更需要水分子的快速跨膜转运。部分水通道蛋白在肿瘤组织中表达明显增高或降低，还可能促进肿瘤血管增生，增强肿瘤血管渗透性，在肿瘤的生长和扩散、侵袭和转移中有重要作用。

离子通道蛋白　离子通道蛋白有别于简单的透水孔，能特异性转运无机离子，只有大小、电荷合适的离子才能通过。离子通道在接受外部刺激时，通过构象变化打开或关闭通道，以此来控制各种不同的细胞功能，称为门控（gating）。目前所知，可使离子通道开放的主要刺激为与配体结合（配体门，ligand-gated），跨膜的电压变化（电压门，voltage-gated）、牵拉力激活（stretch-activated）或温度激活。此外，许多离子通道的活性还受到蛋白质的磷酸化和去磷酸化以及其他因素的调控。

到目前为止已发现 100 多种离子通道，几乎存在于所有的动物细胞膜上。主要是 Na^+、K^+、Ca^{2+}、Cl^- 通道。通道开放的主要功能并不是产生转运代谢物，而是将引起通道开放的外来信号转换成跨膜离子流，使不导电的膜脂层产生跨膜电位差，引起细胞一系列的功能改变，例如肌细胞的电兴奋传导，肌肉收缩，神经信号的传递等，也是环境因素影响细胞功能的一种方式。

钾离子通道是细胞膜上分布最广、类型最多的一类离子通道，发挥许多重要的生物功能，从稳定静息膜电位到动作电位的终止，维持电解质平衡都有 K^+ 通道的参与，也是多种疾病治疗的潜在靶点。1988 年，美国科学家 R. MacKinnon 利用 X 射线晶体成像技术获得了世界上第一张钾离子通道的高清晰度照片，也因此获得了 2003 年的诺贝尔化学奖。如图 9-3A，K^+ 通道是一个同源四聚体，4 个亚基共同形成一个中央孔道，负责 K^+ 的跨膜转

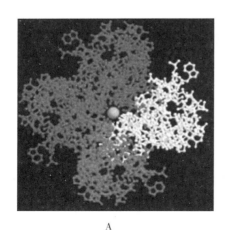

质膜结构

A　　　　　　　　　B

图 9-3　通道蛋白和孔蛋白的三维结构示意图
A. 四聚体钾离子通道（中心部分的小球代表 K^+）；B. 大肠杆菌 ompF 孔蛋白

运。详见e辅学窗9-5。

另外，还有一类可转运无机离子的小分子物质，称为离子载体（ionophore）。离子载体是一类小的疏水分子，可溶于脂质双层，增加对特异性无机离子的通透性。大部分的离子载体是由微生物合成的抗生素如缬氨霉素、短杆菌肽等（详见生物能学与生物氧化章 10.5.4），可以提高靶细胞膜通透性，使得靶细胞无法维持细胞内离子的正常浓度梯度而杀死细菌。离子载体目前已广泛用于增加膜对离子的通透性研究（详见e辅学窗9-6）。

孔蛋白 孔蛋白是存在于细菌外膜、线粒体和叶绿体外膜上的通道蛋白，其跨膜区域由 β 折叠构成（图9-3B），它们允许较大的分子通过，其中线粒体孔蛋白最大允许通过相对分子质量为 6 000 的蛋白质，而叶绿体的孔蛋白则可通过相对分子质量在 10 000～13 000 之间的物质。

9.2.1.2 载体蛋白

载体蛋白负责转运的物质包括离子、极性分子和大分子蛋白质。载体蛋白与被运输的离子和分子进行特异性的结合，在完成物质的跨膜运输过程中，载体蛋白的自身构象会发生可逆的变化。

载体蛋白的运输方式可以是促进扩散，也可以是主动运输。由载体蛋白进行的被动物质运输，不需要 ATP 提供能量。载体蛋白介导的主动运输，所消耗的能量来自于储存在电化学梯度中的自由能、ATP 或其他能量的转换，用于逆梯度或电化学梯度转运物质。

载体蛋白可分为两类，转运体（transporter）和泵（pump）。其区别在于驱动物质跨膜运输的能量形式不同，转运体利用的是电化学梯度里的能量，而泵所利用的能量形式是高能化合物如 ATP 水解的能量。与通道蛋白相比，载体蛋白的转运速率较低。

载体蛋白介导的物质跨膜转运十分复杂，有的是被动转运，有的是主动转运；既有小分子和离子的运输，也有大分子的跨膜运输，除了质膜以外，细胞内部不同细胞器之间的物质运输也是由载体蛋白所介导的，其主要的过程将在主动转运里作详细介绍。

⑦ 思考题

在 pH 7 的条件下，色氨酸穿过细胞膜的速率是吲哚的千分之一，分析速率差异巨大的原因？

9.2.2 物质跨膜运输的机制

由上述膜转运蛋白介导的物质跨膜运输相当复杂，根据其是否耗能分为两大类：①不耗能转运，即被动转运；②耗能转运，即主动转运。

9.2.2.1 被动转运

这类转运只凭被转运物质自身的扩散作用而不需要从外面获取能量，可分为单纯扩散和易化扩散。

单纯扩散（simple diffusion） 也称简单扩散，这种扩散是某些离子或物质（在细胞膜中主要指脂溶性物质）利用各自的动能由高浓度区通过细胞膜扩散和渗透到低浓度区。不需要膜蛋白的帮助，也不消耗 ATP，所需条件只是膜两边的浓度差（浓度梯度）。

简单扩散的限制因素是物质的脂溶性、分子大小和带电性。一般说来，中性小分子（如 O_2、CO_2、N_2）、小的不带电的极性分子（如尿素、乙醇）、脂溶性的分子（如苯）等是可以通过简单扩散穿过质膜的。事实上细胞的物质转运过程中，透过脂双层的简单扩散现象很少。

易化扩散（facilitated diffusion） 也称促进扩散，这种扩散的基本原理与单纯扩散相似，所不同者是需要膜转运蛋白帮助进行扩散。绝大多数情况下，物质是通过通道蛋白或载体蛋白来转运的。这些专一性的转运蛋白对被转运物有识别力和特异亲和力，在与被转运物结合后其结构即发生改变，从而能加速被转运物质的扩散。

转运蛋白帮助被动转运的作用可能有两种情况：①是依赖于离子载体，如缬氨霉素就是钾离子的载体。离子载体如发生构象上的变化，它提供的离子通道即可增强或减弱，甚至完全封闭。②是细胞膜上的特异性载体蛋白在膜外表面上与被转运的代谢物结合，结合后的复合物经扩散、转动、摆动或其他运动向膜内转运。如人基因组编码了十多种葡萄糖转运蛋白，在它们高度同源的跨膜区含有保守的亲水性氨基酸残基，如 Ser、Thr、Asp 和 Glu 等，这些氨基酸残基可与葡萄糖通过氢键而结合，从而协助葡萄糖转运。图 9-4 为转运蛋白载体促进代谢物扩散的示意。

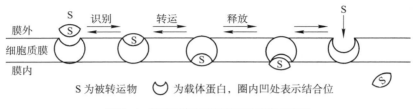

S 为被转运物　◐ 为载体蛋白，圈内凹处表示结合位

图 9-4　载体蛋白促进被转运物扩散示意图

9.2.2.2　主动转运

主动转运是细胞膜的重要功用之一。与上述易化扩散很相似，均需要膜转运蛋白的协助，所不同者是代谢物或离子越过膜的过程是逆代谢物或离子的浓度梯度进行的，是需能过程。转运所需的能量来源有的是依靠 ATP 的高能磷酸键，有的是依靠呼吸链的氧化还原作用，有的则依靠代谢物（底物）分子中的高能键。

主动转运都需要特异的载体蛋白质协助物质转运。膜外被转运的物质首先同膜上亲和力较强的特殊载体蛋白质结合成复合物。载体蛋白在耗能的情况下发生别构作用，使载体蛋白与被转运物质的亲和力降低，因而在膜的内侧将被转运物质释放。载体蛋白在释放被转运物后即恢复其原来的高亲和力构象，又可再同膜外的被转运物结合，重复上述转运过程。

根据转运对象和转运方式的不同，主动转运分为 3 个主要类别：离子泵、协同转运和大分子的跨膜转运。

离子泵　一类转运特定的离子逆电化学梯度穿过质膜，同时消耗 ATP 的载体蛋白。离子泵实质上是受外能驱动的可逆性 ATP 酶。在电化学梯度能或光能等外能的驱动下，离子泵水解 ATP，从而将离子由低浓度转运到高浓度处，建立细胞膜内外两侧离子的浓度差。目前已知的离子泵有多种，主要有钠钾泵、钙泵和氯泵等。膜对离子通透性的任何改变均会引起膜电位变化，对动物细胞的膜电位影响最大的是 K^+ 梯度，其他离子的梯度也有较重要的作用。

现以钠 - 钾泵为例来说明离子泵的工作原理。钙泵详见 ✐辅学窗 9-7，质子泵详见 ✐辅学窗 9-8。

钠 - 钾泵又称钠泵，是最重要的离子泵，对建立细胞膜两侧的 Na^+、K^+ 浓度差至关重要。几乎所有活细胞的膜内外都存在很大的 Na^+ 和 K^+ 浓度差（参见表 9-2），一般膜外 K^+ 浓度远低于膜内，而膜外 Na^+ 浓度远大于膜内。例如人体正常神经细胞和肌细胞的膜内 K^+ 浓度为膜外的 30 倍，而膜外 Na^+ 浓度为膜内的 12 倍，这种浓度差别是由存在于所有动物细胞质膜上的 Na^+-K^+ 泵所维持。

钠泵实际上是一个 Na^+-K^+ATP 酶，镶嵌在脂质双分子层中，由 2 个 α 和 2 个 β 亚基组成。其中 α 亚基是催化亚基，包含 Na^+ 和 K^+ 的结合部位、ATP 的结合位点和磷酸化位点；β 亚基是调节亚基，含有组织特异性的糖蛋白（图 9-5）。

对于钠泵的工作原理，目前比较认可的是由 Dost（1969）和 Albers（1967）提出的双构象学说（图 9-6），钠泵的工作原理就是 Na^+-K^+ 泵有磷酸化和去磷酸化两种构象，不同的构象对 Na^+ 和 K^+ 的亲和力不同。去磷酸化的钠泵对 Na^+ 亲和力高，磷酸化的构象对 K^+ 亲和力高。在膜内侧，去磷酸化的酶与 Na^+ 结合，激活钠泵的 ATP 酶活性，ATP 被分解，酶被磷酸化后构象发生变化，于是与 Na^+ 结合的部位转向膜外侧，释放 Na^+，而结合亲和力高的 K^+。K^+ 的结合促进酶的去磷酸化，酶的构象恢复原状，于是与 K^+ 结合的部位转向膜的内侧并释放 K^+，又与亲和力高的 Na^+ 结合，开始新的一轮循环。Na^+-K^+ATP 酶通过磷酸化和去磷酸化的循环过程完成离子的转运。

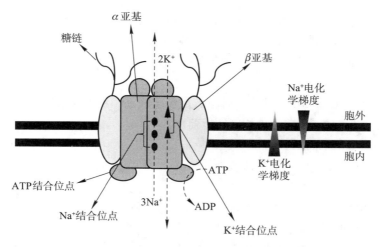

图 9-5 Na⁺-K⁺ATP 酶的结构及作用模式示意图

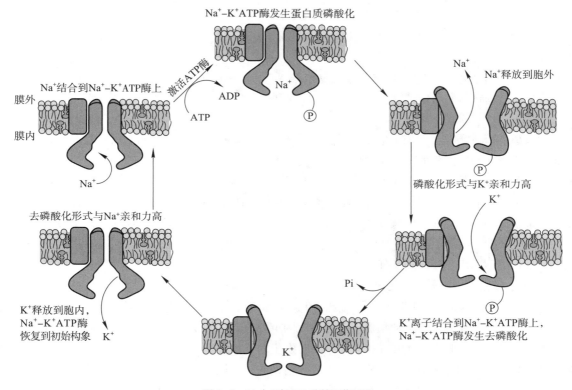

图 9-6 Na⁺-K⁺ATP 酶的工作原理

每一轮循环消耗 1 分子 ATP，转运出 3 个 Na⁺，转进 2 个 K⁺。细胞膜重复上述两个步骤，即可不断将 K⁺ 运进细胞而将 Na⁺ 运出细胞。

Na⁺-K⁺ATP 酶对维持质膜两侧 K⁺ 和 Na⁺ 的浓度梯度十分重要。因为：①细胞膜内外两侧必须保持合适的 K⁺ 和 Na⁺ 的浓度梯度，以维持膜内外的电位差。K⁺ 浓度差所致的 K⁺ 外流是细胞静息电位产生的基础。在静息电位的基础上，Na⁺ 的内流使细胞爆发了动作电位，由动作电位再触发细胞的功能活动，如肌细胞的收缩、腺细胞的分泌、神经细胞的传导等。②与很多生理生化过程密切相关。例如，Na⁺ 浓度差的势能促进小肠上皮细胞和肾小管上皮细胞对葡萄糖和氨基酸的吸收；防止细胞内 Na⁺ 的积蓄，从而避免了细胞内的水积蓄和细胞水肿的发生，维持细胞的形态和机能；细胞内丙酮酸激酶的活性需要 K⁺ 来维持，而活性丙酮酸激酶是糖酵解所必需的酶等。

协同转运（co-transport） 又称为依赖离子流的转运，指细胞靠 Na⁺ 浓度梯度的势能促使被转运物进入细胞的一种转运方式，也就是被转运物质随 Na⁺ 流一同进入细胞的转运作用。动物小肠及肾内葡萄糖和氨基酸的转运都是靠这种转运方式来完成的。协同转运中，同时将两种被转运物向同一方向运送者称同向转运（symport），向相反方向运送者称反向转运（antiport）。

葡萄糖是真核细胞的主要能源物质，两个基因家族成员实现葡萄糖的跨质膜转运。葡萄糖转运体（glucose transporter，GLUT）是单向转运体，顺着浓度梯度转运葡萄糖，属于促进转运（facilitated transport）。

另外一类是 Na⁺/ 葡萄糖共转运体，偶联跨膜 Na⁺ 梯度转运葡萄糖，属于协同转运。跨膜的 Na⁺ 对于很多转运体的功能是必需的，其顺着电化学梯度移动所释放的能量与多种底物的转运偶联。Na⁺ 和葡萄糖都是先与 Na⁺/ 葡萄糖共转运体结合后再一同进入细胞。在动物小肠及肾中，葡萄糖被 Na⁺ 流携带跨过质膜，伴随葡萄糖进入细胞的 Na⁺ 又被 Na⁺–K⁺ ATP 酶泵出细胞膜外，保持膜外的高 Na⁺ 浓度（图 9-7）。小肠上皮细胞吸收果糖、半乳糖以及各种氨基酸的过程与吸收葡萄糖相似。

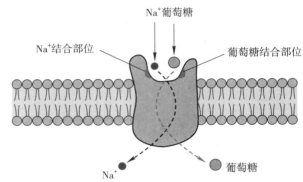

图 9-7 Na⁺/ 葡萄糖共转运体对葡萄糖的协同转运

协同转运不是靠直接水解 ATP 提供能量，而是依赖 Na⁺ 梯度的贮能。从不直接利用 ATP 供能一点来说，协同转运似乎可列入被动转运的易化扩散之内，但由于间接利用了由 Na⁺–K⁺ ATP 酶产生的能量[①]，所以仍属于耗能转运。

大分子的跨膜转运 颗粒或大分子蛋白质无法直接通过质膜，物质被包裹在脂双层膜包被的囊泡中，与外界环境之间运输，或者在细胞内部的不同亚细胞单位直接运输。

大分子物质的跨膜运输途径根据方向的不同，可以分为胞吞途径（endocytic pathway）和分泌途径（exocytic pathway）。在胞吞途径和分泌途径中，膜的脂质双层发生形状的改变，包括凹陷、包围、融合和分离等一系列改变，形成包裹被转运物质的囊泡，因此又称为膜泡运输。此外，胞吞及分泌都属于需能的主动转运。

（1）胞吞途径

胞吞途径是指细胞利用质膜活动从外界摄取物质的作用。其过程是用质膜内凹将外物包围形成囊泡并从质膜脱下，留在细胞内。胞吞作用分吞噬（phagocytosis）和胞饮（pinocytosis）。

① 吞噬作用 是细胞从外界摄取大分子物质如蛋白质、多糖、多核苷酸、细菌及细胞碎片等的手段。这种方式在原生动物中广泛存在，是原生动物摄取营养物质的重要方式，如变形虫的伪足吞噬食物，纤毛虫的吞入营养等。低等无脊椎动物的细胞内消化和在饥饿或损伤时发生的自体吞噬，都是吞噬作用。动物体内的吞噬作用通常发生在免疫系统中，例如巨噬细胞吞噬病原体以介导宿主的防疫机制，甚至在没有感染的情况下，清除衰老细胞和凋亡细胞的清除也是巨噬细胞通过吞噬作用来完成的。吞噬作用需要被吞噬物与吞噬细胞表面结合并激活细胞表面的受体，将信号传递至细胞内部，并引起细胞的应答。

② 胞饮作用 与吞噬作用基本相似，所不同者，胞饮作用从外界所摄取的物质为含小分子或离子的微滴状液体，而吞噬作用所摄取的物质为大分子。吞噬作用形成的吞噬泡直径一般大于 250 nm，而胞饮作用形成的胞饮泡的直径一般小于 150 nm。细胞膜表面内陷把胞外液体包围成小泡，然后脱离质膜进入胞内的过程。当周围环境中的某些物质如蛋白质、氨基酸或某些离子达到一定浓度时即诱导细胞产生胞饮作用。这种现象存在于白细胞、肾细胞、小肠上皮细胞、巨噬细胞和植物根尖细胞等。胞饮作用不具有明显的专一性。

---

① 协同转运耗用了高 Na⁺ 浓度梯度的贮能，而高 Na⁺ 浓度梯度的产生，是利用了 Na⁺–K⁺ ATP 酶的能量，故依赖 Na⁺ 流的协同转运是间接消耗了 ATP 酶提供的能量。

（2）分泌途径

真核生物的鲜明特征就是包含多种由内膜包裹的功能各异的细胞器，每个细胞器都有独特的蛋白质。多数蛋白质是在细胞质基质中合成的，这些蛋白质或者被分泌到细胞外，或者运输到目标细胞器中，称为定向运输。

根据运输目的地的不同，分泌途径可分为两类：胞吐（exocytosis）和蛋白质转运（protein translocation）。

① 胞吐　是指细胞内的被排物质先被液泡裹入形成分泌泡，然后与细胞质膜接触、融合、开口并向细胞外释放被排物质。通过这种方式分泌到细胞外的都是大分子颗粒物质，细胞内合成的许多分泌物是通过这种方式排出胞外的。胞吐是需要能量的。胞吐的目的地是细胞外、溶酶体或质膜。

胞吐分为基本型分泌（constitutive secretion）和调节型分泌（regulated secretion）两类。所有细胞都具有基本型分泌，只有少部分细胞兼有两种分泌形式。基本型分泌是指蛋白质被合成以后连续地分泌出来。调节型分泌是指物质被合成以后暂时存储在分泌颗粒中，当细胞受到适当的刺激信号以后再进行分泌过程，触发的信号可以是神经递质、激素或 Ca^{2+} 等。

不同的细胞类型和不同的生物体，参与分泌的细胞器数量和组织形式不同，但是内质网和高尔基体参与所有的胞吐过程。内质网是真核细胞中数量最庞大的内膜系统。在胞吐中最重要的是糙面内质网，其附着的核糖体完成分泌性蛋白的合成，并折叠成正确的构象，新合成的蛋白质转移到内质网的输出位点，形成运输小泡转运到高尔基体。在高尔基体中，蛋白质被翻译后修饰、分拣，然后形成运输小泡运到正确的目的地（质膜或者细胞外）。高尔基体是由紧密排列的扁平膜囊，称为高尔基堆（Golgi stack）组成。高尔基堆上具有多种蛋白质翻译后修饰的酶类，最具特征的是蛋白质的糖基化酶。高尔基体有顺面 – 反面极性，决定着运输的方向性，一方面接受来自内质网输出小泡中的蛋白质，同时把修饰分拣过的蛋白质分泌到不同的目的地，例如胰腺细胞的酶原颗粒分泌到细胞外，溶酶体的酶蛋白转运到溶酶体。内质网和高尔基体本身的蛋白质也是通过这种方式来分选的。

胞吞和胞吐途径如图 9-8 所示。

② 蛋白质转运　又称蛋白质的膜定向运输。胞吐是分泌性蛋白运输的方式，除了分泌蛋白以外，细胞还要合成一大类跨膜蛋白。这些跨膜蛋白定位于质膜和特定种类的细胞器膜上，因此真核细胞必须经过准确地分选进

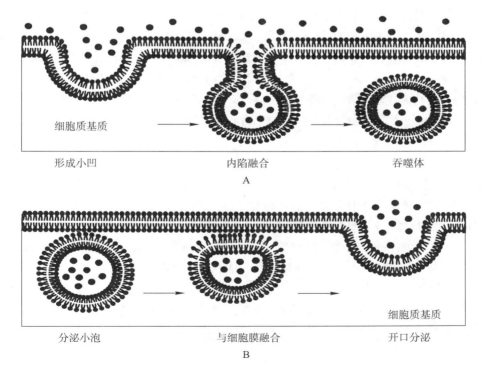

图9-8　胞吞途径（A）和胞吐途径（B）

行蛋白质的定位。几乎所有的蛋白质都在细胞质基质中合成，细胞器必须将所需输入的蛋白质与其他蛋白质正确地区分开，并运送它们到细胞器膜上或进入细胞器内部。线粒体、叶绿体和过氧化物酶体输入蛋白质是为自己所用，内质网也可以从胞质中输入蛋白质，但这些蛋白质大多数会被分泌，或运送到自己不能输入蛋白质的细胞器和生物膜中，例如质膜、溶酶体（见胞吐）（详见蛋白质的生物合成章 19.3）。

🌐 思考题

在协同转运中，动物细胞和细菌细胞物质跨膜运输的直接驱动力分别是什么？

9.3　细胞质膜和信号转导

从原核生物到真核生物包括人类的所有细胞，都能以特定的方式感应环境中的各种刺激并产生应答，以符合有机体需求的形式生存、适应变化并行驶功能。感应胞外刺激并将特定信息传递给细胞内靶分子的过程被称为细胞的信号转导。这些外来的刺激信号被称为配体（ligand），能特异性识别并结合配体并产生生理效应的蛋白质，称为受体（receptor）。

细胞既可以检测到化学信号，也可以检测到物理信号。细胞感受的大部分信号是化学信号。当细胞感受物理信号时，通过受体的作用常会将外来信号转变为化学信号而被检测。例如，动物视网膜上的受体视紫红质，在吸收光子后，会将其辅基 11- 顺式视黄醛转变全反视黄醛，从而激活视蛋白引发下游的一系列靶蛋白变化；哺乳动物的听觉受体是一种钙黏着蛋白，可以对声波振动产生应答，从而开启位于内耳毛细胞上的机械性控制通道间接介导听觉。无论是物理的信号还是化学的信号，都是受体引发的一系列细胞状态的改变，因此，信号转导通路由一系列的生化反应组成，通过多步中间蛋白质的相互作用和小分子的连续调控事件，将细胞信号放大并整合多种信号，最终产生细胞内一种或多种生理学效应。

在信号转导途径中，常会出现一些小分子或离子，如 Ca^{2+}、cAMP、cGMP、二酰甘油、1，4，5- 三磷酸肌醇、花生四烯酸、神经酰胺、一氧化氮等，这些小分子物质能调节信号转导蛋白的活性，被称为胞内信号分子或第二信使。第二信使可以将胞外信号分子（第一信使）所代表的信息进行增强、分化和整合并传递给下游的效应蛋白，从而发挥特定的生理功能或药理效应。第二信使在很多信号转导通路中发挥着关键的作用。

9.3.1　受体

胞外刺激的种类很多，例如光、温度、气味、激素、神经递质、生长因子等，细胞对所有的刺激都能做出反应，每一种信号分子均有相应的受体与之结合，因此受体的种类很多。配体 - 受体之间的反应是高度特异的。每种细胞受体的数量相差很大，少者每个细胞只有 500 个，一般为 10 000 ~ 20 000 个。受体数目的多少，决定着靶细胞对某种信号分子的敏感性。信号分子浓度低时，受体数目越多的靶细胞对信号分子的反应越敏感，反之，敏感性较差。同时，受体的数目亦可受信号分子浓度及其他因素的影响。

9.3.1.1　受体的作用特点

配体一般不直接参与细胞的代谢反应，其生物学效应依赖于受体对配体特异性的识别，进而将配体所携带的信号准确无误地放大并传递到细胞内部，启动一系列的胞内生化反应。

信号分子与受体的结合有以下特点：

（1）**高度的专一性**　每一种信号分子只能与专一的受体结合。如生长激素有生长激素的受体，胰岛素有胰岛素的受体。配体与受体分子空间结构的互补性是特异性结合的基础。需要注意的是，受体的特异性不能简单地理解为任何一种受体仅能与一种配体结合，或者任何一种配体只能与一种受体结合。研究表明：同一细胞或不同类型的细胞中，同种配体可能结合两种或两种以上的不同受体，例如肾上腺素既可作用于肝细胞膜表面的 β 受体，也可以作用于胰腺 β 细胞的 $\alpha2-$ 受体，产生不同的细胞反应。

（2）**高度的亲和力**　激素的浓度一般在 $10^{-6} \sim 10^{-12}$ mol/L 浓度范围内，即使激素的浓度很低，受体也能与激素结合。

（3）**可逆性**　激素与受体之间的分子识别是依赖于非共价键的可逆结合，例如氢键、离子键与范德华力。当生理效应发生后，激素即与受体解离。

（4）**可饱和性**　配体与受体的亲和力很高，可以特异地结合到所有受体分子上从而达到饱和。但细胞的受体数目在配体的刺激之下，也会发生变化。激素作用的脱敏作用（长时间刺激引起效应减弱）和超敏作用（较长时间刺激后中断时引起效应增强）也被认为与受体数目的改变有关。

（5）**具有放大信息的效应**　很低浓度的激素分子就可以引发细胞内产生显著的生物学效应，这一特性有赖于细胞的信号逐级放大机制。

9.3.1.2　受体的分类

信号分子必须首先和靶细胞的受体结合，才能将信号分子所携带的信息传递给细胞。小分子亲脂性信号分子可以通过简单扩散，穿过细胞膜进入细胞内部，与细胞质或细胞核受体结合，调控基因的表达。亲水性和大分子亲脂性信号分子则只能与细胞膜受体结合，通过改变膜受体的性质，将信息转导入细胞内，通常会引起胞内"第二信使"的水平增加引发生理学效应。因此根据受体在靶细胞中的分布和位置，可将受体分为细胞内受体和细胞表面受体。

细胞内受体　根据受体在胞内分布的位置，又可分为胞质基质受体和胞核受体两类。疏水性小分子激素例如肾上腺皮质激素和甲状腺素，可以通过简单扩散进入细胞，与胞质基质受体或胞核受体结合，引起受体构象的变化，进一步调控相关基因的转录，产生较为长效的生理学效应。

细胞表面受体　根据受体蛋白的分子结构和信号转导过程的特点，这类受体又可分为 G 蛋白偶联型受体、离子通道型受体和具有酶活性受体（又称为酶联受体，enzyme-linked receptor）三类。

（1）**G 蛋白偶联受体**　此类受体必须与 G 蛋白偶联以后才能产生胞内的第二信使，从而将胞外信号传递到细胞内部，是受体中最重要的一类。不同的信号分子激活不同类型的 G 蛋白，但与不同 G 蛋白偶联的受体结构具有高度的相似性。

（2）**离子通道受体**（ion-channel receptor）　此类受体是多亚基组成的寡聚体跨膜蛋白，本身就是一个离子通道。其胞外部分结合配体以后，受体的空间结构发生变化从而开启离子通道，将各种无机离子进行特异性或非特异性的跨膜运输。此类受体除了可以结合配体以外，还可以感应膜电位的变化从而开启离子通道。

（3）**具有酶活性的受体**　此类受体具有内在的酶活性，配体与其胞外区域的结合，引发受体蛋白构象的变化，激活受体胞内结构域潜在的酶活性，从而将胞外信号传递到胞内。

细胞受体的分布和分子结构差异决定了配体所携带的信号如何转换为胞内的生理学效应。下面就以上两大类受体的具体信号转导机制作较为详细的介绍。

9.3.2　细胞内受体的作用机制

作用于这一类受体的信号分子常见的有类固醇激素（性激素、肾上腺皮质激素）和少数氨基酸衍生物或蛋白质激素如甲状腺素等。这类受体在细胞内，其本质是激素激活的基因调控蛋白。这类受体一般有 3 个结构域：① C 端的激素结合区，具有激素的特异结合部位，以及与转录激活，受体二聚化及抑制蛋白结合的结构域；②位于中部的 DNA 结合位点以及位于 N 端的激活基因转录结构域，DNA 结合区长度相似，具有一个高度保守并富含半胱氨酸，由 70 ~ 80 个氨基酸组成 2 个"锌指结构"的重复单位；③ N 端的受体调节区，具有一个转录激活结构域，是激素选择性激活不同的靶细胞和靶基因的关键部位，决定激素的多样性。详细内容见 7.4.2 激素的作用机制。

9.3.3 细胞表面受体的作用机制

与类固醇激素不同，水溶性信号分子（如多肽激素、神经递质和生长因子），及个别脂溶性激素（如前列腺素）均是与靶细胞表面专一受体相结合，将胞外信号分子转换为胞内信号，从而影响胞内的生理过程。通过细胞表面受体介导的信号通路通常有以下 5 个步骤组成：①配体与受体结合，激活受体；②受体构象变化，导致第二信使产生或活化信号蛋白；③通过第二信使或信号蛋白发挥胞内信号放大的级联反应；④细胞应答，主要表现为酶的逐级激活、基因表达调控、细胞骨架变化等。⑤由于受体脱敏或受体数量下调导致的终止或降低反应。

下面根据细胞表面受体的不同类型，介绍几种典型的信号转导过程。

9.3.3.1 G 蛋白偶联受体介导的信号转导

G 蛋白偶联受体是迄今发现的最大的受体超家族（结构详见激素化学章 7.4.1）。它们与胞外信号分子结合后，通过与质膜内侧的 G 蛋白偶联激活效应器，如酶、离子通道等的活性，从而引发胞内一系列广泛的生物学效应。G 蛋白的效应器包括：腺苷酸环化酶、磷脂酶、磷酸二酯酶和离子通道等，引起胞内的下游反应，前面两条途径已在激素一章讨论，下面介绍后两条途径。

磷酸二酯酶 受 G 蛋白调节的磷酸二酯酶（PDE）位于视网膜上的视杆细胞上，由 $\alpha\beta\gamma_2$ 四个亚基组成，其中 α、β 亚基具有催化活性。在黑暗条件下，cGMP 浓度较高，它们与视杆细胞质膜上的 Na^+ 通道结合，使通道处于开放状态，细胞因此去极化。光受体视紫红质（rhodopsin，Rh）位于视杆细胞外段膜盘上，当视紫红质与一定波长的光子结合后，激活与之偶联的 G 蛋白（transducin，Gt）。激活的 Gt（即与 GTP 结合的 Gt 的 α 亚基）继而激活 PDE，活化的 PDE 催化 cGMP 分解产生 5′–GMP。cGMP 浓度降低后与 Na^+ 通道解离，导致通道关闭，视杆细胞处于超极化状态（图 9-9）。据估计，一个视紫红质被激活时，可使约 500 个 Gt 蛋白被激活；同时一个激

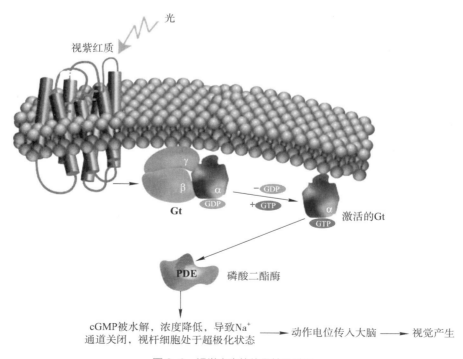

图 9-9 视觉产生的信号转导过程

活了的 PDE 在一秒钟内大约可使 4 000 多个 cGMP 分子降解。由于酶系统的这种生物放大作用，少量分子的作用就能引起一个足以为人的视觉系统所感知的超极化型电流变化。

　　离子通道　一些神经递质可以通过 G 蛋白直接调控离子通道，不需要第二信使的参与，反应非常快速。直接受 G 蛋白调节的离子通道主要有 Ca^{2+} 和 K^+ 通道。两种通道的作用效果不同，Ca^{2+} 通道以抑制为主，K^+ 通道以兴奋为主。一个典型的例子是神经递质乙酰胆碱调节心肌收缩的过程。乙酰胆碱与心肌细胞上的毒蕈碱受体结合，使得 G 蛋白的 α 亚基与 β、γ 亚基分开，激活的 $\beta\gamma$ 亚基复合物与 K^+ 通道结合并将其打开，细胞膜超级化，降低心率。当 α 亚基中的 GTP 水解后，导致 α 亚基与 $\beta\gamma$ 亚基重新结合，G 蛋白转变为非活性形式，K^+ 通道关闭，细胞膜去极化，心率提高（图 9–10）。另外，去甲肾上腺素通过 G 蛋白介导直接作用在神经细胞的 Ca^{2+} 通道，使其阈值增加，通透性减小，电流幅度变小，表现出抑制作用。

　　此外，受 $G_{\beta\gamma}$ 激活的效应蛋白还包括 β– 肾上腺素受体激酶，磷脂酰肌醇 –3– 激酶（PI3Ks），骨架蛋白等，在此不作一一介绍。

9.3.3.2　离子通道型受体介导的信号转导

　　离子通道受体通常是多亚基复合物，本身具有信号结合部位，同时又是离子通道。这类受体介导的信号转导没有直接的靶蛋白，通常也没有特异的第二信使参与。因此其跨膜信号转导十分快速，一般只需几毫秒。分为配体（非电压）依赖型和电压依赖型两类。在大多数情况下，离子通道受体介导的粒子流的作用是增大或减少细胞膜电位，从而调节代谢或电势驱动的离子转运。

　　烟碱型乙酰胆碱受体（nicotinic acetylcholine receptors，nAchR）是此类研究最清楚的一种离子通道受体，是位于神经细胞和肌肉细胞上的兴奋性受体，在接受神经信号后促使肌肉收缩。烟碱型乙酰胆碱受体是由 4 种不同亚基构成的五聚体（$\alpha_2\beta\gamma\delta$），结合在神经细胞突触后膜和肌细胞膜上，呈不对称的环形颗粒。在颗粒的中间是一个很窄的直径只有 0.6～0.7 nm 的孔道，即为非特异的阳离子通道。孔道的门控开关被认为是在跨膜通道的中央附近，在无乙酰胆碱分子结合到受体之前，此通道是关闭的，限制离子的跨膜流动。当乙酰胆碱结合到 α 亚基膜外结构域口袋结构的一个位点，触动整个受体分子离子通道构象的改变，门控开关被打开，使它从关闭态转向开放态，允许正离子（主要是 Na^+）内流，Na^+ 内流导致肌纤维去极化超过阈值，最终引起肌肉收缩（图 9–11）。

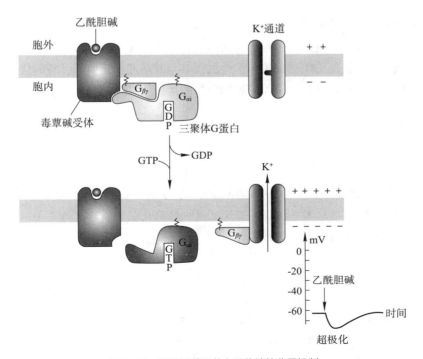

图 9–10　乙酰胆碱调节心肌收缩的分子机制

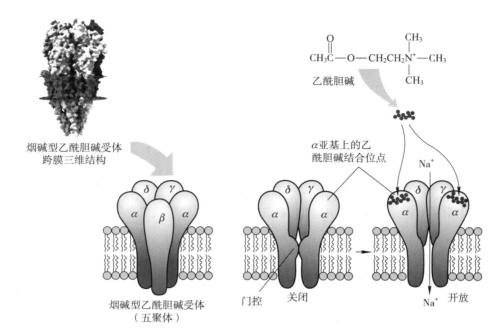

图 9-11 烟碱型乙酰胆碱受体的结构

9.3.3.3 酶受体介导的信号转导

有些细胞表面受体在结合信号分子之后并不产生胞内的信号物质，而是通过一种简单而直接的作用，即受体本身具有的酶的催化活性，这类受体称为催化受体。已发现的受体所具有的酶活性包括酪氨酸蛋白激酶、丝氨酸 / 苏氨酸蛋白激酶和鸟苷酸环化酶等。其中酪氨酸蛋白激酶（tyrosine kinase）受体是典型代表（见激素化学章）。这类受体通常被一些具有正常生理功能的生长因子所活化，包括胰岛素、表皮生长因子（epidermal growth factor, EGF）和血小板生长因子（platelet-derived growth factor, PDGF）等，从而促进生长、发育、增殖或维持分化特性。

受体介导了大量的多种多样的胞外信号分子的应答。细胞通过一系列的信号转导，引发蛋白质之间的相互作用，形成一条信号通路，来调控一个特定的过程，包括转录、离子运输、运动和新陈代谢等。细胞能将多种信号通路整合成一个网络系统，从而使细胞将多种输入信号的应答与其功能相互协调。新的信号转导蛋白和调控方式在不断地被发现，认识这些蛋白质的功能，以及细胞如何组织蛋白质之间的相互作用最终关联成信息传递网络是目前科学研究的热点。

思考题

8-Br-cGMP（cGMP 溴化产物）是 cGMP 的类似物，它可以穿过细胞膜被视杆细胞的 PDE 缓慢降解。8-Br-cGMP 对于离子通道的影响与 cGMP 相同。假设把视杆细胞放在有高浓度的 8-Br-cGMP 的缓冲液中，接着给予视杆细胞光照，预测膜电位将如何变化？为什么？

总结性思考题

1. 物质跨细胞膜运输的方式有哪些？分析影响物质跨膜运输的因素。
2. 何为"离子泵"？为什么要用"泵"这个词？其生物学意义何在？
3. 常见的"第二信使"有哪些？谈谈你对第二信使的理解。

4. 细胞主要的信号转导途径有哪些？比较它们之间的异同。

5. 分析为什么不同的刺激会引起相同的生理反应？而同一刺激会引起不同的生理反应？

6. cAMP 是如何被发现的？科学家是怎样证明腺苷酸环化酶在信号转导中的作用？

数字课程学习

　教学课件　　　在线自测　　　思考题解析

新陈代谢及其调节

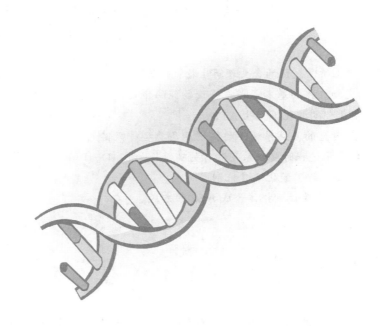

第十章 生物能学与生物氧化

提要与学习指导

生物能学研究生物体内能量转换。生物体内的能量转换服从热力学定律。本章首先介绍热力学基本定律，在此基础上，阐述生物氧化的概念、基本理论、氧化类型、作用机制以及能量的产生和转移等。学习本章时要注意：

1. 结合化学上所学氧化的含义理解生物氧化的概念，进而认识生物氧化在物质代谢中的重要性。

2. 要认清生物氧化的基本原理是代谢物经酶催化脱氢，氢释出电子，使分子氧激活而与氢结合成水，在此过程中，伴随有氧化磷酸化，产生 ATP。

3. 呼吸链是典型的多酶系统，要搞清两条典型呼吸链的组成、电子传递顺序以及酶和递体的作用机制。在学习多酶系生物氧化过程时要联系几种有关辅酶（如 NAD、FAD、辅酶 Q 等）的作用机制。

4. 了解什么是氧化磷酸化及其机制。

5. 了解 ATP 的重要性及机体合成 ATP 的方式。

10.1 生物氧化的热力学

热力学是研究热和其他形式能量之间相互转换的科学。生物体和周围环境既有物质交换，又有能量交换，因此，它属于热力学开放体系。生物体内的能量转换关系服从热力学定律。

10.1.1 热力学第一定律

热力学第一定律又称为能量守恒定律。这一定律指出，自然界一切物质都具有能量，能量有各种不同形式，并能够从一种形式转变为另一种形式，在转变过程中，能量的总值不变。

热力学第一定律的数学表达式如下：

$$\Delta U = U_1 - U_2 = Q - W \tag{1}$$

式中，U 代表内能，它是体系内一切形式能量的总和，包括分子的转动能、震动能以及分子间的相互作用能，原子、电子的动能和核能等。U_1 代表封闭系统状态 1 的内能，U_2 代表封闭系统状态 2 的内能。上式表明：一个封闭体系由状态 1 变为状态 2，同时从环境吸收的热量为 Q，系统对环境所做的功为 W，则系统的内能的增加量为 ΔU。换句话说，即系统与环境发生能量交换，系统内能的增加量 ΔU 等于系统从环境吸入的热量 Q 减去系统对环境所做的功 W。生物体是一个开放体系，这种体系的特点是体系和周围环境既有物质交换又有能量传递。

10.1.2 热力学第二定律

热力学第一定律不能回答一个过程能否自发进行以及自发进行的方向和限度。如果把生物体内某个化学反应看做一个过程，则不能依靠第一定律来判断这个反应能否自发进行。判断过程能否自发进行，需要依靠热力学第二定律。热力学第二定律指出，在自发过程中，热的传导只能由高温物体传至低温物体。热的自发地逆向传导是不可能的。第二定律说明，热力学体系的运动有一定的方向性，即自高温流向低温。

自发过程的共同特征就是所有这些过程都向能量分散程度增大的方向进行。一个体系能量分散的程度是该体系中大量微观质点进行各种运动的综合表现从而汇集成宏观性质。热力学把体系能量分散程度笼统地称为熵（entropy），用 S 来表示。熵值也可作为体系混乱程度的度量，体系变得更无序时，它的熵值增加。熵的变化以 ΔS 表示。ΔS 可用来判断任一过程能否自发进行。在一个孤立体系内发生的任何自发过程，都是向着熵增加的方向进行。所以，自发过程一定是 $\Delta S > 0$，只有 $\Delta S > 0$ 的生物化学过程才能自发进行。

10.1.3 自由能

某一系统的总能量中，能在恒温、恒压和一定体积下做有效功的那部分能量叫做自由能，以 G 表示。Gibbs 把热力学第一和第二定律结合起来，导出关于自由能的公式：

$$G = H - TS \tag{2}$$

式中，G 为自由能；T 为绝对温度；S 为熵；H 为焓（enthalpy）。焓是体系内能 U 与该体系的压力 p、体积 V 乘积之和。

$$H = U + pV \tag{3}$$

在化学反应中，自由能变化的公式为

$$\Delta G = \Delta H - T\Delta S \tag{4}$$

式中，ΔG、ΔH 和 ΔS 分别表示自由能、焓和熵的变化。依据上式，Gibbs 总结出化学反应的自由能降低原理：一个在恒温恒压下自发进行的化学反应，总是伴随有自由能的降低，通常写成：

$\Delta G < 0$ 自由能释放，反应能自发进行；

$\Delta G = 0$ 反应处于平衡状态；

$\Delta G > 0$ 反应不能自发进行，在输入所需能量后，反应才可以进行。

ΔG 与化学反应的始态和终态有关，与反应中分子的变化过程无关，反应机制对自由能变化没有影响。ΔG 不能提示一个化学反应进行得快或慢，它与反应速度无关。

10.1.4 化学反应中的自由能

（1）**标准自由能的变化与平衡常数** 在化学反应中，反应物和产物各自都有特定的自由能。反应物自由能的总和与产物自由能的总和之差就是该反应的自由能变化。

在常温常压下，对于一个化学反应，即

$$aA + bB = cC + dD$$

其自由能的变化公式是：

$$\Delta G = \Delta G^{\ominus} + RT\ln \frac{[C]^c [D]^d}{[A]^a [B]^b} \tag{5}$$

上式中，小写字母 a、b、c、d 是参与反应的 A、B、C、D 4 种物质的分子数。[A]、[B]、[C]、[D] 分别代表反应物和生成物的物质的量浓度。R 是气体常数，T 是绝对温度。$\Delta G^{\ominus}$ 是当反应物和产物都处于标准条件时的自由能变化，即标准自由能的变化。标准条件指的是，温度为 25℃（298 K），101 kPa（一个大气压或 1 atm），pH 为0，参加反应的物质和生成物质的浓度都是 1 mol/L。值得注意的是，对于生物化学反应来说，标准条件规定反应进行的环境为 pH = 7。因此对于生物化学反应的标准自由能变化用 $\Delta G^{\ominus}{}'$ 表示，以区别于 $\Delta G^{\ominus}$。

运用公式（5），对于任何一个化学反应，如果知道反应的温度，反应物和产物的标准自由能变化以及它们的浓度，就可以计算该反应的自由能变化。如果化学反应达到平衡点，没有进一步的反应发生。这时的自由能变化为零，$\Delta G = 0$。此时公式（5）变为：

$$0 = \Delta G^{\ominus} + RT\ln \frac{[\text{C}]^c [\text{D}]^d}{[\text{A}]^a [\text{B}]^b} \tag{6}$$

（6）式移项后得：

$$\Delta G^{\ominus} = -RT\ln \frac{[\text{C}]^c [\text{D}]^d}{[\text{A}]^a [\text{B}]^b} \tag{7}$$

生物化学中的平衡常数 K'_{eq}[①] 可表示如下：

$$K'_{eq} = \frac{[\text{C}]^c [\text{D}]^d}{[\text{A}]^a [\text{B}]^b} \tag{8}$$

将（8）式代入（7）得到下式：此时 $\Delta G^{\ominus}$ 即为 $\Delta G^{\ominus}{}'$

$$\begin{aligned}\Delta G^{\ominus}{}' &= -RT\ln K'_{eq} \\ &= -2.303\, RT\log K'_{eq}\end{aligned} \tag{9}$$

如果一个反应的平衡常数 K'_{eq} 为已知，就可通过公式（9）计算出 $\Delta G^{\ominus}{}'$ 值。$\Delta G^{\ominus}{}'$ 的单位为 J/mol 或 kJ/mol，也可以用 cal/mol 或 kcal/mol[②]。cal 和 J 两种单位的关系是：

$$1\ \text{cal} = 4.18\ \text{J} \qquad 1\ \text{kcal} = 4.18\ \text{kJ}$$

（2）**实际自由能的变化取决于反应物和产物的浓度**　在生物体内的化学反应中，反应物和产物的浓度并不一定在标准条件下，实际上，活细胞内的反应物和产物的浓度只是维持在一个狭小范围内的稳态水平，绝大多数反应从来就未达到平衡。因此，在非标准条件下，生化反应中自由能 $\Delta G'$ 的变化可用下式计算：

$$\Delta G' = \Delta G^{\ominus}{}' + 2.303\, RT\log K'_{eq} \tag{10}$$

例如，在 25℃，pH = 7 条件下，测得人红细胞的 ATP、ADP 和 [Pi] 的浓度分别为 2.25、0.25 和 1.65 mmol/L，计算 ATP 水解实际的自由能变化（ATP 水解的 $\Delta G^{\ominus}{}' = -30.5$ kJ/mol）。

$$\text{ATP} + \text{H}_2\text{O} \rightleftharpoons \text{ADP} + \text{Pi}$$

根据上述（8）和（10）式：

$$\begin{aligned}\Delta G' &= \Delta G^{\ominus}{}' + 2.303RT\log \frac{[\text{ADP}][\text{Pi}]}{[\text{ATP}]} \\ &= -30.5 + 2\,480 \cdot \log[(2.5 \times 10^{-4}) \times (1.65 \times 10^{-3}) / (2.25 \times 10^{-3})] = -51.8\ \text{kJ/mol}\end{aligned}$$

从此例可看出，在非标准条件下，化学反应所释放出的总自由能的多少取决于反应物和产物各自起始的浓度。

（3）**化学反应中标准自由能的变化是可以相加的**　在生命体系中，能量产生和利用的代谢途径往往是由一系列反应组成的，其中存在多个相互偶联的化学反应，每一个反应都有自己的平衡常数和它特有的标准自由能的变化，这些化学反应的总的标准自由能的变化等于各步反应自由能变化的总和。换句话说，即偶联反应各反应的标准自由能变化是可以相加的。

---

① K'_{eq} 代表在一定条件下所测得的平衡常数，和热力学的真正的平衡常数之间往往有一点差异，所以用 K'_{eq} 表示以区别于 K_{eq}。

② cal/mol 或 kcal/mol 为废弃单位，现在较少使用。

例如有两个连续的化学反应，

A → B　　K'_{eq1}　　$\Delta G_1^{\ominus}{}'$

B → C　　K'_{eq2}　　$\Delta G_2^{\ominus}{}'$

由于两个反应是连续的，故 B 可以省去，总反应是

A → C

总反应的 $\Delta G^{\ominus}{}'$ 为两个反应 $\Delta G^{\ominus}{}'$ 之和，

$$\Delta G_{总}^{\ominus}{}' = \Delta G_1^{\ominus}{}' + \Delta G_2^{\ominus}{}'$$

尽管有时反应系列中某个酶促反应的自由能变化可能大于零，是个正值，但只要自由能变化的总和为负值，则该反应途径就能自发进行。

例如，在 25℃，pH = 7 条件下，ATP 水解的 $\Delta G^{\ominus}{}'$ = −30.5 kJ/mol，葡糖 –6–P 水解的 $\Delta G^{\ominus}{}'$ = –13.1 kJ/mol，K'_{eq} = 199.8；求己糖激酶催化葡萄糖和 ATP 反应的 $\Delta G^{\ominus}{}'$。

解，己糖激酶催化的反应是：

$$葡萄糖（Glc）+ ATP \longrightarrow Glc–6–P + ADP$$

因为 Glc–6–P + H₂O ⟶ Glc + Pi　　$\Delta G_1^{\ominus}{}'$ = –13.1 kJ/mol，K'_{eq_1} = 199.8　　　　（1）

所以 Glc + Pi ⟶ Glc–6–P + H₂O　　$\Delta G_2^{\ominus}{}'$ = + 13.1 kJ/mol，K'_{eq_2} = 1/199.8 = 5 × 10⁻³　（2）

又因为 ATP + H₂O ⟶ ADP + Pi　　$\Delta G_3^{\ominus}{}'$ = –30.5 kJ/mol　　　　　　　　　（3）

而 Glc + ATP ⟶ Glc–6–P + ADP 可看成是（2）和（3）两步之和。

所以 $\Delta G^{\ominus}{}'$ = $\Delta G_2^{\ominus}{}'$ + $\Delta G_3^{\ominus}{}'$ = 13.1 + （–30.5）= –17.4（kJ/mol）

从上面例子看出，吸能反应同放能反应相偶联，在顺序反应中，前面吸能反应的产物被后面放能反应消耗，从而推动总的反应进行。

❓ 思考题

计算下面反应在生理条件下自由能的变化：磷酸肌酸 +ADP →肌酸 +ATP

反应发生在神经元胞质溶胶中，磷酸肌酸浓度为 4.7 mmol/L、肌酸的浓度 1.0 mmol/L、ADP 浓度 0.20 mmol/L 和 ATP 浓度为 2.6 mmol/L。假定温度是 25℃。已知磷酸肌酸水解时的 $\Delta G^{\ominus}{}'$ = − 43 kJ/mol；ATP 合成需要输入 30.5 kJ/mol。

10.1.5　氧化还原电位和自由能的变化

（1）**氧化还原电位**（oxidation-reduction potential）　也称氧化还原电势，是一种电化学的概念，用来表示物质氧化还原的能力。例如假设有一种物质既能以氧化态 X，又能以还原态 X⁻ 的形式存在 X + e⁻ ⟺ X⁻，X 和 X⁻ 称氧化还原对（又称氧还对）。氧化还原对的氧化还原电位可用样品半电池和标准氢半电池组成的原电池测得。样品半电池是由电极浸于 1 mol/L 氧化剂（X）和 1 mol/L 还原剂（X⁻）溶液中组成；标准氢半电池是电极浸于 1 mol/L H⁺ 溶液中，这一溶液是与一个大气压的氢气成平衡的。

如果测定时是在标准情况下，即温度为 25 ~ 30℃，氧化剂、还原剂和［H⁺］都是 1 mol/L，氢气压力为 101 kPa 时，则为标准氧化还原电位，用 E_0 表示。标准氢电极的氧化还原电位被人为地规定为零（E_0 = 0 V），但对生物体来说，它的生理条件接近 pH7，所以生物化学中常用 E'_0 表示 pH7 时的标准氧化还原电位。pH7 标准氢电极的氧化还原电位为 –0.42（E'_0 = 0.421 V）。表 10–1 列出生物体中一些重要氧化还原反应的标准氧化还原电位 E'_0，表示 pH7 时的反应，氧化剂 + ne^- ⟺ 还原剂。

表 10-1 生物体中一些重要氧化还原反应的标准氧化还原电位 E'_0

氧化还原反应	E'_0/V	氧化还原反应	E'_0/V
$1/2 O_2 + 2H^+ + 2e^- \Longleftrightarrow H_2O$	0.815	$FAD + 2H^+ + 2e^- \Longleftrightarrow FADH_2$（黄素蛋白中）	≈ 0
细胞色素 a_3（Fe^{3+}）$+ e^- \Longleftrightarrow$ 细胞色素 a_3（Fe^{2+}）	0.385	草酰乙酸 $+ 2H^+ + 2e^- \Longleftrightarrow$ 苹果酸	−0.166
$O_2 + 2H^+ + 2e^- \Longleftrightarrow H_2O_2$	0.295	丙酮酸 $+ 2H^+ + 2e^- \Longleftrightarrow$ 乳酸	−0.185
细胞色素 a（Fe^{3+}）$+ e^- \Longleftrightarrow$ 细胞色素 a（Fe^{2+}）	0.29	乙醛 $+ 2H^+ + 2e^- \Longleftrightarrow$ 乙醇	−0.197
细胞色素 c（Fe^{3+}）$+ e^- \Longleftrightarrow$ 细胞色素 c（Fe^{2+}）	0.235	$FAD + 2H^+ + 2e^- \Longleftrightarrow FADH_2$（游离辅酶）	−0.219
细胞色素 c_1（Fe^{3+}）$+ e^- \Longleftrightarrow$ 细胞色素 c_1（Fe^{2+}）	0.22	$S + 2H^+ + 2e^- \Longleftrightarrow H_2S$	−0.23
细胞色素 b（Fe^{3+}）$+ e^- \Longleftrightarrow$ 细胞色素 b（Fe^{2+}）	0.077	硫辛酸 $+ 2H^+ + 2e^- \Longleftrightarrow$ 二氢硫辛酸	−0.29
泛醌 $+ 2H^+ + 2e^- \Longleftrightarrow$ 还原型泛醌	0.045	$NAD^+ + H + 2e^- \Longleftrightarrow NADH$	−0.315
延胡索酸 $+ 2H^+ + 2e^- \Longleftrightarrow$ 琥珀酸	0.031	$NADP^+ + H^+ + 2e^- \Longleftrightarrow NADPH$	−0.320
胱氨酸 $+ 2H^+ + 2e^- \Longleftrightarrow 2$ 半胱氨酸	−0.340	$H^+ + e^- \Longleftrightarrow 1/2 H_2$	−0.421
乙酰乙酸 $+ 2H^+ + 2e^- \Longleftrightarrow \beta-$ 羟丁酸	−0.346	乙酸 $+ 3H^+ + 2e^- \Longleftrightarrow$ 乙醛 $+ H_2O$	−0.581

从 E'_0 的数值可以看出物质氧化还原能力的大小，E'_0 值越小（负值越大），对电子的亲和力越小，越容易失电子，其本身为较强的还原剂；E'_0 值越大（负值越小或正值越大），对电子的亲和力越大，越容易得电子，其本身为较强的氧化剂。因此，从标准氧化还原电位我们可预知在标准情况下电子流动的方向，电子总是从较低氧化还原电位的氧还对流向较高氧化还原电位的氧还对。

前面讨论的是标准氧化还原电位，即温度 $25 \sim 30 \text{℃}$，各种物质的浓度为 1 mol/L，气体为 101 kPa 时测得的，如果温度或物质的浓度改变了，氧化还原电位随之改变。氧化还原电位与温度、物质浓度之间的关系可用奈恩斯脱（Nernst）方程表示：

$$E = E'_0 + \frac{RT}{n\text{F}} \ln \frac{[\text{氧化型}]}{[\text{还原型}]}$$

式中，E 代表氧还对在非标准条件（pH7.0）下的氧化还原电位；E'_0 代表氧还对的标准氧化还原电位；R 为气体常数，其值是 $8.315 \text{ J} \cdot \text{mol}^{-1} \cdot \text{K}^{-1}$；$T$ 为绝对温度，用 K 表示；n 为得失的电子数；F 为法拉第常数，其值是 $96\ 485 \text{ J} \cdot \text{V}^{-1} \cdot \text{mol}^{-1}$；ln 为自然对数；[ ] 表示浓度（mol/L）。

（2）**氧化还原电位与自由能的关系** 如果知道了一个化学反应的氧化还原电位之差，就能方便地计算出反应自由能的变化，它们之间的关系为：

$$\Delta G^{\ominus \prime} = -n\text{F} \Delta E'_0$$

式中，$\Delta G^{\ominus \prime}$ 为标准自由能的变化，以 kJ/mol 计；n 为得失的电子数；F 为法拉第常数；$\Delta E'_0$ 为氧化还原电位之差，以伏（V）计。

例如，NADH 呼吸链中 NAD^+/NADH 的 $E'_0 = -0.32$ V，而 $\frac{1}{2} O_2$/H_2O 的 $E'_0 = 0.82$ V，则一对电子由 NADH 传递到氧分子的反应中，标准自由能的变化可按上式计算：

$$\Delta E'_0 = 0.82 - (-0.32) = 1.14 \text{ V}$$

$$\Delta G^{\ominus \prime} = -n\text{F} \Delta E'_0 = -2 \times 96.485 \times 1.14 = -219.99 \text{ kJ}$$

10.2 高能化合物

10.2.1 高能化合物的概念

具有高能键（high-energy bond）的化合物称为高能化合物。高能键是指化合物分子中在标准条件下水解时产生大量自由能的共价键，用符号"~"表示。一般将水解时能释放出 25 kJ/mol 以上自由能的键视为高能键。生物化学中所用的高能键和化学中使用的"键能"（energy bond）含义是完全不同的。化学中的"键能"的含义是指断裂一个化学键所需要提供的能量，而生物化学中所说的高能键是指该键水解时能释放出大量的自由能。

10.2.2 高能化合物的类型

生物体内高能化合物的种类很多。根据它们键型的特点，可以分为以下几种类型（表 10-2）：

表 10-2　高能化合物及高能键的类型

高能化合物	高能键名称	高能键式	示例
磷酸酰基化合物	磷酸酰基键	$RCO—O \sim ℗$	1,3-二磷酸甘油酸
磷酸烯醇化合物	磷酸烯醇键	$\begin{array}{c} —C—O \sim ℗ \\ \parallel \\ CH_2 \end{array}$	磷酸烯醇丙酮酸
磷酸胍基化合物	磷酸胍基键	$\begin{array}{c} NH \\ \parallel \\ —NH—C—N \sim ℗ \\ H \end{array}$	磷酸肌酸 磷酸精氨酸
焦磷酸化合物	高能焦磷酸键	$R—O—℗ \sim ℗ \sim ℗$ $R—O—℗ \sim ℗$	ATP、GTP 等 ADP、GDP 等
高能硫酯键化合物	高能硫酯键	$R—CO \sim S\,CoA$	乙酰辅酶 A 脂酰辅酶 A

10.2.3 ATP

ATP 是生物体内最重要的高能化合物，是细胞能量代谢的中心分子。它是由一分子腺嘌呤、一分子核糖和三个相连的磷酸基团构成的核苷酸。ATP 分子中的三个磷酸基团从与分子中的腺苷基团相连的磷酸基团算起，依次分别称为 α、β、γ 磷酸基团。

ATP 被水解时的标准自由能变化是：

$$ATP + H_2O \longrightarrow ADP + Pi \qquad \Delta G^{\ominus\prime} = -30.5 \text{ kJ/mol}$$

$$ADP + H_2O \longrightarrow AMP + Pi \qquad \Delta G^{\ominus\prime} = -30.5 \text{ kJ/mol}$$

$$ATP + 2H_2O \longrightarrow AMP + 2Pi \qquad \Delta G^{\ominus\prime} = -61.0 \text{ kJ/mol}$$

ATP 水解为 AMP 和 2 个无机磷酸（Pi）的 $\Delta G^{\ominus\prime}$ 值等于 ATP 水解为 ADP，ADP 水解为 AMP 两个 $\Delta G^{\ominus\prime}$ 值之和。

ATP 和其他重要高能化合物水解的标准自由能变化如表 10-3 所示：

表 10-3 生物化学上一些重要磷酸化合物水解时的 $\Delta G^{\ominus'}$

化合物	水解反应的 $\Delta G^{\ominus'}$/(kJ·mol^{-1})	化合物	水解反应的 $\Delta G^{\ominus'}$/(kJ·mol^{-1})
磷酸烯醇丙酮酸	−61.9	ATP（→ ADP + Pi）	−30.5
1,3- 二磷酸甘油酸	−49.4	1- 磷酸葡糖	−20.9
磷酸肌酸	−43.1	6- 磷酸果糖	−13.8
PPi（→ 2Pi）	−33.5	6- 磷酸葡糖	−13.8
ATP（→ AMP + PPi）	−32.2	3- 磷酸甘油	−9.2

　　从表 10-3 的排列中可以看出，$\Delta G^{\ominus'}$ 值从上到下呈逐步上升趋势，ATP 水解所释放的自由能正好处于中间的位置。依据热力学定律，排序越靠前的化合物，其磷酸基团转移的热力学趋势越大。由此可见，ATP 在磷酸基团转移过程中起中间载体作用。ATP 可以为排在它后面的化合物提供能量，使之转变成高能磷酸化合物，而 ADP 则可以从排列在它前面的化合物那里接受能量，转变成 ATP。所以，ATP 是能量的携带者和传递者，在生物体内能量转换中起重要作用。ATP 和 ADP 往复循环是生物体利用能量的主要方式。除 ATP 外，其他的核苷三磷酸如 GTP、UTP 和 CTP 等亦能直接提供自由能以推动生物体内多种化学反应的进行。例如，GTP 参与蛋白质的生物合成；UTP 在糖原合成中起到活化葡萄糖分子的作用；CTP 参与磷脂酰胆碱、磷脂酰乙醇胺等的生物合成。

　　ATP 将分解代谢的放能反应与合成代谢的吸能反应偶联在一起，能量的释放、贮存和利用都是以 ATP 为中心。但 ATP 在体内的含量是很有限的，因此严格来讲 ATP 不是能量的贮存物质，而是能量的携带者和传递者。在细胞内，如脊椎动物肌肉和神经组织的磷酸肌酸（phosphocreatine）[①]和无脊椎动物肌肉组织的磷酸精氨酸（phosphoarginine）才是真正的能量贮存物质。

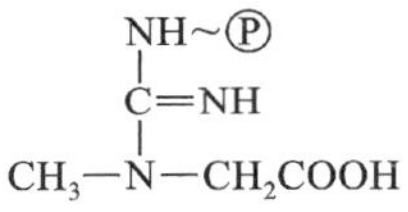

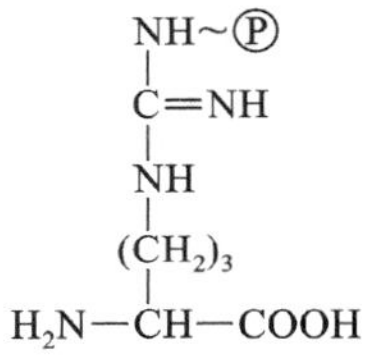

　　体内 ATP 与磷酸肌酸的高能磷酸键可以相互转变。当 ATP 浓度高时，ATP 的 ~Ⓟ可转给肌酸（C）形成磷酸肌酸（PC）贮于体内，当体内 ATP 浓度低而机体又需要能量时，PC 即将 ~Ⓟ转给 ADP 形成 ATP。ATP 可接受能量和支付能量。其关系可表示如图 10-1。注意磷酸肌酸所含的能量不能直接为生物体利用，而必须把能量转给 ADP 生成 ATP 后，才能被利用。

　　需要指出的是，在活细胞中，ATP、ADP 和 Pi 的浓度完全不同于标准条件下的 1 mol/L 浓度，甚至比 1 mol/L 浓度低得多，它们在不同细胞内的水平也不相同（表10-4）。此外，细胞质中的 ATP 和 ADP 与 Mg^{2+} 结合成复合物。在大多数涉及 ATP 作为磷酸基供给的酶促反应中，实际的底物是 $Mg-ATP^{2-}$（图 10-2），相关的 $\Delta G^{\ominus'}$ 值是针对 $Mg-ATP^{2-}$ 的水解。$Mg-ATP^{2-}$ 水解时所释放的自由能（−35.7 kJ/mol）比 ATP

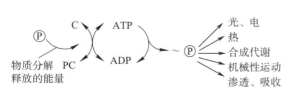

图 10-1　生物能量转换示意图

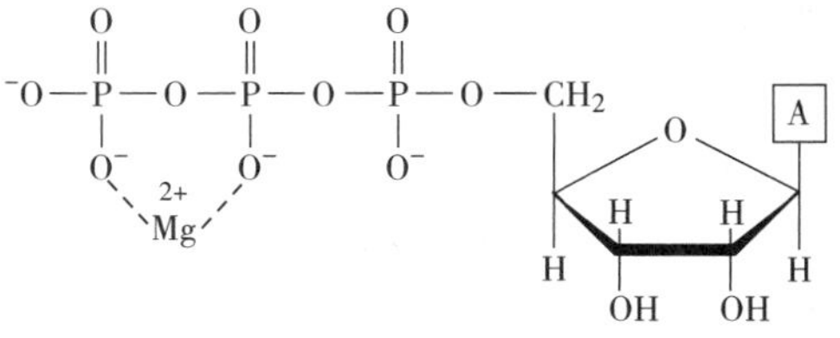

图 10-2　$Mg-ATP^{2-}$ 复合物

---

① 磷酸肌酸（phosphocreatine 缩写 PC），又称肌酸磷酸（creatine phosphate）

（-30.5 kJ/mol）要多一些。因此，在活细胞内，ATP 水解时所释放的自由能不是 -30.5 kJ/mol，实际上比标准自由能变化高得多。

活细胞的生命活动需要持续的能量供应，因此 ATP 必须不断产生。ATP 的更新速率很快，如一个体重 50 kg 的人，静息状态下一天需要消耗约 50 kg 的 ATP。虽然机体需要如此多的 ATP，但细胞中的周转率能够满足细胞对能量的需求。细胞内有一系列的调节机制，一方面调节 ATP 的生成以供应细胞对能量的需要，另一方面调节 ATP 的利用，维持它处于相对稳定的动态平衡。

表 10-4　细胞内腺嘌呤核苷酸和无机磷酸的浓度（mmol/L）

细胞	ATP	ADP	AMP	Pi	磷酸肌酸
鼠肝细胞	3.38	1.32	0.29	4.8	0
鼠肌细胞	8.05	0.93	0.04	8.05	28
人红细胞	2.25	0.25	0.02	1.65	0
鼠神经元细胞	2.59	0.73	0.06	2.75	4.7
大肠杆菌细胞	7.90	1.04	0.82	7.90	0

🔖 思考题

1. 在标准条件下，pH7.0，ATP 水解的 $\Delta G^{\ominus\prime}$ = -30.5 kJ/mol。如果 ATP 是在标准条件下，但在 pH5.0 时水解，所释放的自由能是更多还是更少？为什么？

2. 磷酸肌酸是在肌肉细胞处在静息状态时由 ATP 和肌酸产生的。需要什么样的［ATP］/［ADP］比例才能维持［磷酸肌酸］/［肌酸］为 20 : 1?（为了维持偶联反应的平衡，实际自由能的变化必须为零。）

10.3　生物氧化的概念及其与物质代谢的关系

（1）**生物氧化的概念**　生物的一切活动（包括内部的脏器活动和各种合成作用以及个体的生命活动）皆需要能量。能量的来源为糖类、脂质、蛋白质在体内的氧化。糖类、脂质、蛋白质等有机物质在活细胞内氧化分解，产生 CO_2、H_2O 并放出能量的作用称为生物氧化（biological oxdation）。生物氧化实际上是需氧细胞中的一系列氧化还原反应，所以又称为细胞氧化或细胞呼吸，由于是在组织中进行的，也称组织呼吸。

生物氧化与非生物氧化相比，共同点是反应的本质相同，即都有电子得失（生物体内的四种电子传递方式见 📘**辅学窗 10-1**），其次，被氧化的物质相同，终产物和释放的能量也相同。二者的不同之处首先是生物氧化是在细胞内进行，反应条件温和（体温，pH 接近中性）；其次，生物氧化所包含的化学反应几乎都是在酶的催化下完成的，有机分子发生一系列的化学变化，在此过程中逐步氧化并释放能量，这种放能方式不会引起体温突然升高，而且能有效利用能量。与此相反，有机分子在体外燃烧产生高温以及大量的光和热；第三，生物氧化过程中产生的能量一般是以化学能的方式储存在高能磷酸化合物中，生物体内最主要的储能物是 ATP。

（2）**生物氧化与物质代谢的关系**　生物氧化有加氧、脱氢和失电子，但主要的是脱氢，脱氢是细胞内物质氧化的一种主要方式。在物质分解代谢中常常见到脱氢反应。例如，糖酵解、三羧酸循环、脂肪酸氧化、氨基酸氧化脱氨、酮酸氧化脱羧以及嘌呤、嘧啶的降解等反应中都有脱氢反应。氢如何脱出，脱出的氢如何与氧结合成水，以及如何释放能量等问题都是本节要讲述的。总的来说，生物氧化是生物新陈代谢的重要基本反应之一，没有生物氧化，体内的有机物质即无法进行代谢，生物体就不能形成自己的细胞组织及取得生命所需的能量。

10.4　电子传递与呼吸链

生物氧化作用的关键，一个是代谢物分子中的氢如何脱出？另一个是脱出的氢如何能与分子氧结合成水并释放能量？在生物氧化过程中代谢物质（糖类、脂质、氨基酸等）首先经脱氢酶催化脱氢，氢以质子形式脱下，其电子沿着由不同电子载体组成的传递系统转移，最后转移给分子氧，形成离子型氧，质子和离子型氧结合形成水。不同生物，甚至同一生物的不同组织的传递系统都可能不同。但大多数是由 NAD 或 NADP、FMN 或 FAD、辅酶 Q（一种醌化合物）和多种细胞色素所组成，它们都是可逆的氧化还原系统。氧化型递体接受氢原子或电子后变为还原型，还原型递体失去氢或电子又变为氧化型。细胞色素和铁硫蛋白只传递电子，其余递体可递氢亦可递电子，整个体系又称电子传递体系或呼吸链。

10.4.1　呼吸链的概念和类型

呼吸链又称电子传递链，它是指代谢物上脱下的氢经一系列递氢体或电子传递体的依次传递，最后传给分子氧从而生成水的全部体系。原核细胞的呼吸链存在于质膜上，真核细胞的呼吸链存在于线粒体的内膜上。

经过几十年的研究，目前普遍认为生物体有两条典型的呼吸链即 NADH 呼吸链和 $FADH_2$ 呼吸链。NADH 呼吸链是由 NAD– 连接的脱氢酶或 NADP– 连接的脱氢酶、黄素酶、辅酶 Q（代号 CoQ 或 Q）、细胞色素体系和一些铁硫蛋白组成的氧化还原体系。$FADH_2$ 呼吸链与 NADH 呼吸链相比，底物脱下的氢不经 NAD 而直接交给黄素酶的辅基 FAD，即少了 NADH 呼吸链中的前面一个组分（NAD– 连接的脱氢酶或 NADP– 连接的脱氢酶）。两条呼吸链中 H^+ 和电子的传递见图 10-3。

E_0' 表示 pH7.0 时的标准氧化还原电位，每一氧化还原体系有其独特的 E_0' 值。从 E_0' 值的大小可看出有关体系在氧化还原反应中接受电子或供给电子的相对能力。E_0' 值高的体系较 E_0' 值低的体系容易接受电子，其本身即

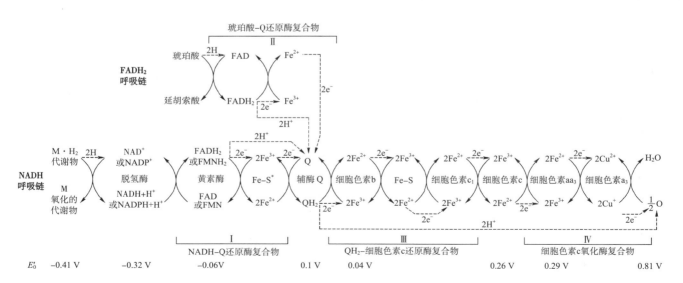

图 10-3　NADH 和 $FADH_2$ 两条呼吸链中 H^+ 和电子的传递
* Fe–S：铁硫蛋白

是较强的氧化剂，E'_0 值低的体系较 E'_0 高的体系容易失去电子，其本身为较强的还原剂。

从图 10-3 可看出，呼吸链中各递体的顺序是有专一性，不容颠倒的，因为据热力学自由能变化的原理，在连锁的氧化还原反应体系中，只有氧还电位 E'_0 较高的体系才能接受 E'_0 较低体系丢出的电子，而图中各递体的氧还电位 E'_0 从左到右皆是依次升高，这就决定了它们在这体系中的不可颠倒的顺序。

NADH 呼吸链在生物体中应用最广，前面所述糖类、脂质、蛋白质 3 大代谢物质分解代谢中的脱氢氧化绝大部分是通过这一体系完成的。研究表明，细胞所利用的氧有 95% 是通过这一体系与代谢物脱出的氢结合成水的。琥珀酸脱下的氢通过 $FADH_2$ 呼吸链传递，最后与氧生成水。

生物体除了这两条典型的呼吸链外，还有其他形式的呼吸链。有的是中间传递体的成员不同，有的缺少辅酶 Q 用其他物质代替等，尽管有很多差异，但是呼吸链中传递电子的顺序基本上是一致的。

10.4.2　与呼吸链有关的酶和传递体及其作用机制

呼吸链的主要组分包括烟酰胺腺嘌呤核苷酸、黄素蛋白、铁硫蛋白、辅酶 Q 以及细胞色素类蛋白。

（1）**烟酰胺腺嘌呤核苷酸（NAD 和 NADP）**　烟酰胺腺嘌呤核苷酸是许多脱氢酶的辅酶。目前已知以 NAD 或 NADP 为辅酶的脱氢酶达 200 多种，这是一类不需氧脱氢酶（见 **e辅学窗 10-2**），直接催化代谢物脱氢，脱下来的氢交给 NAD^+ 或 $NADP^+$，从而形成 NADH 或 NADPH。NAD 或 NADP 的氧化还原反应发生在烟酰胺的吡啶环上，见下式：

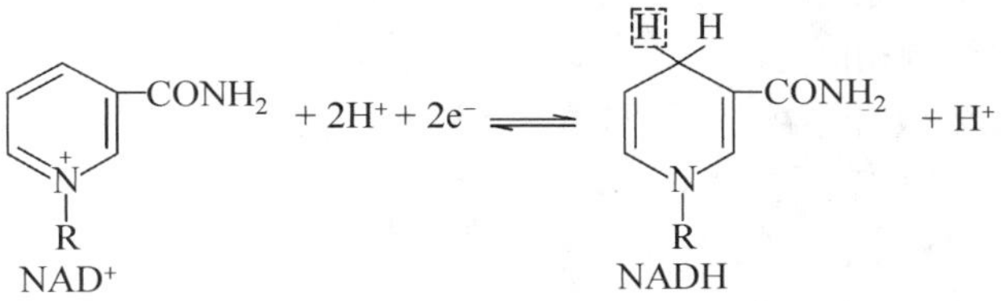

上式中的 R 代表 NAD 分子的其余部分。

大多数脱氢酶对 NAD^+ 是专一的，只有少数脱氢酶（如 6-磷酸葡糖脱氢酶）以 $NADP^+$ 作为辅酶，也有的脱氢酶（如谷氨酸脱氢酶）两者都可以作为辅酶。以 NAD^+ 或 $NADP^+$ 作为辅酶的脱氢酶位于细胞质基质或线粒体中，有的在两部分都存在。细胞质基质中的脱氢酶只与细胞质基质中的 NAD^+ 或 $NADP^+$ 结合，同样，线粒体内的脱氢酶只能与线粒体内的 NAD^+ 或 $NADP^+$ 结合。细胞质基质和线粒体中的 NAD^+ 和 $NADP^+$ 被线粒体内膜隔开，彼此不能自由通过。

由于大多数脱氢酶是以 NAD^+ 作为辅酶，所以从不同的底物脱下的氢都集中到 NAD^+ 分子上，然后以 NADH 的形式进入呼吸链。

（2）**黄素蛋白**（flavin protein，简写为 FP）　又称黄素酶，是以 FMN 或 FAD 为辅基的一类不需氧脱氢酶，作用是递氢。递氢作用是因黄素基的第 1、第 5 两位 N 原子可被还原，见下式：

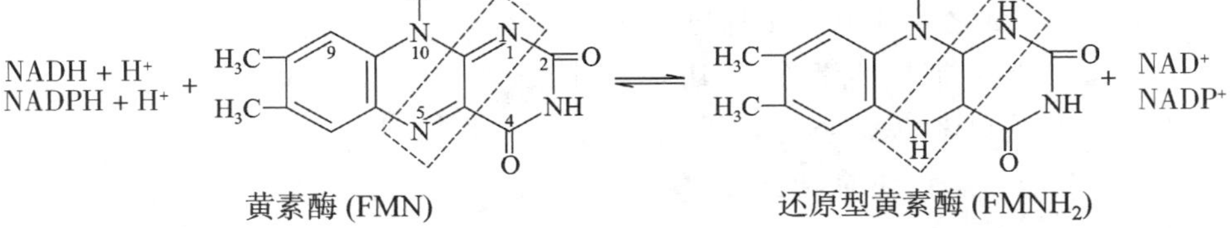

NADH（或 NADPH）被氧化成 NAD^+（或 $NADP^+$）后，NAD^+（或 $NADP^+$）再与脱氢酶蛋白结合，可继续催化其他有机物的脱氢。呼吸链中最重要的黄素酶是 NADH 脱氢酶和琥珀酸脱氢酶。

NADH 脱氢酶以 NADH 为底物，将 NADH 上脱下来的氢通过 FMN、铁硫蛋白交给 CoQ，故 NADH 脱氢酶也称 NADH-Q 还原酶。

琥珀酸脱氢酶催化琥珀酸脱氢生成延胡索酸，辅基是 FAD、铁硫蛋白，琥珀酸脱氢酶将琥珀酸脱下来的氢通过 FAD、铁硫蛋白交给 CoQ，故琥珀酸脱氢酶也称琥珀酸 -Q 还原酶。

（3）**铁硫蛋白**（iron-sulfur protein） 是相对分子质量较小的蛋白质，分子中含有非血红素铁和对酸不稳定的硫，所以通常简写为 Fe-S 或 FeS，铁硫成等量关系，已知的有一铁四硫（FeS_4）、二铁二硫（Fe_2S_2）和四铁四硫（Fe_4S_4）3 种类型（图 10-4）。亦发现有八铁八硫（Fe_8S_8）的，它很可能是 2 个 Fe_4S_4 的复合物。

铁 - 硫蛋白在线粒体内膜上常常与黄素酶、细胞色素结合成复合物，有人将这种复合物内的铁 - 硫蛋白称铁 - 硫中心（ion-sulfur centre）。它们的作用是通过铁价数的改变进行电子传递，$Fe^{3+} + e^- \rightleftharpoons Fe^{2+}$。

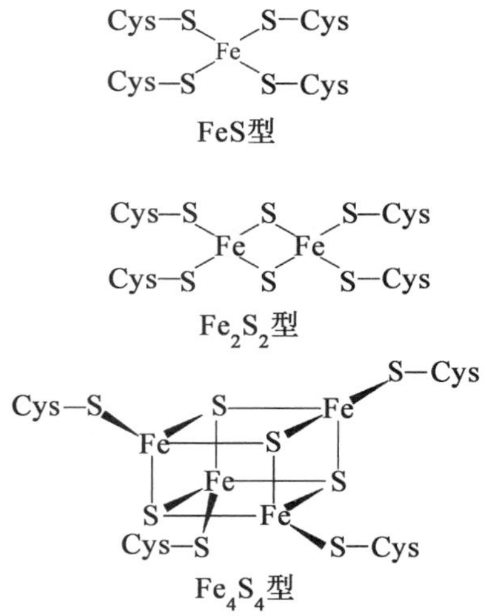

（4）**辅酶 Q**（ubiquinone，CoQ 或 Q） 是脂溶性醌类化合物，因广布于自然界，所以又称泛醌。辅酶 Q 有 1 个长的类异戊二烯侧链，使它具有高度的疏水性，能在线粒体内膜的疏水区中迅速扩散，它是呼吸链中唯一的 1 个不牢固地结合于蛋白质上的电子或氢的传递体。

辅酶 Q 既可以接受 NADH-Q 还原酶催化脱下的电子和氢原子，也可以接受线粒体其他黄素酶类脱下的电子和氢原子，包括琥珀酸 -Q 还原酶，脂酰 -CoA 脱氢酶等。可以说辅酶 Q 在电子传递链中处于一个中心地位。

不同来源的辅酶 Q 的基本结构相同（图 10-5），只是在侧链上的异戊二烯单位的数目存在差别。动物线粒体的辅酶 Q 侧链含有 10 个异戊二烯单位，用 Q_{10} 表示。其他种类的生物中含有 6~8 个异戊二烯单位。细菌辅酶 Q 含有 6 个异戊二烯单位。

辅酶 Q 可被还原为氢醌，这一反应是可逆的，是辅酶 Q 作为电子载体的基础。辅酶 Q 可以 3 种不同的形式存在，即氧化型（全醌型）、半醌型（自由型）和还原型（氢醌型）。这就是说，辅酶 Q 既可以接受一个电子，亦可以接受两个电子。

（5）**细胞色素**（cytochromes，Cyt） 是一类以传递电子作为其主要生物功能的色素蛋白。细胞色素电子的传递是借助于其辅基铁卟啉铁价的可逆变化。细胞色素在组织中分布极广，种类很多，根据它们在还原状态下吸收峰的不同可分为 a、b、c 三大类，每一类中又包括若干种。在典型的线粒体呼吸链中，在辅酶 Q 到分子氧之间的电子传递链中至少有 a、a_3、b、c、c_1 5 种。细胞色素的辅基虽然都是铁卟啉，但不同细胞色素的辅基还是不同的，这可从它们的吸收光谱和氧化还原电位看出（表 10-5）。

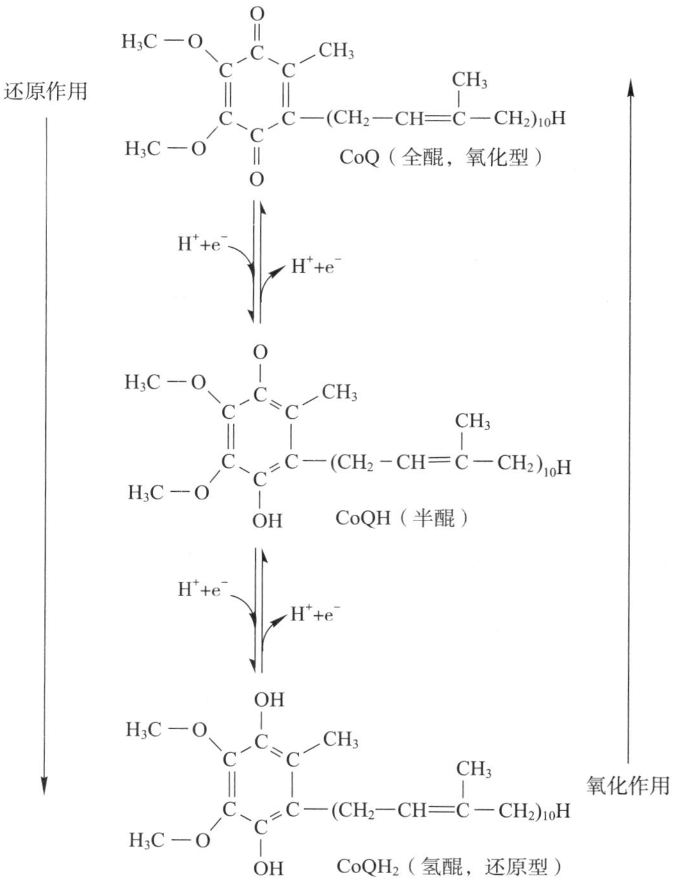

图 10-4 3 种类型的 Fe-S 中心结构示意

图 10-5 辅酶 Q 的结构以及它的氧化型、半醌型和还原型

表 10-5　心肌细胞色素的最大吸收光谱和摩尔氧化还原电位

细胞色素	最大吸收光谱 /nm			氧化还原电位 /V
	α – 光带	β – 光带	γ – 光带	
细胞色素 a	605	–	452	0.29
细胞色素 b	564	530	432	–0.04
细胞色素 c	550	521	415	0.26
细胞色素 c_1	554	523	418	0.25

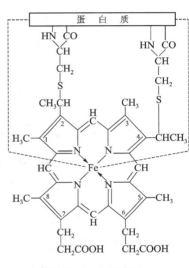

图 10-6　细胞色素 c

细胞色素 c 的辅基为取代过的铁卟啉（铁原卟啉Ⅸ），其结构式如图 10-6。在细胞色素辅基中心的铁，自成一氧化还原体系。

$$\text{氧化型细胞色素} \underset{-e^-}{\overset{+e^-}{\rightleftharpoons}} \text{还原型细胞色素}$$
$$(Fe^{3+}) \qquad\qquad (Fe^{2+})$$

还原型辅酶 Q（QH_2）被氧化型细胞色素氧化的过程是 QH_2 将电子传给氧化型细胞色素 b，使之变为还原型细胞色素 b，H^+ 留在溶液中。还原型细胞色素 b 将电子传给铁 – 硫中心，再转给细胞色素 c_1、c 和细胞色素 aa_3，细胞色素 aa_3 以复合物形式存在，又称细胞色素氧化酶，是呼吸链的末端成员。细胞色素 aa_3 的辅基为血红素 A，血红素 A 与细胞色素 c 的铁原卟啉Ⅸ辅基的不同在于第 8 位上以甲酰基代替了甲基，第 2 位上以长达 17 个碳的疏水侧链代替乙烯基。细胞色素 aa_3 中除含 2 个血红素 A 外，还含 2 个铜离子（Cu_A 和 Cu_B），在电子传递过程中，铜离子的价态也发生变化（$Cu^+ \rightleftharpoons Cu^{2+}$），细胞色素 aa_3 接受电子后成为还原型，它再将电子传给分子氧使之活化。活化的氧（O^{2-}）与活化氢（H^+）结合成水。由细胞色素 b 到 O^{2-} 与 H^+ 结合成水这一阶段只传递电子，可简示如下（参阅图 10-3）：

$$QH_2 \xrightarrow{2e^-} b \xrightarrow{2e^-} Fe\text{-}S \xrightarrow{2e^-} c_1 \xrightarrow{2e^-} c \xrightarrow{2e^-} aa_3(\text{细胞色素氧化酶}) \rightarrow O^{2-} \longrightarrow H_2O$$

（上方标注 $2H^+$）

线粒体中的细胞色素绝大部分和线粒体内膜紧密结合，只有细胞色素 c 和线粒体内膜结合较松，可以与线粒体内膜脱离，在前、后两个电子传递复合体之间发生转移。

10.4.3　呼吸链中的 4 个氧化还原酶复合物

现已知道呼吸链在线粒体内形成 4 个含氧化还原酶与其辅基的复合物（表 10-6）。每个复合物都含有不止一种成分，这 4 个复合物在呼吸链中的排列如图 10-7 所示。

表 10-6　呼吸链酶复合物的基本组成成分

复合物	酶名称	相对分子质量（M_r）	亚基数	辅基
Ⅰ	NADH 脱氢酶（NADH-Q 还原酶）	850 000	46	FMN Fe-S
Ⅱ	琥珀酸脱氢酶（琥珀酸 -Q 还原酶）	140 000	4	FAD Fe-S

续表

复合物	酶名称	相对分子质量（M_r）	亚基数	辅基
Ⅲ	QH$_2$- 细胞色素 c 还原酶	250 000	11	血红素 b、c$_1$ Fe-S
	细胞色素 c[*]	13 000	1	血红素 c
Ⅳ	细胞色素 c 氧化酶	200 000	13	血红素 a、a$_3$ Cu$_A$、Cu$_B$

[*] 严格说细胞色素 c 并不是酶复合物的一部分，而是作为一个游离的可溶性蛋白质在复合物Ⅲ和复合物Ⅳ之间移动。

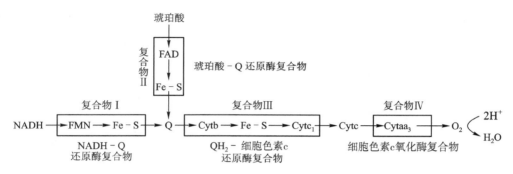

图 10-7　电子传递链中复合物及中间物的排列顺序
在框中的是 4 个酶复合物（Cyt 代表细胞色素）

复合物Ⅰ　呼吸链中从 NADH 到辅酶 Q 一段组分称复合物Ⅰ，也称 NADH 脱氢酶复合物或 NADH-Q 还原酶复合物。它是线粒体内膜上最大的蛋白质复合物，含有 46 条多肽链，除了含 FMN 辅基外，至少含 6 个铁-硫中心。

复合物Ⅰ中的电子传递见图 10-8，1 对电子经过复合物Ⅰ的各氧化还原载体转移到辅酶 Q 时有 4 个质子泵出线粒体基质进入膜间隙。

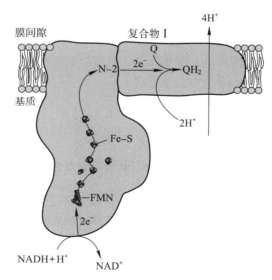

图 10-8　复合物Ⅰ上的电子传递（引自 Nelson et al., Principles of Biochemistry，2017）
NADH 首先与复合物Ⅰ的线粒体内膜基质侧结合，在该酶催化下，使 NADH 脱氢氧化，脱下的 H$^+$ 和 2 个 e$^-$ 由黄素蛋白中的 FMN 接受，生成 FMNH$_2$，电子再从 FMNH$_2$ 转移到一系列的 Fe-S 中心。最后 FMNH$_2$ 中的电子通过 Fe-S 中心 N-2 蛋白的传递，传给辅酶 Q，辅酶 Q 在接受电子的同时还从基质吸取 2 个 H$^+$ 形成还原型辅酶 Q（QH$_2$）

复合物 II 从琥珀酸到辅酶 Q 称复合物 II，也称琥珀酸脱氢酶复合物或琥珀酸 –Q 还原酶复合物。该复合物含有琥珀酸脱氢酶和 3 个其他小的疏水亚基。琥珀酸脱氢酶以 FAD 为辅酶，并含有铁 – 硫中心，催化琥珀酸氧化成延胡索酸，同时将 FAD 还原成 $FADH_2$，由 $FADH_2$ 的氢放出的电子通过铁 – 硫中心传递给辅酶 Q 而进入呼吸链。琥珀酸脱氢酶复合物和 NADH 脱氢酶复合物一样，它们都是线粒体内膜整体不可分割的组成部分。此外，糖酵解途径中的甘油 –α– 磷酸脱氢酶（亦称 3– 磷酸甘油脱氢酶）或脂肪酸 β– 氧化途径中的脂酰 CoA 脱氢酶等催化的脱氢反应也可以类似的方式将电子转移给辅酶 Q，进入呼吸链（图 10-9）。

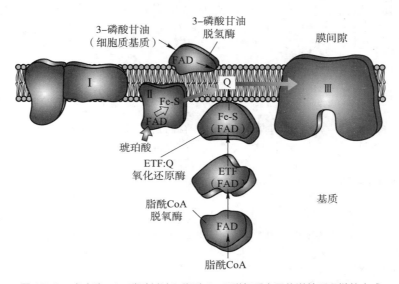

图 10-9 琥珀酸、3– 磷酸甘油和脂酰 CoA 脱氢后电子传递给呼吸链的方式

电子在流过复合物 II 时，其氧还电势变化不能产生足够的自由能用以驱动质子跨膜转运，因此无质子泵出线粒体基质进入膜间隙。

复合物 III 催化电子从辅酶 Q 到细胞色素 c 的复合物称复合物 III，也称辅酶 Q– 细胞色素还原酶复合物或称细胞色素 bc_1 复合物，或称细胞色素还原酶。该复合物含细胞色素 b_{562}（又称细胞色素 b_H）、细胞色素 b_{566}[①]（又称细胞色素 b_L）、细胞色素 c_1、Fe–S 中心和至少 6 个其他的蛋白质亚基。从牛心线粒体分离到的复合物 III 是个二聚体，其单体的相对分子质量为 248 000，由 11 个亚基组成。该复合物将还原型辅酶 Q 氧化，并将电子通过细胞色素 b_{562}、细胞色素 b_{566} 和 Fe–S 中心、细胞色素 c_1 交给细胞色素 c。复合物 III 的功能是使一分子的 $CoQH_2$（两个电子的载体）去还原两分子的细胞色素 c（一个电子的载体）。这是通过一种叫做 Q 循环（Q cycle）的机制实现的。Q 循环的电子传递见图 10-10。

在 Q 循环中，1 对电子经过复合物 III 的各氧化还原载体转移到细胞色素 c 时有 4 个质子泵出线粒体基质进入膜间隙。Q 循环的总反应式是：

$$CoQH_2 + 2\ Cyt\ c_1\ (Fe^{3+}) + 2H^+\ (线粒体基质) \longrightarrow CoQ + 2\ Cyt\ c_1\ (Fe^{2+}) + 4H^+\ (膜间隙)$$

细胞色素 c 是一种周边蛋白质，位于线粒体内膜的外表面。它在复合物 III 和复合物 IV 之间传递电子。当细胞色素 c 与复合物 III 靠近时，来自复合物 III 的电子经细胞色素 c_1 传递给它。然后还原性的细胞色素 c 在内膜外表面扩散，与复合物 IV 结合，并将电子传递给复合物 IV。

复合物 IV 从细胞色素 c 到氧一段称复合物 IV，也称细胞色素 c 氧化酶。哺乳动物的细胞色素 c 氧化酶由两个相同的单体组成，每个单体包含有 13 条多肽链（亚基）。值得注意的是，细胞色素 c 氧化酶中 3 个最大的疏水

---

① 细胞色素 b_{562}、细胞色素 b_{566}，其中 562、566 代表在 562 nm、566 nm 有吸收峰。

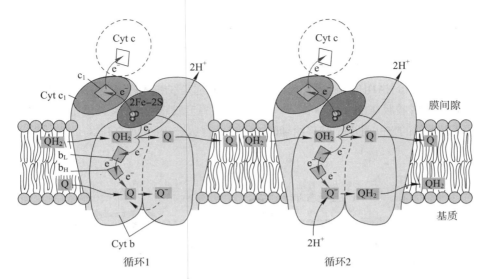

图 10-10　Q 循环（引自 Nelson et al., Principles of Biochemistry, 2017）

　　Q 循环由两个半循环组成，在第一个循环中，还原型辅酶 Q（QH_2）所具有的两个高势能电子中的一个转移给 Fe-S 中心，Fe-S 中心又将获得的电子经细胞色素 c_1 传给细胞色素 c，同时将它的两个质子释放到膜间隙，产生完全氧化的辅酶 Q。另外一个电子经细胞色素 b_L 和 b_H 传给基质侧氧化型辅酶 Q 产生半醌型阴离子（$Q^{\cdot-}$）

　　此轮循环的反应式如下：

$$CoQH_2 + Cyt\ c_1\ (Fe^{3+}) \longrightarrow Q^{\cdot-} + Cyt\ c_1\ (Fe^{2+}) + 2H^+\ （膜间隙）$$

　　在第二个循环中，另外一个还原型辅酶 QH_2 以同样的方式将一个电子经铁硫蛋白和细胞色素 c_1 传给细胞色素 c，同时将它的两个质子释放到膜间隙。另一个电子按顺序还原细胞色素 b_L 和 b_H，然后还原第一个循环中生成的 $Q^{\cdot-}$，再生出还原型的辅酶 QH_2，这最后一步吸收的质子来源于线粒体基质。第二轮循环反应：

$$CoQH_2 + Q^{\cdot-} + Cyt\ c_1\ (Fe^{3+}) + 2H^+\ （线粒体基质）\longrightarrow CoQ + CoQH_2 + Cyt\ c_1\ (Fe^{2+}) + 2H^+\ （膜间隙）$$

合并上述两个循环可以得出，每两分子的 $CoQH_2$ 进入 Q 循环，就有一分子的 $CoQH_2$ 生成。来自 $CoQH_2$ 的电子（每次循环贡献一个）导致两分子细胞色素 c_1 还原。因此，净消耗 1 分子的 $CoQH_2$，将有 4 个质子释放到膜间隙。

亚基均由线粒体基因编码，其他亚基由细胞核基因编码，功能是参与复合体的组装和起调节作用。

　　细胞色素 c 氧化酶含有 4 个氧化还原中心，即细胞色素 a、细胞色素 a_3 以及分别称为 Cu_A 和 Cu_B 的铜原子，其中 Cu_B 和血红素 a_3 形成双核中心（Cu_B-a_3）。光谱学研究表明，电子在复合物Ⅳ中的转移是线性的，流动方向是细胞色素 c → Cu_A → 血红素 a → Cu_B-a_3 → O_2（图 10-11）。O_2 是细胞色素 c 氧化酶的电子最终受体，也是呼吸链的电子最终受体。

　　一个氧分子的还原需要 4 个电子，细胞色素 c 氧化酶要连续催化 4 个还原性的细胞色素 c 氧化，此外，一个氧分子的还原还消耗 4 个质子，这些质子来源于线粒体基质。

$$O_2 + 4H^+ + 4\ Cyt\ c\ (Fe^{2+}) \longrightarrow 2H_2O + 4\ Cyt\ c\ (Fe^{3+})$$

　　在 O_2 的还原中，除生成 H_2O 用去 4 个质子外，还伴有 4 个质子跨膜转运到膜间隙，即每两个电子在复合物Ⅳ中的传递，将有两个质子的跨膜转运。

❓ 思考题

琥珀酸脱氢酶能否使用 NAD^+ 作为辅基？为什么？

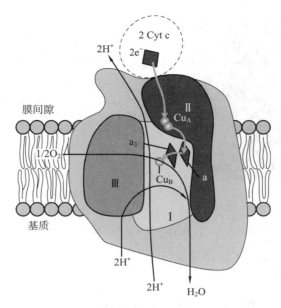

图 10-11 复合物Ⅳ的模式图和电子转移（引自 Nelson et al.Principles of Biochemistry，2017）

　　Ⅰ、Ⅱ和Ⅲ是构成复合物Ⅳ 核心的 3 个疏水大亚基。Cu_A 中心与亚基Ⅱ结合，位于膜表面的上面约 0.8 nm 处，Cu_B、血红素 a 和 a_3 全都与亚基Ⅰ结合，位于膜表面下面约 1.3 nm。细胞色素 a_3 与 Cu_B 形成一个单一的双核复合物，氧分子被细胞色素 c 氧化酶还原生成水的过程发生在细胞色素 a_3–Cu_B 双核复合物中

10.5　氧化磷酸化

　　氧化磷酸化（oxidative phosphorylation）是指电子沿呼吸链传递到氧的过程中所释放的自由能推动 ADP 和无机磷酸生成高能 ATP 的过程。氧化磷酸化是需氧细胞生命活动的主要能量来源，是生物产生 ATP 的主要途径。

　　真核生物的氧化磷酸化过程发生在线粒体内膜，原核生物则发生在细胞质膜。为便于理解氧化磷酸化，先要了解线粒体的结构。

10.5.1　线粒体的结构

　　原核细胞不含线粒体，大多数动植物真核细胞都有线粒体。线粒体（mitochondria）是生物氧化和能量转换的主要场所，是细胞内一种比较大且很重要的细胞器（图 10-12）。

　　不同类型细胞中的线粒体数目变化较大，可从数百到数千。细胞内的线粒体常位于消耗 ATP 的结构附近，或处于细胞进行氧化作用所需燃料例如脂肪滴附近，这有利于细胞对 ATP 的利用。线粒体在细胞中所占空间的比例相当可观，如在肝细胞中占 20%，在心肌细胞中则超过 50%。

　　线粒体是短棒状的，典型的长 2 μm，直径约 0.5 μm，有两层膜，即外膜和内膜。外膜平滑，基本没有起伏，内膜皱褶，折叠成许多嵴（cristae）。外膜和内膜之间的空隙称膜间隙，由内膜连接构成的空腔称基质（matrix）。

　　线粒体外膜含有膜孔蛋白（porin），能形成很大的跨膜通道，允许相对分子质量 10 000 以下的分子通过。线粒体内膜通透性极低，一般不允许离子和大多数带电荷的小分子通过，这些物质的运输要借助于膜上的一些载体蛋白。内膜上有组成呼吸链的酶和电子传递体，呼吸链的氧化磷酸化是在线粒体内膜上进行。

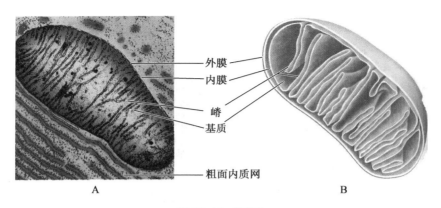

图 10-12 线粒体

A. 动物线粒体的电镜图（引自 K. R. Porter/Photo Researchers，Inc.）；B. 线粒体的横切面

10.5.2 氧化磷酸化作用机制

关于氧化磷酸化产生 ATP 的作用机制，主要有：化学偶联学说、构象偶联学说和化学渗透学说，其中化学渗透学说已被人们普遍接受，本节重点介绍化学渗透学说。化学偶联学说和构象偶联学说见💿辅学窗 10-3。

化学渗透学说（chemiosmotic theory）是 1961 年英国生物化学家 P. Mitchell（见💿辅学窗 10-4）提出的，以后（1974）Mitchell 同 Moyle 作了修改，并进一步充实了内容。化学渗透学说的要点是在呼吸链的电子传递过程中，质子（H^+）在线粒体内膜内外两侧的浓度梯度所产生的电化学梯度（又称电动势，electromotive force，emf）是合成 ATP 的基本动力。呼吸链中的递氢体和电子传递体在线粒体内膜上都有特定的位置和顺序，形成有方向性的质子转移氧化还原系统。当递氢体接受从线粒体内膜内侧传来的氢后，即将电子传给位于其后的邻近电子递体，同时将 H^+ 向线粒体内膜的外侧转移，就像一个质子泵（proton pump）一样，使质子泵出内膜。由于 H^+ 不能自由通过线粒体内膜，被转移到内膜外侧的 H^+ 不能回到基质，内膜外侧的 $[H^+]$ 遂高于内侧的 $[H^+]$，形成 $[H^+]$ 的跨膜梯度，从而使线粒体内膜两侧形成电化学梯度。这种电化学梯度在 ATP 合酶作用下能使 ADP + Pi $\longrightarrow$ ATP（图 10-13）。

已有一些关键性的实验结果支持化学渗透学说：

1. 氧化磷酸化的进行需要完整的线粒体内膜存在。

2. 线粒体内膜对离子例如 H^+、OH^-、K^+ 和 Cl^- 等是不通透的，这些离子的自由扩散导致电化学梯度的消失。

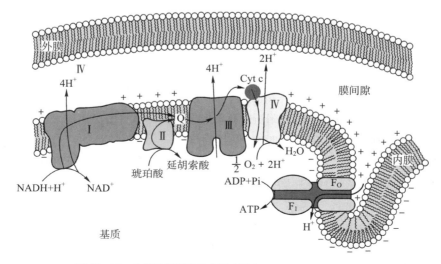

图 10-13 化学渗透学说模式图（引自 Nelson et al.，2000）

3. 破坏膜两侧［H⁺］梯度的形成（如用解偶联剂或离子载体抑制剂）将抑制氧化磷酸化。

4. 电子传递导致 H⁺ 跨完整的线粒体内膜从基质向膜间隙转移。

5. 已经从线粒体内膜分离纯化得到 ATP 合酶，这种酶能直接利用质子梯度合成 ATP。

6. 人工建立的跨线粒体内膜的质子梯度也能够合成 ATP。

Mitchell 因提出化学渗透学说获得 1978 年的诺贝尔化学奖。虽然化学渗透学说能够解释氧化磷酸化过程的大部分问题，但仍有一些问题尚未得到解决，其中一个重要问题就是 ATP 的合成机制，这个问题的解决源自于 ATP 合酶的发现和研究。

ATP 合酶（ATP synthase）位于线粒体内膜，它是一种多亚基的跨膜蛋白，有时称之为复合物 V（complex V），由于它有 2 个功能单位 F_0[①]F_1，故又称 F_0F_1–ATP 合酶（F_0F_1–ATPase）（图 10–14）。

ATP 合酶的总相对分子质量为 480 000。F_1 呈球状，是一个水溶性的蛋白质，相对分子质量约 37 800，由 5 种不同亚基组成（$\alpha_3\beta_3\gamma\delta\varepsilon$）。$F_1$ 单独存在时不具有合成 ATP 的功能，但却能使 ATP 水解成 ADP 和 Pi，故单独存在的 F_1 又称 ATP 酶（ATPase）。在完整线粒体内 F_1 的正常功能是从 ADP 和 Pi 合成 ATP，其催化 ATP 合成的部位是在 β 亚基上。

F_1 与 F_0 之间由 γ 亚基形成的中央柄部相连，δ 亚基和 ε 亚基直接与 F_0 相互作用。此外，柄部含有一种寡霉素敏感性授予蛋白（oligomycin sensitivity conferring protein，OSCP），是一种碱性蛋白质，本身没有催化活性，在它存在下使 F_0 对寡霉素敏感，寡霉素是一种抗生素，它干扰了质子梯度的利用，从而抑制 ATP 的合成。

F_0 是跨线粒体内膜的一个疏水蛋白质，是质子通道。不同物种 F_0 亚基的类型和组成差别很大。在细菌中 F_0 由 a、b、c 3 种亚基组成，其比例为 $ab_2c_{10\sim12}$，c 亚基在膜内形成一个环状结构，当质子经过 F_0 上的质子通道返回线粒体基质时，促使 c 亚基转动，从而带动 γ 亚基转动，引起 3 个 β 亚基发生构象变化，结果使 ADP 和 Pi 合成 ATP 分子并将其释放出来（图 10–14）。

二环己基碳二亚胺（dicyclohexylcarbodiimide，简称 DCCD，或称 DCC，或称 DCCI，结构式参见蛋白质化学章 3.3.4.2）是一种脂溶性试剂，当它共价结合到 F_0 的 c 亚基上时，质子通道被阻断，ATP 合酶的活性被抑制。

ATP 合酶催化 ATP 的合成是通过"结合变化机制"（binding change mechanism）的学说来解释。这个学说是 1977 年由美国生物化学家 P. Boyer 提出，并得到英国 J. Walker 的实验证据支持，他因此与 J. Walker 等三人共获 1997 年诺贝尔化学奖，此部分内容详见 🅔 **辅学窗 10–5**。

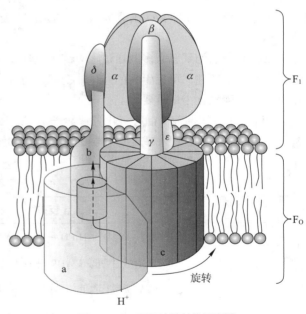

图 10–14　ATP 合酶结构示意图

思考题

有人做了以下实验，先将叶绿体悬浮在 pH4 的酸性环境下，以使其基质和类囊体的 pH 呈酸性，然后再将叶绿体转移到 pH8 的碱性环境之中。这种迅速提高基质 pH（类囊体的 pH 暂时维持在 4）的做法可导致 ATP 的合成并使得类囊体和基质的 pH 的差异消失。

（1）试解释 ATP 为什么能被合成。（2）该实验需要光才能工作吗？（3）如果先将叶绿体悬浮在 pH8 的环境

---

① F_0 右下角的下标为英文字母 "O"，为寡霉素英文名称 oligomycin 的首字母。

下，以使其基质和类囊体的pH呈碱性，然后再将其转移到pH4的酸性环境之中，则会发生什么变化？（4）这个实验是支持化学渗透学说还是否定化学渗透学说？

10.5.3　氧化磷酸化产生 ATP

据实验结果，代谢物经脱氢酶催化脱出2个氢交给NAD^+或$NADP^+$使之还原成NADH或NADPH。在NADH（或NADPH）通过呼吸链与氧结合成水的过程中，需要吸收氧，同时有无机磷酸酯化产生ATP的反应偶联发生；氧的消耗量与ATP的生成数有一定关系。这种关系是用在一定时间内所消耗的氧（以物质的量计）与所产生的ATP数目（即使无机磷酸与ADP变为ATP的物质的量）的比值来表示，称P/O比值。P/O比值是指每消耗1 mol原子氧（$1/2O_2$）所产生的ATP的物质的量，也可以看做是当一对电子通过呼吸链传递至O_2所产生的ATP分子数。P/O比值高表示底物氧化时放出的自由能多和可能产生的ATP数目也多。P/O比值的测法，一般用华卜（Warburg）呼吸仪测一定时间内组织体系所消耗的氧，同时用测磷方法测有机磷的增加量或无机磷的消耗量，从而推算所产生的ATP数。

P/O概念与化学渗透学说是吻合的，据测定，NADH上的一对电子经复合物Ⅰ、Ⅲ和Ⅳ到氧的传递导致10个质子从线粒体基质泵出到膜间隙[①]，$FADH_2$经复合物Ⅱ的一对电子从CoQ的位置进入呼吸链，最终导致6个质子的跨膜转运。按照4个质子从膜间隙返回基质产生1分子ATP计算（3个质子被F_0F_1–ATP合酶消耗，1个质子被消耗在ATP、ADP和Pi进出线粒体的交互运输过程中），NADH呼吸链中一对电子传递到氧所产生的ATP分子是2.5个，即P/O比值为2.5。$FADH_2$呼吸链中一对电子的传递最终产生1.5个ATP分子，即P/O比值为1.5[②]。

代谢物脱出的氢，大多数通过呼吸链完成其氧化过程。ATP的形成主要靠呼吸链的氧化磷酸化作用。

总结以上所述，可见生物的能量转变都是通过代谢作用来完成，而能量的产生则又通过生物氧化。生物氧化中又以氧化磷酸化为最重要。

例如，1分子葡萄糖彻底氧化分解共产生32、33或34分子ATP。除糖活化过程中耗去2个ATP外，净生成30、31或32个ATP。分解途径中涉及ATP生成和脱氢反应的步骤见表10-7，相关物质变化参见糖代谢章。

表 10-7　每 1 分子葡萄糖氧化产生的 ATP 分子数

反应	ATP 数
2× 3-磷酸甘油醛 + NAD^+ + H_3PO_4 ⟶ 3-磷酸甘油酸 + NADH + H^+	3、4 或 5
2× 1,3-二磷酸甘油酸 + ADP ⟶ 3-磷酸甘油酸 + ATP	2
2× 磷酸烯醇丙酮酸 + ADP ⟶ 丙酮酸 + ATP	2
2× 丙酮酸 + NAD^+ + CoA ⟶ 乙酰 CoA + CO_2 + NADH + H^+	5
2× 异柠檬酸 + NAD^+ ⟶ NADH + H^+ + α-酮戊二酸 + CO_2	5
2× α-酮戊二酸 + NAD^+ + CoA ⟶ 琥珀酸 + CO_2 + NADH + H^+	5

---

①　每对电子传递到O_2时，复合物Ⅰ泵出4个质子，复合物Ⅲ泵出4个质子，复合物Ⅳ泵出2个质子。

②　通过检测有氧条件下完整线粒体悬浮液消耗底物产生ATP的情况测定P/O比值。实验结果表明，用NADH作为电子供体时，其P/O比值在2~3之间，以琥珀酸为电子供体时，P/O比值在1~2之间。曾认为P/O应为整数，因此将NADH呼吸链的P/O定为3.0，$FADH_2$呼吸链的P/O定为2.0。在过去的许多年间，研究论文和教科书中都采用这个数值。

③　EMP途径产生的2分子NADH经不同的穿梭系统进入线粒体进行生物氧化，会产生不同的数量的ATP，详见10.6。

续表

反应	ATP 数
2× 琥珀酰 CoA + GDP ⟶ 琥珀酸 + GTP	2
2× 琥珀酸 + FAD ⟶ 延胡索酸 + FADH$_2$	3
2× 苹果酸 + NAD$^+$ ⟶ 草酰乙酸 + NADH + H$^+$	5
总　结	32、33 或 34

🔘 思考题

　　在测定 α- 酮戊二酸的 P/O 值的时候，为什么通常需要在反应系统之中加入一些丙二酸？在这种条件下，预期测定出的 P/O 值是多少？

10.5.4　氧化磷酸化的抑制和解偶联

　　氧化磷酸化会受某些化学试剂的影响，根据影响方式的不同，可分为下列 4 种。

　　（1）**电子传递抑制剂**　能够阻断呼吸链中某部位电子传递的物质称为电子传递抑制剂。在呼吸链中有 3 个部位可被电子传递抑制剂阻碍。最显著的有鱼藤酮（rotenone）、安密妥（amytal）、抗霉素 A（antimycin A）、氰化物（CN$^-$）、叠氮化合物（N$_3^-$）和 CO 等（图 10–15）。

　　鱼藤酮为农药鱼藤精的一种组分，它与安密妥都能抑制 NADH–Q 还原酶的活性，对从 NADH 到 CoQ 的电子传递有专一性的抑制作用。但对琥珀酸氧化的电子传递无阻碍作用，因琥珀酸氧化释出的电子可直接转给 CoQ。抗霉素 A 能抑制细胞色素 b 到 c_1 之间的电子传递。维生素 C 可缓解这种抑制作用，因维生素 C 可直接还原细胞色素 c，电子可从细胞色素 c 传递到 O$_2$，不受抗霉素 A 的抑制。CN$^-$、N$_3^-$ 以及 CO 等都可抑制细胞色素 c 氧化酶的活性，阻止电子从复合物 IV 到分子 O$_2$ 之间的传递。因 CN 及 N$_3$ 化合物都能同递体分子中的 Fe^{2+} 起作用，CO 可抑制 Fe^{2+} 的形成，故都能抑制这一段反应中电子的传递。氧化磷酸化抑制剂对需氧生物的危害性极大，有使生物致死的作用。人及动物因误服这些毒物致死、鱼藤精的杀虫作用都是因这些毒物阻碍了呼吸链中电子流传递的缘故，在医药卫生和农业生产实践上都有其重要性。

　　（2）**解偶联剂**　使电子传递与 ATP 形成两个过程分离，破坏它们之间的紧密联系。在解偶联剂存在情况下，电子传递可以正常进行，但不再伴随 ATP 的生成，氧化释放出的能量全部以热能的形式散发，不但使氧化产生

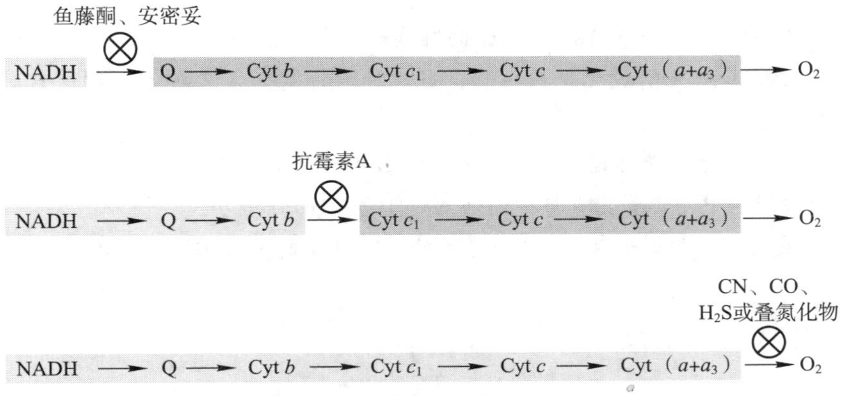

图 10–15　几种电子传递抑制剂的作用部位

的能量得不到储存，反而消耗更多的氧和燃料底物。最早发现的解偶联剂是 2,4- 二硝基苯酚，现在已知的解偶联剂大多是脂溶性的，一般含有酸性基团和芳香环。2,4- 二硝基苯酚的解偶联作用机制见图 10-16，在高 pH 环境时，2,4- 二硝基苯酚以解离形式存在，这种形式因脂溶性低而不能透过线粒体内膜。在低 pH 环境中，2,4- 二硝基苯酚接受质子成为非解离形式，这种形式因其具有脂溶性而容易透过线粒体内膜，当它透过线粒体膜时，便将质子带回到线粒体基质内，这样就破坏了正常的跨膜质子梯度，阻止了 ATP 的合成。

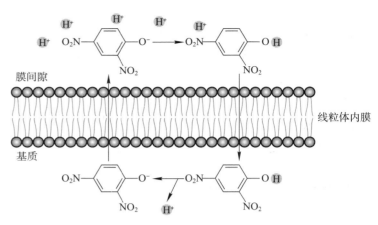

图 10-16　2,4- 二硝基苯酚的解偶联机制

氧化磷酸化的解偶联对正常生物也是有用的，如冬眠动物以及某些新生动物为了适应寒冷，维持体温，可通过氧化磷酸化的解偶联来产生热量。解偶联蛋白（uncoupling protein，UCP）是在动植物体内发现的具有解偶联功能的天然蛋白质分子。UCP 在线粒体内膜上形成质子通道，使质子不通过 F_oF_1–ATP 合酶就能返回到线粒体基质，起到解偶联作用。UCP 具有许多重要的生物学功能，如通过 UCP 的解偶联，导致脂肪氧化产生的能量直接生成热，从而使动物能够适应寒冷和维持体温。

（3）**氧化磷酸化抑制剂**　这类抑制剂既抑制氧的利用，又抑制 ATP 的形成，但不直接抑制呼吸链中的电子传递。氧化磷酸化抑制剂是通过抑制 ATP 合酶的活性起作用。如寡霉素就属于这类抑制剂，它与 ATP 合酶的 F_o 亚基结合，抑制质子通过 F_o。此外，另一种氧化磷酸化抑制剂 DCCD 也有抑制质子通过 F_o 的作用。

值得注意的是，由于氧化磷酸化抑制剂干扰了由电子传递的高能状态形成 ATP 的过程，阻止质子的正常流动，结果也将使电子传递不能进行。

（4）**离子载体抑制剂**　这是一类脂溶性物质。它们能与 K^+ 或 Na^+ 结合成脂溶性复合物，这样的复合物容易透过线粒体内膜，把 K^+、Na^+ 带到线粒体基质中去。实际上，这就等于将电子传递所释放的能量用于转运 K^+、Na^+，而不是用来形成 ATP，从而破坏氧化磷酸化过程。

缬氨霉素（valinomycin）和短肽杆菌（gramicidin）是典型的离子载体抑制剂。缬氨霉素与 K^+ 结合形成脂溶性复合物，从而使 K^+ 可以容易透过膜，同样短肽杆菌可以使像 K^+、Na^+ 等 1 价阳离子轻松穿过膜，导致氧化磷酸化过程不能进行。

思考题

1. 已知有两种新的代谢抑制剂 A 和 B。将离体的肝线粒体与丙酮酸、氧气、ADP 和无机磷酸一起保温，发现加入抑制剂 A，电子传递和氧化磷酸化就被抑制；当既加入抑制剂 A 又加入抑制剂 B 时，电子传递恢复了，但氧化磷酸化仍然不能进行。

（1）抑制剂 A 和 B 分别属于电子传递抑制剂，氧化磷酸化抑制剂，还是解偶联剂？

（2）本书已提到的抑制剂中，哪些具有与抑制剂 A 和 B 类似的作用方式。

2. 有人曾经考虑过使用解偶联剂如 2,4- 二硝基苯酚（DNP）作为减肥药，但不久即被放弃，为什么？

10.5.5　氧化磷酸化的调节

细胞内的氧化磷酸化受到严格的调节控制。电子传递和氧化磷酸化是紧密偶联的，ATP 生成的关键取决于电子的流动，而呼吸链只有生成 ATP 才能推动电子的传递。氧化磷酸化的必要条件是 NADH（或其他电子源）、O_2、ADP 和 Pi。细胞内的 ADP 浓度不仅仅作为细胞能量状况的一种量度，而且也是磷酸化反应的底物。ATP/ADP 比值在细胞内对电子传递速度起着重要的调节作用，同时对还原型辅酶的积累和氧化也起调节作用。因此，ADP 是氧化磷酸化最重要的因素。氧化磷酸化速度受 ADP 调节的方式叫做呼吸控制（respiratory control）。当细胞利用 ATP 做功时，细胞内 ATP 浓度下降，ADP 浓度升高，有利于氧化磷酸化的进行，于是 ATP 合成加速，ATP 合成的加速导致电子传递的加快，底物不断地被氧化，从而使氧的消耗增加。当细胞内 ATP 积累时，则 ADP 浓度低，此时电子传递变缓或停止，整个呼吸链也受到抑制或停止。因此，氧化磷酸化作用的进行和细胞对 ATP 的需要是相互适应的，这种精确的适应是靠以 ADP 作为关键物质的"呼吸控制"来实现的。

为了说明 ADP 浓度对细胞呼吸和氧化磷酸化的影响，B. Chance 和 G. R. Williams 根据密闭环境中线粒体在不同条件下的耗氧情况将细胞呼吸功能分为 5 种状态（图 10-17）。

状态 I：悬浮的线粒体处于既无可氧化的底物又无 ADP 时的状态，此时的氧利用率极低。

状态 II：在状态 I 时加入 ADP 后的呼吸状态，由于线粒体内存在少量的内源性底物，因此 ADP 刚加入时氧气会发生消耗过程，但随着内源性底物的减少，耗氧逐渐停止。

状态 III：同时加入 ADP 和底物时的线粒体处于状态 III，此时底物被氧化，释放的电子进入呼吸链，ADP 被氧化磷酸化利用，氧的消耗速度很快，这种状态一直持续到 ADP 被用尽。

状态 IV：此状态在 ADP 被耗尽后，耗氧处于较低水平，当再加入 ADP 时的，可以观测到线粒体的耗氧速率急剧增加直到 ADP 被耗尽。

状态 V：系统中的氧被耗尽，呼吸停止。

上述状态中，状态 III 和 IV 为线粒体经常处于的呼吸状态。当细胞受刺激而活动时，呼吸速度增加，线粒体处于呼吸活跃的状态 III，耗氧增加。当细胞处于静止条件下时，不需要较多的 ATP，此时的线粒体处于状态 IV，耗氧速率较低。

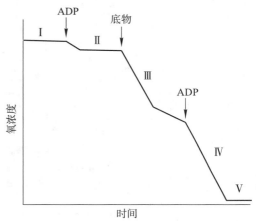

图 10-17　线粒体呼吸的 5 种状态

10.6　线粒体外 NADH 的氧化磷酸化

前面介绍的氧化磷酸化的一系列反应是在线粒体内膜上进行。但在细胞质基质中也可产生 NADH，如糖酵解就是在细胞质基质中进行的，糖酵解中 3- 磷酸甘油醛脱氢酶催化的反应可产生 NADH，NADH 不能直接通过线粒体内膜，那么细胞质基质中的 NADH 又是如何进行氧化磷酸化的呢？这就要通过穿梭系统（shuttle system）[①]，下面介绍两种主要的穿梭系统。

（1）**磷酸甘油穿梭**　细胞质基质中的 NADH 首先与糖酵解中产生的磷酸二羟丙酮作用，磷酸二羟丙酮经胞质中磷酸甘油脱氢酶（以 NAD 为辅酶）催化还原生成 α- 磷酸甘油，透入线粒体内膜，被线粒体内膜的磷酸甘油脱氢酶（以 FAD 为辅酶）催化，重新氧化成磷酸二羟丙酮。生成的 $FADH_2$ 中的 2 个氢可传给辅酶 Q，进入呼吸链氧化，这一连串反应的目的是使 NADH 的氢进入线粒体内膜或线粒体基质，再通过呼吸链氧化成 H_2O，并产生 ATP（图 10-18）。由于将 NADH 电子转移进入呼吸链的中介体是 FAD 而不是 NAD^+，这就使从 NADH 脱下

---

① shuttle system 又称 shuttle mechanism，译作"穿梭机制，往返机制"。其涵义是表示一种代谢中间产物往返在胞质基质与线粒体内膜或胞质基质与线粒体基质上进行氧化还原反应的机制，例如本书引用的甘油磷酸的氧化还原反应及苹果酸的氧化还原反应。

的电子通过氧化磷酸化最后生成的 ATP 分子数比 NAD⁺ 作为传递体时少 1 个 ATP 分子。也就是说，细胞质基质中每分子 NADH 通过这种穿梭作用和呼吸链氧化，只产生 1.5 分子 ATP。这种穿梭作用存在于某些肌肉组织和神经细胞，这些组织中每分子葡萄糖氧化只产生 30 分子 ATP。

（2）**苹果酸穿梭**　细胞质基质中的 NADH 可经苹果酸脱氢酶催化和草酰乙酸作用生成苹果酸，苹果酸可进入线粒体内膜，再经线粒体内的苹果酸脱氢酶的作用重新生成 NADH 进入呼吸链，但同时生成的草酰乙酸通过线粒体基质和细胞质基质内的谷草转氨酶的作用，从线粒体基质返回细胞质基质（图 10-19）。这种穿梭作用存在于肝、心肌等组织，线粒体外的每分子 NADH 通过这种穿梭作用和呼吸链氧化，仍能产生 2.5 分子 ATP，此时 1 分子葡萄糖氧化共产生 32 分子 ATP。

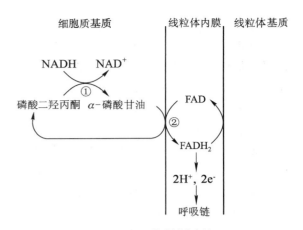

图 10-18　磷酸甘油穿梭
① 胞质中磷酸甘油脱氢酶，② 线粒体内膜中磷酸甘油脱氢酶

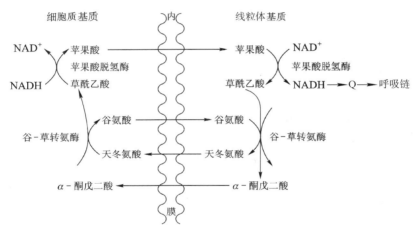

图 10-19　苹果酸穿梭

🔘 总结性思考题

1. 参与电子转移的物质有哪些？它们的结构特点是什么？

2. 每分子 NADH 氧化可产生 1.5 或 2.5 个分子的 ATP，设计一个实验来证实这个理论。

3. P.Mitchell 提出的化学渗透学说的主要内容是什么？有哪些主要的证据支持化学渗透学说？

4. 什么是 P/O 比值？影响氧化磷酸化的因素有哪些？

5. 怎样证明琥珀酸脱氢酶的辅基是与酶蛋白之间以共价键相结合的？如何确定它与哪一个氨基酸残基相连？

6. 甲状腺机能亢进患者一般表现为基础代谢率增高，试运用生化知识说明。

7. 某些细菌能够生存在极高的 pH 值环境下（pH 约为 10），你认为这些细菌能够使用跨膜的质子梯度产生 ATP 吗？

8. 为什么说寡霉素是能抑制整个线粒体呼吸作用的抗生素，解释其作用原理以及比较与解偶联剂和呼吸链抑制剂的不同？

9. 分解代谢是细胞产生 ATP 的途径，这些途径是不可逆的，即它们只能以从复杂的营养物分子向简单的产物分子的方向进行分解作用。分解代谢途径的这种反应方向是与热力学原理一致吗?

10. 某些植物体内出现对氰化物呈抗性的呼吸形式，试提出一种可能的机制。

数字课程学习

教学课件　　在线自测　　思考题解析

第十一章 代谢总论

提要与学习指导

本章主要介绍新陈代谢的一些基本概念、高能化合物以及中间代谢的研究方法。学习本章时应注意：

1. 明确新陈代谢的涵义和掌握新陈代谢的共同特点。
2. 了解高能化合物以及 ATP 在代谢中的重要性。
3. 了解中间代谢的研究方法。
4. 了解不同组织的能量需求和代谢途径的特点。

11.1　新陈代谢的概念

11.1.1　新陈代谢

生物最基本的特征之一是新陈代谢（metabolism），简称代谢，是指生物体和外界环境进行物质交换的过程。一切生物只要活着，都要和外界交换物质。要从外界摄取其所需的物质，并把它们转变成自身的物质；同时，又将体内原有的物质分解，并把某些物质排出体外。凡有生命存在，就要进行新陈代谢，新陈代谢一旦停止，死亡也即来临。由此可见，生物体不是孤立存在的，在其一生中，每时每刻都与外界环境发生着复杂的联系，而这种联系则包含着许许多多的化学过程。

11.1.2　合成代谢和分解代谢

新陈代谢包括合成代谢和分解代谢。

（1）**合成代谢**（anabolism）　也称同化作用，是指生物体从外界摄取物质，并把它们转变成自身物质的过程，通常是将生物小分子合成为生物大分子。例如，人及高等动物从食物中获得糖类、脂质、蛋白质等物质后，经分解（消化）、吸收，再合成机体自身的糖类、脂质、蛋白质等组成成分。合成代谢由一系列分解反应和合成反应构成，最终是合成生物体的物质。

（2）**分解代谢**（catabolism）　也称异化作用，是指生物体内原有的物质经一系列变化最终变成排泄物排出体外的过程，通常是将生物大分子分解为生物小分子。分解代谢亦由一系列分解反应和合成反应构成，但总的结果是将生物体内的物质分解。

以上合成代谢和分解代谢所包括的物质转化，都属于物质代谢（material metabolism）。在物质代谢中常伴随能量的转化，称为能量代谢（energy metabolism）。

合成代谢一般是吸能反应（endergonic reaction），分解代谢一般是放能反应（exergonic reaction）。例如绿色植物通过光合作用将二氧化碳和水合成糖，属合成代谢，是吸能过程（能量来自太阳辐射）；生物体将糖分解成二氧化碳和水，属分解代谢，是放能过程，生物体由此得到了维持生命活动的能量。

合成代谢和分解代谢是矛盾的两个方面，这对矛盾贯穿于生命活动的始终，它们不仅互相对立着，也互相依赖着，彼此都以其对立的方面为存在条件，没有合成代谢也就没有分解代谢，反之亦然。如果没有合成代谢提供物质，分解代谢的物质基础即丧失；如果没有分解代谢提供能量，合成代谢也不能进行。任何时间、任何情况下，在一个活着的生物体内部同时进行着合成代谢和分解代谢，生物体内原有的物质在分解、排出；同时又将由外界摄取的物质转变成自身的物质。在生物体的生命过程中合成代谢和分解代谢的主次关系也是相互转化的，这种转化就使生物体呈现出生长、发育和衰老等不同的阶段。处在生长发育阶段的生物体，为了构成新的组织，其中许多组成成分的合成速率超过分解速率，其合成代谢处于主要地位。当机体处于消耗性疾病、饥饿或类似情况下，分解代谢的速率大于合成代谢，分解代谢处于主要地位，例如个体的消瘦就是由此造成的。

11.1.3 新陈代谢的特点

各种生物的新陈代谢过程十分复杂，但却有其共同的特点：
（1）代谢反应是在温和条件下进行，绝大多数都由酶催化。
（2）代谢过程中的化学反应往往不是一步完成，而是通过一系列中间过程，反应数目虽多，但却有严格顺序。
（3）生物体内的化学反应表现出灵敏的自我调节，各个反应之间都是相互协调，相互联系，有条不紊地进行。
（4）生物的代谢体系是在长期进化中逐步形成，逐步完善的。高等动植物和微生物虽然差别很大，但有些基本的代谢过程却十分相似，这对于我们掌握代谢规律是十分有利的。

11.1.4 中间代谢和代谢途径

新陈代谢包括物质的消化吸收、在细胞内的化学变化以及代谢产物的排泄等，其中物质进入细胞后，在细胞内的化学变化过程，也就是在细胞内的合成和分解过程，一般称中间代谢（intermediary metabolism）。本教材着重讨论中间代谢。中间代谢是通过一系列化学反应来完成，这些化学反应有其特定的顺序，这种按严格顺序进行的一系列化学反应，即构成了某物质的代谢途径（metabolic pathway）。例如由葡萄糖分解成丙酮酸的一系列反应构成了糖酵解途径。代谢途径中的反应物、中间物以及产物称为代谢物（metabolite）。

糖类、脂质、蛋白质和核酸等物质，都有特定的代谢途径，又有某些共同的代谢途径（如三羧酸循环），许多代谢途径间常常还有着某种联系。因此，在了解代谢途径的细节，掌握其特点的同时，还应注意它们之间的关系。

11.2 代谢过程的能量传递和转化

代谢反应受热力学规律支配，分为放能反应和吸能反应。放能反应是指那些产生能量的反应，而吸能反应是指那些需要能量的反应。在活细胞内产生能量的反应与需要能量的反应是偶联进行的。但是，这种偶联很少是两个反应的共同催化作用，而常常是通过 ATP 等高能化合物在这两个反应中作媒介，因此，ATP 在能量代谢中占有重要地位。

ATP 是生物体内的最重要的高能磷酸化合物，细胞中生成 ATP 的方式主要有氧化磷酸化、光合磷酸化和底物水平磷酸化。氧化磷酸化详见本书生物能学与生物氧化章 10.5；光合磷酸化详见本书糖代谢章 12.4.1.2；底物水平磷酸化参见本书糖代谢章 12.3.2.1。

当细胞内糖类、脂质等物质进行分解代谢时，产生大量的能量。这些能量中的一部分推动着由 ADP 和 Pi 合成 ATP，即释放的能量暂时输入到 ATP 分子中。然后 ATP 作为能量的供体，可以转化为各种其他的能量形式或直接被利用：①渗透能：质膜和内膜上分布着大量的转运蛋白和载体，介导着不同物质的跨膜转运，以维持内环境的稳定以及各种生理活动的需要，在这个过程中需要大量的 ATP。②化学能：细胞内在进行营养物质分解代谢的同时，也时刻进行着物质的合成代谢，尤其是糖类、脂质和核酸等大分子的合成，需要消耗 ATP 供能，这也是 ATP 被直接利用的主要方式。③光能和电能：ATP 的化学能可以转变为光能，例如萤火虫发光消耗的能量来自于 ATP。海洋生物电鳗可以将 ATP 的化学能转变为高达 600 V 的电压，作为防御侵害的手段。此外，质膜内外的电位差，也是依赖于 ATP 的能量供给和转换。④机械能：肌肉的收缩、心脏的跳动、植物细胞质的流动性等，这些运动所需的机械能均需要从 ATP 的化学能转换而来。

11.3 中间代谢的研究方法

有机物的代谢是个渐变的过程，那么，在这一过程中究竟产生了哪些中间代谢物，以及各中间代谢物又是通过什么机制转变成代谢过程中下一个化合物的？这都是研究中间代谢首先要解决的问题。此外，为了进一步了解物质代谢的更细致的内容，还要定量地研究某物质代谢的总反应和其中每一具体反应的动力学，以及某些调节因素对代谢反应的影响和作用机制，甚至还要研究物质代谢和能量代谢的关系，由此可见，中间代谢的研究内容是十分丰富和复杂的。

任何一个生物体内，即使是在一个单细胞生物体内，同时可有多种物质进行代谢，这些代谢过程往往又互有牵连，彼此交错，不易区分，这就给中间代谢的研究带来了一定的困难。

物质代谢的内容十分复杂，充分了解它又有相当的困难，就必须采用适当的研究方法才能认识它。所用方法适当与否，在很大程度上决定了所得结果是否可靠。在多数情况下，研究一种物质的代谢过程，需要采用多种研究方法，将各种方法所得的研究结果互相补充印证，才能得到较可靠和完整的结果。

中间代谢的研究方法很多，这里只能有所侧重地作一概括介绍。

11.3.1 活体内与活体外实验 [①]

（1）**活体内实验** 早期的代谢研究大多在活体内进行实验。例如将被试物质大剂量地饲喂或注入动物体，然后在此动物的排泄物或组织中寻找被试物质的代谢物，从而推测被试物在该动物体内的代谢情况。使用这种方法虽然也获得了不少有关物质代谢的资料，但很快就发现这种方法有很大的局限性，并且往往得不到明确、细致的结果。

为了确定某物质的代谢产物，在同位素未被应用以前，已有人用"标记化合物"进行代谢研究。例如 1904 年德国化学家 F. Knoop 在研究脂肪酸分解代谢时，用化学方法在偶数和奇数碳脂肪酸分子末端加上一个苯环作标记，使其变成标记化合物苯脂酸。将苯脂酸喂养狗，然后从狗的尿液中分离含苯环的末端产物，发现苯基标记偶数碳原子脂肪酸的代谢产物为苯乙尿酸，苯基标记奇数碳原子脂肪酸代谢产物则为马尿酸（苯甲酸的衍生物）。根据上述标记脂肪酸的代谢物检测结果，分析其中的规律，提出了脂肪酸的 β– 氧化学说。

---

① 通常用拉丁文 *"in vivo"* 表示活体内实验；活体外实验又称试管实验，用 *"ex vivo"* 或者 *"in vitro"* 表示；*ex vivo* 和 *in vitro* 区别在于，前者的研究材料来自生物活体，后者的研究材料来自体外培养的细胞系。

利用患代谢障碍病的人或动物进行代谢研究。由于患者体内某物质的代谢受阻，往往造成某些中间代谢物的大量积累或排出。例如糖尿病患者，由于不能利用葡萄糖，葡萄糖即由尿中排出，如给以另一物质即可引起尿中葡萄糖增多，即说明此物质在机体内有转变成葡萄糖的可能。

由于遗传原因造成的代谢障碍症称为"遗传代谢病"（inherited metabolic disorders），患者体内不能合成某种酶，从而使某代谢过程中由此酶催化的反应不能正常进行，导致某中间代谢物大量积累并排出，利用这种患者亦可研究有关物质的代谢情况。例如酪氨酸分解代谢会生成中间代谢物尿黑酸，"尿黑酸症"患者缺乏催化尿黑酸氧化降解的酶，导致尿黑酸累积并随尿排出被空气氧化呈黑色。

利用病理及先天性代谢障碍患者还不能满足代谢研究的需要，为此，就人为地造成反常代谢动物供实验之用。例如将根皮苷注入犬体，妨碍其肾小管重吸收葡萄糖的机能；或用四氧嘧啶损伤犬的胰岛组织，使其不能产生胰岛素，从而造成糖尿病动物，利用这种动物进行糖代谢的研究。

生物体具有高度的组织复杂性和完整性，在完整机体内进行代谢研究往往会发生很大困难。因此，又常用活体外实验研究代谢。

（2）**活体外实验**　是把生物体的某一部分（一个器官、一种组织、一种细胞器、一个酶系甚至一种酶）分离出来，在人为环境中进行实验。活体外实验也有很多种。

早期的活体外实验是采用灌注器官的方法。动物各器官都有一定的代谢机能，为了确定某器官的代谢机能，可将所试物质与血液或生理盐水溶液混合，注入其器官，经适当时间后，分析此器官流出液的成分，以确定所试物质代谢后的产物。例如用这种方法研究氨基酸在离体肝中的代谢，证明了肝具有使氨基酸脱去氨基生成酮酸及氨（尿素）的机能。肾亦有使氨基酸脱氨的机能。如在完整机体内进行实验，就不易确定个别器官的代谢机能。

生物组织离体后，仍能保持一定时间的代谢机能。将组织切成薄片，置于人工配制的培养液中保温，测定培养液中各成分的变化，或用测压法[①]测定保温过程中氧的消耗量或二氧化碳的产量，从而了解该组织对哪些物质起作用以及起什么作用，这种方法称组织切片法。例如将肝切片和氨混合，保温数小时后测得氨量下降，尿素相应增加，证明了肝组织能利用氨合成尿素。

组织切片切面附近的细胞虽被破坏，但切面间（切片内部）的细胞还是完整的。在离体情况下，许多物质往往不能通过细胞壁或细胞膜进入细胞，因此就需将细胞破碎后进行实验。

研磨、超声波、反复冻融以及其他方法都可将细胞破碎，所制得的生物材料称组织糜或组织浆，其中除含有细胞碎片、细胞核和其他细胞微粒以及细胞质的可溶物质外，还含有少量完整的细胞，所以糜或浆是不均匀的生物制品，用组织糜或浆进行实验，基本上可避免因某些物质不能进入细胞而发生困难。例如，将肝组织浆与精氨酸共同保温，测得的精氨酸被水解成鸟氨酸和尿素，即可推测精氨酸在肝中的代谢情况。

不含完整细胞的组织浆称为匀浆。实质上，匀浆还不是均一的，其中含有颗粒大小不等的细胞核、线粒体、微粒体、细胞壁或细胞膜碎片（也可能有少数完整细胞或部分破裂的细胞），还有细胞质的可溶部分，利用密度梯度离心法可将颗粒大小不一的细胞器分离开来，用以研究细胞的不同部分进行哪些代谢反应及含有哪些酶。例如，用这种方法了解到糖酵解的酶系存在于肝细胞的胞质基质中，细胞色素氧化酶和三羧酸循环的酶系则集中在肝细胞的线粒体内，微粒体则含有某些磷酸酶和与氨基酸代谢有关的酶等。这种方法实质上已用于个别酶系进行研究，对了解物质代谢的途径是很重要的。

将一种酶提纯，然后研究此酶的作用机制以及某些因素对它的影响，由此可了解到此酶的催化机理。另一方面，也可将多种已经提纯的酶混合在一起，进行某酶系的模拟试验，作为探索和印证某代谢过程的手段。

前已述及，物质代谢过程往往是由一连串的化学反应所组成的，其中每一反应几乎都由专一的酶所催化。正常情况下，中间代谢物并不会大量累积。代谢研究可利用特定酶的抑制剂使代谢途径中断或改变方向，从而了解

---

①　普遍用于测压法的是瓦氏（Warburg）呼吸仪，它是测定微量气体变化的仪器，适用于测定组织、细胞的呼吸以及有气体变化的酶促反应。

某一步骤或某种产物是否存在。假设 A 物质可能的代谢途径如下：

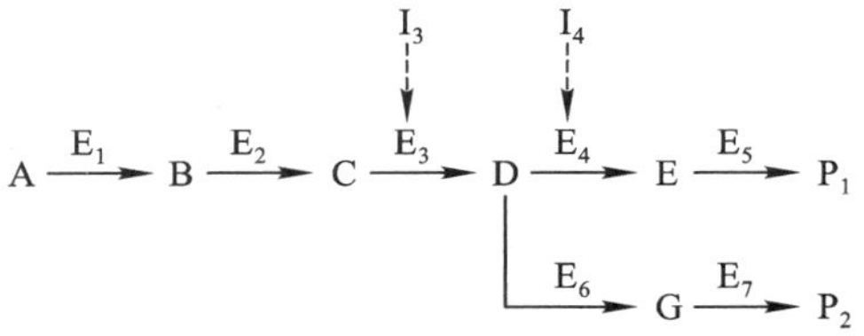

在这途径中，催化每一反应的酶分别为 E_1、E_2、E_3、…、E_7。如在反应体系中加入 E_3 的专一抑制剂 I_3，即抑制了由 C 变成 D 的反应，从而使 C 累积，反应终产物 P_1 及 P_2 的量皆显著下降或完全测不出，这就证实了上述假设途径。如以抑制剂 I_4 抑制 E_4，其结果是产物 P_1 不再出现，产物 P_2 则大为增加，这就进一步证实了上述假设途径的存在。

活体外实验可避免在活体内进行实验无法避免的干扰因素，亦有可能对代谢反应研究得比较深入细致。然而，也正由于是在脱离整个机体情况下进行的实验，所得结果有可能和整体内的情况有某种程度上的差异，这是应该注意的。

11.3.2 同位素示踪法

同位素是原子序数相同而相对原子质量不同的元素。同位素在周期表上占有相同的位置，具有相同的化学性质，只是物理性质有所不同。因此，用同位素进行代谢研究，可利用其物理性质的不同作为"标记"追踪其去向，使结果基本接近于正常状况。

同位素分稳定性同位素和放射性同位素两类。稳定性同位素是指相对原子质量不同，不进行衰变，无射线辐射的同位素；放射性同位素是指相对原子质量不同，衰变中有射线辐射的同位素。生命科学研究中最常用的是放射性同位素示踪法。自然界只存在有微量的放射性同位素，实验室所用的放射性同位素都是用人工方法制成的。这些放射性同位素在衰变过程中，大多释放出 β 粒子或 γ 射线，不同同位素释放出的 β 粒子的能量可能有较大的差别。

放射性同位素的浓度可用辐射强度表示。浓度愈大，辐射强度愈强。辐射强度以单位时间内（s）原子蜕变数表示，常用的计量单位是居里 [①]（curie，简称 Ci）。

1 居里（Ci）$= 3.7 \times 10^{10}$ 核蜕变 /s

1 毫居里（mCi）$= 3.7 \times 10^{7}$ 核蜕变 /s

1 微居里（μCi）$= 3.7 \times 10^{4}$ 核蜕变 /s

1 居里（Ci）$= 10^{3}$ 毫居里（mCi）$= 10^{6}$ 微居里（μCi）

实际应用中常采用比强度（或称比放射性、比活性）表示放射强度，所谓比强度是指单位质量或者单位体积样品的放射强度。

测定辐射强度的仪器中应用最广泛的是液体闪烁仪，将同位素化合物溶解或悬浮于芳香族溶剂中，这种芳香族溶剂受到射线激发时，即产生荧光，也就是发射光。这种发射光可经液体闪烁仪进行定量测定。液体闪烁计数器主要测定发生 β 核衰变的放射性核素，尤其对低能 β 更为有效。

放射性同位素的分解速率常用"半衰期"（half life）表示。所谓"半衰期"是指一种放射性元素失去它的放射强度一半所需的时间。半衰期是一常数，一些常用的放射性同位素及其半衰期见表 11-1。

---

① 1 Bq = 1 dps $= 2.703 \times 10^{-11}$ Ci，1 Ci $= 3.7 \times 10^{10}$ dps

表 11-1 生物化学研究中常用的同位素

名称	符号	类型	射线形式	半衰期
重氢（或氘）	^2H（或 D）	稳定		
氢 3（氚）	^3H（或 T）	放射性	β	12.3 年
碳 13	^{13}C	稳定		
碳 14	^{14}C	放射性	β	5 700 年
氮 15	^{15}N	稳定		
氧 18	^{18}O	稳定		
磷 32	^{32}P	放射性	β	14.3 天
硫 35	^{35}S	放射性	β	87.1 天
碘 125	^{125}I	放射性	γ	60 天
碘 131	^{131}I	放射性	β、γ	8 天

中间代谢研究的主要内容之一，是了解某种分子代谢过程中可变成哪些代谢产物。用已知标记位置的标记化合物进行实验，即可根据其分子中同位素的特殊物理性质追踪其代谢去向，这种方法称同位素示踪法。所用同位素或标记化合物则称示踪原子或示踪化合物。

利用同位素示踪法不仅可了解到某代谢物可转变成哪些代谢产物，还能确定其代谢产物是由代谢分子中的哪部分原子或原子团转变而成的，为了达到这个目的，往往需要用具有一个以上标记原子的化合物进行试验，例如由 ^2H 和 ^{14}C 双标记的脂肪酸，由 ^{15}N 及 ^2H 双标记的氨基酸等。

同位素标记化合物的化学性质和非标记化合物相同，参与化学反应的情况也相同，故其代谢过程和正常代谢物一样，这就排除了用异常代谢物（如前述的苯脂酸）进行代谢研究所产生的怀疑。许多物质的代谢过程，往往都是根据同位素示踪法的研究结果得以肯定、否定或补充的。例如前面所述 Knoop 根据用苯脂酸进行实验的结果提出了 β- 氧化学说。但是，直至 30 年后，用 ^2H 及 ^{14}C 双标记脂肪酸进行研究，才肯定了 β- 氧化是脂肪酸分解代谢的主要途径。

1945 年，S. David 等人用 ^{14}C 和 ^{15}N 标记的乙酸及甘氨酸证明了血红素分子中的全部碳原子和氮原子都来自乙酸和甘氨酸。

光合作用途径的阐明也应用了同位素标记方法。1939 年，美国的 S. Ruben 和 M. Kamen 将 CO_2 和 H_2O 中的氧分别用 ^{18}O 标记，证实了光合作用释放的氧气来自于 H_2O 而非 CO_2。1945 年，美国科学家 M. Calvin 用同位素标记法追踪 $^{14}CO_2$ 在光合作用中转变为有机物中碳的途径，最终成功并获得了 1961 年的诺贝尔化学奖。

应用同位素示踪法也证明了胆固醇分子中所有碳原子来自乙酰 CoA。

同位素示踪法的优点主要有：①放射性同位素与相应的元素在化学性质上无区别，它不影响机体的正常代谢，而它又具有放射性，可用特殊仪器进行测定；②灵敏度高，极微量的放射性物质就可测定出来（检测下限可以达到 $10^{-14} \sim 10^{-13}$ g）。因此，在生命科学研究中得到了广泛应用。但是，同位素示踪法也有其缺点，例如进行实验时需要十分注意防护问题，否则操作者易受放射性伤害，这就需要特殊的设备，并为操作带来一定的限制。

11.3.3 核磁共振波谱法

近年来，核磁共振波谱法（nuclear magnetic resonance spectroscopy，简称 NMR 谱）在生物学研究中得到了广泛应用。具有奇数质量数或奇数质子数的原子核具有自旋和磁矩，可处在多个允许能级的某一能级上，核磁共振利用特定同位素（如 ^1H、^{13}C、^{15}N 和 ^{31}P 等）的核自旋运动特点，在外加磁场内，经过射频脉冲的激发后产生可检测信号。由于一个特定核的核磁共振谱随其瞬间环境而改变，因此，即使在相当复杂的混合物中鉴定特定原子的峰也是可能的。磁体（magnet）的展开大到能容纳动物和人，并能把磁谱定位到特定的器官。通过核磁共振技术使非侵害性地研究代谢途径成为可能。例如，可应用 ^{31}P 核磁共振检测磷酸化合物如 ATP、ADP 和磷酸肌酸的水平，研究肌肉的能量代谢。

用 ^{13}C（其天然丰度仅 1.10%）同位素标记代谢物的特定原子，使标记原子的代谢过程能用 ^{13}C 核磁共振追踪。通过鼠肝注射 D−[1−^{13}C] 葡萄糖前后活体内的 ^{13}C 核磁共振谱，可以看到 ^{13}C 进入肝，然后掺入糖原（葡萄糖的贮存形式）。

核磁共振成像（nuclear magnetic resonance imaging，简称 MRI）是利用 NMR 的原理，依据所释放的能量在物质内部不同结构环境中的衰减差异，绘制物体内部的结构图像。将核磁共振技术应用于人体内部结构成像，已经成为革命性的医学诊断工具，详见ℯ辅学窗 11−1。

11.3.4 代谢组学

20 世纪末，在基因组学和蛋白质组学带动下，代谢组学（metabonomics）得以提出和发展。代谢组学主要针对生理、病理等条件下生物体内所有代谢物进行定性和定量分析，研究代谢物变化并分析其与生理病理表型的关系。代谢组学是系统生物学的组成部分，其基本方法包括：①分析技术（例如气相色谱－质谱联用、高效液相色谱－质谱联用、核磁共振波谱法等）；②模式识别和专家系统等计算分析方法（例如利用多元统计分析甚至神经网络分析开展数据信息处理）。代谢组学揭示的是生物体的整体代谢现状，其现实意义更大。

11.4 不同组织代谢途径的特点

细胞中的新陈代谢过程十分复杂，虽然不同物种的细胞代谢存在差异，但也具备相对保守的基本代谢途径，我们将在第Ⅲ篇作详细的介绍。人和动物不同组织细胞的基本代谢过程十分相似，但又各具特点。组织特异性的细胞代谢途径源于不同组织的能量需求与选择，在此分别作简单的介绍。

脑 正常生理条件下，葡萄糖几乎是维持脑代谢活动的唯一能源物质。脑组织缺乏能量储备系统，因此需要不停地补充葡萄糖。在静息状态下，人 1 天消耗葡萄糖的 20% 以上被大脑利用，这些能量主要用于满足中枢神经系统的能量需求。葡萄糖转运蛋白 1 和葡萄糖转运蛋白 3 是脑内负责葡萄糖转运至细胞内的两个重要载体。它们对于葡萄糖的亲和力很高，其米氏常数为 2~5 mmol/L，均低于正常的血糖浓度（4~6 mmol/L），这两个转运蛋白是以接近于饱和的最大效率转运葡萄糖，其蛋白质的表达量直接影响脑的能源供应。在正常生理条件下，脂肪酸不能作为脑部的能源物质，但如果机体长期处于饥饿和禁食，脂肪酸可以在肝细胞中降解成酮体（见脂质代谢章），通过血液循环运输到脑部替代葡萄糖为脑部提供能量。

肌肉 肌肉的主要能源物质是脂肪酸、葡萄糖和酮体。在静息肌肉中，脂肪酸是主要的能量来源，肌肉 85% 的能量供给来自于脂肪酸。肌肉含有大量的肌糖原作为能量的储存形式，体内 3/4 的糖原是以肌糖原形式储存于肌肉之中。肌糖原可以分解为 6−磷酸葡糖进入糖酵解释放能量。由于肌肉中缺乏 6−磷酸葡糖磷酸酶，因此肌肉不能输出葡萄糖为其他组织所利用。在剧烈收缩的骨骼肌中，糖酵解的速率远高于三羧酸循环，且糖酵解的产物丙酮酸在乳酸脱氢酶的作用下，生成乳酸，乳酸经过血液循环运输回到肝合成葡萄糖（Cori 循环）。同时，骨骼肌中的丙酮酸也可通过转氨作用生成丙氨酸，丙氨酸经丙氨酸循环运输回到肝细胞，并重新转变成丙酮酸。丙氨酸脱氨作用失去的氨进入尿素循环转变成尿素排出体外，生成的丙酮酸可作为重新生成葡萄糖或者脂肪酸的底物。心肌没有糖原储备，因此脂肪酸是心肌的主要能源物质，酮体和乳酸也可以作为心肌的能源物质。与骨骼肌不同，心肌细胞中含有大量的线粒体，因此其分解代谢几乎全都是有氧代谢。

脂肪组织 三酰甘油是脂肪组织的主要能源储备形式。脂肪组织是脂肪酸酯化和三酰甘油脂解的主要场所。人体中肝是脂肪酸合成的主要场所，食物摄取也是脂肪酸的重要来源之一。膳食中摄入的脂肪酸通过小肠的吸收和乳糜微粒的运输进入脂肪组织。肝中合成的脂肪酸酯化后以脂蛋白的形式运输到脂肪组织。三酰甘油不是直接被摄入脂肪细胞的，而是首先被细胞外的脂蛋白水解酶水解成脂肪酸进入细胞。在脂肪细胞中，脂肪酸活化成脂酰 CoA，同时甘油活化成 3- 磷酸甘油与脂酰 CoA 进行反应合成三酰甘油。3- 磷酸甘油来自于糖酵解的中间物磷酸二羟丙酮，因此，脂肪细胞需要葡萄糖作为合成三酰甘油的前体物质。三酰甘油在脂肪细胞内脂肪酶作用下降解为甘油和脂肪酸。第一个酯键的水解是脂肪降解的限速步骤，催化此步骤的酶称为激素敏感性脂肪酶，受到肾上腺素和胰高血糖素的调控。例如肾上腺素可以刺激脂肪细胞内产生第二信使 cAMP，从而激活 PKA，PKA 催化激素敏感性脂肪酶的磷酸化，从而激活其活性催化脂肪的水解（见激素化学章）。脂肪细胞中的三酰甘油是不断合成和降解的。分解的产物之一甘油可以运输回到肝细胞。大多数的脂肪酸在 3- 磷酸甘油充足的情况下重新合成三酰甘油储存起来，反之，在葡萄糖匮乏造成 3- 磷酸甘油水平较低时，脂肪酸运输出脂肪细胞释放到循环系统中。因此，脂肪细胞中的葡萄糖的水平决定着脂肪酸是否可以进入血液循环。

肾 肾的主要生理功能是产生尿液，具有排泄代谢废物和维系体液同渗容摩的生理学功能。大多数被肾小球滤过的物质会被肾小管重吸收回来，例如葡萄糖、水分等，以避免损失和浪费。肾的组织质量仅占体重的 0.5%，但其耗氧量却占总细胞呼吸作用耗氧量的 10%，这主要源于肾的重吸收功能需要消耗大量的能量。葡萄糖的重吸收是由肾细胞上的钠 - 葡萄糖协同转运蛋白（sodium-glucose cotransporter）介导。该转运蛋白由 Na^+-K^+ ATP 酶（见生物膜的结构和功能章）维系的 Na^+ 和 K^+ 梯度所驱动。正常的生理状态下，20% 的糖异生发生在肾，当机体饥饿时，肾的糖异生占据更重要的地位，可提供一半数量的血糖含量。

肝 肝在代谢活动中占据核心位置，糖类、脂质、蛋白质等主要代谢过程均发生在肝细胞中。大多数由肠道吸收的物质首先通过肝进行初步的代谢，为脑、肌肉和其他外周组织和器官输送物质和能量，同时调控血液中各种代谢物质的水平。餐后肝可吸收血液中 2/3 的葡萄糖和其余所有的单糖物质，剩余的葡萄糖留在血液中为其他组织所吸收和利用。肝吸收的葡萄糖在己糖激酶的作用下产生 6- 磷酸葡糖。6- 磷酸葡糖在细胞内有多种用途，大多数的 6- 磷酸葡糖用于合成糖原。多余的 6- 磷酸葡糖可通过糖酵解生成乙酰 CoA，再进一步转化成脂肪酸、胆固醇和胆汁盐。6- 磷酸葡糖也可以通过磷酸戊糖途径生成 NADPH，为生物合成提供还原力。肝可以通过糖原的水解和糖异生途径维系血糖浓度，糖异生的主要前体物质包括肌肉中的乳酸和丙氨酸，脂肪组织中的甘油以及膳食来源的生糖氨基酸。肝在脂质代谢中也占据核心位置。当能量匮乏时，膳食来源或肝合成的脂肪酸可以被酯化，然后分泌到血液中与极低密度脂蛋白（见脂质化学章）结合进行运输。在禁食状态下，肝将脂肪酸转化为酮体。肝中的脂肪酸是否能进入线粒体是决定其转变为极低密度脂蛋白结合形式或酮体的决定因素。脂肪酸分解代谢的限速酶是肉碱 - 软脂酰转移酶 I（CPT-I），催化长链脂肪酸进入线粒体内膜，丙二酸单酰 CoA 是其抑制剂。当丙二酸单酰 CoA 丰富的时候，长链脂肪酸进入线粒体基质受到抑制，β- 氧化和酮体生成均被阻断。脂肪酸转而被运输到脂肪组织进行三酰甘油的合成。反之，当能量匮乏的时候，丙二酸单酰 CoA 含量较低，脂肪酸转运到脂肪组织的过程被抑制，而进入线粒体基质进行 β- 氧化和酮体合成。肝在氨基酸代谢中也具有重要的作用。肝同样可以吸收绝大多数的氨基酸，留少数氨基酸在血液中为其他组织利用。这些被吸收到肝中的氨基酸优先被用于合成蛋白质而非分解代谢。这是因为氨酰 -tRNA 合成酶结合氨基酸的 K_m 低于氨基酸分解代谢中的各种酶，因此，氨基酸优先结合到亲和力高的氨酰 -tRNA 合成酶上用于蛋白质合成。氨基酸分解代谢的第一步是脱去氨基后转变为 α- 酮酸，氨基参与形成尿素，α- 酮酸用于糖异生或脂肪酸合成。肝无法进行支链氨基酸（亮氨酸、异亮氨酸和缬氨酸）的脱氨基作用，这几种氨基酸的转氨作用发生在肌肉组织中。肝自身的能量需求来自于氨基酸脱氨基后形成的 α- 酮酸的分解。事实上，肝中糖酵解的主要功能是为合成提供碳骨架。而且，肝中没有将乙酰乙酸（酮体的一种）转变为乙酰 CoA 的转移酶，因此无法利用乙酰乙酸作为能量，只能将乙酰乙酸运输到肌肉和脑组织中作为能源物质。

总结性思考题

1. 如何理解物质代谢和能量代谢之间的关系？从物质和能量变换规律总结分解代谢和合成代谢各自的特点。

2. 思考分析生物进化过程中选择核苷酸衍生物为能量载体的原因，总结 ATP 在代谢途径中的作用。

3. 阐述不同组织新陈代谢的特点。

4. 相对于基因组学、转录组学、蛋白质组学能够提供的代谢信息而言，代谢组学提供的代谢信息具有怎样的特点和优势？

数字课程学习

👤 教学课件　　💬 在线自测　　📖 思考题解析

第十二章　糖代谢

提要与学习指导

本章主要内容是自然界糖类的分解和合成途径。结合糖代谢对人类和动物的重要作用，针对糖代谢的调节和控制也作了必要的阐述。学习本章时应注意：

1. 在学习糖的分解和合成具体途径前，首先对糖类的复杂代谢途径作概括性的了解，以初步掌握糖类在生物体中的主要代谢途径。

2. 学习糖类分解代谢时首先要把糖酵解和三羧酸循环途径重点掌握，注意各反应过程中能量的产生和消耗。在学了糖酵解和三羧酸循环的正常途径后要联系由糖酵解产生的丙酮酸与工业发酵产品（如乙醇、乙酸、丙酮、乳酸等）的关系。

3. 在学习糖的合成代谢时，要认识到自然界糖类的起源是靠绿色植物的光合作用。了解多糖（糖原和淀粉）的合成途径及酶类。

4. 要注意各种糖代谢的调节机制和人与高等动物糖代谢反常时的主要病症。

生物所需的能量，主要由糖的分解代谢所供给，成人每天所需热能的 60% ~ 70% 来自糖类。绿色植物能将 CO_2 及水合成糖类，人类和动物则利用植物所合成的糖类以供给热能。

人类及其他生物要利用糖类作能源，首先须将比较复杂的糖分子经酶解作用（即消化作用）变成单糖后才能被吸收，进行代谢。本章将就糖的酶解、糖的分解和生物合成分别做介绍。

12.1　糖的酶水解（消化）

糖类中的二糖及多糖在被生物体利用之前必须水解成单糖。生物水解糖类的酶为糖酶。

糖酶分多糖酶和糖苷酶两类。多糖酶可水解多糖类，糖苷酶可催化简单糖苷及二糖的水解。多糖酶的种类很多，如淀粉酶、纤维素酶、木聚糖酶、果胶酶等。现以淀粉酶所催化的淀粉（及糖原）的酶水解为代表加以阐述。

淀粉（或糖原）的酶水解　水解淀粉的酶称淀粉酶，淀粉酶也可水解糖原。淀粉酶有 α- 淀粉酶（α-amylase）及 β- 淀粉酶（β-amylase）[1] 两种。α- 淀粉酶主要存在于动物体中（如唾液中的唾液酶），β- 淀粉酶主要存在于植物种子和块根内。它们都能水解淀粉及糖原的 α-1,4- 葡萄糖苷键。α- 淀粉酶可水解淀粉或糖原分子中任何一个部位的 α-1,4- 葡萄糖苷键，β- 淀粉酶则只能从淀粉（或糖原）分子的非还原端开始，每次切下 2 个葡萄糖残基，产生麦芽糖单位。α- 和 β- 淀粉酶对 α-1,6- 葡萄糖苷键皆无作用。水解 α-1,6- 葡萄糖苷键的酶

---

[1] 此处的 α- 淀粉酶、β- 淀粉酶只表示是两种淀粉酶，不表示任何构型关系。

为寡糖 $-\alpha-1,6-$ 葡萄糖苷酶（存在于小肠液中）。淀粉酶水解淀粉的产物为糊精[1]和麦芽糖的混合物：淀粉 —→ 糊精 —→ 麦芽糖。

二糖的酶水解　二糖酶中最重要的为蔗糖酶、麦芽糖酶和乳糖酶。它们都属于糖苷酶类。这 3 种酶广泛分布于微生物、人体及动物小肠液中。其催化反应为：

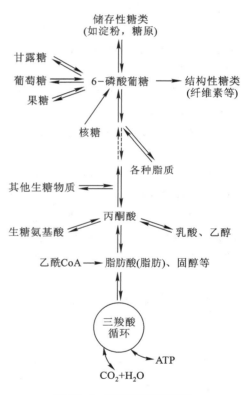

$$麦芽糖 + H_2O \xrightarrow{麦芽糖酶} 2D-葡萄糖$$

$$乳糖 + H_2O \xrightarrow{乳糖酶} D-葡萄糖 + D-半乳糖$$

人和动物小肠能直接吸收单糖通过毛细血管进入血循环。各种单糖的吸收率不同（D- 半乳糖 > D- 葡萄糖 > D- 果糖 > D- 甘露糖 > D- 木糖 > D- 阿拉伯糖）。吸收机制不单纯是单糖的扩散。D- 半乳糖和 D- 葡萄糖吸收率之所以特别高，是因为小肠黏膜细胞膜有一类依赖 Na^+ 的葡萄糖转运蛋白（sodium dependent glucose transporters）和 Na^+ 参加了转运作用。由于 Na^+ 与转运蛋白结合使转运蛋白的构象改变，从而适宜于与 D- 半乳糖和 D- 葡萄糖结合使其易于通过小肠黏膜细胞膜进入毛细血管。

12.2　糖中间代谢概述

活细胞中的糖代谢，一方面进行糖的分解，通过一系列复杂化学反应产生 CO_2、H_2O 及 ATP，也可转变为脂质（糖是合成脂肪酸和脂肪的主要物质）、氨基酸、固醇以及其他细胞成分。另一方面进行糖类的合成，利用各种可能转变为糖的物质合成糖类；绿色植物还可利用 CO_2、H_2O，通过光合作用合成糖类。无论是分解或合成都需要通过糖的磷酸化合物为中间产物，其中 6- 磷酸葡糖最重要。这些主要变化途径，可概括表示如图 12-1。

图 12-1　糖代谢的主要途径

12.3　糖的分解代谢

在第一章糖类化学中已经介绍了生物体内主要以多聚葡糖的形式存储糖。糖原是动物细胞中的储能多聚葡

---
① 糊精为多糖的不完全水解产物。

糖，淀粉则是植物细胞中的多聚葡糖，下面将以糖原为例介绍多糖的体内代谢。

12.3.1 糖原的分解

糖原的分解（glycogenolysis）在肝及肌肉中进行。其反应是在磷酸存在下经磷酸化酶、转移酶、脱支酶催化产生 1- 磷酸葡糖，后者经葡糖磷酸变位酶催化生成 6- 磷酸葡糖，在肝经 6- 磷酸葡糖磷酸酶[①]水解成 D- 葡萄糖。

由糖原到 1- 磷酸葡糖的正反应（1a）由糖原磷酸化酶 a、转移酶和脱支酶催化，逆反应（1b）需 UDPG 焦磷酸化酶、糖原合酶和分支酶。肌肉及脑组织不含 6- 磷酸葡糖磷酸酶，不能将 6- 磷酸葡糖水解，只能进一步进行分解代谢。

糖原磷酸化酶是从糖原的非还原端开始，加磷酸裂解 α-1,4- 糖苷键，生成 1- 磷酸葡糖。糖链上的葡萄糖残基逐个磷酸化而被移去，当距分支点（α-1,6- 糖苷键）约 4 个葡萄糖残基时，糖原磷酸化酶就不能作用，此时由转移酶催化，将 3 个葡萄糖残基转移到邻近糖主链上，露出分支点的 α-1,6- 糖苷键。再经脱支酶（1,6- 葡萄糖苷酶）催化，水解去分支生成游离葡萄糖。分支的葡萄糖水解后，糖原磷酸化酶又可继续发挥作用。由于转移酶和脱支酶实际上是同一个酶上的不同部分，在相对分子质量为 160 000 的酶的多肽链上含有 2 个活性部位，各有其催化功能，合称为脱支酶（debranching enzyme）。

在磷酸化酶和脱支酶共同作用下，糖原磷酸化的产物主要为 1- 磷酸葡糖（85%）及少量葡萄糖（15%）。

糖原分解为葡萄糖的化学途径可表示如下：

脱支酶的作用是破坏糖原的 α-1,6- 糖苷键，切去支链。

---

① 6- 磷酸葡糖磷酸酶又称 6- 磷酸葡糖磷酸酯酶。

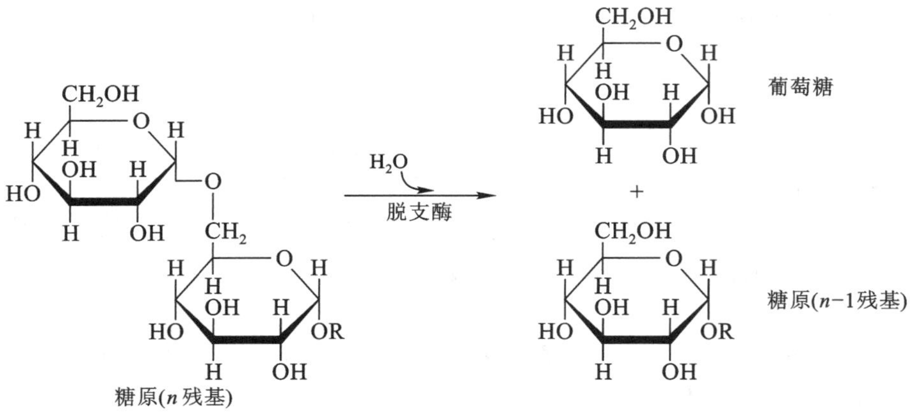

葡萄糖是细胞中最常见和最重要的能量形式，既可以经食物的消化和吸收进入细胞，也可以通过降解糖原而得到。在哺乳动物中，葡萄糖是红细胞以及大脑在非饥饿条件下唯一的能量形式。几乎所有的有机体都可以利用葡萄糖产生能量，而且其代谢过程十分相似。

12.3.2 葡萄糖的分解

在生物体中，葡萄糖的分解代谢包括下列两个连续部分的反应：

（1）糖酵解：葡萄糖 $\longrightarrow$ 丙酮酸

（2）丙酮酸有氧氧化：丙酮酸 $\xrightarrow{\text{氧化}}$ $CO_2 + H_2O$

由葡萄糖到形成丙酮酸的一系列反应称糖酵解或糖解（glycolysis），又称 EMP[1] 途径。

糖酵解作用一般在无氧情况下进行，故又称无氧分解。其实，在有氧情况下糖酵解也能进行。

由丙酮酸完全氧化成 CO_2 及 H_2O 这一系列反应，都必须有氧参加，人们又称这段反应为有氧分解。由于丙酮酸氧化是通过几种三羧酸的循环反应过程来完成的，因而又称三羧酸循环。三羧酸循环由德国科学家 H. Krebs 发现，因此他获得 1953 年的诺贝尔生理学或医学奖，三羧酸循环又称为 Krebs 循环，见 🄮辅学窗 12-1。

糖酵解在细胞（特别是肝和肌肉）胞质基质中进行，三羧酸循环（包括丙酮酸氧化脱羧）在线粒体中进行。

12.3.2.1 糖酵解作用

葡萄糖 $\longrightarrow$ 丙酮酸

（1）**糖酵解途径概要** 糖的酵解途径可分下列 4 个阶段：

第一阶段：葡萄糖 $\longrightarrow$ 1,6- 二磷酸果糖

第二阶段：1,6- 二磷酸果糖 $\longrightarrow$ 3- 磷酸甘油醛

第三阶段：3- 磷酸甘油醛 $\longrightarrow$ 2- 磷酸甘油酸

第四阶段：2- 磷酸甘油酸 $\longrightarrow$ 丙酮酸[2]

这 4 个阶段的有关反应可概括如图 12-2。

各反应中除反应 1 及反应 3 不是由同一酶催化的可逆反应，反应 10 为不可逆反应外，其余均为可逆反应。反应 1 的逆反应由 6- 磷酸葡糖磷酸酶催化，而反应 3 的逆反应则由 1,6- 二磷酸果糖磷酸酶[3] 催化。由此可见，

---

① Embden-Meyerhof-Parnas（三个人名）的缩写。

② 1,6- 二磷酸果糖又称果糖 -1,6- 二磷酸，3- 磷酸甘油醛又称甘油醛 -3- 磷酸，3- 磷酸甘油酸又称甘油酸 -3- 磷酸。

③ 1,6- 二磷酸果糖磷酸酶又称为 1,6- 二磷酸果糖磷酸酯酶。

生物体的合成和分解代谢反应常常有特殊控制而不是简单的可逆反应。

图中虚线部分表示有氧、缺氧或无氧时糖酵解的特殊性。在有氧的情况下，反应 6 释放出的 NADH 即脱氢氧化。脱出的 $2H^+$ 即通过电子传递体系氧化成 H_2O，同时释放出 ATP（详见生物能学与生物氧化章）。在无氧情况下，反应 6 产生的 NADH 即用来还原丙酮酸产生乳酸（反应 11）。

许多微生物，如乳酸菌能在缺氧或完全无氧环境下生存，即因其能利用无氧糖酵解反应取得能量。

乳酸的形成在机体中是自动调节的。当氧缺乏时，体内的 NADH 及丙酮酸的浓度即增高，NADH 即使丙酮酸还原成乳酸并生成 NAD^+，以维持糖酵解的进行。当氧充足时，NAD^+ 浓度升高，丙酮酸浓度降低，细胞中存留的乳酸即被氧化成丙酮酸。丙酮酸再进入下一阶段反应，氧化成 CO_2 及 H_2O。

（2）**糖酵解的化学途径**　糖酵解 4 个阶段的化学反应可表示如下：

第一阶段　这一阶段的反应主要为磷酸化。

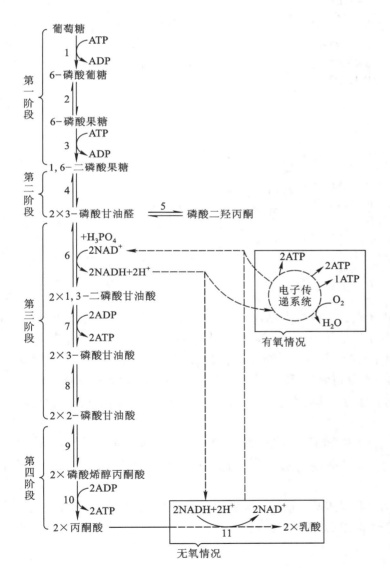

参加 EMP 各反应的酶为：

1. 己糖激酶（hexokinase）（正反应），6- 磷酸葡糖磷酸酶（glucose-6-phosphatase）（逆反应）

2. 磷酸葡糖异构酶（glucose-6-phosphate isomerase）

3. 磷酸果糖激酶 -1（phosphofructokinase-1，PFK-1）[①]（正反应），1,6- 二磷酸果糖磷酸酶（fructose-1,6-diphosphatase）（逆反应）

4. 醛缩酶（aldolase）

5. 磷酸丙糖异构酶（triose phosphate isomerase）

6. 3- 磷酸甘油醛脱氢酶（glyceraldehyde-3-phosphate dehydrogenase）

7. 磷酸甘油酸激酶（phosphoglycerate kinase）

8. 磷酸甘油酸变位酶（phosphoglyceromutase）

9. 烯醇化酶（enolase）

10. 丙酮酸激酶（pyruvate kinase）

11. 乳酸脱氢酶（lactic acid dehydrogenase）

图 12-2　糖酵解途径（EMP 途径）

①　磷酸果糖激酶有 2 种，磷酸果糖激酶 -1（phosphofructokinase-1，PFK-1）催化生成 1,6- 二磷酸果糖，PFK-2 则催化生成 2,6- 二磷酸果糖。

这一阶段的起始反应是葡萄糖的磷酸化，葡萄糖进入细胞后，首先要磷酸化，转变成 6- 磷酸葡糖。这有两方面的意义：一方面磷酸化后，就变成很活泼的物质，容易参加许多反应；另一方面磷酸化后，成为带负电荷的物质，不容易透过细胞膜，这是细胞保留糖的一种措施。磷酸基团的转移是生化过程中很重要的反应之一，一类称为激酶的转移酶[1] 催化磷酸基团从 ATP 分子转移到其他分子上。

反应 1 由 ATP 提供磷酸基，将 ATP 的 γ- 磷酸基团转移到葡萄糖上，由己糖激酶催化，并需要 Mg^{2+}，以 Mg^{2+}-ATP 的形式参与酶促反应。这是一步不可逆反应，是糖酵解中的一个调控点。

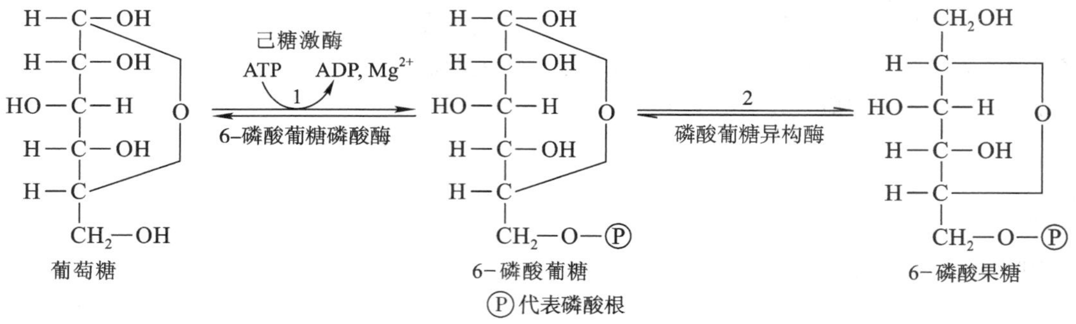

葡萄糖与 ATP 的反应机制如下：

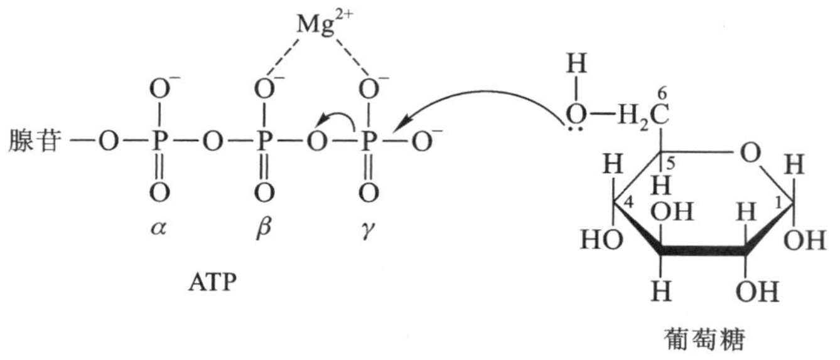

葡萄糖第 6 位碳原子羟基上的氧原子有一孤电子对，它向 Mg^{2+}-ATP 的 γ- 磷原子亲核进攻。由于 2 价 Mg^{2+} 的作用，吸引了 ATP 磷酸基上 2 个氧的负电荷（如上图所示），使 γ- 磷原子更易接受孤电子对的亲核进攻，其结果促使 γ- 磷原子与 β- 磷原子之间氧所共有的电子对向氧原子一方转移，于是 ATP 的 γ- 磷原子与氧原子之间的键断裂，并与葡萄糖分子结合成 6- 磷酸葡糖。X- 射线衍射分析显示葡萄糖诱导了己糖激酶空间构象的明显变化，造成葡萄糖分子周围的环境更加非极性，同时将水分子排除在活性中心以外，以增加己糖激酶的作用效率。己糖激酶是诱导契合学说的典型酶。

参与上述反应的 ATP，必须与 Mg^{2+} 形成 Mg^{2+}-ATP 复合物，未形成复合物的 ATP 是己糖激酶的一个强有力的竞争性抑制剂。Mg^{2+} 的参与是激酶活性所必需的。Mn^{2+} 也有与 Mg^{2+} 类似的作用，但在正常生理情况下起作用的多是 Mg^{2+}。

己糖激酶是个同工酶，动物组织的己糖激酶有 4 种同工酶的形式，分别称为Ⅰ、Ⅱ、Ⅲ、Ⅳ型（即葡糖激酶），己糖激酶Ⅰ、Ⅱ、Ⅲ比较相近，但与Ⅳ型有较大的差别，见表 12-1。

---

[1] 催化 ATP 上的磷酰基转移到其他化合物上的酶称激酶（kinase），它也偶尔催化其他核苷三磷酸上磷酰基的转移。激酶催化的反应一般是不可逆反应，并需要 Mg^{2+}。

表 12-1 动物组织己糖激酶同工酶比较

性质＼同工酶	己糖激酶Ⅰ、Ⅱ、Ⅲ	己糖激酶Ⅳ
别名	己糖激酶	葡糖激酶
分布	不同组织	肝
底物	葡萄糖、果糖、甘露糖等	葡萄糖
对葡萄糖的亲和力	K_m 值低，亲和力高	K_m 值高，亲和力低
抑制作用	受 G-6-P 的抑制	不受 G-6-P 的抑制
用途	主要用于糖的分解	主要用于糖的合成

从表 12-1 可看到己糖激酶Ⅰ、Ⅱ、Ⅲ对葡萄糖的 K_m 值低，亲和力高。葡萄糖浓度较低时，也能使葡萄糖很快转变为 6- 磷酸葡糖。这 3 种酶都受 6- 磷酸葡糖的抑制，一旦 6- 磷酸葡糖浓度高时，这 3 种酶就被抑制，抑制了糖的降解，以避免 6- 磷酸葡糖在细胞内的累积。己糖激酶Ⅰ、Ⅱ、Ⅲ主要用于糖的分解。而对葡糖激酶来说，当血液中葡萄糖浓度很高时，就变得很活跃，使葡萄糖变成 6- 磷酸葡糖。葡糖激酶不受 6- 磷酸葡糖的抑制，这样可使 6- 磷酸葡糖进一步去合成多糖（肝糖原），葡糖激酶主要用于糖的合成。

反应 2 是按照物质作用定律进行的，不需特别供给能量，由异构酶催化。由于 6- 磷酸葡糖和 6- 磷酸果糖主要以环状形式存在，所以反应过程中需要开环，形成顺式 - 烯二醇中间体，再闭环。其反应机制包含了酶促反应的酸 - 碱催化。

反应 3 是 6- 磷酸果糖的磷酸化，这步反应与第一步反应类似，由 ATP 提供磷酸基，需要 Mg^{2+}，由磷酸果糖激酶 -1（PFK-1）催化，该酶是一个别构酶，它受到许多效应剂的调节，也是整个糖酵解中的限速酶，是整个糖酵解中最关键的调节酶。

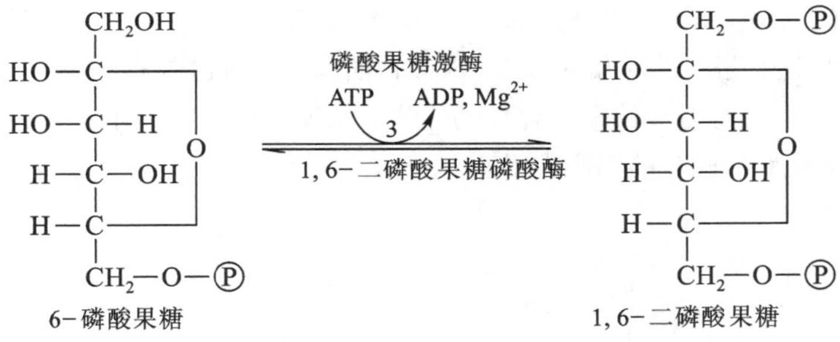

各式中的 P 代表磷酸根

反应 1 及反应 3 为吸能反应，由 ATP 供给能量。反应 1 正反应的酶为己糖激酶，逆反应的酶为 6- 磷酸葡糖磷酸酶。反应 3 正反应由磷酸果糖激酶催化，逆反应由 1,6- 二磷酸果糖磷酸酶催化。

第二阶段 这个阶段的分解反应是使 1,6- 二磷酸果糖分裂成两分子磷酸丙糖，其反应如右：

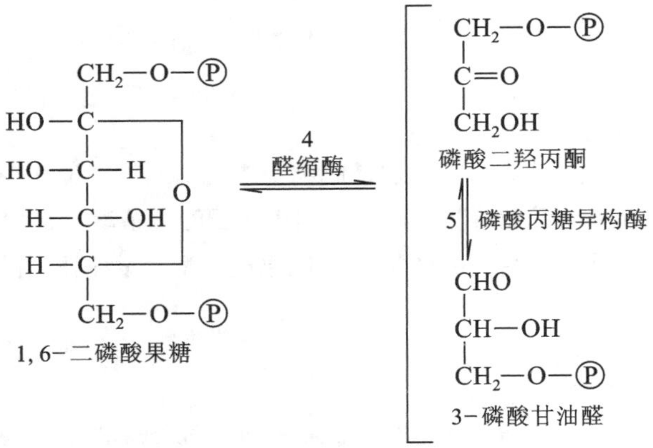

在逆反应中，醛缩酶能催化磷酸二羟丙酮的醇基与磷酸甘油醛的醛基缩合。

磷酸二羟丙酮与 3- 磷酸甘油醛是同分异构体，它们都是磷酸丙糖，磷酸丙糖异构酶可催化它们互变，其互变机制是通过烯醇式中间物。

值得注意的是，这种异构反应的平衡点偏向磷酸二羟丙酮（96%），因此，在离体情况下，1,6-二磷酸果糖裂解所得到的产物几乎都是磷酸二羟丙酮。但在糖酵解正常进行的情况下，3-磷酸甘油醛还要转变成1,3-二磷酸甘油酸，并继续变化，因此，上述可逆反应则大大偏向于产生3-磷酸甘油醛。总之，磷酸丙糖异构酶的作用是使磷酸二羟丙酮和3-磷酸甘油醛都可被机体利用。

体内的甘油可在转化为磷酸甘油后经磷酸二羟丙酮进入糖代谢。

第三阶段 此阶段的第一反应为3-磷酸甘油醛氧化成1,3-二磷酸甘油酸。此反应为糖分解代谢过程中的第一个氧化-还原步骤。然后经转磷酸基成3-磷酸甘油酸，后者再变位成2-磷酸甘油酸。

第6步反应由3-磷酸甘油醛脱氢酶催化，该酶由4个相同亚基组成，每个亚基结合一分子NAD⁺[①]，并已知道亚基第149位的半胱氨酸残基上的—SH基是活性部位。此酶催化3-磷酸甘油醛的先脱氢再磷酸化，催化机制比较复杂，见图12-3。

3-磷酸甘油醛脱氢酶是一个巯基酶，碘乙酸（$C_2H_3IO_2$）可强烈抑制该酶的活性。砷酸盐（AsO_4^{3-}）在结构和反应性质方面都和无机磷酸极为相似，因此，能代替磷酸进攻酰基硫酯中间物的高能键，产生1-砷酸-3-磷酸甘油酸，此化合物很不稳定，进一步水解生成3-磷酸甘油酸。在砷酸盐存在下，虽然糖酵解过程照常进行，但却没有形成高能磷酸键。3-磷酸甘油醛氧化释放的能量，未能与磷酸化作用相偶联而被贮存。因此砷酸盐起着解偶联作用，即解除了氧化和磷酸化的偶联作用。

由于组织（特别是肌肉）中的NAD⁺含量甚少，NADH有必要迅速被氧化成NAD⁺，糖酵解反应才能继续进行。在无氧情况下机体可利用丙酮酸、磷酸二羟丙酮和草酰乙酸等代谢产物来氧化NADH，使其重新变为NAD⁺，同时，这些代谢产物分别还原成乳酸、α-磷酸甘油醛和苹果酸。在有氧情况下，NADH可通过生物氧化还原体

_____

① 3-磷酸甘油醛脱氢酶是一个负协同效应的别构酶，见酶化学一章。

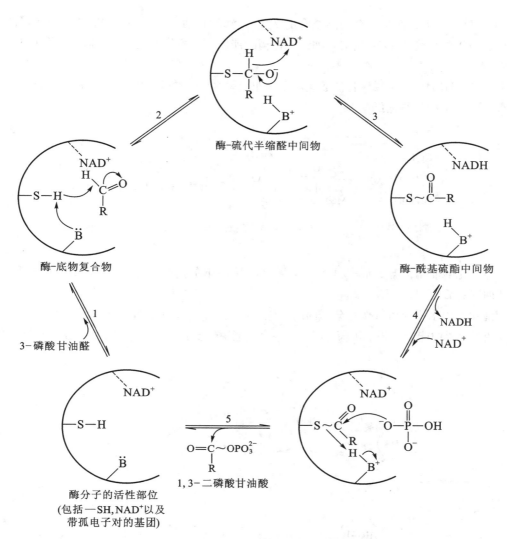

图 12-3 3- 磷酸甘油醛脱氢酶催化反应的机制

1. 3- 磷酸甘油醛与酶结合；

2. —SH 基作为亲核试剂，攻击醛基形成硫代半缩醛（thiohemiacetal），即形成了酶 – 硫代半缩醛中间物；

3. 硫代半缩醛直接把氢转移给 NAD⁺，并继续氧化形成酰基硫酯，即形成了酶 – 酰基硫酯中间物，该中间物是一种高能中间物，含有很大的水解自由能；

4. 另一分子 NAD⁺ 取代了 NADH；

5. 酶 – 酰基硫酯中间物受 Pi 的亲核攻击，再生出游离的酶和形成高能磷酸键的 1,3- 二磷酸甘油酸。

系（即电子传递体系）被分子氧氧化成 NAD⁺ 和水，产生 ATP[①]。

反应 7 是将 1,3- 二磷酸甘油酸的高能磷酸键转到 ADP 分子上，生成 ATP，这是糖酵解中第一次产生 ATP 的反应，这是一步底物水平的磷酸化（具有高能键的化合物在水解或基团转移过程中偶联 ATP 的合成）。由磷酸甘油酸激酶催化，需 Mg²⁺，反应可逆（酶是根据逆反应命名的）。

反应 8 是 3- 磷酸甘油酸变成 2- 磷酸甘油酸，由变位酶催化。变位酶的催化机理不是简单的分子内磷酸根的变位，而是酶分子先磷酸化，生成磷酸化的酶（酶活性部位中第 8 位的 His 结合有一个磷酸基），再把这磷酸

---

① 胞浆中的 NADH 可借助两种已知的穿梭系统（磷酸甘油穿梭和苹果酸穿梭，详见生物能学与生物氧化章 10.6）以 FADH₂ 或 NADH 形式等效进入线粒体，继而通过线粒体电子传递链氧化产能。

基转移到 3- 磷酸甘油酸上，产生一个与酶结合的 2,3- 二磷酸甘油酸中间物，中间物的一个磷酸基再转给酶分子，2,3- 二磷酸甘油酸就变成了 2- 磷酸甘油酸。在酶的催化下，酶分子上的磷酸基和底物上的磷酸基发生了交换反应，见图 12-4。

第四阶段　在此阶段中，2- 磷酸甘油酸经烯醇化作用脱水成磷酸烯醇丙酮酸（phospho-enol pyruvate，PEP），后者的磷酸基转移给 ADP 即得丙酮酸。

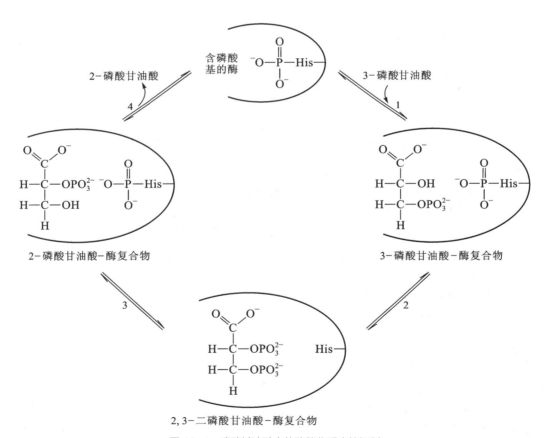

反应 9 由烯醇化酶催化，需要 Mg^{2+} 或 Mn^{2+}。氟化物可抑制烯醇化酶，因它能与 Mg^{2+} 及磷酸形成氟磷酸镁复盐，从而强烈抑制酶活性。

烯醇化酶催化的脱水反应可看作是分子内的氧化还原反应，第 2 个碳原子氧化了，而第 3 个碳原子还原了，这样就大大改变了分子中能量的分布状态，产生了一个高能磷酸键，这是糖酵解中第二次产生高能磷酸键的地方。

图 12-4　磷酸甘油酸变位酶催化反应的机制

1. 酶活性部位上有一个磷酸化的 His 残基，与底物形成底物 - 酶复合物；
2. 将与酶结合的磷酸基团转移到底物上形成 2,3- 二磷酸甘油酸 - 酶复合物；
3. 酶被底物上的一个磷酸基重新磷酸化；
4. 释放出产物，磷酸化的酶再生。

反应 10 由丙酮酸激酶（pyruvate kinase，PK）催化，需一价阳离子（K$^+$）和二价阳离子（Mg^{2+} 或 Mn^{2+}）使磷酸烯醇丙酮酸的高能磷酸键转给 ADP 生成 ATP，这反应实际上包括两步反应，第一步反应需丙酮酸激酶催化，第二步反应不需酶的催化，可自发进行。其反应机制见图 12–5。

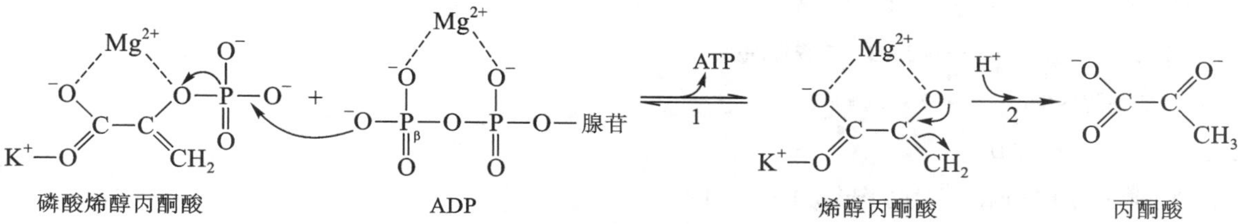

图 12–5　丙酮酸激酶催化反应的机制
1. ADP 的 β– 磷酰氧原子对磷酸烯醇丙酮酸的磷原子的亲核进攻，生成 ATP 和烯醇丙酮酸；
2. 烯醇丙酮酸通过互变异构作用生成丙酮酸。

反应 10 是糖酵解中第二次产生 ATP 的反应，也是一步底物水平的磷酸化，这是一个不可逆反应。因为磷酸烯醇丙酮酸水解的 $\Delta G^{\ominus}{'} = -61.92\ \text{kJ} \cdot \text{mol}^{-1}$，而 ATP 生成的 $\Delta G^{\ominus}{'} = 30.54\ \text{kJ} \cdot \text{mol}^{-1}$。二者能量的差别表明该反应是一个高度放能反应，$\Delta G^{\ominus}{'} = -31.38\ \text{kJ} \cdot \text{mol}^{-1}$。

丙酮酸激酶相对分子质量为 250 000，由 4 个相对分子质量为 55 000 的亚基组成的四聚体，是糖酵解中的一个重要的别构调节酶，受到许多效应剂的调节。该酶至少有 3 种不同类型的同工酶，分别称为 L 型（主要存在于肝）、M 型（主要存在于肌肉组织）和 A 型（存在于其他组织）。

在人及动物正常呼吸时（指氧充足时），丙酮酸可进入有氧分解，在缺氧或无氧情况下则被 3– 磷酸甘油醛脱氢产生的 NADH 用于还原成乳酸（图 12–2，反应 11）。

在酵母或其他微生物作用下，丙酮酸可转变成多种有机化合物，这将在 12.3.2.3 简要介绍（图 12–9）。

（3）**糖酵解过程中能量的产生**　在糖酵解过程中伴随有能量的转变，总的来说，产生的能量比消耗的能量为多，能量的改变是通过 ATP 的合成或消耗来表现的（参阅图 12–2）。

① 无氧糖酵解产生的 ATP　在无氧糖酵解过程中产生 4 个 ATP（反应 7、10），用去 2 个 ATP（反应 1、3）。即每一分子葡萄糖经糖酵解成 2 分子丙酮酸净增 2 个 ATP（表 12–2）。

无氧条件下，反应 6 产生的 NADH + H$^+$，主要通过乳酸脱氢酶催化丙酮酸生成乳酸的反应，为胞浆补充 NAD$^+$。

表 12–2　葡萄糖无氧糖酵解所产生的 ATP

消耗或产生 ATP 的反应	ATP 数的增减
1. 葡萄糖 $\longrightarrow$ 6- 磷酸葡糖	−1
3. 6- 磷酸果糖 $\longrightarrow$ 1,6- 二磷酸果糖	−1
7. 2×1,3- 二磷酸甘油酸 $\longrightarrow$ 2×3- 磷酸甘油酸	+2
10. 2× 磷酸烯醇丙酮酸 $\longrightarrow$ 2× 丙酮酸	+2
净增 ATP 数（每分子葡萄糖分解成 2 分子丙酮酸）	+2

② 有氧糖酵解产生的 ATP　在有氧糖酵解过程中，每分子葡萄糖分解为 2 分子丙酮酸共产生 7、8 或 9 个 ATP，消耗 2 个 ATP，净增 5、6 或 7 个 ATP（表 12–3）。有氧条件下，反应 6 产生的线粒体外 NADH + H$^+$ 通过穿梭系统传递到线粒体内呼吸链，与氧化磷酸化偶联产生 ATP，产生 ATP 的数量取决于其所利用的穿梭系统。

表 12-3　有氧糖酵解产生的 ATP

消耗或产生 ATP 的反应	ATP 数的增减
1. 葡萄糖 ⟶ 6- 磷酸葡糖	−1
3. 6- 磷酸果糖 ⟶ 1,6- 二磷酸果糖	−1
7. 2×1,3- 二磷酸甘油酸 ⟶ 2×3- 磷酸甘油酸	+2
10. 2× 磷酸烯醇丙酮酸 ⟶ 2× 丙酮酸	+2
2 对电子（即 2 分子 NADH）	
如都通过磷酸甘油穿梭，每对电子形成 1.5 个 ATP	+3
如都通过苹果酸穿梭，每对电子形成 2.5 个 ATP	+5
如分别通过磷酸甘油和苹果酸穿梭，2 对电子形成（1.5+2.5）个 ATP	+4
净增 ATP 数（每分子葡萄糖酵解成 2 分子丙酮酸）	+5 或 6 或 7

有氧糖酵解所产生的 ATP 数为无氧糖酵解的 3 倍左右，故无氧糖酵解并不是产生能量的有效途径。

（4）**糖酵解的生理意义**　糖酵解普通存在于生物界，从单细胞生物到高等动植物组织中都进行着酵解作用，其生理意义主要有以下几方面：

① 糖酵解是放能过程，它能供给生物体一部分能量。在无氧情况下，1 分子葡萄糖经过糖酵解变成 2 分子丙酮酸，可获得 2 分子 ATP（表 12-2）。在有氧情况下，1 分子葡萄糖经过糖酵解变成 2 分子丙酮酸，可获得 5 ~ 7 分子 ATP（表 12-3）。

② 提供生物合成所需的物质。糖酵解过程中产生了许多代谢中间物，这些代谢中间物的一部分可作为合成脂肪、蛋白质等物质的碳骨架。

③ 糖酵解不仅是葡萄糖的降解途径，亦是其他一些单糖的基本代谢途径。例如，D- 果糖、D- 甘露糖、D- 半乳糖甚至三碳糖（甘油醛）都能转变成糖酵解过程的中间物，从而进入糖酵解途径进行代谢（详见 12.3.2.6）。

🅿 思考题

1. 为什么糖原分解选用磷酸解，而不是水解？
2. 什么是底物水平磷酸化？请列举出糖酵解中底物水平的磷酸化反应和催化酶。

12.3.2.2　丙酮酸的有氧氧化

总反应：丙酮酸 ⟶ $CO_2 + H_2O$

（1）**概况**　糖通过酵解产生的丙酮酸在有氧情况下是要进一步完全氧化成 H_2O 和 CO_2 并产生大量的能。这一氧化过程相当复杂，分两个阶段完成：

第一阶段：丙酮酸氧化脱羧（丙酮酸 ⟶ 乙酰 CoA）。

第二阶段：三羧酸循环（由乙酰 CoA 进入三羧酸循环氧化成 H_2O 及 CO_2 并放能）。

（2）**丙酮酸的氧化脱羧**　在有氧情况下，丙酮酸由线粒体膜上专一的载体蛋白运输入线粒体基质，经"丙酮酸脱氢酶复合物"（pyruvate dehydrogenase complex）（亦称丙酮酸脱氢酶系，pyruvate dehydrogenase system，或称丙酮酸氧化脱羧酶系）催化产生乙酰 CoA 和 CO_2 的作用。"丙酮酸脱氢酶复合物"由下列 3 种酶组成：

① 依赖 TPP- 丙酮酸脱氢酶（TPP–dependent pyruvate dehydrogenase）　又称丙酮酸：硫辛酸氧化还原酶（pyruvate：lipoate oxido–reductase），其辅基为硫胺素焦磷酸（TPP）。它的功用是催化丙酮酸脱羧。

② 二氢硫辛酸转乙酰基酶（dihydrolipoyl transacetylase）　又称硫辛酸转乙酰基酶（lipoate acetyl-transferase），

其辅基为硫辛酰胺，其功用为将乙酰基转移给 CoA，产生还原型硫辛酰胺（即硫辛酸 – 酶复合物）。

③ 二氢硫辛酸脱氢酶（dihydrolipoyl dehydrogenase） 又称二氢硫辛酰胺脱氢酶（lipoamide dehydrogenase），或 NADH：硫辛酰胺氧化还原酶（NADH：lipoamide oxidoreductase）。其辅基为 FAD，是一种黄素蛋白，能利用 FAD 和 NAD$^+$，其功用能使二氢硫辛酰胺氧化回到硫辛酰胺。

在丙酮酸脱氢酶复合物催化的反应中，不同场合需要 NAD$^+$、FAD、TPP、氧化型硫辛酸（L 或 L $\overset{S}{\underset{S}{|}}$）、辅酶 A（CoA 或 CoA—SH）及 Mg^{2+} 等辅基、辅酶和辅助因子。

由丙酮酸到乙酰 CoA 的总反应可表示如下式：

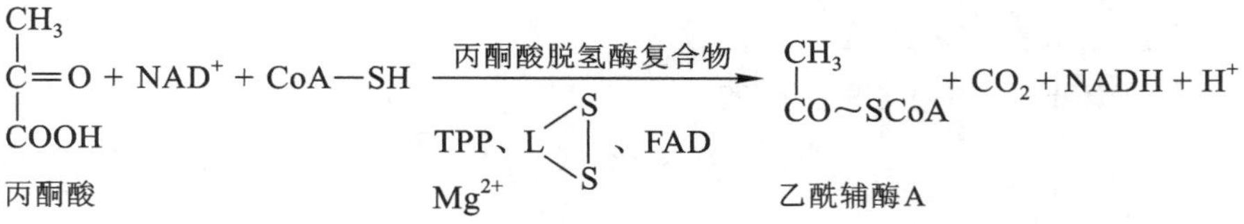

上式反应的中间过程很复杂，TPP 和硫辛酸在从丙酮酸到乙酰 CoA 的过程中都有重要作用。学习这段反应机理时，应参考本书酶化学章的辅酶一节。根据现有的科学证据包括下列 4 个步骤：

① 脱羧 这一步反应极为复杂，首先是丙酮酸与 TPP 加合成为不稳定的络合物，后者经丙酮酸脱氢酶催化生成羟乙基硫胺素焦磷酸（CH$_3$CHOH–TPP）。

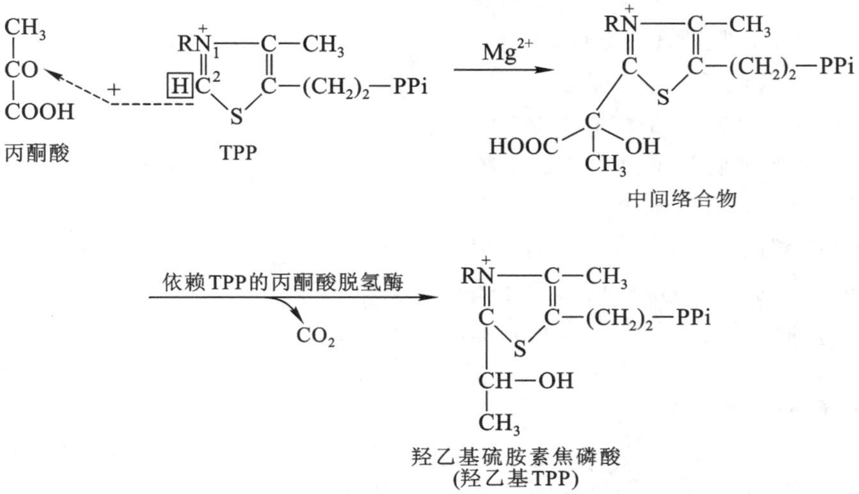

式中 R = 嘧啶环，PPi = 焦磷酸根

② 与硫辛酸结合形成乙酰基 这一步反应包括与 TPP 连接的羟乙基氧化成乙酰基并同时转移给硫辛酸 – 酶复合物，即硫辛酰胺（lipoamide），产生乙酰硫辛酸 – 酶复合物，又称乙酰硫辛酰胺（acetyllipoamide）。参加这一反应的酶为二氢硫辛酸转乙酰基酶。

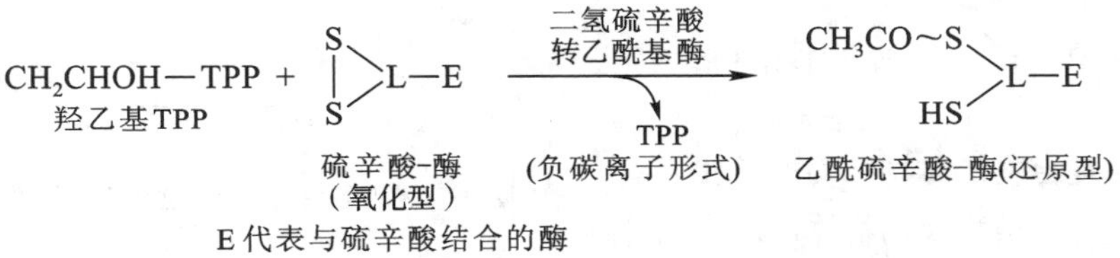

E 代表与硫辛酸结合的酶

③ 转酰基

$$CH_3CO\sim S \diagdown L{-}E + CoA{-}SH \xrightarrow{\text{二氢硫辛酸}\atop\text{转乙酰基酶}} CH_3CO{-}SCoA + HS \diagdown L{-}E$$

E：转乙酰基酶   硫辛酸-酶复合物(即二氢硫辛酰胺)
辅酶A   乙酰辅酶A   (还原型)

④ 再生 $\underset{S}{\overset{S}{|}} L{-}E$　还原型硫辛酸脱氢，脱出的氢由 FAD 接受生成 FADH$_2$，FADH$_2$ 被 NAD$^+$ 氧化成 FAD。与此同时产生 NADH+H$^+$，参加这一反应的酶为二氢硫辛酸脱氢酶。

$$HS \diagdown L{-}E \xrightarrow[\text{二氢硫辛酸脱氢酶}]{FAD \quad FADH_2} \underset{S}{\overset{S}{|}} L{-}E$$

最后 FADH$_2$ 被 NAD$^+$ 再氧化。关于这一反应的作用机制，目前认为 FAD 的异咯嗪与硫辛酸脱氢酶分子中的二硫基团（由半胱氨酸形成的—S—S—基团）协同接受由二氢硫辛酰胺（即还原型硫辛酰胺）释放出的电子。在此过程中，最初由 FAD 的异咯嗪部分接受一个电子变为带负离子的半醌（semiquinone）型，脱氢酶的—S—S—基团接受一个电子被还原。最后 NAD$^+$ 将两个电子一齐接受而产生氧化型脱氢酶–FAD 复合物。这些反应说明为什么 NAD$^+$ 能接受由 FADH$_2$ 释放出的电子，可表示如图 12–6。

参加上述丙酮酸氧化脱羧各反应中的辅酶（TPP、$L\underset{S}{\overset{S}{|}}$、FAD）都是同它们各自的有关酶蛋白（E）结合在一起的。

上述丙酮酸氧化脱羧各反应可总结如图 12–7。

在微生物体中丙酮酸氧化脱羧成乙酰 CoA 可能还有其他途径。例如变形杆菌使丙酮酸→乙酰 CoA 的过程中不需 NAD 和硫辛酸，而大肠杆菌的丙酮酸氧化脱羧过程中需要 TPP 与 $L\underset{S}{\overset{S}{|}}$ 的结合体 LTPP。

（3）丙酮酸脱氢酶复合物的结构　丙酮酸脱氢酶复合物广泛存在于微生物、植物及动物体内。大肠杆

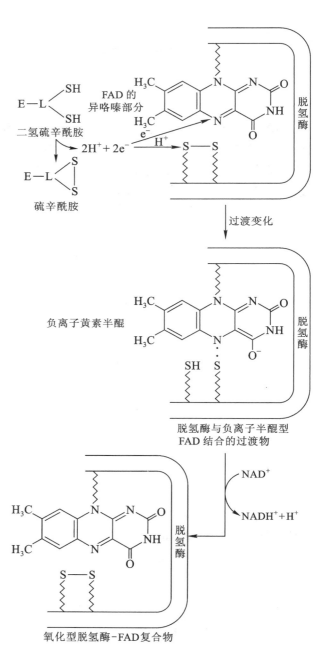

图 12–6　丙酮酸脱氢酶复合物中 NAD$^+$ 氧化 FADH$_2$ 的作用机制示意
E 为转乙酰基酶

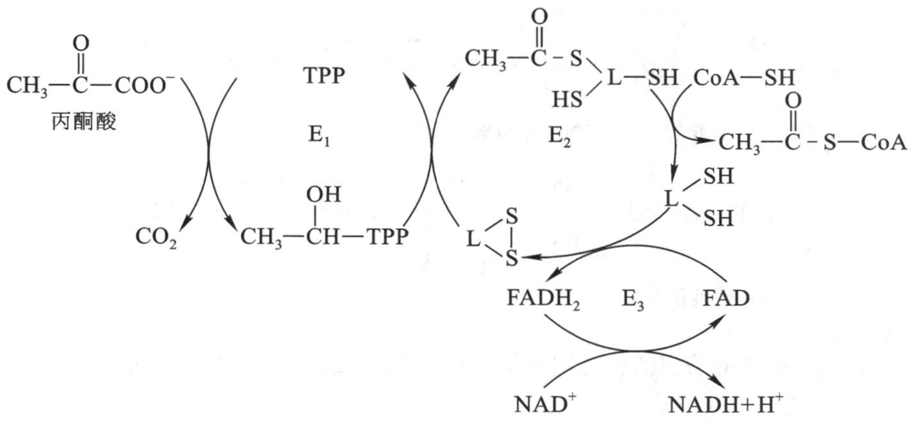

图 12-7　丙酮酸脱氢酶复合物催化反应的总结
E_1 为依赖 TPP 的丙酮酸脱氢酶，E_2 为二氢硫辛酸转乙酰基酶，E_3 为二氢硫辛酸脱氢酶

菌丙酮酸脱氢酶复合物是由丙酮酸脱氢酶（E_1）、二氢硫辛酸转乙酰基酶（E_2）和二氢硫辛酸脱氢酶（E_3）以非共价键结合在一起的酶复合物。它是一个直径约为 30 nm，相对分子质量为 4 600 000 的球状颗粒。在电子显微镜下可观察到它是多面体结构，24 个 E_2 位于多面体的核心，24 个 E_1 和 12 个 E_3 围绕 E_2 排列。

　　丙酮酸氧化脱羧过程中所有的中间物都是紧密结合到这个多酶复合物上，E_2 有一个由赖氨酸的 ε-NH_2 和硫辛酰胺碳链的—COOH 以酰胺键相连形成的长臂（见下图），即所谓硫辛酰赖氨酰臂（lipoyllysyl arm），这个长臂伸长后可达 1.4 nm，它能转动，可将丙酮酸脱氢酶复合物所催化的底物或中间物从一个酶的活性部位转到另一个酶的活性部位。

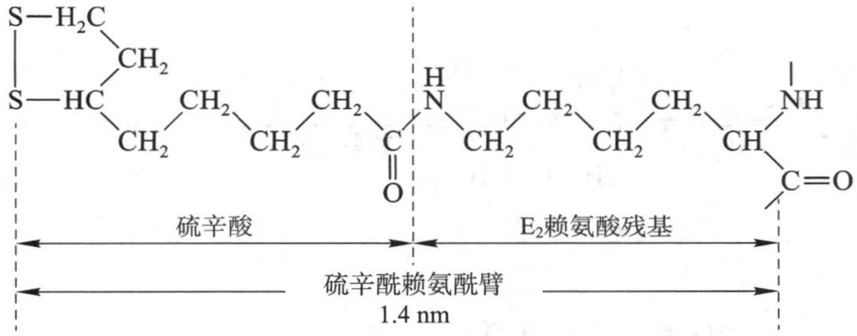

　　真核生物的丙酮酸脱氢酶复合物比大肠杆菌的丙酮酸脱氢酶复合物更为复杂，它是由 60 个 E_1 和 12 个 E_3 围绕 60 个 E_2（核心）排列而构成的一个十二面体。哺乳动物丙酮酸脱氢酶复合物除了含 E_1、E_2、E_3 外，还含有蛋白质 X（protein X，一种无催化活性的类似于 E_2 的蛋白质，它能帮助 E_3 结合到复合物上），此外还含有丙酮酸脱氢酶激酶和丙酮酸脱氢酶磷酸酶（它们通过磷酸化和脱磷酸化的机制调节复合物的活性，详见 12.5.4.1）。

　　丙酮酸脱氢酶复合物将糖的有氧氧化与三羧酸循环和氧化磷酸化连接起来，在细胞能量代谢中起着重要的作用。临床上已经发现了几种丙酮酸脱氢酶缺陷症，复合物中 E_1、E_2 和 E_3 的基因突变造成糖代谢受阻，体内丙酮酸大量积累，导致线粒体能量障碍和代谢疾病。其中丙酮酸脱氢酶 E_1 缺乏症是最常见的，由于 E_{1a} 亚单位缺陷，积累的丙酮酸转化为大量的乳酸，从而引起乳酸中毒，因此该疾病又称为乳酸血症。若是发生在新生儿期，会影响大脑发育，造成发育迟缓、惊厥、共济失调、脑性瘫痪等神经系统病变。

　　（4）**砷化物的毒害作用**　自古以来人们就知道砷的毒性。三价砷化合物如亚砷酸盐（AsO_3^{3-}）和有机砷化合物是有毒的，因为它们会结合到巯基化合物（包括硫辛酰胺）上，形成如下的加合物；

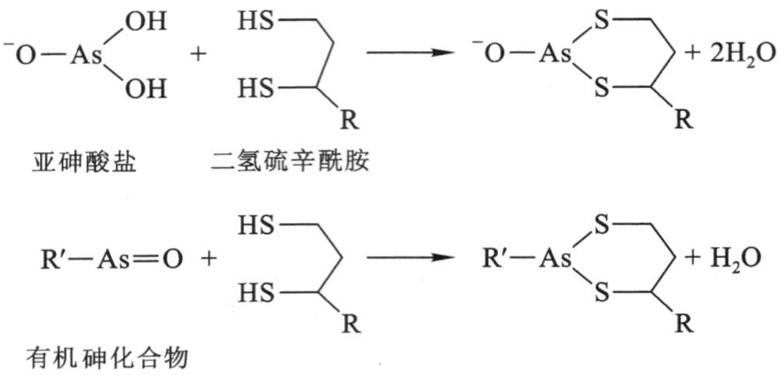

$$^-O-As\overset{OH}{\underset{OH}{<}} + \overset{HS-}{\underset{HS}{<}}\!\!\!\text{R} \longrightarrow {}^-O-As\overset{S}{\underset{S}{<}}\!\!\!\!\text{R} + 2H_2O$$

亚砷酸盐　　　二氢硫辛酰胺

$$R'-As{=}O + \overset{HS-}{\underset{HS}{<}}\!\!\!\text{R} \longrightarrow R'-As\overset{S}{\underset{S}{<}}\!\!\!\!\text{R} + H_2O$$

有机砷化合物

这类砷化物可使含硫辛酰胺的酶失活，特别是使丙酮酸脱氢酶复合物[①]和 α-酮戊二酸脱氢酶复合物[②]失活，从而使呼吸停止。

（5）**三羧酸循环概要**　三羧酸循环（tricarboxylic acid cycle）是乙酰 CoA 与草酰乙酸结合进入循环经一系列反应再回到草酰乙酸的过程。在这个过程中乙酰 CoA 被氧化成 H_2O 和 CO_2，并与呼吸链偶联产生大量的能量。其反应途径可表示如图 12-8。

（6）**三羧酸循环的化学途径**　图 12-8 的各化学途径分述如下：

① 草酰乙酸 $\longrightarrow$ α-酮戊二酸

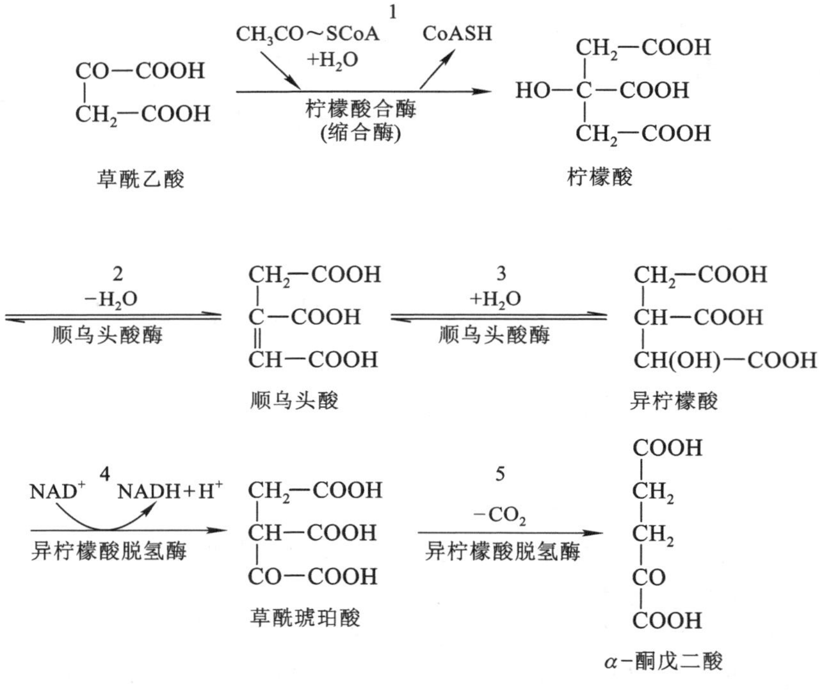

② α-酮戊二酸 $\longrightarrow$ 琥珀酰 CoA

由 α-酮戊二酸到琥珀酰 CoA 的反应是由三羧酸（C_6）转到二羧酸（C_4）的关键。首先是 α-酮戊二酸按照丙酮酸氧化脱羧方式变成琥珀酰 CoA，其过程与丙酮酸氧化脱羧生成乙酰 CoA 相似，参加的酶有：

a. α-酮戊二酸脱氢酶复合物（α-keto glutarate dehydrogenase complex），系统名为 2-氧戊二酸：硫辛酸氧化还原酶（2-oxo-glutarate：lipoate oxido-reductase）。其辅基为 TPP，功用为使 α-酮戊二酸脱羧和使硫辛酸还原。

---

① 丙酮酸脱氢酶复合物中 E_2 的辅基为硫辛酰胺。

② α-酮戊二酸脱氢酶复合物中 E_2 的辅基亦为硫辛酸（详见三羧酸循环）。

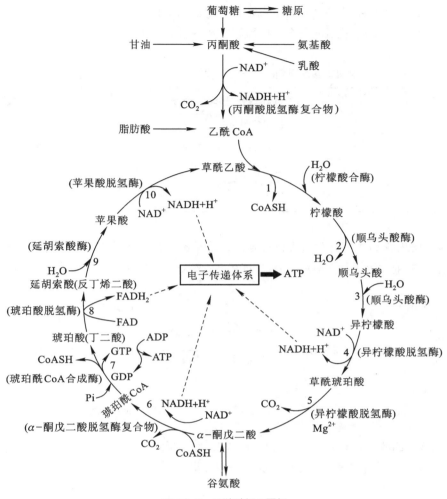

图 12-8　三羧酸循环图解

1. 反应 1 基本上是不可逆的，偏向于柠檬酸的形成。顺乌头酸酶催化的反应 2 脱水和反应 3 水合均具有严格的立体化学专一性（参见酶化学章 5.5.2）。

2. 反应 4 的辅酶为 NAD^+。许多组织含两种异柠檬酸脱氢酶，一种是只存在于线粒体中，需 NAD^+ 和 Mg^{2+}，另一种存在于线粒体和细胞质基质中，需要 $NADP^+$ 为辅酶。前者参加三羧酸循环，后者参加其他反应。

3. 反应 5 的异柠檬酸脱氢酶有氧化脱羧作用，需 Mg^{2+} 为辅助因子。

4. 反应 6、7，即由 α- 酮戊二酸到琥珀酸的反应，反应 6 是不可逆的。

5. 延胡索酸又称富马酸（fumarate，音译）。

6. 参加上述各反应（图 12-8）酶的英文名称为：

① 柠檬酸合酶（citrate synthase）
②③ 顺乌头酸酶（aconitase）
④⑤ 异柠檬酸脱氢酶（isocitrate dehydrogenase）
⑥ α- 酮戊二酸脱氢酶复合物（α-ketoglutarate dehydrogenase complex）

⑦ 琥珀酰 CoA 合成酶（succinyl-CoA synthetase）
⑧ 琥珀酸脱氢酶（succinate dehydrogenase）
⑨ 延胡索酸酶（fumarase）
⑩ 苹果酸脱氢酶（malate dehydrogenase）

　　b. 二氢硫辛酸琥珀酰基转移酶（lipoate succinyl transferase），辅基为硫辛酰胺，功用为转琥珀酰基。能将琥珀酰硫辛酰胺的琥珀酰基转给 CoA，形成琥珀酰 CoA。

　　c. 二氢硫辛酰胺脱氢酶（lipoamide dehydrogenase），系统名为 NADH：硫辛酰胺氧化还原酶（NADH：lipoamide oxido-reductase），其辅基为 FAD，功用与丙酮酸脱氢酶复合物中的硫辛酰胺脱氢酶相似。

　　参加丙酮酸与 α- 酮戊二酸氧化脱羧的酶的异同归纳于表 12-4。丙酮酸脱氢酶复合物的 3 种酶和 α- 酮戊二酸脱氢酶复合物的 3 种酶都各有其组织性的。前者以二氢硫辛酸乙酰基转移酶为核心，其他两种酶与核心相连。

后者以二氢硫辛酸琥珀酰基转移酶为核心，α-酮戊二酸脱氢酶以非共价键与核心酶相连，二氢硫辛酰胺脱氢酶以共价键与核心酶组分相连。两个脱氢酶复合物的硫辛酰胺脱氢酶是相同的，其余两种都不相同。

表 12-4　参加丙酮酸与 α-酮戊二酸氧化脱羧的酶的异同

反应	丙酮酸脱氢酶复合物	α-酮戊二酸脱氢酶复合物
脱羧	丙酮酸脱氢酶	α-酮戊二酸脱氢酶
硫辛酸结合及转酰基	二氢硫辛酸乙酰基转移酶	二氢硫辛酸琥珀酰基转移酶
再生 L⟨S S	二氢硫辛酰胺脱氢酶	二氢硫辛酰胺脱氢酶

由 α-酮戊二酸到琥珀酰 CoA 的化学过程也很复杂，需要 α-酮戊二酸脱氢酶复合物（或称 α-酮戊二酸脱氢酶系）的 3 种酶和它们的辅助因子如 NAD^+、CoA、TPP、硫辛酸、FAD 和 Mg^{2+} 等。其总反应可表示如下：

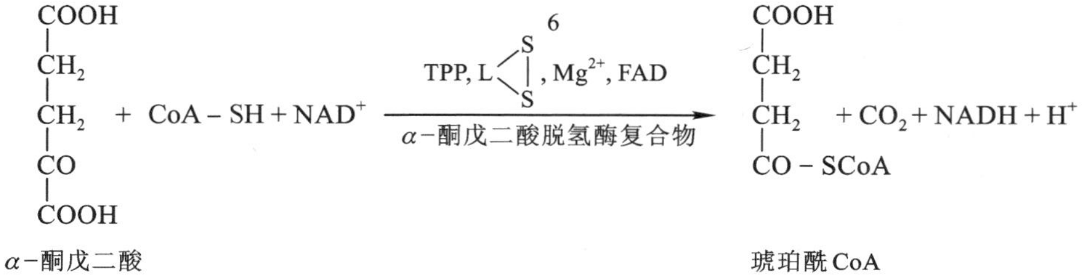

这一反应与丙酮酸到乙酰 CoA 的反应相似（图 12-7），也包括脱羧、与硫辛酰胺结合产生琥珀酰二氢硫辛酰胺，转琥珀酰基给 CoA 和最后将二氢硫辛酸氧化成硫辛酸等步骤。

a. 脱羧

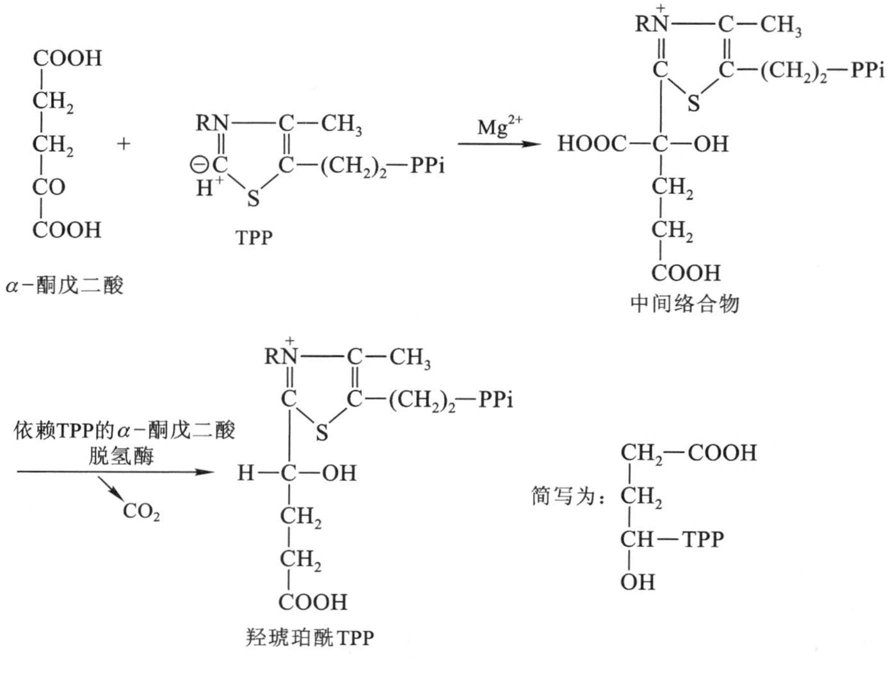

b. 与氧化型硫辛酸（即硫辛酸 – 酶复合物）结合产生琥珀酰二氢硫辛酸

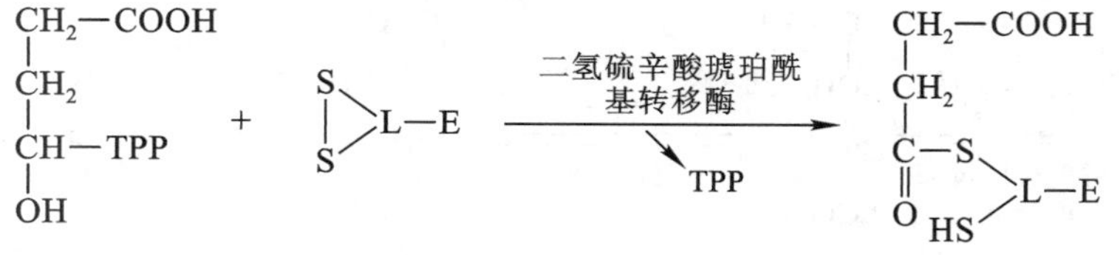

羟琥珀酰TPP　　硫辛酸（氧化型）　　　还原型琥珀酰硫辛酸（即琥珀酰二氢硫辛酰胺）

c. 转琥珀酰基

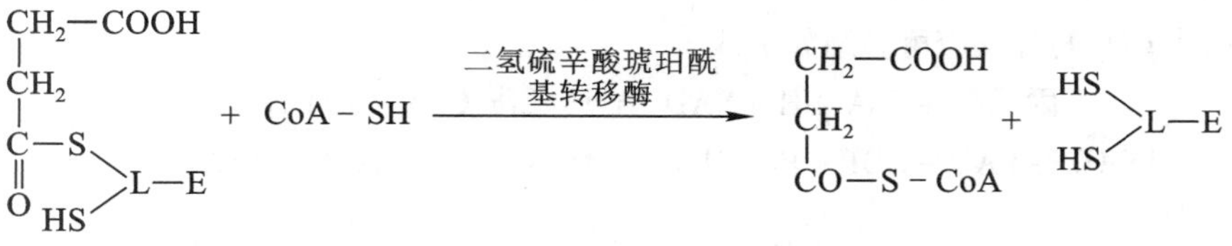

还原型琥珀酰硫辛酸　　　　　琥珀酰CoA　　二氢硫辛酸

d. 再生 $\begin{smallmatrix}S\\|\\S\end{smallmatrix}$ L—E　这一反应与丙酮酸脱氢酶复合物中的反应相同：

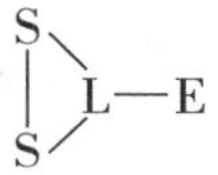

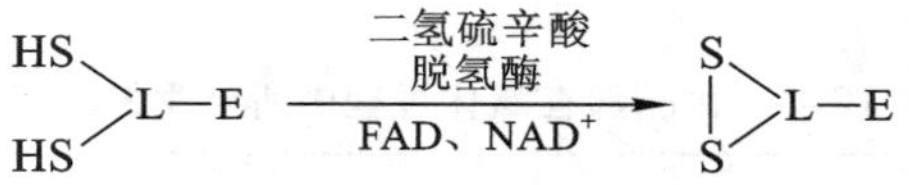

氧化型硫辛酸

③ 由琥珀酰 CoA ⟶ 琥珀酸

琥珀酰 CoA 与鸟苷二磷酸（GDP）及磷酸作用迅速分解成琥珀酸，底物磷酸化生成的高能分子 GTP 易将高能磷酸键转移给 ADP 生成 ATP，此外哺乳动物体内也发现以 ADP 为底物的琥珀酰 CoA 合成酶。催化这一反应的酶为琥珀酰 CoA 合成酶（succinyl–CoA synthetase 即 succinate：CoA ligase）。

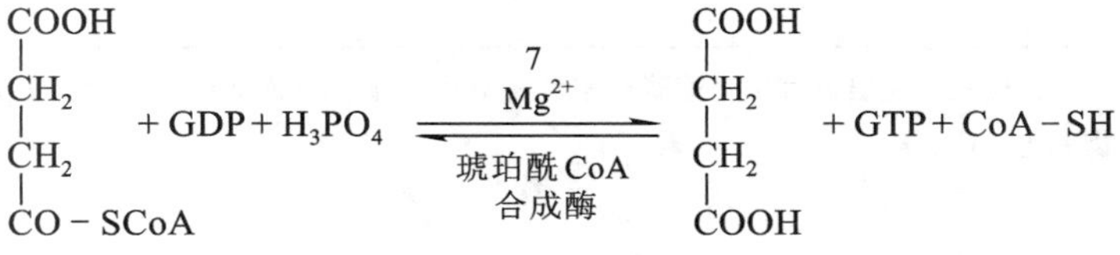

琥珀酰CoA　　　　　　　　　　琥珀酸

$$GTP + ADP \xrightarrow{\text{核苷二磷酸激酶}} GDP + ATP$$

在植物体中琥珀酰 CoA 可按照下式变为琥珀酸：

$$琥珀酰 CoA + ADP + H_3PO_4 + H_2O \longrightarrow 琥珀酸 + CoA + ATP$$

这是三羧酸循环中唯一直接产生 ATP 的反应。这是一步底物水平的磷酸化反应。

④ 由琥珀酸 —→ 草酰乙酸

从上述各反应中（参阅图 12-8）可见三羧酸循环反应主要是脱水（反应 2）、加水（反应 1、3、9）、脱羧（反应 5、6）及脱氢（反应 4、6、8、10）。丙酮酸转变为乙酰 CoA 过程中亦脱氢。在脱氢作用中脱氢酶及 NAD$^+$、NADP、FAD、TPP、硫辛酸等各辅酶均发挥了重要作用。

由丙酮酸氧化成 CO_2 的各反应可总结如下式：

$$丙酮酸 + CoA–SH + NAD^+ \longrightarrow 乙酰 CoA + NADH + H^+ + CO_2$$

$$乙酰 CoA + 3NAD^+ + FAD + GDP + Pi + 2H_2O \longrightarrow 2CO_2 + CoA–SH + 3NADH + 3H^+ + FADH_2 + GTP$$

净反应：

$$丙酮酸 + 4NAD^+ + FAD + GDP + Pi + 2H_2O \longrightarrow 3CO_2 + 4NADH + 4H^+ + FADH_2 + GTP$$

（7）**丙酮酸氧化分解所产生的能量**　在丙酮酸到乙酰 CoA 及在三羧酸循环中脱出的氢，通过电子传递体系与氧化合成水，同时生成 ATP（图 12-8）。每 1 分子 NADH 释放出的能产生 2.5 个 ATP，每 1 分子 FADH$_2$ 释放出的能产生 1.5 个 ATP。反应 7 产生 1 个 ATP。因此，由每 1 分子丙酮酸完全氧化成水及 CO_2 过程中共净增 12.5 个 ATP。每两分子丙酮酸氧化后共净增 25 个 ATP（表 12-5）。

表 12-5　丙酮酸在氧化过程中所产生的能量

反应		净增 ATP 数	
2× 丙酮酸 —→ 2× 乙酰 CoA + 2×CO_2 + 2NADH + 2H$^+$		5	
三羧酸循环	2× 异柠檬酸 —→ 2×α- 酮戊二酸 + 2NADH + 2H$^+$	5	
	2×α- 酮戊二酸 —→ 2× 琥珀酰 CoA + 2NADH + 2H$^+$	5	
	2× 琥珀酰 CoA —→ 2× 琥珀酸 + 2GTP	2	20
	2× 琥珀酸 —→ 2× 延胡索酸 * + 2FADH$_2$	3	
	2× 苹果酸 —→ 2× 草酰乙酸 + 2NADH + 2H$^+$	5	
		共计 25	

　*琥珀酸脱氢酶是复合物Ⅱ组分，琥珀酸脱出氢直接交给琥珀酸脱氢酶的辅酶 FAD 而非经过复合物Ⅰ交给 NAD$^+$，因此最终仅生成 1.5 个 ATP。具体参见生物能学和生物氧化一章。

至此可见，包括糖酵解所产生的 5～7 ATP 在内，1 mol 葡萄糖完全氧化成 H_2O 及 CO_2 共产生最多 32 mol ATP。丙酮酸有氧氧化阶段所产生的能量超过糖酵解阶段所产生能量的 4 倍。

（8）**三羧酸循环的生物学意义**

（1）彻底氧化代谢糖类，产生大量能量供机体生命活动之用。

（2）三羧酸循环中的中间产物也是脂代谢和氨基酸代谢等的重要代谢中间物，为生物合成提供丰富碳骨架（参见图 13-4、图 14-2）。例如，为脂肪酸的生物合成提供穿梭转运体系（合成柠檬酸），将线粒体中的乙酰 CoA 转运至细胞质基质中作为合成底物，为谷氨酸合成提供 α- 酮戊二酸。

（3）三羧酸循环有力证明了机体糖、脂、氨基酸等重要代谢的密切联系，糖、脂、氨基酸等代谢不仅通过三羧酸循环彻底氧化分解产能，还通过其中的共同代谢中间物实现相互转化。例如，进入三羧酸循环的乙酰 CoA，还可从脂肪和氨基酸分解而来，草酰乙酸可从天冬氨酸来，α- 酮戊二酸可从谷氨酸来。

❓ 思考题

1. 葡萄糖的第 2 位碳用 ^{14}C 标记，在有氧情况下进行彻底降解。经过几轮三羧酸循环，该同位素碳可作为 CO_2 释放？

2. 为什么三羧酸循环所有反应不直接使用氧气却依赖氧气的存在？

12.3.2.3　丙酮酸的其他代谢途径

丙酮酸除变成乙酰 CoA 进入三羧酸循环氧化外，在不同条件下还可转变为乳酸、丙氨酸、乙醇、乙酸（醋酸）、丁酸、丁醇和丙酮等，工业上常利用微生物发酵制造这些物质。

丙酮酸的分解代谢途径及其工业生产中的应用可简述如下：

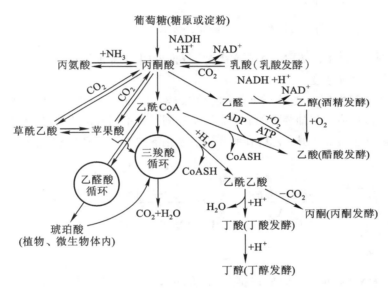

图 12-9　丙酮酸的主要代谢途径

（1）**丙酮酸变乳酸（乳酸发酵）**　在无氧条件下，糖酵解产生的丙酮酸即还原成乳酸。在动物体中乳酸可进入血液在肝合成肝糖原，或者在肌肉中氧化。工业发酵制造乳酸，是用乳酸杆菌（如 *Lactobacillus delbrueckii*）使葡萄糖沿糖酵解过程分解成乳酸。

$$丙酮酸 + NADH + H^+ \xrightleftharpoons{乳酸脱氢酶} L- 乳酸 + NAD^+$$

催化这个反应的乳酸脱氢酶，在高等脊椎动物体中有 5 种同工酶形式，可用琼脂糖（agarose）凝胶电泳将其分开。每种都是由 4 个亚基组成的四聚体蛋白质。每个亚基的相对分子质量约为 350 000。亚基有两种类型，一种是心肌乳酸脱氢酶的主要组分称 H 型[1]，另一种是骨骼肌乳酸脱氢酶的重要组分，称 M 型[2]。5 种不同形式的乳酸脱氢酶分别用 H_4、M_4、H_3M、H_2M_2 和 HM_3 代表（H_4 表示由 4 个 H 亚基所组成，M_4 表示由 4 个 M 亚基所组成，H_3M 表示由 3 个 H 亚基和 1 个 M 亚基共同组成，其余类推）。心肌乳酸脱氢酶为 H_4 型，骨骼肌乳酸脱氢酶为 M_4 型。

---

[1]　H：heart。

[2]　M：muscle。

H_4 型乳酸脱氢酶的活力易被高浓度丙酮酸所抑制，与心肌有氧代谢为主，产生乳酸甚少的生理代谢活动相适应。M_4 型乳酸脱氢酶不易被丙酮酸抑制，与骨骼肌可通过无氧代谢产能，大量产生乳酸的运动代谢活动相适应。

在供氧不足时，人体的绝大多数组织都能通过酵解途径生成乳酸。乳酸的 pK 为 3.8，在生理 pH 范围内可全部解离，故乳酸被吸收进血液可影响血液的酸碱度。

乳酸在肝、肾组织内可通过糖异生转变为丙酮酸，再由丙酮酸转变为葡萄糖，或进入三羧酸循环氧化。肝可利用 57%~60% 的乳酸以合成葡萄糖。肝将乳酸转变为葡萄糖或通过三羧酸循环使乳酸分解都消耗氢离子，这两种反应都可纠正由乳酸引起的代谢性酸中毒。如果血液的乳酸浓度过高（阈值为 7.7 mg/L），则大量乳酸可从肾随尿排出。常人每天由尿排出的乳酸约为 400 mg，当血液的乳酸含量因剧烈运动而增高时，若运动持续进行，肌肉可利用乳酸作为燃料。

乳酸的生成与丙酮酸的浓度和 NADH/NAD$^+$ 浓度比值都有关系，这种关系可表示如下式：

$$\frac{[乳酸]}{[丙酮酸]} = K \frac{[NADH]}{[NAD^+]} \times [H^+]$$

K 为丙酮酸还原成乳酸反应的平衡常数，当 $[H^+]$ 不变时，

$$[乳酸] = [丙酮酸] \times K \frac{[NADH]}{[NAD^+]}$$

当 $[丙酮酸]$ 和（或）$[NADH]/[NAD^+]$ 增高时，乳酸的生成即加快；若 $[NADH]/[NAD^+]$ 比值不变，则乳酸的浓度随丙酮酸的浓度而改变。

（2）**丙酮酸变乙醇（酒精发酵）** 这个转变又称生醇发酵，是利用酵母使糖变为乙醇的过程。生醇发酵的化学过程在从糖至丙酮酸一段反应，与葡萄糖无氧酵解完全相同，所不同者是从丙酮酸起以后的变化。酵母（和其他一些微生物）能使丙酮酸脱羧成乙醛，乙醛在醇脱氢酶催化下被 NADH 还原成乙醇：

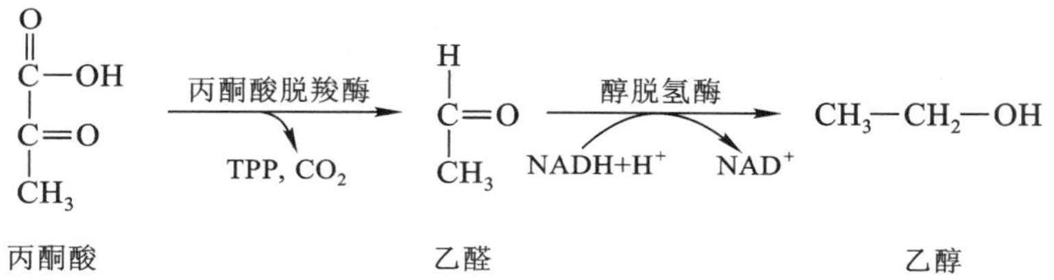

醇脱氢酶（alcohol dehydrogenase）的活性部位含有 Zn^{2+}，Zn^{2+} 可使乙醛的 C＝O 基极化，从而使乙醛到乙醇的转变过程稳定。由葡萄糖转变成乙醇的过程称酒精发酵。乙醇在人体及动物体中可氧化成乙醛，再经 $CH_3CO \sim SCoA$ 进入三羧酸循环氧化。在微生物作用下乙醇可直接氧化成乙酸。

（3）**丙酮酸变醋酸和丁酸（醋酸和丁酸发酵）** 丙酮酸经氧化脱羧产生的 $CH_3CO \sim SCoA$ 与 H_3PO_4 作用即生成乙酰磷酸，后者经乙酸激酶催化即生成乙酸。

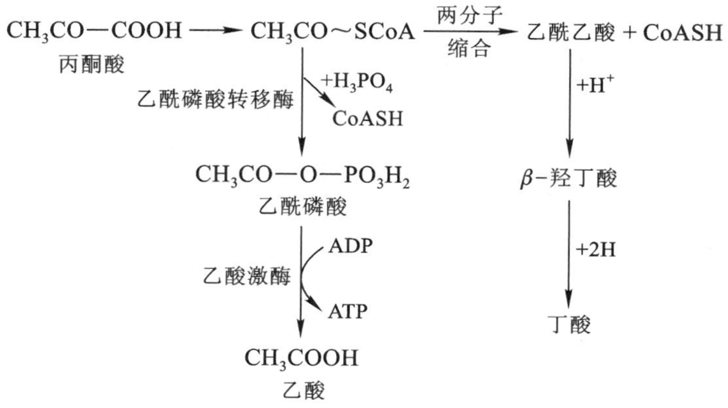

制醋和工业乙酸即利用这一化学原理作乙酸发酵。常用方法是用淀粉做原料，加入霉菌为糖化剂，再接种酵母产生酒精，最后加入醋酸菌如纹膜醋酸杆菌（*Acetobacteraceti*），乙醇被乙醇脱氢酶氧化生成乙醛，乙醛再被乙醛脱氢酶氧化生成乙酸（醋酸）。丁酸发酵则需用丁酸梭状芽孢杆菌（*Clostridium butyricum*）。

（4）**丙酮酸变丙酮和丁醇（丙酮–丁醇发酵）** 用乙酰丁酸梭状芽孢杆菌（*Clostridium acetobutyricum*）发酵可产生丙酮和丁醇（还有其他低分子酸如甲酸、乙酸、丁酸等副产物）。发酵初期（8~12 h）产品主要为酸，在24~30 h一段时间内才产生丙酮和丁醇。

（5）**丙酮酸直接变苹果酸和草酰乙酸** 丙酮酸不仅可进入三羧酸循环转变为草酰乙酸，还可经以下途径互变。

一种途径是丙酮酸由苹果酸酶催化产生 L–苹果酸，后者经苹果酸脱氢酶催化变为草酰乙酸。

另一途径是动物组织及酵母细胞内，丙酮酸可由线粒体丙酮酸羧化酶（含生物素的蛋白质）催化变成草酰乙酸。

还有一种途径是动植物都有的，即丙酮酸通过磷酸烯醇丙酮酸，由磷酸丙酮酸羧化酶催化转变为草酰乙酸。

这3种代谢途径都十分重要，因为可以补充三羧酸循环因其他代谢而消耗的草酰乙酸和苹果酸，同时也是糖酵解的辅助途径。

12.3.2.4 乙醛酸循环

多数高等植物不能利用乙酸合成碳水化合物，但在含油种子和某些微生物中存在着一条将乙酸（乙酰 CoA）转变成葡萄糖利用的途径，称为乙醛酸循环（glyoxylate cycle），即将乙酰 CoA 转变成琥珀酸，后者再经草酰乙酸步骤转变成糖或补充三羧酸循环的琥珀酸。催化这一途径的两个重要的酶：异柠檬酸裂合酶（isocitratelyase）和苹果酸合酶（malate synthase）都集中在乙醛酸循环体中。乙醛酸循环可以说是三羧酸循环的辅佐途径，其过程见图 12-10。

异柠檬酸经异柠檬酸裂合酶催化产生琥珀酸和乙醛酸的反应如下：

乙醛酸经苹果酸合酶催化与乙酰 CoA 缩合产生 L–苹果酸的反应如下：

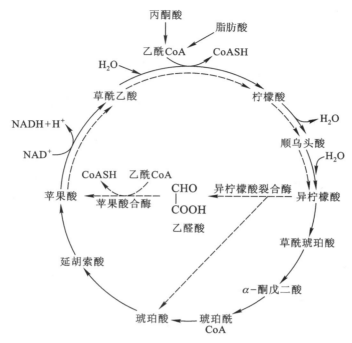

图 12-10 乙醛酸循环及其与三羧酸循环的关系

内圈虚线箭头（----→）表示乙醛酸循环，外圈实线箭头（——→）表示三羧酸循环

乙醛酸循环的异柠檬酸裂合酶和苹果酸合酶是三羧酸循环所无的。由于乙醛酸循环在异柠檬酸处开了一条旁路，避开了三羧酸循环中的二次脱羧反应，所以乙醛酸循环转一圈可使 2 分子乙酰 CoA 转变成 1 分子琥珀酸。乙醛酸循环总反应式如下：

$$2CH_3COSCoA + NAD^+ + 2H_2O \longrightarrow 琥珀酸 + 2CoA + NADH + H^+$$

乙醛酸循环的生理意义：

① 乙醛酸循环提高了生物体利用乙酰 CoA 的能力。只要极少量的草酰乙酸作"引物"，乙酰 CoA 就可以不断地转变为四碳二羧酸和六碳三羧酸。因此，某些微生物能以乙酸等二碳化合物作唯一的碳源和能源。

② 乙醛酸循环开辟了一条从脂肪转变成糖的途径。脂肪分子中的脂肪酸通过 $\beta-$ 氧化产生乙酰 CoA，通常情况下乙酰 CoA 进入三羧酸循环就被彻底氧化，没有糖的净收益。但许多植物（主要是种子）和微生物，脂肪酸产生的乙酰 CoA 可经乙醛酸循环净合成 TCA 循环中间代谢产物如草酰乙酸，后者可通过糖异生途径合成糖（详见 12.4.6）。

❓ 思考题

比较分析乙醛酸循环与三羧酸循环的异同之处。

12.3.2.5　磷酸戊糖途径

磷酸戊糖途径（pentose phosphate pathway，PPP）又称磷酸己糖支路（hexose-monophosphate shunt，HMS）。

糖酵解及三羧酸循环无疑是葡萄糖氧化的重要途径，但生物体中除三羧酸循环外，尚有其他糖代谢途径，其中磷酸戊糖途径为较重要的一种。这途径普遍存在于动物、植物和微生物体内，在动物及多种微生物体中，约有 30% 的葡萄糖可能由此途径进行氧化，其代谢途径可简示如图 12–11。

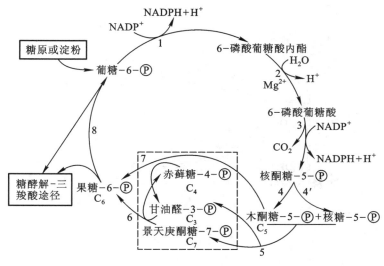

（葡糖 –6–Ⓟ代表6–磷酸葡糖，余类推）

图 12–11　磷酸戊糖途径

参加上述各反应的酶（均存在于细胞质基质内）为：

1. 6– 磷酸葡糖脱氢酶（glucose-6-phosphate dehydrogenase），Mg^{2+}
2. 内酯酶（lactonase），反应 2 无酶参加亦可进行，但内酯酶可加快反应速度
3. 6– 磷酸葡糖酸脱氢酶（gluconate-6-phosphate dehydrogenase）（氧化脱羧）

4. 磷酸戊糖差向异构酶（phosphopentose epimerase），4′ 核糖磷酸异构酶（phosphoribose isomerase）
5. 转酮醇酶（transketolase）又称转酮酶，或称转羟乙醛酶
6. 转醛醇酶（transaldolase）又称转醛酶，或称转二羟丙酮基酶
7. 转酮醇酶
8. 磷酸葡糖异构酶（phosphoglucoisomerase）

磷酸戊糖途径比较复杂，为简明起见，可将这途径分为 3 个阶段：第一阶段为氧化阶段，第二、第三阶段为非氧化阶段。

第一阶段：6– 磷酸葡糖 ⟶ 5– 磷酸核酮糖，包括反应 1,2,3。

反应 1 为脱氢反应，由 6– 磷酸葡糖脱氢酶催化，以 $NADP^+$ 为辅酶，需 Mg^{2+}，催化 6– 磷酸葡糖脱氢生成 6– 磷酸葡糖酸内酯。

反应 2 为内酯的水解，由内酯酶催化，需 Mg^{2+}，水解后生成 6– 磷酸葡糖酸。

反应 3 为 6– 磷酸葡糖酸的脱氢脱羧反应，由 6– 磷酸葡糖酸脱氢酶催化，以 $NADP^+$ 为辅酶。

第二阶段：磷酸戊糖的异构，包括反应 4,4'。

反应 4 为 5-磷酸核酮糖经差向异构酶（也称表异构酶）的作用，生成 5-磷酸木酮糖。

反应 4' 为 5-磷酸核酮糖经异构酶的作用，生成 5-磷酸核糖。

第三阶段：磷酸戊糖等分子间的基团转移产生 3 碳、4 碳、5 碳、6 碳和 7 碳糖的磷酸酯，包括反应 5,6,7,8。这里有两个关键性的酶催化，即转酮醇酶（transketolase），又称转酮酶或转羟乙醛酶；另一个酶为转醛醇酶（transaldolase）又称转醛酶或转二羟丙酮基酶。

转酮醇酶和转醛醇酶通过下列 3 个反应实现戊糖与 3~7 碳糖的相互转化，其中包括 3-磷酸甘油醛（3 碳）和 6-磷酸果糖（6 碳）这两个糖酵解代谢中间物。因此磷酸戊糖途径与糖酵解途径是相互联系的。

$$反应 5： \quad C_5 + C_5 \xrightarrow{\text{转酮醇酶}} C_3 + C_7$$
$$反应 6： \quad C_7 + C_3 \xrightarrow{\text{转醛醇酶}} C_4 + C_6$$
$$反应 7： \quad C_5 + C_4 \xrightarrow{\text{转酮醇酶}} C_3 + C_6$$

转酮醇酶只转移二碳单位，转醛醇酶只转三碳单位。二碳或三碳单位的供体为酮糖，其受体则为醛糖。这 3 个反应的化学过程可表示如下：

反应 5：

反应 6：

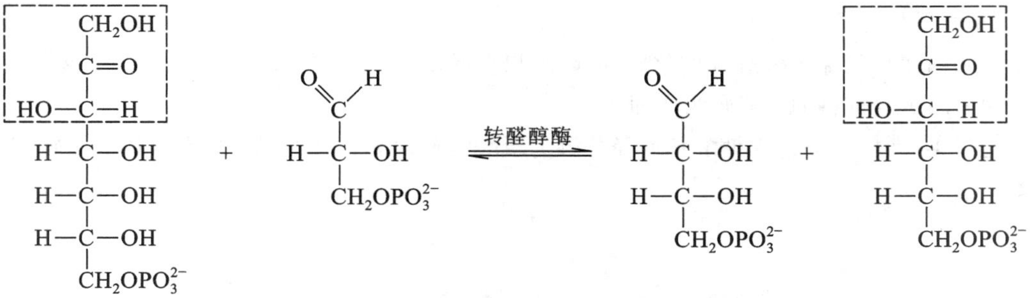

| 7-磷酸景天庚酮糖 | | 3-磷酸甘油醛 | | | 4-磷酸赤藓糖 | | 6-磷酸果糖 |

反应 7：

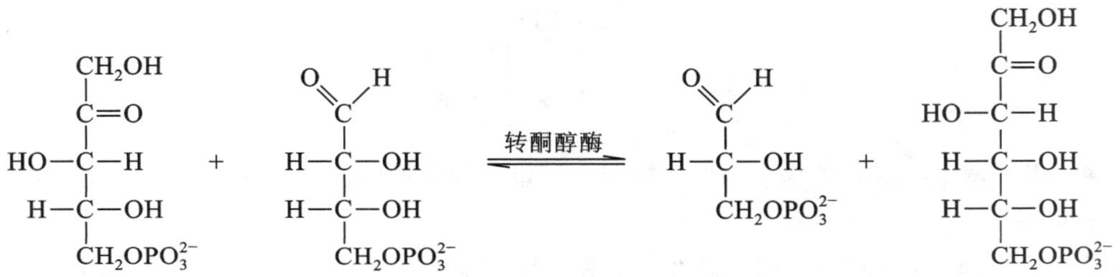

| 5-磷酸木酮糖 | | 4-磷酸赤藓糖 | | | 3-磷酸甘油醛 | | 6-磷酸果糖 |

反应 8 为 6- 磷酸果糖经异构酶的作用，生成 6- 磷酸葡糖（参见糖代谢章 12.3.2.1）。

整个磷酸戊糖途径的总反应可表示如下式：

$$6×6-\text{磷酸葡糖} + 12NADP^+ + 7H_2O \longrightarrow 5×6-\text{磷酸葡糖} + 6CO_2 + 12NADPH + 12H^+ + H_3PO_4$$

磷酸戊糖途径有下列特点：

① 6 分子 6- 磷酸葡糖经戊糖途径循环一次重新组成 5 分子 6- 磷酸葡糖，1 分子 6- 磷酸葡糖完全氧化成 6 分子 CO_2 并产生 12 分子 NADPH。

② 从 6- 磷酸葡糖起始的磷酸戊糖途径反应不需要 ATP 的参与，在低 ATP 浓度情况下葡萄糖通过戊糖循环亦可进行氧化。

③ 说明机体内 3 ~ 7 碳糖如核糖（5 碳）、赤藓糖（4 碳）、景天庚酮糖（7 碳）等可经该途径相互转化产生。

磷酸戊糖途径的生理意义：

① 供给生物体能量，每循环一次降解 1 分子 6- 磷酸葡糖，可产生 12 分子 NADPH，通过呼吸链氧化可产生 30 分子 ATP。

② 磷酸戊糖途径可产生大量的 NADPH，供组织中合成代谢的需要，如脂肪酸的合成、固醇的合成等（详见脂质代谢章）。

③ 磷酸戊糖途径中产生的 5- 磷酸核糖是合成 ATP、CoA、NAD（P）、FAD、RNA 及 DNA 等重要生物分子的必需原料。

④ 磷酸戊糖途径也是戊糖代谢的重要途径。

⑤ 磷酸戊糖途径与糖酵解有许多共同的酶及中间产物，因此，这两条途径有着密切的联系。

⑥ 磷酸戊糖途径与光合作用中二氧化碳的固定和还原密切有关（见 12.4.1）。

12.3.2.6 其他单糖的分解代谢

以上所讲的分解代谢都是以组成糖原或淀粉的 D- 葡萄糖为对象。现将对 D- 果糖、D- 半乳糖、D- 甘露糖和 D- 戊糖的代谢作简要介绍。

（1）**果糖** 果糖在小肠黏膜和肝磷酸化成 6- 磷酸果糖或 1,6- 二磷酸果糖。后二者可进入糖的分解代谢途径氧化成 CO_2 和 H_2O 或合成糖原，或转为血葡萄糖。

果糖还可通过 1- 磷酸果糖进入糖酵解途径分解为磷酸二羟丙酮和甘油醛，后者可进一步转变为 3- 磷酸甘油醛，见下图。

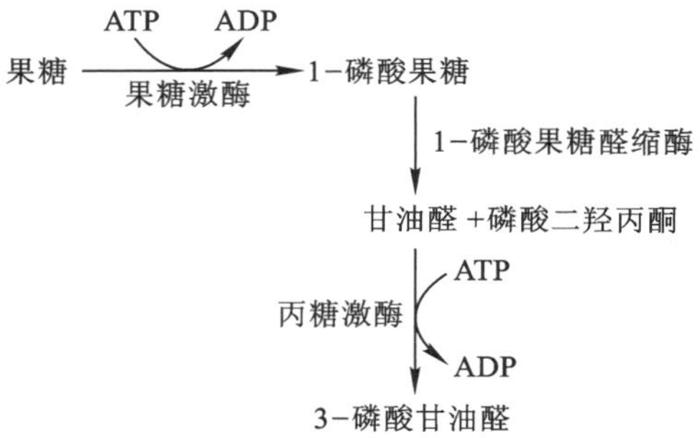

（2）**半乳糖** 半乳糖主要来自食物，为形成糖脂、糖蛋白和乳糖的成分。在机体中半乳糖可转变为 6- 磷酸葡糖进入糖酵解途径。

由半乳糖转变为 6- 磷酸葡糖的过程中需经半乳糖激酶（galactokinase）、转移酶（transferase）、差向异构酶（epimerase）及葡糖磷酸变位酶（phosphoglucomutase）等酶类的参加，其总反应参见图 12-12。

式中所示由半乳糖到 6- 磷酸葡糖的反应，实际上包括下列 4 个步骤：

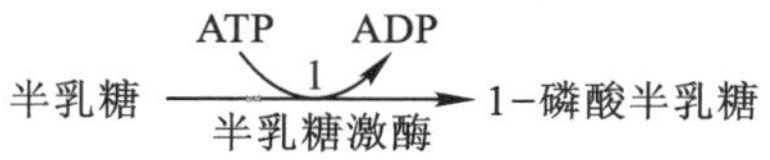

第 1 步：半乳糖经半乳糖激酶催化起磷酸化转变为 1- 磷酸半乳糖。

第 2 步：1- 磷酸半乳糖经 1- 磷酸半乳糖尿苷酰转移酶（galactose-1-phosphate uridylyl transferase）催化从葡糖尿苷二磷酸（UDP- 葡萄糖）取得尿苷磷酰基转变为 UDP- 半乳糖及 1- 磷酸葡糖。

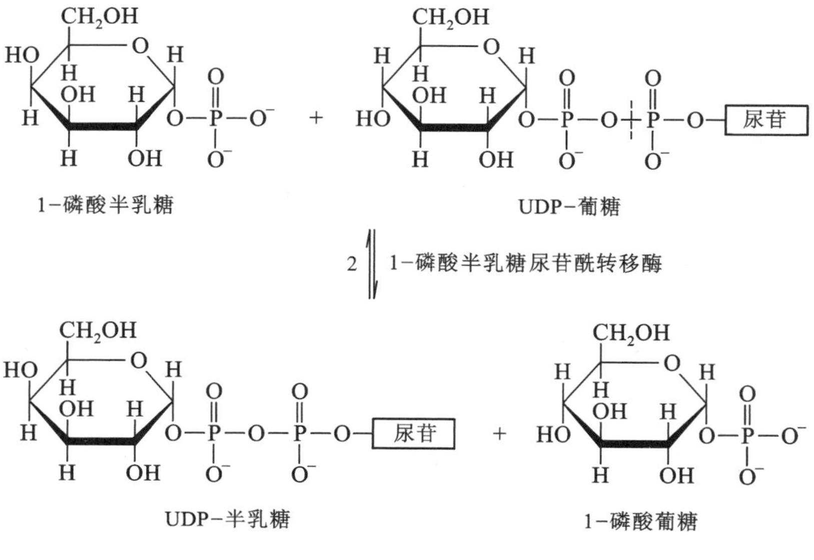

第 3 步：反应是 UDP– 半乳糖的半乳糖经差向异构酶转变为 UDP– 葡糖，后者经 UDP– 葡糖焦磷酸化酶（UDP–glucose pyrophosphorylase）催化转变为 1– 磷酸葡糖。

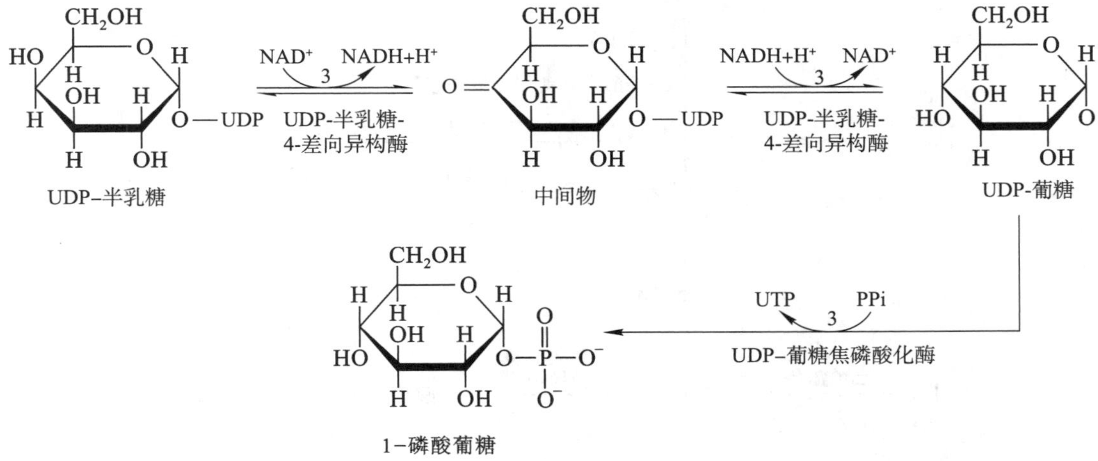

第 4 步：1– 磷酸葡糖经磷酸葡糖变位酶催化转变为 6– 磷酸葡糖，进入酵解途径。

$$1-磷酸葡糖 \xrightarrow{4} 6-磷酸葡糖 \longrightarrow 酵解途径$$

上述第 3 步反应中产生的 UDP– 葡糖还可参加 1– 磷酸半乳糖转变成为 1– 磷酸葡糖的反应（第 2 步反应）。UDP– 葡糖可以从 UDP– 半乳糖再生，在半乳糖转变为葡萄糖反应中无损失。因而能不断地使 1– 磷酸半乳糖转变为 1– 磷酸葡糖。

（3）**甘露糖**　从食物中所得的甘露糖不多，但机体能利用甘露糖，必须先转变为 6– 磷酸甘露糖，再经磷酸甘露糖异构酶催化变为 6– 磷酸果糖，然后再按照糖酵解途径分解。

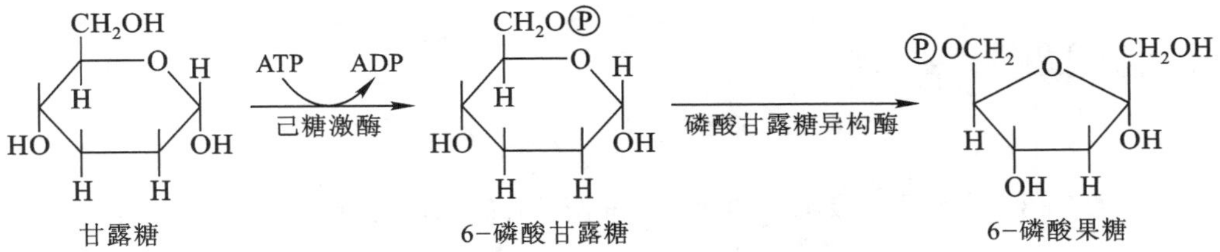

有关上述 3 种己糖的分解途径和酵解的相互关系可表示如图 12–12。

（4）**戊糖的代谢**　人和动物均不易吸收和利用戊糖，但除戊糖尿症患者（尿中含戊糖）完全不能利用戊糖外，正常人体和动物还是可以利用一些戊糖的。因为不同组织的酶可使嘌呤核苷酸和核苷的核糖基变成非戊糖物质（如己糖），而且机体可从葡萄糖醛酸合成 L– 木酮糖，体内的戊糖主要是由己糖变来。体内的戊糖磷酸异构酶可催化 5– 磷酸 –D– 核酮糖变为 5– 磷酸 –D– 核糖。

戊糖可通过磷酸戊糖途径（图 12–11）变成磷酸丙糖进入典型的糖酵解代谢途径。3– 磷酸甘油醛与乙醛缩可合成 5– 磷酸 –2– 脱氧核糖。

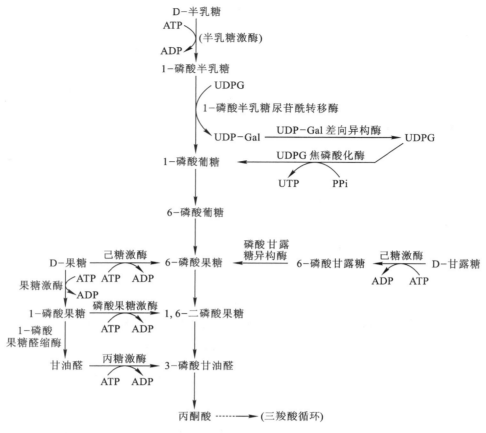

图 12-12　果糖、半乳糖和甘露糖的分解途径

12.4　糖的合成代谢

糖的合成代谢主要介绍光合作用以及糖原、淀粉、蔗糖、乳糖和葡萄糖的生物合成（糖异生）。

12.4.1　光合作用

12.4.1.1　概念

自然界的糖类，起源于植物的光合作用（photosynthesis）。绿色植物的叶绿素能吸收阳光的能进行光化学反应使水活化。活化水放出氧的同时还原 CO_2 成简单糖类，简单糖类再合成二糖和多糖。光合作用的总反应可表示如下：

$$C^{16}O_2 + 2H_2{}^{18}O \longrightarrow [CH_2{}^{16}O] + H_2{}^{16}O + {}^{18}O_2$$

此反应式的正确性已经用含 ${}^{16}O$ 的 CO_2 及含 ${}^{18}O$ 的水作追踪试验证实。

绿色植物的光合作用是由光反应（light reaction）和暗反应（dark reaction）共同组成的。光反应是光能转变为化学能的反应。植物的叶绿素吸收光能进行光化学反应使水分子活化分裂出 O_2、H^+ 和释放出电子并产生 NADPH 和 ATP。暗反应为酶促反应，是由光反应产生的 NADPH 在 ATP 供给能量的情况下，使 CO_2 还原成简单糖类的反应。这两类反应在光合作用中的相互关系可简示如图 12-13。

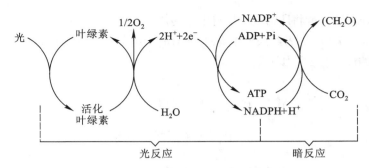

图 12-13　光合作用偶联反应示意图

在对绿叶植物的光合作用作了上面的概念介绍之后，现在将对光合作用的作用机制分别作扼要介绍。

12.4.1.2　光合作用的机制

本节将就植物的光反应、暗反应和细菌光合作用分别讨论。

（1）光反应的机制

光反应的作用中心　在进一步讨论光反应的作用机制前，我们需要了解光合作用中常用的一个术语即光反应作用中心的含义。植物的叶绿素各有其不同的状态和理化属性。在与光接触时，数以百计的叶绿素分子都吸收光能并将它们的激发能（excitation energy）转移到一个反应部位启动光合反应，这个部位称为光反应作用中心（又称作用中心或反应中心）（图 12-14）。作用中心的叶绿素分子是处在特殊环境中，因而有特殊性质，其中之一就是在激发态时能级（energy level）较低，使它们能吸聚能量，推动光合反应。实际上这种特殊形态的叶绿素分子就代表作用中心。例如光合系统 Ⅰ（PS[①] Ⅰ）的作用中心就是对 700 nm 光有最大吸收的叶绿素 a（代号为 P700，P 代表色素 pigment，即指叶绿素）。与之类似，光合系统 Ⅱ（PSⅡ）的作用中心色素是对 680 nm 光有最大吸收的叶绿素 a，称为 P680。作用中心是光反应的起点。

光反应的两种系统　光反应过程是由叶绿体的两种光合系统来完成的。叶绿体内有 PSⅠ 和 PSⅡ 两种不同的光合系统。PSⅠ 经光波（$\lambda < 700$ nm）激发能产生一种强还原剂和一种弱氧化剂，前者能导致 NADPH 的产生。PSⅡ 被光波（$\lambda < 680$ nm）激发后能产生一种强氧化剂和一种弱还原剂。强氧化剂能激发水分子裂解放出氧和电子。这种电子是推动暗反应各种化学反应的动力。PSⅠ 产生的弱氧化剂与 PSⅡ 产生的弱还原剂的相互作用即产生 ATP。这些反应可概示如图 12-15。

PSⅠ 的功用　光反应 PSⅠ 的最终产物为 NADPH，其过程是 P700 被光子（photon）激发转变为激发态（以

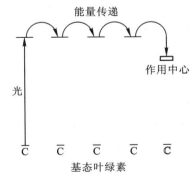

$\overline{C}$ 代表基态叶绿素；C 代表光反应作用中心的叶绿素

图 12-14　光合作用中心示意图

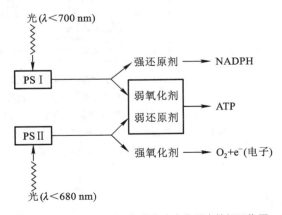

图 12-15　光合系统 Ⅰ 与 Ⅱ 在光合作用中的相互作用

---

① 　PS 是 photosystem 一词的缩写。

P700* 表示），P700* 是强还原剂，能将所得电子通过电子递体（A_0，A_1）传给铁硫中心（Fe-S）。铁硫中心将电子传给铁氧还蛋白（ferredoxin，Fd），后者经铁氧还蛋白 -NADP+ 还原酶（Fp）作用，最后产生 NADPH（图 12-16）。由铁氧还蛋白到 NADPH 的反应可表示如下图：

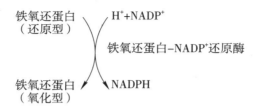

PSⅡ 的功用　PSⅡ P680 是强氧化剂，它先被水光解作用产生的电子 e- 激发转变为激发态 P680*。后者通过脱镁叶绿素（Ph）将电子传递给电子受体 Q_A、Q_B 和氢醌（QH_2）[1]，QH_2 将电子传给细胞色素 bf 复合物（cytochrome bf complex），细胞色素 bf 复合物将电子从 QH_2 传到质体蓝素（plastocyanin，PC），最后传给 PSⅠ 的 P700。

PSⅠ 与 PSⅡ 通过电子载体的作用相互偶联，电子流即从 PSⅡ 传到 PSⅠ 作用中心 P700。与线粒体氧化磷酸

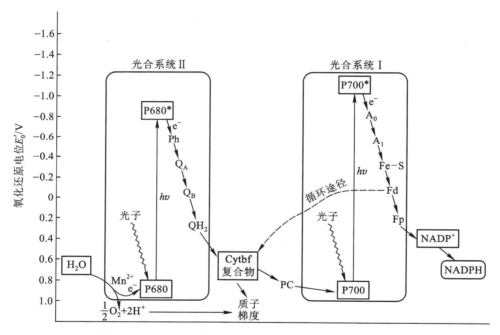

图 12-16　光合作用中两个光合系统的作用，E'_0 为氧化还原电位

A_0、A_1：电子传递体；Fe-S：铁硫中心；Fd：铁氧还蛋白；Fp：铁氧还蛋白 -NADP+ 还原酶；Ph：脱镁叶绿素；Q_A 和 Q_B 为电子从 Ph 到质体醌（QH_2）的递体；QH_2 还原型质体醌，E'_0 近于 0.00 V；Cyt bf 复合物包含 Cyt b、Cyt f 两种细胞色素，Cyt f 的 $E'_0 = 0.36$ V；PC，质体蓝素，为含铜蛋白，$E'_0 = +0.37$ V；hv 代表一个光子所含的能量；h 是 Planck's Constant（6.62×10^{-34} J · S）[2]，J · S = Joule · second（焦耳 · 秒）；v 是光子振动场的频率；$hv = E/N$；$E = 1$ mol 光子或 1 个 Einstein[3] 的能量；$N =$ Avogadro's number（6.023×10^{23}）

---

①　Q_A 和 Q_B 为质醌与蛋白质的结合体。QH_2 的英文名为 plastoquinol 即还原型的质醌（质醌的英文名为 plastoquinone）。

②　由于所用单位不同，Planck's Constant 的数值有下列不同的写法，以供参考：6.62×10^{-34} J · S，4.12×10^{-15} ev · S；6.63×10^{-27} erg · S，1.58×10^{-34} cal · S。

③　1 mol 的光子称为 1 个 Einstein。

化类似（参见生物能学与生物氧化章 10.5.2），光反应系统电子流也通过化学渗透机制在膜结构（如叶绿体的类囊体膜）产生跨膜质子梯度。质子跨膜转移或等效转移主要涉及①放氧复合体，② Cytbf 复合体，和③ NADPH$^+$ 还原消耗质子。形成的质子梯度通过类似氧化磷酸化 ATP 合酶的 CF_oF_1–ATP 合酶（chloroplast F_oF_1–ATP synthase）合成 ATP。这一光驱动的 ATP 合成过程被称为光合磷酸化。如图 12-16 所示，光驱动电子流形成跨膜质子梯度与 ATP 合成偶联有两种方式：一种称为非循环光合磷酸化，另一种称为循环光合磷酸化。前者电子流为从 PSⅡ经 Cytbf 复合体再经 PSⅠ 到达 NADP$^+$，电子传递途径类似侧排 "Z" 字母，故名 "Z 图式"；后者仅涉及 PSⅠ 而不涉及 PSⅡ，从光激发 P700* 到 Fd 的电子不传递给 NADP$^+$ 而是经由 Cytbf 复合体到 PC 回流到 P700。

PSⅡ 不参加 PSⅠ 的循环光合磷酸化反应，也不产生 NADPH。唯一的净产物是 ATP。

以上所述可见，光反应即是光能转变为化学能的反应，也就是通过叶绿素利用光能产生 ATP 和 NADPH 的反应。

在此必须指出：按照热力学原理，电子的传递必须由低氧化还原电位（E'_0）物质向高氧化还原电位物质传递，但图 12-16 所示的电子流都是由高 E'_0 物质传到低 E'_0 物质，显然不符合热力学原理。为什么能发生这种现象呢？这是因为 P700 与 P680 被光子激发后，其电子分布发生了改变，在 PSⅡ（P680）情况下、H_2O 和 QH_2 的标准氧化还原电势（E'_0）分别为 0.82 及 0.1 V。两者的电位差为 0.72 V。电子之所以能由高 E'_0 向低 E'_0 流动，是因 PSⅡ 吸收光能使光照下每 1 个电子具有 1.82 eV 的能量，这种能量远远超过了由电位差 0.72 V 对电子流可能产生的阻力，故光反应的电子流能从高 E'_0 向低 E'_0 物质传递。

（2）**暗反应的机制**　暗反应是 CO_2 还原成糖的过程，是由光反应产生的 NADPH 和 ATP 参加的酶促反应，因为不需光，所以称暗反应。

大多数植物还原 CO_2 的第一个产物是三碳化合物（3- 磷酸甘油酸），因而称这种途径为 C_3 途径。具有 C_3 途径的植物称 C_3 植物或三碳植物。有些植物如甘蔗、玉米、高粱等高产作物还原 CO_2 的第一个产物是四碳化合物（草酰乙酸），故称之为 C_4 途径。这类植物称 C_4 植物或四碳植物。由于这两种途径都是循环反应，故分别称之为三碳循环和四碳循环。

C_3 途径　三碳循环反应是 M. Calvin 的实验室首先提出的，故又称 Calvin 循环。三碳循环途径可分为下列 3 个阶段（图 12-18）：

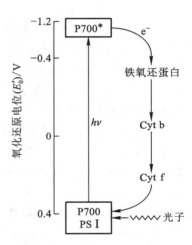

图 12-17　循环光合磷酸化产生 ATP

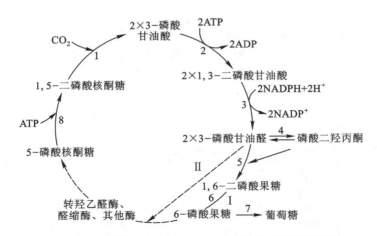

图 12-18　三碳循环（Calvin cycle）（虚线表示未写出的反应）

参加上述各反应的酶为：1. 1,5- 二磷酸核酮糖羧化酶（ribulose-1,5-bisphosphate carboxylase）；2. 磷酸甘油酸激酶（phosphoglycerate kinase）；3. 3- 磷酸甘油醛脱氢酶（glyceraldehydes-3-phosphate dehydrogenase）；4. 磷酸丙糖异构酶（triose phosphate isomerase）；5. 醛缩酶（aldolase）；6. 1,6- 二磷酸果糖（酯）酶（fructose-1,6-diphosphatase）；7. 异构酶和磷酸（酯）酶（isomerase and phosphatase）；8. 5- 磷酸核酮糖激酶（ribulose-5-phosphate kinase）

　　a. 1,5- 二磷酸核酮糖 + CO_2 ⟶ 3- 磷酸甘油酸

　　b. 3- 磷酸甘油酸 ⟶ 3- 磷酸甘油醛 ⟶ 6- 磷酸果糖

　　c. 6- 磷酸果糖 ⟶ 5- 磷酸核酮糖 ⟶ 1,5- 二磷酸核酮糖

第一阶段　为 CO_2 的固定：CO_2 的受体是 1,5- 二磷酸核酮糖，产生的第一个产物是 3- 磷酸甘油酸，催化这步反应的酶是 1,5- 二磷酸核酮糖羧化酶，又称羧基歧化酶，催化机制如下：

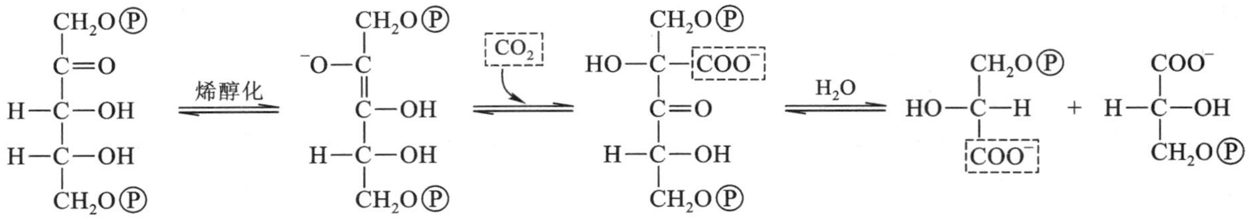

1,5-二磷酸核酮糖　　　　烯二醇中间物　　　　　3-酮中间物　　　　　3-磷酸甘油酸　3-磷酸甘油酸

　　通过这步反应把 CO_2 固定在 3- 磷酸甘油酸的羧基上。1,5- 二磷酸核酮糖羧化酶的底物选择性并不强，不仅能与 CO_2 结合催化羧化反应，也能与 O_2 结合催化加氧反应。因此该酶全名为 1,5- 二磷酸核酮糖羧化酶 / 加氧酶（ribulose-1,5-biphosphate carboxylase/oxygenase，简称 rubisco）。该酶催化的反应中，O_2 和 CO_2 是竞争的。在 [O_2] 高时，这酶就和 O_2 结合生成过氧化物，然后生成一个二碳化合物和一个三碳化合物，只得到一分子三碳化合物，就影响后面的循环，所以 O_2 分压高时，光合作用效率降低。

　　第二阶段　为还原及生成糖的阶段：由 3- 磷酸甘油酸生成 3- 磷酸甘油醛是还原阶段，这是糖酵解的逆转，中间经过 1,3- 二磷酸甘油酸[①]。还原阶段消耗了 ATP 和 NADPH（由光反应供给）（图 12-18 反应 3）。接着由 3- 磷酸甘油醛转变成 6- 磷酸果糖（图 12-18 反应 4~6），这是三碳循环中真正合成糖的过程，这过程也是糖酵解的逆转。

　　第三阶段　是 1,5- 二磷酸核酮糖的再生：这个阶段（包括图 12-18 中虚线表示的部分和反应 8）相当复杂，有些反应是磷酸戊糖途径中的逆反应。由 3- 磷酸甘油醛及 6- 磷酸果糖到 5- 磷酸核酮糖的反应（即图 12-18 中的虚线部分）牵涉到磷酸二羟丙酮（C_3）、磷酸赤藓糖（C_4）、磷酸景天庚酮糖（C_7）、5- 磷酸核糖（C_5）和 5- 磷酸木酮糖等糖类，初学者不易弄清楚。为使读者对这一阶段的复杂反应有较明确的概念，现将有关反应依次简示如图 12-19。

　　这一阶段的最后一步反应是 5- 磷酸核酮糖进一步磷酸化，磷酸基来自 ATP。由 5- 磷酸核酮糖激酶催化，这是三碳循环中特有的一个酶，也是三碳循环中的又一耗能反应。通过这一反应，三碳循环中二氧化碳受体又形成了。反应式如下：

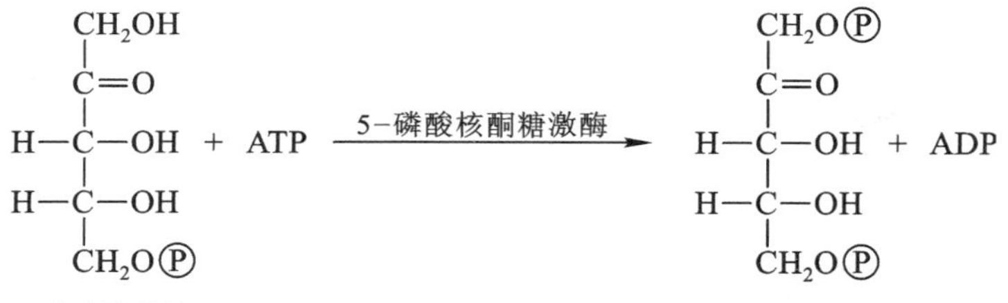

5-磷酸核酮糖　　　　　　　　　　　　　　　　1,5-二磷酸核酮糖

[①]　与糖酵解逆反应有一点不同，此处用于 1,3- 二磷酸甘油酸还原的辅酶为 NADPH，而不是糖酵解中的 NADH。

　　总的来说，三碳循环途径反应，首先是 1,5- 二磷酸核酮糖在 1,5- 二磷酸核酮糖羧化酶催化下与 CO_2 结合，产生 3- 磷酸甘油酸（C_3），后者经磷酸化和脱氢两步反应产生 3- 磷酸甘油醛。3- 磷酸甘油醛分别经两条途径（如图 12-18 中，Ⅰ，Ⅱ表示的途径）回到 5- 磷酸核酮糖，然后两途径合并经磷酸化转变为 1,5- 二磷酸核酮糖，继续进行 CO_2 固定、还原等一系列反应使循环重复进行。

　　参加 C_3 循环的各种酶存在于叶片的维管束鞘叶绿体中。光合作用中由 CO_2 到己糖（例如葡萄糖）的总反应可表示如下式：

$$6CO_2 + 18ATP + 12NADPH + 12H^+ + 12H_2O \longrightarrow 葡萄糖 + 18ADP + 12NADP^+ + 18H_3PO_4$$

　　这式表明光合作用中 1 mol CO_2 还原成己糖需要 3 mol ATP 和 2 mol NADPH（参阅表 12-6）。

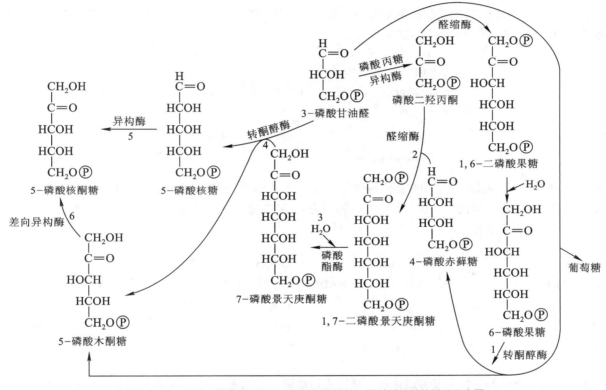

图 12-19　从 6- 磷酸果糖与 3- 磷酸甘油醛到 5- 磷酸核酮糖的过程示意图
反应 1 和反应 4 中的转酮醇酶又称转酮酶或转羟乙醛酶

表 12-6　光合作用三碳循环的各反应量的计算

① $6 \times 1,5-$ 二磷酸核酮糖 $+ 6CO_2 + 6H_2O \longrightarrow 12 \times 3-$ 磷酸甘油酸

② $12 \times 3-$ 磷酸甘油酸 $+ 12ATP \longrightarrow 12 \times 1,3-$ 二磷酸甘油酸 $+ 12ADP$

③ $12 \times 1,3-$ 二磷酸甘油酸 $+ 12NADPH + 12H^+ \longrightarrow 12 \times 3-$ 磷酸甘油醛 $+ 12NADP^+ + 12H_3PO_4$

④ $5 \times 3-$ 磷酸甘油醛 $\longrightarrow 5 \times$ 磷酸二羟丙酮

⑤ $3 \times 3-$ 磷酸甘油醛 $+ 3 \times$ 磷酸二羟丙酮 $\longrightarrow 3 \times 1,6-$ 二磷酸果糖

⑥ $3 \times 1,6-$ 二磷酸果糖 $+ 3H_2O \longrightarrow 3 \times 6-$ 磷酸果糖 $+ 3H_3PO_4$

*⑦ $2 \times 6-$ 磷酸果糖 $+ 2 \times 3-$ 磷酸甘油醛 $\longrightarrow 2 \times 5-$ 磷酸木酮糖 $+ 2 \times 4-$ 磷酸赤藓糖

⑧ $2 \times 4-$ 磷酸赤藓糖 $+ 2 \times$ 磷酸二羟丙酮 $\longrightarrow 2 \times 1,7-$ 二磷酸景天庚酮糖

⑨ $2 \times 1,7-$ 二磷酸景天庚酮糖 $+ 2H_2O \longrightarrow 2 \times 7-$ 磷酸景天庚酮糖 $+ 2H_3PO_4$

续表

⑩ 2×7- 磷酸景天庚酮糖 + 2×3- 磷酸甘油醛 ⟶ 2×5- 磷酸核糖 + 2×5- 磷酸木酮糖
⑪ 2×5- 磷酸核糖 ⟶ 2×5- 磷酸核酮糖
⑫ 4×5- 磷酸木酮糖 ⟶ 4×5- 磷酸核酮糖
⑬ 6×5- 磷酸核酮糖 + 6ATP ⟶ 6×1,5- 二磷酸核酮糖 + 6ADP

* 表 12-6 中的反应⑦在图 12-19 中为反应 1，余类推。

C_4 途径 也称四碳循环。有些高光效应率植物（即光呼吸很低的植物）如甘蔗、玉米、高粱等高产作物另具有一种特殊的 CO_2 同化途径与 C_3 途径相辅而行。C_4 途径与 C_3 途径不同，它是以磷酸烯醇丙酮酸（代号 PEP）为 CO_2 受体，而不是以 1,5- 二磷酸核酮糖为 CO_2 的受体。PEP 经羧化酶催化与 CO_2 结合成草酰乙酸，后者在不同植物体中可转变为 L- 苹果酸或天冬氨酸。

磷酸烯醇丙酮酸(PEP)　　草酰乙酸

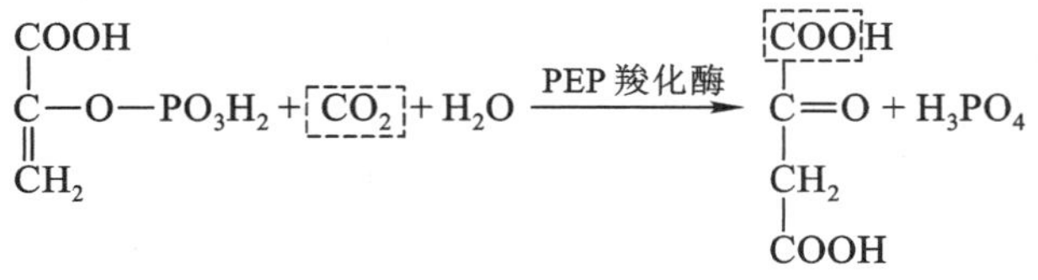

具 C_4 途径的 C_4 植物其叶片结构有叶肉细胞（mesophyll cell）和维管束鞘细胞（boundle sheath cell）。叶肉细胞中含苹果酸脱氢酶浓度高的植物能将草酰乙酸转变为 L- 苹果酸，含丙氨酸及天冬氨酸转氨酶浓度高的植物能将草酰乙酸转变为天冬氨酸。

草酰乙酸　L- 苹果酸　草酰乙酸　丙氨酸　天冬氨酸　丙酮酸

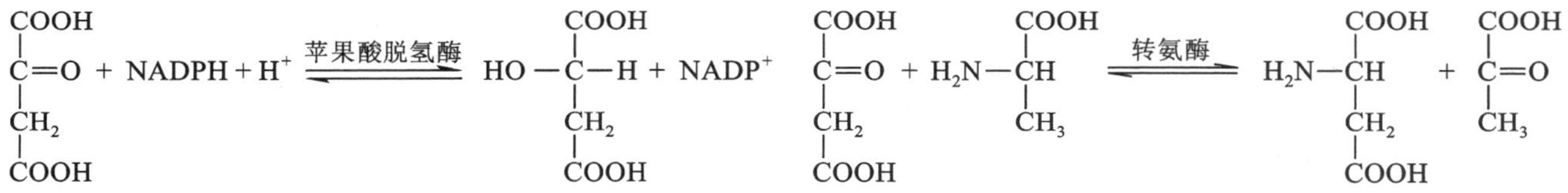

苹果酸与天冬氨酸都可作为 CO_2 载体进入维管束鞘细胞。故凡能利用 L- 苹果酸作 CO_2 载体的植物，其维管束鞘叶绿体内的 $NADP^+$ 专一性苹果酸酶（$NADP^+$-specific malic enzyme）的浓度都较高，能将 L- 苹果酸转变为丙酮酸及 CO_2。

$$\text{苹果酸} + NADP^+ \longrightarrow \text{丙酮酸} + NADPH + H^+ + CO_2$$

能利用天冬氨酸为 CO_2 载体的植物，其维管束鞘细胞含有转氨酶，能将天冬氨酸转变为草酰乙酸：

$$\text{酮酸} + \text{天冬氨酸} \xrightarrow{\text{转氨酶}} \text{草酰乙酸} + \text{氨基酸}$$

有些植物能将草酰乙酸进一步转变为苹果酸，将苹果酸再进一步再转变为丙酮酸和 CO_2；另有少数植物的维管束鞘细胞含有 PEP 羧激酶（PEP carboxy kinase），能将草酰乙酸转变为 PEP 和 CO_2：

$$\text{草酰乙酸} + ATP \xrightarrow{\text{PEP 羧激酶}} PEP + CO_2 + ADP$$

在维管束鞘细胞中产生的 CO_2 和丙酮酸都可供 C_3 循环之用。而叶肉细胞内的丙酮酸则经丙酮酸 - 磷酸二激酶（pyruvate-phospho-dikinase）的催化产生 PEP 供 C_4 途径作固定 CO_2 之用。C_4 途径的各反应可简示如图 12-20 所示。故 C_4 途径有不同类型，有的通过苹果酸作 CO_2 载体（图 12-20A），有的通过天冬氨酸作 CO_2 载体（图 12-20B）。

C_4 植物（即四碳植物）的叶肉细胞进行 C_4 循环，而维管束鞘细胞进行 C_3 循环。仅靠 C_4 循环不能合成糖，

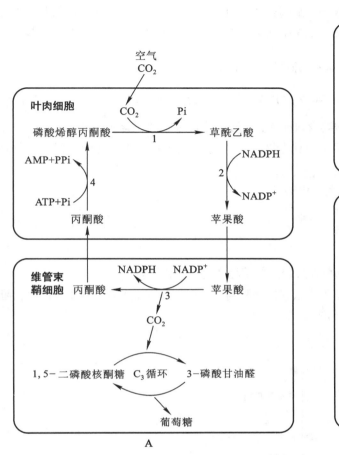
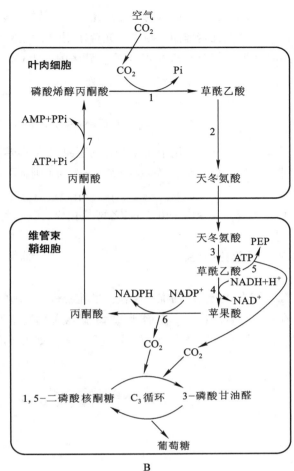

图 12-20　暗反应的 C_4 途径示意图

A. 通过苹果酸作 CO_2 载体，参加上述各反应的酶为：

1. 磷酸烯醇丙酮酸羧化酶（phosphoenol pyruvate carboxylase）
2. 苹果酸脱氢酶（malate dehydrogenase）
3. $NADP^+$- 专一性苹果酸酶（$NADP^+$-specific malic enzyme）
4. 磷酸丙酮酸二激酶（pyruvate phosphodikinase）

B. 通过天冬氨酸作 CO_2 载体，参加上述各反应的酶为：

1. 磷酸烯醇丙酮酸羧化酶
2. 3. 转氨酶（aminotransferase）
4. 苹果酸脱氢酶
5. PEP 羧激酶（PEP-carboxy kinase）
6. $NADP^+$- 专一性苹果酸酶
7. 磷酸丙酮酸二激酶

但由于 C_4 循环中的磷酸烯醇丙酮酸羧化酶（PEP 羧化酶）和 CO_2 的亲和力很高（比 C_3 循环中的 1,5- 二磷酸核酮糖羧化酶与 CO_2 的亲和力高），即使 $[CO_2]$ 很低，PEP 羧化酶仍能和 CO_2 结合，然后将 CO_2 运送到维管束鞘细胞中，使维管束鞘细胞中 CO_2 的局部浓度很高，使 1,5- 二磷酸核酮糖羧化酶能有效地固定 CO_2，所以 C_4 循环可看做 C_3 循环的附加机构，它能高效率地收集、浓缩和转运 CO_2，保证有足够浓度的 CO_2，推动了 C_3 循环，提高了植物的光合作用，所以 C_4 植物一般为高产植物。

与 C_3 和 C_4 植物不同，另一类景天酸代谢（crassulacean acid metabolism，CAM）的植物具有特殊的 C_4 途径，为避免白天水分散失（该类植物主要分布于热带干旱地区）而选择在夜间打开气孔将 CO_2 临时固定在苹果酸存储于液泡中，白天再利用光反应能量合成糖，详见 ❻辅学窗 12-2。

前文提到，由于 rubisco 酶既可催化羧化反应又可催化加氧反应，并且其对 CO_2 的选择性并不高，因此植物光合作用中常伴随该酶以加氧酶活性催化的副反应，即以 O_2 为底物，类似于线粒体呼吸，消耗 O_2 而生成 CO_2，因此被称为光呼吸（photorespiration）。光呼吸与光合作用竞争，消耗氧气和 ATP，生成 CO_2 并产生毒性副产物乙醇酸。因此降低光呼吸被认为是提高光合作用效能的途径之一，详见 **e辅学窗** 12-3。

（3）**细菌的光合作用** 与植物光合作用的不同点是：细菌光合作用中 CO_2 的还原剂不是水光解所放出的 H^+，而是其他还原剂如 H_2S 和 $Na_2S_2O_3$ 等。紫硫菌（如 *Chromatium*）即用 H_2S 或 $Na_2S_2O_3$ 代替水作光合反应的还原剂。

$$CO_2 + 2H_2S \xrightarrow{光} (CH_2O) + 2S + H_2O$$

$$或 \quad 2CO_2 + Na_2S_2O_3 + 5H_2O \xrightarrow{光} 2(CH_2O) + 2H_2O + 2NaHSO_4$$

后一反应说明在光合作用中还原 CO_2 的还原剂不一定要含氢元素，只要能供给电子的化合物即可。

非硫紫菌（如红螺菌 *Rhodospirillum rubrtm*）则利用有机化合物如乙醇、异丙醇或琥珀酸作电子供体以还原 CO_2：

$$CO_2 + 2CH_3CH_2OH \xrightarrow{光} (CH_2O) + 2CH_3CHO + 2H_2O$$

还原 CO_2 所需的 4 个电子由 2 mol 乙醇氧化成乙醛的反应供给。

12.4.2 糖原的生物合成 [①]

葡萄糖为合成糖原的唯一原料，半乳糖和果糖都要通过磷酸葡萄糖才能变为糖原。

在糖原的合成过程中需葡糖激酶、磷酸葡糖变位酶、尿苷二磷酸葡糖（以下简称 UDPG）焦磷酸化酶、糖原合酶、分支酶及 ATP 参加作用。其过程可表示如下（图 12-21）：

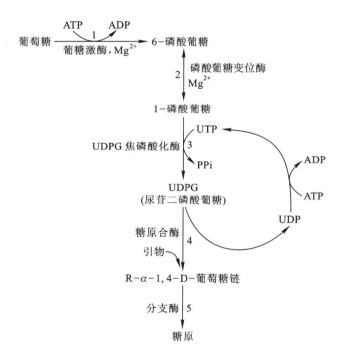

图 12-21 糖原的合成途径图

参加上述各反应的酶为：

1. 葡糖激酶（即己糖激酶同工酶Ⅳ，详见表 12-1）；2. 磷酸葡糖变位酶（phosphoglucomutase）是使分子内部基团，特别是磷酸基团转移位置的酶；3. UDPG 焦磷酸化酶催化 1-磷酸葡糖与 UTP 反应。在此反应中 1-磷酸葡糖分子中磷酸基团上带负电荷的氧原子向 UTP 分子的 α-磷原子进攻，形成 UDPG 和 PPi，PPi 迅速被无机焦磷酸酶水解；4. 糖原合酶，即 UDPG-糖原葡糖基转移酶（UDPG-glycogen glucosyl transferase）；5. 分支酶，即 α-1,4-葡聚糖：α-1,4-葡聚糖-6-葡糖基转移酶（α-1,4-glucan：α-1,4-glucan-6-glucosyl transferase），又称 α-葡聚糖分支葡糖基转移酶（α-glucan branching glycosyl transferase）

---

① glycogenesis

UDPG 中的葡萄糖甚活泼，容易形成糖苷键，在有小分子糖原作为引物时，通过糖原合酶（glycogen synthase）[①] 的催化，UDPG 中的葡萄糖即以 1,4- 糖苷键与小分子糖原连接增长糖原的分子链。分支酶再将新形成的葡聚糖链的部分 α-1,4- 糖苷键变成 α-1,6- 糖苷键形成糖原的支链。

合成糖苷键所需的能量，直接由 UTP 供给，UTP 的再合成则由 ATP 供应高能磷酸键。

果糖、半乳糖、甘露糖亦可转变为糖原，不过不是主要的来源。非糖物质如乳酸、丙酮酸、丙酸、甘油及部分氨基酸亦皆可在肝和肾皮质中变成糖原。由非糖物质转变为糖原的作用称糖原异生作用（glyconeogenesis）。动物肝合成糖原，一部分即利用糖原异生作用（详见 12.4.6），肌肉则只能利用血葡萄糖合成肌糖原。

胰岛素可促进糖原的生成，而肾上腺素和致糖尿激素（如 ACTH 及生长激素）则抑制之，而且可促进糖原的分解。

12.4.3　淀粉的生物合成

植物体合成淀粉的机制基本上与糖原的生物合成相似。不过植物合成淀粉的酶类与动物显然有所不同。植物含有多种可合成淀粉的 α-1,4- 糖苷键的酶，其中主要的为淀粉磷酸化酶。形成 α-1,6- 糖苷键的酶为 Q 酶，可使淀粉的部分 α-1,4- 糖苷键变为 α-1,6- 糖苷键，形成支链淀粉。

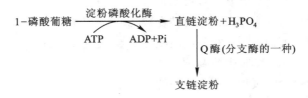

在形成淀粉过程中仍然有 UDPG 参加作用。在细菌（如大肠杆菌）体中有一种淀粉麦芽糖酶能催化麦芽糖生成直链淀粉。

12.4.4　蔗糖的生物合成

高等植物体中蔗糖的合成主要有两种途径，分别由蔗糖合酶和磷酸蔗糖合酶催化。其中磷酸蔗糖合酶在高等植物光合组织中活性较高，可利用 UDPG 作为葡萄糖的供体。此途径包括两步反应。首先由磷酸蔗糖合酶催化 UDPG 与 6- 磷酸果糖生成 6- 磷酸蔗糖，再经过磷酸酯酶的作用水解脱去磷酸基团，形成蔗糖，此途径是蔗糖生物合成的主要途径。

$$\text{UDPG} + 6\text{- 磷酸果糖} \xrightarrow{\text{磷酸蔗糖合酶}} 6\text{- 磷酸蔗糖} + \text{UDP}$$
$$6\text{- 磷酸蔗糖} + \text{H}_2\text{O} \xrightarrow{\text{磷酸酯酶}} \text{蔗糖} + \text{Pi}$$

12.4.5　乳糖的生物合成

乳糖的生物合成与糖原的生物合成相似，有 UTP 参加，其合成过程如下：

---

① 此处应称合酶（synthase），而不是合成酶（synthesase）。合成酶需 ATP 等高能化合物参与反应。

$$D-半乳糖 \xrightarrow[\substack{半乳糖激酶 \\ Mg^{2+}}]{\substack{ATP \quad ADP}} 1-磷酸-D-半乳糖$$

UTP
Mg²⁺
UDP-半乳糖
焦磷酸化酶
PPi

UDP-D-半乳糖

葡萄糖
乳糖合成酶
UDP

乳糖

从牛奶中分离出乳糖合成酶能催化 UDP-半乳糖与葡萄糖结合成乳糖，证明上述反应过程是正确的。

12.4.6 葡萄糖的生物合成

通过糖异生作用和己糖互变可合成葡萄糖。

（1）**由糖异生作用合成葡萄糖** 在前面讲糖原合成时已提到乳酸、丙酮酸、甘油以及生糖氨基酸都可以在动物体内转变为葡萄糖，葡萄糖可变为糖原，也可转变为其他己糖。由非糖物质转变为葡萄糖的途径是由丙酮酸开始，经一系列反应通过草酰乙酸形成葡萄糖（图12-22）。由非糖物质转变成葡萄糖的过程，称葡萄糖的异生作用（gluconeogenesis），简称糖异生作用。糖异生并非完全是糖酵解的逆反应。因为糖酵解中有 3 步反应是不可逆的，即由己糖激酶、磷酸果糖激酶 -1 和丙酮酸激酶催化的反应（详见 12.3.2），这三步反应释放大量的自由能，在细胞内不可能逆行。因此，这三步反应称"能障"，要绕过"能障"，才能实现糖异生。

前面两个不可逆反应由相应的酯酶催化，水解磷酸酯键来完成反应。

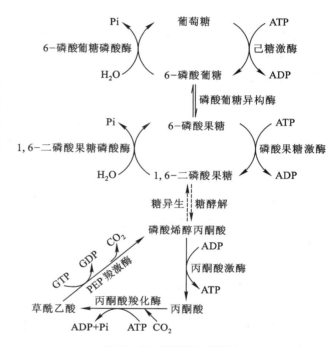

图 12-22　糖异生作用途径

$$6-磷酸葡糖 + H_2O \xrightarrow{6-磷酸葡糖磷酸酶} 葡萄糖 + Pi$$

$$1,6-二磷酸果糖 + H_2O \xrightarrow{1,6-二磷酸果糖磷酸酶} 6-磷酸果糖$$

后面一个不可逆反应，即由丙酮酸→磷酸烯醇丙酮酸需两个酶催化。

① 丙酮酸羧化酶（pyruvate carboxylase）催化丙酮酸羧化生成草酰乙酸。丙酮酸羧化酶催化，需生物素作辅基，另外要 Mg^{2+}，乙酰 CoA[①]，还需要 ATP。

$$\begin{array}{c} COO^- \\ | \\ C=O \\ | \\ CH_3 \end{array} + \boxed{CO_2} + ATP \xrightarrow[\substack{Mg^{2+},\ 乙酰CoA}]{丙酮酸羧化酶(生物素)} \begin{array}{c} COCOO^- \\ | \\ CH_2 \boxed{COO^-} \end{array} + ADP + Pi$$

丙酮酸　　　　　　　　　　　　　　　　　　草酰乙酸

_____

① 乙酰 CoA 是该酶的有效激活剂，如果没有乙酰 CoA 的结合，则生物素不能发挥作用，反应无法进行。

② 磷酸烯醇丙酮酸羧激酶（phosphoenolpyruvate carboxykinase），又称 PEP 羧激酶，可使草酰乙酸脱羧和磷酸化。由丙酮酸经丙酮酸羧化酶、PEP 羧激酶催化的两步反应生成磷酸烯醇丙酮酸的过程称丙酮酸羧化支路。

$$\begin{array}{c}\text{COO}^-\\ |\\ \text{C}=\text{O}\\ |\\ \text{CH}_2\\ |\\ \boxed{\text{COO}^-}\end{array} + \text{GTP} \xrightarrow{\text{PEP 羧激酶}} \begin{array}{c}\text{COO}^-\\ |\\ \text{C}-\text{O}\textcircled{P}\\ |\\ \text{CH}_2\end{array} + \text{GDP} + \boxed{\text{CO}_2}$$

$$\text{草酰乙酸}\qquad\qquad\qquad\text{磷酸烯醇丙酮酸}$$

糖酵解在细胞质基质中进行，而丙酮酸羧化酶在线粒体内，糖酵解产生的丙酮酸必须先进入线粒体，才能羧化成草酰乙酸，而草酰乙酸必须逸出线粒体才能成为 PEP 羧激酶的底物（PEP 羧激酶在细胞质基质中）。但草酰乙酸本身并不能通过线粒体内膜，它可以转变成苹果酸（或天冬氨酸或延胡索酸），而后出线粒体，再在细胞质基质中酶的作用下恢复成草酰乙酸，物质分子的穿梭过程见图 10-19。

糖异生作用是在饥饿或急需葡萄糖的情况下才产生的，其功能是保证血糖浓度的相对恒定。糖异生作用主要在肝内进行，小部分在肾皮质中进行。脑、骨骼肌或心肌中的糖异生作用极少。肝糖异生是肝糖代谢的重要组成部分，体内近一半葡萄糖的消耗及重要器官的能量供应都依赖于糖异生作用。越来越多的证据表明，肝糖异生紊乱与代谢综合征类疾病密切相关，包括糖尿病、肥胖、非酒精性脂肪肝等。

（2）**通过己糖互变合成葡萄糖**　半乳糖、甘露糖和果糖等可通过磷酸化、异构化和其他反应分别转化为葡萄糖（图 12-23）。

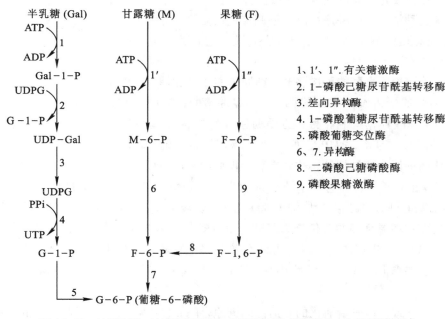

图 12-23　从半乳糖、甘露糖和果糖合成葡萄糖（P 代表磷酸，G 代表葡萄糖）

思考题

1. 什么是光呼吸？C_4 植物如何减少光呼吸以获得高产？

2. 丙酮酸羧化酶催化丙酮酸转变为草酰乙酸。但是只有在乙酰 CoA 存在时，它才表现出较高的活性。其生理意义何在？

12.5 糖代谢的调节

生物的代谢反应，除受遗传因素控制外，是直接受酶、底物浓度和辅助因子调节的。细胞内代谢酶主要从酶量和酶的活性两方面受到调控，酶量主要受遗传、激素等信号调控，酶的活性主要受代谢物别构调控、共价修饰，以及辅助因子调控。就人和动物来说，糖代谢受神经中枢和激素的调节。神经系统一方面可直接调节糖代谢，例如当血糖含量低于 80 mg/dL 时，脑的"糖中枢"即起兴奋，促进肝糖原的分解，补充血糖。另一方面，神经中枢可通过控制激素分泌（胰岛素、胰高血糖素、肾上腺素、甲状腺素、肾上腺皮质素和脑垂体前叶激素等的分泌），调节糖代谢。例如肾上腺素能促进肝糖原分解，增加血糖；甲状腺素、生长激素等能促进糖的氧化；胰岛素能促进糖原的合成，降低血糖，等等。

现以糖原代谢为例简述其调节机制。

12.5.1 糖原代谢的调节

糖原的分解和合成代谢已在 12.3.1 和 12.4.2 节作了介绍，现用简图（图 12-24）表示。

如果糖原的分解和合成允许同时发生，净效益将是 UTP 的水解，即所谓的无效循环。为避免这种情况，两种途径需严格调控。在糖原的分解和合成途径中糖原磷酸化酶和糖原合酶是关键酶，也是限速酶，它们受到别构调节、共价修饰调节和激素的调节。

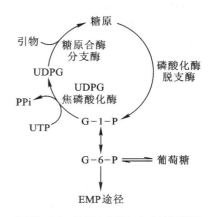

图 12-24 糖原的分解和合成途径简图

（1）**糖原磷酸化酶和糖原合酶的别构调节** 糖原磷酸化酶和糖原合酶都受效应物 ATP、6- 磷酸葡糖和 AMP 的别构调节。肌糖原磷酸化酶可被 AMP 活化，而被 ATP 和 6- 磷酸葡糖抑制。另一方面糖原合酶被 6- 磷酸葡糖活化。当细胞能量水平低时（即高［AMP］，低［ATP］和低［6- 磷酸葡糖］），糖原磷酸化酶被活化而糖原合酶被抑制，这就有利于糖原的分解。反之，当高［ATP］和高［6- 磷酸葡糖］时，有利于糖原的合成。生物体中这种别构调节是叠加在共价修饰的另一调控系统上，糖原磷酸化酶和糖原合酶的共价修饰（磷酸化和去磷酸化作用）提供更精巧的调控。

（2）**糖原磷酸化酶和糖原合酶的共价修饰调节** 糖原磷酸化酶有两种形式，即有活性的磷酸化酶 a（四聚体）和无活性的磷酸化酶 b（二聚体）。磷酸化酶 b 转变为磷酸化酶 a 是在其亚基的丝氨酸残基上磷酸化，磷酸化后成为活性状态，去磷酸化后成为无活性状态，这是一种共价修饰调节（图 12-25A，详见酶化学和激素化学章）。

糖原合酶也有两种形式，即去磷酸化的有活性的糖原合酶 a（也称 I 型）[①] 和磷酸化的无活性的糖原合酶 b（也称 D 型）[②]，糖原合酶与糖原磷酸化酶正好相反，糖原合酶磷酸化后就无活性。糖原合酶的两种互变形式见图 12-25B。

（3）**激素通过 cAMP 调节糖原的分解和合成** 糖原代谢受激素的严密调控。肾上腺素和胰高血糖素促进糖原的分解，其作用机制是它们和靶细胞膜上的受体结合后，活化了细胞膜上的 G 蛋白，然后活化腺苷酸环化酶，

[①] I 型即独立型，不依赖 6- 磷酸葡糖。

[②] D 型即依赖型，依赖 6- 磷酸葡糖。

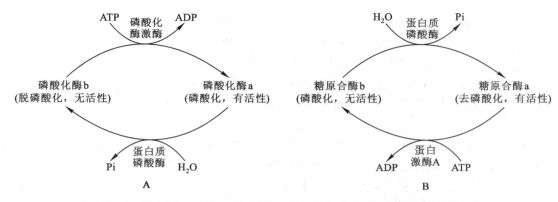

图 12-25　磷酸化作用对糖原磷酸化酶活性的调节（A）和糖原合酶活性的调节（B）

使 ATP 转化为 cAMP，而 cAMP 使依赖于 cAMP 的蛋白激酶 A 活化，从而又使磷酸化酶激酶活化，活化型磷酸化酶激酶在 ATP 的协助下能使无活性的二聚体磷酸化酶 b 变成活性的二聚体磷酸化酶 a，从而促进糖原的磷酸解，使糖原变为 1- 磷酸葡糖。后者可经磷酸酯酶分解为葡萄糖（图 12-26）。磷酸化酶广泛存在于动物（肌肉、心、肝、脑组织），植物和微生物体中。

肾上腺素之所以能抑制糖原合成，一方面因为肾上腺素通过专一的受体和 G 蛋白刺激腺苷酸环化酶使 ATP 转化为 cAMP。cAMP 可使依赖于 cAMP 的蛋白激酶 A 活化。活化型的蛋白激酶 A 能将有活性的糖原合酶变为无活性的糖原合酶，从而抑制糖原的合成（图 12-27）。另一方面，反馈抑制效应对糖原的合成也有调节作用，在糖原合成作用中，当糖原浓度增加到一定水平时，糖原的合成即受抑制。

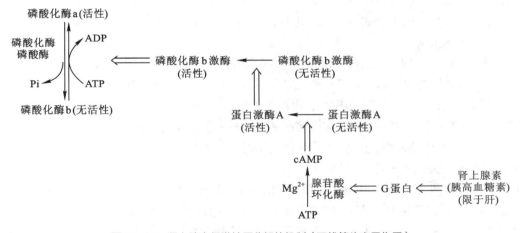

图 12-26　肾上腺素促进糖原分解的机制（双线箭头表示作用）

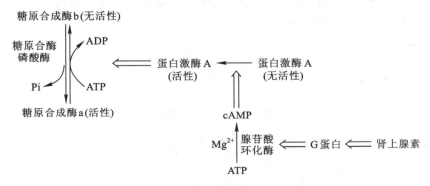

图 12-27　肾上腺素抑制糖原合成的机理

在谈到 cAMP 对糖原代谢的调节作用时，不能不提到 cGMP 的作用。根据较近的研究结果，cGMP 也同激素调节糖代谢的作用有直接关系。已证明细胞膜内存在有两种 GMP 环化酶，它们能催化 GTP 变为 cGMP。cGMP 广泛分布于各种组织中，但浓度很低，仅为 cAMP 的 2%~10%。目前一般认为细胞对糖代谢的调节作用是 cAMP 和 cGMP 相互作用的结果。[cAMP]/[cGMP] 的比值，在调节作用中比它们各自的浓度更为重要。细胞内 cAMP 的浓度升高会引起糖原的降解，而 cGMP 的浓度升高则促进糖原的合成。通过 cAMP 与 cGMP 的相互制约，即能维持糖代谢的正常运行。

肌肉与肝的糖原分解作用基本相同，所不同者仅肌肉无分解 6- 磷酸葡糖的磷酸酯酶，因此，肌肉不能释放出葡萄糖以补充血糖。胰 α- 细胞分泌的胰高血糖素对糖原分解的影响与肾上腺素相同，但仅限于对肝的作用。交感神经受刺激时，肾上腺素的分泌即增加，从而加强糖原的分解，使血糖水平增高以应急需。作为辅酶成分的维生素和某些无机离子如 Mg^{2+}、Mn^{2+}，亦有调节糖代谢的作用。至于 ATP、ADP 对糖代谢的调节作用，在上述各点中已充分说明了。

12.5.2 糖酵解的调节

糖酵解途径的生物学功用主要有二，即葡萄糖降解产生 ATP 及提供生物合成所需的代谢中间物。因此，由葡萄糖到丙酮酸的反应都必须经适当调节以满足这两种需要。

在糖酵解途径（图 12-2）中己糖激酶参加的反应 1、磷酸果糖激酶 -1 参加的反应 3 及丙酮酸激酶参加的反应 10 都是不可逆反应，都是调节点。整个糖酵解途径都受参加这 3 个反应的酶所控制。其中，磷酸果糖激酶 -1 是糖酵解途径中最关键的调控酶。

己糖激酶的活力受 6- 磷酸葡糖抑制，当 6- 磷酸葡糖浓度升高时，己糖激酶的活力即降低。肝葡糖激酶有别于其他己糖激酶，其 K_m 高但不受 6- 磷酸葡糖抑制，基于这一酶学特点，其主要功能是在高糖条件下发挥作用，快速利用葡萄糖合成糖原。

磷酸果糖激酶 -1 受 ATP 抑制（别构抑制）。需要指出的是，在高浓度范围内 ATP 可通过与别构中心结合而降低该酶与底物 6- 磷酸果糖的亲和力；但在低浓度范围内，ATP 则主要与该酶活性中心结合作为底物提升酶反应速率。因此在较大 [ATP]/[AMP] 范围内，磷酸果糖激酶 -1 催化酶反应速率表现为先升高再降低。柠檬酸对磷酸果糖激酶 -1 亦有抑制作用。机体的柠檬酸水平高时即表示已有足够的原料供生物合成之用，无需由葡萄糖降解来供给，故柠檬酸对磷酸果糖激酶 -1 发生抑制作用。磷酸果糖激酶 -1 的活性还可被 H^+ 抑制，它可防止肌肉中形成过量乳酸而使血液酸中毒。

1980 年，H. G. Hers 和 E. V. Schaftingen 发现了糖酵解的一个新的调节物，即 2,6- 二磷酸 -β-D- 果糖（F-2, 6-BP）[①]，F-2,6-BP 由磷酸果糖激酶 -2（PFK-2）催化生成，是糖酵解限速酶磷酸果糖激酶 -1 的有效激活剂。

丙酮酸激酶是酵解过程中第三个不可逆反应的调节酶，它控制着糖代谢关键中间产物丙酮酸的产生。

丙酮酸激酶亦受 ATP 抑制。当 ATP 水平高时（即能量负荷高时），由磷酸烯醇丙酮酸转变为丙酮酸的反应即受阻，使糖酵解速度减慢。此外，丙氨酸、乙酰 CoA 和长链脂肪酸也可抑制该酶的活性。而 1,6- 二磷酸果糖

---

① 2,6- 二磷酸 -β-D- 果糖的结构式为：

是该酶的前馈激活剂，使糖酵解速度加快。

在上述调节糖酵解的 3 种酶中，磷酸果糖激酶 -1 特别重要，其原因是：第一，磷酸果糖激酶 -1 是整个糖酵解途径中的限速酶，处在最关键的调控部位上。第二，磷酸果糖激酶 -1 参加的反应是糖酵解途径的第二个不可逆反应，是影响以后一系列反应的关键。第三，磷酸果糖激酶 -1 可以调节体内 6- 磷酸葡糖的水平，后者不仅是糖酵解的中间产物，而且可转变为糖原或通过磷酸戊糖途径产生 NADPH。

在恶性肿瘤中，糖酵解异常活跃。由于恶性肿瘤快速增殖的特性，造成肿瘤细胞的缺氧状态，因此酵解成为肿瘤细胞生产 ATP 的主要方式。同时，在缺氧状态，缺氧诱导转录因子（hypoxia inducible factor-1，HIF-1）激活大多数酵解过程的酶（例如己糖激酶、磷酸果糖激酶 -1、醛缩酶、3- 磷酸甘油醛脱氢酶等）以及葡萄糖转运蛋白 GLUT1 和 GLUT3[①] 介导的葡萄糖的跨膜运输等相关机制，共同促进糖酵解过程，为恶性肿瘤的生长提供丰富的能量。另外，酵解过程产生大量的 6- 磷酸葡糖、丙酮酸等中间产物，也可以作为重要的供体，用来合成脂肪酸和核苷酸。酵解过程产生的乳酸也可以分泌到细胞外造成胞外环境的微酸化，以保护肿瘤细胞逃避宿主免疫系统或药物的杀伤作用。近年来研究肿瘤细胞的代谢特性并由此寻求新的抗肿瘤疗法受到广泛关注。

绝大多数的成熟红细胞没有细胞核、线粒体和核糖体，其生理活动所需的 ATP 仅能通过糖酵解途径产生。酵解途径上的障碍，将导致各种红细胞病变。最早报道的是丙酮酸激酶缺乏症，又称 PK 缺乏症。PK 缺乏症患者 PK 基因异常，导致慢性溶血及其并发症。另外，白血病、再生障碍性贫血或骨髓增生异常综合征化疗后也会引起继发性 PK 缺乏。其他已报道的如己糖激酶缺乏症、磷酸葡糖异构酶缺乏症、磷酸果糖激酶缺乏症、醛缩酶缺乏症、磷酸丙糖异构酶缺乏症、磷酸甘油酸激酶缺乏症、磷酸甘油酸变位酶缺乏症等，均是由于酵解过程中的酶发生遗传学缺陷造成的。

12.5.3　糖异生的调节

糖异生中的 6- 磷酸葡糖磷酸酶、1,6- 二磷酸果糖磷酸酶、丙酮酸羧化酶和磷酸烯醇丙酮酸羧激酶是糖异生作用的关键酶。糖异生作用的调节都是通过调节这 4 种酶所催化的反应来完成，主要有下列调节：

（1）高浓度的 6- 磷酸葡糖可抑制己糖激酶，活化 6- 磷酸葡糖酯酶，从而抑制糖酵解，促进糖异生。

（2）1,6- 二磷酸果糖磷酸酶是糖异生作用中最关键的调控酶，磷酸果糖激酶 -1 是糖酵解最关键的调控酶。ATP、柠檬酸激活前者，抑制后者。AMP 是 1,6- 二磷酸果糖磷酸酶的抑制剂，可降低糖异生作用。2,6- 二磷酸果糖是强效应物，强烈抑制 1,6- 二磷酸果糖磷酸酶的活性，激活磷酸果糖激酶的活性，从而减弱糖异生，加速糖酵解。

（3）丙酮酸羧化酶的活性受乙酰 CoA 和 ATP 激活，受 ADP 抑制。凡可转变为乙酰 CoA 的脂肪酸代谢产物都能促进糖异生作用。

（4）胰高血糖素和肾上腺素都可促进丙酮酸羧化酶的活性，因而亦能促进糖异生作用。这两种激素能激活肝细胞膜上的腺苷酸环化酶，使 cAMP 升高，后者可增高丙酮酸羧化酶的活性，从而增进糖异生作用。胰岛素的作用与肾上腺素和胰高血糖素相反，可使糖异生作用降低。

（5）GTP 促进磷酸烯醇丙酮酸羧激酶的活性，因而促进糖异生。

（6）代谢性酸中毒可促进 PEP 羧激酶的合成，从而增进糖异生作用。

总之，糖酵解和糖异生是协调调控，它们主要通过能荷（见 12.5.4）和呼吸燃料（如乙酰 CoA、柠檬酸等）的水平来调节。当细胞内 ATP 水平较高，即能荷较高，呼吸燃料如乙酰 CoA、柠檬酸等较多时，抑制了糖酵解，促进了糖异生。反之当能荷低，呼吸燃料少时，加速了糖酵解，抑制了糖异生。

---

①　GLUT 是 glucose transporter 的缩写，即葡［萄］糖转运蛋白。

12.5.4　丙酮酸有氧氧化的调节

丙酮酸有氧氧化包括由丙酮酸脱氢酶复合物催化的丙酮酸的氧化脱羧和三羧酸循环两个阶段。

12.5.4.1　丙酮酸脱氢酶复合物的活性调节

丙酮酸脱氢酶复合物催化丙酮酸的氧化脱羧是不可逆的，因为在哺乳动物中，没有其他途径可从丙酮酸生成乙酰 CoA，所以这个反应被精确调控是十分必要的。

（1）**乙酰 CoA 和 NADH 的产物抑制作用**　丙酮酸氧化脱羧的两个产物乙酰 CoA 和 NADH 都抑制丙酮酸脱氢酶复合物，其中乙酰 CoA 抑制二氢硫辛酸转乙酰基酶（E_2），NADH 抑制二氢硫辛酸脱氢酶（E_3）（参见 12.3.2.2）。

（2）**核苷酸的调节**　丙酮酸脱氢酶复合物的活性受细胞的能量负荷（能荷）的控制。

$$能荷 = \frac{[ATP] + \frac{1}{2}[ADP]}{[ATP] + [ADP] + [AMP]}$$

能荷可从 0 变化到 1，能荷说明了细胞的能量状态。一般来说，高的能荷抑制产生 ATP 的途径，所以 ATP 水平高时，丙酮酸脱氢酶复合物活性下降，丙酮酸氧化脱羧减慢，特别是丙酮酸脱氢酶（E1）受 GTP 抑制，被 AMP 活化。

（3）**可逆磷酸化的共价修饰调节**　前已提及，在真核生物中与丙酮酸脱氢酶复合物结合的还有一个丙酮酸脱氢酶激酶和一个丙酮酸脱氢酶磷酸酶。前者与酶复合物的结合紧密，后者与酶复合物的结合比较松散。在有 ATP 时，丙酮酸脱氢酶激酶催化丙酮酸脱氢酶（E_1）上的丝氨酸残基磷酸化，E_1 就成为无活性状态。丙酮酸脱氢酶磷酸酶催化去磷酸化作用，使丙酮酸脱氢酶活性恢复（图 12-28）。

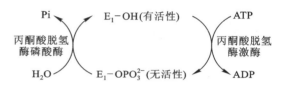

图 12-28　真核生物丙酮酸脱氢酶的共价修饰调节

细胞内 [ATP] / [ADP]、[乙酰 CoA] / [CoA] 和 [NADH] / [NAD$^+$] 的比值增高时，激活了激酶，降低了丙酮酸脱氢酶的活性，从而使丙酮酸氧化脱羧速度减慢。而 Ca^{2+} 激活了磷酸酶，使丙酮酸脱氢酶活化，使丙酮酸氧化脱羧速度加快。

12.5.4.2　三羧酸循环的调节

三羧酸循环的主要功用之一是给机体提供 ATP。为了满足细胞的 ATP 需要，三羧酸循环反应必须受到严格的控制。已知三羧酸循环有三个调节点：

第一个调节点是草酰乙酸与乙酰 CoA 结合成柠檬酸的反应（图 12-8，反应 1）。柠檬酸合酶是负责催化这一反应的酶，是三羧酸循环的限速酶，而柠檬酸是三羧酸循环的起点物。柠檬酸合酶的活性受草酰乙酸的有效浓度和能与乙酰 CoA 竞争的其他脂酰 CoA 水平所限制。草酰乙酸有效浓度过低会降低柠檬酸的合成，从而降低三羧酸循环反应的速度。同样，能与乙酰 CoA 竞争的其他脂酰 CoA 水平增高即减少乙酰 CoA 与草酰乙酸的结合机会，降低柠檬酸的形成，妨碍三羧酸循环的运行。此外，ATP 对柠檬酸合酶有抑制（别构抑制）作用，当 ATP 水平增高时，柠檬酸的合成即降低。

第二个调节点是异柠檬酸转变为 α- 酮戊二酸的反应（图 12-8，反应 4、5）。参加这个反应的异柠檬酸脱氢酶可被 ADP 激活，因 ADP 能增强异柠檬酸脱氢酶同异柠檬酸之间的亲和力。但 NADH 及琥珀酰 CoA 都对异柠檬酸脱氢酶有抑制作用。

第三个调节点是 α- 酮戊二酸转变为琥珀酰 CoA 的反应（图 12-8，反应 6）。参加这一反应的 α- 酮戊二酸脱氢酶复合物中的二氢硫辛酸琥珀酰基转移酶（E_2）是使三羧酸进入二羧酸的关键酶，也是使其他来源的化合物（如由谷氨酸脱氨产生的 α-酮戊二酸）进入三羧酸循环的关键，它能调节三羧酸循环正常运行，并限制外来的 α-酮戊二酸进入三羧酸循环。琥珀酰 CoA 是 E_2 的强抑制剂，ATP 和 NADH 也可抑制这个酶的活力，都可降低三羧酸循环的速度。只有当柠檬酸合酶与 E_2 的活力得到适当的调节，三羧酸循环才能正常运行。

12.5.5　磷酸戊糖途径代谢的调节

磷酸戊糖途径的调控点主要是 6-磷酸葡糖脱氢酶催化的第一步反应（参见 12.3.2.5），这是一个不可逆反应，也是磷酸戊糖途径中的限速步骤。NADPH 是 6-磷酸葡糖脱氢酶的竞争性抑制剂。当 [NADPH]/[NADP$^+$] 的比值大于 10 时，其抑制作用可达 90%。

12.6　人类及高等动物的糖反常代谢——糖尿

人类和动物糖代谢反常的表现为糖尿，即尿中有显著的葡萄糖或其他糖类出现。糖尿有生理性的和病理性的两类。

生理性糖尿是由于生理上的暂时性变化而引起的，如①饮食性糖尿，由于食糖过多、血糖含量暂时超过肾糖阈或糖耐量而发生。②妊娠性糖尿，女性受孕后的第 30 周左右，由于脑垂体功能增高，致糖尿激素增多所致。授乳期间尿中还可能有乳糖出现。③肾上腺性糖尿，肾上腺素能促进糖原的分解，凡能刺激交感神经的作用，如愤怒、饥饿、剧痛等都可促肾上腺素分泌，使血糖增高，超过肾糖阈而由尿排出。

病理性糖尿是由于病理性因素如内分泌障碍而引起的糖尿。如①糖尿病（diabetes mellitus）是指由于胰岛素绝对或相对不足，机体难以充分吸收利用血糖，以致血糖过高由尿排出。临床上因胰岛细胞（部分）丧失胰岛素合成分泌功能而发生的糖尿病称为 1 型糖尿病（type 1 diabetes mellitus）；与之相对，由于肥胖等因素诱发胰岛素抵抗，导致胰岛素相对不足而发生的糖尿病称为 2 型糖尿病（type 2 diabetes mellitus）。糖尿病患者的肝糖原生成和糖的氧化均降低，脂肪代谢增高；产生过多酮体，可引起酸中毒症状。病情严重时，组织蛋白的分解增加，尿中的氮量随之增高。糖尿病的主要症状除尿中有糖外，还有口渴、尿频等症状，可用皮下、肌肉注射胰岛素治疗。②先天性糖尿：这是因遗传上的缺陷、身体缺乏某种糖代谢必需的酶所致。例如，戊糖尿就是缺乏 L-木酮糖脱氢酶（L-xylulose dehydrogenase），不能代谢戊糖所致。

糖尿病是一种严重威胁人类健康且在全球广泛流行的慢性代谢性疾病，其并发症常引起患者失明、肾衰竭、截肢和心脑血管疾病等，导致残废和早亡，详见 e辅学窗 12-4。

🔵 总结性思考题

1. 葡萄糖的分解和合成过程是否为可逆反应？请举例说明。
2. 从糖代谢过程举例说明维生素和激素对代谢的重要性。
3. 催化糖酵解限速反应的酶是什么？总结该酶所受的严密调控。
4. 列出三羧酸循环中与氧化磷酸化偶联的脱氢反应，明确各自进入电子呼吸链的部位。
5. 比较动物饮食摄入糖原在肠道分解和细胞内存储糖原分解的差异。
6. 如果机体细胞需要大量合成戊糖，但不需要还原能 NADPH，其磷酸戊糖途径可能如何运行？

7. 总结比较氧化磷酸化、底物磷酸化和光合磷酸化的异同点。

8. 人类血糖稳态如何维持？查阅资料理解人体血糖稳态异常引发糖尿病的机制。

数字课程学习

教学课件　　　在线自测　　　思考题解析

第十三章　脂质代谢

提要与学习指导

脂质代谢包括一切脂质及其组分的代谢。本章侧重讨论脂肪酸和三酰甘油的生物分解和合成。对复合脂类（如磷脂和糖脂）和脂质的某些分解产物（如固醇类）的代谢，由于其在生物学上的重要性和新近有所发展，亦择要介绍。

在学习本章时应注意：

1. 以三酰甘油为对象弄清楚机体如何分解脂肪生成甘油和脂肪酸（包括饱和脂肪酸和不饱和脂肪酸）。

2. 弄懂了脂肪酸的正常分解代谢途径后，应进而了解在何种情况下，脂肪酸在分解过程中可产生大量酮体，酮体在体内累积过多时会引起什么后果。

3. 在理解三酰甘油的分解途径后，要进一步了解甘油、脂肪酸和三酰甘油的合成途径。注意比较脂肪酸 β-氧化过程同线粒体酶系合成饱和脂肪酸过程的关系。

4. 要了解胆固醇对人体的重要性和危害性。

13.1　脂质代谢的意义和重要性

脂质代谢是讨论脂质在机体内的分解和合成，其重要性在于：

（1）脂质是细胞质和细胞膜的重要组分，脂质代谢与糖代谢和某些氨基酸的代谢密切相关。

（2）脂肪是机体的良好能源，每克脂肪的潜能比等量蛋白质或糖的高一倍以上，通过氧化可为机体提供丰富的热能。

（3）固醇类物质是某些动物激素和维生素 D 及胆酸的前体。

（4）脂质代谢与人类的某些疾病（如冠心病、脂肪肝、胆病、肥胖病等）有密切关系，对动物的催肥也有重要意义。

13.2　脂质的酶水解（消化）、吸收和转移

饮食摄入的脂质须经过肠道内的酶水解（即消化）、吸收和转移，才能进入组织细胞进行中间代谢。

13.2.1　脂质的酶水解（消化）

在动物的小肠中和动植物组织中都含有不同种类的脂质水解酶（小肠中的脂肪酶为胰脂肪酶）。如中性脂肪

在被动物肠道吸收之前约 95% 先被水解。与之类似，体内储存脂质的代谢，例如油料种子发芽和动物体脂的氧化，也显然需要水解。

（1）**脂肪的酶促水解** 三酰甘油、二酰甘油和单酰甘油的酯键皆可被脂肪酶水解。例如，一种三酰甘油首先被 $\alpha-$ 脂肪酶水解成 $\alpha,\beta-$ 二酰甘油，然后再水解成 $\beta-$ 单酰甘油。$\alpha-$ 脂肪酶亦能水解 $\beta-$ 单酰甘油的 $\beta-$ 酯键（即第 2- 碳位上的酯键），但作用很慢。$\beta-$ 酯键是由另一酯酶（esterase）水解成脂肪酸和甘油，其总反应可表示如下：

$$\text{三酰甘油} + 3H_2O \xrightarrow{\text{脂肪酶}} \text{甘油} + 3R{-}COOH \quad (\text{R为}R_1\text{、}R_2\text{或}R_3)$$

上式反应包括下列各步骤：

L-三酰甘油 $\xrightarrow[\alpha-\text{脂肪酶}]{H_2O}$ L-$\alpha,\beta-$二酰甘油 + R_1COOH（脂肪酸）

L-$\alpha,\beta-$二酰甘油 $\xrightarrow[\alpha-\text{脂肪酶}]{H_2O}$ L-$\beta-$单酰甘油 + R_3COOH（脂肪酸）

L-$\beta-$单酰甘油 $\xrightarrow[\text{酯酶}]{+H_2O}$ R_2COOH（脂肪酸）+ 甘油

水解（消化）脂肪的酶主要是胰分泌的胰脂肪酶，胰脂肪酶在水解脂肪时，需要共脂肪酶（colipase）和胆汁酸盐的协同作用。因为胰脂肪酶必须吸附在乳化脂肪微团（micelle）的水油界面上才能作用于微团内的脂肪，共脂肪酶是相对分子质量小的蛋白质，与胰脂肪酶形成 1:1 复合物存在于胰液中，它能与胆汁酸盐及胰脂肪酶结合，并促进胰脂肪酶吸附在微团的水油界面上，因而促进胰脂肪酶水解脂肪的作用。

（2）**磷脂的酶水解** 水解磷脂的酶为磷脂酶，磷脂酶有磷酸二酯酶和磷酸一酯酶之分。

磷酸二酯酶只能水解磷酸二酯的磷酸酯键，对磷酸一酯无作用（见下页反应式）。以磷脂酰胆碱为例：$\alpha,\beta-$ 二酰甘油磷酸经磷酸酯酶水解即得 $\alpha,\beta-$ 二酰甘油。$\alpha,\beta-$ 二酰甘油再经上面所说的 $\alpha-$ 脂肪酶和酯酶催化即水解成甘油和脂肪酸。

磷酸一酯可被磷酸单酯酶（又称磷酸酶）水解，释放出磷酸。

磷酸一酯酶有的专一性高，有的专一性低，亦能水解由磷酸二酯酶催化产生的水解产物的磷酸酯键，产生二酰甘油、磷酸和含氮碱。二酰甘油再被脂肪酶水解。动植物体内不含能使甘油磷脂水解放出一个脂肪酸的酶。

已有研究指出磷脂酶有 A_1、A_2、C、D 和磷脂酶 B，它们广泛存在于各种类型的细胞中。A_1 作用于磷脂的 $\alpha-$

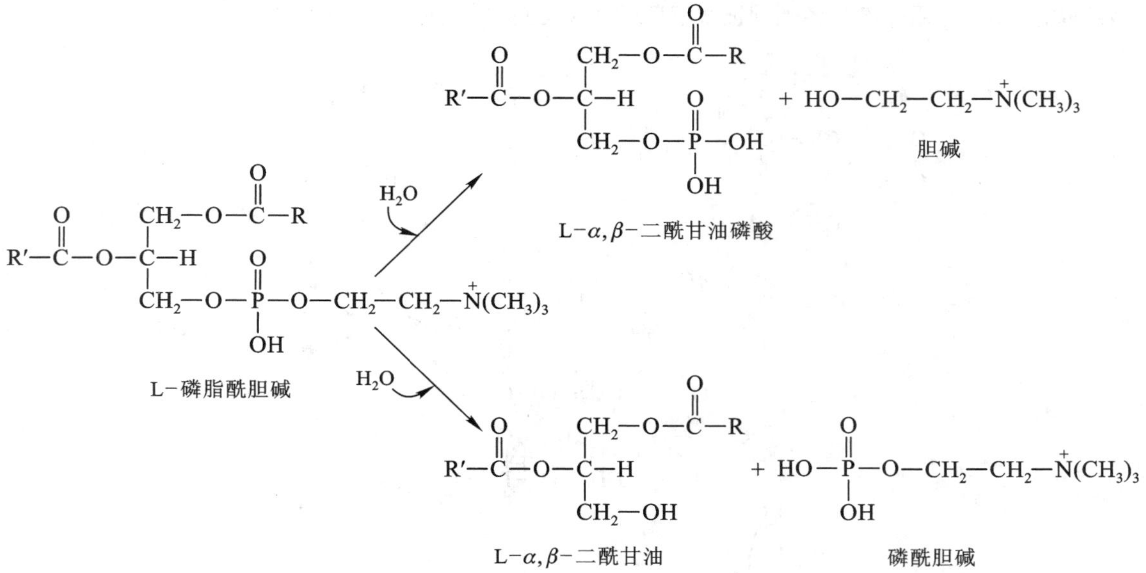

L-α,β-二酰甘油磷酸

L-磷脂酰胆碱

胆碱

L-α,β-二酰甘油

磷酰胆碱

酯键，A_2 作用于磷脂的 β- 酯键，C 作用于二酰甘油与磷酰胆碱之间的酯键，D 作用于磷脂酸的磷酸与胆碱（或乙醇胺）之间的酯键（参阅下式）。

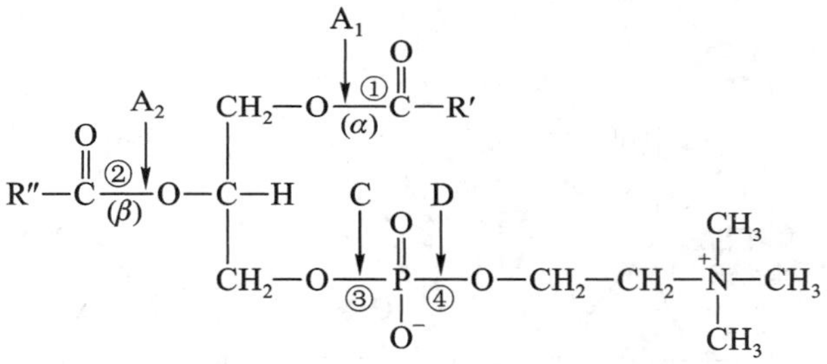

磷脂酶 B 又称溶血磷脂酶，具有磷脂酶 A_1 和 A_2 活性，主要发挥磷脂酶 A_1 酶活性，水解 α- 酯键。

在蛇毒、蜂毒和蝎子毒汁中含有一种磷脂酰胆碱酶 A（属磷脂酶 A_2），主要水解磷脂酰胆碱的 β- 酯键（一般为油酸的酯键），产生一种具有溶血性的磷脂酰胆碱（溶血卵磷脂，lysolecithin）。溶血磷脂酰胆碱能破坏血红细胞，导致溶血危害生命[1]。但溶血磷脂酰胆碱的毒性经溶血磷脂酶（lysophospholipase）将其所余的一分子脂肪酸水解释放出后，即变为无毒。

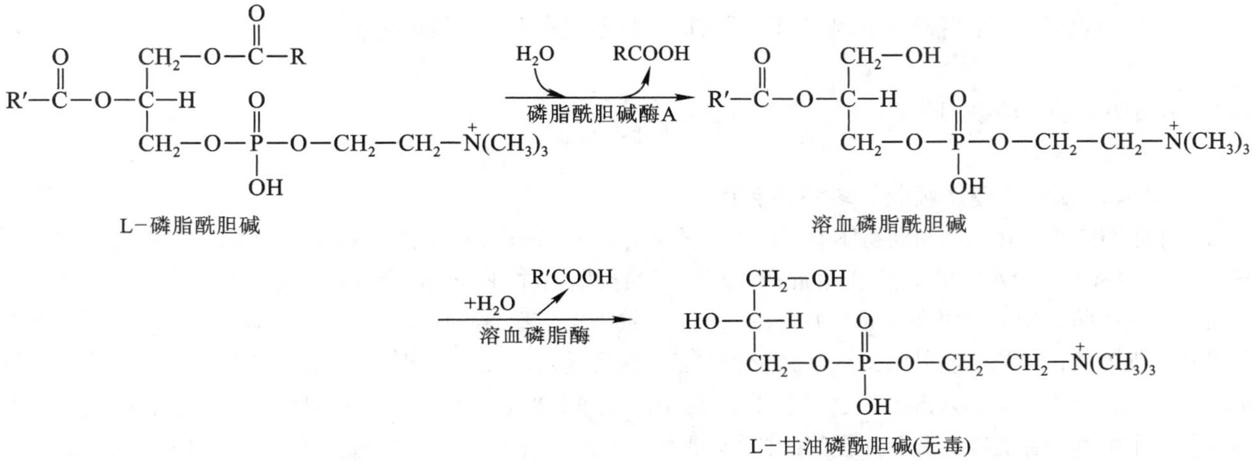

L-磷脂酰胆碱

溶血磷脂酰胆碱

L-甘油磷酰胆碱(无毒)

---

[1]　蛇毒除可导致溶血外，另外还含有一类神经毒性蛋白或多肽，使被咬人神经麻痹。

上述各种磷脂酶的作用酯键和各酯键被水解后的产物可总结如图 13-1 及表 13-1。

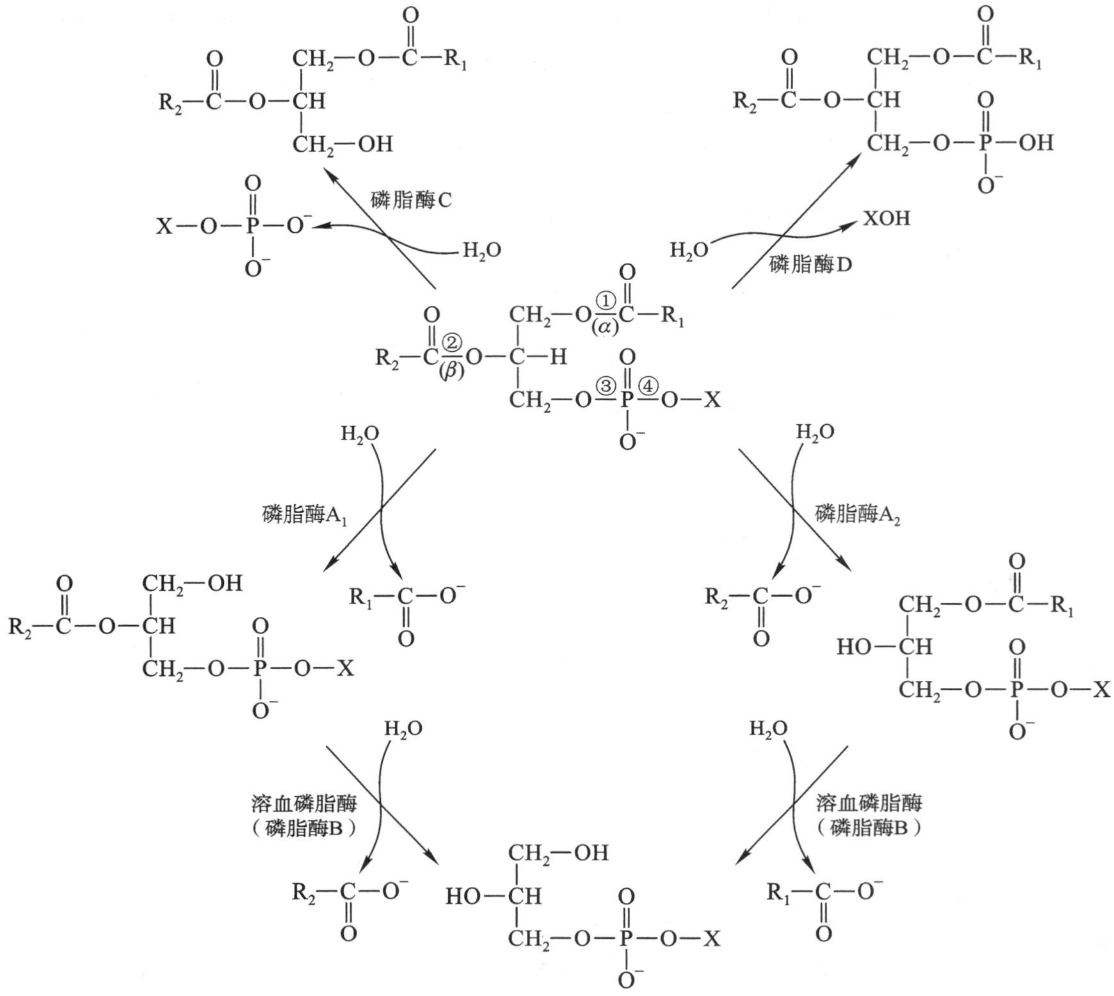

图 13-1 磷脂酶的作用点及其产物

（3）**胆固醇酯的酶水解** 胰腺分泌的胆固醇酯酶（cholesteryl esterase）可将胆固醇酯水解成胆固醇和脂肪酸。胆固醇在消化道中不能降解，到组织细胞后实际上也不能降解，而是转变成其他物质。

13.2.2 脂质的吸收、转移和储存

13.2.2.1 人体和动物的脂质吸收、转移和储存

（1）**吸收与转移** 在人体和动物体中，小肠可吸收脂质的水解产物，包括脂肪酸（70%）、甘油、β- 单酰甘油（25%）以及胆碱、部分水解的磷脂和胆固醇等。其中甘油、单酰甘油同脂肪酸在小肠黏膜细胞内重新合成三酰甘油。新合成的脂肪与少量磷脂和胆固醇混合在一起，并被一层脂蛋白脂膜包围形成乳糜微粒，然后从小肠黏膜细胞分泌到细胞外液，再从细胞外液进入乳糜管和淋巴，最后进入血液。乳糜微粒在血液中留存的时间很短，很快被组织吸收。脂质由小肠进入淋巴的过程需要 β- 脂蛋白（即 LDL）的参加，先天性缺乏 β- 脂蛋白的人，脂质进入淋巴管的作用就显著受阻。脂蛋白是血液中载运脂质的工具。关于脂蛋白的类别和组分参见蛋白质章 3.8.2。

胆汁酸盐为表面活性物质，使脂肪乳化，同时又可促进胰脂肪酶的活力，促进脂肪和胆固醇的吸收。不被吸

表 13-1　磷脂酶及其作用

磷脂酶	英文名称（分类名）	作用键	产物	存在
磷脂酶 A_1	phosphatidyl 1-acyl hydrolase	键①（α- 酯键）	脂肪酸，β- 脂酰甘油磷酰胆碱	动物细胞内质网
磷脂酶 A_2	phosphatidyl 2-acyl hydrolase	键②（β- 酯键）	脂肪酸，α- 脂酰甘油磷酰胆碱	动物细胞线粒体外膜
磷脂酶 C	phosphatidyl choline phosphohydrolase	键③	α，β- 二酰甘油，磷酰胆碱	梭状芽孢杆菌毒素、某些其他细菌、一些动植物组织
磷脂酶 D	phosphatidyl choline phosphohydrolase	键④	磷脂酸，胆碱	植物细胞
磷脂酶 B	phospholipase B	键①或键②	脂肪酸，甘油磷酸酯（甘油磷酰胆碱或甘油磷酰乙醇胺）	动物细胞

从图 13-1 及表 13-1 中可看出：

磷脂酶 A_1 作用于酯键①（α- 酯键），产物为脂肪酸（R_1COOH）和 β- 脂酰甘油磷酰胆碱（溶血卵磷脂）或 β- 脂酰甘油磷酰乙醇胺（溶血脑磷脂）等。

磷脂酶 A_2 作用于酯键②（β- 酯键），产物为脂肪酸（R_2COOH）和 α- 脂酰甘油磷酰胆碱（也称溶血卵磷脂，有溶血作用）或 α- 脂酰甘油磷酰乙醇胺（也称溶血脑磷脂，有溶血作用）等。

磷脂酶 C 作用于酯键③，产物为二酰甘油和磷酰胆碱或磷酰乙醇胺等。

磷脂酶 D 作用于酯键④，产物为磷脂酸和含氮碱如胆碱、乙醇胺等。

磷脂经磷脂酶 A_1 或 A_2 水解掉一个脂肪酸分子产生的溶血磷脂经溶血磷脂酶（磷脂酶 B）作用，水解掉另一个脂肪酸，生成甘油磷酰胆碱或甘油磷酰乙醇胺等，失去溶血作用。

收的脂质则进入肠道被细菌分解。进入血液的脂质有下列 3 种主要形式：

① 乳糜微粒　由三酰甘油 81%~82%、蛋白质 2%、磷脂 7%、胆固醇 9% 所组成。餐后血液呈乳状即由于乳糜微粒的增加。

② β- 脂蛋白　由三酰甘油 52%、蛋白质 7%、磷脂 21%、胆固醇 20% 所组成。

③ 未酯化的脂肪酸（与血浆清蛋白结合）　血浆的未酯化脂肪酸水平是受激素控制的。肾上腺素、促生长素、甲状腺素和 ACTH 皆可使之增高，胰岛素可使之降低，其作用机制尚不完全清楚。

上述 3 类脂质进入肝后，乳糜微粒的部分三酰甘油被脂肪酶水解成甘油和脂肪酸，进行氧化，一部分转存于脂肪组织，还有一部分转化成磷脂，再运到血液分布给器官和组织，血浆脂蛋白的组分和功能见蛋白质化学章 3.8.2.2。

β- 脂蛋白和其他脂肪 - 蛋白质络合物的三酰甘油部分被脂蛋白脂肪酶（lipoprotein lipase）水解。水解释放出的脂肪酸可运往脂肪组织再合成三酰甘油储存起来，也可供其他代谢之用。这一系列反应可表示如下式：

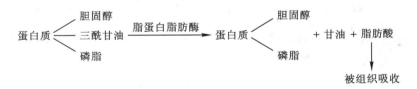

脂蛋白脂肪酶存在于多种组织中，脂肪组织和心肌的含量相当高。肝素对脂蛋白脂肪酶有辅助因子的作用。未酯化的脂肪酸可从储脂和吸收的食物脂肪分解而来。它们的更新率很高，主要是供机体氧化之用。

（2）**储存**　动物的体脂分两大类，一类是细胞结构的组成成分，称组织脂。磷脂和少量的胆固醇酯都属此类，组织脂的含量是比较恒定的，不受食物的影响。另一类是储存备用的，称储脂。储脂是随食物营养情况而变动的，其组分主要为油酸、棕榈酸和硬脂酸组成的三酰甘油，是不断更新的。

动物储存脂肪的组织主要分布在：①皮下组织，②腹腔大网膜、肠系膜，③肌间结缔组织等。各种动物的储脂是有其特征的。猪油主要为油酸三酰甘油，而牛、羊脂则主要为硬脂酸三酰甘油。但这也不是一成不变的，饲料也可以改变储脂成分。

13.2.2.2 植物的脂质吸收、转移和储存

植物不从体外吸收脂质，但体内仍进行脂质的转运和储存。植物体内脂质的转运、储存虽不如动物的明显，但肯定是有类似的转运和储存过程。油料植物种子（如油菜子、大豆、花生、胡桃、油桐子、蓖麻子等）含脂量都很高，大豆除含中性脂外，还含有比较多的卵磷脂，这都是植物的储脂。

储脂是储备起来供机体需要动用脂肪合成其他物质时动用的。这对一切生物都大抵相同。例如，当植物种子萌发时，储脂即减少，同时糖类增多。这说明部分储脂已转变成糖类。当动物需要能量时，储脂一部分可直接进行氧化，另一部分则回到血液变为血脂，并由血液转移到肝，在肝中进行代谢（如合成磷脂、脱饱和与分解氧化）及变为组织脂。脂肪的储存和转移关系可表示如图 13-2。

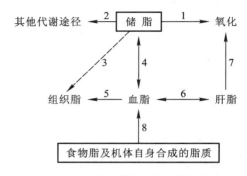

图 13-2 脂肪的储存和转移关系示意
图中 1、2、3 各反应是一切生物所共有，4、5、6、7、8 各反应是人和动物所特有

机体的脂肪可转变为糖类，糖类和蛋白质的生糖氨基酸也可变为脂肪。这将在以下各章中分别介绍。

13.3 脂肪中间代谢概述

脂肪中间代谢主要讲脂肪的分解和合成。脂肪是体内脂质的主要存在形式，而且供给机体能量的脂质靠脂肪的分解。

机体内的脂肪不断在分解和合成。在分解方面，首先是脂肪分解为甘油和脂肪酸。甘油基本上按照糖代谢途径进行分解，而脂肪酸的分解代谢则经 β-氧化成乙酰 CoA，进入三羧酸循环完成氧化，并产生能量；在合成方面，首先合成脂肪酸和甘油，再合成脂肪。脂肪的代谢概况可表示如图 13-3。

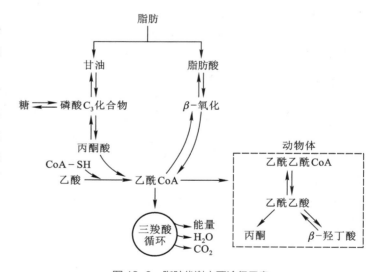

图 13-3 脂肪代谢主要途径示意

13.4 脂肪的分解代谢

脂肪的分解代谢是对生物体（特别是动物）提供能量的重要措施。在进行分解代谢过程中，首先是经酶水解成甘油和脂肪酸。甘油按照糖代谢途径进行代谢，脂肪酸则按照 β-氧化过程分解。

13.4.1 甘油的分解代谢

甘油的分解代谢，一般按照糖的分解途径进行，在动物体中甘油还可转变成肝糖原，其分解过程可简示如图 13-4。

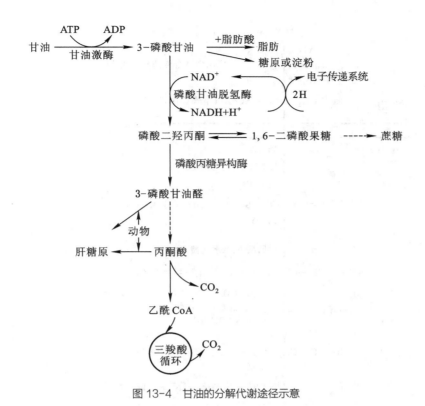

图 13-4 甘油的分解代谢途径示意

13.4.2 脂肪酸的分解代谢

13.4.2.1 脂肪酸的 β - 氧化

生物体内脂肪酸的分解主要为 β- 氧化（β-oxidation）。β- 氧化的发现历程见代谢总论章 11.3.1 和 **ℯ辅学窗** 13-1。β- 氧化主要在线粒体基质内进行，首先是在脂肪酸的 β- 碳位发生。在氧化开始之前，脂肪酸需先行活化。活化过程是在脂酰 CoA 合成酶催化下与 ATP 及 CoA-SH 作用变为脂酰 CoA（亦称活性脂肪酸），并放出 AMP 和焦磷酸，脂酰 CoA 与肉碱（carnitine）结合进入线粒体，再经一系列的氧化、水化、再氧化和硫解反应，产生乙酰 CoA 及比原脂肪酸少两个碳原子的脂酰 CoA。脂肪酸的 β- 氧化过程可表示如图 13-5。

由图 13-5 可见每经一次 β- 氧化，脂肪酸的烃链即失去 2 个碳原子，同时放出 1 分子乙酰 CoA。经重复 β- 氧化，则 1 个偶数碳脂肪酸分子可能全部变为乙酰 CoA。这些乙酰 CoA 在正常生理情况下，一部分用来合成新的脂肪酸，大部分是进入三羧酸循环，完全氧化。在动物体中如生理反常（如胰岛素分泌不足），则乙酰 CoA 可变为酮体（详见 13.4.3 酮体的代谢）。

由图 13-5 还可看出，脂肪酸 β- 氧化包括氧化、水化、氧化和硫解 4 个步骤。这 4 步反应都是可逆反应，但由于最后一步硫解反应是高度放能的，反应平衡点偏向于裂解方向，所以 β- 氧化整个过程的可逆性不大。脂肪酸的 β- 氧化是在线粒体中进行，主要在肝细胞线粒体中进行。长链脂肪酸不能透过线粒体内膜，细胞质基质内的脂肪酸要先与一种脂肪酸载体肉碱结合才能透过线粒体内膜，进入线粒体进行氧化。其作用机制是通过肉碱棕榈酰基转移酶（carnitine patmitoyl transferase，CPT）催化，使肉碱变成了脂酰肉碱。

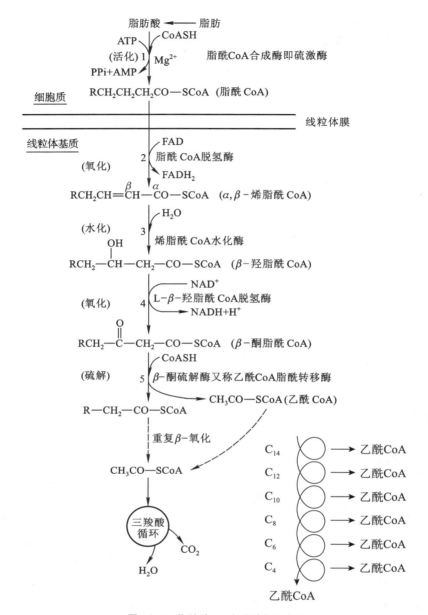

图 13-5 脂肪酸 β - 氧化途径示意图

脂酰基通过与肉碱结合进入线粒体的转运机制可用图 13-6 表示：

线粒体内膜细胞质一侧的脂酰 CoA 由肉碱脂酰基转移酶Ⅰ（CPTⅠ）催化与肉碱结合形成脂酰肉碱，脂酰肉碱通过线粒体内膜的移位酶（translocase）的作用穿过线粒体内膜，进入线粒体。在线粒体内膜基质一侧的肉碱脂酰基转移酶Ⅱ（CPTⅡ）的催化下，脂酰肉碱上的脂酰基又转移到 CoA 上，重新形成了脂酰 CoA，成为 β- 氧化的底物。最后肉碱经移位酶的作用回到线粒体外的细胞质中。肉碱脂酰基转移酶和移位酶皆为该转运机制中的介导酶。CPTⅠ是脂肪酸 β- 氧化的限速酶。肉碱是长链脂肪酸进入线粒体进行 β- 氧化的关键物质，其生理功能和应用见 e辅学窗 13-2。

图 13-5 所示脂肪酸活化（反应 1）的酶在动物组织中主要为硫激酶，在微生物中大部分是转硫酶。反应 5 的 β- 酮硫解酶（β–keto thiolase）又称乙酰 CoA 脂酰基转移酶，已知有 3 种，各适合于不同长度的碳链。

脂肪酸 β- 氧化形成的乙酰 CoA，同糖和氨基酸代谢形成的乙酰 CoA 合在一起形成乙酰 CoA 代谢库，供各种合成代谢之用。

（1）**脂肪酸 β– 氧化所产生的能量**　在每一轮 β– 氧化中，由于氧化每分子 $FADH_2$ 可产生 1.5 个 ATP，氧化每分子 NADH 可产生 2.5 个 ATP，故每轮脂肪酸 β– 氧化可产生 4 个 ATP。从糖代谢章已知 1 分子乙酰 CoA 经过三羧酸循环完全氧化后，可产生 10 个 ATP，因此，1 分子乙酰 CoA 完全氧化后，可产生 14 个 ATP（未减去活化脂肪酸所用去的 2 个 ATP）[①]。

由于 1 个单位质量的脂肪酸所含碳原子数比同质量的糖为多，故同一单位质量脂肪酸所能产生的能量远比葡萄糖为多（约 3 倍多）。

（2）**过氧化物酶体脂肪酸的 β– 氧化**　1976 年，科学家发现除线粒体外，哺乳动物过氧化物酶体也是脂肪酸 β– 氧化的重要部位。其 β– 氧化过程也包括氧化、水化、氧化和硫解 4 步，与线粒体 β– 氧化类似。在过氧化物酶体中，脂肪酸首先也需要活化，催化的酶是脂酰辅酶 A 合成酶。β– 氧化的 4 步反应，分别由位于过氧化物酶体中的：脂酰辅酶 A 氧化酶、双功能蛋白（催化第 2 步和第 3 步）和硫解酶催化。与线粒体主要氧化短链（$\leq C_6$），中长链（$C_8 \sim C_{20}$）的直链脂肪酸不同，过氧化物酶体 β– 氧化主要负责氧化极长链、支链脂肪酸，同时，也可以合成一些体内所必需的生理活性物质，如胆汁酸、二十二碳六烯酸（DHA）等。两类 β– 氧化对底物的选择性取决于膜上转运蛋白的特异性。另外，脂肪酸在过氧化物酶体中的氧化是不彻底的，通常经历 1 个或几个有限的 β– 氧化循环，将碳链缩短后，进入线粒体继续 β– 氧化以彻底分解为乙酰 CoA。参与过氧化物酶体 β– 氧化的转运蛋白或酶产生异常，将导致过氧化物酶体 β– 氧化缺陷，表现为神经系统功能障碍、脂质代谢异常，且病情严重，死亡率高。

13.4.2.2　不饱和脂肪酸的氧化

生物体内的脂肪酸有一半以上是不饱和脂肪酸。不饱和脂肪酸的氧化也发生在线粒体中，它的活化和透过线粒体内膜都与饱和脂肪酸相同，其降解途径基本上还是 β– 氧化，但由于天然存在的不饱和脂肪酸的双键为顺式，所以经 β– 氧化降解时，还需另外的酶。

含一个双键的不饱和脂肪酸降解时，除需 β– 氧化的酶外还需一种烯脂酰 CoA 异构酶（enoly–CoA isomerase）[②]，将不饱和脂肪酸分解产物中的顺式双键的中间产物变为反式双键，如油酰 CoA（oleoyl–CoA）的降解（图 13-7）。

含一个以上双键的脂肪酸如亚油酰 CoA（linoleoyl–CoA）降解时，除需 β– 氧化的酶外还需另外两种酶，一种是烯脂酰 CoA 异构酶，另一种是 2,4– 二烯脂酰 CoA 还原酶，见图 13-8。亚油酰 CoA 先经 3 轮 β– 氧化，然后经烯脂酰 CoA 异构酶将顺式双键变成反式双键。再进行一轮 β– 氧化和下一轮 β– 氧化中的第一次脱氢反应。接着在大肠杆菌中由 2,4– 二烯脂酰 CoA 还原酶催化由 NADPH 供氢，将 Δ^4– 顺 –Δ^2– 反烯

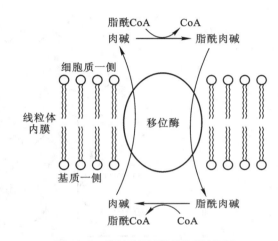

图 13-6　脂肪酸透过线粒体膜的机制

图 13-7　油酰 CoA 的降解
方框中的酶为 β– 氧化途径以外的酶

---

① 活化脂肪酸时，ATP 分解为 AMP 和 PPi，消耗了 2 个高能磷酸链，因此算作消耗 2 分子 ATP。

② 即 Δ^3– 顺 –Δ^2– 反 – 烯脂酰 CoA 异构酶，将 Δ^3– 顺式转化为 Δ^2– 反式。

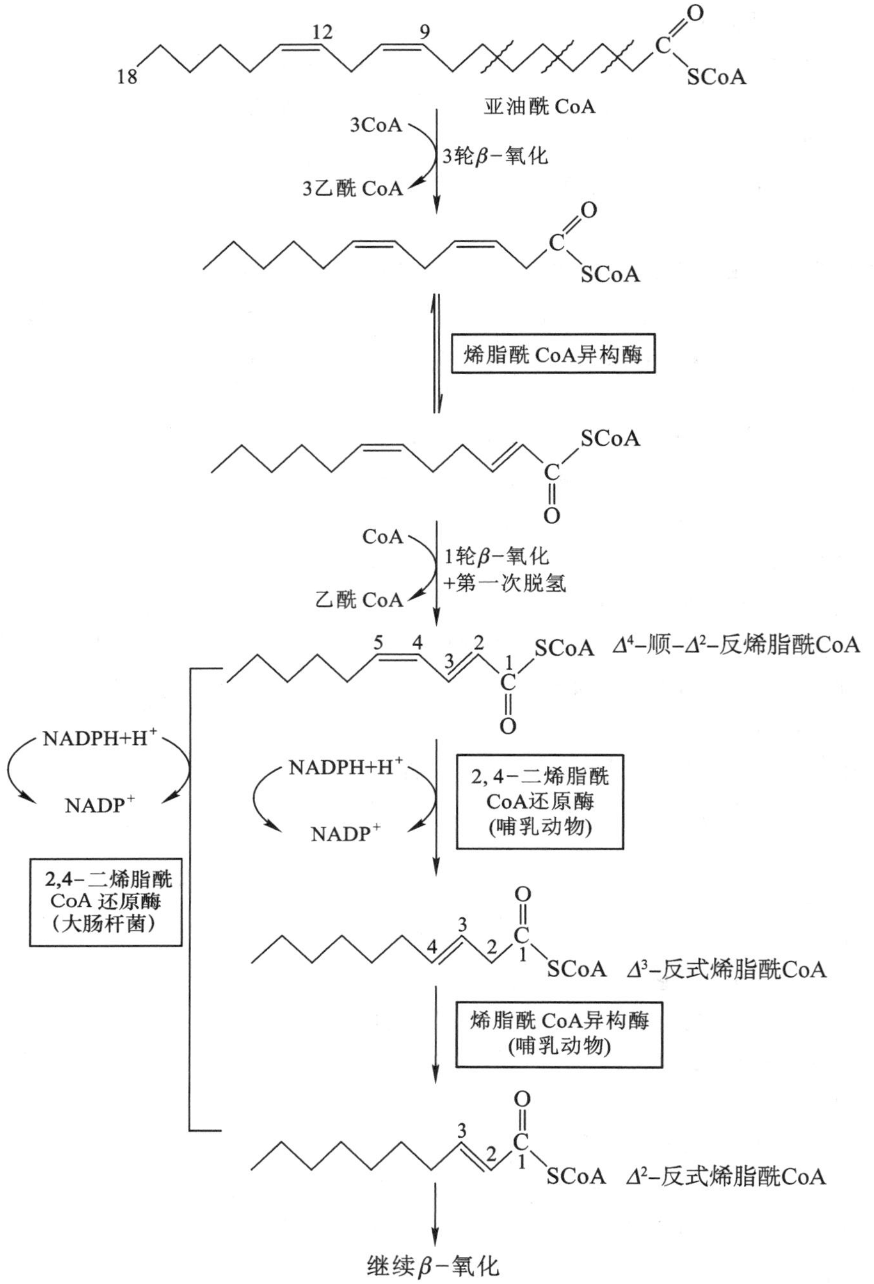

图 13-8　亚油酰 CoA 的降解
方框中的酶为 β- 氧化途径以外的酶

脂酰 CoA 还原为 Δ^2- 反式烯脂酰 CoA，继续进行 β- 氧化。在哺乳动物细胞内，形成的 Δ^4- 顺 -Δ^2 反烯脂酰 CoA 需经 2,4- 二烯脂酰 CoA 还原酶（2,4-dienoyl-CoA reductase）利用 NADPH 还原一个双键，使其转变为 Δ^3- 反式烯脂酰 CoA，然后在烯脂酰 CoA 异构酶① 作用下转变为 Δ^2- 反式烯脂酰 CoA，继续进行 β- 氧化。

13.4.2.3　奇数碳脂肪酸的 β- 氧化

　　上面所述的脂肪酸 β- 氧化途径是对偶数碳脂肪酸而言。某些植物、海洋生物和石油酵母等体内还含有奇数

———————————

①　此处的烯脂酰 CoA 异构酶为 3,2- 烯脂酰 CoA 异构酶，将 Δ^3- 反式转化为 Δ^2- 反式烯脂酰 CoA。

碳脂肪酸，这些为数很少的奇数碳脂肪酸也可经 β- 氧化途径进行代谢。所不同者，偶数碳脂肪酸最后一次 β- 氧化的产物为 2 分子乙酰 CoA，而奇数脂肪酸的最后一次 β- 氧化产生 1 分子丙酰 CoA[1] 和 1 分子乙酰 CoA。乙酰 CoA 按照偶数碳脂肪酸氧化后进入三羧酸循环。丙酰 CoA 则转变为琥珀酰 CoA 后进入三羧酸循环。

13.4.2.4 脂肪酸的其他氧化途径

脂肪酸的氧化除 β- 氧化外，还有其他氧化方式，如 α- 氧化和 ω- 氧化等。植物及微生物可能还有其他氧化途径。

（1）α- 氧化 在植物种子萌发时，脂肪酸的 α- 碳被氧化成羟基，产生 α- 羟脂肪酸。α- 羟脂肪酸可进一步脱羧、氧化转变为少 1 个碳原子的脂肪酸。反应都由单加氧酶[2] 催化，需要 O_2、Fe^{2+} 和抗坏血酸参加。

α- 氧化在植物组织、动物脑和神经细胞的微粒体中都有发现。

α- 氧化不能使脂肪酸彻底氧化，碳链缩短后还要进行 β- 氧化。α- 氧化对降解带甲基的支链脂肪酸、奇数碳原子脂肪酸或过长的长链脂肪酸有重要作用。如植物叶绿素的成分叶绿醇在动物体内产生植烷酸。动物脂肪、牛奶等奶制品中也含有植烷酸。植烷酸是带 4 个甲基的二十碳脂肪酸，由于 β- 碳位上有一个甲基支链，从而阻断了 β- 氧化。在正常情况下，植烷酸首先经 α- 氧化降解去除 1 个碳原子后，才能进行 β- 氧化，最后产生 3 分子丙酰 CoA、3 分子乙酰 CoA 和 1 分子异丁酰 CoA，并释放 1 分子 CO_2。丙酰 CoA 和异丁酰 CoA 均可转变为琥珀酰 CoA，从而进一步彻底降解。有一种遗传性疾病——Refsum 病，患者由于先天性 α- 氧化酶系缺陷，不能氧化降解植烷酸，导致植烷酸在血浆和组织中大量堆积，从而引起神经系统功能损害。

---

[1] 异亮氨酸、缬氨酸和甲硫氨酸的氧化也会产生丙酸和丙酰 CoA（见第十四章蛋白质的降解和氨基酸代谢章）。
[2] 单加氧酶（monooxygenase）可使分子氧 O_2 的一个氧原子加入一个化合物。

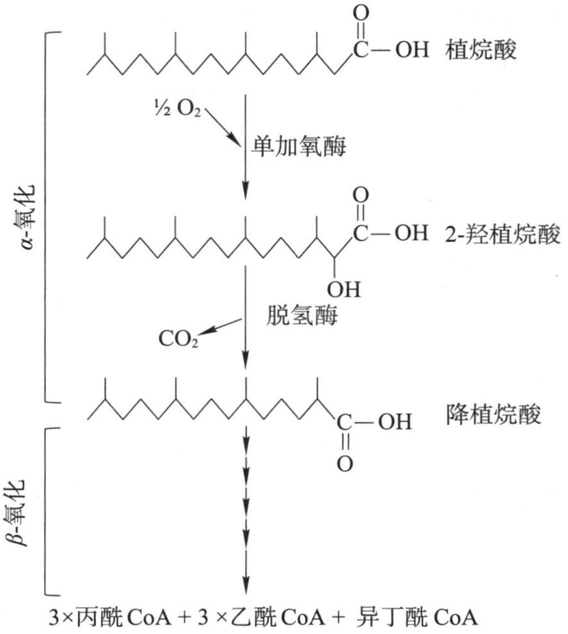

（2）ω-**氧化** 在动物体中 C_{10} 或 C_{11} 脂肪酸可在碳链烷基端碳位（ω-碳原子）上氧化成二羧酸。所产生的二羧酸在两端继续进行 β-氧化，加速反应的进行。细胞色素在此反应中作为电子载体参加作用。

$$H_3\overset{\omega}{C}-(CH_2)_n-COOH + O_2 \xrightarrow{\substack{NADPH+H^+ \quad NADP^+}} HO-CH_2-(CH_2)_n-COOH + H_2O$$

$$\downarrow$$

$$HOOC-(CH_2)_n-COOH$$

这两种氧化方式都是使脂肪酸分子的碳链缩短，是脂肪酸分解的辅助途径。

13.4.3 酮体的代谢

13.4.3.1 酮体的生成

脂肪酸在肝中氧化后可产生酮体（包括乙酰乙酸、β-羟丁酸和丙酮）。酮体的形成主要有两种途径：

（1）由乙酰 CoA（包括来自脂肪酸 β-氧化及其他代谢来源的乙酰 CoA）缩合成乙酰乙酰 CoA。乙酰乙酰 CoA 由肝 HMG-CoA 合酶作用生成中间产物 β-羟 -β-甲基戊二酸单酰 CoA（HMG-CoA）[①]，后者变为乙酰乙酸，乙酰乙酸还原成 β-羟丁酸或脱羧形成丙酮。

（2）在饥饿或患糖尿病时，乙酰乙酰 CoA 在乙酰乙酰 CoA 还原酶催化下，也可被 NADPH 还原成 β-羟丁酰 CoA。β-羟丁酰 CoA 经 β-羟丁酰 CoA 脱酰基酶催化，生成 β-羟丁酸，β-羟丁酸经 β-羟丁酸脱氢酶催化，可逆地氧化成乙酰乙酸。

这两种酮体生成途径可表示如图 13-9。

在正常生理情况下，乙酰 CoA 顺利进入三羧酸循环，脂肪酸的合成作用也正常进行（合成脂肪酸需消耗乙酰 CoA）。肝中的乙酰 CoA 浓度不会增高，形成乙酰乙酸及其他酮体的趋势不大，所以肝中累积的酮体很少。但

[①] β-hydroxy-β-methyl-glutamyl CoA 的缩写，也称 β-羟 -β-甲基 - 谷氨酰 CoA。

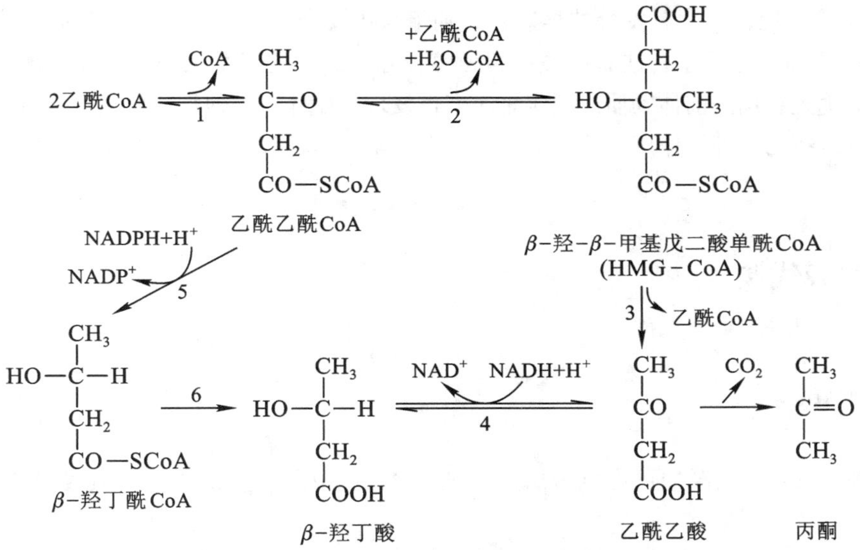

图 13-9　酮体的生物合成

参加上述各反应的酶：1. 乙酰硫解酶；2. HMG-CoA 合酶；3. HMG-CoA 裂解酶；4. β- 羟丁
酸脱氢酶；5. 乙酰乙酰 CoA 还原酶；6. β- 羟丁酰 CoA 脱酰基酶

当膳食中脂肪过多，或缺乏糖类，或糖、脂质代谢紊乱（如糖尿病）时，肝中的酮体就会增高。这是因为摄食大量脂肪后，脂肪的分解代谢随之而增，产生较多的乙酰 CoA。当机体缺糖或糖尿病时，三羧酸循环中草酰乙酸的"回补"下降，甚至草酰乙酸离开三羧酸循环参与糖异生，导致三羧酸循环能力不足，无法彻底氧化脂肪酸代谢产生的大量乙酰 CoA。此情形下，肝乙酰 CoA 的累积主要进入酮体合成途径，生成乙酰乙酸并进一步产生其他酮体，输出肝外。如果肝外组织氧化酮体能力不足，这可能引起酮体在血液累积，形成酮血症和酮尿症。

酮体中的乙酰乙酸和 β- 羟丁酸皆为酸性，患酮血症的病人，常有酸中毒的危险。

还须指出：在正常生理情况下，NADPH 一般用来参加脂肪酸合成反应，但当糖分解代谢受阻或饥饿时，脂肪酸合成减少，NADPH 即被用来还原乙酰乙酰 CoA 而生成 β- 羟丁酰 CoA。

13.4.3.2　酮体的分解

酮体在肝中产生，但肝不能分解酮体，酮体的分解在肝外组织中进行。

乙酰乙酸的氧化必先变为乙酰乙酰 CoA，然后裂解成乙酰 CoA，才能进入三羧酸循环彻底氧化。肝缺少使乙酰乙酸变成乙酰乙酰 CoA 的酰基化酶，所含的乙酰乙酰 CoA 脱酰基酶的活力又强，而且脱酰基反应是不可逆的，故肝只能生成酮体而不能氧化酮体。当酮体随血液到肝外组织后，由于肝外组织含有酰基化酶，而不含或含很弱的脱酰基酶，故肝外组织能将从肝传来的乙酰乙酸转变为乙酰乙酰 CoA，并进一步裂解成乙酰 CoA，进入三羧酸循环完成氧化。

β- 羟丁酸的分解是通过乙酰乙酸的氧化途径完成的。

丙酮可氧化成丙酮酸，也可分解为一碳、二碳化合物。一碳化合物可供形成甲硫氨酸和胆碱的甲基碳，或形成 L- 丝氨酸的 β- 碳。在肌肉中 β- 羟丁酸的分解可表示如图 13-10。

需要指出的是，酮体不仅仅是病理产物，导致酮尿症和酮血症，它也是糖类物质供应不足或利用低下时（例如饥饿、剧烈运动或轻度糖尿病）时，肝外组织重要的替代能源。这些组织包括脑、肌肉和肾脏等。同时，酮体也是合成

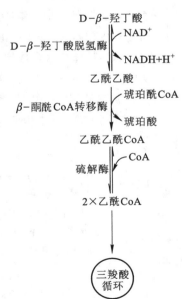

图 13-10　酮体在肌肉及其他肝外组织中的分解示意

脂质的前体物质。试验发现，在大鼠发育的早期，其脑组织主要利用酮体作为能源物质，同时乙酰乙酰CoA硫解酶催化下产生的乙酰CoA可用于合成脂肪酸和胆固醇。另外，β-羟丁酸也被证实在大鼠脑、脊髓和皮肤中是合成胆固醇和脂肪酸优先利用的前体物质。近年来研究也发现，酮体对其他物质代谢也具有一定的调控作用。这些都证实了酮体具有广泛的生理学作用。临床上酮体代谢异常与多种疾病相关，详见 **e辅学窗** 13-3。

13.5　脂肪的合成代谢

13.5.1　甘油的生物合成

合成脂肪所需的L-α-甘油磷酸可由糖酵解产生的磷酸二羟丙酮还原而成，亦可由脂肪水解产生的甘油与ATP作用而成。

13.5.2　脂肪酸的生物合成

13.5.2.1　饱和脂肪酸的生物合成

据用含同位素乙酸（$CD_3^{13}COOH$）喂大鼠的实验结果，发现大鼠肝脂肪酸分子含有此两种同位素，D出现在甲基及碳链中，而^{13}C则出现于碳链的间位碳（$CD_3^{13}CH_2-CD_2-^{13}COOH$）。这说明从乙酸可以合成脂肪酸。经进一步的研究，阐明了脂肪酸的前体为乙酸与CoA结合的乙酰CoA。

乙酰CoA如何合成长链脂肪酸的问题直至1961年才比较清楚。目前认为，饱和脂肪酸的生物合成有两种途径：①由非线粒体酶系（即细胞质基质酶系）合成饱和脂肪酸的途径；②饱和脂肪酸碳链延长的途径。

（1）非线粒体酶系合成饱和脂肪酸的途径　又称丙二酸单酰CoA途径。非线粒体酶系存在于细胞的可溶部分。实验证明，在有生物素、ATP、NADPH、Mn^{2+}、CO_2、乙酰CoA羧化酶和脂肪酸合酶系（包括酰基载体蛋白质，代号ACP）参加条件下，可从乙酰CoA合成棕榈酸（C_{16}脂肪酸）。关于合成的化学途径分6个轮次，其第一轮反应分两个阶段，7步反应（表13-2）。

表 13-2　脂肪酸合成的主要反应

步骤		反应及有关酶
第一阶段	1	乙酰CoA + HCO_3^- + ATP ⟶ 丙二酸单酰CoA + ADP + Pi + H^+（乙酰CoA羧化酶）
	2	乙酰CoA + HS-ACP ⇌ 乙酰-S-ACP + CoA（乙酰转酰基酶）
	3	丙二酸单酰CoA + HS-ACP ⇌ 丙二酸单酰-S-ACP + CoA（丙二酰转酰基酶）
第二阶段	4	乙酰-S-ACP + 丙二酸单酰-S-ACP ⟶ 乙酰乙酰-S-ACP + ACP-SH + CO_2（脂酰-丙二酰-ACP缩合酶）
	5	乙酰乙酰-S-ACP + NADH + H^+ ⇌ D-β-羟丁酰-S-ACP + $NADP^+$（β-酮脂酰-ACP还原酶）
	6	D-β-羟丁酰-S-ACP ⇌ 烯丁酰-S-ACP + H_2O（β-羟脂酰-ACP-脱水酶）
	7	烯丁酰-S-ACP + NADPH + H^+ ⟶ 丁酰-S-ACP + $NADP^+$（烯酰基-ACP还原酶）

第一阶段：乙酰 CoA– 丙二酸单酰 –S–ACP

第二阶段：丙二酸单酰 –S–ACP—丁酰 –S–ACP

第一阶段 包括乙酰 CoA 的转运，乙酰 –S–ACP 和丙二酸单酰 –S–ACP 的形成（图 13–11）。

乙酰 CoA 的转运：饱和脂肪酸的合成是在细胞质基质中进行的。反应所需的乙酰 CoA 是由脂肪酸经 β– 氧化和丙酮酸脱羧而来（参阅糖代谢章）。这两个过程都是在线粒体中进行的。乙酰 CoA 不易透过线粒体膜进入细胞质基质，需要经柠檬酸合酶催化与草酰乙酸缩合生成柠檬酸，在 ATP 供能情况下才扩散透过线粒体膜进入细胞质基质。进入细胞质基质的柠檬酸经柠檬酸裂解酶（citrate lyase）催化产生乙酰 CoA 和草酰乙酸。乙酰 CoA 供脂肪酸合成，草酰乙酸需回到线粒体。但草酰乙酸不能透过线粒体内膜，需通过苹果酸转变为丙酮酸才能回到线粒体。这一系列反应也产生了脂肪酸合成所需的 NADPH。这是通过柠檬酸作为乙酰基的载体，称三羧酸转运体系（或称柠檬酸 – 丙酮酸循环）。

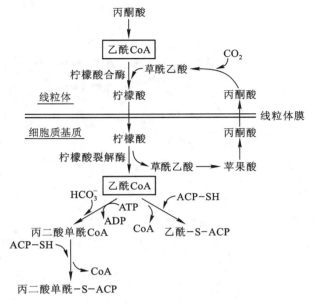

图 13-11 饱和脂肪酸合成的第一阶段反应

乙酰 –S–ACP 和丙二酸单酰 –S–ACP 的形成：乙酰 CoA 经乙酰转酰基酶催化与 ACP-SH 作用产生乙酰 –S–ACP；乙酰 CoA 经乙酰 CoA 羧化酶催化与 HCO_3^- 起作用产生丙二酸单酰 CoA，再经丙二酰转酰基酶催化与 ACP-SH 作用生成丙二酸单酰 –S–ACP。

第一阶段的反应可如图 13–11 所示：乙酰 CoA 羧化成丙二酸单酰 CoA 的反应是脂肪酸合成的限速反应，催化该反应的乙酰 CoA 羧化酶（辅基为生物素）包括生物素羧基载体蛋白（biotin carboxyl carrier protein，BCCP）、生物素羧化酶（biotin carboxylase，BC）和羧基转移酶（transcarboxylase，CT）3 个亚基，如图 13–12 所示。生物素的羧基以酰胺键与生物素羧基载体蛋白中赖氨酸的 ε– 氨基相连，生物素羧化酶催化 BCCP 上的生物素羧化，CT 将活化的 CO_2 转移到乙酰 CoA 上，形成丙二酸单酰 CoA。

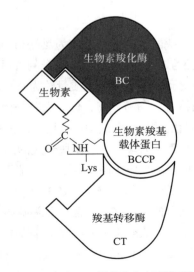

图 13-12 乙酰 CoA 羧化酶 3 个亚基示意图

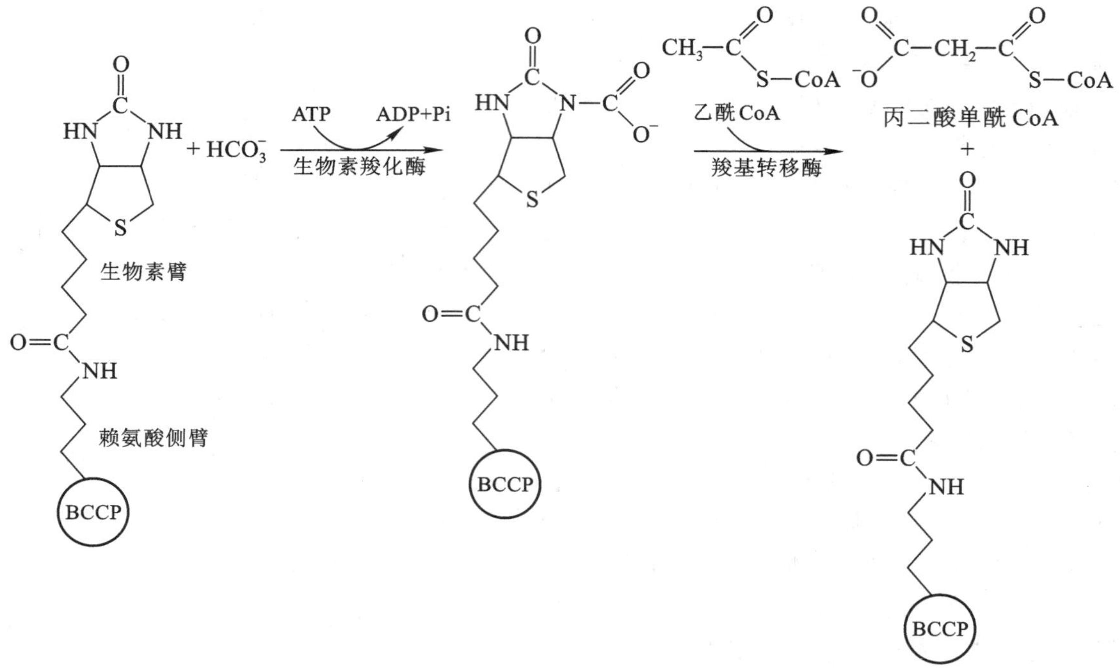

在以上这些反应中 BCCP 扮演了一个中心角色，它上面的赖氨酰生物素就像自由旋转的臂一样，将活化的羧基由 BC 转移到羧基转移酶的乙酰 CoA 分子上，从而形成的丙二酸单酰 CoA。

ACP（acyl carrier protein）是脂肪酸生物合成中的酰基载体蛋白。它是以共价键与其辅基磷酸泛酰巯基乙胺（4′-phosphopantetheine，pp）结合（参阅酶化学章 5.2.3.3 辅酶 A），其结构为：

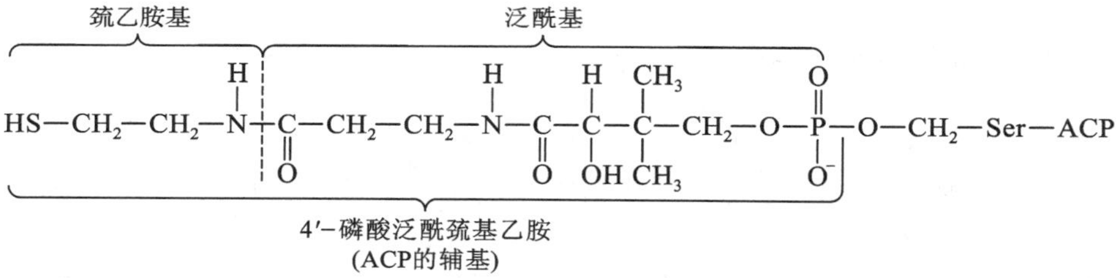

4′-磷酸泛酰巯基乙胺
（ACP的辅基）

磷酸泛酰巯基乙胺为泛酸与半胱胺的衍生物，是连接 ACP 和脂酰基的单位。ACP 与其辅基 4′- 磷酸泛酰巯基乙胺的连接是通过它本身的丝氨酸残基；ACP 与脂酰基的结合则是通过其辅基磷酸泛酰巯基乙胺的—SH 基。ACP 耐热，相对分子质量约为 9 500。大肠杆菌的 ACP 由 77 个氨基酸残基组成。在哺乳动物中 ACP 是同细胞牢固结合，不易分离，但在大肠杆菌和某些细菌体中，ACP 同细胞的结合不紧，可以分离。这一特点为研究 ACP 在脂肪酸生物合成中的功用提供了极大的方便。

第二阶段 第一阶段形成的丙二酸单酰 –S–ACP 与乙酰 –S–ACP 经缩合、还原、脱水再还原 4 个步骤即为一轮的合成反应（图 13–13），完成了饱和脂肪酸生物合成的第一轮反应。

所产生的丁酰 –S–ACP（C_4）比原来的乙酰 CoA（C_2）多 2 个碳原子。丁酰 –S–ACP 经同样方式与下一个丙二酸单酰 –S–ACP 缩合，重复循环 6 次就可得长链（C_{16}）的脂酰 –ACP（棕榈酰 –S–ACP）。最后棕榈酰 –S–ACP 经水解（硫酯酶）或硫解（硫解酶）生成棕榈酸或棕榈酰 CoA，反应式如下。非线粒体酶系合成的长链饱和脂肪酸，主要为 C_{16} 的棕榈酸。这些途径（包括上述丙二酸单酰 ACP 的形成）可综合如图 13–14。

$$\text{棕榈酰 –S–ACP + HSCoA} \xrightarrow{\text{硫解酶}} \text{棕榈酰 CoA + ACP–SH}$$

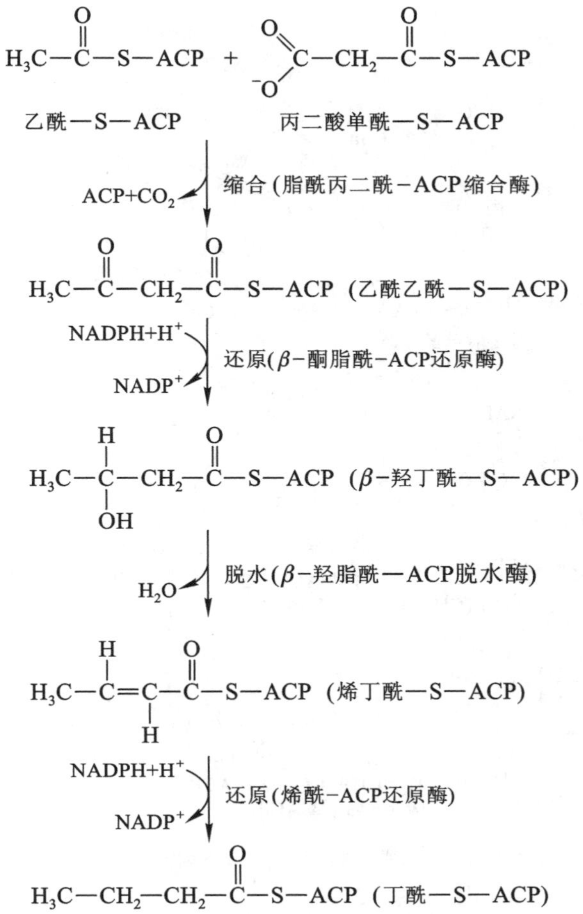

图 13-13　脂肪酸合成第一轮第二阶段反应序列

棕榈酸合成的总反应式如下：

$$CH_3CO \sim SCoA + 7HOOC—CH_2—CO—SCoA + 14NADPH + 14H^+ \longrightarrow CH_3（CH_2）_{14}COOH + 7CO_2 + 8\,CoA–SH + 14NADP^+ + 6H_2O$$

　　原核生物如大肠杆菌脂肪酸合成的各个反应是由各个酶分别进行催化，由图 13-14 中的酶②~酶⑦的 6 种酶和 1 分子 ACP 组成了脂肪酸合酶多酶复合物（即脂肪酸合成系），其中 ACP 是多酶复合物的核心，它的辅基 4'-磷酸泛酰巯基乙胺作为酰基载体，将脂肪酸合成的中间物由一个酶的活性部位转到另一个酶的活性部位上，可提高脂肪酸合成的效率。

　　真核生物的脂肪酸合酶与原核生物不同，催化脂肪酸合成的 7 种酶[①]和 1 分子 ACP 均在一条单一的多功能多肽链上（相对分子质量为 260 000），由两条完全相同的多肽链首尾相连组成的二聚体称脂肪酸合酶（fatty acid synthase，FAS），结构见图 13-15。脂肪酸合酶的二聚体若解离成单体，则部分酶活性丧失。二聚体的每条多肽链（即每个亚基）上均有 ACP 结构域，其丝氨酸残基连接有 4'-磷酸泛酰巯基乙胺，可与脂酰基相连，作为脂肪酸合成中脂酰基的载体，在每个亚基不同催化部位之间转运底物或中间物，这犹如一个高效的生产线，大大提高了脂肪酸合成的效率。

　　由以上可知，脂肪酸的合成与脂肪酸的 β- 氧化是两条不同的代谢途径，两者的主要区别见表 13-3。

---

①　除图 13-14 中的酶②~酶⑦外，还有硫酯酶，它催化最后生成的棕榈酰 CoA 的水解，转化为棕榈酸和 ACP。

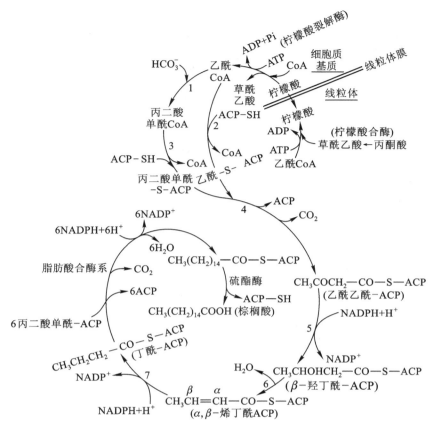

图 13-14 非线粒体酶系合成饱和脂肪酸途径示意

1. 在线粒体中乙酰 CoA 与草酰乙酸缩合变成柠檬酸再进入细胞质基质是非线粒体酶系合成饱和脂肪酸的第一个关键。

2. 由乙酸 CoA 羧化酶催化的乙酰 CoA 转变为丙二酸单酰 CoA 的反应是非线粒体酶系合成饱和脂肪酸的第二个关键步骤，因丙二酸单酰 CoA 是丙二酸单酰 –S–ACP 的前体，而后者是非线粒体酶系合成不饱和脂肪酸的主要物质。柠檬酸能促进乙酰 CoA 羧化酶的活力，也是控制非线粒体酶系脂肪酸合成的重要因素之一。

3. 图中由反应 4 到反应 7 为脂肪酸合成的一轮反应，合成 C_{16} 的棕榈酸共需要 7 轮反应。合成的棕榈酸分子中，除了甲基末端的二碳单位来自乙酰 CoA 外，其他 7 个二碳单位都来自丙二酸单酰 CoA。

4. 脂肪酸的合成由乙酰 CoA 羧化酶和脂肪酸合酶系催化，脂肪酸合酶系由下列酶②~酶⑦的 6 种酶和酰基载体蛋白 ACP 组成的多酶复合物。

5. 脂肪酸生物合成中所需的 NADPH 大部分是细胞的葡萄糖经戊糖磷酸途径所供给，NADH 也是脂肪酸合成所需要的。

6. 参加上述各反应的酶为：

① 乙酰 CoA 羧化酶（acetyl CoA-carboxylase，又称 acetyl–CoA：carbondioxide ligase），其辅酶为生物素。柠檬酸能促进而棕榈酰 CoA 可抑制其活性。

② 乙酰转酰基酶（acetyl transacylase），又称乙酰 CoA–ACP 转酰基酶（acetyl–CoA–ACP transacetylase）或 ACP– 酰基转移酶（ACP–acyltransferase）。

③ 丙二酸单酰转酰基酶（malonyl transacylase），又称丙二酸单酰 CoA–ACP 转移酶（malomyl–CoA–ACP transferase）。

④ 脂酰丙二酸单酰 –ACP 缩合酶（acyl–malonyl–ACP–condensing enzyme），又称 β– 酮脂酰 –ACP 合酶（β–ketoacyl–ACP synthase）。

⑤ β– 酮脂酰 –ACP 还原酶（β–ketoacyl–ACP reductase），又称依赖 NADPH–3– 氧 – 脂酰基 –ACP– 还原酶（NADPH–dependent–3–oxoacyl–ACP–reductase）。

⑥ β– 羟脂酰 –ACP 脱水酶（β–hydroxy–acyl–dehydratase），又称 3– 羟脂酰脱水酶（3–hydroxy acyl–dehydratase）或烯丁酰 – 脂酰基 ACP– 脱水酶（crotonyl–acyl–ACP–dehydratase）。

⑦ 烯酰基 –ACP 还原酶（enoyl–ACP reductase）。

酶②~酶⑦这些酶都是同酰基载体蛋白结合在一起的，它们彼此之间的结合相当紧密。细菌和植物的脂肪酸合酶系各组分之间的结合就比较松散，细菌的细胞被破裂后，各个组分酶即易被分离出来。

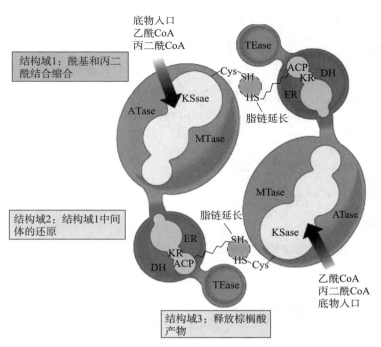

图 13-15　真核生物脂肪酸合酶结构示意图

表 13-3　脂肪酸合成与脂肪酸降解的主要区别

区别点	脂肪酸的合成	脂肪酸的降解（β- 氧化）
细胞中部位	细胞质基质	线粒体
酰基载体	ACP	CoA
二碳单元的供体 / 产物	丙二酸单酰 CoA	乙酰 CoA
电子的供体 / 受体	NADPH	FAD、NAD$^+$
β- 羟中间代谢物的构型	D 型	L 型
转运机制	三羧酸转运机制	肉碱载体
	（转运乙酰 CoA）	（转运脂酰 CoA）

　　奇数碳链脂肪酸和带支链脂肪酸也是经丙二酸单酰 CoA 途径合成，只是起始物不同，前者以丙酰 CoA 作起始物，后者以异丁酰 CoA 作起始物。

　　（2）**饱和脂肪酸碳链延长的途径**　线粒体酶系、内质网酶系与微粒体酶系都能使短链饱和脂肪酸的碳链延长，每次延长两个碳原子。线粒体酶系延长碳链的碳源不是加入丙二酸单酰 –ACP，而是加入乙酰 CoA。例如，线粒体中的 C_{16} 饱和脂肪酸都可经逐步加入乙酰 CoA 而延长，其反应过程可表示如图 13-16。

　　如果将线粒体酶系延长饱和脂肪酸碳链的途径与 β- 氧化过程相比，则可见饱和脂肪酸的合成反应基本上是分解反应的逆行过程，其唯一不同点是分解过程反应 2（参阅图 13-5）是需要以 FAD 为辅酶的脱氢酶，而在脂肪酸合成反应中是需要以 NADPH 为辅酶的还原酶（图 13-16 反应 4），而且有实验证明在 β- 氧化过程中反应 2 这一步骤的反应是不可逆的。

　　除线粒体可延长脂肪酸碳链外，微粒体和内质网酶系也可延长 C_{16} 脂肪酸（包括饱和和不饱和的）的碳链。这个酶系是用丙二酸单酰 CoA 为延长脂肪酸碳链的碳源而不是用乙酰 CoA。NADPH 为这个酶系必需的辅酶，也不用 ACP 为酰基载体，而用 CoA 作为酰基载体。其总反应如下式：

$$R-CO-CoA + 丙二酸单酰 CoA + 2NADPH + 2H^+ \longrightarrow R（CH_2）_2CO-CoA + 2NADP^+ + CO_2 + CoA$$

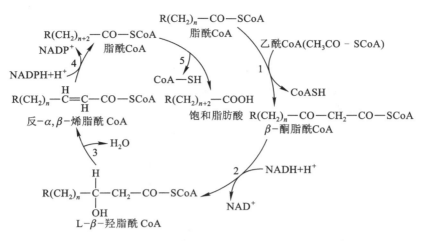

图 13-16 线粒体酶系延长饱和脂肪酸碳链的途径示意

1. 参与上述各反应酶的英文名称为：

① β- 酮脂酰 CoA 硫解酶（β-ketoacyl-CoA thiolase）
② β- 羟脂酰 CoA 脱氢酶（β-hydroxyacyl-CoA-dehydrogenase）
③ 烯酰基 CoA 水化酶（enoyl-CoA hydratase），或 β- 羟脂酰脱水酶
④ 烯脂酰 CoA 还原酶（acyl-CoA reductase）
⑤ 脂酰 CoA 硫酯水解酶（acyl-CoA thioester hydrolase）

2. 反应中的各种脂酰衍生物是脂酰 CoA 衍生物，而不是脂酰 -ACP 衍生物。

3. 上述两种合成饱和脂肪酸途径有其共同规律性，即都是从乙酰 CoA 开始，通过缩合、还原、脱水、再还原 4 个步骤。

在植物则细胞质基质酶系可利用丙二酸单酰 ACP 延长脂肪酸碳链，例如：

$$棕榈酰 ACP \xrightarrow[\text{NADPH}]{\text{丙二酸单酰 -ACP}} 硬脂酰 ACP$$

13.5.2.2 不饱和脂肪酸的生物合成

许多生物体能使饱和脂肪酸的第 9 和第 10 碳位之间脱氢，形成一个双键成为不饱和脂肪酸，例如硬脂酸脱氢即成油酸。但只有植物和某些微生物才能使第 12 和第 13 碳位间脱氢形成双键，例如从油酸（十八碳一烯酸）合成亚油酸（十八碳二烯酸）。

某些微生物如大肠杆菌、某种酵母和霉菌能合成含 2 个、3 个、4 个甚至更多双键的不饱和脂肪酸。动物细胞的脱饱和酶与内质网密切结合。

不饱和脂肪酸的生物合成途径有①氧化脱氢，②β- 碳位氧化成羟酸、再脱水，两种途径。

（1）**氧化脱氢途径** 这个途径一般在脂肪酸的第 9 第 10 位碳位脱氢，例如硬脂肪酸由脂酰脱饱和酶[①]（存在于微粒体内，肝和脂肪组织含此酶较多）催化，需 NADH（或 NADPH）及氧分子参加，即生成油酸：

$$CH_3(CH_2)_{16}-COOH \xrightarrow[\substack{O_2 \quad 2H_2O}]{NADH+H^+ \quad NAD^+} CH_3(CH_2)_7-CH=CH-(CH_2)_7-COOH$$

硬脂酸　　　　　　　　　　　　　　　油酸

[①] 脂酰脱饱和酶是一种特殊的氧化酶，又称加氧酶。

在此反应中，有 NADH– 细胞色素 b_5 还原酶（NADH–cytochrome b_5 reductase）、细胞色素 b_5 和脱饱和酶（desaturase），参加由硬脂酰 CoA 脱饱和释放出的电子传递给受体的作用，其机制可表示如下：

$$H^+NADH \quad E-FAD \quad Fe^{2+} \quad Fe^{3+} \quad 油脂酰CoA+2H_2O$$
$$NADH-细胞色素b_5还原酶 \quad 细胞色素b_5 \quad 脱饱和酶$$
$$NAD^+ \quad E-FADH_2 \quad Fe^{3+} \quad Fe^{2+} \quad 硬脂酰CoA+O_2$$

首先，电子从 NADH 转移到 NADH– 细胞色素 b_5 还原酶的 FAD 辅基上，然后使细胞色素 b_5 血红素中的铁离子还原成 Fe^{2+}，再使脱饱和酶中的非血红素铁还原成 Fe^{2+}，最后与分子氧（O_2）和硬脂酰 CoA 作用，形成双键并释放 2 分子水。2 个电子来自 NADH，另外 2 个电子来自底物饱和脂肪酸中的单键。

植物合成不饱和脂肪酸的机制与此类似。所不同者，植物是用铁 – 硫蛋白代替细胞色素 b_5。脱饱和酶是可溶性的，它以硬脂酰 ACP 为底物。

（2）β– 氧化、脱水途径　这一途径是先在饱和脂肪酸的 β– 碳位氧化成羟酸，在 α、β 碳位间脱水形成双键。再经碳链延长作用即可得油酸。例如一个 C_{10} 脂肪酸，经 β– 氧化、脱水、双键移位和连续 4 次延长碳链，即得油酸：

$$CH_3(CH_2)_6 \overset{\beta}{-}CH_2 \overset{\alpha}{-}CH_2-COOH \xrightarrow{\beta-氧化} CH_3(CH_2)_6-\overset{\overset{\displaystyle H}{|}}{\underset{\underset{\displaystyle OH}{|}}{C}}-CH_2-COOH \xrightarrow{脱水}$$

十碳脂酸　　　　　　　　　　　　　　　　β–羟十碳脂酸

$$CH_3(CH_2)_6 \overset{\beta}{-}CH=\overset{\alpha}{CH}-COOH \xrightarrow{碳链延长} CH_3(CH_2)_6-CH=CH-(CH_2)_7-COOH$$

烯十碳脂酸　　　　　　　　　　　　　　　　油酸

含 2、3 或 4 个双键的高级不饱和脂肪酸，也能用此类似方法（即氧化脱饱和、脱水和碳链延长）合成。

人体及有些高等动物（哺乳类）不能合成或不能合成足够维持其健康的十八碳二烯酸（亚油酸）和十八碳三烯酸（亚麻酸），必须从食物摄取，因此，这两种不饱和脂肪酸对人类和哺乳类动物是必需脂肪酸（essential fatty acid）。但动物能用脱饱和及延长碳链方法从十八碳二烯酸或十八碳三烯酸合成二十碳四烯酸。

🎯 思考题

1. 脂肪酸 β– 氧化和三羧酸循环中有哪些类似的反应顺序？
2. 脂肪酸从头生物合成和脂肪酸 β– 氧化是否互为递过程？它们之间有什么主要差别？
3. 比较非线粒体酶系和线粒体酶系在脂肪酸延长反应上的异同。

13.5.3　甘油与脂肪酸合成三酰甘油

由甘油与脂肪酸合成三酰甘油的途径不止一种，较重要的一种是脂肪酸先与 CoA 结合成脂酰 CoA（上段脂肪酸合成过程中亦产生脂酰 CoA），脂酰 CoA 随即与 α– 甘油磷酸作用产生 α– 二酰甘油磷酸，在磷酸酯酶的作用下，α– 二酰甘油磷酸脱去磷酸根，再与一分子脂酰 CoA 作用生成三酰甘油。

上述各反应是简化了的三酰甘油生物合成反应，实际上由 α– 甘油磷酸到二酰甘油磷酸之间是两个步骤，即先变成单酰甘油磷酸，再经第二次酰基化变成二酰甘油磷酸。此外，磷酸二羟丙酮除经还原成 α– 甘油磷酸再酰基化产生单酰甘油磷酸外，也可经酰基化和还原变成单酰甘油磷酸。这些途径可一并归纳入图 13–17。

$$甘油 + ATP \xrightarrow[\text{甘油激酶}]{} L\text{-}\alpha\text{-}甘油磷酸 + ADP$$

$$或：磷酸二羟丙酮 \xrightarrow[L\text{-}\alpha\text{-}甘油磷酸脱氢酶]{NADH+H^+ \quad NAD^+} L\text{-}\alpha\text{-}甘油磷酸$$

$$RCOOH + CoA\text{-}SH \xrightarrow[\text{脂肪酸硫激酶，}Mg^{2+}]{ATP \quad AMP} RCO\text{—}SCoA + PPi$$

脂肪酸　　辅酶A　　　　　　　　　　　　　脂酰CoA　　焦磷酸

$$\begin{array}{l} CH_2OH \\ | \\ CH\text{—}OH \\ | \\ CH_2O\text{—}\textcircled{P} \end{array} + 2RCO\text{—}SCoA \xrightarrow[2CoA]{\text{脂酰甘油磷酸转移酶}} \begin{array}{l} CH_2OCOR_1 \\ | \\ CHOCOR_2 \\ | \\ CH_2O\text{—}\textcircled{P} \end{array}$$

L-α-甘油磷酸　　　脂酰CoA　　　　　　　　　L-α-二酰甘油磷酸(磷脂酸)

$$\xrightarrow[\text{磷脂酸磷酸酯酶}]{+H_2O \quad -H_3PO_4} \begin{array}{l} CH_2OCOR_1 \\ | \\ CHOCOR_2 \\ | \\ CH_2OH \end{array} \xrightarrow[\text{脂酰转移酶}]{+RCO\text{-}SCoA} \begin{array}{l} CH_2OCOR_1 \\ | \\ CHOCOR_2 \\ | \\ CH_2OCOR_3 \end{array}$$

D-α-β二酰甘油　　　　　　　　　CoASH　　　三酰甘油

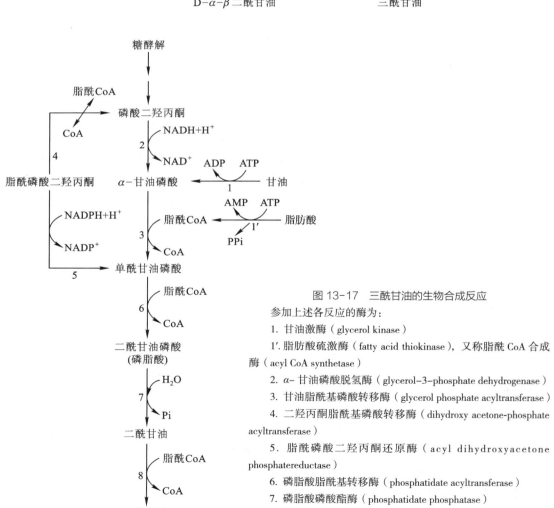

图 13-17　三酰甘油的生物合成反应

参加上述各反应的酶为：

1. 甘油激酶（glycerol kinase）

1′. 脂肪酸硫激酶（fatty acid thiokinase），又称脂酰 CoA 合成酶（acyl CoA synthetase）

2. α- 甘油磷酸脱氢酶（glycerol-3-phosphate dehydrogenase）

3. 甘油脂酰基磷酸转移酶（glycerol phosphate acyltransferase）

4. 二羟丙酮脂酰基磷酸转移酶（dihydroxy acetone-phosphate acyltransferase）

5. 脂酰磷酸二羟丙酮还原酶（acyl dihydroxyacetone phosphatereductase）

6. 磷脂酸脂酰基转移酶（phosphatidate acyltransferase）

7. 磷脂酸磷酸酯酶（phosphatidate phosphatase）

8. 二酰甘油脂酰基转移酶（diacyl glycerol acyltransferase）

13.6　磷脂的代谢

磷脂是细胞膜的主要成分。对调节细胞膜的透过性起着重要作用，可促进三酰甘油和胆固醇在水中的分散，对血液凝固也有一定促进作用。

13.6.1　磷脂的分解

同前 13.2.1 磷脂的酶水解所述，甘油磷脂分子有 4 处可被不同磷脂酶裂解成不同产物，但完全水解后的产物则为甘油、脂肪酸、磷酸和氮碱。

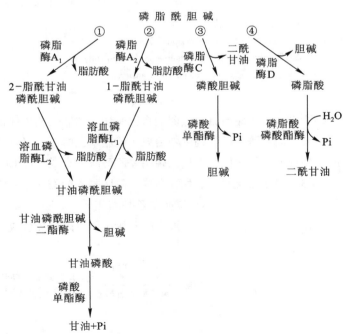

式中虚线箭头指向的键为磷脂分子可被不同磷脂酶水解的部位，X 代表氮碱（如胆碱、乙醇胺、丝氨酸）及其他基团如 m- 肌醇等，A_1、A_2、C、D 代表不同的磷脂酶。

在不同生物中，磷脂分解代谢的途径不同。磷脂酰胆碱（卵磷脂）有 4 条不同的分解代谢途径（图 13-18）。

鞘磷脂也可经有关酶类水解成鞘氨醇、磷酸和胆碱（参阅脂质化学章 2.3.1）。

13.6.2　磷脂的生物合成

磷脂的生物合成需要磷脂酸和胞嘧啶衍生物作为底物。磷脂酸是合成甘油磷脂（包括磷脂酰胆碱、磷脂酰乙醇胺、磷脂酰丝氨酸、磷脂酰肌醇和双磷脂酰甘油）的关键物质，而胞嘧啶衍生物 CTP 和 CDP 则是合成所有磷脂的关键。

肝、肠、肾、肌肉、脑组织都能合成磷脂，肝的合成能力较强（肝>肠>肾>肌肉>脑）。血浆中的磷脂，大都在肝中合成。脑组织的磷脂含量很高，但它合成磷脂的效率最低。

甘油磷脂和鞘磷脂的生物合成途径是有区别的。

13.6.2.1　**甘油磷脂的生物合成**

包括磷脂酰胆碱、磷脂酰乙醇胺、磷脂酰丝氨酸、磷脂酰肌醇、双磷脂酰甘油、醚磷脂和缩醛磷脂等。

（1）**磷脂酰胆碱的生物合成**　磷脂酰胆碱又称胆碱磷脂或卵磷脂。

图 13-19 是动物细胞合成磷脂酰胆碱的主要途径，此外，磷脂酰胆碱亦可由磷脂酰乙醇胺的氨基经 3 次甲基化而生成，甲基供体是 S- 腺苷甲硫氨酸，催化这步反应的酶是甲基转移酶。

当缺乏甲基化合物（如甲硫氨酸、胆碱）时，不能使脂肪变成磷脂，脂肪在肝中累积，造成脂肪

图 13-18　磷脂酰胆碱（卵磷脂）的分解代谢途径
①②在动物体内；③在细菌体内；④在植物体内

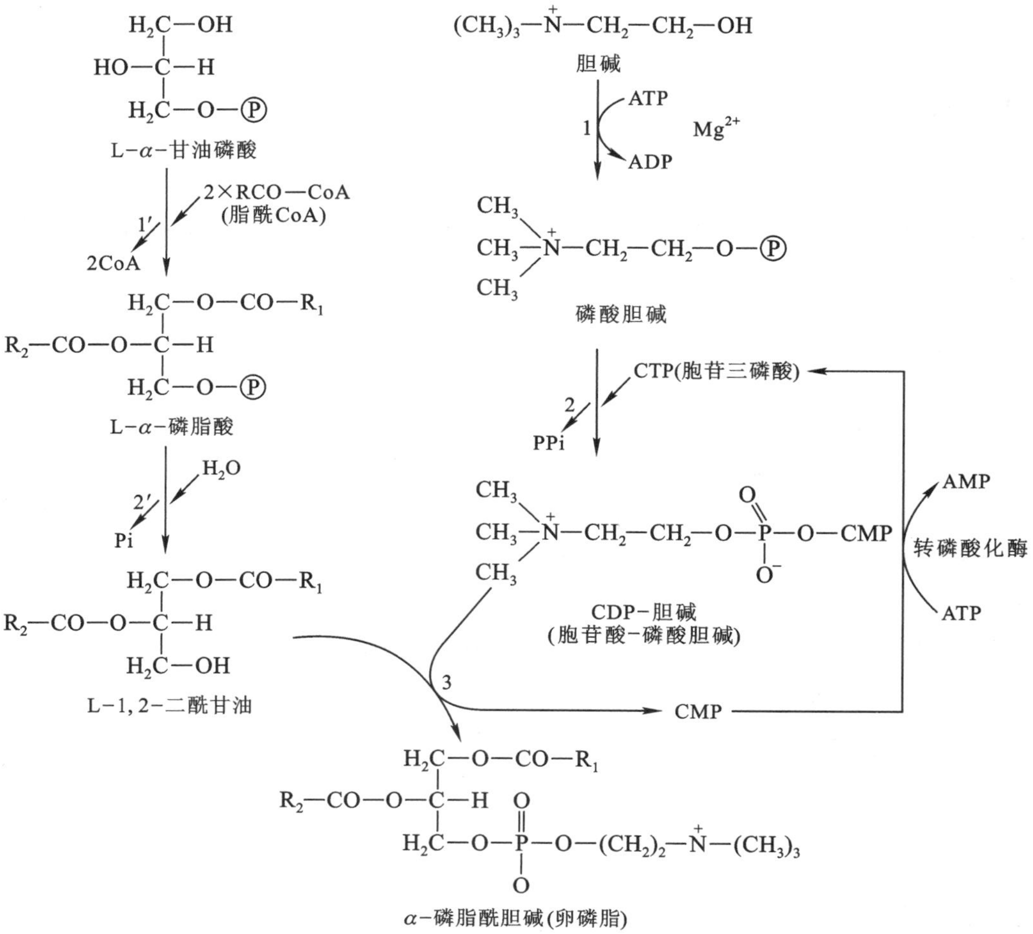

H₂C—OH
HO—C—H
H₂C—O—(P)
L-α-甘油磷酸

(CH₃)₃—N⁺—CH₂—CH₂—OH
胆碱

$$H_2C-OH \quad HO-C-H \quad H_2C-O-P$$

L-α-甘油磷酸

$2×RCO$—CoA
(脂酰CoA)
1′
2CoA

H₂C—O—CO—R₁
R₂—CO—O—C—H
H₂C—O—(P)
L-α-磷脂酸

CH₃
CH₃—N⁺—CH₂—CH₂—O—(P)
CH₃
磷酸胆碱

2′ H₂O
Pi

CTP(胞苷三磷酸)
2
PPi

H₂C—O—CO—R₁
R₂—CO—O—C—H
H₂C—OH
L-1,2-二酰甘油

CH₃
CH₃—N⁺—CH₂—CH₂—O—P—O—CMP
CH₃
O⁻
CDP-胆碱
(胞苷酸-磷酸胆碱)

AMP
转磷酸化酶
ATP

3
CMP

H₂C—O—CO—R₁
R₂—CO—O—C—H O
H₂C—O—P—O—(CH₂)₂—N⁺—(CH₃)₃
O

α-磷脂酰胆碱(卵磷脂)

图 13-19 L-α-磷脂酰胆碱的生物合成

参加上述各反应的酶为：
1. 磷酸胆碱激酶（choline phosphate kinase）
2. 磷酸胆碱胞苷酸转移酶（choline phosphate-cytidyl transferase）
3. 磷酸胆碱转移酶（choline phosphotransferase）
1′. 甘油磷酸脂酰基转移酶（phosphoglycerol acyl transferase）
2′. 磷脂酸磷酸酯酶（phosphatidate phosphatase）

肝，所以磷脂代谢与脂肪代谢关系很密切，磷脂代谢可保证脂肪代谢的正常。

（2）**磷脂酰乙醇胺的生物合成** 磷脂酰乙醇胺（又称氨基乙醇磷脂或脑磷脂）的生物合成途径与磷脂酰胆碱的主要合成途径相似。不过在磷脂酰乙醇胺的合成是以 CDP- 乙醇胺代替 CDP- 胆碱，如图 13-20。

（3）**磷脂酰丝氨酸的生物合成** 磷脂酰乙醇胺的乙醇胺基被丝氨酸取代后即得磷脂酰丝氨酸（又称丝氨酸磷脂），故其合成途径基本与磷脂酰乙醇胺相同，如图 13-21。

在有些细菌体中还可由磷脂酸开始按照下列途径合成磷脂酰丝氨酸。

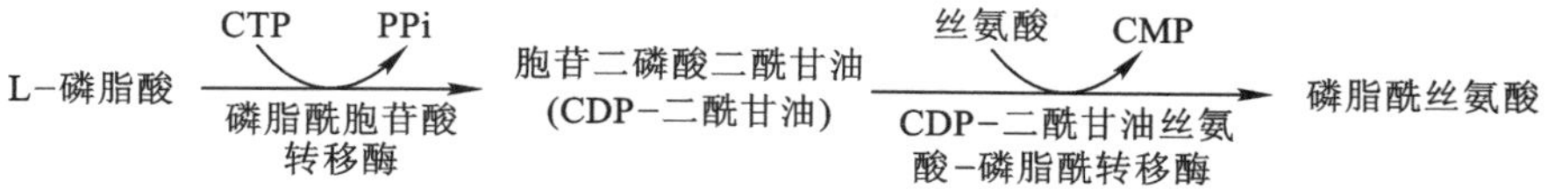

L-磷脂酸 →(CTP, PPi, 磷脂酰胞苷酸转移酶)→ 胞苷二磷酸二酰甘油(CDP-二酰甘油) →(丝氨酸, CMP, CDP-二酰甘油丝氨酸-磷脂酰转移酶)→ 磷脂酰丝氨酸

此外，磷脂酰肌醇和双磷脂酰甘油的生物合成见ℯ**辅学窗** 13-4；醚磷脂、缩醛磷脂的生物合成见ℯ**辅学窗** 13-5。
从甘油磷脂的合成中，我们可看到磷脂酸是合成脂肪和甘油磷脂的共同中间物。通过磷脂酸沟通了脂肪代谢

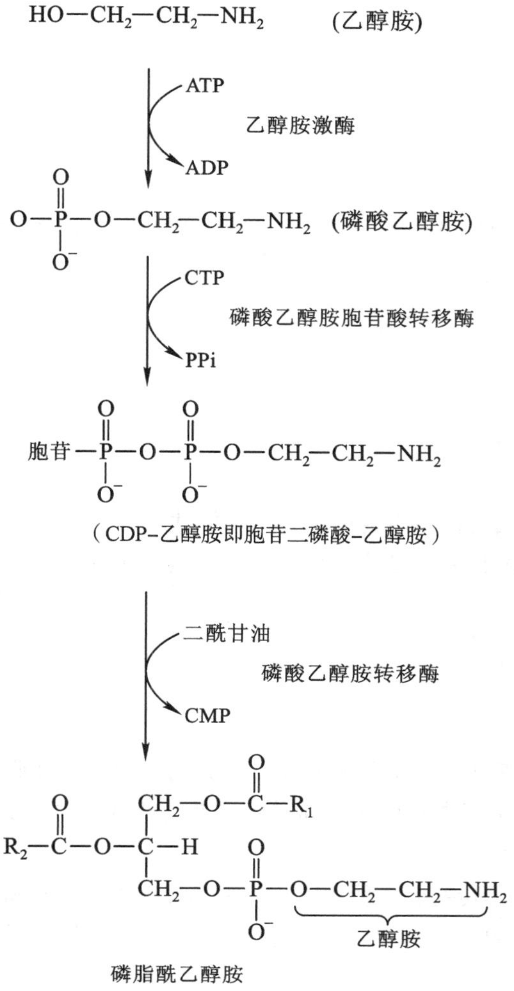

HO—CH$_2$—CH$_2$—NH$_2$　　　(乙醇胺)

↓ ATP → ADP　乙醇胺激酶

磷酸乙醇胺：O=P(O$^-$)—O—CH$_2$—CH$_2$—NH$_2$　(磷酸乙醇胺)

↓ CTP → PPi　磷酸乙醇胺胞苷酸转移酶

胞苷—P—P—O—CH$_2$—CH$_2$—NH$_2$
（CDP–乙醇胺即胞苷二磷酸–乙醇胺）

↓ 二酰甘油 → CMP　磷酸乙醇胺转移酶

磷脂酰乙醇胺（含 R$_1$、R$_2$ 酰基，乙醇胺）

图 13-20　磷脂酰乙醇胺的生物合成途径

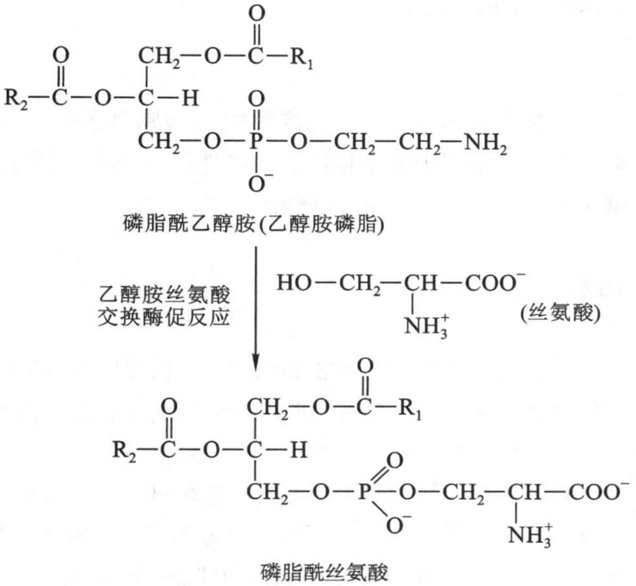

磷脂酰乙醇胺(乙醇胺磷脂)

↓ 乙醇胺丝氨酸交换酶促反应　HO—CH$_2$—CH(NH$_3^+$)—COO$^-$ (丝氨酸)

磷脂酰丝氨酸

图 13-21　磷脂酰丝氨酸的生物合成途径

和甘油磷脂的代谢，所以磷脂酸是脂肪代谢和磷脂代谢的枢纽物质。若磷脂酸用于合成脂肪，脂肪合成的速率增加，而甘油磷脂合成的速率下降；反之若磷脂酸用于合成甘油磷脂，甘油磷脂合成的速率增加，而脂肪合成的速率下降。在磷脂合成中，CDP 主要作为活化脂质成分载体，类似于之前糖原合成中的 UDP 作用。

13.6.2.2　鞘磷脂的生物合成

鞘磷脂在动物体中，可从棕榈酸 CoA 开始经一系列反应形成鞘氨醇，再经同长链脂酰 CoA 和 CDP– 胆碱作用即生成鞘磷脂。鞘磷脂的生物合成途径可简示如下：

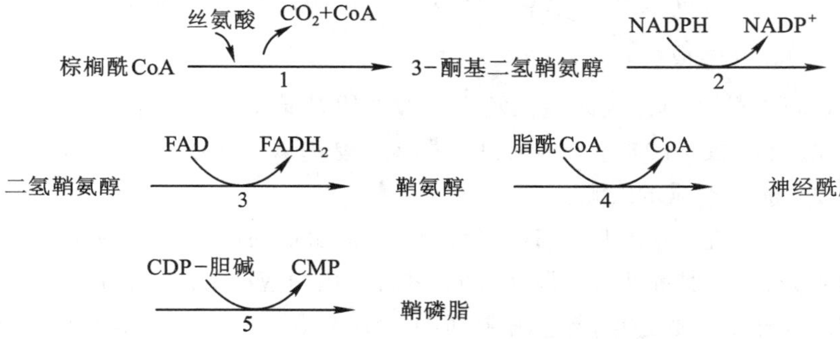

棕榈酰 CoA — (丝氨酸 → CO$_2$+CoA) —[1]→ 3–酮基二氢鞘氨醇 —(NADPH → NADP$^+$)—[2]→ 二氢鞘氨醇 —(FAD → FADH$_2$)—[3]→ 鞘氨醇 —(脂酰 CoA → CoA)—[4]→ 神经酰胺 —(CDP–胆碱 → CMP)—[5]→ 鞘磷脂

上述鞘磷脂合成的化学反应见 🅔辅学窗 13-6。各种磷脂的合成途径总结见 🅔辅学窗 13-7。

13.7 糖脂的代谢

糖脂分子含半乳糖、鞘氨醇和脂肪酸，大部分存在于大脑神经鞘（myelin sheath）和神经细胞中。肝及其他组织也含小量糖脂。糖脂的分解和合成代谢见 $\mathscr{e}$ 辅学窗 13–8。

13.8 固醇的代谢

动物体内胆固醇可由乙酰辅酶 A 为原料合成，同时，胆固醇在动物体内也难以完全分解代谢，主要发生转变和排泄。植物中的麦角固醇在体外经紫外线照射可变为维生素 D_2 以及粗链孢霉可从乙酸合成麦角固醇。本节就胆固醇的吸收合成和分解略作介绍。

13.8.1 胆固醇的吸收

人体及动物小肠能吸收胆固醇，不能吸收植物固醇。胆固醇的吸收一定伴随脂肪的吸收进行，是不饱和脂肪酸的载体。部分胆固醇在吸收时与脂肪酸结合成胆固醇酯。自由胆固醇同胆固醇酯同样可被吸收。胆汁酸盐和脂肪可促进胆固醇的吸收。

被吸收的胆固醇与脂肪经同一途径进入乳糜管，再到血循环，可转变成多种物质，其主要者为胆酸类及固醇激素。大部分被吸收的胆固醇不经分解留在肝和经肝肠循环随粪便排出。皮肤的 7– 脱氢胆固醇经紫外线照射可变为维生素 D_3。胆固醇是细胞膜和神经纤维的成分。

70 kg 体重的男性约含 140 g 胆固醇。肾上腺含胆固醇约 10%，脑及神经组织含 2%，肝 0.3%，脾 0.3%，小肠 0.2%。成人正常血液每 100 mL 血清含胆固醇 130 ~ 250 mg。

13.8.2 胆固醇的生物合成

从同位素示踪实验结果，已知乙酸及其前体（如乙醇及丙酮酸等）皆可能变为胆固醇。

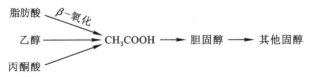

用 $^{13}CH_3$—$^{14}COOH$ 做胆固醇生物合成试验，发现乙酸的甲基碳（^{13}C）是胆固醇的第 1、3、5、7、9、13、15、17、18、19、21、22、24、26 和 27 等 15 个碳的碳源，羧基碳（^{14}C）是胆固醇第 2、4、6、8、10、11、12、14、16、20、23 和 25 等 12 个碳的碳源。

又经用类似方法证明了乙酸是 3– 甲基 –3,5– 二羟戊酸（mevalonic acid，简称 MVA）的前身。以乙酰 CoA 作为直接前体合成 MVA 的过程中，其前两步与酮体合成一样，生成 HMG–CoA。但需指出的是，与酮体在肝细胞线粒体内合成不同，胆固醇合成主要发生于细胞质基质中。MVA 是鲨烯（squalene）的前身，而鲨烯又是胆固醇的直接前身。这就为胆固醇的生物合成提供了两个关键性中间产物。

根据现有的实践证明，胆固醇的生物合成，可分为 3 个阶段：

第一阶段：由乙酸 ⟶ 3- 甲基 -3,5- 二羟戊酸（MVA）。

第二阶段：由 MVA ⟶ 鲨烯。

第三阶段：由鲨烯 ⟶ 胆固醇。

图 13-22 概括了这 3 个阶段的主要过程，共有 32 个反应步骤，详见**辅学窗 13-9**。

2×乙酰CoA
乙酰CoA乙酰基转移酶
乙酰乙酰CoA
乙酰CoA
HMG-CoA合酶
OH
HOOC—CH2—C—CH2—CO—SCoA
CH3
（β-羟-β-甲基戊二酸单酰-CoA，HMG-CoA）
HMG-CoA还原酶
OH
HOOC—CH2—C—CH2—CH2—OH
CH3
（3-甲基-3,5-二羟戊酸，MVA）
H3C
CH3
CH3
CH3
CH3
CH3
鲨烯
H3C
CH3
CH3
H3C
CH3
CH3
CH3
胆固醇
HO

图 13-22　胆固醇的生物合成途径简图

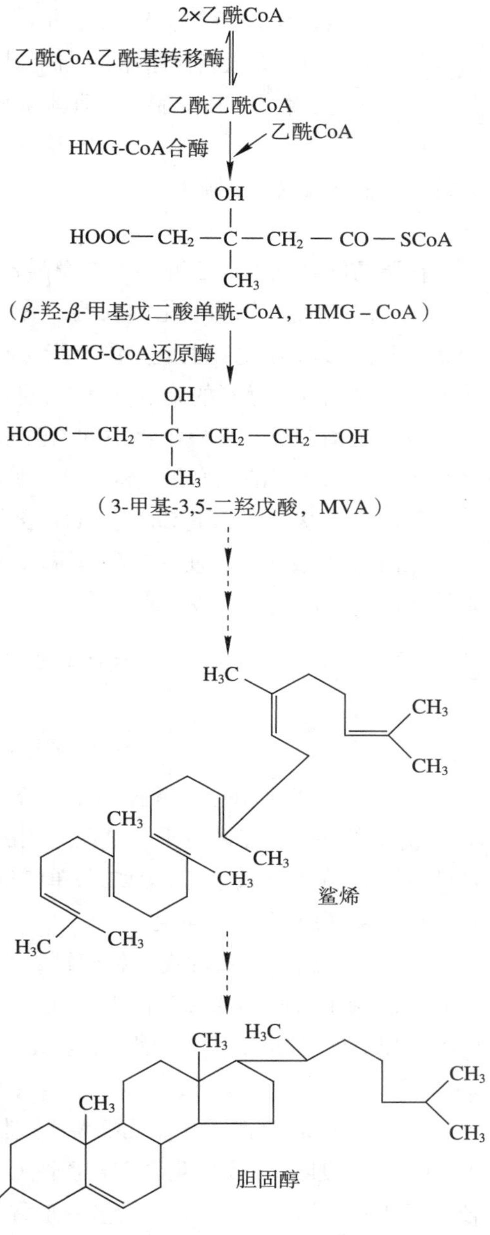

脊椎动物自身可合成胆固醇，合成胆固醇的主要脏器为肝，其他器官如心、脾、肾、血管、皮肤和肾上腺等亦能合成少量胆固醇。食物中的胆固醇可抑制机体合成新的胆固醇，这可能与反馈抑制相似。饥饿对机体合成胆固醇也有抑制作用。

13.8.3　胆固醇的降解和转变

胆固醇的环核结构不在动物体内彻底分解为最简单化合物排出体外，但其支链可被氧化。更重要的是胆固醇可转变成许多具有重要生理意义的化合物。例如性激素、肾上腺皮质素、胆酸、维生素 D_3、胆固醇酯及其他类固醇。这些转变过程很复杂，而且有许多还未弄清楚，现只能将各种可能产生的产物列出如图 13-23。

维生素D3
7-脱氢胆固醇
肾上腺皮质素
胆固醇
性激素
雄激素
雌激素
胆固醇酯
胆固醇酯蛋白
胆酸等
其他固醇
羊毛固醇
类固醇
二氢胆固醇
其他

图 13-23　胆固醇的转变

胆固醇代谢对人类来说极为重要，因为除可变为许多生理活性重要物质外，某些疾病如心血管硬化及胆结石疾症，亦可能由于胆固醇代谢失常而引起。

思考题

Statin 类药物是 HMG-CoA 还原酶天然底物的类似物，已成为临床上治疗高胆固醇症的有效药物。请依据 HMG-CoA 还原酶在胆固醇代谢中的作用，推测 Statin 降低胆固醇的可能的药理学机制。

13.9　脂质代谢的调节

脂质的代谢也受神经和激素控制。据动物实验结果，切除大脑半球的小狗，其肌肉中的脂肪含量均减少，但肝脂略有增加，肝胆固醇亦显著增加，这说明大脑在调节脂质代谢上具有重要意义，视丘下部亦与脂质代谢有关，因为动物视丘下部受伤可使动物肥胖。

激素对脂质代谢的调节更为显见，如果因胰岛功能失调，糖代谢受到抑制，则脂肪（脂肪酸）代谢即同时受阻。

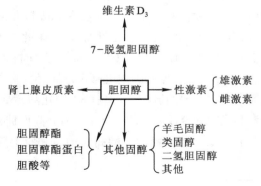

肾上腺素、生长激素、ACTH、甲状腺素和性激素有促进储脂动员和氧化的作用，胰岛素可抑制脂肪分解。激素分泌反常即会导致脂代谢障碍，例如性腺萎缩或摘除即能引起肥胖。有些人在中年以后，往往发胖也是由于性腺激素及某些激素（如甲状腺素、垂体激素等）分泌减退所引起。

13.9.1 脂肪酸合成的调节

在脂肪酸合成中，乙酰 CoA 与草酰乙酸合成柠檬酸再进入细胞质基质是合成脂肪酸的第一个关键反应。

由乙酰 CoA 羧化酶催化形成丙二酸单酰 CoA 的反应是脂肪酸合成的第二个关键反应，是脂肪酸合成的限速步骤。乙酰 CoA 羧化酶也成为调节脂肪酸合成的关键酶，是脂肪酸合成的限速酶，其活性受到别构调节、磷酸化和去磷酸化以及激素的调节。此外，脂肪酸的合成还受到代谢物的调节。

（1）**别构调节**　真核生物中的乙酰 CoA 羧化酶有两种存在形式，一种是无活性的单体，另一种是有活性的多聚体，它们之间的互变是别构调节。柠檬酸是关键的别构激活剂，它使平衡点偏向有活性的多聚体形式。当细胞处于高能荷状态，乙酰 CoA 和 ATP 含量丰富时，可抑制异柠檬酸脱氢酶的活性，使柠檬酸浓度升高，从而激活了乙酰 CoA 羧化酶，使丙二酸单酰 CoA 的产量增加，加速了脂肪酸的合成。异柠檬酸也是乙酰 CoA 羧化酶的别构激活剂，加速脂肪酸合成。

$$\begin{array}{ccc} \text{乙酰 CoA 羧化酶} & \xrightarrow[\text{棕榈酰 CoA、长链脂酰 CoA}]{\text{柠檬酸、异柠檬酸}} & \text{乙酰 CoA 羧化酶} \\ \text{单体} & & \text{多聚体} \\ \text{（无活性）} & & \text{（有活性）} \end{array}$$

乙酰 CoA 羧化酶也是调控脂肪酸降解的关键酶。在心脏、肌肉组织中，脂肪酸代谢主要以分解放能为主，而合成代谢较弱。其调控机制是通过乙酰 CoA 羧化酶催化合成丙二酸单酰辅酶 A。当能量丰富时，丙二酸单酰辅酶 A 在细胞内含量很高。丙二酸单酰辅酶 A 可以强烈抑制肉碱脂酰基转移酶Ⅰ的活性，从而阻止脂酰 CoA 转运到线粒体基质进行 β- 氧化。

另外，脂肪酸合成的终产物棕榈酰 CoA 及其他长链脂酰 CoA 是乙酰 CoA 羧化酶的别构抑制剂，抑制单体的聚合，抑制了乙酰 CoA 羧化酶的活性，从而抑制了脂肪酸的合成。棕榈酰 CoA 是脂肪酸合成的产物，它对乙酰 CoA 羧化酶的抑制是一种反馈抑制。此外，棕榈酰 CoA 还能抑制柠檬酸从线粒体进入细胞质基质及抑制 NADPH 的产生。

在 *E. coli* 和其他细菌中，乙酰 CoA 羧化酶不受柠檬酸的调控，而鸟苷酸可调控乙酰 CoA 羧化酶中的羧基转移酶。

（2）**磷酸化 / 去磷酸化调节**　乙酰 CoA 羧化酶被一种依赖于 AMP（而不是 cAMP）的蛋白激酶[1]磷酸化而失活。每个乙酰 CoA 羧化酶单体上至少存在 6 个可磷酸化部位，但目前认为只有其第 79 位 Ser 的磷酸化与酶活性有关。蛋白质磷酸酶可使无活性的乙酰 CoA 羧化酶的磷酸基移去，从而使它恢复活性（见右式）。因此，当细胞的能荷低时（即［AMP］/［ATP］值高时），脂肪酸合成被阻断。

细菌中的乙酰 CoA 羧化酶不受磷酸化 / 去磷酸化的调节。

（3）**激素的调控**　乙酰 CoA 羧化酶还受激素的调控，参与脂肪酸合成调节的激素主要有胰高血糖素、肾上腺素和胰岛素。当需能时，胰高血糖素和肾上腺素使细胞内

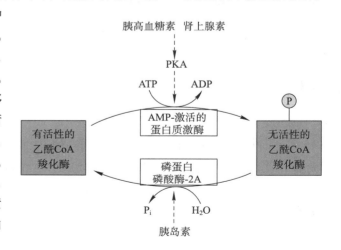

---

cAMP 含量升高，激活依赖于 cAMP 的蛋白激酶 PKA（见激素化学章 7.4.1），促使乙酰 CoA 羧化酶第 79 位 Ser 的磷酸化，抑制了乙酰 CoA 羧化酶，从而抑制脂肪酸的合成。在饱食状况下，当高血糖时，胰岛素通过活化蛋白质磷酸酶，使磷酸化的乙酰 CoA 羧化酶去磷酸化而活化乙酰 CoA 羧化酶，同时还能诱导乙酰 CoA 羧化酶、脂肪酸合酶、柠檬酸裂解酶等的合成，故胰岛素可促进脂肪酸的合成。

（4）**代谢物的调节**　当体内的糖分充足而脂肪酸水平低时，对脂肪酸合成最有利。进食糖类物质，糖代谢加强，有利于脂肪酸合成。这是因为糖代谢加强时，脂肪酸合成的原料乙酰 CoA 及 NADPH 供应增多，同时细胞内 ATP 增多可抑制异柠檬酸脱氢酶的活性，造成异柠檬酸及柠檬酸增多，透出线粒体，可别构激活乙酰 CoA 羧化酶，故促进脂肪酸合成。当摄入高脂肪食物或饥饿而脂肪动员加强时，细胞内脂酰 CoA 增多，可别构抑制乙酰 CoA 羧化酶的活性，故脂肪酸的合成被抑制。

13.9.2　胆固醇合成的调节

合成胆固醇的主要场所是在肝，在胆固醇的生物合成反应中，由 HMG–CoA 到 MVA 和鲨烯环化两步反应都是调节点，但由 HMG–CoA 到 MVA 是合成胆固醇的关键一步，催化这反应的酶即 HMG–CoA 还原酶是胆固醇生物合成中的限速酶。它是由 887 个氨基酸残基构成的糖蛋白，相对分子质量为 97 000。HMG–CoA 还原酶的合成和活性受多种因素的影响，分述如下：

（1）**胆固醇**　当细胞内胆固醇浓度高时，就反馈抑制了 HMG–CoA 还原酶的合成，HMG–CoA 还原酶的量随之而减少，因而合成胆固醇的速率下降。HMG–CoA 还原酶半衰期很短，2 ~ 4 h，所以在调节上很灵敏。动物饥饿时可使 HMG–CoA 向酮体方面转变，去合成酮体，这样就减少了胆固醇的合成。当进食后，特别是摄取较多的饱和脂肪酸后，能诱导 HMG–CoA 还原酶的合成，使胆固醇合成增加。

（2）**酶的磷酸化 / 去磷酸化**　HMG–CoA 还原酶存在有活性和无活性的两种形式，它们之间可相互转化。未修饰的 HMG–CoA 还原酶有活性，而它的磷酸化形式是无活性的。HMG–CoA 还原酶的磷酸化由 HMG–CoA 还原酶激酶催化，它的去磷酸化由蛋白质磷酸酶（protein phosphatases）催化。

（3）**激素**　胰岛素能诱导 HMG–CoA 还原酶的合成，因而增加胆固醇的合成。胰高血糖素和糖皮质激素能降低 HMG–CoA 还原酶的活性，因而减少胆固醇的合成。甲状腺素既可促进 HMG–CoA 还原酶的合成，又可使胆固醇转化为胆汁酸，促进胆固醇的排泄，但后者的作用大于前者，因而总的效应是使血浆胆固醇含量下降。

（4）**低密度脂蛋白（LDL）受体**　细胞膜上的 LDL 受体对抑制胆固醇的生物合成起关键性作用。含胆固醇及胆固醇酯较多的 LDL 经 LDL 受体接受，带进细胞内并被溶酶体降解，胆固醇酯被水解释放出游离胆固醇，胆固醇对 HMG–CoA 还原酶的合成起抑制作用，因而抑制了胆固醇的合成。

（5）**固醇载体蛋白**（sterol carrier protein，SCP）　SCP 是一种可溶性蛋白质，它可与鲨烯、羊毛固醇直到胆固醇等不溶于水的中间产物结合，增加其水溶性，并将其携带到微粒体酶系中[1]，促使酶促反应的进行，促进胆固醇的合成。实验发现，成熟红细胞及衰老肝细胞合成胆固醇的能力减弱，若从外部增加 SCP，即能增加胆固醇的合成。

有一些真菌代谢物，对 HMG–CoA 还原酶有竞争性抑制作用，如通常使用洛伐他汀（lovastatin）（甲羟戊酸的类似物）来治疗高胆固醇血症（hypercholesterolemia）[2]。此外，应控制饮食，进食低胆固醇食物。

❓ 思考题

最新《美国居民膳食指南》取消了对胆固醇摄入的限制，试分析其合理性？

---

[1]　胆固醇的合成是在细胞质基质及“微粒体”内进行。

[2]　高胆固醇血症是指血液中存在过量的胆固醇。

13.10　脂质代谢紊乱引起的常见疾病

脂质代谢作为三大营养物质代谢之一，参与了机体的能量供应及储存、生物膜的构成及其他一些重要的生命过程。在这些代谢过程中，大量的蛋白酶、受体、转运蛋白参与其中，形成了一个复杂而精细的调控网络，以维持细胞乃至整个机体的脂质代谢平衡。脂质代谢相关的信号传导途径主要有：过氧化物酶体增殖物激活受体（peroxisome proliferators-activated receptors，PPARs）信号传导途径、肝 X 受体（liver X receptors，LXR）信号传导途径和固醇调节元件结合蛋白（sterol–regulatory element binding proteins，SREBPs）信号传导途径等。

脂代谢的紊乱多表现为血脂异常，与多种病理过程和疾病相关，包括心血管疾病、肿瘤、肥胖、糖尿病、炎症及代谢综合征等，涉及多个系统：

呼吸系统疾病：多种呼吸系统疾病均存在脂质代谢紊乱，包括肺气肿、哮喘和肺炎等。由于肥胖者胸壁脂肪堆积压迫胸廓，产生机械负荷增大，肺通气功能障碍，引起呼吸道抵抗力下降并导致炎症等一系列呼吸道疾病。

消化系统疾病：肝是脂质代谢的主要器官，脂质代谢紊乱引起肝脂质沉积，致组织变性，严重时致肝硬化和肝功能衰竭。近年来发现，脂质代谢紊乱是导致胰岛素抵抗（细胞对胰岛素的敏感性下降）的重要原因，肥胖个体常伴有胰岛素抵抗。胰岛素抵抗是 2 型糖尿病和代谢综合征的致病机制。

神经系统疾病：例如，阿尔茨海默病与载脂蛋白 E 基因的基因多态性具有相关性；血清中总胆固醇和总三酰甘油水平与焦虑、精神分裂相关。脂质代谢紊乱与神经系统其他疾病的关系尚有待于研究。

免疫系统：例如，系统性红斑狼疮和类风湿性关节炎是典型的自身免疫学疾病，患者具有典型的脂质代谢紊乱症状。

20 世纪 90 年代末期，脂质代谢组学（lipidomics）作为代谢组学的重要分支，成为研究热点。脂质代谢组学旨在从系统水平上研究生物体内所有脂质分子的特性，并可与基因组学以及蛋白质组学联用，以分析基因和蛋白质对脂代谢的影响，详见 ⓔ辅学窗 13–10。

🅘 总结性思考题

1. 酮体在机体哪里产生，又在哪里利用？何种生理状态下，机体产生酮体，又满足何种生理功能？
2. 人体内胆固醇的来源和去路如何？
3. 以乙酰 CoA 为中心，分析糖代谢和脂代谢的相互转化和稳态调控。
4. 人体缺乏维生素 B_1 和生物素会影响脂肪酸合成，试分析其原因。
5. 分析磷脂合成反应中 CDP 的作用。
6. 从乙酰 CoA 羧化酶角度分析细胞如何调控脂肪酸氧化和分解的平衡。
7. 基于现有技术手段，如让你探索脂肪酸 β– 氧化的规律，应如何设计实验方案？
8. 为什么严格素食者代谢利用奇数碳脂肪酸的能力不足？

☁ 数字课程学习

👤 教学课件　　　💬 在线自测　　　📖 思考题解析

第十四章　蛋白质的降解和氨基酸代谢

提要与学习指导

　　本章首先介绍了蛋白质的降解和氨基酸的一般代谢途径，继而对个别氨基酸的代谢特点以及各氨基酸的类型分别作了轭要介绍，每种类型分别选取 1~2 个氨基酸对其代谢途径作了较详尽的阐述，其余氨基酸代谢途径详见e辅学窗。学习本章应注意以下几点：

　　1. 需掌握蛋白质在细胞内的降解规律。

　　2. 抓住氨基酸的主要代谢途径，掌握氨基酸分解和合成代谢的共同反应。个别氨基酸的代谢途径由教师酌情选授。

　　3. 注意氨基酸代谢中具有生理意义的重要代谢产物，了解相应氨基酸代谢紊乱引起的疾病。

14.1　蛋白质的降解

14.1.1　蛋白质的酶水解（消化）

　　动物生存需要食物蛋白质，但蛋白质不能直接进入细胞组织，必须在消化道中经蛋白水解酶水解成氨基酸（一部分成小肽）才能通过肠膜进入组织，供细胞合成蛋白质之用。高等动物水解蛋白质的部位主要在小肠内。植物虽不从体外吸取氨基酸以合成其蛋白质，但当植物生长及种子萌发时，部分蛋白质仍需要水解成氨基酸，才能转变成其他物质。所以在动植物体内蛋白质均有水解的必要。

　　动物的蛋白水解酶，又称肽酶，其作用在于使肽键破坏。肽酶有肽链内切酶（endopeptidase）、肽链外切酶（exopeptidase）和二肽酶（dipeptidase）3 类。肽链内切酶能水解肽链内部的肽键，如胃蛋白酶、胰蛋白酶和胰凝乳蛋白酶。肽链外切酶只水解肽链两端氨基酸形成的肽键，如羧肽酶、氨肽酶。二肽酶只水解二肽。

　　这些肽酶对不同氨基酸形成的肽键有专一性：

肽链内切酶 { 胃蛋白酶：水解由芳香氨基酸（苯丙、酪）的—NH_2 基形成的肽键　胰蛋白酶：水解由碱性氨基酸（赖、精）的—COOH 基形成的肽键　胰凝乳蛋白酶：水解由芳香氨基酸—COOH 形成的肽键 } 产生小肽

肽链外切酶 { 氨肽酶：水解靠近肽链 N 端的肽键　羧肽酶：水解靠近肽链 C 端的肽键 } 产生自由氨基酸

二肽酶：水解一切二肽，产生自由氨基酸

上述几种酶的专一性如下所示（虚线箭头表示酶作用的键）。

氨肽酶　　　　胃蛋白酶　　　胰凝乳蛋白酶　　　胰蛋白酶　　　羧肽酶

H₂N—CH—CO↓NH—CH—CO↓NH—CH—CO↓NH—CH—CO↓NH—CH—CO↓NH—CH—COOH

（结构式：氨肽酶侧链 CH₂—CH（H₃C）（CH₃）；胃蛋白酶侧链 R；胰凝乳蛋白酶侧链 CH₂—苯环—OH；胰蛋白酶侧链 (CH₂)₃—CH₂—NH₂；羧肽酶侧链 CH₂—SH 及 R）

胃蛋白酶（pepsin）由胃细胞分泌，胰蛋白酶（trypsin）和胰凝乳蛋白酶（chymotrypsin）由胰腺细胞分泌。这 3 种酶在泌出时皆无活性，是酶原状态。

胃蛋白酶原遇胃酸（HCl）可被激活，胰蛋白酶原则需由肠激酶激活，胰凝乳蛋白酶原可由胰蛋白酶激活。

肽链外切酶一般为金属酶，金属离子的作用可能是连接底物肽链与酶之间的媒介。

小肠内的二肽酶与氨肽酶各有好几种。

此外还有一种脯肽酶（prolidase）专门水解与脯氨酸的 N 原子连接的肽键。

动物组织中还有不同的所谓组织蛋白酶（cathepsin），其中一些为内源性蛋白质抑制剂，参与某些病理过程，例如组织蛋白酶 K 与骨质疏松关系密切，还有很多组织蛋白酶功能目前尚不明确。动物死后，组织蛋白酶可使组织自溶。尸体的腐烂显然与这类酶有关。

高等植物体中亦含有蛋白酶类，例如种子及幼苗内皆含有活性蛋白酶，叶和幼芽中含有肽酶，木瓜中有木瓜蛋白酶（papain），其他种植物中亦含有木瓜蛋白酶型的酶类，菠萝中的菠萝蛋白酶（bromelin），无花果中的无花果蛋白酶（ficin）等皆可使有关蛋白质水解。

植物组织中蛋白质的酶水解作用，以种子萌芽时为最旺盛。发芽时，种子中储存的蛋白质即水解成氨基酸，释放出的氨基酸即可利用来重新合成植物的蛋白质。

微生物也含蛋白酶，能将蛋白质水解为氨基酸，游离氨基酸再进一步脱氨，最后生成氨。

在人和动物体内，氨基酸被小肠黏膜吸收后即通过黏膜的微血管进入血液运到肝及其他器官进行代谢，也有少量氨基酸由淋巴系统进入血液。

14.1.2　细胞内蛋白质的降解

同位素示踪实验的结果证明活体组织的蛋白质是不断在更新的，亦就是说在不断地降解和合成。不同蛋白质的存活时间差异很大，短则几分钟，长则几周或几个月。任何情况下，细胞总是不断地将蛋白质降解为氨基酸，又将氨基酸合成蛋白质。表面上看来似乎是一种浪费，但实际上很有必要，它有三重功能：①可去除一些不正常的蛋白质，它们的积累对细胞有害；②通过去除多余的酶和调节蛋白来调节细胞内的代谢；③以蛋白质的形式贮存养分，并在代谢需要时将之降解，这个过程在肌肉组织中尤为重要。

蛋白质存活的时间通常用半寿期或称半衰期（half-life）表示，即蛋白质降解至其浓度一半所需的时间，表14-1 列出大鼠肝中不同酶的半衰期，由此可见某一特定组织中不同酶的半衰期变化相当大。须注意的是，降解最迅速的酶都位于重要的代谢调控位点，而那些相对稳定的酶在所有生理条件下都有较稳定的催化活性。酶对降解的敏感性很明显与它们的催化活性及别构性质密切相关，这样细胞才能有效地应答环境变化和代谢需求。细胞中蛋白质降解的速率还同其营养状况和激素水平相关。例如，在营养缺乏条件下，细胞加速其蛋白质降解的速率，以便为那些必不可少的代谢过程提供必需的营养物质。

表 14-1　大鼠肝中某些酶（或蛋白质）的半衰期

酶（或蛋白质）	半衰期 /h	酶（或蛋白质）	半衰期 /h
短半衰期的酶：		长半衰期的酶：	
鸟氨酸脱羧酶	0.2	醛缩酶	118
RNA 聚合酶 I	1.3	甘油磷酸脱氢酶	130
酪氨酸氨基转移酶	2.0	细胞色素 b	130
丝氨酸脱水酶	4.0	乳酸脱氢酶	130
烯醇丙酮酸磷酸羧化酶	5.0	细胞色素 c	150

引自 Dice J F，Doldberg A L，Arch. Biochem. Biophys. 1975. 170，214。

组织蛋白质降解途径有多种，目前了解较清楚的有以下两种。

（1）**溶酶体的蛋白质降解途径**　细胞内溶酶体中的各种蛋白水解酶催化蛋白质降解，这是细胞内蛋白质降解的主要途径，一般半衰期长的蛋白质可经此途径降解。

溶酶体是由单层膜包裹的一种细胞器，它含有约 50 种水解酶[1]，其中包括降解蛋白质的多种蛋白水解酶，由于这些酶的最适 pH 为 5.0，故称酸性水解酶（acid hydrolase）。少量的溶酶体酶泄漏到细胞质基质中，并不引起细胞损伤，因为细胞质基质中的 pH 为 7.0 左右，在这种情况下，溶酶体的酶基本上没有活性。

溶酶体可以降解细胞通过胞吞作用摄取的物质。在营养充足的细胞中，溶酶体的蛋白质降解是无选择性的。但是在饥饿细胞中，这种降解会消耗必需的酶和调节蛋白，因此溶酶体也有一种选择性途径，即引入和降解含有 Lys-Phe-Glu-Arg-Gln（KFERQ）五肽或含密切相关序列的胞内蛋白质，这种选择性途径只有在长期禁食后才会被活化。这种含有 KFERQ 的蛋白质被选择性地从由于禁食而萎缩的组织（例如肝和肾）中去除，但不会从那些不萎缩的组织（例如脑和睾丸）中去除。许多正常和病理过程都伴随有溶酶体活性的增加，例如，由于不被使用、神经切除或外伤引起的肌肉损耗可引起溶酶体活性增加。在分娩后出现的子宫复旧，这个肌肉器官的质量在 8 天内从 2 kg 减少到 50 g，是这一过程的典型事例。许多慢性炎症，如类风湿性关节炎（rheumatoid arthritis）等会引起溶酶体酶的细胞外释放，从而破坏周围组织。

（2）**泛素介导的蛋白质降解途径**　真核细胞中蛋白质的降解还有一种依赖 ATP，并需要泛素（ubiquitin）的降解途径。几乎所有半衰期短的蛋白质都经这个途径降解。泛素是一个由 76 个氨基酸残基组成的小分子碱性蛋白质，因为它广泛存在，而且含量丰富，因而得名，也有人称它为泛肽。泛素是高度保守的，氨基酸序列很少变化，如人、鲑鱼和果蝇中的泛素都是相同的。

蛋白质通过与泛素以共价键相连而给被选定降解的蛋白质加以标记，其降解过程见图 14-1。

这个过程分 3 步进行：

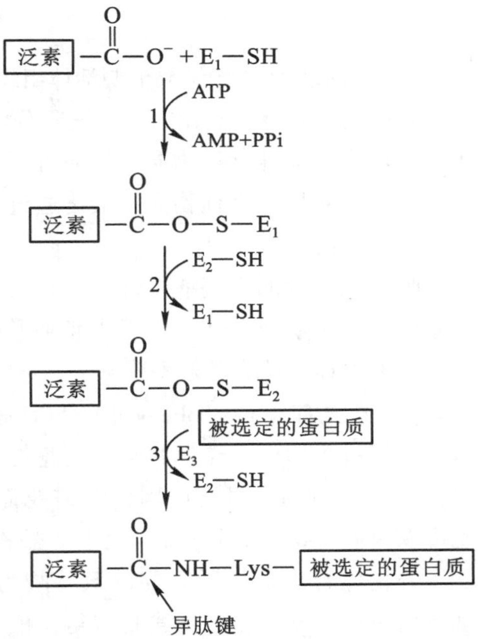

图 14-1　蛋白质泛素化涉及的反应
E_1：泛素活化酶（ubiquitin-activating enzyme）；
E_2：泛素结合酶（ubiquitin-conjugating enzyme）；
E_3：泛素 - 蛋白质连接酶（ubiquitin-protein ligase）

[1]　溶酶体所含的酶主要有下列几类：RNA 酶、DNA 酶、蛋白水解酶、酸性糖苷酶、酸性磷酸酯酶、硫酸酯酶、脂酶和磷脂酶。

① 在一个需要 ATP 的反应中，泛素的末端羧基以硫酯键与泛素活化酶（ubiquitin-activating enzyme）E_1 相连。

② 泛素被转移到泛素载体蛋白（ubiquitin-carrier protein）E_2 的—SH 上。

③ 在泛素 – 蛋白质连接酶（ubiquitin-protein ligase）E_3 催化下，将活化了的泛素从 E_2 转移到被选定蛋白质的 Lys 的 ε- 氨基上，形成了一个异肽键（isopeptide bond）[①]。因此，在选择被降解的蛋白质中，似乎 E_3 起着关键作用。但是细胞中存在大量不同的 E_2，表明 E_2 也在选定蛋白质中起作用。实际上，有些 E_2 可以直接将泛素转移到被选定的蛋白质上。

在一般情况下，通常是若干个泛素分子被连接到某个被选定的蛋白质（即待降解的蛋白质）上，而且可能有 20 个或更多的泛素分子依次与被选定的蛋白质相连，形成多泛素链，其中前一个泛素分子的 Lys48 与后一个泛素分子的 C 端羧基相连，形成异肽键。实际上，多泛素化至少对某些蛋白质的降解是必需的。

泛素化的蛋白质由蛋白酶体（proteasome）降解。蛋白酶体是很大的（相对分子质量 $2\,000 \times 10^3$，26 S）多亚基复合物，其中含有多种酶，故具多种催化功能。蛋白酶体可以识别泛素，将被选定的蛋白质降解为多个小肽，泛素被释放出并重复参加反应。降解过程需 ATP 供能。

细胞中蛋白质半衰期的长短与其 N 端残基的性质有关，称为 N 末端规则（N-end rule）。N 末端为 Asp、Arg、Leu、Lys 和 Phe 残基的蛋白质半衰期只有 2 ~ 3 min，而 N 末端为 Ala、Gly、Met、Ser 和 Val 残基的蛋白质，在原核生物中的半衰期超过 10 h，在真核生物中的半衰期超过 20 h。N 末端规则既存在于原核生物，也存在于真核生物中。虽然原核生物中没有泛素，但其他信号在选择蛋白质降解时也很重要。例如，带有富含 Pro、Glu、Ser 和 Thr 残基片段的蛋白质可很快地被降解，如果删除这些称为 PEST 序列的片段，可以延长蛋白质的半衰期。

14.2　氨基酸主要代谢途径概述

同位素示踪实验的结果证明活体组织的蛋白质是不断地分解和合成的。

蛋白质在被生物利用时，一般需分解为氨基酸，氨基酸再分解成酮酸和氨。氨可被生物以酰胺形式储存起来，或转变为其他含氮物质。酮酸可再变为氨基酸及糖、脂质和其他物质，最终通过三羧酸循环进行氧化。

吸收到体内的氨基酸可部分地在机体（可以是细胞、组织或个体）中累积起来形成氨基酸代谢库供必要时动用。

所谓**代谢库**（metabolie pool）是指机体（细胞、组织或个体）中储存的某一代谢物质的总量。这些物质的总量可以因代谢需要而减少，也可以因吸收或合成而增加，处于动态平衡。

生物体合成蛋白质需要以氨基酸为原料。动物所需的氨基酸主要从食物取得，植物则直接利用氨及硝酸盐（某些植物还能利用空气氮）合成氨基酸，从而合成蛋白质。

蛋白质及氨基酸的主要代谢途径可示意如图 14-2。

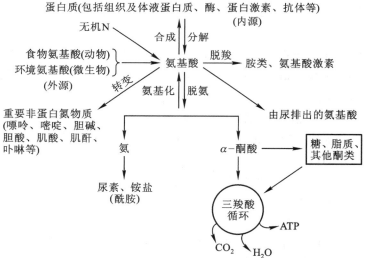

图 14-2　蛋白质及氨基酸的主要代谢途径示意

---

① 异肽键是指氨基酸通过侧链羧基或侧链氨基形成的肽键。

14.3　氨基酸的分解代谢

14.3.1　氨基酸在分解代谢上的分类

氨基酸的分解可通过脱氨，脱氨后产生酮酸和氨。在代谢上，有的酮酸具有产生糖、有的具有产生酮体的潜力，因此在代谢上氨基酸可分为生糖、生酮、生糖兼生酮三类（表14-2）。

表 14-2　氨基酸在分解代谢上的分类

生糖氨基酸		生酮氨基酸	生糖兼生酮氨基酸
甘氨酸	天冬氨酸	亮氨酸	异亮氨酸
丙氨酸	天冬酰胺	赖氨酸 *	酪氨酸
缬氨酸	谷氨酸		苯丙氨酸
丝氨酸	谷氨酰胺		色氨酸
苏氨酸	组氨酸		
甲硫氨酸	精氨酸		
胱氨酸	脯氨酸		

* 根据同位素的研究，赖氨酸的中间代谢产物 α- 戊二酸可能生糖。

凡在体内可转变为糖的氨基酸称**生糖氨基酸**（glucogenic amino acid），大多数氨基酸为生糖氨基酸；只能转变为酮体的氨基酸称**生酮氨基酸**（ketogenic amino acid），两种氨基酸为生酮氨基酸；既能转变为糖又能转变为酮体的氨基酸称**生糖兼生酮氨基酸**（或生酮兼生糖氨基酸），少数氨基酸属这类。

一般来讲，能生成丙酮酸、α- 酮戊二酸、琥珀酸、延胡索酸和草酰乙酸的氨基酸为生糖氨基酸，因这些化合物能生成葡萄糖。能生成乙酰乙酸或乙酰 CoA 的氨基酸为生酮氨基酸，因乙酰乙酸或乙酰 CoA 可生成酮体（参见脂质代谢章图 13-9）。

14.3.2　氨基酸的共同分解反应

因过量氨基酸没有储存之处，而且蛋白质不断地在更新，所以氨基酸就必须不断地进行分解代谢。氨基酸脱去氨基生成 α- 酮酸和氨，这是氨基酸分解代谢的主要途径。此外，氨基酸也可以脱去羧基，生成相应的胺和二氧化碳。见下式：

$$R-CH-COOH \begin{array}{c} \xrightarrow{\text{脱氨基}} R-CO-COOH + NH_3 \quad \alpha\text{-酮酸} \\ \xrightarrow{\text{脱羧基}} R-CH_2-NH_2 + CO_2 \quad \text{胺} \end{array}$$
（NH_2）

14.3.2.1 脱氨基作用（deamination）

氨基酸的脱氨基作用主要包括氧化脱氨、非氧化脱氨、脱酰胺基作用、转氨基作用和联合脱氨等。

（1）**氧化脱氨** 这种脱氨方式存在于动物、植物和大多数微生物中。α-氨基酸在氨基酸氧化酶的催化下生成 α-酮酸，此时消耗氧并产生氨，这一过程称氧化脱氨作用。氧化脱氨反应分两个步骤进行。第一步脱氢，形成亚氨基酸，第二步加水和脱氨。加水和脱氨是自发反应，不需酶催化。

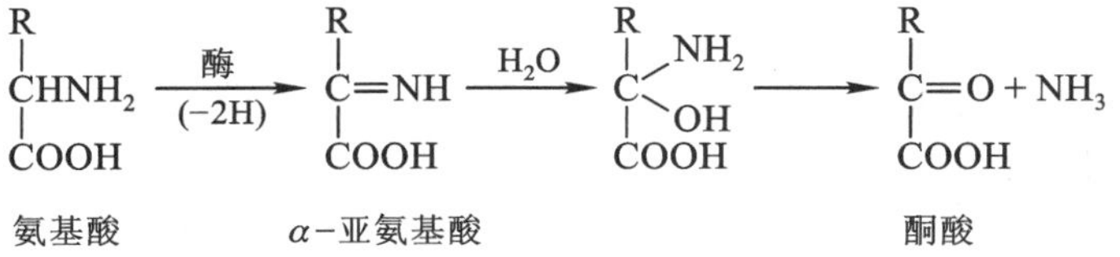

催化氨基酸氧化脱氨的酶有 L-氨基酸氧化酶、D-氨基酸氧化酶和专一性氨基酸氧化酶。

① L-氨基酸氧化酶[①] 催化 L-氨基酸的氧化脱氨，它是一类黄素蛋白酶，以 FAD 或 FMN 为辅基（人和动物体中的 L-氨基酸氧化酶以 FMN 为辅基）。氨基酸脱下的氢由 FAD 或 FMN 传递给分子氧，形成过氧化氢，再由过氧化氢酶分解为水和氨，故属需氧脱氢酶。L-氨基酸氧化酶能催化十几种 L-氨基酸的氧化脱氧，但对甘氨酸，含羟基的氨基酸（Ser、Thr）、酸性氨基酸（Glu、Asp）及碱性氨基酸（Lys、Arg、Orn）[②] 不起作用。甘氨酸的脱氨有专一的甘氨酸氧化酶，L-谷氨酸的脱氨有专一的 L-谷氨酸脱氢酶，L-丝氨酸和 L-苏氨酸的脱氨有专一的脱氢酶来完成。

由于 L-氨基酸氧化酶在体内分布不广，活性又弱，故在氨基酸脱氨中不起主要作用。

② D-氨基酸氧化酶和 L-氨基酸氧化酶一样，也属需氧脱氢酶，它的辅基是 FAD，专门催化 D-氨基酸的氧化脱氧。D-氨基酸氧化酶分布虽广，活性也强，但人和动物体内 D-氨基酸很少，故这个酶的作用也不大。

③ 专一性氨基酸氧化酶只能催化某种氨基酸氧化的酶，已知的有甘氨酸氧化酶、D-天冬氨酸氧化酶和 L-谷氨酸脱氢酶等，其中 L-谷氨酸脱氢酶特别重要。甘氨酸氧化酶辅基为 FAD，使甘氨酸脱氨产生乙醛酸和 NH_3。D-天冬氨酸氧化酶辅基亦为 FAD，使 D-天冬氨酸脱氨产生草酰乙酸和氨。L-谷氨酸脱氢酶（L-glutamate dehydrogenase）是一种不需氧脱氢酶，以 NAD^+ 或 $NADP^+$ 为辅酶，催化的反应如下：

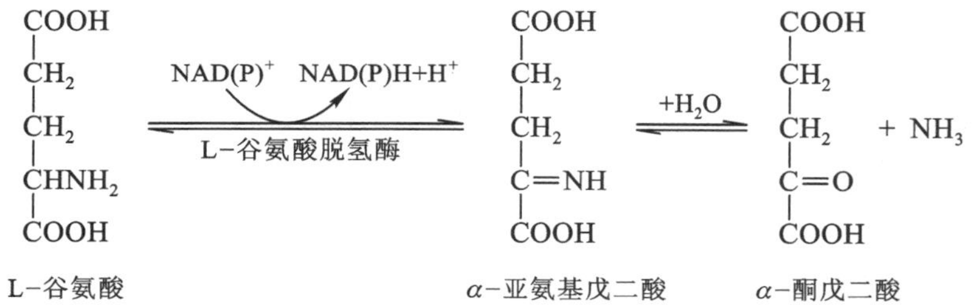

L-谷氨酸脱氢酶不仅催化 L-谷氨酸脱氢脱氨，又可催化其逆反应，即催化 α-酮戊二酸及氨合成谷氨酸，在合成谷氨酸时，用 NADPH 作辅酶。从 L-谷氨酸脱氢酶所催化反应的平衡常数来看，该酶偏向于催化 L-谷氨酸的合成，但是在 L-谷氨酸脱氢酶催化 L-谷氨酸产生的 NH_3 在体内被迅速转变为尿素等其他物质时，反应可

---

① L-氨基酸氧化酶是习惯名称，其正确命名应当是 L-氨基酸脱氢酶。因为氧化酶特指反应中有氧直接参与的氧化还原酶，又称需氧脱氢酶。脱氢酶有需氧脱氢酶和不需氧脱氢酶两类。前者直接以氧为受体，产物是过氧化氢，是一类黄素蛋白酶，以 FAD 或 FMN 为辅基。后者催化底物脱下来的氢并不直接交给氧，而是通过系列递氢体或电子传递链最终交给氧生成水，这类酶多以 NAD 或 NADP 为辅酶，少数以 FAD 或 FMN 为辅酶。

② Orn 为鸟氨酸（ornithine）的代号，鸟氨酸为 α，δ-二氨基己酸，是精氨酸的分解产物。

趋向于脱氨基作用，特别是 L- 谷氨酸脱氢酶和转氨酶联合作用时，几乎所有氨基酸都可以脱去氨基（详见后述的联合脱氨）。L- 谷氨酸脱氢酶在动物、植物和微生物中普遍存在，而且活性很强，特别是在肝和肾组织中活性更强，是使氨基酸直接脱去氨基的活性最强的酶，因此 L- 谷氨酸脱氢酶在氨基酸代谢中占有重要地位。

　　L- 谷氨酸脱氢酶是一种别构酶，由 6 个相同的亚基聚合而成，每个亚基的相对分子质量为 56 000，已知 GTP 和 ATP 是此酶的别构抑制剂，而 GDP 和 ADP 是别构激活剂。因此当细胞能荷低时（即 GTP 和 ATP 不足），谷氨酸加速氧化脱氨，形成的 α- 酮戊二酸可进入三羧酸循环，彻底氧化而产生能量；相反，在糖代谢中所产生的 α- 酮戊二酸在该酶的作用下也可以生成谷氨酸，因此，L- 谷氨酸脱氢酶是联系糖代谢和氨基酸代谢的一个重要的酶。

　　（2）**非氧化脱氨**　大多在微生物中进行，有还原脱氨、水解脱氨和脱水脱氨等。还原脱氨是在严格无氧条件下，由氢化酶催化，使氨基酸还原脱氨，生成脂肪酸和氨。水解脱氨是在水解酶作用下产生羟酸和氨。脱水脱氨是在脱水酶的作用下产生酮酸和氨，例如 L- 丝氨酸和 L- 苏氨酸通过脱水脱氨将氨基脱去。

$$\text{还原脱氨：} \quad R\text{—}\underset{\underset{NH_2}{|}}{CH}\text{—}COOH + 2H \xrightarrow{\text{氢化酶}} R\text{—}CH_2\text{—}COOH + NH_3$$

$$\text{水解脱氨：} \quad R\text{—}\underset{\underset{NH_2}{|}}{CH}\text{—}COOH + H_2O \xrightarrow{\text{水解酶}} R\text{—}\underset{\underset{OH}{|}}{CH}\text{—}COOH + NH_3$$

$$\text{脱水脱氨：} \quad R\text{—}\underset{\underset{OH}{|}}{CH}\text{—}\underset{\underset{NH_2}{|}}{CH}\text{—}COOH \xrightarrow{\text{脱水酶}} R\text{—}CH_2\text{—}\underset{\underset{O}{\|}}{C}\text{—}COOH + NH_3$$

　　（3）**脱酰胺基作用**　天冬酰胺和谷氨酰胺的脱酰胺基也可视为脱氨的一种类型。这是酰胺酶（amidase）催化的水解脱酰胺作用。

$$\begin{array}{c} CONH_2 \\ | \\ CH_2 \\ | \\ CHNH_2 \\ | \\ COOH \end{array} \xrightarrow[+H_2O]{\text{天冬酰胺酶}} \begin{array}{c} COOH \\ | \\ CH_2 \\ | \\ CHNH_2 \\ | \\ COOH \end{array} + NH_3$$

天冬酰胺　　　　　　　天冬氨酸

　　（4）**转氨基作用**　一种 α- 氨基酸的氨基经转氨酶催化转移给 α- 酮酸的作用，称为转氨基作用（transamination），又称氨基移换作用。

$$\begin{array}{c} R_1 \\ | \\ CHNH_2 \\ | \\ COOH \end{array} + \begin{array}{c} R_2 \\ | \\ C{=}O \\ | \\ COOH \end{array} \underset{}{\overset{\text{转氨酶}}{\rightleftharpoons}} \begin{array}{c} R_1 \\ | \\ C{=}O \\ | \\ COOH \end{array} + \begin{array}{c} R_2 \\ | \\ CHNH_2 \\ | \\ COOH \end{array}$$

α-氨基酸-1　　α-酮酸-2　　　　　　　α-酮酸-1　　α-氨基酸-2

　　转氨酶催化的反应是可逆的，平衡常数接近 1.0。通过转氨基作用既可将氨基酸脱下的氨基转移给 α- 酮酸，也可逆向进行，即由 α- 酮酸接受氨基酸转移来的氨基合成相应的氨基酸。前者为氨基酸的分解代谢，将氨基酸的氨基脱掉；后者为氨基酸的合成代谢，合成了氨基酸。反应的实际方向取决于氨基酸和 α- 酮酸的相对浓度。

　　转氨酶的种类很多，在动物、植物及微生物中广泛分布，真核细胞的细胞质基质和线粒体内都可进行转氨基作用，某些细菌如枯草杆菌的转氨酶还可催化 D-氨基酸的转氨作用，因此，氨基酸的转氨基作用在生物体内极为普遍。据用含 ^{15}N 的氨基酸做实验结果证明，除甘氨酸、苏氨酸、赖氨酸、脯氨酸和羟脯氨酸外，其他各种氨基酸都可参加转氨作用。用肝转氨酶做实验的结果也证实：除甘氨酸、苏氨酸和赖氨酸外，谷氨酸的氨基能够转移给其余一切天然氨基酸的酮酸。

转氨酶存在于一切动物组织，心肌、脑、肝、肾、睾丸组织中含量较高。

谷氨酸和天冬氨酸与酮酸所起的转氨作用在生物体中特别重要，因为通过转氨作用可促进氨基酸的分解和合成新的氨基酸。

转氨作用可使由糖代谢产生的丙酮酸、α-酮戊二酸、草酰乙酸变为氨基酸，因此，对糖和蛋白质代谢产物的相互转变有其重要性。谷丙转氨酶（glutamic-pyruvic transaminase，GPT）催化谷氨酸与丙酮酸之间的转氨作用，谷草转氨酶（glutamic-oxaloacetic transaminase，GOT）催化谷氨酸与草酰乙酸之间的转氨作用。在不同动物或人体组织中，这两种转氨酶活性各不相同。谷丙转氨酶在肝中活性最强，当肝细胞损伤时，极可能是早期阶段，细胞已经损伤和破碎，谷丙转氨酶可大量进入血液，使血清中谷丙转氨酶活性增高。早期肝炎患者谷丙转氨酶的活性大大高于正常人，因此临床上常以血清中谷丙转氨酶的活性来推断肝功能的正常与否，有助于肝疾病的诊断。谷草转氨酶以心脏中活性最强，其次为肝，心肌梗死患者血清中谷草转氨酶活性明显增加。

由于生物组织中普遍存在有转氨酶，而且转氨酶的活性又较强，故转氨作用是氨基酸脱氨的主要方式。

转氨酶的辅酶是磷酸吡哆醛（pyridoxal phosphate，PLP），它是维生素 B_6 的磷酸酯，在转氨过程中，它迅速地转变为磷酸吡哆胺（pyridoxamine phosphate，PMP）。当底物不存在时，PLP 的醛基与转氨酶活性部位的专一 Lys 残基侧链上的 ε-氨基形成共价希夫碱式连接（Schiff base linkage）[①]。加入氨基酸底物后，氨基酸的 α-氨基取代了活性部位 Lys 的氨基，于是 PLP 与氨基酸底物形成了新的希夫碱式连接，经分子重排形成其异构体，再水解亚胺键而生成 α-酮酸和 PMP，完成转氨基作用全过程的一半。另一半是上面反应的逆行，即第二个酮酸接受 PMP 上的氨基生成相应的 α-氨基酸，并使酶-PLP 复合物再生。转氨基作用经过醛亚胺和酮亚胺等中间产物（图 14-3）。

（5）**联合脱氨** 生物体内除 L-谷氨酸脱氢酶外，其余的 L-氨基酸氧化酶活性不高。如仅靠转氨作用，并没有真正脱掉氨基，只是氨基的转移。事实证明，生物体通过两种不同的联合脱氨（也称间接脱氨）可迅速地使各种不同氨基酸的氨基脱掉。

---

① 希夫碱是指伯胺与醛或酮缩合的产物，含碳-氮双键（>C＝N—）的化合物。

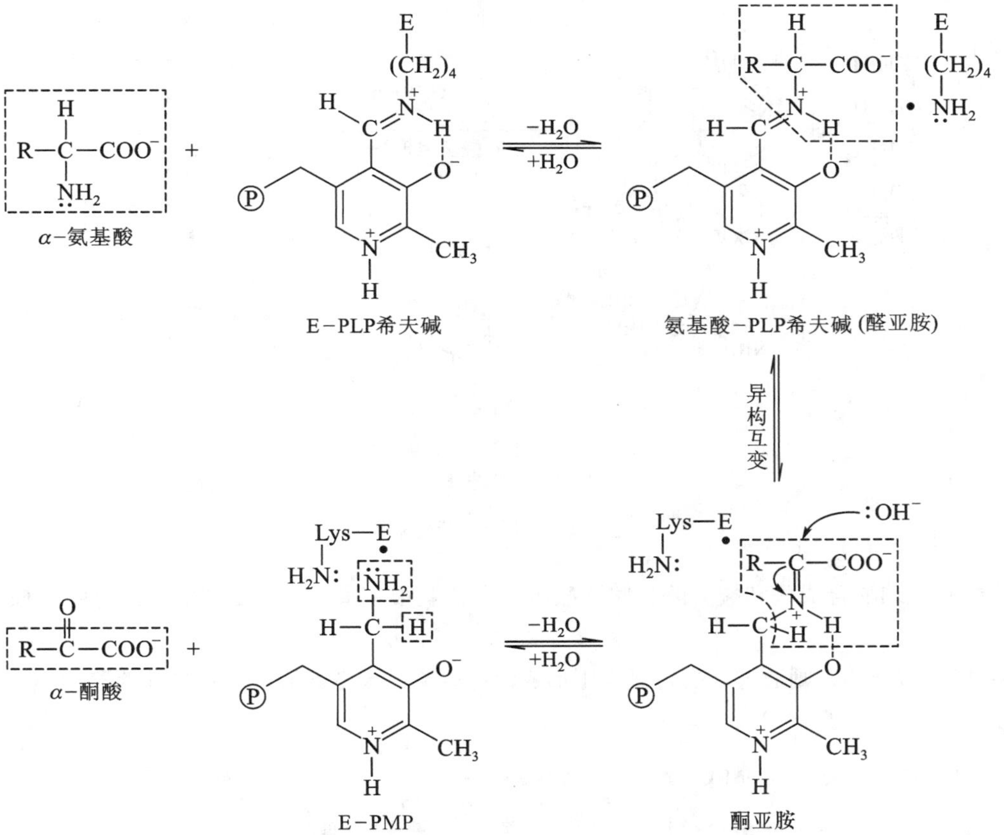

图 14-3 转氨反应的机制（其中 E：代表酶）

① 通过转氨和氧化脱氨联合作用进行脱氨　其过程是 α- 氨基酸先与 α- 酮戊二酸起转氨作用，形成谷氨酸，谷氨酸再脱氨。事实证明，组织中 L- 氨基酸（非 L- 谷氨酸）的脱氨作用非常缓慢，如果加入少量 α- 酮戊二酸，则脱氨作用即显著增加，显然 L- 氨基酸（非 L- 谷氨酸）的脱氨作用是通过转氨作用来完成的。

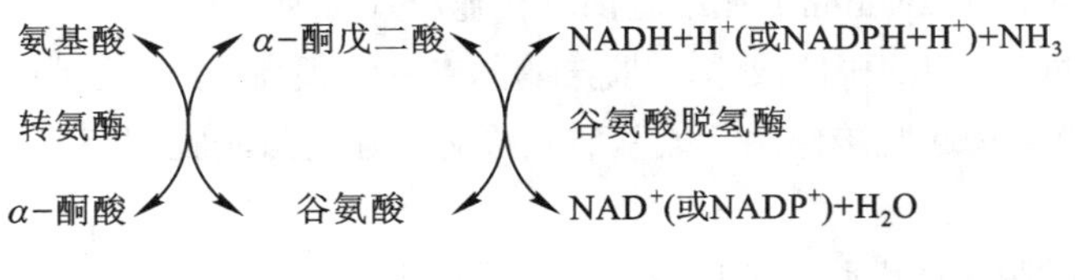

以上联合脱氨的反应是可逆的，因此上述过程不仅是氨基酸脱氨的主要方式，也是体内合成非必需氨基酸的重要途径。

② 通过嘌呤核苷酸循环脱去氨基　通过转氨和氧化脱氨的联合脱氨虽在体内广泛存在，但并不是所有组织细胞的主要脱氨方式。实验表明，骨骼肌、心肌、肝和脑组织主要的脱氨方式是以嘌呤核苷酸循环为主，例如脑组织中的氨有 50% 是经嘌呤核苷酸循环产生的。嘌呤核苷酸循环是指次黄苷酸（IMP）[①] 与天冬氨酸先经腺苷酸基琥珀酸合成酶的作用生成中间产物腺苷酸基琥珀酸（adenylsuccinate），然后在裂合酶的作用下裂解为腺苷酸（AMP）和延胡索酸，腺苷酸在腺苷酸脱氨酶催化下脱去氨基，并生成次黄苷酸，次黄苷酸可继续参加上述反应，故称嘌呤核苷酸循环（图 14-4）。已有研究表明，哺乳动物骨骼肌中 L- 谷氨酸脱氢酶含量很少，而嘌呤核苷酸

---

① 次黄苷酸也称次黄嘌呤核苷酸，或称肌苷酸（inosine monophosphate，IMP）。

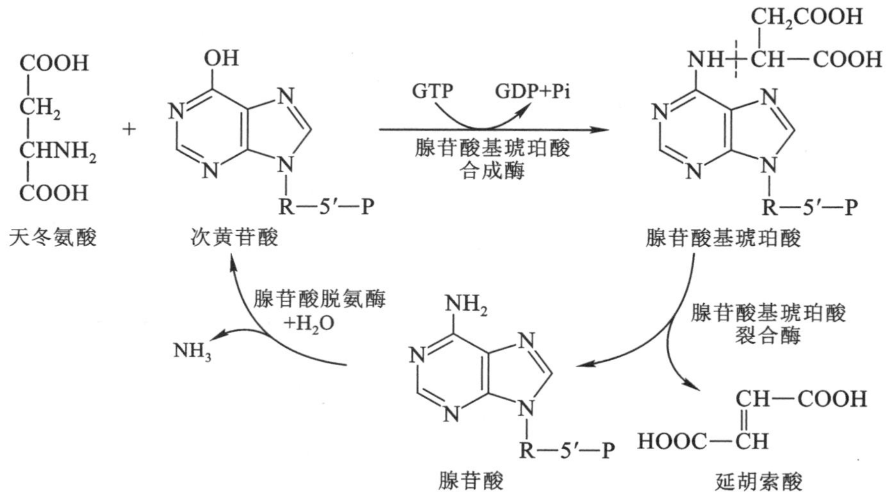

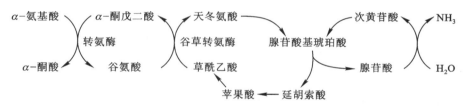

图 14-4　嘌呤核苷酸循环

循环中的腺苷酸基琥珀酸合成酶和裂合酶及腺苷酸脱氨酶含量很丰富，因此氨基酸是通过嘌呤核苷酸循环进行脱氨。

如果从 α- 氨基酸开始，则通过二次转氨作用形成天冬氨酸，天冬氨酸进入嘌呤核苷酸循环，从而产生游离氨（图 14-5）。

图 14-5　从 α- 氨基酸开始经嘌呤核苷酸循环的联合脱氨

14.3.2.2　脱羧基作用

氨基酸的脱羧基作用（decarboxylation）在细胞内和细胞外（如动物肠道内）皆有。组织细胞内的脱羧基作用是氨基酸分解代谢的正常过程。组织内的氨基酸脱羧酶的专一性很高。除个别脱羧酶外，一种氨基酸脱羧酶一般只对一种 L- 氨基酸或其衍生物起脱羧作用。氨基酸脱羧酶中除组氨酸脱羧酶不需任何辅酶外，其余各氨基酸脱羧酶皆需 PLP 为辅酶。

氨基酸脱羧酶可使氨基酸脱羧产生胺，其反应可以下式代表：

$$\underset{\underset{NH_2}{|}}{RCH}-COOH \xrightarrow{\text{氨基酸脱羧酶}} RCH_2-NH_2 + CO_2$$

氨基酸的脱羧反应，不仅在微生物体中发生，在高等动植物组织中也有此作用，但不是氨基酸代谢的主要方式。

人体及动物的肝、肾、脑中皆有氨基酸脱羧酶。例如，脑组织能使 L- 组氨酸脱羧成组胺，L- 谷氨酸脱羧成 γ- 氨基丁酸。肝、肾、肠道、脑组织能使 L- 色氨酸氧化脱羧成 5- 羟色胺（5-hydroxytryptamine，5HT，亦称 serotonin）。脱羧基作用产生的胺类中少数有生理作用，例如组胺可使血管舒张，降低血压。医学上认为过敏性鼻炎病人即因体内组胺产生过多，引起鼻道毛细血管扩张，增加分泌，故鼻涕很多。组胺能降低血压，酪胺（由酪氨酸脱羧）、5- 羟色胺能增高血压。绝大多数胺类是对动物有毒的，但体内的胺氧化酶能将此类胺氧化成醛和氨。醛可再经氧化成脂肪酸，氨则可被机体用来合成尿素、酰胺及合成新氨基酸或变成铵盐，排出体外。

$$RCH_2NH_2 + O_2 + H_2O \xrightarrow{\text{胺氧化酶}} RCHO + H_2O_2 + NH_3$$
$$\text{胺}$$

$$RCHO + \frac{1}{2}O_2 \longrightarrow RCOOH$$

人和动物肠道中的细菌酶亦可使食物氨基酸脱羧基成多种胺类。对机体毒性较大者有组胺、酪胺、色胺（由色氨酸脱羧）、尸胺（由赖氨酸脱羧）、腐胺（由鸟氨酸脱羧）。蛋白质腐烂后发出的臭味即由于腐胺和尸胺的缘故。胺类如被吸收过多，不能及时被胺氧化酶氧化，则可能引起身体不适。

14.3.3　氨的代谢去路

自由氨对人体及动物来说是有毒的，因此，机体内氨基酸脱氨放出的氨必须要做适当处理。处理氨的方法，各种生物有所不同，有直接排氨的，有排尿酸的，有排尿素的。就动物而论，水生动物中除个别种类外，一般将氨直接排出体外；两栖类不是排氨而是将氨变为尿素再排出；鸟类及爬行动物（如龟）则将氨转变为尿酸排出；陆栖高等动物主要将脱出的氨在肝中合成尿素排出，其余一部分则用来合成其他含氮物质（包括氨基酸、铵盐），另一部分则以谷氨酰胺及天冬酰胺形式储存。酰胺的形成可以谷氨酰胺为例：

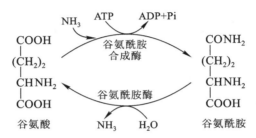

谷氨酰胺和天冬酰胺是动植物共有的储氮形式。

氨在动物血液中不是以游离 NH_3 形式转运，而是通过谷氨酰胺和丙氨酸两种形式在血液中运输。

第一种，谷氨酰胺转运氨。在脑、肌肉等组织中谷氨酰胺合成酶的活性较高，它催化氨与谷氨酸反应生成谷氨酰胺，由血液运送到肝或肾，再经谷氨酰胺酶，将谷氨酰胺水解成谷氨酸和氨。氨在肝中合成尿素，在肾中则以铵盐形式排出体外。

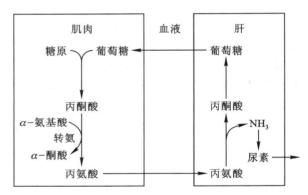

第二种，葡萄糖－丙氨酸循环。在肌肉中，可通过葡萄糖－丙氨酸循环（glucose-alanine cycle，或称丙氨酸－葡萄糖循环、丙氨酸循环）转运氨，将氨送到肝。实验证明，氨基酸通过转氨将氨基转给丙酮酸生成丙氨酸。丙氨酸随血液运送到肝，通过联合脱氨，释放出氨，用于合成尿素或合成其他化合物。转氨后生成的丙酮酸经糖异生途径生成葡萄糖。葡萄糖再经血液运至肌肉，在肌肉中，沿糖酵解途径转变为丙酮酸，后者再接受氨基而生成丙氨酸（图 14-6）。

图 14-6 葡萄糖－丙氨酸循环

（1）尿素的生物合成（鸟氨酸循环） 鸟氨酸循环是 1932 年由 H. Krebs 和他的学生 K. Henseleit 发现的第一个环状代谢途径，比 H. Krebs 发现柠檬酸循环还早 5 年。尿素的生物合成需要 NH_3、CO_2（或 H_2CO_3）、鸟氨酸、天冬氨酸、ATP、Mg^{2+} 和一系列的酶参加作用。全部反应过程可分为 3 个阶段：① CO_2、NH_3 与鸟氨酸作用合成瓜氨酸；②瓜氨酸与天冬氨酸作用产生精氨酸；③精氨酸被精氨酸酶水解后放出尿素，并再生鸟氨酸形成一循环（称鸟氨酸循环，又称尿素循环）。这个循环的反应途径可表示如图 14-7。

图 14-7 尿素生物合成的鸟氨酸循环的化学途径可表示如下：

① 氨甲酰磷酸的合成 由脱氨和脱酰胺释放出的氨，在 ATP、Mg^{2+} 存在的条件下，与 CO_2 结合形成氨甲酰磷酸[①]。

真核生物中的氨甲酰磷酸合成酶有氨甲酰磷酸合成酶Ⅰ和Ⅱ两类。氨甲酰磷酸合成酶Ⅰ是鸟氨酸循环中的酶，存在于线粒体中，以氨为氮源，需要 N－乙酰谷氨酸，生成的氨甲酰磷酸用来合成尿素；氨甲酰磷酸合成酶

---

① CO_2 以 HCO_3^- 的形式参加反应，首先受 ATP 活化形成羰基磷酸，然后氨进攻羰基磷酸形成氨基甲酸酯，后者再被 ATP 磷酸化生成氨甲酰磷酸。

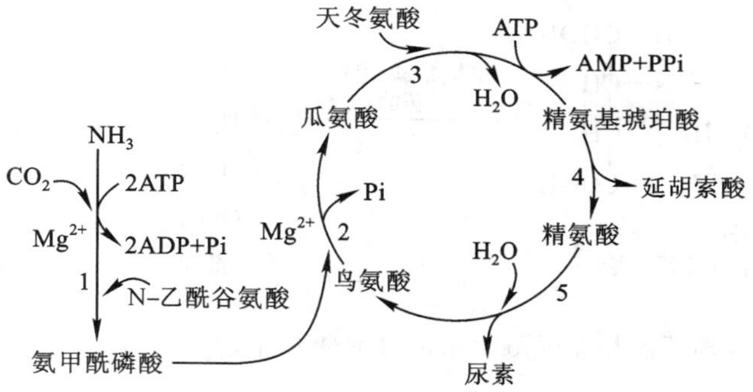

图 14-7　鸟氨酸循环

参加鸟氨酸循环反应的酶类：

1. 氨甲酰磷酸合成酶Ⅰ（carbamyl phosphate synthetase Ⅰ）
2. 鸟氨酸氨甲酰基转移酶（ornithine transcarbamoylase）
3. 精氨基琥珀酸合成酶（argininosuccinate synthetase）
4. 精氨基琥珀酸裂解酶（argininosuccinate lyase）
5. 精氨酸酶（arginase）

Ⅱ存在于细胞质基质中，利用谷氨酰胺作为氮源，不需要 N- 乙酰谷氨酸，合成的氨甲酰磷酸用来合成嘧啶（详见核酸的降解和核苷酸代谢 15.3.1.2）。氨甲酰磷酸合成酶Ⅰ是一种别构酶，N- 乙酰谷氨酸是该酶的别构激活剂，它催化的反应基本上是不可逆的，消耗了 2 分子 ATP。这步反应是鸟氨酸循环中的限速步骤。

② 瓜氨酸的合成　氨甲酰磷酸在 Mg^{2+} 存在下与鸟氨酸结合生成瓜氨酸：

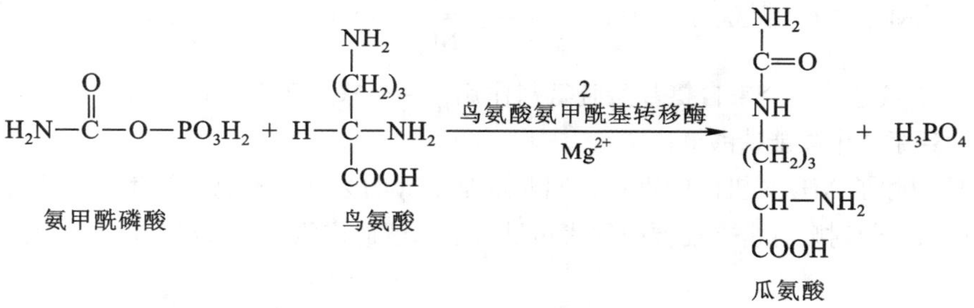

尿素循环的①②两步反应在线粒体中进行，下面的③④⑤ 3 步反应发生在细胞质基质中。

③ 精氨基琥珀酸的生成　瓜氨酸（烯醇式）与天冬氨酸作用形成一种中间产物精氨基琥珀酸。

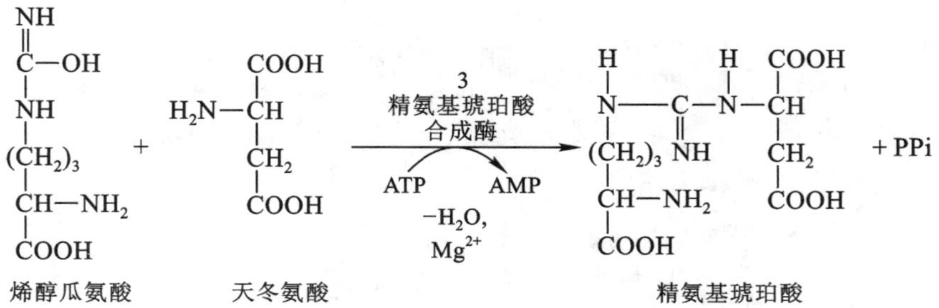

反应需 ATP 供能，消耗了 2 个高能磷酸键。

④ 精氨酸的合成　精氨基琥珀酸经裂解酶分裂成精氨酸和延胡索酸。

⑤ 精氨酸的水解　精氨酸最后经精氨酸酶水解成鸟氨酸和尿素。

鸟氨酸又可与氨甲酰磷酸结合生成瓜氨酸，重复循环。鸟氨酸循环中产生的延胡索酸可以进入三羧酸循环变成苹果酸，后者可变为草酰乙酸。草酰乙酸可同乙酰 CoA 缩合成柠檬酸，也可经转氨作用产生天冬氨酸，或经糖原异生作用转变为葡萄糖。延胡索酸是鸟氨酸循环与三羧酸循环之间的连接物（图 14-8）。

尿素的形成主要在肝细胞中进行。鸟氨酸循环的总反应式如下：

$$2NH_4^+ + HCO_3^- + 3ATP^{4-} + H_2O \longrightarrow \underset{NH_2}{\overset{NH_2}{C=O}} + 2ADP^{3-} + 4Pi^{2-} + AMP^{2-} + 2H^+$$

鸟氨酸循环将两个氨基（一个来自氨基酸脱氨基作用，一个来自天冬氨酸）以及一个 CO_2 转化为相对无毒的产物尿素，同时消耗了 4 个高能磷酸键。

通过鸟氨酸循环消除了 NH_3 对机体的毒害，同时也是 CO_2 的去路。植物和微生物中也存在鸟氨酸循环，通过鸟氨酸循环合成尿素，暂时贮存。在需要时尿素可被脲酶水解放出氨，供合成各种含氮化合物之用。

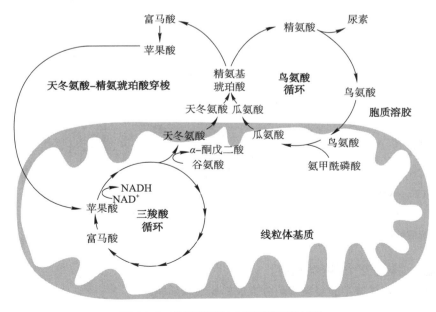

图 14-8　鸟氨酸循环与三羧酸循环的关联

（2）**鸟氨酸循环的调节**　由氨甲酰磷酸合成酶 I 催化的第一步反应是鸟氨酸循环的限速步骤。氨甲酰磷酸合成酶 I 被 *N-* 乙酰谷氨酸别构活化。该代谢物是由谷氨酸和乙酰 CoA 在 *N-* 乙酰谷氨酸合酶（*N-*acetylglutamate synthase）催化下合成（图 14-9）。当氨基酸降解速率增加时，作为转氨作用的结果，谷氨酸的浓度也随之增加，谷氨酸浓度的增加促进了 *N-* 乙酰谷氨酸的合成，结果活化了氨甲酰磷酸合成酶，使尿素合成速率加快。因此由氨基酸降解产生的过量的氨，就被有效地排出体外。精氨酸是 *N-* 乙酰谷氨酸合酶的激活剂，因此精氨酸浓度增高时，也会加速尿素的合成。

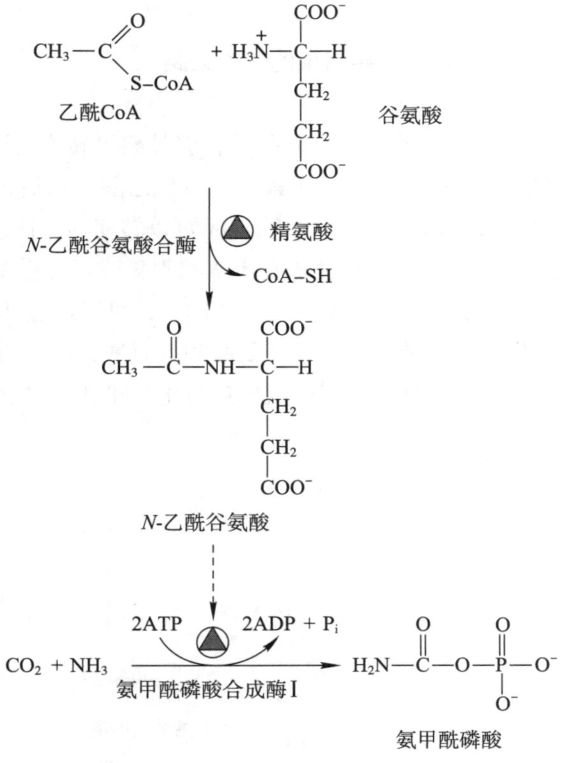

鸟氨酸循环中其余的酶受底物浓度的调控。除精氨酸酶以外的鸟氨酸循环中代谢酶缺陷个体，虽然可生成尿素，但仍然会引起相应底物的累积。但是底物的异常积累并不是没有代价的，底物浓度的增加会促使鸟氨酸循环逆行，向产生氨的方向进行，导致高氨血症（hyperammonemia）[①]。虽然氨毒性的根本原因尚未完全清楚，但可能因过量氨消耗谷氨酸生成谷氨酰胺这一"氨清除体系"过度使用。这些反应需消耗 $\alpha-$ 酮戊二酸以补充谷氨酸，从而可能耗竭三羧酸循环中间物，干扰细胞能量生成。对于高能量需求的脑神经细胞而言，能量生成受损产生的后果尤为严重，可直接引起脑损伤（鸟氨酸循环完全缺乏的婴儿出生后不久就昏迷和死亡，部分缺乏尿素循环中的一些酶会引起智力迟钝、嗜眠症和不时的呕吐等）。

图 14-9　*N-* 乙酰谷氨酸的合成及对氨甲酰磷酸合成酶 I 的激活作用

$$\alpha-\text{酮戊二酸} \xrightarrow[\text{谷氨酸脱氢酶}]{NH_3} \text{谷氨酸} \xrightarrow[\text{谷氨酰胺合成酶}]{NH_3} \text{谷氨酰胺}$$

14.3.4　酮酸的代谢去路

氨基酸脱氨后产生的酮酸可有下列 3 种代谢去路（图 14-10）：

（1）**合成新氨基酸**　$\alpha-$ 酮酸可经转氨基作用或氨基化形成新氨基酸（见 14.4）。

（2）**转变成糖及脂肪**　由动物实验结果（以氨基酸喂患人工糖尿病的狗），证明生酮氨基酸脱氨产生的酮酸在代谢过程中产生乙酰 CoA，乙酰 CoA 可合成脂肪酸（参考脂质代谢章 13.5.2）。由生糖氨基酸产生的酮酸，可转变为丙酮酸，经糖原异生作用变为肝糖原。

（3）**直接氧化成水及 CO_2**　在有氧情况下，由氨基酸产生的酮酸在正常代谢过程中可通过乙酰 CoA 形式进入三羧酸循环氧化成 CO_2 及水。

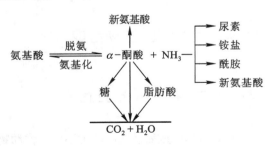

图 14-10　酮酸的 3 种代谢去路

[①]　即血液中氨水平增加。

14.3.5　氨基酸碳骨架的代谢去路

20 种氨基酸脱去氨基后，碳骨架可转变为下列 7 种中间物：丙酮酸、乙酰 CoA、乙酰乙酰 CoA、α- 酮戊二酸、琥珀酰 CoA、延胡索酸和草酰乙酸，然后进入三羧酸循环进行氧化分解或用于合成葡萄糖（图 14-11）。其中，乙酰 CoA 或乙酰乙酰 CoA 可以转变为酮体或脂肪酸，因此转变为乙酰 CoA 或乙酰乙酰 CoA 的称为生酮氨基酸。丙酮酸可以通过转变为草酰乙酸或者柠檬酸进入三羧酸循环，α- 酮戊二酸、琥珀酰 CoA、延胡索酸和草酰乙酸本身就是三羧酸循环的中间物，可以通过磷酸烯醇丙酮酸生成葡萄糖，因此转变为这 5 种中间物的氨基酸称为生糖氨基酸。其中，亮氨酸和赖氨酸只能生成酮体，因此是完全的生酮氨基酸。氨基酸的分类详见 14.3.1。另外，一些氨基酸之间可以相互转化，即 α- 酮酸可经转氨基作用或氨基化形成新氨基酸（见 14.4）。

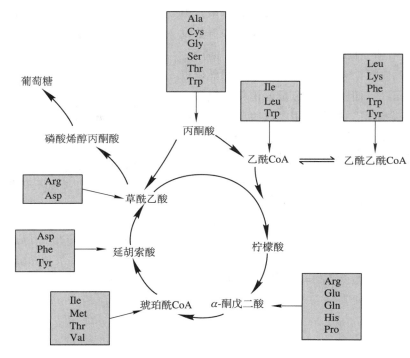

图 14-11　氨基酸碳骨架的代谢过程

14.4　氨基酸的生物合成

14.4.1　氨基酸在合成代谢上的分类

不同生物合成氨基酸的能力不同，像动物并不能合成构成蛋白质的全部氨基酸，因此在合成代谢上氨基酸分为必需氨基酸和非必需氨基酸两大类。必需氨基酸（essential amino acid）是指体内需要，但自身不能合成的氨基酸，这类氨基酸必须由食物供给。非必需氨基酸（nonessential amino acid）也是体内需要，但自身能合成的氨基酸，这类氨基酸不必由食物供给。人和高等动物的必需和非必需氨基酸见表 14-3。

表 14-3　氨基酸在合成代谢上的分类（人、大鼠）

非必需	条件必需 *	必需
丙氨酸	精氨酸	异亮氨酸
天冬氨酸	半胱氨酸	亮氨酸
天冬酰胺	谷氨酰胺	赖氨酸
谷氨酸	甘氨酸	甲硫氨酸
丝氨酸	脯氨酸	苯丙氨酸
	酪氨酸	苏氨酸
	组氨酸	色氨酸
		缬氨酸

* 动物处于婴幼期、生长期以及病理等特殊条件下。

对植物和绝大多数微生物来讲，它们能合成自身所需的全部氨基酸，故许多氨基酸的合成途径，只存在于植物和微生物中。

14.4.2　氨基酸生物合成的方式

生物体合成氨基酸的方式可分成 3 类。

（1）**由 α– 酮酸经还原性氨基化作用而成**　即 α– 酮酸与 NH_3 作用生成亚氨基酸，亚氨基酸被还原即成 α– 氨基酸：

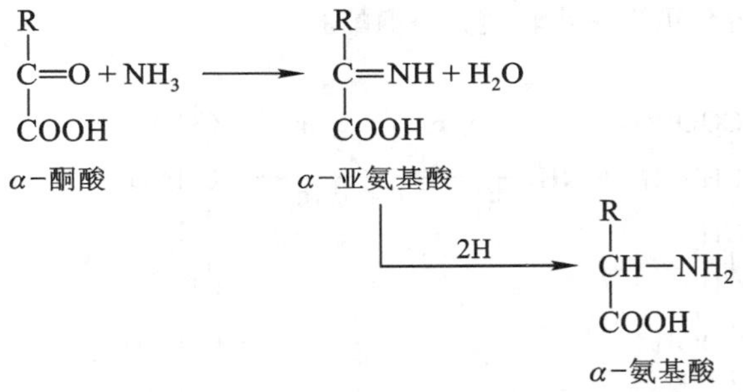

$$
\begin{array}{ccc}
R & & R \\
| & & | \\
C{=}O + NH_3 & \longrightarrow & C{=}NH + H_2O \\
| & & | \\
COOH & & COOH \\
\alpha\text{-酮酸} & & \alpha\text{-亚氨基酸}
\end{array}
$$

$$
\xrightarrow{2H} \quad
\begin{array}{c}
R \\
| \\
CH{-}NH_2 \\
| \\
COOH \\
\alpha\text{-氨基酸}
\end{array}
$$

这种反应是氨基酸氧化脱氨作用的可逆反应，在离体器官或完整机体中做实验的结果都证实了 NH_3 与 α– 酮酸作用可合成 α– 氨基酸。

酮酸来源于氨基酸脱氨及脂肪酸分解代谢。合成氨基酸所需的氨可有 3 种来源：

① **利用生物固氮作用合成氨**　微生物，如固氮菌属（*Azobacter*）、假（杆）菌属（*Pseuaobacter*）和某些藻类（如蓝藻）都能通过其体内固氮酶（nitrogenase）的作用将游离氮转变为氨。这种作用称生物固氮作用。绿肥植物（如苕子、紫云英）、豆科作物（大豆、蚕豆等）的根瘤菌都能固定空气氮。

生物固氮的机制尚未完全阐明，其总反应可表示如下：

$$
N_2 + 3H_2 \xrightarrow[\text{固氮酶}]{ATP} 2NH_3
$$

生物固氮酶是复合物，由一种含铁的 Fe- 蛋白和另一种含钼、铁的 MoFe- 蛋白所组成。前者是还原酶，供给强还原力的电子，后者起固氮作用，能利用这些强还原力电子使 N_2 还原成 NH_3。反应需要还原型电子供体

（强还原剂）、ATP 和电子受体（如 N_2）。

这一系列反应可表示如下式：

$$N_2 + 8H^+ + 8e^- + 16ATP \longrightarrow 2NH_3 + H_2 + 16ADP + 16Pi$$

固氮作用所需的高电位还原电子供体为还原型铁氧还蛋白（ferredoxin）（图 14-12）。

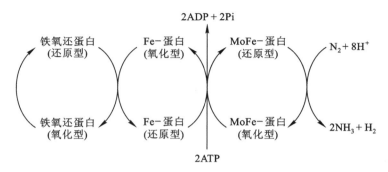

图 14-12　铁氧还蛋白在固氮酶催化 N_2 还原反应中的作用

生物固氮形成的氨在生物体内首先同 α- 酮戊二酸作用生成谷氨酸，催化这一反应的酶为谷氨酸脱氢酶。

$$\begin{array}{c} COOH \\ (CH_2)_2 \\ C{=}O \\ COOH \end{array} + NH_3 \xrightarrow[\substack{\text{谷氨酸}\\\text{脱氢酶}}]{+2H} \begin{array}{c} COOH \\ (CH_2)_2 \\ CHNH_2 \\ COOH \end{array} + H_2O$$

α-酮戊二酸　　　　　　　　谷氨酸

谷氨酸经谷氨酰胺合成酶催化可进一步转变为谷氨酰胺。

$$\begin{array}{c} COOH \\ CHNH_2 \\ CH_2 \\ CH_2 \\ COOH \end{array} + NH_3 \xrightarrow[\text{谷氨酰胺合成酶}]{ATP \quad ADP} \begin{array}{c} COOH \\ CHNH_2 \\ CH_2 \\ CH_2 \\ CO{-}NH_2 \end{array} + H^+ + Pi$$

谷氨酸　　　　　　　　　　　　　谷氨酰胺

② 由硝酸盐、亚硝酸盐还原成氨　经硝酸还原酶和亚硝酸还原酶作用，硝酸盐和亚硝酸盐可变为氨。

$$\underset{\text{硝酸盐}}{BNO_3} \xrightarrow{\text{硝酸还原酶}} \underset{\text{亚硝酸盐}}{BNO_2} \xrightarrow{\text{亚硝酸还原酶}} \underset{\text{羟胺}}{NH_2OH} \longrightarrow NH_3$$

③ 由含氮有机物质分解而来　蛋白质、氨基酸、酰胺、嘌呤、嘧啶、尿素等物质经分解可生氨。

（2）α- 酮酸经氨基转移作用而成　天冬氨酸和谷氨酸最易同 α- 酮酸起氨基转移作用，合成新氨基酸。但苏氨酸和赖氨酸不参加转氨作用。

$$
\begin{array}{c}
\text{COOH} \\
| \\
\text{CH}_2 \\
| \\
\text{CH}_2 \\
| \\
\text{CH--NH}_2 \\
| \\
\text{COOH}
\end{array}
+
\begin{array}{c}
\text{R} \\
| \\
\text{C==O} \\
| \\
\text{COOH}
\end{array}
\xrightarrow{\text{转氨酶}}
\begin{array}{c}
\text{COOH} \\
| \\
\text{CH}_2 \\
| \\
\text{CH}_2 \\
| \\
\text{C==O} \\
| \\
\text{COOH}
\end{array}
+
\begin{array}{c}
\text{R} \\
| \\
\text{CH--NH}_2 \\
| \\
\text{COOH}
\end{array}
$$

谷氨酸　　　　α-酮酸　　　　　　α-酮戊二酸　　　α-氨基酸

$$
\begin{array}{c}
\text{COOH} \\
| \\
\text{CH}_2 \\
| \\
\text{CH--NH}_2 \\
| \\
\text{COOH}
\end{array}
+
\begin{array}{c}
\text{R} \\
| \\
\text{C==O} \\
| \\
\text{COOH}
\end{array}
\xrightarrow{\text{转氨酶}}
\begin{array}{c}
\text{COOH} \\
| \\
\text{CH}_2 \\
| \\
\text{C==O} \\
| \\
\text{COOH}
\end{array}
+
\begin{array}{c}
\text{R} \\
| \\
\text{CH--NH}_2 \\
| \\
\text{COOH}
\end{array}
$$

天冬氨酸　　　　α-酮酸　　　　　草酰乙酸　　　　α-氨基酸

在上述两种合成 α- 氨基酸的反应中，α- 酮酸皆占主要地位。体内 α- 酮酸的来源，可由氨基酸脱氨及由糖与脂肪分解而成，但氨基酸脱氨所能供给的 α- 酮酸并不重要，因为靠它们来合成氨基酸，并不能使氨基酸的量增多。最重要的是要靠糖及脂肪分解代谢过程中所产生的酮酸。

人体的转氨作用主要在肝中进行，心肌中的转氨作用也很强。因此，如肝发生损伤，肝细胞内的转氨酶就进入血液，血液中转氨酶的活力可作为检查肝功能的指标。真核细胞的细胞质基质和线粒体内都有转氨反应。

（3）**由氨基酸的相互转化而成**　经实验证明，一种氨基酸，在某些情况下，可以转变成另一种氨基酸，例如，由苏氨酸或丝氨酸可生成甘氨酸，由苏氨酸可变成异亮氨酸，由色氨酸或胱氨酸可生成丙氨酸，由谷氨酸可生成脯氨酸，由苯丙氨酸可生成酪氨酸，由甲硫氨酸可生成半胱氨酸。必需氨基酸是人体及动物机体中不能合成的（表 14-3）。

14.5　个别氨基酸代谢

氨基酸的代谢有共性，亦有个性。关于共性方面，前面已作重点介绍。现将氨基酸的代谢个性，举例分述，以概一般。

14.5.1　中性氨基酸（甘、丙、缬、亮、异亮）的代谢

以甘氨酸的代谢（生糖、非必需）为例。

分解

（1）**脱氨**　前已提到，甘氨酸的脱氨需要专一性的甘氨酸氧化酶（一种以 FAD 为辅酶的脱氢酶）。

$$
\begin{array}{c}
\text{CH}_2\text{NH}_2 \\
| \\
\text{COOH}
\end{array}
\underset{\text{甘氨酸氧化酶}}{\overset{\text{FAD}\quad\text{FADH}_2}{\longrightarrow}}
\begin{array}{c}
\text{CH==NH} \\
| \\
\text{COOH}
\end{array}
\xrightarrow{+\text{H}_2\text{O}}
\begin{array}{c}
\text{CHO} \\
| \\
\text{COOH}
\end{array}
+ \text{NH}_3
$$

甘氨酸　　　　　　　　　　　　亚氨基酸　　　　　　乙醛酸

氨可合成尿素，亦可变成精氨酸脒基的氮及与其他氨基酸交换氨基。乙醛酸可氧化成草酸或脱羧成甲酸。

$$\underset{\text{乙醛酸}}{\overset{\text{CHO}}{\underset{\text{COOH}}{|}}} + \frac{1}{2}O_2 \xrightarrow{\text{乙醛酸氧化酶}} \underset{\text{草酸}}{\overset{\text{COOH}}{\underset{\text{COOH}}{|}}} \qquad \underset{\text{乙醛酸}}{\overset{\text{CHO}}{\underset{\text{COOH}}{|}}} + \frac{1}{2}O_2 \xrightarrow{\text{氧化脱羧酶}} \underset{\substack{\downarrow \\ CO_2+2H_2O}}{HCOOH+CO_2}$$

甘氨酸经甘氨酸氨基转移酶（甘氨酸：α-酮戊二酸氨基转移酶）催化可同 α-酮戊二酸起转氨基作用产生乙醛酸和 L-谷氨酸。

$$甘氨酸 + \alpha-酮戊二酸 \rightleftharpoons 乙醛酸 + L-谷氨酸$$

甘氨酸也可用草酰乙酸起转氨作用。

（2）**转变成其他物质** 通过代谢过程，甘氨酸除可作为合成蛋白质的成分之外，还可变为丝氨酸、甘氨胆酸、马尿酸、谷胱甘肽、血红蛋白（或血红素）、乙醇胺、胆碱、肌酸、嘌呤、糖等。

① 甘氨酸 —→ 丝氨酸　通过上述丝氨酸变甘氨酸的逆反应，甘氨酸可变为丝氨酸。

$$\underset{\text{甘氨酸}}{\overset{\text{CH}_2-\text{NH}_2}{\underset{\text{COOH}}{|}}} \rightleftharpoons \underset{\text{L-丝氨酸}}{H-\overset{\text{CH}_2\text{OH}}{\underset{\text{COOH}}{C}}-\text{NH}_2}$$

② 甘氨酸 —→ 甘氨胆酸　甘氨酸在肝内可与胆酸结合成甘氨胆酸（是胆汁的成分）：

$$\underset{\text{胆酸}}{C_{23}H_{39}O_3COOH} + \underset{\text{甘氨酸}}{\overset{CH_2-COOH}{\underset{NH_2}{|}}} \xrightarrow{\quad H_2O \quad} \underset{\text{甘氨胆酸}}{C_{23}H_{39}O_3CONH-CH_2COOH}$$

③ 合成马尿酸　在生理去毒作用中可产生马尿酸：

苯甲酸 + 甘氨酸 —→ 马尿酸

④ 合成谷胱甘肽　在生物体中甘氨酸与谷氨酸、半胱氨酸作用可合成谷胱甘肽，其反应可简示如下：

$$谷氨酸 + 半胱氨酸 \xrightarrow[Mg^{2+}, K^+]{ATP, E_1} 谷-半胱二肽 \xrightarrow[+甘氨酸]{ATP, E_2} 谷胱甘肽 + ADP + Pi$$

E_1 为 γ-谷半胱肽合成酶；E_2 为谷胱甘肽合成酶。

⑤ 甘氨酸 —→ 血红蛋白　用含同位素氮及碳的甘氨酸做实验证明甘氨酸的 α 碳和氮原子皆可用来合成血红素，但羧基的碳原子则只在珠蛋白部分出现。

⑥ 合成胆胺（乙醇胺）（cholamine）及胆碱（choline）　甘氨酸通过丝氨酸可变为胆胺及胆碱[1]。

---

[1] 胆胺转变成胆碱的前面一步的—CH₃基由甘、丝或组 3 种氨基酸的一碳基团提供。后面一步的—CH₃基由活性甲硫氨酸（S-腺苷甲硫氨酸）提供。

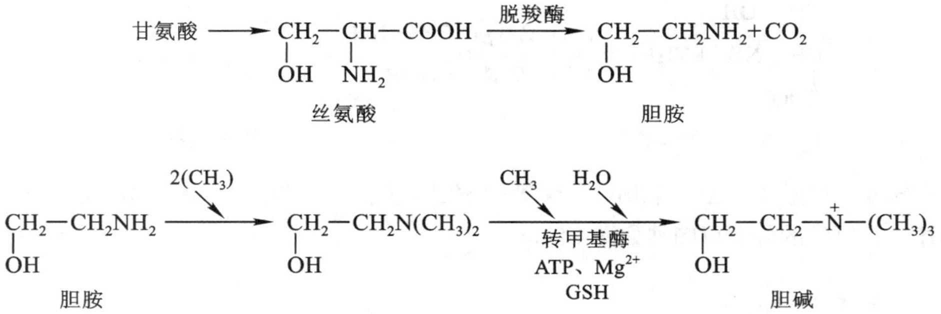

$$甘氨酸 \longrightarrow \underset{OH}{\overset{}{CH_2}}-\underset{NH_2}{\overset{}{CH}}-COOH \xrightarrow{\text{脱羧酶}} \underset{OH}{\overset{}{CH_2}}-CH_2NH_2+CO_2$$

丝氨酸　　　　　　　　　　胆胺

$$\underset{OH}{\overset{}{CH_2}}-CH_2NH_2 \xrightarrow{2(CH_3)} \underset{OH}{\overset{}{CH_2}}-CH_2N(CH_3)_2 \xrightarrow[\substack{\text{转甲基酶}\\ATP、Mg^{2+}\\GSH}]{CH_3\quad H_2O} \underset{OH}{\overset{}{CH_2}}-CH_2-\overset{+}{N}-(CH_3)_3$$

胆胺　　　　　　　　　　　　　　　　　　　　　　　胆碱

⑦ 合成肌酸（creatine）　甘氨酸与精氨酸作用（转脒基）可产生胍乙酸，后者与甲基（从甲硫氨酸来）加合即得肌酸。肌酸经磷酸化产生磷酸肌酸。

正常人的尿中只含肌酸酐而不含肌酸。但发烧、饥饿、糖尿病、肌肉萎缩、甲状腺分泌亢进的病人尿中则有肌酸出现。测定尿的肌酸酐含量为检查肾功能的方法之一。

磷酸肌酸含有高能键，有储能作用，可补偿机体的 ATP 浓度（即 ADP + 磷酸肌酸 $\longleftrightarrow$ ATP + 肌酸）。在无脊椎动物体中为磷酸精氨酸，而无磷酸肌酸。

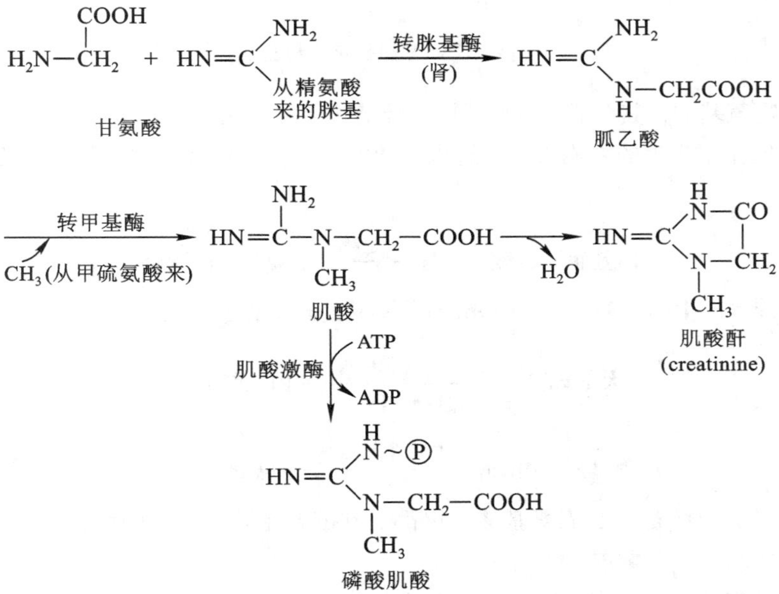

⑧ 合成嘌呤　用同位素标记甘氨酸在大鼠身上做实验，已证明嘌呤核上的第 4，5 碳和第7 氮原子皆是由甘氨酸供给。通过丝氨酸的 β– 碳原子，甘氨酸又可供给嘌呤核的第 2 和第 8 碳原子（因丝氨酸的 β– 碳来自甘氨酸脱氨所生成的甲酸）。

⑨ 合成核糖　已证实甘氨酸的羧基碳可以变成核糖。通过丝氨酸亦可变为糖原，但乙醛酸本身不能转变成糖。

合成

（1）乙醛酸可与谷氨酸（主要的）、谷氨酰胺、天冬氨酸、天冬酰胺或鸟氨酸等起转氨基作用合成甘氨酸。

（2）乙醛酸通过氨基化（即甘氨酸脱氨的逆反应）亦可合成甘氨酸。

（3）丝氨酸在丝氨酸羟甲基转移酶[①]催化下与四氢叶酸作用可转变为甘氨酸。

[①]　serine transhydroxymethylase 与 serine hydroxy methyl transferase 为同一种酶。

$$
\begin{array}{c}
CH_2-OH \\
| \\
CH-NH_2 \\
| \\
COOH
\end{array}
+ THFA
\xrightleftharpoons[\text{吡哆醛磷酸}]{\text{羟甲基转移酶}}
\begin{array}{c}
CH_2-NH_2 \\
| \\
COOH
\end{array}
+ CH_2-THFA + H_2O
$$

丝氨酸　　　　四氢叶酸　　　　　　　甘氨酸　　　　　亚甲四氢叶酸

亚甲 THFA 可转变为甲酰 THFA，后者可为嘌呤核提供碳原子（见核酸的降解和核苷酸代谢章）。

综合以上所述，甘氨酸的代谢可归纳如图 14-13。

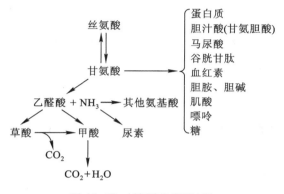

图 14-13　甘氨酸的代谢途径

丙氨酸是生糖非必需氨基酸，其合成和分解代谢主要通过转氨作用。

分解　丙氨酸经转氨作用产生的丙酮酸可以进入三羧酸循环，亦可转变为葡萄糖；还可同 α- 酮戊二酸起转氨作用产生谷氨酸。

$$
\text{丙氨酸} + \alpha\text{- 酮戊二酸} \xrightarrow{\text{转氨酶}} \text{谷氨酸} + \text{丙酮酸}
$$

合成　天冬氨酸脱羧可产生丙氨酸，α- 氨基酸与丙酮酸经转氨作用也可产生丙氨酸。

$$
\text{天冬氨酸} \xrightarrow[\text{吡哆醛磷酸}]{\text{天冬氨酸脱羧酶}} \text{丙氨酸} + CO_2
$$

$$
\alpha\text{- 氨基酸} + \text{丙酮酸} \xrightleftharpoons{\text{丙氨酸转氨酶}} \text{丙氨酸} + \alpha\text{- 酮酸}
$$

缬氨酸、亮氨酸和异亮氨酸都是必需氨基酸，也都是支链氨基酸，它们的代谢途径基本相同。缬氨酸：生糖；亮氨酸：生酮；异亮氨酸：生酮亦生糖。

缬氨酸、亮氨酸和异亮氨酸的分解代谢反应见 **e辅学窗** 14-1。缬氨酸、亮氨酸和异亮氨酸的合成代谢见 **e辅学窗** 14-2。

14.5.2　羟基氨基酸的代谢

羟基氨基酸包括丝氨酸和苏氨酸。丝氨酸对人和高等动物为非必需，而苏氨酸则为必需氨基酸。

丝氨酸和苏氨酸的代谢见 **e辅学窗** 14-3。

14.5.3　含硫氨基酸的代谢

含硫氨基酸包括：半胱氨酸、胱氨酸（生糖、不必需）、甲硫氨酸（生糖、必需）。

动植物皆能合成半胱氨酸，半胱氨酸与胱氨酸可以互变。现对半胱氨酸与胱氨酸的代谢作进一步的介绍。甲硫氨酸的代谢过程见 ⓔ辅学窗 14-4。

14.5.3.1　半胱氨酸和胱氨酸的分解

胱氨酸的分解是先转变为半胱氨酸，再照半胱氨酸途径分解。

（1）**脱氨**　半胱氨酸的分解主要经脱巯基酶催化变为丙酮酸及 NH_3，丙酮酸再沿糖代谢途径进行代谢，氨按照一般氨代谢进行。

$$
\underset{\text{半胱氨酸}}{\begin{matrix}CH_2-SH\\|\\CH-NH_2\\|\\COOH\end{matrix}}
\xrightarrow[\text{H}_2\text{S}]{\text{脱巯基酶}}
\underset{\alpha-\text{氨基丙烯酸}}{\begin{matrix}CH_2\\||\\C-NH_2\\|\\COOH\end{matrix}}
\longrightarrow
\underset{\alpha-\text{亚氨基丙烯}}{\begin{matrix}CH_3\\|\\C=NH\\|\\COOH\end{matrix}}
\xrightarrow{+\text{H}_2\text{O}}
\underset{\text{丙酮酸}}{\begin{matrix}CH_3\\|\\C=O\\|\\COOH\end{matrix}} + NH_3
$$

$$
H_2S \longrightarrow \begin{cases}\text{硫酸酯}\\\text{无机硫酸盐}\\\text{未氧化硫(如硫化氢)}\end{cases}
$$

（2）**脱羧**　半胱氨酸可以脱羧成硫醇乙胺。

$$
\underset{\text{半胱氨酸}}{\begin{matrix}CH_2-SH\\|\\CHNH_2\\|\\COOH\end{matrix}}
\xrightarrow{-\text{CO}_2}
\underset{\text{硫醇乙胺}}{\begin{matrix}CH_2SH\\|\\CH_2NH_2\end{matrix}}
$$

（3）**转氨**

$$
\underset{\text{半胱氨酸}}{\begin{matrix}CH_2-SH\\|\\CHNH_2\\|\\COOH\end{matrix}} +
\underset{\alpha-\text{酮戊二酸}}{\begin{matrix}COOH\\|\\C=O\\|\\(CH_2)_2\\|\\COOH\end{matrix}}
\xrightarrow{\text{转氨}}
\underset{\beta-\text{巯基丙酮酸}}{\begin{matrix}CH_2-SH\\|\\C=O\\|\\COOH\end{matrix}} +
\underset{\text{谷氨酸}}{\begin{matrix}COOH\\|\\CHNH_2\\|\\(CH_2)_2\\|\\COOH\end{matrix}}
$$

$$\downarrow$$

丙酮酸 + SO_4^{2-} 或硫化物

（4）**转变成其他物质**

① **变成谷胱甘肽及牛磺酸（taurine）**　由半胱氨酸合成谷胱甘肽的反应见甘氨酸代谢。形成牛磺酸的反应可示如下：

$$
\underset{\text{半胱氨酸}}{\begin{matrix}CH_2SH\\|\\CHNH_2\\|\\COOH\end{matrix}}
\xrightarrow{\text{氧化}}
\underset{\text{亚磺基丙氨酸}}{\begin{matrix}CH_2-\overset{\overset{\textstyle O}{||}}{S}-OH\\|\\CHNH_2\\|\\COOH\end{matrix}}
\xrightarrow{-\text{CO}_2}
\underset{\substack{\text{2-氨基乙烷亚磺酸}\\(\text{次牛磺酸})}}{\begin{matrix}CH_2-SO_2H\\|\\CH_2NH_2\end{matrix}}
\xrightarrow[\text{NAD}^+\ \ \text{NADH+H}^+]{\frac{1}{2}\text{O}_2}
\underset{\text{牛磺酸}}{\begin{matrix}CH_2-SO_3H\\|\\CH_2NH_2\end{matrix}}
$$

牛磺酸为构成牛磺胆酸（胆汁的一种成分）的成分。

② **半胱氨酸与溴苯结合**　半胱氨酸可与溴苯（或萘）及乙酸结合变为无毒物质，因而有解毒作用。

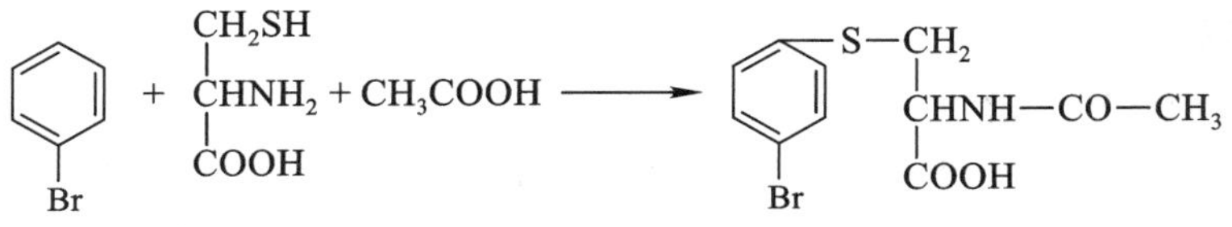

溴苯 半胱氨酸 → 对溴苯硫醇尿酸

③ 胱氨酸及半胱氨酸为角蛋白及激素的组成成分，毛发，蹄、甲的角蛋白及胰岛素等都含有较多的胱氨酸。

14.5.3.2 半胱氨酸和胱氨酸的生物合成

半胱氨酸和胱氨酸的生物合成有下列 3 种可能途径：

（1）由甲硫氨酸转变成半胱氨酸

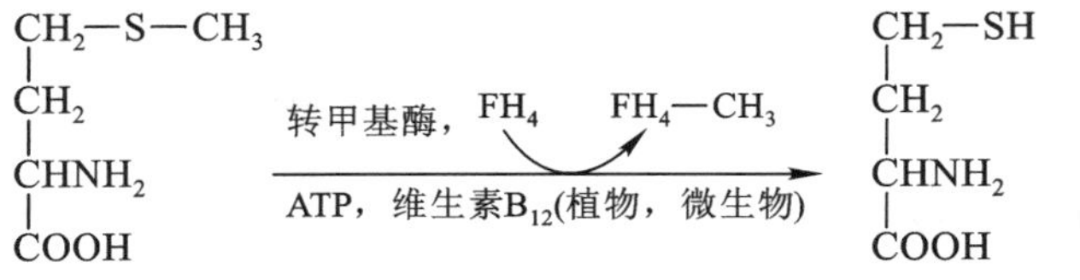

甲硫氨酸 $\xrightarrow[\text{ATP，维生素B}_{12}（植物，微生物）]{\text{转甲基酶，FH}_4 \quad \text{FH}_4-\text{CH}_3}$ 高半胱氨酸

丝氨酸 $\xrightarrow[\text{(胱硫醚合成酶)}]{-H_2O}$ 胱硫醚（丙氨酸-丁氨酸-硫醚）(cystathionine) $\xrightarrow[\text{γ-胱硫醚酶（γ-cystathionase)}]{H_2O \quad \alpha\text{-酮丁酸+NH}_3}$ 半胱氨酸 $\rightleftharpoons$ L-胱氨酸

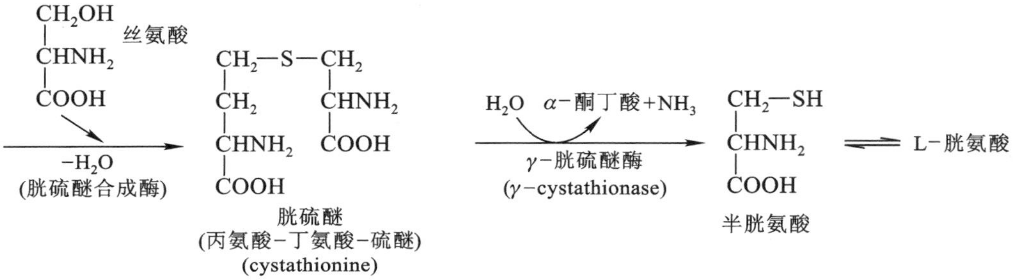

（2）由丝氨酸转变为半胱氨酸 细菌、霉菌、酵母、绿色植物和多种动物组织都能利用丝氨酸为原料合成半胱氨酸。

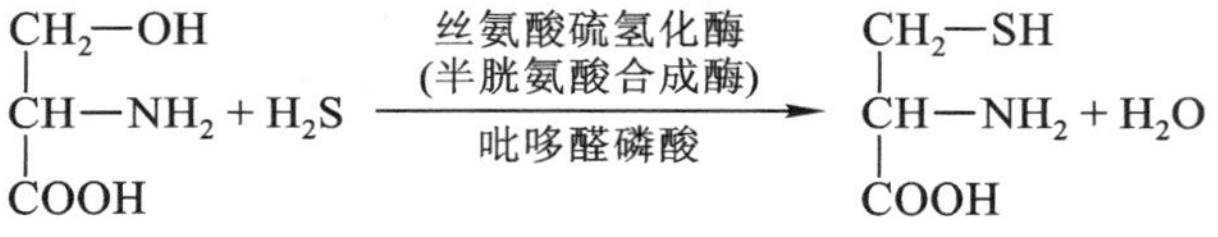

丝氨酸 $+ H_2S \xrightarrow[\text{吡哆醛磷酸}]{\text{丝氨酸硫氢化酶（半胱氨酸合成酶)}}$ 半胱氨酸 $+ H_2O$

在哺乳类半胱氨酸亦可直接由丝氨酸与高半胱氨酸作用合成。

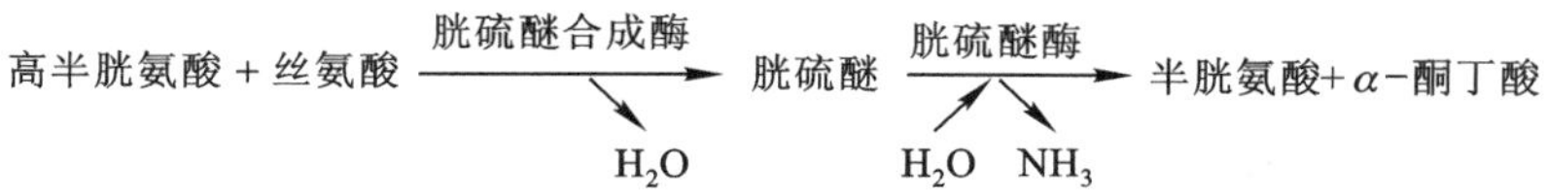

高半胱氨酸 + 丝氨酸 $\xrightarrow[\text{H}_2\text{O}]{\text{胱硫醚合成酶}}$ 胱硫醚 $\xrightarrow[\text{H}_2\text{O} \quad \text{NH}_3]{\text{胱硫醚酶}}$ 半胱氨酸 $+\alpha$-酮丁酸

（3）由胱氨酸与半胱氨酸的互变

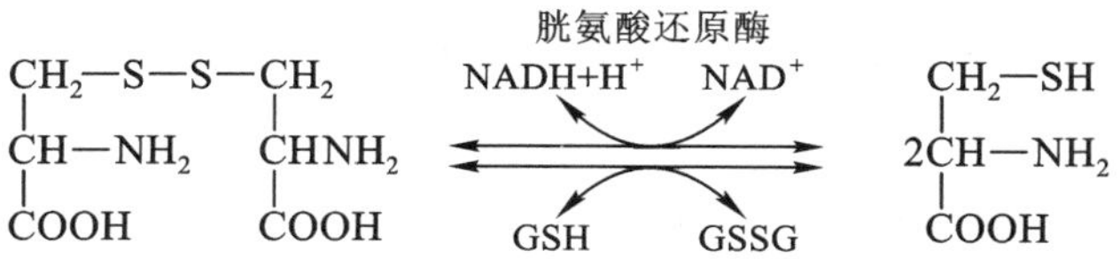

胱氨酸 $\underset{\text{GSH} \quad \text{GSSG}}{\overset{\text{胱氨酸还原酶}}{\underset{\text{NADH+H}^+ \quad \text{NAD}^+}{\rightleftharpoons}}}$ 半胱氨酸

这一反应可由 NADH + H$^+$（NAD$^+$）或 GSH（GSSG）参加作为氧化-还原剂。

14.5.3.3 胱氨酸的遗传代谢病

与胱氨酸有关的遗传代谢病有 3 种：胱氨酸尿、胱氨酸沉积及胱硫醚尿。

胱氨酸尿（cystinuria） 患者尿中有显著的胱氨酸出现，是由于肾小管对胱氨酸重吸收功能先天性障碍造成的。

胱氨酸沉积症（cystinosis） 患者许多组织和器官中有晶形胱氨酸沉积，可大大妨碍肾功能，是由于溶酶体胱氨酸转运蛋白突变造成的。

胱硫醚尿（cystathionuria） 患者因遗传缺陷不能代谢胱硫醚，胱硫醚从尿中大量排出。

半胱氨酸、胱氨酸和甲硫氨酸的代谢途径可总结如图 14-14。

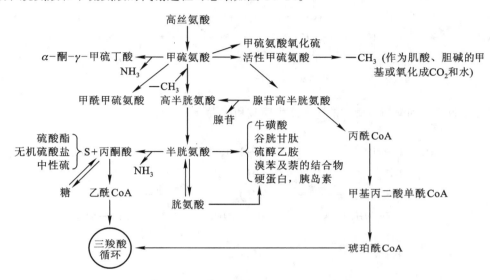

图 14-14　含硫氨基酸的主要代谢途径

14.5.4 酸性氨基酸（谷氨酸、天冬氨酸）的代谢

谷氨酸和天冬氨酸均为生糖、不必需氨基酸。谷氨酸及天冬氨酸的主要代谢途径极为相似，它们的代谢途径详见⏣辅学窗 14-5。谷氨酰胺和天冬酰胺亦为生糖、不必需氨基酸，可分别由谷氨酸和天冬氨酸经转氨作用合成（见 14.3.2）

14.5.5 碱性氨基酸（精氨酸、赖氨酸）的代谢

精氨酸、赖氨酸属于碱性氨基酸。精氨酸（生糖、半必需）的主要代谢过程见图 14-15，赖氨酸的分解和合成代谢途径较为复杂，见⏣辅学窗 14-6。

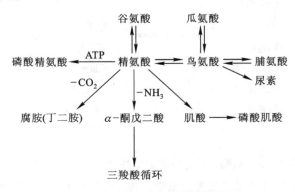

图 14-15　精氨酸的主要代谢途径

14.5.5.1　精氨酸的分解

（1）在哺乳动物体中，精氨酸经精氨酸酶催化产生鸟氨酸和尿素。鸟氨酸通过谷氨酸变为 α- 酮戊二酸进入三羧酸循环（精氨酸→鸟氨酸→谷氨酸→α- 酮戊二酸）作进一步代谢或变成葡萄糖。

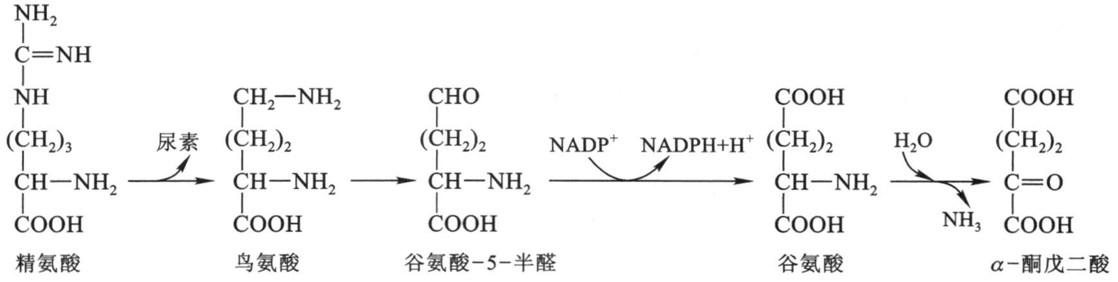

精氨酸　　尿素　　鸟氨酸　　谷氨酸-5-半醛　　$NADP^+$　$NADPH+H^+$　谷氨酸　　H_2O　　NH_3　　α-酮戊二酸

（2）精氨酸可经脱羧酶和鲱精胺酶的催化，产生腐胺和尿素。

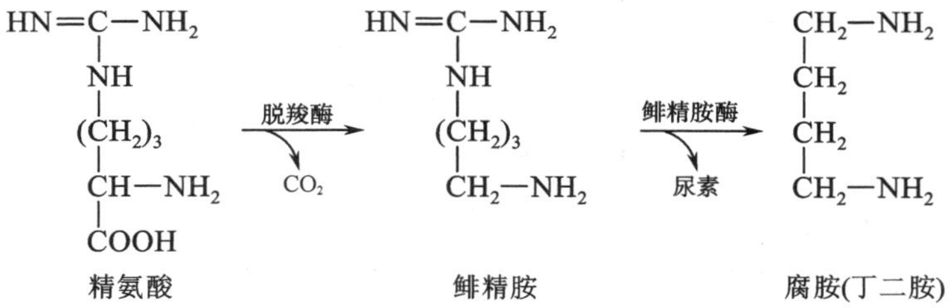

精氨酸　　脱羧酶　　CO_2　　鲱精胺　　鲱精胺酶　　尿素　　腐胺(丁二胺)

（3）精氨酸、鸟氨酸、脯氨酸（包括羟脯氨酸）、谷氨酸可以互变（参阅 e辅学窗 14-5，图 14-15）。

（4）精氨酸可供给脒基作肌酸合成之用。

从精氨酸来的脒基　　+　甘氨酸　　胍乙酸　　$+CH_3$　从甲硫氨酸来　　肌酸　　$+ATP$　磷酸肌酸

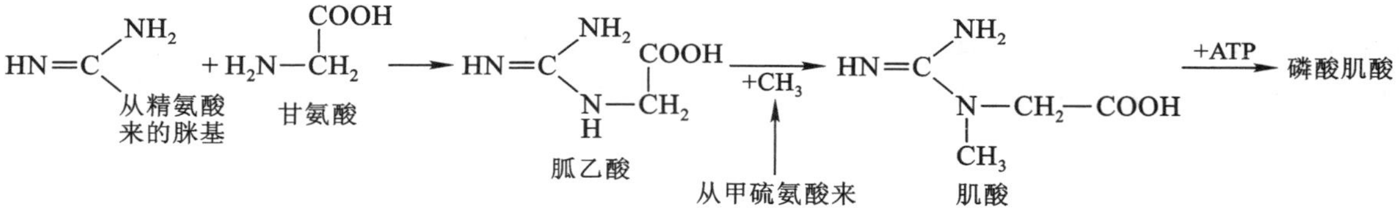

（5）在无脊椎动物体中，精氨酸与 ATP 作用形成含高能键的磷酸精氨酸，有储能作用。

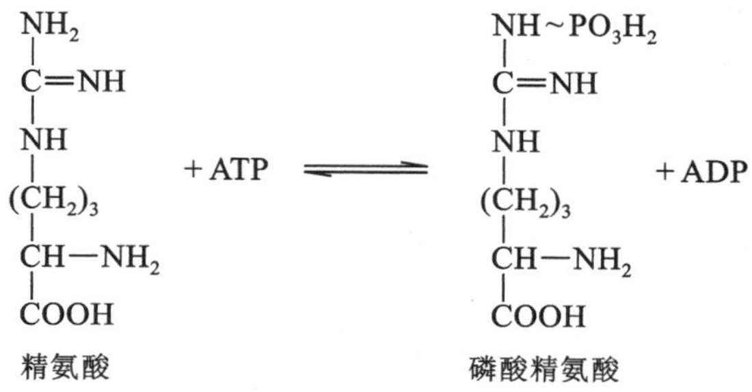

精氨酸　　$+ATP$　⇌　　磷酸精氨酸　　$+ADP$

14.5.5.2　精氨酸的合成

动物体合成精氨酸的效率很低，不足供幼年动物正常生长之用，故称为半必需氨基酸，在代谢过程中能生糖。脯氨酸、鸟氨酸、α- 酮戊二酸、谷氨酸皆可变为精氨酸，其过程可简示如图 14-16（可参阅图 14-7 鸟氨酸循环）。

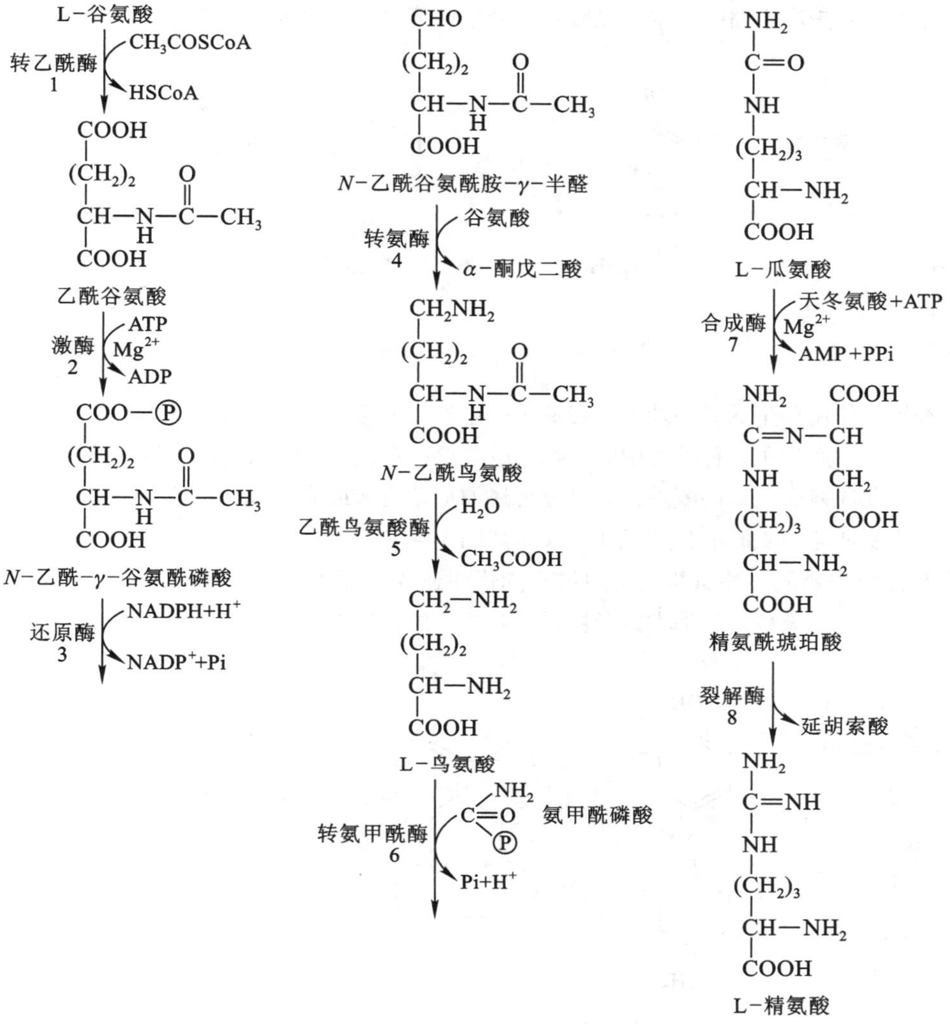

图 14-16　精氨酸的生物合成

14.5.6　芳香族氨基酸（酪氨酸、苯丙氨酸）的代谢

苯丙氨酸为生酮、亦略生糖，属必需氨基酸。酪氨酸为生酮、微生糖，非必需氨基酸。由于酪氨酸与苯丙氨酸的代谢途径有许多共同之处，现将这两种氨基酸的分解和合成途径合并讨论。

分解　据同位素方法研究结果，苯丙氨酸与酪氨酸在哺乳动物体中皆可脱氨或转氨变为相应的酮酸，但苯丙氨酸的分解基本上是通过酪氨酸途径来完成的。

（1）脱氨（或转氨）　酪氨酸经转氨作用可变为对羟苯丙酮酸：

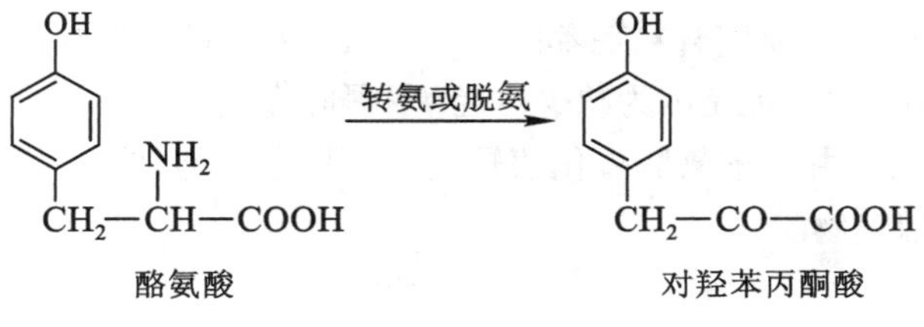

（2）**脱羧** 酪氨酸脱羧产生酪胺，苯丙氨酸亦可经一种苯丙氨酸脱羧酶转变为苯乙胺[①]。

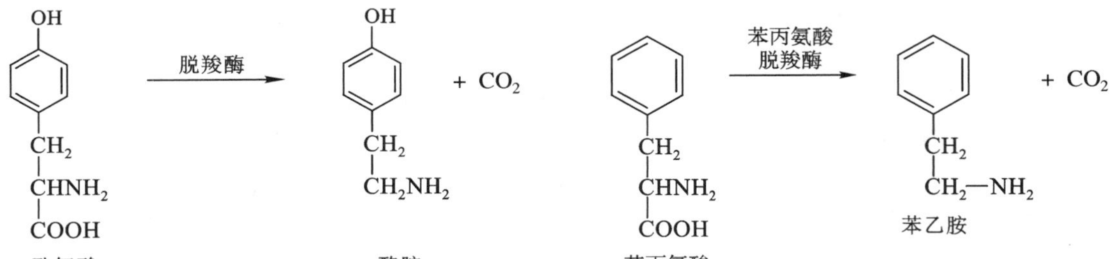

上述酪氨酸经转氨作用产生的对羟苯丙酮酸通过一系列较复杂反应，最后可变为延胡索酸，再通过三羧酸循环变为丙酮酸。在过程中产生了几种酮类中间产物，故酪氨酸在代谢上兼具生酮和生糖的性质。

苯丙氨酸亦可氧化脱氨变成苯丙酮酸，后者亦可还原成苯乳酸或脱羧成苯乙酸，不过此反应不是苯丙氨酸的主要分解途径。苯丙氨酸与酪氨酸的分解代谢可表示如图 14-17。

（3）**转变为其他特殊物质** 酪氨酸还可通过不同代谢途径转变为多种生理性物质，例如人体和动物的多巴胺、肾上腺素、甲状腺素、黑色素和酚类以及罂粟（鸦片）的罂粟碱。

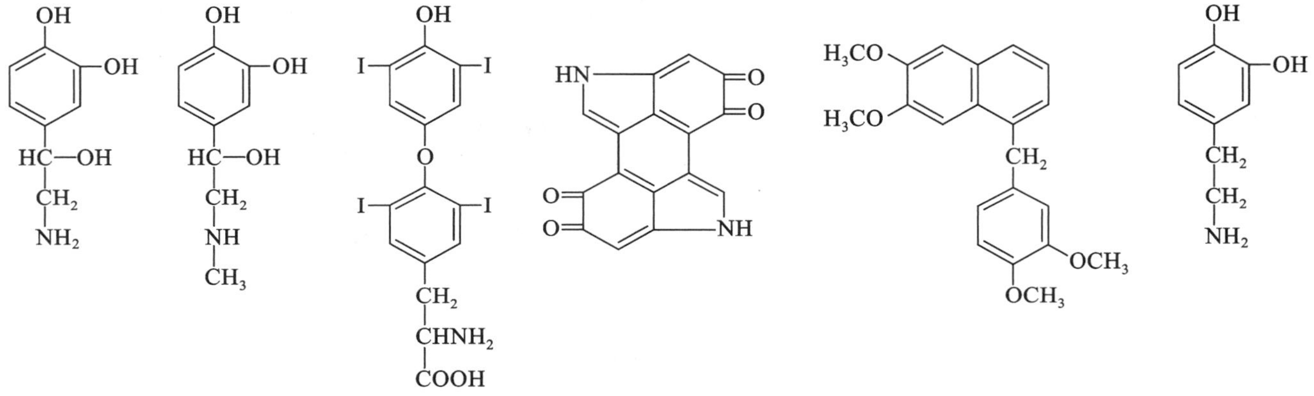

| 去甲肾上腺素 | 肾上腺素 | 甲状腺素 | 黑色素 | 罂粟碱 | 多巴胺 |

酪氨酸转变肾上腺素的过程中产生一些有神经传递作用的儿茶酚胺（catecholamines），如去甲肾上腺素和多巴胺（dopamine）。

苯丙氨酸及酪氨酸在人体及动物体中的分解代谢可总结如图 14-18。

（4）**苯丙氨酸及酪氨酸代谢的异常** 人类和高等动物如果因遗传上的缺陷或缺乏维生素 C 都可导致不同的症状。

① 苯酮尿症 尿中出现苯丙氨酸和苯丙酮酸，这是因为先天性缺乏使苯丙氨酸转变为酪氨酸的苯丙氨酸羟化酶，苯丙氨酸变酪氨酸的反应（图 14-18 反应 1）受阻所致。

② 酪氨酸代谢病（tyrosinosis） 尿中有对羟苯丙酮酸、对羟苯乳酸和酪氨酸出现，由于对羟苯丙酮酸的分解反应（图 14-18 反应 2）受阻，这可能是因为缺少对羟苯丙酮酸氧化酶。

③ 尿黑酸症（alkaptonuria） 由于尿黑酸氧化酶缺乏，尿黑酸不能往下一步代谢（图 14-18 反应 3 受阻），因而排入尿内，遇空气氧化成黑色物质。

---

① D. E. Micholson（ed.）Metabolic Pathways，17edi. BDH Ltd，England 1992。

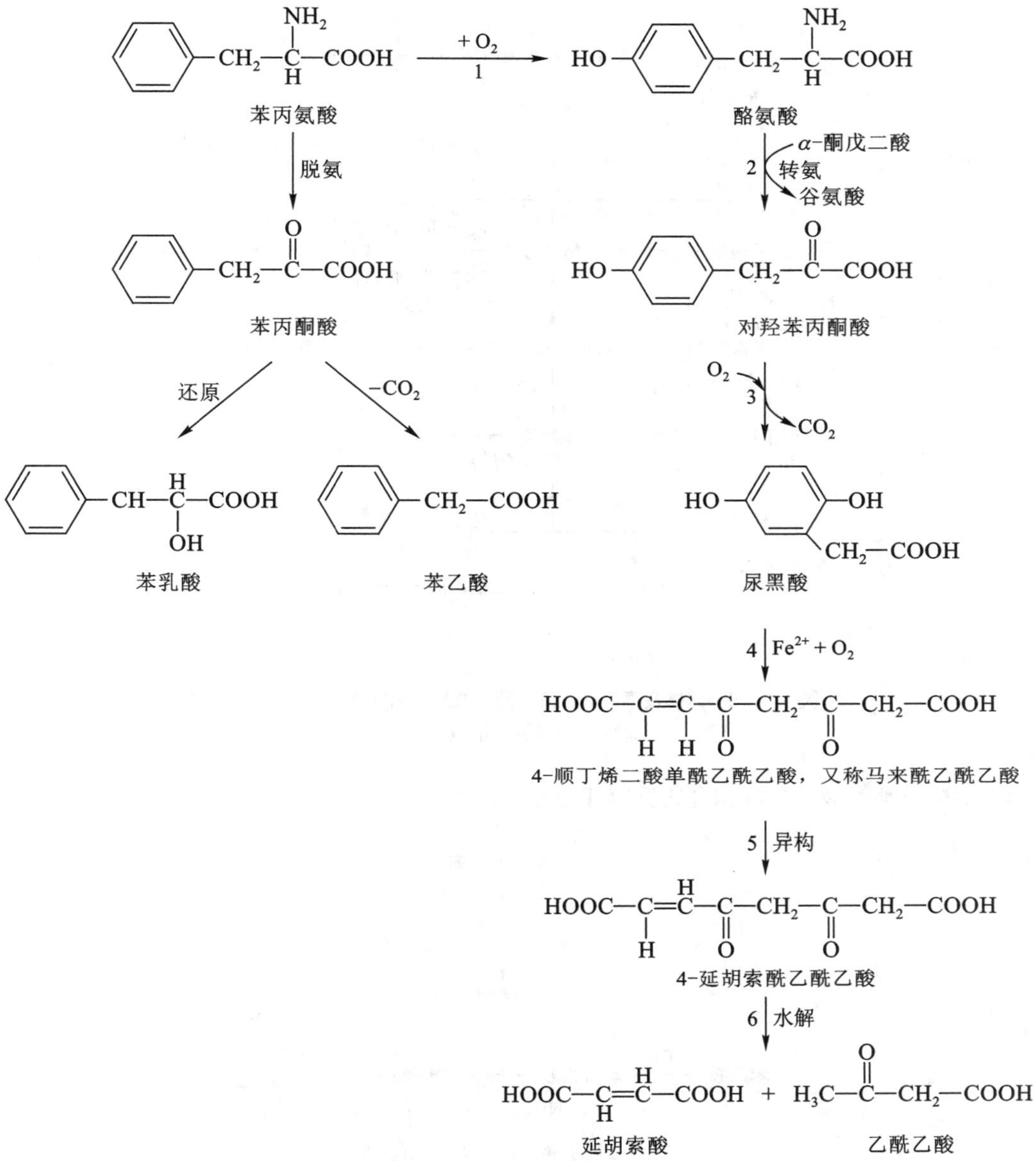

苯丙氨酸 $\xrightarrow[1]{+O_2}$ 酪氨酸

苯丙氨酸 $\xrightarrow{脱氨}$ 苯丙酮酸

酪氨酸 $\xrightarrow[2]{\alpha-酮戊二酸\ 转氨\ 谷氨酸}$ 对羟苯丙酮酸

苯丙酮酸 $\xrightarrow{还原}$ 苯乳酸

苯丙酮酸 $\xrightarrow{-CO_2}$ 苯乙酸

对羟苯丙酮酸 $\xrightarrow[3]{O_2\ CO_2}$ 尿黑酸

尿黑酸 $\xrightarrow[4]{Fe^{2+}+O_2}$ 4-顺丁烯二酸单酰乙酰乙酸，又称马来酰乙酰乙酸

$\xrightarrow[5]{异构}$ 4-延胡索酰乙酰乙酸

$\xrightarrow[6]{水解}$ 延胡索酸 ＋ 乙酰乙酸

图 14-17　人体及高等植物苯丙氨酸及酪氨酸的分解途径

参加上述各反应的酶为：

1. 4–单氧酶（4–mono-oxygenase）即苯丙氨酸羟化酶（phenylalanine hydroxylase）
2. 酪氨酸氨基转移酶（人和哺乳类动物的细胞质基质和线粒体内都有此酶）
3. 4–羟苯丙酮酸二氧合酶（4-hydroxphe–nylpyruvate dioxygenase）（脱羧）
4. 尿黑酸 –1,2–二氧合酶（homogentisate 1,2 dioxygenase）（哺乳类，某些微生物都有）
5. 异构酶（maleylacetoacetate isomerase）
6. 延胡索酰乙酰乙酸酶（fumarylacetoacetase）（水解酶）

④ 白化病（albinism）　患者皮发皆呈白色，由于缺乏酪氨酸酶，从 3,4– 二羟苯丙氨酸到黑色素的反应（图 14-18 反应 4）受阻所致。

上述 4 种症状都是由于遗传缺陷，因此又称先天性异常代谢。此外，维生素 C 对苯丙氨酸和酪氨酸的代谢亦很重要，因维生素 C 有促进这两种氨基酸代谢的功用，如以酪氨酸喂缺乏维生素 C 的豚鼠，尿中即有尿黑酸出现。

微生物对苯丙氨酸及酪氨酸的分解作用，部分与动物相同，见ℯ辅学窗 14-7。

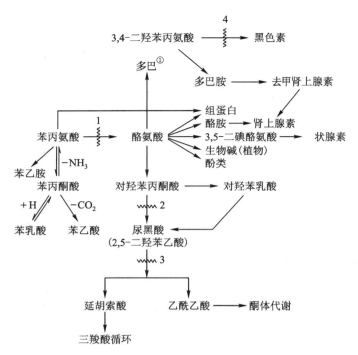

图 14-18 人体及高等动物体中酪氨酸及苯丙氨酸的分解代谢途径总结

曲线 www 表示代谢反常的所在

上述苯丙氨酸及酪氨酸的分解和合成反应甚为复杂，为学习方便起见可简化如图 14-19。

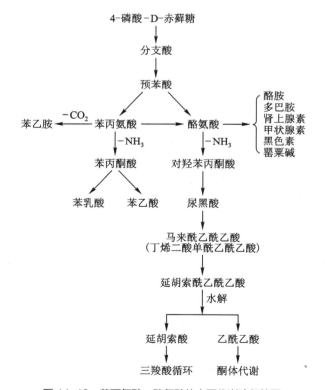

图 14-19 苯丙氨酸、酪氨酸的主要代谢途径简图

---

① 3,4-二羟基苯基苯丙氨酸，3,4-dihydroyy-phenyl-alanine，简写 DOPA。

14.5.7 杂环氨基酸（色氨酸、组氨酸）的代谢

14.5.7.1 色氨酸的代谢（生糖，对人及高等动物为必需）

分解 色氨酸的分解途径比较复杂，已经证实的分解途径有转氨和脱氨、脱羧、氧化脱羧及氧化成犬尿氨酸及系列产物，具体反应过程见 🕮**辅学窗** 14-8。

合成 人体及高等动物不能合成色氨酸，或不能合成足够维持健康的色氨酸。粗链孢霉及大肠杆菌可合成。微生物合成色氨酸的途径在形成分支酸为止的一段与芳香族氨基酸的生物合成途径完全相同（见 🕮**辅学窗** 14-7）。在色氨酸生物合成中，分支酸经邻氨基苯甲酸合成酶的催化与 L- 谷氨酰胺作用转变为邻氨基苯甲酸。后者经一系列反应生成 3- 磷酸吲哚甘油。3- 磷酸吲哚甘油与丝氨酸作用产生 L- 色氨酸（图 14-20）。

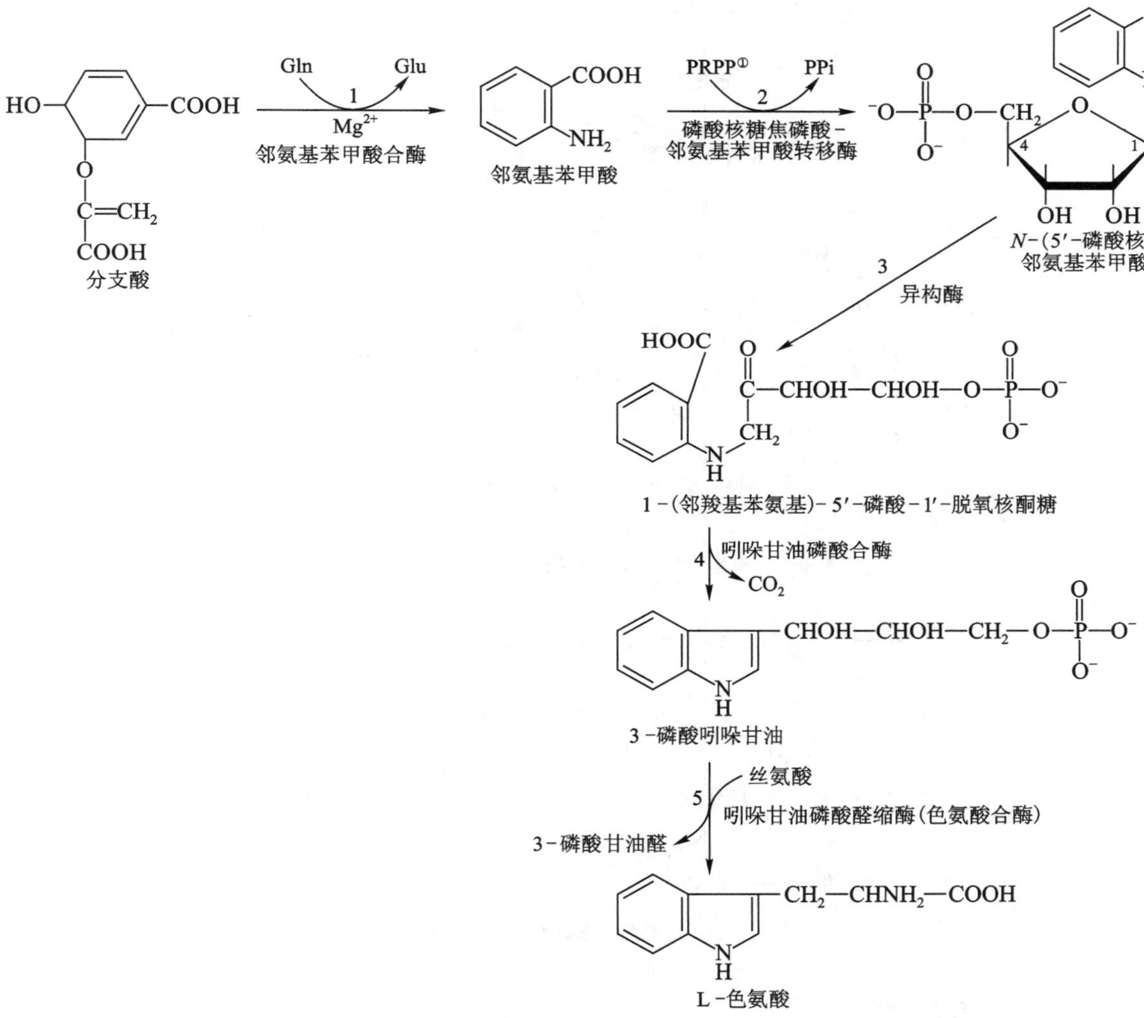

图 14-20 微生物合成 L- 色氨酸的途径

参加上述各反应的酶的英文名为：

1. anthranilate synthase
2. anthranilate-pyrophosphoribosyl transferase
3. N-5′-phosphoribosyl-anthranilate isomerase
4. indole-3-glycerol phosphate synthase
5. tryptophan synthase

① PRPP, phosphoribosyl pyrophosphate，磷酸核糖焦磷酸。

色氨酸的分解和合成，相当复杂，为便于掌握概况，简化总结如图 14-21。

14.5.7.2 组氨酸的代谢

组氨酸为生糖氨基酸，但形成糖的速度甚慢。组氨酸为人及动物生长发育所必需，对成人及成年动物维持氮平衡而言非必需，故称半必需氨基酸。

分解 组氨酸在体内的分解，动物和微生物基本相同。主要分解途径为脱氨、转氨、脱羧和转变为某些特殊衍生物。动物的组氨酸分解在肝进行。分解途径的具体反应见 **e辅学窗 14-9**。

合成 人及高等动物不能合成足够的组氨酸以维持其正常发育。微生物可从咪唑甘油磷酸（由 5- 磷酸 -D- 核糖同 ATP 作用产生的）合成组氨酸，其化学过程如图 14-22。

组氨酸的代谢途径可总结如图 14-23。

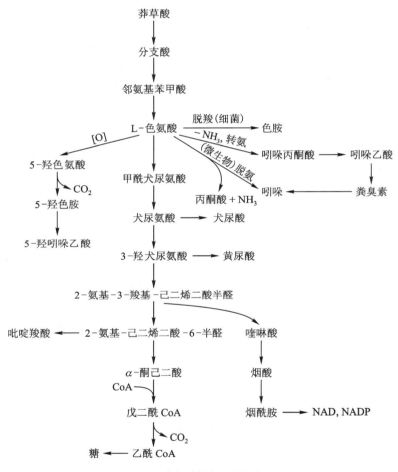

图 14-21 色氨酸的主要代谢途径示意

14.5.8 脯氨酸和羟脯氨酸的代谢

脯氨酸、羟脯氨酸严格说都非氨基酸，而是亚氨基酸。由于这两种亚氨基酸存在于动植物蛋白质中（是胶原蛋白的重要组分）故习惯上将它们列入氨基酸之内。

脯氨酸可变为羟脯氨酸，但用同位素（^{15}N）方法实验，无羟脯氨酸变脯氨酸的迹象。脯氨酸与羟脯氨酸的代谢途径有相同的一面。它们都能生糖。动物的脯氨酸和羟脯氨酸代谢主要在肝进行。

分解 脯氨酸与羟脯氨酸的分解途径和终产物是不相同的。脯氨酸降解的终产物为谷氨酸（图 14-24），而

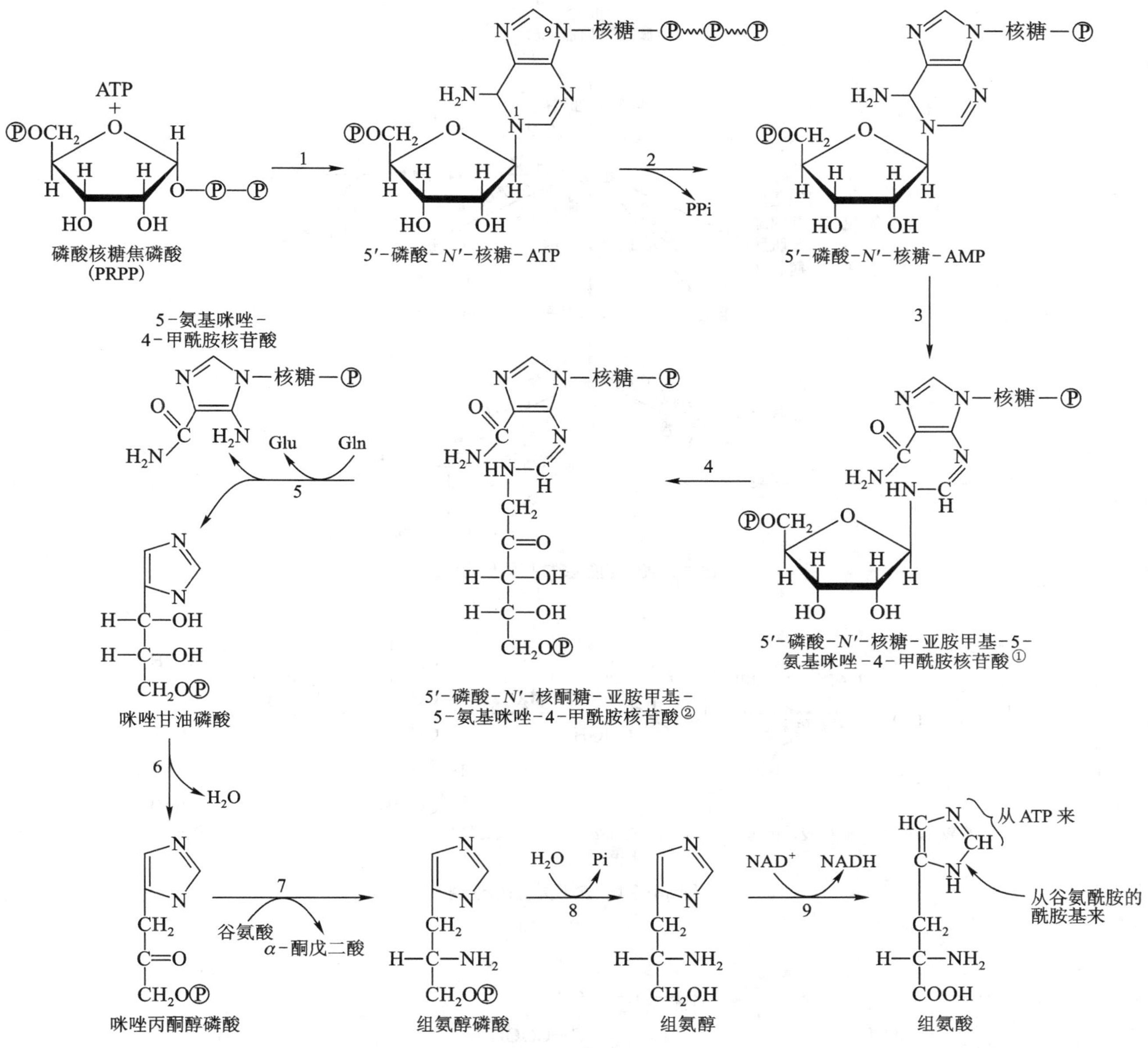

图 14-22　微生物（*E.coli* 与 *Salmonella*）的组氨酸生物合成途径

参加上述各反应的酶为：

1. ATP-核糖磷酸转移酶
2. 焦磷酸水解酶
3. 核糖磷酸-AMP环水解酶（phosphoribosyl-AMP cyclohydrolase）
4. 异构酶（phosphoribosylformimino-5-aminoimidazole-4-carboxamide ribonucleoude isomerase）
5. 谷氨酰胺酰基转移酶（glutamine amido transferase）

6. 咪唑甘油磷酸脱水酶（imidazole glycerol phosphate dehydratase）
7. 组氨醇磷酸氨基转移酶（histidinol-phosphate aminotransferase）
8. 组氨醇磷酸磷酸酯酶（histidinol phosphate phosphatase）
9. 组氨醇脱氢酶（histidinol dehydrogenase）

羟脯氨酸降解终产物为丙酮酸（图 14-25）。

① 脯氨酸的分解　脯氨酸经氧化、加水和脱氢形成谷氨酸（图 14-24）。

---

① *N'*-5-phosphoribosyl-formimino-5-amino-imidazole-4-carboxamide ribonucleotide

② *N'*-5-phosphoribulosyl-formimino-5-amino-imidazole-4-carboxamide ribonucleotide

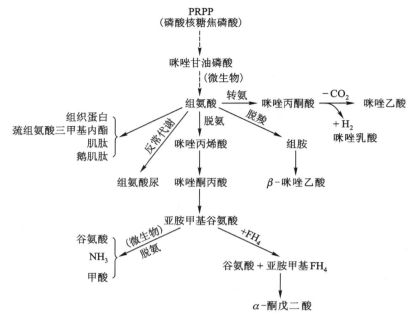

图 14-23 组氨酸的主要代谢途径

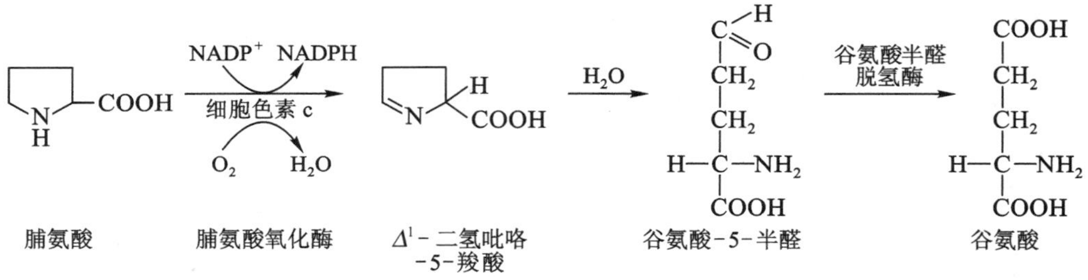

图 14-24 脯氨酸的分解途径

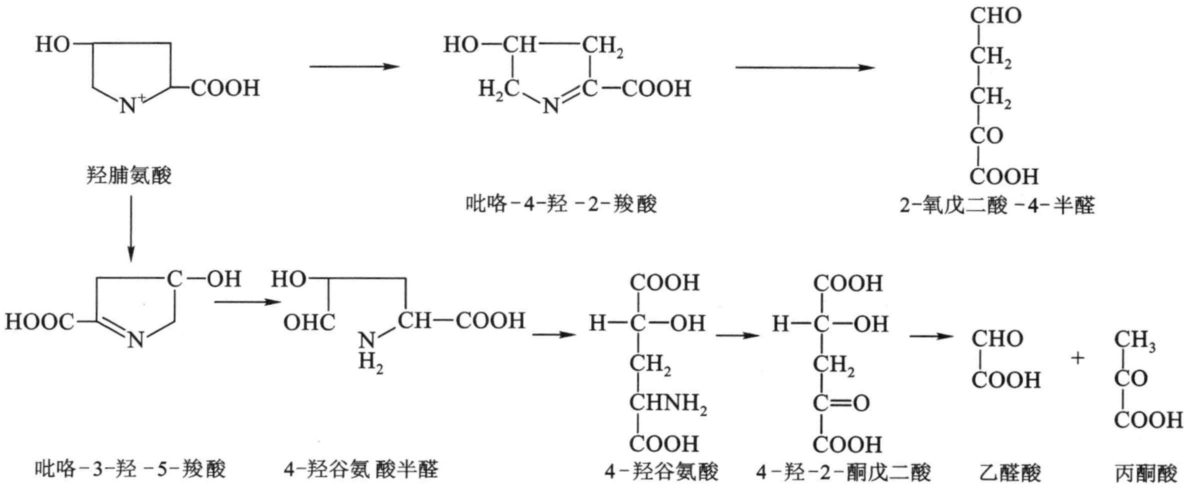

图 14-25 羟脯氨酸的分解途径

② 羟脯氨酸的分解　本书根据 D. E. Nicholson[1] 的《代谢图解》简介羟脯氨酸的分解途径如图 14-25。

脯氨酸变羟脯氨酸的反应，脯氨酸须先同 tRNA 结合才能起羟基化作用，而且需要抗坏血酸存在。

脯氨酸变精氨酸、鸟氨酸的过程必然是先变成鸟氨酸，鸟氨酸经瓜氨酸再到精氨酸（脯氨酸→鸟氨酸→瓜氨酸→精氨酸）。

合成　脯氨酸和羟脯氨酸都是从谷氨酸衍变而成，在分解代谢过程中脯氨酸产生谷氨酸，说明它的合成途径是它的分解途径的可逆反应（图 14-26）。

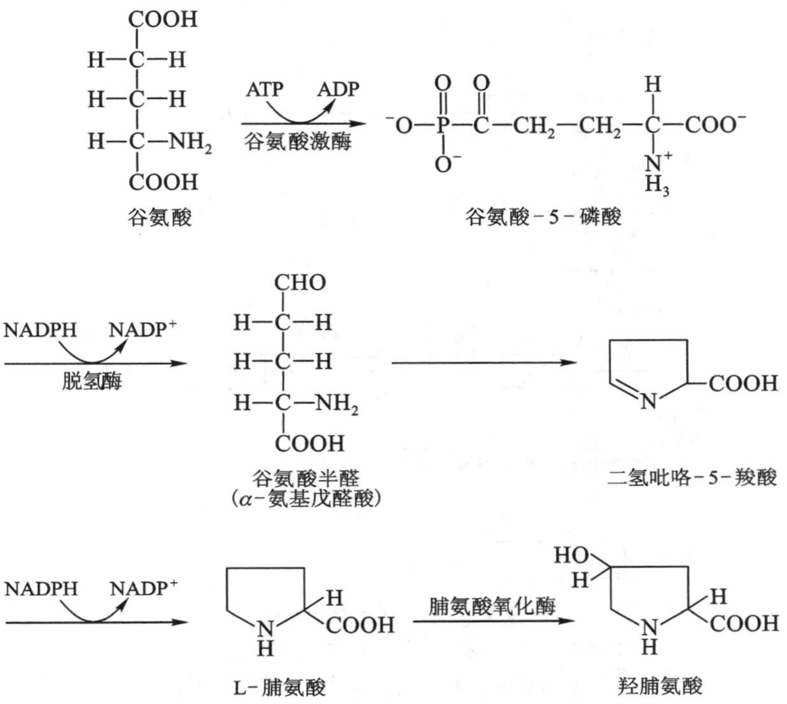

图 14-26　脯氨酸与羟脯氨酸的合成代谢途径

思考题

1. 人体内有没有一种对所有的氨基酸都能作用的氧化脱氨基酶？试描述人体细胞氨基酸的最主要脱氨基方式。

2. 氨造成脑损害的确切机制尚不清楚。试根据氨对产能代谢中某些关键中间物水平的影响提出一种可能的机制。

14.6　碳循环与氮循环

在代谢各章中，我们已提到自然界的糖类是由大气中的 CO_2 通过光和叶绿素的作用还原而成的，我们也知道，糖、脂质和蛋白质在机体内是可以互变的。糖、脂质和氨基酸脱氨后产生的有机酸在机体内分解后，最后都变为二氧化碳和水。再看各种含氮物质的转变，我们即可发现，（植物）共生型和自主型固氮微生物能利用大

---

[1]　D. E. Nicholson. Metabolic Pathways 17edi. Leeds University. BDH Ltd，Broom Rd.，Poole. England.

气氮合成 NH_3，再由氨合成蛋白质。蛋白质经生物水解放出氨基酸，氨基酸脱氨又将 NH_3 放出。NH_3 经微生物（亚硝酸菌 *Nitrosomas* 与硝化菌 *Nitrobacter*）的作用又可释放出 N_2，回到大气。所以，实际上一部分物质代谢途径主要是讨论自然界中的碳循环和氮循环。在这两种循环反应过程中，生物可取得生长、繁殖和维持生命必需的物质和能量。为使读者总结物质代谢相互间的关系起见，现将碳、氮两种循环简示如图 14-27、图 14-28。

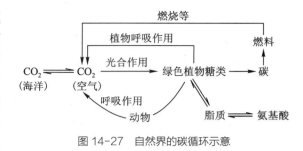

图 14-27　自然界的碳循环示意

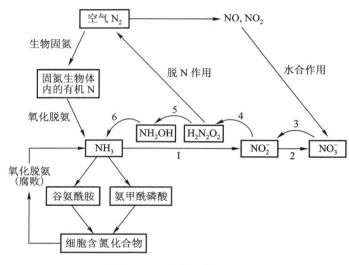

图 14-28　自然界的氮循环

1. 亚硝酸菌（*Nitrosomas*）　　　4. 亚硝酸盐还原酶
2. 硝化菌（*Nitrobacter*）　　　　5. 次亚硝酸盐还原酶
3. 硝酸盐还原酶　　　　　　　　6. 羟胺还原酶

14.7　主要的氨基酸代谢异常

氨基酸的代谢有共性，亦有个性。关于共性方面，前面已作为重点介绍。个别氨基酸的代谢途径，详见上述各节以及 ℮辅学窗。氨基酸具有广泛的生物学作用，除了作为蛋白质的组成单位、能量代谢物质以外，一些氨基酸还可以通过不同的代谢途径生成机体重要的含氮活性成分，见表 14-4。

表 14-4　氨基酸衍生的重要含氮化合物及其生理功能

氨基酸	衍生的化合物	生理功能
天冬氨酸、谷氨酰胺、甘氨酸	嘌呤碱	含氮碱基、核酸成分
天冬氨酸	嘧啶碱	含氮碱基、核酸成分
甘氨酸	卟啉化合物	血红素、细胞色素
甘氨酸、精氨酸、甲硫氨酸	肌酸、磷酸肌酸	能量储存

续表

氨基酸	衍生的化合物	生理功能
色氨酸	5- 羟色胺、尼克酸	神经递质、维生素
苯丙氨酸、酪氨酸	儿茶酚胺、甲状腺素	神经递质、激素
酪氨酸	黑色素	皮肤色素
谷氨酸	γ- 氨基丁酸	神经递质
甲硫氨酸、鸟氨酸	精胺、亚精胺	细胞增殖促进剂
半胱氨酸	牛磺酸	胆汁酸成分
精氨酸	一氧化氮	胞内信使，生理功能广泛

　　氨基酸代谢途径中相关的蛋白质和酶发生缺陷，或者各种病理状态下均会导致氨基酸代谢的异常，引发各种疾病。

14.7.1　先天性氨基酸代谢缺陷症

　　由于机体内先天性缺乏某种氨基酸代谢的酶，导致该酶作用的底物在血液中积累或大量从尿液中排出。这类疾病往往发生在婴儿时期，常表现为智力迟缓、发育不良、抽搐、共济失调和昏迷等，常在幼年就导致患儿死亡。例如苯酮尿症、酪氨酸代谢病、尿黑酸症和白化病都是由于苯丙氨酸和酪氨酸的分解代谢异常造成的遗传缺陷（见 14.5.6）。又如，高精氨酸血症（argininemia）是由于缺乏精氨酸酶，即尿素循环最后一步反应的酶，导致血浆、脑脊液和尿中精氨酸含量显著增多，即高精氨酸血症。病人表现为进行性智力和运动障碍、严重肌强直、异常脑电图，并有共济失调、舞蹈症以及周期性急性发作。

14.7.2　氨基酸代谢与肝性脑病

　　肝性脑病是指代谢紊乱引起的中枢神经系统功能的异常。研究发现，氨基酸代谢异常与肝性脑病关系密切，其可能的病理机制与血氨水平升高有密切关系。氨基酸分解代谢产生的氨大部分进入肝合成尿素，以保持较低的血氨水平。而肝功能障碍将导致血氨升高，高血氨将干扰脑部细胞代谢，使得脑细胞能量供给不足，从而影响脑功能。另一方面，血氨升高刺激胰高血糖素的分泌，进一步加重血氨的升高，导致血浆游离色氨酸水平和过量的芳香族氨基酸进入中枢神经系统后，干扰正常神经递质的作用，引起脑内有关代谢紊乱。此外，肠道细菌可以将苯丙氨酸及酪氨酸脱羧后产生苯乙胺和酪胺，这些芳香胺类不能经肝降解处理，而是经过血液进入脑组织，从而干扰脑组织中正常的神经递质儿茶酚胺类的代谢，引起神经系统功能紊乱。

14.7.3　氨基酸代谢与肿瘤

　　肿瘤细胞摄取氨基酸，尤其是支链氨基酸的速度明显高于正常细胞，导致肿瘤与机体竞争营养物质，造成宿主体内相应氨基酸的水平降低，氨基酸代谢发生紊乱，引起体力下降和免疫力低下，产生各种并发症。近年来，很多学者通过营养学角度研究不平衡的氨基酸搭配对肿瘤生长的抑制作用，发现去除特异的氨基酸种类之后，可以抑制肿瘤的增殖。例如，有研究发现耗竭精氨酸主要具有抑制肿瘤细胞增殖，降低转移和复发率的作用，并可以改善宿主生存率；多数肿瘤细胞对甲硫氨酸表现出依赖性，去除甲硫氨酸可以阻止甲基化，抑制多胺合成和翻译的启动，从而抑制肿瘤增殖；去除缬氨酸后，肿瘤细胞生长受到不可逆的抑制，而增加亮氨酸的用量，可以增强缬氨酸的抑制作用；苯丙氨酸在体内可以转变为酪氨酸，去除苯丙氨酸和酪氨酸均可以抑制肿瘤细胞增殖；另外，谷氨酰胺是肿瘤细胞能量的主要来源，肿瘤细胞对其摄取的效率高于其他种类的氨基酸。动物实验证实，降低谷氨酰胺的浓度可以有效抑制肿瘤的生长，有利于特异性化疗药物的疗效以及防止肿瘤细胞产生抗药性。因此，从正常组织和肿瘤组织氨基酸代谢差异入手，针对不同类型的肿瘤制定相应的不平衡氨基酸方案，同时配合肿瘤治疗的手术、放疗和化疗等其他手段，可能为肿瘤的治疗、维护以及改善患者的生存质量提供一个新的思路。

总结性思考题

1. 氨基酸的分解和合成有哪些共同途径？其主要产物是什么？
2. 地球上生物体内的 NH_3 从何而来，到何处去？
3. 哪种氨基酸与以下物质的合成有关：5-羟色胺、胆碱、谷氨酰胺、黑色素、烟酰胺？
4. 尿素循环和三羧酸循环有哪些共同代谢中间物？
5. 体检发现血中转氨酶升高代表肝功能异常，其原理是什么？
6. 简述氨基酸代谢与细胞内信号分子 NO 的关系。
7. 健身人群摄入高蛋白饮食的作用是什么？不当使用可能有哪些危害？
8. 从氨基酸代谢角度解读肝的"利他"作用。

数字课程学习

教学课件　　　在线自测　　　思考题解析

第十五章 核酸的降解和核苷酸代谢

提要与学习指导

本章扼要地叙述了核酸的酶解，生物体内嘌呤核苷酸和嘧啶核苷酸的分解途径和生物合成。对与生化反应有重要关系的核苷酸衍生物如 NAD、NADP、FMN、FAD 和 CoA 等在机体中的合成途径在 🅔辅学窗 15-1 中也作了介绍。学习本章时要注意下列各点：

1. 首先要了解核酸在体内的分解概况，主要包括核酸如何分解成核苷，核苷如何进一步分解成各种代谢产物（尿酸、尿素等）。

2. 由于肌苷酸（次黄嘌呤核苷酸）是腺苷酸和鸟苷酸的前体，而尿苷酸是胞苷酸和胸苷酸的前体，所以必须先了解这两种核苷酸（指肌苷酸和尿苷酸）的生物合成途径及其调节，然后了解其他核苷酸的生物合成途径。

3. 结合维生素、辅酶、嘌呤、核糖等的基本结构来学习各种辅酶核苷酸。

15.1 核酸的酶解

动物摄入的食物中的核酸在胃的酸性条件下不被降解，它们主要在小肠中被胰腺分泌的核酸酶以及磷酸二酯酶降解为核苷酸。离子化状态的核苷酸不能通过细胞膜，它们被核苷酸酶水解为核苷后，核苷可直接被肠黏膜吸收，或在核苷酶作用下，进一步降解为游离的碱基和核糖。核酸酶解概况可用下式表示：

$$核酸 \xrightarrow{\text{核酸酶}} 单核苷酸 \xrightarrow[\text{Pi}]{\text{核苷酸酶}} 核苷 \xrightarrow{\text{核苷酶}} 嘌呤（或嘧啶）+ 核糖（或脱氧核糖）$$

核酸降解的第一步是水解连接核苷酸之间的磷酸二酯键，生成寡核苷酸和单核苷酸。生物体内有专一性强，只能作用于核酸的磷酸二酯酶，称核酸酶。水解核糖核酸的称核糖核酸酶，水解脱氧核糖核酸的称脱氧核糖核酸酶。由于核糖核酸酶和脱氧核糖核酸酶水解核酸分子内部的磷酸二酯键，故又称核酸内切酶（endonuclease）。

另有一些非专一性的磷酸二酯酶对核糖核酸或脱氧核糖核酸或寡核苷酸都能起作用，它们从多核苷酸链的一端开始，逐个水解下单核苷酸，故称核酸外切酶（exonuclease）。

各种单核苷酸经核苷酸酶（nucleotidase）作用，生成核苷和磷酸。因核苷酸酶催化磷酸单酯键的水解，故属磷酸单酯酶。核苷酸酶分专一性和非专一性两类，专一性的核苷酸酶只能将 3′- 核苷酸或 5′- 核苷酸的磷酸基水解下来，分别称为 3′- 核苷酸酶或 5′- 核苷酸酶；非专一性的核苷酸酶则无论磷酸基在核苷的 2′、3′ 或 5′ 位都可水解。

催化核苷降解的酶是核苷酶（nucleosidase），核苷酶分两类：一类是核苷水解酶，它们可催化核苷水解成碱基（嘌呤或嘧啶）和戊糖（核糖或脱氧核糖）；另一类是核苷磷酸化酶，可催化核苷磷酸解成碱基和 1- 磷酸戊糖，其反应如下：

$$\text{核苷} + H_2O \xrightarrow{\text{核苷水解酶}} \text{碱基} + \text{戊糖}$$

$$\text{核苷} + \text{磷酸} \underset{\text{核苷磷酸化酶}}{\rightleftharpoons} \text{碱基} + 1\text{- 磷酸戊糖}$$

核苷水解酶主要存在于植物和微生物体内，反应不可逆，而核苷磷酸化酶广泛存在于动、植物体内，所催化的反应是可逆的。

用同位素标记核酸的实验表明，摄入核酸中的嘌呤和嘧啶都只有少量用于组织中核酸的合成，大部分被降解和排出。细胞内核酸降解为核苷酸，以及核苷酸的进一步分解，均类似于上述食物中核酸的酶解过程。

15.2 核苷酸的分解代谢

15.2.1 嘌呤核苷酸的分解代谢

腺嘌呤核苷酸（AMP）及鸟嘌呤核苷酸（GMP）由相应的 5′- 核苷酸酶催化，加水脱磷酸生成腺苷及鸟苷以后，它们的分解代谢途径如图 15-1 所示。

黄嘌呤是嘌呤分解代谢的共同中间物。腺苷经腺苷脱氨酶[①]和核苷磷酸化酶作用生成次黄嘌呤，次黄嘌呤经黄嘌呤氧化酶作用变为黄嘌呤；鸟苷经核苷磷酸化酶作用生成鸟嘌呤，鸟嘌呤经鸟嘌呤脱氨酶作用变成黄嘌呤。

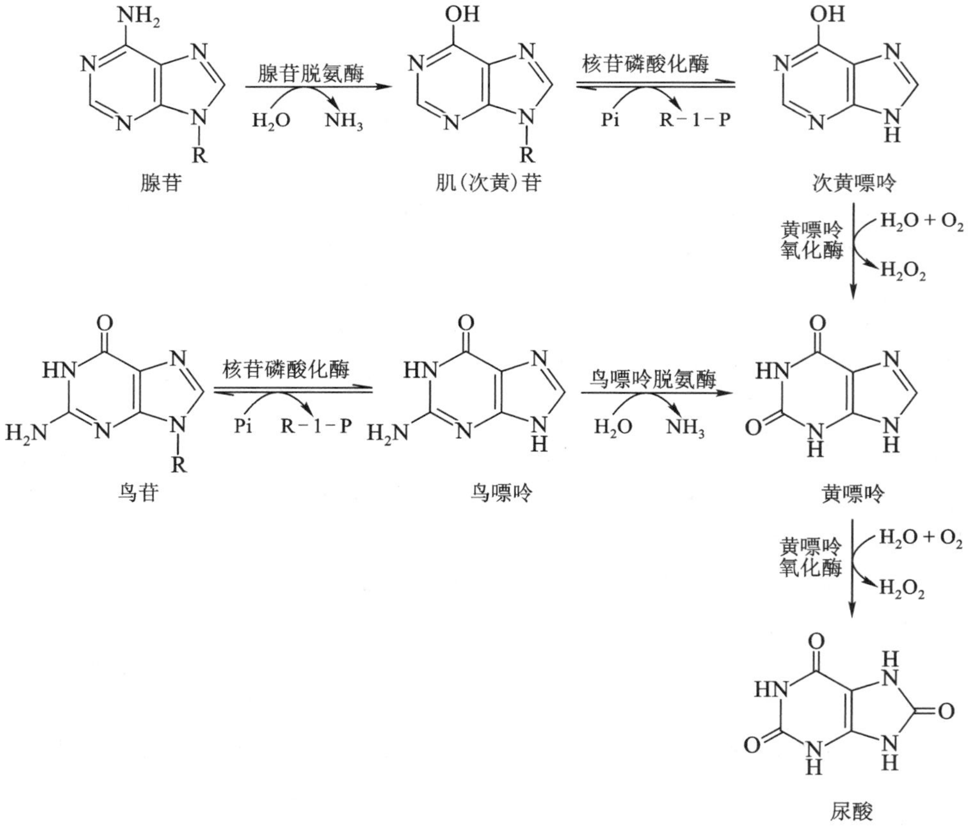

图 15-1 嘌呤核苷及嘌呤的分解代谢

[①] 腺苷脱氨酶（adenosine deaminase）也称腺苷氨基水解酶，催化腺苷的水解脱氨。其他的核苷脱氨酶也类同。

黄嘌呤经黄嘌呤氧化酶作用则变为尿酸。

在动物组织中腺嘌呤脱氨酶含量极少，而腺苷脱氨酶在动物组织中分布很广，活性较高，因此腺嘌呤的脱氨反应很可能是在腺苷水平而不是在游离腺嘌呤上发生。腺苷脱氨酶的遗传缺陷会导致严重联合免疫缺陷病（severe Combined Immunodeficiency，SCID）。SCID 是由腺苷脱氨酶单个基因突变引起。腺苷脱氨酶缺乏使细胞内 dATP 浓度升高，影响胞内 dNTPs 的合成，从而阻止 DNA 的复制。受腺苷脱氨酶基因突变影响最深的是淋巴细胞，而免疫反应的发生与淋巴细胞的分裂密切相关，细胞分裂之前首先需要 DNA 复制，DNA 复制受阻导致淋巴细胞不能有效分裂，造成机体内淋巴细胞严重缺乏，患者免疫力几乎完全丧失，任何感染都可能使患者死亡。SCID 可以采用基因治疗和骨髓移植的方法来进行治疗。世界上首个成功的基因治疗就是应用在 SCID 的（见 **e** 辅学窗 15-2）。

应当指出的是：腺苷酸（AMP）在肌肉中亦可经腺苷酸脱氨酶作用生成肌苷酸（IMP）[1]。肌肉中腺苷酸脱氨酶遗传性缺陷的个体很容易疲劳，并经常在运动后痉挛。

鸟嘌呤脱氨酶分布较广，故鸟嘌呤的脱氨反应主要在游离鸟嘌呤水平上进行，生成黄嘌呤。

黄嘌呤氧化酶将次黄嘌呤转变为黄嘌呤，再将黄嘌呤转变为尿酸。在哺乳动物中，黄嘌呤氧化酶几乎全部存在于肝和小肠黏膜中。它是由完全相同的相对分子质量为 130 000 的两个亚基组成的复合酶。每个亚基都含有一套完整的电子转运系统：1 个 FAD、1 个在 Mo（IV）和它的氧化态 Mo（VI）之间循环的 Mo 复合物以及 2 个不同的 Fe-S 簇。黄嘌呤（或次黄嘌呤）的氧化过程极其复杂，其最终的电子受体为分子氧，进入尿酸的氧来自于水。当底物与酶结合后，Mo（VI）被还原成 Mo（IV），电子经过黄素蛋白、铁硫中心等一系列转移步骤传递给分子氧，并与氢离子形成 H_2O_2，Mo（IV）则再氧化成 Mo（VI）。产物 H_2O_2 是一种潜在的有害氧化剂，随后在过氧化氢酶作用下生成 H_2O 和 O_2。

人类和其他灵长类动物、鸟类、爬行动物及昆虫嘌呤分解代谢的最终产物是尿酸。人体嘌呤的分解代谢主要在肝、小肠和肾进行，所产生的尿酸随尿排出。若尿酸在体内过量积累，血中尿酸过高，尿酸盐晶体沉积于关节、软组织、软骨和肾等处，引起关节疼痛、尿路结石和肾疾病，称痛风病（gout）（见 **e** 辅学窗 15-3），多见于成年男性。结构与次黄嘌呤很相似的别嘌呤醇（allopurinol）（仅在分子中 N-7 与 C-8 互换了位置）对黄嘌呤氧化酶有很强的抑制作用，因而可减少尿酸的形成，临床上用它治疗痛风症。别嘌呤醇可被黄嘌呤氧化酶羟化成别黄嘌呤（alloxanthine）[2]，它与还原型的酶紧密结合，从而使黄嘌呤氧化酶失活（参见酶化学章 5.9.2.7）。

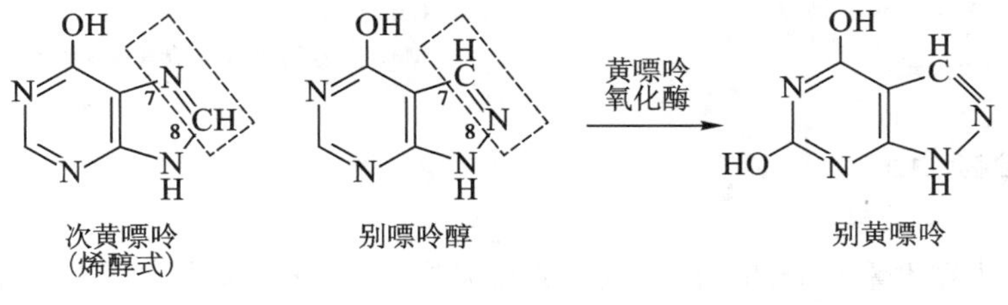

次黄嘌呤（烯醇式）　别嘌呤醇　黄嘌呤氧化酶　别黄嘌呤

尿酸的进一步分解随不同生物而异，人类和其他灵长类、鸟类、爬行动物和昆虫的嘌呤分解止于尿酸，其他生物还能将尿酸进一步分解为尿囊素、尿囊酸、尿素，甚至分解为二氧化碳和氨，见图 15-2。

植物和微生物体内嘌呤代谢的途径大致与动物相类似，植物体内广泛存在有尿囊素酶、尿囊酸酶和脲酶等。嘌呤代谢的中间物如尿囊素、尿囊酸等也在多种植物中大量存在。微生物一般能分解嘌呤类物质生成氨、二氧化碳及一些有机酸。

嘌呤碱与其核苷和核苷酸的分解代谢可总结如图 15-3。

---

[1]　肌苷酸的代号为 IMP，即 inosine monophosphate 的缩写，又称 inosinic acid 或 inosinate，中文名又称次黄（嘌呤核）苷酸。

[2]　也称氧嘌呤醇（oxypurinol）。

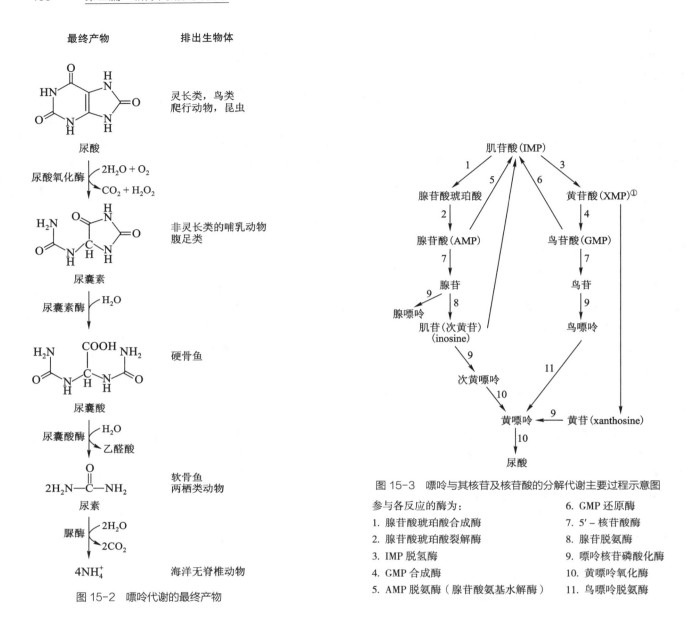

图 15-2 嘌呤代谢的最终产物

图 15-3 嘌呤与其核苷及核苷酸的分解代谢主要过程示意图

参与各反应的酶为：

1. 腺苷酸琥珀酸合成酶	6. GMP 还原酶
2. 腺苷酸琥珀酸裂解酶	7. 5'- 核苷酸酶
3. IMP 脱氢酶	8. 腺苷脱氨酶
4. GMP 合成酶	9. 嘌呤核苷磷酸化酶
5. AMP 脱氨酶（腺苷酸氨基水解酶）	10. 黄嘌呤氧化酶
	11. 鸟嘌呤脱氨酶

15.2.2 嘧啶核苷酸的分解代谢

嘧啶核苷酸经 5'- 核苷酸酶和核苷酶降解为相应的嘧啶碱，与嘌呤分解类似，有氨基的嘧啶如胞嘧啶首先要水解脱氨。在哺乳动物体内，胞嘧啶的水解脱氨发生在核苷水平上。尿苷再经尿苷磷酸化酶作用生成尿嘧啶，见下式：

① XMP 为 xanthosine-5'-monophosphate 的缩写；GMP 为 guanosine-5'-monophosphate 的缩写。

哺乳动物肝中的酶能将尿嘧啶和胸腺嘧啶进一步分解。首先将尿嘧啶或胸腺嘧啶还原成相应的 5,6- 二氢嘧啶，然后水解酰胺键，还原性嘧啶环断裂，最后生成氨、二氧化碳、β- 丙氨酸或 β- 氨基异丁酸（图 15-4）。β- 丙氨酸和 β- 氨基异丁酸都是氨基酸，可像氨基酸那样进行代谢。

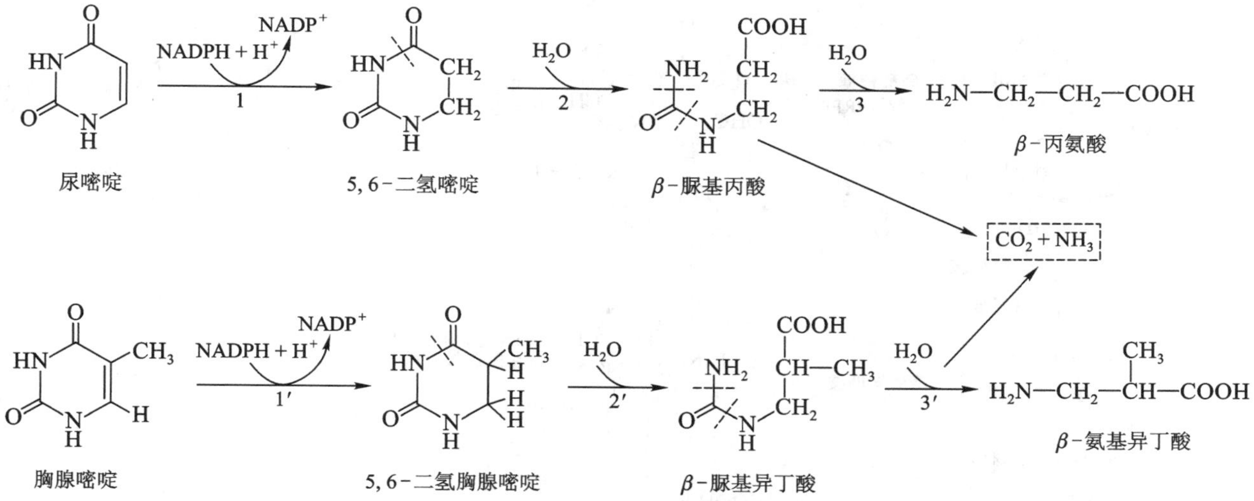

图 15-4　尿嘧啶和胸腺嘧啶的分解

上述嘧啶分解反应中的酶为：

1、1′. 二氢嘧啶脱氢酶（即二氢嘧啶：NADP⁺ 氧化还原酶）
2、2′. 二氢嘧啶水化酶（hydropyrimidine hydrase）
3、3′. 脲基丙酸酶（β-ureidopropionase）（酰胺水解酶）

15.3　核苷酸的合成代谢

15.3.1　单核苷酸的生物合成

实验指出，在生物体中，嘌呤碱和嘧啶碱的合成不是先合成游离的嘌呤碱或嘧啶碱，而是与核苷酸同时合成的。

核苷酸在体内的合成有两条途径。一条是利用磷酸核糖、氨基酸、一碳单位以及 CO_2 等简单物质为原料，经过一系列复杂的酶促反应合成核苷酸，称为从头合成途径（de novo synthesis pathway）。另一条是补救途径（salvage pathway），它是利用体内游离的碱基或核苷，经过比较简单的反应过程来合成核苷酸。这两条途径在不同的组织中的重要性各不相同，如肝中主要是从头合成途径，而脑和骨髓则只能进行补救合成。

15.3.1.1　嘌呤核苷酸的生物合成

（1）嘌呤核苷酸的从头合成　同位素实验证明，从头合成中嘌呤环上的各个原子分别来自于天冬氨酸、甘氨酸、谷氨酰胺、CO_2 和甲酰 FH₄（图 15-5）。在生物体中首先合成的嘌呤核苷酸为 IMP，再由 IMP 转变为 AMP、XMP 和 GMP。

① 肌苷酸的生物合成　由 5′- 磷酸核糖（以 R5′P 代表）开始经一系列的酶促反应生成甲酰甘氨咪唑核糖核苷酸，然后咪唑环闭合生成 5- 氨基咪唑核苷酸。再经羧化，与天冬氨酸缩合、甲酰化、再闭环而生成 IMP。

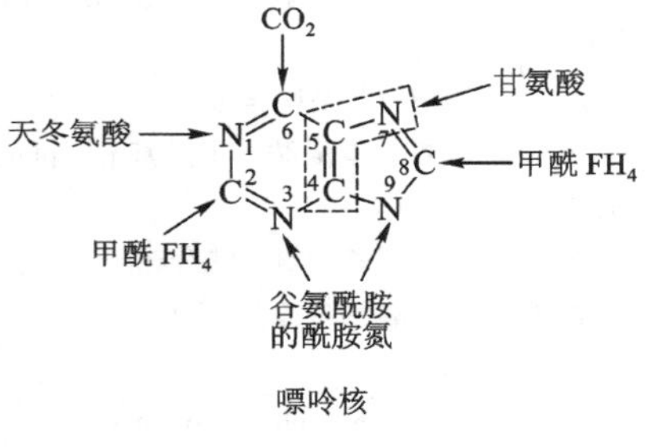

图 15-5　嘌呤核的来源

这一连串反应可表示如图 15-6。

在嘌呤生物合成中谷氨酰胺是很重要的。与谷氨酰胺结构相似的拮抗物如重氮丝氨酸（azaserine）和 6- 重

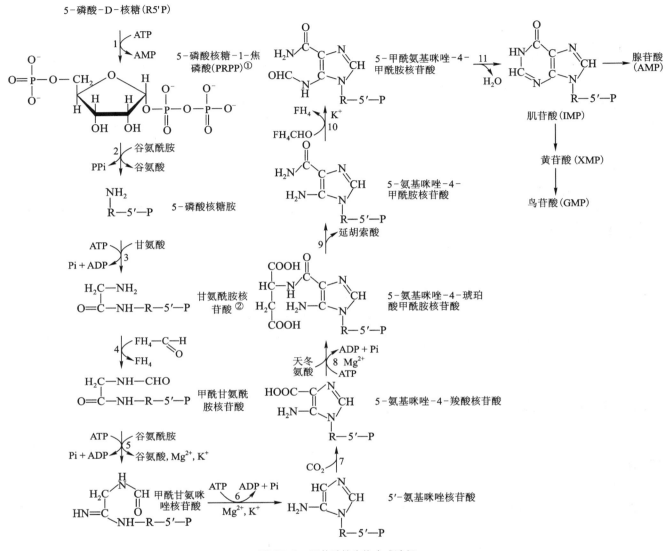

图 15-6　肌苷酸的生物合成途径

R 为核糖基

参加上述各反应的酶为：

1. 磷酸核糖焦磷酸激酶

2. 磷酸核糖焦磷酸 – 酰胺基转移酶（phospho-ribosyl-pp-amidotransferase）

3. 磷酸核糖甘氨酰胺合成酶

4. 磷酸核糖甘氨酰胺转甲酰基酶（phospho-ribosyl-glycine amide formyl transferase）

5. 磷酸核糖甲酰甘氨咪唑合成酶

6. 磷酸核糖氨基咪唑合成酶

7. 磷酸核糖氨基咪唑羧化酶

8. 磷酸核糖氨基咪唑 – 琥珀酸 – 甲酰胺合成酶（phospho-ribosyl-amino-imidazole-succinocarboxamide synthetase）

9. 腺苷酸 – 琥珀酸裂解酶（adenylo-succinate lyase）

10. 磷酸核糖 – 氨基咪唑甲酰胺转甲酰基酶（phospho-ribosyl aminoimidazole carboxamide formyl transferase）

11. IMP– 环化水解酶（IMP–cyclo-hydrolase）

---

①　PRPP 为 phosphoribosyl pyrophosphate 的缩写。

②　甘氨酰胺核苷酸即 5′– 磷酸核糖甘氨酰胺，图中其他名词类推。

氮 –5– 氧代正亮氨酸（DON）[①]阻止谷氨酰胺的利用从而抑制图 15–6 反应（5）。

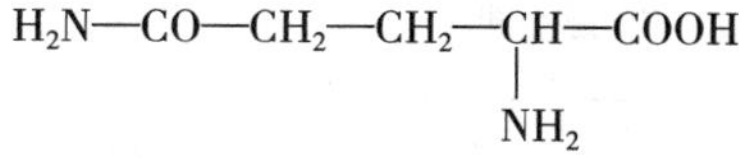

$$H_2N{-}CO{-}CH_2{-}CH_2{-}\underset{\underset{NH_2}{|}}{CH}{-}COOH \qquad 谷氨酰胺$$

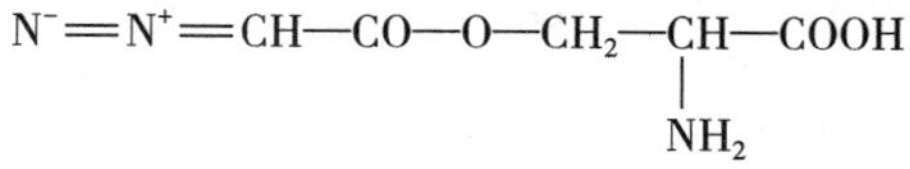

$$N^-{=}N^+{=}CH{-}CO{-}O{-}CH_2{-}\underset{\underset{NH_2}{|}}{CH}{-}COOH \qquad 重氮丝氨酸$$

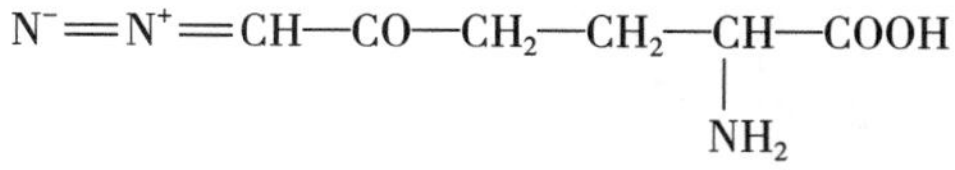

$$N^-{=}N^+{=}CH{-}CO{-}CH_2{-}CH_2{-}\underset{\underset{NH_2}{|}}{CH}{-}COOH \qquad 6{-}重氮 {-}5{-}氧代正亮氨酸$$

　　四氢叶酸的衍生物是一碳单位的载体，在嘌呤和嘧啶的生物合成中都起着重要作用。因此叶酸的拮抗物如氨基蝶呤、氨甲蝶呤等都能强烈地抑制反应（4）和反应（10）。研究这些抑制嘌呤核苷酸生物合成的化合物，为治疗某些类型癌症提供有益的线索。

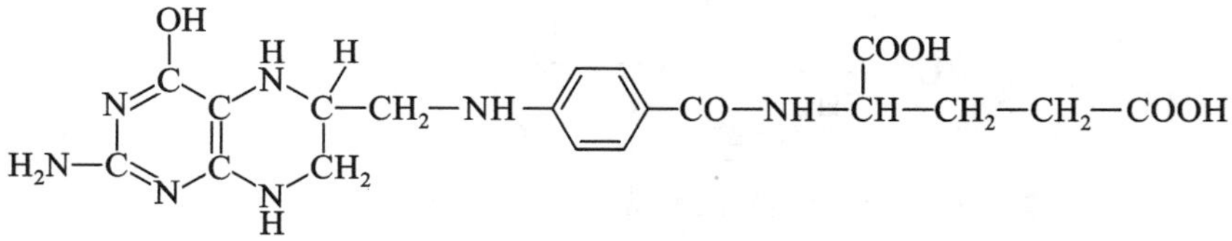

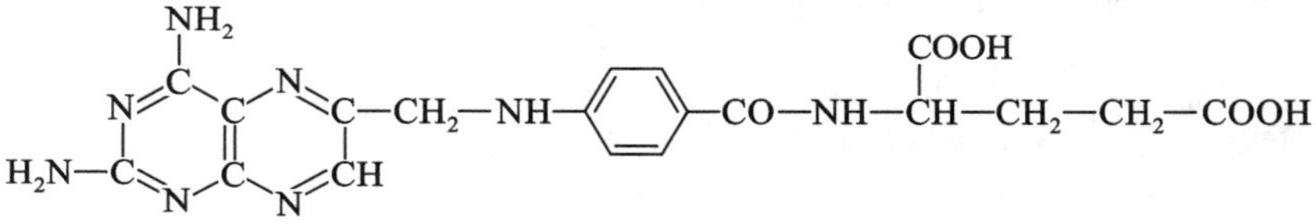

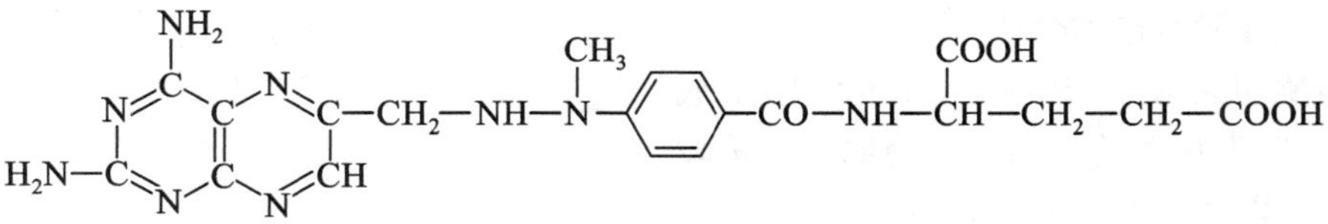

　　② 其他嘌呤核苷酸的生物合成　　由 IMP 可以转变为 AMP、XMP 和 GMP，其反应途径可表示如图 15–7。

　　（2）嘌呤核苷酸的补救合成途径　　补救途径是利用体内已有的嘌呤碱或嘌呤核苷合成嘌呤核苷酸，这对生物体来说就更为经济。下列反应表示体内的两种补救途径，一种是利用已有的嘌呤碱与 1– 磷酸核糖反应生成嘌呤核苷，然后磷酸化生成嘌呤核苷酸。另一种是利用嘌呤碱直接与 5′– 磷酸核糖焦磷酸反应生成嘌呤核苷酸。后面一种补救途径更为重要。

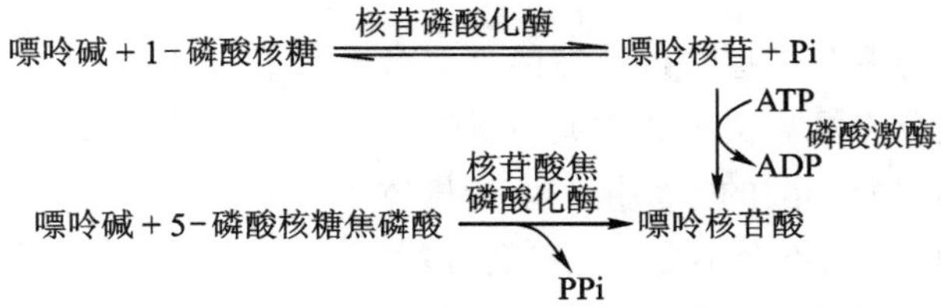

　　有实验指出，在哺乳类组织及微生物机体中广泛存在能催化从嘌呤或嘧啶碱合成单核苷酸的酶类，例如磷酸

---

① DON 为 6–diazo–5–oxonorleucine 的缩写。

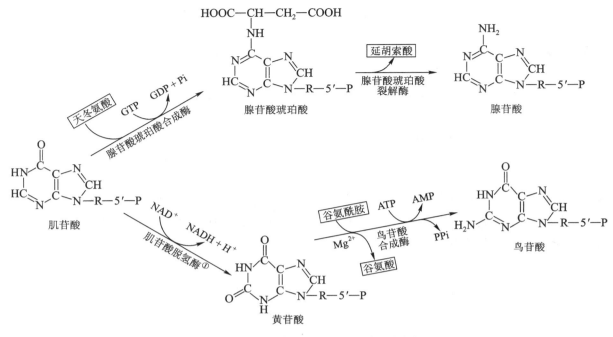

图 15-7 肌苷酸、黄苷酸和鸟苷酸的生物合成途径

核糖转移酶（phosphoribosyl transferase）就能催化下列类型的
反应：

$$\text{嘌呤（或嘧啶）碱 + PRPP} \longrightarrow \text{5'- 磷酸核糖核苷 + PPi}$$

释放出的无机焦磷酸（PPi）迅速被无机焦磷酸酶水解，
故上述反应为不可逆，有利于核苷酸的合成。

嘌呤磷酸核糖转移酶也可使腺嘌呤与 PRPP 作用生成
AMP，同样，次黄嘌呤 – 鸟嘌呤磷酸核糖转移酶能使次黄嘌
呤和鸟嘌呤同 PRPP 作用分别转变为 IMP 和 GMP。

人体细胞中的嘌呤核苷酸大多是通过从头合成途径合成，
但脑细胞内的嘌呤核苷酸则主要是通过补救途径来合成，有
一种病人因为脑中缺乏次黄嘌呤 – 鸟嘌呤磷酸核糖转移酶，
就患自毁容貌综合征（Lesch–Nyhan syndrome）（见 ⏹辅学窗
15–4）。这是因为脑细胞内嘌呤核苷酸合成的补救途径受阻，
使中枢神经系统功能失常，智力发育不正常，非常爱挑衅和
自我毁伤。

（3）**嘌呤核苷酸生物合成的调节** 嘌呤核苷酸的从头合
成途径是体内提供核苷酸的主要来源。机体通过调节机制控
制其合成速率以满足核酸代谢对核苷酸的需要量。由于机体
有精确的调节作用，所以核苷酸的量不会不足，也不会过剩。
嘌呤核苷酸的从头合成途径受终产物的反馈抑制，有 3 个主
要的调控点（图 15-8）。

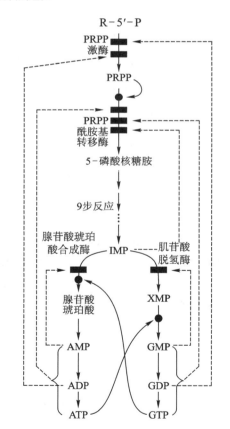

图 15-8 嘌呤核苷酸生物合成的调节
"--→" 和 "▉▉" 表示抑制，"——→" 和 "●" 表示激活

---

① 又称次黄嘌呤脱氢酶。

　　第一个调控点是 IMP 合成途径中由 PRPP 酰胺基转移酶催化的反应，这个反应是整个反应序列的限速步骤，这个酶的调节可能是控制嘌呤从头合成的最重要因素。PRPP 酰胺基转移酶是别构酶，受腺苷酸系列（AMP、ADP、ATP）和鸟苷酸系列（GMP、GDP、GTP）的反馈抑制，从头合成的终产物 AMP、GMP 和 IMP 对此反应的调节尤为强烈。PRPP 酰胺基转移酶以 2 种形式存在：①活性形式，为单体，相对分子质量为 133 000；②非活性形式，为二聚体，相对分子质量为 270 000。AMP、GMP 和 IMP 均可使其由活性状态转变为非活性状态的二聚体，因此无论是它们中的任何一种过量积累，均会导致 5- 磷酸核糖胺生成过程的抑制。PRPP 可使 PRPP 酰胺基转移酶解聚，由非活性状态转变为活性状态，因此 PRPP 浓度的增加可增强此酶的活性，加速 5- 磷酸核糖胺的生成。

　　第二个调控点是 IMP 到 AMP 和 GMP 的分支途径上的第一步反应，分别受其终产物的反馈抑制。过量的 AMP 抑制腺苷酸琥珀酸合成酶，控制 AMP 的生成；而过量的 GMP 抑制肌苷酸脱氢酶，控制 GMP 的生成。此外，IMP 转变成腺苷酸琥珀酸时需 GTP，GTP 可促进 AMP 的生成；而 XMP 转变成 GMP 时需要 ATP，ATP 可促进 GMP 的生成。这种交叉调节对维持 ATP 与 GTP 浓度的平衡有重要意义。

　　最后的调控点是 PRPP 激酶催化的 PRPP 合成的调节，ADP 和 GDP 反馈抑制 PRPP 激酶，限制了 PRPP 的合成。故当细胞内 ATP/ADP 的比值降低时，影响 PRPP 的生成，不利于嘌呤核苷酸的合成。

15.3.1.2　嘧啶核苷酸的生物合成

　　（1）**嘧啶核苷酸的从头合成**　从头合成途径中嘧啶环上的各个原子分别来自于 CO_2、谷氨酰胺和天冬氨酸（图 15-9）。与嘌呤核苷酸的从头合成不同的是，嘧啶核苷酸的从头合成先合成嘧啶环，然后再与 PRPP 中的磷酸核糖形成尿苷酸（UMP）。尿苷酸是胞苷酸（CMP）和胸苷酸（TMP）的前体，可转变为 CMP 和 IMP。

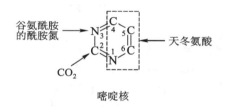

图 15-9　嘧啶核的来源

　　① 尿苷酸的生物合成　尿苷酸的合成首先在细胞质基质中，以 CO_2、谷氨酰胺为原料，由 ATP 供能，在氨甲酰磷酸合成酶 II 催化下，合成氨甲酰磷酸（carbamyl phosphate）。氨甲酰磷酸合成酶 II 与尿素循环中的氨甲酰磷酸合成酶 I（见蛋白质的降解和氨基酸代谢章 14.3.3）是不同的。真核生物有氨甲酰磷酸合成酶 I 与酶 II 之分，而细菌中就只有一种氨甲酰磷酸合成酶。氨甲酰磷酸与天冬氨酸结合成氨甲酰天冬氨酸，催化这步反应的酶是天冬氨酸氨甲酰基转移酶（或称天冬氨酸 - 氨甲酰基移换酶）。然后闭环氧化形成重要的中间物乳清酸（orotic acid）。乳清酸与 PRPP 结合成乳清核苷酸（orotidine mono-phosphate），脱羧成 UMP，如图 15-10。

　　细菌如大肠杆菌中，UMP 的生物合成的前 6 个反应是由 6 种不同的酶催化，但在高等动物中，反应 1，2 和 3 却是由一个三功能酶所催化，反应 5 和 6 是由一个双功能酶催化。UMP 生物合成中乳清酸磷酸核糖基转移酶的遗传性缺失导致乳清酸的累积，进而分泌入尿中造成乳清酸尿症（orotic aciduria）（见🅔辅学窗 15-5）。

　　UMP 可进一步转变生成 CMP 和 TMP。

　　② 胞苷酸的生物合成　胞苷酸的生物合成有 2 种途径：a.UMP → UDP → UTP → CTP → CDP → CMP；b. 胞嘧啶→ CMP。这 2 种合成途径的化学反应可表示如图 15-11。

　　（2）**嘧啶核苷酸的补救合成**　除了上面的从头合成途径外，还有利用体内已有的嘧啶或嘧啶核苷来合成嘧啶核苷酸的补救途径。在嘧啶核苷激酶（pyrimidine nucleoside kinase）作用下，外源性的或核苷酸代谢产生的嘧啶碱和核苷可以通过下列途径合成嘧啶核苷酸。例如，尿嘧啶可转变为尿苷酸。

$$尿嘧啶 + PRPP \xrightleftharpoons{UMP\ 磷酸核糖转移酶} UMP + PPi$$

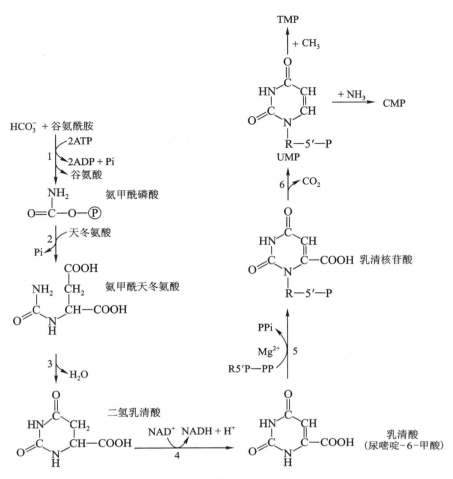

图 15-10 尿苷酸的生物合成途径

1. 反应 2 的产物氨甲酰天冬氨酸（*N*-carbamyl aspartic acid 又称 ureidosuccinic acid）
2. 参加上述各反应的酶为：
① 氨甲酰磷酸合成酶（carbamyl phosphate synthetase）
② 天冬氨酸氨甲酰基转移酶（aspartate-carbamyl transferase，ATCase）
③ 二氢乳清酸酶（dihydro-orotase）
④ 二氢乳清酸脱氢酶
⑤ 乳清酸磷酸核糖基转移酶（orotate phosphoribosyl transferase）
⑥ 乳清核苷酸脱羧酶

$$\text{尿嘧啶} + 1\text{-磷酸核糖} \underset{\;}{\overset{\text{尿苷磷酸化酶}}{\rightleftharpoons}} \text{尿苷} + \text{Pi}$$

$$\text{尿苷} + \text{ATP} \underset{Mg^{2+}}{\overset{\text{尿苷激酶}}{\rightleftharpoons}} \text{UMP} + \text{ADP}$$

（3）**嘧啶核苷酸生物合成的调节** 在细菌中，嘧啶核苷酸生物合成中的天冬氨酸氨甲酰基转移酶（aspartase carbamyl transferase，ATCase）是主要的调节酶，它是具有正协同效应的别构酶，受终产物 CTP 的反馈抑制。与此相反，ATP 是 ATCase 的别构激活剂（图 15-12A）（参见酶化学章 5.10.1.1）。

在动物中，ATCase 不是一个调节酶。嘧啶核苷酸生物合成的调节是通过控制氨甲酰磷酸合成酶Ⅱ的活性，该酶被 UDP 和 UTP 抑制，被 ATP 和 PRPP 激活。哺乳动物中第二水平的调控是乳清核苷酸脱羧酶，UMP 是此酶的抑制剂（图 15-12B）。

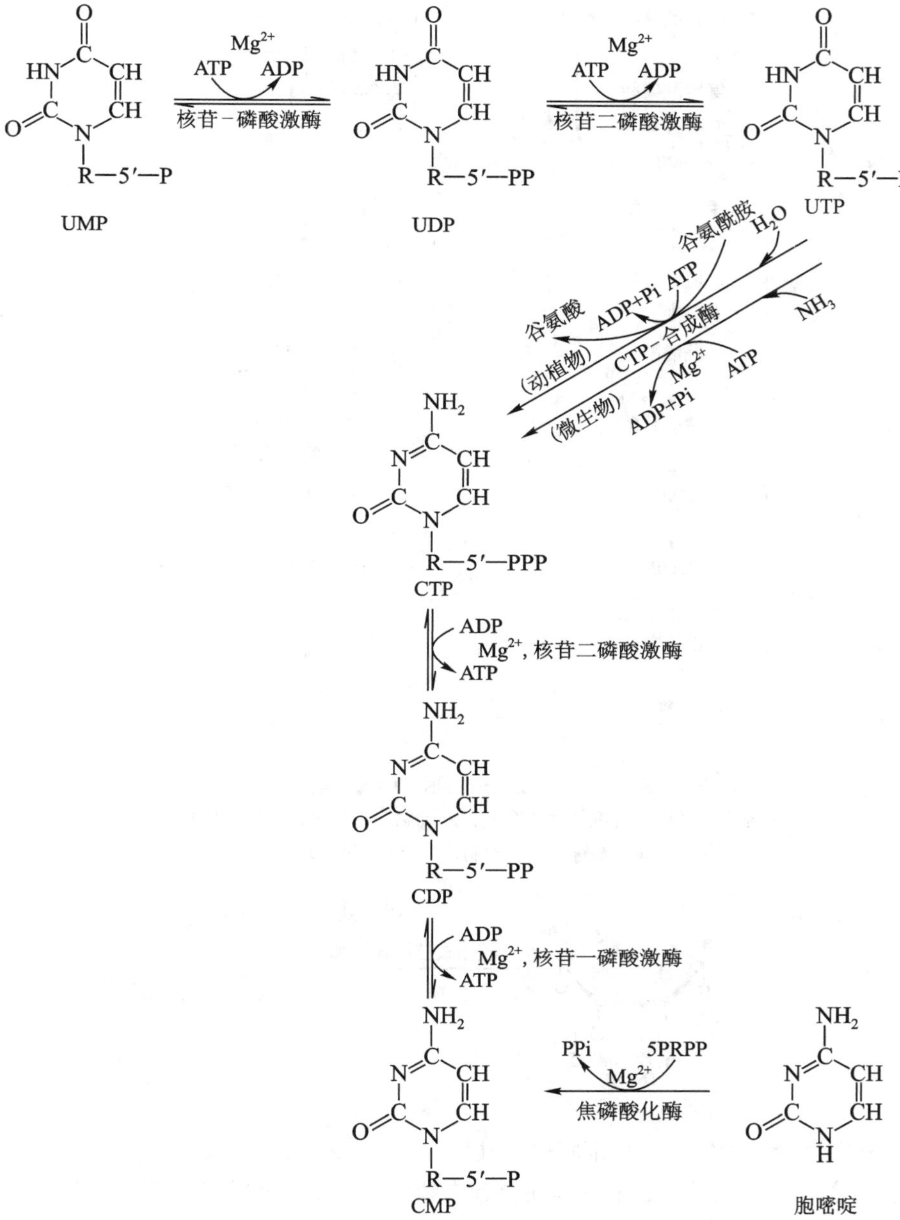

图 15-11　胞苷酸的生物合成

嘌呤核苷酸和嘧啶核苷酸的生物合成中均需 PRPP，而催化其合成的磷酸核糖焦磷酸激酶是一个别构酶，被 ADP 和 GDP 抑制（前面已提到）。此外，此酶的合成也受嘧啶核苷酸的抑制。同位素掺入实验证实，嘌呤核苷酸和嘧啶核苷酸的合成有协调控制关系。

15.3.1.3　脱氧核苷酸的生物合成

（1）脱氧核苷酸的脱氧核糖残基的形成　用同位素标记法已证实机体细胞内正常合成脱氧核苷酸的方法不是以脱氧核糖为起始物进行合成，而是用还原方法使相应核苷酸分子中的核糖脱氧转变为脱氧核苷酸。这个还原反应比较复杂，催化核糖核苷酸还原成相应的脱氧核苷酸的酶称核糖核苷酸还原酶（ribonucleotide reductase）。

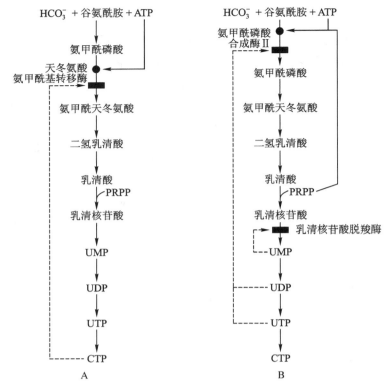

图 15-12 嘧啶核苷酸生物合成的调节

A. 细菌中嘧啶核苷酸的生物合成；B. 动物中嘧啶核苷酸的生物合成

"--→"和"██"表示抑制，"——→"和"●"表示激活

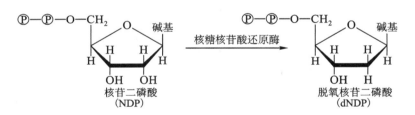

核糖核苷酸还原酶广泛分布于各种生物细胞中，其作用是催化核糖核苷酸中核糖上 C2 位的羟基还原成氢，生成脱氧核糖核苷酸。这一还原作用多数生物是在核苷二磷酸（NDP）水平上进行的，少数生物在核苷三磷酸（NTP）水平上进行。核糖核苷酸还原酶通过酶本身的别构作用与 4 种结构不同的核糖核苷酸底物（ADP、GDP、CDP、UDP）作用，生成相应的 4 种脱氧核糖核苷酸 dNDPs。

目前已发现的核糖核苷酸还原酶有 4 类，即类型Ⅰ、类型Ⅱ、类型Ⅲ和类型Ⅳ，它们都是通过自由基机制用 H 取代核糖的 2'—OH，但它们产生自由基的基团不同。下面仅介绍存在于大多数真核生物和部分原核生物中含铁的核糖核苷酸还原酶（类型Ⅰ）。该类酶以大肠杆菌的核糖核苷酸还原酶为代表，在酪氨酸自由基被淬灭后，需要氧进行再生，因此必须要在有氧的环境中才具有功能。

大肠杆菌的核糖核苷酸还原酶是由 R1 和 R2 亚基组成的二聚体，它们分开时没有活性，只有合在一起并有 Mg^{2+} 存在时才有活性。R1 亚基相对分子质量为 160 000，由两条相同的 α- 肽链组成，每条多肽链上有两个独立的效应物结合部位，其中一个是底物专一性调节部位 R1 亚基（$\alpha2$）（specificity site，S 位点），另一个是酶活性调节部位（activity site，A 位点）。此外，还有一对参与还原反应的巯基（—SH）。R2 亚基相对分子质量为 78 000，含有两条相同的 β- 肽链，每条多肽链上有一个酪氨酰基和一个通过氧桥连接的双核铁（Fe^{3+}）辅因子（binuclear iron cofactor）。双核铁辅因子的功能是产生和稳定酪氨酰自由基。酶的两个活性部位在 R1 亚基和 R2 亚基之间的界面处（图 15-13）。酶催化的反应是通过游离的自由基介导，由于 R2 亚基的酪氨酰自由基离活性部位太远，不能直接参与作用，而需要产生另一个自由基（X˙）可能是位于活性部位 R2 亚基上的半胱氨酸转变成一个硫的自由基（S˙），以起催化作用。

NDP 进入核糖核苷酸还原酶的活性部位，由 R2 亚基上的自由基（X˙）发动单电子转移反应，导致 R1 亚基上一对巯基（—SH）被氧化，同时核糖核苷酸上 2′-OH 被还原，由 H 取代 OH 生成 dNDP 和水。

NADPH 是氢的最终供体，电子如何从 NADPH 转移到核糖核苷酸还原酶活性部位的巯基？通过研究大肠杆菌发现有两种电子传递的氧化还原体系，一是还原酶 – 硫氧还蛋白体系（图 15-14A）；另一个是还原酶 – 谷氧还蛋白体系（图 15-14B）。

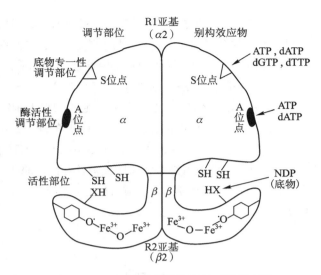

图 15-13　大肠杆菌核糖核苷酸还原酶示意图

如图 15-14 所示，还原酶 – 硫氧还蛋白体系需核糖核苷酸还原酶、硫氧还蛋白、硫氧还蛋白还原酶和 NADPH 参加。其中硫氧还蛋白（thioredoxin）是小分子蛋白质，由 108 个氨基酸组成，相对分子质量为 12 000，对热稳定。分子中有两个半胱氨酸的巯基，有氧化型和还原型，自身成为一种氧化还原体系。它在硫氧还蛋白还原酶（一种含 FAD 的黄素酶，相对分子质量为 68 000）的影响下被 NADPH 还原，然后还原型的硫氧还蛋白通过核糖核苷酸还原酶把核糖核苷酸分子中的核糖还原成脱氧核糖而形成脱氧核苷酸，其本身则重新氧化为氧化型硫氧还蛋白。所有的核糖核苷酸同样可被还原成相应的脱氧核苷酸，这一系列反应在微生物、高等植物和动物体中都很相似。

缺乏硫氧还蛋白的大肠杆菌突变株的存在，表明硫氧还蛋白不是体内唯一能还原氧化型核糖核苷酸还原酶的物质，因而导致谷氧还蛋白（glutaredoxin）的发现。谷氧还蛋白是一个含二硫键的由 85 个氨基酸组成的小分子蛋白质，这个蛋白质同样是氢携带蛋白，能传递氢。谷氧还蛋白还原酶结合两分子谷胱甘肽（GSH），可从 NADPH 获得氢，见图 15-14B。同时缺乏硫氧还蛋白和谷氧还蛋白的大肠杆菌突变株不能存活。因此，正常大肠杆菌中至少要拥有一种氧化还原体系，以便在 NADP 的还原反应中发挥作用。

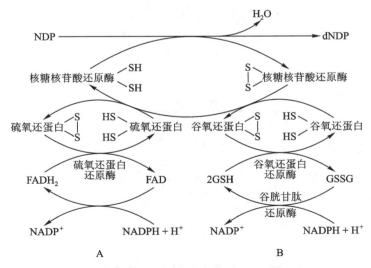

图 15-14　核糖核苷酸还原酶将核糖核苷酸还原为脱氧核糖核苷酸
A. 还原酶 – 硫氧还蛋白体系；B. 还原酶 – 谷氧还蛋白体系

别构作用精确地控制核苷二磷酸的还原，大肠杆菌核糖核苷酸还原酶的活性与细胞中核苷酸的水平相关。前面已提及还原酶的 R1 亚基上有两个独立的效应物结合部位（即 A 和 S 位点），其中 A 位点调节酶的总活性，结合 ATP 或 dATP。ATP 与 A 位点的结合使还原酶活化，而 dATP 的结合是细胞内脱氧核苷酸大量存在的信号，结合 dATP 则关闭还原酶的活性（图 15-15A）。另一个 S 位点调节底物专一性，它对 ATP、dATP、dGTP 和 dTTP 产生应答。①当 ATP 与之结合时，促进 CDP 和 UDP 还原成 dCDP 和 dUDP，dUDP 进一步形成 dTTP；②随着 dTTP 水平升高，dTTP 的结合可促进 GDP 的还原，dTTP 同时还抑制 CDP 和 UDP 的还原；③随着 dGTP 水平升高，dGTP 的结合可以促进 ADP 还原成 dADP，dGTP 同时还抑制 CDP、UDP 和 GDP 的还原（图 15-15B）。dADP 生成 dATP，与 A 位点结合，关闭核糖核苷酸还原酶的活性，抑制所有核糖核苷酸的还原。当细胞内 ATP 浓度升高时，ATP 与 A 位点结合，消除 dATP 的抑制作用，重新启动核糖核苷酸的还原。机体通过这种调节机制，保持合成 DNA 的 4 种 dNTP 的浓度平衡。

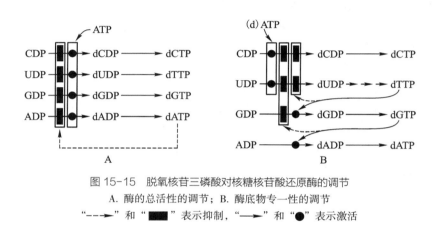

图 15-15　脱氧核苷三磷酸对核糖核苷酸还原酶的调节

A. 酶的总活性的调节；B. 酶底物专一性的调节

"-->" 和 "■" 表示抑制，"—>" 和 "●" 表示激活

（2）脱氧胸苷酸（dTMP）的生物合成　自然界存在的胸苷酸皆是脱氧胸苷酸（dTMP），是 DNA 的特有核苷酸。脱氧胸苷酸可作为脱氧核苷酸的代表。

dTMP 由脱氧尿苷酸（dUMP）经甲基化生成，甲基化是在脱氧核苷一磷酸水平上进行。反应由胸苷酸合酶（thymidylate synthase）催化，甲基供体是 N^5,N^{10}- 亚甲四氢叶酸（N^5,N^{10}-methylenetetrahydrofolate，N^5,N^{10}- 亚甲 FH_4），N^5,N^{10}- 亚甲 FH_4 给出甲基后即变成二氢叶酸（FH_2）。FH_2 经二氢叶酸还原酶催化可被 NADPH 还原成 FH_4。如果有亚甲基供体（如丝氨酸）存在，则 FH_4 可转变成 N^5,N^{10}- 亚甲 FH_4，其反应过程如图 15-16 所示。

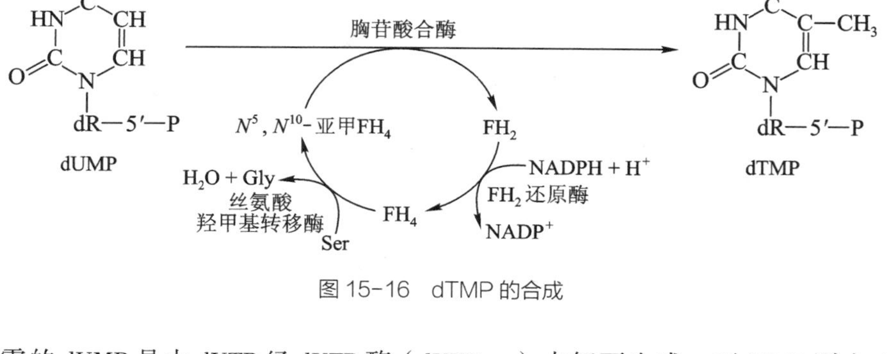

图 15-16　dTMP 的合成

合成 dTMP 所需的 dUMP 是由 dUTP 经 dUTP 酶（dUTPase）水解而生成，而 dUTP 则由 dCTP 脱氨或 dUDP 磷酸化而来，见图 15-17。

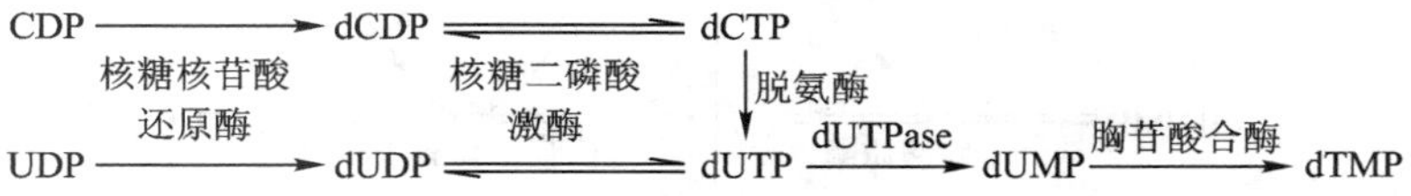

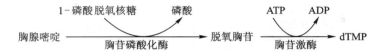

图 15-17 dUMP 的合成

为防止尿苷酸掺入 DNA，细胞内 dUTP 一生成，即被酶转变成 dUMP，以保持 dUTP 在一个很低的水平。此外，dTMP 也可经如下的补救途径合成。

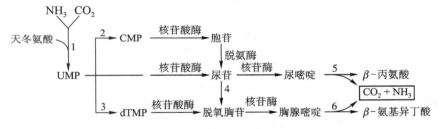

氨基蝶呤、氨甲蝶呤和三甲氧苄二氨基嘧啶等是 FH_2 的类似物（参见 15.3.1.1），能与二氢叶酸还原酶发生不可逆结合，阻止了 FH_4 的生成，抑制了胸苷酸的合成，以及其他所有依赖 FH_4 的反应，影响了 DNA 的合成。其中氨甲蝶呤已被用做抗肿瘤药物，用于急性白血病和绒毛膜上皮癌等的治疗。三甲氧苄二氨基嘧啶与磺胺类药物结合使用来治疗细菌感染。

临床上很有用的抗癌药物 5- 氟尿嘧啶（见 ⓔ辅学窗 15-6）或 5- 氟脱氧尿苷在体内能转变成 5- 氟脱氧尿苷酸（5-FdUMP），5-FdUMP 与 dUMP 的结构相似，可与胸苷酸合酶紧密结合，形成共价化合物，是胸苷酸合酶的强抑制剂，使 dTMP 的合成受到阻断，影响 DNA 的合成。

关于嘧啶与其相应核苷和核苷酸之间的关系可总结如图 15-18。

图 15-18 嘧啶与其相应核苷和核苷酸之间的关系

1. 见图 15-10 有关各酶　　　　　　　4. 胸苷合成酶
2. 见图 15-11 有关各酶　　　　　　　5、6. 见图 15-4 有关各酶
3. 见图 15-14，图 15-16 有关各酶

15.3.2　核苷三磷酸的生物合成

以上所讲的是核苷一磷酸和脱氧核苷一磷酸的生物合成途径。由于合成 RNA 和 DNA 都是以核苷三磷酸或脱氧核苷三磷酸为核酸聚合酶的底物，而代谢过程中的多种反应又都有 ATP 或 ADP 参加，因此有必要在此介绍核苷三磷酸（见 ⓔ辅学窗 15-7）的形成。

生物体合成的多种核苷一磷酸（包括脱氧核苷一磷酸）在有 ATP 存在时，通过有关的特异性激酶催化即可转变为核苷三磷酸。生物体合成的多种核苷一磷酸或脱氧核苷一磷酸以 ATP 为磷酸基供体，在专一性核苷一磷酸激酶催化下转变为核苷二磷酸或脱氧核苷二磷酸。从动物和细菌中已分离得到 AMP 激酶、GMP 激酶、UMP 激酶、CMP 激酶和 dTMP 激酶，可分别催化这类反应。核苷二磷酸激酶可催化核苷二磷酸或脱氧核苷二磷酸转变为核苷三磷酸或脱氧核苷三磷酸，与核苷一磷酸激酶相比，其专一性较低，对它的底物的碱基、核糖或脱氧核糖并无选择性，可以任何一种 NTP 或 dNTP 作为磷酸基供体。核苷一磷酸激酶和核苷二磷酸激酶催化的反应可用下式表示：

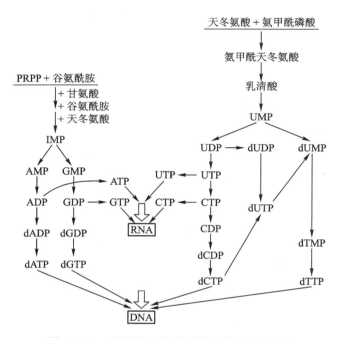

核苷酸生物合成与核酸生物合成的各种关系可总结如图 15-19。

图 15-19　核苷酸生物合成与核酸生物合成的关系

总结性思考题

1. 人和动物嘧啶分解代谢的产物是什么？
2. 脱氧核苷酸如何合成？如何受到精细调控？
3. 嘌呤核苷酸代谢异常产生痛风，别嘌呤醇为什么可以治疗痛风？
4. 氨甲喋呤为什么可作为抗肿瘤药物？
5. 常用实验动物小鼠和人类嘌呤分解代谢途径是否一致？如不一致，差别何在？
6. 嘌呤核苷酸和嘧啶核苷酸从头合成的共同前体有哪些？
7. 结合本章内容理解为何孕妇往往需要补充叶酸。
8. 核苷三磷酸合成的磷酸供体多为 ATP，为什么？

数字课程学习

👤 教学课件　　　💬 在线自测　　　📖 思考题解析

第十六章 物质代谢的相互联系和调节控制

提要与学习指导

本章是将散见在前面各章中有关代谢之间的相互联系及其调控的内容作总结性的叙述，使读者能认识到全书各章内容都是相互关联的，并通过这些内容的有机联系以阐明生命过程中的化学现象。在学习本章时应注意：

1. 复习本书酶、激素、维生素和代谢各章内容以配合本章学习。
2. 联系如血糖稳态调控等具体实例学习本章理论，容易领会掌握。
3. 神经激素对代谢的调控在生物化学方面未作详细阐述，建议参阅相关生理学和神经内分泌学内容理解。

16.1 物质代谢的相互联系

前面我们分别介绍了糖类、脂质、蛋白质和核酸等物质的代谢，但实际上机体的新陈代谢是一个完整、统一的过程，这些物质代谢之间不仅相互联系，而且密切相关。

16.1.1 糖代谢与脂质代谢之间的相互关系

糖类与脂质可相互转变，糖可转变成脂肪，脂肪也可转变成糖。

糖→脂肪 糖经酵解产生磷酸二羟丙酮，磷酸二羟丙酮经磷酸甘油脱氢酶催化加氢还原成 α– 甘油磷酸，作为合成脂肪的一个组分。糖经酵解可产生丙酮酸，丙酮酸氧化脱羧生成乙酰 CoA，再经脂肪酸合成途径生成脂酰 CoA，作为合成脂肪的另一个组分。脂酰 CoA 与 α– 甘油磷酸，再进一步合成脂肪，见下图。

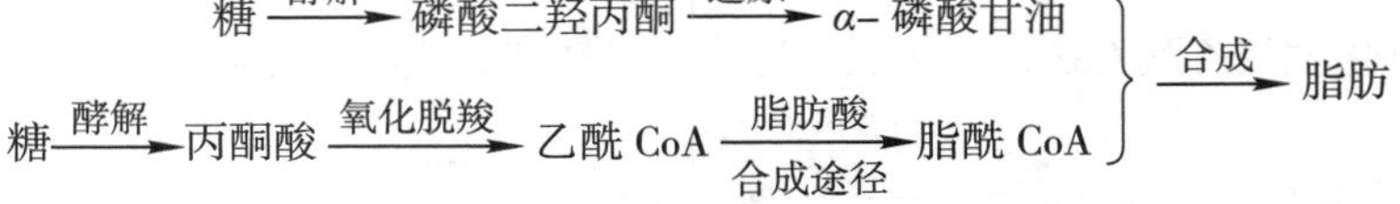

$$糖 \xrightarrow{\text{酵解}} 磷酸二羟丙酮 \xrightarrow{\text{还原}} \alpha\text{–}磷酸甘油$$
$$糖 \xrightarrow{\text{酵解}} 丙酮酸 \xrightarrow{\text{氧化脱羧}} 乙酰\ CoA \xrightarrow[\text{合成途径}]{\text{脂肪酸}} 脂酰\ CoA$$
$$\Big\} \xrightarrow{\text{合成}} 脂肪$$

脂肪→糖 脂肪分解成甘油和脂肪酸，甘油磷酸化成 α– 甘油磷酸，再氧化成磷酸二羟丙酮，然后经酵解逆行即糖异生作用生成糖。而脂肪酸经 β– 氧化生成乙酰 CoA，在植物和微生物体内乙酰 CoA 可通过乙醛酸循环生成琥珀酸，琥珀酸经三羧酸循环生成草酰乙酸，再经糖异生作用生成糖。油料作物种子萌发时，就有大量脂肪转变为糖。但在动物体内不存在乙醛酸循环。通常情况下，乙酰 CoA 通过三羧酸循环氧化成 CO_2 和 H_2O，不能生成糖。只有当三羧酸循环的中间物从其他来源得到补充时，才能合成少量的糖，所以动物体内从脂肪酸转变成糖的数量是有限的[1]，见下图：

---

① 动物体中，奇数碳脂肪酸可作为糖异生的前体物质。因为经脂肪酸 β– 氧化，产物中除了乙酰 CoA 以外还有丙酰 CoA，丙酰 CoA 可转变为琥珀酸 CoA，进入三羧酸循环，异生为糖。偶数碳脂肪酸只能生成乙酰 CoA，因此不能异生为糖。

$$脂肪 \xrightarrow{分解} \begin{cases} 甘油 \xrightarrow{磷酸化} \alpha-甘油磷酸 \xrightarrow{氧化} 磷酸二羟丙酮 \xrightarrow{糖异生} 糖 \\ 脂肪酸 \xrightarrow{\beta-氧化} 乙酰 CoA \xrightarrow[循环]{乙醛酸} 琥珀酸 \xrightarrow[循环]{三羧酸} 草酰乙酸 \xrightarrow{脱羧} 丙酮酸 \xrightarrow{糖异生} 糖 \end{cases}$$

不仅在正常情况下，就是在某些病理状态下，糖代谢与脂质代谢也是密切相关。如糖尿病患者糖代谢发生了障碍，同时也常伴随有不同程度的脂代谢的紊乱。糖尿病患者或长期饥饿或进食大量脂肪后，脂肪分解代谢水平很高，就产生大量的乙酰 CoA，但由于糖代谢水平很低，丙酮酸和草酰乙酸生成得很少，乙酰 CoA 就无法进行三羧酸循环而被氧化，乙酰 CoA 就缩合成乙酰乙酰 CoA，产生酮体，造成酮体合成速率大于酮体分解速率，酮体浓度增高，常有酸中毒的危险。

16.1.2　糖代谢与蛋白质代谢之间的相互关系

糖类与蛋白质之间也可以相互转变。

糖→氨基酸→蛋白质　糖经酵解成重要的中间物丙酮酸，丙酮酸经三羧酸循环转变成 α- 酮戊二酸和草酰乙酸。丙酮酸、α- 酮戊二酸和草酰乙酸这 3 种酮酸可经氨基化或转氨作用分别形成丙氨酸、谷氨酸和天冬氨酸，见下图：

$$糖 \xrightarrow{酵解} 丙酮酸 \xrightarrow[循环]{三羧酸} \alpha-酮戊二酸 \xrightarrow[循环]{三羧酸} 草酰乙酸$$

丙酮酸 → 丙氨酸（氨基化或转氨）
α-酮戊二酸 → 谷氨酸（氨基化或转氨）
草酰乙酸 → 天冬氨酸（氨基化或转氨）

有些氨基酸之间可互变，糖还可转变成其他非必需氨基酸。利用氨基酸可合成蛋白质。

蛋白质→氨基酸→糖　蛋白质经分解成氨基酸，其中生糖氨基酸可生成糖。它们可转变成丙酮酸或三羧酸循环的中间物如 α- 酮戊二酸、琥珀酸、延胡索酸、草酰乙酸而生成葡萄糖和糖原（参见图 16–1）。

16.1.3　脂质代谢与蛋白质代谢之间的相互关系

脂肪与蛋白质之间可以相互转变。

脂肪→氨基酸→蛋白质　脂肪分解生成甘油和脂肪酸。甘油可通过 α- 甘油磷酸、磷酸二羟丙酮等转变成丙酮酸，丙酮酸经氧化脱羧生成乙酰 CoA，乙酰 CoA 和草酰乙酸缩合进入三羧酸循环生成 α- 酮戊二酸，再生成草酰乙酸。丙酮酸、α- 酮戊二酸和草酰乙酸 3 种酮酸可经氨基化或转氨作用分别生成丙氨酸、谷氨酸和天冬氨酸。至于脂肪酸可通过 β- 氧化生成乙酰 CoA，再按照上述途径可转变为酮酸，然后生成谷氨酸或天冬氨酸，见下图：

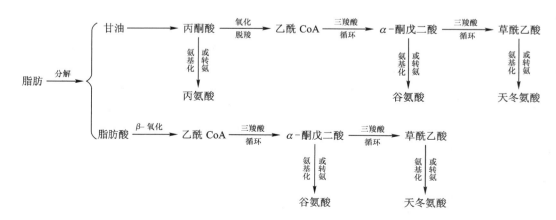

动物体内，从脂肪转变成氨基酸的数量是很有限的。因为乙酰 CoA 进入三羧酸循环生成氨基酸时，需消耗三羧酸循环的中间物，如无其他来源来补充三羧酸循环的中间物，反应就不能进行。但在植物和微生物体内有乙醛酸循环，可由 2 分子乙酰 CoA 生成 1 分子琥珀酸，增加了三羧酸循环中的中间物，促进乙酰 CoA 合成氨基酸，如油料作物种子萌发时就有许多脂肪酸转变成氨基酸。

蛋白质→氨基酸→脂肪 在动物体内蛋白质可转变成脂肪。生酮氨基酸亮氨酸，生酮兼生糖氨基酸异亮氨酸、苯丙氨酸、酪氨酸和色氨酸等都可生成乙酰乙酸，乙酰乙酸可生成乙酰 CoA，再合成脂肪酸。生糖氨基酸可直接或间接生成丙酮酸，丙酮酸不但可转变成甘油，而且也可在氧化脱羧后变成乙酰 CoA 而生成脂肪酸（图 16-1）。

由以上可知，糖、脂质和蛋白质代谢之间是有密切关联的，它们的关系可以表现在相互转变、相互制约和殊途同归三方面。

相互转变 在三者互变过程中，乙酰 CoA 和丙酮酸是关键物质。其转变关系可从图 16-1 看出。

相互制约 前面各章中已经提到，糖代谢不足时，脂质的分解代谢即增加，相反亦然。同样，如果糖和脂肪的代谢不足，蛋白质的分解代谢亦增加。氨基酸的生物合成，如无糖代谢供给适当酮酸亦不能正常进行。脂肪酸的生物合成亦需要糖代谢供给乙酰 CoA。

殊途同归 糖、脂质与蛋白质的分解代谢，在前面的各阶段各有不同，但在最后阶段，主要是通过三羧酸循

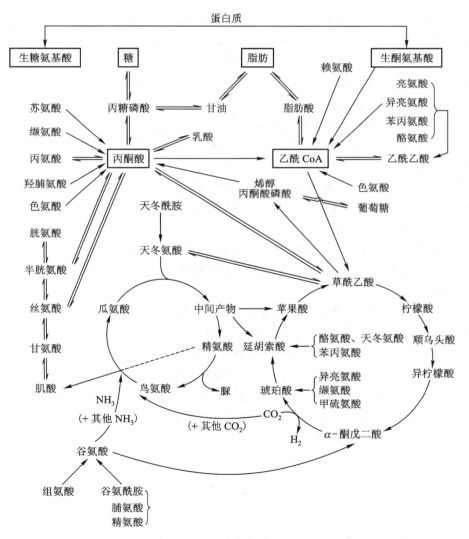

图 16-1 糖、脂质、蛋白质代谢间的相互关系

环完成氧化，放出能量，供机体活动之用，或者通过三羧酸循环中间产物相互转变。

16.1.4　核酸代谢与糖、脂质及蛋白质代谢之间的关系

糖、脂质及蛋白质是生物体的碳源和氮源，通过这些物质的代谢可供给生物体能量，所以，糖、脂质及蛋白质是生物体的碳源、氮源和能源。而核酸不属于碳源、氮源和能源物质，核酸是遗传物质，它主要通过控制蛋白质的合成，影响细胞的组成成分和代谢过程。

核酸及其衍生物和多种物质代谢有关。一方面多种物质代谢为核酸及其衍生物的合成提供原料，如通过糖代谢可提供戊糖；蛋白质代谢为嘌呤和嘧啶的合成提供了许多原料，如甘氨酸、天冬氨酸和谷氨酰胺等。另一方面核酸代谢又影响了其他物质的代谢，许多核苷酸在代谢中起着重要作用。如 ATP 是代谢中能量和磷酸基转移的重要物质；UTP 参与多糖的合成；CTP 参与磷脂的合成；GTP 为蛋白质合成提供能量。此外，许多辅酶为核苷酸的衍生物。

16.1.5　沟通不同代谢途径的中间代谢物

生物体内，不同的物质具有不同的代谢途径，同一物质也往往有几条代谢途径。各条代谢途径之间，可通过一些枢纽性中间代谢物发生联系，相互协调、相互制约，从而确保代谢正常进行。下面介绍几种主要的沟通不同代谢途径的中间代谢物。

6- 磷酸葡糖是糖酵解、磷酸戊糖途径、糖异生、糖原合成及糖原分解的共同中间代谢物，在肝细胞中，通过 6- 磷酸葡糖使上述糖代谢的各条途径得以沟通。

3- 磷酸甘油醛是糖酵解、磷酸戊糖途径及糖异生的共同中间代谢产物，脂肪分解产生的甘油通过甘油激酶催化也形成 3- 磷酸甘油醛。另外，生糖氨基酸经脱氨作用后也可转变为 3- 磷酸甘油醛。所以，3- 磷酸甘油醛可以联系糖、脂质及氨基酸代谢。

丙酮酸是糖酵解、糖异生、糖的有氧氧化和生糖氨基酸氧化分解代谢的共同中间代谢物。糖酵解时丙酮酸还原为乳酸，有氧氧化时则生成乙酰 CoA。糖异生时，丙酮酸在丙酮酸羧化酶的作用下形成草酰乙酸。生糖氨基酸异生为糖也需要经过丙酮酸的形成及转变。

糖、脂质及氨基酸的分解代谢中间产物乙酰 CoA 可通过共同的代谢途径——三羧酸循环、氧化磷酸化，氧化为 CO_2 和 H_2O，并释放能量；乙酰 CoA 也是脂肪酸、胆固醇合成的原料；在肝，乙酰 CoA 是联系糖、脂肪和氨基酸代谢的重要物质。

草酰乙酸、α- 酮戊二酸等三羧酸循环中间产物，除参加三羧酸循环外，还可为生物体内合成某些物质提供碳骨架。如草酰乙酸、α- 酮戊二酸分别合成天冬氨酸、谷氨酸；柠檬酸可用于合成脂肪酸；琥珀酰 CoA 与甘氨酸一同合成血红素等。反之，某些氨基酸经代谢转变也可生成草酰乙酸、α- 酮戊二酸等代谢中间物。糖代谢产生的丙酮酸也可生成草酰乙酸。补充三羧酸循环的中间产物有助于三羧酸循环的顺利进行。

综上所述，通过共同的中间代谢物，使不同代谢途径间相互沟通，由于代谢途径并非完全不可逆，所以除少数必需脂肪酸、必需氨基酸外，糖、脂质及氨基酸大多数可以相互转变。

16.2　代谢调节的重要性

一切生物的生命都靠代谢的正常运转来维持。机体的代谢途径异常复杂，一个细菌细胞内的代谢反应已在

一千种以上，其他高级生物的代谢反应之复杂就可想而知了。正常机体有其精巧细致的代谢调节机构，故能使错综复杂的代谢反应按一定规律有条不紊地进行。从最低等的生物到高等生物体内都有这种调节，这是生物在长期进化过程中逐步形成的一种适应能力。进化程度越高的生物，代谢调节的机构就越复杂，这种代谢调节也就越严密，越灵敏。如果有任何原因使任何调节机构失灵都会妨碍代谢的正常运转，而导致不同程度的生理异常，产生疾病，甚至死亡，所以代谢调节对生命的存亡关系极大。

代谢的主要途径已基本阐明，但有关代谢调节的知识还不很全面。本书对糖类、脂质、蛋白质和核酸代谢的调节已分散地在各章中作了介绍，为了使读者对代谢调节知识有一个比较系统和全面的认识，本章特就目前已有的代谢调节资料，再简要地作综合性的阐述。代谢的调节机制甚多，可概括为下列 3 项：①酶的调节；②激素的调节；③神经的调节。通过这 3 种调节机制的协作，机体的代谢才可能正常运行。3 种调节中酶的调节是最基本的调节方式，是一切调节的基础，是单细胞生物如微生物中最主要的一种调节方式，在高等动、植物中亦有这种调节。激素调节和神经调节是随生物进化而完善起来的调节机制，但它们仍然是通过酶的调节而发挥作用。

16.3　酶的调节

一切代谢反应几乎都有酶参加，酶在代谢中所起的作用与酶量和酶活性相关。控制酶的量和活性是机体调节自身代谢的重要措施。酶的调节就是通过控制酶的量和活性来调节酶促代谢反应的速率和方向。机体内某一代谢途径的速率和方向往往取决于某几个甚至某一个关键酶（key enzyme）的酶量和活性变化。关键酶可以决定代谢物通过什么途径进行，以及进行的速率。关键酶往往是代谢途径的第一步反应的酶（见右图中的 a），或是分支代谢途径中分支点上的酶（图中b、c、f）或是整个代谢途径中的限速酶和催化不可逆反应的酶（图中 c）。

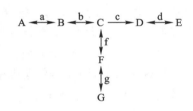

酶的调节主要通过控制关键酶的量和活性，直接参加代谢调节的关键酶统称调节酶。此外，催化相反单向反应的酶在细胞内的区域化分布在代谢途径的酶调节中也起重要的作用。

通过控制酶量的调节牵涉到基因、mRNA 和蛋白质的生物合成和降解过程，所以这种调节是一种慢调节，通常在几小时或几天内才能完成。而通过控制酶活性的调节，这是一种快调节，通常在几分钟到几十分钟完成。

16.3.1　通过控制酶量调节代谢

调节酶的含量在机体内处于动态平衡以维持机体正常代谢机能。酶蛋白表达涉及从基因到 mRNA 再到蛋白质以及蛋白质降解等过程，因此酶量的调控包括转录、转录后、翻译、翻译后、蛋白质稳定性等多个水平的调控。下面以酶合成的基因表达调控实例做简要介绍。

基因表达调控包含的内容广泛，机制复杂。原核生物与真核生物之间的表达调控亦存在明显差异。鉴于基因表达调控涉及遗传信息的转录和翻译等过程，这些内容见第Ⅳ篇章节，此处仅介绍两种重要的酶基因表达调控方式——诱导和阻遏作用。

现以大肠杆菌为例（见 🅔辅学窗 16-1），较为详细地说明微生物如何利用酶合成的诱导和阻遏来控制有关酶的生物合成。

16.3.1.1　酶合成的诱导作用

酶合成的诱导作用是指用诱导物（inducer）来促进酶的合成作用，这在细菌中普遍存在。如大肠杆菌可利用多种糖作为碳源，当用乳糖作为唯一碳源时，开始不能利用乳糖，但 2～3 min 后就合成了与乳糖代谢有关的

3 种酶，一种是 $\beta-$ 半乳糖苷透性酶，它促使乳糖通过细胞膜进入细胞；另一种是 $\beta-$ 半乳糖苷酶（见 📀辅学窗 16-2），催化乳糖水解成半乳糖和葡萄糖；第三种是 $\beta-$ 半乳糖苷转乙酰基酶（也称硫代半乳糖苷转乙酰基酶），它是伴随着其他 2 种酶同时合成的，其在乳糖利用中的功用不明[1]。这里乳糖是诱导物，它诱导了这 3 种酶的合成，这 3 种酶就是诱导酶。关于乳糖如何诱导了这 3 种酶的合成机制，1961 年法国 F. Jacob 和 J.

图 16-2　乳糖操纵子及其调节基因示意图

该图没有按比例画，P 和 O 部位实际上比其他基因小得多

Monod 提出了著名的乳糖操纵子模型（lactose operon model）来作了解释。图 16-2 中所示的操纵子（operon）是由一群功能相关的结构基因（structural gene）、操纵基因（operator gene, O）和启动子（promoter, P）[2]组成的。其中 Z、Y 和 a 是 3 个结构基因，它们分别转录、翻译成 $\beta-$ 半乳糖苷酶、$\beta-$ 半乳糖苷透性酶和 $\beta-$ 半乳糖苷转乙酰基酶。

"O" 是操纵基因，即转录的开关，可打开或关闭 3 个结构基因的转录。"P" 是启动子，专管转录起始，它的结构上有 RNA 聚合酶的结合位点。启动子和操纵基因合称控制位点。$-P-O-Z-Y-a$ 组成了 1 个乳糖操纵子，它们共同受 1 个调节基因（i 基因）的调节[3]，调节基因是编码阻遏蛋白（repressor protein）的基因。

当无诱导物存在时，由调节基因转录产生 1 个阻遏蛋白的 mRNA，以该 mRNA 为模板合成 1 个阻遏蛋白，阻遏蛋白就和操纵基因结合，阻碍 RNA 聚合酶与启动子的结合，从而阻止这 3 个结构基因的转录，因此不能合成这 3 种相应的诱导酶（图 16-3）。这 3 种诱导酶的合成处于被阻遏的状态，也就是说大肠杆菌的生长环境中没有乳糖时，就没有必要合成与乳糖代谢有关的酶。但如果在培养基中加入诱导物[4]，如乳糖或乳糖类似物 IPTG（异丙基 $-\beta-D-$ 硫代半乳糖苷），诱导物可以和阻遏蛋白结合，并使阻遏蛋白变构，从而使阻遏蛋白失活，失活的阻遏蛋白不能再和操纵基因结合，此时操纵基因发生作用使结构基因转录，合成有关的 mRNA，并翻译成乳糖代谢所需的 3 种诱导酶。

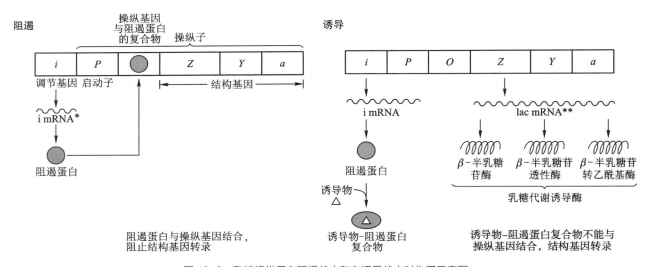

图 16-3　乳糖操纵子在阻遏状态和在诱导状态时作用示意图

* 图中 i mRNA 为调节基因 i 的 mRNA；

**lac 为乳糖的代号；lac mRNA 表示编码乳糖降解相关酶的 mRNA

---

[1]　$\beta-$ 半乳糖苷转乙酰基酶的功用可能是将不能代谢的乳糖结构类似物进行乙酰化并排出体外。

[2]　启动子也称启动基因。

[3]　因为它们共同受一个调节基因所调节，故称它们为一个操纵子。

[4]　诱导物一般是指有关酶促反应的底物或底物的类似物。

现已知道在诱导酶的生物合成中，除需有诱导物存在外，还需要 cAMP 和 cAMP 受体蛋白（cAMP receptor protein，简写为 CRP），后者又称分解代谢产物基因活化蛋白（catabolite gene activator protein，简写为 CAP）。CRP 是由相对分子质量为 22×10^3 的相同亚基组成的二聚体。当 cAMP 与 CRP 结合成复合物后，这种复合物能结合到启动子上，促使转录的起始（图16-4）。

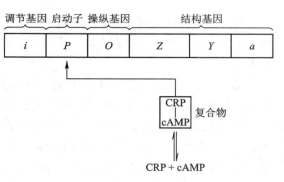

图 16-4　cAMP 与 cAMP 受体蛋白（CRP）
复合物的作用示意图

16.3.1.2　酶合成的阻遏作用

以大肠杆菌色氨酸操纵子（tryptophan operon）为例说明代谢产物对酶合成的阻遏作用。大肠杆菌色氨酸操纵子含有 5 个结构基因 A、B、C、D 和 E，由它们所编码的 5 条多肽链共同构成 3 种酶来催化分支酸合成色氨酸。

色氨酸操纵子除含有结构基因、操纵基因（O）和启动子（P）外，还有 1 个衰减子（attenuator，a，也称衰减基因，或称弱化子、弱化基因）和 1 段前导序列（leading sequence，L），如图 16-5 所示。

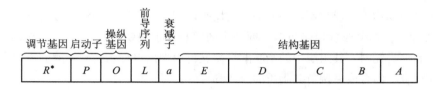

图 16-5　色氨酸操纵子结构示意图
* 图 16-5 中的调节基因 "R" 与图 16-2 中的调节基因 "i" 是两种不同的基因

在一般情况下，色氨酸操纵子是开放的，即操纵子上的 5 个结构基因进行正常的转录和翻译。这是因为它的调节基因转录成 mRNA，该 mRNA 翻译成的阻遏蛋白是无活性的，无活性的阻遏蛋白就不能与操纵基因结合，5 个结构基因转录并翻译成有关的酶催化色氨酸的合成（图 16-6A）。当终产物色氨酸过多时，色氨酸作为辅阻遏物[①]（corepressor）和阻遏蛋白结合，使无活性的阻遏蛋白转变为有活性的阻遏蛋白，能和操纵基因结合，使操纵基因关闭，操纵基因就不能发生作用，使 5 个结构基因不能转录，阻止有关酶的合成（图 16-6B）。

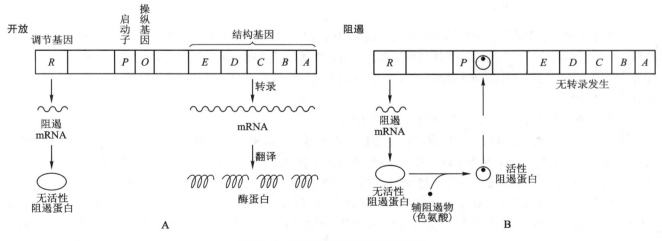

图 16-6　色氨酸操纵子可阻遏调控系统

[①] 辅阻遏物一般是指酶促反应的终产物或终产物的类似物。

对色氨酸合成的调节除了阻遏调节外，还有衰减子系统的调节。衰减子是 DNA 中可导致转录过早终止的一段核苷酸序列。在色氨酸存在时，衰减子使转录终止或减弱，转录水平降低，这是比阻遏作用更为精细的一种调节。

总之，色氨酸操纵子同时受阻遏作用和衰减作用的调节，它们都是转录水平的调节，但作用机制不同，阻遏作用控制转录的起始，衰减作用控制转录起始后是否继续下去。

前面介绍的乳糖操纵子是可诱导的操纵子，操纵基因平时是关闭的，在诱导物存在时，它就打开，使结构基因表达。诱导物是底物本身或底物类似物。而色氨酸操纵子是可阻遏的操纵子，操纵基因平时是开的，合成色氨酸的酶在不断合成，但在辅阻遏物（终产物或终产物的类似物）存在时，使操纵基因关闭，结构基因不表达。

上述细菌利用诱导、阻遏控制酶合成的机制，也可用来解释其他生物的代谢调节。在高等动物还有一种现象，就是动物不合成它不需要的酶，为了适应环境的需要，动物机体的酶合成即会起增强或减弱，甚至停止。最显著的例子是：成人和成年哺乳动物的胃液中无凝乳酶（rennin），而婴儿和幼哺乳类动物的胃液则含较大量的凝乳酶，这是因为婴儿及幼小哺乳动物以奶为唯一食物，需要凝乳酶先将奶蛋白凝结成絮状，以利于在肠道消化。成人和成年动物的主食不是奶，不需要凝乳酶，故不合成这种酶。至于控制凝乳酶合成的机制是否与细菌控制 β- 半乳糖苷酶等合成的机制相同，尚待研究证实。

还有一种现象也说明动物不合成它不需要的酶。食用平衡饲料（指脂肪含量不多的饲料）的动物，其组织中含有一定量的脂肪酸合酶，如果改食含脂肪多、糖类少的饲料，很快就可发现这个动物组织中完全无脂肪酸合酶。再改食低脂肪、高糖类饲料，其组织中的脂肪酸合酶又再出现。这种脂肪酸合酶的消失和再出现正说明动物用控制其自身的脂肪酸合酶的合成来调节其脂质的合成和分解。

16.3.1.3 分解代谢产物对酶合成的阻遏

前面介绍了大肠杆菌以乳糖为唯一碳源时，乳糖可诱导与乳糖代谢有关的 3 种酶的合成，但如果培养基中既含葡萄糖又含乳糖时，则优先利用葡萄糖，等葡萄糖耗尽后才能利用乳糖，也就是说在大量葡萄糖存在时，乳糖操纵子还是关闭，葡萄糖阻遏了与乳糖代谢有关的 3 种酶的合成，这也就是所谓的葡萄糖效应[①]。

目前已知道葡萄糖效应不是由于葡萄糖本身，而是由于葡萄糖的代谢产物对酶的合成产生了阻遏作用。葡萄糖的代谢产物抑制了腺苷酸环化酶或激活了专一的磷酸二酯酶，使 cAMP 浓度降低，cAMP 与 cAMP 复合物的浓度也就降低，从而阻遏了乳糖操纵子，使其结构基因不能转录。

16.3.2 通过控制酶活性调节代谢

酶活性的调节是以酶分子的结构为基础的。因为酶的活性强弱与其分子结构密切相关，一切导致酶结构改变的因素都可影响酶的活性。有的改变使酶活性增高，有的使酶活性降低。机体控制酶活性的方式很多，从酶活改变趋势来说，分为抑制作用和激活作用；从调控方式的不同，又可分为别构作用和共价修饰。

16.3.2.1 抑制作用

机体控制酶活性的抑制有简单抑制与反馈抑制两类。

简单抑制 这种抑制是指一种代谢产物在细胞内累积多时，由于物质作用定律的关系，可抑制其本身的形成。例如，在己糖激酶催化葡萄糖转变成 6- 磷酸葡糖的反应中，当 6- 磷酸葡糖的浓度增高时，己糖激酶的作用速度即受抑制，反应即变慢。这种抑制作用仅仅是物理化学作用，而未牵涉到酶本身结构上的变化。

反馈抑制 反馈抑制（feedback inhibition）也称负反馈（negative feedback），这是生物体普遍存在的一种重要的调节方式。反馈抑制是指酶反应终产物对自身生物合成途径中调节酶的活性起抑制作用，这种抑制是在多酶

---

① 葡萄糖效应是指葡萄糖可以阻遏许多诱导酶的生成，只有葡萄糖耗尽后才可以利用第二种糖。葡萄糖效应可以保证菌体逐个逐个地利用碳源，不必同时合成许多酶系，这是菌体的一种适应能力。

系反应中产生（图 16-7）。

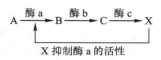

X 对酶 a 的作用机制是别构抑制酶 a 降低活性。当酶 a 受到抑制后，整个连续的代谢反应即有效地得到调节。大肠杆菌体中由 Thr 转变为 Ile 反应中，终产物 Ile 对参加第一步反应的苏氨酸脱氨酶的抑制即是生物利用反馈抑制调节代谢的一个典型例子。

图 16-7 反馈抑制作用示意
A 为底物；B、C 为代谢中间物；
X 代表反应终产物

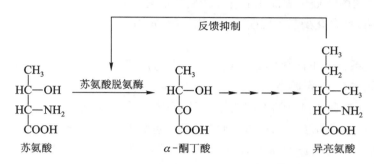

同工酶调节也是反馈抑制的一种形式。在分支代谢中，一个关键反应由几个同工酶催化时，分支代谢的几个终产物分别对这几个同工酶产生抑制作用。一个终产物控制一种同工酶，只有在所有终产物都过量时，几个同工酶才全部被抑制。如鼠伤寒沙门氏菌的天冬氨酸代谢途径中发现有 3 种天冬氨酸激酶（aspartate kinase，AK），同工酶 AKⅠ、AKⅡ和 AKⅢ。AKⅠ和 AKⅡ分别受到苏氨酸和甲硫氨酸的反馈抑制，AKⅢ则受赖氨酸的反馈抑制。另外还发现 2 种高丝氨酸脱氢酶（homoserine dehydrogenase，HSDH）同工酶，HSDHⅠ和 HSDHⅡ，分别受苏氨酸和甲硫氨酸的反馈抑制（图 16-8）。

此外，还有累积的反馈抑制。当几个最终产物中任何一个产物过多时，都能对某一酶发生部分抑制作用，但要达到最大效果，则必须几个最终产物同时过多，这种调节方式称累积反馈抑制。如大肠杆菌谷氨酰胺合成酶的调节是最早观察到的累积反馈抑制（图 16-9），Gln 是合成 Gly、Ala、Trp 等的前体，这些终产物都可对谷氨酰胺合成酶起反馈抑制作用，当其中一个终产物过多时，对谷氨酰胺合成酶只能发生部分抑制作用，只有当 8 个终产物同时过量时，谷氨酰胺合成酶的活性才完全被抑制。

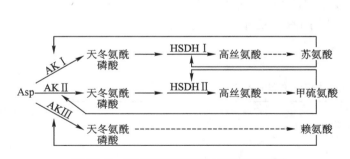

图 16-8 天冬氨酸代谢途径中的同工酶调节

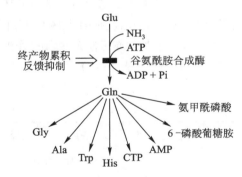

图 16-9 谷氨酰胺合成酶的累积反馈抑制

在代谢反应中，反馈抑制的例子很多，它既可控制终产物的形成速率，又可避免一系列不需要的中间产物在机体中堆积，对生物体来说是很合理和经济的。反馈抑制的形式，除这里所举的 3 个例子外，还有多种形式，本书不一一叙述。

16.3.2.2 活化作用

机体为了使代谢正常也用增进酶活性的手段进行代谢调节。例如对无活性的酶原即用专一的蛋白水解酶将掩蔽酶活性的一部分切去；对另一些无活性的酶则用激酶使之激活，对被抑制物抑制的酶则用活化剂或抗抑制剂解除其抑制。

关于一般使酶活化的事例和机制在酶化学和代谢各章中已提到了不少。现在要对代谢产物的反馈活化作用扼要介绍。反馈活化也称正反馈，是指反应终产物促进最初反应的酶活性。代谢产物一般使酶钝化，但也有使酶活化的，例如在糖的分解代谢过程中，当丙酮酸不能顺利通过乙酰 CoA 转变为柠檬酸进入三羧酸循环时，丙酮酸即通过磷酸烯醇丙酮酸在磷酸烯醇丙酮酸羧化酶催化下直接转变为草酰乙酸。乙酰 CoA 即对磷酸烯醇丙酮酸羧化酶起了反馈活化作用（图 16-10）。

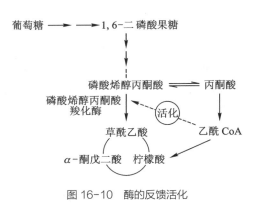

图 16-10 酶的反馈活化

16.3.2.3 别构作用

酶的别构与功能的关系在本书酶化学章（5.10.1.1）中已作了阐述，现再对酶别构与其活性的关系作扼要介绍。

调节代谢的别构酶分子中除了具有活性部位外，还有别构部位或称调节部位（regulatory site）。活性部位与底物结合，发生催化作用；调节部位可与代谢产物结合而引起酶的构象发生改变，从而改变酶的活性。酶构象改变后有的可使酶活性增加，称正别构；有的使酶活性降低，称负别构。细胞可通过酶构象的改变使酶活性增高或降低以调节其代谢。代谢途径中的不可逆反应都是潜在的调节部位，第一个不可逆反应往往是重要的调节部位。催化这种关键性调节部位的酶，其活性都是受别构调节的，糖酵解途径中的磷酸果糖激酶 -1，脂肪酸合成途径中的乙酰 CoA 羧化酶以及核苷酸生物合成中的天冬氨酸转氨甲酰酶就是显著的例子。其中天冬氨酸转氨甲酰酶（ATCase）是研究比较深入的别构酶，它是 CTP 合成途径中的第一个酶，在嘧啶核苷酸合成的调节中起着"关键酶"的作用，其调节酶活性的机制参见酶化学章 5.9.1.1。

16.3.2.4 共价修饰

共价修饰（covalent modification）亦称化学修饰，就是在调节酶分子上以共价键连上或脱下某种特殊化学基团所引起的酶分子活性改变，这类酶称共价修饰酶。到目前为止已经知道有 100 多种酶在它们被翻译成酶蛋白后要进行共价修饰。共价修饰酶往往兼有别构酶的特性，加上它们的活性又常常接受激素的指令导致级联式放大，所以越来越引起人们的注目。

目前已知有 6 种类型的共价修饰酶：①磷酸化 / 去磷酸化；②腺苷酰化 / 去腺苷酰化；③乙酰化 / 去乙酰化；④尿苷酰化 / 去尿苷酰化；⑤甲基化 / 去甲基化；⑥ S—S/—SH 相互转变。例如，糖原磷酸化酶的活性可因磷酸化而增高，糖原合酶的活性则因磷酸化而降低；谷氨酰胺合成酶的活性可因腺苷酰化（adenylylation），即连上一个 AMP 而下降；甲基化亦可使某些酶的活性改变。酶的化学共价修饰是由专一性酶催化的。许多调节酶的活性都受共价修饰的调节（表 16-1）。

表 16-1 受共价修饰调节的酶

酶	来源	改变反应	对酶活力的影响
糖原磷酸化酶	真核细胞	磷酸化 / 去磷酸化	+/-
磷酸化酶 b 激酶	哺乳类	磷酸化 / 去磷酸化	+/-
糖原合酶	真核细胞	磷酸化 / 去磷酸化	-/+
丙酮酸脱氢酶	真核细胞	磷酸化 / 去磷酸化	-/+
谷氨酰胺合成酶	原核细胞（大肠杆菌）	腺苷酰化 / 去腺苷酰化	-/+

16.3.3 相反单向反应对代谢的调节

在代谢过程中有些可逆反应的正反两向是由两种不同的酶催化的。催化向分解方向进行的是一种酶，催化向合成方向进行的是另一种酶。这种反应称相反单向反应（opposing unidirectional reaction），可用下式表示：

$$A \underset{b}{\overset{a}{\rightleftharpoons}} B$$

A、B 代表两种代谢物，由 A 到 B 的反应 a 由一种专一性酶催化，由 B 到 A 的逆向反应由另一种酶催化。例如：

$$6\text{-磷酸果糖} \underset{\substack{\text{1, 6-二磷酸果糖酯酶} \\ Pi}}{\overset{\substack{\text{6-磷酸果糖激酶} \\ ATP \quad ADP}}{\rightleftharpoons}} \text{1, 6-二磷酸果糖}$$

还有不少代谢反应也属于这种类型（表 16-2），催化相反方向的两个酶仍然是要受控制的。在 6- 磷酸果糖与 1, 6- 二磷酸果糖互变的反应中，ATP 对反应 a 起促进作用，对反应 b（逆反应）则起抑制作用。细胞利用这种反应的特性即可调节其代谢物的合成和分解速率。

表 16-2　由两种酶参加的相反单向反应

1	（a）葡萄糖 +ATP $\xrightarrow{\text{己糖激酶}}$ 6- 磷酸葡糖 +ADP
	（b）6- 磷酸葡糖 +H_2O $\xrightarrow{\text{6-磷酸葡糖磷酸酯酶}}$ 葡萄糖 +Pi
2	（a）糖原 + Pi $\xrightarrow{\text{磷酸化酶}}$ 1- 磷酸葡糖
	（b）1- 磷酸葡糖 $\xrightarrow{\text{UDPG 焦磷酸化酶}}$ 糖原 +Pi
3	（a）乙酸盐 +ATP+CoA $\xrightarrow{\text{硫激酶}}$ 乙酰 CoA+AMP+PPi
	（b）乙酰 CoA+H_2O $\xrightarrow{\text{硫酯酶}}$ 乙酸盐 +CoA
4	（a）乙酰 CoA+CO_2+ATP $\xrightarrow{\text{乙酰 CoA 羧化酶}}$ 丙二酰 CoA+ADP+Pi
	（b）丙二酰 CoA $\xrightarrow{\text{丙二酰 CoA 脱羧酶}}$ 乙酰 CoA+CO_2
5	（a）磷酸烯醇丙酮酸 +ADP $\xrightarrow{\text{丙酮酸激酶}}$ 丙酮酸 +ATP
	（b）丙酮酸 +CO_2 $\xrightarrow{\text{丙酮酸羧化酶}}$ 草酰乙酸 $\xrightarrow{\text{PEP 羧激酶}}$ 磷酸烯醇丙酮酸 +CO_2

16.3.4　酶的分布区域化对代谢的调节

原核细胞无细胞器，其细胞质膜上连接有各种代谢所需的酶，例如参加呼吸链、氧化磷酸化、磷脂及脂肪酸生物合成的各种酶类，都存在于原核细胞的质膜上。在真核细胞情况就完全不同，真核细胞的酶类分布是有区域性的。例如，糖酵解、磷酸戊糖途径和脂肪酸生物合成等反应的酶类分布在细胞质基质内，而催化三羧酸循环、脂肪酸氧化和氧化磷酸化的酶类则存在于线粒体内，这样，使复杂的酶反应分区进行，易于调控。几种重要酶的区域化分布列入表 16-3 以供参阅。

表 16-3　真核细胞酶的区域化分布

酶	所在区域	酶	所在区域
糖酵解酶类	细胞质基质	蛋白质合成酶类	粗面内质网
磷酸戊糖途径酶类	细胞质基质	RNA 聚合酶	细胞核和细胞质
三羧酸循环酶类	线粒体内部	水解酶类	溶酶体
脂肪酸合成酶类	细胞质基质	线粒体酶（部分）	线粒体膜
脂肪酸 $\beta-$ 氧化酶类	线粒体	离子泵（ATP 酶）类	细胞质膜

此外，细胞膜的半透性对底物、酶和辅助因子的屏障以及膜上的载体、受体也都与代谢调节有关。读者参阅本书细胞质膜与物质转运章配合学习。

16.4　激素的调节

激素调节代谢反应的作用也是通过对调节酶的酶量和酶活性的控制来完成的。为了达到这两种目的，机体需要经常保持一定的激素水平。激素是属于刺激性因素，是联系、协调和平衡代谢的物质。机体内各种激素的含量不能多，也不能少，过多过少都会使代谢发生紊乱。因此，利用激素调节代谢，首先应控制激素的生物合成。

16.4.1　通过控制激素的生物合成调节代谢

激素的产生是受到层层控制的。腺体激素（除脑垂体前叶激素以外的腺体激素，又称"外围激素"）的合成和分泌受脑垂体激素（又称"促腺泌激素"）的控制，垂体激素的分泌受下丘脑神经激素（又称"释放激素"）的控制。丘脑还要受大脑皮质协调中枢的控制。当血液的某种激素含量偏高时，有关激素由于反馈抑制效应即对脑垂体激素和下丘脑释放激素的分泌起抑制作用，减低其合成速率；相反，在浓度偏低时，即促进其作用，加速其合成。通过有关控制机构的相互制约，即可使机体的激素浓度水平正常而维持代谢正常运转。

16.4.2　通过激素对酶活性的影响调节代谢

激素对酶活性的影响在本书激素化学章已述，本节以激素通过对 cAMP 调节代谢的机制为例，扼要介绍激素在代谢调控中的多方效应。

在本节中我们要讨论激素通过 cAMP 调节代谢的机制。实验证明，细胞膜上有各种激素受体，激素同膜上的专一性受体结合所成的复合物能活化膜上的腺苷酸环化酶。活化后的腺苷酸环化酶能使 ATP 环化形成 cAMP。cAMP 在调节代谢上甚为重要，已知有多种激素是通过 cAMP 对它们的靶细胞起作用的。因为 cAMP 能将激素从神经、底物等得来的各种刺激信息传到酶反应中去，故人们称 cAMP 为第二信使。例如，胰高血糖素、肾上腺素、甲状旁腺素、促黄体生成素、促甲状腺素、加压素、去甲肾上腺素、促黑激素等都能以 cAMP 为信使对靶细胞产生作用。

激素通过 cAMP 对细胞的多种代谢途径进行调节，糖原的分解与合成、脂质的分解、酶的产生等都受 cAMP 的影响（表 16-4）。

表 16-4　cAMP 对代谢的影响举例

代谢作用	对代谢反应速率的影响	代谢作用	对代谢反应速率的影响
糖原分解	增	凝乳酶产生	增
糖原合成	减	淀粉酶产生	增
脂质分解	增	胰岛素释放	增

　　cAMP 影响代谢的作用机制是它能通过依赖 cAMP 的蛋白激酶（PKA）使参加有关代谢反应的蛋白激酶（例如糖原合酶激酶、磷酸化酶激酶等）活化。PKA 是由无活性的催化亚基和调节亚基所组成的复合物。这种复合物在无 cAMP 存在时无活性，当有 cAMP 存在时，这种复合物即解离成两类亚基。cAMP 与调节亚基结合而将催化亚基释放出。被释放出来的催化亚基即具有催化活性，cAMP 的作用是解除调节亚基对催化亚基的抑制（参阅激素化学章 7.4.1）。

16.4.3　通过激素对酶合成的诱导作用调节代谢

　　有些激素对酶的合成有诱导作用（表 16-5）。这类激素（如甲状腺素、蜕皮激素、皮质激素等）与细胞内的受体蛋白结合后即转移到细胞核内，影响 DNA，促进 mRNA 的合成，从而促进酶的合成。也有实验证据指出，激素能辨识专一性的抑制因子，可与阻遏蛋白结合，解除阻遏作用而使操纵基因能正常活动，进行转录合成 mRNA，从而合成酶。

表 16-5　对酶合成起诱导作用的激素

激素	诱导酶	激素	诱导酶
甲状腺素	呼吸作用的酶类	蜕皮激素	RNA 聚合酶
胰岛素	葡萄糖激酶、果糖磷酸激酶、丙酮酸激酶	生长激素	蛋白质合成有关的酶
性激素类	脂代谢酶类		

　　总之，激素是高等动物对代谢进行调节的主要方式。目前已有多种激素被确认参与代谢调节，这些激素的调节功能详见 辅学窗 16-3。

16.5　神经的调节

　　正常机体代谢反应是处于严密调控下的动态平衡，激素与酶直接或间接参加这些反应。但整个活体内的代谢反应则由中枢神经系统所控制。中枢神经系统对代谢作用的控制与调节有直接的，亦有间接的。直接的控制是大脑接受某种刺激后直接对有关组织、细胞或器官发出信息，使它们兴奋或抑制以调节其代谢。凡由条件反射所影响的代谢反应都受大脑直接控制。例如由反射性"假饮"[①]所引起的水代谢改变（如水分进入组织引起血液浓

　　① 反射性假饮是指动物经条件反射性饮水训练后，有饮水行为而无实际水摄入，例如给予动物空置日常饮水瓶，诱导其饮水行为但并无实际饮水摄入。

缩），"假食"① 所引起的组织中糖代谢的增高；又如人在精神紧张或遭遇意外刺激时，肝糖原即迅速分解使血糖含量增高等都是由大脑直接控制的代谢反应。大脑对代谢的间接控制则为大脑接受刺激后通过下丘脑的神经激素传到垂体激素，垂体激素再传达到各种腺体激素，腺体激素再传到各自有关的靶细胞对代谢起控制和调节作用。大脑对酶的影响是通过激素来执行的。胰岛素和肾上腺素对糖代谢的调节，类固醇激素对多种代谢反应（水、盐、糖、脂质、蛋白质代谢）的调节都是中枢神经系统对代谢反应的间接控制。代谢调节机构的正常运转是维持正常生命活动的必需条件。酶和激素功能的正常是维持正常代谢的关键，中枢神经系统功能的正常是保持正常代谢的关键的关键。

高等动物的各组织和器官的代谢方式有共同之处，但由于细胞的分化和结构的不同，酶体系的组成及含量不同，因而体现出各个组织和器官独特的生理功能。各组织、器官的代谢并非孤立地进行，而是根据生理活动状态的不同，在神经、激素的调节下，通过血液与其他器官的代谢发生密切的联系。主要组织和器官的代谢方式以及联系见 ℮辅学窗 16-4。

! 总结性思考题

1. 生物的正常代谢机能是如何精密调控的？代谢失调会引起什么后果？

2. 减肥人士控制脂肪摄入但不控制糖类摄入是否正确，为什么？

3. 高等生物如人类其代谢稳态除细胞水平外还体现在机体水平，根据所学内容，分析饥饿状态下，肝细胞代谢如何改变以维持血糖平稳。

4. 胰岛素降低血糖的同时促进脂质合成，分析可能受其调控的代谢酶有哪些。

5. 肌肉可以利用的能量物质有哪些？有人提出在中等强度运动前摄入糖有助于提高运动成绩，试从代谢角度分析其合理性。

6. 解析糖代谢对机体细胞核酸合成的物质和能量支持。

◉ 数字课程学习

👤 教学课件　　💬 在线自测　　📰 思考题解析

---

① "假食"是指用有摄食行为而无实际能量物质（例如葡萄糖）摄入。

第 IV 篇

遗传信息的传递和表达

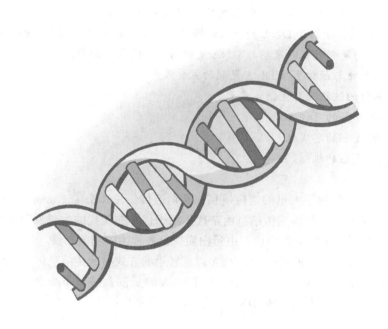

第十七章 DNA 的生物合成

提要与学习指导

本章介绍 DNA 生物合成的两条途径，即 DNA 的复制和 RNA 的逆转录，其中 DNA 的复制是 DNA 合成的主要途径。此外，介绍了 DNA 的损伤和修复等。学习时要求掌握以下各点：

1. DNA 的复制过程以及参与 DNA 复制的一些酶和蛋白质。
2. 真核生物与原核生物 DNA 复制的主要差异。
3. 逆转录的过程及其生物学意义。
4. DNA 修复的几种方式。
5. DNA 复制的忠实性。
6. DNA 重组的机制。

DNA 分子上储存了大量的遗传信息，所谓遗传信息（genetic information）其本质就是指 DNA 分子中核苷酸的序列。DNA 通过复制将遗传信息由亲代传给子代，在子代的生长发育过程中，DNA 通过转录将遗传信息传给 RNA，然后翻译成特定的蛋白质，由蛋白质执行各种生物功能，使产生与亲代相似的遗传性状。在某些情况下，RNA 也可以是遗传信息的携带者，RNA 以逆转录的方式将遗传信息传给 DNA。

DNA 的生物合成有 2 条途径：一条是 DNA 的复制，另一条是 RNA 的逆转录，其中 DNA 的复制是 DNA 生物合成的主要途径。

17.1 DNA 的复制

17.1.1 DNA 的半保留复制

1953 年，Watson 和 Crick 提出 DNA 双螺旋结构模型后，不久提出了 DNA 半保留复制的假说。他们认为，在复制时 DNA 的两条链先分开，然后分别以每条 DNA 链为模板，根据碱基配对原则合成新的互补链，以组成新的 DNA 分子。因此子代 DNA 的一条链来自亲代，另一条链是新合成的，这种复制方式称半保留复制（semiconservative replication）（图 17-1）。

1958 年，M. Meselson 和 F. Stahl 设计了一个很巧妙的实验，用同位素示踪和密度梯度离心的方法证明了 DNA 的半保留复制。他们研究了大肠杆菌 DNA 的复制过程，首先使大肠杆菌在以 ^{15}N（$^{15}NH_4Cl$）为唯一氮源的培养基中生长，连续培养 15 代以后，所有 DNA 分子标记上 ^{15}N，将

图 17-1 DNA 半保留复制示意图

这种 DNA 分离出来，进行氯化铯密度梯度离心，在离心管中只形成一条带，即 ^{15}N–DNA 区带。然后将 ^{15}N 标记的大肠杆菌转移到普通培养基（$^{14}NH_4Cl$）中培养，其子一代所有 DNA 的密度都介于 ^{15}N–DNA 和 ^{14}N–DNA 之间，即形成了 ^{15}N–^{14}N 杂合分子。子二代 ^{14}N 分子和 ^{15}N–^{14}N 杂合分子等量出现。继续培养发现 ^{14}N–DNA 持续增多，从而证明 DNA 的复制是半保留的（图 17-2）。

更有说服力的是将上述子一代的 DNA 抽提出来，通过热变性，将 DNA 两条链分开，然后进行密度梯度离心，观察到一条为 ^{14}N–DNA 链，另一条为 ^{15}N–DNA 链。这就充分证明了子一代的 DNA，一条链来自亲代，另一条是新合成的。

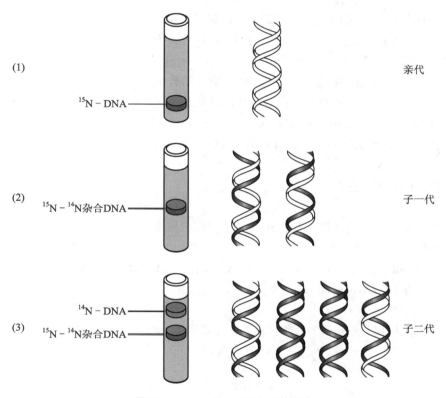

图 17-2　Meselson 和 Stahl 的实验

🤔 思考题

将大肠杆菌在含有 $^{15}NH_4Cl$ 的培养基里培养，然后转入到另一个含有 $^{14}NH_4Cl$ 的培养基里培养 3 代（大肠杆菌数量扩增了 8 倍），杂合 DNA（^{15}N–^{14}N）与轻 DNA（^{14}N–^{14}N）的比例是多少？

17.1.2　DNA 的半不连续复制

DNA 复制时两条链都可作模板合成新的 DNA 链，但 DNA 的两条链方向是相反的，一条是 $5' \to 3'$，另一条是 $3' \to 5'$。在两条链部分打开时，已打开的两条单链部分，必然一条具有 $3'$– 末端，另一条具有 $5'$– 末端，按照这两条单链合成新链时，聚合酶就须沿着两个相反的方向复制。但是迄今为止所有已知的 DNA 聚合酶的合成方向都是 $5' \to 3'$（即催化 DNA 链从 $5'$ 端向 $3'$ 端延长）。

为了解决这个问题，1968 年日本冈崎（R. Okazaki）提出了 DNA 不连续复制模型。他认为 $3' \to 5'$ 走向的

DNA 链的合成是不连续的，是由许多 $5' \to 3'$ 方向合成的 DNA 片段连接起来的。冈崎等用 ^{3}H- 脱氧胸苷标记噬菌体 T4 感染的大肠杆菌，然后分离标记的 DNA 产物，发现短时间内首先合成的是较短的 DNA 片段，这些较短的 DNA 片段称冈崎片段（Okazaki fragment）。原核细胞中冈崎片段的长度为 1 000~2 000 个核苷酸，相当于一个基因的大小（细菌及病毒）。在真核细胞中冈崎片段的长度为 100~200 个核苷酸。相当于一个核小体 DNA 的大小。在较短的 DNA 片段出现后，接着出现由 DNA 连接酶连接的大分子 DNA。如果采用 DNA 连接酶温度敏感突变菌株进行实验，在 DNA 连接酶失效的温度下，会有大量的 DNA 片段积累。这些实验都说明 DNA 在合成时，首先合成小片段，再依赖 DNA 连接酶将小片段连成长链 DNA 分子。

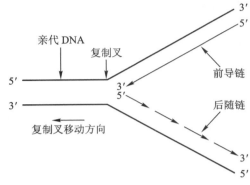

图 17-3　DNA 的半不连续复制示意图

　　DNA 复制时，新 DNA 的一条链是按 $5' \to 3'$ 方向连续合成的，称前导链（leading strand），它的延伸方向与复制叉（详见 17.1.4.1）的移动方向相同。另一条新链的合成是不连续的，由许多 $5' \to 3'$ 方向的冈崎片段组成，然后再连接起来，这条新链称后随链（lagging strand），它的延伸方向与复制叉的移动方向相反。两条新链的合成方向都是 $5' \to 3'$。前导链的合成是连续的，而后随链的合成是不连续的，这种复制方式称半不连续复制（semidiscontinuous replication）（图 17-3）。实际上半不连续复制是 DNA 半保留复制学说的补充。

17.1.3　DNA 复制所需的酶和蛋白质

　　DNA 的复制是一个十分复杂的过程，需要 30 多种酶和蛋白质参与，现择其重要的予以介绍。

17.1.3.1　DNA 聚合酶

　　DNA 聚合酶（DNA polymerase，DNA pol）又称 DNA 核苷酸基转移酶（DNA nucleotidyl transferase），或称依赖于 DNA 的 DNA 聚合酶（DNA-dependent DNA polymerase），或称 DNA 指导的 DNA 聚合酶（DNA-directed DNA polymerase）。

　　DNA 聚合酶以 4 种脱氧核苷三磷酸为底物，此外，还需模板 DNA、引物和 Mg^{2+}，如下式所示：

$$\begin{matrix} n_1\ dATP \\ + \\ n_2\ dGTP \\ + \\ n_3\ dCTP \\ + \\ n_4\ dTTP \end{matrix} \quad \xrightarrow[\substack{Mg^{2+}}]{\substack{DNA\ 聚合酶\\ 模板 DNA，引物}} \quad DNA + (n_1 + n_2 + n_3 + n_4)\ PPi$$

　　DNA 聚合酶催化合成反应的机制是正在生长的 DNA 链（或引物链）末端的 3'-OH 对另一新来的脱氧核苷三磷酸 α 位的磷酸进行亲核进攻，形成磷酯键，并放出一个焦磷酸。每释放一个焦磷酸，即形成一个磷酸二酯键，DNA 链就延长一个单位（图 17-4）。DNA 的合成方向（延长方向）是 $5' \to 3'$。

　　到目前为止，在大肠杆菌中至少发现了 5 种 DNA 聚合酶，分别是 DNA 聚合酶Ⅰ、Ⅱ、Ⅲ、Ⅳ和Ⅴ，其中 DNA 聚合酶Ⅰ发现最早（1956 年），而 DNA 聚合酶Ⅳ和Ⅴ直到 1999 年才发现。

　　（1）**DNA 聚合酶Ⅰ**（DNA polymerase Ⅰ，pol Ⅰ）　这是 1956 年 A. Kornberg 等在大肠杆菌中发现的第一个 DNA 聚合酶，为了纪念这一开创性的工作，此酶早期称之为 Kornberg 酶。DNA 聚合酶Ⅰ的发现是 DNA 复制研究中的重要里程碑，因此 Kornberg 于 1959 年获得诺贝尔化学奖（🅔辅学窗 17-1）。

　　大肠杆菌 DNA 聚合酶Ⅰ相对分子质量为 109 000，由一条多肽链组成，多肽链内含有一个 Zn^{2+} 或 Mg^{2+}（活性所必需），每个大肠杆菌细胞内约有 400 个 DNA 聚合酶Ⅰ分子。

　　DNA 聚合酶Ⅰ是多功能酶，一种酶有多种功能，不同功能在不同的肽段上。它的功能有：① $5' \to 3'$ 聚合作

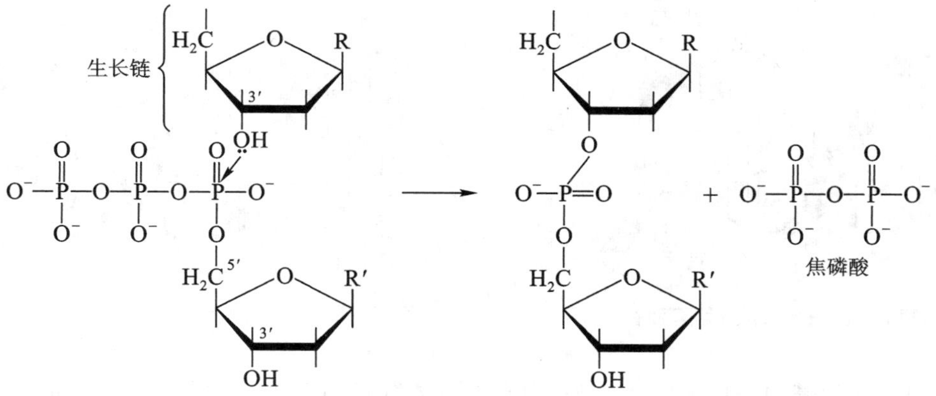

图 17-4　DNA 聚合酶的作用机制

用（聚合酶活性）；②由 3′ 端水解 DNA 链（3′ → 5′ 核酸外切酶的活性）；③由 5′ 端水解 DNA 链（5′ → 3′ 核酸外切酶的活性）；④焦磷酸解作用；⑤焦磷酸基交换作用。

聚合酶活性　DNA 聚合酶 I 催化 dNTP 中的单核苷酸和生长链（或引物链）的 3′-OH 端结合，形成新的 3′-OH，这样就接上了一个脱氧核苷酸（图 17-4），使 DNA 链沿 5′ → 3′ 方向延长。每个酶分子每分钟约添加 1 000 个脱氧核苷酸，至于添加什么样的核苷酸则由模板 DNA 的序列决定。要注意，DNA 聚合酶 I 不能"从无到有"开始 DNA 链的合成，只能从已有的多核苷酸链的 3′-OH 端延长 DNA 链，也就是说必须要有引物（primer，详见14.1.4.1），引物多数情况下是 RNA，少数情况下是 DNA，引物必须要有一个游离的 3′-OH，另外要与模板结合，开始 DNA 链的合成。

DNA 聚合酶 I 使用的模板范围较宽，有 5 种：①单链线状 DNA；②单链环状 DNA；③局部单链的双链 DNA；④有切口（nick）的双链 DNA[①]；⑤有缺口（gap）的双链 DNA。但注意完整的双链 DNA 不能作模板。

用枯草杆菌蛋白酶处理 DNA 聚合酶 I，可以得到两个片段，一个大的片段，相对分子质量为 68 000，它具有聚合酶的活性和 3′ → 5′ 核酸外切酶的活性，这大片段称 Klenow 片段，该片段常用于DNA 末端填充及 DNA 测序。另一个小片段，相对分子质量为 35 000，具有 5′ → 3′ 核酸外切酶的活性（图 17-5）。

图 17-5　DNA 聚合酶 I 的酶切片段

3′ → 5′ 核酸外切酶的活性　DNA 聚合酶 I 催化引物链的 3′-OH 接上一个脱氧核苷酸。但如果新合成上去的脱氧核苷酸的碱基和模板碱基不配对（即错配对），聚合酶 I 就显示了 3′ → 5′ 核酸外切酶的活性，即从 DNA 链的 3′- 末端水解该错配的单核苷酸残基，产生一个单核苷酸，这样就起了校对功能，然后聚合反应才能继续进行。因此，3′ → 5′ 核酸外切酶的主要功能是校对，切去错配对的碱基（图 17-6）。

5′ → 3′ 核酸外切酶的活性　DNA 聚合酶 I 还具有 5′ → 3′ 核酸外切酶的活性，它只作用于双链 DNA 的碱基配对部分。从 DNA 链的 5′- 末端水解释放单核苷酸或寡核苷酸（图 17-7）。因此，5′ → 3′ 核酸外切酶主要在DNA 修复，如切除由紫外线照射而形成的嘧啶二聚体中起作用，以及切除引物中起作用。

（2）**DNA 聚合酶 II**（DNA polymerase II，pol II）　在 DNA 聚合酶 I 发现之后，1969 年 P. Delucia 与 J. Cairns分离到一株大肠杆菌突变株，其 DNA 聚合酶 I 的活性极低，但仍能以正常速度合成 DNA。因此，认为 DNA 聚合酶 I 不是 DNA 的复制酶。1970 年和 1971 年，T. Kornberg 和 M. Gefter 先后从大肠杆菌中分离出了另外两种聚合酶，分别称为 DNA 聚合酶 II 和 DNA 聚合酶 III。

---

① 切口（nick）指一条链上失去一个磷酸二酯键，而缺口（gap）指一条链上失去一段单链。

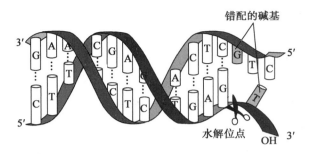

图 17-6 DNA 聚合酶 I 的 3′ → 5′ 核酸外切酶活性示意图

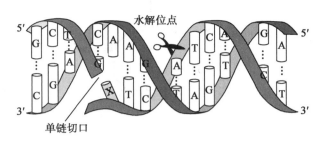

图 17-7 DNA 聚合酶 I 的 5′ → 3′ 核酸外切酶活性示意图

DNA 聚合酶Ⅱ为多亚基酶，其亚基由一条相对分子质量为 120 000 的多肽链组成。它的活性大约只有 DNA 聚合酶 I 活性的 5%。它有聚合酶的活性和 3′ → 5′ 核酸外切酶的活性，但没有 5′ → 3′ 核酸外切酶的活性。DNA 聚合酶Ⅱ催化聚合反应时需 Mg^{2+} 和 NH_4^+。目前认为 DNA 聚合酶Ⅱ主要参与 DNA 的修复，缺乏 DNA 聚合酶Ⅱ的突变细胞可以正常生长。每个大肠杆菌细胞含有约 100 个 DNA 聚合酶Ⅱ分子。

（3）DNA 聚合酶Ⅲ（DNA polymeraseⅢ，polⅢ） DNA 聚合酶Ⅲ是由多个亚基组成的蛋白质，相对分子质量高达 1065 400。DNA 聚合酶Ⅲ的全酶（holoenzyme）由 α、β、δ、δ'、ε、θ、τ、χ 和 ψ 9 种亚基组成，含有 Zn^{2+}，结构见图 17-18。其中，α 亚基具有聚合酶的活性；ε 亚基具有 3′ → 5′ 核酸外切酶的活性，起校对作用；θ 亚基起组建复合物的作用。由 α、ε 和 θ 3 种亚基组成核心酶（core enzyme）。核心酶虽然具有催化 DNA 复制的能力，但其进行性很低，在由 β 亚基组成的"滑动钳"结构（详见 17.1.4.2）帮助下，DNA 聚合酶Ⅲ的效率得以提高。每个大肠杆菌细胞约含有 10 个 DNA 聚合酶Ⅲ分子，虽然 DNA 聚合酶Ⅲ的量很少，但它的活性很强，为 DNA 聚合酶 I 的 15 倍。DNA 聚合酶Ⅲ有聚合酶的活性以及 3′ → 5′ 核酸外切酶的活性，但无 5′ → 3′ 核酸外切酶的活性，它在 DNA 复制中起主要作用，是原核细胞 DNA 复制的主要酶。它催化脱氧核苷酸的合成速率达到体内 DNA 的合成速率。这个酶的缺陷株往往是致死的。

DNA 聚合酶 I、Ⅱ和Ⅲ的特性有其共性和个性，3 个酶的基本性质总结于表 17-1。

表 17-1 大肠杆菌 DNA 聚合酶性质的比较

基本性质	DNA 聚合酶 I	DNA 聚合酶 Ⅱ	DNA 聚合酶 Ⅲ
结构基因[*]	PolA	PolB	PolC（dnaE）
相对分子质量	109 000	120 000[**]	1065 400
不同种类亚基数目	1	≥ 7	≥ 9
每个细胞的分子数	400	100	10
生物学活性	1	0.05	15
5′ → 3′ 聚合酶活性	+	+	+
3′ → 5′ 外切酶活性	+	+	+
5′ → 3′ 外切酶活性	+	−	−
聚合速率 /（个核苷酸·min^{-1}）	1 000 ~ 1 200	2 400	15 000 ~ 60 000
持续合成能力[***]	3 ~ 200	1 500	≥ 500 000
功能	切除引物，修复	修复	复制

[*] 对于多亚基酶，这里仅列出聚合酶活性亚基的结构基因。

[**] 仅聚合活性亚基，DNA 聚合酶Ⅱ与Ⅲ共有许多辅助亚基，其中包括 β、δ、δ'、χ 和 ψ。

[***] 指聚合酶从模板上解离前添加的核苷酸数。

（4）**DNA 聚合酶Ⅳ**（DNA polymerase Ⅳ，pol Ⅳ）和 **DNA 聚合酶Ⅴ**（DNA polymerase Ⅴ，pol Ⅴ）　DNA 聚合酶Ⅳ和Ⅴ于 1999 年才被发现，它们涉及 DNA 的错误倾向修复，当 DNA 受到严重损伤时，即可诱导产生这两种酶，使修复缺乏准确性，因而出现高的突变率。

（5）**真核生物的 DNA 聚合酶**　近年来，随着真核细胞 DNA 复制体外模型的建立和 DNA 聚合酶基因的克隆，已在人体细胞中发现了 18 种不同的 DNA 聚合酶和一个与 DNA 模板无关的 DNA 聚合酶——末端转移酶。但主要的 DNA 聚合酶是较早发现的 α、β、γ、δ 和 ε 5 种，除 DNA 聚合酶 γ 存在于线粒体内，其余均存在于细胞核中。它们的差别除了细胞定位外，其他性质基本上同大肠杆菌的聚合酶，也需要模板，带 3′–OH 的引物和 4 种 dNTP，链的延伸方向为 5′ → 3′。主要的真核 DNA 聚合酶具有的功能见表 17–2。真核 DNA 聚合酶的具体功能详见 17.1.5。

表 17–2　哺乳动物 DNA 聚合酶

基本性质	α	β	γ	δ	ε
定位	细胞核	细胞核	线粒体	细胞核	细胞核
聚合方向：5′ → 3′	+	+	+	+	+
外切酶活性 3′ → 5′	–	–	+	+	+
功能	引物合成	修复	线粒体 DNA 复制和修复	后随链的合成	前导链的合成

研究表明，主要参与 DNA 复制的是 DNA 聚合酶 δ，它是最保守的 DNA 聚合酶，长期以来一直认为它只有两个亚基（p50 和 p125），随着蛋白质分离技术的发展，现已鉴定哺乳动物细胞的 DNA 聚合酶 δ 是由四个亚基（p12，p50，p66 和 p125）组成。DNA 聚合酶 δ 与附属蛋白即增殖细胞核抗原（proliferating cell nuclear antigen，PCNA）连接在一起才能发挥作用。PCNA 的功能类似于大肠杆菌 DNA 聚合酶Ⅲ的 β 亚基，即帮助聚合酶与模板的紧密结合，提高聚合酶 δ 的进行性[①]，但不改变 DNA 聚合酶 α 的活性，在一定程度上证明了酶可能以不同的方式参与 DNA 复制。此外，DNA 聚合酶 δ 还参与了 DNA 损伤修复。

很多 DNA 病毒编码自己的 DNA 聚合酶，因此这些病毒 DNA 聚合酶也成为了抗病毒治疗的靶点。如单纯疱疹病毒的 DNA 聚合酶可以被一种小分子 acyclovir 特异性抑制，acyclovir 的结构是一个鸟嘌呤连接在一个不完整的核糖环上。

❓ 思考题

有哪些实验证据证明大肠杆菌中 DNA 聚合酶Ⅲ才是真正的复制酶？

17.1.3.2　DNA 连接酶

1967 年 H. G. Khorana 发现了 DNA 连接酶（DNA ligase）。它可使双链 DNA 中一条链切口的 3′–OH 和它相邻的 5′ 磷酸之间生成磷酸二酯键，而将切口连接起来（图 17–4）。它只催化链的 3′–OH 与 5′ 磷酸之间的连接，与链与链间的氢键连接无关。冈崎片段的连接以及 DNA 复制过程中双链切口的闭合都是由 DNA 连接酶催化的。连接酶的作用与 DNA 的复制、修复和重组都有密切关系。连接反应在 3′–OH 与 5′ 磷酸之间进行，因此必须由 ATP 或 NAD 的水解来提供需要的能量，在动物细胞和噬菌体由 ATP 供能，大肠杆菌和其他细菌中则利用 NAD，DNA 连接酶催化的反应如图 17–8 所示。

---

① 进行性（procesivity）是指聚合酶一旦起始 DNA 复制后所能持续进行的时间或聚合 DNA 链的长度。

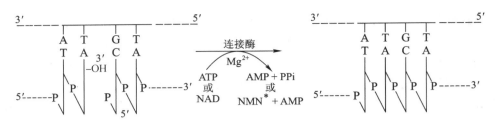

图 17-8 DNA 连接酶催化的反应

*NMN 代表烟酰胺核苷酸

大肠杆菌 DNA 连接酶是一条相对分子质量为 75 000 的多肽，每个细胞约含有 300 个连接酶分子，在 30 min 内能封闭 7 500 个缺口。大肠杆菌的 DNA 连接酶只能连接 DNA-DNA 或 DNA-RNA 的切口，而 T4 噬菌体的 DNA 连接酶可连接 DNA-DNA，DNA-RNA，RNA-RNA 和双链 DNA 黏端或平端，所以在分子生物学中有广泛的应用。

17.1.3.3　解开 DNA 双螺旋所需的酶或蛋白质

DNA 复制时双螺旋首先要解开，目前已找到了一些酶和蛋白质可使 DNA 双螺旋解开或使 DNA 超螺旋松弛。

（1）**DNA 解螺旋酶**（DNA helicase，也称 DNA 解旋酶，或称 DNA 解链酶）　DNA 解螺旋酶通过水解 ATP 获得能量来解开 DNA 双螺旋，使其成为单链。它水解 ATP 的活性依赖于单链 DNA 的存在，对单链 DNA 的亲和力强。如果双链 DNA 中有单链末端或缺口，则 DNA 解螺旋酶首先结合在这一部分，然后逐步向双链移动。

目前的观点认为，DnaB 解旋酶是大肠杆菌中与 DNA 复制有关的主要解螺旋酶，在解旋过程中，单独的 DnaB 可以沿着后随链的 $5' \rightarrow 3'$ 方向移动，解开螺旋并形成复制叉。但是，DnaB 不是细菌唯一的解螺旋酶。研究表明，至少还存在其他 10 种解螺旋酶，如解螺旋酶Ⅰ、Ⅱ和Ⅲ和 Rep 蛋白等。Rep 蛋白和 PriA 蛋白引发体的组成部分，是在大肠杆菌中损伤诱导的 DNA 复制所必需。主要沿模板链的 $3' \rightarrow 5'$ 方向移动，它们可能是通过沿着前导链移动，成为 DnaB 活性的补充，但是它们的作用要比 DnaB 小。解螺旋酶Ⅰ、Ⅱ和Ⅲ可以沿模板链的 $5' \rightarrow 3'$ 方向移动，可能参与了其他需要 DNA 解螺旋的过程，如 DNA 修复、转录和重组。

（2）**单链结合蛋白**（single-strand binding protein，SSB）　单链结合蛋白曾称为解链蛋白（unwinding protein）、熔解蛋白（melting protein）、螺旋去稳定蛋白（helix destabilizing protein）等。单链结合蛋白的功能是与解开双螺旋后的单链 DNA 结合，防止单链 DNA 重新形成双螺旋，还可防止单链 DNA 被核酸酶降解。

原核生物的 SSB 与单链 DNA 的结合表现为正协同效应，即第一个 SSB 与单链 DNA 结合后，促进了第二个 SSB 与单链 DNA 的结合，直至全部单链 DNA 都被 SSB 覆盖，稳定单链 DNA；而真核生物的 SSB 就没有这种协同效应。

不同生物来源的 SSB 的相对分子质量变化较大，结构也完全不同。例如噬菌体 T4 的 SSB 相对分子质量约为 35 000，分子呈长形，每个 SSB 可覆盖 7~10 个核苷酸；大肠杆菌的 SSB 相对分子质量约为 75 000，以四聚体形式存在，可覆盖 30~36 个核苷酸。图 17-9 显示的是大肠杆菌 SSB 片段与两条含 35 个碱基的单链 DNA 相结合时的三维结构。

（3）**拓扑异构酶**　拓扑异构酶是一族能使 DNA 超螺旋链松弛的酶，包括Ⅰ型拓扑异构酶（也称拓扑异构酶Ⅰ，topoisomerase Ⅰ，Top Ⅰ）和Ⅱ型拓扑异构酶（也称拓扑异构酶Ⅱ，topoisomerase Ⅱ，Top Ⅱ）。Top Ⅰ首先在大肠杆菌中发现，过去时称 ω- 蛋白[①]，切口闭合酶（nicking-closing enzyme），或称解旋酶（untwisting enzyme）等，现在统一称为 Top

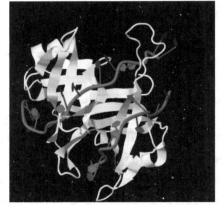

图 17-9　SSB 与单链 DNA 结合的三维结构

白色结构为 SSB，灰色结构为单链 DNA

---

① 1971 年王倬最初在大肠杆菌中发现，当时称 ω- 蛋白（omaga 蛋白）。

Ⅰ。Top Ⅰ是单链蛋白质，相对分子质量为 100 000 ~ 120 000，广泛存在于原核及真核细胞中，其功能是切开超螺旋双链 DNA 中的一条链，链的切口末端就可转动，使 DNA 变成松弛状态，然后再将切口封闭，这类酶作用时不消耗 ATP（图 17-10）。

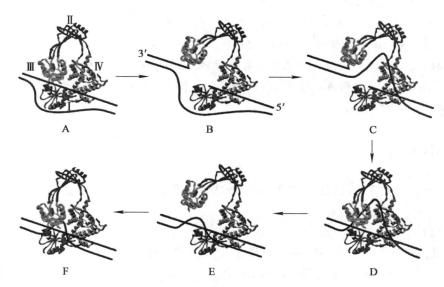

图 17-10　Top I 的作用模型（引自 Champoux，Annu Rev Biochem，2001）

A. Top Ⅰ与 DNA 结合；

B. Top Ⅰ形成开放构象，Top Ⅰ切割 DNA 的一条链，Top Ⅰ的酪氨酸羟基与断裂处的 5′- 磷酸基形成酯键；

C. 在 Top Ⅰ分子的牵引下，DNA 另一条链的构象发生改变并通过切口；

D. 在 Top Ⅰ重新形成封闭构象，在其牵引下，断裂的 DNA 重新连接；

E，F. 随着 Top Ⅰ构象变化，DNA 的负超螺旋消除。（Ⅰ、Ⅱ、Ⅲ、Ⅳ、分别表示 Top Ⅰ四个主要的结构域）

Top Ⅱ首先也是在大肠杆菌中发现的，也称 DNA 旋转酶（DNA gyrase），是含 2 个 α 亚基和 2 个 β 亚基的相对分子质量为 400 000 的蛋白质，广泛存在于原核及真核细胞，其功能也是使超螺旋松弛。在消耗 ATP 的情况下，能将复制叉前方产生的正超螺旋变成负超螺旋。在无 ATP 时，可同时切开超螺旋的两条链，使 DNA 变成松弛状态，然后将切口封接好（Top Ⅱ作用模型详见 🅔辅学窗 17-2）。

目前很多临床上使用的抗癌药物就是上述拓扑异构酶的特异性抑制剂，它们可以通过阻断 DNA 的复制从而影响癌细胞的复制分裂（详见 🅔辅学窗 17-3）。

17.1.3.4　引发酶

前已提及任何一种 DNA 聚合酶都不能"从无到有"进行 DNA 链的合成，都需要一个引物（primer）。引物多数情况下为 RNA。催化 RNA 引物合成的酶称为引发酶（primase，或称引物合成酶，或称引物酶）。引发酶是相对分子质量 60 000 的小分子单体蛋白质，能催化合成大约 10 个核苷酸的 RNA 片段。大肠杆菌中的引发酶是 DnaG 蛋白，图 17-11 为 DnaG 蛋白的催化部分与单链 DNA 结合的三维图。但必须强调的是，DNA 合成所需要的 RNA 引物不一定都是由引发酶合成，在某些生物中，RNA 引物是由细胞的 RNA 聚合酶合成的。

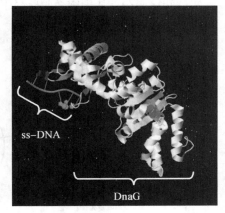

图 17-11　引发酶 DnaG 与单链 DNA（ss-DNA）结合的三维示意图

思考题

1. 你正在研究一个新的 DNA 聚合酶，当你把这个酶和 ^{32}P– 标记的 DNA（没有 dNTPs）混合在一起，你发现有［^{32}P］dNMPs 的释放。而加入非标记的 dNTPs 可以阻止［^{32}P］dNMPs 的释放。解释上述现象。此外，如果以加入焦磷酸盐（pyrophosphate）来替代非标记的 dNTPs，你会观察到什么现象？

2. 将 DNA 连接酶突变的大肠杆菌突变株在含有 ^{3}H 标记的胸腺嘧啶培养基中培养，之后将此细菌的 DNA 用碱性蔗糖密度梯度法离心，出现两条具有放射性的条带，一条对应着高相对分子质量的部分，而另外一条则对应低相对分子质量的部分，请解释。

17.1.4 DNA 的复制过程

现以大肠杆菌为例，说明 DNA 的复制过程。DNA 的复制过程颇为复杂，为学习便利起见可概括为起始、延伸和终止 3 个步骤。

17.1.4.1 复制的起始

（1）**复制的起点和方向** J. Cairns 用放射自显影技术及电子显微镜研究大肠杆菌染色体 DNA 复制时，发现环状 DNA 的分子①结构有所改变，其双链首先形成泡状或眼形结构（图 17-12），因其形状类似希腊字母"θ"故称 θ 结构。

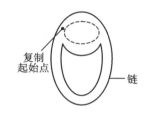

图 17-12 DNA 的 θ 结构
实线代表亲代 DNA，虚线代表新合成的 DNA

原核细胞 DNA 分子只有一个复制起点（origin of replication，或称复制原点），复制起点的碱基序列高度保守，并富含 AT，这有利于 DNA 的解链。复制方向大多数是双向（动画见🔊辅学窗 17-4），DNA 的两条链在起点分开形成叉子形状，称复制叉（replication fork），少数为单向复制（图 17-13）。

真核细胞 DNA 有多个复制起点，复制方向为双向，形成多个复制泡（或称复制眼）。如果蝇中最长染色体有 2.1 cm，真正复制时间少于 3 min。如果仅靠一个复制起点复制，那就太慢了，所以要有很多复制起点同时开始双向复制，在电子显微镜下可看到许多复制眼（图 17-14）。

（2）**起点的识别和双链的解开** 大肠杆菌的复制起点（origin, *ori*）由 245 个碱基对（bp）组成，称为 *oriC*，其序列和控制元件在细菌复制起点中十分保守。起点中有两个关键序列在复制起始中起作用：① 5 个 9 bp 的重

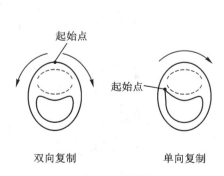

图 17-13 *E.coli* 环状 DNA 的单向和双向复制示意图
箭头表示复制叉移动方向

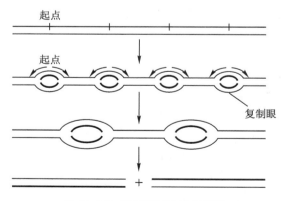

图 17-14 真核细胞 DNA 的复制

---

① 原核生物的染色体只含 1 个 DNA 分子，一般教材中用染色体代替染色体 DNA。

复序列，其保守序列为 TT（A/T）TNCACC；②3 个 13 bp 的重复序列，富含 AT 碱基对，被称为 DNA 展开元件（DNA unwinding element，DUE）（图 17–15）。

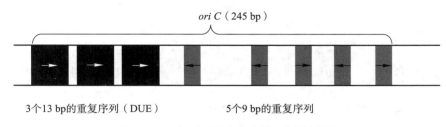

3 个 13 bp 的重复序列（DUE）　　　5 个 9 bp 的重复序列

图 17-15　大肠杆菌复制起点的两个关键序列

　　细胞内有识别起点的蛋白质，由 *DnaA* 基因编码的 DnaA 蛋白识别起始位点，它首先与 5 个 9 bp 的重复序列结合，形成起始复合物（initial complex）。HU 是类组蛋白，可与 DNA 结合，促进双链 DNA 弯曲，受其影响，邻近的 DUE 序列区域变性形成开链复合物（open complex），所需能量由 ATP 提供。随后 DnaB 在 DnaC 帮助下进入解链区，使双螺旋解开成单链，扩大解链区。这些蛋白质向复制叉移动，逐步置换出 DnaA 蛋白，形成引发体前体（preprimosome），具体过程如图 17–16 所示。一旦双螺旋解开成单链后，单链结合蛋白即结合于单链 DNA 部分，稳定单链 DNA。

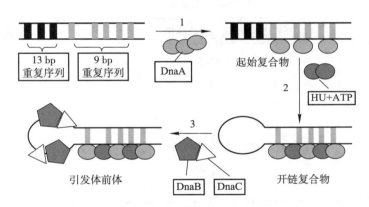

图 17-16　引发体前体的形成
1. DnaA 蛋白识别起始位点，与 5 个 9bp 的重复序列结合，形成起始复合物。
2. HU 蛋白与 DNA 结合，导致邻近的 DUE 序列形成开链复合物。3.DnaB 在 DnaC 帮助下进入解链区，使双螺旋解开成单链

　　DNA 双螺旋的解开还需要拓扑异构酶Ⅱ（Top Ⅱ）。在解开双螺旋时，由于高速解旋，这部分 DNA 螺旋松开，造成其后的部分形成正超螺旋，这需 Top Ⅱ通过切口、旋转和再连接的作用，使 DNA 正超螺旋变为负超螺旋，然后再解开成单链（表 17–3）。

表 17–3　大肠杆菌起点与复制起始有关的酶和蛋白质

蛋白质	相对分子质量	亚基数目	功能
DnaA	52 000	1	识别起点序列，在起点的特异部位解开双链
DnaB	300 000	6	解开 DNA 双链
DnaC	29 000	1	帮助 DnaB 结合于起点
HU	19 000	2	类组蛋白，DNA 结合蛋白、促进起始

续表

蛋白质	相对分子质量	亚基数目	功能
引发酶（DnaG 蛋白）	60 000	1	合成 RNA 引物
单链结合蛋白（SSB）	75 600	4	结合单链 DNA
RNA 聚合酶	454 000	5	促进 DnaA 活性
拓扑异构酶Ⅱ（DNA 旋转酶）	400 000	4	释放 DNA 解链过程中产生的扭曲张力
Dam 甲基化酶	32 000	1	使起点 GATC 序列的腺嘌呤甲基化

（3）RNA 引物的合成　在已解链的 DNA 上，加上 Dna B、DnaC、PriA、PriB、PriC 和 DnaT 等蛋白质组成预引发体[①]（preprimosome，或称引发体前体），预引发体与引发酶组装成引发体（primosome）才能起引发作用，即合成 RNA 引物（表 17-4）。引发体可沿模板 5′→3′ 方向移动，它的移动方向与复制叉移动的方向一致，移动到一定位置即可引发 RNA 引物的合成，移动和引发均需 ATP 提供能量。引发体催化合成一个低聚 RNA 引物，引物的第一个核苷酸通常是 pppA，个别为 pppG，其长度通常为几个到几十个核苷酸。细菌为 50～100 个核苷酸，噬菌体为 20～30 个核苷酸。哺乳动物 RNA 引物都较短，约 10 个核苷酸。在 DNA 复制中，RNA 引物的长度通常不是恒定不变的。

表 17-4　引发体的蛋白质

蛋白质	亚基结构	亚基相对分子质量
PriA	单体	76 000
PriB	二聚体	11 500
PriC	单体	23 000
DnaT	三聚体	22 000
DnaB	六聚体	50 000
DnaC	单体	29 000
引发酶（DnaG 蛋白）	单体	60 000

17.1.4.2　链的延伸（elongation）

DNA 复制时，由解螺旋酶、单链结合蛋白和拓扑异构酶Ⅱ将 DNA 双螺旋解开，RNA 引物合成后，DNA 聚合酶Ⅲ（pol Ⅲ）与复制叉结合，形成复制体（replisome）的大分子复合物。复制体由 DNA 聚合酶Ⅲ及其他酶和蛋白质组成，组装于细菌染色体的复制叉，并在 DNA 复制中完成各种各样的反应（表 17-5）。在 RNA 引物上，由 DNA 聚合酶Ⅲ催化按照模板 3′→5′ 链上的序列在引物 3′-OH 端添加相应的脱氧核苷酸。前导链的合成按 5′→3′ 的方向进行，是连续合成的，它的合成与复制叉的移动保持同步。而后随链的合成是不连续的，合成分段进行，需要不断合成冈崎片段的 RNA 引物，然后由 DNA 聚合酶Ⅲ加入脱氧核苷酸（图 17-17）。

DNA 后随链的合成比较复杂，由于 DNA 的两条互补链方向相反，为使后随链能与前导链被同一个 DNA 聚合酶Ⅲ不对称二聚体所合成，后随链必须绕成一个突环（loop）（图 17-18）。合成冈崎片段需要 DNA 聚合酶Ⅲ不断与模板脱开，然后在新的位置上又与模板结合。这一作用由 DNA 聚合酶Ⅲ的 2 个 β 亚基形成的 β 滑动钳（sliding clamp）和 γ 复合物（$\tau\tau\tau\delta\delta'$[②]）来完成。

---

① PriA、PriB、PriC 和 DnaT 过去也曾称作 n′、n、n″ 和 i 蛋白。

② γ 复合物（γ complex）又称为钳载复合物（clamp-loading complex）。

表 17-5　大肠杆菌复制体的蛋白质

蛋白质	相对分子质量	亚基数目	功能
单链结合蛋白	75 600	4	结合到单链 DNA 上
解螺旋酶（DnaB 蛋白）	300 000	6	使 DNA 解链；引发体的组分
引发酶（DnaG 蛋白）	60 000	1	合成 RNA 引物；引发体的组分
DNA 聚合酶Ⅲ	1065 400	17	新链的延长
DNA 聚合酶 I	109 000	1	切去引物；填补缺口
DNA 连接酶	74 000	1	连接作用
拓扑异构酶Ⅱ	400 000	4	引入（或松弛）超螺旋

图 17-17　DNA 前导链和后随链的合成

当 RNA 引物合成后，β 滑动钳的两个亚基在 γ 复合物的帮助下夹住引物与模板双链，并与 DNA 聚合酶Ⅲ的核心酶结合。此时，β 滑动钳形成环套，并套在 DNA 分子上，使得聚合酶能在 DNA 双链上移动，完成催化反应。当一个冈崎片段合成完毕后，β 滑动钳在 γ 复合物的帮助下，脱离 DNA 聚合酶Ⅲ的核心酶，再次与 γ 复合物结合，通过水解 ATP 的能量开环，并与模板 DNA 脱开，使之再循环到下一个引物处，准备合成下一个冈崎片段。最近研究表明，每个 DNA 聚合酶Ⅲ有三套核心酶亚基，其中有两套亚基参与后随链的合成，因此沿着后随链，会有两条冈崎片段同时合成。DNA 聚合酶Ⅲ各个亚基的相互关系见图 17-18。

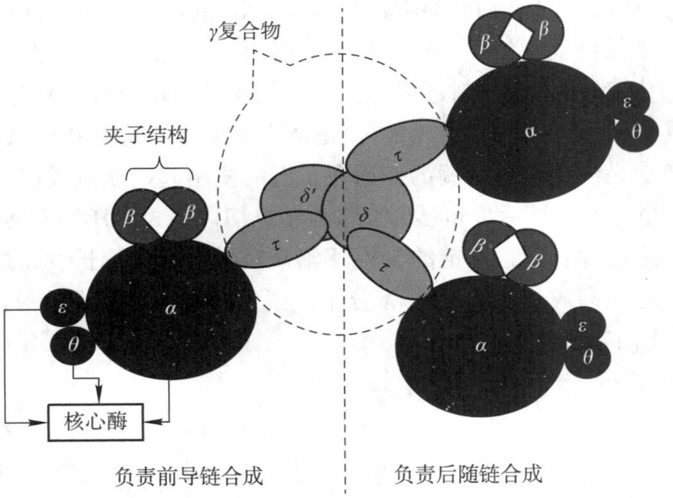

在 DNA 合成延伸过程中主要是 DNA 聚合酶Ⅲ起作用。当冈崎片段形成后，DNA 聚合酶 I 通过其 $5' \rightarrow 3'$ 核酸外切酶的活性切除冈崎片段上的 RNA 引物。同时，利用冈崎片段作为引物由 DNA 聚合酶 I 催化 $5' \rightarrow 3'$ 合成 DNA，填补切除引物后形成的空隙，最后两个冈崎片段由 DNA 连接酶将其连接起来，形成完整的 DNA 后随链。DNA 复制的起始和延伸过程具体见 🅔辅学窗 17-5 动画。

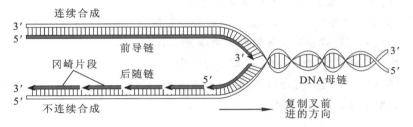

图 17-18　DNA 聚合酶Ⅲ的亚基结构

三个核心酶结构域，每个结构域由 θ，ε，α 亚基组成；核心酶与 γ 复合物链接在一起，γ 复合物由 τ3，δ 和 δ′ 共 5 个亚基组成；其他两个亚基 χ，ψ（图中没有显示）也与复合物链接在一起

17.1.4.3　复制的终止（termination）

单向复制的环状 DNA，其复制的终点就是其起点。大肠杆菌为环状双链 DNA，双向复制，它的两个复制叉最终在与其起点相对的终止区（terminus region）相遇，并停止复制。大肠杆菌复制的终止区含有多个约 20 bp 共有序列的终止子（terminator）位点，如 *TerE*、*TerD* 和 *TerA* 在一侧，而 *TerG*、*TerF*、*TerB* 和 *FerC* 位于另一侧

（图 17–19）。

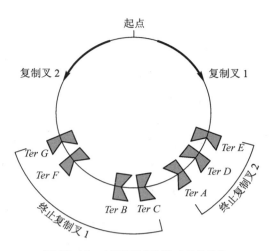

图 17-19 大肠杆菌复制终止区的结构

这些 *Ter* 位点可结合专一的终止蛋白（terminus utilization substance，Tus）。Tus 蛋白识别并特异性地结合于 *Ter* 位点的 20 bp 共有序列，形成 *Tus–Ter* 复合物，从而阻止复制叉的移动。

多个 *Ter* 位点组成一个复制叉陷阱，使复制叉进入终止区，而不能离开。每个终止区只对一个方向的复制叉有作用，例如大肠杆菌中顺时针方向的复制叉（即复制叉 1）通过 *TerE*、*TerD* 和 *TerA*，而停止于 *TerC*，如果失败的话，将停止于 *TerB*、*TerF* 或 *TerG*。逆时针方向的复制叉（即复制叉 2）通过 *TerG*、*TerF*、*TerB* 和 *TerC*，而停止于 *TerA*、*TerD* 或 *TerE*。通过这种巧妙的安排，每个复制叉在到达其专一的终止区前不得不越过另一个复制叉。在正常情况下，两个复制叉前移的速度是相等的，到达终止区后就停止复制；但如果由于某种原因一个复制叉前移延迟，导致两个复制叉不能在通常的中心点相遇，稍快的复制叉将被陷于 Ter 区域，等待较慢的复制叉到来。

大肠杆菌 DNA 复制的最后步骤是连锁的亲代 DNA 链的拓扑学拆分，从而将两个复制产物分开。这一反应需要拓扑异物酶Ⅳ（属于Ⅱ型拓扑异构酶）催化。

17.1.4.4 滚环复制

噬菌体 ΦX174 是单链环状 DNA，其复制不同于大肠杆菌。W. Gilbert 和 D. Dressler 在 1968 年提出所谓滚环学说以解释噬菌体 ΦX174 DNA 的特殊复制方式，事实上所谓滚环复制（rolling circular replication）也是半保留复制的一种特殊形式。噬菌体 ΦX174 DNA 是单向复制的环状单链分子。Gilbert 与 Dressler 发现在噬菌体 ΦX174 的复制过程中，其原来的闭环单链分子首先形成闭环双链分子，外环链称为正（+）链，内环链称为负（–）链（图 17–20）。正链为噬菌体的基因组 DNA，负链是以正链为模板合成的与正链为互补的新链。其次是经核酸内切酶的作用在正链的复制起始点造成切口，双链解开，使正链具有一个 3′-OH 末端和一个 5′ 磷酸末端。然后以负链为模板在正链切口的 3′-OH 端上逐个接上脱氧核苷酸使正链延长。未开环的负链即边滚动边连续复制，正链的 5′ 端逐渐从负链分离，待长度超过 1 个基因组时即被核酸内切酶切断，被切断的尾链经环化即成 1 个新的 DNA 分子，正负两链均可作为模板，产生新的 2 个双链环状子代。这一复制过程可表示如图 17–20。

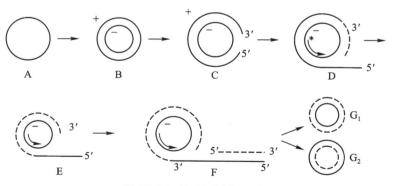

图 17-20 滚环复制过程示意

A. 噬菌体单链 DNA；B. 噬菌体双链 DNA 复制型；C. 正链出现缺口；D. 正链 5′ 端伸出，3′ 端形成部分新的正链（虚线），未开环的负链边滚动边连续复制；E. 正链继续游离延伸，3′ 端新合成的正链继续延伸并现出尾端；F. 以游离伸出的正链尾端为模板合成负链而使尾端成为双链；G₁、G₂ 为以正负链各自为模板产生新生的子代 DNA。

*图中箭头表示负链的滚动。

思考题

1. Kornberg 和他的同事将大肠杆菌的可溶性抽提物与在 α 磷酸上标记了 ^{32}P 的 dATP、dTTP、dGTP、dCTP 混合，过一段时间后，加入三氯乙酸（可以沉淀 DNA 但是不能沉淀脱氧核苷酸），当沉淀被收集后，可以通过放射性同位素计数来测定脱氧核苷酸掺入 DNA 的程度。

（1）如果删掉上述混合液中的任意一个脱氧核苷酸，沉淀中还会有放射性检出吗？

（2）如果只有 dTTP 上的磷酸被放射性标记了，那么沉淀中还会有放射性检出吗？

（3）如果不是在脱氧核苷酸的 α 磷酸上做放射性标记，而是在 β 或 γ 磷酸上做了放射性标记，那么沉淀中还会有放射性检出吗？

2. 在体外无细胞复制体系中，如果用 3′- 脱氧腺苷三磷酸取代 ATP，对 DNA 复制会有什么影响？

17.1.5　真核生物 DNA 的复制

真核和原核生物 DNA 的复制大体相同，但两者相比，有不同之处，主要表现在以下几方面。

（1）**复制起点多寡不同**　原核细胞 DNA 复制只有一个起点，而真核细胞 DNA 复制有许多起点。受同一个复制起点控制的 DNA 被称为复制子（replicon），它是复制的功能单位。原核细胞 DNA 只有一个复制起点，因此它只有一个复制子。通常细菌、病毒和线粒体的 DNA 分子都是作为单个复制子完成复制的；而真核细胞有多个复制起点，因此它的复制是由许多复制子共同完成，如动物细胞 DNA 由 1 000 个以上的复制子组成。真核生物 DNA 的复制速度比原核生物慢，基因组比原核生物大，但由于真核生物的复制由许多复制子共同完成，它们可以分段进行复制，故真核生物 DNA 复制的总速度可能比原核生物更快。

（2）**DNA 复制的酶不同**　原核生物中主要的复制酶是 DNA 聚合酶Ⅲ，真核生物有多种 DNA 聚合酶，动物细胞主要含有的几种 DNA 聚合酶，按照它们被发现的顺序依次命名为 DNA 聚合酶 α、β、γ、δ、ε、ζ、η、ι、κ（表 17-6）。它们和细菌 DNA 聚合酶的基本性质相同，均以 4 种 dNTP 为底物，需 Mg^{2+}，聚合时须有模板和引物 3′-OH 存在，链的延伸方向为 5′ → 3′。

表 17-6　真核生物 DNA 聚合酶的比较

真核 DNA 聚合酶	忠实性	功能	结构
α	保真度高	核内复制	350 000，四聚体
β	保真度高的修复	碱基切除修复	39 000，单体
γ	保真度高	线粒体复制	200 000，二聚体
δ	保真度高	后随链复制	250 000，四聚体
ε	保真度高	前导链复制	350 000，四聚体
ζ	保真度低的修复	绕过碱基损伤	六聚体
η	保真度低的修复	绕过嘧啶二聚体	单体
ι	保真度低的修复	减数分裂	单体
κ	保真度低的修复	切除及碱基替代	单体

真核细胞染色体的复制主要由 DNA 聚合酶 α、δ 和 ε 共同完成。DNA 聚合酶 α 为多亚基酶，其中的一个亚基具有引发酶的活性，最大的亚基具有聚合酶活性，但是该酶没有 3′ → 5′ 核酸外切酶的活性，无校对功能，这

对高保真度的 DNA 复制是不合适的。现在认为 DNA 聚合酶 α 的功能仅仅是合成引物，并且在引物之后添加 10 个左右的脱氧核苷酸，这些引物能够被多亚基的 DNA 聚合酶 δ 延伸。DNA 聚合酶 δ 需与增殖细胞核抗原 PCNA 复制因子结合，该因子相对分子质量为 29 000。PCNA 通常大量出现在分裂活跃的细胞的核内。PCNA 虽然与大肠杆菌聚合酶Ⅲ的 β 亚基在一级结构上的同源性并不很明显，但其三维结构十分相似。PCNA 有一个类似于 β 亚基形成一个环状夹子的功能，因此，大大增强了聚合酶的持续合成能力。DNA 聚合酶 δ 既有持续合成 DNA 链的能力，又有 3′ → 5′ 核酸外切酶的活性，有校对功能。

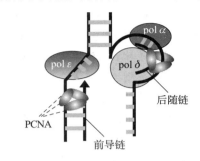

图 17-21 3 种 DNA 聚合酶组成真核复制叉

DNA 聚合酶 ε 是一个备受争议的 DNA 聚合酶，在早前人们认为它可能主要负责 DNA 修复，但目前的观点倾向于它在核内主要负责前导链的合成。因此，看来 DNA 聚合酶 ε 和 δ 相当于大肠杆菌的聚合酶Ⅲ，催化前导链和后随链两者的合成，真核生物核 DNA 复制叉的组成如图 17-21 所示。

DNA 聚合酶 β 的特殊之处在于其相对分子质量很小（如大鼠中仅有 335 个残基），它是参与 DNA 修复唯一的高保真酶。DNA 聚合酶 γ 只存在于线粒体中，是线粒体 DNA 的合成酶，参与线粒体 DNA 的合成。

在真核生物的 DNA 复制中，还有两个蛋白质复合物参与。一是复制蛋白 A（replication protein A，RPA），它是真核生物的单链结合蛋白，相当于大肠杆菌中的 SSB。另一个是复制因子 C（replication factor C，RFC），它是夹子装置器（clamp loader），相当于大肠杆菌的 DNA 聚合酶Ⅲ的 γ 复合物（详见 17.1.4.2），促使 PCNA 因子装配到 DNA 双链上或拆下来。此外，还可促进复制体的装配。

（3）**端粒和端粒酶** 真核生物线状 DNA 的末端给 DNA 的复制带来一个问题，即 5′ 末端的 RNA 引物被除去后，留下一段无法填补的空缺，每经过一轮复制，DNA 分子将在 5′ 末端缩短一个 RNA 引物的长度。最终必将导致染色体末端必需的遗传信息的丢失，真核生物通过端粒和端粒酶来解决这一问题。

真核生物线状染色体末端的特殊结构称端粒（telomere，希腊语中的 telos 即 end），它是由许多短的成串的重复序列所组成。通常一条链上富含 G，其互补链上富含 C。例如，原生动物四膜虫的端粒为 TTGGGG；人的端粒为 TTAGGG。端粒酶（telomerase）是一种由 RNA 和蛋白质组成的复合物，端粒酶以其所含的 RNA 为模板，通过逆转录合成端粒 DNA，从而填补 DNA 复制中 5′ 末端的空缺，机制如图 17-22 所示。2009 年诺贝尔生理学或医学奖授予了加州大学旧金山分校的 E. Blackburn、约翰霍普金斯大学的 C. Greider 以及哈佛医学院的 J. Szostak，以奖励他们揭示了染色体被端粒和端粒酶保护的机制。

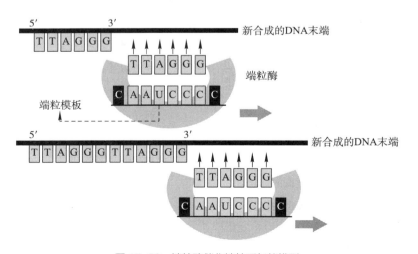

图 17-22 端粒酶催化端粒延长的模型
（引自 Wong et al.，Cardiovasc Res，2009）

在动物的生殖细胞中，由于端粒酶的存在，端粒保持一定的长度；而在体细胞中，随着细胞分化而失去端粒酶的活性，细胞分裂了很多代后，随着端粒的缩短，染色体就会愈来愈短，最后无法维持染色体的稳定，细胞就死亡。

端粒与细胞衰老以及癌症密切有关。1990 年，有人对胎儿、新生儿、青年人及老年人的成纤维细胞端粒的长度进行测定，发现端粒长度随年龄增长而下降，说明端粒的长度与衰老有密切关系。在新细胞中，细胞每分裂一次，染色体顶端的端粒就缩短一次（细胞分裂一次其端粒的 DNA 丢失 30~200 bp），当端粒不能再缩短时，细胞就无法继续分裂了。进一步的研究表明，衰老细胞中的一些端粒丢失了大部分端粒重复序列。在细胞癌变时，端粒酶被激活，细胞就无限制增殖，成为无限分裂的恶性细胞，因此有研究者认为端粒酶可作为抗癌治疗的靶点。

思考题

四膜虫染色体的端粒含有多拷贝的短重复序列 ----TTGGGG。为了研究这些重复序列的复制机制，有人将末端带有这种重复序列的四膜虫染色体导入人肿瘤细胞。这种四膜虫染色体在人肿瘤细胞中维持了许多代。然而，当将其分离出来并测定端粒序列以后，吃惊地发现，端粒的重复序列变成了 TTAGGG。试对此现象提出合理的解释。如果将四膜虫染色体引入人正常的体细胞中，还会有相同的现象发生吗？

17.2　逆转录

1970 年，H. Temin 和 D. Baltimore 分别独立地从致癌 RNA 病毒中发现了依赖于 RNA 的 DNA 聚合酶（RNA-dependent DNA polymerase）或称 RNA 指导的 DNA 聚合酶（RNA-directed DNA polymerase），即逆转录酶（reverse transcriptase，RT）。这个酶以 RNA 为模板，合成 DNA。其作用与正常转录正好相反，因此称之为逆转录酶（也称反转录酶）。因逆转录酶的发现，H. Temin 和 D. Baltimore 于 1975 年获诺贝尔生理学或医学奖（详见辅学窗 17-6）。过去只在病毒中发现逆转录酶，后来发现它也存在于哺乳类动物胚胎和正在分裂的细胞中。因此，正常细胞中亦可能有逆转录（reverse transcription）情况。

17.2.1　逆转录酶催化的反应

逆转录酶需要模板和引物。模板为单链 RNA，人工合成的多聚核苷酸等也可作模板。引物可以是寡聚脱氧核苷酸或寡聚核糖核苷酸，长度在 4 个核苷酸以上，必须与模板互补，并且有游离的 3′-OH 末端。此外，还需要 Mg^{2+} 或 Mn^{2+} 和还原剂（以保护酶蛋白中的巯基），DNA 链的延伸方向为 5′→3′。逆转录酶催化的反应如下：

$$n\begin{bmatrix}dATP\\dGTP\\dCTP\\dTTP\end{bmatrix}\xrightarrow[\text{还原剂，逆转录酶}]{\text{模板(RNA)，引物，}Mg^{2+}}DNA+4n\,PPi$$

17.2.2　逆转录酶合成 DNA 的过程

逆转录酶催化三个不同的反应：首先以单链 RNA 为模板合成一条与模板 RNA 链碱基互补的互补 DNA 单链

（cDNA）①，然后使单链 RNA 同单股 cDNA 配合形成 RNA-DNA 杂合分子，最后由核糖核酸酶 H② 将 RNA 水解除去，剩下的 cDNA 作为模板合成双链 DNA 分子，如图 17-23 所示。

从图 17-23 可看到逆转录酶有依赖于 RNA 的 DNA 聚合酶的活性，也有依赖于 DNA 的 DNA 聚合酶的活性，还有核糖核酸酶 H 的活性，即沿 3′ → 5′ 和 5′ → 3′ 两个方向起核酸外切酶的作用，专门水解 RNA-DNA 杂合分子中的 RNA。除此之外，有些逆转录酶还有 DNA 内切酶活性，这可能与病毒基因整合到宿主细胞染色体 DNA 中有关。

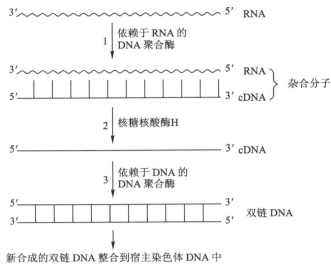

图 17-23 逆转录过程（引物未画出）

17.2.3 逆转录发现的生物学意义

逆转录现象的发现，具有重要的生物学意义。

（1）补充和丰富了中心法则 中心法则认为 DNA 指导其自身复制以及转录成 RNA，然后翻译成蛋白质。遗传信息的流向是从 DNA 到 RNA，再到蛋白质（DNA → RNA →蛋白质）。逆转录酶的发现说明遗传信息也可以从 RNA 传递到 DNA，从而补充和丰富了中心法则。因此，中心法则应表示为 DNA ⟺ RNA →蛋白质（图 17-24）。

（2）它对致癌病毒引起癌细胞产生的机制提供了解释 因为逆转录酶存在于所有致癌病毒中，它的存在与 RNA 病毒引起细胞恶性转化有关。当 RNA 病毒侵染宿主细胞时，即可通过逆转录酶的催化产生逆转录作用，形成病毒 DNA。后者经过整合到宿主细胞染色体 DNA 后即可转录成 mRNA，然后再转译成病毒专一的蛋白质，使细胞恶性增生，形成癌症。现已证实癌症、白血病和艾滋病（AIDS）③ 的发生都与逆转录有关。艾滋病是由 HIV④ 逆转录病毒所引起的（详见 ⓔ辅学窗 17-7）。

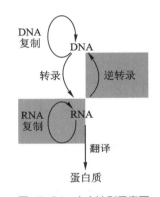

图 17-24 中心法则示意图

（3）逆转录酶作为酶工具在基因工程中被大量使用 由于目的基因的转录产物拷贝数多、易于制备，可将目的基因的 mRNA 用逆转录酶催化，逆向转录形成 cDNA，用以获得目的基因。

⑦ 思考题

叠氮胸苷（AZT）是胸苷类似物，在体内可以转变为相应的核苷三磷酸——AZTTP。AZTTP 是 HIV 逆转录病毒的有效抑制剂，但却不抑制细胞内的 DNA 聚合酶，请解释。

17.3 DNA 的损伤和修复

由于 DNA 的复制速度很快，每分子酶每分钟合成约 1 000 个核苷酸片段，难免会将不正常的碱基掺入 DNA

---

① cDNA 的 "c" 为 complementary 一词的缩写。

② 核糖核酸酶 H 即具有外切酶活性的逆转录酶。

③ AIDS 为 acquired immune deficiency syndrome 的缩写。

④ HIV 为 human immune deficiency virus 的缩写。

链中。此外，生物体生长的环境中各种物理和化学因素可作用于 DNA，如紫外线、电离辐射和毒物等都会使核苷酸的糖苷键水解，导致 DNA 的损伤（damage）（DNA 损伤的类型及诱因详见 辅学窗 17–8）。生物体有修复系统可使受损伤的 DNA 得到修复，这样可保持物种的稳定性，这种修复功能是生物在长期进化过程中获得的。常见细胞修复 DNA 损伤的方法有 5 种：直接修复、切除修复、重组修复、错配修复和 SOS 反应。

17.3.1　直接修复

直接修复（direct repair）或称损伤的直接回复（direct reversal of damage），是指对于某些损伤可以直接进行修复而不需要移动碱基或核苷酸，其中以光复活修复（hotoreactivation repair）最为典型。大剂量紫外线照射可使 DNA 受到损伤，紫外线使 DNA 分子中同一条链上相邻的两个嘧啶碱之间形成二聚体（T̂T、ĈT、ĈC），其中主要的是胸腺嘧啶二聚体（图 17–25），是由两个相邻的胸腺嘧啶通过其 5 位和 6 位之间形成共价键而连接成环丁烷（cyclobutyl ring）的结构。这些二聚体均能破坏 DNA 的碱基配对结构，使 DNA 不能作转录与复制的标准模板。光裂合酶能高度专一地分解由于紫外线照射而形成的嘧啶二聚体，从而使被损伤的 DNA 得到修复。可见光（波长为 400 nm）能激活光裂合酶，有促进 DNA 修复的作用。

光复活修复分 4 步（图 17–25），①损伤：DNA 经紫外线照射后形成嘧啶二聚体；②形成酶 –DNA 复合物：光裂合酶能专一地识别二聚体，并覆盖在二聚体上面，与损伤部位结合，形成酶 –DNA 复合物；③酶被可见光激活：光裂合酶利用可见光提供的能量使二聚体解聚成单体；④修复后释放酶，完成修复过程。光复活修复过程动画可见 辅学窗 17–9。

光复活修复是一种高度专一的修复方式，它仅作用于紫外线引起的 DNA 嘧啶二聚体。这种修复中关键的是光裂合酶，这酶在生物界分布很广，从低等单细胞生物到鸟类都有，但在高等哺乳类中却不存在。说明随着生物的进化，此酶逐渐消失，而产生了其他更有效的修复系统。

另一种直接修复的例子是对于烷基化损伤的修复。如 O^6 甲基鸟嘌呤 –DNA 甲基转移酶可以催化甲基化的鸟嘌呤脱甲基，重新恢复鸟嘌呤的碱基配对的性质。但由于脱下的甲基被转移到了该酶的半胱氨酸残基上，导致甲基转移酶失活，这种以消耗一分子蛋白质的代价来修复一个碱基损伤的做法，体现了确保细胞 DNA 完整的重要性。

17.3.2　切除修复

最早发现切除修复（excision repair）是在 1964 年，这是一个多酶的修复系统，需好几种酶的作用，比光复活修复复杂一些。这种修复就好像"动外科手术一样"，将有病的部分（即受损伤的部分）切除掉，然后补上正常的。这是一种比较普遍的修复机制，对多种损伤都能起修复作用。研究表明，切除修复和转录过程有密切的关系，其中研究最清楚的还是紫外线照射引起的损伤的修复。

切除修复有核苷酸切除修复（nucleotide excision repair，NER）和碱基切除修复（base excision repair，BER）两种。

（1）**核苷酸切除修复**（NER）　DNA 的损伤链由切除酶（excinuclease）切除。大肠杆菌中的切除酶是 UvrABC 核酸内切酶，它在链损伤部位两侧同时切开。UvrABC 内切酶为多亚基酶，它是 *uvrA*，*uvrB* 和 *uvrC* 基因的

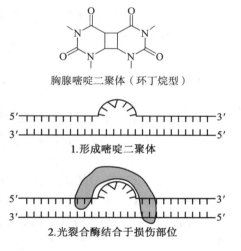

胸腺嘧啶二聚体（环丁烷型）

1.形成嘧啶二聚体

2.光裂合酶结合于损伤部位

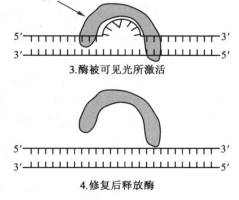

$h\nu$

3.酶被可见光所激活

4.修复后释放酶

图 17–25　紫外线损伤的光复活修复示意图

产物。该酶作用时需要 ATP，它分别在二聚体 5′ 侧第 8 个磷酸二酯键和 3′ 侧第 5 个磷酸二酯键处切割含二聚体的 DNA 链，结果形成 12~13 个核苷酸的片段（决定于损伤碱基是 1 个还是 2 个），在 Uvr 解螺旋酶帮助下被除去，形成的缺口由 DNA 聚合酶Ⅰ填补，并由 DNA 连接酶连接（图 17-26）。

人类和其他真核生物的核苷酸切除修复比原核生物复杂，其切除酶水解损伤部位 3′ 侧第 6 个磷酸二酯键以及 5′ 侧第 22 个磷酸二酯键，切除 27~29 个核苷酸片段，然后由 DNA 聚合酶 ε 和 DNA 连接酶填补空缺。

（2）**碱基切除修复**（BER） 碱基切除修复主要修复单个碱基缺陷的损伤，通过许多特异的 DNA 糖基化酶（glycosylase）将不正常的碱基水解下来，形成无嘌呤或无嘧啶位点，常被称为 AP 位点（AP site），由 AP 核酸内切酶（AP endonucleases）在 AP 位点附近将 DNA 链切开，造成了一个切口[1]。然后由核酸外切酶[2]将包括 AP 位点在内的 DNA 链切除。切除造成的单链缺口由 DNA 聚合酶（大肠杆菌中为 DNA 聚合酶Ⅰ）来填补，最后由 DNA 连接酶将链连接（图 17-27）。

细胞的切除修复系统和癌症的发生有关。例如，有一种遗传病称着色性干皮病（xeroderma pigmentosa），这种病人对日光或紫外线特别敏感，皮肤受照射后，引起皮肤的严重反应，最后出现皮肤癌，其原因是因为病人皮肤细胞中缺乏切除修复有关的酶，因此对紫外线照射引起的损伤不能修复。

17.3.3 重组修复

前面的光复活修复和切除修复是先修复后复制称复制前修复，而重组修复（recombination repair）是复制后修复，它是用 DNA 重组的方法修复 DNA 的损伤。

重组修复分 3 个步骤，①复制：含嘧啶二聚体或其他损伤的 DNA 仍可复制，但复制到损伤部位时，子链 DNA 就出现了缺口；②重组：从完整的母链上将相应碱基序列的片段移到子链的缺口处，这样母链上就形成了一个缺口；③填补和连接：母链上的缺口通过 DNA 聚合酶填补，并由 DNA 连接酶将链连接（图 17-28）。

大肠杆菌中，由重组基因 *recA* 编码的 RecA 蛋白、基因 *recBCD* 编码的多功能酶 RecBCD、DNA 聚合酶Ⅰ和连接酶等参与重组修复，重组的具体机制见 DNA 重组一节。

重组修复并未将 DNA 的损伤除去，留在母链上的损伤还会给复制带来困难，直至将损伤部分切除后才能消除。但是，随着复制的不断进行，损伤部分在后代细胞群中被逐渐"稀释"，实际上是消除了损伤对于整个群体的影响。

---

[1] 不同 AP 核酸内切酶的作用方式不同，或在 5′ 侧切开，或在 3′ 侧切开。

[2] 大肠杆菌的 DNA 聚合酶Ⅰ兼有外切酶活性。

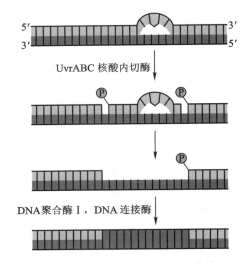

UvrABC 核酸内切酶

DNA聚合酶Ⅰ，DNA 连接酶

图 17-26 大肠杆菌中嘧啶二聚体的核苷酸切除修复示意图

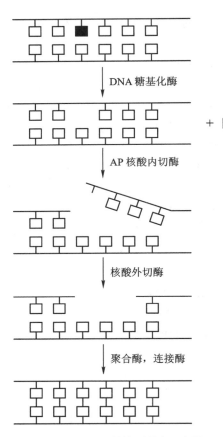

DNA 糖基化酶

AP 核酸内切酶

核酸外切酶

聚合酶，连接酶

图 17-27 碱基切除修复示意图

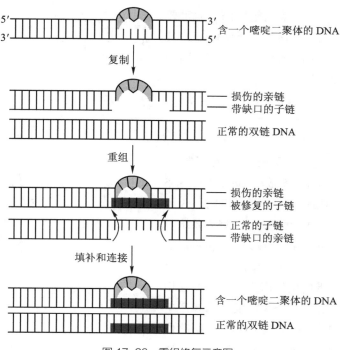

图 17-28　重组修复示意图

17.3.4　错配修复

错配修复（mismatch repair）实际上是一种特殊的核苷酸切除修复，它专门用来修复 DNA 复制中新合成 DNA 链上的错配碱基。为了避免将 DNA 链上正确的碱基切除，需要将旧链（old strand）和新链（new strand）区分开来。

原核生物利用甲基化区分旧链和新链，因此原核细胞中的错配修复也称甲基化指导的错配修复（methyl-directed mismatch repair）。原核细胞 DNA 的甲基化位点位于 5'GATC 序列中腺嘌呤碱基的第 6 位 N 原子上，催化甲基化的酶为 Dam 甲基化酶（Dam methylase），刚合成的 DNA 新链上的 GATC 序列还没有来得及甲基化，而作为模板的旧链早已被甲基化了，利用这种差别区分旧链和新链。一旦发现错配碱基，即将未甲基化的链切除，并以甲基化的链为模板进行修复合成（动画见 e 辅学窗 17-10）。

大肠杆菌参与错配修复的蛋白质至少有 12 种，包括 Dam 甲基化酶、由 *mut* 基因编码的几个特有的蛋白质（MutS 蛋白、MutH 蛋白和 MutL 蛋白）、DNA 螺旋酶 Ⅱ（DNA helicase Ⅱ）、核酸外切酶（exonuclease）、SSB、DNA 聚合酶Ⅲ和 DNA 连接酶等。错配修复的过程见图 17-29，首先 MutS 蛋白识别并结合到 DNA 的错配碱基部位，MutL 蛋白与 MutS 结合后，二者形成的复合物利用 ATP 提供的能量沿 DNA 双链移动，直到遇到 GATC 序列为止。MutH 蛋白有专一位点的核酸内切酶活性，它结合到 MutL 上，并在未甲基化链 GATC 位点的 5' 侧切开。在此链的切除过程中，需要 DNA 螺旋酶 Ⅱ、SSB 和核酸外切酶Ⅰ（按 3' → 5' 方向降解单链 DNA）。切除的链可长达 1 000 个核苷酸以上，直到将错配碱基切除。新的 DNA 链由 DNA 聚合酶Ⅲ和 DNA 连接酶修复和连接。

错配修复是一个非常耗能的过程。错配的碱基距离 GATC 序列越远，被切除的核苷酸就越多，重新合成新链所需要消耗的脱氧核苷三磷酸单体就越多。无论消耗多少 dNTPs，目的都是为了修复一个错配的碱基，这说明机体为了维护遗传物质的稳定性可以说不惜一切代价。

真核细胞也存在错配修复机制，其与 MutS 和 MutL 同源的蛋白质，分别称为 MSH（MutS homolog）、MLH（MutL homolog）。在人类细胞中，这些蛋白质的基因突变会导致遗传性癌症易感综合征（inherited cancersusceptibility syndromes），进一步表明了错配修复的重要性，详见 **e辅学窗** 17–11。关于真核生物错配修复的具体机制目前还不是非常明确，例如在没有 GATC 序列的情况下，新旧 DNA 链是如何被识别等。

17.3.5 SOS 反应

前面介绍的各种修复都是以受损伤链的互补链为模板进行的，因此是无差错修复。SOS 反应（SOS response）[1]是细胞 DNA 受到损伤或复制受抑制时，为了求得生存而出现的应急效应。SOS 反应诱导的修复系统包括无差错修复（error free repair）和易错修复（error prone repair）[2]两类，前者是指 SOS 反应能诱导切除修复和重组修复中所需的某些关键酶和蛋白质的产生，从而加强切除修复和重组修复的能力。后者是指 SOS 反应诱导产生缺乏校对功能的 DNA 聚合酶，它能通过 DNA 损伤部位而进行复制，从而避免了死亡。例如，SOS 反应能够诱导生物 DNA 聚合酶 V 的合成，由于它不具有 3′ 外切酶的校正功能，所以能够有效跨过 3 类最普通的 DNA 损伤，包括嘧啶二聚体，UV 引起的相关损伤如［6–4］光化产物（［6–4］photoproduct）[3]以及单个无碱基位点。但由于复制的精确度很低，因此带来了高的变异率。

SOS 反应广泛存在于原核生物和真核生物的细胞中，是生物体在不利环境中求得生存的一种应急反应。在大肠杆菌中，它主要受 *recA*、*lexA* 两个基因的控制。在正常情况下 SOS 系统处于不活动状态，当有诱导信号如 DNA 损伤或复制受阻形成暴露的单链时，RecA 被激活从而激活 LexA 蛋白水解酶的活性，导致 LexA 蛋白自我水解，使 SOS 反应有关的基因去阻遏而先后开放，如 DNA 聚合酶 Ⅱ，甚至是 *recA* 基因本身，产生一系列细胞效应。引起 SOS 反应的信号消除后，RecA 蛋白的蛋白水解酶活力也会丧失，LexA 蛋白又重新发挥阻遏作用（图 17–30）。

人类细胞的易错修复，类似于原核生物系统，也依赖于一些特殊的 DNA 聚合酶，如 DNA 聚合酶 η、DNA 聚合酶 ζ、DNA 聚合酶 ι、DNA 聚合酶 κ。在复制过程中如果遇到 DNA 损伤，如嘧啶二聚体时，复制就发生停顿，此时 DNA 聚合酶 η 就会替代原来的聚合酶，自动地在子链对应于嘧啶二聚体的位置处插入 2 个 dAMP，即使无法与嘧啶二聚体中的碱基形成互补的碱基对，只要二聚体是常见的胸腺嘧啶，该系统就能做出正确的选择，从而使损伤处理产生相对少的差错。

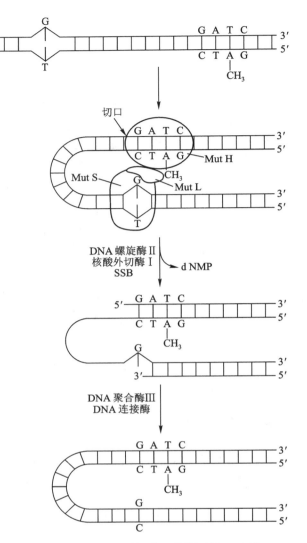

图 17-29 大肠杆菌甲基化指导的错配修复示意图

---

① SOS 是航海上或飞机遇难时的一种呼救信号，在这里比喻细胞处于危急状态。

② 易错修复也称错误倾向修复。

③ 一个嘧啶碱基的 6 位碳原子与相邻嘧啶碱基的 4 位碳原子发生共价连接。

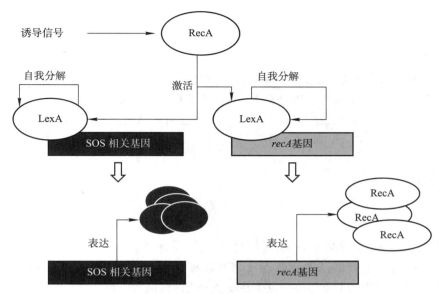

图 17-30　SOS 反应的机制

思考题

1. 为什么大肠杆菌在高剂量的紫外线照射以后，在可见光照射后或者营养贫乏的培养基上更能生存下来？
2. 修复相关的基因突变会导致癌症的易感，试解释。

17.4　DNA 复制的忠实性

DNA 的复制是高度忠实的，以保证生物遗传的稳定性。在大肠杆菌中出现差错的概率在 $10^{-9} \sim 10^{-10}$ 之间，即每复制 $10^9 \sim 10^{10}$ 碱基对才出现一次错误。主要有以下 5 种机制使 DNA 复制的错误率降到很低。

（1）**DNA 聚合酶的选择作用**　DNA 聚合酶催化的反应是按模板的指令进行的。只有当进入的碱基与模板链的碱基正确配对（即形成 Watson-Crick 型碱基对）时，才能发挥聚合作用，释放焦磷酸，形成磷酸二酯键。如果进入的碱基与模板链的碱基不配对，则聚合反应无法进行。

（2）**DNA 聚合酶的核对功能**　在 DNA 复制过程中，DNA 聚合酶是"先核对，后合成"。大肠杆菌 DNA 聚合酶 I 有 $3' \to 5'$ 核酸外切酶的活性。当引物链 3'-OH 出现了与模板链错配的碱基，DNA 聚合酶 I 就发挥 $3' \to 5'$ 核酸外切酶的活性，将错配对的核苷酸从引物 3' 端切除。因此，DNA 复制过程中碱基配对要受到双重核对，即 DNA 聚合酶的选择作用和 $3' \to 5'$ 核酸外切酶的校对作用。

（3）**RNA 引物的合成与切除**　DNA 聚合酶不能从头合成 DNA，必须要有引物存在。在多数情况下，引物为 RNA。RNA 引物从头合成，引物合成依赖于 RNA 聚合酶的参与，它的错配可能性较大，在完成引物功能后将 RNA 引物切除，而以高保真的 DNA 链代之。

（4）**错配修复**　前已提及 DNA 聚合酶具有自我校对的功能，可将错误的碱基除去。但在特殊情况下，会将少数错误的碱基遗留在 DNA 链上，错配修复是修复那些在复制过程中错配且逃避了校对检查的单个或少数错配的碱基，故错配修复是给予第二次纠正错误的机会详见 17.3。

（5）**dNTP 浓度的平衡**　利用核苷酸合成的调节机制保持细胞内 4 种 dNTP 浓度的平衡。因为处于超常或低水平的 dNTP 比正常水平的 dNTP 更容易出现掺入错误。

思考题

1. DNA 分子中含有甲基胞嘧啶的区域突变率较高，为什么？

2. 细菌的 SOS 反应涉及一系列特殊基因的表达，这些基因对正常细胞会产生危害，因此需要该系统在需要时迅速开启表达，在危机过去迅速关闭表达，简述生物体如何调控 SOS 基因的表达，以实现其迅速的开启和关闭。

17.5　DNA 重组

任何造成基因型变化的基因交换的过程都称为基因重组（gene recombination）或称基因重排（gene rearrangement）。通过基因重组，新的基因 DNA 分子将含有两个不同来源的 DNA 分子片段。DNA 的重组广泛存在于各类生物中。真核生物基因间的重组多数发生在减数分裂时的同源染色体之间的交换。在细菌及噬菌体中，来自不同亲代两组 DNA 之间可以通过多种形式进行遗传重组。

在长期进化的过程中，自然选择和物种进化的前提就是不断发生的基因突变和基因重组。DNA 重组的意义在于能通过优化组合累积有优势的遗传基因，迅速增加群体的遗传多样性。基因重组主要包括同源重组（homologous recombination）、位点特异性重组（site-specific recombination）和转座作用（transposition recombination）三种形式。

17.5.1　同源重组

同源重组，也叫一般性重组，发生在具有高度序列同源性的 DNA 片段之间。这些片段可能是同一染色体的不同部分，或者也可以处在不同的染色体上。同源重组主要负责减数分裂中的互换，在细胞中的同源重组还具有 DNA 修复功能。同源重组需要一系列蛋白质催化，如原核生物细胞内的 RecA、RecBCD、RecF、RecO、RecR 等，以及真核生物细胞内的 Rad51、Mre11、Rad50 等。

1964 年，美国科学家 R. Holliday 提出了著名的 Holliday 模型，该模型至今已被广泛接受，且能够解释许多同源重组现象。根据 Holliday 模型，重组过程中形成了半交叉的 Holliday 中间体，具体过程如图 17–31 所示。

Holliday 模型虽然能很好地解释许多基因重组的现象，但是却无法解释为什么可以在两条 DNA 双链的对应位置上进行精确切割。因此，1975 年 Moselson 等（Moselson 和 Radding）对此提出了修正，即 Moselson–Radding 重组模型，该理论是以同源 DNA 分子中只有一分子 DNA 发生单链断裂作为模型的基础（图 17–32）。

同源重组的最初研究进展是在大肠杆菌中获得的，突变研究鉴定了同源重组相关基因。目前至少发现了三个独立的重组系统，分别是 RecBCD、RecF、RecE，其中 RecBCD 是细菌中最重要的一个系统，具体见 辅学窗 17–12。

17.5.2　位点特异性重组

位点特异性重组，是依赖于小范围同源序列的联会，而发生在同源短序列范围之内的遗传重组，其过程需要位点特异性的蛋白质分子参与。重组时发生精确的切割、连接反应，DNA 不丢失、不合成。两个 DNA 分子在重组时并不进行对等的交换，有时是一个 DNA 分子整合到另一个 DNA 分子上，因此这种形式的重组又称为插入重组。

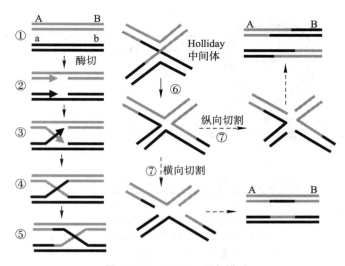

图 17-31　Holliday 重组模型

①在减数分裂过程中，两条染色体单体相互配对；②同源联会的两个 DNA 分子中在相同的位置各切开一个缺口；③游离端的氢键断裂，与互补链分离，形成游离的单链，游离的单链相互交叉、转移、配对形成异源双链 DNA；④ DNA 连接酶连接缺口，形成半交叉的 Holliday 结构；⑤交叉点移动形成"十"字结构（chi form）；⑥"十"字结构的双臂旋转形成中空"十"字结构；⑦在交叉点进行横向或纵向切割，随机产生不同的分离结果，修补缺口，完成重组。

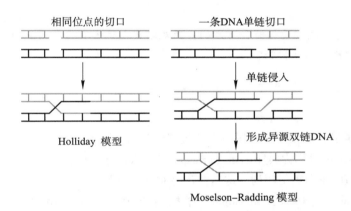

图 17-32　Moselson–Radding 与 Holliday 重组模型的差异

Moselson–Radding 模型：两条 DNA 双链中，DNA 双螺旋中只有一条核苷酸链被切开了，产生的游离核苷酸单链"侵入"另一条姐妹单色单体双链，并与之配对，且在相应部位置换出一条同源单核苷酸链形成一个 D 环结构，随后被置换的单核苷酸链在单链与双链相连的地方被切开，形成异源双链 DNA。

λ 噬菌体 DNA 能通过重组作用整合进大肠杆菌染色体的特异位点，成为前病毒（provirus，或称前噬菌体，prophage）。当受紫外线或其他刺激时，前噬菌体将被激活并进行复制，然后从染色体中释放出来，进入裂解状态以求生存。λ 噬菌体的 DNA 整合涉及 DNA 链的断裂和重接。λ 噬菌体和细菌的基因组都有两个附着位点（attachment site，att）。细菌的 att 位点称为 attB，由 BOB′ 元件构成；噬菌体的 att 位点称为 attP，由 POP′ 元件构成。其中 attB 和 attP 所共有的 O 序列是两个 att 位点之间是一段 15 bp 的核心序列，也是位点特异性重组发生的地方（图 17-33）。整合反应由 λ 噬菌体产生的整合酶（integrase，Int）催化。整合反应还需要有大肠杆菌编码的一种蛋白质，称为整合宿主因子（integration host factor，IHF）的参与。

DNA 重组是某些真核生物组织发育过程中所必需的。如人可以产生千万数量级的特异性抗体，但是人类基因组仅携带了 20 000 个抗体基因，这就依赖于淋巴细胞在其成熟过程中产生的抗体基因重排。抗体基因重排机制与转座非常相似，因此推测可能由远古细胞通过转座子入侵演化而来。

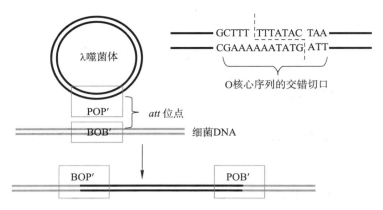

图 17-33　噬菌体的 DNA 整合到大肠杆菌的染色体 DNA 中

首先在 *att*B 和 *att*P 位点上产生同样的交错切口，形成了 5′–OH 和 3′–磷酸的末端。5′ 单链区全长 7 个碱基。两个核心区的断裂完全相同。在整合反应中，互补的单链末端交互杂和，连接并完成整合过程

位点特异性重组系统中 Cre/lox 重组系统已被成功应用于烟草、番茄、大豆、马铃薯、水稻等多种植物的无筛选标记基因的研究中（详见 🅔 辅学窗 17–13 ）。

❓ 思考题

在大肠杆菌 DNA 分子进行同源重组时，形成的异源双螺旋允许含有某些错配的碱基对。为什么这些错配的碱基对不会被细胞内的错配修复系统排除？

17.5.3　转座作用

转座不是一种重组的类型，而是一个利用重组的过程，其结果是将 DNA 片段从基因组的一个位置转移到另一个位置，发生转移的 DNA 片段称为转座因子（transposable element）或转座子（transposon）。转座的一个特征是转移片段两端具有一对短的正向重复序列，这是在转座的过程中形成的。

20 世纪 40 年代，美国遗传学家 B. McClintock 根据对玉米染色体长期观察研究的结果，提出了转座（transposition）的概念，当时几乎没有一位遗传学家能接受这种超越时代的新概念，因此受到了冷遇。直到 1983 年，这位 80 多岁的老妇人终于登上了诺贝尔奖的领奖台，到那时为止她的重大发现几乎被埋没了 30 年。

17.5.3.1　细菌的转座子

细菌的转座子可以简单分为两大类：一类是简单的转座子，称为插入序列（insertion sequence，IS），它仅携带转座所需要的基因；另一类是复杂转座子（complex transposon），它可以携带除了转座酶（transposase）基因以外的其他标记基因，如抗性基因等。

IS 家族有很多成员，已经发现的有十余种，如 IS1、IS2 等，插入序列的两端都具有 15 ~ 25 bp 的反向重复序列（inverted repeats，IR），以及 1 kb 左右的编码区，它仅编码与转座有关的转座酶基因。插入序列的靶序列两端都带有 5 ~ 10 bp 的正向重复序列（direct repeats，DR）。转座过程首先由转座酶交错切开宿主靶位点，然后 IS 插入，与宿主的单链末端相连接，余下的缺口由 DNA 聚合酶和连接酶加以填补，最终插入的 IS 两端形成了正向重复序列（图 17-34）。

复杂转座子按照其结构可以分成两类：一类是组合元件（composite element），通常包括一个中心区域的标记基因和两个插入序列作为两臂；另一类是复合元件（complex element），包括了两端的反向重复序列和转座酶、解

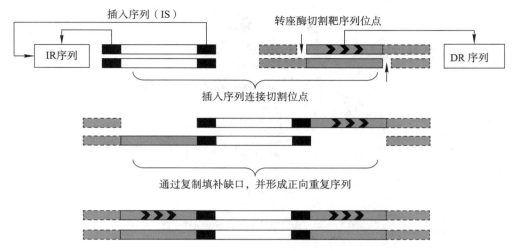

图 17-34　插入序列的转座过程

离酶[①] 以及标记基因。TnA 家族中的 Tn3 转座子是典型的复合型转座子，它的结构如图 17-35 所示。

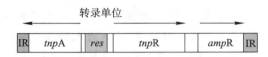

图 17-35　Tn3 的结构

*tnp*A 基因，编码一个有 1 021 个氨基酸的转座酶；*tnp*R 基因，编码一个有 185 个氨基酸的蛋白质，它具有解离酶和阻遏蛋白的活性，负责促进转座中间产物的解离，并调节 *tnp*A 和 *tnp*R 两个基因的表达；解离控制位点（*res*），一个长 163 bp 的富含 A/T 的序列，含有 3 个长 30～40 bp 的 TnpR 蛋白结合位点；IR，末端反向重复序列；*amp*R，氨苄青霉素抗性基因。直线箭头表示基因的转录方向

不同转座按照其转座过程是否发生复制，可分为非复制转座和复制转座。非复制转座是转座子通过"剪切—粘贴"的过程，使得原有的转座子移至新的位点；复制转座的过程中，其原有转座子拷贝依然存在，一个新的拷贝会出现在基因组的其他位置。复制转座与非复制转座的具体机制见 🄴辅学窗 17-14。

17.5.3.2　真核生物的转座子

真核生物的转座子与原核生物十分相似，转座的过程同样也依赖转座酶。转座子的两端有被转座酶识别的 IR 序列，随机选择转座的靶位置，切开后，插入转座子后经过修饰形成两侧正向重复序列。由于真核生物的转录和翻译是分时空进行的，只要真核细胞内有转座酶的存在，理论上任何具有 IR 序列的片段都可以发生转座，但是真核生物的转座子家族中多数拷贝并不编码有活性的转座酶基因，只保留了 IR 序列。据此，真核生物的转座子家族可以分成两大类：①自主因子（antonomous elements），编码转座酶，有自主转座的能力；②非自主因子（nonautonomous elements），丢失转座酶基因，自身并不能转座。

在玉米中，研究的比较清楚的转座有 2 个系统，即 Ac-Ds 系统（激活 - 解离系统）、Spm-dSpm 系统（促进 - 增变系统），两个系统内主要控制因子的特征详见 🄴辅学窗 17-15。

果蝇是经典的遗传学模式动物，在对其杂种不育的研究中发现了 P 因子，它是黑腹果蝇的一种自主转座子，在黑腹果蝇的某些品系中含有 40～50 个拷贝（P 品系），而在其他品系则没有（如 M 品系）。P 因子只在生殖系细胞中实现完整的 RNA 剪接，生成有活性的转座酶，而在体细胞中，P 因子的 RNA 剪接不完整，产生了阻遏转座的蛋白质，因此 P 因子不能发生转座。所以，当 P 品系雄果蝇和 M 品系雌果蝇交配时，子代体细胞正常，生殖细胞出现染色体畸变，产生不育，如图 17-36 所示。由于 P 品系的雌果蝇卵中具有阻遏转座的蛋白质，当 M 或 P 品系雄果蝇和 P 品系的雌果蝇杂交，都不会出现这种生育障碍。

---

① 解离酶（resolvase）：一种核酸内切酶，在 DNA 分子的重组或修复过程中，专门切割由于 DNA 链交叉所形成的 Holliday 十字交叉点的核酸内切酶。

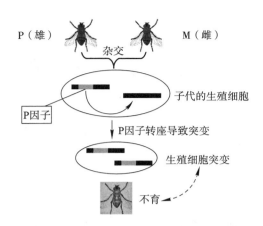

图 17-36 由果蝇 P 因子介导的杂种不育

总结性思考题

1. 什么是 DNA 的半保留复制？它有哪些实验依据？
2. 总结参与大肠杆菌 DNA 复制的蛋白酶和蛋白质的性质和功能。
3. DNA 重组一般包括几种形式？它们的主要特征是什么？
4. 端粒和端粒酶是如何被发现的？它们的发现对解释哪些生理、病理现象有哪些重要的帮助？
5. DNA 修复的主要手段有哪些？
6. 简述机体用于保证 DNA 复制高度忠实性的意义和机制。
7. 在逆转录过程中的关键酶有哪些？说说它的发现对基础科学研究和疾病治疗方面有哪些作用？
8. PCR 反应是受到体内 DNA 合成的启发而设计出来的，请列举 PCR 反应与体内 DNA 复制的差异。
9. 为什么生物体只有 DNA 损伤修复机制，而没有其他生物大分子的损伤修复机制？

数字课程学习

👤 教学课件 　　💬 在线自测 　　📖 思考题解析

第十八章 RNA 的生物合成

提要与学习指导

本章介绍 RNA 生物合成的两条途径，即以 DNA 为模板合成 RNA（转录）及 RNA 的复制。其中转录是 RNA 合成的主要途径，在转录后还需经加工成为成熟的 RNA。学习时要求掌握以下各点：

1. 转录的过程以及参与转录的酶和蛋白质。
2. 真核生物与原核生物转录的主要区别。
3. 各种 RNA 转录后的加工过程。
4. RNA 的降解。
5. RNA 的复制。
6. RNA 生物合成的抑制剂。

RNA 的生物合成有两种方式：一种是转录，另一种是复制。前者以 DNA 为模板合成 RNA（依靠 DNA 转录合成 RNA），后者以 RNA 为模板合成 RNA。

18.1 转录（以 DNA 为模板合成 RNA）

转录是指遗传信息从 DNA 转移到 RNA 的过程。转录的过程与 DNA 的复制一样，都是先要在特定的位点将 DNA 双螺旋打开，然后再以其中的一条链为模板，在酶的催化下，合成与模板互补的 RNA 链。细胞内各类 RNA，如 mRNA、tRNA 和 rRNA，以及具有各类特殊功能的小分子 RNA，都是以 DNA 为模板，在 RNA 聚合酶催化下合成的。自中心法则提出到现在近 70 年中，对转录合成及调控过程的研究已取得了很大的进展，特别是对原核生物的转录过程研究更为透彻。

18.1.1 原核生物的转录

18.1.1.1 基本过程

转录过程的发现是由于发现了 DNA 指导的 RNA 聚合酶（DNA-directed RNA polymerase），也称依赖于 DNA 的 RNA 聚合酶（DNA-dependent RNA polymerase），简称 RNA 聚合酶（RNA polymerase），又称转录酶（transcriptase）。RNA 聚合酶催化的反应如右：

$$\begin{matrix} n_1\ \text{ATP} \\ + \\ n_2\ \text{GTP} \\ + \\ n_3\ \text{CTP} \\ + \\ n_4\ \text{UTP} \end{matrix} \xrightarrow[\text{RNA 聚合酶}]{\text{RNA（模板），Mg}^{2+}} \text{RNA} + (n_1 + n_2 + n_3 + n_4)\ \text{PPi}$$

RNA 聚合酶能以各种核苷 –5′– 三磷酸（ATP、GTP、CTP、UTP）为底物，以 DNA 为模板合成与模板 DNA 互补的 RNA。反应的第一步是 RNA 聚合酶与 DNA 模板链的嘌呤核苷 –5′– 三磷酸结合形成 1 个酶 –DNA 复合物，DNA 的构象从而发生改变，两链即解旋分开，并以其中的一条链作为模板，此时与模板配对的相邻两个核苷酸，在 RNA 聚合酶催化下直接结合，形成 3′, 5′– 磷酸二酯键，产生与 DNA 模板链互补的新 RNA 片段。新合成的初期产物的第 1 个核苷残基的第 5′ 位有 1 个三磷酸基，在另一端（即生长端）的 3′ 位有 1 个游离的羟基，后来的核苷酸就在这个游离羟基上逐个加接，使链沿 5′ → 3′ 方向延伸。当在第 1 轮转录完成后分开的两条 DNA 链重新结合成螺旋结构时，RNA 链的延长即告终止，RNA 随即脱离 DNA 模板（图 18-1）。

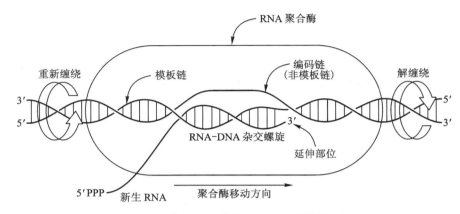

图 18-1　依靠 DNA 转录合成 RNA 的过程示意

　① 图中椭圆圈内区域含有 RNA 聚合酶、RNA-DNA 杂交螺旋链、模板链、编码链和新生 RNA 链的区域称转录泡（transcription bubble），是 DNA 转录的组成部位

　② 图中左右两端的弧形箭头表示 DNA 双链在转录开始前和终止后开合的拧转方向（即图中所指解缠绕和重新缠绕的方向），在转录开始前 RNA 聚合酶前进方向的 DNA 链端如右端弧形箭头所示的方向拧转，使 DNA 解链，两链分开，以便于转录开始。当每轮转录终止时，RNA 聚合酶后方的 DNA 链端如左端弧形箭头所示方向拧转，使已分开的 DNA 两链重新合拢，待下一转的转录开始。解链和重合链的两个拧转方向恰恰相反，而且转速相同，由于解链与链重合的拧转速度相等，所以在 RNA 聚合酶沿 DNA 模板移动时，RNA-DNA 杂交螺旋的长度和已解开的链长是不变的。

18.1.1.2　原核细胞的 RNA 聚合酶

　　大肠杆菌的 RNA 聚合酶是由两条 α 链、一条 β 链、一条 β' 链、一条 ω 链和一个 σ 因子（σ factor）所组成（三维结构见📚辅学窗 18-1）。全酶（holoenzyme）为 $\alpha_2\beta\beta'\omega\sigma$，相对分子质量约 480 000。其中 σ 因子与其他肽链结合不很牢固，当 σ 因子脱离全酶后，剩下的 $\alpha_2\beta\beta'\omega$ 称核心酶（core enzyme），如图 18-2 所示。

　　大肠杆菌 RNA 聚合酶中 α、β 和 β' 链（即 α、β 和 β' 亚基）的相对分子质量比较恒定，但 σ 因子（亚基）的相对分子质量变化较大，最常见的 σ 因子是 σ^{70}（因其相对分子质量为 70 000 而得名）。

　　核心酶只能延长已开始合成的 RNA，但不能起始合成 RNA，只有和 σ 因子共同存在时，才能从第一个核苷

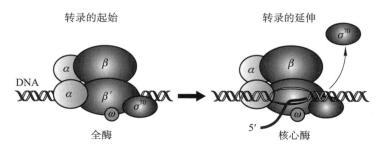

图 18-2　原核生物 RNA 聚合酶的组成和功能

酸开始合成，并逐渐延长，说明 σ 因子与起始有关，它能识别 DNA 链上的起始点，主管起始作用，故 σ 因子也称起始因子（或起始亚基）。

β 亚基是全酶中的催化部位，催化磷酸二酯键的形成，另外它是核心酶与 σ 因子结合的部位。β′ 亚基含有两个 Zn^{2+}，可能与酶的活性有关，β′ 亚基的功能与模板 DNA 结合。α 亚基可能参与全酶的组装及全酶识别启动子，另外 α 亚基还参与 RNA 聚合酶与一些调控因子间的作用。ω 亚基的功能与全酶的组装和酶功能的调节相关（表 18-1）。

表 18-1　大肠杆菌（原核）RNA 聚合酶的亚基及功能

亚基	相对分子质量（M_r）	功能
β′	160 000	与模板 DNA 结合
β	150 000	识别起始点和催化
σ	70 000	识别起始点
α	36 500	全酶的组装，与启动子上游的调控因子作用
ω	11 000	全酶的组装、酶功能的调节

RNA 聚合酶催化多核苷酸链延长的机制与 DNA 聚合酶类似，通过链的 3′-OH 亲核进攻核苷三磷酸的 α- 磷酸，生成的 PPi 被水解，从而驱动合成反应。链的合成方向也是 5′ → 3′。但 RNA 聚合酶与 DNA 聚合酶又有不同之处，RNA 聚合酶不需要引物。在 RNA 合成中 DNA 模板是全保留[1]，而在 DNA 合成中 DNA 模板是半保留。虽然 RNA 聚合酶没有核酸外切酶活性，但是它可以借助聚合反应的逆反应等方式进行较为有限的校对。

除 RNA 聚合酶外，大肠杆菌还含有 1 个 ρ 蛋白，也称 ρ 因子，是由 ρ 基因编码的相对分子质量为 55 000 的蛋白质，通常以六聚体形式存在，它能识别 DNA 链上的终止点，管理 RNA 合成的终止。

思考题

RNA 聚合酶对转录底物 NTP 的 K_m 在起始阶段高于在延伸阶段。你认为这对基因表达的调节有何意义？

18.1.1.3　DNA 转录成 RNA 的具体过程

依靠 DNA 合成 RNA 的合成过程亦分起始、延长和终止 3 个阶段，下面较详细地介绍这 3 个阶段。

（1）起始　在 RNA 合成的起始阶段，RNA 聚合酶与模板 DNA 的特定部位，即启动子（promoter，也称启动基因）的某一部位结合。启动子是指 RNA 聚合酶能识别、结合和开始转录的一段 DNA 序列，原核细胞的启动子含 40~60 个碱基对。启动子区域有 3 个功能部位：1 个是起始部位（initiation site），此处有与转录生成的 RNA 链中第 1 个核苷酸互补的碱基对；另 1 个是在转录起始点上游 -10[2]bp 处有一段富含 A-T 碱基对的 TATAAT 序列，称 Pribnow 框（Pribnow[3] box）；还有 1 个是识别部位（recognition site），其位置在 -35 bp 附近，序列特征为 TTGACA，这是 RNA 聚合酶初始识别的部位（图 18-3）。各种原核生物的 -10 序列和 -35 序列是保守序列，其中 -10 序列的稳定性更强。另外，启动子的序列是不对称的，分布在用做模板的 DNA 单链上，虽然 DNA 的两条

---

① 全保留复制：以亲代 DNA 为模板，但复制后两条新生成的子链全部从亲代脱落，形成全新的子链，而亲代又恢复原样。

② 为方便起见，通常将开始转录的 1 个核苷酸即转录起始部位定为 +1，沿转录方向顺流而下的核苷酸用正值表示，逆流而上的启动子部均用负值表示。-10 序列（-10 sequence）也称 -10 区域（-10 region）；-35 序列（-35 sequence）也称 -35 区域（-35 region）。

③ Pribnow 是人名。

链都可以为转录提供模板，但是 RNA 聚合酶却只能与认定的一条模板链结合，并且启动子的序列也决定了 RNA 聚合酶移动的方向。

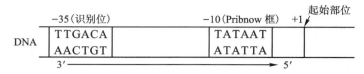

图 18-3 原核生物启动子的结构

转录起始时，RNA 聚合酶中的 σ 因子具有辨认启动子"识别位"的作用，能识别 –35 序列，所以聚合酶首先与 –35 序列结合，形成疏松的复合物，然后聚合酶沿模板 DNA 3′→5′ 方向移动至 –10 序列，即 Pribnow 框，此时聚合酶与模板 DNA 呈紧密结合状态，形成稳定的复合物。由于 Pribnow 框是 A-T 富集区，A-T 含量高，使这区域的 T_m 值低，容易解链，局部打开 DNA 双螺旋，即开始转录的起始。

RNA 的合成不需要引物，所以可按照 DNA 中一条链的碱基序列选择第一个和第二个核苷三磷酸合成第一个磷酸二酯键，新合成的 RNA 链的 5′ 末端，通常为带有 3 个磷酸基的鸟苷或腺苷，其中以带 3 个磷酸基的鸟苷最为常见。

转录一旦起始，即 9~10 个核苷酸合成后，σ 因子就从全酶上解离下来，解离下来的 σ 因子又可与另一个核心酶结合用于下一轮转录的起始。

除了称之为核心启动元件（core promoter element）的 –10 和 –35 序列外，有些极强的启动子在更远的上游还存在一个额外的元件，称为 UP 元件（UP element）。UP 元件可被 RNA 聚合酶识别，有证据显示核心酶 α 亚基独立折叠的 C 端结构域能够与 UP 元件结合，从而促进聚合酶与启动子之间的紧密结合。

（2）**延长** 当 σ 因子从全酶上解离下来后，核心酶发生构象变化，与 DNA 模板结合就不那么紧密，核心酶更容易沿 DNA 链的 3′→5′ 方向移动，边移动边打开 DNA 双链，且边按模板链的顺序使一个个核苷酸在 3′-OH 端接上去，RNA 链就此延长。因此，RNA 链的合成方向是 5′→3′。RNA 链的延长由核心酶催化，由于核心酶 β 亚基位于 RNA 聚合酶催化磷酸二酯键形成的活性位点附近，β 亚基的催化功能在转录的延长中可能起着关键的作用。

大肠杆菌 RNA 聚合酶合成速度大约为每秒 50~90 个碱基对（50~90 bp/s），比 DNA 复制的速度（800 bp/s）要慢很多，与翻译的速度差不多（15 aa/s）。虽然 4 种核苷酸的掺入速度基本相同，但是转录延伸的速度并不均匀。当 RNA 聚合酶遇到某些称为暂停信号时，转录的速度会减慢下来，甚至仅有 0.1 bp/s。这些暂停信号大多数为富含 GC 的反向重复序列，使得转录出来的 RNA 形成茎环结构，影响了 RNA 聚合酶在模板上的移动速度。

此外，在转录延长的过程中，RNA 聚合酶是以静止与跳跃结合的方式进行合成的。简单地说，RNA 聚合酶的尾部随着 RNA 链的延伸平稳地向前移动，但是酶的前端在 RNA 链延伸几个核苷酸后将稍稍停顿一会儿，然后酶的前端又加速沿着 DNA 链迁移 6~7 bp。因此，RNA 聚合酶与 DNA 链接触的长度会由 35 bp 平稳地减少到 28 bp，然后再恢复到 35 bp，如此循环，出现了像蠕虫爬行那样的周期性曲张的变化。

（3）**终止** 当核心酶沿模板 3′→5′ 方向移动到终止信号区域时转录就终止，提供终止信号（termination signal）的 DNA 序列称终止子（terminator）。转录终止机制分两类，一类不依赖 ρ 因子（即 ρ 蛋白），另一类依赖 ρ 因子。不依赖于 ρ 因子的这一类，其 DNA 链的 3′ 端附近有回文结构，富含 GC 碱基，随后紧密相连的是 AT 碱基对（图 18-4），以这段终止信号为模板转录出的 RNA 即形成具有茎环的发夹结构，影响了 RNA-DNA 杂合分子的稳定性。同时，该发夹结构的 3′ 端含有一串 UUUU…… 的尾巴，寡聚 U 可以提供引起转录停顿的信号，使 RNA 聚合酶脱离模板。另一类依赖 ρ 因

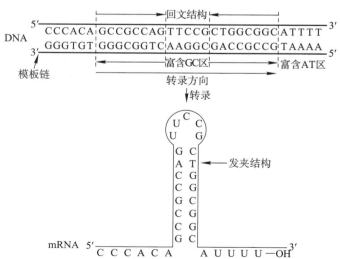

图 18-4 大肠杆菌色氨酸基因转录终止信号区的结构

子的终止，其 DNA 链的 3′ 端附近的回文结构没有富含 GC 碱基的区域，后面也没有连续的 A 存在，需 ρ 因子的参与才能完成链的终止。现在一般认为 ρ 因子是与正在合成的 RNA 链相结合，并利用水解 ATP 或其他核苷三磷酸释出的能量从 5′ → 3′ 端移动，当聚合酶遇到终止信号时，聚合酶移动速度减慢，ρ 因子就很快追赶上来，利用其解旋酶的活性，释放 RNA，使转录终止，并使 RNA 聚合酶与 ρ 因子一起从 DNA 上脱落下来（图 18-5）。

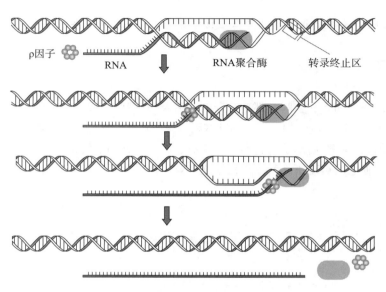

图 18-5　依赖 ρ 因子的转录终止过程

当转录终止后，酶和 RNA 从 DNA 上掉下来，DNA 的双螺旋结构又可恢复，故转录和复制有一个很大的差别：在转录的过程中，DNA 没有损失，即所谓全保留方式。转录与复制还有一个重要的不同，复制时是以全部染色体 DNA 为模板，产生完全相同的子代 DNA 分子；而转录并不是全部 DNA 都必须转录，基因的转录是有选择性的。根据细胞的实际要求不同，特定的基因选择"开放"或"关闭"。多种控制机理决定了何时在细胞内的哪些基因将被转录。原核生物转录见 🄔辅学窗 18-2 动画。

❔ 思考题

大肠杆菌 RNA 聚合酶合成其基因编码的 *lac* 操纵子（5 300 bp）的初级转录物需要多少时间？RNA 聚合酶向前移动 10 s，沿着 DNA 能够形成多长（以核苷酸数量计算）的转录泡？

18.1.1.4　关于 RNA 合成机理的补充

（1）在体内 DNA 的两条链中，只有一条链可转录成 mRNA，有转录功能的一条 DNA 链称模板链（template strand），与模板对应而互补的那条链称非模板链（nontemplate strand）或通常称为编码链（coding strand），因为其序列与转录产物相同（仅 T 与 U 的差别）。但要注意每个基因的模板链并不总是在染色体 DNA 的同一条链上，也就是说，一条链上具有某些基因的模板链，和另一些基因的编码链。在进行转录时，被转录的 DNA 的双链发生局部解链，两条链中的一条可作为有效的模板，在其上合成互补的 RNA 链。当分开的两条 DNA 链重新形成双螺旋结构时，已合成的 RNA 链即离开 DNA。

在体外 DNA 的两条链都可以进行转录，可能是由于 DNA 制备过程中因断裂而失去控制序列，或分离 RNA 聚合酶时丢失了 σ 因子造成的。

（2）原核生物中，从 DNA 转录来的 mRNA 在翻译前很少或不需要修饰。实际上许多 mRNA 分子甚至在

RNA 合成完成前就已经开始翻译。但 rRNA 和 tRNA 作为前体分子合成后，需转录后加工。真核生物 DNA 转录成的 mRNA、rRNA 和 tRNA，均为相对分子质量较大的前体，需经复杂的加工过程。

思考题

转录的忠实性比 DNA 复制要低很多，为什么生物体能忍受较低的转录忠实性？

18.1.2 真核生物的转录

真核细胞转录和翻译在时间上和空间上都是分开的，转录在细胞核，翻译在细胞质基质，而原核细胞是边转录、边翻译，两个过程几乎是同时进行的。原核细胞基因转录的产物大多数为多顺反子 mRNA①，这是由于原核转录系统中功能相关的基因共享一个启动子，它们在转录时，以一个共同的转录单位进行转录。而真核细胞，每一种蛋白质的基因都有自己独立的启动子，所以真核细胞转录产物是单顺反子 mRNA（图 18-6）。

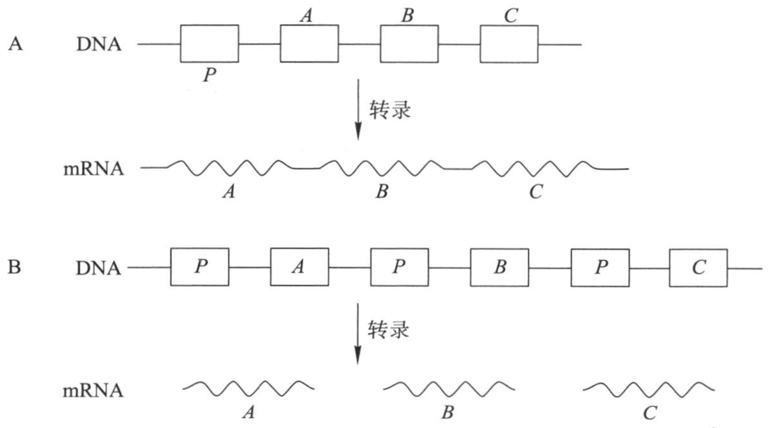

图 18-6 多顺反子与单顺反子

A. 原核生物多顺反子 mRNA 示意 B. 真核生物单顺反子 mRNA 示意（图中的“*P*”代表启动子）

18.1.2.1 真核细胞 RNA 聚合酶

真核细胞含有 3 类不同的 RNA 聚合酶，它们的相对分子质量在 $5 \times 10^5 \sim 7 \times 10^5$ 之间。通常有 8 ~ 14 个亚基，并含有 Zn^{2+}。根据它们对 α- 鹅膏蕈碱②的敏感性不同，分为 RNA 聚合酶Ⅰ（A）、RNA 聚合酶Ⅱ（B）和 RNA 聚合酶Ⅲ（C）。

RNA 聚合酶Ⅰ存在于核仁，能合成 rRNA 前体（preribosomal RNA，pre-rRNA）。RNA 聚合酶Ⅱ存在于核质，能合成 mRNA 前体及大多数核内小 RNA（snRNA）。RNA 聚合酶Ⅲ存在于核质，能合成 5S rRNA 前体、tRNA 前体及其他的核和胞质小 RNA 前体（表 18-2）。美国科学家 R. Kornberg 通过拍摄详细的晶体照片，描绘了真核细胞转录复合体的运转情况。在他 2000 年以后制作的照片中，我们可以看到 RNA 链的逐渐形成，以及转录过程所必需的分子结构。这些照片达到了原子分辨率，使得转录机制和转录调控更易于理解。因此，他获得了 2006 年的诺贝尔化学奖。

① 顺反子（cistron）是通过顺反测验所确定的遗传单元，一个顺反子在本质上与一个基因相同，可编码一种多肽链。

② α- 鹅膏蕈碱是一种毒蕈（鬼笔鹅膏 *Amanita phalloides*）产生的一个八肽化合物，它抑制真核细胞 RNA 聚合酶Ⅱ和Ⅲ，但对原核细胞 RNA 聚合酶抑制作用极小。

表 18-2　真核细胞 RNA 聚合酶

酶的种类 *	位置	功能	对抑制物的敏感性
RNA 聚合酶Ⅰ	核仁	合成 rRNA 前体，包括 18S、5.8S、28S rRNA 的前体	对 α- 鹅膏蕈碱不敏感
RNA 聚合酶Ⅱ	核质	合成 mRNA 前体及大多数 snRNA	对低浓度 α- 鹅膏蕈碱敏感
RNA 聚合酶Ⅲ	核质	合成 5S rRNA 前体、tRNA 前体及其他的核和胞质小 RNA 前体	对高浓度 α- 鹅膏蕈碱敏感

* 真核 RNA 聚合酶除表中所列的Ⅰ、Ⅱ、Ⅲ 3 种外，还有线粒体 RNA 聚合酶，存在于线粒体，能产生线粒体 RNA；叶绿体 RNA 聚合酶，存在于叶绿体，能产生叶绿体 RNA。

18.1.2.2　真核细胞转录的启动子

真核细胞的转录过程比原核细胞复杂得多，真核细胞转录的启动子与原核的启动子相比其主要特点是：①有多种元件，如 TATA 框、GC 框、CATT 框；②结构不恒定，有的有多种元件，如组蛋白 H₂B；有的只有 TATA 框和 GC 框，如 SV40 早期转录蛋白；③这些元件的位置、序列、距离和方向都不完全相同；④存在远距离的调控元件，如增强子；⑤不直接和 RNA 聚合酶结合，转录时先和其他转录激活因子相结合，再和 RNA 聚合酶结合。

对应于 RNA 聚合酶Ⅰ、Ⅱ、Ⅲ的启动子，真核细胞的启动子可分为：Ⅰ类、Ⅱ类、Ⅲ类启动子。

Ⅱ类启动子被 RNA 聚合酶Ⅱ所识别，它的结构很复杂，主要由核心元件和上游元件组成，如图 18-7 所示。

Ⅱ类启动子的核心元件包括起始子（initiator，Inr）和基本启动子。起始子就是转录的起始部位，其碱基大多为 A。基本启动子，一般称为 TATA 框（TATA box），或称 Goldberg-Hogess 框，其共有序列为 TATA（A/T）A（A/T），是富含 AT 的 7 个核苷酸。作用于基本启动子上的辅助因子称为通用转录因子（general transcription factor），通常以 TFⅡX（X 按发现的先后次序用英文

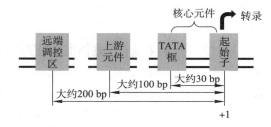

图 18-7　真核生物 RNA 聚合酶Ⅱ的启动子结构

字母定名）。TATA 框类似于原核启动子的 Pribnow 框，不过距离起始部位较远（为 -25 而不是 -10），其作用是：①选择正确的转录起始位点，保证精确起始，故也称为选择子（selector），当有的基因缺少 TATA 框时，可能由起始子来替代它的这一作用；②影响转录的速率，TATA 框的保守序列一般都是由 AT 对组成，可见它是较容易打开。

上游元件包括 CAAT 框、GC 框、八聚体等，它们的保守序列和结合的蛋白质因子也各不相同。CAAT 框（CAAT box），其共有序列为 GGNCAATCT（其中 N 为 C 或 T），位于 -75 附近，其功能是控制转录起始活性。GC 框的保守序列是 GTGGGCGGGGCAAT，常以多拷贝形式存在 -90 处。与核心元件不同的是，上游元件通常与相应的基因特异性转录因子结合，例如，GC 框与转录因子 Sp1 结合。此外，上游元件无方向依赖性，但与典型的增强子相比，上游元件具有位置依赖性。

调控转录起始的序列还包括远端调控区域，它距离起始位点一般有 200 bp 以上。远端调控区较常见的是增强子（enhancer）。此外，某些基因的上游远端或下游远端序列具有抑制转录的功能，其作用不受距离和方向的影响，叫做沉默子（silencer）。增强子和沉默子的活性都依赖于组织特异性的 DNA 结合蛋白，有时有的 DNA 元件既可以表现增强子的活性，也能够表现沉默子的活性，这可能取决于与之结合的蛋白质的特性。增强子和沉默子的具体特征见基因表达的调控章 20.2.2。

RNA 聚合酶Ⅰ所识别的启动子最为保守，RNA 聚合酶Ⅰ仅从单一类型的启动子转录 rRNA 基因，其初级转录物中含有大 rRNAs 和小 rRNAs 的序列，经过加工后将它们释放出来。描述得最清楚的是人类细胞中的这种启动子，它由两部分序列构成，一是核心启动子（core promoter）或核心元件（core element），位于起始位点的前后，从 -45 到 +20，负责转录的起始。另一部分是上游控制元件（upstream control element，UCE），它从 -180 延

伸到 −107，此区域可增加核心元件的转录起始效率。这两个区域都有一个特殊的成分，就是 GC 丰富区，其 GC 含量可达 85%。

RNA 聚合酶Ⅲ识别的Ⅲ类启动子，多数位于基因内部。在起始的各个阶段，需要涉及 3 个转录因子，Ⅲ类启动子相关转录因子具体功能见表 18−3。其中 TFⅢB 是 RNA 聚合酶Ⅲ所必需的起始因子。TFⅢA 和 TFⅢC 仅是一种装配因子（assembly factor），它们的作用是辅助 TFⅢB 结合到正确的位置上。

表 18−3　RNA 聚合酶Ⅲ转录因子的结构与功能

转录因子	结构	功能
TFⅢA	有 9 个锌指	结合于内部启动子（5S RNA 基因）的 C 框，使 TFⅢC 结合在 C 框下游，辅助 TFⅢB 定位结合
TFⅢB	含 TBP 和另外两种蛋白质	定位因子，使 RNA 聚合酶Ⅲ结合在起始位点上
TFⅢC	含 A 和 B 两个功能区域，有 5 个亚基	B 区域结合于 B 框；A 区域结合于 A 框，辅助 TFⅢB 定位结合
TBP	是 TFⅢB，TFⅡD，SL1* 的亚基	和特异 DNA 序列及 RNA 聚合酶Ⅲ结合，使 RNA 聚合酶Ⅲ结合在正确的位点上

*SL1 的全名为：polymerase I−specific transcription initiation factor，是一种基本转录因子

某些Ⅲ类启动子没有发现内部启动子序列，而是在序列的上游发现了与Ⅱ类启动子类似的启动子区域。这些上游元件仅在 snRNA 启动子中被发现，因此有的 snRNA 是由 RNA 聚合酶Ⅱ转录，有的是由 RNA 聚合酶Ⅲ转录。

18.1.2.3　真核细胞转录的起始

原核细胞靠 RNA 聚合酶本身可识别启动子，而真核细胞的 RNA 聚合酶无法识别启动子，要靠转录因子（transcription factor，TF）识别启动子。凡是转录起始所必需，但不是 RNA 聚合酶成分的任何蛋白质，都定义为转录因子。转录因子的功能是直接或间接作用于启动子，通过蛋白质与蛋白质的相互作用，形成具有 RNA 聚合酶活性的动态转录复合体，将 RNA 聚合酶锚定于启动子处，促进基因转录。

真核细胞有许多转录因子，对应于 RNA 聚合酶Ⅰ、Ⅱ、Ⅲ的转录因子，分别称为 TFⅠ、TFⅡ、TFⅢ。其中 TFⅡ种类多，功能复杂，研究也较深入。

目前转录因子的主流研究方法可分为两种：传统实验鉴别和通过计算机模拟的生物信息学鉴别。传统实验鉴别通过已知转录因子寻找未知的转录因子结合位点，或通过已知转录因子结合位点找出其对应转录因子，如染色质免疫沉淀技术（chromatin immunoprecipitation，ChIP）、酵母单杂交（yeast one hybrid，Y1H）、指数富集的配体系统进化技术（systematic evolution of ligands by exponential enrichment，SELEX）等，详见 ⓔ辅学窗 18−3。而生物信息学方法更多是用于同类型转录因子的预测，即通过序列保守性分析，通过已知转录因子预测未知转录因子，或通过已知转录因子结合位点预测未知转录因子结合位点，详见 ⓔ辅学窗 18−3。

（1）**RNA 聚合酶Ⅱ参与的转录起始**　现已发现 TFⅡ有 TFⅡA、TFⅡB、TFⅡC、TFⅡD、TFⅡE、TFⅡF、TFⅡH 和 TFⅡJ 等[1]，各种因子具有不同功能。转录起始时首先是 TFⅡD 结合到 TATA 框上，TFⅡD 的关键亚基是 TBP（TATA box binding protein，TBP），是 TATA 框结合蛋白，此外，还含有 TBP 联结因子称 TAF（TBP−associated factors，TAF）。一旦 TFⅡD 结合上去，TFⅡA 就立即结合，并稳定 TFⅡD 和 TATA 框的结合。接着 TFⅡB 结合，TFⅡB 有两个结构域，一个结合 TBP，另一个功能为引进 TFⅡF 和 RNA 聚合酶Ⅱ（RNA Pol Ⅱ）复合物，TFⅡB 充当了桥连蛋白的作用。这时已经与 TFⅡF 形成复合物的 RNA 聚合酶Ⅱ结合上来。接着

---

[1]　这些转录因子是结合在基本启动子 TATA 序列附近的蛋白质因子，称通用转录因子（general transcription factors，GTF）或称基本转录因子（basal transcription）。

TF II E、H 和 J 相继结合，最终形成至少含有 40 个多肽的转录起始复合物（transcription initiation complex），如图 18-8 所示。真核生物 RNA 聚合酶不与 DNA 直接结合，首先是转录因子与 DNA 结合，然后才是 RNA 聚合酶与某些转录因子结合。最新研究甚至发现肌动蛋白（actin）作为结合蛋白也参与了起始复合物的形成，详见 📧 **辅学窗 18-4**。

① TF II D 结合到 TATA 框，TFIIA 接着结合
② TF II B 结合，RNA 聚合酶 II（已与 TF II F 形成复合物）结合
③ TF II E、H 和 J 相继结合

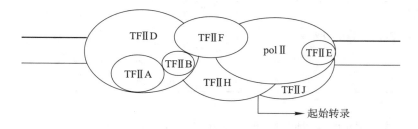

④ 最终形成至少含有 40 个多肽的转录起始复合物

图 18-8 RNA 聚合酶 II 和转录因子在启动子上装配成转录起始复合物示意图

RNA 聚合酶 II 起始复合体和原核生物转录的起始构成了一个有趣的对比。细菌的 RNA 聚合酶很容易和 DNA 结合；σ 因子对于起始是必要的，但无助于转录的延伸，因为起始后它就被释放出来了。而真核的聚合酶 II 只有在转录因子和 DNA 结合后才和启动子结合。这些转录因子的作用类似 σ 因子，都是促进聚合酶识别启动子上的特殊序列。

（2）**RNA 聚合酶 I 参与的转录起始** I 类启动子被两个转录因子识别，核心结合因子（core-binding factor）和上游结合因子（upstream-binding factor，UBF）。核心结合因子是招募 RNA 聚合酶 I 的基本转录因子。上游结合因子是帮助核心结合因子结合到核心启动子上的装配因子。但在不同的生物中，RNA 聚合酶 I 参与的转录过程对上游结合因子依赖程度有显著不同。

（3）**RNA 聚合酶 III 参与的转录起始** III 类启动子相关转录因子具体功能见表 18-3。其中 TF III B 是 RNA 聚合酶 III 所必需的起始因子。TF III A 和 TF III C 仅是一种装配因子（assembly factor），它们的作用是辅助 TF III B 结合到正确的位置上。在转录起始时，TF III C 和 TF III A 结合到内部启动子区并协助 TF III B 结合至转录起始位点上游，随后 TF III B 持续地结合在该处，并不断地起始转录。

❓ 思考题

原核生物 RNA 聚合酶是如何找到启动子的？真核生物的聚合酶与之相比有何不同？

18.1.2.4 真核细胞转录的延伸

（1）**mRNA 的延伸** 真核细胞 mRNA 转录的延伸是紧接着起始复合物清除的过程。在转录起始阶段合成了 60~70 个核苷酸的 RNA 后，磷酸基团被添加到 RNA 聚合酶Ⅱ的最大亚基的 C 端结构域（carboxy-terminal domain，CTD）上，聚合酶一旦磷酸化，其自身的电荷数也将发生变化，引起酶结构的变化，最终导致 RNA 聚合酶Ⅱ离开起始复合物，开始 mRNA 的延伸。在聚合酶离开转录起始位点后，至少部分通用转录因子离开核心启动子，但是 TFⅡD、TFⅡA、TFⅡH 仍然留在复合物上，以便无须从头组装整个复合物就能重新起始转录。因此重新起始比最初的转录要快得多，这意味着转录一旦开启，就能相对容易地进行下去，直到有停止信号的出现。

在体外，人们发现用纯化的 RNA 聚合酶Ⅱ催化反应时，聚合酶经常在模板上暂停或完全停止，它的聚合速度小于每分钟 300 bp。由于真核细胞的基因非常长，需要转录复合物保持稳定。因此研究者认为在真实的转录过程中，还存在一系列的转录延伸因子，用以帮助稳定聚合酶，减少上述停止的过程。研究者通过观察突变株，发现和研究了至少 13 种延伸因子，其中功能比较清楚的延伸因子如表 18-4 所示。

表 18-4　哺乳动物的几种延伸因子的功能

延伸因子	功能
TFⅡF	切割引起停滞的新生 RNA 的 3′ 端
FCSB、ELL、ELONGIN	抑制 RNA 形成阻碍延伸的发夹结构
TFⅡS	防止延伸的完全停止
FACT	通过修饰染色质来协助聚合酶跨过核小体

（2）**其他 RNA 的延伸**　相比而言我们对其他两种 RNA 聚合酶催化的转录过程了解得比较少。三种 RNA 聚合酶在转录速率上的不同，可能反映了一些其中的差异。如 RNA 聚合酶Ⅰ的转录速率仅为 RNA 聚合酶Ⅱ的百分之一。而且在延伸的过程中 RNA 聚合酶Ⅰ和Ⅲ催化的过程都不伴随加帽。目前也有一些 RNA 聚合酶Ⅰ和Ⅲ的转录因子被分离，包括酵母中编码的两个 DNA 解旋酶 SGS1 和 SRS2。研究发现，这两个基因的突变会导致 RNA 聚合酶Ⅰ的转录以及 DNA 的复制下降。

18.1.2.5　真核细胞转录的终止

（1）**mRNA 的终止**　一旦 RNA 转录完成，RNA 聚合酶Ⅱ会发生脱磷酸化并被回收准备下一轮转录。大多数真核细胞 mRNA 的 3′ 端有 20~200 个腺苷酸残基组成的多聚腺苷酸［poly（A）］尾。加 poly（A）尾一度被认为是一种"转录后"事件，但是最近的观点多认为它是 RNA 聚合酶Ⅱ转录终止机制本身的固有的一部分（见 18.2.2.1）。

考虑到不是所有的真核生物的 mRNA 都有 poly（A）尾巴，有关加尾转录终止的假说需要得到补充。这其中具有代表性的是组蛋白的 mRNA，目前已知的是，组蛋白 mRNA 的 3′ 端是在初级转录产物上的特定位点发生切割事件而产生的。在这些转录物中存在着两种切割信号，分别是在编码区的下游形成发夹结构和距离发夹结构下游 12 个核苷酸的 9 核苷酸序列（5′CAAGAAAGA 3′）。同时参与切割的还有 U7-snRNA[①]，它的一部分序列可与上述 9 核苷酸序列配对。

（2）**其他 RNA 的终止**　三种 RNA 转录之间的区别主要在于终止过程。仅 RNA 聚合酶Ⅱ参与的转录终止过程涉及多聚腺苷酸化。RNA 聚合酶Ⅰ催化反应的终止与一种 DNA 结合蛋白质有关，猜测可能是引发 RNA 聚合酶Ⅰ的停滞。此外，一种转录物释放因子（polymerase Ⅰ and transcript release factor，PTRF）也被认为可以诱导聚合酶Ⅰ和转录物从模板脱离。对 RNA 聚合酶Ⅲ的终止过程了解得更少，终止可能与模板上存在的一串 A 有关，但是与原核生物的终止不同的是，该过程并不涉及发夹结构。

---

① U7-snRNA 属于小核 RNA 家族，该家族成员参与各类 RNA 的加工反应。

思考题

1. 预测真核 mRNA 的序列 "5′-AAUAAA" 出现突变后所受到的影响。

2. 在任何给定的时间内，细菌合成的 RNA 中有 40%～50% 是 mRNA，但细胞中的 mRNA 却只占总 RNA 的 3% 左右，为什么？那么真核细胞 mRNA 占总 RNA 的比例是多少？

18.2　RNA 转录后的加工

由 RNA 聚合酶催化新合成的 RNA 是分子较大的 RNA 前体（或称初级转录产物），要经过一系列的变化，包括链的断裂、修剪和修饰等。链的断裂、修剪和修饰统称为"加工"，经转录后加工（post-transcriptional processing）才能成为有生物功能的 RNA（即成熟的 RNA）。

18.2.1　原核生物 RNA 转录后的加工

18.2.1.1　原核生物 mRNA 转录后的加工

大多数的 RNA 都是以前体分子的形式被释放出来，但是原核生物的 mRNA 是一个例外，因为在原核细胞中转录和翻译是同时进行的，转录还没完，翻译就开始了。所以，原核细胞的 mRNA 通常没有转录后的加工过程。

18.2.1.2　原核生物 rRNA 转录后的加工

与 mRNA 不同，原核生物的 tRNA 和 rRNA 先转录成为 RNA 前体，经过一系列的切割和化学反应后才变成有功能的 RNA。原核生物有 3 种 rRNA，即 5S，16S 和 23S rRNA，这三种 rRNA 是由一个转录单位①一起转录的。在这个转录单位中除 5S、16S 和 23SrRNA 基因外，还有一个或几个 tRNA 基因。现以大肠杆菌为例，大肠杆菌 rRNA 基因原初转录物，即 rRNA 前体（pre-rRNA）的沉降常数为 30S，相对分子质量为 2.1×10^6。由于原核生物中 rRNA 的加工往往与转录同时进行，因此不易得到完整的前体。30S rRNA 前体首先在特定碱基处甲基化，然后由 RNaseⅢ、RNase P② 和 RNase E 在特定位点切割，产生中间物。中间物再通过核酸酶作用除去一些核苷酸残基，生成成熟的 16S、23S 和 5S rRNA（图 18-9）。

原核生物 rRNA（5S rRNA 除外③）含有多个甲基化修饰成分，包括甲基化碱基和甲基化核糖，常见的是 2′-O- 甲基核糖。

18.2.1.3　原核生物 tRNA 转录后的加工

大肠杆菌染色体 DNA 上约有 60 个 tRNA 基因，这些基因大多成簇存在，或与 rRNA 基因，或与编码蛋白质的基因组成混合转录单位。tRNA 前体的加工主要包括切断和修剪、3′ 端加 CCA_{OH} 以及修饰和异构化。

（1）**切断**（cutting）和**修剪**（trimming）　需核酸内切酶 RNase P、Rnase F 和核酸外切酶 RNase D 等参与。RNase P 是一种核酶，含有蛋白质和 RNA 两部分，其中的 RNA 有催化活性。它可以切断 tRNA 前体的 5′ 端序列，产生成熟的 5′ 端，故 RNase P 是使 tRNA 5′ 端成熟的酶（详见核酸化学章 4.7.2）。RNaseF 是从 3′ 端切断

---

① 转录单位（transcription unit）是指一段可被 RNA 聚合酶转录成一条连续的 RNA 链的 DNA。

② RNase P 是一种核酶（ribozyme），在这里是切割其中的 tRNA 部分。

③ 5S rRNA 中无修饰成分，不进行甲基化反应。

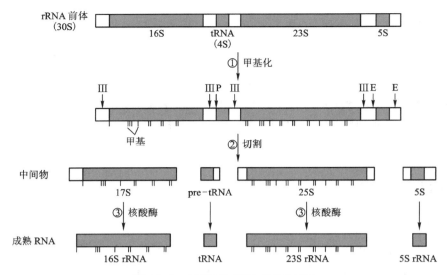

图 18-9 大肠杆菌 rRNA 前体的加工

Ⅲ：RNase Ⅲ；P：RNase P；E：RNase E

tRNA 前体分子。但为了得到成熟的 3′ 端，需要核酸外切酶 RNaseD 进一步修剪，从 3′ 端逐个切去多余的序列，直至 tRNA 的 3′ 端，故 RNaseD 是使 tRNA3′ 端成熟的酶（图 18-10）。

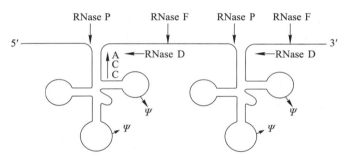

图 18-10 原核生物 tRNA 前体的加工

"↓"表示核酸内切酶的作用；"←"表示核酸外切酶的作用；
"↑"表示核苷酸转移酶的作用；"↘"表示尿苷转变为假尿苷（ψ）

（2）3′ 端加 CCA$_{OH}$ 原核生物的许多 tRNA 前体已有 CCA 序列，经 RNase D 修剪后，暴露出 CCA 末端。少数 tRNA 前体缺乏 CCA 末端，需由 tRNA 核苷酸转移酶（nucleotidyl transferase）催化加上 CCA。胞苷酸基和腺苷酸基分别由 CTP 和 ATP 供给。

（3）**修饰和异构化** 成熟的 tRNA 分子中存在许多修饰成分，修饰的主要方式有 tRNA 甲基化酶（methylase）催化碱基的甲基化，甲基化供体一般为 S-腺苷甲硫氨酸；某些腺嘌呤脱氨成为次黄嘌呤的脱氨作用或尿嘧啶还原为二氢尿嘧啶的还原作用。

假尿嘧啶核苷，简称假尿苷（ψ），结构见核酸化学章 4.3.1.2，是由 tRNA 假尿嘧啶核苷合酶催化尿苷的糖苷键发生移位反应，由尿嘧啶的 N$_1$ 变为 C$_5$ 形成的，假尿嘧啶核苷实际上是尿嘧啶核苷的异构化产物。

18.2.2 真核生物 RNA 前体的加工

自从 DNA 双螺旋模型建立以后，直到 20 世纪 70 年代前，人们一直认为遗传物质是双链 DNA，基因在上面的排列是一个接着一个、连续不间断的，但是 1977 年这个概念发生了变化。在冷泉港实验室工作的 R. J. Roberts 和在 MIT 工作的 P. A. Sharp 的研究结果显示，腺病毒的 mRNA 的末端并不与预期的模板 DNA 对应，基因在 DNA 链上的排列被一些不相关的片段隔开。由于发现了这些断裂基因并预言了真核生物中 mRNA 的转录必然要经过后加工的过程，R. J. Roberts 和 P. A. Sharp 获得了 1993 年的诺贝尔生理学或医学奖。

18.2.2.1 真核生物 mRNA 前体的加工

目前的观点都倾向于认为真核生物 mRNA 边合成边加工，转录一开始就加帽，转录仍在进行时剪接和编辑就开始了，且多聚腺苷酸化也是终止机制的一部分。真核生物 mRNA 的主要加工方式为：

（1）**加帽** 真核生物 mRNA 5′ 端有帽子（cap）结构为 $m^7G^{5'}ppp^{5'}Nmp$，mRNA 的加帽会在转录物达到 30 个核苷酸长度以前完成。加帽过程为：原初转录的 hnRNA[①] 分子 5′ 端为嘌呤核苷三磷酸（pppPu），首先经磷酸水解酶（phosphohydrolase）将 5′ 端的磷酸基除去，然后与 GTP 反应，在鸟苷酸转移酶（guanylyltransferase）催化下，形成 5′, 5′- 三磷酸相连的键，并释放出焦磷酸。接着，由 $S-$ 腺苷甲硫氨酸（$S-$adenosylmethionine, SAM）作甲基供体，在鸟嘌呤 -7- 甲基转移酶（guanine-7-methytransferase）催化下，使鸟嘌呤甲基化，形成的 $m^7G^{5'}pppNpNp\cdots$，产物中没有核糖被甲基化称帽子 0（cap 0），见图 18-11。由于鸟苷酸转移酶和鸟嘌呤 -7- 甲基转移酶与 RNA 聚合酶 Ⅱ 的最大亚基的 C 端结构域有接触，推导出它们可能是启动子清除时 RNA 聚合酶 Ⅱ 的内在成分，所以很多研究者认为 mRNA 的加帽过程同启动子脱离起始复合物是相关联的。

有些帽子在 $m^7G^{5'}ppp$ 之后的第一个甚至第二个核苷酸核糖的 2′- 羟基上被甲基化，分别称帽子 1（cap 1）和帽子 2（cap 2），帽子 1 是帽子中一个核糖被甲基化，帽子 2 是帽子中 2 个核糖被甲基化。核糖甲基化供体是 $S-$ 腺苷甲硫氨酸，由 2′-$O-$ 甲基转移酶（2′-$O-$methyltransferase）催化（图 18-11）。

（2）**加尾** 进行多聚腺苷酸化反应需要有多聚腺苷酸化信号序列（polyadenylation signal sequence），该信号为高度保守序列 AAUAAA，位于切割点上游 10～30 个核苷酸处，该位点可以特异地结合切割及多聚腺苷酸化特异因子（cleavage and polyadenylation specificity factor，CPSF）；切割点下游 20～40 个核苷酸处还存在保守性较小的富含 GU 的序列，该位点可以特异地结合切割刺激因子（cleavage stimulation factor，CstF）。切割位点在 AAUAAA 和富含 GU 序列之间，AAUAAA 下游 10～30 个核苷酸处（图 18-12）。

在此过程中，多聚腺苷酸聚合酶（polyA 聚合酶）需要与多聚腺苷酸结合蛋白［poly（A）-binding protein，PABP］、已结合至 RNA 的 CPSF 和 CstF 以及其他的蛋白质因子结合，然后进行切割反应生成带游离的 3′-OH 基的 mRNA。最后，以 mRNA 为底物，ATP 作供体，催化 poly（A）的生成（图 18-12），此多聚腺苷酸化反应还需 Mg^{2+} 或 Mn^{2+}。

目前已知 CPSF 可以与 TF Ⅱ D 相互作用并在转录起始的阶段被招募到聚合酶复合体。CPSF 随着 RNA 聚合酶 Ⅱ 在模板上移动，只要多聚腺苷酸信号序列一被转录，CPSF 就会与该信号序列结合，并启动多聚腺苷酸反应。其具体机制可能是，当遇到多聚腺苷酸信号序列后，CPSF 和 CstF 与聚合酶的接触会发生变化，这些变化导致延伸复合物特性改变，以便 RNA 合成的顺利终止。所以多聚腺苷酸信号序列一旦转录完成，转录很快就终止了。

（3）**mRNA 的编辑** RNA 还有一种重要的加工方式——编辑。RNA 编辑（RNA editing）是指 mRNA 转录后通过碱基替换、缺失或插入，改变和扩大原来模板 DNA 的遗传信息，从而表达出不同氨基酸序列的多种

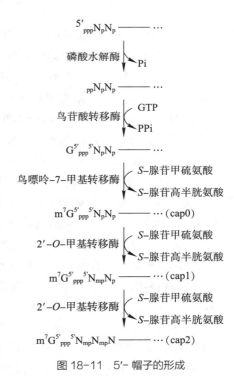

图 18-11 5′- 帽子的形成

[①] mRNA 的原初转录物在核内加工过程中形成分子大小不等的中间物，称为核内不均一 RNA（heterogeneous nuclear RNA）。

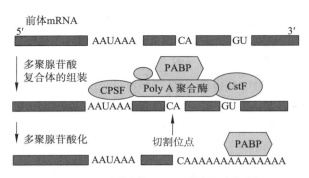

图 18-12　真核生物 mRNA 的多聚腺苷酸化

蛋白质的过程。人类 RNA 编辑的一个例子是载脂蛋白 B（apolipoprotein B，apoB）的 mRNA。在肝中，该 mRNA 不经过编辑，翻译产生的蛋白质称 apoB100。而在小肠细胞中，RNA 编辑造成 mRNA 中一个胞嘧啶（C）转变为尿嘧啶（U），从而使谷氨酰胺密码子（CAA）变成终止密码子（UAA），经过编辑的 mRNA 随后翻译成短得多的 apoB48，其大小是 apoB100 的 48%。由于 apoB48 缺少 apoB100 的 C 端的可与 LDL（低密度脂蛋白）受体结合的结合区，因此这两种蛋白质具有不同的功能。还有一些 RNA 编辑的其他例子，如锥虫线粒体 mRNA 发生广泛的 mRNA 编辑，使得最终的 mRNA 中有一半以上的尿嘧啶（U）来自编辑过程。

　　B. Blum 等研究了 RNA 编辑的机制，他们从线粒体中分离出一些长约 60 个核苷酸的 RNA，与被编辑的 RNA 序列互补，可作为编辑的模板，称为指导 RNA（guide RNA，gRNA）。这些 gRNA 提供 A 和 G，作为 U 掺入前体 mRNA 的模板；有的 gRNA 因为没有 A 和 G，不能与前体 mRNA 的 U 形成配对，在这种情况下，U 将被从前体 mRNA 上移除。陆续研究表明，其他物种（如病毒）和其他种类 RNA（如 tRNA 和 rRNA）也可以发生 RNA 编辑。

　　（4）**内部甲基化**　真核生物 mRNA 分子内的甲基化，主要是在腺嘌呤 A_6 位点上进行甲基的转移，产生 ^6N-甲基腺嘌呤。

　　（5）**剪接**　目前认为 RNA 是由 DNA 转录而来，在 DNA 中有内含子（intron）和外显子（extron 或 exon）。外显子是指真核细胞基因中的编码序列。内含子也称间插序列或称插入序列，是指真核细胞基因中的不编码序列。内含子在低等真核生物中不多见，如酵母总共 6 000 个基因仅含有 239 个内含子，而在哺乳动物中许多单基因都包含 50 个以上的内含子，如Ⅶ型胶原基因长 186 kb，其内含子有 117 个，占长度的 72%。

　　在 DNA 转录过程中，内含子和外显子同时被转录，形成 RNA 前体（pre-RNA）。然后通过催化反应去除内含子，将相邻外显子连接起来，形成有功能的 RNA（即成熟 RNA），这一过程称 RNA 剪接（RNA splicing）（图 18-13）。以下是几种常见的 mRNA 剪接方式：

　　① Ⅱ型自我剪接内含子　Ⅱ型自我剪接内含子一般出现在真菌线粒体和植物叶绿体的基因中。同Ⅰ型内含子类似，Ⅱ型内含子也是一类具有酶催化功能的内含子，可以自我剪接。与Ⅰ型内含子（见 18.2.2.2 真核 rRNA 前体的加工）的差别在于，在催化的过程中不需要游离鸟苷酸的参与，而是利用其内含子内特定腺苷的 2′ 羟基攻击 5′ 磷酸基团剪接位点，从而形成一个套索结构（lariat structure）。再通过 5′ 外显子的 3′ 羟基攻击 3′ 剪接位点引发第二次的转酯反应，最终将两个外显子接合（图 18-14）。

　　这类内含子绝大部分存在于真核细胞核的蛋白质基因中。通过比较研究多种类别真核外显子 – 内含子连接序列，发现它们很高的同源性，它们往往在内含子的 5′ 交

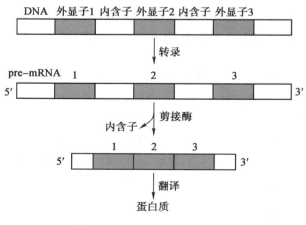

图 18-13　RNA 前体剪接示意图

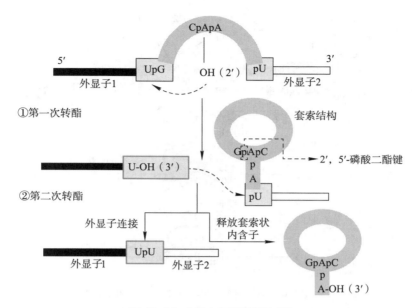

图 18-14　Ⅱ型内含子的剪接过程

①第一次转酯：分支点腺苷酸残基的 2′-OH 基亲核进攻外显子 1 交界处的 5′- 磷酸；形成 2′,5′- 磷酸
二酯键，生成套索结构，同时释放出外显子 1。②第二次转酯：外显子 1 的 3′-OH 基攻击外显子 2 的 5′ 端
磷酸，形成 3′,5′ 磷酸二酯键，将两个外显子连接在一起，并释放套索状的内含子，内含子在细胞内很快
被降解。*p：磷酸基团

界处有不变的 GU，3′ 交界处有不变的 AG；这就是所谓剪接的 GU-AG 规则。在 3′ 剪接点上游 20～50 个核苷酸
处有一个关键的信号序列即分支点序列（branchpoint sequence）。在脊椎动物中，其序列是 5′-CURAY-3′（R = 嘌
呤，Y = 嘧啶），其结构特征见图 18-15。

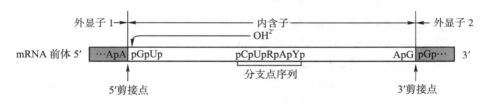

图 18-15　Ⅱ型内含子序列特征

*OH² 来源于内含子中特定的腺苷酸

②　依赖于 snRNP 剪接　这类 RNA 前体的剪接的特别之处在于，需要一些 snRNA 参与。snRNA 是细胞核
内的小分子 RNA，一般由 100～300 个核苷酸残基组成，一些 snRNA 富含 U，故命名为 U1～U6，其中 U1、U2、
U4、U5 和 U6 共 5 种 snRNA 参与 RNA 前体的剪接。U3 snRNA 与 rRNA 前体加工有关。snRNA 与一些蛋白质
结合形成核内小核糖核蛋白颗粒（snRNP）。snRNP 中的 RNA 组分有与 5′ 和 3′ 剪接位点及内含子中其他保守序
列互补的区域，因此可与这些碱基配对。U1 snRNA 与内含子 5′ 剪接位点互补，因此 U1 snRNP 结合到这区域。
U2 snRNP 与分支点序列结合。随后，U4、U5 和 U6 三聚体结合上去，于是在将被去除的内含子处形成了一个多
组分复合物，称作剪接体（spliceosome）。所谓剪接体是指由 U1、U2、U4、U5、U6 snRNA 和约 50 种蛋白质在
RNA 剪接位点逐步装配成的一个大的复合物（图 18-16），沉降常数为 50S～60S。动态过程见📣辅学窗 18-5。

③　可变剪接　20 世纪 80 年代，研究者发现在高等真核生物中的一些基因可以有两个或更多的可变剪接
（alternative splicing，AS）途径：同一个转录物可以被加工成相关却不相同的 mRNA，并指导合成一系列的蛋白
质。目前认为，真核生物大约有 5% 的 mRNA 前体可以进行可变剪接，而人类基因组中至少 35% 的基因会进行

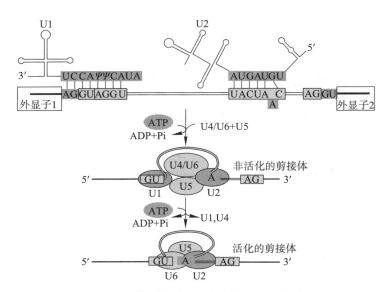

图 18-16　剪接体参与的真核生物 mRNA 的剪接

（引自 Nelson DL，Cox MM，Lehninger Principles of Biochemistry 7th，2017）

U1 snRNA 与内含子互补，因此 U1 snRNP 结合到 5′ 剪接位点，U2 snRNP 与分支点序列结合。随后，U4、U5 和 U6 利用 ATP 能量结合上去，形成非活化的剪接体。接着利用 ATP 能量，U1 和 U4 脱离剪接体，形成活化的剪接体

可变剪接，"一个基因，一个蛋白质"的生物学观点被彻底推翻了。可变剪接的理论阐明了一些初级转录物形成 mRNA 的多样性的原因。如人的 *slo* 基因编码了一个调控细胞膜对钾离子通透性的膜蛋白，该基因 35 个外显子中的 8 个参与了可变剪接，最终产生 500 个不同的 mRNA，各自对应着功能上有轻微差异的膜蛋白（可变剪接分类见 ⓔ辅学窗 18-6）。

④ 反式剪接　反式剪接（*trans*-splicing）指的是两条不同的 mRNA 的外显子连接到一起。与正常的顺式剪接不同，这里的两段外显子是来自不同的 RNA。在经过反式剪接的 mRNA 中，同组 mRNA 的 5′ 端都有共同的短前导序列，但在每个转录单位上游并未编码这个前导序列，这种前导序列

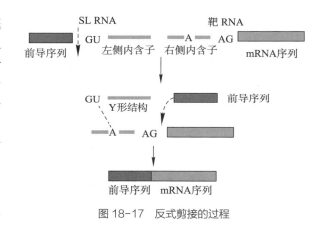

图 18-17　反式剪接的过程

来源于基因组中位于别处的重复序列，称为剪接前导 RNA（spliced leader RNA，SL RNA），SL RNA 有大约 100 个核苷酸，其中有 22 个核苷酸会被加到靶 RNA 的前端。剪接的过程与标准的剪接很相似（图 18-17），差别是不同的 RNA 分子形成一处 Y 形结构而非套索结构（详见 ⓔ辅学窗 18-7）。

ⓠ 思考题

TATA box 是大多数真核生物基因共有的启动子元件，假如某基因中该序列突变为能与 U1-snRNA 互补的序列，会不会影响该基因 mRNA 前体的拼接？

18.2.2.2　真核 rRNA 前体的加工

真核生物有 4 种 rRNA，即 5S、5.8S、18S 和 28S rRNA，它们是由 2 个转录单位转录而来。18S、5.8S 和 28S rRNA 基因组成一个转录单位，由 RNA 聚合酶Ⅰ催化。不同生物产生的 rRNA 前体大小不同，如哺乳动物转录产生 45S rRNA 前体。45S rRNA 前体的加工在核仁中进行。45S rRNA 前体约含 14 000 个核苷酸残基，加工的第一

步是其中 100 多个核苷酸残基被甲基化，多数甲基化部位是在其核糖的 2′-OH 基上。甲基化的 45S rRNA 前体再经一系列酶的切割，生成成熟的 18S、5.8S 和 28S rRNA（图 18-18）。真核细胞的 5S rRNA 由另一个转录单位产生，由 RNA 聚合酶Ⅲ催化转录。

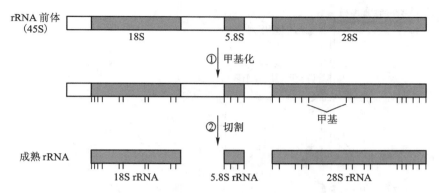

图 18-18　真核生物（哺乳动物）rRNA 前体的加工

现已从真核细胞核仁中发现了 200 多种核仁小 RNA（small nucleolar RNA，snoRNA），近年来的研究表明 snoRNA 参与真核细胞 rRNA 前体的加工，指导 rRNA 前体的甲基化、假尿苷化（pseudouridylation）和切割。

Ⅰ型自我剪接　1982 年 T. R. Cech 等人研究真核生物四膜虫 rRNA 前体加工时，发现其去除内含子的过程不需要任何蛋白质参与，而是在鸟苷或游离鸟苷酸（GMP、GDP、GTP）存在时，它的一个含 413 个核苷酸的内含子可自我切除，并将外显子连接起来，这就是Ⅰ型自我剪接（self-splicing）现象。Ⅰ型自我剪接的内含子分布很广，存在于真核生物的细胞器（线粒体和叶绿体）基因、低等真核生物的 rRNA，以及细菌和病毒的个别基因中。Ⅰ型自我剪接途径与Ⅱ型自我剪接类似，都需要经过两次转酯反应：首先

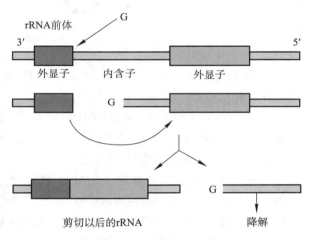

图 18-19　四膜虫 rRNA 的自我剪接过程

由一个游离的核苷或核苷酸，如鸟苷酸介导，这一辅助因子的 3′-OH 攻击 5′剪接位点的磷酸二酯键，将 G 转至内含子的 5′端。第二步转酯反应为外显子的 3′-OH 攻击 3′剪接位点，切割后两个外显子相连并释放出内含子，释放的内含子需要再经过转酯反应才能降解（图 18-19）。这是首次发现 RNA 具有酶的催化活性，这类 RNA 称核酶（见核酸化学章 4.7.2）。

思考题

如果脊椎动物细胞中的 mRNA 剪接被抑制了，那么它 rRNA 的修饰也会被抑制，试解释。

18.2.2.3　真核生物 tRNA 前体的加工

真核生物 tRNA 基因的数目比原核生物 tRNA 基因的数目要大得多，如大肠杆菌约有 60 个 tRNA 基因，酵母有 320～400 个，人体细胞则有 1 300 个。真核生物的 tRNA 基因由 RNA 聚合酶Ⅲ转录。

真核生物 tRNA 前体中 5′端和 3′端的多余序列在核酸内切酶和核酸外切酶的作用下被切除。与原核生物类似的 RNase P 可切除 5′端多余的序列。3′端多余序列的切除需多种核酸内切酶和核酸外切酶的作用。

与原核生物不同的是真核生物 tRNA 前体的 3′ 端不含 CCA 序列，成熟 tRNA 3′ 端的 CCA 是后加上去的。添加 CCA 的反应由 tRNA 核苷酸转移酶催化，胞苷酸和腺苷酸基分别由 CTP 和 ATP 供给（图 18-20）。

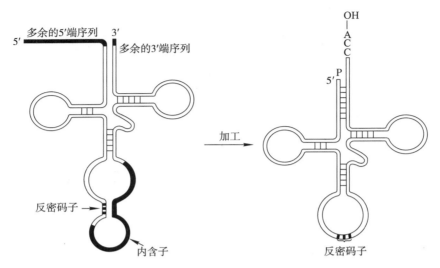

图 18-20　真核生物 tRNA 前体的加工

tRNA 的修饰成分由特异的修饰酶催化，真核生物 tRNA 除含有修饰碱基外，还有 2′-O- 甲基核糖，其含量约为核苷酸的 1%。

真核生物 tRNA 前体分子的反密码环中含有一个短的内含子，tRNA 前体分子的剪接一般分为两个步骤：① tRNA 核酸内切酶将前体分子的内含子切除；② 由 RNA 连接酶利用 ATP，将两个 tRNA 半分子连接起来（图 18-20）。

18.2.2.4　具有特殊功能 RNA 的加工

随着越来越多具有特殊功能的 RNA 被发现，这些 RNA 的加工过程也被逐渐揭示，如协助 RNA 加工的 snoRNA。snoRNA 大多编码在其他基因的内含子中，当内含子被剪切下后，相关蛋白质便会与 snoRNA 结合，同时核酸酶除去 snoRNA 两端多余的序列，形成成熟的 snoRNA。microRNA（miRNA）是一类调控基因表达的非编码 RNA，长约 22 个核苷酸。miRNA 前体（pre-miRNA）的相对分子质量非常大且可变性强，其加工过程主要由两种 RNA 内切酶 Drosha 和 Dicer 所介导。

18.3　RNA 的降解

RNA 降解是基因表达的一个重要调节环节，rRNA 和 tRNA 是稳定的 RNA，其更新的速率较慢；而 mRNA 是不稳定 RNA，其更新的速率较快。因为 mRNA 在细胞内的存在与否决定了细胞合成哪些蛋白质，所以 mRNA 降解的研究尤为重要。

18.3.1　原核生物 RNA 的降解

一条 mRNA 分子的降解速度可以通过它的半衰期来估计，不同生物甚至相同生物中，mRNA 降解的速率相差较大。原核生物的生命周期较短，所以其 mRNA 降解迅速，如细菌的 mRNA 的半衰期一般不超过几分钟，而哺乳动物生物可达几个小时。

由于原核生物中尚未分离到可按 5′→3′ 方向降解 RNA 的酶,因此人们猜测 mRNA 主要降解过程可能是从 3′ 端去除核苷酸。但是大多数 mRNA 的 3′ 端都有发夹结构,即引发转录终止的结构,该发夹结构阻滞了核糖核苷酸酶Ⅱ和多核苷酸酶的降解作用。所以 mRNA 的 3′ 降解模型是先从内部切除 3′ 的发夹结构,暴露出新的末端开始的。接着,核糖核苷酸酶Ⅱ和多核苷酸酶进入该区域,破坏 mRNA 的结构。

18.3.2　真核生物 RNA 的降解

在真核细胞中,mRNA 降解是调节基因表达的一个重要步骤,涉及许多细胞内因子和复合物。根据靶 mRNA 的性质,可以将真核细胞的 mRNA 降解途径分为两类:正常转录物的降解和异常转录物的降解。正常转录物是指细胞产生的有正常功能的 mRNA,是胞内大部分 mRNA 降解的途径。异常转录物是细胞在功能紊乱情况下产生的一些非正常转录物。

在正常转录物的降解途径中,有关依赖于脱腺苷酸化的 mRNA 脱帽(deadenylation-dependent mRNA decapping)降解途径的研究较多一些。一般的真核生物 mRNA 均含有 5′ 帽和 3′ 端 poly(A)尾,它们分别结合胞质蛋白 eIF4E 和多聚腺苷酸结合蛋白[poly(A)binding protein,PABP],以保护转录物不被核酸外切酶切割。为了启动 mRNA 的降解,首先必须改变这些蛋白质的结合状态。细胞中的大部分 mRNA 通过脱腺苷酸化反应而缩短 poly(A)的长度,当 poly(A)

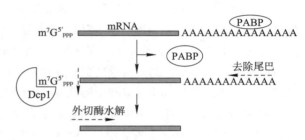

图 18-21　依赖于脱腺苷酸化的 mRNA 降解

只有 10 ~ 15 个残基时,降解起始:首先结合蛋白 PABP 脱离 poly(A)尾,然后由脱帽酶 1(decapping protein 1,Dcp1)启动脱帽反应,切除 mRNA 5′ 端的帽结构。脱帽后的 mRNA 被 5′→3′ 核酸外切酶识别并水解,如图 18-21 所示。在缺乏脱帽酶 Dcp1 时,3′ 端未被保护的 mRNA 被 3′→5′ 核酸外切酶体识别并水解。这 2 种 mRNA 降解途径并非相互排斥,只是在不同细胞中对 mRNA 降解的贡献大小存在差异。

在异常转录物的降解途径中,无义介导的 mRNA 衰变(nonsense mediated RNA decay,NMD)是目前研究得最多的一种 mRNA 监督机制。NMD 是真核生物细胞质基质中广泛存在的、保守的 mRNA 质量监视系统。它可以降解异常的 mRNA,如含有提前终止密码子(无义突变)、移码突变、剪接不完全(含部分内含子)、3′ 非翻译区过长的 mRNA,从而避免产生异常蛋白质。所有的真核生物都含有 NMD 通路,它的核心蛋白复合物(up-frameshift)高度保守。目前有证据表明 NMD 途径也参与了正常 mRNA 的降解(详见 📱辅学窗 18-8)。

❓ 思考题

某村庄忽然爆发一种由病毒引起的疾病,从患者体内得到的细胞样品中发现,以 rRNA 为对照,病人细胞质中总的 poly(A)-mRNA 的量明显减少,将患者的受感染细胞与正常人细胞株一起培养,发现正常细胞可以被感染,并出现 poly(A)-mRNA 的量明显减少的现象。请至少指出 4 种可能导致 poly(A)-mRNA 的量明显减少的机制。

18.4　RNA 的复制(以 RNA 为模板合成 RNA)

RNA 病毒是靠 RNA 的复制将遗传信息传至下一代,在这种情况下,RNA 既是遗传信息的载体又是信使。

RNA 复制是以 RNA 为模板合成 RNA 的过程，催化此过程的酶称 RNA 指导的 RNA 聚合酶（RNA-directed RNA polymerase），或称依赖于 RNA 的 RNA 聚合酶（RNA-dependent RNA polymerase），或称 RNA 复制酶（RNA replicase），简称复制酶（replicase）。该酶以 RNA 为模板，4 种核苷三磷酸为底物，需 Mg^{2+}，催化的反应如下：

$$\begin{matrix} n_1\text{ ATP} \\ + \\ n_2\text{ GTP} \\ + \\ n_3\text{ CTP} \\ + \\ n_4\text{ UTP} \end{matrix} \xrightarrow[\text{RNA 聚合酶}]{\text{RNA（模板），}Mg^{2+}} \text{RNA} + (n_1+n_2+n_3+n_4)\text{ PPi}$$

实验指出，当病毒 RNA 侵入宿主细胞后，这些病毒在 RNA 复制酶催化下即可自行复制产生新的病毒 RNA。复制酶不存在于正常大肠杆菌细胞中，只有受感染时，宿主细胞才产生复制酶。

RNA 复制酶需要专一性的 RNA 模板，例如 Qβ 噬菌体的 RNA 复制酶只能用 Qβ 病毒 RNA 为模板，它不用宿主的 RNA 为模板。Qβ 噬菌体含有正链 RNA，然后在复制酶作用下进行病毒 RNA 的复制，最后由病毒 RNA 和蛋白质装配成病毒颗粒，使之在宿主细胞中繁殖。

有些病毒如狂犬病病毒含有负链 RNA 和复制酶，当它侵入宿主细胞后，借助自身带进去的复制酶，首先复制出正链 RNA，然后以此为模板复制出负链 RNA；并以正链 RNA 作 mRNA，翻译出病毒蛋白质，最后装配成病毒颗粒。📖辅学窗 18-9 以 Qβ 噬菌体感染大肠杆菌为例说明 RNA 的复制。

RNA 是目前看来唯一的既能携带遗传信息又可以是功能分子的生物高分子化合物。因此，在 20 世纪 60 年代，科学家提出了 RNA 世界假说（RNA world hypothesis），即在生命起源的某个时期，生命体仅由一种高分子化合物 RNA 组成。遗传信息的传递建立始于 RNA 的复制。该假说认为，生命发生之初，在原始海洋深处的火山口边，高温、高压的条件下，在可作为催化剂的矿物质边，富集了由雷电合成的原始核苷酸。经过亿万年的进化，形成了具有自我复制能力的 RNA。这些原始的具有自我复制能力的 RNA，在以后的亿万年进化过程中，逐渐将其携带遗传信息的功能传给了 DNA，并进一步将其功能分子的特性传给了蛋白质。

❓ 思考题

在 DNA 聚合酶、RNA 聚合酶、逆转录酶和 RNA 复制酶催化的反应中，找出它们的 3 个共同点？

18.5 RNA 生物合成的抑制剂

RNA 生物合成的抑制剂根据其作用性质的不同，分为三类：第一类是嘌呤和嘧啶类似物，它们作为嘌呤和嘧啶的抗代谢物而抑制核酸前体的合成；第二类是通过与 DNA 模板结合而改变模板功能；第三类是通过与 RNA 聚合酶结合而影响其活性。

（1）**嘌呤和嘧啶类似物** 有些人工合成的碱基类似物（analogue）能抑制和干扰核酸合成，其中重要的有：6-巯基嘌呤、硫鸟嘌呤、2,6-二氨基嘌呤、8-氮鸟嘌呤、5-氟尿嘧啶和 6-氮尿嘧啶等。

6-巯基嘌呤　　硫鸟嘌呤　　2,6-二氨基嘌呤　　8-氮鸟嘌呤　　5-氟尿嘧啶　　6-氮尿嘧啶这些碱基类似物在体内有两方面的作用：它们或者作为抗代谢物（antimetabolite）①，直接抑制核苷酸合成有关的酶类；或者通过掺入核酸分子，形成异常 DNA 或 RNA，从而影响核酸的功能并导致突变。近年来，氟尿嘧啶类药物在抗肿瘤治疗中应用广泛，如 5- 氟尿嘧啶及其衍生物。

（2）DNA 模板功能的抑制物　　有些化合物能与 DNA 结合，使其失去模板功能，从而抑制其复制和转录。一些重要的抗肿瘤（抗癌）药和抗病毒药属于这类抑制物。现举例如下：

① 烷化剂（alkylating agent）　如氮芥（nitrogen mustard）②、磺酸酯（sulfonate）和氮丙啶（aziridine）类的衍生物等。它们使 DNA 烷基化，从而破坏 DNA 的正常生物功能。

由于烷化剂毒性都较大，并有致癌、致畸和致突变等作用，于是人们致力寻找较稳定、毒性较小的氮芥衍生物——潜伏化氮芥。环磷酰胺（cyclophosphamide）就是一种潜伏化氮芥，它进入肿瘤细胞受酶的作用水解为活性氮芥，因而可治疗多种癌症（环磷酰胺的药理机制见 **e辅学窗** 18–10）。

② 放线菌素 D（actinomycin D）　放线菌素 D 是由全羊毛链霉菌（*Streptomyces chrysomallus*）产生的一种抗生素，具有抗癌作用。它能特异地与双链 DNA 非共价结合，使之失去作为 RNA 合成的模板功能。其作用机制是放线菌素 D 能特异地插入双链 DNA 中两个相邻的 G–C 碱基对之间，从而破坏 DNA 的模板作用。放线菌素 D 对 DNA 的复制也有一定的抑制作用。

与此相似，色毒素 A_3（chromomycin A_3）和光神霉素（mithramycin，也称光辉霉素）等抗癌抗生素亦能与 DNA 形成非共价的复合物，从而抑制 DNA 的模板功能。

③ 嵌入染料（intercalative dye）　某些具有扁平芳香族发色团的染料，可插入双链 DNA 相邻碱基对之间，称为嵌入染料。例如，吖啶橙（acridine orange）、原黄素（proflavine）和吖啶黄素（acriflavine）等吖啶类染料分子均含有吖啶稠环。这种三环分子的大小与 DNA 的碱基对大小差不多，可以嵌入到 DNA 的碱基对之间，导致复制时产生核苷酸的插入或缺失，引起突变。

溴乙锭（ethidium bromide，EB）是一种高灵敏度的荧光试剂，常用于检测 DNA 和 RNA。它可插入 DNA 双螺旋的碱基对之间，与 DNA 结合后抑制 DNA 的复制和转录，因此有强烈的致癌性。近年来已逐步被其他低毒性的 DNA 荧光染料所替代。

（3）RNA 聚合酶的抑制物

① 利福霉素（rifamycin）　利福霉素是一组由地中海链霉菌（*Streptomyces mediterranei*）产生的抗生素。利福平（rifampicin）是一种半合成的利福霉素 B 的衍生物。利福霉素，特别是利福平是细菌 RNA 聚合酶的特效抑制剂，它们专门抑制转录的起始，强烈抑制结核杆菌，是结核病的特效药。

② 利迪链菌素（streptolydigin）　利迪链菌素与细菌 RNA 聚合酶 β 亚基结合，抑制转录过程中链的延伸。

③ α- 鹅膏蕈碱（α-amanitin）　α- 鹅膏蕈碱是从毒蕈鬼笔鹅膏中分离出的一个八肽化合物。它抑制真核细胞的 RNA 聚合酶Ⅱ和Ⅲ，但对细菌的 RNA 聚合酶抑制作用极微弱（ **e辅学窗** 18–10）。

🔮 思考题

一种有毒的蘑菇含有致死性的物质 α-amanitin，这种毒素特异性地结合真核细胞的 RNA 聚合酶Ⅱ，导致 RNA 的延长被抑制。10^{-8} mol/L 的浓度即为致死剂量。在摄入毒蘑菇的初期，人只会有一些胃肠道的不适反应，之后症状消除。但过了 48h 后，中毒者便会由于肝功能异常死亡，请分析为什么？

---

① 抗代谢物是指结构上与参加反应的天然代谢物相似，能竞争性地抑制代谢中一种特殊的酶或其他参加反应的化合物。

② 氮芥的结构式为：

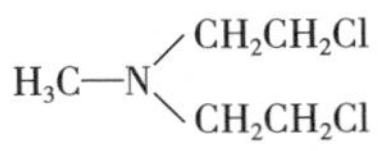

$$H_3C\text{---}N\begin{cases} CH_2CH_2Cl \\ CH_2CH_2Cl \end{cases}$$

总结性思考题

1. RNA 和 DNA 的生物合成途径有何共同和不同之处？

2. 归纳真核生物与原核生物 RNA 聚合酶的种类和主要功能。

3. 归纳大肠杆菌 RNA 聚合酶的亚基组成和功能，其中哪些亚基组成了核心酶？

4. 原核生物的启动子包括 3 个功能部位，简述它们的位置和功能。

5. 真核细胞 mRNA 前体加工主要有哪些方式？其中哪种方式主要用来解释内含子和外显子的形成？

6. RNA 生物合成抑制剂主要有哪 3 类，其中有些可以作为药物使用？请举例说明。

7. 每到冬天来临，往往是流感爆发季节，为什么注射流感疫苗不能完全预防流感病毒的感染？

数字课程学习

🧑 教学课件　　💬 在线自测　　📕 思考题解析

第十九章　蛋白质的生物合成

提要与学习指导

本章主要介绍蛋白质的生物合成、加工及转运。学习时要联系核酸化学一章中 mRNA、tRNA 和 rRNA 的结构以及它们的生物功能。学习本章时要求掌握以下各点：

1. 遗传密码的特性。
2. 原核生物蛋白质生物合成过程以及参与蛋白质生物合成的一些酶和蛋白质。
3. 原核生物和真核生物蛋白质合成的主要差异。
4. 蛋白质生物合成后的几种加工方式。
5. 蛋白质的定向转运。

DNA 通过转录将遗传信息传给 mRNA，mRNA 又以密码的方式控制蛋白质分子中氨基酸的排列顺序。mRNA 是蛋白质合成的直接模板。以 mRNA 为模板合成蛋白质的过程称翻译（translation）。

20 世纪 60 年代初期已有实验指出，在有核糖体、mRNA、tRNA、氨基酸活化酶系、ATP 产生体系、GTP、Mg^{2+}（Mn^{2+}）和适当缓冲体系的条件下，在体外的无细胞系统中也可使氨基酸掺入到蛋白质的分子中去。生物机体可利用氨基酸合成蛋白质的事实是无可怀疑的。蛋白质合成是生物合成中最复杂的过程，总共需要约 300 个不同的生物大分子协同作用，其中 DNA、tRNA、mRNA 和 rRNA 以及氨基酸活化酶在蛋白质的生物合成中都起了决定性的作用。为了使读者容易理解本章的内容，本书在核酸一章中已将核酸在传递遗传信息和在蛋白质生物合成作用中的功能先作了较扼要的介绍，有关内容可参阅本书 4.7.2.1。

19.1　遗传密码

19.1.1　遗传密码是三联体密码

从核酸一章的学习已经知道遗传密码是指 mRNA 中核苷酸的序列与蛋白质中氨基酸序列之间的关系，mRNA 中对应于氨基酸的核苷酸序列称为遗传密码。早先，F. Crick 和 L. Barnelt 发现，一组假定的 3 个碱基插入或缺乏会产生拟野生型基因（pseudo-wild type gene），这一现象说明密码子可能由 3 个碱基组成。此外，大量的实验证明 mRNA 的密码是由 3 个连续的核苷酸所组成，这 3 个核苷酸称为三联体密码，或称一个密码子。每个密码子编码一个特定的氨基酸。那么，哪个密码子编码哪个氨基酸，这就是遗传密码的破译。

19.1.2　遗传密码的破译

遗传密码破译的具体探索过程详见e辅学窗 19-1。最终，在 H. G. Khorana 发明的合成具有一定序列的多核苷酸的技术基础上，使用多核苷酸共聚物作为多肽合成的模板，加上 M. W. Nirenberg 的三联体 – 核糖体结合技术等，遗传密码在 1966 年被完全破解。据此，上述两位科学家和另一名 tRNA 结构的发现者 R. W. Holly 共享了 1968 年的诺贝尔生理学或医学奖（详见e辅学窗 19-2）。密码子详见核酸章 4.7.2.1 表 4-9，表中共有 64 种密码子，其中 61 种是氨基酸的密码，每种氨基酸可以有 1 ~ 6 种密码子。表中 AUG 不仅是甲硫氨酸的密码，也是起始密码，是翻译的起始信号。UAA、UAG 和 UGA 是终止密码，是蛋白质合成的终止信号，其中 UGA 和 UAG 也可在某些特殊蛋白质中分别编码硒代半胱氨酸和吡咯赖氨酸（见蛋白质化学章 3.2.2）

思考题

使用等摩尔的 ADP 和 UDP 在多核苷酸磷酸化酶的作用下，得到的随机共聚物作为 mRNA，放入无细胞翻译系统中进行翻译，会有哪些氨基酸被掺入？各种氨基酸的比率是多少？

19.1.3　遗传密码的特性

（1）**无逗号**　指各个密码子之间无分隔的信号，这一现象比拟为无逗号。要正确阅读密码，必须从起始密码子开始，依次连续地一个密码子接着一个密码子往下读，直到遇到终止密码子。

（2）**不重叠**（nonoverlapping）　一般情况下遗传密码是不重叠的，即三联体中的 3 个核苷酸只参与编码一个氨基酸。已经证明大多数生物的基因是不重叠的，但在少数病毒中，如最早发现在 φX174 噬菌体中，部分基因的遗传密码却是重叠的。

（3）**简并性**（degeneracy）　从遗传密码表中可看出，64 种密码子，除 3 个终止密码子外，其余的 61 个密码子只代表 20 种氨基酸，也就是说一种氨基酸有一种以上的密码子，这称密码子的简并性。对应于同一种氨基酸的不同密码子称为同义密码子（synonymous codon）。Arg、Leu 和 Ser 这 3 种氨基酸，每种都有 6 个不同的密码子编码，大多数其他氨基酸被 4 个、3 个或 2 个密码子编码。只有 Met 和 Trp 仅有一个密码子编码。同义密码子的使用频率并不相同。某一物种或某一基因通常倾向于使用一种或几种特定的同义密码子，这些密码子被称为最优密码子（optimal codon），此现象被称为密码子偏好（codon bias）。如细菌中，亮氨酸常以 CUG 编码，而在一种念珠菌中则鲜有 CUG 出现。

密码子的简并性是在进化过程中形成的，它具有重要的生物学意义，可以减少突变频率，稳定物种，对维持生物的遗传性有好处。

（4）**摆动性**（wobble[①]）　密码子的简并性往往表现在密码子的第三位碱基上，如 Gly 的密码子是 GGU、GGC、GGA 和 GGG，它们的前两位碱基都相同，只是第三位碱基不同。密码子和反密码子配对时，密码子中前面两位碱基特异性强，是标准碱基配对（A 与 U 配对，G 与 C 配对），但第三位碱基配对时就不那么严格，而是有一定的自由度（即摆动性），除了标准碱基配对外，还有一些非标准的碱基配对（参见核酸章表 4-10），这称为摆动假说（wobble hypothesis），密码子的第三位称为摆动位（wobble position），如 tRNA 上特殊的次黄嘌呤核苷（inosin，I），其结构类似于 G，可以像 G 一样正常配对（与 C 配对），也可以在摆动位与 U 配对，甚至与 A 形成配对（图 19-1）。此外，如反密码子上的 U 除正常与 A 配对外，还可以与 G 配对（图 19-1A）。摆动假说解释了密码子的简并性。

———————
① 摆动性也称变偶性。

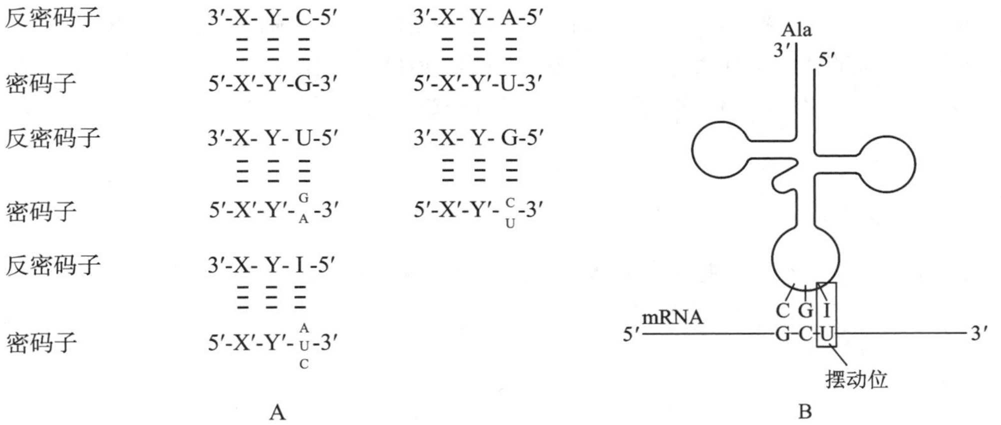

反密码子　　　3′-X- Y- C-5′　　　　3′-X- Y- A-5′

　　　　　　　　≡ ≡ ≡　　　　　　　≡ ≡ ≡

密码子　　　　5′-X′-Y′-G-3′　　　　5′-X′-Y′-U-3′

反密码子　　　3′-X- Y- U-5′　　　　3′-X- Y- G-5′

　　　　　　　　≡ ≡ ≡　　　　　　　≡ ≡ ≡

密码子　　　　5′-X′-Y′-^G_A-3′　　　5′-X′-Y′-^C_U-3′

反密码子　　　3′-X- Y- I-5′

　　　　　　　　≡ ≡ ≡

密码子　　　　5′-X′-Y′-$^A_{U\,C}$-3′

A

B

图 19-1　密码子与反义密码子配对摆动碱基示意图

其中 X 与 X′，Y 与 Y′ 表示正常的配对碱基

（5）**通用性**（universal）　多年来，人们认为遗传密码是通用的，即所有生物都使用同样的密码。密码子的通用性是生命同一起源的强有力证据。但 1980 年以来，通过对人、牛和酵母基因序列和基因结构的研究发现密码的通用性也有例外。这些例外首先是在线粒体基因组中发现的，例如人和牛线粒体中 AUA 编码 Met，而不是 Ile。近年来发现终止密码子 UGA 可编码硒代半胱氨酸[1]，硒代半胱氨酸被认为是蛋白质的第 21 种氨基酸。2002 年又从古细菌和真细菌中发现 UAG 编码天然的吡咯赖氨酸[2]，吡咯赖氨酸是蛋白质中发现的第 22 种氨基酸。那么，如果所谓的通用密码并不真正通用，是不是意味着生命是多起源的呢？如果异常密码子与标准密码子差异很大，这种可能性也许很大。但是我们注意到这些变异的密码子与相关的标准密码子存在着紧密的联系。密码子的通用性预示着地球上的生命有着共同祖先，因此，目前的证据依然有利于单一生命起源论（生命起源见 e辅学窗 19-3）。

（6）**防错系统**　虽然密码子的简并程度各不相同，但同义密码子在遗传密码表中的分布却十分有规则，且密码子中的碱基序列与其相应氨基酸的物理化学性质之间存在一定关系。在遗传密码表中，氨基酸的极性通常由密码子的第二位（中间）碱基决定，简并性由第三位碱基决定。例如：①中间碱基是嘌呤（A 或 G）时，编码的氨基酸具有极性侧链，常在球状蛋白质的外部，如 AGU 编码丝氨酸；②中间碱基是嘧啶（C 或 U）时，其相应的氨基酸具有非极性侧链，常在球状蛋白质的内部，如 UUC 编码的苯丙氨酸，但也有个别例外。这种分布使得即使密码子中一个碱基被置换，其结果仍然编码相同氨基酸，或极性最接近的氨基酸，从而使基因突变可能造成的危害降至最低程度。密码的编排具有防错功能，这是进化过程中获得的最佳选择。

19.1.4　人工密码子及其表达

　　人类对于新型蛋白质的需求无穷无尽，而自然界由 4 种碱基组成的三联密码子系统最多只能编码 22 种氨基酸。因此，科学家们一直在努力探索新密码子的构建及其表达。人们已经发明不少新的人工碱基对，并将它们引入细胞 DNA，实现了稳定遗传。2017 年，F. E. Romesberg 的研究团队使带有人工碱基的 DNA 表达出了有生物活性的蛋白质。该研究引入了两个人工配对碱基，称之为 X 和 Y；接着，将绿色荧光蛋白[3]基因中一个编码丝氨酸

---

　　① 硒代半胱氨酸（selenocystein），也称含硒半胱氨酸，是与半胱氨酸类似的化合物，仅以硒代替硫，结构式见 3.2.2.2 表 3-3。从大肠杆菌一直到人类的蛋白质中都发现了硒代半胱氨酸。

　　② 吡咯赖氨酸（pyrrolysine）是赖氨酸的衍生物，结构式见蛋白质化学章 3.2.2.2 和表 3-3。在甲胺甲基转移酶及其他一些产甲烷菌和细菌中被发现。

　　③ 绿色荧光蛋白（green fluorescent protein，简称 GFP），是一个由约 238 个氨基酸组成的蛋白质，从蓝光到紫外线都能使其激发，发出绿色荧光。

的密码子 AGT 改为包含了人工碱基的 AXC；同时，特制了一个能将 AXC 翻译为丝氨酸的"人工 tRNA"。随后，他们将这个带有人工碱基的绿色荧光蛋白基因和编码"人工 tRNA"的基因一起转入大肠杆菌。结果，这些"人工 tRNA"成功地识别出了带有人工碱基的密码子，并顺利完成了密码子的翻译，最终获得了有功能的蛋白质。

❓ 思考题

假设镰刀型贫血症是由一个单碱基突变引起的，突变型的缬氨酸替代了正常位置上的 Glu，请推测其碱基突变情况？

19.2　蛋白质的生物合成

19.2.1　蛋白质生物合成的一般特征

（1）**蛋白质生物合成的方向**　蛋白质生物合成的方向是从氨基端（N 端）开始，还是从羧基端（C 端）开始？1961 年，Dintzis 用同位素标记亮氨酸，并将其掺入兔织网红细胞无细胞体系中血红蛋白的合成过程，在不同时间点分析生成的血红蛋白中特定肽段中的放射性强度，证明了蛋白质的合成是从 N 端开始的。

（2）**mRNA 的翻译方向**　mRNA 的翻译方向是 $5' \rightarrow 3'$。由于 mRNA 本身的合成方向也是 $5' \rightarrow 3'$，所以在原核生物中，DNA 转录成 mRNA 的过程还没有全部完成，蛋白质合成就开始了，这对细胞来说是十分经济和有利的；它可以促使 mRNA 较快的更新。真核生物就不是这样，真核生物中转录、翻译在时间和空间上都是分开的。

19.2.2　原核生物蛋白质生物合成的过程

蛋白质的生物合成要比 DNA 复制和转录复杂得多。它大约需 300 种生物大分子参加，其中包括核糖体、mRNA、tRNA、各种酶以及许多辅助因子等。蛋白质合成要消耗大量能量，约占全部生物合成反应总消耗能量的 90%，所需能量由 ATP 和 GTP 提供。蛋白质合成起始于氨基酸接在特异的 tRNA 上，tRNA 将氨基酸转运到核糖体，通过反密码子与密码子配对，按照 mRNA 上的密码顺序装配成蛋白质。下面以大肠杆菌为例说明原核生物蛋白质的生物合成。

蛋白质的生物合成可分为 5 个阶段：①氨基酸的活化和转移；②肽链合成的起始；③肽链的延长；④肽链的终止和释放；⑤肽链合成后的加工。

19.2.2.1　氨基酸的活化和转移

（1）**氨基酸的活化**　氨基酸在参加蛋白质合成以前，必须要活化，以获得额外的能量。活化过程首先是在氨酰–tRNA 合成酶（amino acyl–tRNA synthetase）催化下，氨基酸同 ATP 作用产生带有高能键的 AA～AMP–E 复合物。

$$AA^{①} + ATP + E \longrightarrow AA \sim AMP—E + PPi$$
$$\text{（氨基酸）} \qquad\qquad \text{（复合物）}$$

这一过程就是氨基酸的活化过程。式中 AA 代表氨基酸或氨酰基，E 代表氨酰–tRNA 合成酶。后者又称氨基酸活化酶或氨基酸：tRNA 连接酶（amino acid：tRNA ligase）。

在氨酰腺苷酸（AA～AMP）分子中，氨酰基是同腺苷酸核糖 C–$5'$ 上的磷酸基结合的。

---

① AA 或 aa 代表 amino acid 或 amino acyl（氨酰基）。

AA～AMP 极不稳定，但同氨酰-tRNA 合成酶（E）结合成复合物后即较稳定。氨酰-tRNA 合成酶对氨基酸及其相应的 tRNA 的专一性很高，一种特定的合成酶一般只能活化一种氨基酸，但少数情况下也有两个酶都能活化同一种氨基酸的，例如大鼠肝细胞中的甘氨酸和苏氨酸就各有两个活化酶。蛋白质的 20 种氨基酸，至少有 20 种以上的专一性活化酶。

氨酰-tRNA 合成酶分子上显然有两个识别位（recognition sites），一个识别位能识别所需要的氨基酸，将不需要的氨基酸如 β-丙氨酸、鸟氨酸和瓜氨酸等排除出去，只与所需要的氨基酸连接，另一个识别位能识别专一性或特定的 tRNA，能将特定的氨基酸转移给特定的 tRNA。

（2）活化氨基酸的转移 活化后的氨基酸必须转运到核糖体去进行蛋白质合成。这个转移任务是由 tRNA 来完成的。所以活化氨基酸的转移就是指 AA～AMP 的氨酰基转给 tRNA 以形成 AA-tRNA，后者再转移到核糖体上反应。氨基酸的活化与转移是同一种酶催化的。

在活化氨基酸的转移过程中，tRNA 要起 3 种作用：①为了正确地转运所需的氨基酸，tRNA 能专一性地与氨酰-tRNA 合成酶结合。氨酰-tRNA 合成酶实际上是做了特定氨基酸与特定 tRNA 之间的"介绍人"，它参与了将氨基酸结合到 tRNA 的过程。②tRNA 能识别 mRNA 的密码子，并将它携带的氨基酸引导至 mRNA 密码顺序特定的"座位上入座"。③tRNA 也能促进正在生长的肽链与参加翻译过程的核糖体相结合。

有两类氨酰-tRNA 合成酶（Ⅰ、Ⅱ），它们与 tRNA 形成复合物的三维结构见图 19-2。在氨酰-tRNA 合成酶Ⅰ催化下，氨酰基连接在 tRNA 3′ 末端腺苷酸的 2′-OH 上，然后经转酯反应转移到 3′-OH 上；在氨酰-tRNA 合成酶Ⅱ催化下，氨酰基直接连接在 tRNA 3′ 末端腺苷酸的 3′-OH 上。下式可表示它们之间的连接反应：

$$R-\underset{\underset{NH_3^+}{|}}{CH}-CO \sim AMP\text{-}E + tRNA \rightleftharpoons R-\underset{\underset{NH_3^+}{|}}{CH}-CO \sim tRNA + AMP + E$$

$$(AA \sim tRNA)$$

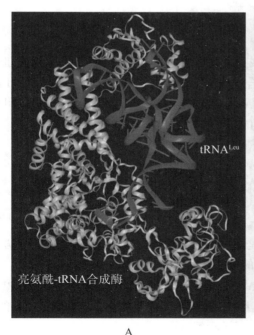
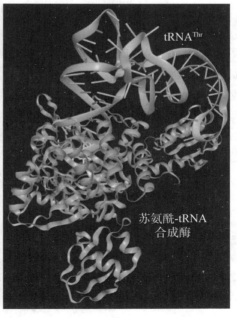

图 19-2 tRNA 与氨酰-tRNA 合成酶复合物的三维结构解析图

A：Ⅰ类氨酰-tRNA 合成酶/tRNA 复合物（PBDid：1wz2）B：Ⅱ类氨酰-tRNA 合成酶/tRNA 复合物（PBDid：1qf6）

反应过程：

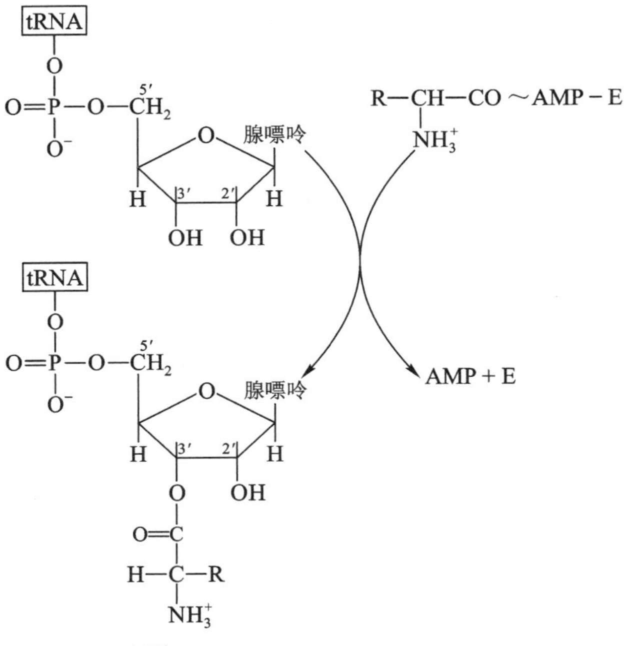

氨酰–tRNA

在氨酰–tRNA形成反应中释放出的合成酶（E）可再参加氨基酸的活化和转移。氨酰–tRNA的合成过程动画见 **e辅学窗 19–4**。

氨基酸共价结合到tRNA的过程又称为tRNA负载（tRNA charging）。每合成1个氨酰–tRNA要消耗两个高能磷酸键，其中1个高能磷酸键被消耗用来形成氨基酸和tRNA之间的酯键，另1个高能磷酸键被用来驱使反应向前进行，其总反应为：

$$\text{氨基酸} + \text{tRNA} + \text{ATP} + H_2O \longrightarrow \text{氨酰–tRNA} + \text{AMP} + 2Pi$$

19.2.2.2 肽链合成的起始

（1）**甲酰甲硫氨酰–tRNA（fMet–tRNA^{fMet}）的合成** 大肠杆菌及其他原核细胞中几乎所有蛋白质合成都起始于甲酰甲硫氨酸（fMet）[1]。首先在甲硫氨酰–tRNA合成酶催化下，使甲硫氨酸与专一的起始tRNA（tRNA^{fMet}）结合生成甲硫氨酰–tRNA^{fMet}（Met–tRNA^{fMet}），然后由^{10}N–甲酰四氢叶酸（^{10}N–甲酰FH$_4$）提供甲酰基，在特异的甲酰基转移酶催化下，生成甲酰甲硫氨酰–tRNA^{fMet}（fMet–tRNA^{fMet}），反应式如下：

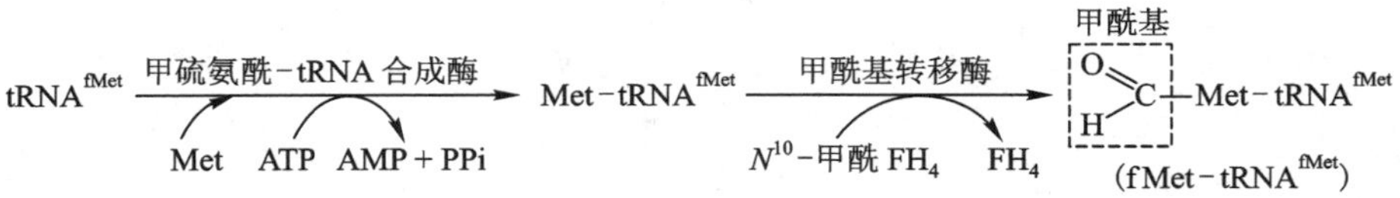

甲硫氨酰–tRNA^{fMet}的甲酰化作用很重要，一方面是原核细胞肽链合成起始所必需的；另一方面甲酰化也是对氨基的保护，这样可保证第二个氨基酸定向地接在它的羧基上。

细胞内有2种可携带甲硫氨酸的tRNA，一种tRNA^{fMet}带上甲硫氨酸后能甲酰化，是起始tRNA，识别起始密码子AUG，用于肽链合成的起始；另一种tRNA^{Met}带上甲硫氨酸后不能甲酰化，识别肽链内部的密码子AUG，

---

[1] f代表甲酰基（formyl）。

用于肽链内部，在肽链延伸中起作用①。

　　AUG 和 GUG 是兼职密码子，它们既可以作起始密码子，作为肽链合成的起始信号，这时与之对应的氨基酸是甲酰甲硫氨酸。另外，也可作肽链内部相应氨基酸的密码子，这时 AUG 编码甲硫氨酸，GUG 编码缬氨酸。

　　（2）**起始密码 AUG（少数是 GUG）以及 SD 序列**　　大量的大肠杆菌基因序列分析证实 90% 以上基因的起始密码子是 AUG，仅有 8% 和 1% 的基因分别以 GUG 和 UUG 为起始密码子。AUG 与 GUG 又分别是链内甲硫氨酸与缬氨酸的密码子，因此它们是兼职密码子。那么起始 tRNA（fMet–tRNA^{fMet}）怎样找到真正的起始密码子呢？1974 年，J. Shine 和 L. Dalgarno 观察到细菌的 mRNA 在离起始密码子 AUG 5′ 端约 10 个核苷酸处有一段富含嘌呤的核苷酸序列，称 Shine–Dalgarno 序列（简称 SD 序列），通常为 4~9 个核苷酸的长度，它与 30S 核糖体亚基中的 16S rRNA 3′ 末端的一部分核苷酸序列互补，这部分碱基配对促使核糖体与 mRNA 的结合，使起始 tRNA 找到 mRNA 上真正的起始密码子（图 19-3）。

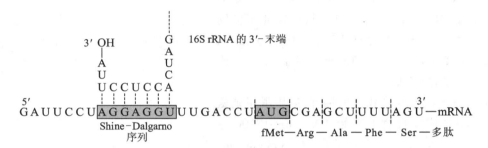

图 19-3　R17 噬菌体 A 蛋白 mRNA 起始区的 SD 序列与 16S rRNA 3′ 末端部分核苷酸序列之间的互补关系

　　（3）**核糖体**（ribosome）　　蛋白质的生物合成是在核糖体上进行。核糖体是细胞质里的一种球状小颗粒。原核细胞的核糖体直径约 18 nm，沉降常数 70S，能解离成一个大亚基（50S）和一个小亚基（30S）（图 19-4A）。每个原核生物核糖体上都有 3 个 tRNA 的结合部位，分别为①氨酰 –tRNA 结合部位（aminoacyl–tRNA binding site）（A 位）②，是肽链延伸过程中与进入的氨酰 –tRNA 结合的部位；②肽酰 –tRNA 结合部位（peptidyl–tRNA binding site）（P 位）③，是肽酰 –tRNA 结合的部位；③出口部位（exit site）（E 位）是与已完成翻译功能并即将从核糖体

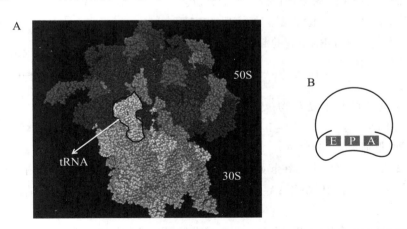

图 19-4　（A）嗜热栖热菌 70S 核糖体晶体结构，深色部分为 50S 大亚基，浅色部分为 30S 小亚基，中间圈出部分为结合的 tRNA（PDBid:6o97）；（B）原核生物核糖体 E 位、P 位和 A 位示意图

---

①　tRNA^{fMet} 也可写作 tRNA_f^{Met}，或写作 tRNA_i^{Met}，"i" 表示起始。

②　A 位又称受体部位（acceptor site）。

③　P 位又称供体部位（donor site）。

释放的 tRNA 的结合部位（图 19-4B）。

原核生物和真核生物核糖体的组成参见核酸一章 4.5.1.4。

核糖体两个亚基的结合或解离与 Mg^{2+} 浓度密切有关，当 Mg^{2+} 浓度增加时（＞0.5 mmol/L），两亚基趋向于结合，当 Mg^{2+} 浓度降低时（＜0.5 mmol/L）则趋向于解离。

（4）**70S 起始复合物的形成** 原核细胞，例如细菌合成蛋白质的起始阶段，是在起始因子（IF-1、IF-2 和 IF-3）[①] 参加下，30S 核糖体亚基、50S 核糖体亚基（以下简称 30S 和 50S）、fMet-tRNA^fMet、mRNA、GTP 和 Mg^{2+} 结合成 70S 起始复合物。70S 复合物的形成过程分 3 个步骤（图 19-5）。

第一步：形成 30S-mRNA-IF-1-IF-3 复合物：30S 与两个起始因子 IF-1、IF-3 结合。然后 30S 核糖体亚基借助 16S rRNA 的 3′ 端序列与 mRNA 的 SD 序列互补，与 mRNA 结合，并沿 mRNA 移动直至找到 AUG 起始密码子，形成 30S-mRNA-IF-1-IF-3 复合物。

第二步：形成 30S 起始复合物：携带有 *N*- 甲酰甲硫氨酸并与 IF-2 和 GTP 形成复合物的起始 tRNA fMet-tRNA^fMet-IF-2-GTP 进入 P 位，形成 30S 起始复合物（30S initiation complex）。

第三步：形成 70S 起始复合物：一旦 30S 起始复合物形成，IF-3 被释放。接着与 50S 结合，形成 70S 起始复合物（70S initiation complex），同时与 IF-2 结合的 GTP 水解生成 GDP 和 Pi。然后，IF-1、IF-2、GDP 和 Pi 从核糖体上释放。

有一点需注意，与所有其他的氨酰 -tRNA 分子（它们结合于 A 位）不同的是 fMet-tRNA^fMet 的结合直接发生于 P 位。

fMet-tRNA^fMet 的反密码子是与 mRNA 的起始密码 AUG 配对的，fMet-tRNA^fMet 因而能识别 mRNA 上的起始密码。肽链合成的起始动画见 📘辅学窗 19-5。

19.2.2.3 肽链的延长

肽链的延长需要：① 70S 起始复合物；② 氨酰 -tRNA；③ 延长因子（elongation factor，EF）[②]：EF-T（EF-Tu，EF-Ts）和 EF-G；④ GTP。肽链的延长包括 3 步：① 氨酰 -tRNA 的结合；② 肽键的形成；③ 移位。

（1）**氨酰 -tRNA 的结合** 原核生物在起始阶段，起始 tRNA（fMet-tRNA^fMet）已占据核糖体的 P 位，A 位空着。进入延长阶段，新来的氨酰 -tRNA（AA-tRNA）要进入核糖体的 A 位，与 A 位结合。这是个比较复杂的过

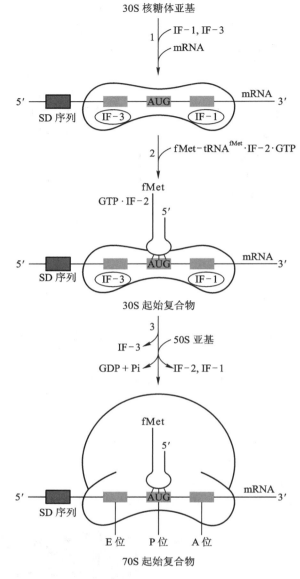

图 19-5 蛋白质肽链合成的起始示意图

---

① IF 是 initiation factor 的缩写，有 IF-1、IF-2 和 IF-3 三种，都是蛋白质。IF-3 的功能是阻止 30S 与 50S 亚基重新结合，IF-1 和 IF-2 的功能是促进 fMet-tRNA^fMet 及 mRNA 与 30S 小亚基的结合。

② 原核细胞的延长因子（也称延伸因子）分 EF-T 和 EF-G 两类。用"T"字代表这类延长因子是因最初误认为这种因子具有肽基转移酶（peptityl transferase）的活性，因而取 transferase 一词的第一字母 T 为代号。EF-T 是由 Tu 和 Ts 两个亚基组成的二聚体（Ts:Tu）。EF-Ts 是稳定蛋白质，"S"即 stable 的第一字母，EF-Tu 是不稳定蛋白质，取"unstable"一词的第一字母"u"来表示。EF-G 代号中"G"字的命名是因 GTP 为使延长因子与核糖体亚基结合的必需因子，而 GTP 的水解又是延长因子从核糖体亚基离解出来的必需因素，故取 GTP 的第一字母"G"代表这种延长因子。EF-G 是移位作用的必需因素。

程，需要 EF-Ts、EF-Tu，还要消耗 GTP。注意，AA-tRNA 必须与 EF-Tu 和 GTP 结合形成三元复合物后，才能同 70S 起始复合物的 A 位结合。fMet-tRNA^{fMet} 不能同 EF-Tu 结合，所以 fMet-tRNA^{fMet} 不被引到 A 位。

🔘 思考题

1. 甲硫氨酸只有一个密码子，那么在大肠杆菌中，链起始和链中的甲硫氨酸密码子如何被区分呢？
2. 某些细菌的一些蛋白质基因（如大肠杆菌乳糖操纵子的阻遏蛋白 LacI）以 GUG 而不是 AUG 作为起始密码子，对此现象请回答以下问题：（1）这些基因的翻译产物第一个掺入的氨基酸仍然是甲酰甲硫氨酸吗？（2）如果将此 GUG 突变成 AUG，这些基因的翻译效率会有何变化？（3）起始 tRNA 如何识别 GUG？这种现象可以用摆动规则解释吗？

EF-T 有 EF-Tu 和 EF-Ts 两种，EF-Tu 的功用是同 AA-tRNA 及 GTP 结合，使 AA-tRNA 与 mRNA- 核糖体的 A 位相结合；EF-Ts 则能使 EF-Tu 从 EF-Tu·GDP 复合物中释放出来。

当 GTP·EF-Tu·AA-tRNA 与 70S 起始复合物的 A 位结合时，GTP 被水解释放出 EF-Tu·GDP 和 Pi。EF-Tu·GDP 再与 EF-Ts 及 GTP 反应，重新生成 EF-Tu·GTP，以供下一个 AA-tRNA（图 19-6）。

（2）**肽键的形成**（peptide bond formation）　fMet-tRNA^{fMet} 占据 P 位，AA-tRNA 占据 A 位，就可开始形成肽键。在肽酰转移酶（peptidyl transferase）催化下，A 位上新来的氨酰 -tRNA 的氨基向 P 位上起始 tRNA（即 fMet-tRNA^{fMet}）上酯键的羧基进行亲核进攻，实质上是将一个酯键转变为肽键，同时在 A 位上形成二肽酰 -tRNA，没有负载（脱酰基）的 tRNA^{fMet} 仍留在 P 位上（图 19-7）。

新生的多肽链通过在其 C 末端加上一个残基而得以延长，然后被转移到 A 位的 tRNA 上，这个过程称转肽作用（transpeptidation），见图 19-8。这个反应不需要另外供给能量，所需能量来自肽链和 tRNA 之间高能酯键的水解。此反应需 Mg^{2+}、K^+ 等离子参与。

过去一直认为催化肽键合成的肽酰转移酶是核糖体大亚基的一个或多个蛋白质。但从来没有分离得到过具有

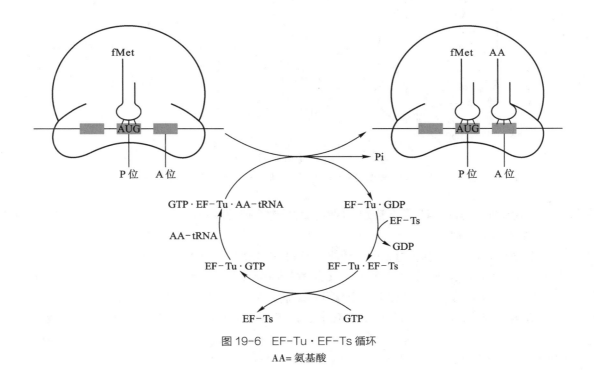

图 19-6　EF-Tu·EF-Ts 循环
AA= 氨基酸

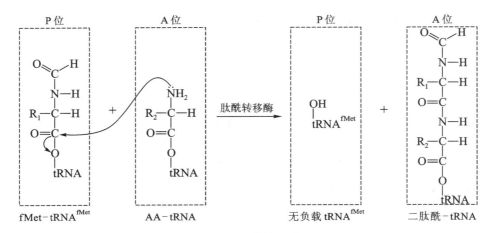

图 19-7 肽键的形成

AA= 氨基酸

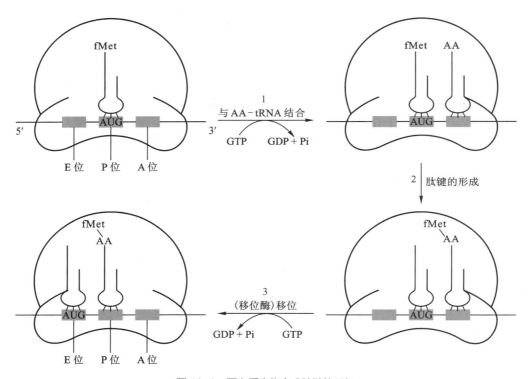

图 19-8 蛋白质生物合成肽链的延长

1. 氨酰–tRNA 与核糖体结合；2. 肽键的形成；3. 移位（AA = 氨酰基）

肽酰转移酶活性的蛋白质，其原因目前已清楚。因为催化肽键合成的肽酰转移酶不是蛋白质，而是核糖体大亚基中的 23S rRNA，它是一种核酶。

（3）**移位**（translocation） 在移位过程中，延伸因子 EF–G（也称移位酶①）和 GTP 形成的复合物结合到核糖体上。此时，发生 3 个协同运动，统称为移位。①脱酰基–tRNA 从 P 位移到 E 位；②A 位的二肽酰–tRNA 移到 P 位；③核糖体沿 mRNA 从 5′ 到 3′ 移动 3 个核苷酸，将下一个密码子置于 A 位。在移位其间，GTP 水解成 GDP 和 Pi，EF–G 得以释放，准备与另外的 GTP 结合，用于下一轮延伸。移位的发生被认为是自发的，因为脱

————————————

① 移位酶，英文名 translocase。

酰基 –tRNA 对 E 位的亲和力要比 P 位高，而肽酰 –tRNA 对于 P 位亲和力要大于 A 位。

移位后，A 位空出，准备接受下一个氨酰 –tRNA。A 位和 E 位不能同时被占用。因此，在下一个氨酰 –tRNA 结合到 A 位开始新一轮延长之前，脱酰基 –tRNA 便从 E 位释放。根据 mRNA 上的密码子将氨基酸加至延长多肽链的 C– 末端以及肽酰 –tRNA 随着多肽链的延长在 P 位到 A 位之间来回移动，延长得以继续（图 19-8）。肽链的延长过程动画见 辅学窗 19-6。

思考题

1. 标出下列序列中的 SD 序列、起始密码子、终止密码子，并写出该 mRNA 所编码多肽的氨基酸序列。5'–AUUCCCAGGAGGU UUGACCUAUGAAACCCGCAGGGACAGAGAATTCTUAGUUUU UU–3'

2. 如果甲硫氨酰 –tRNA 转甲酰基酶发生突变，不能区分底物 Met–tRNA^fMet 和 Met–tRNA^mMet，都可以进行甲基化，预测这将对翻译产生什么影响？

19.2.2.4　肽链的终止和释放

通过以上步骤接肽反应反复进行，直到终止密码子进入到 70S 核糖体的 A 位，肽链的合成就终止，这时没有一种相应的氨酰 –tRNA 能结合上去，但释放因子（releasing factor，RF，也称终止因子①）能识别终止密码，并与终止密码结合。释放因子有 RF-1、RF-2 和 RF-3，它们都是蛋白质。RF-1 识别 UAA 和 UAG；RF-2 识别 UAA 和 UGA；RF-3 的功能目前还不确定，有可能与核糖体亚基的解离相关。在很多基因序列中，往往发现两个终止密码子成串排列，如 UAAUAG，这种串联形式可以强化终止信号。

当 RF-1 或 RF-2 在核糖体的 A 位与终止密码子结合，一方面肽链延长自动停止；另一方面诱导肽基转移酶把肽基转给水分子，即水解 P 位上 tRNA 与肽链之间的酯键。

释放因子使肽酰转移酶的专一性发生了变化，将肽酰转移酶活性转变成酯酶活性。此时，多肽链被释放。接着，在核糖体回收因子（ribosome recycling factor，RRF）、IF-3，以及 EF-G 介导的 GTP 水解能量的帮助下，mRMA、空载的 tRNA 和释放因子离开核糖体，此时 70S 核糖体解离成 30S 和 50S 亚基，30S 亚基与 IF-3 形成复合物，为下一轮翻译做好准备（图 19-9）。

mRNA 只能使用一次或数次，便被核糖核酸酶降解。新合成的 mRNA 不断从细胞核转移到核糖体上，以保证蛋白质合成持续进行。

① 终止因子，英文名 termination factor。

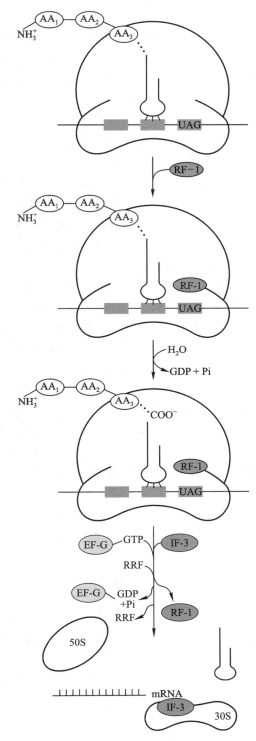

图 19-9　蛋白质生物合成肽链的终止和释放

思考题

在来源于大肠杆菌的无细胞翻译系统之中，使用 AUGUUUUUUUUUUUU 作为模板，指导 fMet-Phe-Phe-Phe-Phe 的合成，在抑制剂 X 存在下，该模板只能指导 fMet-Phe 合成，试问：（1）X 抑制多肽链合成的哪一步？（2）无抑制剂条件下得到的寡肽和有抑制剂条件下得到的二肽，哪一个在反应的最后是与 tRNA 相结合的，为什么？

19.2.2.5　蛋白质合成所需的能量

蛋白质的合成是高度耗能的，每活化一个氨基酸残基形成氨酰 –tRNA，要消耗 2 个高能磷酸键。在延长过程中有 1 分子 GTP 水解成 GDP 和 Pi。在移位过程中又有 1 分子 GTP 水解，因此，完整多肽链中每形成一个肽键至少需要 4 个高能磷酸键。1 mol 肽键水解时，标准自由能的变化约为 –21 kJ，而合成一个肽键消耗能量为 122 kJ/mol（4 × 30.5 kJ/mol）。因此，肽键合成标准自由能变化为 –101 kJ/mol，说明蛋白质合成反应实际上是不可逆的。大量的能量消耗可能是用于保证 mRNA 遗传信息翻译成蛋白质的氨基酸序列的准确性。

19.2.2.6　多核糖体

在蛋白质合成过程中，只要在 mRNA 上有空着的起始位点，那么其他核糖体就能与它结合，这样就形成一条 mRNA 链上有许多核糖体进行蛋白质的合成，这称为多核糖体（polyribosome 或 polysome），也称多聚核糖体。研究者通过超速离心的方法从细胞中分离获得了多核糖体。

组成多核糖体的每一个核糖体是同时沿着一条 mRNA 链各自独立地合成一条完整的多肽链。在合成刚开始时，最接近 mRNA 5′端的核糖体上的肽链最短，到接近 mRNA 的 3′端时，同 3′端靠近的核糖体上的多肽链的合成就近于完成，此时多肽链即被释放，70S 核糖体随即离解成 50S 和 30S 亚基（图 19-10）。更多细节的多核糖体示意图见 辅学窗 19-7。

通过多核糖体的方式提高了 mRNA 的使用效率，也提高了蛋白质的合成效率。

19.2.3　真核生物蛋白质的生物合成

真核生物蛋白质生物合成过程与原核生物蛋白质生物合成过程基本相似，分 3 个主要阶段：起始、延长和终

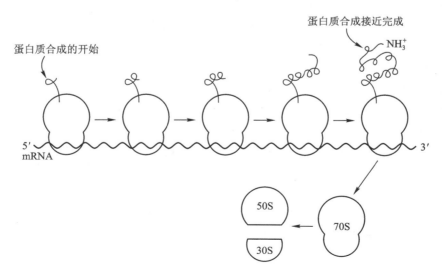

图 19-10　核糖体沿 5′→ 3′方向在 mRNA 上独立合成蛋白质示意图

止，但两者也存在较大差异，尤其是在起始阶段。

19.2.3.1　肽链合成的起始

（1）真核细胞核糖体为 80S，由 40S 和 60S 两个亚基组成。

（2）真核细胞的起始密码子总是 AUG。

（3）真核细胞用于起始的氨酰 –tRNA 是 Met-tRNA$_i^{Met}$，它携带甲硫氨酸后，并不甲酰化。

（4）大多数真核生物 mRNA 不含有 SD 序列，通常将 mRNA 上最靠近 5′ 端的 AUG 作为起始部位，核糖体的 40S 亚基与 mRNA 5′ 端的帽子结构相结合，逐渐向 3′ 端移动，直至发现起始密码子 AUG，这一过程称为扫描（scanning），需消耗 ATP。

（5）真核细胞的起始因子比原核细胞多得多，到目前为止发现的已有十几种，命名为 eIFn，"e"代表真核，有 eIF1、eIF2、eIF3、eIF4、eIF5 和 eIF6，其中 eIF4 按其参与复合物的作用不同区分为 eIF4A、eIF4B、eIF4C、eIF4E、eIF4F、eIF4G 等[①]。

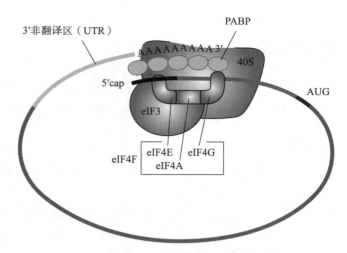

图 19-11　真核起始复合物中的 mRNA 成环结构

eIF4G 蛋白与 eIF3 结合后将 mRNA 的 5′ 端与 43S 前起始复合物偶联在一起，同时 eIF4G 蛋白还与结合在 mRNA 3′ 端 poly（A）尾巴上 PABP（polyA 结合蛋白）结合，环化 mRNA。

（6）在真核细胞中，组成前起始复合物的 mRNA，在 eIF4F[②]、polyA 结合蛋白的介导下，可以形成环形结构，该结构有助于基因的翻译调控（图 19–11）。

真核细胞起始的大致过程如图 19–12 所示。

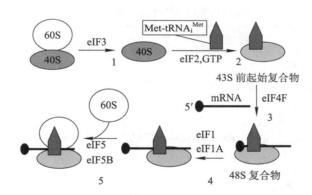

图 19-12　真核生物翻译起始示意图

1. 在起始因子 eIF3 的作用下，80S 核糖体解聚为 40S 和 60S 亚基；

2. 40S 亚基、Met-tRNA$_i^{Met}$、eIF2 和 GTP 形成 43S 前起始复合物（43S preinitiation complex）；

3. 在 eIF4F（帽结合复合物，cap binding complex）帮助下，前起始复合物结合到 mRNA 的 5′ 帽子结构处；

4. 复合物在 eIF1 和 eIF1A 因子的帮助下，从 5′ 到 3′ 方向沿 mRNA 移动扫描，直至确定 AUG 起始密码子的位置；

5. 一旦复合物定位于起始密码子，在 eIF5 和 eIF5B 因子的帮助下，核糖体 60S 大亚基与上述包括 40S 小亚基的复合物结合，形成 80S 起始复合物，并伴随 GTP 水解和几个起始因子的释放。

---

① 由于真核细胞有些起始因子的功能至今仍不完全清楚，所以起始因子的种类各书说法不完全一致。

② eIF4F 又称为 eIF4F 复合物，由 eIF4A、eIF4E 和 eIF4G 3 个起始因子组成。

思考题

为什么 m⁷GTP 能够抑制真核细胞的蛋白质合成，但不抑制原核细胞的蛋白质合成？相反，人工合成的 SD 序列能够抑制原核细胞的蛋白质合成，但不抑制真核细胞的蛋白质合成吗？

19.2.3.2　肽链的延长

真核细胞肽链延长需要 3 种延长因子，即 eEF1A、eEF1B 和 eEF2，它们与原核细胞中相对应的因子 EF-Tu、EF-Ts 和 EF-G 的功能相似。

在大肠杆菌的肽链延长阶段，位于 P 位的脱酰基 -tRNA 在离开核糖体之前转移至 E 位，从 E 位释放。与此不同的是真核细胞核糖体没有 E 位，脱酰基 -tRNA 直接从核糖体的 P 位离开。

19.2.3.3　肽链的终止和释放

真核细胞肽链合成的终止需要 GTP 和两个释放因子（eRF1、eRF3），eRF1 可识别 UAA、UAG 和 UGA 三种终止密码子，并使得多肽链水解脱离；eRF3 是一种核糖体依赖的 GTP 酶，能借助 GTP 的能量，帮助 eRF1 的释放。

原核细胞的蛋白质合成在核糖体上进行，真核细胞的蛋白质合成不仅在核糖体上进行，也有小部分在线粒体或叶绿体中进行。例如，作为细胞色素 c 和 b 复合物组分的多肽就是在线粒体中合成的。线粒体、叶绿体中蛋白质合成的机理相似于原核细胞。

原核细胞和真核细胞蛋白质生物合成比较如表 19-1 所示。

表 19-1　原核细胞和真核细胞蛋白质生物合成所需组分及因子

过程	原核细胞	真核生物
氨基酸的活化	氨基酸，tRNA 氨酰 -tRNA 合成酶 ATP，Mg²⁺	氨基酸，tRNA 氨酰 -tRNA 合成酶 ATP，Mg²⁺
肽链起始	mRNA 的起始密码，SD 序列，fMet-tRNA^fMet 30S 亚基，50S 亚基 IF-1，IF-2，IF-3 GTP，Mg²⁺	mRNA 的起始密码，5′ 帽子，Met-tRNAᵢ^Met 40S 亚基，60S 亚基 eIF1 ~ eIF6 GTP，ATP，Mg²⁺
肽链延长	70S 核糖体，mRNA 的密码 氨酰 -tRNA EF-Tu，EF-Ts，GTP 肽基转移酶，Mg²⁺ EF-G，GTP	80S 核糖体，mRNA 的密码 氨酰 -tRNA eEF1A，eEF1B，GTP 肽基转移酶，Mg²⁺ eEF2，GTP
肽链的终止和释放	70S 核糖体，mRNA 的终止密码 RF1，RF2，RF3 EF-G，IF-3 GTP，Mg²⁺	80S 核糖体，mRNA 的终止密码 eRF1，eRF3 GTP，Mg²⁺

19.2.4　蛋白质多肽链合成后的加工和折叠

刚合成出来的多肽链多数是没有功能的，要经过各种方式的加工（processing）和折叠（folding）才能成为有生物功能的蛋白质，加工的方式很多。

19.2.4.1　多肽链的修饰加工

蛋白质多肽链特异性的修饰和加工与蛋白质的合成部位及运送的靶部位有关。实际上蛋白质多肽链加工的过程在肽链的合成开始时就随之进行。因此，细胞质基质中的蛋白质从核糖体释放后即可行使它的功能，而需要运输到其他靶细胞器的蛋白质，主要是在运输的过程中进行修饰加工。蛋白质多肽链加工的方式很多，例如：

（1）**多肽链的剪切**　多肽链的剪切是由特殊的蛋白酶催化的，其中包括①N端氨基酸的去除，原核细胞多肽链合成的起始氨基酸是甲酰甲硫氨酸，经去甲酰基酶水解除去N端的甲酰基，然后在氨肽酶的作用下再切去1个或多个N端的氨基酸。针对不同的蛋白质，加工过程发生在肽链合成进程中或合成释放后。但在多数情况下，当原核细胞的肽链N端游离出核糖体后，立即进行脱甲酰化。而真核细胞中N端的甲硫氨酸常常在肽链的其他部分还未完全合成时就已经水解下来。②切除前体中功能不必需的肽段，某些蛋白质合成后要经过专一的蛋白酶水解，切除一段肽段后才能发挥生物活性。如胰岛素原→胰岛素、胰蛋白酶原→胰蛋白酶、胰凝乳蛋白酶原→胰凝乳蛋白酶等。③信号肽的切除，即在某些新生蛋白质肽链N端携带的一段氨基酸序列，该肽段引导蛋白质进入内质网后，被信号肽酶切除，详见19.3。

（2）**蛋白质剪接**　蛋白质剪接是指从前体蛋白质内部切除蛋白质内含子，并将蛋白质外显子以肽键连接，形成成熟蛋白质的过程。这种现象最早是由Hirata等人（1990年）研究酵母液泡ATP酶基因时发现的，此后陆续在古细菌、真细菌及真核生物中被发现。

（3）**二硫键的形成**　mRNA中没有胱氨酸的密码子，胱氨酸中的二硫键是通过2个半胱氨酸—SH基的氧化形成的，肽链内或肽链间都可形成二硫键，二硫键在维持蛋白质的空间构象中起了很重要的作用。

（4）**氨基酸侧链的化学修饰**　包括添加小的化学基团（乙酰化、甲基化、磷酸化、羟基化、ADP-核糖基化）、糖基化、脂酰化和生物素化、羰基化（详见 ℮**辅学窗**19-8）等。以羟基化为例：有些氨基酸如羟脯氨酸、羟赖氨酸没有对应的密码子，这些氨基酸是在肽链合成后由羟化酶催化使氨基酸羟化而成，如胶原蛋白中的羟脯氨酸和羟赖氨酸就是以这种方式形成的。

糖基化是真核细胞表达蛋白质的特征之一，进入内质网膜或腔的蛋白质（膜蛋白或分泌蛋白）因结合寡糖基团而发生糖基化。糖链是在多肽链合成中或合成后通过共价键连接到相关的肽段上。糖链的糖基可通过 N-糖苷键连于天冬酰胺或谷氨酰胺的N原子上，也可以通过O-糖苷键连于丝氨酸或苏氨酸羟基的O原子上。

磷酸化也是一种常见的蛋白质修饰方式，由蛋白质激酶催化磷酸基团从磷酸供体转移到受体蛋白，主要发生在丝氨酸、苏氨酸、酪氨酸这3种具有羟基侧链的蛋白质残基上。蛋白质磷酸化是调节和控制蛋白质活性和功能的主要方式，在细胞信号转导的过程中起重要作用。

此外在蛋白质分子上添加脂质侧链或添加生物素也是常见的蛋白质翻译后修饰的过程，前者主要发生在一些参与信号转导的蛋白激酶分子上，而后者则是多见于羧化酶分子的修饰，翻译后化学修饰的一些实例见 ℮**辅学窗**19-9。

❓ 思考题

多肽链的修饰加工有几种类型？它们发生修饰的时空与什么密切相关？

19.2.4.2 多肽链的折叠

蛋白质的一级结构决定高级结构，所以合成后的多肽链能自动折叠。许多蛋白质的多肽链可能在合成过程中已经开始折叠。很多肽链一旦从核糖体的通道中输出，折叠就立即开始了。通常仅需几秒钟的时间，多肽链就可以折叠成各种二级结构（α螺旋和β折叠），并大致排列整齐。此时蛋白质的整体结构还比较舒展、柔软，称之为熔球态（molten globule）。然后熔球态的多肽链再折叠成更为紧凑和精确的三级结构，这一过程相对较慢。

在细胞中只有三分之一的蛋白质合成后能自动折叠成正确的构象，其余肽链的折叠通常还需要包括分子伴侣（molecular chaperoues）[①]、肽基脯氨酸顺反异构酶（peptidyl-prolyl *cis-trans* isomerase，PPIase）、二硫键异构酶（protein disulfide isomerase，PDI）等折叠因子的参与。肽基脯氨酸顺反异构酶可以催化肽链中脯氨酸残基顺反构型的转变，而二硫键异构酶则是通过二硫键的交换，促进正确的二硫键形成。这些折叠因子共同协助肽链折叠，从而防止错误折叠和形成错误的构象。下文以分子伴侣为例，详细介绍其分类与功能。

成熟蛋白质的构象是疏水性基团在分子内部，亲水性基团在分子外部，使蛋白质分子具有水溶性。在新生肽链合成过程中，先合成的部分通常会含有疏水性侧链，肽链开始折叠时，可能在合成和折叠的早期已经形成一定的疏水性结构。在整个分子合成完毕之前，在先形成的疏水性结构之间可能发生错误的结合，产生肽链的错误折叠和部分疏水性结构瞬间暴露在分子外部而引起沉淀。分子伴侣可识别多肽链中某些先合成的并部分折叠成的疏水结构，并与之结合，使疏水表面间不会形成错误的相互作用，从而防止多肽链的错误折叠。分子伴侣在促进蛋白质正确折叠或阻止其错误折叠后，便从蛋白质上脱离，参加下一轮循环。

分子伴侣最初是在大肠杆菌中发现的，进一步的研究表明无论是在真核生物还是原核生物中，分子伴侣都广泛存在。分子伴侣主要分为以下几类：①伴侣蛋白家族（chaperonin，Cpn），Cpn家族是具有独特的双层7~9元环状结构的寡聚蛋白，它们以依赖ATP的方式促进体内正常和应激条件下的蛋白质折叠。②应激蛋白70家族（stress-70 family），又称为热休克蛋白70家族（Hsp70 family），其主要功能是以ATP依赖的方式结合未折叠多肽链的疏水区以稳定蛋白质的未折叠状态，再通过有控制的释放帮助其折叠。③应激蛋白90家族（stress-90 family），即热休克蛋白90家族（Hsp90 family），Hsp90可以与细胞质基质中的类固醇激素受体结合，封闭受体的DNA结合域，阻碍其对基因转录调控区的激活作用，使之保持在天然的非活性状态。分子伴侣的分类及功能详见 ℮辅学窗 19-10。

细胞内的蛋白质折叠与组装可以发生在细胞质基质、线粒体或内质网，因而分子伴侣可以存在于细胞内的各个部位。分子伴侣的概念目前已延伸至许多蛋白质，甚至RNA和DNA。分子伴侣的结合对象也由以前的蛋白质，扩展至核酸。除此以外，分子伴侣还有介导线粒体蛋白跨膜转运、调控信号转导通路、参与转录和复制的过程以及参与微管形成与修复等多种生理功能。

19.3 蛋白质的定向转运

核糖体上新合成的蛋白质要送往细胞的各个部分，以行使各自的生物功能。大肠杆菌新合成的蛋白质，一部分仍停留在细胞质基质中，一部分则被送到质膜，外膜或质膜与外膜之间的空隙，有的也可分泌到细胞外。真核细胞新合成的蛋白质或留在细胞质基质中，或送往细胞器（例如线粒体、溶酶体、过氧化物酶体、叶绿体或细胞核），或送往质膜，或运输到胞外。蛋白质在细胞内的最终定位取决于其自身蛋白质的特性、相对长度以及其氨基酸序列。

---

① 分子伴侣也称多肽链结合蛋白（polypeptide chain binding proteins），1978年Lasky等人提出了分子伴侣的基本概念：是由不相关的蛋白质组成的一个家系，它们介导其他蛋白质的正确装配，但自己不成为最后功能结构中的组分。

　　无论原核细胞还是真核细胞，新合成的蛋白质必须转运到特定的亚细胞位置或运输到胞外才能发挥其相应的功能，这一过程称为蛋白质的定向转运（protein targeting），即蛋白质寻靶。细胞内的蛋白质分子在核糖体上开始合成，然后根据其氨基酸序列中的分选信号[①]种类决定它们的转运途径。因此，蛋白质的运输途径一般可分为两种类型：

　　（1）**翻译后转运**（post-translational translocation）　蛋白质在核糖体上合成后释放到细胞质基质中，其中一些蛋白质不带分选信号，就留在细胞质基质中；而大多数蛋白质带有分选信号，将按其分选信号种类分别转运到细胞的不同部位。此类分选信号常位于多肽链的 N 端，也被称为导肽或靶向序列（targeting sequence），详见**辅学窗 19-11**。由于这种转运是在蛋白质分子完全合成后进行的，因此称为翻译后转运。定位于细胞核、线粒体、叶绿体（线粒体、叶绿体本身合成的蛋白质除外）和过氧化物酶体的蛋白质多数属于翻译后转运。

　　（2）**共翻译转运**（co-translational translocation）　蛋白质的多肽链在核糖体上合成过程中转移到内质网，即在核糖体上多肽链开始合成不久，在 N 末端形成的特殊氨基酸序列（信号肽）能够引导核糖体附着到内质网膜上，信号肽穿入内质网腔并继续其合成过程，使原来表面光滑的内质网（光面内质网）变成带有核糖体的粗面内质网，新合成的多肽链可游离于内质网腔内成为可溶性蛋白，也可插入内质网膜成为跨膜蛋白（动画详见**辅学窗 19-12**）。以这种方式合成的蛋白质除了一部分留在内质网外，大部分将运送到高尔基体，在那里作进一步分选和运输。由于这种转运是在蛋白质合成过程中进行的，因此称为共翻译转运。属于这种转运的蛋白质有分泌蛋白、质膜蛋白、内质网蛋白和溶酶体蛋白。共翻译转运示意图详见**辅学窗 19-13**。

　　1975 年，G. Blobel 和 D. Sabatini 等提出了信号假说（signal hypothesis）用以解释共翻译转运机制。经过 10 多年的深入研究，信号假说已得到普遍承认。因此，G. Globel 关于信号序列控制蛋白质在细胞内的转移与定位的研究成果，获得 1999 年诺贝尔生理学或医学奖。现已确认，指导分泌性蛋白质在粗面内质网上合成的决定因素是蛋白质 N 端的信号序列，称信号肽（signal peptide 或 signal sequence）。信号识别颗粒（signal recognition particle，SRP）和内质网膜上的信号识别颗粒受体（又称停靠蛋白或停泊蛋白 docking protein，DP）等因子协助完成这一过程。

　　信号肽位于分泌性蛋白质多肽链的 N 端，为 15～30 个氨基酸序列，其中多数为疏水性氨基酸。SRP 是由一种小 RNA（7S RNA）和 6 种不同多肽链组成的复合物。它可识别信号肽，还可干扰进入的氨酰-tRNA 和移位酶催化的反应，以终止肽链的延长。SRP 受体位于内质网膜上，是一个跨膜的二聚体蛋白质，由 α 亚基和 β 亚基组成。

　　信号假说的主要内容是：①在胞质的游离核糖体上起始蛋白质的合成。②当多肽链延长到 80 个氨基酸左右，信号肽与信号识别颗粒结合，使肽链的延长暂时停止，这可防止分泌性蛋白质在成熟前被释放到细胞质基质中。③SRP-核糖体复合物移动到内质网膜上，与那里的 SRP 受体相结合，多肽链的延长又重新开始，并促进生长中多肽的 N 端进入内质网腔。内质网膜上还存在核糖体受体蛋白，多肽经跨膜蛋白通道[②]穿过膜，然后信号肽、SRP 和 SRP 受体分离。在此过程中 GTP 水解成 GDP 和 Pi。SRP 被释放到细胞质基质中循环使用（SRP 循环）。④信号肽进入内质网腔后很快就被内质网膜上的信号肽酶切除。⑤新生肽链开始折叠成它的天然构象。这一过程是通过和分子伴侣蛋白相互作用进行的。然后内质网腔中的酶对多肽开始翻译后修饰，包括糖基化、二硫键的形成等。⑥当多肽合成完成时，核糖体从内质网上解离下来。分泌性蛋白质通过内质网膜进入内质网腔。

　　由以上可见分泌蛋白质是边合成边转运的。上述整个过程总结于图 19-13。

　　蛋白质转运是一个动态过程，对于这个动态过程的研究，最直观的就是标记并追踪蛋白质的运动轨迹。近年来，新型标记技术和成像策略陆续出现，如荧光蛋白标记、量子点标记、脉冲追踪等，通过直接观察细胞内蛋白质的转运过程，进一步揭示了转运调控的分子机制。

---

　①　又称分拣信号（sorting signal），是指引导蛋白质细胞内转运的氨基酸特异序列。

　②　跨膜蛋白通道是一个多蛋白质的复合物。

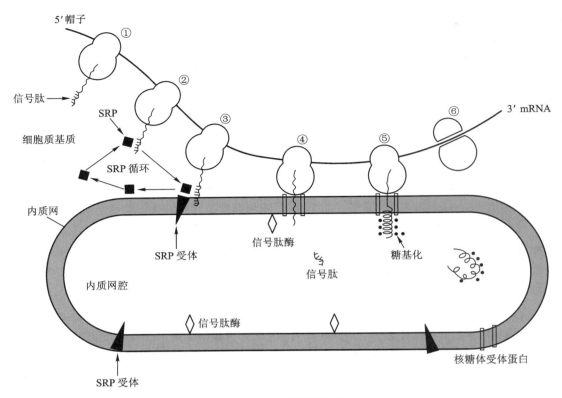

图 19-13 信号假说示意图

💬 **思考题**

一种真核多肽大约有 300 个氨基酸残基，它的序列发生了改变，N 端出现了一段可以被 SRP 识别的信号序列，同时它的核定位序列（NLS）[①] 转移到了多肽链的中间大约 150 氨基酸残基处，请问这条多肽链可能在细胞的什么位置被发现？

19.4 蛋白质生物合成的准确性

人们在测定多肽序列的时候，发现大多数蛋白质分子序列具有保守性，这说明翻译的过程通常是非常准确的。虽然测定体内蛋白质翻译错误率的方法非常少，但是一般认为每 $10^4 \sim 10^5$ 个氨基酸残基中仅有一个掺入错误。由于通常蛋白质的表达量很大，如此低的错误率无法从根本上改变细胞的性状，从而保证了细胞正常功能的实现。那么机体如何保证这样的低错误率呢？这里我们主要从三个方面来具体分析：

（1）**mRNA 合成的忠实性** mRNA 转录的错误率小于 10^{-6}，由于一条 mRNA 可以翻译得到许多蛋白质分子拷贝，所以 mRNA 的准确性显得尤为重要。RNA 聚合酶在维持转录忠实性方面具有关键的作用，其忠实性机制可以分为特异性的底物选择和校对两种。RNA 聚合酶高水平的底物选择忠实性主要基于碱基配对和诱导契合机制，而校对功能则通过包括焦磷酸水解和 RNA 聚合酶在内的 RNA 剪切活性而实现。

---

① 核定位序列（nuclear localization sequence，NLS）或核定位信号，是蛋白质的一个结构域，通常为一短的氨基酸序列，它能与入核载体相互作用，使蛋白质能被运进细胞核。

（2）**氨酰-tRNA合成酶的识别与校对功能**　氨酰-tRNA合成酶可能造成两种类型的错误，错误的氨基酸或tRNA。由于氨酰-tRNA合成酶提供识别tRNA的表面很大，所以氨酰-tRNA合成酶对tRNA的分辨能力相对较高，而氨酰-tRNA合成酶分子对氨基酸的选择错误率相对较高，只能达到10^{-4}。但是不论哪种错误类型，氨酰-tRNA合成酶都有查出错误并校正的机制，该机制包括两种类型：动力学校正（kinetic proofreading）和化学校正（chemical proofreading）。动力学校正主要是根据tRNA与酶的亲和力不同而产生的反应速率不同的原理，该校正导致非相关tRNA迅速离开氨酰-tRNA合成酶而来不及与tRNA发生结合。化学校正主要针对携带氨基酸空间结构的识别，部分氨酰-tRNA合成酶具有合成位点和校正位点，对氨基酸可以进行双重筛选，以确保氨基酸与tRNA的正确偶联。

（3）**核糖体的校对功能**　核糖体在翻译的过程中主要产生两类错误，一个是阅读mRNA链时跳过碱基或重读碱基，这个错误的发生率有10^{-5}；另一个是反密码子与密码子的错配造成错误的氨基酸被插入，该种错误发生率有5×10^{-4}。因为密码子与反密码子的结合常数很小，不足以维持如此低的错误率，所以核糖体翻译体系中应该存在一些机制来校正密码子错配的错误。这种机制表现在两个方面：一是在起始因子、延伸因子和rRNA的帮助下，将正确的氨酰-tRNA锚定至核糖体的P位点和A位点。二是在延伸因子帮助下，将错误的氨酰-tRNA尽快从核糖体上解离。

19.5　蛋白质生物合成的抑制剂

许多抗生素（antibiotics）[①]能抑制蛋白质的生物合成，如常用的氯霉素、四环素、红霉素和链霉素等，其中有些抗生素能抑制原核细胞，如细菌蛋白质的生物合成，可抑制细菌的生长，但不抑制真核细胞蛋白质的生物合成，所以医学上可用作抗细菌药物，表19-2列出部分抑制剂及其作用机制。

表19-2　常见的蛋白质合成抑制剂

名称	作用对象	阻断过程	影响效果	抑制对象
亚胺环己酮	60S	抑制肽基转移酶	阻止肽链形成	真核生物
蓖麻毒素	60S	水解28SrRNA	核糖体失活	真核生物
白喉毒素	eEF-2	延伸	直接失活 eEF-2	真核生物
放线菌酮	60S	起始，延伸	结合起始 tRNA 转位（tRNA 从 P 位释放）	真核生物
梭链孢酸	EF-G/ eFE-2	延伸	抑制 EF-G·GTP 从核糖体解离	原核 / 真核生物
嘌呤霉素	50S/60S	延伸	肽键形成（触发链释放）	原核 / 真核生物
氯霉素	50S	延伸	肽键形成	原核生物
红霉素	50S	起始	抑制移位	原核生物
链霉素	30S	起始，延伸	与 30S 小亚基结合破坏 A 位	原核生物
四环素	30S	延伸，终止	阻止氨酰 tRNA 结合到 A 位	原核生物
紫霉素	50S/30S	阻断 P 位点	抑制移位	原核生物

---

① 抗生素是由微生物或高等动、植物在生活过程中所产生的具有抗病原体或其他活性的一类次级代谢产物，能干扰其他细胞增殖、发育功能的化学物质。

酰胺醇类抗生素，这类抗生素包括氯霉素、叠氮氯霉素、甲砜霉素及氟甲砜霉素等。它们能选择性与原核细胞内 50S 核糖体亚基或真核细胞线粒体核糖体大亚基结合，抑制其中肽酰转移酶的活性，从而阻断肽键的形成。

四环素类抗生素，包括四环素、氯四环素、氧四环素及吡甲四环素等。这类抗生素与原核细胞核糖体的 30S 亚基结合，并阻断氨酰–tRNA 结合到 A 位，使肽链延伸受阻。

大环内酯类抗生素，包括红霉素、麦迪霉素、螺旋霉素等。这类抗生素主要能与原核细胞核糖体的 50S 亚基结合，但这类抗生素抑制的是翻译中的移位过程。

氨基环醇类抗生素，包括链霉素（streptomycin）、新霉素（neomycin）和卡那霉素（kanamycin）等。与原核细胞核糖体的 30S 亚基结合，导致 tRNA 的反密码子误读 mRNA 上的密码子。例如多聚尿苷酸（polyU）原来编码 Phe，在链霉素存在下，不仅编码 Phe，而且还编码 Ser、Ile 和 Leu。

嘌呤霉素（puromycin），虽然不是临床上应用的一种抗生素，但可用于原核和真核细胞蛋白质生物合成的研究。嘌呤霉素的结构与氨酰–tRNA 的 3' 端的 AMP 残基的结构十分相似，很容易和核糖体的 A 位结合。肽基转移酶也能促使氨基酸与嘌呤霉素结合，形成肽基–嘌呤霉素，肽基–嘌呤霉素很易从核糖体上脱落，从而使蛋白质合成提前终止。这一事实说明了活化氨基酸是添加在延伸肽链的羧基上。

真核细胞蛋白质生物合成的特异抑制剂有亚胺环己酮（cycloheximide），它与 80S 核糖体结合后，抑制肽基转移酶，阻止肽链的形成。

在细菌和真核生物中，一些小肽的合成可以在没有核糖体参加下进行，详见 ℯ辅学窗 19–15。

❓ 思考题

嘌呤霉素和蓖麻毒素都能够抑制真核细胞的蛋白质合成，但嘌呤霉素抑制的效果明显低于同剂量的蓖麻毒素，解释这种现象。

❗ 总结性思考题

1. 什么是遗传密码？第一个被破译的遗传密码子是什么？它是如何被破解的？

2. 多肽链合成中核糖体如何沿着 mRNA 移动？

3. 如何证明某种蛋白质在后加工过程中经历了蛋白质拼接？

4. 蛋白质的运输途径可分为哪两种？简述它们的主要区别。

5. 哪些抑制原核生物翻译机制的抗生素会对人体产生副作用，请解释。

6. 核糖体图谱（ribosome profiling）是针对与核糖体结合、正在翻译的 mRNA 片段进行富集，并将其逆转录成 DNA 并进行深度测序，进而分析这些基因的技术。在此项技术中还有哪些其他 RNA 可能会被收集？如何避免这种情况的发生？

7. 目前研究者已经可以通过扩展基因编码，在培养的细菌中增加了人造碱基对，实现非天然碱基在活细胞中编码蛋白质，你认为这项技术的实现需要突破哪些瓶颈？这项发明的意义和运用前景如何？

8. 目前研究认为分子伴侣的突变或表达异常会引起相关的疾病，谈谈你了解的与分子伴侣有关的某种疾病。

☁ 数字课程学习

👤 教学课件　　💬 在线自测　　📖 思考题解析

第二十章 基因表达的调控

提要与学习指导

基因表达的调控是目前生命科学研究中的前沿和热点，进展迅速，至今还有很多问题尚待解决。学习本章时要联系物质代谢的相互联系和调节控制、RNA 的生物合成以及蛋白质的生物合成等章节中的有关内容。学习本章时要求掌握以下几点：

1. 原核生物转录水平上的调控与操纵子学说。
2. 原核生物在翻译水平上的几种经典调控方式。
3. 真核生物的基因表达调控表现为多层次，各种因素协同作用。
4. 真核生物的转录受到顺式作用元件和反式作用因子的调控。

基因表达（gene expression）是指利用基因中所携带的信息合成有功能的基因产物的过程，这些基因产物通常是蛋白质，但是对于非编码蛋白质基因，如 tRNA、snRNA，它们就是有功能的 RNA。这个过程在细胞内受到严密的调控。根据基因表达随环境变化的情况，可以大致把基因表达分成两种类型：一种是组成型基因表达；另一种是调节型基因表达。组成型基因表达（constitutive gene expression）是指基因在个体发育的各阶段较少受环境因素的影响，能持续表达，其表达产物通常对生命是必需的，这类基因被称为管家基因（housekeeping gene）。调节型基因表达（regulated gene expression）是指基因表达受环境及生理状态的调控。它可分为诱导和阻遏两种类型。随环境条件变化基因表达水平增高的现象称为诱导（induction），相应的基因被称为可诱导基因（inducible gene）；相反，随环境条件变化而基因表达水平降低的现象称为阻遏（repression），相应的基因被称为可阻遏基因（repressible gene）。

基因表达调控是生命科学中最复杂和具挑战性的一个领域，一旦离开了基因表达的调控，生命将变得无序，也就意味着没有生命。因此，对基因表达调控的研究方兴未艾，随着研究的不断深入，科学家们向我们展示了生命中一幅幅精确而完美的基因表达调控图谱。

本章内容主要围绕编码蛋白质的基因表达调控。细胞要合理控制各种蛋白质的表达水平，可以通过染色质水平、复制水平、转录水平、翻译及翻译后水平等多个途径进行调控。其中有两条途径最为重要：第一条途径是细胞控制从其 DNA 模板上转录成特异的 mRNA 的速度，这是一种经济、高效、合理的途径，是生物在长期进化过程中自然选择的结果。这种控制称为转录水平（transcriptional level）的调控。第二条途径是在 mRNA 合成后，控制从 mRNA 翻译成蛋白质多肽链的速率，这种控制称为翻译水平（translational level）的调控。

思考题

大肠杆菌的 rRNA 基因有多个拷贝，这有利于细菌快速生长时期对大量 rRNA 拷贝的需要。如果核糖体蛋白和 rRNA 以 1∶1 的比例组装成核糖体，那么为什么单拷贝的核糖体蛋白基因就能表达足够的核糖体蛋白？

20.1 原核生物基因表达的调控

早在 20 世纪 60 年代，人们就发现大肠杆菌能针对不同的培养基成分表达不同的基因，之后研究者们提出和证实了一种新颖的想法，即基因能像电灯那样被打开或关闭。由于原核生物的调控机制较为简单，转录和翻译是在同一时间和位置上发生，所以其基因调节主要发生在转录水平上。

20.1.1 操纵子学说

1961 年，法国巴斯德研究院的 F. Jacob 和 J. Monod 提出了乳糖操纵子模型（lactose operon model），清楚地说明了在转录水平上进行的原核生物基因表达调节。转录水平调控的许多规律都来源于对乳糖操纵子的研究。由于这项重大贡献他们两人于 1965 年荣获诺贝尔生理学或医学奖。

有关乳糖操纵子模型在第十六章物质代谢的相互联系和调节控制中已作了较为详细的介绍，乳糖操纵子（lac 操纵子）是由 3 个功能相关的结构基因、操纵基因和启动子组成，受一个调节基因的调节。调节基因编码的产物，即阻遏蛋白可调节操纵基因的开启或关闭，对 3 个结构基因的表达进行调控。

当无诱导物时，调节基因编码的阻遏蛋白处于活性状态，阻遏蛋白可与操纵基因结合，操纵基因被关闭，操纵基因是转录的开关，使 3 个结构基因不能转录。在诱导物存在时，诱导物与阻遏蛋白结合，使阻遏蛋白发生构象变化从而使阻遏蛋白失活，操纵基因打开，使 3 个结构基因转录。

乳糖操纵子中也存在正调节，大肠杆菌中有一个称为分解代谢产物基因活化蛋白（CAP），又称 cAMP 受体蛋白（CRP）。cAMP 与 CRP 结合成复合物后，这复合物结合到启动子上，促使转录起始。因此 cAMP-CRP 是一个不同于阻遏蛋白的正调控因子，而阻遏蛋白为负调控因子。

以上内容详见 16.3.1.1 以及 ℮辅学窗 20-1。

大肠杆菌色氨酸操纵子（trp 操纵子）的转录同时受到操纵基因和衰减子的控制（详见 16.3.1.2）。

操纵子仅仅存在于原核细胞中，真核细胞中一般没有操纵子，因为真核细胞中功能彼此相关的基因往往分布在不同染色体上，它们并不组成一个操纵子。

🅰 思考题

1. 质粒中构建有乳糖操纵子，但是将其中的 lac 操纵基因和启动子替换成了可以结合 LexA 蛋白（SOS 应激）。将该质粒转入有乳糖操纵子结构但其 lacZ 基因失活的大肠杆菌中，何种情况下该细菌会表达 β- 半乳糖苷酶？

2. 为什么 lac 操纵子结构基因的表达通常处在被阻遏的状态，而 trp 操纵子的结构基因的表达通常处在消阻遏的状态？

20.1.2 翻译水平的调控

（1）mRNA 翻译水平差异的调控　mRNA 的翻译能力主要受控于 5′ 端起始密码子上游一段富含嘌呤的 SD 序列。它可与 16S rRNA 3′ 端的部分核苷酸序列互补，促使核糖体与 mRNA 的结合，这对于翻译的起始是很重要的。强的结合能力造成翻译起始频率高，反之则翻译频率低。此外，mRNA 采用的密码系统也会影响其翻译速度。大多数氨基酸由于密码子的简并性具有不止一种密码子，它们对应的 tRNA 的丰度也差别很大，因此采用常用密码子的 mRNA 翻译速度快，而稀有密码子[①] 比例高的 mRNA 翻译速度慢（大肠杆菌偏爱密码子见 *e*辅学窗 20-2）。多顺反子 mRNA 在进行翻译时，通常核糖体完成一个编码区的翻译后即脱落和解离，然后在下一个编码区上游重新形成起始复合物。当各个编码区的翻译频率和速度不同时，它们合成的蛋白质数量也就不同了。此外，mRNA 二级结构的转换也可以控制翻译的起始（详见 *e*辅学窗 20-3）。

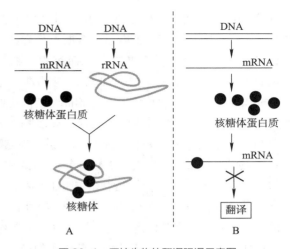

图 20-1　原核生物的翻译阻遏示意图

A. 核糖体蛋白质的合成必须与 rRNA 相协调；B. 当核糖体蛋白质翻译过剩，游离的核糖体蛋白质就会与自身的 mRNA 结合并阻止翻译

（2）**翻译阻遏作用**　蛋白质作为阻遏物或激活物对转录进行调控的例子已经屡见不鲜，研究发现蛋白质也能对翻译起类似的调控作用。核糖体是个生物大分子，含有 50 多种核糖体蛋白质及许多种 rRNA，核糖体蛋白质的合成必须与 rRNA 相协调。当有过量核糖体游离蛋白质存在时，即引起它自身以及有关蛋白质合成的阻遏，如图 20-1 所示。这种在翻译水平上的阻遏作用称为翻译阻遏（translational repression）。核糖体蛋白质合成的调控主要是在翻译水平上，而不是在转录水平上，这点与大多数其他蛋白质不同。

（3）**反义 RNA 的调控作用**　反义 RNA 是一种与 mRNA 互补的 RNA 分子，是一种 RNA 调节物。反义 RNA 对基因表达的调控作用是通过研究原核生物的基因表达而发现的。

早已知道原核生物和真核生物的基因表达是受调节基因产生的蛋白质抑制的，近年发现由天然调节基因产生的 RNA 也可有效地阻抑基因表达。这种具有调控基因表达的 RNA 是由基因的反义链（antisense strand）转录而成的，故称反义 RNA，产生反义 RNA 的基因称反义基因（antisense gene）。

反义 RNA 的调控作用是通过核酸与核酸的相互作用而实现的。反义 RNA 通过互补的碱基与特定的 mRNA 相结合，结合位点通常是 mRNA 上的 SD 序列和起始密码子 AUG，从而抑制特定 mRNA 的翻译。人们称这类 RNA 为干扰 mRNA 的互补 RNA，简称 micRNA（mRNA-interfering complementary RNA，micRNA）。

图 20-2　*oxyS* RNA 抑制 *flhA* mRNA 的翻译

原核生物中普遍存在反义 RNA 的调节系统。如图 20-2 所示的就是大肠杆菌中存在的一种非编码 RNA（名为 *oxyS* RNA），它含有 109 个核苷酸，研究发现它至少有 10 个靶 mRNA，*flhA* mRNA 就是其中一个。具体的抑制机制为：*oxyS* RNA 的 3′ 的一段序列与 *flhA* mRNA 起始密码子上游的序列互补结合后，可以阻止核糖体与 *flhA* mRNA 的起始密码子结合，从而抑制翻译的起始。

（4）**鸟苷多磷酸的调控作用**　当细菌在不良的营养条件下生长时，由于缺乏足够的氨基酸，蛋白质合成

---

① 稀有密码子是指在一般的编码中利用频率很低的密码子。

受到抑制，因而会关闭大部分的代谢过程，这称严谨反应（stringent response）。这是细菌为了度过困难时期而存活下来的适应性表现。当营养条件改善时，重新开放各代谢过程。细菌在氨基酸饥饿时，体内产生两种异常核苷酸，即鸟苷四磷酸（ppGpp）和鸟苷五磷酸（pppGpp）[1]，它们合称为（p）ppGpp，结构式见核酸章 4.3.2.3。

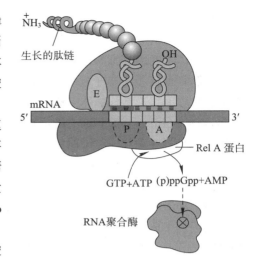

图 20-3　大肠杆菌的严谨反应
（引自 Nelson DL，Cox MM，Lehninger Principles of Biochemistry 7th，2017）

　　（p）ppGpp 能协同调节细胞内的许多基因表达过程。细菌生长速度与（p）ppGpp 水平总体上呈反比关系。当氨基酸饥饿时，细胞内存在大量没有携带氨基酸的 tRNA，同时非氨酰基化的 tRNA 结合于核糖体的 A 位点并诱导核糖体结合蛋白 Rel A 激活，促进（p）ppGpp 大量合成[2]（图 20-3），其浓度在短时间内可增加到 10 倍以上。（p）ppGpp 的产生能关闭许多基因的表达，只开放个别必须要合成氨基酸的基因，以应对其生存危机。由于这种调节作用的最早信号是没有携带氨基酸的 tRNA，因此这种调节可以归纳为翻译水平上的调节。

　　（p）ppGpp 是控制多种反应的效应分子，其作用原理目前认为有两种可能：①与 RNA 聚合酶结合，并使 RNA 聚合酶构象改变，活性降低，增加 RNA 聚合酶在转录过程中的暂停，rRNA 和 tRNA 合成减少或停止，使延伸过程变得缓慢（图 20-3）。②与 rRNA 操纵子的启动子结合，抑制转录起始，导致相关基因被关闭。

　　（p）ppGpp 的作用范围十分广，它不是只影响一个或几个操纵子，而是影响很多操纵子，不仅调控转录，而且也调控翻译，所以又称超级调控因子。

　　（5）**核糖开关**　2002 年，Breaker 等人的研究小组在细菌中发现了一种基于 RNA 的胞内维生素传感器，并将之命名为核糖开关（riboswitch）。核糖开关是指特定 mRNA 一些非编码区（主要是 5′-UTR）序列折叠成一定的构象，如特殊的茎环结构，这些构象能够对体内的一些代谢分子产生应答，从而通过其构象的改变调控 mRNA 翻译的过程。核糖开关主要由两部分组成，分别是感受外界配体的适体域（aptamer domain）和调控基因表达的表达平台（expression plateform）。核糖开关可调节维生素、氨基酸、核苷酸等基础代谢过程，而调节基因表达不需要蛋白质分子作为中介，在进化上可能是 RNA 世界遗留的"分子化石"。

思考题

什么是严谨反应？某些抗生素如四环素能够解除严谨反应。为什么？

20.2　真核生物基因表达的调控

　　虽然真核生物基因表达调控远比原核生物复杂，但许多基本原理与原核是相同的。例如，和原核一样，真核生物基因表达的调控也有转录水平的调控和转录后的调控，并以转录水平的调控为最重要。又如，在真核结构基因的上游和下游（甚至内部）也存在着许多特异的调控成分，并依靠特异蛋白因子与这些调控成分的结合与否调

---

[1]　人们最初发现细菌在氨基酸饥饿时，出现两种特殊核苷酸，电泳时呈现两个特殊斑点，称之为魔点（magic spot）Ⅰ 和魔点 Ⅱ，后来发现魔点 Ⅰ 是 ppGpp，魔点 Ⅱ 是 pppGpp。

[2]　核糖体结合蛋白 Rel A 催化 ATP 的焦磷酸基团转移到 GTP 或 GDP 核糖的 3′ 羟基合成 pppGpp 或 ppGpp。

控基因的转录。

真核基因表达调控与原核基因表达调控不同的方面主要有以下4点：

① 原核的染色质是裸露的 DNA，而真核的染色质则由 DNA 和组蛋白紧密结合形成核小体。在原核中染色质的结构对基因的表达没有明显的调控作用，而在真核中这种作用是明显的。真核生物的基因活化首先需要改变染色质的状态，使转录因子能够接触启动子，此过程称为染色质改型（chromatin remodeling）。

② 在没有激活或抑制的情况下，原核生物 RNA 聚合酶通常都可以与启动子结合并开启转录。而在真核生物中，如果没有调控蛋白，强启动子通常处于没有活性状态，因此，基本上所有的真核生物基因的转录都需要被激活。

③ 原核基因的转录和翻译通常是在同一地点同时进行的，即在转录尚未完成之前翻译就已开始。而真核基因的转录是在细胞核中进行，生成的初级转录物需在核中加工为成熟的 mRNA，然后 mRNA 进入细胞质基质，在细胞质基质中进行翻译，所以真核基因的转录和翻译是在空间和时间上都是分开的，在不同地点不同时间进行的，从而使真核基因的表达有多种转录后的调控机制，其中许多机制是原核所没有的。

④ 真核生物大都为多细胞生物，在个体发育过程中发生细胞分化后，不同细胞的功能不同，基因表达的情况也就不一样，某些基因仅特异地在某种细胞中表达，称为细胞特异性或组织特异性表达，因此真核多细胞生物具有调控这种特异性表达的机制。

真核生物的基因表达是在多层次，并受多种因子协同调节控制，是一种多级调控方式，包括转录前水平、转录水平、转录后水平、翻译水平和翻译后水平等的调控，其中转录水平的调控仍然是最基本的，如图 20-4 所示。

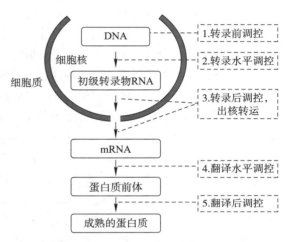

图 20-4　真核生物在不同水平上对基因表达进行调控

20.2.1　转录前水平的调控

转录前水平的调控是指通过改变 DNA 序列和染色质结构的过程，包括染色质的丢失、基因扩增、基因重排、基因修饰（甲基化修饰）和染色质结构的变化和基因在染色体上位置的变化等，详见 🅔辅学窗 20-4。但转录前水平的调控并不是普遍存在的调控方式。例如，染色质的丢失只在某些低等真核生物中发现，而高等动物通常采用异染色质化（heterochromatinization）的方式永久性关闭某些基因。

20.2.2　转录水平的调控

真核生物基因转录受顺式作用元件（又称顺式元件，*cis*-acting elements）和反式作用因子（又称反式因子，*trans*-acting factors）的调节[①]。

（1）**顺式作用元件**　顺式作用元件是同一 DNA 分子中具有转录调节功能的特异 DNA 序列。由于这特异的 DNA 序列与被转录的基因位于同一条染色体的 DNA 上，呈顺式关系，故称顺式作用元件。真核基因的顺式作用元件按功能可分为启动子、增强子、沉默子、绝缘子和应答元件等。

① **启动子**（promotor）　和原核生物一样，启动子是指 RNA 聚合酶识别并与之结合的 DNA 特异序列，它位于基因的上游。其长度因生物的种类而异，一般不超过 200 bp。一旦 RNA 聚合酶定位并结合到启动子序列上，

---

① 相对同一染色体或 DNA 分子而言为"顺式"（*cis*）；对不同染色体或 DNA 分子而言为"反式"（*trans*）。

即可启动转录。启动子是基因表达调控的重要顺式作用元件。真核细胞的启动子由转录的起始部位和一些分散的保守序列所组成，保守序列包括 TATA 框（box）、CAAT 框和多个 GC 框等（详见 RNA 的生物合成章 18.1.2.2）。原核细胞的 RNA 聚合酶识别的是一段 DNA 序列，而真核细胞的 RNA 聚合酶识别的不是单纯的 DNA 序列，而是识别转录因子与 DNA 形成的蛋白质 –DNA 复合物。

② 增强子（enhancer） 增强子在酵母中也被称为上游激活序列（upstrem activator sequences，UASs），是指能增强启动子转录活性的 DNA 序列，与转录激活因子（transcription activator）结合后，可明显地增强启动子的转录效率。增强子的存在一般能使基因转录频率增加 10～200 倍，有的可以增加上千倍。例如，病毒 SV40 的增强子是第一个被发现的增强子，它能大大提高 SV40 DNA 和兔 β 血红蛋白融合基因的表达水平，且将它移动至环状病毒基因组的任何部位都有作用。SV40 的增强子位于 SV40 早期基因的上游，由两个正向重复序列组成，每个长 72 bp，核心序列是 5′-GGTGTGGAAAG-3′。

增强子有别于启动子主要有三点：①增强子的位置不固定，增强子通常距离转录起始部位很远（1～30 kb），可以位于启动子的上游、下游，甚至是基因内的内含子区，且能有很大的变动；②它能在两个方向产生相同的作用，一个增强子并不限于促进某一特殊启动子的转录，它能刺激在它附近的任意启动子；③增强子的增强效应与序列的正反方向无关，不论增强子以什么方向排列，均表现出增强效应。

不同细胞不同基因转录的增强子其大小和结构差别很大，长度一般在 70～200 bp 之间，并且常有一个 8～12 bp 组成的"核心"序列。实际上一个增强子也是由多个独立的、具有特征性的核苷酸序列所组成。有两种假说能解释增强子的作用机制，一种是，增强子为转录因子提供进入启动子区的位点。还有一种认为，增强子能改变染色质 DNA 的结构而促进转录，详见 ❷辅学窗 20-5。

③ 沉默子（silencer） 启动子和增强子对转录均有促进作用，为正调控元件。除此之外，还有些序列对转录起负调控作用，即当有特异转录因子与它结合后对转录起阻遏作用，这种顺式作用元件称沉默子[①]。

沉默子一般处于结构基因远端上游区，由一些保守的重复序列组成几个区。这个区域被相应的反式作用因子结合后，使邻近区域 DNA 构象发生变化，被相应的酶识别、切割或使基因被甲基化修饰，导致基因沉默。基因沉默有其生物学意义，一方面为生物防御病毒侵入提供了一个重要的机制；另一方面与生物的生长发育有关。因为暂时不需表达的基因可以暂时使之转化为基因沉默，沉默子的作用模型详见 ❷辅学窗 20-6。

④ 绝缘子（insulator） 这是近年来发现的一类很特殊的顺式作用元件，它与增强子和沉默子都不同。绝缘子是一段长 0.5～3 kb、能够阻碍真核基因调节蛋白对远距离的基因施加影响的 DNA 序列。绝缘子的功能主要有两个方面：①当绝缘子位于增强子和启动子中间时，它能阻止增强子的活性。②包装折叠致密的染色质为异染色质（heterochromatin），位于该区域的基因几乎不转录，而绝缘子能够阻碍异染色质结构的蔓延，从而保护基因的正常表达。绝缘子的作用方式见图 20-5 及 ❷辅学窗 20-7。在果蝇和鸡的基因组中已发现多个绝缘子。绝缘子对基因表达的调控是一个非常复杂的过程，它是通过细胞内特定的蛋白质因子相互作用而产生调控效应的。

⑤ 应答元件（response element） 应答元件是位于基因上游能被转录因子识别和结合，从而调控基因专一性表达的 DNA 序列。这些 DNA 序列可以响应内环境中温度、激素、营养物质等的变化。常见的应答元件有：热休克应答元件（heat shock response element，HSE）、金属应答元件（metal response element，MRE）、糖皮质激素应

图 20-5　绝缘子的作用机制示意图

左：当绝缘子位于增强子和基因 A 的启动子中间时，它能阻止增强子对基因 A 的作用；右：绝缘子能够阻碍异染色质结构的蔓延

① 沉默子（silencer）也称沉默基因。

答元件（glucor-ticoid response element，GRE）和血清应答元件（serum response element，SRE）等。例如热休克元件被激活后，启动热休克蛋白的表达，热休克蛋白可以作为分子伴侣保护高温下其他蛋白行使正常的功能。

　　早在 1969 年，Britten 和 Davidson 便提出了真核生物单拷贝基因转录调控的模型：Britten–Davidson 模型，详见◉辅学窗 20-8。多个顺式作用元件的调控可用 Britten–Davidson 模型解释。

　　（2）**调节转录的反式作用因子**　反式作用因子（*trans*-factor）是通过直接结合或间接作用于 DNA、RNA 等核酸分子，对基因表达发挥不同的调节作用（激活或抑制）的各类蛋白质因子。调节转录活性的反式作用因子称为转录因子（transcription factor，TF），分为通用转录因子和特殊转录因子。通用转录因子（或称基本转录因子）是 RNA 聚合酶转录所有结构基因所需要的，是普遍存在的，如 TFⅡD。特殊转录因子为个别基因转录所必需，或仅存在于某些细胞类型中，决定某些基因在时间、空间上的特异性表达，这类转录因子的存在与否以及是否有活性，决定了真核细胞的不同功能。

　　不同的转录因子能与 DNA 上特异的顺式作用元件相互作用，从而调控转录，这是通过核酸 - 蛋白质、蛋白质 - 蛋白质这样一些分子间的相互作用而发挥效应的。转录因子分类见◉辅学窗 20-9。

　　转录因子一般有 4 个主要的功能结构域：① DNA 结合域；②转录激活域；③蛋白质互作域；④配体结合域。

　　DNA 结合域（DNA binding domain）　是转录因子结合 DNA 的结构域，主要有下列几种特殊结构模体：

　　① **螺旋 - 转角 - 螺旋**（helix–turn–helix，HTH）**模体**　这是一种常见的结合 DNA 模体。最早发现于噬菌体的阻遏蛋白中，其基本组成是：两个 α 螺旋被一个 β 转角隔开（图 20-6A）。后来发现许多真核调控蛋白也含有与之非常相似的与 DNA 结合的模体，例如同源异形域（homeodomain，HD）[1]。

　　同源异形域最初是在调控果蝇早期发育的调控蛋白中发现的，后来发现从酵母到人几乎所有的真核细胞中都存在含同源异形域的蛋白质，其中近百种这样的蛋白质已得到确认。同源异形域由 60 个氨基酸构成，有 3 个 α 螺旋，及一个氨基末端臂组成。螺旋 3 结合在 DNA 的大沟中，它是蛋白质和 DNA 的主要接触部位。螺旋 2 和螺旋 3 形成螺旋 - 转角 - 螺旋，螺旋 1 和螺旋 2 为反平行，它们与螺旋 3 近于垂直。此外，在结构域的氨基末端有个伸展的臂，伸入到小沟中，成为蛋白质与 DNA 的另一个接触位点（图 20-6B）。

　　② **锌指**（zinc finger）**模体**　是一种含 Zn^{2+} 的形如指状的结构，锌离子与肽链上的 Cys 和 His 结合。锌指模体的肽链主要是由一个反向平行的 β 折叠及相邻的一个 α 螺旋组成，根据 Zn^{2+} 的不同螯合情况可以分成三种类型：a.Cys2/His2 锌指，最早发现在非洲爪蟾 TFⅢ中，Zn^{2+} 分别与两个 Cys 和两个 His 配位；b.Cys2/Cys2 锌指，是类固醇受体（和一些其他蛋白质）的 DNA 结合结构域锌指，Zn^{2+} 与两对半胱氨酸残基配位；c.C6 锌指，最初在酵母基因活化因子 Gal4 与 DNA 结合的部位发现的，Gal4 有两个靠紧在一起的 Zn^{2+} 与 6 个 Cys 形成配位键，组成锌簇核心，其中两个 Cys 同时与两个 Zn^{2+} 键结合。一个反式作用因子上常常有多个重复的锌指结构，每个锌指结构的指尖部分可以进入 DNA 双螺旋的大沟或小沟，并与 DNA 相结合（图 20-7）。

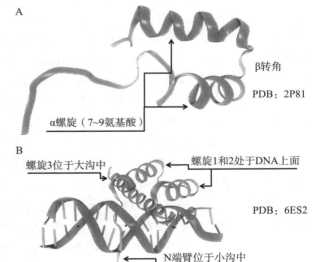

图 20-6　螺旋 - 转角 - 螺旋
A. 螺旋 - 转角 - 螺旋三维结构图；B. 同源异形域与 DNA 结合的三维结构图（DNA–CDX2[2]结合域）

---

　　[1]　同源异形域也称同源结构域，是存在于某些蛋白质中的与 DNA 结合的模体，这些蛋白质对发育过程中基因的表达有调节作用。同源异形域在结构上及与 DNA 相互作用的方式上均极为保守。

　　[2]　CDX2，尾型同源框转录因子 2，Caudal Type Homeobox 2。

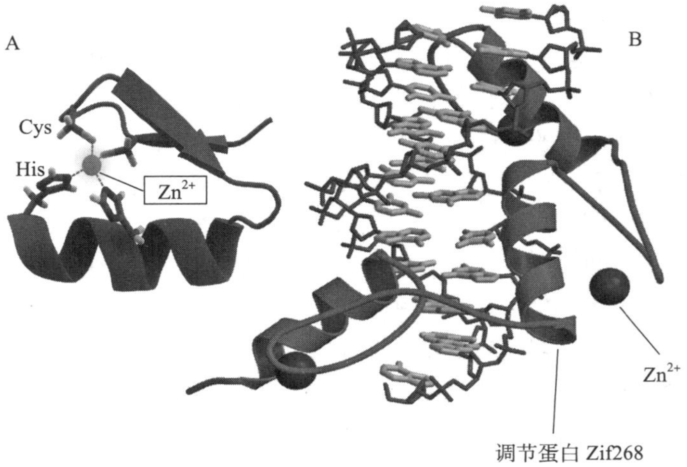

图 20-7 锌指结构与 DNA 结合示意图
（A）Cys2/His2 锌指模体；（B）调节蛋白 Zif268 的三个锌指结构（黑色螺旋）与 DNA 结合的三维示意图

此外，转录因子的 DNA 结合域还包括碱性结构域模体和 β 折叠模体，详见 **ℓ辅学窗 20-10**。

转录激活域（transcription activating domain） 转录因子上还有与 DNA 结合域分开的转录激活域，它由 30～100 个氨基酸残基组成，一个转录因子可同时含几个转录激活域。根据氨基酸组成的特点，转录激活结构域分为 3 类：①酸性激活域（acid activation domain），富含酸性氨基酸（Asp 和 Glu），形成带负电荷的极性 α 螺旋，如哺乳动物糖皮质激素受体含有这种激活域；②富含谷氨酰胺域（glutamine-rich domain），最先在 SP1 转录因子中发现，N 端有两个转录激活区，其中谷氨酰胺残基含量达 25%，主要结合 GC 框；③富含脯氨酸域（proline-rich domain），如 CTF 转录因子（主要识别 CCAAT 框）的 C 端区域，脯氨酸残基达 20%～30%，与转录的激活有关。

转录因子中的 DNA 结合域和转录激活域在序列上是分隔开的，彼此独立地折叠形成不同的三维结构，并独立地发挥作用。

蛋白质互作域（protein-protein interaction domain） 转录因子可以与 RNA 聚合酶、其他调节蛋白，甚至是相同转录因子的其他亚基形成相互作用。如许多反式作用因子都含有介导蛋白质二聚化的位点，二聚体可以是同二聚体（亚基相同）或异二聚体（亚基不同），转录因子的二聚化可能是蛋白质与 DNA 作用的重要方式，而转录因子结构上的两亲螺旋，如亮氨酸拉链或螺旋 - 突环 - 螺旋等则是二聚化的重要基本结构。常见的二聚化域（dimerization domaim）为：

① 亮氨酸拉链（leucine zipper）模体 亮氨酸拉链结构首先发现于酵母转录激活因子 GCN₄ 和哺乳动物转录因子 C/EBP 等几种反式作用因子中。这种结构大约为 30 个氨基酸残基的区域，每隔 7 个氨基酸残基出现一个 Leu，这种出现频率使得在形成 α 螺旋时，Leu 排列在 α 螺旋的一侧（每两圈有一个 Leu），形成疏水区，而另一侧是带电荷的氨基酸残基，形成亲水区。通过疏水相互作用，两条链形成二聚体结构，犹如拉链一样，以便结合两个相邻的 DNA 序列（多数为回文序列）。如果两条 α 螺旋链的 N 端是碱性氨基酸区域，这是与 DNA 大沟相结合的区域，这种结构称为碱性亮氨酸拉链（bZip）（图 20-8A）。

存在于酵母中的转录激活因子 GCN₄ 蛋白是酵母细胞应对氨基酸饥饿时合成的，GCN₄ 可以激活 40 多个有关氨基酸合成的基因转录。GCN₄ 二聚体的 DNA 结合域是其靶基因上游区 9 bp 的一个回文序列，而它的转录活化结构域能与 TATA 框处的 TFⅢD 相互作用而启动转录（图 20-8B）。

② 螺旋 - 环 - 螺旋（helix-loop-helix，HLH）模体 螺旋 - 环 - 螺旋形 DNA 结合蛋白的主要结构域是由 40～50 个氨基酸残基形成两个两亲的 α 螺旋组成的，螺旋之间以长短不一的环连接，由于环的柔性，使两螺旋可回折并叠加在一起。α 螺旋的 C 端含有一个疏水面，有高度保守的 Leu 和 Phe，通过螺旋疏水侧链的相互作用形成二聚体。螺旋的 N 端与一段碱性氨基酸相连，像一把钳子一样夹住 DNA 靶序列，称为碱性螺旋 - 环 - 螺旋

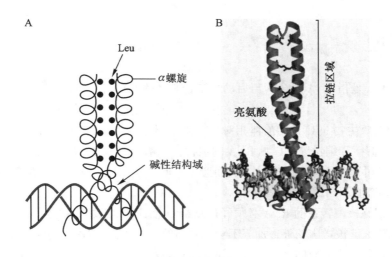

图 20-8　亮氨酸拉链

A. 碱性亮氨酸拉链模体示意图；B. 酵母 GCN4 亮氨酸拉链结构域（PDB：1YSA）

（bHLH）（图 20-9）。

配体结合域　（ligand binding domain）　某些转录因子如类固醇激素受体[①]含有一个配体结合域，需要经与特定的配体（类固醇激素）结合才能激活。类固醇激素受体中研究最彻底的是糖皮质激素受体，糖皮质激素通过与靶细胞胞质中的受体结合，激素－受体复合物进入细胞核，与增强子结合，从而激活启动子，开始转录（见激素化学章 7.4.2）。

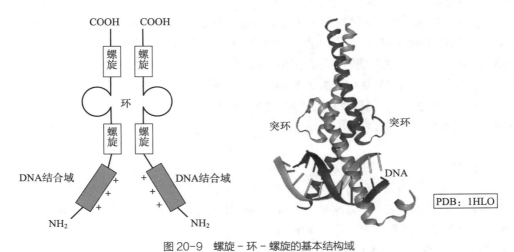

图 20-9　螺旋－环－螺旋的基本结构域

❓ 思考题

在含有一个克隆的基因片段、RNA 聚合酶、转录因子 X 和 4 种核苷三磷酸的反应系统中，观察到了转录现象。然而，如果在系统中同时加入组蛋白，则没有转录发生。但是如果先让转录因子与 DNA 保温一段时间后再加入组蛋白和 RNA 聚合酶，则仍然能观察到转录的进行。试解释以上现象。

---

①　类固醇激素受体是通过激素而激活的转录因子。

20.2.3 转录后水平的调控

转录后水平的调控主要是指 RNA 聚合酶与启动子结合并开始 RNA 合成后的调控，包括 RNA 加工、RNA 运输及 RNA 定位的调控。

（1）**RNA 的加工** 真核生物 mRNA 的前体相对分子质量很大，要经加工才能成为成熟的 mRNA，其加工过程主要包括加帽、加尾、剪接和编辑等（详见 RNA 的生物合成章 18.2）。这些加工过程都受到调控。例如 mRNA 前体通过不同方式的剪接可产生不同的 mRNA，从而产生不同的蛋白质。又如通过编辑后 mRNA 的密码子有所改变，产生出与基因编码有所不同的蛋白质等。

（2）**RNA 的运输** 细胞核内转录的 RNA 必须经过复杂和精细的加工才能被运出核外，研究发现哺乳动物细胞核所合成的 RNA 仅有 5% 能被送出核外，加工不全或受损的 RNA 将会被核内的外切酶体[①] 降解。RNA 出核需要通过覆盖于核膜上的众多核孔复合体（nuclear pore complexes）。大分子蛋白质和 RNA 通过核孔复合体是一种依赖于能量的转运过程。mRNA 出核是基因表达过程中的重要步骤和关键环节，它直接影响真核细胞的生长、增殖、分化、发育等多种生命活动。许多疾病的发生与发展，例如肿瘤和病毒感染，都与 mRNA 出核异常密切相关。但也有少部分 RNA 是先出核进行修饰和装配，再入核行使功能，如参与 RNA 剪接反应的 U1 ~ U5 snRNA。

（3）**mRNA 在细胞质中的定位** 某些 RNA 被运输到核外并不马上进行翻译，而是先到达胞质中特定的位点，这就是 RNA 的定位。细胞质中成熟 mRNA 在 5′ 和 3′ 端都含有非编码区，称为非翻译区（untranslated regions, UTRs）。5′-UTR 是从 mRNA5′ 起点的甲基鸟苷帽延伸到 AUG 起始密码子前，而 3′-UTR 是从编码区末端的终止密码子延伸至多聚（A）尾的末端。研究证明，mRNA 的 3′-UTR 通常是其定位信号所在。这些区域形成特定的茎环结构，与 RNA 结合蛋白结合，从而行使定位功能。在许多生物，包括单细胞真菌、植物以及动物中都发现类似的 RNA 定位过程，细胞很可能通过这种方法使某种蛋白质集中在特定部位，以行使其特定的生物学功能。例如，原叶绿素酸酯氧化还原酶，叶绿素 a、b 结合蛋白等蛋白质的 mRNA 高度富集在叶绿体周围。在根毛形成过程，前纤维蛋白的 mRNA 会聚集在细胞向外凸出生长的尖端。

越是高等的真核生物，其基因表达调控机制越复杂，每个基因能够产生更多的蛋白质。粗略估计，细菌每个基因平均能产生 1.2 ~ 1.3 种蛋白质，酵母每个基因产生 3 种蛋白质，人类每个基因产生 10 种蛋白质。由此可见，基因表达在转录后加工水平上有非常复杂的调控。

20.2.4 翻译水平的调控

原核生物基因表达的调控主要在转录水平上进行，而真核生物由于 RNA 较为稳定，所以除了存在转录水平的调控以外，在翻译水平上也进行各种形式的调控。例如：

（1）**mRNA 稳定性的调控** mRNA 的稳定性除了取决于 mRNA 分子内本身的结构特征外，还受转录后修饰（5′ 端帽的结构，3′ 端尾的长短）以及与蛋白质结合形成 mRNA 蛋白质颗粒（mRNP）的影响，mRNA 5′ 端的加帽作用和 3′ 端的加尾作用都有利于 mRNA 分子的稳定。mRNA 通常与一些蛋白质结合成 mRNA 蛋白质颗粒，这种状态的 mRNA 的半衰期可以延长。家蚕的丝心蛋白基因是单拷贝的，但在几天内，一个细胞中可以合成多达 10^{10} 个丝心蛋白分子。这是它的 mRNA 分子与蛋白质结合成 mRNA 蛋白质颗粒而延长了 mRNA 寿命的结果。真核细胞中 mRNA 的平均寿命通常为 3 h，而丝心蛋白的 mRNA 的平均寿命却长达 4 d。某些激素对 mRNA 也能起稳定作用，例如在离体培养的乳腺组织中添加催乳激素能使酪蛋白的 mRNA 分子在 24 h 内积累到 25 000 个拷贝（详见📻辅学窗 20-11）。mRNA 寿命的延长增加了细胞内某种 mRNA 的浓度，因而提高了蛋白质合成的速度，

---

① 外切酶体是一个大的蛋白质复合物，其中的一些亚基为外切核酸酶。

这种翻译水平的调控方式称为翻译扩增（translational amplification）。

（2）**5′-UTR 和 3′-UTR 与翻译调控**　翻译水平的调控通常涉及 mRNA 和多种蛋白质因子之间的相互作用。5′-UTR 和 3′-UTR 的序列对 mRNA 的稳定性和翻译效率起重要的调控作用。与 3′-UTR 或 5′-UTR 序列直接结合的蛋白质通常作为翻译阻遏因子，在与其他翻译起始因子或 40S 核糖体相互作用后，阻止翻译的起始。例如，铁蛋白 mRNA 的翻译受到铁离子的调控，其原理是：当阻遏蛋白（顺乌头酸酶脱辅基蛋白）结合到铁蛋白 mRNA 的 5′-UTR 区附近的铁离子应答元件上时，翻译被抑制；而铁离子可以拆分这种结合作用并解除阻遏，使得铁蛋白 mRNA 翻译得以继续。而在 3′-UTR 区具有相同铁离子应答元件的转铁蛋白受体（将胞外的铁离子运输至胞内），其 mRNA 的稳定性则会在胞内铁离子浓度减少时增加，以满足胞内对铁离子的需求。

（3）**翻译因子的磷酸化调控**　mRNA 翻译的起始阶段有许多因子参与，翻译起始因子的磷酸化通常会导致翻译的阻遏，但也有例外。如真核细胞翻译起始因子 4F（eIF4F）的磷酸化能激活翻译作用，提高蛋白质生物合成速度，而磷酸化的 eIF2α 则能抑制翻译起始。

（4）**微 RNA 对翻译起始的阻断**　微 RNA（microRNA，miRNA）是在线虫、果蝇、人、拟南芥等真核生物中广泛存在一类没有可读框、长度约 22 个核苷酸的小分子 RNA，可调节其他基因的表达，详见❷**辅学窗 20-12**。通过 miRNA 与靶基因 mRNA 的特异性结合，可以引起靶基因 mRNA 的降解，从而抑制转录后基因的表达。该机制在调控基因表达、细胞周期、生物体发育时序等方面有重要的作用。但是，如果 miRNA 与其靶基因的序列配对不完全，也可通过一种尚未能解释的机制抑制蛋白质的产生。例如，不完全配对的哺乳动物 *let*-7 miRNA 可以通过干扰翻译起始因子 eIF4E 对目标 mRNA 5′ 帽的识别，从而抑制靶基因的表达。

翻译水平的调节还有翻译起始的调节（❷**辅学窗 20-13**）、选择性翻译和翻译阻遏作用等多种调控形式。

❓ 思考题

1. 蛋白质合成的自体调控包括某蛋白质与自身的 mRNA 结合而阻止自身的翻译，这实际上是一种翻译水平上的反馈。试提出其他形式的反馈，同样也能导致某一种蛋白质的量降低。

2. 解释为什么自然选择对 RNA 的不稳定性有利。

20.2.5　翻译后水平的调控

翻译后水平的调控主要控制多肽链的加工和折叠，产生不同功能的蛋白质。多肽链的加工过程包括 N 端氨基酸的除去、信号肽的切除、前体中功能不必要肽段的切除、蛋白质剪接、二硫键的形成和氨基酸侧链的修饰（如甲基化、糖基化、磷酸化等）。此外，多肽链还需折叠成特定的构象（详见蛋白质的生物合成章 19.2.4）。这种多肽链的加工和折叠过程在基因表达的调控上起重要作用。

❗ 总结性思考题

1. 试述大肠杆菌乳糖操纵子的结构和对基因表达调控的作用。

2. ppGpp 是什么？它在基因调控中的作用如何实现？

3. 什么是反义 RNA 和微 RNA？试述两者的生物学作用。

4. 什么是顺式作用元件？请列举几种顺式作用元件的结构特征和功能。

5. 据估计哺乳动物大概有 80 000 不同的基因，然而免疫系统却能合成至少 100 000 种不同的抗体蛋白，你如何解释以上事实？

6. 大肠杆菌的一个操纵子含有以下 3 个结构基因（依次排列）：核糖体蛋白 S21（rpsU）、参与 DNA 复制的引发酶（DnaG）和 RNA 聚合酶的 σ 因子（rpoD）。在不考虑 RNA 降解的因素下，试提出一种机制解释为什么 DNA 引发酶表达量比 σ 因子表达量低 60 倍。

7. 有哪些研究转录因子及其下游靶基因的方法？简述其原理。

8. 有研究认为食物中的外源植物 miRNA 可以调控哺乳动物靶基因的表达，对此谈谈你的看法。

数字课程学习

　教学课件　　　　在线自测　　　　思考题解析

第二十一章　基因工程和蛋白质工程

提要与学习指导

本章主要介绍现代生物学技术中的基因工程和蛋白质工程的基本原理、程序和操作方法。学习时要求掌握以下各点：

1. 基因工程的概念和基本过程。
2. 不同基因工程表达系统的差异。
3. 蛋白质工程的概念和基本过程。
4. 基因工程和蛋白质工程的应用。

21.1　基因工程

基因工程（genetic engineering）又称重组 DNA 技术，是以分子遗传学为理论基础，以分子生物学和微生物学的方法技术为手段，将外源基因与载体 DNA 连接，在体外构建重组 DNA 分子，然后导入受体或宿主细胞，使外源基因在受体或宿主细胞中复制和表达，以改变生物原有的遗传特性、获得新品种、生产新生物分子。同时，基因工程技术也为基因结构和功能的研究提供了有效的手段。

21.1.1　基因工程的诞生

分子生物学与分子遗传学的发展为基因工程的诞生奠定了坚实的理论基础，随着 DNA 内部结构和遗传机制的秘密被研究者逐渐解开，生物学家不再仅仅满足于探索和揭示生物遗传的规律，而是开始设想在分子水平上去干预生物的遗传特性。如果将另一种生物的 DNA 放入被研究的生物中，是不是就能按照人们的意愿来设计和改造生物呢？从 20 世纪 60 年代起，越来越多的科学家投入到这个看似科幻的研究中，并取得了巨大的成功。1972 年美国斯坦福大学的 P. Berg 等成功地将猿猴病毒（SV40）的 DNA 与 λ 噬菌体基因和大肠杆菌乳糖操纵子基因进行了体外重组。P. Berg 因开创了重组 DNA 技术而获得了 1980 年的诺贝尔化学奖。1973 年，P. Berg 的同事 S. Cohen 和 H. Boyer 等人，拼接了一个杂合质粒，并将之转入大肠杆菌中，通过抗生素筛选获得了阳性克隆，建立了基因工程技术。第二年他们将非洲爪蟾的 DNA 连接到了质粒中，真正实现了异源 DNA 的转导，一个新的"基因工程"时代由此到来。

21.1.2　基因工程的基本过程

基因工程的基本过程如图 21-1 所示，主要包括：①目的基因的获得；②目的基因与载体结合；③目的基因导入受体细胞；④转化子的筛选。

21.1.2.1 目的基因的获得

获得所需要表达的基因是基因工程的先决条件，要从自然界的不同物种的成千上万个基因中分离得到目的基因，是一件不容易的事情，目前获得目的基因的主要方式有：化学合成法和构建基因文库法。

化学合成目的基因：化学合成法适用于已知核苷酸序列且相对分子质量较小的目的基因的制备。目前化学合成寡聚核苷酸片段的能力一般局限于150～200 bp，而绝大多基因的大小超过了这个范围，因此，需要将寡核苷酸片段适当连接并组装成完整的基因。目前成熟的全基因合成方法可以合成 10～50 kb 长度的 DNA 片段。

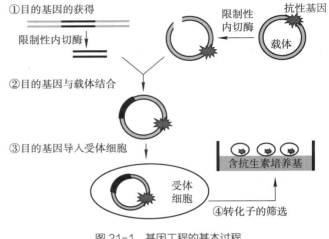

图 21-1 基因工程的基本过程

构建基因文库筛选目的基因：基因文库（gene library）是指含有某种生物体全部基因的随机片段的重组 DNA 克隆群体，通过构建基因文库可以储藏和扩增某一生物的基因组片段，同时可以在需要的时候从库中调出所需的目的基因。构建基因文库的方法和意义见 ℰ**辅学窗** 21-1。

21.1.2.2 基因工程常用的工具酶

限制性核酸内切酶 简称为限制酶，是一类能够识别双链 DNA 分子中的某种特定核苷酸序列，并在特定位点切割 DNA 双链的核酸内切酶。现在已有上千种限制酶被发现，根据其性质不同可分为三大类，三类限制性内切酶的特征见 ℰ**辅学窗** 21-2。其中Ⅱ类限制酶由于其识别位点比较专一，被广泛地应用于 DNA 重组。有的限制酶切割 DNA 是将两条链对应的酯键切开，形成平端；有的是将两条链交错切开，形成单链突出的末端。DNA 被切开的两末端彼此互补可以配对，故称为黏端。一些常用的限制性内切酶见 ℰ**辅学窗** 21-2。

DNA 连接酶 目前应用的比较多的 DNA 连接酶有 T4 噬菌体 DNA 连接酶（简称 T4 DNA 连接酶）和大肠杆菌 DNA 连接酶。其中 T4 DNA 连接酶由于其可连接的底物范围广[①]，尤其是能有效地连接 DNA 分子的平端，因此在基因工程中被广泛应用。

DNA 聚合酶 目前应用多的 DNA 聚合酶主要有两大类，一类是依赖于 DNA 的 DNA 聚合酶，包括 DNA 聚合酶Ⅰ，T4 DNA 聚合酶，T7 DNA 聚合酶和耐高温的 *Taq* DNA 聚合酶；另一大类是逆转录酶。

⑦ 思考题

目前化学合成寡核苷酸片段的能力一般局限于150～200 bp，但是基因全化学合成已经可以完成最大 50 kb 的 DNA 序列，这是如何做到的呢？

21.1.2.3 基因载体

一个外源基因 DNA 进入细胞的概率很低，即使外源基因进入新细胞内，由于其在新的细胞内不能进行复制和表达，该外源基因也会随着细胞分裂而逐渐丢失。因此，在基因工程中需要一种运载工具，可以携带外源基因进入宿主细胞，并使目的基因持续且稳定地在宿主细胞内复制表达，这种运载工具被称为载体（vector）。目前 3 种常用的载体是质粒、噬菌体和动植物病毒。

---

① T4 DNA 连接酶可以催化黏端或平端双链 DNA 或 RNA 的 5′-P 端和 3′-OH 端之间以磷酸二酯键结合，该催化反应需 ATP 作为辅助因子。同时 T4 DNA 连接酶可以修补双链 DNA、双链 RNA 或 DNA/RNA 杂合物上的单链缺刻。

质粒载体　质粒（plasmid）是细菌细胞内一种自我复制的环状双链 DNA 分子，能稳定地独立存在于染色体外，并传递到子代，一般不整合到宿主染色体上，它也存在于部分真核生物中。质粒依赖于宿主的酶来维持复制，其编码的基因大部分对宿主细胞有利。1972 年 H. Boyer 等构建了第一个用于基因克隆的工程质粒，称为 pBR322（图 21-2），该质粒具有作为载体四个要素：①可以在宿主细胞内自主复制；②具有可供外源 DNA 插入的限制酶酶切位点（如 BamH I 、EcoR I 等）；③具有可供选择的遗传标记，如氨苄青霉素抗性；④具有生物安全性，不会从一个细胞转移到另一个细胞中。

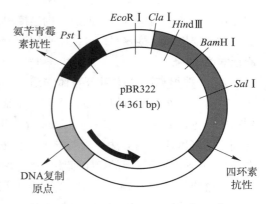

图 21-2　质粒载体 pBR322 的结构[1]
箭头所指为 DNA 复制方向

20 世纪 80 年代，质粒载体得到了更进一步的改造，使之更适合基因克隆，主要的改进在于：使得质粒在宿主中的拷贝数量提高了 10 倍；通过在质粒载体上增加限制酶酶切位点，增加了插入外源 DNA 的位点；引入蓝白斑筛选机制指示插入序列；通过增加 M13 噬菌体复制区使宿主细胞扩增出单链环状 DNA 分子；构建了可以在两种不同类群宿主中存活和复制的穿梭质粒。

噬菌体载体　噬菌体是细菌的病毒，它通过受体[1]感染细菌，将自身的基因组转移到特异的细菌宿主中。目前温和型的 λ 噬菌体和单链丝状噬菌体 M13 是两种最常用的噬菌体载体。λ 噬菌体的优点主要有：载体容量大，质粒载体一般能容纳 10 kb 的外源 DNA，而 λ 噬菌体则能容纳 23 kb；转染效率可达到 10%，是普通质粒载体的 100 倍。M13 噬菌体载体是 80 年代开发而成的，它可以克隆产生大量的含有外源 DNA 序列的单链 DNA 分子，并且在它侵染宿主的过程中，只抑制宿主细胞的分裂，但不裂解宿主细胞。

病毒载体　将外源基因引入动植物细胞，通常运用由宿主病毒构建的一类载体，病毒具备很有效的入侵细胞的能力，因此它是功能强大的基因转移载体。病毒 DNA 的序列中具有很强的启动子，能使得下游的基因利用宿主细胞的翻译系统大量的表达。目前常用的病毒载体都是病毒的弱毒株经过基因改造得到的。

逆转录病毒基因组 RNA 进入宿主细胞后，逆转录成双链 DNA 并能随机整合至宿主染色体中，转录成的 RNA 可装配成病毒颗粒，也可成为蛋白质翻译的模板。逆转录病毒能在宿主中永久的表达外源基因，且其宿主细胞种类广泛，是良好的病毒载体。常用的病毒载体还有慢病毒载体、腺病毒载体，具体见 ⓔ辅学窗 21-4。

❓ 思考题

在分子生物学实验中，常常需要培养大肠杆菌，有时需要在培养基中加入不同的抗生素，这些抗生素的作用是什么？

21.1.2.4　目的基因与载体的连接

基因工程的核心是将目的基因用 DNA 连接酶在体外连接到合适的载体 DNA 上，形成重组 DNA。根据目的基因片段末端的性质，以及质粒载体与外源 DNA 上限制酶切位点的性质，可采用黏端连接法或平端连接法。

黏端连接法　具有黏端的 DNA 片段连接起来比较容易，也比较常用。一般选用对载体 DNA 只具有唯一切割位点的限制酶将载体 DNA 水解成具有黏端的线性 DNA 分子。再将目的 DNA 也做同样的限制酶水解，之后将两种纯化的水解产物混合，并加入 DNA 连接酶，给予合适的条件，两者即能退火形成重组 DNA。

平端连接法　如果参与重组的 DNA 两端是平端的也能进行连接，但是需要使用 T4 噬菌体连接酶，且连接效率较低。如果参与重组的 DNA 一个是平端，一个是黏端，或者两个黏端不匹配，那就需要用 S1 核酸酶将 DNA

---

① 受体是指任何能同激素、神经递质、药物或细胞内信号分子结合并能引起细胞功能变化的生物大分子。

的黏端修饰成平端，然后再依照平端连接法进行连接。

如果要增加连接效率，可以将平端 DNA 进行加工，形成具有黏端的 DNA 分子，再进行连接。处理的方法见 📖辅学窗 21-5。

21.1.2.5 重组克隆载体引入受体细胞

带有目的基因的重组质粒进入到宿主细胞中的过程被称为转化（transformation），但此时外源 DNA 并不整合到宿主染色体 DNA 上，重组质粒稳定存在于细胞质中。借助病毒、噬菌体或其他方法将外源 DNA 导入细胞并整合到宿主基因组上的方法称为转导（transduction）。上述的两个过程可统称为转染（transfection）。受体细胞是指在转染中接受外源基因的宿主细胞。受体细胞一般具有以下特征：能够形成感受态从而具备接受外源 DNA 的能力；不会降解外源 DNA；具有一定的生长限制，可以保证其安全性。根据基因载体的性质不同，转染大致可以分为非病毒载体介导和病毒载体介导两大类。

（1）**非病毒载体介导的转染** 重组 DNA 的转染效率与其受体细胞的感受态相关。感受态细胞是经过适当处理后容易接受外源 DNA 进入的细胞。经典感受态细菌的制备方法是：先将细菌在低温下经氯化钙（$CaCl_2$）处理，提高其细胞膜的通透性，再经过 42℃ 短时间的热冲击，使黏附在细胞膜上的 DNA 进入细胞内。另外比较常见的转染真核细胞的方法有：①脂质体法（见📖辅学窗 21-6）；②电穿孔法；③显微注射法。

（2）**病毒载体介导的转染** 病毒介导的基因转染（viral mediated gene transfer）是以病毒为载体，通过基因重组技术，将外源目的基因组装于病毒的遗传物质中，利用这种重组病毒去感染受体细胞，使外源目的基因在宿主细胞内表达。这里的病毒载体在广义上除了包括常见的逆转录病毒、慢病毒、腺病毒、疱疹病毒、痘苗病毒等真核生物病毒以外，也包括各种噬菌体载体。

21.1.2.6 转化体的筛选与鉴定

在 DNA 重组实验中，外源 DNA 与载体连接和转化宿主细胞之后，需要对转化体[①]进行筛选，得到连接正确的阳性克隆。宿主细胞中真正含有重组 DNA 分子的阳性克隆比例很小，所以需要使用各种筛选与鉴定手段区分转化体与非转化体。常见的方法有：遗传学检测法、报道基因检测法、核酸分子杂交法、核酸序列测定法、物理检测法和免疫化学检测法等。

⊕ 思考题

假设大肠杆菌质粒 pBR322 有 10 个 *Hin*F Ⅰ酶切位点，当用此酶水解该质粒，最多能得到多少种 DNA 片段？

21.1.3 外源基因在宿主细胞中的表达

在基因工程中，人们主要的兴趣往往不是在于目的基因本身，而是其编码的蛋白质，其来源也主要是真核基因。由于真核生物与原核生物的蛋白质表达系统差异很大，一些外源基因在某些宿主表达调控体系下，容易表现出较低的表达水平。因此在基因工程中，外源基因载体需要与宿主细胞的基因表达体系相配合以帮助外源基因高水平的表达。

21.1.3.1 外源基因在大肠杆菌中的表达

大肠杆菌的结构简单，生理代谢途径较为清楚，并且易于遗传操作和大规模发酵培养。因此，人们筛选和构建了不同类型的菌株和相应的载体，使得重组 DNA 技术首先在大肠杆菌中获得成功。鉴于上述优点，大肠杆菌已成为高效表达异源蛋白质最常用的原核表达系统，T7 启动子是大肠杆菌表达系统的常用部件，这个功能强大兼专一性高的启动子经过巧妙的设计而成为原核表达的首选，详见📖辅学窗 21-7。

---

① 接受了外源遗传物质（如质粒 DNA 等）使遗传特性发生了改变的细胞，可以通过选择培养液等方法鉴定获得。

21.1.3.2　外源基因在酵母中的表达

酵母是一类简单的单细胞真核生物，由于其易于培养且生长迅速被广泛应用于现代生物学研究中。如果说大肠杆菌是成熟的原核生物表达系统，那酵母则是较理想的真核生物表达系统。它的优点有：①基因组简单，易于分析操作；②具有真核生物特有的蛋白质翻译后修饰加工体系，且能形成分泌型的表达产物；③某些酵母的大规模发酵生产工艺有几百年的历史，属于安全型基因工程表达系统。

21.1.3.3　外源基因在其他真核生物中的表达

利用微生物细胞生产重组蛋白质的过程中存在的各种问题，促使研究者尝试用其他高等生物细胞作为宿主。早在 20 世纪 60 年代，人们就建立了培养动物细胞的系统，但是在最近的十几年，人们才开始通过连续培养动物细胞，大量表达重组蛋白质。与微生物相比，动物细胞的培养难度、成本都高出许多，但是有时我们只有采用这种方法才能得到有生物活性的蛋白质。

昆虫细胞可以代替哺乳动物的细胞合成重组蛋白质，昆虫细胞表达系统的基础是杆状病毒（baculoviruses），这种病毒不会感染人类。杆状病毒表达系统自从第一次用来表达干扰素以后在许多重组蛋白质的表达中得到广泛应用。与其他表达系统相比，昆虫细胞表达系统具有以下几个方面的特点：①能容纳大分子 DNA 片段的插入；②能进行翻译后修饰；③表达水平高，最高可使目的蛋白质的量达到细胞总蛋白质的 50%；④重组蛋白质具有完整的生物学功能，外源蛋白质可在细胞内进行正确折叠、二硫键的搭配及寡聚物的形成；⑤具有在同一细胞内同时表达多个基因的能力，既可采用不同的重组病毒同时感染细胞，也可在同一载体上同时克隆两个外源基因。

高等植物克隆体系随着克隆载体的研究成功，在 20 世纪 80 年代被成功开发。主要的高等植物克隆载体有三种：农杆菌中发现的天然质粒、超螺旋细菌质粒以及植物病毒载体。

此外还有哺乳动物细胞翻译表达系统，经过该系统表达产生的外源蛋白质，在活性方面远胜于原核表达系统及酵母、昆虫细胞等真核表达系统，更接近于人源蛋白质。1986 年，FDA 批准了世界上第一个来源于哺乳动物细胞的治疗性蛋白药物——人组织纤溶酶原激活剂，这标志着哺乳动物细胞作为产生治疗性重组蛋白的工程细胞已得到医药界的认可（详见 e辅学窗 21–8）。

🛈 思考题

1. 基因工程包括哪些步骤？有何应用价值？
2. 如何使用重组 DNA 技术获得大肠杆菌染色体 DNA 复制起始区的 DNA 序列？

21.1.4　转基因动物

转基因动物是指借助基因工程技术将外源基因导入受体动物染色体内，使之成为具有新的稳定遗传性状的动物。从 1997 年克隆羊多莉（Dolly）的诞生直到 2010 年 4 只多莉"重生"的这 14 年里，转基因动物技术得到了飞速的发展。研究者们利用多种手段对动物基因组进行操作，并在形态、生理学等整体水平和核酸、蛋白质等的分子水平直接观察外源基因对动物活体的影响。构建转基因动物的基因转移技术主要有：原核显微注射法、体细胞核移植技术、逆转录病毒感染和胚胎干细胞移植法等，具体见 e辅学窗 21–9。

尽管对转基因动物的实际应用还有许多关键性的技术问题亟待解决，但转基因动物在生物基础研究、医学、农业、环境保护等领域已显示了广阔的应用前景，具体见 e辅学窗 21–10。

21.1.5　基因工程与医学伦理

2002 年 2 月 25 日，联合国《禁止生殖性克隆人国际公约》特设委员会在纽约举行，会上各国政府代表一致表示禁止人的生殖性克隆，但对治疗性克隆存在分歧。2018 年，某学者突然宣布世界首例通过 CRISPR/Cas9 基因编辑双胞胎婴儿出生。

该事件已遭到全球学术界的普遍质疑与谴责，相关政府部门也已经开始调查与追责，同时引发了生物医药领域从业人员关于医学伦理的热议。由于技术上的不稳定性及伦理问题，如 CRISPR/Cas9 脱靶将带来 DNA 的不确定改变，造成难以预知的健康及遗传隐患基因。因此，基因编辑目前在医学上的应用均针对体细胞进行，而非生殖细胞、受精卵或早期胚胎。国际上普遍对基因编辑人类胚胎实验持非常谨慎态度，一般要求在受精卵发育 14 天之内终止妊娠。

由于基因编辑技术在人类胚胎上的应用除造成不必要的个体健康风险外，基因编辑的婴儿还可能引发商业不端行为并导致人类基因池的污染，对人类社会造成难以估量的影响。科技为人类服务，但科技不能伤及人类自身，只有加强对医学伦理的重视和规范，才能保证生物科技沿着正确的轨道发展。

21.2 蛋白质工程

21.2.1 蛋白质工程的概念

在基因工程的基础上，1983 年美国基因公司的 K. M. Ulmer 博士在 Science 杂志上发表了以"Protein Engineering"为主题的论文，首次提出了蛋白质工程这个名词。蛋白质工程是在基因工程技术、生物化学、分子生物学、分子遗传学等学科的基础之上，融合了蛋白质晶体学、蛋白质动力学、蛋白质化学和计算机辅助设计等多学科而发展起来的新兴研究领域。它是通过基因工程的手段改造已有的或创建新的编码蛋白质的基因，从而对已有蛋白质进行改造，或制造一种新的蛋白质以满足人类的需要。由于蛋白质工程是在基因工程的基础上发展并仍需运用基因工程的一整套技术，所以又称第二代基因工程。

蛋白质工程的设计基础是大量已知蛋白的结构被共享，当数据库中积累了成千上万蛋白质一级结构和三维结构的数据资料，就可以从中找出蛋白质分子间的进化关系、一级结构和三维结构的关系、结构与功能的关系等方面的规律。值得注意的是，随着生物信息学的系统化、规模化和智能化，蛋白质结构分析、三维结构预测、分子设计和能量计算等理论与技术，已成为在蛋白质工程定向改造中必不可少的技术和重要手段。

21.2.2 蛋白质工程的程序和操作方法

蛋白质工程的程序一般可概括如下：①制备目的蛋白质晶体，通过氨基酸测序、X 衍射晶体分析、核磁共振分析等获得蛋白质结构与功能的数据；②通过比对蛋白质结构数据库，推测可供修饰的位点，并找到相应的改造途径；③通过基因工程的手段表达经改造的目的蛋白质，并对其结构功能进行检测。

合理化的分子设计是蛋白质成功改造的前提，生物化学、分子生物学、结构生物学、计算机辅助设计、人工智能等都为蛋白质设计提供了理论依据和验证手段。目前人们常用的改造蛋白质分子的手段为基因突变和基因融合技术。对经改造的蛋白质，常用的筛选系统有噬菌体表面展示技术、细菌表面展示技术和核糖体展示技术等。

21.2.2.1 基因突变技术

基因突变技术是在基因水平上对编码蛋白质的分子进行改造的方法。这一技术的出现使人们可以随意地改造天然蛋白质的特定氨基酸残基、功能基团或肽段序列。根据改造策略的不同可以分成定位突变、定向进化和近年来普及率非常高的 CRISPR/Cas 基因编辑系统。

（1）**定位突变技术**　是一种理性的蛋白质设计方法，即采用定位诱变的方法，对编码核苷酸序列进行插入、删除、置换或改造的过程。下面介绍两种定位突变的方法：定点突变和盒式突变。

定点突变是改变氨基酸密码子中的一个或两个碱基从而达到突变单个氨基酸的目的，通常是突变蛋白质功能区的某个关键氨基酸，用以研究蛋白质的结构或功能特性。

盒式突变是 1985 年 Wells 提出的一种基因修饰技术，一次可以在一个位点上产生 20 种不同的氨基酸突变体，可以对蛋白质分子中重要氨基酸进行全面分析。其主要原理是：利用定位突变在目的氨基酸密码子两侧构建两个原有基因上没有的内切酶位点，用该内切酶消化基因，最后用合成的新双链 DNA 片段替代被消化的部分，这样经过一次处理就可以得到多种突变型基因，其具体设计原理见📧**辅学窗** 21–11。

（2）**定向进化技术**　定向进化（directed evolution）又称为蛋白质体外进化，属于蛋白质的非理性设计，是蛋白质工程的新策略。定向进化技术是在试管中模拟达尔文进化的过程，利用分子生物学手段在分子水平创造分子的多样性，结合灵敏的筛选技术，迅速得到理想的突变体。与传统的理性设计相比，它不需事先了解蛋白质的活性位点、空间结构、催化机制等性质，而是在体外改造基因，产生基因多样性，并结合定向筛选技术，即针对目的蛋白改造特征的高通量筛选方法，获得改构蛋白质，定向化步骤见📧**辅学窗** 21–12。

定向进化技术的目标蛋白质如果是酶分子，就称为酶的定向进化技术。F. H. Arnold 于 1993 年首次完成了酶的定向进化实验，获得了具有催化能力的蛋白质，因此获得了 2018 年诺贝尔化学奖。酶分子定向进化为生物催化剂的改造提供了有力的技术支持，它能改进生物催化剂或在短时间内发掘出生物催化剂的新特性，为提高生物催化剂的工业化操作性能提供了新的思路和方法，并为生物催化剂的广泛应用奠定了基础。酶的分子定向进化研究的主要方向包括：提高酶的热稳定性，提高有机溶剂中酶的活性和稳定性，扩大或缩小底物的选择性，改变光学异构体的选择性，其核心技术为突变文库的构建及高通量筛选的方法。

（3）**CRISPR/Cas 基因编辑系统**　CRISPR/Cas[①] 系统是一种原核生物的免疫防御系统，用来抵抗外来遗传物质的入侵，CRISPR 系统可以识别出外源 DNA，并将它们切断。正是由于这种精确的靶向功能，CRISPR/Cas 系统被开发成一种高效的基因编辑工具。在 CRISPR/Cas 系统中，CRISPR/Cas9 系统是研究最深入，应用最成熟的一种类别。CRISPR/Cas9 是继"锌指核酸内切酶（ZFN）"、"类转录激活因子效应物核酸酶（TALEN）"之后出现的第三代基因组定点编辑技术。

CRISPR/Cas9 的强大之处在于，它可以轻易地替换、修改或删除生物体内的基因序列。在向导 RNA（guide RNA，gRNA）和 Cas9 蛋白的共同作用下，细胞基因组带有 PAM 序列区域附近 DNA 将被剪切（图 21–3），随后 DNA 损伤修复系统会将断裂上、下游两端的序列连接起来，从而实现了细胞中目的基因的敲除。如果在此基础上为细胞引入一个修复的模板供体（供体 DNA 分子），细胞就会按照提供的模板，在修复过程中引入片段插入（knock-in）或定点突变（site-specific mutagenesis），实现基因的替换或者突变。随着研究的深入，CRISPR/Cas9 技术已被广泛应用，除了基因敲除、基因替换等基础编辑方式，它还可以被用于基因激活、疾病模型构建，甚至是基因治疗。

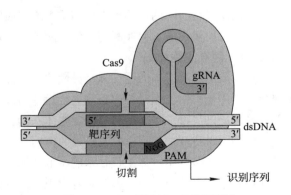

21.2.2.2　基因融合技术

基因融合（gene fusion）是将不同的基因或基因片段拼合在一起，形成新的杂合基因的过程。构建融合蛋白质的关键是，剔除第一个基因的终止密码子，再接上第二个蛋白质的肽链基因，直到接上最后一个带终止密码子的蛋白质基因。

图 21–3　CRISPR/Cas9 作用机制

在 gRNA 和 Cas9 蛋白的共同作用下，细胞基因组带有 PAM 序列区域附近，并与 gRNA 部分配对的 DNA 将被剪切

---

① 　CRISPR（/'krɪspər/, clustered regularly interspaced short palindromic repeats）是原核生物基因组内的一段重复序列，Cas 即 CRISPR associated。

基因融合技术主要运用于：①制备目标蛋白质的标签，用于目标蛋白质的纯化与示踪；②改善目标蛋白质的溶解性，防止包涵体①的产生；③保护目标蛋白质不被宿主蛋白酶水解；④与特定的信号肽融合后，使目标蛋白质定向地分泌在宿主特定区域。

融合蛋白标签是指利用重组 DNA 技术，与目的蛋白质一起融合表达的一种多肽或者蛋白质，以便于目的蛋白质的表达、检测、示踪和纯化等。随着技术的不断发展，研究人员相继开发出了具有各种不同功能的蛋白质标签。例如，连续组氨酸序列的肽段可以与镍金属特异性结合，是常见的亲和纯化标签；HA 标签系统利用一个流感病毒血凝素（human influenza hemagglutinin，HA）作为标记，HA 标签只有 9 个氨基酸，对目的蛋白的空间结构影响较小，同时易于利用抗 HA 抗体追踪。但是，在蛋白质结晶和抗体生产等过程中，标签的存在可能会影响目的蛋白的理化性质，因此后续必须采用酶切等方法去除。常用的融合标签见 📖辅学窗 21–13。

21.2.2.3 噬菌体表面展示技术

噬菌体表面展示技术是近年来兴起的一种基因表达筛选技术，即将外源蛋白分子或多肽的基因克隆到丝状噬菌体基因组中，与噬菌体外膜蛋白融合表达，展示在噬菌体颗粒的表面。2018 年诺贝尔化学奖得主 G. P. Smith 和 S. G. P. Winter 开发了噬菌体展示方法，成功应用于抗体的定向进化和新药研制。由于外源蛋白质或多肽的基因型和表型统一在同一噬菌体颗粒表面，因此，通过表型筛选就可以获得它的编码基因。基于生物分子与药物靶分子（抗体、受体、抗原、酶的底物等）的高亲和力，噬菌体表面展示技术可以从多肽库中对目的分子进行快速筛选，见 📖辅学窗 21–14。

21.2.2.4 人工智能技术预测蛋白质结构

2018 年全球蛋白质结构预测竞赛中，谷歌"深度思维"（DeepMind）公司最新人工智能——"阿法折叠"（AlphaFold）的程序"碾压"所有其他参赛者，成功根据基因序列预测出蛋白质的 3D 结构。人工智能（artificial Intelligence，AI）是研究用于模拟、延伸和扩展人的智能的理论、方法、技术及应用系统的一门新的技术科学。人工智能从诞生以来，理论和技术日益成熟，应用领域也不断扩大。"阿法折叠"首次参加比赛，就准确地从 43 种蛋白质中预测出了 25 种蛋白质的结构，而第二名获奖团队仅准确预测出了 3 种。人工智能"阿法折叠"关注的是从零开始建模的目标结构，并不使用先前已经解析的蛋白质作为模板，其在预测蛋白质结构的物理性质上达到了高度准确性。人工智能对蛋白质的精确解析或迎来结构生物学进步的新时代。

21.2.3 蛋白质工程的应用

蛋白质工程技术的应用可以提高重组蛋白质的稳定性和活性，降低产品的免疫原性，提高酶的专一性和催化效率等。目前蛋白质工程在医药卫生、酶工程、现代生物技术等领域都表现出了广泛的应用前景。

21.2.3.1 医药卫生领域

蛋白质药物具有高活性、强特异性、低毒性的特点，由于其成本低、功效高，已成为医药产品中重要的组成部分。利用蛋白质工程对特定药物进行设计与改造，使得大量新型蛋白质药物的研发获得成功。例如，美国食品药品管理局已经批准了 5 个胰岛素突变体药物，其基本原理是通过改变胰岛素分子结构从而改变药物的吸收速度或药代动力学特征，起到速效或长效的作用。

抗体药物是利用抗体工程技术制备的药物。自从 1986 年，美国 FDA 批准了第一个单克隆抗体药物上市，由于其特异性高，性质均一，可针对特定靶点，抗体药物逐渐被应用于各种疾病治疗、特别是肿瘤治疗。但传统抗体药物一般为鼠单克隆抗体，由于鼠单克隆抗体易被人免疫系统排斥，其免疫原性往往不可忽略。目前发展的人源化抗体（humanized antibody）是将小鼠抗体分子的互补决定区序列通过基因重组等方法移植到人抗体可变区框

---

① 包涵体是外源基因在原核细胞中表达时，尤其在大肠杆菌中高效表达时，形成的由膜包裹的高密度、不溶性蛋白质颗粒，在显微镜下观察时为高折射区。

架中而制成的抗体，此抗体可明显降低由鼠源单克隆抗体所致的免疫排斥副反应。但是，仅将关键的抗原结合位点转接到人抗体上，其抗原结合能力很小，必须带上几个框架氨基酸残基，才能保持原有的亲和力，这样就存在免疫原性与抗原亲和力之间的矛盾。如果通过逐个氨基酸替代或计算机模拟分析的方法，可在保持原有亲和力的基础之上，尽可能地降低免疫原性。

21.2.3.2　酶工程领域

通过蛋白质工程改造天然酶的结构，可对酶的催化活性、底物专一性、抗氧化性、热变性、酸碱变性等加以改变，从而获得更多符合人们需要的酶。纤维素酶是开发纤维素作为新能源的重要工具，利用蛋白质工程对纤维素酶进行改造，使其活性提高，耐受性增强对工业化生产具有实际意义。有研究者用定点突变的方法将细菌碱性纤维素酶的部分氨基酸进行突变，提高了其热稳定性，并在纸浆生产中运用这些耐热纤维素酶，从而提高了生产效率。上述例子是通过对关键氨基酸残基的置换与增删进行酶改造一类方法。另一类则是更富有挑战性的"从头设计"方法。如 2018 年，《自然 化学生物学》报道了普林斯顿大学的研究者设计和构建的"全新"蛋白质 Syn-F4，Syn-F4 在大肠杆菌中起到水解螯铁肠菌素的催化作用。

21.2.3.3　现代生物技术领域

现代生物技术的发展离不开各种蛋白质分子工具，如蛋白酶和核酸酶、荧光标签蛋白、抗体等，蛋白质工程为这些分子工具的改造提供了新的平台。由维多利亚水母中发现的野生型绿色荧光蛋白（green fluorescent protein，GFP），作为一个报道基因（reporter gene）或生物探针，经常在细胞生物学与分子生物学领域中被运用。野生型 GFP 合成后需经一定的折叠过程形成正确构象后才有功能，而且在 470 nm 处的荧光强度相对较低。为了改善 GFP 荧光特性（如摩尔吸收值及发射波谱），很多研究者对 GFP 进行了突变和重组实验，成功获得了更加高效且发出多种荧光的各种 GFP 变体。O. Shimomura、M. Chalfie 和 R. Y. Tsien（钱永健）因发现并发展了 GFP 而获得 2008 年诺贝尔化学奖。此外，葡萄球菌蛋白 A（protein A）和 Bt 毒蛋白经过改造后也显示了它们在生物技术领域更广阔的应用前景，详见 ❷辅学窗 21-15。

蛋白质工程汇集了当代分子生物学等学科的一些前沿领域的最新成就，它把核酸与蛋白质，蛋白质空间结构与生物功能结合起来研究。蛋白质工程将蛋白质与酶的研究推进到崭新的时代，为蛋白质在工业、农业，特别是在医药方面的应用开拓了诱人的前景。蛋白质工程开创了按照人类意愿改造、创造，符合人类需要的蛋白质的新时期。

🔘 思考题

什么是人源化抗体？该抗体有哪些优点？

🔘 总结性思考题

1. cDNA 文库的构建一般分为哪 4 步？
2. 基因融合技术可应用于哪些方面？
3. 基因工程中常见的宿主细胞有哪些，试比较一下它们的优劣。
4. 实验室构建了 1 个载有人源蛋白基因 A 的质粒 pBR322，将它转染至大肠杆菌宿主中，表达的蛋白 A 经过分离纯化后没有活性，下一步应会采取哪些方法获得有活性的蛋白 A？
5. 转基因食品已经出现在大家的日常生活中，如转基因大米和油，有些人对转基因食品谈虎色变，从本章的知识点出发，谈谈你对这些转基因植物的看法？

6. 1997 年出生的第 1 只克隆羊多莉在其壮年的时候已经发现体内细胞开始显露老年动物特有的征候，最终被安乐死。请解释这一现象，并讨论克隆是否能真的帮助人类延长寿命？

7. 根据本章所学内容，尝试设计 1 个新型的且具有商业价值的蛋白质产品。

数字课程学习

教学课件   在线自测   思考题解析

主要参考书目

［1］ 朱圣庚，徐长法. 生物化学. 4 版. 北京：高等教育出版社，2018.

［2］ Leroy G. Wade. 有机化学. 9 版. 王梅，等译. 北京：高等教育出版社，2019.

［3］ 朱玉贤，李毅，郑晓峰，郭红卫. 现代分子生物学. 5 版. 北京：高等教育出版社，2019.

［4］ 翟中和，王喜忠，丁明孝. 细胞生物学. 5 版. 北京：高等教育出版社，2020.

［5］ 王庭槐. 生理学. 9 版. 北京：人民卫生出版社，2018.

［6］ Nelson D L，Cox M M. Lehninger Principle of Biochemistry. 7th Edition. New York：W H Freeman and Company，2017.

［7］ Voet D，VoetJ G，Pratt C W. Fundamentals of Biochemistry. Life at the Molecular Level. 5th Edition. New York：Wiley，2016.

［8］ Rodwell V，Bender D，Botham K，Kennelly P，Weil P A. Harper's Illustrated Biochemistry. 30th Edition. New York：McGraw-Hill Education，2015.

［9］ Bender D A. Introduction to Nutrition and Metabolism. 5th Edition.Florida：CRC Press，2014.

［10］ Salway J. Metabolism at a glance. 4th Edition. London：Wiley-Blackwell，2017.

［11］ Brown T. Gene Cloning and DNA Analysis. 7th Edition. New York：Wiley，2015.

［12］ Karp G. Cell and Molecular Biology：Concepts and Experiments. 8th Edition. New York：Wiley，2015.

［13］ Lovric J. Introducing Proteomics：From Concepts to Sample Separation，Mass Spectrometry and Data Analysis. New York：Wiley，2011.

［14］ Pevsner J. Bioinformatics and Functional Genomics. 3th Edition. New York：Wiley，2015.

［15］ Hong S-B，Rashid M B，Santiago-Vázquez L Z. Methods in Biotechnology. New York：Wiley，2016.

常用生物化学名词缩写

氨基酸的缩写

Ala（A）①	alanine	丙氨酸	丙
Arg（R）	arginine	精氨酸	精
Asn（N）	asparagines	天冬酰胺	
Asp（D）	aspartic acid	天冬氨酸	天
Cys（C）	cysteine	半胱氨酸	半胱
Cys₂	cystine	胱氨酸	胱
Gln（Q）	glutamine	谷氨酰胺	
Glu（E）	glutamic acid	谷氨酸	谷
Gly（G）	glycine	甘氨酸	甘
His（H）	histidine	组氨酸	组
Hyp	hydroxyproline	羟脯氨酸	羟
Ile（I）	isoleucine	异亮氨酸	异亮
Leu（L）	leucine	亮氨酸	亮
Lys（K）	lysine	赖氨酸	赖
Met（M）	methionine	甲硫氨酸	甲硫
Orn	ornithine	鸟氨酸	鸟
Ser（S）	serine	丝氨酸	丝
Phe（F）	phenylalanine	苯丙氨酸	苯丙
Pro（P）	praline	脯氨酸	脯
Thr（T）	threonine	苏氨酸	苏
Try（W）	tryptophane	色氨酸	色
Tyr（Y）	tyrosine	酪氨酸	酪
Val（V）	valine	缬氨酸	缬
Sec（U）	selenocysteine	硒代半胱氨酸	
Pyl（O）	pyrrolysine	吡咯赖氨酸	

---

① 括号内的字母为氨基酸的单字符号。

2,3–BPG	2,3–bis phosphoglycerate	2,3– 双磷酸甘油酸
2–DE	two–dimensional gel electrophoresis	二维电泳，双向电泳
5′PR–PP	5′–phospho–ribosyl–1–pyrophosphate	5′– 磷酸核糖 –1– 焦磷酸
5–FU	5–fluorouracil	5– 氟尿嘧啶
5–HT	5–hydroxy–tryptamine	5– 羟色胺，血清血管收缩素
Ψ	pseudouridine	假尿苷

A

A	adenosine 或 adenine	腺苷或腺嘌呤
AA	amino acid，amino acyl	氨基酸，氨酰基
AC	adenylate cyclase	腺苷酸环化酶
ACP	acyl carrier protein	酰基载体蛋白
ACTH	adrenocorticotropic hormone	促肾上腺皮质素
ADP	adenosine diphosphate	腺苷二磷酸
AFM	atomic force microscope	原子力显微镜
AGA	acetyl glutamic acid	乙酰谷氨酸
AI	Artificial Intelligence	人工智能
AIDS	acquired immune deficiency disease syndrome	艾滋病，获得性免疫缺陷综合征
AMP	adenosine monophosphate	腺苷［一磷］酸
AMPK	AMP–dependent protein kinase	依赖于 AMP 的蛋白激酶
Apo	apolipoprotein	载脂蛋白
AS	alternative splicing	可变剪接
ATCase	asparatate transcarba mylase	天冬氨酸转氨甲酰酶
ATP	adenosine triphosphate	腺苷三磷酸

B

BAC	bacterial artificial chromosome	细菌人工染色体
BC	biotin carboxylase	生物素羧化酶
BCCP	biotin carboxyl carrier protein	生物素羧基载体蛋白
BER	base excision repair	碱基切除修复
bp	base pair	碱基对
BPG	2,3–bisphosphoglycerate	2,3– 二磷酸甘油酸

C

C	cytidine	胞［嘧啶核］苷
CaM	calmodulin	钙调蛋白
cAMP	cyclic AMP	环腺苷酸
CAP	catabolite gene activation protein	降解物基因激活蛋白
CAT	chloramphenicol acetyltransferase	氯霉素乙酰基转移酶
Cbz	carbobenzyloxy	苄氧羰基
CCK	cholecystokinin	缩胆囊素

CCK–PZ	cholecystokinin–pancreozymin	缩胆囊素 – 促胰酶素
CD	circular dichroism	圆二色性
cDNA	complementary DNA	互补 DNA，互补脱氧核糖核酸
CDP	cytidine diphosphate	胞苷二磷酸
Cer	ceramide	神经酰胺
CG	chorionic gonadotropin	绒毛膜促性腺激素
cGMP	cyclic GMP	环鸟苷 ［一磷］ 酸
ChIP	chromatin immunoprecipitation	染色质免疫沉淀技术
CID	collision–induced dissociation	碰撞诱导解离
CM	carboxyme thyl	羧甲基
CMP	cytidine monophosphate	胞苷 ［一磷］ 酸
CoA	coenzyme A	辅酶 A
Co Ⅰ	coenzyme Ⅰ（NAD）	辅酶 Ⅰ
Co Ⅱ	coenzyme Ⅱ（NADP）	辅酶 Ⅱ
Co–IP	co-immunoprecipitation	免疫共沉淀
Con A	concanavalin A	伴刀豆球蛋白 A
CoQ	ubiquinone	辅酶 Q，泛醌
Cpn	chaperonin	伴侣蛋白家族
CPSF	cand polyadenylation specificity factor	切割及多聚腺苷酸化特异因子
CPT	carnitine patmitoyl transferase	肉碱棕榈酰基转移酶
CRF（CRH）	corticotropin releasing factor	促肾上腺皮质素释放因子
CRP	cAMP receptor protein	cAMP 受体蛋白
CstF	cleavage stimulation factor	切割刺激因子
CT	transcarboxylase	羧基转移酶
CTP	cytidine triphosphate	胞苷三磷酸
Cyt	cytochrome	细胞色素

D

d–	deoxy	脱氧
DAG	diacylglycerol	二酰甘油
dAMP	deoxy-adenosine monophosphate	脱氧腺苷 ［一磷］ 酸
Dansyl（DNS）	5–dimethyl-amino-naphthalene–1 sulfony1	5– 二甲氨基萘 –1– 磺酰基
DBC	5,6-dimethyl benzimidazolyl cobalamin	二甲苯并咪唑钴胺素
DCCI	dicyclohexylcar-bodiimide	二环己基碳二亚胺
Dcp1	decapping protein 1	脱帽酶 1
ddNTP	di-desoxyl NTP	双脱氧 NTP
DEAE	diethyl-amino-ethyl cellulose	二乙氨乙基纤维素
DEPC	diethyl pyrocarbonate	焦碳酸二乙酯
DFP	di-isopropyl fluorophosphates	二异丙基氟磷酸
DHA	docosahexenoic acid	二十二碳六烯酸
DHF（FH$_2$）	dihydrogen folic acid	二氢叶酸

DIGE	difference gel electrophoresis　差异凝胶电泳
DMS	dimethyl sulfate　硫酸二甲酯
DNA pol	DNA polymerase　DNA 聚合酶
DNA	desoxynucleic acid　脱氧核糖核酸
DNase	deoxyribonuclease　脱氧核糖核酸酶
DNFB（FDNB）	2,4-dinitrofluorobenzene　2,4- 二硝基氟苯
DNP	2,4-dinitrophenyl　2,4- 二硝基苯基
DON	6-diazo-5-oxonorleucine　6- 重氮 -5- 氧代正亮氨酸
DOPA	3,4-dihydroxy-phenylalanine　3,4- 二羟苯丙氨酸
DP	docking protein　信号识别颗粒受体（又称停泊蛋白）
DPP	dimethyl-allyl-pyrophosphate　二甲［基］烯丙［基］焦磷酸
DR	direct repeats　正向重复序列
dTMP	deoxy thymidine monophosphate　脱氧胸苷［一磷］酸
DUE	DNA unwinding element　DNA 展开元件

E

E	enzyme　酶
EB	ethidium bromide　溴乙锭
EC	Enzyme Commision　国际酶学命名委员会
*Eco*R I	大肠杆菌的限制性内切核酸酶
EDTA	ethylene diamine tetra-acetic acid　乙二胺四乙酸
EF	elongation factor　延长因子
EGF	epidermal growth factor　表皮生长因子
ELISA	enzyme-linked immune sorbant assay　酶联免疫吸附测定
EMP	Embden-Meyerhof-Parnas pathway　糖酵解途径
EPA	eicosapentaenoic acid　二十碳五烯酸
EPO	erythropoietin　促红细胞生成素
ESI	electrospray ionization　电喷雾离子化

F

FAD	flavin adenine dinucleotide　黄素腺嘌呤二核苷酸
$FADH_2$	flavin adenine dinucleotide（reduced form）　还原型黄素腺嘌呤二核苷酸
FAS	fatty acid synthase　脂肪酸合酶
FD	ferredoxin　铁氧还蛋白
FISH	fluorescent in situ hybridization　荧光原位杂交
fMet	formyl methionine　甲酰甲硫氨酸
FMN	flavin mononucleotide　黄素单核苷酸
Fmoc	fluorenylmethoxy carbonyl　芴甲氧羰基
FP	flavin protein　黄素蛋白
FPLC	fast protein liqid chromatography　快速蛋白质液相层析
FPP	farnesyl pyrophosphate　法尼焦磷酸

FRS	ferredoxin–reducing substance	铁氧还蛋白还原物
Fru	fructose	果糖
FSH	follicle stimulating hormone	促滤泡激素
FSHRF	follicle stimulating hormone releasing factor	促滤泡激素释放因子

G

G	guanine，guanosine	鸟嘌呤，鸟苷
G（Glc）	glucose	葡萄糖
G3PD	glycer aldehyde –3–phosphate dehydrogenase	3– 磷酸甘油醛脱氢酶
GalNAc	*N*–acetylgalactosamine	*N*– 乙酰半乳糖胺
GC	guanylate cyclase	鸟苷酸环化酶
GDP	guanosine diphosphate	鸟苷二磷酸
GFP	green fluorescent protein	绿色荧光蛋白
GH	growth hormone	生长激素
GHIF	growth hormone release inhibiting factor	生长激素释放抑制因子（生长抑素）
GHRF	growth hormone releasing factor	生长激素释放因子
Gi	inhibitory G protein	抑制型 G 蛋白
Gla	γ–carboxyglutamate	γ– 羧化谷氨酸
GlcNAc	*N*–acetylglucosamine	*N*– 乙酰葡糖胺
GLUT	glucose transporter	葡萄糖转运体
GMP	guanosine monophosphate	鸟苷［一磷］酸
GOT	glutamic–oxaloacetic transaminase	谷草转氨酶
GPCR	G protein coupled receptor	G 蛋白偶联受体
GPP	geranyl pyrophosphate	牻牛儿焦磷酸
GPT	glutamic–pyruvic transaminase	谷丙转氨酶
gRNA	guide RNA	指导 RNA
Gs	stimulatory G protein	激活型 G 蛋白
GSH	glu–cyst–gly–pepitide（glutathion（e））	还原型谷胱甘肽
GSSG	glutathion（e）（oxidized form）	氧化型谷胱甘肽
GTP	guanosine triphosphate	鸟苷三磷酸

H

H_2U	dihydrogen uridine	二氢尿苷
HA	human influenza hemagglutinin	流感病毒血凝素
Hb	hemoglobin	血红蛋白
HbA	adult hemoglobin	成人血红蛋白
HbO_2	oxyhemoglobin	氧合血红蛋白
HbS	"sickled" hemoglobin	镰状红细胞血红蛋白
HCG	human chorionic gonatropin	人绒毛膜促性腺（激）素
HD	homeodomain	同源异形域
HDL	high density lipoprotein	高密度脂蛋白

HGP	human genomic project　人类基因组计划
HIC	hydrophobic interaction chromatography　疏水作用层析
*Hin*d Ⅱ	限制性内切核酸酶的一种
HIV	human immun odeficieney virus　人免疫缺陷病毒
HM	β-hydroxy-myristric acid　β- 羟十四酸
HMG	β-hydroxy-β-methyl glutaric acid　β- 羟 -β- 甲基戊二酸
HMS	hexose-monophosphate shunt　己糖磷酸支路或磷酸己糖支路
hnRNA	heterogeneous nuclear RNA　核内不均一 RNA
HPLC	high performance liquid chromatography　高效液相层析
Hyp	hydroxyproline　羟脯氨酸

I

I	inosine　肌苷或次黄［嘌呤核］苷
ICSH	interstitial cell stimulating hormone　促间质细胞［激］素
IEC	ion exchange chromatography　离子交换层析
IEF	isoelectric focusing　等电聚焦
IF	initiation factor　起始因子
IFN	interferon　干扰素
IgG	immuno globulin　免疫球蛋白
IHF	integration host factor　整合宿主因子
IL	interleukin　白介素
IMP	inosine monophosphate　肌苷酸或次黄［嘌呤］核苷酸或次黄苷酸
Int	integrase　整合酶
IP_3	inositol-1,4,5-triphosphate　肌醇 -1,4,5- 三磷酸
IPG	immobilized pH gradient　固定 pH 梯度技术
IPP	isopentenyl pyrophosphate　异戊烯焦磷酸
IPTG	isopropyl-β-D-thiogalactoside　异丙基 -β-D- 硫代半乳糖苷
IR	inverted repeats　反向重复序列
IRS	insulin receptor substrate　胰岛素受体底物
IS	insertion sequence　插入序列
IU	international unit　国际单位
IUPAC	International Union of Pure & Applied Chemistry　国际纯化学和应用化学协会

K

K_m	Michaelis constant　米氏常数

L

L-	levo　左旋
LCAT	lecithcin-cholesterol acyl-transferase　卵磷脂胆固醇酰基转移酶
LCM	laser capture microdissection　激光捕获显微切割技术
LDH	lactate dehydrogenase　乳酸脱氢酶

LDL   low density lipoprotein 低密度脂蛋白

LH   luteinizing hormone 促黄体素、黄体生成素

LHRF（LRF）   luteinizing hormone releasing factor 促黄体素释放因子

$L{<}^{S}_{S}$ lipoic acid 硫辛酸（氧化型）

LTH   luteotropic hormone 催乳素

LTPP   lipoyl thiamin pyrophosphate 硫辛酰焦磷酸硫胺素

M

MALDI   matrix-assisted laser desorption ionization 基质辅助激光解离 / 离子化

Mb   myoglobin 肌红蛋白

MC   carboxymethyl 羧甲基

MCS   multiple cloning site 多克隆位点

M_2^2G（m_2^2G）   di-methyl-guanosine 二甲基鸟苷

MG（mG）   mono-methyl-guanosine 一甲基鸟苷

MI（mI）   methyl inosine 甲基肌苷或甲基次黄［嘌呤核］苷

micRNA   mRNA-interfering complementary 干扰 mRNA 的互补 RNA

miRNA   microRNA 微 RNA

MPSS   massively parallel signature sequencing 大规模平行信号测序技术

MRF   melanocyte-stimulating hormone releasing factor 促黑激素释放因子

MRI   nuclear magnetic resonance imaging 核磁共振成像

MRIF   melanocyte stimulating hormone release inhibiting factor 促黑激素释放抑制因子

mRNA   messenger RNA 信使核糖核酸

MS   mass spectrometry 质谱法

MSH   melanocyte stimulating hormone 促黑［素细胞］激素

MVA   mevalonic acid（3，5-dihydroxy-3-methyl-glutaric acid） 甲羟戊酸

N

nAchR   nicotinic acetylcholine receptors 烟碱型乙酰胆碱受体

NAD^+ nicotinamide adenine dinucleotide 烟酰胺腺嘌呤二核苷酸（辅酶 I）（氧化型）

NADH   nicotinamide adenine dinucleotide（reduced form） 烟酰胺腺嘌呤二核苷酸（辅酶 I）（还原型）

$NADP^+$ nicotinamide adenine dinucleotide phosphate（oxide form） 烟酰胺腺嘌呤二核苷酸磷酸（辅酶 II）（氧化型）

NADPH   nicotinamide adenine dinucleotide phosphate（reduced form） 烟酰胺腺嘌呤二核苷酸磷酸（辅酶 II）（还原型）

NAG   *N*-acetyl glucosamine *N*- 乙酰葡糖胺

NAM   *N*-acetyl-muramic acid *N*- 乙酰胞壁酸

NAN   *N*-acetyl neurominate *N*- 乙酰神经氨酸

ncRNA   non-coding RNA 非编码 RNA

NER   nucleotide excision repair 核苷酸切除修复

NGF   nerve cell growth factor 神经细胞生长因子

NMD	nonsense mediated RNA decay 无义介导的 mRNA 衰变
NMR	nuclear magnetic resonance 核磁共振
NOS	nitric oxide synthase 一氧化氮合酶

O

ocDNA	open circular DNA 开环 DNA
OSC	Poligomycin-sensitivity-conferring protein 寡霉素敏感性授予蛋白

P

Pi，Ⓟ	phosphate group 磷酸基（Pi 代表无机磷酸，代表与有机物结合的磷酸基）
PABA	p-amino benzoic acid 对 - 氨基苯甲酸
PABP	poly（A）binding protein 多聚腺苷酸结合蛋白
PC	phosphocreatine 磷酸肌酸（或肌酸磷酸）
PCMB	p-chloromercuribenzoate 对氯汞苯甲酸
PCNA	proliferating cell nuclear antigen 附属蛋白即增殖细胞核抗原
PCR	polymerase chain reaction 聚合酶链式反应
PDE	cyclic nucleotide phosphodiesterase 环核苷酸磷酸二酯酶
PDGF	Platelet-Derived Growth Factor 血小板生长因子
PDI	protein disulfide isomerase 二硫键异构酶
PEG	polyethylene glycol 聚乙二醇
PEP	phosphoenol pyruvate 磷酸烯醇丙酮酸
PFK-2	phosphofructokinase-1 磷酸果糖激酶 -1
PG	prostaglandin 前列腺素
PGA	pteroyl glutamic acid 蝶酰基谷氨酸
PGI_2	prostacyclin 前列环素
pI	pH of isoelectric point 等电点 pH
PIP_2	phosphatidylinositol-4，5-bisphosphate 磷脂酰肌醇 -4，5- 二磷酸
PITC	phenyl-isothio-cyanate 异硫氰酸苯酯
PK	pyruvate kinase 丙酮酸激酶
PKA	protein kinase A 蛋白激酶 A
PKC	protein kinase C 蛋白激酶 C
PLC	phospholipase C 磷脂酶 C
PLP	pyridoxal phosphate 磷酸吡哆醛（吡哆醛磷酸）
PMCG	pregnant mare chorionic gonadotropin 孕马绒毛膜促性腺激素
PMF	peptide mass fingerprinting 肽谱或称肽质量指纹谱
PMP	pyridoxymine phosphate 磷酸吡哆胺（吡哆胺磷酸）
pol	polymerase 聚合酶
PP	phospho pante theine 磷酸泛酰巯基乙胺
PPARs	peroxisome proliferators-activated receptors 过氧化物酶体增殖物激活受体
ppGpp	guanosine tetraphosphate 鸟苷四磷酸
PPi	pyrophosphate 焦磷酸

PPP	pentose phosphate pathway	戊糖磷酸途径
pppGpp	guanosine pentaphosphate	鸟苷五磷酸
PPPi	triphosphate	三磷酸
PQ	plastoquinone	质体醌
pre–rRNA	preribosomal RNA	rRNA 前体
PRF（PRH）	prolactin releasing factor	催乳素释放因子
PRIF（PRIH）	prolactin releasing inhibiting factor	催乳素释放抑制因子
PRL	prolactin	催乳素
PS	photosystem	光合系统
PTH	parathormone	甲状旁腺激素
PTS	phospho transferase system	磷酸转移酶系统

Q

Q	quinine	奎宁
Q_A，Q_B		为质体醌与蛋白质的结合体
QH_2	plastoquinolnes	质体醌

R

R5′–P	ribosyl–5′–phosphate	5- 磷酸 –D- 核糖
RACE	rapid amplification of cDNA ends	cDNA 末端快速扩增
rcDNA	relaxed circular DNA	松环 DNA
Rep	replication	复制
RF	releasing factor	释放因子
Rf	rate of flow	比移值
RF–C	replication factor C	复制因子 C
RFLP	restriction fragment length polymorphism	限制性片段长度多态性的 DNA 标记物
Rh	rhodopsin	视紫红质
RH map	radiation hybrid map	放射杂交图谱
RISC	RNA–induced silencing complex	RNA 诱导的沉默复合体
RNA	ribonucleic acid	核糖核酸
RNAi	RNA interference	RNA 干扰
RNase	ribonuclease	核糖核酸酶
RP–A	replication protein A	复制蛋白 A
RRF	ribosome recycling factor	核糖体回收因子
rRNA	ribosomal RNA	核糖体 RNA
RT	reverse transcriptase	逆转录酶
Rubisco	ribulose–1，5–bisphosphate carboxylase/oxygenase	1，5- 二磷酸核酮糖羧化酶 / 加氧酶

S

S	Svedberg unit	沉降系数
SAGE	serial analysis of gene expression	基因表达系列分析

SAM	S-adenosylmethionine	S- 腺苷甲硫氨酸
SBH	sequencing by hybridization	DNA 杂交法
SCID	severe combined immunodeficiency	严重联合免疫缺陷病
SCP	sterol carrier protin	固醇载体蛋白
scRNA	small cytoplasmic RNA	胞质小 RNA
SD sequence	Shine-Dalgarno sequence	Shine-Dalgarno 序列
SDS	sodium dodecyl sulfate	十二烷基硫酸钠
SELEX	systematic evolution of ligands by exponential enrichment	指数富集的配体系统进化技术
siRNA	small interfering RNA	干扰小 RNA
SLRNA	spliced leader RNA	剪接前导 RNA
Sn	stereospicific numbering	立体专一性编号（如表示甘油分子的碳位数字）
snoRNA	small nucleolar RNA	核仁小 RNA
SNP	single nucleotide polymorphism	单核苷酸多态性
snRNA	small nuclear RNA	核内小 RNA
SOD	superoxide dismutase	超氧［化］物歧化酶
sonRNA	small nucleolar RNA	核仁小 RNA
SREBPs	sterol-regulatory element binding proteins	固醇调节元件结合蛋白
SRP	signal recognition particle	信号识别颗粒
SSB	single strand binding protein	单链结合蛋白
SSLP	simple sequence length polymorphism	简单序列长度多态性
STM	scanning tunneling microscope	扫描隧道显微镜
stRNA	small temporal RNA	时序小 RNA
STS	sequence tagged site mapping	序列标记位点作图

T

T	thymidine, thymine	胸［腺嘧啶核］苷，胸腺嘧啶
t-BOC（= Boc）	tertiary butyloxycarbonyl	叔丁氧羰基
TBSV	tomato bushy stunt virus	番茄矮丛病毒
TF	transcription factor	转录因子
THFA（FH$_4$）	tetrahydrogen folic acid	四氢叶酸
TLCK	tosyllysine chloromethylketone	对苯磺酰 -L- 赖氨酰氯甲酮
TMP	thymidine monophosphate	胸苷一磷酸
TMV	tobacco mosaic virus	烟草花叶病毒
Tn	transposon	转座子
Top Ⅰ	topoisomerase Ⅰ	Ⅰ型拓扑异构酶（拓扑异构酶Ⅰ）
Tosyl（Tos）	*p*-toluene-sulphonyl	对甲苯磺酰
TPCK	tosyl-L-phenylalanyl chloromethyl ketone	*N*- 对甲苯磺酰苯丙氨酰氯甲基酮
TPP	thiamine pyrophosphate	硫胺素焦磷酸或焦磷酸硫胺素
TRF（TRH）	thyrotropin releasing factor	促甲状腺素释放因子
trityl	triphenyl methyl	三苯甲基
tRNA	transfer RNA	转移 RNA

Ts	stable elongation factor	稳定的延长因子
TSH	thyroid stimulating hormone	促甲状腺素
Tu	unstable elongation factor	不稳定的延长因子
Tus	terminus utilization substance	终止蛋白
TXA$_2$	throboxane	凝血前列腺素

U

U	uridine，uracil	尿苷，尿嘧啶
UASs	upstrem activator sequences	上游激活序列
UBF	upstream−binding factor	上游结合因子
UCE	upstream control element	上游控制元件
UCP	uncoupling protein	解偶联蛋白
UDP	uridine diphosphate	尿苷二磷酸
UDP	Guridine diphosphate glucose	尿苷二磷酸葡［萄］糖
UDPG	aluridine diphosphate galactose	尿苷二磷酸半乳糖
UH$_2$	dihydro uridine	二氢尿苷
UK	urokinase	尿激酶
UMP	uridine monophosphate	尿苷一磷酸
UPLC	ultra performance liquid chromatography	超高效液相色谱
UTP	uridine triphosphate	尿苷三磷酸
UTR	untranslated regions	非编码区

V

VLDL	very low density lipoprotein	极低密度脂蛋白

X

XMP	anthosine−5′−monophosphate	黄苷［一磷］酸

Y

Y1H	Yeast one Hybrid	酵母单杂交
YAC	yeast artificial chromosomes	酵母人工染色体

索　引

L- 鼠李糖　25

L- 岩藻糖　25

N- 乙酰 -D- 葡糖胺　24

N- 乙酰胞壁酸（NAM）　24

N- 乙酰神经氨酸（NAN）　24

α-D- 吡喃葡萄糖　13，16

α- 鹅膏蕈碱　91，528，543

α- 角蛋白　107

α 螺旋结构　106

α- 酮戊二酸脱氢酶复合物　364

β- 半乳糖苷透性酶　486

β- 胡萝卜素　239

β 凸起　108

β 折叠结构　96

β 转角结构　108

1,5- 二磷酸核酮糖羧化酶　381

2- 羟神经酸　45

5- 羟色胺　264

7TM 受体　280

7- 脱氢胆固醇　57

A-DNA　163

ATP 合酶　333

B-DNA　163

Benedict 试剂　18

Bial 试验　23

Bohr 效应　129

C₃ 途径　381

cAMP 受体蛋白　487

Chargaff 规则　160

C 端分析　101

DNA 测序的自动化　158

DNA 的半不连续复制　497

DNA 的超螺旋结构　166

DNA 的二级结构　159

DNA 的复性　177

DNA 的固相合成　187

DNA 的酶促合成　187

DNA 的三级结构　165

DNA 的三链结构和四链结构　163

DNA 的生物功能　179

DNA 的一级结构　155

DNA 结合域　571

DNA 双螺旋的种类　162

DNA 双螺旋结构模型　160

Ellman 试剂　82

Fehling 试剂　18

Folin- 酚试剂　82

G 蛋白偶联受体　280

Holliday 模型　518

Hoogsteen 配对　163

Klenow 片段　499

Molisch 试验　23

Moselson-Radding 重组模型　518

Northern 印迹法　178

N 端分析　100

P/O　334

Q 循环　329

RNA 编辑　535

RNA 的二级结构　172

RNA 的酶促合成　187

RNA 的三级结构　174

RNA 的生物功能　182

RNA 的一级结构　169，170

RNA 复制　542

RNA 剪接　536

SDS- 聚丙烯酰胺凝胶电泳　141

Seliwanoff 试验　23

Shine-Dalgarno 序列（简称SD 序列）　551

SOS 反应　516

Southern 印迹法　178

TATA 框　529

Tollen 试验　23

tRNA 负载　550

UP 元件　526

Western 印迹法　178

Z-DNA　163

ρ 因子　526

Ω 环　109

A

阿狄森病　273

安密妥　335

氨基苯甲酸　254

氨基酸的构型　63

氨基酸的光吸收　70

氨基酸的结构通式　62

氨基酸的两性解离　70

氨基酸的两性离子　70

氨基酸的生物合成　442

氨基酸的酸碱滴定曲线　71

氨基酸的酸碱性质　70

氨基酸的旋光性　69

氨基酸的制备　86

氨基酸的重要化学通性　75

氨基酸等电点的计算　72

氨基酸分析　83

氨基酸氧化酶　78

氨基糖　23

氨基糖肽　35

氨甲酰磷酸合成酶　473

氨肽酶　100

氨酰 -tRNA 合成酶　548

暗反应　378
暗反应的机制　381

B

白化病　181
白化病　455
白介素　271
摆动假说　546
半保留复制　496
半胱氨酸和胱氨酸的分解　449
半胱氨酸和胱氨酸的生物合成　450
半寿期或称半衰期　428
包涵体　584
胞苷酸的生物合成　473
胞间层　293
胞嘧啶　147
胞吐　307
胞吞途径　306
胞饮作用　306
胞质小 RNA　145
饱和脂肪酸的生物合成　410
保幼激素　276
报道基因　580
被动转运　300
苯丙氨酸　65
苯甘氨酸　68
苯酮尿症　454
比旋度　16
比移值或迁移率　83
吡哆胺　251
吡哆醇　251
吡哆醛　251
吡哆素　251
吡哆素磷酸　195
吡咯赖氨酸　66
必需氨基酸　442
必需脂肪酸　41，44
编码链　527
变构酶　230
变色激素　277
变性的可逆性　121

变性的理论　122
变性作用　121
变旋性　16
表皮生长因子　271
别构（变构）部位　203
别构剂　203
别构酶　230
别构作用　120
别嘌呤醇　467
丙二酸单酰 CoA 途径　410
丙酮酸激酶　359
丙酮酸脱氢酶系　360
丙酮酸氧化脱羧　352
丙酮酸有氧氧化的调节　394
病毒　185
病毒 DNA　146
病毒 RNA　145
病毒蛋白　136
薄层层析　84
补救途径　469
不饱和脂肪酸　44
不饱和脂肪酸的氧化　405
不常见的蛋白质氨基酸　66，67
不可逆抑制　225

C

操纵基因　486
操纵子　486
插入序列　520
差向异构体　10
肠抑胃素　270
常见的蛋白质氨基酸　64
超滤法　138
超氧化物歧化酶　214
沉淀作用　123
沉降　178
沉默子　529，570
成苷作用　22
赤霉素类　277
重氮丝氨酸　470
重叠肽　103

重复序列　168
重组修复　514
初生壁　293
垂体激素　263
醇发酵　21
雌二醇　273
雌三醇　273
雌酮　273
次黄苷酸　152
次黄嘌呤　466
次生壁　293
从头合成途径　469
促黑素　265
促黄体素　265
促甲状腺素　264
促滤泡素　265
促肾上腺皮质素　264
促胃液素　270
促性腺素　265
促胰液素　270
催产素　265
催产素和升压素　90
催化 RNA　145
催化部位　201
催化剂对化学反应的影响　200
催化三联体　212
催化中心活性　218
催乳素　265
错配修复　515

D

大环内酯类抗生素　564
呆小症　263
代谢病　451
代谢调节　484
代谢库　430
代谢途径　341
代谢物　341
丹磺酰氯　100
单纯扩散　303
单纯酶　193

单链结合蛋白　502

单糖　8

单糖的 α 型和 β 型　12

单糖的 D 型及 L 型　9

单糖的成脎作用　20

单糖的还原　19

单糖的氧化　18

单糖的异构化作用　21

单体酶　194

胆固醇　57

胆固醇的降解和转变　423

胆固醇的生物合成　422

胆碱　49，50

胆汁酸盐　400

蛋白激酶 C　283

蛋白聚糖　38

蛋白水解酶　102

蛋白质的超二级结构　110

蛋白质的二级结构　105

蛋白质的分类　94

蛋白质的分离、纯化和鉴定　136

蛋白质的结构与功能　124

蛋白质的结构域　111

蛋白质的三级结构　111

蛋白质的四级结构　113

蛋白质的一级结构　99

蛋白质的重要性质　117

蛋白质分子中的重要化学键　98

蛋白质转运　307

蛋白质组　2

蛋白质组学　2

导肽或靶向序列　561

等电点　70，119

等电聚焦　141

等离子点　119

低密度脂蛋白　134

底物形变　208

第二信使　278

第一信使　278

碘乙酸　203

碘值（价）　47

电压门　302

电泳现象　120

电子传递抑制剂　335

淀粉　29

定点突变　583

定向进化　582

定向运输　307

定向转运　561

动力学校正　563

端粒　165，510

端粒酶　510

对氨基苯甲酸　229

多不饱和脂肪酸　45

多核糖体　556

多聚腺苷酸尾　532

多酶复合物　194

多肽抗生素　90

E

二环己基碳二亚胺　333

二硫苏糖醇　81

二羟丙酮　10

二氢硫辛酸脱氢酶　361

二氢硫辛酸转乙酰基酶　360

二十二碳六烯酸

二十碳四烯酸　44

二十碳五烯酸

二硝基氟苯　77

F

发夹结构　108，169

发酵作用　21

翻译后转运　561

翻译扩增　575

翻译水平的调控　565

翻译阻遏　567

反竞争性抑制　225

反馈抑制　488

反密码子　172，183

反式剪接　538

反式作用因子　569，571

反向重复序列　156

反义 DNA　146

反义 RNA　145，567

泛素　429

泛酸　251

放线菌素 D　543

非必需氨基酸　442

非编码 RNA　145

非蛋白质氨基酸　67

非翻译区　574

非活性蛋白质　96

非竞争性抑制　225

非模板链　527

非线粒体酶系合成饱和脂肪酸的
　　途径　410

非专一性不可逆抑制剂　226

分光光度法　218

分解代谢　340

分选信号　561

脯氨酸　65

脯氨酸代谢　458

脯氨酸和羟脯氨酸的代谢　458

辅酶　193

辅酶 A　197，251

辅酶 Q　326

辅阻遏物　487

负别构（负变构）　230

复合脂　49

复制叉　504

复制起点　504

复制体　506

G

钙调蛋白　52，243

干化　48

干扰 mRNA 的互补 RNA　567

干扰素　132

干扰小 RNA　145

干细胞　271

甘氨酸的代谢　445

甘油的分解代谢　402

甘油磷脂　49

甘油磷脂的生物合成　419

甘油醛的 D 型或 L 型　9

甘油醛糖　9

甘油糖脂　54

肝素　34

冈崎片段　498

高氨血症　441

高半胱氨酸　68

高尔基体　132

高密度脂蛋白　134

高能化合物　321

高能磷酸键　322

高丝氨酸　68

高效液相层析　85，139

睾酮　273

根皮苷　22

功能基因组学　2

共翻译转运　561

共价催化　208

共价调节酶　235

共价修饰　490

共脂肪酶　398

佝偻病　244

咕啉　256

古核生物　288

谷胱甘肽　90

谷氧还蛋白体系　477

骨质疏松病　244

钴胺素　255

钴维素　255

固醇　57

固醇的生物功能　59

固氮酶　443

固氮作用　443

固定化酶　236

固相合肽　93

寡聚酶　194

光反应　378

光反应的机制　379

光反应的作用中心　379

光合作用　290

胱氨酸的遗传代谢病　451

轨道定向学说　207

滚环复制　508

过氧化氢酶　66，199

H

海藻二糖　28

焓　315

合成代谢　340

合成酶类　191

核磁共振波谱法　345

核磁共振成像　346

核蛋白　95，144

核苷磷酸化酶　465

核苷酶　150，465

核苷酸的两性解离和等电点　152

核苷酸的性质　152

核苷酸的重要衍生物　154

核苷酸酶　465

核黄素　249

核孔复合体　574

核酶　193

核仁小 RNA　145，539

核素　144

核酸的变性　176

核酸的分离、合成和鉴定　186

核酸的性质　175

核酸酶　465

核酸内切酶　465

核酸外切酶　465

核糖核苷酸还原酶　475

核糖核酸酶　465

核糖核酸酶 T_1　170

核糖体　145

核糖体 RNA　145

核小 RNA　145

核小体　167

核心启动元件　526

核心启动子　529

盒式突变　583

后基因组学　2

后随链　498

呼吸链　324

琥珀酸脱氢酶复合物　329

琥珀酰 CoA 合成酶　367

互变异构现象　147

化学断裂法　157

化学校正　563

化学渗透学说　332

环 AMP　151

环 GMP　151

环加氧酶　275

黄嘌呤氧化酶　466

黄素单核苷酸　195

黄素蛋白　325

黄体激素　273

回文序列　168

活化酯　79

活性蛋白质　95

J

肌红蛋白　111，116，126

肌红蛋白的结构与功能　126

肌肽和鹅肌肽　89

基团专一性　204

基因表达　180，565

基因重组　518

基因工程　1

基因融合　582

基因突变　181

基因文库　578

基因组　1

基因组学　2

激素受体　278

"激活型" G 蛋白　279

极低密度脂蛋白　134

己糖激酶　354

加帽　535

加尾　535

荚膜　24

甲基化指导的错配修复　515

甲壳类动物激素　277

甲酰基　254

甲状腺素　263

假尿苷　150

简单抑制　488

碱基置换　181

键专一性　204

降钙素　270

胶原蛋白　38

焦碳酸二乙酯　186

脚气病　249

结构基因　486

结构域　96

结合部位　201

解偶联　333

金属激活酶　209

金属酶　209

茎－环结构　172

精氨酸的分解　452

肼解　101

竞争性抑制　225

酒精发酵　370

聚酰胺薄膜层析　83

绝对专一性　204

绝缘子　570

菌毛　290

K

开环 DNA　166

糠醛　22

抗坏血酸　258

抗霉素 A　335

抗生素　563

抗体酶　193

可变剪接　537

可的松　272

可逆抑制　225

克隆　181

快速蛋白质液相层析　140

昆虫激素　276

L

拉氏图　106

蜡　42，49

蓝白斑筛选　579

酪氨酸代谢病　454

酪氨酸激酶　284

类固醇激素　271

离子泵　304

离子交换层析　84，138

离子通道蛋白　302

离子通道型受体介导的信号转导　311

离子载体　303

离子载体抑制剂　333

利迪链菌素　543

利福霉素　543

联合脱氨　434

镰状细胞贫血病　125

链终止法　158

两亲化合物　51

亮氨酸拉链　572

邻苯二甲醛　85

邻近效应　207

磷壁酸　36

磷酸吡哆胺　198，252

磷酸丙糖异构酶　356

磷酸单酯酶　398

磷酸二酯键　465

磷酸甘油穿梭　337

磷酸甘油酸变位酶　353

磷酸甘油酸激酶　357

磷酸核糖转移酶　472

磷酸肌醇级联　283

磷酸肌醇酶　283

磷酸肌酸　322

磷酸戊糖途径　372

磷酸烯醇丙酮酸羧化酶　385

磷酸酯酶　51

磷脂　49

磷脂代谢　420

磷脂酶　398

磷脂酸　49

磷脂酰胆碱　50

磷脂酰肌醇　52

磷脂酰丝氨酸　51

磷脂酰乙醇胺　51

流动镶嵌模型　293

硫胺素焦磷酸　248

硫苷脂　56

硫酸角质素　34

硫酸皮肤素　34

硫酸软骨素　33

硫辛酸　361

硫辛酰胺　361

硫氧还蛋白　477

滤泡素　273

卵磷脂　50

卵清溶菌酶　201

M

麦角固醇　59，242

麦角固醇的结构　59

麦芽糖　26

酶促反应　190

酶单位　217

酶的比活力　217

酶的比活性　217

酶的编号　191

酶的转换数　217

酶的自杀性底物　226

酶活力　216

酶活力单位　217

酶活力的测定方法　218

酶受体介导的信号转导　312

酶原　125

酶原的激活　203

门控　302

米氏常数　220

米氏方程　219，220

密码子　173，182

免疫球蛋白　111，120，131，135

模板链　527

模体　572

目的基因　512

N

内啡肽　265

内过氧化物　275

内含子　536

钠泵　304

脑垂体激素　492

脑啡肽　90

脑苷脂（脑糖脂）　55

脑激素　276

脑磷脂　51

能量代谢　340

拟核　167

逆转录　184，511

黏端　156

黏多糖　32

鸟氨酸循环　438

鸟嘌呤　147

尿苷酸的生物合成　473

尿黑酸症　454

尿激酶　138

尿嘧啶　147

尿囊素　467

尿囊酸　467

尿酸　467

柠檬酸　365

柠檬酸合酶　296

柠檬酸裂解酶　411

凝固作用　123

凝胶层析　138

凝乳酶　488

凝血酶原　246

凝血因子　246

牛脾磷酸二酯酶　157

牛脾脱氧核糖核酸酶　156

牛胰核糖核酸酶　170

牛胰脱氧核糖核酸酶　156

P

配体结合域　573

配体门　302

皮质酮　272

嘌呤的分解　466

嘌呤核苷酸的分解代谢　466

嘌呤核苷酸循环　435

嘌呤霉素　564

平端　156

苹果酸穿梭　338

苹果酸脱氢酶　110

葡糖胺　23

葡萄糖　8

葡萄糖效应　488

Q

齐变模型　234

启动子　486，525，569

起始复合物　552

起始密码子　550

起始因子　552

起始子　529

前导链　498

前列腺素　274

前胰岛素原　126，268

强啡肽　267

羟脯氨酸　67

鞘氨醇　53

鞘磷脂　53

鞘磷脂的生物合成　421

鞘膜　288

鞘糖脂（神经酰胺糖脂）　55

切除修复　513

亲和层析　139

氢化和卤化　47

氢化可的松　272

巯基乙醇　81

巯基乙酸　81

醛缩酶　355

R

染色体 DNA　145

染色体 RNA　145

染色质改型　569

热力学第二定律　317

热力学第一定律　316

人类基因组计划　1

绒毛膜促性腺激素　131，270

溶菌酶　36

溶酶体　429

溶血磷脂酶　399

溶血卵磷脂　399

熔球态　560

融合蛋白标签　584

肉碱脂酰基转移酶　404

乳糜微粒　134

乳酸发酵　369

乳酸脱氢酶　235，369

乳糖　27

乳糖操纵子　486，566

朊病毒　62

S

三聚体形式　279

三羧酸循环　364

三碳循环　381

熵　315

上游控制元件　529

蛇毒磷酸二酯酶　157

神经垂体激素　265

神经降压素　270

神经节苷脂（神经节糖脂）　56

神经生长因子　271

神经酰胺　53

肾上腺皮质激素　271

肾上腺素　263

肾性尿崩症　302

升压素　265

生长激素　264

生长激素释放抑制因子　270

生长素类　277

生长抑素　270

生物功能　132

生物素　253

生物氧化　323

生育酚　244

十八酸　44

十八碳二烯酸　44

十八碳三烯酸　44

十八碳一烯酸　44

十六酸　44

时序小 RNA　145

识别部位　525

视蛋白　241

视黄醛　241

视觉　241

视紫红质　241

噬菌体表面展示　582

受体　56

枢纽性中间代谢物　484

疏水层析　139

衰减子　487

双底物反应　223

双磷脂酰甘油　53

水解酶类　191，192

水溶性维生素　238

水通道蛋白　302

顺反子　528

顺式作用元件　569

顺乌头酸酶　296

丝氨酸蛋白酶　210

丝心蛋白　95，107

四碳循环　381

松弛素　271

酸败　48

酸碱催化　208

酸值（价）　48

羧化辅酶　195，253

羧肽酶　101

缩胆囊素　270

缩醛磷脂　52

锁钥学说　205

T

肽的理化性质　88

肽的命名　87

肽键　81，87

肽聚糖　24，35

碳循环与氮循环　461

糖胺聚糖　32

糖代谢　350

糖蛋白　37，131

糖的分类和命名　7

糖的化学概念　6

糖苷　22

糖酵解的调节　392

糖酵解过程中能量的产生　359

糖酵解途径　234

糖类的主要生物学作用　6

糖尿　395

糖脎　20

糖异生的调节　393

糖原　31

糖原代谢的调节　390

糖原的分解　351

糖原异生作用　387

糖脂　54

糖脂的分解和合成代谢　422

套膜　288

天冬氨酸转氨甲酰酶　232

甜度　17

调节部位　203

调节基因　486

铁卟啉　326

铁硫蛋白　326

通道蛋白　300

通用转录因子　571

同工酶　235

同位素示踪法　344

同源重组　518

同源异形域　571

酮体的分解　409

酮体的生成　408

透明质酸　33

蜕皮激素　276

脱落酸　277

脱氢酶　191

脱羧基作用　436

脱酰胺基作用　432

脱氧胞苷酸　150

脱氧核糖核酸酶　465

脱氧鸟苷酸　150

脱氧胸苷酸的生物合成　478

脱支酶　351

唾液酸　24

唾液酸鞘糖脂　56

W

外显子　536

烷化剂　543

微 RNA　145，575

微粒体　133

维生素 A　239

维生素 A_2　239,240

维生素 A 原　239

维生素 B_1　247

维生素 B_{12}　255，256

维生素 B_2　249

维生素 B_3　250

维生素 B_5　251

维生素 B_6　251

维生素 C　258

维生素 D　242

维生素 E　244

维生素 K　246

位点特异性重组　518

无差错修复　516

无规卷曲　109

无义介导的 mRNA 衰变　541

芴甲氧羰酰氯　85

X

烯醇化酶　353

硒代半胱氨酸 66，67

稀有碱基 147

细胞 288

细胞壁 6

细胞分裂素类 277

细胞核 6

细胞器 137

细胞色素 326

细胞色素 c 125

细胞色素 c 氧化酶 329

细胞色素还原酶 329

细胞脂蛋白 133

细胞质 6

细菌 20

细菌视紫红质 110

下丘脑激素 266

纤维二糖 28

纤维素 31

酰胺醇类抗生素 564

酰胺平面 105

线粒体 328

线粒体 DNA 146

线粒体 RNA 145

限制性内切酶 156

腺垂体激素 264

腺苷二磷酸（ADP） 154

腺苷三磷酸（ATP） 154

腺苷酸 150

腺苷酸环化酶 278

腺苷脱氨酶 466

腺苷酰化 235

腺苷一磷酸（AMP） 154

腺嘌呤 147

腺体激素 262

相对专一性 204

相反单向反应 490

小分子 G 蛋白 279

协同转运 304

缬氨霉素 336

心磷脂 53

锌指模体 571

新陈代谢 340

信号假说 561

信使 RNA 145

性激素 271，273

性诱素 276

胸腺嘧啶 147

胸腺素 271

雄激素 273

雄酮 273

雄烯二酮 273

雄性激素 265

修饰核苷 149，174

修饰碱基 147

溴化氰 102

序变模型 234

旋光性 16

血红蛋白 127

血红蛋白的氧合曲线 128

血浆脂蛋白 133

Y

烟碱型乙酰胆碱受体 311

烟酸 250

烟酰胺 250

烟酰胺 – 腺嘌呤二核苷酸 250

烟酰胺 – 腺嘌呤二核苷酸磷酸 250

延长因子 552

延胡索酸酶 296

严谨反应 568

严重联合免疫缺陷病 467

盐析 123，137

盐析法 137

氧化 48

氧化还原电位 319

氧化还原酶类 191

氧化磷酸化 331

氧化磷酸化抑制剂 336

氧化酶 191

叶绿体 RNA 145

叶酸 253

液泡 289

液相合肽 91

一氧化碳 129

依赖 cAMP 的蛋白激酶 280，285

依赖 TPP– 丙酮酸脱氢酶 360

胰蛋白酶 211

胰岛素 104

胰岛素受体底物 284

胰岛素原 268

胰高血糖素 269

胰凝乳蛋白酶 201，202，211

移码突变 181

移位 554

遗传密码 182，545

遗传信息 180，496

乙醛酸循环 371

乙醛酸循环体 295

乙烯 277

乙酰 CoA 羧化酶 411

乙酰胆碱 228

乙酰化 48

乙酰乙酸 408

乙酰乙酰 CoA 408

乙酰值 48

以 NAD 或 NADP 为辅酶的脱氢酶 325

椅式和船式构象 15

异构酶类 191，192

异硫氰酸苯酯 78

异咯嗪 249

异柠檬酸裂合酶 372

异柠檬酸脱氢酶 236

异肽键 430

异头物 13

抑制剂 225

抑制作用 225

"抑制型" G 蛋白 279

易错修复 516

易化扩散 303

引发体前体 506

茚三酮 80

荧光胺 78

诱导酶 236

诱导契合学说　205

诱导物　236

诱发突变　181

鱼藤酮　335

原核生物　91

原核细胞　1

Z

杂交　178

载体　61

载脂蛋白　133

皂化　46

皂化值（价）　47

增强子　529，270

蔗糖　6

真核生物　91

真核细胞　145

真核细胞染色体 DNA 结构　167

真菌　37

整合蛋白质　294

正别构（正变构）　230

脂蛋白　95，133

脂多糖　37

脂肪　43

脂肪的性质　45

脂肪酸　44

脂肪酸的 β- 氧化　403

脂肪酸的生物合成　410

脂溶性维生素　238

脂酰肉碱　403

脂质代谢的调节　423

脂质的分类　42

脂质的化学概念　41

脂质的提取、分离和分析　60

脂质的主要生物功能　41

直接修复　513

植物激素　262，277

纸层析　83

指导 RNA　145

指纹图谱法　104

质粒 DNA　146

质谱法　104

质体 DNA　146

质子泵　332

中间产物学说　200

中间代谢　341

周边蛋白质　293

主动转运　301

专一性不可逆抑制剂　226

转氨基作用　433

转导　55

转化　39

转换数　217

转录　523

转录后加工　533

转录激活域　572

转录起始复合物　531

转录水平的调控　565，569

转录因子　530，571

转染　579

转肽作用　553

转移 RNA　145

转移酶类　191，192

转运体　303

转座作用　518

自发突变　181

自毁容貌综合征　472

自由能　317

阻遏蛋白　486

组织激素　262

左手螺旋　162

读者意见反馈

为收集对教材的意见建议,进一步完善教材编写并做好服务工作,读者可将对本教材的意见建议通过如下渠道反馈至我社。

咨询电话　400-810-0598

反馈邮箱　gjdzfwb@pub.hep.cn

通信地址　北京市朝阳区惠新东街4号富盛大厦1座

　　　　　高等教育出版社总编辑办公室

邮政编码　100029

防伪查询说明

用户购书后刮开封底防伪涂层,使用手机微信等软件扫描二维码,会跳转至防伪查询网页,获得所购图书详细信息。

防伪客服电话　(010)58582300